中国土木建筑百科辞典

桥 梁 工 程

中国建筑工业出版社

(京) 新登字 035 号

图书在版编目(CIP)数据

中国土木建筑百科辞典:桥梁工程/李国豪等主编.-北京:中国建筑工业出版社,1999
ISBN 7-112-02772-1

I. 中… II. 李… III. ①建筑工程-词典②桥梁工程-词典 IV. TU-61

中国版本图书馆 CIP 数据该字(1999)第 06859 号

中国土木建筑百科辞典
桥 梁 工 程

*

中国建筑工业出版社出版、发行(北京西郊百万庄)
新 华 书 店 经 销
北京市景煌照排中心照排
北京市兴顺印刷厂印刷

*

开本: 787×1092 毫米 1/16 印张: $29^1/_2$ 字数: 1038 千字
1999 年 7 月第一版 1999 年 7 月第一次印刷
印数: 1—3000 册 定价: 90.00 元
ISBN 7-112-02772-1
TU·2028 (9071)

《中国土木建筑百科辞典》总编委会名单

《中国土木建筑百科辞典》编辑部名单

桥梁工程卷编委会名单

序　言

经过土木建筑界一千多位专家、教授、学者十个春秋的不懈努力,《中国土木建筑百科辞典》十五个分卷终于陆续问世了。这是迄今为止中国建筑行业规模最大的专科辞典。

土木建筑是一个历史悠久的行业。由于自然条件、社会条件和科学技术条件的不同,这个行业的发展带有浓重的区域性特色。这就导致了用于传授知识和交流信息的词语亦有颇多差异,一词多义、一义多词、中外并存、南北杂陈的现象因袭流传,亟待厘定。现代科学技术的发展,促使土木建筑行业各个领域发生深刻的变化。随着学科之间相互渗透、相互影响日益加强,新兴学科和边缘学科相继形成,以及日趋活跃的国际交流和合作,使这个行业的科学技术术语迅速地丰富和充实起来,新名词、新术语大量涌现;旧名词、旧术语或赋予新的概念或逐渐消失,人们急切地需要熟悉和了解新旧术语的含义。希望对国外出现的一些新事物、新概念、新知识有个科学的阐释。此外,人们还要查阅古今中外的著名人物,著名建筑物、构筑物和工程项目,重要学术团体、机构和高等学府,以及重要法律法规、典籍、著作和报刊等简介。因此,编撰一部以纠讹正名,解讹释疑,系统汇集浓缩知识信息的专科辞书,不仅是读者的期望,也是这个行业科学技术发展的需要。

《中国土木建筑百科辞典》共收词约6万条,包括规划、建筑、结构、力学、材料、施工、交通、水利、隧道、桥梁、机械、设备、设施、管理,以及人物、建筑物、构筑物和工程项目等土木建筑行业的主要内容。收词力求系统、全面,尽可能反映本行业的知识体系,有一定的深度和广度;构词力求标准、严谨,符合现行国家标准规定,尽可能达到辞书科学性、知识性和稳定性的要求。正在发展而尚未定论或有可能变动的词目,暂未予收入;而历史上曾经出现,虽已被淘汰的词目,则根据可能参阅古旧图书的需要而酌情收入。各级词目之间尽可能使其纵横有序,层属清晰。释义力求准确精练,有理有据,绝大多数词目的首句释义均为能反映事物本质特征的定义。对待学术问题,按定论阐述;尚无定论或有争议者,则作宏观介绍,或并行反映现有的各家学说、观点。

中国从《尔雅》开始,就有编撰辞书的传统。自东汉许慎《说文解字》刊行以来,迄今各类辞书数以万计,可是土木建筑行业的辞书依然屈指可数,大型辞书则属空白。因此,承上启下,继往开来,编撰这部大型辞书,不惟当务之急,亦是本书总编委会和各个分卷编委会全体同仁对本行业应有之奉献。在编撰过程中,建设部科学技术委员会从各方面为我们创造了有利条件。各省、自治区、直辖市建设部门给予热情帮助。同济大学、清华大学、西南交通大学、哈尔滨建筑大学、重庆建筑大学、湖南大学、东南大学、武汉工业大学、河海大学、浙江大学、天津大学、西安建筑科技大学等高等学府承担了各个分卷的主要撰稿、审稿任务，从人力、财力、精神和物质上给予全力支持。遍及全国的撰稿、审稿人员同心同德，精益求精，切磋琢磨，数易其稿。中国建筑工业出版社的编辑人员也付出了大量心血。当把《中国土木建筑百科辞典》各个分卷呈送到读者面前时，我们谨向这些单位和个人表示崇高的敬意和深切的谢忱。

在全书编撰、审查过程中，始终强调“质量第一”，精心编写、反复推敲。但《中国土木建筑百科辞典》收词广泛，知识信息丰富，其内容除与前述各专业有关外，许多词目释义还涉及社会、环境、美学、宗教、习俗，乃至考古、校雠等；商榷定义，考订源流，难度之大，问题之多，为始料所不及。加之客观形势发展迅速，定稿、付印皆有计划，广大读者亦要求早日出版，时限已定，难有再行斟酌之余地，我们殷切地期待着读者将发现的问题和错误，一一函告《中国土木建筑百科辞典》编辑部（北京西郊百万庄中国建筑工业出版社，邮编 100037），以便全书合卷时订正、补充。

《中国土木建筑百科辞典》总编委会

前　言

《中国土木建筑百科辞典》桥梁工程卷在中国建筑工业出版社的组织指导下，在全国几十位专家的支持下，经过多年时间的协同工作，终于与广大读者见面了。《中国土木建筑百科辞典》是迄今中国土木建筑界规模最大的专科辞典，共有十五个分卷。桥梁工程卷也是反映本专业领域内容最广泛、深入的一本辞典，它涉及到古今中外的一些名桥，桥梁的各种类型、体系和结构型式，桥梁的上部结构和下部结构，桥梁的构造、设计和施工，桥梁的试验和维护等各个方面。

中国是世界上建桥历史最悠久的国家之一。我国古代石拱桥、木桥、石梁桥和悬索桥的出现，要比西方早一千年以上。中国古代桥梁建筑的卓越成就是举世闻名的，一千三百多年前建成的河北赵州桥就是杰出的一例。然而我国由于长期的封建统治和近百年所处的殖民地和半殖民地状态，使得建桥技术的发展很是缓慢。而在世界上，自 19 世纪中期出现钢材以后，就开始在大江、大河和海峡上建桥，建桥技术的发展十分迅速。在我国，直到 1949 年新中国建立以后，才出现发展桥梁建设的新局面。特别是推行改革开放政策的近十余年来，随着现代化交通运输事业的蓬勃发展，我国的桥梁建设也以历史上前所未有的速度迅猛发展，各式桥型推陈出新，层出不穷，长大跨径和特大跨径的桥梁已开始不断出现。从 1991 年以来，仅在短短的几年内已建成或在建的跨径 400 米以上的大型斜拉桥就有 8 座，现代大跨径悬索桥就有 4 座。在江苏省江阴市已动工兴建跨径达 1 385m 的长江公路大桥。随着经济的发展而带来的交通需要，各地政府和群众对筑路造桥的热情空前高涨，我国的桥梁建设将随着国民经济的腾飞而以更大的规模和更高的速度发展。在此情况下，出版这部桥梁工程辞书，是很有意义、很及时的。它能给迫切希望掌握桥梁基本知识、提高建桥技术水平的人们以有力的帮助，为对桥梁感兴趣的人们提供丰富、准确的资料和信息。

本卷适合于具有中等以上技术水平的人员、研究教学人员和管理干部之用。全卷共收录辞目 4 500 余条，分属于桥梁历史、桥梁美学、桥渡设计、桥址勘测与定位、涵洞、桥梁总体规划、桥梁类型、桥梁结构设计、桥梁上部结构、桥梁墩台和基础、桥梁施工与设备、桥梁试验与检定、桥梁维护等十四个门类。

参加本卷编写的人员来自同济大学、西南交通大学、东南大学、湖南大学、西安公路学院、重庆交通学院、上海铁道学院、上海城建学院、铁道部大桥工程局等单位。这些人员都是桥梁专业各个方面的专家、教授。在制订词目和撰写词目释义的过程中，大家本着对读者认真负责的精神，曾多次反复讨论和修改，做到了字斟句酌。

特别应予提出的是中国建筑工业出版社特聘编辑顾发祥编审和出版社第五编辑室刘茂榆和庞大中同志，他们在本卷的整个编写出版过程中对词稿进行了仔细的审订，提出了许多宝贵的修改意见，为本卷的顺利出版付出了大量劳动。编委特借此机会向他们表示衷心的感谢。

由于词条繁多，撰稿者人数众多，整个过程时间又较长，而最后编印出版却较仓促，故卷内难免有不妥甚至谬误之处，尚希读者不吝批评指正。

桥梁工程卷编辑委员会

凡　例

组　卷

一、本辞典共分建筑、规划与园林、工程力学、建筑结构、工程施工、工程机械、工程材料、建筑设备工程、基础设施与环境保护、交通运输工程、桥梁工程、地下工程、水利工程、经济与管理、建筑人文十五卷。

二、各卷内容自成体系；各卷间存有少量交叉。建筑卷、建筑结构卷、工程施工卷等，内容侧重于一般房屋建筑工程方面，其他土木工程方面的名词、术语则由有关各卷收入。

词　条

三、词条由词目、释义组成。词目为土木建筑工程知识的标引名词、术语或词组。大多数词目附有对照的英文，有两种以上英译者，用“，”分开。

四、词目以中国科学院和有关学科部门审定的名词术语为正名，未经审定的，以习用的为正名。同一事物有学名、常用名、俗名和旧名者，一般采用学名、常用名为正名，将俗名、旧名采用“俗称”、“旧称”表达。个别多年形成习惯的专业用语难以统一者，予以保留并存，或以“又称”表达。凡外来的名词、术语，除以人名命名的单位、定律外，原则上意译，不音译。

五、释义包括定义、词源、沿革和必要的知识阐述，其深度和广度适合中专以上土木建筑行业人员和其他读者的需要。

六、一词多义的词目，用①、②、③分项释义。

七、释义中名词术语用楷体排版的，表示本卷收有专条，可供参考。

插　图

八、本辞典在某些词条的释义中配有必要的插图。插图一般位于该词条的释义中，不列图名，但对于不能置于释义中或图跨越数条词条而不能确定对应关系者，则在图下列有该词条的词目名。

排　列

九、每卷均由序言、本卷序、凡例、词目分类目录、正文、检字索引和附录组成。

十、全书正文按词目汉语拼音序次排列；第一字同音时，按阴平、阳平、上声、去声的声调顺序排列；同音同调时，按笔画的多少和起笔笔形横、竖、撇、点、折的序次排列；首字相同者，按次字排列，次字相同者按第三字排列，余类推。外文字母、数字起头的词目按英文、俄文、希腊文、阿拉伯数字、罗马数字的序次列于正文后部。

检　索

十一、本辞典除按词目汉语拼音序次直接从正文检索外，还可采用笔画、分类目录和英文三种检索方法，并附有汉语拼音索引表。

十二、汉字笔画索引按词目首字笔画数序次排列；笔画数相同者按起笔笔形横、竖、撇、点、折的序次排列，首字相同者按次字排列，次字相同者按第三字排列，余类推。

十三、分类目录按学科、专业的领属、层次关系编制，以便读者了解本学科的全貌。同一词目在必要时可同时列在两个以上的专业目录中，遇有又称、旧称、俗称、简称词目，列在原有词目之下，页码用圆括号括起。为了完整地表示词目的领属关系，分类目录中列出了一些没有释义的领属关系词或标题，该词用［ ］括起。

十四、英文索引按英文首词字母序次排列，首字相同者，按次词排列，余类推。

目　录

词目分类目录

说　　明

一、本目录按学科、专业的领属、层次关系编制，供分类检索条目之用。

二、有的词条有多种属性，可能在几个分支学科和分类中出现。

三、词目的又称、旧称、俗称、简称等，列在原有词目之下，页码用圆括号括起，如(1)、(9)。

四、凡加有［　］的词为没有释义的领属关系词或标题。

桥梁 189

［桥梁历史］

［中国古代桥梁］

赵州桥 284

安济桥 (284)

大石桥 (284)

霁虹桥 120

纤道桥 186

八字桥 2

永济桥 272

廊桥 146，(272)

风雨桥 (272)

观音桥 85

鱼沼飞梁 274

十字桥 (274)

双龙桥 223

安平桥 1

五里西桥 (1)

永通桥 272

灞桥 3

安澜桥 1

珠浦桥 290

平事桥 180

泸定桥 156

大渡河铁索桥 (156)

洛阳桥 158

万安桥 (158)

白塔山黄河铁桥 4

虎渡桥 103

江东桥 (103)

宝带桥 6

小长桥 (6)

芦沟桥 156

桥楼殿 195

湘子桥 252

济川桥 (252)

丁公桥 (252)

广济桥 (252)

玉带桥 275

汴梁虹桥 8

飞桥 (8)，(246)

［中国近、现代著名桥梁］

钱塘江大桥 185

钱塘江二桥 185

上海金山黄浦江桥 210

上海南浦大桥 210

新沂河桥 258

济南黄河铁路桥 119

济南黄河公路桥 119

湖北乐天溪大桥 103

襄樊汉水桥 253

白面石武水大桥 3

东营胜利黄河桥 42

天津永和新桥 237

五陵卫河桥 247
前河大桥 184
大连市北大友谊桥 (26)
南京长江大桥 170
江阴长江公路大桥 125
武汉长江大桥 247
九江长江大桥 134
枝城长江大桥 287
重庆白沙砣长江大桥 21
重庆市牛角沱桥 21
重庆市北碚朝阳桥 21
重庆石门嘉陵江大桥 21
宜宾金沙江铁路桥 268
宜宾金沙江混凝土拱桥 268
宜宾岷江大桥 269
渡口宝鼎桥 44
雅砻江桥 265
九溪沟石拱桥 134
　长虹石拱桥 (134)
三堆子金沙江桥 207
兰州黄河铁路桥 145
西藏拉萨河达孜桥 248
茅岭江铁路大桥 160
雒容桥 158
浪江桥 146
桂林象鼻山漓江桥 89
　雉山桥 (89)
乌龙江大桥 246
广州珠江桥 88
虎门珠江大桥 103
海印大桥 90
江门外海大桥 125
洛溪大桥 158
番禺市沙溪大桥 175
汕头海湾大桥 209
[国外古代著名桥梁]
苏布里齐桥 231
米尔文桥 164
嘎尔输水桥 59
　尼姆水槽 (59)
　嘎尔渡槽 (59)
提斯孚尔桥 237
舒斯脱桥 220
阿尔坎塔拉桥 1
维希和桥 244
旧伦敦桥 134
利雅托桥 149
巴黎新桥 3
[国外近代桥梁]
天门桥 237
港大桥 74
日本第二阿武隈川桥 204
泉大津桥 202
滨名桥 9
大岛大桥 26
大三岛桥 27
大和川桥 26
因岛桥 269
名港西大桥 165
横滨海湾桥 99
南备赞濑户桥 170
北备赞濑户桥 6
与岛桥 274
柜石岛桥 88
岩黑岛桥 265
大鸣门桥 26
下津井濑户大桥 249
此花大桥 25
　北港大桥 (25)
　北港联络桥 (25)
生口桥 215
鹤见航路桥 98
明石海峡大桥 165
豪拉桥 94
胡格利河桥 102
湄南河桥 163
博斯普鲁斯桥 11
博斯普鲁斯二桥 11
布比延桥 12
悉尼港桥 248
格莱兹维尔桥 76
里普桥 148
门道桥 163
乔治·华盛顿桥 187
旧金山-奥克兰海湾桥 134
金门桥 131
塔科马海峡桥 234
塔潘泽桥 234
麦基诺桥 160
新奥尔良大桥 258

韦拉札诺桥 244
阿斯托里亚桥 1
布鲁克林桥 12
弗里蒙特桥 55
考莫多尔桥 138
切斯特桥 (138)
松谷溪桥 231
伊兹桥 268
科罗-巴伯尔图阿普桥 138
新河峡谷桥 258
帕斯科-肯尼威克桥 174
长礁桥 15
休斯顿航道桥 260
卢灵桥 155
东亨廷顿桥 41
日照航路桥 204
达姆岬桥 26
贝永桥 6
奇尔文科桥 (6)
魁北克桥 143
安纳西斯岛桥 1
曼港桥 160
埃尔特桥 1
埃米塞得桥 1
伊瓜可桥 (1)
里约-尼泰罗伊桥 148
考斯脱·锡尔瓦桥 (148)
马拉开波桥 159
福斯湾桥 56
塞汶桥 206
煤溪谷桥 163
亨伯桥 98
福斯湾悬臂钢桁架桥 57
厄斯金桥 49
卢赞西桥 155
普鲁加斯泰勒桥 181
坦卡维尔桥 235
舒瓦西-勒-鲁瓦桥 220
奥列隆桥 2
博诺姆桥 11
圣·那泽尔桥 215
布鲁东纳桥 12
诺曼第桥 173
杜塞尔多夫·诺依斯桥 44
塞弗林桥 206
曼法尔桥 160
奥埃桥 2
费马恩海峡桥 52
本道夫桥 6
动物园桥 43
克尼桥 140
锡格峡谷桥 248
美因二桥 163
科尔布兰德桥 138
柯赫山谷桥 138
杜塞多尔夫-弗勒埃桥 44
格明登桥 76
杜伊斯堡-诺因坎普桥 44
莫斯科地下铁道桥 166
萨瓦一桥 206
诺维萨特多瑙河桥 173
萨瓦河铁路斜拉桥 206
克尔克桥 140
兹达可夫桥 297
斯法拉沙峡谷桥 231
巴里奥斯·卢纳桥 3
兰德桥 145
比戈桥 (145)
阿拉比德桥 1
塔古斯桥 233
萨拉查桥 (233)
瓦迪-库夫桥 243
巴拉那桥 3
巴尔马斯桥 3
瓜佐桥 84
布拉佐·拉戈桥 12
扎拉特桥 283
波萨达斯·恩卡纳西翁桥 10
甘特桥 59
桑独桥 208
斯德罗姆海峡桥 231
新雪恩桥 258
小贝尔特桥 254
法岛桥 50
布里斯勒·玛斯桥 12
阿尔泽特桥 1
女大公夏洛特桥 (1)
桥梁美学 193
桥梁建筑艺术 193
美的属性 163

审美 214
审美活动 (214)
审美观点 214
审美标准 214
审美能力 214
审美趣味 214
审美评价 214
审美判断 (214)
审美感受 214
美感 (214)
桥梁造型美 195
形式美 259
外形美 (259)
感性美 (259)
内涵美 170
内容美 (170)
理性美 (170)
主体美 291
装饰美 295
静态美 133
静观 (133)
动态美 42
动观 (42)
桥梁功能 190
桥梁主要功能 195
桥梁附加功能 190
防御性桥梁 51
宗教性桥梁 298
商业性桥梁 210
纪念性桥梁 120
游览性桥梁 273
美的法则 163
美的准则 163
协调 255
自身协调 298
个体协调 (298)
环境协调 105
公共协调 (105)
对比法 46
调和法 238
消去法 254
和谐 94
形式运动 259
线形 251
面 164
体量 237
色彩 208
质感 288
虚实 260
刚柔 61
力的传递 148
力的冲击 148
力的镇静 149
力的飞跃 149
力的稳定 149
多样与统一 49
变化与统一 (49)
简单与复杂 124
序列 260
功能序列 79
结构序列 130
审美序列 214
比率 7
比例 7
黄金比 106
斐氏级数 52
动态对称 42
对称 46
镜面对称 133
左右对称 (133)
重合对称 21
平移对称 (21)
旋转对称 263
车轮对称 (263)
结晶对称 130
装饰对称 (130)
体量对称 237
静态平衡 133
动态平衡 42
稳定平衡 246
不稳定平衡 11
不完全对称 11
节奏 128
韵律 281
连续韵律 151
突变韵律 240
渐进韵律 125
重复韵律 21
交叉韵律 126
联想 151

类比联想 146
形式联想 259
性质联想 260
因果联想 270
桥梁细部美学处理 195
桥头建筑 198
桥头堡 (198)
桥屋 198
桥梁入口 194
桥头小品 198
桥头公园 198
桥栏 189
桥梯 197
桥上照明 197
桥上装饰 197
[桥渡设计]
[工程技术标准与桥涵]
公路工程技术标准 78
公路等级 77
铁路工程技术标准 239
铁路等级 239
桥涵 188
特大桥 236
大桥 27
中桥 289
小桥 254
涵洞 90
桥位 198
桥渡 187
标准跨径 9
[桥涵水文数理统计]
频率 178
洪水频率 101
设计洪水频率 211
洪水重现期 101
流量与频率密度曲线 154
流量与频率分布曲线 154
经验频率 131
经验频率曲线 131
理论频率曲线 148
海森几率格纸 90
皮尔逊Ⅲ型曲线方程式 176
变差系数 C_v 8
离差系数 (8)
偏态系数 C_s 177
模比系数 165
变率 (165)
平均流量 (136)，179
相关分析 251
直线相关 288
相关系数 251
完全相关 243
函数相关 (243)
零相关 154
统计相关 240
相关关系 (240)
相关系数机误 251
回归方程式 107
回归系数 107
均值 136
均方差 136
标准差 (136)
适线法 219
求矩适线法 200
三点适线法 206
桥涵水文 188
自然界水分循环 297
自然界水分大循环 297
自然界水分小循环 297
自然界水量平衡 298
河流 95
河流类型 96
游荡型河流 272
潮汐河流 17
感潮河段 (17)
内陆河流 171
宽滩漫流 143
常水河流 16
间歇性河流 124
地下暗河 35
雨源类河流 275
雪源类河流 264
雨雪源类河流 274
直道水流 287
河湾水流 97
春汛 24
凌汛 153
河流平面 96
河流纵断面 96
河流横断面 95

河床单式断面 94
河床复式断面 95
河槽 94
主槽 290
边滩 8
河滩 97
河床形态 95
河谷 95
河漫滩 97
台地 234
边滩 8
心滩 258
深槽 213
浅滩 186
险滩 250
河势 97
河流节点 96
环流 105
螺旋流 (105)
股流 84
斜流 257
主溜 291
深泓 214
主泓 (214)
河弯超高 97
斜流冲高 257
股流涌高 84
水拱 226
地形水拱 35
河流纵向稳定系数 96
河流横向稳定系数 96
泥沙运动 172
推移质输沙率 242
水流挟沙能力 226
输沙平衡 221
流域 155
分水线 53
分水岭 (53)
汇水区 (155)
汇水面积 108
流域面积 (108)
小流域 254
降水 125
可能最大降水 139
降雨 125
降雨量 126
降水量 126
前期降雨 184
初始降雨 23
面雨量 164
面平均雨量 (164)
流域平均雨量 (164)
超渗雨 16
雨强 274
降雨历时 126
暴雨 6
暴雨中心 6
设计暴雨 211
净降雨量 133
净雨 (133)
自记雨量计 297
雨量器 274
扣损 142
下垫面 249
植被 288
植物截留 288
截留 (288)
蒸发 285
蒸发器 285
蒸发池 285
土壤蒸发器 241
蒸散器 285
蒸渗仪 286
填洼 238
下渗 249
入渗 (249)
下渗试验 250
产流 15
超渗产流 16
蓄满产流 260
汇流 108
流域汇流 (108)
汇流试验 108
坡面汇流 181
河网汇流 97
汇流历时 108
径流 132
径流量 (132)
径流过程 132
地面径流 34

表层流 9
壤中流 9
地下径流 35
河川径流 94
径流系数 133
洪水比降 101
水面比降 226
河底比降 95
河床形态断面 95
过水断面积 89
过水面积 89
洪水 101
设计洪水 211
特大洪水 236
特大洪水处理 236
历史洪水 149
可能最大洪水 139
洪水泛滥线 101
水位 228
平滩水位 180
历史洪水位 149
最高洪水位 302
平均水位 180
最高（最低）水位 302
平滩河宽 180
风玫瑰图 54
风图 (54)
风向 54
风速 54
风级 54
流速 155
天然流速 238
断面流速分布 45
平均流速 179
不冲流速 11
冲止流速 22
设计流速 212
天然水深 238
设计水位 212
断面比能 45
断面单位能量 (45)
临界水深 153
临界断面 153
临界流 153
缓流 106
急流 119
临界流速 153
临界坡度 153
[桥涵设计流量]
恒定流连续方程 98
稳定流连续方程 (98)
流量 154
河道径流量 (154)
平滩流量 180
年瞬时最大流量 172
造床流量 282
历史洪水流量 149
单宽流量 28
洪峰流量 101
设计流量 212
流量过程线 154
洪峰水位 101
水位过程线 228
水位-流量曲线 228
谢基公式 258
谢基系数 258
满宁公式 160
粗糙系数 25
糙率 (25)
水力比降 226
水力坡度 (226)
水力坡降 (226)
能坡 (226)
水力半径 226
湿周 217
糙率 (25)
径流成因公式 132
等流时线 32
推理公式 241
Q_1 等值线法 304
一院二所法 268
单位过程线 29
综合单位线 298
比降-面积法 7
水文基线 228
水面比降 226
流速仪 155
水位流量关系 228
简易水文观测 124
收缩系数 220

挤压系数 119
[桥梁墩台冲刷]
河床的冲刷 94
冲刷系数 22
自然冲刷 297
演变冲刷 (297)
一般冲刷 267
局部冲刷 135
河流自然冲淤 96
河弯冲淤 97
揭底冲刷 127
清水冲刷 200
墩前冲高 46
河流泥沙 96
挟沙水流 255
高含沙水流 74
悬移质 263
推移质 242
冲泻质 22
河床质 95
悬移质输沙率 263
推移质输沙率 242
泥沙颗粒分析 172
粒径组 149
中数粒径 289
平均粒径 179
粒径 149
颗粒级配曲线 138
含沙量 90
沙波 208
沙波运动 208
沉降速度 17
沉速 (17)
平均沉速 179
流速梯度 155
紊动涡体 245
涡体 (245)
涡漩 (245)
紊动强度 245
河底切力 95
摩阻流速 166
河流阻力 96
定床阻力 41
动床阻力 42
雷诺应力 146
紊动应力 (146)
桥址勘测 199
[工程地质勘测]
区域地质 201
工程地质条件评价 76
工程地质 76
水文地质 228
基岩 118
岩浆岩 265
火成岩 (265)
沉积岩 17
水成岩 (17)
变质岩 9
地质构造 36
断层 45
节理 128
褶皱 284
产状 15
地层 34
地质年代 36
特殊土 236
特种土 236
黄土 107
冻土 43
盐渍土 266
膨胀土 176
裂隙粘土 (176)
胀缩土 (176)
软土 205
地形 35
地貌 34
[地下水]
潜水 185
包气带水 5
承压水 20
自流水 (20)
孔隙水 142
裂隙水 153
岩溶水 266
喀斯特水 (266)
地下水露头 35
涌水 272
突水 (272)
渗透系数 215
水力传导系数 (215)

- 滑坡 104
- 崩塌 7
- 泥石流 172
- 岩溶 265
  - 喀斯特 (265)
- 地震 35
  - 地动 (35)
  - 震源 285
    - 震源深度 285
  - 震中 285
    - 震中距 285
  - 地震波 35
  - 地震震级 36
    - 震级 (36)
  - 地震烈度 36
- 轻便勘探 199
  - 洛阳铲 158
  - 锥探 296
  - 小螺钻 254
- 挖探 242
  - 槽探 13
  - 坑探 140
    - 试坑 (140)
- 钻探 301
  - 人力钻探 203
  - 机械回转钻探 116
- 地球物理勘探 35
  - 物探 (35)
  - 电法勘探 38
  - 重力勘探 289
  - 磁法勘探 24
  - 放射性勘探 52
    - 放射性测量 (52)
  - 声波勘探 215
  - 地震勘探 36
- 航空摄影 93
  - 空中摄影 (93)
  - 遥感判释 267
  - 航空遥感 93
  - 航天遥感 93
- 航空物探 93
  - 航空地球物理勘探 (93)

[试验及观测]

- 土样试验 241
  - 原状土试样 280
  - 扰动土试样 202
  - 土的相对密度 241
    - 土的比重 (241)
  - 土的含水量 240
  - 土的饱和度 240
  - 土的孔隙比 241
  - 土的液限 241
    - 土的流限 (241)
    - 土的液性界阶 (241)
  - 土的塑限 241
    - 土的塑性界限 (241)
  - 抗剪强度 137
  - 土的压缩性 241
  - 土的荷载试验 241
  - 标准贯入试验 9
  - 触探 23
    - 静力触探 133
    - 旁压试验 175
      - 横压试验 (175)
- 岩石试验 266
- 岩石薄片鉴定 266
- 抽水试验 23
  - 水样分析 229
    - 水化学分析 (229)
- 风化 54
- 第四纪沉积物 36
- 残积层 13
- 冲积层 22
- 洪积层 101
- 坡积层 180
- 滑坡观测 104
- 泥石流观测 172
- 地下水观测 35
- 桥位工程测量 198
  - 水准测量 230
    - 水准点 230
    - 高程系统 74
    - 基平 118
  - 导线测量 31
  - 三角测量 207
  - 基线测量 118
  - 支导线测量 287
    - 自由导线测量 (287)
  - 地形测量 35
  - 桥址地形图 199

桥址平面图 199
横断面图 100
桥轴断面图 199
水文基线断面图 228
桥址纵断面图 199
桥渡水文平面图 187
桥渡水文平面关系图 (187)
洪水位及水面坡度图 102
军用图 136
航片 93
航摄像片 (93)
航天摄影像片 93
孔径设计 142
桥涵孔径 188
桥孔长度 189
桥孔净长度 189
有效跨径 273
水面宽度 226
桥下净空 198
自由式流出 298
淹没式流出 265
[桥梁标高]
高程基准面 74
桥面最低标高 197
桥头路基最低标高 198
桥墩最低冲刷线标高 188
墩台基底最小埋深 47
桥渡调治构筑物 187
导流堤 31
梨形堤 148
长堤 15
丁坝 40
顺水坝 230
格坝 76
截水坝 130
[桥基病害及防护]
浅基病害 185
柔性防护 204
平面防护 180
整孔防护 286
化学防护 105
涵洞 90
[涵洞构造及附属构筑物]
涵洞洞身 91
涵洞基础 91
涵洞洞口 91
八字翼墙洞口 3
流线型洞口 155
涵台 92
锥体护坡 296
锥坡 (296)
扭坡 173
[涵洞设计与施工]
涵位 92
涵址测量 92
涵洞型式选择 92
涵洞的立面布置 91
涵底标高 90
涵底坡度 90
暴雨分区 6
降雨历时曲线 126
径流计算公式 132
管涵施工 85
小桥涵顶进法施工 254
[涵洞类型]
管式涵洞 85
箱形涵洞 253
拱形涵洞 82
盖板涵洞 59
四铰圆管涵 231
波纹铁管涵 10
砖涵 291
柔性涵洞 204
刚性涵洞 61
正交涵洞 286
斜交涵洞 256
明涵 165
暗涵 2
陡坡涵洞 44
倒虹吸涵洞 31
无压力式涵洞 247
半压力式涵洞 5
压力式涵洞 265
洞口冲刷防护 43
截水墙 130
垂裙 (130)
隔水墙 (130)
拦水墙 (130)
斜坡 257
斜裙 (257)

防淘斜坡 (257)
挑坎 238
急流槽 119
消力池 254
消力槛 254
[其他构筑物]
过水路面 89
混合式过水路面 108
渗水路堤 214
漫水桥 160
冰渡 9
[桥梁总体规划]
[规划设计程序]
桥梁规划设计 191
桥梁设计程序 194
设计阶段 212
三阶段设计 207
两阶段设计 151
一阶段设计 268
可行性研究 139
可行性研究报告 139
方案编制 51
方案评估 51
计划任务书 120，(212)
设计任务书 (120)，212
推荐方案 241
比较方案 7
最优方案 302
初步设计 23
扩大初步设计 144
技术设计 120
施工图设计 217
[设计项目]
总体布置 299
桥梁纵断面设计 195
桥梁横断面设计 191
桥梁平面布置 194
桥梁分孔 189
桥梁总跨径 195
标准跨径 9
经济跨径 131
桥梁净跨 193
桥梁全长 194
主桥 291
引桥 270
单跨 28
多跨 48
主孔 290
主跨 (290)
中孔 289
中跨 (289)
边孔 8
边跨 (8)
桥下净空 198
通航净空 240
桥面净空 196
桥面建筑限界 (196)
公路桥面净空限界 78
桥面纵坡 196
桥面横坡 196
桥面标高 196
桥道标高 (196)
轨底标高 88
拱趾标高 82
基底标高 118
桥梁建筑高度 191
[概、预算]
设计概算 211
综合概算指标 299
概算指标 (299)
桥梁工程概算定额 190
施工预算 217
施工图预算 217
设计预算 (217)
投资检算 (217)
建筑工程定额 124
桥梁工程预算定额 190
综合单价 298
施工定额 216
工程费 77
直接费 287
材料费 13
运杂费 281
工程机械使用费 77
工程机械台班费 (77)
台班费 (77)
施工管理费 216
间接费 124
其他间接费 182
[技术经济指标]

桥梁工程技术经济分析 190
  桥梁工程技术经济评价方法 190
  技术经济指标 120
  经济技术指标 131
材料数量指标 13
[招标、投标]
桥梁建设项目 191
建设单位 124
  甲方 (124)
设计单位 211
施工单位 216
  乙方 (216)
招标承包制 283
  招标 283
  投标 240
  设计方案竞标 211
施工承包 216
桥梁施工质量管理 194

[桥梁类型]

[按功能分类桥梁]

铁路桥 239
公路桥 78
城市道路桥 20
公路铁路两用桥 78
人行桥 203
农村道路桥 173
  农桥 (173)
飞机场桥 52
管线桥 86
运河桥 281
  通航渡槽 (281)
水渠桥 227
  水道桥 (227)
河渠桥 97
  渡槽 (97)
纤道桥 186
高架桥 74
地道桥 34
箱形桥 253
单线桥 29
多线桥 48
道碴桥面桥 32
明桥面桥 165
双层箱梁桥 223
多用桥 49
特殊运输桥 236
高架线路桥 74
轻轨交通桥 200
高架单轨铁路桥 74
跨线桥 143
天桥 237
立交桥 149
栈桥 283
轮渡栈桥 157
跨河桥 143
跨谷桥 143
旱桥 92
跨湖桥 143
海湾桥 90
海峡桥 90
跨海联络桥 143
永久性桥 272
临时性桥 153
半永久性桥 5
便桥 9
施工便桥 216
紧急抢险桥 131
军用桥 135
贝雷桥 6
气垫桥 182
  充气桥 (182)
固定桥 84
活动桥 115
  开启桥 137
  开合桥 137
  立转桥 149
    竖旋桥 (149)
  平转桥 180
  提升桥 237
  伸缩桥 213
舟桥 290
浮桥 55
漫水桥 160
  过水桥 (160)
潜水桥 185
高水位桥 75
低水位桥 33
汀步桥 240
堤梁桥 33
水闸桥 229

廊桥 146，(272)
梯桥 236
握桥 246
飞桥 (8，246)
河厉 (246)
楼殿桥 155
半山桥 5
园林桥 280
市桥 219
[按体系分类桥梁]
板桥 4
简支板桥 124
连续板桥 150
撑架桥 20
组合式板桥 299
铰接板桥 127
道碴槽板桥 32
整体式板桥 286
装配式板桥 295
矩形板桥 135
空心板桥 141
梁式桥 151
简支梁桥 124
悬臂梁桥 261
单悬臂梁桥 30
双悬臂梁桥 225
多孔悬臂梁桥 48
连续梁桥 150
桥面连续简支梁桥 196
桁架梁桥 99
上承式桁架梁桥 210
下承式桁架梁桥 249
半穿式桁架梁桥 4
悬臂桁架梁桥 261
穿式板梁桥 23
实腹梁桥 218
空腹梁桥 140
变截面梁桥 8
低高度梁桥 33
固端梁桥 84
格子梁桥 76
单梗式梁桥 28
无碴梁桥 246
整体式梁桥 286
装配式梁桥 295
装配-整体式梁桥 295
装配式悬臂梁桥 295
组合式梁桥 300
结合梁桥 130
组合箱梁桥 300
肋式梁桥 146
鱼腹式梁桥 274
T 形梁桥 304
工字形梁桥 77
Π 形梁桥 306
槽形梁桥 13
微弯板组合梁桥 244
波形截面梁桥 10
脊骨梁桥 120
箱形梁桥 253
倒梯形箱梁桥 32
双腹板箱梁桥 223
斜腹板箱梁桥 256
单箱单室梁桥 29
单箱多室梁桥 29
分离式箱梁桥 53
独柱式墩桥 44
双柱式梁桥 225
多柱式梁桥 49
拱桥 80
无铰拱桥 246
固端拱桥 (246)
双铰拱桥 223
三铰拱桥 207
单铰拱桥 28
悬链线拱桥 262
抛物线拱桥 175
圆弧拱桥 281
三心拱桥 207
五心拱桥 247
多心拱桥 49
双曲拱桥 224
板拱桥 4
肋拱桥 146
孪拱桥 157
实腹拱桥 218
空腹拱桥 140
坦拱桥 235
陡拱桥 44
箱形拱桥 253

刚架拱桥 60
上承式拱桥 210
中承式拱桥 288
下承式拱桥 249
装配式拱桥 295
拱片桥 80
圆洞拱片桥 280
桁架拱桥 99
桁架肋拱桥 99
斜腹杆桁架拱桥 256
竖腹杆桁架拱桥 221
空腹桁架拱桥 (221)
悬臂桁架拱桥 261
有推力拱桥 273
无推力拱桥 247
美兰体系拱桥 163
劲性钢筋混凝土拱桥 131,(163)
悬砌拱桥 262
连续拱桥 150
简单体系拱桥 124
组合体系拱桥 300
朗格尔梁桥 146
刚性梁柔性拱桥 (146)
系杆拱桥 248
柔性梁刚性拱桥 (248)
洛泽拱桥 158
刚性梁刚性拱桥 (158)
尼尔森拱桥 171
倒朗格尔梁桥 31
倒朗格尔拱桥 (31)
倒洛泽拱桥 31
倒洛泽梁桥 31
刚架桥 60
刚构桥 (60)
门式刚架桥 164
门架桥 (164)
直腿刚架桥 288
斜腿刚架桥 257
梁-框体系刚架桥 151
斜撑架刚架桥 255
单跨刚架桥 28
多跨刚架桥 48
双铰刚架桥 223
三铰刚架桥 207
固端刚架桥 84
无铰刚架桥 (84)
V 形墩刚架桥 305
带拉杆刚架桥 27
T 形刚构桥 304
带铰 T 形刚构桥 27
带挂孔 T 形刚构桥 27
连续刚构桥 150
连续铰接刚构桥 150
斜拉桥 256
斜张桥 (256)
双塔式斜拉桥 224
独塔式斜拉桥 44
双铅垂索面斜拉桥 224
双斜索面斜拉桥 225
单索面斜拉桥 29
辐射形斜拉桥 56
扇形斜拉桥 (56)
竖琴索斜拉桥 221
平行索斜拉桥 (221)
扇形索斜拉桥 209
星形索斜拉桥 258
悬浮体系斜拉桥 262
飘浮体系斜拉桥 (262)
连续梁式斜拉桥 150
支承体系斜拉桥 (150)
单悬臂梁式斜拉桥 30
T 形刚构式斜拉桥 304
连续刚构式斜拉桥 150
刚性索斜拉桥 62
柔性索斜拉桥 205
密索体系斜拉桥 164
混合型斜拉桥 108
悬索桥 263
吊桥 (263)
刚性梁悬索桥 61
柔性悬索桥 205
双链体系悬索桥 223
双索悬索桥 (223)
斜吊杆悬索桥 255
多跨悬索桥 48
自锚式悬索桥 297
单索桥 29
单索式悬索桥 29
缆索承重桥 145
悬拉桥 262

悬索与拉索组合体系桥 (262)
索网桥 233
加弦桥 121
悬带桥 262
正交桥 286
正桥 (286)
直桥 (286)
斜桥 257
弯桥 243
曲桥 (243)
坡桥 181
上承式桥 210
中承式桥 289
半穿式桥 (289)
下承式桥 249
穿式桥 (249)
[按材料分类桥梁]
天生桥 238
竹索桥 290
笮桥 282，(290)
絙桥 76
麻网桥 159
藤网桥 236
溜筲桥 154
木桥 169
木梁桥 168
木排架桥 169
木桁架桥 168
豪氏木桁架桥 94
木桁架梁桥 168
木撑架梁桥 168
单斜撑式木桥 30
双斜撑式木桥 225
托木撑架式桥 242
托梁撑架式木梁桥 (242)
加副梁撑架式桥 120
八字撑架式桥 (121)
木栈桥 169
木钉板梁桥 168
胶合木梁桥 126
胶合木桁架桥 126
木拱桥 168
石桥 218
石梁桥 217
石拱桥 217
乱石拱桥 157
料石拱桥 152
圬工桥 246
混凝土桥 113
混凝土拱桥 110
轻质混凝土桥 200
钢筋混凝土桥 67
普通钢筋混凝土桥 (67)
R. C. 桥 304
钢筋混凝土梁桥 67
就地浇筑钢筋混凝土梁桥 134
装配式钢筋混凝土梁桥 295
整孔运送钢筋混凝土梁桥 286
钢筋混凝土刚架桥 66
钢筋混凝土T型刚架桥 65
钢筋混凝土拱桥 66
劲性钢筋混凝土拱桥 131，(163)
钢筋混凝土桁架拱桥 67
钢筋混凝土组合体系桥 68
钢筋混凝土联合系桥 (68)
预应力混凝土桥 277
预应力钢筋混凝土桥 (277)
P. C. 桥 304
预应力混凝土简支梁桥 277
预应力混凝土悬臂梁桥 278
预应力混凝土桁架梁桥 277
节段式预应力混凝土简支桁架桥 128
道碴桥面预应力混凝土桁架桥 32
明桥面预应力混凝土桁架桥 165
预应力混凝土连续梁桥 277
预应力混凝土刚架桥 277
预应力混凝土斜腿刚架桥 278
预应力混凝土T型刚构桥 277
预应力混凝土悬臂桁架组合拱桥 278
全预应力混凝土桥 202
有限预应力混凝土桥 273
部分预应力混凝土桥 12
A类部分预应力混凝土桥 303
B类部分预应力混凝土桥 303
P. P. C. 桥 (12)，304
双预应力体系混凝土桥 225
预弯预应力桥 275
铁桥 240
铸铁桥 291
铁板梁桥 239

铁索桥 240
铁链桥 (240)
钢桥 72
低合金钢桥 33
预应力钢桥 276
焊接钢桥 93
全焊钢桥 (93)
钢板梁桥 62
全焊钢板梁桥 201
铆接钢板梁桥 162
栓焊钢桥 222
栓焊钢板梁桥 222
栓焊钢桁架桥 222
钢桁架桥 63
钢管桁架桥 63
钢桁梁桥 64
平行弦钢桁梁桥 180
多边形弦杆钢桁梁桥 47
再分式钢桁梁桥 282
米字形钢桁梁桥 164
钢悬臂梁桥 73
钢连续梁桥 70
矮桁架钢桥 1
敞口钢桁架桥 (1)
半穿式钢桁架桥 (1)
正交异性板桥面钢桥 286
道碴桥面钢板梁桥 32
明桥面钢板梁桥 165
上承式钢梁桥 210
下承式钢梁桥 249
钢桥面板箱梁桥 72
钢拱桥 63
钢板拱桥 62
钢桁架拱桥 63
钢管拱桥 63
钢斜拉桥 73
钢斜张桥 (73)
钢结合梁斜拉桥 64
钢叠合梁斜张桥 (64)
钢叠合梁斜拉桥 (64)
钢悬索桥 73
钢组合体系桥 73
耐蚀钢桥 170
铝合金钢桥 156
玻璃钢桥 10
桥梁结构设计 193
桥梁设计规范 194
铁路桥涵设计规范 239
公路桥涵设计规范 78
桥梁上的作用 194
永久作用 272
可变作用 138
偶然作用 174
固定作用 84
可动作用 139
静态作用 133
动态作用 43
桥梁荷载 91
恒载 98
永久荷载 (98), 272
结构自重 130
预加力 275
混凝土收缩应力 113
混凝土徐变 114
静止土压力 133
静水压力 133
水浮力 226
基础不均匀沉降影响 117
附加恒载 57
活载 115
活荷载 (115)
可变荷载 (115)
基本可变荷载 117
其他可变荷载 182
铁路标准活载 239
换算均布活载 106
公路车辆荷载 77
汽车荷载 183
履带车和平板挂车荷载 157
车道荷载 17
等代荷载 (17)
公路等代荷载 77
冲击力 22
动力效应 42
动力响应系数 42
冲击系数 22
动力系数 42
离心力 148
活载产生的土压力 115
人行道荷载 203

人行道栏杆荷载 203
附加荷载 57
附加力 (57)
附加作用 (57)
其他可变荷载 (57)
制动力和牵引力 288
列车横向摇摆力 152
风荷载 54
风的动压力 (54)
风振 54
空气动力作用 (54)
温度影响 245
温度变化影响 245
温差应力 245
长钢轨纵向荷载 15
抗爬力 (15)
支座摩阻力 287
流水压力 154
冰荷载 10
冰压力 (10)
静态冰压力 133
动态冰压力 42
裹冰荷载 89
雪荷载 264
冻胀力 43
冻拔力 (43)
波浪荷载 10
波浪力 (10)
水波力 (10)
特殊荷载 236
偶然荷载 (236)
地震荷载 36
地震力 (36)
地震作用 (36)
船只或排筏撞击力 23
施工荷载 216
掉道荷载 40
倾侧力 200
滑行荷载 104
设计荷载 211
计算荷载 (211)
验算荷载 266
永久荷载 (98)，272
标准荷载 9
特征荷载 236
作用代表值 302
作用标准值 302
作用特征值 302
作用常遇值 302
作用准永久值 302
作用组合值 303
作用效应 302
荷载效应 98
荷载组合 98
荷载效应组合 (98)
作用分项系数 302
分项安全系数 (302)
[材料性能]
[钢材]
钢材的塑性 62
钢材的延展性 (62)
钢材的韧性 62
钢的塑性断裂 63
钢的韧性断裂 (63)
钢的脆断 63
[木材]
木材的弯曲塑性 167
木材的流变 167
木材的冷流 167
木材的蠕变 167
木材蠕变极限 167
木材弹性柔量 168
木材弹性顺从 (168)
木材应变系数 (168)
木材弹性后效 168
木材粘弹性 167
木材高弹变形 167
木材动弹性模量 167
木材剪弹模量 167
木材压缩塑性 168
木回弹 168
木弹回 169
木材静力弯曲弹性模量 167
木材强度比 167
缺陷系数 (167)
木材比强度 166
顺纹抗压强度 230
顺纹抗压极限强度 (230)
顺压强度 (230)
纵压强度 (230)

横纹抗压强度 100
横压强度 (100)
侧压强度 (100)
斜纹抗压强度 257
木材弹性极限压碎强度 168
顺纹抗拉强度 230
顺纹抗拉极限强度 (230)
顺拉强度 (230)
横纹抗拉强度 100
横纹抗拉极限强度 (100)
横拉强度 (100)
横纹抗剪强度 100
横纹抗剪极限强度 (100)
横剪强度 (100)
顺纹抗剪强度 230
顺纹抗剪极限强度 (230)
顺剪强度 (230)
木材垂直剪切强度 166
横纹剪断强度 (166)
木材冲击剪切强度 166
木材抗扭强度 167
木材疲劳强度 167
木材持久强度 166
木材长期强度 (166)
木材承压应力 166
抗劈力 138
木材撕裂应力 167
木材开裂应力 (167)
蒋卡硬度 125
布林奈尔硬度 12
迈耶硬度 159
马-希硬度 159
木材冲击硬度 166
正接抵承 286
环承载力 105
握钉力 246
抗拔力 (246)
钉端钳制长度 40
钉端有效长度 (40)
[钢筋]
钢筋强度标准值 69
钢筋比例极限 64
钢筋屈服点 69
钢筋弹性极限 (69)
钢筋屈服应力 (69)
钢筋极限强度 68
钢筋抗拉强度 (68)
钢筋条件流限 69
钢筋假定屈服强度 (69)
钢筋疲劳强度 69
钢筋的应力-应变曲线 65
钢筋屈服台阶 69
钢筋流幅 (69)
钢筋应变硬化 70
钢筋松弛 69
钢筋包辛格效应 64
[混凝土]
混凝土强度等级 113
混凝土抗压强度 111
混凝土立方体抗压强度标准值 112
混凝土特征抗压强度 (112)
混凝土抗拉强度 111
混凝土轴心抗压强度 115
混凝土的应力-应变曲线 109
混凝土弹性模量 114
混凝土变形模量 109
混凝土剪变模量 110
混凝土泊松比 109
混凝土热膨胀系数 113
混凝土徐变系数 114
混凝土双轴应力性能 113
混凝土三轴受压性能 113
约束混凝土 281
轻骨料混凝土 199
桥梁结构设计方法 193
容许应力法 204
容许应力设计 (204)
工作荷载 77
容许应力 204
定值设计法 41
极限荷载法 119
破坏荷载法 (119)
破坏强度设计法 (119)
荷载系数设计法 (119)
破坏阶段法 (119)
破损阶段法 (119)
极限设计法 (119)
强度设计 (119)
极限荷载 118
破坏荷载 (118)

极限强度 119
破坏强度 (119)
安全系数 2
极限状态设计法 119
承载能力极限状态 20
破坏极限状态 (20)
正常使用极限状态 286
运营极限状态 (286)
使用极限状态 219
设计准则 213
概率设计法 59
半概率法 5
近似概率法 131
全概率法 201
全分布概率法 (201)
最优化失效概率法 302
桥梁结构可靠度分析 192
桥梁结构安全度分析 (192)
可靠性 139
安全性 2
适用性 219
耐久性 170
基本变量 117
设计基准期 212
设计寿命 (212)
可靠概率 139
结构可靠度 (139)
失效概率 216
可靠指标 139
安全等级 2
材料分项安全系数 13
[**疲劳**]
疲劳强度 177
疲劳寿命 177
钢桥疲劳破坏 72
钢桥疲劳强度 72
持久极限 21
疲劳极限 (21)
常幅疲劳 16
变幅疲劳 8
应力变化范围 271
应力脉 (271)
应力幅 271
应力变程 (271)
应力比 271
疲劳验算荷载 177
加载事件 122
应力历程 271
荷载谱 98
荷载频值谱 (98)
设计荷载谱 211
应力谱 271
应力频值谱 (271)
设计应力谱 213
疲劳损伤 177
疲劳积伤律 177
迈因纳积伤律 (177)
疲劳损伤度 177
应力循环计数法 271
雨流计数法 274
泄水池法 257
泄水法 (257)
疲劳曲线 177
韦勒曲线 (177)
疲劳图 177
古德曼图 84
罗斯图 (84)
史密斯图 218
修正的古德曼图 (218)
黑格图 98
穆尔图 169
桥梁结构分析 192
线弹性分析法 250
换算截面 106
模量比 165
相容性计算 251
节间单元法 128
传递矩阵法 23
转换矩阵法 (23)
弹性支承连续梁法 235
E. 吉恩克法 (235)
梁格法 151
莱昂哈特-霍姆伯格法 (151)
P-E 法 304
非线性分析法 52
塑性分析法 231
极限分析 118
下限解法 250
上限解法 210
弯矩重分布 243

塑性铰 232
有限位移理论 273
二阶理论 (273)
挠度理论 170
自由扭转 298
纯扭转 (298)
圣维南扭转 (298)
约束扭转 281
扇性坐标 209
扇性面积 (209)
广义扇性坐标 88
扇性静面矩 209
主扇性零点 291
主扇性坐标 291
扇性惯性矩 209
畸变 118
扭曲变形 (118)
广义坐标法 88
剪力流 123
二次扭矩剪应力 50
二次剪力流函数 49
荷载横向分布系数 97
杠杆原理法 74
偏心受压法 178
刚性横梁法 (178)
偏心受压修正法 178
铰接板（梁）法 127
刚接梁法 61
比拟正交异性板法 7
G-M 法 303
弹性地基梁比拟法 235
BEF 法 (235)
用影响线计算畸变 272
剪力滞后效应 123
[拱桥设计]
拱轴线 82
合理拱轴线 94
悬链线拱轴 262
拱轴系数 82
拱圈截面变化规律 81
计算矢高 120
矢跨比 218
拱矢度 (218)
拱的水平推力 79
拱的内力调整 79
假载法 122
拱的施工加载程序 79
拱的纵向稳定性 79
拱的横向稳定性 79
连拱计算 150
钢筋混凝土构件的抗力 66
钢筋混凝土构件抗弯强度 66
平截面假定 179
伯努利法则 (179)
设计应力-应变曲线 213
平衡设计 179
理想设计 179
适筋设计 219
低筋设计 33
超筋破坏 16
中性轴 289
应变协调法 271
最小配筋率 302
双筋截面 223
有效翼缘宽度 273
钢筋混凝土构件抗剪强度 66
钢筋混凝土构件剪力破坏 66
斜裂缝 257
剪跨比 123
剪力破坏模式 123
剪力破坏机理 123
无箍筋梁的抗剪强度 246
销栓作用 254
骨料咬合作用 84
界面传递剪力 (84)
有箍筋梁的抗剪强度 273
最小配箍率 302
最大箍筋间距 302
名义剪应力 165
桁架比拟法 99
剪力传递的桁架机理 99
变角桁架模型 8
压力场理论 264
混凝土软化 113
冲剪应力 22
抗扭强度 137
平衡扭转 179
协调扭转 255
相容性 251
扭转刚度 173

扭转剪应力 173
砂堆比拟法 208
斜弯理论 257
空间桁架模拟理论 141
抗扭钢筋 137
[粘结破坏]
粘结破坏机理 172
粘结机理 (172)
锚固长度 161
搭接长度 26
粘结应力 172
握裹应力 (172)
[其他]
高跨比 74
瞬时曲率 230
长期曲率 16
收缩曲率 219
拉区强化效应 144
塑性铰转角 232
钢筋混凝土柱的抗压强度 67
偏心受压柱 178
界限相对受压区高度 131
界限破坏 131
平衡破坏 (131)
钢筋混凝土柱的二次效应 67
钢筋混凝土柱的偏心距增大系数 68
钢筋混凝土柱弯矩增大系数 (68)
钢筋混凝土柱挠度增大系数 (68)
钢筋混凝土柱的稳定验算 68
钢筋混凝土柱的临界压力 67
钢筋混凝土柱的纵向弯曲系数 68
钢筋混凝土柱的稳定系数 (68)
墩（台）顶位移 47
空心墩局部应力 142
空心墩的局部压屈 141
[预应力混凝土]
预应力混凝土的分类 277
全预应力混凝土 202
有限预应力混凝土 273
部分预应力混凝土 12
预应力度 276
预应力钢筋中的预加应力 276
控制张拉应力 142
传力锚固时应力 23
初始预应力 (23)
有效预应力 274
永存应力 (274)
构件破坏时钢筋应力 83
预应力损失 279
预应力钢筋束界 276
裂缝控制 152
开裂弯矩 137
特征裂缝宽度 236
混凝土收缩裂缝 113
名义拉应力 165
消压弯矩 254
锚下端块设计 162
局部承压强度 135
锚下端块劈裂 162
预应力钢筋传力长度 276
预应力效应 279
预应力引起的次反力 279
预应力引起的次力矩 279
吻合索 245
徐变拱 (260)
荷载平衡法 97
[热效应]
太阳辐射 234
太阳常数 234
太阳直接辐射 235
太阳散射辐射 235
温差分布 244
温差计算 244
热传导方程 202
导热微分方程 (202)
温度应力 245
温差应力 (245)
自约束应力 298
外约束应力 243
混凝土徐变对热效应的影响 114
裂缝对热效应的影响 152
日照作用下的墩顶位移 204
空心墩的温度应力 141
[其他]
活载发展系数 115
活载发展均衡系数 115
桥门架效应 195
上拱度 210
拱度 (210)
动力响应 42

极限速度 119
　临界速度 (119)，153
　共振速度 (119)
振型叠加法 285
　振型分解法 (285)
轮对蛇行运动 157
轮轨关系 157
应力集中 271
局部应力高峰 135
换算应力 106
　比较应力 (106)
残余应力 13
焊接残余应力 93
焊接残余变形 93
钢压杆临界荷载 73
理想压杆 148
压屈荷载 265
平衡分叉 179
第一类稳定问题 36
弹性屈曲 235
弹塑性屈曲 235
切线模量理论 199
双模量理论 224
　折算模量理论 (224)
边缘纤维屈服荷载 8
压溃荷载 264
第二类稳定问题 36
实轴 218
虚轴 260
换算长细比 106
构件局部失稳 83
理想平板 148
钢板翘曲 62
弹性翘曲 235
弹塑性翘曲 235
翘曲系数 199
屈后强度 201
型钢梁 260
　翼缘板 269
　腹板 58
　加劲肋 121
　竖加劲肋 221
　中间加劲肋 289
　端加劲肋 45
　　支承加劲肋 (45)
水平加劲肋 227
　纵向加劲肋 (227)
单壁式杆件 28
双壁式杆件 222
帽形截面 162
　眼杆 266
格构式组合杆件 76
　空腹杆件 (76)
分肢 53
缀材 296
缀条 297
缀板 296
钢桥连接 72
受力性连接 220
缀连性连接 296
机械性连接 116
　钉栓连接 (116)
铆钉连接 162
普通螺栓连接 181
高强度螺栓连接 75
栓焊连接 222
枢接 220
销接 254
对接接头 46
搭接接头 26
T形接头 304
角接头 127
钉杆受剪 40
单剪 28
双剪 223
钉孔承压 40
铆钉或螺栓系数 162
铆钉或螺栓线距 162
铆钉或螺栓线 162
钉栓距 40
坡口焊缝 181
对接焊缝 46
角焊缝 126
侧焊缝 14
　纵向焊缝 (14)
端焊缝 45
　横向焊缝 (45)
颈焊缝 132
桥梁上部结构 194
桥跨结构 194

桥孔结构 (194)
承重结构 20
主要承重结构 291
桥梁构件 191
承重构件 20
非承重构件 52
桥面 195
桥面构造 196
桥面铺装 196
桥面保护层 (196)
桥面排水 196
双层桥面 223
缘石 281
三角垫层 207
磨耗层 166
沥青表面处置 149
行车道 259
车行道 (259)
行车道板 259
行车道梁 259
桥道梁 (259)
行车道铺装 259
行车道净宽 259
分车道 53
分流车道 (53)
双向车道 224
变向车道 (224)
机动车道 116
快行道 (116)
非机动车道 52
慢行道 (52)
分隔带 53
安全带 2
护轮带 (2)
人行道 203
人行道铺装层 203
搁置式人行道 76
装配式悬臂人行道 295
栏杆 145
栏杆柱 145
扶手 55
护栏 103
护栅 (103)
护柱 103
柱式护栏 (103)
新泽西式护栏 258
灯柱 32
排水防水系统 174
封闭式排水系统 55
横向排水孔道 100
排水槽 174
排水管道 174
桥面防水层 196
贴式防水层 238
台后透水层 234
进水孔 131
泄水口 258
泄水管 258
泄水孔 258
泄水管道 258
聚水槽 135
防水玻璃纤维布 51
校正井 127
滴水 33
栅板 283
伸缩缝 213
敞露式伸缩缝 16
镀锌铁皮伸缩缝 44
U形镀锌铁皮伸缩缝 (44)
滑板式伸缩缝 104
梳齿形伸缩缝 220
拼板式伸缩缝 178
Demag 滑板伸缩缝 (178)
拉压式橡胶伸缩缝 145
组合式伸缩缝 300
橡胶带（板）伸缩缝 253
支座 287
固定支座 84
固定铰支座 (84)
活动支座 115
活动铰支座 (115)
滑动支座 104
滚动支座 89
摆动支座 4
垫层支座 39
橡胶支座 253
板式橡胶支座 4
聚四氟乙烯板式橡胶支座 135
四氟板式橡胶支座 (135)
滑板橡胶支座 (135)

盆式橡胶支座 176
钢盆 72
下支座板 (72)
盆塞 176
承压橡胶块 20
聚四氟乙烯滑板 135
钢支座 73
铸钢支座 291
平面钢板支座 180
平板支座 179,(180)
弧形钢板支座 102
切线式支座 (102)
线支座 (102)
辊轴支座 89
滚轴支座 (89)
摇轴支座 267
扇形支座 (267)
克罗伊茨高级钢支座 140
摆柱支座 4
混凝土铰支座 110
球面支座 200
减震支座 123
洛氏硬度 158
肖氏硬度 255
[混凝土桥上部结构]
主梁 290
低高度梁 33
T梁 304
梁肋 151
梗肋 (151)
加劲肋板 121
腹板 58
孔道 142
管道 (142)
泄浆孔 257
排浆孔 (257)
排气孔 174
箱梁 252
薄壁箱梁 5
箱梁通气孔 252
多室箱梁 48
梗胁 76
承托 20
托承 (20)
梁腋 (20)
脊骨梁 120
展翅梁 (120)
先张梁 250
后张梁 102
槽形梁 13
凵形构件 306
悬臂跨 261
挂孔 84
挂梁 85
横隔板 100
横隔梁 (100)
剪力铰 123,(299)
牛腿 173
隅节点 274
梁块截面型式 151
[混凝土桥面板]
道碴槽板 32
道碴槽悬臂板 32
折转式道碴槽悬臂板 284
车道板 17
道床板 32
桥面板 196
人行道板 203
双向板 224
周边支承板 (224)
单向板 29
悬臂板 261
空心板 141
横向铰接矩形板 100
铰接悬臂板 (100)
桥头渡板 198
挡土板 30
[配筋]
受力钢筋 220
钢筋的弯起 65
纵向钢筋 299
弯起钢筋 243
斜筋 (243)
腹筋 58
构造钢筋 83
架立钢筋 122
箍筋 83
镫筋 (83)
分布钢筋 53
分配钢筋 (53)

防裂钢筋 51
伸出钢筋 213
预埋钢筋 (213)，275
冷拉时效 147
冷作钢筋 147
热处理钢筋 202
变形钢筋 9
冷扭钢筋 147
螺旋箍筋 157
精轧螺纹钢筋 132
冷拉钢筋 147
普通钢筋 181
钢筋的锚固 64
钢筋接头 68
钢筋标准弯钩 64
钢筋搭接 64
钢筋焊接接头 65
预应力筋 278
钢绞线 64
粗钢筋 25
预应力钢丝束 276
刻痕钢丝 140
高强钢丝 75
碳素钢丝 236
镀锌钢丝 44
应力消除钢丝 271
冷拔钢丝 147
冷拔低碳钢丝 147
预应力镫筋 276
强大钢丝束 186
无粘结预应力筋 247
体外配筋 237
体外束 237
外置预应力筋 243
折线配筋 284
钢筋网 70
桥面钢筋网 196
钢筋骨架 65
多层焊接钢筋骨架 48
纵向辅助钢筋 299
后张法预加应力 102
预应力体系 279
后张式小钢丝束弗氏体系 102
后张式巨大方形钢丝束体系 102
VSL 多股钢绞线体系 305
后张式粗钢筋体系 102
迪维达克体系 33
BBRV 体系 303
莱昂哈特体系 145
三向预应力配筋体系 207
马奈尔预应力张拉体系 159
雷奥巴体系 146
先张法预加应力 250
锚具 161
锚头 (161)
锥销锚 296
锥塞式锚具 (296)
弗氏锚 55
环销锚 105
楔形锚 255
柯氏锚 138
片销锚 177
夹片式锚具 (177)
QM 型锚具 304
粗钢筋螺纹锚 25
镦头锚 47
轧丝锚 283
环套锚 105
粘结锚 172
暗藏梨状锚 2
锚垫板 161
支承垫板 (161)
锚垫圈 161
JM12 型锚具 303
迪维达克锚具 33
BBRV 镦头锚 303
МИИТ 锚锭与扣环 306
摩阻锚 166
楔紧式锚具 (166)
TP 锥形锚 305
3 钢绞线锚 (305)
星形楔块锚具 259
XM 型锚具 305
热铸锚 203
CCL 体系锚具 303
连接套筒 150
预应力筋连接杆 278
封锚 55
预制构件 280
混凝土湿接头 113

现浇混凝土接头 250
钢筋扣环式接头 68
电焊钢筋现浇混凝土接头 38
干接头 59
钢板电焊接头 62
预应力接头 278
干接缝 59
湿接缝 217
环氧树脂水泥胶接缝 106
轻质混凝土 200
[组合体系桥、吊桥上部结构]
悬索 263
主缆 (263)
平行钢丝悬索 180
钢绞线索 64
封闭式钢索 54
钢丝绳悬索 72
柔性索套 205
半刚性索套 5
索鞍 232
索夹 232
钢缆卡箍 (232)
钢缆箍 (232)
钢缆夹 (232)
索塔 232
主索矢高 291
锚索倾角 162
锚箱 162
锚碇 161
吊杆 39
吊索 (39)
侧向拉缆 14
桥塔 197
框架式桥塔 143
桁架式桥塔 99
摆柱式桥塔 4
刚性桥塔 62
柔性桥塔 204
[其他]
加劲梁（桁架） 121
空格桥面 141
开口格栅桥面 (141)
零号块 154
流线型断面 155
通风洞 240
抑流板 (202)，269
扰流板 202，(269)
扰流器 (202)
风嘴 54
辅助墩 57
拉力摆 144
拉力悬摆 (144)
拉力支座 144
负反力支座 (144)
风支座 54
横向支座 (54)
位移限制装置 244
[缆索体系]
纯缆索体系 24
一阶稳定缆索体系 268
二阶稳定缆索体系 50
不稳定缆索体系 11
吊杆网 39
正拉索 286
负拉索 57
[拱桥上部结构]
拱圈 81
拱券 (81)
主拱圈 290
主拱 (290)
系杆拱 248
拱顶 79
拱脚 80
拱矢 81
拱高 (81)
矢高 (81)
拱背 79
拱腹 79
起拱线 182
拱肋 80
拱波 79
拱板 79
悬半波 261
主拱腿 290
次拱腿 25
斜撑 (25)，255
次梁 25
拱上建筑 81
拱上结构 (81)
拱肩 80

腹孔 58
腹拱 58
腹孔墩 58
拱肩填料 80
肋腋板桥面 146
微弯板桥面 243
拱铰 80
拱石 81
五角石 247
拱座 82
护拱 103
侧墙 14
[其他]
变形缝 9
砌缝 184
错缝 25
通缝 240
砌块 184
基肋 118
刚架拱片 60
桁架拱片 99
拱厚变换系数 79
铰 127
弧形铰 102
石铰 217
平铰 179
铅垫铰 184
钢筋混凝土铰 67
弗莱西奈式铰 55，(67)
混凝土铰 (67)
不完全铰 (67)
临时铰 153
纵向活动铰 299
剪力铰 123，(299)
刚性吊杆 61
柔性吊杆 204
斜吊杆 255
系杆 248
扁钢系杆 8
柔性系杆 205
刚性系杆 62
刚性梁 61
断缝 45
剪刀撑 123
横梁 100
交叉撑架 126
K形撑架 303
悬臂拱 261
拱形桁架 82
框架式桁架 143
[钢桥上部结构]
型钢 259
角钢 126
工字钢 77
槽钢 13
轧边钢板 283
扁钢 (283)
翼缘 269
钢板梁 62
隅加劲 274
并列箱梁 10
桁架 98
理想桁架 148
再分式桁架 282
菱形桁架 153
三角形桁架 207
三角形腹杆体系桁架 (207)
斜竖式腹杆桁架 257
斜撑式腹杆体系桁架 (257)
上弦杆 210
下弦杆 250
腹杆体系 58
竖杆 221
吊杆 39
斜杆 256
斜杆倾度 256
节间 128
节间长度 128
自由长度 298
节点 128
节点构造 128
刚性节点 61
主节点 290
大节点 (290)
副节点 58
拼接板 178
节点板 128
鱼形板 274
肱板 79
铰板 127

斜搭接接头 255
对接接头 46
纵向联结系 299
平纵联 (299)
上平纵联 210
下平纵联 249
横向联结系 100
中间横联 (100)
桥门架 195
端斜杆 45
横撑 100
楣杆 100
纵梁撑架 299
纵梁联结系 (299)
制动撑架 288
制动联结系 (288)
桥面系 196
明桥面 165
开口截面肋 137
开口截面加劲肋 (137)
闭口截面肋 7
护木 103
压梁木 (103)
防爬木 (103)
防爬角钢 51
桥枕 198
钩螺栓 83
护轨 103
支座 287
摇轴支座 267
辊轴支座 89
平板支座 179，(180)
油压减震器 272
点支座 36，(200)
弗莱西奈式铰 55，(67)
混凝土铰支座 110
钢支座 73
优质钢支座 272
强化钢支座 186
防锈焊接钢支座 51
聚四氟乙烯支座 135
锚跨 161
组合跨 299
悬跨 262
温度跨度 245
［木桥上部结构］
排架结构 174
排架桩墩 174
帽木 162
托木 242
托梁木 (242)
垫梁 39
垫木 (39)
键结合 125
棱柱形木键 147
横键 100
纵键 299
斜键 256
钢键 64
环式键 105
纵键最小间距 299
栓钉结合 222
系紧螺栓 249
销结合 254
插销 15
暗销 2
拉条 144
胶结合 126
胶合材料 126
胶合能力 126
马钉 159
接榫 127
单齿正接榫 28
套接 236
套接榫 (236)
纵梁 299
简单大梁 124
束合大梁 221
复合大梁 58
组合大梁 (58)
木梁束 168
板栓梁 4
离缝键合梁 147
柔性扣件组合梁 204
组合杆件 299
连续垫板组合杆件 150
撑架桥 20
人字撑架体系 204
三角式撑架体系 (204)
斜撑 (25)，255

八字撑架体系 2
次梁撑架体系 (2)
托梁撑架体系 242
组合式撑架体系 299
桁架 98
悬杆桁架 262
撑托桁架 20
次梁-斜杆桁架 25
豪氏桁架 94
木板桁架 166
空腹木板桁架 140
实腹木板桁架 218
单层桥面板 28
碎石铺装桥面 232
沥青铺装桥面 149
护轮木 103
[桥梁墩台与基础]
桥墩 188
[桥墩种类]
重力式墩台 289
矩形桥墩 135
等截面桥墩 32
分段等截面桥墩 53
变宽矩形截面桥墩 9
圆端形变截面桥墩 281
装配式桥墩 295
重力式拼装墩台 289
圬工墩台 246
单向推力墩 29
制动墩 288
尖端形桥墩 122
预偏心桥墩 275
轻型桥墩 200
柱式桥墩 291
独柱式桥墩 44
双柱式桥墩 225
排柱式桥墩 175
桩式桥墩 294
桩式木墩 294
桩排架木墩 (294)
刚架式桥墩 60
悬臂式桥墩 262
空心桥墩 142
管式钢墩 85
钢筋混凝土薄壁墩 65
塔架式拼装桥墩 233
预应力拼装薄壁空心墩 279
T形桥墩 304
倒T形桥墩 31
V形桥墩 305
X形桥墩 305
柔性墩 204
刚性墩 61
辅助墩 57
拉力墩 (57)
锚固墩 (57), 161
[桥墩构造]
墩帽 46
托盘式墩帽 242
盖梁 59
帽梁 (59)
墩身 47
支承垫石 287
墩顶排水坡 46
桥墩侧坡 188
破冰棱 181
护墩桩 103
桥墩防撞岛 188
桥台 197
重力式桥台 289
U形桥台 305
衡重式桥台 101
组合式桥台 300
拱形桥台 82
带洞圬工桥台 27
空腹式桥台 140
履齿式桥台 156
齿槛式桥台 (156)
箱形桥台 253
T形桥台 304
轻型桥台 200
扶壁式桥台 55
一字形桥台 268
八字形桥台 2
L形桥台 303
埋置式桥台 159
桩柱埋置式桥台 294
框架埋置式桥台 143
肋形埋置式桥台 146
空心桥台 142

背撑式桥台 6
锚锭板桥台 161
加筋土桥台 121
板桩式桥台 4
桩式木桥台 294
薄壳基础桥台 5
刚构式组合桥台 60
座梁 303
卧梁 (303)
翼墙 269
一字形翼墙 268
八字形翼墙 3
前墙 184
雉墙 288
子墙 (288)
台背 (288)
[桥台构造]
耳墙 49
台帽 234
台身 234
锚墩 161
锚固墩 (57), 161
锚碇板 (161)
锚碇桩 161
桥台锚固栓钉 197
[护坡]
锥体护坡 296
锥坡 (296)
草皮护坡 13
石砌护坡 218
盲沟 160
填石排水沟 (160)
[墩台计算]
墩台倾覆稳定 47
墩台滑动稳定 47
墩台变位 47
墩台水平位移观测 47
墩台竖向位移观测 47
墩顶转角 46
墩的弹性常数 46
墩的抗推刚度 $\overline{K}$ 46
墩的相干系数 $\overline{T}$ 46
墩的抗弯刚度 $\overline{S}$ 46
刚度比 60
桥梁基础 191
浅基础 185
浅平基 (185)
深基础 214
桩基础 293
桩基 (293)
垂直桩桩基 24
单向斜桩桩基 29
多向斜桩桩基 48
桩架基础 293
沉井基础 17
开口沉箱基础 (17)
混凝土沉井 109
钢筋混凝土沉井 65
双壁钢丝网水泥沉井 222
单孔沉井 28
多孔沉井 48
竹筋混凝土沉井 290
钢沉井 63
高低刃脚沉井 74
砖石圬工沉井 291
空心沉井基础 141
木筋混凝土沉井 168
双壁钢沉井 222
沉箱基础 19
气压沉箱基础 (19)
气压沉箱 183
沉箱 (183)
钢沉箱 63
钢筋混凝土沉箱 65
木筋混凝土沉箱 168
空心沉箱 141
可撤式沉箱 138
木沉箱 168
管柱基础 86
管柱 86
钢筋混凝土管柱 66
预应力混凝土管柱 277
钢管柱 63
摩擦式管柱基础 165
端承式管柱基础 45
嵌岩管柱基础 186
沉箱接桩基础 19
沉井接管柱基础 18
锁口管柱基础 233
地下连续墙桥基 35

水中基础 230
陆地基础 156
明挖基础 165
刚性基础 61
石砌墩台基础 218
混凝土墩台基础 109
桩 292
预制桩 280
预制钢筋混凝土桩 280
预制钢筋混凝土管桩 280
预制钢筋混凝土实心桩 280
预制钢筋混凝土方桩 280
预制钢筋混凝土多边形桩 279
预应力混凝土桩 278
木桩 169
钢桩 73
钢管桩 63
H型钢桩 303
钢轨桩 63
箱型钢桩 253
螺旋桩 158
沉井型桩 18
混合桩 108
桩靴 294
桩帽 294
钢筋混凝土管桩接头法兰盘 66
钢筋混凝土管桩钢刃脚 66
开口端管桩 137
闭口端管桩 7
就地灌注桩 134
灌注桩 (134)
钻孔灌注桩 301
钻孔桩 (301)
带套管钻孔灌注桩 27
泥浆护壁钻孔灌注桩 171
桩尖扩大桩 293
爆扩桩 6
桩尖爆扩桩 (6)
嵌岩桩 186
挖孔灌注桩 242
挖孔桩 (242)
变截面灌注桩 8
送桩 231
抗拔桩 137
定位桩 41
支承桩 287
端承桩 (287)
柱桩 (287)
摩擦桩 166
中间型桩 289
基坑 118
基坑壁支护方法 118
衬板支护坑壁法 19
板桩支护坑壁法 4
天然冷气冻结挖基坑法 237
承台 20
低桩承台基础 33
低承台桩基 (33)
高桩承台基础 75
高承台桩基 (75)
基础襟边 117
基础刚性角 117
[地基]
地基冻胀 34
基础切向冻胀稳定性 117
冻结线 43
冻结深度 43
土的标准冻结深度 (43)
冻土上限 43
冻土人为上限 43
人工地基 203
砂垫层 208
天然地基 237
黄土地基 107
膨胀土地基 176
软土地基 205
粘性土地基 172
砂土地基 209
碎石土地基 232
岩石地基 266
多年冻土地基 48
持力层 21
下卧层 250
流砂 154
管涌 (154)
[基础施工]
围堰 244
土围堰 241
麻袋围堰 159
单层木板桩围堰 28

双层木板桩围堰 223
单层钢板桩围堰 28
双层钢板桩围堰 222
构体式钢板桩围堰 83
格式围堰 (83)
吊箱围堰 39
钢套箱 73
木套箱 169
锁口钢管围堰 233
钢管板桩井筒围堰 (233)
围笼 244
围令 (244)
冰套箱 10
钢板桩 62
U 型钢板桩 305
槽型钢板桩 (305)
拱腹式钢板桩 (305)
平型钢板桩 180
直腹式钢板桩 (180)
Z 型钢板桩 305
木板桩 166
管柱振沉荷载 86
桩动力试验 292
桩静载试验 293
地基处理 34
地基加固 (34)
桩负摩擦力处理 293
木桩防腐处理 169
混凝土管桩离心法成型 110
水中木笼定桩位法 230
水中围笼定桩位法 230
水中测位平台定桩位法 229
沉桩方法 19
水上沉桩法 227
锤击沉桩法 24
振动沉桩法 285
桩压入法 294
射水沉桩法 213
钻孔插入法 301
旋入法 263
钻孔泥浆 301
泥浆正循环法 171
泥浆反循环法 171
钻孔灌注桩护筒 301
冲击钻孔法 22
冲抓钻孔法 22
旋转钻孔法 264
潜水钻孔法 185
钻孔灌注桩清孔 301
水下混凝土 228
水下混凝土灌注法 229
水下混凝土导管法 229
直升导管法 (229)
水下混凝土液阀法 229
泥浆护壁 171
管柱钻岩法 86
管柱下沉法 86
水力吸泥法 226
空气吸泥法 141
沉井下沉方法 18
筑岛法 291
沉井纠偏法 18
沉井下沉阻力 18
浮式沉井 56
气筒浮式沉井 183
装假底浮式沉井 295
沉井下沉射水法 18
泥浆套法 171
壁后压气法 8
空气幕法 (8)
沉井刃脚 18
沉井取土井 18
井壁气龛 132
沉井凹槽 17
沉井封底混凝土 17
井顶围堰 132
沉井顶盖 17
浮式沉井稳定性 56
定倾中心 41
定倾半径 41
导向船 31
定位船 41
沉箱建造下沉法 19
沉箱浮运法 19
沉箱水力机械挖泥 19
气闸 183
变气闸 (183)
沉箱浮运稳定性 19
无人沉箱 247
沉箱病 18

[基础设计]
地基滑动稳定性 34
桥基底容许偏心 188
桥基底最小埋深 189
地基容许承载力 34
基础接触应力 117
桩轴向承载力 294
桩横向承载力 293
群桩作用 202
“假极限”现象 122
桩端阻力 293
桩侧摩阻力 292
地基系数“K”法 34
地基系数“m”法 34
负摩擦力 57
桩的最小间距 292
桩的行列式排列 292
桩的梅花式排列 292
桩的计算宽度 292
桩的最小埋深 292
桩的沉入度 292
桩的贯入度 (292)
分层总和法 53
嵌岩管柱轴向承载力 186
管柱最小间距 86
[桥梁施工与设备]
[施工总论]
施工规范 216
施工详图 217
大样图 (217)
施工管理 216
施工预算 217
施工荷载 216
施工误差 217
隐蔽工程 270
[钢桥制造与安装]
钢桥制造 72
钢料校正 71
冷弯 147
辊压机矫正 89
型钢矫正 260
热弯 203
火焰矫正法 116
预弯 275
预变形 (275)
料件加工 152
作样 302
放样 52
手工放样 220
光电放样 86
数控放样 222
电脑机械手划线 (222)
样板 266
机器样板 116
样杆 267
样冲 266
号料 94
下料 (94)
切割 199
焰切 266
气割 (266)
剪切 123
锯切 135
精密气割 132
光面切割 (132)
等离子切割 32
制孔 288
制孔器 288
旋臂钻床制孔 263
数控钻床制孔 222
钻孔 301
扩孔 144
铣孔 248
号孔钻孔 94
样板钻孔 266
先孔法 250
先钻后焊法 (250)
后孔法 102
先焊后钻法 (102)
边缘加工 8
刨边 6
铣边 248
铣头 248
风铲加工 53
杆件组装 60
组装胎型 300
无孔拼装 246
固定胎型 84
钢梁焊接 70
定位焊 41

点固焊 (41)
自动焊 297
半自动焊 5
手工焊 220
贴角焊 238
对接焊 46
塞焊 206
俯焊 57
仰焊 266
船形焊 23
船位焊 (23)
平焊 179
立焊 149
横焊 100
窄间隙焊 283
重力焊 289
埋弧焊 159
气体保护焊 182
等离子弧焊 32
焊接工艺参数 93
层间温度 14
可焊性 139
线能量 250
碳当量 235
焊前预热 93
热处理 202
焊后热处理 92
焊接残余变形 93
拘束变形 134
引板 270
除刺 23
铲磨 15
修正铲磨 260
焊缝检验 92
焊缝外观检验 92
[无损检验]
超声波探伤 16
磁粉探伤 24
钢梁除锈 70
化学除锈 105
钢刷除锈 72
火焰除锈 116
打砂除锈 26
喷砂除锈 (26)
抛丸除锈 175
喷丸除锈 175
钢梁铆合 71
烧钉 210
铆合检查 162
工厂试拼装 76
钉孔通过率 40
钉孔重合率 (40)
试孔器 219
钢梁油漆 71
手工涂漆 220
喷涂油漆 175
无机富锌涂层 246
热喷铝涂层 203
临时底漆 153
车间底漆 (153)
涂层测厚 240
构件成品存放 83
成品装车设计 20
拼窄发运 178
游车发运 272
工地拼装简图 77
装车图 294
钢桥安装 72
钢梁架设 (72)
架桥机架梁 122
脚手架上拼装钢梁 127
钢梁杆件拼装 70
钢梁顺序拼装法 71
钢梁循序拼装法 (71)
钢梁平行拼装法 71
钢梁分段拼装法 (71)
钢梁混合拼装法 70
钢梁悬臂拼装法 71
钢梁平衡悬臂拼装法 (71)
吊索塔架拼装法 39
钢梁跨中合龙法 70
钢梁拖拉架设法 71
钢梁多孔连续拖拉法 70
横向拖拉架梁法 101
浮运架梁法 56
浮托架梁法 (56)
浮船 55
浮箱 56
浮鲸 (56)
浮船定位 55

浮船稳定性 55
定倾中心 41
定倾半径 41
闸门式架桥机架梁 283
跨墩门式吊车架梁 142
浮吊架梁 55
钓鱼法架梁 40
顶推循环 41
平衡重 179
桥梁就位 193
落梁 158
永久支座安装 272
应力调整 271
[钢筋混凝土和预应力混凝长大桥梁、斜拉杆、悬索桥的施工]
节段施工法 128
悬臂施工法 262
均衡悬臂施工法 136
悬臂拼装法 261
悬臂桁架法 261
密贴浇筑法 164
悬臂浇筑法 261
塔架斜拉索法 233
斜吊式悬浇法 255
刚性骨架与塔架斜拉索联合法 61
顶推法施工 40
逐孔施工法 290
移动模架法 269
转体施工法 291
预制平行钢丝索股法 280
PPWS法 (280)
空中纺缆法 142
空中放线法 (142)
AS法 (142)
紧缆 131
缠丝 125
猫道 160
[施工设备]
模板 165
模型板 (165)
组合模板 299
定型模板 41
固定式模板 84
盾状模板 47
大块模板 (47)
可撤式螺栓 139
整体吊装模板 286
滑升模板 104
滑动模板 (104)
顶杆 40
提升千斤顶 236
顶架 40
爬模 174
提升式模板 (174)
支架 287
脚手架 127，(270)
膺架 270
拱架 80
[混凝土机械]
混凝土搅拌机 (110)
自落式混凝土搅拌机 297
强制式混凝土搅拌机 186
混凝土搅拌输送车 110
混凝土工厂 110
混凝土搅拌楼 (110)
混凝土搅拌站 (110)
汽车式混凝土搅拌设备 184
水上混凝土工厂 227
混凝土搅拌船 (227)
混凝土泵 108
混凝土泵车 109
混凝土布料杆 109
混凝土振捣器 114
插入式振捣器 14
附着式振捣器 57
表面式振捣器 9
平板式振捣器 (9)
水泥砂浆搅拌机 227
水泥砂浆输送泵 227
水上水泥砂浆工厂 228
碎石机 232
筛分机 209
[输送机械]
连续输送机 151
带式输送机 27
皮带输送机 (27)
斗式提升机 43
螺旋输送机 158
螺杆输送机 (158)
气力输送水泥设备 182

装载机 296
散装水泥车 208
混凝土吊斗 109
水下混凝土灌注设备 229
[钢筋加工机械]
钢筋对焊机 65
钢筋点焊机 65
钢筋切断机 69
钢筋冷轧机 69
钢筋冷拉机 68
钢筋冷拔机 68
钢筋冷镦机 68
钢筋弯曲机 69
钢筋调直机 69
钢筋除锈机 64
预应力筋张拉设备 278
拉杆式千斤顶 144
钢筋拉伸机 (144)
穿心式千斤顶 23
锥锚式千斤顶 296
单作用千斤顶 30
双作用千斤顶 225
三作用千斤顶 207
电动油泵 37
压浆机 264
钢筋滚丝机 65
波纹管卷管机 10
预应力筋连接器 278
起重机械 182
塔式起重机 234
塔吊 (234)
汽车起重机 183
汽车吊机 (183)
轮胎起重机 157
履带起重机 157
履带吊机 (157)
轨道起重机 88
铁道起重机 (88)
桅杆起重机 244
斜撑式桅杆起重机 255
刚腿德立克 (255)
浮式起重机 56
浮吊 (56)
起重船 (56)
桥式起重机 197
天车 (197)
龙门起重机 155
龙门吊机 (155)
缆索起重机 146
缆索吊机 (146)
卷扬机 135
绞车 (135)
电动卷扬机 37
电动绞车 (37)
手动绞车 220
手摇绞车 (220)
顶升器 40
千斤顶 (40)
齿条顶升器 21
齿条千斤顶 (21)
起道机 (21)
螺旋顶升器 157
螺旋千斤顶 (157)
液压顶升器 267
液压千斤顶 (267)
爬升器 174
方钢爬升器 51
钢丝绳爬升器 72
钢绞线爬升器 64
起重滑车 182
起重葫芦 (182)
链条滑车 151
手动滑车 (151)
倒链 (151)
神仙葫芦 (151)
电动滑车 37
电动葫芦 (37)
叉车 14
扒杆 3
龙门架 155
滑车 104
滑车组 104
吊索 39
千斤绳 (39)
卡环 137
吊钩 39
花篮螺丝 104
钢丝绳夹头 72
砂筒 209
缆风 145

浪风 (145)
[架桥机械]
架桥机 122
双悬臂式架桥机 225
单梁式架桥机 29
双梁式架桥机 223
滑曳式架桥机 104
联合架桥机 151
蝴蝶架 103
全回转架梁起重机 201
冲钉 21
高强度螺栓 75
高强栓 (75)
拼装螺栓 178
高强度螺栓初拧 75
高强度螺栓终拧 75
扭矩系数 173
高强度螺栓扳手 75
螺栓轴力计 157
铆合机械 162
挂篮 85
移动式制梁模架 269
移动支架式造桥机 (269)
移动式拼装支架 269
顶推设备 41
滑梁装置 104
滑道 104
转体装置 292
平衡梁 179
导梁 31
鼻梁 (31)
墩旁托架 46
临时墩 153
桩工机械 293
打桩机 26
落锤 158
汽锤 184
单动汽锤 28
单作用汽锤 (28)
双动汽锤 223
双作用汽锤 (223)
差动汽锤 14
柴油锤 15
液压锤 267
液压气垫锤 (267)
压桩机 265
振动沉桩机 285
振动打桩机 (285)
灌注桩钻机 86
冲抓钻机 22
冲抓锥 (22)
旋转钻机 263
潜水钻机 185
正循环钻机 287
反循环钻机 50
冲击钻机 22
套管钻机 236
贝诺特钻机 (236)
回转斗钻机 108
土斗钻机 (108)
螺旋钻机 158
地下墙钻机 35
喷浆成桩设备 175
拔桩机 3
空气压缩机 141
桩架 293
护筒 103
泥浆净化设备 171
泥浆泵 171
砂石泵 208
钻头 301
冲击钻头 22
刮刀钻头 84
齿轮钻头 21
[基础施工设备及大型设备]
水泵 226
抽水机 (226)
离心泵 148
潜水泵 185
井点系统 132
挖掘机 242
抓斗 291
吸泥机 248
空气吸泥机 141
水力吸泥机 226
吸石筒 248
浮式工作船组 56
自升式水上工作平台 298
潜水设备 185
深潜水设备 214

拖轮 242
驳船 11
工程船舶 76
大型浮吊 27
装配式公路钢桥 295
铁路拆装式桁梁 239
万能杆件 243
[施工工艺]
[混凝土施工工艺]
混凝土配合比设计 112
龄期 154
混凝土立方体抗压强度 112
混凝土轴心抗压强度 115
级配 118
水灰比 226
体积比 237
单位水泥用量 29
水泥系数 (29)
混凝土流动性 112
砂浆强度等级 208
水泥标号 227
水泥细度 227
水硬性 229
坍落度 235
混凝土坍落度筒 114
和易性 94
工作度 (94)
集料 119
骨料 (119)
硅酸盐水泥 88
波特兰水泥 10
矿渣水泥 143
矿渣硅酸盐水泥 (143)
耐火水泥 170
高温水泥 (170)
耐酸水泥 170
加气水泥 121
膨胀水泥 176
混凝土拌制 108
混凝土试拌 113
试件 219
试样 (219)
试块 219
灌筑 86
浇注 (86)
振捣 284
混凝土施工缝 113
混凝土工作缝 (113)
混凝土养护 114
混凝土养生 (114)
覆盖养护 58
覆盖养生 (58)
围水养护 244
围水养生 (244)
蓄热养护 260
蓄热养生 (260)
蒸汽养护 285
蒸汽养生 (285)
薄膜养护 5
薄膜养生 (5)
假凝 122
蜂窝 55
离析 147
泌水 164
脱模剂 242
减水剂 122
缓凝剂 106
加气剂 121
早强剂 282
快硬剂 (282)
防水剂 51
防冻剂 51
膨胀剂 176
[预应力工艺]
拉丝式预应力工艺 144
拉锚式预应力工艺 144
竖向预应力 (221)
超应力张拉 17
超张拉 (17)
[基础施工]
沉井支垫 18
水下封底 228
水下焊接 228
水下切割 229
桥梁墩台施工 189
墩台定位 47
墩台放样 47
[桥梁试验与检定]
[试验分类]
桥梁结构试验 193

桥梁结构检定 192
科学研究性试验 138
生产鉴定性试验 215
[试验方法及设备]
结构破坏性试验 129
　承载能力试验 (129)
结构非破坏性试验 129
结构静载（力）试验 129
结构动载（力）试验 129
长期荷载试验 16
真型 284
　足尺结构 (284)
模型 165
结构模型试验 129
细粒混凝土模型试验 249
　有机玻璃模型试验 273
　结构温度应力试验 130
预应力混凝土梁抗裂性试验 277
桥梁制动试验 195
结构稳定试验 130
预应力锚具性能试验 279
预应力损失试验 279
预应力钢筋松弛试验 276
拟静力试验 172
　结构抗震静力试验 (172)
　伪静力试验 (172)
结构抗震试验 129
结构校验系数 130
实际抗裂安全系数 218
实际强度安全系数 218
截面次应力系数 130
结构裂缝图 129
试验荷载 219
疲劳荷载 177
　反复荷载 (177)
　周期荷载 (177)
脉动荷载 160
重力加载系统 289
液压加载试验系统 267
结构试验台座 130
脉动千斤顶 160
液压伺服千斤顶 267
　作动器 (267)
数据采集和处理系统 222
非电量电测技术 52
[材料与静力试验]
软练胶砂强度试验法 205
　软练法 (205)
混凝土细骨料试验 114
颗粒级配曲线 138
　筛分曲线 (138)
筛分法 209
累计筛余百分率 147
细度模数 249
　细度模量 (249)
混凝土坍落度试验 114
混凝土立方体抗压强度试验 112
混凝土轴心抗压强度试验 115
混凝土轴心抗拉强度试验 115
混凝土劈裂抗拉强度试验 112
混凝土抗折强度试验 112
混凝土静力受压弹性模量试验 111
混凝土抗冻性试验——慢冻法 111
混凝土抗冻性试验——快冻法 111
混凝土收缩试验 113
混凝土抗渗性试验 111
混凝土徐变试验 114
　混凝土徐变试验机 114
钢筋握裹力试验 70
钢筋冷弯试验 69
钢材硬度试验 62
钢筋疲劳强度试验 69
结构混凝土的现场检测 129
混凝土强度无损检测法 113
混凝土强度半破损检测法 112
非破损检验 52
　无损检测 (52)
回弹法无损检测 107
　回弹仪 107
超声波无损检验 16
γ射线法无破损检验 306
超声-回弹综合法 16
共振测频仪 82
　动弹性模量测定仪 (82)
共振法混凝土动弹性模量试验 82
敲击法混凝土动弹性模量试验 187
钻芯法试验 301
射入阻力法 213
钻孔内裂法 301
拔出法试验 3

拔脱法试验 3
折断法试验 284
声发射裂缝测定法 215
  声发射仪 215
  声发射的凯塞效应 215
导电漆膜裂缝测定法 30
应变裂缝测定法 270
光敏薄层裂缝测定法 86
裂缝观测仪 152
  读数显微镜 (152)
压力传感器 264
电阻应变式（拉）压力传感器 39
环箍式测力计 105
  压力环 (105)
应变式位移传感器 270
差动变压器式位移传感器 14
  差动式位移计 (14)
百分表 4
机电百分表 116
  电阻应变表式位移传感器 (116)
千分表 184
张线式位移计 283
  钢丝式挠度计 (283)
滑线电阻式位移计 104
激光位移计 118
激光准直仪 118
倾角仪 200
静态电阻应变仪 133
动态电阻应变仪 42
杠杆式应变仪 74
手持应变仪 220
差动电阻式应变计 14
电测引伸计 36
钢丝应力测定仪 73
  张力测力计 (73)
钢弦应变计 73
预调平衡箱 275
  多点接线箱 (275)
  采样箱 (275)
电阻应变片 39
  应变花 270
  半导体应变片 5
  箔式电阻应变片 11
  丝式电阻应变片 230
  应变片灵敏系数 270
  应变片粘结剂 270
半桥测量 5
全桥测量 201
温度补偿 245
  温度自补偿片 245
  公共补偿片 77
仪器率定 268
仪器灵敏度 268
仪器精度 268
零点漂移 153
仪器分辨率 268
等强度梁 33
混凝土超声波检测仪 109
液压万能材料试验机 267
接触式位移测量 127
非接触式位移测量 52
温度修正 245
实验应力分析 218
相似理论 252
相似系数 252
相似判据 252
量纲 152
  量纲分析 152
相似第一定理 252
相似第二定理 252
相似第三定理 252
光弹性法 87
  二维光弹性法 50
  光弹性应力冻结法 87
  光弹性夹片法 87
  光弹性贴片法 87
  光弹性散光法 87
  全息光弹性法 201
  光弹性仪 87
  动态光弹性法 42
全息干涉法 201
散斑干涉法 208
云纹法 281
  云纹干涉法 281
脆性涂层法 25
比拟法 7
X射线应力测定法 305
声弹性法 215

[动力试验、桩基试验]

[结构动力试验]

结构动力特性试验 128
结构疲劳试验 129
环境随机激励振动试验 105
强迫振动试验 186
自由振动试验 298
桥梁风洞试验 190
节段模型风洞试验 128
弹簧悬挂二元刚体节段模型风洞试验 (128)
全桥模型风洞试验 201
全桥三维气动弹性模型风洞试验 (201)
拉条模型风洞试验 144
三分力试验 207
风洞 54
大气边界层风洞 27
边界层风洞 (27)
桩基试验 293
频率法桩基检测 178
波速法桩基检测 10
单桩垂直静载试验 30
单桩水平静载试验 30
超声波法桩基检测 16
机械阻抗法桩基检测 117
桩基动力试验 293
锤击贯入试桩法 24
打桩分析仪 26
动态信号分析仪 42
FFT 分析仪 (42)
微积分放大器 243
电荷放大器 38
X-Y 函数记录仪 305
X-Y 记录仪 (305)
光线示波器 87
光线振子示波器 (87)
磁带记录仪 24
绝对式测振传感器 135
惯性式测振传感器 (135)
相对式测振传感器 251
万能测振仪 243
盖格尔测振仪 (243)
电涡流式位移传感器 38
电涡流式位移计 (38)
电容式位移传感器 38
电感式位移传感器 38
电感式位移计 (38)
磁电式速度传感器 24
压电式加速度传感器 264
压电式加速度计 (264)
伺服式加速度计 231
应变式加速度传感器 270
压阻式加速度传感器 265
力锤 148
手锤 (148)
击锤 (148)
地震模拟振动台 36
电动液压式振动台 37
电液式振动台 (37)
机械式振动台 116
电动式振动台 37
电动力式振动台 (37)
机械式激振器 116
电动式激振器 37
电动力式激振器 (37)
电液式激振器 38
等幅疲劳试验机 32
电液伺服式疲劳试验机 38
程序加载疲劳试验机 20
[抗风设计]
桥梁空气动力学 193
桥梁气动外形 194
横风驰振 100
桥梁涡激共振 194
桥梁抖振 189
桥梁颤振 189
颤振临界风速 15
基本风压 117
参考风压 (117)
标准风压 (117)
基本风速 117
参考风速 (117)
标准风速 (117)
设计风速 211
导流板 31
扰流板 202,(269)
抑流板 (202),269
风嘴 54
水工模型试验 226
河工模型试验 95
定床模型 41
动床模型 42

正态模型 287
变态模型 9
气流模型 182
毕托管 7
浪高仪 146

桥梁维护

[综合]

桥梁换算长度 191
桥梁维修延长（度） 194
桥梁建筑限界 192
侵入限界 199
装载限界 296
限界检查车 250
　净空测定车 (250)
曲线上净空加宽 201
列车速度 152
限制速度 250
构造速度 83
临界速度 (119)，153
超轴牵引 17
超限货物 17
运行活载系数 281
酸雨 232
运行图天窗 281

[线路与桥梁上部结构维护]

标准轨距 9
基本轨 117
无缝线路 246
线路锁定 250
温度调节器 245
轨道爬行 88
护轨 103
护木 103
　压梁木 (103)
　防爬木 (103)
防爬器 51
防爬角钢 51
桥枕刻槽 198
防震挡块 51
防震水平联结装置 52
预拱度 275
　上弯度 (275)
　建筑上弯度 (275)
　反挠度 (275)
腻子 172
腻缝 172
喷锌防护 175
底漆 34
面漆 164
富锌底漆 58
斜缆防护 256
防护薄膜 51
防护套 51
止水箍 288
密封圈 164
钢筋阴极防腐法 70
撒盐化冰 206
裂缝探测法 152
着色探伤 297
不良铆钉 11

[墩台与基础维护]

浅基病害 185
浅基防护 185
混凝土护底 110
片石护底 177
柴排护基 15
石笼护基 218
钢筋混凝土块护底 67
抛石护基 175
涵洞出入口铺砌 91
拦石栅 145
拦砂坝 145
谷坊 84
跌水坝 40
压力灌浆 265
钢筋混凝土套箍压浆 67
环氧砂浆填缝 106
压注环氧树脂 265
桥台护锥 197
桥台后排水盲沟 197
墩台防凌 47
墩台检查平台 47
　吊篮 (47)
活动吊篮 115

桥梁维护标志 194

曲线标志 201
控速信号 142
限速标志 250
减速标志 123
基岩标 118

水位标 228
桥梁养护制度 195
耐久年限 170
无养护年限 (170)
[桥梁抢修]
枕木垛 284
木排架 169
木笼填石桥墩 168
轨束梁 88
扣轨梁 (88)
工字梁束 77
拆装梁 15
示功扳手 219
扭矩扳手 (219)
灯光扳手 32
超拧 16
欠拧 186
[其他]
养路段 266
养桥工区 266
道班房 32
工区房 (32)

[桥梁加固与改造]

桥梁修复 195
桥梁改造 190
桥梁改建 (190)
桥梁加固 191
[桥梁上部结构加固]
永久性加固 272
临时加固 153
局部加固 135
一般加固 268
全面加固 (268)
消除恒载应力法 254
加固技术评价 121
改善系数 59
费用有效系数 53
增加桥面厚度法 282
加强构件法 121
增加构件法 282
增加辅助构件件法 282
改变结构体系法 59
连续桥面法 150
辅助墩法 57
减小孔径法 123
第三弦杆法 36
粘贴法 283
喷锚法 175
体外预应力法 237
预压钢筋法 275
射钉枪加固法 213
减小恒载法 123
顶推整治法 41
改变恒载调整拱轴线法 59
调整支座标高法 238
抗剪键法 137
后补斜筋法 102
竖向预应力法 221
[桥台加固]
顶管法加固桥台 40
预应力钢束对拉桥台 276
反拱铺砌法 50
锚杆加强法 161
台后加孔法 234
加挡土墙法 120
台后干砌片石法 234
箍套法 83
钻孔灌浆法 301
环形沉井法 106
加桩法 122
加撑梁法 120
地基处理 34
换土加固法 106
砂垫层加固法 208
碎石、矿渣垫层加固法 232
土桩加固法 241
碎石桩加固法 232
砂桩加固法 209
短木桩挤密法 45
生石灰桩加固法 215
水泥加固土法 227
真空预压法 284
砂井加固法 208
袋装砂井法 27
塑料板排水法 231
纸板排水法 288
重锤夯实法 289
强夯法 186
动力固结法 (186)
振动水冲法 285

振冲法 (285)
深层搅拌法 213
粉体喷射搅拌法 53
水泥灌浆法 227
套管式灌浆法 236
套阀花管灌浆法 (236)
静压注浆法 133
高压喷射注浆法 75
单管旋喷注浆法 28
喷射薄浆式注浆法 (28)
二重管旋喷注浆法 49
喷射薄浆、空气式注浆法 (49)
三重管旋喷注浆法 206
喷射水、空气、薄浆灌注式注浆法 (206)
圆形喷射桩法 (206)
电力冲击法 38
电渗固结法 38
化学加固法 105
硅化加固法 88
单液硅化法 30
双液硅化法 225
电动硅化法 37
加气硅化法 121
碱液加固法 124
热加固法 203
打桩加固法 26
桩板加固法 292
桩帽加固法 294
瑞典法 (294)
桩网加固法 294
基础托换法 117
桥梁加宽 191
桥墩加宽 188
拱桥悬臂加宽 81
桥梁加宽经济性 191

A

a

阿尔坎塔拉桥 Alcantara Bridge

位于古罗马跨塔古斯河的6孔半圆形石拱桥。桥跨径(m)分别为13.8、22.6、27.9、28.2、22.5、13.5，桥中有塔。桥宽8m，桥高72m(高出水面62.5m)，为古罗马桥中最高者。花岗石桥墩，有9.15m见方，用重约8t的大型拱块砌筑，几乎不用砂浆，无装饰。该桥由拉塞(Lacer)于公元98～105年建造，以纪念图拉真皇帝。拉塞死后葬于桥旁左岸。 (潘洪萱)

阿尔泽特桥 Alzette Bridge

又称女大公夏洛特(Charlotte)桥。位于卢森堡跨阿尔泽特河的钢斜腿刚架桥。桥总长355m，斜腿下铰间桥长分配为53.9m+234.1m+67m，斜腿上端内侧孔径分配为94.67m+152.56m+107.77m。桥面总宽25.07m，共分双管单室钢箱，箱各宽6m，高度2.8～4.9m不等。施工用临时支架，伸臂法安装。建于1965年。 (唐寰澄)

阿拉比德桥 Arrabida Bridge

位于葡萄牙的混凝土拱桥。主跨270m，建成于1963年。 (范立础)

阿斯托里亚桥 Astoria Bridge

位于美国俄勒冈州(Oregon)阿斯托里亚(Astoria)跨哥伦比亚(Columbia)河的公路桥。6车道公路，主桥总长751m，为3孔连续，边孔187.5m，中孔375m连续钢桁架。建于1966年。 (唐寰澄)

ai

埃尔特桥 ALRT Bridge

位于加拿大温哥华市市郊，为通行轻轨交通的专用桥梁。 (范立础)

埃米塞得桥 Amizada Bridge

又称伊瓜可(Iguacu)桥。位于巴西和巴拉圭之间跨巴拉那(Parana)河的箱形钢筋混凝土无铰拱桥。拱跨290m，矢高53m，矢跨比为1/5.47。公路桥面宽13.5m。建于1965年。 (唐寰澄)

矮桁架钢桥 steel pony truss bridge

又称敞口钢桁架桥或半穿式钢桁架桥。没有上平纵联的下承式钢梁桥。优点是：建筑高度较小；桥上净空高度不受限制。缺点是：构造较复杂；跨越能力不大。当桥上需要通过高大的机械设备或桥面甚宽不宜设置上平纵联时，可考虑采用这种钢桥。 (伏魁先)

an

安澜桥 Anlan Bridge

位于四川省灌县都江堰，横跨岷江内、外江的8孔竹索桥。始建于宋朝以前，名珠浦桥，后改名平事桥。清·嘉庆八年(公元1803年)用细竹篾编成粗5寸的竹索24根，建成长340m、宽3m余的8孔索桥，桥高近13m，最大桥孔61m。绞索设备安放在桥两端石室内的木笼中，用木绞车收紧桥的10根底索，用大木柱绞紧12根扶拦索。改名安澜桥，又称夫妻桥。1965年以直径25mm的钢丝绳代替竹索，用钢筋混凝土柱桩代替木柱桩。1974年因修外江水闸，将桥下移约100m。 (潘洪萱)

安纳西斯岛桥 Annacis Island Bridge

位于加拿大温哥华近郊，采用复合加劲梁的双塔双索面斜拉桥。主桥跨(m)为50+182.75+465+182.75+50，桥塔高154.3m(在桩顶以上)，路面为汽车四车道和轻轨交通二线(桥建成后未使用)，桥总宽28m。复合加劲梁为二根高2.1m的工字焊接板梁与钢筋混凝土桥面板组合而成。主塔为H型的钢筋混凝土箱柱式结构。桥建成时为复合斜拉桥的世界大跨记录的保持者。 (范立础)

安平桥 Anping Bridge

俗称五里西桥。位于福建省晋江县安海镇，横跨晋江、南安两县交界的海湾上的362孔(现为331孔)石梁桥。宋·绍兴八年(公元1138年)始建，全长“八百十有一丈”，超过5华里(现长2070m)。桥宽“一丈六尺”；331座桥墩，墩式有长方形、半船形与两头尖船形三种，全用条石铺砌而成。桥中筑有面宽10m的“水心亭”，亭柱上有“天下无桥长此桥，世间有佛宗斯佛”的对联；桥上还建有中亭、宫亭、雨亭、楼亭，桥东西两端的桥亭叫海潮庙；还有护栏、石将军、狮子及蟾蜍栏杆等雕刻。桥东端离桥250m处有座差不多与桥同时代修建的砖木塔，六角五层空心建筑，高22m，塔外粉以白灰，俗称白塔。该桥为全国重点文物保护单位。 (潘洪萱)

安全带 safety belt

旧称护轮带。为保证车辆在桥上靠边行驶时的安全而设置的带状构造物。公路上当不设人行道时，一般设置这种构造物和栏杆应高出车行道。其尺寸应根据道路等级而定。车道边缘至栏杆内边缘之间安全距离一般不小于0.25m。（邵容光）

安全等级 safety class

根据结构破坏后果的严重程度划分的等级。如危及人的生命，中断车辆正常运行，造成经济损失或产生社会影响等，作为选择可靠指标的依据。

（车惠民）

安全系数 safety factor

在设计使用期内反映结构安全程度的系数。确定安全系数时，需要考虑荷载的变异性，计算模式的近似性，材料力学性能和施工质量的不定性等影响。此外，还须计及工程的经济效益和结构破坏的后果。

（车惠民）

安全性 safety

辞源指没有风险。但是工程结构不可能绝对没有风险，人们只能把风险限制到实践所能接受的程度。因此，结构的安全性是指不会发生不利偶然事件的概率，也就是习称的可靠性。（车惠民）

暗藏梨状锚 blind peariform anchorage

将束的各根钢丝端部弯成曲线，形成梨状锚体，并在钢丝起弯处将钢丝端头捆于束上而制成的锚具。锚固的可靠性由混凝土与钢丝间的粘结力和锚头（连同其内的混凝土）的楔块作用来保证。在设置暗锚处应配置辅助箍筋甚至螺旋筋以免张拉时混凝土劈裂破坏。（何广汉）

暗涵 culvert with top-fill

顶部填土厚度大于0.50m的涵洞。通常适用于高路堤。（张廷楷）

暗销 concealed pin

嵌在两构件槽间而外观上看不到的圆柱形连接件。它常设置在豪氏木桁架斜杆与节点垫块的接合处，以便中心接合，并防止结合处斜杆偏离垫块的位置。（陈忠延）

ao

奥埃桥 Aue Bridge

1935～1937年建于德国奥埃的世界上第一座预应力混凝土桥。全桥长310m，主跨为25.2m＋69.0m＋23.4m的悬臂梁，采用了狄辛格尔（Dischinger）法，用St52ϕ70mm粗钢筋体外力筋预加应力。在修建时即发现挠度过大，又受空气中潮湿及硫酸废气影响，1945年以后，挠度增大到8cm，非预应力筋锈蚀，混凝土剥裂，桥面翘曲。于1962年修复后继续使用。（周 履）

奥列隆桥 Oleron Bridge

连接法国本土及大西洋西岸休养胜地奥列隆岛（island of Oleron）的跨海桥。全长2862m，其中通航部分为26孔79m的预应力钢筋混凝土变截面连续箱梁。桥面总宽10.6m，箱梁高4.5～2.5m，宽5.5m。是世界上第一座采用墩顶双排橡胶支座的公路桥。也是世界上最早采用"走行式大型桁式架桥机"进行悬臂拼装的桥梁。建成于1966年。

（周 履）

B

ba

八字撑架体系 secondary beam braced system

又称次梁撑架体系。木梁桥主梁下两斜撑与次梁的两端相交而形成的一种八字形撑架体系。其特点是大梁必须在整个跨径中保持连续。（陈忠延）

八字桥 Bazi Bridge

位于中国浙江省绍兴市城东南的石梁桥。桥高5m，净跨4.5m，净宽3.2m，桥下设有纤道。桥当三条街三条河的交错处，故建成八字形桥。桥东紧沿河道向南北两方落坡，两端又从西南两方落坡，为水乡城市桥梁特有型式。桥建于南宋·宝祐丙辰年（公元1256年），为浙江省重点保护文物。（潘洪萱）

八字形桥台 flare wing wall abutment

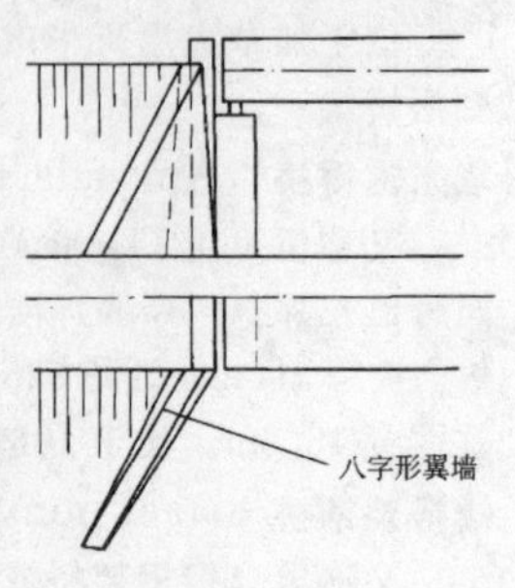

翼墙与台身之间成钝角的一种桥台。翼墙与台身延线夹角约在30°～45°，在平面上成八字形，称为八字形翼墙。它适用于桥孔略有压缩的桥梁，翼墙与台身一般分开砌

筑，其间设置沉降缝。　　（吴瑞麟）

八字形翼墙　flared wing wall

见八字形桥台（2页）。

八字翼墙洞口　culvert inlet with flared wing wall

平面上呈八字形的翼墙洞口构造。用以支挡洞口两侧的路基土，并以端墙支挡洞口上部的路基土。翼墙之间的河（沟）床采用石料铺砌以防水流冲刷，铺砌层末端地面以下用截水墙稳固铺砌层下面的土体。　　（张廷楷）

巴尔马斯桥　Palmas Bridge

见巴拉那桥。

巴拉那桥　Parana Bridge

位于阿根廷勃拉索（Brazo）和拉果（Largo）两城之间，跨巴拉那河雷同的两座钢斜拉桥的统称。桥名分别为巴尔马斯（Palmas）桥（建成于1976年）和瓜佐（Guazú）桥（建成于1977年）。两桥均为公铁两用，公路双车道，铁路单线，桥面总宽为22.6m。桥跨均为110m＋330m＋110m，钢箱梁高2.6m，双索面辐射形斜拉索，钢筋混凝土双塔高67m。

（唐寰澄）

巴黎新桥　Paris New Bridge

位于法国巴黎，连接塞纳河两岸与城岛的桥。桥分左右两部分，左岸5孔，右岸7孔，均为半圆形石拱，跨径自9.1～18.9m，全桥有10%的斜度，桥墩厚度不一，桥宽也不一。该桥按法皇亨利三世的命令于公元1578年在城岛下游始建，公元1604年建成。桥由安德鲁埃（Jacques Androuet）设计。1853年对桥做了改造，把半圆拱形改为半椭圆拱形，桥总长330m。　　（潘洪萱）

巴里奥斯·卢纳桥　Barrios de Luna Bridge

位于西班牙西北部，跨越卢纳湖的大跨度公路预应力混凝土斜拉桥。桥跨（m）为107.7＋440＋106.9，桥宽为22.5m。边跨和桥台固结，主跨中无索区设一剪力铰。主梁采用流线形的单箱三室封闭式截面，但在中跨的中部因轴向压力较小，为减轻自重，采用半封闭式箱形截面。　　（范立础）

扒杆　gin pole

以钢或木柱杆、纤绳、滑车组、卷扬机组成简易的桅杆式起重设备。按结构型式分为独脚扒杆、人字扒杆、悬臂扒杆（台令扒杆）等。其结构简单，制造方便，适用于临时性的起重工作。　　（唐嘉衣）

拔出法试验　the pull-out test of concrete strength

在结构混凝土中预埋或钻孔装入一个钢锚固件，用拉拔装置拉出一锥台形混凝土块，测试拔出时的拉力以推算混凝土立方体抗压强度的一种半破损测强方法。在浇筑时预埋锚固件的方法叫预埋法，又称劳克试验（Lok test）；在硬化混凝土中钻孔安装锚固件的方法叫后装法，又称凯普试验（Capo test），钻孔内裂法也属该法。预埋法试验效果较好。1983年国际标准化组织（ISO）提出了该方法的国际标准草案（ISO/DIS8046）。　　（张开敬）

拔脱法试验　the pull-off test of concrete strength

根据拉脱粘结在混凝土表面上的金属件所用拔出力测定混凝土抗拉强度的试验方法。如图所示，用环氧树脂将金属件粘结在混凝土表面或角边上，用拉拔机将金属件拉脱，以最大拉脱力除以断裂面积得拔脱抗拉强度，再根据拔脱抗拉强度与混凝土抗压强度校准关系曲线，推算其抗压强度。

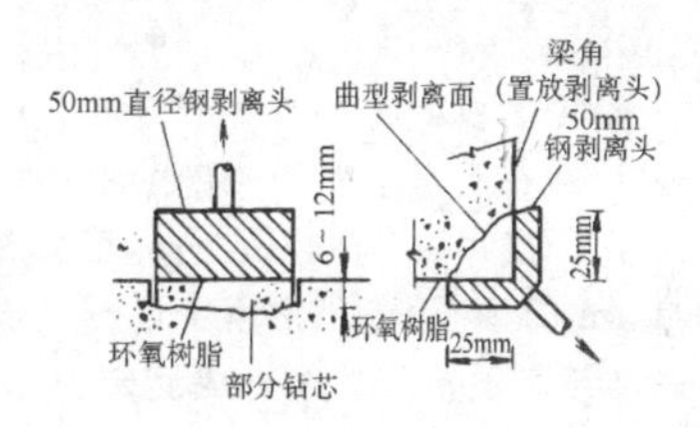

（张开敬）

拔桩机　pile extractor

利用静力、振动、锤击等作用将桩拔出地层的桩工机械。常以压桩机、振动沉桩机、双动汽锤，调整其作用方向或锤体倒置，配合桩架、夹持装置、起重设备进行作业。亦可相应地制成专用的压拔桩机、振动沉拔桩机、气动拔桩锤等。　　（唐嘉衣）

灞桥　Ba Bridge

位于陕西省西安市东10km，跨灞河的多跨梁桥。是一座富有诗意的古桥。传春秋秦穆公时建造，历代屡毁屡建，直至清·道光十四年（公元1833年）建成67跨桩基础石制排架墩简支木梁桥。桥长近400m，桥宽约7m，每跨长6m左右不等。桥墩由6根石柱组成，桥基是11根梅花式木桩。1957年改桥梁上部为钢筋混凝土板梁，桥墩接高2.4m，基础不变，通行汽车。1982年改建了桥墩等。现全桥64孔，长389m，桥宽约10m。　　（潘洪萱）

bai

白面石武水大桥　Baimianshi Bridge over Wushui River

位于京广复线坪石乐昌段的我国最早的双线铁路长跨度预应力混凝土连续箱梁桥。全长273.8m，主跨为3孔（32.65m＋64.0m＋32.65m）单箱双室连续梁。梁高5～3m，箱宽6m，桥面宽9m，纵向力筋采用JM15-6钢绞线束，每束控制预拉力

840kN。两个中间主墩顶部各设三个 1300t 级盆式橡胶支座。主跨用吊篮平衡悬臂灌筑。于 1987 年完工。在设计施工期间进行了箱梁的约束扭转试验，取得了宝贵的资料。（周 履）

白塔山黄河铁桥 Baitashan Iron Bridge over Yellow River

位于甘肃省兰州市白塔山下横跨黄河的钢桁架桥。建于清·光绪 33 年（公元 1907 年）2 月，宣统元年（公元 1909 年）6 月竣工，耗费白银 30 余万两，被称为“千古黄河第一桥”。它的前身是明·洪武元年所建的镇远浮桥。黄河铁桥为 5 孔平行弦杆贝雷式钢桁架桥，石墩石台，桥面上铺木板二层，两边翼以扶栏。全长 23.1m，宽 7.3m。1954 年改建为公路桥。（潘洪萱）

百分表 dial gauge

利用齿轮传动机构将测量杆所测的直线位移放大并转变为指针在表盘上所指刻度的一种机械式位移量测仪表。分辨率为 0.01mm 的称百分表，分辨率为 0.001mm 的为千分表。常用于量测结构的挠度与变形，并可与其他传感器组合成测定力、应变、倾角等。百分表量程有 5mm、10mm、30mm、50mm 等多种。千分表量程有 1mm、3mm。（崔 锦）

摆动支座 swing bearing

以摆柱或摇轴的摆动（偏斜）来适应上部结构水平移动的活动支座。一般指钢筋混凝土摆柱支座。

（杨福源）

摆柱式桥塔 pendulum stanchion bridge tower

塔顶与悬索固结，塔脚与桥墩在顺桥方向为铰接的桥塔。它借塔柱的微小摆动来满足悬索水平移动的要求。由于塔脚需要铰接，使结构构造复杂，现已很少采用。（赖国麟）

摆柱支座 pendulum stanchion bearing

活动部分由钢筋混凝土摆柱构成的活动支座。外形和活动机理与割边的单辊轴钢支座相同，但在构造上则用矩形截面的钢筋混凝土短柱代替辊轴的中间部分，辊轴的顶部和底部为弧形钢板，这种组合式的辊轴称作摆柱或摆轴。常用于跨径大于 20m 的钢筋混凝土或预应力混凝土梁桥。（杨福源）

ban

板拱桥 barrel arch bridge

拱圈横截面的宽度大于高度呈矩形板状的拱桥。构造简单，施工方便，常用于石拱桥和钢筋混凝土拱桥。拱圈厚度可以做得较小，具有轻巧的艺术造型，适宜于城市桥。板拱侧向刚度较大，亦适用于单线铁路桥。缺点是自重较大，跨度不宜做得太大。

（袁国干）

板桥 slab bridge

上部结构在铅垂向荷载作用下双向受力的板状桥梁。板的横剖面呈扁平矩形，宽度大于高度，主要承受顺桥方向的弯矩，属梁式桥。按制造方法可分为整体式板桥和装配式板桥；按材料可分为钢筋混凝土板桥和预应力混凝土板桥；按横截面形式可分为实体板桥和空心板桥；按受力体系可分为简支板桥和连续板桥等类型。这种桥具有建筑高度小，构造简单，施工方便，造价低廉等优点，但在跨度大时自重大，通常用于小桥。（袁国干）

板式橡胶支座 laminated rubber bearing, plate type rubber bearing

由几层橡胶片和嵌在其间的各类加劲物构成或仅由一块橡胶板构成的支座。外形有长方形、梯形和圆形等。但一般采用长方形。加劲物在国外多采用耐候性钢板、合成纤维和尼龙等。我国均采用普通薄钢板。由于钢板的加劲作用，显著地提高了橡胶片的抗压能力。目前国内含有加劲物的橡胶支座，其定型产品的承压力为 100～11 000kN，一般用在中、小跨径桥梁上。对于某些小跨径桥，橡胶板内也可不设薄钢板，即做成纯橡胶支座。使用寿命可达 50 年以上。

（杨福源）

板栓梁 keyed girder

将两根或三根梁木上下叠放，中间用板栓（销）彼此联结而成的一种木组合梁。与束合大梁相比，板栓梁有较大的强度和刚度。（陈忠延）

板桩式桥台 sheet piling abutment

用打入板桩和拉条锚碇桩锚固台身的桥台。适用于桥台高度不大的小桥，常用于木桥。

（吴瑞麟）

板桩支护坑壁法 support of excavation with sheet piling

采用竖直板桩、横梁和顶撑（或锚杆）组成支挡结构，以维护坑壁稳定的方法。它适用于深宽基坑。板桩需打入坑底面以下一定深度以保持其稳定，在有地下水情况下，可防砂土管涌，并减少水的渗入量。板桩后面装横梁和顶撑，也可不用顶撑而在土内设置水平锚杆。板桩的类型有木板桩、钢筋混凝土板桩、钢板桩等。（邱 岳）

半穿式桁架梁桥 half-through truss girder bridge

桥面位于梁式桁架高度中部的桥梁。桁架的上弦可做成多边形以适应内力（弯矩）的变化；上、下弦也可做成平行弦杆使构造简单化。下弦一般应有纵向联结系以及横向联结系，但不能进入行车需要的建筑净空范围内。如不能设置联结系时，须采取其他措施（如加强腹杆的横向刚度）来承受横向风力和保证桁架的稳定。多用于钢桥。（徐光辉）

半导体应变片 semiconductor strain gauge

以半导体作为敏感元件，根据半导体的压阻效应原理而制成的应变片。其优点是灵敏系数高。机械滞后小，横向效应小，但其温度稳定性能差，且在大应变作用下，灵敏系数的非线性较大。（崔　锦）

半概率法 semi-probabilistic method

仅对荷载（或荷载效应）和抗力的标准值（或设计值）分别按概率取值，而不考虑两者联合的概率处理的方法。采用两种分项安全系数：荷载或荷载效应系数；材料或构件强度系数。这种方法难以确切地度量失效概率的大小。故从概率观点看属半概率范畴。（车惠民）

半刚性索套 semi-rigid sheath for cable

横向具有少量变形能力的钢索防护套。其材料可采用混凝土、预应力混凝土或钢材。如将其做成一个刚性杆件，则称为刚性索套。采用上述索套，可减小桥梁体系的挠度，简化钢索防护构造。但工艺复杂，迎风面积增大，对抗风不利。（赖国麟）

半桥测量 half-bridge measurement

测量电桥的一半桥臂 R_1、R_2 为电阻应变片，另一半 R_3、R_4 为仪器内的精密无感电阻的测量方法。当一个桥臂参加工作时，一个是工作片，一个是温度补偿片，当两个桥臂参加工作时，二者均为工作片，而又互为温度补偿片，可增加仪器读数，减小读数的相对误差。（崔　锦）

半山桥 hill-side bridge

在陡峻的山坡上用墩台和上部结构与傍山路基并接的架空建筑物。即在临空面用半边桥梁来代替路基。因路基多以岩层中开挖而成，须防坍塌，而桥与路基衔接处应仔细处理以保证行车顺畅。（徐光辉）

半压力式涵洞 inlet submerged culvert

进水口处被水流淹没，而在洞身的其他范围内仍具有连续自由水面，水流处于半有压状态下的涵洞。通常在涵前积水深 H 大于涵洞净高 h_T 的 1.2 倍（端墙式或八字式进水口）或 1.4 倍（流线型或抬高式进水口）、且下游不被淹没时，则进水口断面全部被淹没。进水口断面以后，由于流线剧烈收缩而出现收缩断面，并在整个涵洞内都具有自由水面。其水流图式如图。收缩断面以前的水流与闸下出流相似，

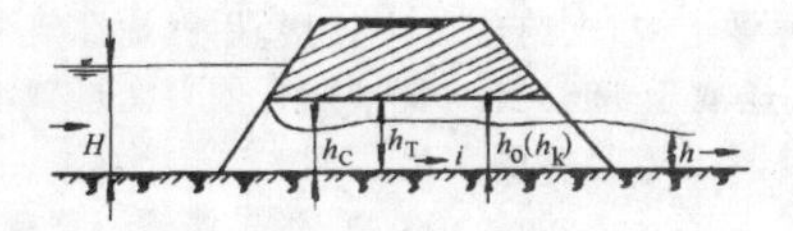

收缩断面以后的水流属于明渠流。通常在涵洞尺寸受路基标高或其他因素限制时，采用这种涵洞。（张廷楷）

半永久性桥 semi-permanent bridge

使用年限介于临时性桥与永久性桥之间的用作道路跨越各种障碍时的架空建筑物。通常指下部结构为永久性、上部结构为临时性（例如用木材修建或用贝雷梁架设）的桥梁。常用于经费不足而急于通车的场合。（徐光辉）

半自动焊 semi-automatic welding

除焊接速度用人工控制外，其余焊接工艺参数可自动控制的焊接方法。常用者有埋弧半自动焊和气体保护半自动焊两种。（李兆祥）

bao

包气带水 water of aeratedzone

地表面与潜水面之间的包气带中含有的地下水。它有不同的存在形式：以气体状态存在的气态水；因静电引力而吸附于颗粒、裂隙表面的结合水；因毛细管力作用而存在的毛细管水；雨后不久包气带中还有正在下渗的“过路”重力水等。这些水处于地壳的最表层，与植物生长、土壤的物理性质关系密切，但它们不能为人们所取用。（王岫霏）

薄壁箱梁 thin-walled box girder

腹板，顶、底板均较薄的箱梁。截面积小而惯性矩大和整体性强，腹板可做成 15～30cm 厚的薄壁，而在抗弯、抗扭能力方面却优于其他截面型式的梁。但也给施工带来一些困难，例如模板较复杂；腹板薄而高，使钢筋绑扎、混凝土灌筑比较费事等。（何广汉）

薄壳基础桥台 shell foundation abutment

采用薄壳结构作基础的桥台（见图）。薄壳结构是一种空间薄壁结构，它的受力特点是弯矩较小，主要承受较为均匀的拉、压内力（一般称为薄膜内力）。工程实践证明，采用薄壳基础代替实心的大块基础做桥台可以节约混凝土和钢筋。（吴瑞麟）

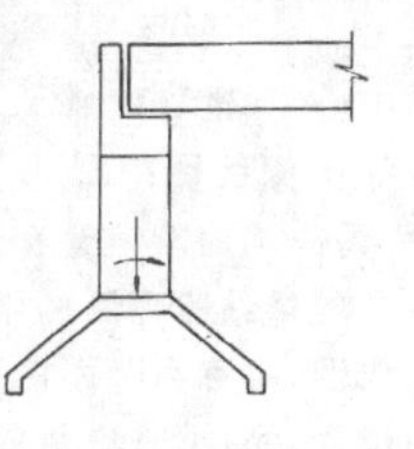

薄膜养护 membrane curing

又称薄膜养生。用高分子溶液均匀喷洒在新灌筑混凝土表面形成薄膜的养护方法。溶液常用过氯乙烯或偏氯乙烯树脂与溶剂、稀释剂、乳化剂配制。喷洒后溶剂等挥发形成脆硬、不透水的薄膜，使混凝土与空气隔绝，保持水自行养护。一般用于混凝土路

面或桥面。（唐嘉衣）

宝带桥 Baodai Bridge

又称小长桥。位于江苏省苏州市东南，葑门外3km大运河西侧澹台湖口上的石拱桥。始建于唐·元和11～14年（公元816～819年），现式为明·正统7年（公元1442年）重建。全桥53孔，总长近317m，其中桥孔长249.8m，桥中宽4.1m，桥端宽6.1m。第15孔为全桥之巅，跨径6.95m，形如宝带而得名。桥墩很薄，厚仅60cm，靠木桩基承托；第27号桥墩为两墩并列，即为现代拱桥中的单向推力墩。已列为江苏省一级文物保护单位。（潘洪萱）

刨边 edge planing

对板件的边缘进行直线刨削的加工工序。其专用机床叫刨边机。根据刨边机的工作能力，可以把数张板叠在一起加工，也可以刨成各种类型的坡口以便焊接。（李兆祥）

暴雨 rainstorm

降雨强度很大的雨。中国气象部门规定：24小时雨量大于或等于50mm者为暴雨；大于或等于100mm者为大暴雨；大于或等于200mm者为特大暴雨。特大暴雨是一种灾害性天气，往往造成洪涝和严重水土流失，导致工程失事等重大经济损失。适度的暴雨则是水资源的重要来源，可用来兴利。

（吴学鹏）

暴雨分区 rain storm division

为小桥涵流量计算使用的中国暴雨分区。依降雨状况（降雨量、降雨强度等）、地形及自然地理情况将我国划分为18个分区，进而制定出各分区的径流厚度数值表，用以求算小桥涵不同频率的设计流量。暴雨分区图及其分区范围参见《公路设计手册——涵洞》（人民交通出版社，1977年）及《公路小桥涵测设实用手册》（人民交通出版社，1970年）两书。（张廷楷）

暴雨中心 center of rainstorm

等雨深线图中最大一根等雨深线所包围的范围。一场降雨的降雨量在流域上的分布是不均匀的。用各个雨量站所观测的雨量，可勾绘出流域上的等雨深线图，也称为降雨的面分布图。暴雨中心在流域上的位置，对洪峰流量的大小和流量过程线的形状都有影响，是桥渡等水工建筑物设计中，在水文计算和水情预报方面值得注意的因素。（吴学鹏）

爆扩桩 exploded pile, detonating pedestal pile

又称桩尖爆扩桩。处于设计位置的桩的下端用炸药扩孔，以混凝土充填而形成的桩尖扩大桩。打入桩中的这类桩中国采用的方法是在钢筋混凝土管桩的下端加一节用钢板分片焊制的爆扩桩尖，焊缝的强度要较低。在该桩尖中安放炸药，桩就位后引爆使焊缝裂开外张，压缩桩尖附近的土体，此时上面的混凝土填充该空间形成扩大头，增加承载力。一般用于短桩。钻孔灌注桩中的这类桩则是在桩底附近安放炸药，灌筑第一次混凝土并通电引爆，形成扩大头，随后再安放钢筋笼并灌筑桩柱混凝土。爆破桩适用于硬粘土及中密以上的砂类土。设计爆破桩的桩距时，应考虑炸药爆炸对已灌筑的混凝土强度的影响。通常不宜小于2倍爆扩体的直径。（赵善锐）

bei

北备赞濑户桥 Kita Bisan-Seto Bridge

该桥与南备赞濑户桥建于同处，为邻接的两座悬索桥，跨径（m）为274＋990＋274，结构型式雷同。（范立础）

贝雷桥 Bailey bridge

由预制的节段式钢桁架片拼接而成的桥梁。系1938年英国人D.C.贝雷发明，故名。原用作军用，每一桁架片形式相同，通过销钉或螺栓可迅速接长，还可拼成多层、多列，适于不同长度及载重，现不仅普遍用于军用，也广泛在民用临时性建筑和支架上采用。后经美国改进称为阿克罗格构桥（Acrow Panel bridge），我国也在稍作改进后称之为常备钢梁，但习惯上仍称作贝雷梁。（徐光辉）

贝永桥 Bayonne Bridge

又称奇尔文科（Kill Van Kull）桥。位于美国纽约州的主跨503.6m的中承钢桁两铰拱公路桥。桥面宽16.2m，首次采用低锰碳钢。建成于1931年。该桥拱脚处两桥台在建筑处理上曾有争议，现为轻巧的钢构架，与钢拱不甚协调。（唐寰澄）

背撑式桥台 back stayed abutment

在前墙背后加有一道或几道背撑墙的桥台。其水平截面形式常用π形或E字形。这种桥台的稳定性较好，可用于较大跨径的高桥和宽桥。

（吴瑞麟）

ben

本道夫桥 Bendorf Bridge

位于德国，距科布伦茨约8km跨莱茵河的本道夫高速公路桥。桥面双向各宽11.5m，两侧人行道分别为1.72m和3.14m。桥主跨为71m＋208m＋71m，并行两座单室带伸臂、变截面预应力混凝土箱梁伸臂梁结构，大跨中部为铰接。用就地灌筑伸臂法安装。建成于1964年，是早期开创平衡悬臂浇筑预应力混凝土箱梁桥的突出实例。

（范立础 唐寰澄）

beng

崩塌 collapse

陡峻斜坡上的大量岩块，在重力作用下突然发生向下倾倒、崩落的现象。个别岩块的崩落称落石，规模极大的则称山崩。其危害性在于威胁工业及民用建筑、水工建筑和道路运输的安全。按发生原因分为断层、节理裂隙、风化碎石及硬软岩层接触带等几种类型的崩塌。（王岫霏）

bi

比降-面积法 slope-area method

通过实测或调查河段的水面比降和水道断面面积，用水力学公式推求流量Q的方法。公式通常采用谢基-满宁公式

$$Q=A\cdot\frac{1}{n}R^{2/3}J^{1/2}$$

A为水道过水断面面积（m^2）；R为水力半径（m）；J为水面比降（小数）；n为水道糙率。它是历史洪水调查中经常使用的一种方法。桥渡形态勘测中计算调查洪水流量就是用这种方法。（吴学鹏）

比较方案 alternatives

在桥梁工程勘测设计中，为了进行技术经济的详细分析比较和最后采用最合理的方案，提供选择的几个桥位和桥型方案。（张迺华）

比例 proportion

一般解释为部分与部分之间及部分与整体之间的关系，有时与比率的含义相混同。更为精确的定义为一个或一个以上的比率在整体中作变化与重复。根据中国美学的更为哲学化的定义可以是美学上各种相对面之间的一定的关系在整体中作变化与重复。美的比例，其变化与重复是富于节奏和韵律的。从一般定义出发，国外曾推出过黄金比、斐氏级数、动态对称等认为是美的比例。历史上的美学家对比例和美的关系有不同的看法。一部分认为美即在于应用好的比例；另一部分认为没有一定不变的比例，只有相对的比例。昔日圬工桥梁厚、重、壮、实，与近日薄、轻、纤、巧的桥梁各有其美。因为比例是比率在整体中的重复，或整体各部分统一在一定的比率之中，故亦即构成各部相似性。（唐寰澄）

比率 ratio

一个单值与另一个单值之间的比。美学上可扩展为各种美学上的相对面之间相对稳定时的程度上的比。在桥梁上常用的如长宽比、长高比、高厚比等的数值比。或起伏、隐显、强弱、明暗、刚柔、虚实等尚不能用数值予以表达的比率。美学上的比率含义和结构力学上所要求的经济比值不同，但二者之间仍可有一定的联系。即美学上的比可按照结构经济上的比在比例中予以应用。（唐寰澄）

比拟法 analogy method

根据两个物理现象之间的比拟关系，通过一种物理现象的观测试验，研究另一种物理现象的方法。如果两种物理现象都由相同形式的数学方程所描述，则它们的对应物理量之间将形成比拟关系。利用这种关系，可通过一种较易观测试验的物理现象，模拟一种难以观测试验的物理现象，从而使试验工作大为简化。在实验应力分析领域中，常用的有薄膜比拟法、电比拟法、电阻网络比拟法和沙堆比拟法等。（胡德麒）

比拟正交异性板法 orthotropic plate analogy

将主梁和横隔梁的刚度换算成两向刚度不同的比拟弹性平板，求解荷载横向分布系数的方法。对于由主梁、连续桥面板和多横隔梁组成的钢筋混凝土和预应力混凝土梁桥，可将每根主梁的截面抗弯惯矩I_x和抗扭惯矩I_{Tx}分摊于主梁间距内，将横隔梁的截面抗弯惯矩I_y和抗扭惯矩I_{Ty}分摊于横隔梁间距内，这样把实际的梁格比拟成一块在x和y两个正交方向的截面单宽刚度为EJ_x、GJ_{Tx}和EJ_y、GJ_{Ty}的正交异性板，近似地忽略混凝土泊松比ν_c的影响，即可得到与正交各向（材料）异性板在形式上完全一样的挠曲微分方程，解得荷载作用下横向任意点的挠度值后，利用挠度与分配荷载成正比的关系，即可求得荷载横向分布系数。（顾安邦）

毕托管 pitot tube (sphere、cylinder)

利用测压管身迎水顶端滞点压强最大、水流速度为零的原理，根据平面势流理论设计的测量水中某点流速的仪器。在滞点上有一与边界正交的小孔连通至测压管，管身侧面适当位置有一连通测压管的测静压强的小孔。测点流速$u=\phi\sqrt{2g\Delta h}$，式中ϕ为流速系数，通过对仪器的率定得到；g为重力加速度；Δh为两测压管压差。毕托球、柱依相同原理设计，分别有三对和两对测压管，用于测量三维和二维流场的流速。（任宝良）

闭口端管桩 closed end pipe pile

用钢、钢筋混凝土或预应力混凝土制成、将上部荷载传到地基、下端封闭的管状构件。为了减小下沉阻抗，桩径不宜过大，其下端多装有钢制锥形桩靴，常借助锤击法或振动法沉入土中。遇到密实砂层时，也可辅以射水沉桩法。（刘成宇）

闭口截面肋 rib stiffener with closed cross-section

正交异性钢桥面板中，沿桥轴方向和垂直桥轴方向设置的截面封闭的加劲肋（纵肋和横肋）。这种

截面肋的抗扭刚度较大，故肋的间距可以放大，一般为2～4m，厚度为6～8mm，闭口截面肋的焊接变形较小，但构造和连接均比开口截面肋(137页)复杂。

（陈忠延）

壁后压气法 air jetting method to reduce skin friction

又称空气幕法。在井壁外侧喷射压缩空气以减小土的摩阻力，加速沉井下沉的方法。沉井在下沉过程中，通过井壁中预埋管路输送压缩空气从井壁气龛内喷出，在水下形成气泡，再沿井壁上升，从而降低摩擦力。资料表明，在水面以下的粉细砂及含水量较大的粘土层中，可以减少摩擦力30%以上，下沉速度加快，且无泥浆套后期的缺点。适用于水中沉井。在卵砾石层及硬粘土层中效果较差。（邱 岳）

bian

边孔 side span

又称边跨。主桥中与主孔相匹配的相邻跨。常取与主孔相同的桥型，也可以不相同，主要从结构合理、工程经济及施工难易等来考虑。（金成棣）

边滩 bank bar

泥沙运动在主槽边缘形成的沙滩。低水时出露，是主槽的一部分。在顺直河段内边滩多犬牙交错。在河弯处形成凸岸边滩。（吴学鹏）

边缘加工 edge processing

对下料后板件的边缘进行机械加工的总称。

（李兆祥）

边缘纤维屈服荷载 yield loading of boundary fiber

钢中心压杆考虑杆件的初弯曲及荷载的初偏心，使边缘纤维达到屈服时的荷载。它比压溃荷载略小，并不反映压杆承载力的极限状态。但由于计算方便，有的国家曾用来作为压杆的极限承载力制定规范。

（胡匡璋）

扁钢系杆 flat steel tie

系杆拱中联系拱肋两端以平衡水平推力的扁钢制柔性受拉杆件。为了保证能与拱肋很好地共同受力，又避免桥面行车道受拉而遭破坏，须与桥面行车道部分互相隔开，因而做成与行车道完全不接触。参见柔性系杆(205页)。（俞同华）

汴梁虹桥 Rainbow Bridge

又称飞桥。位于汴京（今河南开封）东水门附近的一座用穿插梁木组成的木拱桥。为山东青州（今益都）的一个守牢卒子所创建。它是北宋名画家张择端画的《清明上河图》上的汴京汴河上的虹桥。桥端各有二根望柱（八字折柱），望柱之间有23根蜀柱，蜀柱间隔约80cm，估算望柱间长约19.2m，即桥净跨约为20m。桥宽8～9m。由短小纵梁和横木构成的主拱骨架，共有21组拱骨，分为二个系统，用横贯全桥的横木联系拱骨，组成稳定结构；桥台用方正的条石砌筑，台前留有纤道。（潘洪萱）

变差系数 C_v deviation coefficient C_v

又称离差系数。反映流量与频率之间关系的分布曲线的陡坦特征的统计参数。以C_v表示。当统计参数平均流量$\overline{Q}$和偏态系数C_s为定值时，C_v值越大，频率分布曲线越陡；C_v值越小，频率分布曲线越坦；$C_v=0$时，频率分布曲线为一条水平直线。（参见皮尔逊Ⅲ型曲线方程式，176页）

（周荣沾）

变幅疲劳 fatigue under variable-amplitude loading

钢桥构造上的某点在应力上、下限随机变化的多次循环作用下所造成的局部、永久性的损伤过程。钢桥在活载作用下的应力循环都属变幅疲劳。根据桥梁构造细节指定点的应力历程曲线，用各种应力循环计数法处理后即可得到设计基准期内变幅疲劳的应力谱。它的疲劳损伤可用疲劳积伤律换算成相应于一定循环次数的等效常应力幅来表示。

（罗蔚文 胡匡璋）

变角桁架模型 variable angle truss model

泛指受压腹杆倾角不等于45°的计算抗剪或/和抗扭钢筋的桁架模型。F. 莱昂哈特(F. Leonhardt)等人建议，考虑梁腹板刚度的影响，将受压弦杆改为倾斜的，并相应变动受压斜腹杆的角度，或者将受压腹杆改为多重斜杆的超静定体系。以压力场理论为基础建立计算可变斜压杆倾斜角公式。（车惠民）

变截面灌注桩 cast-in-place pile with variable cross-section

横截面按一定规律随深度增大而减小的就地灌注桩。可按等锥度减小成锥形，也可分级减小成阶梯形，下端直径一般不小于200mm。通常是借助于芯棒将薄壁钢壳打至设计标高，然后拔出芯棒，灌入混凝土而成桩。（夏永承）

变截面梁桥 variable cross-section girder bridge

沿跨径方向由变高度或变宽度截面的主梁作为主要承重结构的桥梁。梁式桥的主梁主要承受弯矩和剪力，其大小沿跨径方向而变化，采用沿跨径方向有变化的截面尺寸或形状，可使主梁的截面抗力随内力的变化而增减，从而节省材料和减轻自重，但构造和制作均较复杂。截面的变化可以改变梁的高度、梁的宽度、翼板（顶板、底板）或腹板的厚度，或几者同时改变，以及由工字形截面改变成箱形截面等，

其中以改变梁高的影响最大。　（徐光辉）

变宽矩形截面桥墩　widened rectangular cross-section pier

在顺桥向或横桥向从上至下按同一侧坡加宽的矩形桥墩。　（吴瑞麟）

变态模型　distorted model

某一方向尺度与原型相应尺度之比不同于其他方向的模型。与原型在几何上不完全相似，用以保证流态相似，满足水深及其他边界条件，适应试验场地及设备方面的要求。　（任宝良）

变形缝　deformation joint

在结构因变形而可能发生开裂的部位，在构造上设置的断缝。一般只是断开，没有缝宽。例如

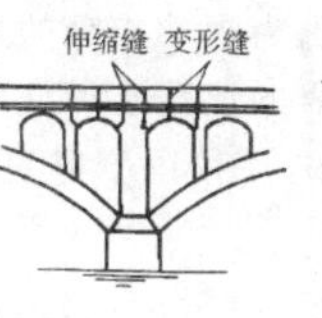

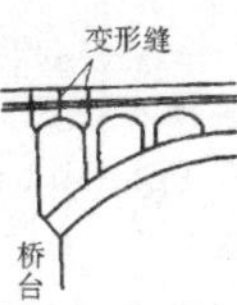

拱桥的主拱圈在荷载作用、材料收缩和温度变化等影响下，不可避免地会发生变形，为使拱上建筑能适应这种变形，除在与墩台连接处设置伸缩缝外，在其他相应部位如腹拱的拱脚和拱顶以上的侧墙，设置变形缝，这样当腹拱作为两铰或三铰拱变形时，侧墙上就不致出现不规则的裂缝。　（俞同华）

变形钢筋　deformed bar

使表面具有凸肋或螺纹以增大钢筋与混凝土间的粘结力并阻止其相对滑移的钢筋。　（何广汉）

变质岩　metamorphic rock

地壳中已经形成的岩石，由于地球内力作用而引起物理、化学条件的改变，从而使原岩发生矿物成分、结构、构造的改造与转变形成新的岩石。如粘土岩被岩浆侵入烧烤变成的红柱石角岩；原岩受应力作用形成的构造角砾岩，糜棱岩；受温度、压力及具有化学活动流体的综合作用形成的千枚岩、片岩、片麻岩等。由于矿物成分和结构构造的改变，这类岩石的物理力学性质往往比较差，在工程勘查中必须引起重视。　（王岫霏）

便桥　detour bridge

采用简易结构和简便方法架设、用以维系临时交通的桥梁。如正式桥梁未建成前或原有桥梁遭破坏后用以保持交通联系的桥梁，或在施工时为运送人员、器材、构件、机具等而设置的临时性桥梁等。　（徐光辉）

biao

标准贯入试验　standard penetration test, SPT

一种用规定的落锤能量（锤重 63.5kg，自由落距 76cm）测定土的物理力学性质的试验。将贯入器（由两个半圆管合成的取土器）打入土中，按贯入难易程度，判定土的物理力学性质。它适用于砂土和粘性土，不适合碎石土。　（王岫霏）

标准轨距　standard gauge

在铁路两条钢轨头部内侧顶面下 16mm 处丈量的钢轨间标准距离。直线轨道的标准轨距为 1435mm，国际标准亦同此。　（谢幼藩）

标准荷载　nominal load

见作用标准值（302 页）。

标准跨径　typical span length

为了方便设计和施工，在编制标准设计时对桥涵跨径所规定的模数化、标准化跨长系列。中国交通部《公路桥涵设计通用规范》(JTJ021) 第 1.3.2 条对桥涵标准跨径（m）规定为：0.75、1.00、1.25、1.50、2.00、2.50、3.00、4.00、5.00、6.00、8.00、10.00、13.00、16.00、20.00、25.00、30.00、35.00、40.00、45.00、50.00、60.00。标准设计或新建桥涵，当跨径在 60m 以下时，应尽量采用标准跨径，直接套用桥涵通用标准设计图，以加速设计进程并便于施工。梁式桥、板式桥（涵）的标准跨径以两桥（涵）墩中线间距离或桥（涵）墩中线与台背前缘间距为准；拱式桥（涵）、箱涵、圆管涵的标准跨径以净跨径为准。　（张迺华　周荣沾）

表层流　subsurface flow

又称壤中流。指土壤表层或不连续界面上形成的一种水流。其汇流速度高于地下径流而大大低于地面径流的汇流速度。它能否成为径流的主要成分，与下垫面条件（土壤、植被等）、河槽切割深度和流域面积的大小等有关。　（吴学鹏）

表面式振捣器　surface vibrator

又称平板式振捣器。在混凝土表面进行振捣的机械。其构造和工作原理，与附着式振捣器基本相同。机体安装在金属平板上，在分层浇注的混凝土表面上移动进行振捣。适用于面积较大、厚度较薄的混凝土结构。　（唐嘉衣）

bin

滨名桥　Hamana Bridge

位于日本滨松市滨名湖附近的滩地上的公路桥。路面宽 25m，为两线并行的带铰 T 形预应力混凝土刚构桥，跨度（m）为 55＋140＋240＋140＋55。建成于 1976 年。　（唐寰澄）

bing

冰渡　ice transfer

车道直接铺设在结有厚冰的河面上供车辆通过江河的交通方式。我国北方地区冬季气候严寒而稳定时,可采用冰渡作为冬季临时交通通道。冰渡地点应满足下列条件:①冰上的距离为最短;②水流缓慢的深水河段;③两岸便于设置引道。冰渡正式使用时,冰层厚度必须达到附表中的规定。为保证冰渡的行驶安全与方便,可在冰上铺设木板,并泼水冰牢在冰面上。在冰渡使用期间,应经常测量冰层厚度,小河流上可每隔 10～25m 选一点施测,大河流上可每隔 25～50m 选一点施测。

荷载种类	所需冰层厚度 (cm)
行人	5
小汽车	10
后轴载重为 3t 的载重车	25
后轴载重为 7t 的载重车	40
用人力或兽力牵引的载重车	50

(张廷楷)

冰荷载 ice load

又称冰压力。冰块或冰层对水中工程结构物作用的压力。它包括冰块撞击力和冰层挤压力。 (车惠民)

冰套箱 ice movable cofferdam

以河冰为底,有纵横隔墙的开口箱形防水冰壁结构。用于严寒地区水深且冰下水流较急的河中建造桥墩台基础。施工程序是:建冰套箱于河冰面,沿箱外壁四周挖冰沟,以切断箱体与河冰联系;箱上加重物使克服水浮力而下沉到河底,待箱上缘四周与河面冰层冻结牢固后,卸去荷载;待箱底与河床冻成一体后,按天然冷气冻结挖基坑法逐层挖基。 (刘成宇)

并列箱梁 side-by-side box beams

由两个单箱组成的箱梁。因单箱的组成截面单元重量轻、施工方便,故应用较广。 (陈忠延)

bo

波浪荷载 wave action

又称波浪力或水波力。波浪对桥梁结构墩台等的作用。目前分析波浪力时,常采用只考虑结构所受波浪摩擦力和质量力影响的半经验半理论的莫里森方程。 (车惠民)

波萨达斯·恩卡纳西翁桥 Posadas Encarnacion Bridge

位于阿根廷。连接波萨达斯与恩卡纳西翁的公路桥。路面宽 17.4m。主跨长为 115+330+115m,系三孔悬浮体系,双面扇形密索斜拉桥。钢筋混凝土箱梁,宽 17.4m,高 2.94m。A 形钢筋混凝土塔,梁以上高 65.2m。建于 1984 年。 (唐寰澄)

波速法桩基检测 wave velocity method of pile test

利用在冲击力作用下桩中产生的弹性波的反射速度检验桩基质量的试验方法。桩头受到冲击力后,在桩中产生弹性波(纵波、横波和表面波)并向下传播,遇到桩内断裂、空洞等缺陷或传至桩底时,弹性波产生反射,记录传播波的振幅-时间曲线,推算波速并进行分析,以判断桩身的完整性。此方法不能测定桩的承载力。 (林维正)

波特兰水泥 Portland cement

以硅酸钙为主要成分的水泥的国外名称。因用这种水泥制成的混凝土其颜色类似产于英国 Dorset 郡 Portland 的一种用于建筑的微黄的白色石灰石,故名。 (张迺华)

波纹管卷管机 sheath forming machine

将镀锌薄钢带卷制成圆形波纹管的机械。由制波、卷管、折边、压缝、剪切、电动、传动等装置组成。波纹管的强度高,柔性好,抗渗强,与混凝土粘结力大,适用于在混凝土中形成预应力筋的孔道。 (唐嘉衣)

波纹铁管涵 corrugated metal pipe culvert

由镀锌铁皮制成的一种波纹状圆形管式涵洞其直径一般为 0.2～2.0m,每节管长 1～1.2m。 (张廷楷)

波形截面梁桥 beam bridge with wavy cross-section

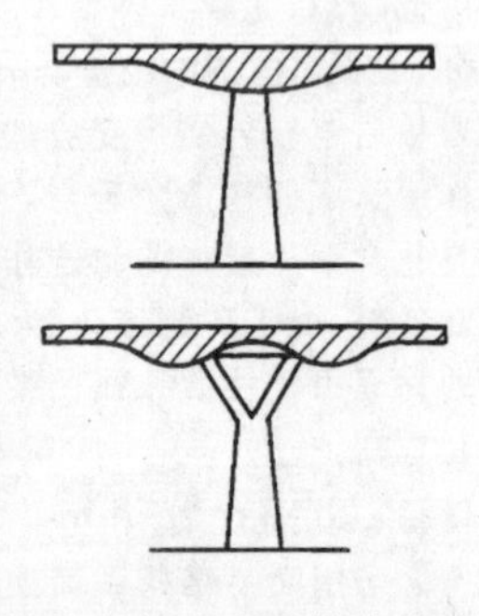

桥梁上部结构的横截面呈波形状的梁式桥。常与柱式墩配合应用,与单柱墩固结时呈单波状,与双柱墩或 V 形墩固结时呈双波状(见图)。在墩支点附近处加厚截面高度,用以抵抗较大的弯矩和剪力,其他部分的截面高度逐渐减小以节省混凝土,并形成轻巧的造型。这种结构在桥下留有较大的净空,有利于布置桥下的交通线路,常用于城市高架线路桥,但施工麻烦。 (袁国干)

玻璃钢桥 glass fiber reinforced plastic bridge

上部结构用玻璃钢建造的桥梁。玻璃钢是一种轻质高强的复合材料,又称玻璃纤维增强塑料。它的比强度甚高,可与钢材相比,故名,其表观密度小,耐腐蚀性强,20 世纪 70 年代以来,国外曾试用这种材料建造桥梁,但大都处于模型试验阶段。1982 年我国在北京市密云县建造了第一座玻璃钢公路试验桥，跨度约20m，目前仍处于研究阶段。

（伏魁先）

驳船 barge

运输物料的非自航式船舶。其船形丰满，构造简单，用拖轮拖曳航行。按载货位置分为舱口驳和甲板驳两种。桥梁施工常用的有：砂驳，石驳，泥驳及各种运输驳，或组成工程船舶。（唐嘉衣）

博诺姆桥 Bonhomme Bridge

位于法国布列塔尼（Brittany）地区，跨布拉韦（Blavet）河的预应力混凝土三跨斜腿门式框架公路桥。斜腿底跨186.25m，上部结构变高度单室箱梁，跨度为67.95m＋146.70m＋69.95m，箱宽5.6m，梁高7m～2.5m。施工时，利用临时钢管排架支承斜腿模板，梁部结构用平衡悬臂灌筑。合龙前利用设于斜腿底部及跨中的扁千斤顶调整梁的几何外形，合龙后利用扁千斤顶放松支架。于1974年建成。

（周　履）

博斯普鲁斯二桥 Bosporus-Ⅱ Bridge

位于土耳其伊斯坦布尔市二环线上，为分担博斯普鲁斯桥（简称一桥）交通压力而修建的又一座跨越博斯普鲁斯海峡并连接欧亚两洲的大跨悬索桥。1090m单跨悬吊，采用钢塔和流线形钢箱梁，但吊索为传统的垂直索（一桥为斜索）。此桥与塞文（Severn）桥、亨伯（Humber）桥及一桥同为英国著名的Freeman Fox & Partners公司所设计，由日本公司得标承包施工。建桥时间原定3年，实际仅2年半，于1988年5月建成，为1000m以上大跨悬索桥最短施工期。耗资约2.7亿美元。（严国敏）

博斯普鲁斯桥 Bosporus Bridge

土耳其跨博斯普鲁斯海峡的公路悬索桥。路面为双向各三车道和2.5m人行道，总宽25m。桥主跨1074m，双向斜吊索，正交异性板菱形钢梁，高3m。梁下净空高64m。正交异性板组合钢塔，高164.64m。两边孔为231和255m，无吊索，用短跨结合梁，铰式支墩，是继英国雪文桥后第二座此式桥梁。建成于1973年。（唐寰澄）

箔式电阻应变片 foil strain gauge

以通过光刻技术和腐蚀等工艺制成的薄金属箔为敏感元件的电阻应变片。金属箔栅薄，与粘结层的接触面积大，因此传递试件变形的性能好，箔栅端部宽横向效应小，提高了应变测量精度，表面积大，散热性能好，允许通过较大电流，故输出信号强。目前生产工艺复杂，价格较高。（崔　锦）

bu

不冲流速 non-erosion discharge velocity

为避免渠道和河床的冲刷而不容许超过的平均流速的限值。以m/s计。它是河床和渠道表面土粒从静止状态到运动状态时开始发生普遍性运动时断面平均流速。对于不容许产生冲刷的小桥和涵洞孔径设计来说，它是河渠水流容许的最大流速，是小桥涵孔径设计必须满足的条件之一。它与河渠的土质、水流含沙量及组成、流量、过水断面积及水力要素等因素有关，设计时可查阅有关规范规定值。

（周荣沾）

不良铆钉 defective rivets

由于铆合不良导致缺陷的钢结构铆接中使用的联结件，它易引起钢梁连接处松动、变形。可用肉眼观察、小锤敲击听音，敲摸和塞尺来判断。常见的铆钉缺陷有：松动、钉头裂纹、烂头、钉头全周浮离、钉头部分浮离、钉头偏心、钉头局部缺边、钉头全周缺边、钉头过小、钉头周围有飞边、铆钉枪打伤钢板及埋头铆钉钉头全部或局部缺边等。（谢幼藩）

不完全对称 incomplete symmetry

在各种对称中不完全按照严格的量来确定，而有所偏离的序列布置。在自然界动植物的形体上，虽有各种对称形态，但仔细观察，很多是非绝对的。所以，在桥梁造型中，由于局部功能上或自然环境上有影响而作偏离的调整是完全允许的，有时还会增加其变化与活泼性。（唐寰澄）

不稳定缆索体系 unstable cable system

在缆索、塔柱与加劲主梁相互连接处均为铰结的情况下，本身不可能达到平衡的缆索体系。图示（a）竖琴形体系即是这种体系的典型例。除了带有边支座的局部体系 $A_0BC_0D_0$ 是一阶稳定体系外，其他任意局部体系如 $ABCD$ 等都是不稳定体系。如果增加加劲主梁和塔柱的弯曲刚度就可增加体系本身所缺乏的稳定性。如在边跨拉索与主梁的锚固点下设置中间支点（图 b），即可使带有该支点的任意局部体系构成稳定的基本体系，并使整个缆索体系变成一阶稳定缆索体系。（姚玲森）

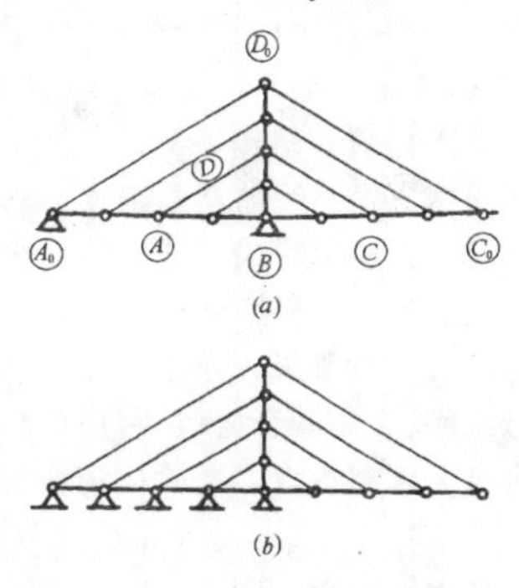

不稳定平衡 unstable balance

体量上除了平衡之外，或有稳定的实际却缺乏稳定的感觉，或同时具备不稳定的实际和感觉。前者如桥梁中布置欠缺的结构与支承的形象，使人引起生活中不稳定事物的联想。后者则是桥梁结构和美

学中所绝对不允许存在的。然而动力不稳定平衡却是杂技和大多数体育运动美中引以为主要的表现手段和审美标准。 （唐寰澄）

布比延桥 Bubiyan Bridge

位于阿拉伯湾（即波斯湾）北端连接科威特本土与布比延岛的预应力混凝土桁架桥。全长2503m，除一孔通航跨径为53.8m外，其余各跨均为40.2m的连续桁架，每联5～6跨，共12联。均由预制三维空格桁构拼装而成，每孔由10～11预制节段组成。安装时将一孔的所有节段挂在由斜拉索加劲的钢架桥机上，利用体外力筋、干接缝连成一体。建成于1983年。是世界上第一座用体外力筋建成的预应力混凝土三维桁架桥。 （周 履）

布拉佐·拉戈桥 Brazo Largo Bridge

位于阿根廷，跨巴拉那（Parana）河近布拉佐·拉戈的单线铁路、四车道公路桥。主桥长550m，为110m＋330m＋110m三孔连续钢斜拉桥。H形双塔，双索面，放射形布置钢索。桥面以上塔高约67m。塔主跨侧共拉索7根，边跨侧合为5根。索用平行钢丝组成，冷铸锚头。加劲梁断面为两侧用菱形钢箱梁，各宽3.9m，中部以正交异性钢板桥面与钢桁横梁相联系。桥上布置，公路和铁路各据一侧。建于1978年。 （唐寰澄）

布里斯勒·玛斯桥 Briesle Mass Bridge

位于荷兰鹿特丹（Rotterdam）附近的风景区，跨越毛斯（Meuse）河的预应力混凝土桥。为V形墩三跨80.5m＋112.5m＋80.5m连续预制预应力混凝土箱梁拼装式结构，梁高从4.25m变化到2.54m。横向由三个平行的单箱组成，利用桥面的现浇纵缝及横向预应力联成一体。V形墩的底部支承在桩基承台上的氯丁橡胶垫板上。预制箱梁节段在距桥址110km处的长线台座上制造，用驳船运至桥位，进行悬拼。在中跨合龙时，利用边跨临时支承产生的反向反力调整内力，消除徐变影响。于1969年建成。 （周 履）

布林奈尔硬度 Brinell hardness

由瑞典人布林奈尔（J.A.Brinell）提出的一种硬度标准。即用直径为D的钢球，在荷载$P=30D^2$作用下，在30s内压入材料表面产生凹痕，以单位凹痕面积承受的力表示的硬度。其值为：

$$H_B=\frac{2P}{\pi D(D-\sqrt{D^2-d^2})}$$

式中 d为凹痕直径。广泛用于金属、塑料、橡胶、木材等材料。测木材采用的钢球直径为10mm，荷载为490N（50kg），按材面分端面、弦面与径面三种，它与木材的耐磨性密切相关。（凤凌云 陈忠延）

布鲁东纳桥 Brotonne Bridge

位于法国鲁昂跨越塞纳河下游的预应力混凝土斜拉桥。1977年建成。包括主桥与两端高架引桥，总长1278.4m。主桥为三跨预应力混凝土单索面斜拉桥。分跨为143.5m＋320m＋143.5m。桥面四车道，采用单室梯形箱梁，箱梁内部设有加劲斜撑，桥面、腹板以及梁体纵向都设有预应力钢束。该桥通航净高要求为50m。为缩短两端引桥，纵坡达6.5%。 （范立础）

布鲁克林桥 Brooklyn Bridge

位于美国纽约，跨越东河的悬索桥。主跨486.16m，建于1869～1883年。为当时世界最大跨度的悬索桥。构造上采用钢加劲桁架和很多斜拉索，从而有效地抵御了暴风和周期性荷载的振荡。该桥原为双层城市桥，铺有轨电车四线，汽车道二线，1952年将桥上轨道拆除，加宽汽车道，并加固了加劲梁，石塔、悬索、锚碇均未变。 （范立础）

部分预应力混凝土 partially prestressed concrete

预应力度介于全预应力混凝土和钢筋混凝土两个极端状态之间的预应力混凝土。利用部分预应力设计的概念，可以根据结构使用要求设计出最经济合理的构件。 （李霄萍）

部分预应力混凝土桥 partially prestressed concrete bridge

一般指在短期使用荷载作用下允许出现不超过规定限值的裂缝宽度的一种预应力混凝土桥。简称P.P.C.桥。其预应力度λ比有限预应力混凝土桥还小，可较多地减小预应力拱度；减少高强度钢筋用量；可避免出现沿管道方向的裂缝；延性与抗震性能均较好。但对防渗结构或在侵蚀环境中的结构不能采用；对承受严重疲劳荷载的桥梁有不宜采用的意见。按中国《公路钢筋混凝土及预应力混凝土桥涵设计规范》（JTJ 023—85）对部分预应力混凝土定义为：沿预应力钢筋方向的混凝土正截面出现拉应力或出现不超过规定宽度的裂缝，即预应力度$1>\lambda>0$范围内的预应力混凝土结构统称为部分预应力混凝土结构。其中，正截面混凝土的拉应力不超过规定限值者称A类部分预应力混凝土结构，而正截面混凝土的拉应力超过规定限值者称B类部分预应力混凝土结构。 （袁国干）

C

cai

材料费 material cost

完成建筑安装工程所需用的所有材料，包括主要材料、辅助材料、摊销周转材料、结构和构件、配件、成品、半成品等的全部费用。工程直接费的主要组成部分。桥梁工程中列入材料费的材料有如下几类：①主要材料：系直接构成构筑物或结构本体的材料，如水泥、钢材、木材、砂石等。一些小五金、油漆、涂料等则作为次要材料；②辅助材料：系在施工过程中所必需而又不构成构筑物或结构本体的材料，如炸药、雷管、引爆线等；③周转性材料：系在施工过程中辅助完成构筑物或结构本身所需多次重复使用的材料，如模板、脚手架和支撑等；④零星材料：在材料消耗定额中只列主要材料和部分次要材料，其余用量较少的零星材料均一并列入其他材料费项下。 （周继祖）

材料分项安全系数 material partial safety factor

考虑各种不利因素对材料性能的影响而计入的安全系数。一般包括材料试验本身的偏离，结构材料性能与标准试件测得材料性能间关系的不稳定，抗力计算模型的不精确，以及构件几何参数的误差等。材料性能的设计值等于其标准值除以材料分项安全系数之商。 （熊光泽）

材料数量指标 material quantity index

工程中每单位部分（如单位体积、单位面积等）所需组成材料的数量。用以作为估算建设工程项目材料用量和进行备料、采购、订货的依据。如万元劳动力材料消耗指标即为建设工程项目每投资一万元所平均消耗的劳动力和材料数量；又如混凝土材料用量指标，即表示每方混凝土所需碎石、砂、水泥的数量等。 （周继祖）

can

残积层 eluvium

在大气营力的作用下，保留在原地地表基岩上的风化碎屑物质。主要分布于岩石暴露在地表而受到强烈风化作用的山区、丘陵及剥蚀平原。开挖基坑时，边坡的稳定性取决于其组成成分，并需进行详细的工程地质勘探以确定建筑区范围内该层厚度及基岩的埋藏深度。 （王岫霏）

残余应力 residual stresses

钢结构在加工制造过程中，由于不均匀加热、冷却或局部受力超过屈服强度而产生的，残存在构件中的应力。例如型钢辗轧、焊接、烧切（焰割）、冷娇都会引起残余应力。在无外部约束的情况下，残余应力是自相平衡的。由于钢材的塑性性能，它不影响构件的静力强度，但会降低构件的疲劳强度，对构件的总体稳定也有不良影响。 （胡匡璋）

cao

槽钢 channel section

断面轧制成［形的型钢。 （陈忠延）

槽探 exploratory trench

深度小于2.0m，宽度为0.6～1.0m的狭长槽形坑探。在覆盖层不厚的地方，用来追踪构造线，确定坡积层、残积层的厚度和性质，揭示地层层序等。其方位一般应与岩层的走向或构造线垂直。 （王岫霏）

槽形梁 trough girder

由两侧主梁和中间车道板所组成的一种钢筋混凝土半穿式结构。具有建筑高度小的显著特点，是我国近年来发展起来的一种新型桥跨型式。适用于城市高架桥和轻轨交通系统的桥跨结构。车道板除直接承受载重外，还作为梁体的下翼缘与主梁共同工作。分析时可根据梁、板接合面处结构变形的连续和协调条件，建立一系列线性联立方程组，求出该处的冗力，从而得出结构所有的内力和变形。 （何广汉）

槽形梁桥 trough girder bridge

由预制的预应力混凝土槽形梁与顶板和桥面系组成的梁式桥。桥梁预制构件横剖面向上开口呈槽形，故名。主要优点是建筑高度很小。施工时先吊装槽形梁构件，再吊装顶板预制构件，通过预留的连接钢筋和现浇桥面混凝土，形成封闭截面，因而吊装重量比整体箱形梁为轻。但因截面敞口，横向稳定性差，主梁与顶板连接工艺较复杂。主要用于平原区限制坡度很小的铁路桥。 （袁国干）

草皮护坡 sodding protection

土质路堤及桥台锥坡片石铺砌以上部分，铺草皮或种草籽形成的草面边坡。加固土坡的方法之一。它是通过草丛根系来固结土坡表层土体，防止水流冲蚀。其形式有方格式、满铺式、叠砌式、压力式和台阶式等，也可作成由各种杂草与其他木石材料混合构成的护坡形式。　　(吴瑞麟)

ce

侧焊缝　longitudinal fillet weld

又称纵向焊缝。平行于作用力方向的角焊缝。侧焊缝在工作时主要受剪，沿焊缝长度方向，剪应力的分布不均匀，两端大、中间小。在静力作用下由于破坏前有很大的塑性变形，剪应力分布趋于均匀，其破坏是塑性的。但是在重复荷载作用下剪应力的不均匀分布会使侧焊缝端部更容易产生疲劳破坏。故规范规定侧焊缝计算长度不得超过其正边尺寸的 40～50 倍。　　(罗蔚文)

侧墙　side wall

实腹拱桥的围护拱肩填料而在主拱圈上、下游方向两侧砌筑的墙体。承受由拱肩填料产生的水平土压力和桥面上活载产生的侧压力作用，须按挡土墙验算其截面强度。顶面厚度一般为 0.5～0.7m，向下逐渐增厚，至于与拱背相交处的厚度为该处高度的 0.4 倍，一般用块石、片石砌筑，或再用粗料石或细料石镶面以增美观。当主拱圈为混凝土或钢筋混凝土板拱时，也可采用与主拱圈整体浇筑的钢筋混凝土护壁式侧墙 。当拱肩填料采用砌筑式时，可无侧墙，而仅将外露表面用砂浆饰面或设置镶面。　　(俞同华)

侧向拉缆　lateral tension cable

为增加悬索桥横向刚度在加劲梁两侧下方设置的斜向拉索。两端锚固于悬索桥桥宽范围以外、加劲梁以下的河岸合适处，缆身与加劲梁下缘之间，用与吊杆相应的斜向拉杆相连，从侧面看，其形状如主索的倒影。它使加劲梁两侧各产生一个向外、向下的斜向预拉力，借以保证悬索桥的横向稳定性，同时也可增加悬索桥的竖向刚度。其缺点是将减小桥下净空和影响桥梁的外观。　　(赖国麟)

ceng

层间温度　interpass temperature

多层焊时，在施焊一道焊缝后，继续再焊下一道焊缝之前，其相邻焊道应保持的最低温度。　　(李兆祥)

cha

叉车　folk lift truck

以门架和货叉为工作装置的自行式简单起重运输机械。由工作装置、动力系统、轮式底盘等组成。用液压传动，装卸并堆放成件物品，或将货叉换为铲斗装运散料。按动力分为内燃叉车和电瓶叉车。　　(唐嘉衣)

差动变压器式位移传感器　differential transformer type displacement transducer

又称差动式位移计。根据差动变压器中铁芯上下移动位置与输出电压大小和极性的相关性来测量位移的仪表。主要由磁筒、铁芯、绕线管、线圈和测杆等组成。初级线圈和两个次级线圈分别绕在绕线管上作为输入及输出线圈，线框中央放一可上下移动的铁芯。初级线圈加入激磁电压时，两个次级线圈被感应，分别输出电压为 E_1 和 E_2，如两个次级线圈连成反向串接，则差动变压器总输出为 $E=E_1-E_2$，其差值与铁芯位移成正比。其相位与铁芯移动的方向有关，据此来测出位移的数值和方向。它具有灵敏度高，稳定性好，输出功率大，且可实现遥测等优点。　　(崔　锦)

差动电阻式应变计　unbonded elastic wire resistance type strain meter

将两根钢丝的变形设计成能差动变化的结构作为敏感元件的应变计。构造组成如图。性能应符合 GB3408 国家标准。它两端产生相对变形时，使差动钢丝一根伸长一根缩短，其所输出的电阻比变化量与应变变化量成正比。使用与应变计引出导线相连接的接收器量测电阻变化值来测应变。埋设在结构混凝土中供长期测量内部应变及温度应变。

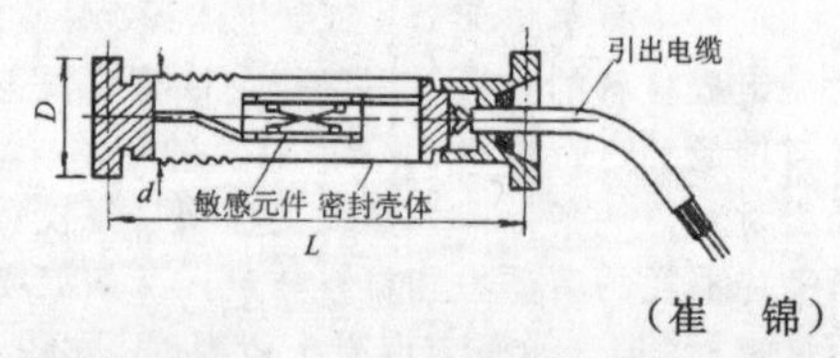

(崔　锦)

差动汽锤　differential-acting steam hammer

双向不等作用力的双动汽锤。设有串联的双活塞，上下活塞面积不等。冲击体下落时除其自重外，并利用上下活塞所受汽压的差值冲击沉桩。其一次冲击动能较大，冲击频率高，兼有单动汽锤和双动汽锤的优点。　　(唐嘉衣)

插入式振捣器　internal vibrator

插入混凝土内部进行振捣的机械。由电动机、传动软轴、转轴、振动棒组成。按激振原理，分为偏心式与行星式两种。偏心式振捣器用增速器提高软轴转速，带动偏心转轴高速旋转产生振动。缺点是：软轴与轴承容易损坏。行星式振捣器，其转轴不需增速，而利用转轴端悬置的滚锥体沿滚道作行星运动，使振动棒产生高频振动，振频较高，软轴不易损坏，应用较广。（唐嘉衣）

插销　plug

插入预先钻成的孔中或直接打入木材中的木制或钢制的圆柱形连接件。用以使构件之间互相连接或固定（参见销结合，254页）。（陈忠延）

chai

拆装梁　assemblable truss

易于装拆、可多次使用并可拼成多种不同跨度的钢桁梁。这种梁在铁路和公路部门都备有多种型式，以备抢修桥梁或作为临时性辅助结构。如各种军用梁、贝雷梁（片）、ESTB和应急抢修钢梁等等。铁路部门所称的拆装梁是为大跨度铁路桥梁抢修特别设计的，基本构件用角钢和槽钢，拼接用高强度螺栓，可拼成跨度64m以下的简支梁或连续梁。

（谢幼藩）

柴排护基　mat covering for protection of foundation

用原木和树枝编扎成分格的排筏，在分格中填入石块并沉至河底，使墩台基础或涵洞出口不受水流冲刷的防护措施。是浅基局部防护的一种有效方法。但只能用于流向稳定、流速较小的砂质河床上，且须常年被水淹没，否则易于腐烂失效。

（谢幼藩）

柴油锤　diesel hammer

以柴油燃爆的能量为动力的桩锤。其主体分汽缸和柱塞两部分。工作原理与单缸二冲程柴油机类似。冲击体自由落下沉桩时，喷入汽缸的雾化柴油在高压和高温下燃爆。爆发力再次向下冲击沉桩，同时推动冲击体回升。其结构简单，不需加设动力设备，应用较广。按结构可分为导杆式和筒式。导杆式以汽缸为冲击体，冲击动能较小。筒式以柱塞为冲击体，工效较高。（唐嘉衣）

chan

产流　runoff yield

降雨或冰雪融水在流域中产生径流的现象。R·E·霍顿把产流概括为三种情况：①强度大、历时短的降雨形成的洪水，主要是地面径流组成的。②强度小、历时长的降雨形成的洪水主要是地下径流组成的。③强度大历时长的降雨形成的洪水是地面径流和地下径流共同组成的。在中国，第一种情况常称为超渗产流，第二、三种情况常合称为蓄满产流。在湿润地区，蓄满产流是产流的主要方式；在干旱、半干旱地区，超渗产流则是主要方式。产流是径流形成过程中的重要组成部分，常用径流系数法，降雨径流关系法，扣损法，流域降雨径流模型法进行计算。

（吴学鹏）

产状　strike-dip

地质体的空间方位的标志。一般指地质构造面（如岩层面、断层面、节理面等）的空间位置的标志。其要素包括走向、倾向和倾角。用地质罗盘测量，用方位角或象限角表示。（王岫霏）

铲磨　scraping and grinding

用风铲或砂轮对杆件表面进行加工的方法。常用于清除构件表面缺陷、焊缝修理、清理余高和装配时磨光顶紧部分的修磨等。（李兆祥）

颤振临界风速　flutter critical wind speed

使风场中的结构由衰减振动转化为发散振动的风速。是结构物空气动力失稳的临界条件。在结构振动与气动力均为线性弹性的假定下，颤振运动方程为线性自激振动方程，自激力是振动位移与速度的函数，可作为特征值问题求解颤振频率和对应的临界风速，在结构物抗风设计中，要求其颤振临界风速必须大于当地可能出现的最大风速。（林志兴）

chang

长堤　long levee

较长的导流堤。对于河漕摆动很大的变迁性和冲积漫流性河段，为了逐渐缩窄河漕的摆动幅度，使水流和泥沙能平稳地通过桥孔，并能保证导流堤后农田和村镇的安全，往往设置较长的导流堤（见图），而且将上游坝端伸出泛滥边界以外，形成封闭式导流堤。

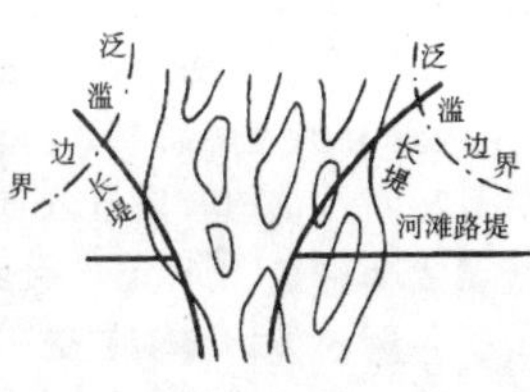

（周荣沾）

长钢轨纵向荷载　longitudinal force due to longrail

又称抗爬力。作用在桥梁及固定支座上的，因桥梁和长钢轨温度变化产生不同的伸缩量，而造成钢轨与钢轨扣件之间产生的摩擦力的反力。一般在有道碴区间可按每条线路10kN/m考虑。

（车惠民）

长礁桥　Long-Key Bridge

位于美国迈阿密以南145km的佛罗里达群岛的预应力混凝土连续梁桥。全长3.7km，由101跨36m的标准单箱和两岸约35.6m边跨组成，每8跨构成一联预应力混凝土连续梁。V形墩由预制构件组成，预制箱梁采用逐跨节段架设，布置体外预应力筋张拉锚固形成连续梁。1980年建成通车。

（范立础）

长期荷载试验 long-term loading test

研究材料、结构或构件随荷载作用时间而变化的受力状态和特性所作的长期观测试验。例如混凝土徐变试验、钢筋松弛试验、长期荷载作用下结构内力重分布及结构挠度、裂缝宽度随时间变化规律观测等。（张开敬）

长期曲率 long-term curvature

在长期荷载作用下，由于混凝土徐变使构件变形增大而加大的挠度曲线转角的变化率。可采用按徐变系数降低的有效弹性模量计算。（顾安邦）

常幅疲劳 fatigue under constant-amplitude loading

钢桥构造上的某点在应力上、下限保持不变的多次循环作用下所产生的局部、永久性的损伤递增过程。习惯上将绝对值较大的应力称为应力上限，绝对值较小者称为应力下限。当应力上限为拉应力时，称为以拉为主，否则称为以压为主。根据常幅疲劳试验可以得到各种构造细节的疲劳强度曲线（平均值）及其标准差。常幅疲劳只在试验时才可能实现。

（胡匡璋）

常水河流 perennial river

全年流水的河流。这类河流的流域面积都较大，河槽切割较深，汛期的河水主要靠降水补给，中、枯水则靠壤中水或深层地下水补给。我国除西北地区外，大部分河流多属常水河流。研究这类河流的水文情势，对桥位的布设有着重要作用。（吴学鹏）

敞露式伸缩缝 open expansion joint

一种仅使桥面断开而不设专门伸缩装置的伸缩缝。为防止污物等嵌入，缝中常填以沥青胶、油毡或浸泡沥青的木条等。仅适用于小跨径桥梁。

（郭永琛）

chao

超筋破坏 compression failure of an over-reinforced member

配筋率大于平衡配筋率构件的受压破坏。其特点是破坏前钢筋仍处于弹性工作状态，裂缝宽度较小，梁的挠度不大，在没有明显预兆的情况下由于受压区混凝土被压碎而突然破坏，习惯上称之为“脆性破坏”。超筋能提高的承载能力非常有限，在构件截面不便修改的条件下，宜选用具有受压钢筋的双筋梁。（李霄萍）

超拧 over-wrest

拧紧高强度螺栓的扭矩超过设计值，螺杆、螺母相对位置超过5度以上的现象。超拧能导致高强螺栓产生裂纹或断裂。（谢幼藩）

超渗产流 excess runoff yield

见产流（15页）。

超渗雨 excess rain

降雨强度超过土壤下渗强度的降雨。它是流域地面径流的主要供给源；是超渗产流计算中的关键因素；也是中国北方干旱、半干旱地区洪水形成的主要原因。（吴学鹏）

超声波法桩基检测 ultrasonic method of pile test

用超声波检验桩的质量的方法。超声波在混凝土桩身传播中，遇到混凝土蜂窝、空洞、断裂等缺陷时，其声速和声幅将发生变化。在桩内预埋声测管，利用超声波换能器在声测管内移动，检测桩身不同深度处的声速、声幅变化，即可判断桩身有无缺陷及缺陷位置。此方法适用于钻孔灌注桩的完整性检测。（林维正）

超声波探伤 ultrasonic inspection

见超声波无损检验。

超声波无损检验 non-destructive test by ultrasonic method

利用超声波在结构材料中传播参数（速度、声时、振幅、波形、衰减、频谱等）的变化与材料性质的相关性来测定材料强度、弹性性质，探测内部缺陷、裂缝和损伤程度的一种无损检测法。对钢结构主要用于超声波探伤，所用频率较高（500～3000kHz），以反射波作为判断缺陷的依据，其原理如图示。对结构混凝土主要用于测定混凝土强度、动弹性模量和探测内部缺陷和损伤程度。由于超声波在混凝土中衰减较快，要用低频超声波检测仪，并以实测超声波在混凝土的传播速度与混凝土关系曲线来确定其强度。

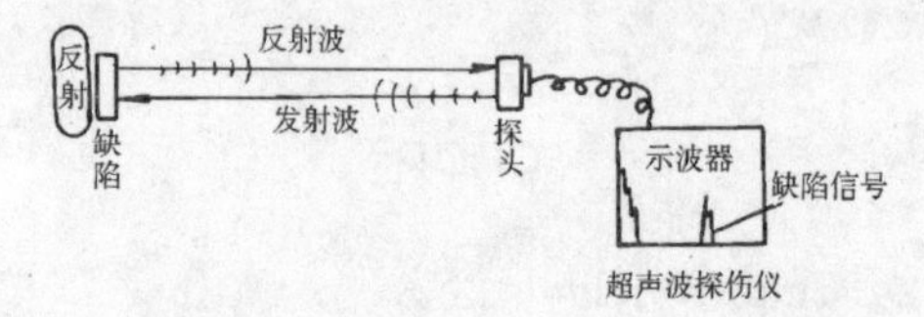

（张开敬　李兆祥）

超声-回弹综合法 method of ultrasonic-rebound for non-destructive test

应用超声波法和回弹法综合测定混凝土强度的

无损检测法，根据结构或构件上某测区实测并修正的超声波声速值 C 和回弹平均值 N，按事先建立的 $R-C-N$ 关系曲线，推算测区混凝土强度 R。该法可以削弱或抵消一些影响因素和弥补各自的不足，使检测精度提高。（张开敬）

超限货物 out of gauge goods

单件货物装于平车或敞车后在直线线路上停留，其高度和宽度有任何部位超过机车车辆限界或特定区段装载限界者，或在直线上虽不能超限，但行经半径为 300m 以下的曲线时，其内外侧的计算宽度减去曲线水平加宽量 36mm 以后仍然超过机车车辆限界的货物。可分为一级、二级和超级超限三个级别。（谢幼藩）

超应力张拉 overtensioning

又称超张拉。超过设计控制应力的张拉工艺。为减少由于钢材松弛引起的预应力损失，预应力筋的张拉程序，对钢丝束要求两端轮流分级加载至控制应力的 105%并保持 5～10min，然后降低至控制应力进行锚固。对于钢绞线，由于松弛率较大，一般应先超张拉至抗拉极限强度的 80%保持 5min，再回至控制应力锚固。（唐嘉衣）

超轴牵引 over-loaded hauls

运行中的列车其机车牵引超过规定吨位（牵引定数）的状态。以往机车牵引重量不以吨计，而按车轴数换算，习惯上将超过牵引定数称超轴。这种牵引对于机车、站场、线路和桥梁均有附加影响，而制动装置和站场股道的长度能否适应是关键问题。（谢幼藩）

潮汐河流 tidal river

又称感潮河段。受到潮汐影响的河段。桥渡布设在这类河段上时，其设计流量、设计水位和设计流速，应视河段的具体情况，考虑潮汐及洪水各种不利组合而分别确定。（吴学鹏）

che

车道板 driveway slab

用以行车和承受荷载的桥面板。其上的行车道铺装的作用是使车道板免受磨耗，主梁免受雨水侵蚀，轮载得以分布。若能确保水泥或沥青混凝土铺装与车道板结成整体，共同受力，则在计算中可将铺装视作车道板的组成部分。（何广汉）

车道荷载 lane loading

又称等代荷载。用均布荷载和一个集中力代表作用于车道的汽车荷载。这种荷载图式简单，便于电算，许多国家都已采用或与车辆荷载并列为设计标准。英国标准 BS5400 采用的 HA 荷载，根据加载长度，均布荷载值为 9～30kN/m，集中荷载 120kN 用以考虑实际车辆荷载对弯矩和剪力的不同影响，并按最不利位置布载。美国各州公路及运输工作者协会 AASHTO 规定的车道荷载为，均布荷载值随汽车荷载等级变化，4.7～9.4kN/m，集中荷载 40～80kN 用于计算弯矩，58～116kN 用于计算剪力。（车惠民）

chen

沉积岩 sedimentary rock

又称水成岩。在地壳表层常温常压条件下，由风化产物经搬运、沉积和成岩等一系列地质作用而形成的层状岩石。如砂岩、泥质岩、石灰岩等。是地表最常见的一类岩石，其中赋存有许多重要矿产，如煤、铁、石油等。并对地下水资源的开发利用，对工程建设的规划和设计均有密切关系。（王岫霏）

沉降速度 settling velocity

简称沉速。泥沙颗粒在静水中等速沉降时的速度。泥沙群体沉速受几何形态、边界条件、含沙量及温度等因素影响。在水工及桥渡设计中，沉速是一个重要参数。（吴学鹏）

沉井凹槽 open caisson notch

沉井外壁内侧离刃尖一定高度处（一般 2.2m 以上）的水平槽状结构。其作用是传递封底混凝土基底反力至井壁，并增强联结。在特殊情况下，沉井有可能改为气压沉箱者必需设置此槽。若能确保应力的传递，也可不设。（邱　岳）

沉井顶盖 cap of open caisson

覆盖在空心沉井顶部的钢筋混凝土盖板。其作用为在其上建筑墩身，并传递荷载至沉井。它须在无水情况下灌注。（邱　岳）

沉井封底混凝土 subsealing concrete of open caisson

沉井下沉到设计标高后，在井底铺筑一层能传递基底反力并能防水的混凝土。若井内水不能排干，则采用水下混凝土封底。封底厚度要足够大，按基底反力由计算及构造需要确定。（邱　岳）

沉井基础 open caisson foundation

又称开口沉箱基础，由开口的井筒构成的地下承重结构物。一般为深基础，适用于持力层较深或河床冲刷严重等水文地质条件，具有很高承载力和抗震性能。中国于 1898～1901 年首先用于哈尔滨松花江铁路桥墩台。这种基础系由井筒、封底混凝土和顶盖等组成，其平面形状可以是圆形、矩形或圆端形，立面多为垂直边，井孔为单孔或多孔，井壁为钢筋、木筋或竹筋混凝土，甚至由钢壳中填充混凝土等建成。若为陆地基础，它在地表建造，由取土井排土以减少刃脚土的阻力，一般借自重下沉；若为水中基础，可用筑岛法，或浮运法建造。在下沉过程中，如侧摩阻力过大，可采用高压射水法、泥浆套法或壁后压气法等以加速下沉。 （刘成宇）

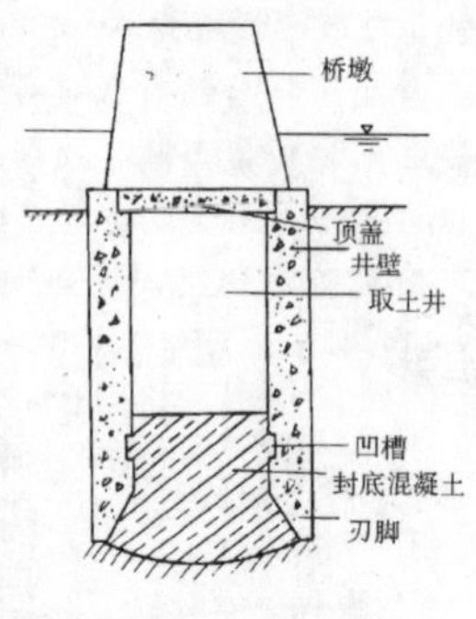

沉井接管柱基础 foundation of open caisson mounted on colonnades

由沉井与管柱连接构成的混合型管柱基础。当管柱下沉深度较大时，为了避免下沉困难和减小其自由长度，增加基础刚度，采用先下沉井到土壤中一定深度，再从井孔中下沉管柱，当下到设计标高，在沉井底部用水下混凝土封底，使与管柱联成整体。从结构受力上看，它实际上是个管柱基础，沉井仅起承台作用。 （邱　岳）

沉井纠偏法 method for correcting the sinking error of caissons

为校正沉井下沉出现偏差而采用的施工措施。大体分为：①刃脚下偏除土；顶部偏压重；顶部施加水平力，以上三法可同时使用。②用偏射水、偏压气的方法破坏侧面土及刃尖土。③在沉井倾斜方刃脚下加铺支垫，使沉井绕支垫旋转到纠偏方向。如此往返直至调平。④潜水工至水下破坏高侧障碍物或硬层。 （邱　岳）

沉井取土井 dredging well

利用沉井井壁或隔墙围成的排土井孔。主要用作沉井下沉时排土通道，下沉完毕后可作为输送混凝土封底材料及设备之用。井孔大小应满足取土机具所需净空和便于取土操作的要求。井孔的最小边长，采用抓泥斗抓土时一般不宜小于2.5～3.0m。 （邱　岳）

沉井刃脚 cutting edge of open caisson

沉井外壁最下端首先切入土中的斜面结构。其下端设有刃尖 (cutting edge)，用钢料制成，使沉井下沉时容易切开支承的土壤，减小下沉正面阻力。刃脚受力甚大，要有足够的强度和刚度，以免下沉时损坏。 （邱　岳）

沉井下沉方法 open caisson sinking method

沉井凭借自重或其他有效辅助措施，克服各种阻力而下沉的施工方法。最主要的方法是由沉井取土井中排泥下沉，可分为排水和不排水下沉两种。在软弱土层中及一般砂性土中须采用不排水下沉，以防大量涌砂，造成沉井倾斜和位移。排水下沉必须确认地质水文条件许可情况下才能使用，一般讲沉井刃脚进入卵石层或硬粘土层，而且下卧层不会因水压差将底部土挤出而造成翻砂等意外情况，须慎重使用。井内排水可减小浮力，增加沉井重量，使沉井容易下沉。 （邱　岳）

沉井下沉射水法 water jetting method to reduce skin friction

利用高压射水减小土的阻抗，以加速沉井下沉的方法。若沉井在砂类土或粘砂土中下沉深度较大，预计沉井自重不足以克服井壁摩擦力时，可考虑在井壁内或外侧装设射水管组。外侧射水管多是独立工作的。内设射水管组沿井壁横向均匀布置，并将对称分成若干个单独分离管组。射水管除引向沉井刃脚者外，在井壁竖向布置一排或两排。射水嘴一般位于自刃脚底面起3～6m。 （邱　岳）

沉井下沉阻力 resistance to sinking of open caisson

沉井下沉时土对刃脚端部阻抗及井壁侧面摩擦力的总抗力。其数值根据土的性质、下沉深度、下沉方法等不同因素而定，一般设计用经验数据。为使沉井能顺利克服下沉阻力而采用的施工措施有：①加大自重或另加压重，如在较小沉井中增加外荷载，或用锚桩和千斤顶对沉井施加压力；②减少摩阻力及刃脚处支承力。减小支承力主要是靠掏空刃尖处的土；而减少摩擦力的方法甚多，如泥浆套法、壁后压气法、沉井下沉射水法以及井壁外侧贴高分子薄膜或润滑剂之类的材料等，均可减小井壁摩擦力。 （邱　岳）

沉井型桩 caisson pile

施工上兼有沉井和带套管钻孔灌注桩二者特色的桩。其类型较多，主要有两种：其一是用锤击等方法把下端焊有钢刃脚的厚壁钢管沉至岩面或部分切入岩体，清除管内土石后，用冲击或旋转钻孔机具在管内钻孔至岩面下一定深度，然后清除孔内钻碴，插入H形钢芯或钢筋笼，填筑混凝土，钢管不再拔出；另一种是把钢管打至岩面，同样用钻孔机具在管内钻孔并排出钻碴，直至露出新鲜基岩，再清孔并在管内灌注混凝土，同时拔出钢管，做成混凝土桩。 （夏永承）

沉井支垫 timber blocking to caisson

在地面或筑岛上制造沉井时及脚下铺设的支垫。先在地面铺垫厚约0.3m的砂层，其上设置垫木。其布置应满足地基承载力的需要和抽垫方便。沉井下沉时应分段、对称、同步地抽出垫木，并随即以砂土换填密实，以保证沉井受力均匀。（唐嘉衣）

沉箱病 caisson disease

在高气压下工作所引起的特种疾病。沉箱中气压高，空气中的氮气通过呼吸而溶解于血液，压力越高，溶解量越大，一旦降压较快，血液中的氮气来不及由呼吸器官排出，变成气泡在血管中释出，从而堵塞血管，损伤神经系统，引起关节剧痛，严重时可导致瘫痪或丧命。该病以预防为主，预防措施有：限制最高气压，一般工作室内附加大气压不得超过0.35MPa；限制工作时间，附加气压越高，则连续工作时间和每日总工作时间要求越短；限制变压速度，人进出气闸气压变化大，需要慢速变压，压差愈大，所需变压时间愈长，而且减压的时间比相同压差的加压时间要求更长；严禁病人（如心脏病、肺病、耳鼻喉病等患者）进入工作室；加强营养，注意卫生习惯，保证休息等。关于治疗，如出闸时发现身体不适，应即时送入医疗闸治疗，或进行电疗。（刘成宇）

沉箱浮运法　method of floating pneumatic caisson

把岸上建成并装上气闸和箱顶围堰的无底箱形结构放入水中，再拖拉到墩位的施工方法。箱体从陆地下到水中可用：①船坞法，先利用干船坞进行建造，再引水入坞，使其浮起；②滑道法，在岸边滑道上建造；再从滑道滑入水中；③起吊法，从岸边用重型起吊设备吊入水中；④土围堰法；⑤岸边筑半岛法等。沉箱下水后，用两艘导向船将它夹在中间，用拖轮拖到墩位，最后用锚绳把沉箱固定。（刘成宇）

沉箱浮运稳定性　stability of floating pneumatic caisson

见浮式沉井稳定性（56页）。

沉箱基础　pneumatic caisson foundation

又称气压沉箱基础。利用气压沉箱在水面下建造的传递荷载于地基的结构物。若为具有地下水的陆地基础，箱体就地制造，其内输入高压空气排水，人在高气压条件下挖土，并借箱自重及顶部不断砌筑圬工而下沉，当达到设计位置，在箱内填充混凝土而构成基础；若为水中基础，可用筑岛法或浮运法建造。它适用于水文地质复杂且含障碍物，必须由人工处理的地质条件。1851年J. 雷特等在英国洛切斯特建梅德威桥时首先采用，之后逐步发展，被广泛用于水中深基础。但由于在高气压下作业对身体有害，使该基础在水下埋深限制在35m以内，且工效不高，故近来除少数国家外，一般较少采用。

（刘成宇）

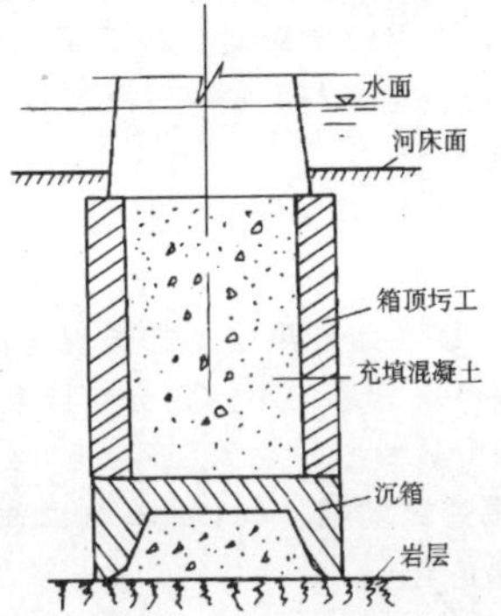

沉箱建造下沉法　method of construction and sinking

建造箱体并使其沉到设计位置的一套特定施工方法。建造场地应平整夯实，沿刃脚线满铺垫木，在其上制造箱体，最后应对称地拔出垫木，使结构均匀落于地面。对于陆地基础，应原位建造；对于水中基础，可在墩位用筑岛法修建，或在岸上制造，再用浮运法拖到墩位。下沉前应建箱顶围堰，同时装好井管和气闸，人在高气压工作室借人力或水力机械挖土下沉，参见气压沉箱（183页）。为了克服下沉阻力，在箱顶不断砌筑圬工以加载；随着箱体下沉，需接长井管，使气闸永远在水面或土面以上；当沉到设计标高，应清底检验地基，再用混凝土填满工作室；最后撤除气闸和井管，基础即告完成。　（刘成宇）

沉箱接桩基础　foundation of pneumatic caisson mounted on piles

沉箱下接基桩形成的组合式的基础承重构筑物。桩下端一般多达到很深硬层或岩层，其上端在水面以下相当深度与箱底相接，构成有足够刚度和承载力的低承台桩基。这种基础施工简便，适用于水位很高，岩层埋置很深，建筑荷载又大的水文地质和荷载条件。　（刘成宇）

沉箱水力机械挖泥　dredging with hydraulic equipment in pneumatic caisson

使沉箱易于沉入土中而在其工作室内用水力机械疏松泥土，并用导管排出箱外的施工方法。一般先用高压射水把泥土冲散成泥浆，汇集在汇水坑中，再用空气吸泥机、水力吸泥机或离心吸泥泵把泥水通过管道排出，从而减小下沉阻力。　（刘成宇）

沉桩方法　pile sinking technique

借助于外力，使预制桩沉入土中的技术措施。方法主要有：锤击沉桩法；振动沉桩法；压入法；射水沉桩法；钻孔插入法；旋入法。其中锤击法适用范围较广，也较为常用；射水法常与锤击法和振动法配合使用；旋入法仅用于螺旋桩。各种方法对桩周土的影响不同，桩的承载力也会因此而出现差别。

（夏永承）

衬板支护坑壁法　support of excavation with sheathing

用若干水平木衬板、立柱和顶撑组成支挡结构以维持坑壁稳定的方法。衬板紧贴垂直坑壁，其后分段设立柱和顶撑（斜撑或水平撑）。一般用在基坑宽3m左右、深度6m附近的粘性土中。开挖顺序为，当开挖工作进行至一立木高度时，安装水平衬板、立木与支撑，逐段分挖，逐段支护。（邱　岳）

cheng

撑架桥　strut-framed bridge

在主梁跨径范围内的适当位置增设斜杆（撑），以减小梁的跨径（弯矩），并把力传到桥墩（台）上去的一种梁桥。主要的受力特点是斜撑杆使墩台产生水平推力，其节点及墩台的构造都很复杂。主要类型有人字撑架体系、八字撑架体系、托梁撑架体系和组合式撑架体系。（陈忠延）

撑托桁架　stayed truss

下弦拉杆用钢拉条做成的一种上承式木桁架。适用于桥下净空容许的场合。它可在工厂内单片制作，然后运至工地拼装。（陈忠延）

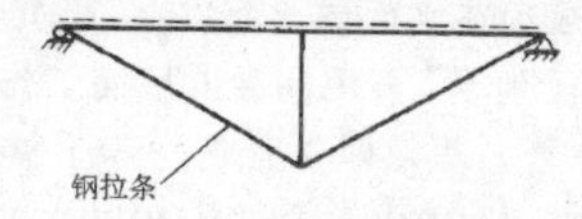

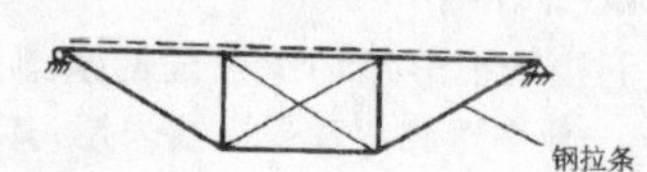

成品装车设计　design of loading products upon a wagon

为确保成品在运输过程中的安全，长大货物需预先制定装车的方法，绘制装车的图样。按运输限界，长、宽、高超限程度，区段线路最小曲线半径，桥梁和隧道的净空进行设计。内容包括：车型选定，车列组合（包括游车）、重心位置、吊点位置，支承转向架设计，封车设计，防止货物爬行和倾倒的加固措施等。（李兆祥）

承台　pile cap

为了将所有基桩连接成一个整体的台板结构，在基桩的顶部所灌筑的混凝土或钢筋混凝土板块。其尺寸和形状取决于上部结构底部的形状和基桩群的外围轮廓，最小平面尺寸等于墩台底截面尺寸加襟边宽。厚度不宜小于1.5m。承台尺寸和配筋一般须通过验算确定。（赵善锐）

承托　haunch

又称托承、梁腋。梁支点处的加高部分。承托的坡度不应陡于1：3。为美观计可将梁底做成曲线形以代替承托。设置承托的理由是：使连续梁靠近中间支点的截面抗弯刚度增大，负弯矩因而增大，跨中段的正弯矩得以减小，从而降低梁的建筑高度。有时也指梗胁。（何广汉）

承压水　confined water

又称自流水。是充满于上、下两个稳定隔水层中间含水层中具有承压性质的地下水。它具有隔水层顶板和底板，当钻孔打穿隔水层顶板，承压的水便能沿钻孔上升并在适宜的地形条件下喷出地表成为自流水。其水量稳定，水质良好，可作为良好的供水水源，但对地下工程施工常会造成危害。（王岫霏）

承压橡胶块　rubber bearing pad

盆式橡胶支座中，密闭在钢盆里的橡胶块。由于钢盆的约束作用，橡胶块处于三向应力状态，因而其承压力和弹性模量值大为提高。橡胶块的作用主要为适应桥梁上部结构支承处的转角变形。通常采用氯丁橡胶制作，严寒地区宜采用三元乙丙橡胶块。（杨福源）

承载能力极限状态　ultimate limit state

又称破坏极限状态。结构或结构构件达到最大承载能力或出现不适于继续承载的过大变形的状态。例如整个结构或结构的一部分作为刚体失去平衡；结构的某一截面或整个结构达到了它的极限强度。疲劳破坏则是使用期中荷载多次重复作用所造成的积累损伤达到了极限状态。（车惠民）

承重构件　bearing member

桥梁中承受并传递使用荷载的结构构件。如桥面板、桥道梁、主梁、主拱圈、主索等。凡是为了承受并传递使用荷载所必需的桥梁结构物的组成单元，均属这类构件。其中如主梁、主拱圈等为主要承重构件。（顾发祥）

承重结构　bearing structure

将桥梁的作用荷载所产生的力传递到地基的结构。桥梁的承重结构一般包括桥面结构、主要承重结构、支座、桥墩（台）和基础等。（邵容光）

城市道路桥　urban road bridge

城市道路上用以跨越河流、湖泊、道路、房屋或其他障碍而设的架空建筑物。其功能应满足城市交通流量大、车型复杂、行人频繁、流向有明显周期性等特点，须兼顾无轨交通与有轨交通、机动车辆与非机动车辆、快行与慢行、车辆与行人等不同需要。桥上纵坡不宜大于3%。设计中为了行车与行人的安全，须设置安全护栏与足够的照明设施，防止噪声，并须考虑公用设施（电缆、煤气、上下水道等管线）的合理布置，以及与环境协调的美观造型等；桥面通常较宽，须考虑活载的不均匀分布以及多车道的活载折减系数等。（徐光辉）

程序加载疲劳试验机　fatigue test machine of program loading

试验荷载可按预先选定的离散载荷级组成程序

段进行重复加载的疲劳试验装置。加载试验中，每个程序段按所要求或希望的不同频次分布的若干载荷级组成，此程序段不断重复直至结构或构件疲劳破坏。这种装置的优点是可使试验荷载更接近结构或构件的实际荷载情况。　（林志兴）

chi

持久极限　endurance limit

又称疲劳极限。应力循环无限次都不致产生疲劳破坏的最大应力上限 σ_{max} 或应力幅 σ_r。欧洲钢结构协会 ECCS——TCb (1985) 规定以 $N=10^8$ 次的疲劳强度作为持久极限。设计应力谱中所有低于持久极限的应力循环均可略去不计。　（胡匡璋）

持力层　bearing stratum

直接支承基础荷载的地层。由于它受力最大，直接影响建筑物安全，故在设计中要验算包括该地层在内的整个地基强度，必要时，还要验算它们的沉降。　（刘成宇）

齿轮钻头　roller bit

以刃齿滚动碾磨破碎岩层的钻头。为旋转钻机的组成部件。其齿轮体分为棘齿型、盘齿型、锥齿型、球齿型。齿轮的结构型式分三齿轮型、悬臂型和鞍型。其钻进效率与齿轮布置、转数、钻压和排碴能力有关。　（唐嘉衣）

齿条顶升器　rack jack

又称齿条千斤顶，起道机。利用齿条与齿轮的啮合传动起升重物的顶升器。用手柄驱动齿轮，使承重齿条沿机壳的导轨顶升重物。侧部装有单向止动棘爪停止器。常用于桥梁施工和轨道起升作业。　（唐嘉衣）

chong

重复韵律　duplicate rhyme scheme

一个旋律多次出现于结构之中构成的韵律。美的旋律在乐曲中多有所重复。桥梁造型中亦应用结构的重复性，但要避免简单的重复而采用变化的重复。　（唐寰澄）

重合对称　translatory symmetry

又称平移对称。一个对称或不对称的图形，平移一段距离后和下一图形相合。多孔等跨相同形式的桥梁，属于平移对称，但美学意义上形式过于单调。这一对称序列的手法多用于装饰图案中。在桥梁中的应用实例如英国的教堂场桥。　（唐寰澄）

重庆白沙砣长江大桥　Baishatuo Changjiang (Yangtze) River Bridge at Chongqing

位于重庆市区上游 30 余 km 巴县境内的川黔线上，跨越长江的铁路桥。全长 820.3m，跨度 (m) 自北起为 3×40+4×80+9×40。两端共 12 孔 40m 简支上承钢板梁，中部为 1 联 4 孔 80m 下承连续钢桁架。下部结构按双线设计施工，上部初期 40m 梁及 80m 梁分别暂架及暂铺单线。1978 年增设第二线。本桥水下覆盖层中埋有较多大弧石（最厚 2.76m），采用 ϕ1.55m 管柱基础。为使管柱能穿过弧石再下到基岩，施工时都加长钢靴。1958 年 9 月开工，次年 10 月竣工。　（严国敏）

重庆石门嘉陵江大桥　Shimen Jialing River Bridge at Chongqing

嘉陵江上一座跨径为 200m+230m 的独塔、竖琴式单索面预应力混凝土斜拉桥。全长 806m，桥宽 25.5m，塔全高约 160m，拉索最长达 230m，主墩用大直径钻孔桩基础，汽—20 荷载。塔柱以滑模施工，箱梁用劲性骨架悬浇施工，1988 年建成。　（黄绳武）

重庆市北碚朝阳桥　Beipei Chaoyang Bridge at Chongqing

位于重庆市北碚跨越嘉陵江的悬索桥。跨度 (m) 为 23.6+186.0+23.6。主跨由悬索承重。边跨混凝土梁支于塔墩和桥台。桥宽 8.5m。塔高 64.8m，下部石砌，上部为钢筋混凝土门架。上下游各 2 根主缆在立面上交叉成双链式。4 根主缆在全跨内均有间距 6m 的竖吊索承拉加劲梁。主缆由 19 股 ϕ42mm 钢丝绳组成。加劲梁为双室开口钢箱梁，上面覆盖混凝土桥面板后成结合梁。两岸主缆均用双洞式岩锚，每洞锚拉上下链主缆各一根。洞深 12.5m，后有工作室及进出隧道。本桥特点为双链悬索与岩锚。建于 1969 年。　（严国敏）

重庆市牛角沱桥　Niujiaotuo Bridge at Chongqing

位于重庆市区，跨越嘉陵江的连接市中区和江北区的重要城市桥梁。5 孔正桥的跨度 (m) 为 68+80+88+80+68，由上承式悬臂钢桁架及悬挂钢桁架组成。2 个 80m 跨度为锚孔，它向 68m 跨及 88m 跨各悬臂 20m，4 个悬臂端用大直径铰与 48m 跨度的悬挂梁连接，组成 68m 及 88m 跨度。此桥为中国自行设计、制造及施工的一座大型悬臂式钢桁架桥。江北岸引桥为 7 孔跨度 20m 的钢筋混凝土 T 梁。行车道宽 14m，两侧人行道各宽 3.75m，全长 584m，建于 1965 年。　（严国敏）

冲钉　assembling pin

一种用于拼装钢桥的钉状小工具。用圆钢制成，两头略尖，长度比连接板束总厚度略长，中间杆径比钉孔直径小1～2mm。拼装钢梁时，当杆件插入节点板后，为尽快对准钉孔和固定杆件位置，将其打入连接钉孔，然后再拧上拼装螺栓。它和拼装螺栓一起，既可固定杆件，又可保持整个结构的平面位置，并可承受节点的安装应力。（刘学信）

冲击力 impact force

车辆对桥梁产生的动力效应中沿铅直方向的作用力。其值等于静载乘以冲击系数之积。平板挂车或履带车不计冲击力。（车惠民）

冲击系数 impact factor, coefficient of impact

桥梁由于活载的冲击作用产生的挠度或应力对静载挠度或应力之比。其值为

$$1+\mu=1+\frac{A}{B+L}$$

式中 A、B 为随桥梁类型而变的参数；L 为桥梁跨度或相应内力影响线的布载长度。国际铁路联盟规范把冲击系数分为两部分，①适用于连续完好的线路部分 μ_1，②受线路不均匀性影响的部分 μ_2。在其计算公式中，除考虑桥梁跨度外，还反映了车辆运行速度和桥梁结构的自振频率。（车惠民）

冲击钻机 percussion drill

利用钻头自重冲击破碎地层，用抓斗、取碴筒或用泥浆排碴的钻机。由钻架、冲击钻头、卷扬机等组成。适于在大卵石、漂石及岩石地层钻孔。由于钻碴重复受到冲击，泥浆浓度不断增大，钻进效率较低。日本KPC型钻机在冲击钻头中心设有空气式反循环排碴装置，其钻进效率有很大的提高。

（唐嘉衣）

冲击钻孔法 percussion drilling method

靠钻头的冲击作用破碎土岩，用抽碴筒取碴的钻孔方法。采用冲击钻头，由卷场机将其提升到一定高度，靠其自重克服泥浆或空气阻力下落冲击土岩，钻头底的刃口使土岩破碎；在反复冲击中，钻头不断转动，最终形成圆形或近似圆形的孔。能克服其他方法在漂卵石层钻进时遇到的困难。（夏永承）

冲击钻头 percussion bit

冲击破碎岩层或漂卵石的钻头。为冲击钻机的组成部件。一般以铸钢、锻钢或钢板铆焊制成。按钻刃型式分为一字型、十字型和多刃型。为保证成孔质量，钻头上部设置导向板，钻头与钢丝绳间应采用活节连接。（唐嘉衣）

冲积层 alluvial deposit

河流沉积的物质。由于沉积条件和环境不同，冲积物的特征也不相同。从河流上游河谷至下游河口分别沉积为巨石、块石、卵石、砾、砂、粘土等。从河床到河漫滩亦有从粗（多砾、砂）到细（多粉砂、粘土）的变化。即使在同一地点，由于河床位置的变迁，可在垂直断面上观测到其粒度的变化。

（王岫霏）

冲剪应力 punching shear stress

集中荷载对板的冲切，或柱、桩对承台板的冲切所产生的剪应力。其冲剪破坏柱面约距荷载或柱桩周边一倍半板厚处，抗剪面积等于破坏柱面周边与有效板厚的乘积。采用抗剪钢筋可以使冲剪破坏柱面向外移动扩大。（顾安邦）

冲刷系数 erosion coefficient

冲刷后的过水断面积与冲刷前的过水断面积之比值。该比值表示桥下河漕的冲刷程度（对冲刷后的桥下断面而言），是特大桥、大桥和中桥桥孔长度计算的控制因素。《公路桥涵设计规范》要求容许的冲刷系数不宜超过下表所列范围。

河流类型		冲刷系数	附注
山区	峡谷段	1.0～1.2	无滩
	开阔段	1.1～1.4	有滩
山前区	半山区稳定段（包括丘陵区）	1.2～1.4	在断面平均水深≤1m时，才能使用接近1.8的较大值
	变迁性河段	1.2～1.8	
平原区		1.1～1.4	

（周荣沾）

冲泻质 wash load by stream

不参与河床泥沙交换的细颗粒泥沙。它与河床的冲淤计算无关，但水库或渠道的淤积必须考虑这个成分。美国常用 $d=0.064$ mm作为它的上限粒径；也有将床沙中最细的5%的泥沙颗粒作为划分冲泻质的标准的（参见泥沙运动，172页）。

（吴学鹏）

冲止流速 stop erosion discharge velocity

河渠泥沙从冲刷的运动状态到止冲的静止状态的断面平均流速。它也是桥下一般冲刷停止时的垂线平均流速。以m/s计。当河床被桥梁墩台挤缩后，桥下水流的流速增大，随后产生一般冲刷，过水断面积逐渐扩大，而流速则相应降低，当垂线平均流速降低到该垂线的冲止流速时，冲刷即停止，一般冲刷深度达到最大，并且桥下所有垂线的冲刷都停止时，桥下断面的一般冲刷也就停止。据此原理，可得出按冲止流速建立的桥下一般冲刷计算公式。（周荣沾）

冲抓钻机 hammer grab

俗称冲抓锥。利用冲抓锥的自重冲击破碎地层并抓取钻碴成孔的钻机。由钻架、冲抓锥具、卷扬机等组成。冲抓锥具的型式很多，可按土质选用。其设备简单，适用于土砾混合、坚土或风化的岩石地层。

（唐嘉衣）

冲抓钻孔法 percussion and grabbing drilling

method

用冲抓钻头抓土成孔的钻孔方法。钻头抓土工作原理与一般抓土斗相同；下落时，抓瓣上的刃口对土石有较强的冲击破碎作用。可用于粘性土、砂类土及卵石等土层。 （夏永承）

chou

抽水试验 pumping test

一种测定含水层富水性和水文地质参数的试验。分别有稳定流、非稳定流、多孔、单孔、干扰孔等试验方法。其内容是：在水井或钻孔中进行抽水，观测记录水量和水位随时间的变化，并绘制水位与流量关系曲线，依此计算含水层渗透系数和井、孔出水能力。同时，它还可以确定影响半径和降落漏斗的形状、岩层给水度和含水层与地表水及各含水层间的水力联系等。 （王岫霏）

chu

初步设计 preliminary design

按照基本建设程序为使工程取得预期的经济效益或目的而编制的第一阶段设计工作文件。该设计文件应阐明拟建工程技术上的可能性和经济上的合理性，要对建设中的一切基本问题作出初步确定。内容一般应包括：设计依据、设计指导思想、建设规模、技术标准、设计方案、主要工程数量和材料设备供应、征地拆迁面积、主要技术经济指标、建设程序和期限、总概算等方面的图纸和文字说明。该设计根据批准的计划任务书编制。 （张迺华）

初始降雨 initial rainfall

液态水降落地面后完全渗入土中，在地表面未形成水层的降雨量。在分析下渗损失、确定流域汇流历时中初始雨量是项重要因素。 （吴学鹏）

除刺 burring

用机械或人工方法清除钢板因边缘加工或钻孔加工而产生的飞边毛刺的工艺过程。 （李兆祥）

触探 cone penetration test

将特制的标准探头压入或冲入土层中，测定土对探头的贯入阻力，从而间接判断土层及其性质的一种测试技术。按贯入力和探头结构的不同，分为静力触探和动力触探。由于它能迅速而经济地测得土的原位特性，故广泛应用于土层的勘探与测试。 （王岫霏）

chuan

穿式板梁桥 through plate girder bridge

桥面布置在箱形板梁里面的梁式桥。这种桥梁造价较高，行车视线被腹板遮挡，一般情况下不宜采用，但在雪崩地区，为了保护桥面，保证行车畅通，可考虑采用这种桥梁。 （伏魁先）

穿心式千斤顶 center-hole jack

将预应力筋或张拉杆穿过中心孔道进行张拉的千斤顶。分双作用和单作用两种。其适应性强，发展迅速，应用广泛。目前，张拉吨位可达10 000kN。穿心式双作用千斤顶设有张拉油缸和顶压油缸，适用于张拉片销锚体系（如JM型）或XM锚体系。穿心式单作用千斤顶仅有张拉油缸，适用于张拉螺纹钢筋（Dywidag体系）、预先锚固在螺纹锚具上的钢丝束或钢绞线束（如镦头锚体系）和利用楔形夹片自动锚固的群锚体系（如VSL锚、QM锚）。 （唐嘉衣）

传递矩阵法 transfer matrix method

又称转换矩阵法。杆件单元两端的位移和内力向量用传递矩阵相联系，求解杆系结构的矩阵分析方法。具体做法是杆系结构离散化后，其节点位移和内力用矩阵（状态向量）表达。从结构左端开始，每单元右端的向量 η_j 都可用左端向量 η_i 表示：$\eta_j=F_j\eta_i$，式中 F_j 称传递矩阵或转换矩阵。于是，任意节点的向量都可用左端点的向量表示。然后建立方程式求解。该法不需求解大量未知数的联立方程组，适用于连续梁和斜拉桥的分析。 （陆光闾）

传力锚固时应力 stress in prestressing tendon at transfer or anchorage

又称初始预应力（initial prestress）。控制张拉应力扣除传力锚固时及以前发生的预应力损失后预应力钢筋中的应力。 （李霄萍）

船形焊 fillet welding in the flat position

又称船位焊。角接接头处于俯焊位置进行的焊接。焊缝倾角0°～5°，焊缝转角0°～5°。

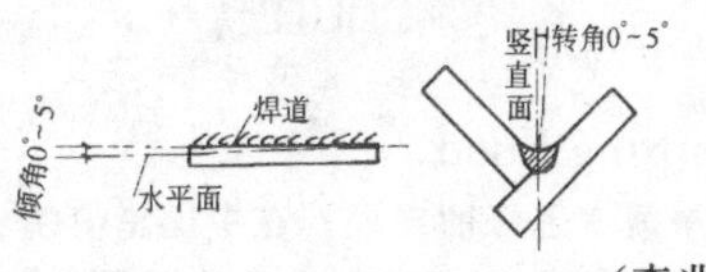

（李兆祥）

船只或排筏撞击力 impact load of ship or raft

在通航河流中或有漂流物河流中，桥梁墩台可能受到的船只或排筏的撞击作用。属偶然作用。其值按下式计算

$$F=\gamma\overline{V}\sin\alpha\sqrt{\frac{m}{C}}$$

式中 γ 为动能折减系数；$\overline{V}$ 为船只或排筏撞击墩台时的速度，m/s；α 为撞击角；m 为船只或排筏的质量，t；C 为弹性变形系数。 （车惠民）

chui

垂直桩桩基 vertical pile foundation

所有基桩的方向皆为垂直的桩基础。当水平力不大，桩身较粗且自由长度不长时采用。钻孔灌注桩由于施工工艺上的困难，同时由于其直径都较大，能够承受相当大的横向力，通常都做成垂直桩桩基。（赵善锐）

锤击沉桩法 ramming method for driving pile, hammer piling method

利用桩锤以冲击方式把预制桩打入土中的方法。所需主要设备是桩锤和桩架。常用桩锤有落锤、单动或双动汽锤及柴油机锤，用于打一般基桩时，其额定能量约为14～140kN・m。一般需在桩顶自下而上设置桩垫（钢桩不用）、桩帽和锤垫，必要时在桩帽下再连接送桩。施工前应：①选定桩锤的类型和规格、锤垫和桩垫的材料和厚度；②查明有无"假极限"现象；③确定应达到的桩尖标高和沉入度。打入后通过静载或动力试验检验桩的轴向受压承载力。近三四十年，桩锤打入能力有很大提高，一些国家和地区已采用应力波理论分析打桩性状，有的还研制了多功能的打桩分析仪。（夏永承）

锤击贯入试桩法 hammer penetration method of pile test

用锤击贯入度检验桩基质量和承载力的方法。是一种动力试桩方法。把锤贯与静压两种试验方法的结果按桩型和地质条件进行分类对比，并通过统计分析的方法求得桩的动静极限承载力的比值，从而达到"以动求静"的目的。此方法主要用于确定中小型桩的承载力和检验桩的工程质量。（林维正）

chun

春汛 spring flood

春季河水上涨的现象。在中国正值桃花盛开时节，故俗称桃汛。引起这种现象的原因，或为积雪融化、河冰解冻，或为春雨。就中国的水文气候条件而言，春汛洪水不是主要洪水。仅出现在东北、西北、青藏高原等高寒地区，其量一般都小于暴雨洪水。（吴学鹏）

纯缆索体系 pure cable system

悬索与吊索或斜拉索与水平连接索构成的缆索体系。缆索承重桥梁通常从悬索体系、扇形体系和竖琴体系三种纯缆索体系出发来研究不同缆索体系的理论用钢量。（姚玲森）

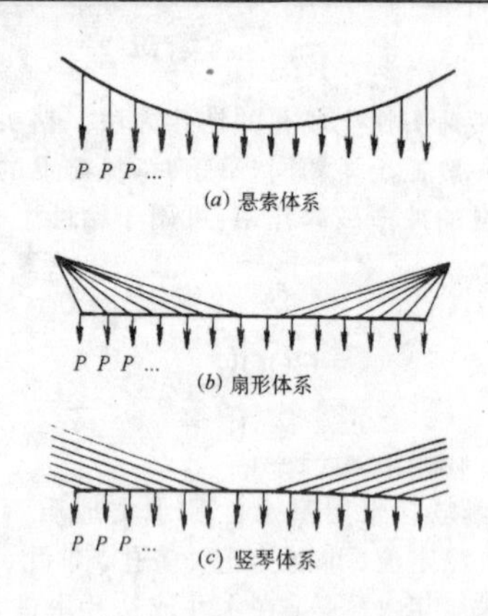

(a) 悬索体系
(b) 扇形体系
(c) 竖琴体系

ci

磁带记录仪 tape recorder

将电信号经过记录磁头和磁带间的电磁转换变成磁信号记录在磁带上，再经过回放磁头将磁带上的磁信号转换为电信号的记录装置。可分为模拟式和数字式两种。模拟式记录仪主要由磁头(包括记录磁头、回放磁头)、记录放大电路、回放放大电路及走带机构组成，其次还包括电源、标定电路、磁带记数器、寻址装置、遥控装置等。现在已将微处理器用于模拟式记录仪中，并装有记忆示波器和计算机接口，逐步向智能化和记录、数据处理与分析一体化方向发展。数字式记录仪主要由磁头、走带机构、模数与数模转换电路等组成，记录的是二进制数字信号，是计算机的外部存储设备。（林志兴）

磁电式速度传感器 magnetoelectric type velocity transducer

利用电磁感应原理将传感器内部的质量-弹簧系统相对外壳的运动速度转化为输出电压的振动测量装置。按其测量方式有相对速度式和绝对速度式，按其结构型式有动圈式和摆式。适于中频小位移测量情形。（林志兴）

磁法勘探 magnetic prospecting

依据组成地壳的各种岩(矿)石具有磁性差异为基础的一种物探方法。由于地磁场发生变化而引起磁异常，利用仪器发现和研究这些磁异常，便可估计出引起该磁异常的地下物质的分布情况。勘探中使用磁力仪表测定地磁场强度。除了地面磁测外，还有航空磁测、海洋磁测和井中磁测等。（王岫霏）

磁粉探伤 magnetic particle inspection

强磁性体在磁场中产生有规律的磁力线，当磁力线遇到缺陷（材料不连续部分），磁极漏磁，即改变原磁力线方向，利用此磁化原理，在被检工件上通磁，并在表面散布磁粉，通过观察磁粉模样，发现表面缺陷的方法。

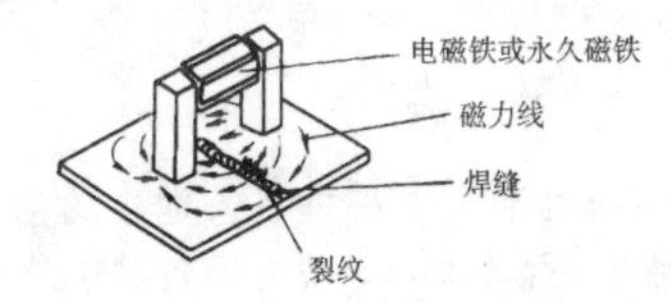

（李兆祥）

此花大桥 Konohana Bridge

又称北港大桥，北港联络桥。位于日本大阪，连接北港地区和已有街道的自锚式悬索桥。主桥为120m＋300m＋120m 3孔。结构上有独特风格：全桥只在桥中线设单根主缆，成为世界上第一座单索面悬索桥；采用斜吊索，但主缆垂跨比1/6较一般大，目的是避免斜吊索过于平坦；加劲梁采用流线型扁平焊接连续钢箱结构。主缆由30股184-ϕ5.2mm钢丝组成。施工步骤由于有自锚要求，采取与一般地锚悬索桥不同的“先塔、次梁、后索”的顺序。

（严国敏）

次拱腿 secondary arch leg

又称斜撑。刚架拱桥主要承重结构刚架拱片中在次节点处支承次梁的直线形构件。下端支承于墩台，为桥的次支座。为减少桥的外部超静定次数，近来刚架拱次支座趋向于与主拱腿下端的主支座合并。当采用一条以上次拱腿时，除第一条支承于墩台外，其余均支撑在主拱腿上。参见刚架拱片（60页）。

（俞同华）

次梁 junior beam

配合主梁起分担或传递荷载作用的梁构件。在刚架拱桥主要承重构件刚架拱片中为腹孔的弦杆构件。参见刚架拱片（60页）。

（俞同华）

次梁-斜杆桁架 secondary beam-diagonal rod system

在木桥上弦中间节间范围内用附加构件（次梁）加强的一种上承式桁架。实际上是一种带拉杆并设有两根辅助斜杆的撑架式桁架。优点是：构造简单、没有接榫及复杂的节点，但建筑高度较大，制作费工。

（陈忠延）

cu

粗糙系数 roughness coefficient

又称糙率。综合反映管壁、渠道、河床的粗糙情况对水流影响的系数。用于计算管、渠、河的水流速度。例如谢基-满宁公式$v=\frac{1}{n}R^{2/3}I^{1/2}$中，$n$即粗糙系数。$n$值由实验求得，一般可查表。例如：较光滑的水泥混凝土护面，$n=0.014$；一般细粒土壤的规则渠道，$n=0.020\sim0.0225$；大颗粒的河床，如卵石河床，n值可高达0.4以上；也有根据水力、河相要素与粗糙系数进行相关分析，综合出经验或半经验公式进行计算求值。粗糙系数是用比降-面积法确定桥渡计算流量必不可少的一个参数。影响粗糙系数值的因素较多，它对水力计算的成果有重要影响，选择时应慎重。

（吴学鹏　周荣沾）

粗钢筋 prestressing bar

直径较大的预应力筋。分冷处理低合金钢筋和热处理高强钢筋两种。前者除对锰、硅、铬等元素的低合金钢进行冷加工以提高其强度外，还需进行应力消除，以满足性能方面的要求。国外的精轧螺旋粗钢筋和我国的冷拉Ⅱ、Ⅲ、Ⅳ级钢筋均属此类钢筋。热处理高强钢筋，见热处理钢筋（202页）。

（何广汉）

粗钢筋螺纹锚 threadbar anchorage

见迪维达克锚具（33页）。

cui

脆性涂层法 brittle-coating method

用一种特殊的脆性涂料涂在工程构件或模型表面，以确定主应力方向和估计主应力大小的一种全场实验方法。当受力构件表面拉伸应变达到某一临界值时，其表面涂料就会在垂直于主应力的方向出现一条裂纹。连接同一荷载下产生的裂纹可得等应力线。通过逐级加载可得不同荷载下的等应力线。利用这些等应力线可直接观察到构件表面的主应力大小和方向的变化情况。

（胡德麒）

cuo

错缝 break joint

砌筑圬工砌体时使同一方向的砌缝不连续、相邻两层互相错开的缝。如拱圈的横截面内，拱石的竖向砌缝一般均错开。错开宽度至少0.10m。错缝可避免剪力单纯由砌缝的砂浆承受，从而增大砌体的抗剪强度和整体性。

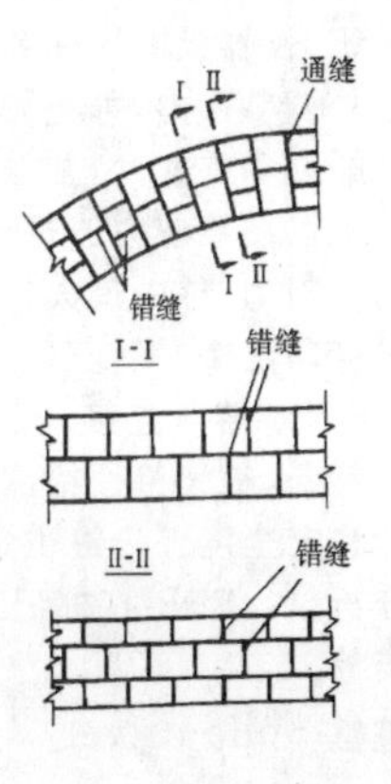

（俞同华）

D

da

搭接长度 lap length

钢筋互相交搭的长度。它用以保证钢筋中的力能逐渐地从一根传到另一根钢筋中去。一般受拉钢筋的搭接长度不得小于 $30d$，受压钢筋的搭接长度不得小于 $20d$，d 为钢筋的直径。（顾安邦）

搭接接头 lap joint

两块不在同一平面上的钢板用铆接或焊接互搭在一起的连接。可以用角焊缝或用机械性连接，施工比对接接头简便，但受力性能较差，仅在所传轴力不大时采用。搭接接头的重叠板长必须满足有关规定，以免传力偏心对接头产生过大的附加应力。

（罗蔚文）

达姆岬桥 Dames-Point Bridge

位于美国佛罗里达州的杰克逊维尔，跨越圣约翰河的预应力混凝土斜拉桥。桥跨为 198m＋396m＋198m，桥宽为 32.3m，设双向各三汽车道。主梁为现浇边梁，矩形截面高 1.5m，横隔 T 梁预制，桥面板为现浇。（范立础）

打砂除锈 sandblasted derusting

又称喷砂除锈。用烘干的中粗粒河砂，借压缩空气通过喷嘴高速喷射到工件上，进行强化清除氧化皮及铁锈的加工方法。由于河砂在高速下与钢表面碰撞容易粉碎，成为粉尘污染环境，一般已被喷铁丸或钢丸代替。（李兆祥）

打桩分析仪 pile driving analyzer

应用一维波动理论来分析打桩过程中桩的性态、打桩锤具效率和泥土阻力等参数的实时信号分析系统。仪器设有应变和加速度二种输入通道，并具有信号调节能力，可将桩的应变、加速度信号转换为打桩的力和桩速度，并送入微处理器进行处理分析，分析中以一维应力波理论为基础，把算出的每次锤击的土阻力、桩中最大应力、桩完整性及桩锤性状等即时打印出来。系统可通过接口与数字计算机、绘图仪、记录装置等连接。用于打桩过程监测、打桩锤具效率判断、桩完整性检测和承载力预估等，为桩基础设计和安全度评价提供资料。常用有 PID、PDA 打桩分析仪，PDR 打桩记录仪以及 TNO 基础桩诊断系统等。（林维正）

打桩机 pile driver

利用桩锤的冲击能将桩贯入地层的桩工机械。由桩锤、桩架、起重机械、动力设备等组成。按照动力来源，桩锤分为落锤、汽锤、柴油锤、液压锤等。其基本技术参数为冲击体重量、冲击动能和冲击频率。（唐嘉衣）

打桩加固法 pile driving method

当地基软弱土层较厚、沉降量较大，且沉降稳定速率很慢时，在穿越河流与山谷的道路中采用打桩法修筑高架道路或桩基引道方式的一种地基加固技术。此时打桩的作用与桥梁桩基础雷同，不仅可以传递荷载，并可控制引道的沉降变形。此法可分为桩板法、桩帽法及桩网法三种。（易建国）

大岛大桥 Yashiro Bridge

日本山口县到屋代岛跨濑户内海的桥。全长 1020m。主桥为 200m＋325m＋200m3 孔连续钢桁架。梁主桁中心距 11m，内设 7m 车道和单侧 1.5m 人行道。施工方法，边孔带 12.5m 伸臂共长 212.5m，重 1900t，用 3000t 浮吊整体吊装，中孔则采用伸臂法安装。建于 1976 年。（唐寰澄）

大和川桥 Yamatogawa Bridge

位于日本横滨跨越 290m 宽的大和川的钢斜拉桥。桥与河道斜交 25°，采用椭圆形桥墩和圆形顶帽以消除大斜交的影响。桥长 653.00m，主跨三孔连续，跨径为 148m＋335m＋148m。双独塔，单索面，塔梁结合结构，竖琴式布置拉索系统，每塔左右各 4 对索。正交异性板钢箱梁，斜腹板，高 3.6m。桥面宽 30m，桥抗风性能良好，但仍准备有抗风措施，一旦需要，安装于栏杆边上。建成于 1981 年。

（唐寰澄）

大连市北大友谊桥 Beida Friendship Bridge at Dalian

位于大连市滨海路，为纪念大连市和日本北九州市结为友好城市而命名的一座旅游桥。为 3 跨简支加劲桁架悬索桥，钢塔，钢筋混凝土桥面，重力式桥台锚固，全长 230m，宽 12m，跨度（m）为 48＋132＋48。主缆垂跨比为 1/10，由 37 股 ϕ42mm 镀锌钢绞线组成。除间距 6m 的 37 对竖吊索之外，在跨中还增设 2 对斜吊索，以承受制动力并控制主缆与加劲梁在纵向的相对变位。所有吊索均用单根 ϕ45mm 钢铰线。加劲梁为上承式桁架，桁高及节间长均为 3m。1986 年底建成。（严国敏）

大鸣门桥 Onaruto Bridge

日本本州四国联络桥中跨越鸣门海峡的一座大跨度桥。也是神户至鸣门联络线上的一座重要桥梁。1984年建成。桥长1629m，主体工程为330m+876m+330m的3跨双铰桁架式悬索桥。主孔悬索的垂跨比为1/10.68。2根主缆各由154股127ϕ5.37mm钢丝索组成，直径为840mm。加劲梁桁高12.5m，桁宽及主缆中心距为34m。双层桥面，上层设6车道公路，下层设双线铁路。主塔采用桁架式钢构架。每个塔墩的多柱基础，用2根ϕ7m和16根ϕ4m的混凝土柱，皆用钻孔机挖岩后抽水浇筑。（严国敏）

大气边界层风洞 boundary layer wind tunnel

简称边界层风洞。具有模拟大气边界层自然风特性功能的风洞。与航空风洞相比，试验段较长，约为试验段高度的6～12倍，供模拟自然风特性用，包括自然风的平均风速随高度的变化，自然风的紊流强度、紊流尺度、功率谱密度分布等特性的模拟。完全模拟自然风特性在技术上有很大困难，实际上常只能模拟一部分特性。研究结构物、建筑物在近地自然风作用下的受力情况、稳定性及结构响应等的试验，应在边界层风洞中进行。（林志兴）

大桥 long span bridge

多孔跨径总长L（m）为：$100\leqslant L<500$或单孔跨径L_0（m）为：$40\leqslant L_0<100$的桥梁。

（周荣沾）

大三岛桥 Omishima Island Bridge

位于日本本州四国联络桥的尾道至今治线上的一座4车道公路桥。1979年开通。桥长309m，上部结构为297m单跨中承式双铰钢拱。两侧上承部分桥面系的两端分别固接于桥台及桥面与拱肋的交点，以此约束拱的水平变位，使恒载由297m跨度的拱结构承受，而活载则变为由桥面与拱肋的两个交点之间的下承部分的拱肋来承受，因而拱肋高度仅3.55m，为跨度的1/84，外形非常柔细。本桥跨度在同类型桥梁中居世界第四位，在日本居第一位。

（严国敏）

大型浮吊 giant floating crane

起吊能力250t以上的浮式起重机。一般为非自航式，起重臂仅能变幅不作回转，并可用双吊钩或双臂杆四吊钩共同组合起吊。适用于海上或沿海大型水上工程和整体吊装架设桥梁。目前最大的浮吊起吊能力可达3000t。（唐嘉衣）

dai

带洞圬工桥台 masonry abutment with hole

台身横向挖成拱洞形的重力式桥台。它是通过几何形状的改变来节省圬工量。在我国铁路、公路桥梁上都曾采用。（吴瑞麟）

带挂孔T形刚构桥 T-type rigid frame bridge with suspended beam

在两个T形刚构之间用简支梁连接的T形刚构桥。这样可减短T形刚构的悬臂长度，构成静定结构，各T形刚构可独自承受荷载作用和变位，互不影响，适用于地基不良又要建造大跨度桥梁的场合。总用钢量也较带铰T形刚构桥节省。缺点是混凝土徐变引起的拱度或挠度较大，桥面伸缩缝多，行车条件差，悬挂孔施工要求强大施工设备。小跨度的桥可采用钢筋混凝土建造，大跨度桥须采用预应力混凝土并采用悬臂浇筑或悬臂拼装法建造，如中国重庆长江大桥最大一孔的跨度已达174m。

（袁国干）

带铰T形刚构桥 hinged T-type rigid frame bridge

在两个T形刚构之间用铰连接的T形刚构桥。铰设于悬臂端部，将两侧悬臂连接成上部结构，铰位处只承受剪力而不受弯矩和轴向力，故称为剪力铰。通过它可以将一侧T形刚构上的活载传给相邻的T形刚构而共同受力。这种桥的刚度比带挂孔T形刚构桥要大一些，桥面伸缩缝也少一些，有利于行车；但剪力铰构造复杂，在活载作用下这类桥是超静定结构，由于日照温度、混凝土收缩与徐变变形、基础差异沉降等因素，在相邻的T形刚构中要互相影响，增加结构承受不易精确计算的附加力。

（袁国干）

带拉杆刚架桥 rigid frame bridge with tie bar

用拉杆连接两个柱脚的刚架桥。拉杆用以平衡柱脚处的水平推力，多用于地基不良的小桥中。

（袁国干）

带式输送机 belt conveyor

又称皮带输送机。用挠性输送带在水平或倾斜方向运输成件物品或散粒物料的连续输送机。由机架，输送带，托辊，辊筒和动力、制动、张紧、改向、装卸等装置组成。常用于运输砂石、混凝土等。输送带一般用橡胶带或塑料带。大倾角输送的带面有花纹或加横档，两边设橡胶花边，最大倾角可达70°。

（唐嘉衣）

带套管钻孔灌注桩 bored cast-in-situ pile with casing

用临时性套管支撑孔壁的钻孔灌注桩。一般采用钢套管。钻孔时，边钻进，边用锤击、振动或压扭等方法使套管下沉，直至设计标高；灌注混凝土时，边灌注，边将其拔出。（夏永承）

袋装砂井法 sandbag drain method

一种以编织物盛砂制成砂井的地基加固方法。

通常砂袋用聚丙烯编织而成，内装风干的中砂或粗砂，装砂量应适当，以防止砂袋鼓破漏砂。袋装砂井系用振动沉桩机先将钢管沉至设计深度，将砂袋从套管顶端插入，再拔出套管，砂袋留在土层中。袋装砂井的直径为7～12cm。此法适用于加固软土层较厚的地基，容易做到“细而密”的要求，且砂袋增大了井体强度，减少了砂井加固法的一些弊病，是砂井加固法的一种发展。（易建国）

dan

单壁式杆件 member of single-wall section

截面积主要集中于一个竖向或横向平面上的杆件。钢桥联结系的杆件由于受力较小，一般采用单块节点板与主桁架相连，因此杆件的截面积主要集中于节点板平面。在轻型钢结构屋架中，也常采用单壁式杆件。（曹雪琴）

单层钢板桩围堰 single-wall cofferdam of steel sheet pile

将钢板桩按规定次序打入土中所形成的单层板桩连续墙。它适用于水深在15m以内的中小型桥梁基础的基坑。在水压和土压作用下，它们依靠土对板桩的水平阻力和围堰上部支撑系统的反力来维持平衡，因此其入土深度必须满足板桩墙的平衡条件。当钢板桩的长度不能满足设计要求时，可以用等强度焊接接长。（赵善锐）

单层木板桩围堰 single-wall cofferdam of timber sheet pile

将木板桩按规定次序打入土中所围成的单层板桩连续防水墙。适用于水深在2～3m以内，坑深在6m以内的基坑。为减小板桩的入土深度，可根据围堰的高度在坑内安设一道或二道横木和支撑。此类围堰常会因企口结合不好而漏水，一般可在板桩墙外筑填土堤以减少渗漏。但缺点是增加了占地和工程量。（赵善锐）

单层桥面板 single layer bridge floor

用圆木、半圆木或木板等木材直接搁置在大梁上而做成的公路木桥面。适用于行车密度较小的桥梁。（陈忠延）

单齿正接榫 single chase mortise

原木或方木两构件斜角相交时的节点联结形式。属榫结合的一种，其构造特点是在桁架下弦杆节点上开槽形成齿口，而上弦和斜向压杆则抵紧在相应齿口处传力。为防止节点在使用过程中发生突然破坏，在上弦与下弦交结处还要串装保险螺栓。保险螺栓用Q235A钢制作，直径不小于16mm。（陈忠延）

单动汽锤 single-acting steam hammer

又称单作用汽锤。由蒸汽或压缩空气推动冲击体上升后依靠其自重沿导杆落下沉桩的汽锤。其一次冲击动能大，但冲击频率较低，适用于重型桩。按冲击体分为汽缸冲击式和柱塞冲击式。（唐嘉衣）

单梗式梁桥 single ribbed beam bridge

具有单梗的梁式桥。是小跨度装配式钢筋混凝土梁桥的一种类型，铁路桥梁有用这种类型的。它的梁底宽度较小，可减少墩台的工程量，制造较简单，立模拆模较方便，可整孔架设，不需要移梁，工地作业大为简化。（伏魁先）

单管旋喷注浆法 chemical churning process

又称喷射薄浆式注浆法。用钻机将安装在注浆管（单管）底部侧面的特殊喷嘴，置入土层内注浆的一种土体加固技术。高压喷射注浆法中的一种。喷嘴置入预定加固深度的土层后，借助20MPa左右的压力，从喷嘴中喷射加固浆液，冲击破碎土体；同时随着注浆管的旋转与提升，使浆液与从土体上坍落的土粒搅拌混合，经凝结固化形成圆柱状加固土体。此法加固质量好，施工速度快，工程成本低，但加固土体的范围较小。（易建国）

单剪 single shear

见钉杆受剪（40页）。

单铰拱桥 single-hinged arch bridge

拱圈两端嵌固在墩台上只在拱顶处设一个铰的拱桥。属两次超静定结构。因无特殊优点，实际上很少采用。（袁国干）

单孔沉井 open caisson with single dredge well

具有单一取土井的下沉井筒。用于基底面积较小、持力层埋置较深的沉井基础。（邱　岳）

单跨 single span

桥梁只用一跨上部结构跨越天然或人为障碍而不设桥墩的分孔方式。（金成棣）

单跨刚架桥 single-span rigid frame bridge

全桥仅有一孔的刚架桥。特点是刚架的立柱起着桥台的作用，既承受竖向荷载，也承受破坏棱体上的活载与土体的水平推力。用钢材制造时，柱脚常设铰为双铰刚架桥，用钢筋混凝土或预应力混凝土建造时，柱脚常与基础固结做成固端刚架桥。双铰或固端的刚架桥的柱脚处要产生水平推力，主要用于地质良好的桥位处，否则要在楣梁中加铰，采用三铰刚架桥。（袁国干）

单宽流量 discharge for unit width

通过某一测速垂线为中心线的单位宽度过水断面的流量。单位m^3/s。其值为流速沿垂线的积分，或表示为该垂线的平均流速与其水深的乘积。它是桥

渡设计中进行一般冲刷、壅水高度计算的基本参数。（吴学鹏）

单梁式架桥机 single-beam erecting crane for bridge spans

以单梁机臂承重的铁路架桥机。由机身、机臂、机动运梁车、龙门吊等组成。吊重130t，用于分片架设32m以内的预应力混凝土梁。架梁时，架桥机空载自行驶入桥位，放下前支腿支承在前方桥墩上，使机臂在简支状态下承重。龙门吊换装桥梁，送入机身内喂梁。用吊梁天车吊起，沿机臂走行到桥跨位置，落梁后横移就位。其机械化程度较高，并能在隧道内架梁。（唐嘉衣）

单索面斜拉桥 cable stayed bridge with a single central cable plane

只有一个中央铅垂索面的斜拉桥。与细柔的独柱式桥塔配合修建而成时，具有挺拔秀美独特的艺术效果。中央索面不能传递桥面的偏心荷载作用，需要设置抗扭能力强大的箱形截面主梁来承受很大的扭矩。当独立塔柱与主梁刚性连接构成塔梁固结体系时，在桥墩上要设置很大吨位的支座，以承受竖向荷载、主梁抗扭反力和塔柱受横向荷载的弯矩作用。独立塔柱也可穿过主梁与桥墩刚性连接保证其横向稳定性。采用倒V形（用于辐射式索）或倒Y形（用于扇形或竖琴形索）桥塔可减少独柱所多占的桥面宽度，但桥塔施工复杂，造价增大。1987年美国佛罗里达州建成了这种类型的最大跨度（366m）的6车道日照航路桥（Sunshine Skyway Bridge）。（姚玲森）

单索桥 mono-cable bridge

又称单索式悬索桥。只在桥梁中央面上用一根悬索悬吊桥面结构的悬索桥。单根主索与加劲梁之间可用位于中央竖平面内的竖吊杆（或倾斜吊杆），或者用两片沿横向倾斜的吊杆网与加劲梁相连接。前者的加劲梁要承受偏心荷载下的很大扭矩，后者则因桥面结构与两片吊杆网组成三角形的横截面，其本身即具有很大的抗扭能力，故加劲梁可不要求具有抗扭刚度。然而当用两片倾斜吊杆网时，为了保证足够行车净空，必须使主索在跨中处高出行车道面一定的距离。在给定主索垂度的情况下，将导致增大塔柱高度，并使边跨缆索更陡。与只有竖吊杆的相比，具有倾斜吊杆网体系的架设工作趋于复杂。日本于1989年在大阪建成的北港大桥是世界上第一座自锚式的具有倾斜吊杆的单索桥，跨径为120m+300m+120m。（姚玲森）

单位过程线 unit hydrograph

指定单位时间内流域上均匀分布的单位净雨量在流域出口断面处形成的地面径流过程线。单位净雨通常取10mm。单位历时可以是1h、3h、6h或是瞬时。前三者称时段单位线，是1932年由美国L.R.K.谢尔曼提出的；后者称为瞬时单位线，由爱尔兰人J.E.纳什于1957、1960年给出它的数学表达式，并逐渐形成一个完整的体系。单位过程线是按基本假定：①倍比假定，②叠加假定，并利用流域的实际降雨及与之对应的流量过程资料分析得出的。它是工程水文学中最基本的分析工具之一，在水文分析计算和水文预报中广泛应用。（吴学鹏）

单位水泥用量 unit content of cement

又称水泥系数（cement factor）。单位体积的混凝土或砂浆所含有的水泥量。通常以kg/m^3表示。（张迺华）

单线桥 single line (single lane) bridge

桥面宽度只能容纳一列列车或车队通行的跨越各种障碍的架空建筑物。多指单线运行的铁路桥。公路桥则习惯上称为单车道桥。由于车辆在桥上不能双向行驶，因而交通量受到限制，尤其在长桥时桥两端应有交通控制信号。但桥身较窄，墩台和基础都相应减小，故造价较低。（徐光辉）

单箱单室梁桥 single cell box girder bridge

上部结构横截面中只有一个封闭周边箱室的箱形梁桥。这种桥受力明确，构造简单，施工方便，并节省材料。适用于桥宽不太大（≈14m）的场合。（袁国干）

单箱多室梁桥 multi-cell box girder bridge

上部结构横截面中具有连续多个周边封闭箱室的箱形梁桥。在单箱单室中增加多道竖向内腹板后构成。适用于车行道较多的宽桥中，宽度可达22m左右。（袁国干）

单向板 one-way slab

支承在两个对边上的板，或由主梁梁肋向外伸出的悬臂板。受力情况和梁相近，其主筋全部沿跨度方向设置，在垂直于跨度的方向只按构造设分布钢筋，故称单向板。如板为四边支承但其长、短跨之比≥2，也按单向板计算、配筋。（何广汉）

单向推力墩 single direction thrust pier

多孔拱桥设计中，考虑承受单向恒载推力，在顺桥向有较大的截面抵抗矩的桥墩。在多孔拱桥中，如果一孔毁坏，往往引起连锁反应，导致其他桥孔的毁坏。为防止这种情况发生，每隔3～5孔应设置单向推力墩一个，保证一孔毁坏时，不致影响全桥。此外，在无支架或早期脱架施工的拱桥中，单向推力墩尚可作为多孔拱桥分段施工之用。（吴瑞麟）

单向斜桩桩基 one-direction raking pile foundation

设置多根方向相同斜桩的基础。这类桩基一般

在主要水平力较大且是单向的情况下采用。桩的斜度不宜大于1/3，工程中常采用1/8～1/5。通常用打入法施工。（赵善锐）

单斜撑式木桥 timber slant-strut-framed bridge with two panels

每根主梁下面只设一对斜支撑的木撑架梁桥。两根斜支撑的顶端交会于主梁跨中处，底端则各支撑在墩台上，它的跨越能力大于简单木梁桥而小于双斜撑式木桥。（伏魁先）

单悬臂梁桥 single cantilever beam bridge

上部结构由简单支承在墩台上的带有一个悬臂的主要承重梁组成的桥梁。因悬臂端与路堤直接衔接不良，常采用由两个相向的单悬臂梁而在其间设置悬挂梁形成的三跨悬臂梁桥。这样可增大中间一孔（称悬挂孔）的跨径，并可有效地降低两边锚固孔的弯矩。例如加拿大的魁北克桥，是一座单悬臂钢桁架梁桥，锚固孔跨径 156.97m，而中孔跨径达到 548.64m，在悬臂梁桥中，其跨度之大迄今仍居世界首位。（徐光辉）

单悬臂梁式斜拉桥 cable stayed bridge with single-cantilever girders

主梁在主跨内设有挂孔或剪力铰的单悬臂梁组成的斜拉桥。带挂孔的塔梁固结体系属外部静定结构，适用于软土地基。跨中设置挂孔或剪力铰用以消除混凝土徐变、收缩和温度变化等引起次内力的影响，并可消除主梁无索区的受弯拉的作用。但其结构刚度差，挠度大，缆索受力大于连续梁体系，主梁在挂孔接缝或剪力铰处出现折角，不利于高速行车。（姚玲森）

单液硅化法 single shot silicification method

当加固粉砂土时，预先将硅酸钠溶液加磷酸调成单液，通过注浆管压入土体内的一种压力硅化加固法。调成的单液经化学反应后形成硅胶。如 $Na_2O \cdot nSiO_2 + H_3PO_4 + mH_2O \rightarrow nSiO_2 \cdot (m+1)H_2O + Na_2HPO_4$。当加固黄土时，只须压注硅酸钠溶液，利用黄土中的钙盐生成硅胶，如 $Na_2O \cdot nSiO_2 + CaSO_4 + mH_2O \rightarrow nSiO_2 \cdot (m-1)H_2O + Ca(OH)_2 + Na_2SO_4$。此法适用于加固渗透系数为 0.1～2.0 (m/d)的粉砂和湿陷性黄土地基。（易建国）

单桩垂直静载试验 vertical static-load testing of single pile

确定单桩轴向承载力的现场静载试验方法。了解轴向荷载作用下的桩、土工作状态，荷载向地基土的传递规律以及桩周和桩底地基土的破坏机理。可分为非破坏性试验和破坏性试验。非破坏性试验用于检验桩基质量，鉴定桩的承载能力，一般加载到设计荷载的 1.2～1.5 倍，桩内可不埋设测量仪具。破坏性试验之目的是为了获取破坏荷载及桩或地基土破坏时的有关资料，可预先在桩内或地基土中埋设测量仪具，量测桩基的受力反应。（林维正）

单桩水平静载试验 horizontal static-load testing of single pile

测定桩顶水平位移与水平力关系的现场静载试验。据以确定单桩的容许水平荷载及相应位移，并求得该处土的地基系数，用以计算群桩或不同桩径的单桩的水平荷载应力及位移。试桩内应尽量设置测力元件，并加载到桩或土破坏。（林维正）

单作用千斤顶 single-action jack

仅能进行张拉的千斤顶。按构造有拉杆式千斤顶和单作用穿心式千斤顶。（唐嘉衣）

dang

挡土板 retaining slab

刚架桥端支柱顶部附近设置的挡土用钢筋混凝土板。有的桥梁用埋入路堤中的端支柱代替重型桥台，但它与路堤的连接较差且不能挡住路堤填土。挡土板就设置在两根端支柱顶部附近，用以牢固地支挡路堤土壤。通常还将位于端支柱顶部的道碴槽板顺路堤方向往下倾斜并与挡土板相连接。

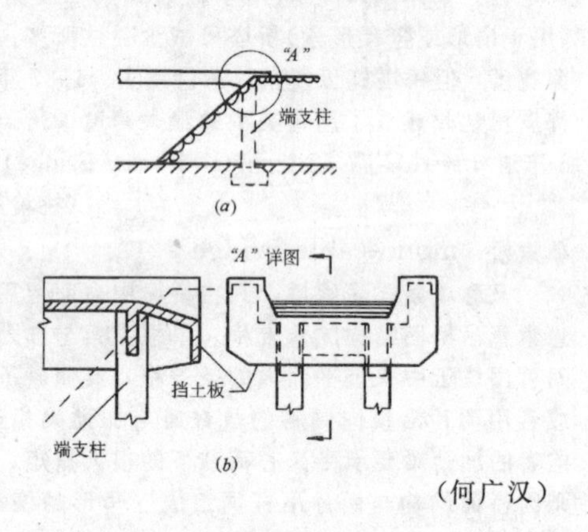

（何广汉）

dao

导电漆膜裂缝测定法 method of crack measurement by conductive paint

利用涂刷导电漆膜来发现裂缝的方法。将银粉溶解在聚乙烯酒精溶液中，成为具有小电阻值的弹性导电漆。在经仔细处理的结构受拉区混凝土表面上，涂成厚 0.1～0.2mm，宽 10～12mm，长 100～200mm 的连续搭接窄条，干燥后接入电路。当出现 1～5μm 裂缝时，通电漆膜就出现火花，直至烧断，给出裂缝出现的信号，据此确定裂缝位置和开裂荷

载。 （张开敬）

导梁 launching nose

又称鼻梁。用拖拉法或顶推法架梁时，装于梁前（后）端的临时辅助结构。是为保证梁在移动时的纵向抗倾覆稳定性，以及减少梁的悬伸长度从而降低安装应力，常在梁的前（后）端用拆装式杆件、桁架纵梁或旧钢梁的杆件等加拼的一段小梁，其高度比正梁小，其长度要根据拖拉或顶推过程中的稳定性要求和梁的安装应力不超过设计值决定。

（刘学信）

导流板 deflector

安装于桥道断面的转角部位导引气流避免产生分离的折板。有利于增加桥道断面的气动稳定性和减小涡激振动。 （林志兴）

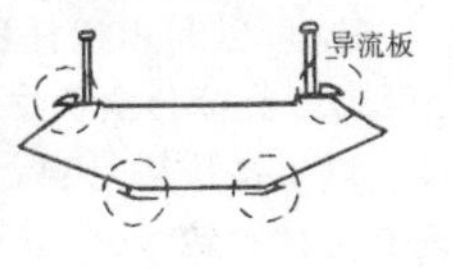

导流堤 training levee

疏导水流顺利通过桥孔，减少洪水对桥台威胁的调治构筑物。它设在桥台两侧，平面形状一般为曲线形，有时也采用直线形（两端带有曲线）（见图）。曲线形导流堤能把河滩水流平顺而均匀地导入桥孔；直线形导流堤则能把水流逼向对岸，防止洪水冲击桥头。

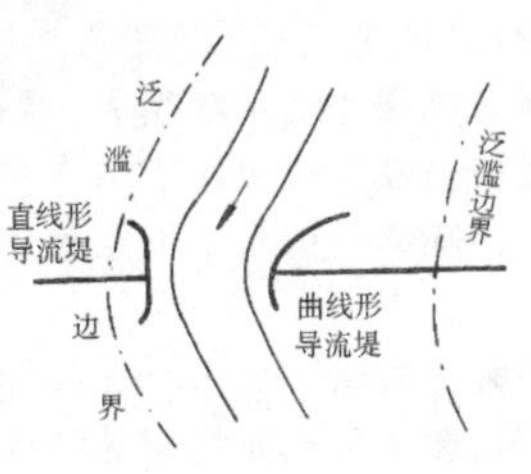

（周荣沾）

导线测量 traversing

在地面上根据测量任务的要求，布设一些点，点与点间以直线连接，形成一条折线或网状，观测其边长及相邻边的水平夹角，以形成几何控制的测量方法。是平面控制测量的一种。形成的折线称为导线，形成的网称为导线网。导线基本上可分为精密导线和普通导线，前者一般作为城市与工程上比较高一级的测量控制，后者多用作碎部测量的根据（图根控制），或用以作为小范围的独立测图及工程定线上的测量控制。导线按作用和精度可分为主线和支线，按图形可分为附合导线（由某一高级控制点出发，经过一些转折点后，附合到另一高级控制点的导线）、闭合导线（从某一高级控制点出发，经过一些转折点后，又回到起始点的导线）和支导线（参见支导线测量，287页）。 （卓健成）

导向船 guiding barge

安置在浮式沉井、沉箱或围笼的两侧，具有导向作用的两艘驳船。它们相互用梁连成一体并装有导向架，用于控制所夹水中结构物的位置及下沉方向。大型导向船上设有吊机，并附有一些小型机具设备，可临时堆放一些材料，因此又可当作工作船。其定位靠系锚设备。流速较大河流，尚有前后定位船相连。

（邱岳）

倒T形桥墩 inverted T-shaped pier

墩体与基础在顺桥向呈倒T形，用钢筋承受墩体截面上产生的拉力的桥墩（见图）。为了造型美观并减轻自重，可将墩体做成空心结构或分离式结构。 （吴瑞麟）

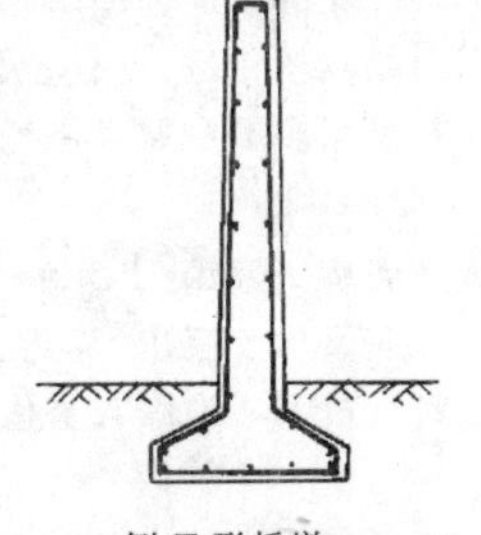

倒T形桥墩

倒虹吸涵洞 inverted siphon culvert

路基两侧水流都高于涵洞进出水口的、靠水流压力通过形似倒虹吸的涵洞。当路线穿过沟渠、路堤高度较低不足以修建明涵，或因灌溉需要，必须提高渠底建筑架空渡槽又不能满足路上净空要求时，就修建这种涵洞。其构造断面一般采用钢筋混凝土（或浆砌条石）盖板方涵和圆管涵两种型式。通常倒虹吸涵洞造价较高，接头处易漏水，又极易淤塞，养护困难，应尽量少用。

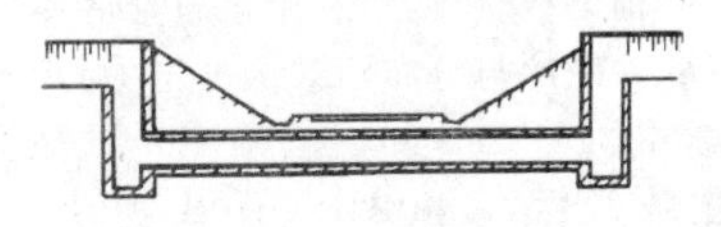

（张廷楷）

倒朗格尔梁桥 inverted Langer arch bridge

又称倒朗格尔拱桥。将朗格尔梁桥中的拱与梁的位置上下互换而成的一种组合体系拱桥。大、中跨度桥梁的一种结构类型。由刚性梁和只承受轴向力的柔性拱肋和立柱组成（见图）。这种桥对地基有推力作用，适用于地质良好的桥位处。

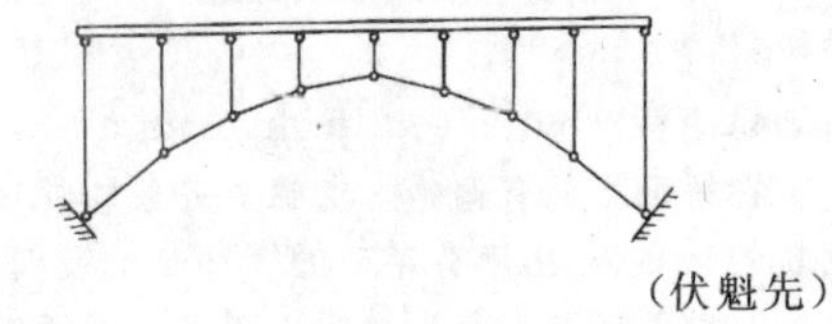

（伏魁先）

倒洛泽拱桥 inverted Lohse arch bridge

又称倒洛泽梁桥。将洛泽拱桥中拱与梁的位置上下互换而成的一种组合体系拱桥。大、中跨度桥梁的一种结构类型。由刚性梁、刚性拱和杆端为铰结的立柱组成（见图）。这种桥对地基有推力作用，适用

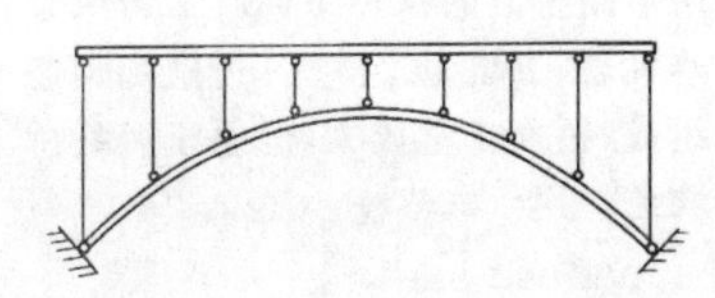

于地质良好的桥位处。

（伏魁先）

倒梯形箱梁桥 inverted trapezoidal box girder bridge

梁的横截面呈倒梯形的箱形梁桥。与矩形截面的箱梁桥相比，不仅抗风性能较好，且可构成宽桥面并可减小墩台宽度和圬工数量。适用于城市桥梁。

（伏魁先）

道班房 gang house

又称工区房。养路工班的工作基地。用于存放材料、机具，维修人员值班，开会和休息的处所。

（谢幼藩）

道碴槽板 slab of deck trough confining ballast

上承式铁路桥具有挡碴墙的槽形桥面板。形成道碴槽是为了铺设道床以防止道碴散落。其作用是将道床各部分的自重和列车荷载传至主梁。它同时又是主梁的受压翼缘，参与主梁工作。（何广汉）

道碴槽板桥 slab bridge with ballasted floor

具有道碴桥面的板桥。专用于铁路桥。在板式承重结构的顶面上，设有钢筋混凝土道碴槽板，用以盛放道碴，并铺设钢轨线路。利用道碴层的厚薄可调整轨底标高，并缓冲与分布活载的冲击力。用于铁路小桥和弯桥中。（袁国干）

道碴槽悬臂板 cantilevered slab of deck trough confining ballast

见悬臂板（261页）。

道碴桥面钢板梁桥 steel plate girder bridge with ballasted deck

桥面由钢轨、桥枕、道碴和道碴槽板等组成的钢板梁桥。专供火车行驶。这种桥梁自重大，施工繁琐，工期较长，一般不宜采用。道碴桥面便于调整线路的坡度和弯度，当桥上线路坡陡弯急时，可考虑采用此种桥梁。（伏魁先）

道碴桥面桥 ballasted deck bridge

在桥面上铺有道碴，道碴上安放轨枕用以固定钢轨的铁路桥。由于有道碴的缓冲及扩散作用，列车过桥时引起的冲击及振动得以减轻。钢筋混凝土及预应力混凝土桥梁基本采用这种桥面形式，钢桥中则需设有专门的道碴槽。（徐光辉）

道碴桥面预应力混凝土桁架桥 prestressed concrete truss bridge with ballasted floor

采用道碴桥面的预应力混凝土桁架梁桥。其桥面由基本钢轨、护轮轨、桥枕、道碴和钢筋混凝土道碴槽板组成，桥面自重较大，但便于调整桥上线路的弯道和坡道。用于铁路桥。（伏魁先）

道床板 roadbed slab

见道碴槽板，车道板（17页）。

deng

灯光扳手 light indicator wrench

一种带有灯光显示器、检查高强度螺栓拧紧程度的工具。能在预先校正的扭矩数值±5度范围内自动亮灯。（谢幼藩）

灯柱 lamppost

在城市及城郊行人和车辆较多的桥梁上，为便利夜间通行，设置的一种照明设备。一般高出车道5m左右，可以利用栏杆柱，也可单独设在人行道内侧。型式上要符合全桥立面上具有统一协调的艺术造型，以丰富桥梁景观。（张恒平）

等幅疲劳试验机 equiamplitude fatigue tester

能产生等幅匀速交变荷载的结构疲劳试验装置。最早由德国工程师韦勒（August Wöhler，1819～1914）在1850年发明。主要由脉动发生系统、控制系统和作动系统组成，构造简单，操作方便，直到现在仍被广泛应用于结构构件及材料的疲劳性能试验。缺点是试验中不能改变荷载的幅值。

（林志兴）

等截面桥墩 constant cross-section pier

墩体各截面均相等的桥墩。常做成矩形、尖端形或圆端形，主要用于中、小跨径的桥梁。

（吴瑞麟）

等离子弧焊 plasma arc welding

借助水冷喷嘴对电弧的拘束作用，获得较高能量密度的等离子弧而进行焊接的方法。具有能量集中，穿透力强，可用于单面焊双面成形。焊接钛及钛合金时，比采用钨极氩弧焊效率提高5～6倍。

（李兆祥）

等离子切割 plasma cutting

利用空气等离子弧的热能进行切割的方法。一般采用压缩空气作为气源。当割枪与工件接触时，产生空气等离子电弧，同时放出强大热能，把钢板切开。由于切割速度快，切口窄，故切后变形小，切口光洁度高。通常用来切割不锈钢板、碳素钢板、镀锌钢板、铜合金、铅板及涂漆钢板等。（李兆祥）

等流时线 isochrones

流域平面上水流质点能以同一汇流时间到达流域出口断面的各点的连接线。水体在流域上的运动有快有慢，所以它不是等距离线或同心圆弧线；水体运动的快慢又与实际的水流深度有关，即与降雨量的大小有关，所以它也不是固定不变的。等流时线概念对理解径流成因公式有很大的帮助，而后者又是线性汇流计算公式及各种推理公式的基础。

（吴学鹏）

等强度梁 equal strength beam

截面高度相等，宽度沿梁长变化，其任一截面上或下边缘应力均相等的由钢板制成的试验室用的小悬臂梁。常用作校核应变片灵敏系数或对静动态电阻应变仪进行简易的率定。一般可制成端部加载1kg时，梁的上下纤维应力为100kg/cm^2。

（崔　锦）

di

低高度梁 shallow beam

梁高小于正常高度的梁。其钢筋用量较正常高度梁有所增加。主要用于建筑高度受到严格限制的场合。例如在平原地区修建铁路，路堤高度小，桥下净空有限，如果采用正常高度梁而提高路堤，则势必增加线路土方工程和所占农田，这时可能以采用这种梁为合理。也常在枢纽站或城市内建造跨线桥时采用。为此，我国现行铁路标准设计中就有跨径4至20m的道碴桥面低高度梁。近来，又出现了部分预应力混凝土低高度铁路板梁桥，梁高仅60cm。

（何广汉）

低高度梁桥 low-depth girder bridge

由高度小于常规梁高的主梁作为主要承重结构的桥梁。用于建筑高度（桥面或轨底至上部结构最下缘的高度）受到严格限制的情况。通过增加梁宽、加大梁的受压及受拉面积、提高材料强度等方面来获得应具有的承载功能。近年来，在预应力混凝土梁桥中，通过在荷载下的受压区施加预拉应力的方法来降低梁高取得较好效果。例如当前世界最大跨径的预应力混凝土简支梁桥——奥地利的阿尔姆桥，采用这一方法后，跨径76m的梁，跨中高度只有2.5m，梁的高跨比只有1/30.4，而一般常规梁的高跨比约为1/16～1/20。

（徐光辉）

低合金钢桥 low-alloy steel bridge

桥跨结构用低合金钢建造的桥梁。低合金钢是含有一种或几种合金元素（锰、硅、钒等）的低碳结构钢，它的强度较大，使用恰当时可显著地减轻钢桥的自重，获得较大的经济效果。若整孔桥跨结构或单根构件的设计是由刚度或稳定的验算来控制，则不一定会产生较大的经济效果，故有时在同一座钢桥中的构件，采用几种不同的钢材。

（伏魁先）

低筋设计 under-reinforced design

配筋率小于平衡配筋率的设计。这种设计的特点是构件破坏开始于钢筋的屈服，也即钢筋应力达到容许值。所以梁的抗弯强度由钢筋控制，这样可以充分发挥钢筋的作用，而且构件延性好，破坏前有明显的预兆。

（李霄萍）

低水位桥 low-level bridge

桥下过水水位低于规定的设计洪水频率时洪水水位的跨河桥。当出现设计洪水频率水位时，桥面被淹没而成为浸水桥或过水桥。桥面标高根据设计洪水频率水位时桥上允许阻断交通时间的久暂，和洪水对上、下游农田、村庄、城镇的影响以及泥沙淤积等因素而确定。

（徐光辉）

低桩承台基础 low cap pile foundation

又称低承台桩基。承台底面埋置在地面或局部冲刷线以下，在该埋深内其侧面所受到的横向土抗力能全部抵抗作用在桩基础的水平力。这类桩基一般用于旱桥，由于承台位置低，水平位移小，所以稳定性好。

（赵善锐）

堤梁桥

在浅水中培土（或垒石）成梁、绝水而过的原始桥梁。土中有时夹用草、苇、竹、木等当地材料加固。为不致堵水，常在土堤下留有过水洞；或者只筑断续土（石）堤，堤空间仍可流水，也是汀步桥的一种雏形。

（徐光辉）

滴水 dripping nose

为中断水流而沿结构下缘周边设置的凹槽。如在重力式桥墩墩帽四周设置滴水，水流就不会沿着整个墩身缓慢流淌产生水迹，侵蚀墩身表面而导致损坏。

（张恒平）

迪维达克锚具 Dywidag anchorage

通过粗钢筋端部螺纹与拉伸机的拉杆连接使之受到张拉的一种粗钢筋的锚固设备。此时拧紧套于其上的螺帽即可传力并锚固于支承垫板上。螺纹用冷作法压制，可提高钢筋强度。纹高的一半压入钢筋内，另一半则挤至钢筋原圆周的外面，使少削弱钢筋截面。钢筋名义直径为$\frac{5}{8}$、1、1$\frac{1}{4}$、1$\frac{3}{8}$in。

（何广汉）

迪维达克体系 Dywidag threadbar posttensioning system

一种用冷轧螺纹锚具锚固高强度圆钢筋的预应力后张体系。由于在冷加工钢筋端部螺纹的过程中钢材表层发生塑性变形，使材料得到强化，故尽管碾压成的螺纹内径略小于原有钢筋的直径，但若适当选择螺纹的规格就可使钢材的轧制螺纹段与原有钢筋的拉力强度相当。迪维达克锚具不仅能重复张拉、放松并借助套筒多次接长，而且锚具的应力损失也较小。这些都是用环楔锚固法和其他楔形锚具所难以做到的。当今迪维达克体系已形成26mm、32mm、36mm三种直径的钢筋系列。它采用835/1030MPa和1080/1230MPa两种强度的钢筋，并有钟形锚具，矩形、正方形承压板（带肋或不带肋）等多种锚固形

式。 (何广汉)

底漆 priming paint

涂在钢梁表面用以防其生锈的粘液状涂料。应具备渗水性小、防锈性能强、有良好的附着力、漆膜干后能保持较长期的弹性而不变脆等性能；能使钢铁表面钝化以起阻蚀作用或电化阴极保护作用；或能组成严密盔甲层，使外来致锈因素不与金属接触。一般用红丹防锈漆，云母氧化铁酚醛底漆或富锌底漆等。 (谢幼藩)

地层 stratum

在一定地质时期内所形成的层状堆积物或岩石。其形成时的原始产状一般是水平的或近于水平的，并总是老的地层先形成位于下部，新的地层后形成覆于上部。即具有下老上新的层序规律。

(王岫霏)

地道桥 underpass bridge

道路(公路或城市道路)在铁路或其他道路下方通过时所设置的埋式建筑物。桥面上有一定高度的填土。进出口一般应有明显的分道行驶标志。桥下应注意通风、照明与排水，必要时需有专门设施。通常采用钢筋混凝土框架结构并用顶进法施工。

(徐光辉)

地基处理 foundation treatment

又称地基加固。人为改善地基土的工程性质或地基组成，使之适应工程需要而采取的措施。需处理的一般为软弱地基和不良地基，目的在于提高土的抗剪强度、降低土的压缩性或改善土的透水性和动力特性等，视工程要求及场地土质而定。所用方法很多，主要有排水固结、振密和挤密、置换和拌入、灌浆、加筋及基础托换等。可用于新建工程，也可作为事后补救措施用于已经建成的工程。 (夏永承)

地基冻胀 frost heaving of ground

地基土冻结时，地表大量拱起的一种自然现象。其原因是由于细粒土中的自由水结成冰晶。邻近结合水膜的水分子被冰晶体吸附过去，造成相邻水膜之间的水分子向冰晶迁移，冰晶增大。若冻土离地下水面较近，而且又是粉性的粘砂土或砂粘土，则由于很强的毛细作用，大量自由水源源不断地供应冰晶，从而形成冰棱和冰层，地基将发生严重冻胀，其上的建筑物将被抬起，一旦解冻，就要大量下沉，建筑物将产生严重破坏。 (刘成宇)

地基滑动稳定性 sliding stability of subsoil

在基础荷载作用下，地基某软弱滑面上抵抗滑动的稳定程度。当基础靠近斜坡或位于软土层上，都有可能在地基中出现一弧形滑面，使基础连同其下的滑动土体一并滑动，因之在特定条件下有必要验算其稳定性，最常用的有圆弧法。 (刘成宇)

地基容许承载力 allowable bearing capacity of foundation soil

作用在地基土上的最大安全压力。在此压力作用下，地基土不仅不会被剪破，且其沉降量也不致危及上部结构物的安全。确定该力的可靠方法是在现场进行荷载试验，以求地基极限承载力，再除以安全系数。此外还可采用静力触探、标准贯入、旁压等试验方法。以上诸法都是在原位进行测试，因而数据比较可靠，一般用于大型重要建筑物地基设计。对于中小型建筑物地基设计可采用有关设计规范中所提供的不同类型地基土的承载力表，它们是根据全国大量实测资料经科学加工制订而成，使用时很方便，也较安全。 (刘成宇)

地基系数 *K* 法 subgrade coefficient "*K*" method

考虑地基土的横向抗力时假定在桩身第一挠曲零点以上地基系数按抛物线变化，以下为常数，在工程中计算深基础的一种方法。该法认为，土的横向抗力按温克勒（Winkler）假定分布。作用于基础侧边某一深度 z 处的横向抗力 σ_{xz} 与该深度处的横向位移 x_z 成正比

$$\sigma_{xz}=K_z x_z$$

K_z 为地基水平抗力系数，简称地基系数，它在地面处为零，随深度线性地增加直至桩挠曲线的第一个零点处，K_z 达到其极值 K，以后不再增加而为常值。K 的单位为 kN/m^3。 (赵善锐)

地基系数"*m*"法 subgrade coefficient "*m*" method

考虑地基土的横向抗力时假定地基系数随深度正比地增加，在工程中计算深基础的一种方法。该法认为，土的横向抗力按温克勒（Winkler）假定分布。作用于基础侧边某一深度 z 处的横向抗力 σ_{xz} 与该深度处的横向位移 x_z 成正比

$$\sigma_{xz}=K_z x_z$$

K_z 为地基水平抗力系数，简称地基系数，它随深度 z 成正比例增加

$$K_z=m\cdot z$$

m 为土的地基系数随深度变化的比例系数（kN/m^4）。中国桥涵设计规程建议用 m 法计算桩基。并提供了各种土类的 m 的参考值。 (赵善锐)

地貌 topographic features

在内、外力地质作用下，地球表面产生的起伏不平的形态。岩石是其形成的物质基础。常以单个形态或形态组合的方式存在。按形态分为山地、丘陵、高原、平原、盆地等。按成因可分为构造地貌、气候地貌、侵蚀地貌、堆积地貌等。 (王岫霏)

地面径流 surface runoff

生成于地面并沿地面流入某一过水断面的水流量。它是降落到地面的雨水，被地面地物截留、土壤吸收和渗入地下后所剩下部分。是组成流域出口断面处的径流量，特别是洪峰径流量的最重要的分量。等流时线、径流成因公式、单位过程线及综合单位线所针对和计算的就是这部分分量。它的大小直接受制于流域的地形、地貌因素和气候、气象因素。

（吴学鹏　周荣沾）

地球物理勘探　geophysical prospecting

简称"物探"。以专门仪器来探测覆盖层下部各种地质体的物理场，从而进行地层划分，判定地质构造、水文地质条件及各种物理地质现象的一种勘探方法。所探测的地质体各部分之间以及该地质体与周围地质体之间的物理性质和物理状态差异愈大，使用这种方法就愈能获得较满意的结果。由于受到非探测对象的影响和干扰，以及仪器测量精度的限制，其所得判断有多解性，故在此工作之后，需辅以钻探或坑探来验证。目前主要方法有：*磁法勘探*；*电法勘探*；*重力勘探*；*放射性勘探*；*地震勘探*等。在工程地质勘察中运用最普遍的是电法和地震勘探。就工作空间而言，可分别在地表、空中、海洋及坑道或钻孔中进行观测。（王岫霏）

地下暗河　buried river

流入地下而不受压的水流。这是岩溶地区的一种特有现象，也是该地区桥渡设计应该重点考察清楚的水流通道。（吴学鹏）

地下径流　groundwater flow

由地下水的补给区向排泄区流动的地下水流。它或排出地表形成泉，或排入沟溪构成河川径流的一部分，也有直接排入海中的。（吴学鹏）

地下连续墙桥基　diaphragm-wall bridge foundation

用槽壁法施工筑成的地下连续墙体作为土中支承单元的桥梁基础。它的形式大致可分为两种：一种是采用分散的板墙，平面上根据墩台外形和荷载状态将它们排列成适当形式，墙顶接筑钢筋混凝土承台；另一种是用板墙围成闭合结构，其平面呈四边形或多边形，墙顶接筑钢筋混凝土盖板。后者在大型桥基中使用较多，与其他型式的深基相比，它的用材省，施工进度快，而且具有较大刚度，目前是发展较快的一种新型基础。连续墙的建造是通过专门挖掘机用泥浆护壁法挖成长条形深槽，再下钢筋笼和灌筑水下混凝土，形成单元墙段，它们相互连接而成连续墙，其厚度一般为0.3～2.0m，随深度而异，现最大深度已达100m。（刘成宇）

地下墙钻机　diaphragm wall equipment

修筑地下连续墙时进行成槽的钻孔机。除以各种灌注桩钻孔机连续套钻圆孔成槽外，可用多头旋转式、横轮式、抓斗式、导杆抓斗式、冲吸式、钻吸式等地下连续墙专用的挖掘机械施工。（唐嘉衣）

地下水观测　observation of ground water

对地下水动态的长期观测。地下水动态系指地下水的水位、流向、流速、流量、物理性质和化学成分，在自然或人为因素的影响下的变化规律。观测点的布置根据地貌、地质和影响动态的因素而定。观测的期限一般应不少于一个水文年。（王岫霏）

地下水露头　outcrop of ground water

地下水在适当条件下流出地面的自然现象。泉便是地下水的天然露头。山区地形切割强烈，有利于地下水出露。（王岫霏）

地形　topography

在测绘工作中，对地表面起伏的状态（地貌）和位于地表面所有固定性物体的总称。（王岫霏）

地形测量　topographic survey

测绘地形图或取得地形资料的测绘工作。使用地面测量仪器或空中摄影与遥感的方法，对地面上的地貌、地物进行测量，然后绘制成地形图或将地形资料存入数据库，以供工程设计或多种决策参考使用。（卓健成）

地形水拱　water arch from relief

由于地形造成的河流断面上水位中高侧低现象。在山前区河段上，洪水从峡谷冲出山口，行进在冲积扇地形之上，水流沿地势骤然向两侧扩散，水面呈河中心高于两侧的拱形。（吴学鹏）

地震　earthquake

俗称地动。当地应力不超过岩石弹性限度时，岩石以弹性形变的方式把能量积累起来；当地应力超过岩石强度时，岩石产生破裂，把积蓄的能量急剧地释放出来，并以弹性波向四周传播，从而引起地面的颤动、破坏，给人们带来灾难的一种地质现象。是地壳现代活动的一种表现。它是经常发生的一种自然现象，其过程很短暂，一瞬即逝。全世界每年大约发生500万次，其中绝大多数是人们感官不易直接感觉到的，而强烈破坏性的每年只有1～2次。

（王岫霏）

地震波　earthquake wave

地震时从震源释放的能量以弹性波形式向四周传播而引起的振动。有两种类型：体波，是能量可以在整个介质内传播的波，又有纵波与横波之分，前者传播速度快（5～6km/s），首先达到地表，引起地面上下颠簸。横波传播速度较纵波慢（3～4km/s），到达地表后，引起地面水平方向上的摇摆晃动；面波是只在某些弹性分界面附近（如地表面）传播的波，是体波到达地表后激发出的次生波。它以来回振动和

滚动的方式沿地表传播，传播慢、波长长、振幅大，能量随深度和速度衰减，但对地面建筑物破坏性最大。（王岫霏）

地震荷载 earthquake load, seismic action

又称地震力或地震作用。地震时地面运动对结构物所产生的动态作用。中国规范按反应谱理论计算地震惯性力

$$P = k_H \beta G$$

式中 k_H 为根据地区设计烈度确定的水平地震系数；β 为与结构物自振周期有关的动力系数；G 为结构物的重量。对大跨度或特别重要的桥梁结构，应进行地震反应分析。（车惠民）

地震勘探 seismic prospecting

依据组成地壳的岩（矿）石弹性性质的差异，通过人工激发产生的弹性波在地壳内传播以探测地壳地质构造的一种物探方法。在工程勘测中运用最多的是高频（<200～300Hz）地震波浅层折射法。用它可研究深度在 100m 以内的地质体。测定覆盖层的厚度及基岩的起伏变化；追索断层破碎带和裂隙密集带及研究岩石的弹性性质等。（王岫霏）

地震烈度 earthquake intensity

表明地震对地面及建筑物的实际影响和破坏程度。它不仅与地震释放的能量大小有关，还与震源深度、距离震中的远近等因素有关。目前，以人的感觉、家具及物品振动的情况，房屋建筑物遭受破坏以及地面出现的破坏现象的不同程度为判据，分为不同的级别。我国现使用的是十二度烈度表。同一次地震对不同地区造成的破坏不同，因而具有不同的烈度。由极震区向四周，其破坏程度减小，烈度逐渐降低。（王岫霏）

地震模拟振动台 earthquake simulation shaking table

能实现人工再现地震波对结构构件模型进行抗震试验的动力试验加载设备。由台面与基础、液压动力和加振系统，计算机和模拟控制系统以及数据采集和数据处理系统等部分组成。其特点是采用了电子计算机和电液伺服闭环控制，利用计算机系统的数字迭代技术，满足波形再现的要求。先进的地震模拟振动台可以由位移、速度和加速度三参量控制，同时能实现三向六自由度的振动要求。（林志兴）

地震震级 earthquake magnitude

简称震级。表示地震本身大小的等级。其大小与地震释放能量有关，震源释放能量愈大，震级愈高。它是以 μm 为单位来表示的离开震中 100km 的标准地震仪记录的最大振幅再取常用对数而得出的。例如，最大振幅为 1μm，震级为零；10μm 时，震级为 1。每次地震只有一个震级，其每增高一级，能量约增大 32 倍。目前世界上已知的最大震级为 8.9 级（智利）。（王岫霏）

地质构造 geological structure

各种岩层在地壳中的产状、形态及相互间的几何关系。是在内、外力地质作用下，组成地壳的岩层和岩体发生变形，以及原有空间位置发生改变后的形迹。基本形态有褶皱、断层、节理、劈理以及其他各种面状和线状构造等。其研究对工程建筑物的设计、施工具有十分重要的指导意义。（王岫霏）

地质年代 geologic time

地壳中不同时期的岩层形成的先后顺序和岩层形成至今的年龄。前者为相对年代，后者为绝对年代。是根据地层和古生物确定的。以“代”、“纪”、“世”表示具有不同级别的年代单位。（王岫霏）

第二类稳定问题 type Ⅱ stability

见压溃荷载（264 页）。

第三弦杆法 method of adding the third chord

在桁架上弦杆上面或下弦杆下面增加一个第三弦杆来提高桥梁承载能力的方法。第三弦杆可做成多边形、梯形或三角形，在第三弦杆与上弦（或下弦）间可用竖杆联结传力。上面的第三弦杆会产生一个压力。它相当于拱推力，会减少跨中弯矩，从而提高承载能力。第三弦杆与原结构组成了新的组合体系。上面加第三弦杆的结构是梁、拱组合体系。本法在钢桥加固中应用较多。（万国宏）

第四纪沉积物 quaternary period sediment

第四纪岩层的总称。表现为成岩作用微弱，多由未经成岩固结作用的松散碎屑物质组成，它们在各种外力的作用下可以发生移动，成分复杂，岩相厚度变化大。以外力地质作用类型划分其成因类型。大陆上常见为残积物、坡积物、洪积物、冲积物、湖积物、风积物、冰积物、洞穴堆积等。（王岫霏）

第一类稳定问题 type Ⅰ stability

见平衡分叉（179 页）。

dian

点支座 point bearing, point support

见球面支座（200 页）。

电测引伸计 extensometer by electrical measurement

测量一定标距内平均应变的电测仪器。主要由传感元件，固定支点和活动支点等组成。使用时通过夹持力把引伸计固定在试件上，活动支点随试件变形产生相对于固定支点的位移，引起弹性元件上的应变片的电阻变化（或电感的变化），通过与二次仪

表组成的测试系统，显示标距内纤维的伸长。常用的有应变式引伸计、电感式引伸计。　　（崔　锦）

电动硅化法　electro silicification method

在压注硅酸钠溶液的同时，给土体通直流电，借助压力和电渗的共同作用，使溶液渗入土体中的一种硅化加固法，在电渗排水法和硅化加固法的基础上发展的一种方法。其加固原理为：利用电渗作用使土体内本来不移动的结合水游离，在电流的导向下，溶液由阳极向阴极均匀地渗透，当土粒周围生成硅胶后，电渗又能使硅胶部分脱水，以增强胶结效果，此外，电渗还能加速软土的排水固结速度，提高加固效率。此法适用于加固孔隙微细的软粘土（渗透系数小于0.1m/d）地基。应该注意由于电渗排水作用，可能引起已有建筑物基础产生沉降。　　（易建国）

电动滑车　electric hoist

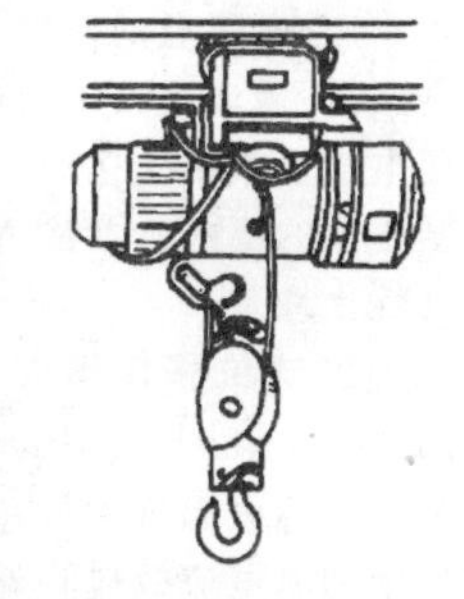

俗称电动葫芦。由电动机、减速器、卷筒、制动器、吊钩等组成。电动机通过齿轮传动机构，驱动钢丝绳卷筒，升降吊钩提升重物。

（唐嘉衣）

电动卷扬机　electric winch

又称电动绞车。电力驱动的卷扬机。由卷筒、电动机、联轴节、减速器、制动器、齿轮箱等组成。电动机驱动卷筒转动，牵引钢丝绳工作。按卷筒分为单筒、双筒、多筒等型式。按速度分为快速、慢速、变速三种。　　（唐嘉衣）

电动式激振器　electrodynamical vibration exciter

又称电动力式激振器。利用位于磁场中的驱动线圈通以交变电流产生的电动力带动顶杆往返运动的激振装置。工作原理与电动式振动台相同。主要由永久磁铁、驱动线圈、顶杆和壳体等部分组成。顶杆可采用刚性连接或预压方式对试体施加激振力，激振力大小和频率由外部的信号发生器和功率放大器激励驱动线圈控制。激振器的安装方式有刚性支座固定式、弹性悬吊式和弹性支承式等。

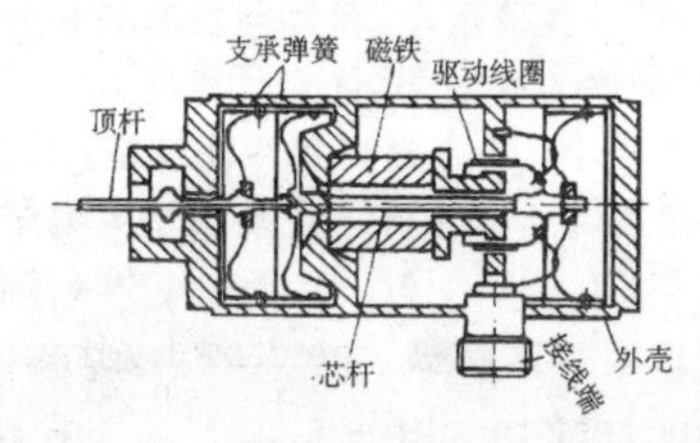

（林志兴）

电动式振动台　electrodynamical vibration table

又称电动力式振动台。利用位于磁场中的驱动线圈通以交变电流产生的电动力带动振动台面上下运动的振动试验装置。主要由磁缸、励磁线圈、驱动线圈、导杆、台面、壳体、底座等部分组成。台面振动频率及激振力的大小通过外部的信号发生器和功率放大器激励驱动线圈控制。具有频带宽、动态范围大、加速度波形好、能产生随机波等优点，是应用最广的一种振动台。但要求大位移、大激振力时此种振动台费用昂贵。

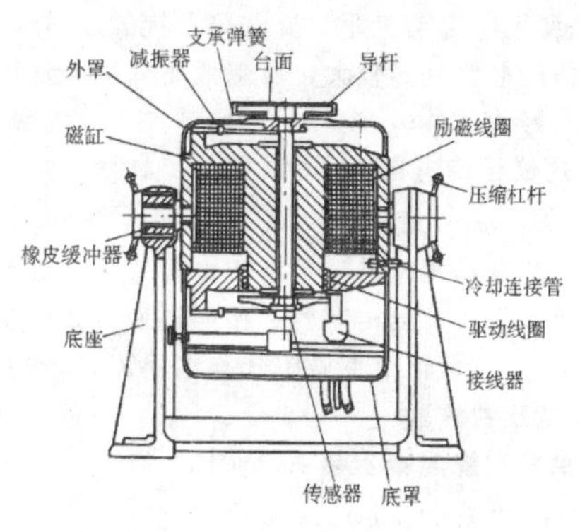

（林志兴）

电动液压式振动台　electro-hydraulic vibration table

简称电液式振动台。用电动装置驱动可控的伺服阀，将高压油流的流动通过传动装置转换成振动台面的上下运动的装置。主要由电动驱动装置、控制阀、功率阀、油路管路、传动装置、振动台面等部分组成。电动驱动装置与电动式振动台相同。这种振动台激振力大，台面位移和承载力都可做得较大，工作频率可从零赫至几百赫，适宜做成大激振力的大型设备。其振动波形用高频段特性不如电动式振动台。实际的电液式振动台多在闭环控制下工作，以保证台面振动的稳定性和精度，故亦称电液伺服式振动台。

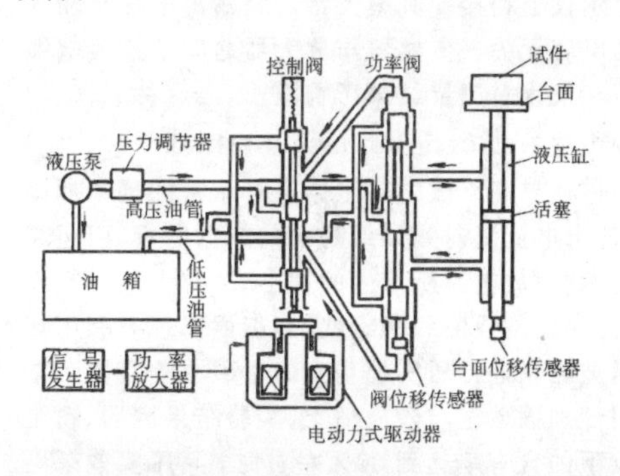

（林志兴）

电动油泵　electric oil pump

借助电力驱动为千斤顶提供压力能的液压泵。由电动机、活塞泵、控制阀、压力表、油箱、传动装置组成。液压油一般采用变压器油或锭子油。工作压力为 40～80MPa。用高压油管与千斤顶连接输油。（唐嘉衣）

电法勘探 electrical prospecting

依据组成地壳的各种岩(矿)石的电学性质的差异性，利用天然或人工的电场来勘查地下地质情况的一种物探方法。在工程地质勘察中应用最广的是电阻率法（电测深法和电剖面法）。该法在地形较为平坦、游散电流与工业交流电等干扰因素不大，测区地质体间电性差异较大，所测地质体埋藏深度不大时有较好的效果。（王岫霏）

电感式位移传感器 inductance type displacement transducer

又称电感式位移计。利用电磁感应原理将位移量转换为电感量的传感器。按照转换方式的不同可分为自感式(包括可变磁阻式与电涡流式)和互感式(差动变压器式)。（林志兴）

电焊钢筋现浇混凝土接头 joint by welded bar and cast-in-situ concrete

将块件内伸出的钢筋焊连一起后再在块件端面间就地灌筑混凝土而形成的构件接头。是湿接头的一种。与其他干接头形式相比，其缺点是工地工作量大，焊接质量较难保证，受季节、气候的影响，且需待接头混凝土达到规定的强度后方能受力。

（何广汉）

电荷放大器 charge amplifier

将输入端接收的电荷量转换成电压量并进行放大的仪器。是一个具有电容负反馈的、极高输入阻抗的高增益运算放大器。由电荷放大级、高低通滤波器、归一化电压放大级及过载指示电路等部分组成。输入阻抗高达 10^9～$10^{12}\Omega$，主要用来配接高内阻的压电式传感器。输出端可与电压表、分析仪及各种记录与显示仪器相接。其最大特点是输出电压与输入电路的电容无关，传感器与放大器之间的连接电缆的型号和长度对测量结果影响极小。（林志兴）

电力冲击法 electric impact method

一种通过高压放电对土体进行压密的地基加固方法。冲击电流流向插处地基中的放电电极，引起高压放电。利用放电时所产生的冲击力，对土体进行压密，以提高地基强度和稳定性。其加固原理与利用炸药的爆破能量进行压实地基土的爆破方法雷同。本法适用于加固砂土与砂质粘土。实验结果表明，粉土成分以下的含有率达到 30%左右时，其压实效果更为良好。（易建国）

电容式位移传感器 capacitance type displacement transducer

将位移变化转换为电容量变化的测量装置。按传感器电容器极板的工作方式有极距变化型和面积变化型。传感器输出的电容量经后续的电桥型电路、调频电路或运算放大器以电压量输出。极距变化型可用于非接触式动态测量，灵敏度高，适于小位移测量。面积变化型线性特性好，适于大位移的线位移或角位移测量。（林志兴）

电渗固结法 electro-osmotic consolidation method

一种利用电场作用使水或化学物质（溶液、胶体）定向流动，以排水或胶结土粒的地基加固方法。此法可分为铝电极法和通电注液法两种。前者用铝棒作为插入土中的电极材料，利用电渗现象产生脱水作用，电解后的铝离子沉淀到土粒孔隙中，与土紧密结合；后者是人工在电极附近注入各种固化剂，利用电渗现象使固化剂分散到土粒孔隙中，以达到固结土体的要求。本法适用于加固渗透性较差的饱和粘性土地基。（易建国）

电涡流式位移传感器 eddy-current type displacement transducer

又称电涡流式位移计。利用金属导体在交流磁场中的涡电流效应测量位移的仪器。传感器的线圈通以高频交变电流时，在线圈中产生磁通 ϕ，此交变磁通通过相距为 δ，并与被测物体固定在一起的金属板时，金属板表面产生闭合的感应电流，即电涡流，此电涡流也将产生与 ϕ 方向相反的交变磁通 $\phi1$，从而使原线圈的等效阻抗发生依赖于间距 δ 的变化。再通过分压式调幅电路或调频电路将其转换为与 δ 成比例的电压输出。这种传感器灵敏度高，分辨力强，结构简单，使用方便，最大优点是以非接触方式进行测量。（林志兴）

电液式激振器 electro-hydraulic vibration exciter

由电液伺服阀控制活塞往返运动并带动活塞杆激励试件的激振器。主要由电动激振器、操纵阀、功率阀、活塞、顶杆等组成。由信号发生器产生的激振信号经放大后驱动电动激振器、控制操纵阀及功率阀，使活塞进行往复运动，带动与活塞联在一起的顶杆，实现对试件的激振。其优点是激振力大，行程大，单位力的体积小，缺点是高频特性较差，结构复杂，要求制造精度高，成本高。主要用于大型结构的激振。（林志兴）

电液伺服式疲劳试验机 electro-hydraulic servo fatigue test machine

采用具有高响应性能的闭环电液伺服系统控制试验荷载的疲劳试验机。其工作原理为由电子计算机产生荷载的时间历程信号，经放大后送至伺服阀，控制作动器对试件加载，并通过与试件相联的传感器产生反馈信号与信号发生器输出的指令信号进行比较，其差值信号推动作动器工作，直到差值趋于零。其优点是可以产生任意周期或随机荷载，且荷载精确，但设备及运行费用都较高。 （林志兴）

电阻应变片 strain gauge

非电量电测法中测量应变用的传感元件。量测原理是当结构杆件受力发生变形时，引起粘贴在杆件（钢筋、混凝土等）表面上的应变片电阻值变化，而电阻值变化率与应变片敏感栅方向有如下关系：$\Delta R/R=K\cdot\Delta l/l=K\cdot\varepsilon$，式中 K 为应变片灵敏系数，利用电阻应变仪可直接测得其应变变化值。应变片根据所用材料不同可分为电阻丝式、箔式和半导体式。根据基底材料又分为纸基应变片和胶基应变片。 （崔 锦）

电阻应变式(拉)压力传感器 strain-gauge pressure/tension transducer

利用应变片将弹性元件在外力作用下的变形转换为电信号输出，并用电子仪器显示的测力计。弹性元件在外力作用下产生应变，应变片将此应变转换为电阻的变化，再由测量电桥将电阻的变化转换为电压的变化，测量输出电压的大小即可反映出力的数值。常设计成拉压两用的。特点是体积小，用途广，可在加力过程中进行测量，也可以远距离监测，还可与计算计联用，实现测量和控制自动化。

（崔 锦）

垫层支座 pad bearing

用油毡、石棉泥或水泥砂浆垫层做成的简单支座。10m 以下的跨径简支板、梁桥，可不设专门的支座结构，而将板或梁支承在上述垫层上。垫层厚度一般不小于 10mm，这种支座的变形性能较差。固定支座端除设垫层外，还应用锚栓将上、下部结构相连。

（杨福源）

垫梁 sole timber

又称垫木。人字式撑架桥中，斜撑顶部支承的构件。一般由两根圆木组成，横贯桥梁的全宽。在斜撑的支承处垫木应予削平，并在端面用圆钢销与垫木相连。 （陈忠延）

diao

吊杆 suspender

又称吊索。悬索桥中连接悬索与桥面系的构件。它的作用是将桥面系的荷载传递给悬索。一般可用圆钢、眼杆或钢绞线绳做成，上端通过索夹与悬索连接，下端与加劲梁连接。吊杆多竖直设置，但一些近代大跨度悬索桥也有采用斜向设置的，借以增加纵向刚度。其间距由桥面系材料的经济性确定，跨径在 80～200m 范围内为 5～8m，跨径增大，间距也相应增加，有时达到 20m。 （赖国麟）

吊杆网 hanger net

在悬索与加劲梁之间采用斜向交叉的吊杆系统。图示为一具有这种吊杆系统的悬索桥。与一般斜吊杆相比，具有更大的抵抗悬索相对于加劲梁纵向移动的阻尼特性，并具有更大的传递剪力的能力。利用在塔柱处能传递轴力的连续加劲梁，则这种体系能像双悬臂桁架一样工作。但这种吊杆系统的架设比竖吊杆系统复杂。

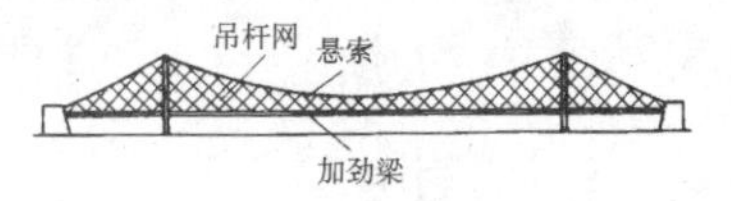

（姚玲森）

吊钩 hook

用钢材锻制成吊装重物的钩状或环状吊具。按构造分为单吊钩、双吊钩、吊环。吊环是封闭的环圈，又分为整体式和铰接式。吊环受力情况比单、双吊钩均匀，但穿绳不方便。 （唐嘉衣）

吊索 sling

又称千斤绳。钢丝绳编结插制成捆扎起吊物件的索具。分为环状万能吊索（又称套索）和两端有耳环或一端有耳环一端有吊钩的轻便吊索（又称 8 股头吊索）。 （唐嘉衣）

吊索塔架拼装法 method of assembling steel truss by cantilever with tower and stay cables

利用吊索塔架作辅助结构悬拼钢梁的方法。塔架支于已拼好的钢梁上，可在上弦行走。斜吊索用高强度钢丝束组成，其上端连于塔顶，下端分别用锚箱连于已拼好的钢梁节点和悬臂端节点。当钢梁拼到一定长度时，在下锚箱张拉斜吊索，或起顶塔架，从而将钢梁悬出部分向上提拉，借助吊索的水平分力对吊索范围内上弦杆产生预压力以抵消一部分安装拉力；而吊索的竖向分力产生的负弯矩对上下弦杆均有减载作用。此法可使长悬臂最后几个节间的拼装工作能安全顺利地进行。 （刘学信）

吊箱围堰 suspended box cofferdam

为了修筑高桩承台，当承台底离河床的距离较大时所采用的一种悬挂式箱形防水结构。吊箱指悬挂在就位桩上的箱形整体模板，其内壁尺寸与承台尺寸相同。吊箱通常在岸上预制，然后用两个铁驳通过龙门吊机吊运到桩位安放。水不深时，也可在桩基的两侧搭膺架，然后利用支架拼装吊箱的底模和侧模。吊箱安装就位后，便形成了围堰，可以灌筑水下

混凝土并砌筑承台。 （赵善锐）

钓鱼法架梁 erection of bridge girder by fishing

一种用扒杆和绞车的简易架梁法。将梁置于桥台附近的台车上，在对岸桥台上设立扒杆，将扒杆上的起吊钢丝绳系住梁的前端，用绞车起吊，并同时慢慢牵引它前移至对岸桥台，后端亦用扒杆起吊，使之落梁就位。此法所需设备少，但只适用于架设小跨度钢梁。 （刘学信）

掉道荷载 derailment force

铁路列车掉道事件中，由于荷载位置变化可能引起的不利作用。可按有关规范考虑，以免发生列车倾覆或过大的损害。 （车惠民）

die

跌水坝 drop dam

在急流上，以土、石或混凝土为材料建造的消能构筑物。能截住水流使从坝顶漫过，变急流为缓流，以保护桥涵不受冲刷。 （谢幼藩）

ding

丁坝 T-type dike

平面形状似“丁”字形的导流堤。丁坝常设置于桥头引道的一侧或河岸边上，其作用在于将水流挑离桥头引道或河岸，并使泥沙在丁坝后部淤积，形成新的水边线，以达到改变水流方向，保护桥头路堤的目的。 （周荣沾）

钉端钳制长度 effective length at the end of nail

又称钉端有效长度。将钉贯入多层木板时，计算拼合强度考虑的部分钉长。 （熊光泽）

钉杆受剪 shear of rivets (bolts)

通过钉栓杆受剪而传力的行为。在荷载作用下，钉栓连接的板件有互相滑动的趋势，钉栓则在可能互相错动的板接触面处受剪。当错动面仅有一个时，称为单剪，有两个时，则为双剪。钉杆上受力情况复杂，工程实践中采用剪应力在钉杆截面上均匀分布的假定计算其容许承载力，并根据铆钉连接破坏试验的结果确定剪切容许应力值。 （罗蔚文）

钉孔承压 bearing of the hole-side

通过钉栓杆挤压孔壁而传力的行为。钉栓连接随荷载逐渐加大，克服了摩擦后产生相对滑动，而使钉栓杆紧贴孔壁，作用力通过钉栓杆挤压孔壁传递。工程实践中采用均匀分布的假定计算其容许承载力，并根据铆钉连接破坏试验的结果确定容许承载压应力值。 （罗蔚文）

钉孔通过率 coincide ratio of rivet hole

又称钉孔重合率。钢梁结构在工厂试拼装时，按规定安装螺栓和冲钉，用试孔器检查余下空孔，能通过某型号试孔器钉孔数占空孔总数的百分比。它是检测工地钉孔安装精度的重要指标，是衡量制造工艺、技术操作、工艺装备质量和精度的综合反映。 （李兆祥）

钉栓距 pitch of rivets or bolts

沿钉栓线相邻钉栓的间距。参见铆钉或螺栓线距（162 页）。 （罗蔚文）

顶杆 withstanding pole

滑升模板结构中承受千斤顶反力的杆件。提升千斤顶即附于其外。一般用硬质粗圆钢做成，分节段置于混凝土体内，外加套筒以便回收。（谢幼藩）

顶管法加固桥台 strengthening abutment by pipe thrusting method

在桥台后顶入混凝土管，使其与混凝土挡墙、原桥台共同受力的桥台加固方法。此法适合于桥台有可能发生或已出现水平位移或转动时使用。具体的方法是在台后有一定长度的路堤处开挖成槽，浇筑混凝土挡墙作为反力支承点，然后用千斤顶将预制的混凝土管顶进直至台后，最后将管内和预设顶槽内用混凝土封填，形成与原台组合受力，用以改善桥台的受力状态。 （黄绳武）

顶架 withstanding frame

用于滑升模板结构中装置提升千斤顶和支持整套结构重量的架子。它自己又支于提升千斤顶及顶杆上。 （谢幼藩）

顶升器 jack

又称千斤顶。顶升重物的简单起重机械。按结构分为齿条顶升器，螺旋顶升器，液压顶升器等。其结构简单，体积小，自重轻，起重量大，但起升高度小，适用于流动的工作场所。 （唐嘉衣）

顶推法施工 incremental launching method

在桥头沿桥纵轴方向将逐段预制张拉上的梁向前推出使之就位的桥梁施工方法。须紧靠桥台后部开辟预制场地，每预制一个节段即用纵向预应力筋将其与已推进的梁段连成整体，然后用水平液压千斤顶施力，借助于由不锈钢板和聚四氟乙烯模压板组成的滑动装置，将梁逐段向对岸推进，待全部顶推就位后，再落梁、更换正式支座，完成桥梁施工。在水深、桥高等的情况下，可避免大量施工脚手架，可不中断桥下交通或通航。目前最大顶推重量可达 4 万吨，顶推长度达一千余米。用此法施工的连续梁桥，预应力筋合力应设计成基本上沿各梁截面重心通过，对梁施加近于中心受压的预加压力。

（俞同华）

顶推设备 incremental launching jacking mechanism

用顶推法架设桥梁的设备。按工作方式分为顶推式和拉曳式。前者由竖直千斤顶、水平千斤顶、滑座、滑道等组成。竖直千斤顶顶起梁体，水平千斤顶推动竖直千斤顶或承托梁体的滑座，在滑道上纵移。后者由穿心式千斤顶、拉杆、锚板、滑座、滑道等组成。穿心式千斤顶的位置固定，通过拉杆和锚板拉曳梁体在滑道上纵移。滑道上铺设镍铬钢板，在梁体与钢板滑道间放进聚四氟乙烯镶面的橡胶板，形成摩阻力很小的滑移面。 （唐嘉衣）

顶推循环 cycle of incremental launching

用顶推施工法架桥过程中每个周期性的作业流程。按工作方式分为顶推式和拉曳式两种。顶推式的作业流程是：用竖直千斤顶顶起梁体，启动水平千斤顶推动竖直千斤顶连同梁体纵移一个行程后，竖直千斤顶将梁体落回到支垛上，水平千斤顶回程使竖直千斤顶复位。拉曳式作业流程是：用水平的穿心式千斤顶通过拉杆拉曳梁体纵移一个行程后，穿心式千斤顶回程复位。 （唐嘉衣）

顶推整治法 restoration method of propelling arch

单跨拱桥在桥台出现水平位移及拱轴线变形时，通过顶推主拱圈，恢复和调整拱轴线型的修复方法。顶推整治通常的做法是：将一侧拱脚处加设横梁与夹具，然后切断拱脚处拱圈及相应位置的拱上腹拱，在横梁与拱座间设置数只顶升器(常用千斤顶)，施顶时各顶升器逐级均衡加力，将拱圈顶升，直至达到设计要求。顶推后主拱圈及拱上建筑形成的空缝用快硬早强混凝土封填。采此法必须在桥台位移或变形趋于稳定时使用，经过整治可控制桥台的变形，调整拱轴线和主拱内力，消除拱圈裂缝，恢复主拱的承载能力。 （黄绳武）

定床模型 rigid bed model

在试验过程中，固体边界固定不变的水工模型。用于分析河床变形不显著，或虽有变形但对所研究课题影响不大的水工问题。 （任宝良）

定床阻力 resistance of rigid bed

见河流阻力（96页）。

定倾半径 metacentric radius

浮体(沉井或沉箱)处于正浮状态下，定倾中心至浮心的距离。一般用 ρ 表示，

$$\rho = I/V$$

式中 I 为浮体计算浸水线截面积对倾斜转轴的惯性矩；V 为其排水体积。 （邱 岳）

定倾中心 metacenter

浮体进入倾斜状态，过浮心的铅垂线与浮体中轴线的交点。该中心点若在重心之上，则浮体稳定，否则不稳定。

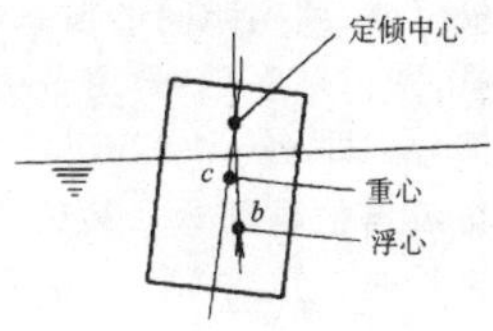

（邱 岳）

定位船 anchor barge

在流速较大河流中，在导向船上下游设置固定其位置的驳船。它们用缆绳与导向船和浮体(沉井、沉箱)相连，并在上下游方向设置主锚以承受船和浮运体上的水流冲击力和风力等，用定位船上的绞车松紧连接缆绳以调整导向船和浮体的位置。

（邱 岳）

定位焊 positioning weld (series spot welding)

又称点固焊。当杆件或零部件组合成形时，用手工焊或 CO_2 气体保护焊进行非连续的焊接，将结构形式和位置固定下来的焊接方法。点焊处要有足够的连接强度，确保杆件移位、翻身、起吊和连续施焊时不会开裂。 （李兆祥）

定位桩 fixed position pile

当水上沉桩采用木笼或围笼定桩位，或利用围笼导向打设板桩围堰时，用于固定并支承木笼或围笼的桩。通常为4根，平面上布置成矩形或方形，入土深度应满足支承木笼或围笼自重及施工荷载的需要。应不妨碍基桩沉入。 （夏永承）

定型模板 standardized formwork

用钢板、木板或胶合板制成混凝土结构物的底模、侧模、内模，用连接扣件与支撑组装成定型的工具式模板。适用于大批量生产标准设计的混凝土桥梁或构件，可以多次重复使用，周转效率高。

（唐嘉衣）

定值设计法 deterministic design method

没有考虑荷载和材料强度概率分布的结构设计方法。它包含容许应力法和极限荷载法，有的极限状态法仅对某些荷载和材料强度按一定的概率取值，而对结构安全度仍用定值表达，也属于定值法设计范畴。 （车惠民）

dong

东亨廷顿桥 East-Huntington Bridge

位于美国弗吉尼亚州东亨廷顿，跨越奥希沃河的混凝土桥。主桥为独塔预应力混凝土斜拉桥与连续梁组合体系，分跨为186m+274m+91m+48m，采用悬臂拼装施工方法。桥面为双车道，宽21m，由两侧矩形混凝土梁(高1.5m、宽1.2m)与厚203mm

的车道板组成，两侧梁间的横系梁为高 838mm 的工字形钢梁，施工顺序是：采用平衡悬臂预制拼装合龙连续梁部分，即 48m+91m+48m，同时建造桥塔，并悬臂拼装斜拉桥部分，最后在主跨 274m 中靠连续梁悬臂一侧，采用一个 8m 长特殊预制节段将两部分结构合龙。于 1984 年建成通车。（范立础）

东营胜利黄河桥 Victory Bridge across the Huanghe (Yellow) River at Dongying

中国修建的第一座钢斜拉桥。全长 2817.4m，主桥 682m，为 5 跨双箱正交异性板连续梁，中跨 288m，双索面，每塔 10 对索，H 型直立钢塔。主梁采用栓焊连接，附、边跨在支架上安装，中跨悬臂安装。1987 年竣工，工期 642 天。（黄绳武）

动床模型 mobile bed model

在试验过程中，固体边界随水流情况可以改变的模型。用于研究水工建筑物附近及河道的冲淤、河床演变等问题。（任宝良）

动床阻力 resistance of mobile bed

见河流阻力（96 页）。

动力系数 dynamic factor

见冲击系数（22 页）和动力响应系数（42 页）。

动力响应 dynamic response

桥梁结构在随时间变化的动荷载（如车辆、风、地震等）作用下所产生的振动响应。当车辆以较高速度通过桥梁时，除了车辆的静重使桥梁结构产生内力和变形外，蒸汽机车动轮偏心块的不平衡力、车辆的振动、轮对间的蛇行运动及轨面不平衡等因素还使桥梁结构出现附加的竖向及横向振动。由此，桥梁结构的应力和变形都超过由静荷所引起的数值，称为荷载的动力效应。在设计规程中用冲击系数来考虑。（曹雪琴）

动力响应系数 coefficient of dynamic response

衡量结构受动力影响程度的系数。它随桥梁的刚度增大、跨径加长而减小，可根据动载试验的挠度图或应力图形求得。（顾安邦）

动力效应 dynamic response

结构在动荷载作用下引起的位移、应力、应变等随时间变化的特性。起增大荷载的作用，可能造成结构损伤，甚至突然破坏。（顾安邦）

动态冰压力 dynamic ice pressure

在流速较大的河流中，冰块对桥墩的撞击力。其值与冰块运动的速度、质量以及撞击方向有关，可按动能公式计算。（车惠民）

动态电阻应变仪 dynamic resistance strain gauge

量测应变片周期性和非周期性变化的电阻变化率，以测定动应变的非电量电测仪器，可测频率 10kHz 以下的动态应变和 10kHz 以上的超动态应变。目前广泛使用的为交流电桥动态应变仪，采用载波调幅式原理，主要由电桥、交流放大器、振荡器、相敏检波器、滤波器等组成。设有衰减器作为量程的转换，标定装置作为标准应变的尺度。使用时必须配备光线示波器或磁带记录器或 $x-y$ 函数记录仪等相应的记录装置。适当配上应变式传感器，可测量位移、荷载、速度、加速度等各种振动参量。国产已有多种型号动态电阻应变仪生产。一台动态应变仪一般都包含几个通道，仪器外附有电桥盒，电阻应变片可以多种形式与桥盒连接，以提高测试精度。（崔 锦）

动态对称 dynamic symmetry

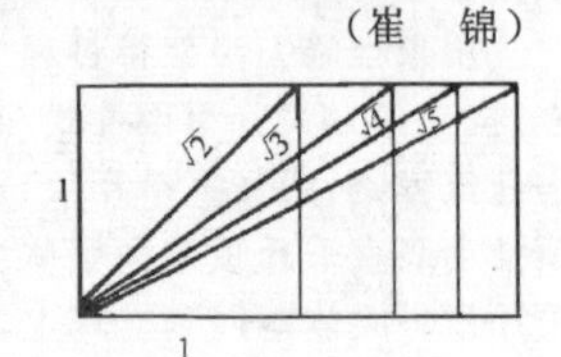

为美国美学家汉毕琪所创议的美的序列关系。其基本体系以图解较为清晰，即以正方形为基础，维持一个边不变，另一边为前一矩形的对角线长。认为 $1:\sqrt{5}$ 的矩形为最重要，即以 $1:\sqrt{5}$ 的比率在建筑中重复。其名称虽称“对称”其含义更接近于比例。（唐寰澄）

动态光弹性法 dynamic photoelasticity

研究弹性体动态应力和应力波传播规律的一种光学实验方法。动态光弹性和静态光弹性法的主要差别在于条纹的记录。在动力问题中，应力变化相当迅速，因此，光弹性模型中的等差线和等倾线也以相当大的速度移动。为了记录这些条纹，常采用高速摄影机照相或采用多次光花式照相系统拍摄。（胡德麒）

动态美 dynamic beauty

又称动观。人在运动中欣赏桥梁所得的美感及美的形象赋予人以飞跃生动的意向与趋势。过一座桥梁时，人感觉到其起伏、曲折、隐显等的变化和桥梁各部分从不同角度显现时所得到的多方位的景观，其审美感受在变化运动之中。可是其每一画面，或部分画面觉得很美，尤其是其最佳画面，亦是人在最佳处境时，往往使人留连驻足，因此动中有静。动态美中亦包含着静态的美。（唐寰澄）

动态平衡 dynamic balance

运动中物体瞬时平衡的形象，并按这一原则所设计的桥梁主体或装饰的造型。（唐寰澄）

动态信号分析仪 dynamic signal analyzer

又称 FFT 分析仪。对动态信号在时域、频域或幅值域内进行分析的仪器。初期由模拟电路组成，现已为由微处理器为核心的智能化数字式分析仪所取代。信号处理程序做成固化电路，具有很高的运算速度和实时分析能力。还能通过接口与计算机相连进行结构模态分析和动力参数修正等。信号处理频率范围可达 100kHz 以上，动态范围可达 80db 以上。广泛应用于土木、机械、航空等领域的振动和声学分析。分析仪有单通道、双通道或多通道等。目前已有可扩充到数百通道的信号分析仪，能多通道同步采集与分析，亦称这类分析仪为信号处理系统。

（林志兴）

动态作用 dynamic action

使结构或构件产生不可忽略的加速度的作用。其中，直接作用也称动荷载，如车辆运行，地震以及柔性结构的风振作用等。（车惠民）

动物园桥 Zoo Bridge

位于德国科隆市的莱茵河上的公路桥。桥宽 33m，其中公路路面及自行车道共宽 27m。主跨（m）为 73.5+259.0+144.5+119.7 的四跨连续钢箱梁，其横截面为双箱，中部系用槽形钢加固的钢床板。建于 1966 年。（唐寰澄）

冻结深度 frost penetration

又称土的标准冻结深度。地表在无积雪和草皮覆盖时，经多年实测最大冻深的平均值。由于地区气候条件不同，其冻结深度也各异。如满洲里为 2.8m，哈尔滨为 1.9m，沈阳为 1.2m，北京为 0.7m 等。

（刘成宇）

冻结线 frost line

地表各处冻结深度的连线。设计基础时，为避免地基冻胀的影响，一般要求基底应置于该线以下一定深度，如桥梁基础，基底和基桩承台板底均应置于该线以下至少 0.25m。（刘成宇）

冻土 frozen soil

温度等于或低于摄氏零度，且含有固态水（冰）的土。冻结状态保持三年或三年以上者，称多年冻土；随季节性气候变化而融化和冻结者称季节性冻土。性质随土中水相的变化而变化。道路、房屋、桥涵等工程可因处理不当而引起热融沉陷导致建筑物的变形、破坏。（王岫霏）

冻土人为上限 artificial upper limit of frozen soil

由于人为因素的影响，使多年冻土表层融化而形成不融化层的上界面。若要求地基在建筑物使用过程中保持永不融化，基础底面应置于该界面以下一定深度。（刘成宇）

冻土上限 upper limit of frozen soil

在季节性融化时，多年冻土中形成的不融化层上界面。为确保建筑物安全，基础底面应置于该界面以下。（刘成宇）

冻胀力 frost heaving force

又称冻拔力。季节性冻土层中，土壤冻胀时对桥涵基础产生的上拔力。土的冻胀性与土的颗粒组成、含水量和冻土温度有关。冻胀量随深度逐渐减少。冻结线即当地最大的冻结深度线。严寒地区桥涵基础位于冻胀、强冻胀土中时，应按有关规定检算冻胀稳定性。（车惠民）

洞口冲刷防护 culvert outlet erosion protection

涵洞出口处防止流速过大引起冲刷所采用的加固措施。通常采用加长洞口下游铺砌长度的措施。铺砌长度 L 参照附表选用。若流速小于 2m/s，可用平铺或竖铺草皮加固；流速为 2～3m/s 时可用单层片石铺砌；3～5m/s 时可用双层片石铺砌；5m/s 以上时，则用浆砌片石铺砌。铺砌厚度 h_1 根据出口流速、铺砌类型及材料而定。加厚段厚度 h_2 根据涵洞出口水深与加厚段处的水深计算决定。加厚段长度约为全部铺砌长度的 30%，通常不小于 1.5m。截水墙埋入深度 t，一般应等于或大于涵洞及翼墙基础底面的深度。中国实践研究得出，为防止洞口冲刷，还可采用挑坎，以有效地消能减速，削弱水流的扩散冲刷能力，消除铺砌层末端的冲刷现象。当天然河沟纵坡大于 15%，涵洞底坡大于 5%（陡坡涵洞）时，出水洞口应视地形、地质、水力条件，分别采用急流槽、跌水，消力池或人工加糙等设施，以保证涵洞的稳定与安全。

下游河床的土壤类别	加固长度（m）	
	出口未淹没时（自由式）	出口淹没时（非自由式）
亚粘土和亚砂土	$2.5q^{+0.7}$	$1.7q^{+0.7}$
重亚粘土和密实亚砂土	$2.2q^{+0.7}$	$1.4q^{+0.7}$
卵石、砾石土	$1.7q^{+0.75}$	$1.1q^{+0.75}$
大卵石	$1.1q^{+0.75}$	$0.7q^{+0.75}$

注：　q——单宽流量（m^3/s·m）

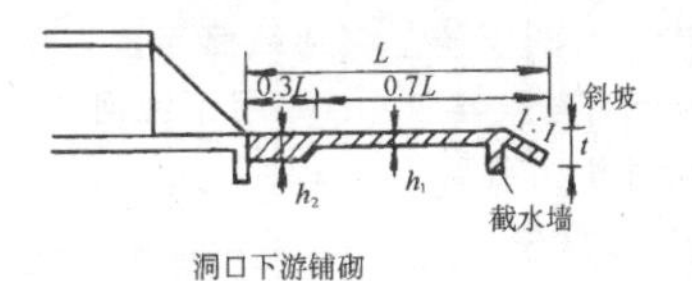

洞口下游铺砌

（张廷楷）

dou

斗式提升机 bucket elevator

利用固定于无端牵引链带上一系列料斗竖向提升散粒物料的连续输送机。由机架，链带，料斗，链

轮和动力、制动、张紧、装卸等装置组成。常用于运输水泥、砂石等。（唐嘉衣）

陡拱桥 steep arch bridge

矢跨比 f/l 大于或等于 1/5 的拱桥。在竖向荷载作用下，拱脚的水平推力较小，墩台尺寸也较小，多用于小跨度和地质较差的桥位处。（袁国干）

陡坡涵洞 culvert with steep grade

设置在自然坡度较陡的河（沟）床上、底部坡度较陡的涵洞。为防止洞身下滑，基底宜做成齿状的斜置式基础，或采用分节台阶平置式基础。为降低水流流入及流出陡坡涵洞的流速，常需修建急流槽、缓流井等辅助构筑物，以改善水流状况。（张廷楷）

du

独塔式斜拉桥 single pylon cable stayed bridge

在立面上只有一座桥塔的斜拉桥。这种桥往往做成不对称的，也可以是对称布置的。如可将桥塔设在岸边或浅水区，则边跨桥面离河床面不高而可设置辅助墩，这样能显著加大主跨刚度和减小工程费用，且对结构受力与抗震也均有利。独塔式斜拉桥由于主梁可自由伸缩，不会像双塔式斜拉桥中在中央无索区因混凝土徐变、收缩引起主梁内很大的拉力和弯矩。具有最大跨度的独塔斜拉桥为德国的杜塞尔多夫-弗莱桥，主跨达 367.25m，其特点是边跨用预应力混凝土和主跨用钢的混合体系。

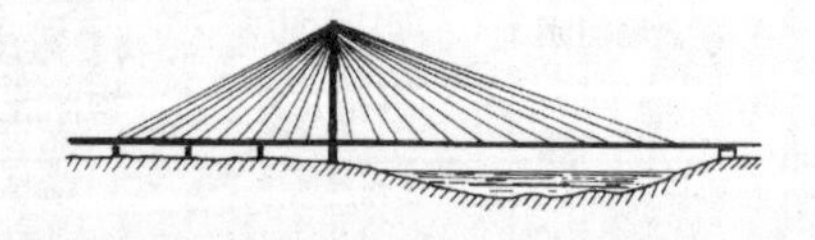

（姚玲森）

独柱式墩桥 single column bridge

上部结构横截面下仅有一个墩柱作桥墩的桥。顺行车方向可以做成梁式桥或刚架桥。独柱墩占用空间甚少，有利于桥下交通线路布置，便于司机通视，常用于高架线路桥中。如用于跨河桥，还有利于泄洪。这种桥构造简单、施工方便、造价经济。

（袁国干）

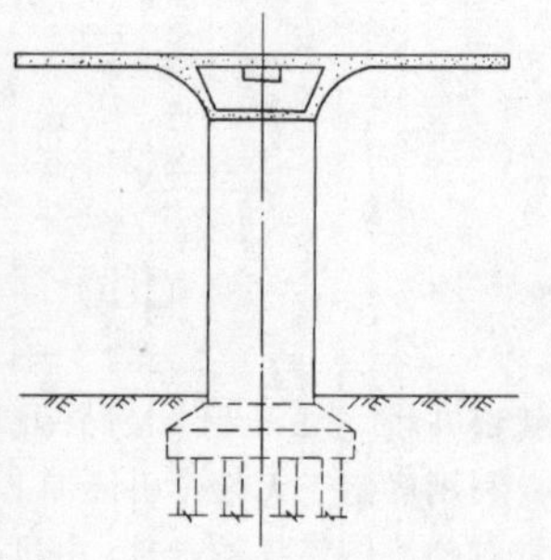

独柱式桥墩 single column pier

墩身为单柱体的桥墩。它占地面积小，常用于立交桥、高架桥和弯桥上。由独柱式桥墩支承的桥梁称独柱式桥。

（吴瑞麟）

杜塞多尔夫-弗勒埃桥 Dusseldorf-Flehe Bridge

位于德国杜塞多尔夫市的一座不对称斜拉桥。桥面双向各 14.75m 车道和 2.75m 人行道。主跨 368m，边跨即斜拉索锚跨为 3×80m。斜拉索为热铸锚头封闭钢索，主跨为扇形，边跨为竖琴形。主跨为正交异性板菱形钢箱梁，宽 41.7m，高 3.8m。边跨为同样尺寸的四室预应力混凝土箱梁。倒 Y 形钢塔高 130m。建于 1981 年。（唐寰澄）

杜塞尔多夫·诺依斯桥 Dusseldorf-Neuss Bridge

位于德国杜塞尔多夫的三孔连续双箱钢箱梁桥。桥宽 30.1m，车道宽 21.4m，跨度为 103m＋206m＋103m。梁高在墩顶处为 7.8m，跨中为 3.3m，正交异性板桥面。建于 1951 年。（唐寰澄）

杜伊斯堡-诺因坎普桥 Düisburg-Neuenkamp Bridge

位于德国杜伊斯堡，为欧洲第一座使用全焊结构的多孔连续钢斜拉桥。桥全长 777.41m，其孔径（m）布置为：46.77＋50＋90＋350＋105＋60＋75.64。双塔，塔高 48m。单索面，稀索，每塔共三对拉索，成扇形布置。每索用 9 根闭锁钢索组成。桥面每侧三车道加人行道，中部为索塔。正交异性板桥面总宽 60.67m。梁为单箱双室钢箱梁，等高 3.76m。箱梁宽 12.7m。故两侧桥面为大伸臂各 24m，以钢斜撑加劲。（唐寰澄）

渡口宝鼎桥 Baoding Bridge at Dukou

位于四川省攀枝花钢铁基地，主跨为 170m 的钢筋混凝土箱形薄壁等截面悬链线无铰拱桥。全长 391.98m，引桥用简支梁，上层桥面为公路桥面，净宽 9m 加 2×1.5m；下层为输煤系结构。主拱圈采用钢拱架及缆索吊现浇施工。1982 年底建成。

（黄绳武）

镀锌钢丝 zinc coated wire

一种用镀锌的方法提高了耐久性的钢丝。可用作无粘结预应力筋，但每平方米面积至少要镀 200～300g 锌。常用作斜拉桥的平行钢丝拉索（另外还采用柔性索套等作为外层防护），可防止钢丝在施工过程中锈蚀。（何广汉）

镀锌铁皮伸缩缝 expansion joint using galvanized iron sheet

又称 U 形镀锌铁皮伸缩缝。一种以镀锌铁皮作为跨缝材料的伸缩缝装置。按其构造不同有双层镀锌铁皮（图 *a*）与单层镀锌铁皮（图 *b*）两种型式。这种伸缩缝一般适用于变形量在 20～40mm 中小跨径桥梁上，其中单层的仅用于人行道部分。

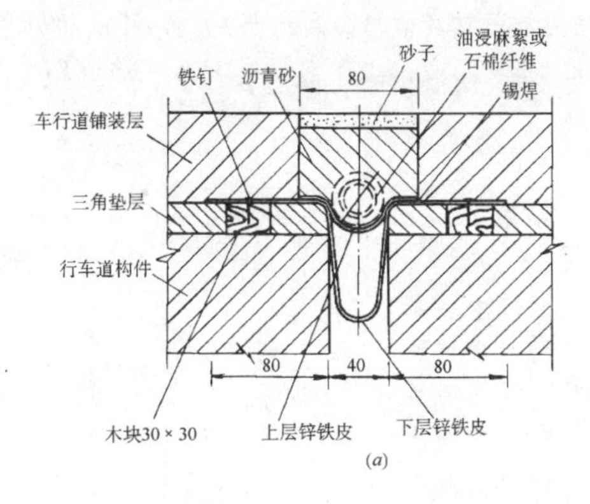

(a)

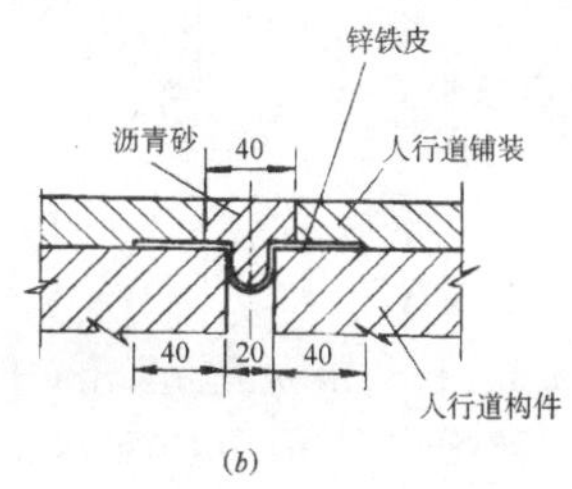

(b)

（郭永琛）

duan

端承式管柱基础　end bearing colonnade foundation

主要由管柱端部持力层支承基础荷载的管柱基础。用于持力层为硬土层或岩层的地质条件，常用在荷载大、沉降要求小的桥梁。对于基岩，为了增加基础稳定性，管柱多嵌入岩盘。　（刘成宇）

端焊缝　transverse fillet weld

又称横向焊缝。与作用力方向垂直的角焊缝。工作时受力情况较复杂，既受拉，又受剪、受弯。实验表明，它比侧焊缝的刚性大、强度高，常属脆性破坏。工程实践中仅作抗剪强度检算。当搭接接头仅用端焊缝传力时，必须在接头两端都设置焊缝，以免发生二板张开、焊缝破坏。　（罗蔚文）

端加劲肋　bearing stiffener, end stiffener

又称支承加劲肋。钢板梁中在支座处的腹板加劲肋。在板梁的支座处作用有集中反力，为保证腹板稳定，须设置端加劲肋。它是由钢板条或角钢对称于腹板设置，伸出肢须与板梁下翼缘磨光顶紧，以便于直接将支座反力传递至腹板。　（曹雪琴）

端斜杆　end diagonal

下承式桁架桥中，位于端支承上方的桁架第一根斜向杆件。通常由相邻两片桁架的端斜杆和其间的撑杆组成桥门架。

（陈忠延）

短木桩挤密法　short timber pile compaction method

一种打入短木桩的地基加固方法。首先挖基坑至基础底面标高以上 30cm 处，再由四周向内圈方式施打短木桩。待桩施打完毕后，挖土至基底标高，然后锯平桩头，浇筑基底混凝土。此法是通过施打木桩将地基土挤密，以提高地基强度和稳定性。短木桩的打入深度与桩距等要素，由加固设计确定。要求木桩顶部应在最低水位以下。

（易建国）

断层　fault

岩层或岩体沿破裂面发生明显位移的一种断裂构造。分为正断层、逆断层和平移断层。该构造的影响，可使岩石破碎、裂隙增多，使岩体的整体性和强度显著降低，对地下水活动和岩体稳定性分析均有重要意义。　（王岫霏）

断缝　broken joint

为使构件内或构件间不连续传力而设置的缝。例如系杆拱桥的行车道为不致与系杆共同承受拉力而受破坏，可设横向断缝，常用把行车道板简支支承在横梁上的形式。

（俞同华）

断面比能　energy rate of section

又称断面单位能量。河渠中从过水断面最低点算起的最大水深 h 与其平均流速水头 $\frac{\alpha v^2}{2g}$ 之和。用 ε (m) 表示，$\varepsilon = h + \frac{\alpha v^2}{2g}$。对于一定的河渠过水断面和一定的流量，断面比能 ε 值是随水深而变化的。

（周荣沾）

断面流速分布　distribution of stream velocity in profile

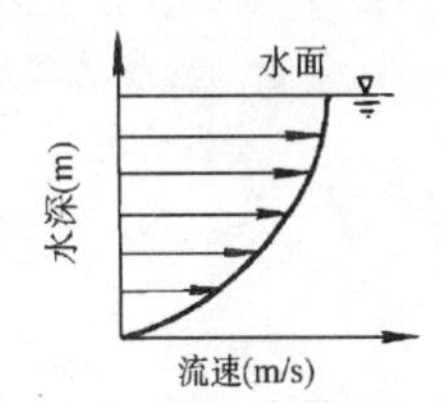

过水断面上各点流速的分布。由于水流运动时受边界条件和粘滞性的影响，河渠水流在过水断面上各点的流速是不同的，底面和边壁上的流速为零，断面中心或水面附近的流速最大（见图）。实际水流流速的这种不均匀分布现象，使流量计算复杂。为了计算方便，通常采用过水断面上各点流速的平均值，即断面平均流速(m/s)，可用流量除以过水断面积求得。如采用流速仪、水面浮标、毕托管等测速，应选定不同测点，按有关公式计算断面平均流速。

（周荣沾）

dui

对比法 contrasting method

显著地突出于环境中的处理方法。尺度较大的桥梁,虽然也可以融合于环境之中,然而一般总是由之而显著地突出于环境,形成较鲜明的对比。再如各国,尤其是日本,相对于普遍采用调和色的做法,很多钢桥油漆成红色与自然界绿色成鲜明的对照,以引起注意。对比是协调中产生的,不能采用不协调的突出的手法,造成喧闹的后果。 (唐寰澄)

对称 symmetry

通常理解为物体在对称轴(对称中线、对称面)两侧具有相同但方向相反的序列布置。实际上此仅为对称总类之一。桥梁构造和装饰中常应用到的对称为:镜面对称、重合对称、旋转对称、结晶对称、体量对称、不完全对称等,即可以有多种的序列布置方法。 (唐寰澄)

对接焊 butt welding

在接口处两焊件端断面相对平行的焊接。

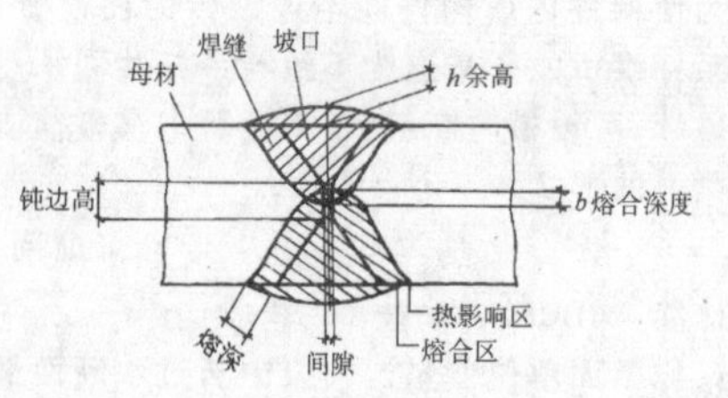

(李兆祥)

对接焊缝 butt weld

见坡口焊缝(181页)。

对接接头 butt joint

钢板板块在同一平面上对接的接头形式。可直接用对接焊缝焊接,也可在被连接的板的上、下各设一块拼接板,再用角焊缝将拼接板和构件焊连或者用螺栓、铆钉连接,拼接板起连接传力的作用。从受力性能看,对接是一种优良的接头形式。

(罗蔚文 陈忠延)

dun

墩的抗推刚度$\overline{K}$ thrust rigidity of pier ($\overline{K}$)

使墩顶产生一单位水平位移时墩顶所需的水平力。参见墩的相干系数$\overline{T}$图a。 (吴瑞麟)

墩的抗弯刚度$\overline{S}$ flexural rigidity of pier ($\overline{S}$)

使墩顶产生单位转角而无移动时墩顶所需的弯矩。力学中,常称劲度系数。参见墩的相干系数$\overline{T}$图b。 (吴瑞麟)

墩的弹性常数 elastic constant of pier

墩的抗推刚度$\overline{K}$、墩的相干系数$\overline{T}$和墩的抗弯刚度$\overline{S}$的总称。其数值与墩的刚度EI有关。墩高为H的等截面桥墩,墩顶固结时,$\overline{K}=\frac{12EI}{H^3}$、$\overline{T}=\frac{6EI}{H^2}$、$\overline{S}=\frac{4EI}{H}$。 (吴瑞麟)

墩的相干系数$\overline{T}$ coherent coefficient of pier ($\overline{T}$)

使墩顶产生一单位水平位移时墩顶所需的弯矩,或使墩顶产生一单位转角而无移动时墩顶所需的水平力。

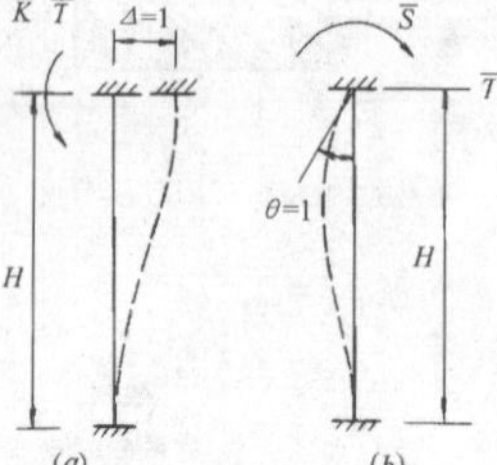

(吴瑞麟)

墩顶排水坡 drainage slope on pier-top

见墩帽。

墩顶转角 angular displacement of pier top

桥墩的基础底部产生不均匀下沉或墩顶承受的弯矩或水平力较大的情况下墩顶截面产生的转角。常以弧度计。在梁式桥中,由于上、下部结构之间设有铰支座,当墩顶产生有限的转角时,不影响上、下部结构的受力;在无铰拱桥中,则会对上、下部结构的受力带来不利的影响。 (吴瑞麟)

墩帽 coping, pier capping

桥墩顶部有出檐的部分。它的顶部直接或者通过支承垫石安放支座,具有支承、分布和传递上部结构荷载的作用。为了排水,顶面一般需设置顺桥向和横桥向的排水坡,称墩顶排水坡。为了减小墩身及基础的截面尺寸,墩帽常做成悬臂式和托盘式。

(吴瑞麟)

墩旁托架 bracket against a pier

建桥时用常备式构件在桥墩两侧面搭设的临时支架。钢梁悬臂拼装或顶推架设时,为减小悬臂长度,以避免过大的安装应力和梁端挠度,减少加固杆件,利用在前方墩台对着梁端的墩旁托架,使梁尚未到达前方墩台时,能先支承在此支架顶部的平台上,而后顺利拼装或顶推至墩台上。另外,为加大拼装钢梁起始部位的工作面或悬臂浇筑混凝土梁的起始段时,也需在起始墩旁搭设此种托梁。通常用拆装式杆件拼成,其长度根据施工要求决定。一般应在灌筑桥墩时预埋型钢,以便支承和连接此托架。

(刘学信)

墩前冲高 swash height in front of pier

桥墩迎水面水流受阻而产生的水面升高。它是水流的动能转换成位能的表现。 (吴学鹏)

墩身 pier shaft

墩帽或盖梁以下、基础或承台以上的桥墩主体部分。其作用是保持上部梁跨的必要净空，承受并传递上部荷载给基础。它可以是实体，或钢筋混凝土薄壁、框架、箱型截面等轻型结构。 （吴瑞麟）

墩台变位 displacement of pier and abutment

墩台水平位移、竖向位移和转角的总称。墩顶产生有限的变位后，对超静定的桥梁上部结构会带来不利的影响，对静定的桥梁上部结构则无明显的影响。在地基情况不良的地区建桥时，常导致墩台产生变位。故此时，桥梁上部结构宜选用静定结构，而不宜用超静定结构。 （吴瑞麟）

墩（台）顶位移 displacement at the top of pier or abutment

由于桥上纵向和横向水平力（制动力、风力、列车摇摆力等）以及偏心的竖向力引起的墩（台）顶水平方向的变位。有时还应考虑日照温差和地基不均匀沉陷以及桥跨结构长度变化的影响。（顾安邦）

墩台定位 positioning of the piers or abutments

定出墩台在桥梁中线上的位置或墩台两主轴交点的位置。在干涸或浅水河床上可沿线路中线搭简易平台直接丈量。在深水大河中应在岸边设立基线，用前方交会的方法得出。一般是先定出基础的位置以建造基础，再在襟边上定出墩台中线位置。

（谢幼藩）

墩台防凌 floe prevention of piers or abutments

在冰冻严重地区，防护桥梁墩台遭受冰害的措施。对于静止的冰层，应随时将墩周的冰层凿散成冰池，以防其附着于墩身而致水位升高时降低桥墩的稳定性，水位降低时增加基底压力。对于木桥墩应更加注意。对于流冰，应防止它撞击或擦伤墩身。防护方法是在墩的上游设置破冰体，将大块流冰破碎；在墩身周围流冰水位附近包覆防磨损层，如钢板或废钢轨桩等。在流冰期间（凌汛）还要加强监视，以防冰凌在桥孔处堵塞形成冰坝。冰坝不仅增加对桥墩的侧向压力，且一旦溃决将使下游发生灾难。对桥梁上游的冰坝，情况严重时可用炸药爆破或炮轰。

（谢幼藩）

墩台放样 lofting of the piers or abutments

在墩台基础顶面画出墩台身底的两根主轴线和其轮廓线，以便安装模板和支架。 （谢幼藩）

墩台滑动稳定 sliding stability of pier and abutment

桥梁墩台承受水平力时抵抗滑动的能力。可用抵抗滑动的稳定系数 K_c 来表示：$K_c=\dfrac{\mu\cdot\Sigma P_i}{\Sigma T_i}$。式中 ΣP_i、ΣT_i 为各竖向力、水平力的总和；μ 为基础底面与地基土之间的摩擦系数。

（吴瑞麟）

墩台基底最小埋深 minimum buried depth of bridge pier and abutment foundation base

见桥基底最小埋深（189页）。 （周荣沾）

墩台检查平台 suspended staging for inspecting piers or abutments

又称吊篮。悬挂于墩台顶帽周围，使检修人员能方便而安全地检查维修墩台顶帽和支座而设的附属设备。用角钢和圆钢组成平台和围栏，借助预埋螺栓固定。 （谢幼藩）

墩台倾覆稳定 overturning stability of pier and abutment

桥梁墩台承受水平力或弯矩时抵抗倾覆的能力。通常用抗倾覆稳定系数 K_o 来表示：$K_o=\dfrac{M_{稳}}{M_{倾}}$。式中 $M_{稳}$ 为抵抗倾覆的弯矩总和，$M_{倾}$ 为使墩台发生倾覆的弯矩总和。 （吴瑞麟）

墩台竖向位移观测 vertical displacement observation for bridge substructure

对桥梁墩台的状态与作用进行定期而有系统的竖向变形观测。这对了解地基的承载能力、验证构筑物的安全和正常使用具有重要意义，通常用精密水准仪进行观测。 （吴瑞麟）

墩台水平位移观测 horizontal displacement observation for bridge substructure

对桥梁墩台的状态与作用进行定期的、系统的水平方向变形观测。通常借助适当的仪器和设备进行观测，有助于了解地基受力后的变形、桥台后填土的影响或推力结构承载后的拱脚水平移动状况，对验证构筑物的安全和正常使用具有重要意义。

（吴瑞麟）

镦头锚 buttonhead anchorage

即BBRV镦头锚（303页）。

盾状模板 platy form

又称大块模板。将板材钉于框架上预制成大块，用螺栓将几大块拼成结构外形的模板。用于多个墩台的施工。大块的尺寸应是各墩台外廓尺寸的模数，以便拼成尺寸不同的模型，使能多次倒换使用。较固定式模板经济和省工时。 （谢幼藩）

duo

多边形弦杆钢桁梁桥 polygonal chord steel

truss bridge

上弦杆或下弦杆为折线形的钢桁梁桥。大跨度的这类钢桁梁桥与同跨长的平行弦钢桁梁桥相比，较省钢，但构造较复杂，制造与架设也较烦难，且上（下）弦杆为折线形的不宜用作上（下）承式桥梁。目前这种类型的钢桥采用较少。（伏魁先）

多层焊接钢筋骨架 welded multiply rebar skeleton

将梁肋的多层纵筋焊接在一起，并将它们的弯起末端焊于架立筋上所形成的钢筋笼架。由于多层主筋叠焊，钢筋截面较为集中，致使肋宽减小，内力偶臂增大，从而节约混凝土和钢材。加之，弯起钢筋焊于架立筋上，不需设置末端弯钩，故也可使钢筋工作简化。（何广汉）

多孔沉井 open caisson with multi-dredge wells

具有多个取土井、可作为构筑物基础的大型下沉井筒。由于平面尺寸较大，根据结构受力情况以及下沉需要，在其中设隔墙形成多孔井以增加结构刚度，减小井壁的弯矩。井孔布置应力求对称，以便均匀取土。（邱　岳）

多孔悬臂梁桥 multi-span cantilever beam bridge

上部结构由单悬臂梁、双悬臂梁及悬臂之间的挂梁组成主要承重结构的多孔桥梁。当桥梁孔数多于五孔时，可以中间孔用双悬臂梁，而在悬臂与悬臂之间及悬臂与桥台之间用简支的挂梁相连接而成（图 *a*）；也可桥台孔用单悬臂梁、中间孔用双悬臂梁，悬臂与悬臂间用挂梁相连接而成（图 *b*）。这种桥当有活动荷载（如车辆）通过时，悬臂与挂梁间的挠曲线将出现折角而对行车不利。故在行车速度较高的道路上已较少采用而改用连续梁桥。

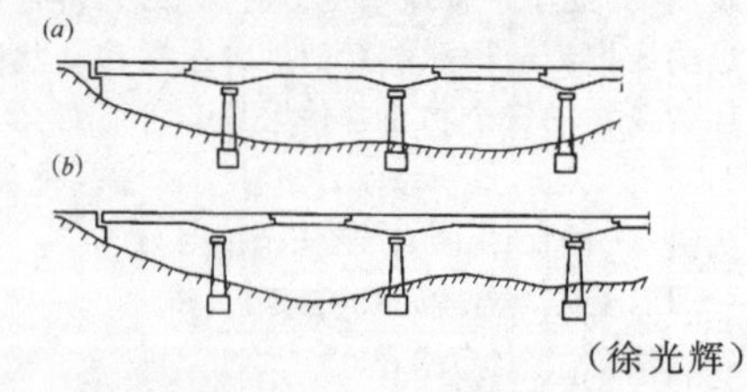

（徐光辉）

多跨 multi-span

用若干跨径相等或不等的桥梁上部结构连续的、分孔方式。（金成棣）

多跨刚架桥 multiple-span rigid frame bridge

全桥由多孔刚架组成的桥梁。刚架楣梁可做成连续的或非连续的，后者须在跨中设铰或悬挂梁，或做成多联的刚架体系，此时两联之间的立柱须分别设置，以减小温度影响和适应施工设备与混凝土浇筑的要求。（袁国干）

多跨悬索桥 multi-span suspension bridge

一种多于三个连续跨度的悬索桥。可用设置中央锚墩连接相邻的三跨悬索桥来组成（图 *a*），也可采用几个连续主跨和两个边跨构成（图 *b*）。中央锚

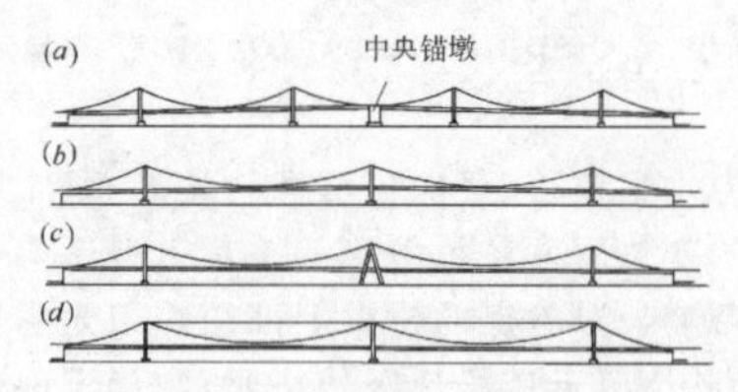

墩主要承受两侧两座三跨桥梁不对称的活载作用。多一个主跨的四跨悬索桥与常用三跨的相比，同样在一个主跨有活载时，前者的挠度要大得多，显得过分柔性。虽可采用减小垂跨比（悬索矢高与主跨度之比）、增大加劲梁和桥塔抗弯刚度，减小边跨与主跨比值等措施来增大多跨悬索桥的刚度，但最终导致用钢量显著增大。增大刚度还可采用纵向刚度很大的、能传递不平衡水平力的A形中央桥塔（图 *c*）或在所有桥塔间加设垂跨比极小（达 1/50）的水平锚索（图 *d*）来实现。（姚玲森）

多年冻土地基 perennially frozen soil

由长年不融化或仅季节性部分融化的冻土构成支托基础的地层。若该土层很厚，年平均地温在 −1.0℃以下且是冻土相对稳定地带，可按永不融化的地基设计基础，基底应放在冻土人为上限以下；若冻土地带相对不稳定，其厚度不大，年平均地温较高，则宜按自然融化的地基设计，在必要时，还可进行人工预先融化或填换。（刘成宇）

多室箱梁 box girder with multiple cells

箱内设有多室的箱梁。适用于宽桥，可做成单箱多室或双箱多室等。多室箱梁顶板所受的横向正、负弯矩均比单室箱梁为小，因而顶板厚度也较小。腹板总厚度较大，故主拉应力、剪应力较小，布筋就较容易。然因腹板较多，施工较为困难，梁的恒载弯矩也较大。（何广汉）

多线桥 multi-line bridge

桥面宽度可以容纳二列或二列以上列车或车队同时并列通行的跨越各种障碍的架空建筑物。多指铁路桥。公路桥习惯上称为多车道桥。往来车辆可以按规定车速对开，车流基本不受限制，交通量大为提高。但桥面较宽、载重大，上部结构及墩台和基础尺寸都需相应加大，造价较高，因此应视实际可能发生的交通量选用车道数。为避免桥梁过宽在横向发生不利影响（如基础在横向的不均匀沉降），有时可改成几座分别运行的双线桥。（徐光辉）

多向斜桩桩基 multi-direction raking pile

foundation

设置多根方向不同斜桩的基础。这类桩基一般在外荷载的偏角较大且其方向左右改变，即双向水平力都较大的情况下使用。桥梁基础应用比较广泛的是两侧斜桩对称布置的双向斜桩基础。这类桩基通常采用打入法施工。（赵善锐）

多心拱桥 multicentered arch bridge

拱圈(肋)轴线由多段半径不等的圆弧线组成的拱桥。在恒载作用下，压力线较圆弧拱桥接近拱轴线，受力较均匀，可用于较大跨度的拱桥，但施工放样较复杂。三心拱桥、五心拱桥属之。(袁国干)

多样与统一 variety and unity

又称变化与统一。物质世界丰富多彩的客观存在和必然具有一定内在联系的规律。两者是一组相对面，为美学中一条重要和普遍的规律，在桥梁美学中起主导作用。基本桥式再加上各种桥墩台、各种式样的细部和装饰，其变化无穷。但对于一座桥梁来说，形式的多样性有一定限制。一条河上相隔的多座桥梁宜于统一中的多样化，即把桥梁各部分之间在几何形状上、色彩上、功能的表现上、风格上统一于某个确定的基调之内，这样才能使之成为美和和谐的整体。把杂多导致统一，把不协调导致协调。从统一中求变化和在变化中取统一是桥梁审美活动的重点。桥梁美学要仔细分析和理解多样与统一，复杂与简单的辩证关系。（唐寰澄）

多用桥 multiple service bridge

具有多种不同用途的架空建筑物。如供不同种类运输工具（火车、汽车、有轨电车、轨道输送车、输送管道等）或车辆、行人与水渠、管线等共同使用的桥梁，或在其上建有商店、旅馆、饭店或其他游览设施，或平时供车辆行驶但在需要时可供飞机滑行的桥梁等。（徐光辉）

多柱式梁桥 girder bridge with polystyle pier

用两个以上墩柱构成的桥墩支承上部结构的梁式桥。桥墩由盖梁、立柱和基础构成。柱高约 8～9m，柱中距约 4～6m，立柱数目取决于桥梁宽度，多用于车行道较多的宽桥中；用轻型墩柱代替重力式的墩身，既节省材料，又减轻地基负担，尤适用于地质不好的桥位处。有漂流物的河流上不宜采用。

（袁国干）

E

e

厄斯金桥 Erskine Bridge

位于英国苏格兰的多孔连续全焊钢箱梁斜拉桥。总长 1321.34m，桥跨（m）分配为 51.22＋3×68.29＋109.76＋304.87＋109.76＋7×68.29＋62.80。中部三大孔为连续钢斜拉桥。其加劲梁用流线形截面钢箱梁，一如英国塞汶（Severn）悬索桥。梁高 3.24m，梁总宽 31.25m。斜拉索为单索面，塔每侧仅一根拉索。索用 24 根由 178 丝 ϕ5mm 钢丝绞成的直径 76mm 绳股所组成。特制架梁小车伸臂安装。（唐寰澄）

er

耳墙 wing wall

埋置式桥台中与台帽或盖梁两端连接的两块梯形钢筋混凝土板。它被用来局部地挡土，并承受水平方向的土压力与活载压力。参见埋置式桥台（159页）。（吴瑞麟）

二重管旋喷注浆法 jumbo special pattern method

又称喷射薄浆、空气式注浆法。使用双通道的二重注浆管，钻入土层注浆的一种土体加固技术。高压喷射注浆法中的一种。二重注浆管钻入的预定加固深度的土层后，通过在管底部侧面的一个同轴双重喷嘴，同时喷射出高压浆液与空气，从内喷嘴中以约 20MPa 压力高速喷出加固浆液，从外喷嘴中以约 0.7MPa 压力喷出压缩空气，两种介质的喷射流同时冲击破碎土体。在高压浆液和其外围环绕的空气流的共同作用下，破碎土体的能量明显增大，随着注浆管一面提升一面喷射旋转，经凝结固化后，形成较大的圆柱状加固土体。此法形成的加固土体比用单管旋喷注浆法明显增大。（易建国）

二次剪力流函数 function of secondary shear flow

反映畸变截面中翘曲剪应力与截面厚度乘积的函数表达式，可表为 $q_w=\tau_w t=-\frac{M_w S_w}{J_w}$。式中，$q_w$ 畸变截面中的剪力流，τ_w 畸变截面中的翘曲剪应力。因式中 M_w 和 J_w 为定值，故断面上任一点按主扇性坐标 W_n 计算的扇性静面矩 S_w 即表征剪力流 q_w 的

变化。 (陈忠延)

二次扭矩剪应力 secondary torsional shear stress

杆件发生约束扭转时在截面上产生的剪应力，亦称约束扭转剪应力，常用符号 τ_w 表示。其表达式为

$$\tau_w = -\frac{M_w S_w}{J_w \delta}$$

式中，M_w 为扭弯力矩，S_w 和 J_w 分别为截面的扇性静面矩和扇性惯性矩。 (陈忠延)

二阶稳定缆索体系 cable system being stable of the second order

在外荷载作用下体系的节点发生位移后才能达到平衡的缆索体系。传统悬索桥中所采用的缆索体系是二阶稳定体系的典型例。在此体系中，任意点竖直向下的荷载作用将增大主索的拉力，故悬索体系对于任何荷载将保持二阶稳定。 (姚玲森)

二维光弹性法 two-dimensional photoelasticity

分析弹性力学中平面问题的光弹性法。平面偏振光照射受力的光弹性平面模型时，将沿主应力方向分解为两束速度不同的平面偏振光，它们通过模型后，将产生相对光程差。根据应力光学定律，它将与主应力差成正比。相对光程差的大小可通过光弹性仪中获得的等差线条纹图(参看附图)确定。因此，主应力差可用下式计算

$$\sigma_1 - \sigma_2 = N\frac{f_\sigma}{h}$$

式中 N 为等差线条纹级次，h 为模型厚度，f_σ 为材料的条纹值。平面问题边界上各点的应力值，可直接根据等差线条纹级次 N 确定。内部各点的应力，要辅助于其他实验方法或计算方法（例如光弹性斜射法或剪应力差法等）及利用模型的等倾线条纹图才能将主应力分离。

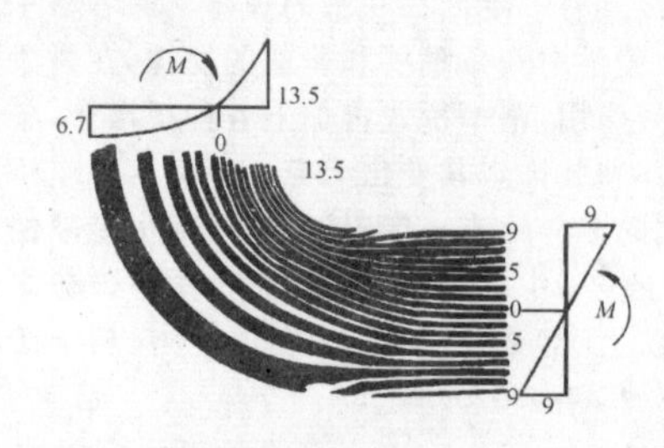

(胡德麒)

F

fa

法岛桥 FarΦ Bridge

位于丹麦哥本哈根的 Zealand 和 Falster 两岛之间并连接 FarΦ 岛的桥梁。1985 年建成。全长 3322m。引桥为 80m 跨度的钢箱梁。主桥为跨度 120m＋290m＋120m 的斜拉桥，采用菱形构架的混凝土塔和流线型扁平钢箱梁，梁高 3.5m，桥宽 22.4m。斜索为单索面扇形密索体系，用 ϕ7mm 的平行钢丝索及 PE（聚乙烯）管压浆保护。塔上设有主梁抗扭联动装置。钢箱梁室内无涂装，用抽风除湿装置使湿度保持在 40%以下。全桥钢箱梁由远处工厂制成 80m 长的节段由双体船运送到现场安装。

(严国敏)

fan

反拱铺砌法 paved inverse arch method

在单孔小跨径两桥台间的桥下，设置纵向反拱，用以控制桥台位移、转动的方法。此法适用于桥台出现朝河心向转动或移动的情况，对于跨线、无水或浅水的桥梁更为适合。具体实施可在沿桥纵轴的桥下开挖土层，设置石砌或混凝土的反拱，以顶住两岸桥台。 (黄绳武)

反循环钻机 reverse-circulation drill

钻碴随泥浆从钻杆中吸出并向钻孔补充循环水或泥浆的旋转钻机。其排碴能力较强，钻进效率较高。按排碴方法分为空气式、泵吸式、负压式。空气式用空气压缩机向钻头上的风包送风，由钻杆排碴。但须有一定水深方能生效，钻孔越深，效率越高。泵吸式用砂石泵从钻杆中吸排钻碴。在浅水中效率较高，钻孔加深，效率递减。负压式在排碴口处设喷嘴，用空气压缩机送风或高压水泵射水，使钻杆腔内产生负压排碴。 (唐嘉衣)

fang

方案编制 scheme (variant) making

为进行技术经济评价与比选，对拟建项目的多

个不同技术可能方案的编写拟订工作。一般方案内容包括不同的建桥地点、结构形式、美学方案、材料和施工方案等。

（周继祖）

方案评估 scheme evaluation

以提供政府部门或投资者抉择为目的，对建设项目多种不同可能方案进行技术经济评价，以便从中推选最优方案的一种方法。这种评估应采用多种学科研究成果，进行系统分析和综合评估。如层次分析方法、多目标决策方法等。

（周继祖）

方钢爬升器 square rod climber

用合金方钢作为起重吊杆的爬升器。由顶升油缸，吊杆，上、下夹具及其操纵机构等组成。上、下夹具分别装在顶升油缸的顶板和底盘上，吊杆设在两台顶升油缸的中间，工作时，上、下夹具配合顶升油缸的动作，轮流地夹住或放松吊杆，使吊杆带着重物连续地向上爬升。吊杆一般为 3m 长的节段，用焊接或螺纹接头接长使用。

（唐嘉衣）

防冻剂 antifreezing agent

一种能降低水泥砂浆和混凝土中水分的冰点，同时有快凝作用或能增进砂浆和混凝土的低温早期强度，以及能提早水泥的水化发热时间，防止砂浆和混凝土在未结硬前发生冰冻损坏的外加剂。通常多用氯化盐类，应用最广的是氯化钙。为了防止钢筋锈蚀常与亚硝酸钠等防锈剂合并使用。在－10℃的严寒天气，用 2%～3%的氯化钙，通过 24 小时以上的常温养护，就可达到防冻的目的。

（张迺华）

防护薄膜 protective membrane

防护钢丝或钢绞线遭受大气侵蚀的被覆薄层。可涂刷防锈底漆或油脂、热浸锌或火焰喷涂锌，或用聚氨酯-铬酸锌溶液浸渍等方法形成。

（谢幼藩）

防护套 protective shell

为防止斜拉桥拉索遭受大气侵蚀设置的包覆物。可用聚乙烯管并在其中压注水泥浆。忌用铝管于其中压注水泥浆。在邻近化工区者应用聚酯纤维再涂以聚氨酯；或用沥青膏-玻璃布作内层缠包，外层涂环氧树脂。较简便而可靠的方法是用热挤聚乙烯单体或氯化橡胶形成。

（谢幼藩）

防裂钢筋 reinforcement for crack prevention

用以防止出现宽裂缝的表面钢筋。已丧失大部分形变能力的老龄混凝土构件在受到太阳辐射等温度变化时会产生很高的表面内应力，常可引起混凝土开裂。这种内应力出现很快，历时又短，故混凝土徐变无法使之减小。分析中往往未予计及，故常借助表面防裂钢筋防止过大的裂缝。参见分布钢筋（53页）。

（何广汉）

防爬角钢 anticreeping angle

铁路明桥面中，设置在桥孔纵梁的两端或设在上承式板梁上的角钢。其作用和护木相似，并可阻止桥枕在列车纵向力作用下的滑移。

（陈忠延）

防爬器 anti-creeper

防止轨道爬行的一种器材。一般是扣在钢轨下缘上而抵住轨枕，使钢轨与轨枕不产生相对移动；再借助道床固定轨枕，使轨道不能爬行。明桥面上一般不安设普通防爬器，而是用防爬角钢和护木制止轨道爬行。

（谢幼藩）

防水玻璃纤维布 water proofing glass fiber cloth

用玻璃纤维织物构成的防水材料。在防水程度要求高的桥梁上，往往采用柔性的贴式防水层（三油两毡），其中油毡可用玻璃纤维布或麻袋布代替。

（张恒平）

防水剂 waterproofing agent

为了防止混凝土的渗水或吸水而在拌和过程中掺加的外加剂。防水剂按其作用可分为活性的和惰性的（发生化学作用的和只有填充作用的）；按照其性质又可分为无机的和有机的两大类。常用的防水剂和有利于防水作用的外加剂有：氯化铁、明矾、硅酸钠（水玻璃）和硅质粉料（如：粉煤灰、硅藻土、高岭土等）以及脂肪酸系物质、石蜡乳液和树脂乳液等。

（张迺华）

防锈焊接钢支座 antirust welded steel bearing

采用不锈钢或合金钢用焊接法制成的一种新型钢支座。在防锈方面除采用封闭油箱外，还在滚轴及支承板之间镀铬和采用防锈剂，以提高其抗锈能力。

（陈忠延）

防御性桥梁 defensive function of bridge

要求在战争中或其他暴力行动可能发生时能防守的桥梁。这样的桥梁，一般都采用临时性的防御工事构造，不注意整体造型的完整性和美。中世纪若干城堡附近的桥梁，考虑了相对永久性的防御作用，设计得好的，使桥获得英武挺拔的风姿。防御性产生了桥头堡。

（唐寰澄）

防震挡块 block for seismic protection

埋置于桥梁墩台上，位于梁肋之间、防止桥梁在地震时坠落的钢筋混凝土块。它的钢筋应与墩台顶帽的钢筋焊牢，顶面应高出梁底 30cm。

（谢幼藩）

防震水平联结装置 horizontal connection equipments for seismic protection

防止桥梁在地震时坠落，设置于两相邻简支梁梁端之间的水平方向的联结杆件。（谢幼藩）

放射性勘探 radioactivity prospecting

又称放射性测量。依据组成地壳的各种岩（矿）石所含天然放射性物质的差异现象，测量地壳内天然放射性元素放出的射线强度和气态放射性元素氡（Rn）的浓度的一种物探方法。达到寻找放射性元素、某些稀有元素，某些岩性、岩体、基岩裂隙水和构造带的目的。测量仪器有辐射仪，能谱仪，射气仪等。除地面测量外，还有航空放射性测量和放射性测井等。（王岫霏）

放样 laying out

依照施工图的要求，根据正投影的原理，按比例把零件图样划在放样台（或平板）上的过程。划出的图叫放样图，划在钢板上可制出样板，利用样板或图纸，直接放样在实物上叫下料。其法有：手工放样，光电放样（光电跟踪放样、光学投影放样），数控放样等。（李兆祥）

fei

飞机场桥 runway bridge

机场跑道上用以跨越水流，洼地等障碍而设置的架空建筑物。其构造应能承受飞机起降时的冲击力，桥面净空及桥面平整度也要满足飞机起落及滑行时的要求。（徐光辉）

非承重构件 non-bearing member

为承重以外的其他目的而设置的桥梁结构物的组成单元。如为减小受压杆件的自由长度和加强桥梁横向刚度和稳定性而设置的联结系构件以及桥梁上的防护性、装饰性构件等，均属这类构件。

（顾发祥）

非电量电测技术 electrical measurement of non-electric quantities

用电测仪器将结构试验中所要量测的非电量参数转变为电量参数，并进行量测的技术。非电量电测仪器主要由传感元件、放大器及指示记录设备组成。传感元件将被测的力学和物理参数转变为电阻、电压、电容等电量参数，经接收仪放大，由指示记录设备测读。读数经事先与所测非电量的共同率定而还原为非电量数值。目前最常用的传感元件有应变片以及拉压力、位移、转角等各式传感器，最常用的测量仪器是电阻应变仪，最常用的指示记录设备是 x-y 函数记录仪及数字记录器。（张开敬）

非机动车道 slow traffic lane

又称慢行道。供兽力车、自行车、人力推拉车辆通行的车道。为保证交通安全和良好的交通秩序，有必要分隔汽车和其他慢行车辆的路段，应将快、慢行道分开。如在高速公路、一级公路和二级公路上采用混合行驶相互干扰较大的路段以及城镇附近混合交通量较大的三级公路等，都宜将快、慢行道分开设置。（顾尚华）

非接触式位移测量 non-contact type displacement measurement

利用激光技术或其他装置与试件不直接接触而测位移的方法，例如利用激光位移计量测高耸结构物顶端位移以及使用水平仪量测结构的挠度等。

（崔 锦）

非破损检验 non-destructive test

又称无损检测。直接测试实际结构物或构件的材料力学性能（强度、弹性模量等），检查其内部缺陷和损伤，而不使其受损的检测方法。优点是能对同一构件作重复性试验，并可测试其性能随时间发生的变化规律。常用于对结构质量的评估和控制。在结构混凝土中可用于检测：①混凝土强度；②混凝土内部缺陷；③混凝土动弹性模量；④测定钢筋位置；⑤测定钢筋锈蚀。常用的方法有回弹法、超声法、超声-回弹综合法、射线法、共振法、敲击法等。在钢结构中则有超声波探伤、射线探伤和磁粉探伤。

（张开敬）

非线性分析法 nonlinear analysis method

考虑结构材料非线性或/和几何非线性的结构分析方法。它能真实反映各荷载阶段结构的内力分布和变形情况，合理地确定超静定结构的破坏荷载，尚能校核各种极限状态准则，有利于优化设计的实现。由于此时叠加原理不能应用，对各种荷载情况应分别计算，工作量非常庞大，现正研究各种近似法。

（车惠民）

斐氏级数 Fibonacci series

为意大利数学家斐波那契所提出，以简单的整数 1，2，3，5，8，……后数为前两数之和的级数。越是后面两数之比越接近于黄金分割率。

（唐寰澄）

费马恩海峡桥 Fehmarnsund Bridge

位于德国，跨费马恩海峡的公铁两用桥。主跨为 248.4m 的钢系杆拱，其他孔为钢箱梁。桥面一侧为双线铁路，另一侧为 11m 宽三车道公路，1.88m 人行道。此桥采用两拱向内倾斜的提篮式钢箱拱，尼尔森体系（网格式）吊杆，以箱梁加正交异性板桥面作为系杆的立体结构。建成于 1963 年，开此式桥的先

声。 （唐寰澄）

费用有效系数 effective coefficient of cost

以百分比表示的，改善系数除以每平米桥面计算的桥梁加固费的值。

$$费用有效系数 = \frac{改善系数}{每平米桥面计算的桥梁加固费} \times 100\%$$

此系数越高。费用有效性越大。 （万国宏）

fen

分布钢筋 distribution reinforcement

又称分配钢筋。钢筋混凝土板中沿垂直于跨度方向按构造布置的钢筋。其作用是将荷载均匀地分布给受力主筋；固定受力主筋的位置并保持规定的间距；防止因混凝土收缩和温度变化而形成过宽的裂缝。 （何广汉）

分层总和法 layerwise summation method

计算地基沉降的一种近似方法。其计算原则是把基底下压缩土层分成若干薄层，计算每一薄层在基础底面中心附加压力 P_0(kPa)作用下产生的压缩量 ΔS_i (mm)

$$\Delta S_i = \frac{P_0}{E_{si}}(z_i \bar{\alpha}_i - z_{i-1}\bar{\alpha}_{i-1})$$

式中 E_{si}为第 i 层土的压缩模量 (MPa)；z_i 和 z_{i-1}为基底至第 i 层和 $i-1$ 层土底面的距离 (m)；$\bar{\alpha}_i$ 和 $\bar{\alpha}_{i-1}$为基底至第 i 层和 $i-1$ 层土底面范围内平均附加压力系数(在有关规范中有附表可查)。至于地基总沉降量 S 则为各薄层压缩量之和，且乘上一个经验修正系数 ψ，即

$$S = \psi \Sigma \Delta S_i$$

（刘成宇）

分车道 diverging lane

又称分流车道。供分流车辆行驶用的辅助车道。在互通式立交范围或互通式立交间距密集的地段，根据车道平衡原理，为适应行驶车辆的变速、交织以及出入交通运行的需要，常可在邻接车行道设置分车道，以改善车流的运行效率。

（顾尚华）

分段等截面桥墩 segmental constant cross-section pier

墩身自上而下分为若干段，每段又均为等截面的桥墩。一般上部截面小，下部截面大，与等截面桥墩相比，能节约材料，施工也比较方便。

（吴瑞麟）

分隔带 lane separator

沿桥梁纵向用以分隔行车道的带状设施。分隔异向车流（如双幅路）的这种设施称中央分隔带；分隔同向车流（如三幅路或四幅路）的称两侧分隔带。分隔带常用混凝土缘石砌筑，一般宜高出路面 12～18cm。如因受条件限制未能设置这种设施的一级公路，必须在桥面上漆出白色或黄色标线或设置分隔器用以分隔车辆的行驶。高速公路的中央分隔带应设置必要的安全和防眩、导向设施。

（顾尚华）

分离式箱梁桥 separate box girder bridge

具有两个并列而不相连接箱梁的箱形梁桥。两桥之间用纵向构造缝分开而独自受力，可以构成车行道较多的宽桥（可达 32m 左右）。其构造较单箱多室梁桥简单，用料经济，施工方便。

（袁国干）

分水线 water parting

又称分水岭。汇集水流的区域的周界，即相邻流域的分界线。分隔水流的分水线，通常都是地形起伏的高地和山岭的山脊线。降落到地面的雨水，以分水线为分界线，在重力的作用下自高处往低处汇流。

（周荣沾）

分肢 segments

组合杆件中的各个肢件。组合杆件中的各分肢通常是由槽钢或工字钢（或由角钢与钢板组成的槽型与工字型截面）组成。各分肢之间通过缀条、缀板或挖孔板连成整体共同工作。 （曹雪琴）

粉体喷射搅拌法 dush jet mixing method

在地基土中输入粉粒状材料以加固地基的一种方法。用压缩空气把粉状或粒状的固化剂（如水泥、生石灰或其他水硬性固化材料）压送到搅拌翼片处，待钻机翼片下沉到加固深度后，一面提升，一面旋转搅拌，并从翼片旋转产生的空隙部位喷射固化剂，搅拌混合后形成圆柱状加固土体，输送固化剂的压缩空气则沿着搅拌转动轴与土体间的孔隙向地面排出。本法加固圆柱土体的大小由翼片直径决定。一般可达 80～100cm，加固深度可达 10～30m。

（易建国）

feng

风铲加工 processing with pneumatic chipping hammer

利用压缩空气推动铲头铲切金属表面的工艺。其原理是压缩空气进入气缸后，使配气活门上下形成压力差，推动活门上下运动而改变气路，从而使活塞反复撞击铲头。常用于已组装成部件无法再上机床加工的焊缝加高部分，也用于清除部件表面不平、焊缝不平和开焊接坡口等。 （李兆祥）

风洞 wind tunnel

能产生特定人工气流的管道。主要由试验、收缩、扩散等段洞体及控制、驱动等部分组成。最初主要用于飞行器空气动力性能试验研究，现已发展应用于广泛领域，种类繁多。按速度划分有低速风洞、亚音速风洞、跨音速风洞、超音速风洞、高超音速风洞。按应用领域划分有航空风洞、工业风洞、建筑风洞、环境风洞、气象风洞等。按结构型式划分有直流式风洞、回流式风洞，回流式又分为单回流式和双回流式。除航空风洞外，其余都属于低速（0.4马赫以下）风洞范畴。（林志兴）

风荷载 wind loading

又称风的动压力。空气流动对桥梁结构所产生的作用。一般看作是任意方向的水平静力作用，在中国《公路桥涵设计通用规范》(JTJ 021—89) 中，其强度按下式计算：

$$W = K_1K_2K_3K_4W_0$$

式中 W_0 为基本风压值 (Pa)，可按《全国基本风压分布图》采用；K_1 为设计风速频率换算系数；K_2 为风载体型系数，视结构体型而异；K_3 为风压高度变化系数；K_4 为地形、地理条件系数。

（车惠民）

风化 weathering

地壳表层的岩石，在水、空气、太阳能和生物的作用及影响下，发生机械破碎和化学变化的过程。按照成因和性质的不同可分为物理、化学和生物风化等。风化作用改变了岩石的物理力学性质，对岩石边坡和地基稳定性有影响。（王岫霏）

风级 wind scale

根据风对地面(或海面)物体的影响程度而定的等级。常用来估计风速的大小，是英国人F. 蒲福在1805年为观测和区分海上风力而拟定的，所以又叫"蒲福风级"。在陆上一般划分为0到12共13个等级。（吴学鹏）

风玫瑰图 wind rose

又称风图。连接8个方位或16个方位上风速值的闭合多边形。8个方位是北、北东、东、东南、南、南西、西、西北。风速值可以是年最大、最小值；多年平均年最大、最小值；月最大、最小值；多年平均月最大，最小值；……。风玫瑰图是桥渡设计中计算波浪高度不可缺少的资料，通常采用汛期8个方位多年平均年最大10分钟风速的图形作为进行计算的依据。在国民经济建设的许多方面，如城市规划、码头设置、结构抗风计算、环境保护等方面均需要风图资料。（吴学鹏）

风速 wind speed

单位时间内空气的行程。常以m/s、km/h、nmile/h表示。测定仪器有风杯风速计、热线风速计和高空观测用的气象气球等。（吴学鹏）

风向 wind aspects

风的来向。用装在观测场内距地面10m高的风杆上的风向标指示。一般用16个方位或360°表示。用方位表示时，由北起顺时针方向分别为北(N)；北东北（NNE）；东北（NE）；东东北（ENE）；东（E）；东东南（ESE）；东南（SE）；南东南（SSE）；南（S）；南西南（SSW）；西南（SW）；西西南（WSW）；西（W）；西西北（WNW）；西北（NW）；北西北(NNW)。用360°表示时，由北起按顺时针方向量度。（吴学鹏）

风振 wind vibration, wind-excited oscillation

又称空气动力作用。强的阵风对结构所产生的脉动作用。它包括顺风向的振动和横风向的振动。对大跨度的悬索桥和斜拉桥设计时要考虑风振作用。

（车惠民）

风支座 wind support

又称横向支座。将风和地震荷载等引起的横桥向水平反力传递至桥塔或桥台的构件。它必须满足如下要求，即只能约束加劲梁或主梁在横桥向的位移。而梁在纵向可以自由移动，同时还必须使梁可以绕竖直轴和绕横桥向水平轴自由转动。一般将它设置在桥面伸缩缝装置的正下方。由于经常遭受来自路面的尘土、雨水等的影响，构造上又比较复杂，故在设计上应予以重视，运营过程中也应注意保养。

（赖国麟）

风嘴 fairing

位于桥梁主梁断面外缘用以改善主梁空气动力外型提高抗风稳定性的流线化部分。可以将主梁本身外缘做成流线化形状，也可以在主梁外侧附设流线化设施，其尖端部分通常做成三角形、圆形或尖圆形。具有减小绕桥道表面的流动分离和旋涡生成的作用，从而减小桥梁的风致振动，提高抗风稳定性。在大跨度柔性桥梁悬索桥或斜拉桥中采用较多。

（林志兴）

封闭式钢索 locked coil rope

用圆钢丝做芯束，其外面用多层楔形和Z形的异形钢丝缠绕成的钢索。被看作是采用异形钢丝的螺旋钢丝绳。最早由原联邦德国生产。这种钢索的构造紧密，密实度可达到90%，截面紧密，表面封闭，水密性好，耐腐蚀性能强，运输、安装也比较简单。单根钢丝的刚度较大，由于钢索做成螺旋形后，具有了做成曲线所必需的柔软性。其弹性模量较低，非弹

性变形较大。在使用前一般须先进行拉力不超过破断拉力55%的预拉。 （赖国麟）

封闭式排水系统 closed drainage system

设置在立交桥和高架桥上的完整的管道排水系统。避免桥面积水经泄水管直接流至桥下，以致影响桥梁外观和妨碍公共卫生。为有利于维修、疏浚和更换，这些排水管道一般不容许设在混凝土体内。

（张恒平）

封锚 sealing anchorage at beam end

为防护锚头使之免受损伤和锈蚀，后张式简支预应力梁在束筋张拉和管道压浆全部完毕后，其两端布设锚头的部位用钢筋混凝土封填的作业措施。此项措施还有益于观瞻。 （何广汉）

蜂窝 honeycombing (in concrete)

因混凝土的离析或模板漏浆使粗集料过于集中和水泥砂浆填充不实等原因，造成混凝土局部空隙的缺陷。修补时须凿除其松散部分并清洗干净后，用水泥砂浆或细粒径混凝土填补捣实压平。

（唐嘉衣）

fu

弗莱西奈式铰

见钢筋混凝土铰（67页）。

弗里蒙特桥 Fremont Bridge

位于美国弗里蒙特的双层公路桥。主跨为137m＋382m＋137m，中承式刚性梁柔性拱钢桥。上层桥面为主结构的一部分，用双钢箱梁中部为正交异性板钢桥面。下层为钢筋混凝土桥面。施工方法以边孔与中孔拱和梁相交处用支架伸臂安装，曾因梁板应力集中开裂而更改细节。中部275m一段重6000t，用8根ϕ102mm吊杆液压丝杠联动起吊。建成于1973年。 （唐寰澄）

弗氏锚 Freyssinet anchorage

由法国弗莱西奈氏研制而成的一种历史最长、应用最广的锥销式锚具。由锚圈和锥形锚塞组成。原来只用于钢丝束，后来扩大到钢绞线束。标准束由12根直径为5、7、8mm的钢丝或12根直径为12、15mm的7股钢绞线组成。

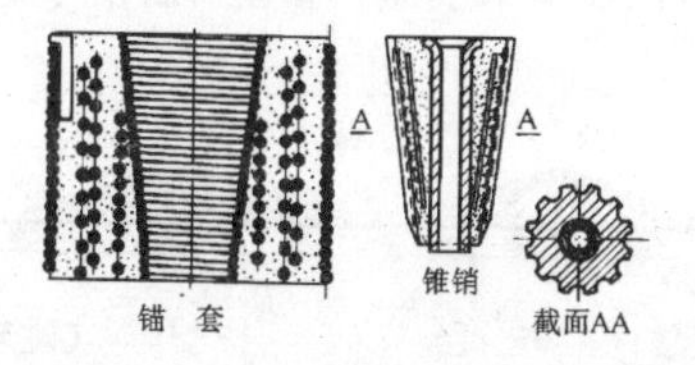

（何广汉）

扶壁式桥台 counterfort abutment

台身后设有扶壁（支撑壁）的L形桥台。它适用于路堤填土较高的情况。 （吴瑞麟）

扶手 handrailing

位于栏杆上方供桥上行人扶手、倚靠之用的纵向条形构件。一般用钢筋混凝土制作。公路桥上常采用上、下两根的型式，给人以简单明快的感觉。对于城郊的公路桥梁以及城市桥梁，往往在上扶手的下方设置各种花板图案，使桥梁增添艺术美感。

（张恒平）

浮船 pontoon support

浮运架梁法用的承重和运输设备。可用铁驳船、坚固的木趸船或常备式浮箱组拼。为承受集中载重需要，普通铁驳和木趸船舱内需增设纵向加劲桁架和交叉腹杆。为施工需要，全船在平面上分成许多隔舱，部分舱相通。舱内可充水及抽水，以便于浮船升降和调整浮船的受力状态。在浮船甲板上设置墩架，用以支承浮运的梁体。浮船本身一般都没有动力设备。 （刘学信）

浮船定位 pasitioning of pontoon

浮运架梁时，浮船承托桥梁浮运至预定桥孔后，按设计要求固定浮船位置，把梁准确地落到预定的位置上的施工程序。浮船定位需要一套锚锭装置，主要有铁锚、钢筋混凝土锚、缆索、复式滑车、绞车、将军柱等设备。锚的重量、数量和位置以及缆索直径均由计算决定，平面布置为前后左右均交叉抛锚，以便于调节浮船的位置。 （刘学信）

浮船稳定性 stability of floating system

保证整套浮运系统不致倾覆的重要特性。浮运过程中，由于整个浮运系统重心较高，在风力、水流、波浪等作用下，容易倾斜。保证浮运系统的稳定，是浮运架梁的成败关键。规范要求：浮运重量与浮力形成的稳定力矩至少是风力对浮船产生的倾覆力矩的2倍。在最不利情况下露出水面的船舷高度应大于50cm，浮船的纵、横向倾角应小于5°。

（刘学信）

浮吊架梁 erection of bridge superstructure with floating crane

用大型浮式吊机架设桥梁。在条件许可的情况下，在桥址附近或更远的岸边把梁拼好或制好，用浮船运至预定桥位处，用一台或两台浮吊分片或整孔起吊，落至预定位置准确就位，省工省时，十分方便。又当用悬臂法修建桥梁时，当悬拼至最后1～2个节间，可将拼梁吊机退至中间支承处，而用浮吊完成所剩工程。这样可大大减少梁的安装应力和梁端挠度。

（刘学信）

浮桥 pontoon bridge

用浮箱或船只等作为水中的浮动支墩，在其上架设贯通的桥面系统以沟通两岸交通的架空建筑物。在水面辽阔、水深较深、不便在水中修筑固定的墩台和基础时，或在交通量不大，尚不需要架设永久性桥梁时，或在有紧急需要，要求迅速抢渡时，是一种较简便快速跨越河流的手段。桥面要适应水位涨落的变化，浮动支墩必要时可设锚碇以固定位置。但桥上载重量有一定限制，车辆过桥时易于颠簸，车速不能过快。在通航水域还应考虑短时中断交通，可采取将一段桥面系统临时移开的措施。（徐光辉）

浮式沉井 floating caisson

采用构造措施，使下沉前能浮于水中的井筒结构。在深水及流速较大处修建桥墩基础，如采用沉井，则多为浮式。其建造过程是，在岸边制造好底节，浮运至墩位。然后于悬浮状态下接高井壁及其他结构。随后在空心刃脚、夹壁、或井壁中填灌混凝土、或注水等压重使其下沉，边下沉边接高，如此循环直至到达设计标高。该沉井可分为三种类型：①双壁式，利用空心井壁和隔墙以增加浮力；②气筒式，利用压缩空气排出气筒内水以产生浮力；③装假底式，在井底下部装临时性不透水的底板，使沉井成为一浮体。（邱 岳）

浮式沉井稳定性 stability of float caissons

沉井（或沉箱）在漂浮状态下抗倾覆的安全程度。沉井在该状态下施工的每一个步骤，均需核算其稳定性。其计算方法以下列作为前提：①只考虑沉井的静稳定性（即略去沉井倾斜时的角速度）；②沉井处于正浮状态；③假定倾斜限于小角度；④假定浮式沉井至少有一个对称竖截面，根据以上原则计算浮式沉井稳定性的必要条件是

$$\rho > a$$

式中 ρ 为浮式沉井处于正浮状态下的定倾半径；a 为沉井重心至浮心的距离。（邱 岳）

浮式工作船组 floating working barges

浮在水上供深水基础施工作业的船组。由铁驳船或浮箱联成双体船，两船体间留有作业的空间。浮运至墩位抛锚定位，随水位涨落而升降。其上设置机具，作为施工作业的平台，进行沉桩、围堰清基、修筑承台等作业。亦可利用船组悬挂钢围笼，作为钢板桩围堰的支撑。（唐嘉衣）

浮式起重机 floating crane

又称浮吊，起重船。装在船舶上的起重机。是大桥水上施工的主要设备。按航行方式分为自航式和非自航式。按起重臂的动作，分为固定式、半回转式和全回转式。一般中小型浮吊宜用全回转式，其机动性好。大型浮吊多为固定式。起重臂的型式有单臂杆和四连杆组合臂架。单臂杆结构简单，自重较轻。组合臂架的起重性能优越。（唐嘉衣）

浮托架梁法 method of erecting superstructure by floating supports

利用浮运支承架设桥梁的一种方法。其施工过程与纵移浮运架梁法基本上相同，但钢梁是从引桥或线路上直接移出，首先由一组浮船进入梁下托起钢梁的前端，再继续移出钢梁，第二组浮船进入托起梁的后端，浮运至预定桥孔就位。此法宜于在拆换旧梁或架设单孔大跨度钢梁时使用。（刘学信）

浮箱 buoyant box

又称浮鲸，一种用钢板焊成密封的矩形箱。其内部用角钢加固，周边上镶有联结用的角钢，在悬出肢上有栓孔。箱的长度为宽度的倍数，可根据需要由多个箱组拼成不同的平面尺寸，用拼接板和螺栓相连。箱的上面有进人孔和进（抽）水孔，均可密封。是桥梁施工的一种常备式设备。可用作浮运支承、浮墩、平衡压重水箱等。（刘学信）

浮运架梁法 method of erecting bridge superstructure by floating

借助浮船架设多孔大跨度桥梁的方法。其施工过程一般是在桥位下游侧的岸上，将桥梁拼装或灌筑成整孔，然后，利用码头将梁拖拉或顶推到浮船上，再浮运至预定架设的桥孔上，借助压舱水落梁就位。适用于桥址所在河段能通航，梁底距施工水位不大，浮运过程中风速不强，岸边有修建码头和拼装或灌筑桥跨的场地等的多孔桥位。其优点是可和墩台施工平行作业，从而加快建桥速度和保证质量；架设多孔梁时可重复利用浮运设备，节省工程费用。（刘学信）

辐射形斜拉桥 radial type cable stayed bridge

又称扇形斜拉桥（fan-shaped cable stayed bridge）。缆索从桥塔顶呈辐射形散开与主梁连接的斜拉桥。辐射形拉索与塔、梁连接点为完全铰接时仍属几何不变体系，或称一阶稳定缆索体系。只有在边跨活载作用而使锚索的拉力完全消失时，才会变成不稳定体系。辐射形拉索的平均倾角大，发挥悬吊效率好，钢索用量省，更适用于悬浮体系斜拉桥。缺点是塔柱受力不利，塔顶因拉索集中而使锚固困难，斜索的倾角不一，使得锚具垫座的制作与安装稍趋复杂。

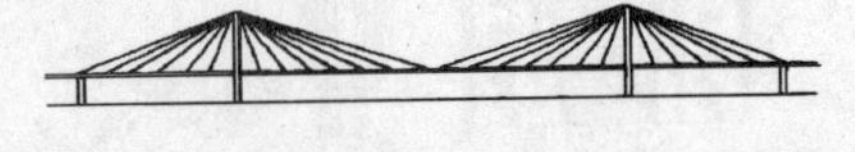

（姚玲森）

福斯湾桥 Firth of Forth Bridge

位于英国福斯河上，为1964年建成于著名的福

斯铁路桥上游的悬索桥。主桥总长1807.8m，中孔1000.4m，边孔各403.7m。桥塔高从底座起为152m。用平行钢丝放线法架设。桁架式加劲梁高8.38m。主索间距23.77m，索间为双向各7.3m车道，索外托架上为左右各4.5m自行车及人行道。从这座桥的方案研究中，得出此后发展的英国式流线形钢箱加劲梁的悬索桥。

（唐寰澄）

福斯湾悬臂钢桁架桥 Firth of Forth Bridge

位于英国的苏格兰东海岸，为19世纪末期世界上最大的双线铁路、悬臂钢桁架桥，也是世界上最早采用平炉钢建造的桥梁。其跨度（m）为210.25+44.2+521.24+79.26+521.24+44.2+210.25，迄今仍保持着悬臂钢桁架中跨度的第二位。由当时著名工程师本杰明·贝克（Benjamin Baker）和约翰·福勒（John Fowler）设计，墩顶梁高115m（350英尺），中间挂梁长107m，桁架中压杆采用管形杆件，直径达ϕ3.66m，拉杆则采用格子形杆件。要求钢材的抗压强度为535～580MPa，抗拉强度为470～520MPa。该桥共有三个主墩，基础采用气压沉箱，并利用了当时新发明的电弧灯于沉箱施工。于1883年开工，1889年竣工。至今仍在通行火车。

（周　履）

俯焊 down hand welding

在视平线以下位置进行焊接。焊缝在焊条的下方，焊缝倾角0°～5°，焊缝转角0°～5°。

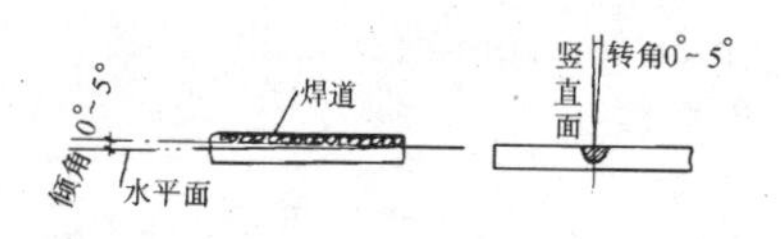

（李兆祥）

辅助墩 auxiliary pier

又称拉力墩，锚固墩。为增加斜拉桥结构刚度而在边跨设置的中间支墩。其目的是为了防止当活载作用于中跨时边跨的上拱度过大，以避免边跨斜拉索可能出现松弛或退出工作的现象。故要求其支座能承受活载负反力，当活载作用于边跨时还能承受压力，但不要求承受恒载反力，一般装有相应的调节装置，以保证在墩身下沉等情况下能调整其恒载反力为零。它还可使边跨的挠度明显减小；当索塔刚度不大时，对中跨的受力也有明显的改善。

（赖国麟　吴瑞麟）

辅助墩法 auxiliary pier method

在简支梁桥桥跨中间设置辅助桥墩，使桥梁上部结构改变体系形成连续梁，从而减小桥跨结构的内力和提高承载能力的方法。辅助墩可根据桥梁跨径的大小设置1～2个，其位置由设计确定。当设墩后结构转换为连续梁，应通过验算确定在新支承处的主梁内是否需补配钢筋或加固。此法可在下部结构完好，且有足够承载能力时使用，同时要注意在跨中应便于设置辅助墩。

（黄绳武）

负拉索 negative stay

在悬拉桥（或称悬索与拉索组合体系桥）中，起增加作用于主索的向下荷载的斜向拉索。1950年D·B·斯坦曼在所设计的主跨为1 524m的墨西拿海峡大桥中，为了进一步增强桥梁的刚度，提出在加劲桁梁与塔柱交点处，设置向上辐射与主索相连接的多道斜拉索，即为负拉索的典型例。这种拉索的优点在于能减小在不对称车辆荷载作用下主索的位移，但要增加主索的受力。当边跨较长和塔柱又较柔时，在荷载作用下塔顶会产生较大的纵向位移，此时宜采用负拉索。

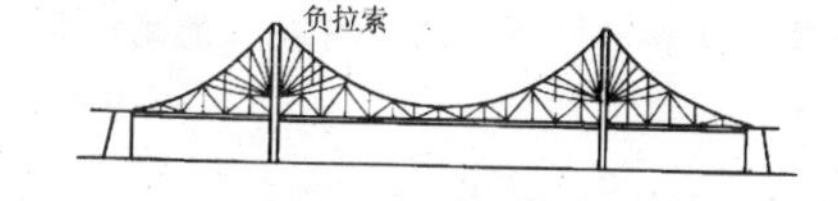

（姚玲森）

负摩擦力 negative skin friction

通过软弱土层支承于坚硬土层上的桩，当桩周软弱土层的下沉量大于桩身的位移时在中性点以上桩的侧表面产生的向下剪切力。负摩擦力作为作用于桩上的附加荷载抵消桩的承载力，对桩有很大的危害性。在中性点处，桩的位移与桩周地基土的下沉量相等，摩擦力为零。引起桩周土体下沉的原因很多。如地下水大幅度的下降、重塑土体的固结、黄土区浸水后的湿陷以及桩周土层受到新填土荷载作用引起的压缩等原因。

（赵善锐）

附加荷载 secondary loading, supplementary action

又称附加力，附加作用或其他可变荷载。出现几率较少的可变荷载。它包括车辆荷载产生的制动力和牵引力，横向摇摆力等，以及自然原因引起的风荷载，温度作用，温差影响，流水压力，冰荷载以及常遇地震等。它和主要荷载组合以构成各种最不利效应，但检算时安全系数可以降低。

（车惠民）

附加恒载 superimposed dead load

非主要承重部件的全部材料重量。如桥梁结构的路面、轨道、道碴、人行道栏杆，电气化接触网支架、各种管道、实腹拱上的填料和其他设施等。对各类附加恒载的设计分项系数，应根据实际情况慎重考虑。路面对桥梁的附加恒载，英国标准BS5400规定承载能力检算取1.75，使用阶段检算则取1.2。

（车惠民）

附着式振捣器 form vibrator

附着在模板上振捣混凝土的机械。电动机转轴两端装有偏心块，机壳外部的夹具与模板连牢。工作时，偏心块随转轴旋转产生振动，通过机壳与模板传至混凝土。适用于截面狭窄或钢筋密集的钢筋混凝土构件。（唐嘉衣）

复合大梁 composite girder

又称组合大梁。将上下叠放的两根或三根梁木用木键或板销彼此结合而成的木桥主要承重结构。受弯时它们共同作用，强度和刚度均比简单束合大梁大得多。它的优点是用材省，并可用细小木料建造较大跨径的桥梁。在布置上分密布式和非密布式两种。（陈忠延）

副节点 secondary panel point

见主节点（290页）。

富锌底漆 zinc-rich priming paint

以锌粉为颜料的防锈底漆。有较大的耐磨强度和防水性能。用于涂饰钢结构。（谢幼藩）

腹板 web

肋式梁的主梁肋，或箱梁中连接顶、底板的竖、斜向板，或钢板梁中的竖向薄板。其功能是承受梁截面的剪应力和主拉应力。梁端腹板通常较厚，随着剪力的减小，跨中腹板则较薄。变高度梁的截面高度变化以及预应力弯束对外剪力的抵消作用，均可减少主应力值，使腹板厚度减薄。它的最小厚度取决于布筋和混凝土灌筑的要求。无筒支钢板梁中，腹板由于受力不大，一般厚度较小，为10～12mm。通常布置适当加劲肋，以防止腹板的翘曲。

（何广汉 曹雪琴）

腹杆体系 web member system

桁架中按一定几何图式布置的腹杆组成形式。腹杆是桁架中联接上、下弦杆的构件，竖立的称竖杆，斜置的称斜杆。竖杆与斜杆的不同组合可构成不同的腹杆体系，如三角形腹杆体系，再分式腹杆体系等。（陈忠延）

腹拱 spandrel arch

空腹拱桥桥面以下，主拱圈以上部分所采用的小拱。一般在圬工拱桥上采用，跨径一般选用2.5～5.5m，也不大于主拱圈跨径的1/8～1/15。一座桥上的腹拱常做成等跨。腹拱的拱圈有板拱、双曲拱、微弯板和扁壳等形式。腹拱圈的拱轴线多用圆弧线。矢跨比当用板拱时为1/2～1/6，双曲拱时为1/4～1/8，微弯板时为1/10～1/12。

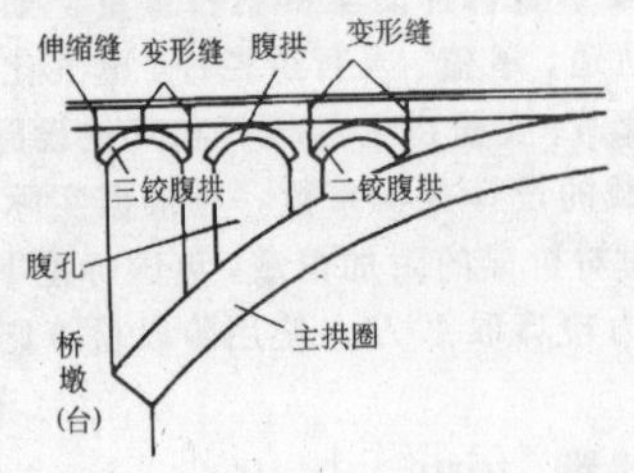

（俞同华）

腹筋 web bar

梁内抵抗主拉应力的钢筋。有三种形式：竖向箍筋；与梁轴成45°角的弯起钢筋（或称斜筋）；纵向水平筋。腹筋设计以剪力（或主拉应力）包络图为基础。纵向水平筋是为防止腹板出现粗而稀的裂缝而设置的。（何广汉）

腹孔 spandrel span

上承式拱桥采用空腹式拱上建筑时在主拱拱肩上所设的孔。拱桥当跨径较大、特别是矢高较大时，如采用实腹式拱上建筑，填料用量多，重量大，因而设置若干小孔而成空腹式。腹孔分梁式和拱式两种。前者使桥造型轻巧美观，多用于大跨径钢筋混凝土拱桥，后者在圬工拱桥上采用较多。腹孔可以对称地布置在主拱圈上建筑高度所容许的范围内。一般每半跨的腹孔总长不超过主拱跨径的1/4～1/3。每半跨一般为3～6孔。

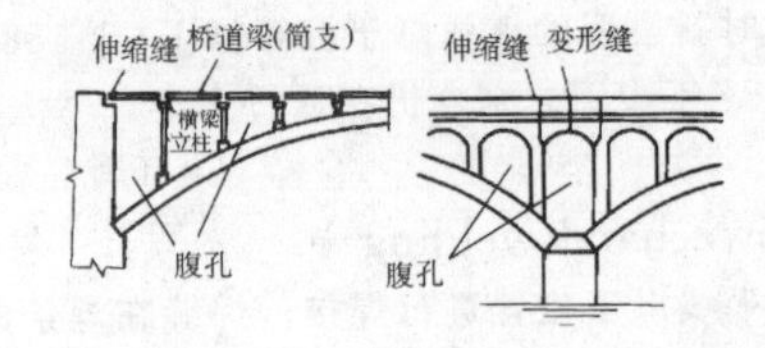

（俞同华）

腹孔墩 pier for spandrel arch

空腹式拱上建筑中把腹孔上荷载传递给主拱的构件。分为横墙式和立柱式。前者为圬工实体墙（也可开孔），后者常为钢筋混凝土排架或刚架式结构。上部有盖梁用来支承腹拱圈，下部通过底梁支承于主拱圈。

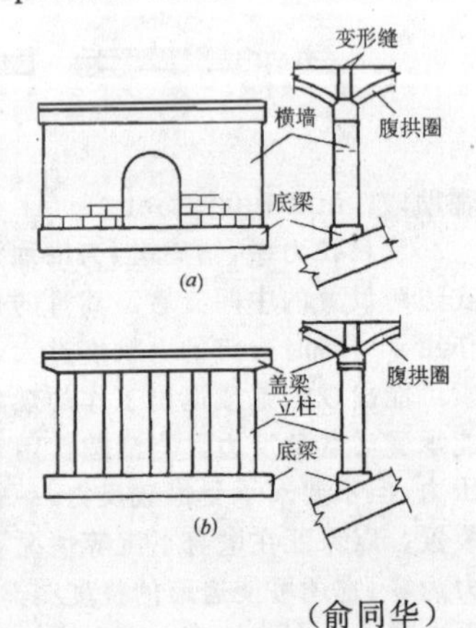

（俞同华）

覆盖养护 mat curing

又称覆盖养生。在新灌筑混凝土的外露面覆以麻袋、草帘或湿砂并洒水养护的方法。洒水的次数以能使混凝土保持湿润为度。但气温低于5℃时不宜洒水。养护时间按有关的施工规范执行。

（唐嘉衣）

G

ga

嘎尔输水桥 Pont-du-Gard Water Conveying Bridge

又称尼姆（Nimes）水槽，也叫嘎尔渡槽。位于法国跨嘎尔河，用于向尼姆城供水的渡槽。桥长275m，高48.8m，由上下三层石灰石拱券组成。下层6个拱，中层11个拱，上层36个拱支承着输水槽。下层是人行桥，上层小拱平均跨径4.8m，墩厚与拱跨比1/5。水槽宽1.22m，高1.45m，顶面覆盖石板。拱石用铁箍相连。桥始建于公元前19年。历经修缮，公元1855年至1859年照原样修复，作为文物保存。（潘洪萱）

gai

改变恒载调整拱轴线法 method of changing dead load for adjusting arch axis

拱桥采用改变恒载分布，减小拱轴线与压力线的偏离，改善主拱受力的方法。对于拱圈变形过大的拱桥，实际已发生拱轴线与压力线的较大偏离，而往往单独采用对拱圈的补强已不能有效地改善拱圈的受力状态，需要对压力线进行调整，使与拱轴线尽量吻合。通常采用的方法是：①调整拱上建筑的恒载分布；②在不同区段调整拱圈截面尺寸；③局部加设横隔梁等措施，改变实际压力线的位置。（黄绳武）

改变结构体系法 method of transforming structural system

通过改变桥梁结构的受力体系以提高承载能力的方法。它是桥梁一般加固的有效方法。改变结构体系的方法有：①在简支梁桥孔内增设桥墩或斜撑以缩短跨径；②将简支梁体系改为连续梁体系，连续梁体系某些局部（如支点负弯矩）在原体系上不能满足要求时，应作局部加固；③连续桥面法；④空腹拱改为桁架拱法；⑤第三弦杆法等。（万国宏）

改善系数 improvement coefficient

表示桥梁加固后提高的承载能力与加固前桥梁承载能力的百分比。即

$$改善系数=\frac{\text{加固后承载能力}-\text{加固前承载能力}}{\text{加固前承载能力}}\times 100\%$$

（万国宏）

盖板涵洞 slab culvert

在砌石或混凝土边墙或涵台（墩）上搭设条石或钢筋混凝土板而构成的涵洞。混凝土板可以预制吊装或就地灌注。这种涵洞过水能力一般比管形涵洞大，建筑高度较低，适于在低路堤或路基设计标高不能满足暗涵条件下采用。（张廷楷）

盖梁 bent cap, capping

又称帽梁。联结基桩顶部的横梁。其作用与墩帽相似。（吴瑞麟）

概率设计法 probabilistic design method

利用概率理论分析结构安全度的方法。概率论是研究大量偶然事件规律的科学。结构承受的最大荷载和结构本身的最小抗力都具有随机性，因此结构的安全度是相对的。故在设计规范中引入根据统计资料分析得出的概率规律来建立计算模式，就要比现行的定值法更接近实际情况。据此作出的判断就有明确的安全度概念。（车惠民）

gan

干接缝 dry joint

主要靠预应力束筋将相邻块件联成整体而对块件接头断面不作其他处理的块件接缝。它以预应力筋产生的预应力抵抗弯曲应力，以接触面间的摩阻力抵抗剪切力。用于以悬臂拼装法施工的T型刚构桥的预制块件的拼接。一般在块件预制时，拼接面之间须保持密贴。如果接触面不平整，接缝就不密合，易出现应力集中并受到水气的侵袭，故宜在环氧树脂水泥胶接缝间垫以牛皮纸等填充料，效果当有所改善，必要时改用湿接缝。（何广汉）

干接头 transverse dry joint

公路桥块件之间无需灌筑工地混凝土的横向连接接头。参见钢板电焊接头（62页）。（何广汉）

甘特桥 Ganter Bridge

1981年建成，位于瑞士的跨越深谷的高桥。为与深谷地形相适应，平面上双向曲线布置。桥型为三跨预应力混凝土组合体系桥，即三跨连续刚构与斜拉（刚性板式拉索）体系相结合。主跨径为174m，边跨为127m，墩高为150m。边跨一侧位于半径200m的曲线上，上部结构采用悬臂浇筑施工方法。（范立础）

杆件组装　assembling of member

把各零部件装配成部件或能独立发送的杆件的过程。方法有：手工划线组装，即把零件在平台上划出中心线，作为拼装定位线，然后按线组装；胎型定位组装，即利用胎型中的定位孔、定位档、对向线、中心定位线，把各零件用定位冲子、螺栓、卡紧丝杠等工具，固定在胎型上，这样组装出来的杆件，精度高，外形尺寸偏差少，批量生产时多使用。

（李兆祥）

gang

刚度比　stiffness ratio

在结构中当结点 i 刚接时，作用于结点的力矩将按各杆件的抗弯刚度 S_{ik}（劲度系数）分配给各根杆端，其分配系数 μ_{ik} 即为刚度比，用公式 $\mu_{ik}=\frac{S_{ik}}{\sum_{i} S_{ik}}$ 表示。在连拱中，作用于拱墩结点的水平力将按各杆件的抗推刚度 K_i 分配给拱、墩各杆件，其分配系数为 $\frac{K_i}{\sum_{i} K_i}$，称为抗推刚度比。　（吴瑞麟）

刚构式组合桥台　rigid-frame type combined abutment

把通常的钢筋混凝土桩柱式桥台和相邻的一个桩柱式桥墩通过桥面纵梁和柱底的承台梁（沿桥横向各设两道）连成整体，在桥纵向形成"П"型刚构式的桥台组合结构。由于台后填土容许通过立柱间空间向台前放坡（坡面一般与斜撑并齐），桥台仅有后排立柱受静土压力，此压力又由前后两排桩柱共同承受，因而桥台的纵向水平位移甚小，避免了桩柱的开裂。适宜在软土地基高填方桥台多孔桥梁中采用。近年在杭甬高速公路的建设中首先设计采用。

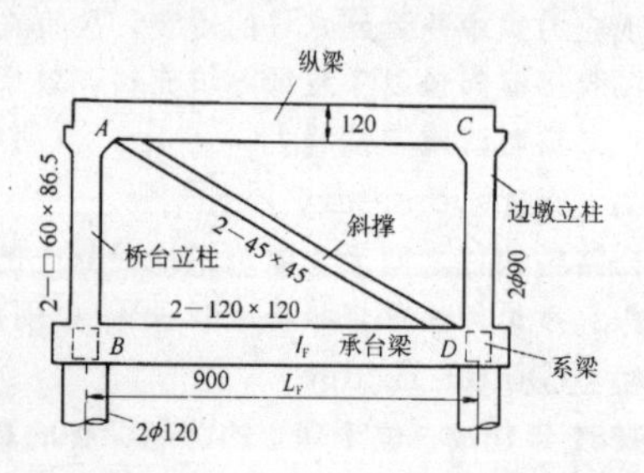

（李大为）

刚架拱片　piece of rigid-frame arch

刚架拱桥的主要承重构件。一座刚架拱桥由两片以上组成，各片之间用横系梁联成整体，使共同受力，并保证横向稳定性。每片由主梁（实腹段），主拱腿、次梁（腹孔弦杆）和次拱腿（斜撑）构成。主梁、主拱腿、次梁三根杆件相交的结点总称为主节点；次梁、次拱腿的结点称为次节点。主节点的位置一般在跨径的四分之一附近，次节点的位置在次梁长度的中点附近。主梁、次梁梁肋上边缘线与桥面纵向平行。主梁的下边缘线采用圆弧线、悬链线、二次抛物线等，主拱腿采用直线形或与主梁下边缘相配合的微曲线形。矢跨比一般为1/8～1/10。目前的设计趋向于将次拱腿的支座和主拱腿的支座合并在一起，以减少次梁的弯矩，增加斜撑的数目，即除第一斜撑（次拱腿）支承于桥台外，其余斜撑支撑在主拱腿上。主梁和次梁采用倒T形截面，以便在其上横向搁置桥面微弯板，其余杆件均为矩形截面。

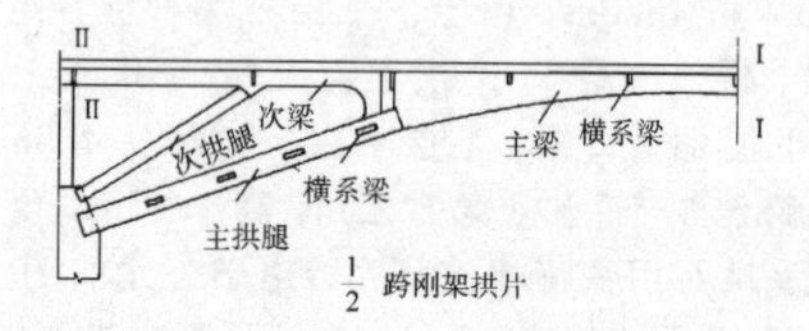

（俞同华）

刚架拱桥　rigid rame arch bridge

外形似斜腿刚架的拱桥。由刚架拱片、横系梁与桥面系组成。刚架拱片是拱肋与拱上建筑组成整体的承重结构，立面上略呈拱形，其间用横系梁和桥面系连接成整体共同受力。这种桥较其他类型拱桥构件少，自重轻，材料省，适用于地基较差的桥位处。

（袁国干）

刚架桥　rigid frame bridge

又称刚构桥。上部结构与下部结构固接成整体，状如框架的桥梁。由桥面系、楣梁与立柱构成。桥面系直接承受荷载，并将荷载传至楣梁上。楣梁与立柱刚性连接，后者代替了桥墩（台）将荷载传递到地基上。桥面系承受弯矩与剪力，而楣梁与立柱除承受弯矩、剪力外，还要承受轴向力，多用钢筋混凝土或预应力混凝土建造。按受力图式可分固端刚架桥、双铰刚架桥和三铰刚架桥等；按立面型式可分门式刚架桥、直腿刚架桥、斜腿刚架桥、V形墩刚架桥和T形刚构桥等；按桥孔数目可分单跨刚架桥、多跨刚架桥等；按支承有无水平推力可分推力式刚架桥、无推力刚架桥等。这种桥具有节点负弯矩，可减小楣梁的跨中正弯矩，建筑高度很小，很适用于立交桥和高架线路桥等，并且用料节省。钢筋混凝土刚架桥的楣梁与立柱一般要求就地浇筑成整体，装配化程度不高；这种桥在竖向荷载作用下，在柱脚处要产生水平推力，对地基要求高。　（袁国干）

刚架式桥墩　framed pier

在横桥向或顺桥向为刚架结构的桥墩（见图）。该桥墩结构尺寸纤细，桥下视线开阔，并可充分利用梁下的空间，常用在城市立交桥中。这种桥墩可以用钢筋混凝土结构或钢结构，可以采用现浇或预制拼装的方法施工。

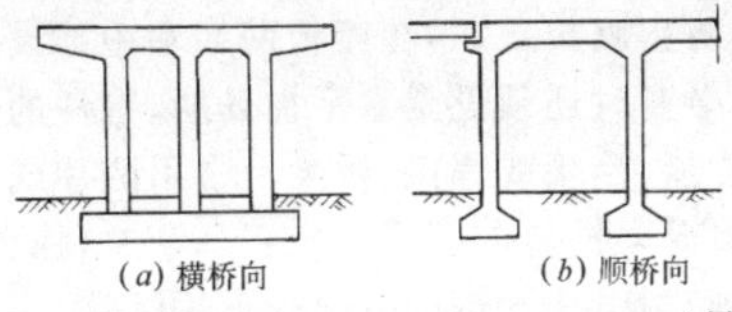
(a) 横桥向 (b) 顺桥向

(吴瑞麟)

刚接梁法 method with transversely rigid joint between beams

视相邻梁条之间为刚性连接计算荷载横向分布系数的分析方法。考虑接缝处既传递剪力又传递弯矩，因此在接缝处有剪力和弯矩两个赘余力，求得各赘余力后，各片主梁的荷载横向分布影响线坐标就确定了。 (顾安邦)

刚柔 strength and suppleness

硬直与软曲的对立和统一。是中国哲学和美学中主要的范畴之一，是一对无所不在的相对面。《易——系辞》称："刚柔相推，变在其中矣。"即各种相对面在其刚柔的推演过程中产生变化。桥梁造型艺术中刚柔的应用表现在形式的运动上。刚有刚的美，柔有柔的美，而刚柔相济是最美的。 (唐寰澄)

刚性吊杆 rigid suspender

下承式和中承式敞口拱桥中为保证拱肋的横向刚度而采用的桥面系悬吊构件。为了取消两片拱肋之间横向联结系以消除过桥人们的压抑感，下承式或中承式拱桥常做成敞口桥，这时所用吊杆须采用刚性的，以便和横梁一道形成一个刚性半框架，给拱肋提供足够刚劲的侧向弹性支承，以承受作用在拱肋上的横向水平力。混凝土肋拱的这种吊杆用钢筋混凝土或预应力混凝土制作，两端的钢筋须牢扣在拱肋和横梁中。

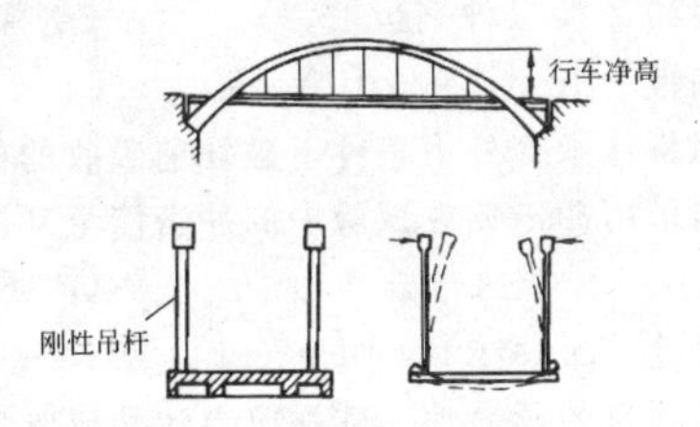

(俞同华)

刚性墩 rigid pier

躯体顺桥向抗推刚度较大，顶部变形甚小的桥墩。制动力和支座摩阻力一般由各墩独立承担。重力式桥墩是典型的刚性墩。 (吴瑞麟)

刚性骨架与塔架斜拉索联合法 rigid skeleton and tower with staying cable combined construction method

利用由劲性材料（如角钢、槽钢等型钢）制成的所谓刚性骨架，作为拱圈内的受力材料，先用塔架斜拉索法把这些钢骨架拼装成拱，以作施工钢拱架，然后现浇混凝土，把这些钢骨架埋置在拱圈（或拱肋）混凝土中，从而形成钢筋混凝土拱的施工拱桥方法。优点是可减少施工设备用钢量，整体性好，拱轴线易于控制和施工进度快，但结构本身用钢量大。1983年辽宁丹东市跨径156m的沙河口桥用此法修建。

(俞同华)

刚性涵洞 rigid culvert

洞顶填土压力作用下洞身变形很小的一种涵洞，如箱形涵洞、拱形涵洞等。作用于洞顶上的压力可等于或大于洞顶回填土土柱的重量。(张廷楷)

刚性基础 rigid foundation

在荷载作用下结构变形很小的基础。一般指厚度和宽度符合基础刚性角要求的明挖基础，如砖石及混凝土大块实体基础；在深基础中的沉井和沉箱基础等。若管桩及管柱的埋入地面或局部冲刷线以下深度 $h \leqslant \frac{2.5}{\alpha}$，由于它们的弹性变形很小，亦可视为刚性基础。式中 α 为土中基础的变形系数，在铁路、公路桥涵设计规程中均有规定。 (邱 岳)

刚性节点 rigid panel point

桁架中相交汇杆件用刚性联结而形成的节点。钢桁梁桥在桁架杆件交汇点常用节点板把杆件刚性地连接起来因而形成刚性节点。由于因节点刚性所引起的次应力仅限于杆端局部，故分析时仍可按铰接桁架来计算杆件内力。混凝土桁架的节点均为刚性节点，因节点刚性而引起的杆端次应力可能甚大，并可能导致混凝土开裂，故需配置节点包络钢筋。混凝土节点处混凝土包块的应力状态甚为复杂，但根据有关资料，其应力值一般不高。 (陈忠延)

刚性梁 rigid girder

组合体系和悬吊体系桥中抗弯刚度大的行车道梁。在刚性系杆的拱式组合体系桥中，又起系杆的作用，故既受弯又承受纵向拉力，是偏心受拉构件。一般设计成钢筋混凝土或预应力混凝土工字形或箱形截面；由于正、负弯矩的绝对值相差很小，故钢筋尽量靠近上、下边缘对称布置。在斜拉桥中，则为压弯构件，常采用预应力混凝土箱梁、结合梁或钢梁的形式。在悬索桥中为弹性支承连续梁，跨径大时一般采用钢桁梁结构。 (俞同华)

刚性梁悬索桥 suspension bridge with stiff girder

一种具有强大桁架式钢梁或箱形截面钢板梁构成加劲梁的悬索桥。这种加劲梁具有强大的抗弯、扭刚度，不仅起分布局部荷载作用，而且与悬索一起组成组合体系承受活载作用，既能提高结构的整体刚

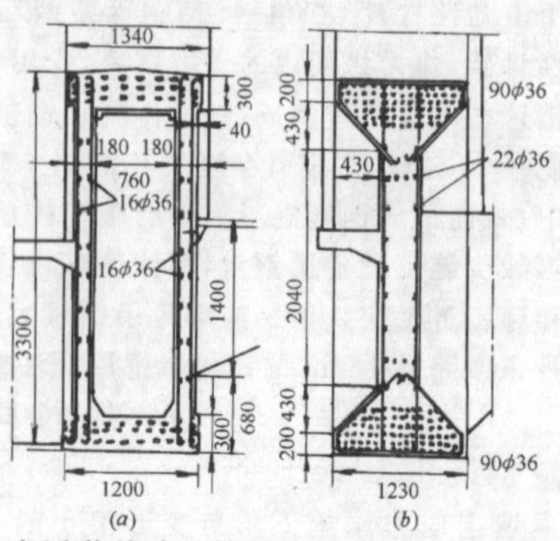

度，减小活载挠度，并具有较高的空气动力稳定性。是现代大跨度悬索桥采用的主要桥型。单跨悬索桥的加劲梁均做成简支的，三跨悬索桥的可做成简支的或连续的，后者还可将悬索直接锚固在加劲梁两端做成自锚式悬索桥。（姚玲森）

刚性桥塔 rigid bridge tower

塔柱与桥墩固结且塔身在顺桥向刚度较大的桥塔。一般在中、小型悬索桥中采用。中国修建的悬索桥塔多采用此种形式。塔顶需设置活动索鞍，使悬索能沿水平方向移动，以避免塔身承受过大的不平衡拉力。（赖国麟）

刚性索斜拉桥 cable stayed bridge with rigid stays

在缆索上外包预应力混凝土构成刚性拉索的斜拉桥。其主要优点是桥梁的整体刚度大，拉索防腐蚀效果好，并能改善拉索的抗疲劳性能。但刚性索施工麻烦，通常只适用于单索或少索体系，这又导致主梁内力大，需要较大的梁高。目前已较少采用。（姚玲森）

刚性系杆 rigid tie

拱式组合体系中联系拱肋两端以平衡水平推力、抗弯刚度远大于柔性拱肋的刚度或与刚性拱肋的刚度相当的结构部分。即刚性系杆柔性拱和刚性系杆刚性拱中的桥道梁（也称刚性梁）。参见系杆（248页）和刚性梁（61页）。（俞同华）

钢板电焊接头 joint by welded steel plate

相邻构件安装就位后，在预先与受力钢筋焊连在一起的相邻钢板上，加焊盖接钢板使之连成整体的接头形式。这种接头强度可靠，施工快速，焊连后能立即承受荷载。缺点是工地焊接工作量大。（何广汉）

钢板拱桥 steel solid rib arch bridge

拱肋为实腹板拱的钢拱桥。这种桥梁外形美观，适用于跨度在200m以下的公路和城市桥梁，当跨度过大时，拱肋截面积剧增，致使制造、运输和架设均较困难。由于它的刚度较小，铁路桥较少采用。（伏魁先）

钢板梁 steel plate girder

用轧制型钢拼接而成的工字型截面梁式承重结构。上下翼缘一般用角钢或角钢加盖板，腹板用垂直钢板。为防止腹板压屈，在腹板两端和中部设置垂直加劲肋，必要时还须设置水平加劲肋。钢件的连接一般采用铆接、栓接或焊接。桥梁上常用两片或多片板梁组成钢板梁桥。（陈忠延）

钢板梁桥 steel plate girder bridge

桥跨结构用钢板、钢板条与角钢组合成大梁的桥梁。根据桥面位置，分上承式和下承式，前者构造简单，较省钢料，运输与架设也较方便，是这类梁式桥中用得较多的一种；后者具有较小的建筑高度，容易满足桥下净空的要求，并可降低桥头线路标高，从而减少桥头线路的工程数量。钢板梁桥以前采用较多，为了节省钢材，现多用预应力混凝土梁桥代替。（伏魁先）

钢板翘曲 buckling of plate

理想平板在临界力作用下丧失稳定，出现离开板平面的鼓曲现象。按翘曲时临界应力的大小划分，有弹性翘曲和弹塑性翘曲。钢板梁和钢压杆的翼缘板和腹板都可看作理想平板，若整个构件未丧失总体稳定而其一部分板件发生翘曲而失稳，则称构件局部失稳。由于钢板不免带有不平整等各种初始缺陷，故实际上钢板的鼓曲随应力的增长而增长，不出现突然失稳的平衡分叉现象。（胡匡璋）

钢板桩 steel sheet pile

由带锁口的热轧型钢构成的用于修筑围堰的构件。由于型钢的强度大，它能承受施工时猛烈的锤击或振动，克服土的阻力达到较深的位置。它的锁口的防水性能很好，可根据设计和施工的需要修筑成各种类型的钢板桩围堰。这种围堰适用于砂类土、半干硬粘性土、碎石类土以及风化岩等地层。常用的有U型、平型和Z型三种钢板桩。（赵善锐）

钢材的韧性 ductility of steel

为钢材在承受外力条件下破坏前吸收的机械能量。我国采用冲击韧性试验中的冲击能量来衡量。（胡匡璋）

钢材的塑性 plasticity of steel

又称钢材的延展性。软钢应力达到屈服强度以后，在应力不增长的情况下变形却继续增长而不立即断裂的性能。常用静力拉伸试验中的延伸率和断面收缩率来衡量，是钢材重要的机械性能之一。这一段变形称为流幅或屈服台阶，其延伸率可达1%～2%。这种性质，可使钢构件中不均匀分布的应力在达到屈服强度后趋于均匀。（胡匡璋）

钢材硬度试验 steel hardness test

测定钢材表面上局部体积内抵抗变形或破裂的

能力以判定钢材软硬程度的试验。常用布氏法和洛氏法。布氏硬度试验机原理是将直径为 D 毫米硬度不低于 HV850 的钢球，用 $P=-94D^2$（或 $98D^2$）N 的力压入试件，试件表面留有球面压痕。以此钢球压痕球形面积所承受的平均应力表示硬度。布氏法较准确，但压痕较大，不适宜成品检验。洛氏法是根据压头压入试件的深度表示硬度，压痕很小，常用于判断工件热处理效果。（崔 锦）

钢沉井 steel open caisson

以钢板作为内外壳，型钢作为骨架拼焊而成的、可作为构筑物基础的井筒结构。具有安装方便、施工快、强度高、刚度大、自重轻等特点，常用于制造浮式沉井。下沉完毕后，在永久结构井壁内填满混凝土或用预填骨料压装混凝土。（邱 岳）

钢沉箱 steel pneumatic caisson

以钢板作内外壳，型钢作骨架拼焊而成的气压无底箱形结构。它比其他材料者问世较早。主要用于浮运下沉，下沉时，先在空心箱壁部位填充混凝土，再填充顶盖壳体，形成实体结构。由于它消耗钢材量过大，成本过高，后来逐步为钢筋混凝土所代替。但常用于重复使用的可撤式沉箱，这样较为经济。

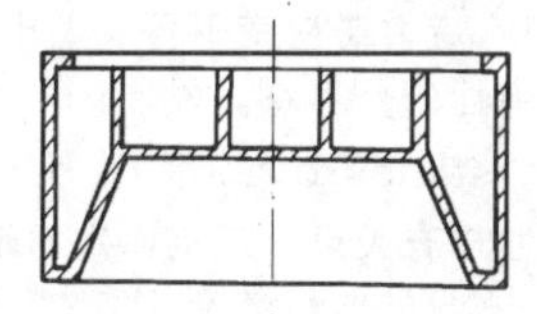

（刘成宇）

钢的脆断 brittle fracture of steel

钢材在静载或加载次数不多的重复荷载作用下，无明显变形的突然断裂。这种现象是由于晶粒被拉裂的结果。断口的大部分呈现闪光的晶粒状，断裂的速度极快（可达 1800m/s），破坏前变形很小，是一种很危险的破坏形式，必须加以避免。发生这种现象的根本原因是存在复杂的三维应力和局部应力高峰，使晶粒中的拉应力首先达到其抗拉极限强度所致。化学成分不好，可焊性差和韧性差的钢材在低温、快速加载等不利条件下有可能发生脆断。

（胡匡璋）

钢的塑性断裂 plasticity fracture of steel

又称钢的韧性断裂。钢材经过显著塑性变形然后发生的断裂。这种现象是由于晶粒内部在剪应力作用下发生相对位移（剪切应变）并首先达到其极限值的结果。破坏前出现颈缩现象，断口中部呈晶粒状，而四周（颈缩时发生滑移部分）则呈纤维状，色泽灰暗，由于破坏前出现明显的塑性变形，故人们能及时觉察并采取措施而不致发生突然性事故。

（胡匡璋）

钢拱桥 steel arch bridge

上部结构用钢材建造的拱桥。大跨度钢桥的一种类型，较钢梁桥省钢，跨越能力亦较大，但构造较复杂。按桥面位置一般可分上承式桥、中承式桥和下承式桥。按设铰的数量可分三铰拱桥、两铰拱桥和无铰拱桥。三铰钢拱桥的拱顶设有铰，致使桥面不平顺，故很少采用。常用的钢拱桥为两铰拱和无铰拱，均为超静定结构，要求建于地质条件良好的桥址处。

（伏魁先）

钢管拱桥 steel tubular arch bridge

用钢管做拱肋的钢拱桥。其优点为：可以减小风荷载，抗风性能较好；选用薄壁圆形截面钢管做拱肋，可以省钢，并可浮运架设。适用于风速大的地区的桥梁。（伏魁先）

钢管桁架桥 steel tubular truss bridge

用钢管做主要受力杆件的桁架桥。优点是挡风阻力较小，可减小设计风载，但节点构造较复杂。

（伏魁先）

钢管柱 steel tubular column

由大直径钢管构成的管状构件。其管壁薄，自重轻，强度高，耐冲击。一般分段预制，在工地拼接，施工甚为方便。当其沉入土中后，可以根据需要填充或不填充混凝土。（刘成宇）

钢管桩 steel pipe pile

由一根圆形钢管构成的钢桩。可采用焊接管或无缝管，其外径即桩的直径，以往工程中采用的约为 150～1600mm，壁厚约 5～15mm。原则上外径小则壁厚也小，反之则壁厚大。同一根桩，可以根据受力分段采用不同的壁厚和力学性质不同的钢材。沉入时，下端可以是开口的，若桩径不大，沉入不深者，也可焊接厚钢板或桩尖使之封闭。闭口沉入者一般具有较高的轴向受压承载力。沉入后常用混凝土将管内填实，以提高桩的强度和刚度。（夏永承）

钢轨桩 rail pile

由钢轨构成的钢桩。可以采用单根钢轨，但更多的是用 2 或 3 根同型号的钢轨组合焊接而成。当为 2 根时，二者的轨顶或轨底相对焊接；若为 3 根，可将三者的轨顶或轨底相连，焊接成等边三角形。这种桩一般只在特殊情况（例如工程抢修时）下采用。

（夏永承）

钢桁架拱桥 steel trussed arch bridge

拱肋为桁架拱的钢拱桥。其承载能力与竖向刚度均比钢板拱桥大，但构造较复杂。适用于跨度大于 200m 的公路和城市桥梁，也可用于铁路桥梁。

（伏魁先）

钢桁架桥 steel truss bridge

泛指桥跨结构为桁架结构的钢桥。包括钢桁梁桥和钢桁架拱桥。亦有专指桥跨结构为桁架结构的

梁式钢桥，即钢桁梁桥。（伏魁先）

钢桁梁桥 steel trussed girder bridge

桥跨结构为钢桁梁的桥梁。钢桁梁的主桁一般由上弦、下弦和腹杆组成，构件之间采用铆钉或高强螺栓或焊接连接，这种桥梁是目前广泛使用的大、中跨度的一种桥梁。按桥面位置可分上承式桥、中承式桥和下承式桥，此外，还有采用双层桥面的双层桥。半穿式钢桁梁桥又称敞口钢桥。是一种特殊的下承式钢桁梁桥，它的承载能力较低，跨越能力较小，构造较复杂，仅当桥上净空要求甚高或桥面甚宽不便于设置上平纵联时才考虑采用。（伏魁先）

钢键 steel key

键结合中用钢做成的键。通常有棱柱形键和环式键两种。（陈忠延）

钢绞线 strand

由若干根预应力钢丝(大多数都经过冷加工)扭结而成的一种高强预应力束。用得最多的是由 6 根钢丝围绕着 1 根直径稍大的芯丝扭结而成的 7 股钢绞线。它较柔软，操作方便，适用于先张法、后张法施工。疲劳强度低于同类的钢丝。经过模拔，外径有所减小，在同样直径的预应力筋管道中，可使张拉吨位提高。但在先张法中，由于和混凝土的接触面积减小，致使粘结力有所降低。（何广汉）

钢绞线爬升器 wire strand climber

用钢绞线作为起重吊杆的爬升器。其构造与工作性能和方钢爬升器类似。以张拉预应力筋通用的穿心式千斤顶为主体，增设夹具操纵装置。钢绞线从千斤顶中心穿过，利用千斤顶和夹具动作的配合，使钢绞线向上爬升。为增加起重能力，可同时并用多根钢铰线。（唐嘉衣）

钢绞线索 cable with stranded wires

一般由 7 根、19 根或 37 根钢绞线绳平行捆扎而成的钢索。每根钢绞线绳是采用高强钢丝共芯复捻制成，其截面组成 7×19、7×37 或 7×61 等，也即用 6 根钢绞线共一钢绞线芯捻成，而每根钢绞线则按需要采用 19、37 或 61 根 ϕ2.5～5.0mm 的高强钢丝捻成。与此不同的螺旋钢丝绳是采用单捻制成，然后按 7 根、19 根、37 根或 61 根等平行捆扎而成螺旋钢丝绳索。钢绞线索比螺旋钢丝绳索柔软，受拉时弹性模量较低，约为 (1.4～1.8) $\times 10^5$MPa，并产生非弹性变形，在使用前需进行预拉。仅用作较小跨径悬索桥的主索和大跨径悬索桥的吊索。为防止钢丝锈蚀，可采用镀锌钢丝，在索截面的空隙中填以红铅油、地沥青，也可在钢索外加一层柔性或刚性的防护索套。（赖国麟）

钢结合梁斜拉桥 cable-stayed bridge with composite girder

又称钢叠合梁斜张桥或钢叠合梁斜拉桥。桥跨结构由钢结合梁与斜向拉索组成的斜拉桥。钢结合梁由钢梁与钢筋混凝土桥面板组合而成，两者之间须设置抵抗剪力的抗剪器，以保证梁和板的共同受力。安装时先架设钢梁和斜拉索后安装桥面板，较预应力混凝土梁轻，建筑高度小，跨越能力大，施工速度快。1986 年建成的加拿大安纳西斯 (Annacis) 桥，主跨达 465m 是当时世界上这种桥梁的最大跨度。中国 1991 年建成的上海黄浦江南浦大桥，主跨 423m；1993 年建成的上海杨浦大桥，主跨 602m，此跨度在当时此种桥梁中居世界第一位。（袁国干）

钢筋包辛格效应 Bauschinger effect of steel

在钢筋反复拉压试验中，进入塑性区后反向加载出现的软化现象。其表现在应力-应变曲线图（参见钢筋的应力-应变曲线，65 页）上远低于初始加载的屈服强度时就成为非线性的。它主要受前期加载历史的影响，时间和温度也有一定的关系。（熊光泽）

钢筋比例极限 proportional limit of reinforcement

钢筋应力与应变成正比的极限应力值。当应力超过此极限值后，应力与应变不再成正比。它是钢筋从弹性变到非弹性的分界点。（熊光泽）

钢筋标准弯钩 standard hook of bar

形状和尺寸按有关设计规范而定的钢筋端部用于锚固的弯钩。按《铁路桥涵设计规范》规定，光面圆钢筋的端部半圆形弯钩的内径和直钩的半径均不得小于 2.5ϕ (ϕ 为钢筋直径)，并在钩的端部留一长度不小于 3ϕ 的直段。不同规范对标准弯钩有不同的尺寸规定。（何广汉）

钢筋除锈机 derusting machine for reinforcing steel

清除钢筋表面锈垢的机械。分为轮刷式和砂箱式两种。轮刷除锈机用钢丝轮刷刷锈。砂箱除锈机使钢筋通过砂箱，利用钢筋与砂粒的摩擦除锈。钢筋在冷拉、冷拔、调直的过程中也能取得除锈的效果。（唐嘉衣）

钢筋搭接 lap splice

以叠置一段长度使钢筋互相连接的一种方式。一般采用铁丝绑扎或焊接，且应满足最小搭接长度的要求。对于光面钢筋，在端头还须设置弯钩，变形钢筋则可不设弯钩。受力钢筋当直径 $\phi>25$mm 时，不宜采用搭接接头。对轴心受压和偏心受压柱，当 $\phi\leqslant 32$mm，仍可采用搭接接头，但接头位置应在受力较小处。（何广汉）

钢筋的锚固 reinforcement anchorage

钢筋在混凝土中的粘结传力状态。钢筋在任何混凝土构件截面以远须留出足够的长度，使能发挥其与混凝土间的必要的粘结力，借以获得锚固。锚固方式分直筋锚固和弯筋（包括弯钩）锚固两种。《铁路桥涵设计规范》规定，对于光面钢筋，半圆形弯钩和直钩分别相当于15ϕ(ϕ为钢筋直径）和8ϕ长直段的粘结力。（何广汉）

钢筋的弯起 bending-up of flexural reinforcement

为承担剪力而将纵向受力钢筋部分弯起的配筋布置。钢筋弯起时应使各起弯点与构件的弯矩包络图相适应，即各截面未弯起的纵向钢筋足以抵抗该处的弯矩。弯曲钢筋对混凝土的径向压力是与钢筋应力成正比而与弯曲半径成反比的。为避免混凝土劈裂，应根据钢筋的强度限定其弯曲半径。

（何广汉）

钢筋的应力-应变曲线 stress-strain curve of reinforcement

钢筋在单调拉伸荷载作用下应力和应变的关系图。它由四部分组成：初期的线弹性段，屈服台阶，应变强化段，应力下降到断裂。冷加工的高强钢筋没有明显的屈服台阶。设计时常采用理想化的双直线、三直线或直线段加曲线段等图形。

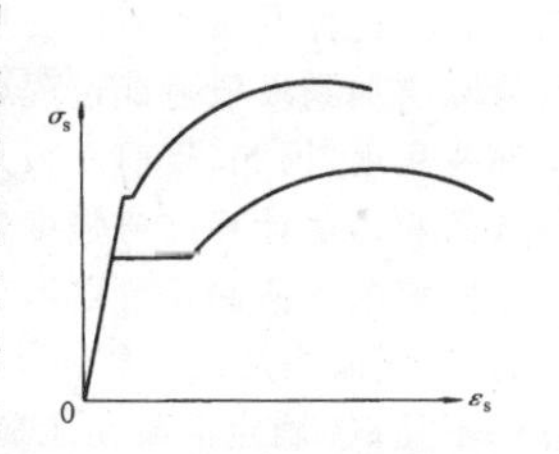

（熊光泽）

钢筋点焊机 spot welder for reinforcing steel

利用电流通过交叉重叠的钢筋产生电阻热使交叉点局部烧熔，在压力下进行焊接的机械。由机架、变压器、上下电极、压力传动装置、冷却系统组成。分为单头式和多头式两种。主要用于焊接钢筋网和钢筋骨架。（唐嘉衣）

钢筋对焊机 butt welder for reinforcing steel

利用钢筋端面的接触电阻和钢筋本身的电阻，使金属烧熔进行焊接的机械。由机架、变压器、两端电极、压力传动装置、冷却系统组成。工作时，将钢筋分别夹在两端电极上，接通电流后使钢筋端面接触。强大的短路电流在接触面受阻而产生高温，将钢筋端面熔化，在施加的轴向压力下焊成一体。主要用于钢筋的接长。其工效高，耗能少，能节约材料。

（唐嘉衣）

钢筋骨架 rebar skeleton, reinforcement skeleton

由主梁纵筋、箍筋和架立筋等连接成一体的笼架。混凝土构件的钢筋骨架，可就地在模板内绑扎或焊接而成，也可预先制就，整体移入模板内，以加快施工。（何广汉）

钢筋滚丝机 threading machine for reinforcing steel

在常温下对光面钢筋滚轧螺纹的机械。两个装有滚丝模的主轴，在电力传动下作同向同步转动。利用液压驱动使两个主轴挤拢，将钢筋端部轧出螺纹，制成可用螺母锚固的预应力钢筋。（唐嘉衣）

钢筋焊接接头 welded splice of reinforcement

借助电焊连接钢筋的一种方式。钢筋焊接可以采用接触对焊（闪光对焊）、帮条电弧焊和搭接电弧焊。直径10mm以上的钢筋，应优先采用闪光对焊接头。接头处的毛刺及卷边应去掉并打磨，以提高疲劳强度。帮条电弧焊和搭接电弧焊的焊缝长度应随钢筋等级而异。（何广汉）

钢筋混凝土T型刚架桥 reinforced concrete T-frame bridge

由钢筋混凝土梁式上部结构与桥墩固结呈T型刚架的桥梁。两相邻T形刚架的悬臂端，可用铰相联，但构造复杂，一般是于其间加设悬挂梁相连。这种桥梁，由于梁部与桥墩固结，当采用预应力钢筋时，可采用平衡的*悬臂拼装法*或*悬臂浇筑法*施工，不影响桥下通航或交通，与一般*钢筋混凝土梁桥*相比，跨径较大，但构造要复杂些。（伏魁先）

钢筋混凝土薄壁墩 reinforced concrete thin-walled pier

墩身为钢筋混凝土薄壁构造的桥墩。截面型式有一字形、工字形、箱形、圆形等。在预应力混凝土连续梁桥中，为了减小连续梁支点负弯矩，可在同一桥墩基础上顺桥向做成双壁形式，称双壁式桥墩。

（吴瑞麟）

钢筋混凝土沉井 reinforced concrete open caisson

在全部高度或者第一节高度内用钢筋混凝土建成的、可作为构筑物基础的下沉井筒。这种结构可分为陆地上施工及浮运两种：前者常用的方法是就地灌筑，取土下沉；后者是用*装假底浮式沉井*，也常用钢制底节浮式沉井上接钢筋混凝土井壁，混合使用。在制造上也可将井壁及隔墙做成装配式，分块预制，工地拼接。（邱　岳）

钢筋混凝土沉箱 reinforced concrete pneumatic caisson

以钢筋和混凝土作为主要建筑材料进行水下作业的气压无底箱形结构。若为就地建造下沉者，多把顶盖和箱壁制成实心的；若为浮运下沉者，则顶盖和侧壁均可砌成空心的，参见*空心沉箱*（141页）。侧壁刃脚底面应护以角钢或槽钢。这类结构出现于20

世纪初，与钢结构相比，可节约钢材30%～40%，同时能保持足够强度、刚度和气密性，又易浇灌成任意几何尺寸，目前用得最为普遍。（刘成宇）

钢筋混凝土刚架桥 reinforced concrete rigid frame bridge

用钢筋混凝土材料建造的刚架桥。其梁部与支柱（墩台）连成整体，在竖向荷载作用下，跨中梁部的弯矩得以减小，桥梁建筑高度因而很小，常用作跨线桥，与钢筋混凝土简支梁桥相比，具有外形尺寸小、桥下净空大、桥下视野开阔和混凝土用量少等优点；其缺点是钢筋用量较多，构造和施工均较复杂，且基础造价较高。自预应力混凝土结构出现后，这种桥梁益显得弊多利少，目前已逐渐被淘汰。（伏魁先）

钢筋混凝土拱桥 reinforced concrete arch bridge

上部结构用钢筋混凝土建造的拱桥。分实腹式和空腹式两种，前者构造简单，后者自重轻，跨度大。与钢筋混凝土梁桥相比，能充分利用混凝土的抗压强度高的特性，跨越能力大，能节省钢材，且外型美观，但构造与施工均较复杂，适用于地质良好的桥位处。（伏魁先）

钢筋混凝土构件的抗力 resistance of reinforced concrete member

钢筋混凝土构件抵抗外力的能力。通常指构件的承载能力，如抗压强度、抗弯强度、抗剪强度、抗扭强度等。影响结构构件抗力的因素主要为材料性能、几何参数以及计算模式的精确性等。它们都受许多不定因素的影响，均属随机变量，所以抗力的合理计算应以可靠性理论为基础，应用概率统计分析的方法。我国结构设计统一标准采用的基本变量及其分项系数表达的设计抗力函数式为

$$R_d = f\left(\frac{f_{yk}}{\gamma_s}, \frac{f_{ck}}{\gamma_c}, a, \cdots\right) = f(f_y, f_c, a, \cdots)$$

式中，f_{yk}、f_{ck}分别为钢筋和混凝土的标准强度；γ_s、γ_c分别为钢筋和混凝土的材料分项系数；f_y、f_c分别为钢筋和混凝土的设计强度；a为截面几何尺寸。（李霄萍）

钢筋混凝土构件剪力破坏 shear failure of reinforced concrete member

剪力作用为主的破坏形式。在梁、柱、墙、板及托架等构件中都可能发生，构件不同，荷载不同，破坏模式及裂缝形状也不同。一般均属脆性破坏，故在设计中应尽量避免剪力控制。（车惠民）

钢筋混凝土构件抗剪强度 shear strength of reinforced concrete member

钢筋混凝土或预应力混凝土构件承受剪力的极限能力。剪力很少单独作用，剪力破坏实质上是剪力和弯矩共同作用的结果，有时还伴有轴向力或扭矩。破坏时截面与构件纵轴斜交，故又称斜截面强度。它和抗弯强度不同，破坏机理十分复杂，截面尺寸和形状，箍筋布置，纵筋用量及锚固情况，以及荷载种类等都对它有影响，因此目前仍多采用根据试验数据统计分析得到的半经验半理论的公式计算。而且各国规范差别较大，一般采用桁架模型计算箍筋抗剪强度。以压力场理论为基础的变角桁架计算模型也已逐渐纳入有关设计规范。（车惠民）

钢筋混凝土构件抗弯强度 flexural strength of reinforced concrete member

构件正截面即将破坏时承受荷载弯矩的能力。它的大小由截面形状、材料性能、配筋率大小等因素决定。其计算方法初期是采用根据试验破坏荷载求得的经验公式。1900年前后建立了以弹性理论为基础的容许应力法，该法计算简便，可以满足正常使用要求，但这种方法并不能反映出钢筋混凝土梁在使用荷载增加到极限荷载过程中的真实受力状态和安全储备程度。因此，目前一般采用以塑性理论为基础的极限状态法计算抗弯强度，并采取四项基本假定：①弯曲前的平截面在弯曲后仍保持平面；②钢筋的应力-应变曲线是已知的；③混凝土的抗拉强度可以忽略不计；④确定混凝土压应力大小及分布的应力-应变曲线是已知的。通常，把已知的材料的应力-应变曲线加以理想化，按应变协调原则进行计算。（李霄萍）

钢筋混凝土管柱 reinforced concrete tubular colonnade

以钢筋混凝土为主要材料预制而成的大直径管状薄壁开口构件。在我国常用的管径为1.55m、3.00m和3.60m。壁厚为0.10～0.14m，管节长为3～9m。可以在工地立模灌制，或在工厂用离心制桩法制造。由于混凝土抗拉性能低，易于在起吊和震沉过程中开裂，近来逐渐为预应力混凝土管柱和钢管柱所代替。（刘成宇）

钢筋混凝土管桩钢刃脚 steel cutting edge of reinforced concrete pipe-pile

设置于钢筋混凝土管桩下端，沉桩时能切入土中的钢制圆筒形构件。用钢板焊接而成，其内径与管桩的相同，外侧沿桩轴方向有加劲肋；一端焊有法兰盘，用螺栓与桩身连接。沉桩时具有减小阻力，保护管桩的作用。（夏永承）

钢筋混凝土管桩接头法兰盘 joint flange for joining the pipe-pile sections

设置于钢筋混凝土管节两端的盘状连接装置。其外径与管桩的相同，内径比管桩的小；一钢筒与之

垂直并焊在一起，桩内主筋与该钢筒焊接。在工地用螺栓或电焊把相邻接头连在一起，使管节连成整体，或接预制桩尖。接头通常按与桩身强度相等的原则设计。（夏永承）

钢筋混凝土桁架拱桥 reinforced concrete trussed arch bridge

上部结构用钢筋混凝土建造的桁架拱桥。是一种具有水平支承反力的桁架结构。下弦呈拱形；上弦为水平，与桥面系结构组成整体；桁架结构的跨中部分则做成实腹段。与简支钢筋混凝土梁桥相比，自重较轻，跨度较大，可节省建筑材料，但对地基承载力和施工工艺与设备，均要求较高，且靠近结点的杆件容易产生裂缝，影响耐久性，增加维修和养护工作。这种桥梁只用于公路桥梁，适用跨径一般为 20～50m。（伏魁先）

钢筋混凝土铰 reinforced concrete hinge

又称弗莱西奈式铰、混凝土铰或不完全铰。钢筋混凝土结构的两部分之间用缩小的截面联系使能互相转动的铰。例如在跨径不大的拱圈或腹拱圈中有时用它作为拱铰，在刚架桥中用它作支承。由于截面急剧地减窄，使支承截面处能转动，因而起到铰的作用。在减窄的截面内，为承受纵向力和抵抗剪力，须配交叉钢筋。

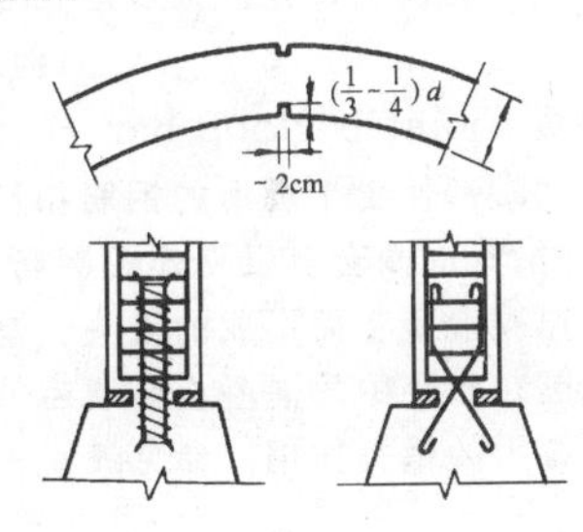

（俞同华）

钢筋混凝土块护底 RC block protective covering for river bed

在桥下河床全宽或部分孔径范围内，用钢筋混凝土块铺砌河床表面，使墩台基础不受洪水冲刷的防护措施。是浅基桥梁整孔防护方法之一。这种方法只有在河床稳定、孔径有富余的情况下才有效。用于枯水期水位不深便于施工之处。（谢幼藩）

钢筋混凝土梁桥 reinforced concrete beam bridge

用抗拉的钢筋和承压的混凝土复合建成的梁式桥。在竖向荷载作用下，这种桥的支承处不产生推力，与钢筋混凝土拱桥相比，虽然跨越能力较小，但构造简单，施工方便，如做成静定结构，对地质的适应性较强。其缺点为自重大、混凝土不能抗拉易产生裂缝，若就地施工，工期较长，支架和模板木料的耗损量亦较大，故只适用于中、小跨度的桥梁。（伏魁先）

钢筋混凝土桥 reinforced concrete bridge

又称普通钢筋混凝土桥。桥跨结构采用钢筋混凝土建造的桥梁。1875～1877 年法国莫尼耶(Monier)建造了第一座钢筋混凝土人行拱桥，跨度 16m。约于 1890 年以后才出现较多的钢筋混凝土桥。最初多为以承压为主的拱桥，随后才发展成以混凝土承压、钢筋受拉的梁式桥和刚架桥等体系。这种桥梁，砂石骨料可就地取材，维修简便，行车噪声小，使用寿命长，并可采用工业化和机械化施工，与钢桥相比，钢材用量与养护费用均较少，但自重大，对于特大跨度的桥梁，在跨越能力与施工难易度和速度方面，常不及钢桥优越。（伏魁先）

钢筋混凝土套箍压浆 grouting within a reinforced concrete hoop

一种修复或加固墩台时，在有裂缝或空洞的圬工结构外面，先浇一圈钢筋混凝土套箍，再向其内压注水泥（砂）浆的方法。这种做法可防止浆液流失。（谢幼藩）

钢筋混凝土柱的二次效应 second order effect of reinforced concrete column

在偏心的轴向压力引起纵向弯曲的情况下，偏心距由 e_0 增大到 $e=e_0+\Delta$，最大弯矩增加到 $P\times(e_0+\Delta)$ 的现象。故又称为 $P\Delta$ 效应或二阶效应。$P\Delta$ 称为二次弯矩或附加弯矩，当长细比较大时其影响十分显著。设计中常采用偏心矩增大系数法，但长细比很大时，则应采用考虑变形影响的二阶分析法。（王效通）

钢筋混凝土柱的抗压强度 compressive strength of reinforced concrete column

承受轴向压力的钢筋混凝土构件的承载能力。由于混凝土收缩徐变的影响，在荷载作用下压杆中钢筋和混凝土的应力不断变化，但其极限承载力不受加载历程的影响，故可根据材料的极限抗压强度计算。现已不用检算应力的方法校核抗压强度。对于具有螺旋钢筋的柱，还可以考虑临近破坏时螺旋筋的横向约束作用能提高核心混凝土的抗压强度。从压杆失稳考虑，柱按长细比可分为长柱和短柱，长细比是构件的计算长度对相应的回转半径之比，其界限值见有关设计规范。长柱应计算纵向弯曲对承载力的影响，短柱可以不考虑稳定问题。（王效通）

钢筋混凝土柱的临界压力 critical buckling load for reinforced concrete column

理想的中心受压直杆所能承受压力的临界值 N_{cr}。用欧拉公式表示，$N_{cr}=\pi^2EI/l_0^2$。式中：E 为受压弹性模量（MPa）；I 为全截面惯性矩（m^4）；l_0 为压杆计算长度（m）。考虑到构件破坏时，受压区混凝土已发生非弹性变形，受拉区混凝土开裂，按弹性理论计算临界压力显然过大，应乘以小于1的刚度修正系数 α，故钢筋混凝土柱的临界压力值为 $\alpha\pi^2EI/l_0^2$。柱的计算长度 l_0 应按两端支承情况及柱长 l 确定。（王效通）

钢筋混凝土柱的偏心距增大系数 eccentricity magnification factor for reinforced concrete column

又称钢筋混凝土柱弯矩增大系数或钢筋混凝土柱挠度增大系数。反映二次效应（即二阶弯矩）时承载力影响的系数。在偏心的轴向压力作用下，柱发生纵向弯曲，使初始偏心距增大到 $e=e_0+\Delta=\eta e_0$，$\eta=1+\frac{\Delta}{e_0}$ 即偏心距增大系数。其基本表达式是从弹性稳定理论近似推导求得，即 $\eta=1/(1-KN/Ncr)$。式中 KN 为按强度计算的破坏荷载；Ncr 为按欧拉公式计算的临界荷载。考虑钢筋混凝土柱的材料性能及其在偏心压力作用下的实际变形情况，根据试验结果的统计分析得出计算 η 值的经验公式。目前我国各设计规范采用的表达式虽不相同，但都反映了偏心距和长细比的影响。（王效通）

钢筋混凝土柱的稳定验算 stability verification of reinforced concrete column

对长细比大的轴心受压构件，考虑可能因丧失纵向稳定而使其承载能力低于材料强度的验算方法。我国规范用稳定系数（又称纵向弯曲系数）Φ 计入此项因素，故轴心受压构件的正截面强度计算公式为：

$$N \leqslant \Phi(f_cA + f'_yA'_s)$$

其中，f_c 为构件混凝土的抗压设计强度；f'_y 为纵向钢筋的抗压设计强度；A 为混凝土截面面积；A'_s 为纵向钢筋截面面积。柱的稳定也可按极限状态时曲率确定的附加偏心距 e_{add} 验算，根据英国标准 BS5400

$$e_{add} = \left(\frac{h}{1750}\right)\left(\frac{l_e}{h}\right)^2\left(1 - 0.0035\frac{l_e}{h}\right)$$

式中 l_e 为柱的最大有效长度；h 为对应于验算轴的截面高度。无偏心弯矩时，则应计入最小初始偏心距 0.05h。（王效通）

钢筋混凝土柱的纵向弯曲系数 coefficient of buckling for reinforced concrete column

又称钢筋混凝土柱的稳定系数。参见钢筋混凝土柱的稳定验算。钢筋混凝土长柱长细比对其承载能力的影响，我国规范考虑采用小于1的纵向弯曲系数 Φ，Φ 值为：$l_0/b=8\sim34$ 时，$\Phi=1.177-0.021l_0/b$；当 $l_0/b=34\sim50$ 时，$\Phi=0.87-0.012l_0/b$。（王效通）

钢筋混凝土组合体系桥 reinforced concrete combined-system bridge

又称钢筋混凝土联合系桥。主要承载结构系采用两种简单结构体系组合成的钢筋混凝土桥，如梁与拱、梁与桁架、梁与悬索组成的桥梁。分无推力结构与有推力结构两大类，前者包括下弦为刚性连续梁的桁架结构和梁与拱组成的结构，其中由柔性梁和刚性拱组成的称系杆拱桥，由刚性梁和柔性拱组成的称朗格尔梁桥；后者常用的为在刚性简支梁下部用柔性拱加强的组合体系桥。这种桥梁与钢筋混凝土梁桥相比，其跨越能力较大，跨度可达100m左右，但构造较复杂。（伏魁先）

钢筋极限强度 ultimate strength of reinforcement

又称钢筋抗拉强度。钢筋拉伸试验时，应力-应变曲线顶点所对应的应力。它等于钢筋断裂前的极限荷载除以钢筋截面积的名义拉应力。（熊光泽）

钢筋接头 splicing of reinforcement

两段钢筋的连接或接长。分搭接、焊接和套筒连接三种。搭接除不适用于轴心受拉和小偏心受拉构件外，可用于直径 $\phi\leqslant$25mm 的受力钢筋，但应满足最小搭接长度的规定。$\phi>$10mm 的钢筋宜优先采用闪光对焊接头。钢筋接头位置应按规定相互错开。（何广汉）

钢筋扣环式接头 joint by loop bar

从相邻块件端部伸出半圆形的钢筋扣环，互相搭叠成圆环，并沿其周圈套上发夹式短钢筋，再在块件接缝内灌筑速凝混凝土而形成的接头。是湿接头的一种。被包围在扣环中的混凝土结硬后就起传递接头两边主筋拉力的销钉作用。参见混凝土湿接头（113页）。（何广汉）

钢筋冷拔机 cold extruding machine for reinforcing steel and wire

在常温下强力牵引钢筋通过拔丝模孔进行冷拔的机械。适用于将直径6～10mm Ⅰ级钢筋，冷拔成3～5mm的低碳钢丝。拔丝模用硬质合金或碳化钨制作，模孔直径比钢筋小0.5～1mm。冷拔加工能提高其抗拉强度。（唐嘉衣）

钢筋冷镦机 cold upsetting machine for reinforcing steel and wire

在常温下利用压模将钢筋或钢丝的端头镦粗的机械。分为机械与液压两种。液压冷镦机工作原理：液压缸推动夹具夹紧钢筋或钢丝颈部，并使镦头压模前移，将钢筋或钢丝的端部挤压镦粗。主要用于制作预应力筋的镦头锚。（唐嘉衣）

钢筋冷拉机 cold drawing machine for reinforcing steel

在常温下用超过屈服点的应力拉伸钢筋的机械。分为卷扬机和阻力轮两种型式。用卷扬机通过滑车组，可冷拉各种直径的钢筋。用强行牵引钢筋通过阻力轮进行冷拉，仅适用于8mm以下的钢筋。冷拉加工能提高钢筋的屈服强度。（唐嘉衣）

钢筋冷弯试验 bend test of bars

检定钢筋承受规定弯曲程度的弯曲变形性能，并显示其缺陷。常用设备为压力机、全能试验机或圆口老虎钳等。弯曲程度通过试件被弯曲的角度和弯心直径对试件直径的比值来区分。试件的弯曲处不发生裂纹、裂断或起层等现象，则冷弯性能合格。利用台钳进行简易试验时，将钢筋人工冷弯180°，如无发现上述现象，表明钢材塑性较好。（崔 锦）

钢筋冷轧机 reinforcing steel roll-squeezer

在常温下用轧轮将光面钢筋两个相互垂直面交替轧扁，制成冷轧变形钢筋的机械。冷轧加工能提高钢筋强度和钢筋与混凝土的粘结力。（唐嘉衣）

钢筋疲劳强度 fatigue strength of reinforcement

钢筋在重复荷载作用下的强度。它决定于应力变化范围和荷载循环次数，还和构件中钢筋的构造细节有关。参见疲劳强度（177页）。（熊光泽）

钢筋疲劳强度试验 test for fatigue strength of reinforcing steel

测定各类钢筋在重复荷载作用下，不同应力比ρ（$\rho=\sigma_{min}/\sigma_{max}$），不同应力变程值（$\Delta\sigma=\sigma_{max}-\sigma_{min}$）相应$2\times10^6$次（或$10^7$次）循环次数钢筋疲劳强度的试验方法。一般有两种方法，一是直接在疲劳试验机上做单根钢筋轴拉疲劳试验。一是将钢筋埋入混凝土构件中做构件疲劳试验确定钢筋疲劳强度。钢筋或钢丝试件长度不少于30倍或100倍直径再加两个锚具长，钢绞线试件在夹具间长度至少为8倍捻距，频率以200～600次/min为宜。如果用高频试验机试验则结果偏高。对某种钢筋根据试验数据，用数理统计分析，建立应力变程与疲劳循环次数的$S-N$曲线，可确定200万次或1000万次重复荷载下的疲劳强度或应力变程限值。对于具有焊接接头钢筋，其疲劳强度比母材低，可用上述方法进行试验，以确定接头疲劳强度。（崔 锦）

钢筋强度标准值 standard value of reinforcing steel strength

钢筋强度总体分布的0.05分位值，即具有保证率不小于95%的强度。对有明显物理流限的热轧钢筋，取钢厂出厂检验的废品限值，即屈服点为钢筋强度的标准值；对于无明显物理流限的硬钢，如碳素钢丝、钢绞线、热处理钢筋及冷拔低碳钢丝等，则取极限抗拉强度为标准值。（熊光泽）

钢筋切断机 reinforcing steel shear cutter

利用活动刀片与固定刀片相对的剪切运动将钢筋切断的机械。分为手动、电动、液压等型式。主要用于钢筋下料。可切断直径不超过40mm的钢筋。（唐嘉衣）

钢筋屈服点 yield point of reinforcement

又称钢筋弹性极限或钢筋屈服应力。对有明显屈服台阶的软钢和热轧钢筋，在应力-应变曲线图上开始出现流动的点对应的应力。习惯上也称屈服强度。美国材料试验协会（ASTM）则以残余变形为0.1%处的应力作为屈服强度。（熊光泽）

钢筋屈服台阶 yield plateau of reinforcement

又称钢筋流幅。拉伸钢筋时，当应力达到屈服点后，钢筋应力几乎不增加的情况下，其应变不断增大，在应力-应变图上表现为一水平台阶的现象。强度低的钢筋屈服台阶较长，因而塑性性能较好。（熊光泽）

钢筋松弛 steel relaxation

钢筋受力后，在长度保持不变的条件下，其中应力随时间增长而逐渐降低的现象。对预应力钢筋，松弛将增大其应力损失，从而降低有效预应力值。张拉控制应力值高时，应力松弛损失大，反之亦然。（熊光泽）

钢筋调直机 straightening machine for reinforcing steel and wire

将成盘圆钢筋或钢丝进行调直的机械。由机架、调直筒、牵引机构、动力装置组成。加工的钢筋直径最大为14mm。调直筒内模孔的排列与筒轴线交替错开，做成减幅曲线。工作时，钢筋或钢丝被牵引通过高速旋转的调直筒，受到往复的弯曲，达到调直的效果。它还兼有除锈的作用。调直机与切断机可合并为调直切断机，使调直与下料工序连续进行，以提高生产效率。（唐嘉衣）

钢筋条件流限 proof stress of reinforcement

又称钢筋假定屈服强度。没有明显屈服台阶的钢筋，对应于其残余应变为0.2%时的应力。（熊光泽）

钢筋弯曲机 reinforcing steel bender

将钢筋弯曲成型的机械。由机台、工作转盘、中心销轴、固定销、压弯销、动力与传动装置组成。分

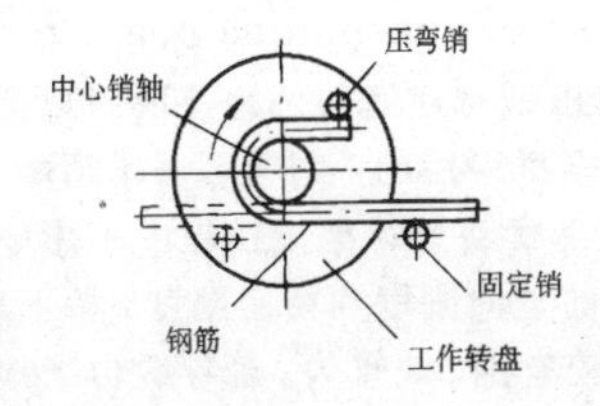

为手动、机械、电动三种。工作时，固定销不动，钢筋置于中心销轴与固定销之间。工作转盘上的压弯销随转盘绕中心销轴转动。利用固定销、中心销轴和压弯销的位置变换，将钢筋变成预定的曲线，或弯出不同半径的弯钩。加工的钢筋直径最大为40mm。

（唐嘉衣）

钢筋网 fabric reinforcement

编制成网状的钢筋。多用于有集中力作用的结构部位，例如在锚下混凝土内，起局部承压配筋的作用。工厂制造梁桥时，也常采用置于桥面板顶、底部的焊接钢筋网，以利施工。现浇桥面铺装层混凝土内也常设桥面钢筋网，以加强桥面的整体性并防止桥面开裂。

（何广汉）

钢筋握裹力试验 bond test for reinforcing bars

测定钢筋与混凝土之间握裹力大小与分布以及确定钢筋锚固长度的试验。通常采用拔出试验方法。试件为100mm×100mm×200mm棱柱体，钢筋放在混凝土试件中间，试件放在夹头架内，使用万能试验机进行拔出试验。采用螺纹钢筋时，在试件上安装量表固定架和千分表量测滑动变形。按照规定求出相应于钢筋三级滑动变形时的荷载，用此三级荷载的算术平均值除以钢筋埋入混凝土中的表面积，即得握裹强度。拔出试验也可确定钢筋所需锚固长度。

（崔 锦）

钢筋阴极防腐法 cathodic protection (cp) of steel bar

将弱直流电通于钢筋表面以防止它由于氯化物污染而腐蚀的一种金属的电化学防腐法。做法是：在钢筋混凝土结构中，把混凝土表面作为阳极，把埋在其内的钢筋作为阴极，将两者与外电源相连，两个电极之间产生一定的防腐电流而使钢筋免受腐蚀。该法是目前防止氯化物对结构污染而引起锈蚀的有效方法，但耗费较大。

（谢幼藩）

钢筋应变硬化 strain hardening of reinforcement

钢筋拉伸超过屈服后的强化现象。它表现在应力-应变图上又形成上升曲线。对于屈服台阶较短的钢筋，可以考虑利用钢筋应力的强化阶段。

（熊光泽）

钢连续梁桥 steel continuous beam bridge

上部结构用钢材建造的两跨或两跨以上连续的梁桥。大跨度钢桥常用的一种类型，属超静定体系。优点为：便于悬臂拼装，架设过程中不影响桥下通航；具有较大的竖向刚度和横向刚度，桥面较平顺，行车条件好；较省钢。缺点为：若各墩台下地基的沉陷值有较大的差异时，钢梁内力将发生较大的变化；制动墩受力较大，圬工量增大。不仅适用于公路和城市桥梁，也适用于铁路桥梁。

（伏魁先）

钢梁除锈 derusting of steel girder

用强力方法（抛丸、喷丸、喷砂等）将钢梁杆件表面的油污、氧化皮和铁锈以及其他杂物清除干净，露出钢铁银白本色的工艺过程。

（李兆祥）

钢梁多孔连续拖拉法 method of installing steel truss by multiple-spans connected and hauling

把多孔简支梁用联结杆临时联结起来，形成一连续梁图式，再进行拖拉就位的架设法。其优点是可不用临时支承及导梁就能保证钢梁在拖拉过程中的抗倾覆稳定性。但由于简支梁杆件的工作状态与拖拉过程中的受力状态不同，因此部分杆件将要进行加固。联结杆一般用尚未拼装的钢梁杆件或常备式构件代替。在钢梁就位之前，须先拆除各联结杆，并将钢梁调至正确位置，然后落梁就位。在设计联结杆时，应考虑钢梁在拖拉状态下的挠度，预先将联结杆缩短，以使钢梁易于移上前方墩台。

（刘学信）

钢梁杆件拼装 assembling steel truss from members

将钢梁杆件逐根拼装成桥跨结构的施工过程。在脚手架上拼装时可采用顺序拼装法，平行拼装法，分段拼装法，混合拼装法等。不管哪一种方法都以提高拼装效率，保证上弯度和梁体平面位置的精度作为关键。使用悬臂拼装法时，则只能用分段拼装法，以保证各个阶段的稳定。

（刘学信）

钢梁焊接 welding of steel beam

两种或两种以上的桥梁用钢材，通过输入热能加压或用填充材料，使材料原子或分子之间结合和扩散造成永久性连接的工艺过程。焊接接头要求与被焊钢材等强，包括破坏强度、屈服强度、延伸率、冷弯、时效冲击、低温冲击、断口等机械性能。方法有自动埋弧焊、半自动焊、手工焊及CO_2气体保护焊等。焊接内容包括在工厂把板材焊接成零件或杆件，和在工地把杆件组装焊接成桥梁。（李兆祥）

钢梁混合拼装法 method of assembling steel truss by mixed operation

钢梁顺序拼装法和钢梁平行拼装法的综合。其特点是：采用两台拼梁吊机，一台专拼下弦、下平联和桥面系，随后一台专拼腹杆、上弦杆和上平纵联，紧跟着就进行栓合或铆合工作。这样可以提高拼装速度。

（刘学信）

钢梁跨中合龙法 method of closing of a steel bridge at mid-span

由两端墩台向跨中同时相向悬拼钢梁，在跨度中间合龙的拼装法。其关键问题是在钢梁拼至桥孔中间时，两侧钢梁的端截面要保持垂直，距离要接近设计要求，杆件必须对准，才有可能通过纵向移动的微调方法顺利地达到合龙。微调方法主要有两种：①节点式，用可微调的合龙铰强行使合龙节点的各杆连接钉孔对准，随即进行连接合龙；②拉杆式，钢梁拼至只剩最后一个节间时，用可微调的1～2根拉杆强使这个节间的其他杆件的连接钉孔对准，并迅速拼上最后几根杆件使全跨合龙。如果仅是两端截面距离稍差，也可利用昼夜气温差别而致的钢梁伸缩来合龙。 （刘学信）

钢梁铆合 riveting of steel girder

用铆钉固定钢梁杆件的工艺方法。将烧红的铆钉穿入被铆接的桥梁杆件钉孔内，钉头端用顶把顶紧，钉梢端用铆钉枪将钉梢铆成钉头，把板束紧密地连接成不可拆的整体的工艺过程，称为热铆。铆钉在常温下，用铆钉枪或铆钉机将钉梢铆成钉头，把板束紧密地连接成不可拆的整体的工艺过程，称为冷铆。用铆钉枪冷铆，钉径不大于13mm；用铆钉机冷铆，钉径可到26mm。工地拼装则多用热铆。铆合风压不应小于0.55MPa。当铆合的板束厚度大于钉径5倍时，可用锥体铆钉。 （李兆祥）

钢梁平衡悬臂拼装法 method of assembling steel truss by balanced cantilever

借助钢梁本身重量平衡来进行拼装的方法。在连续梁或悬臂梁拼装时，将杆件从中间桥墩开始向左右二孔背向进行平衡对称拼装。在拼装开始时，须有一个平台，一般长2～3个节间，作为平衡稳定桥跨结构的基面，一般可设置临时支承或墩旁托架来形成。在拼装的全过程中应有足够的抗倾覆安全系数。为此要求拼装杆件的运送，起吊和安装都要按一定的安装作业程序完全对称地进行。简支钢梁也可用悬臂法拼装，但需加临时连接构件。（刘学信）

钢梁平行拼装法 method of assembling steel truss by parallel operation

又称钢梁分段拼装法。在满布脚手架上分段拼装钢梁的方法。其特点是：拼完一个节间的下弦、腹杆、上弦、桥面系和联结系等全部杆件之后，再拼第二个节间的所有杆件，直至拼完全梁。这样就有可能在拼装第二个节间的同时，即可对第一个节间进行栓合或铆合施工，达到缩短工期的目的。但需随时注意校正梁体平面位置和上拱度的精度。（刘学信）

钢梁顺序拼装法 method of assembling steel truss step by step

又称钢梁循序拼装法。在满布脚手架上按次序拼装钢梁的方法。其特点是：自钢梁的一端向另一端逐个节间将全部下弦、下平联及桥面系拼好，然后再向后退着拼装腹杆、上弦及上平联。采用这种方法必须在拼完全孔并校正梁体平面位置及上拱度之后，才能进行栓合或铆合施工。 （刘学信）

钢梁拖拉架设法 method of installing steel truss by launching

利用滑道将已组拼的钢梁拖拉就位的架设法。是安装大中型跨度钢梁普遍适用的一种方法。将钢梁在桥头路堤或膺架上组拼，在钢梁与路堤、膺架或墩台顶面之间设置滑道，通过滑车组用铰车牵引梁沿桥轴纵向或横向移至预定桥孔，再拆除滑道及附属设备，落梁就位。其关键问题是：在任何时候必须保证桥跨结构的抗倾覆稳定性以及桥梁杆件悬臂应力不致过大。为此有时要在梁的前部安设导梁，或在跨中设置临时墩，有时还可采用浮动支承。对多跨简支梁也可加临时连接杆一次拖拉就位。（刘学信）

钢梁悬臂拼装法 cantilever method for assembling steel truss

在桥位上不用或少用支架，借助锚固梁或平衡重保持稳定来拼装钢梁的方法。其特点是将杆件逐根依次拼装在平衡梁或锚固梁上，形成向桥孔中逐渐增长的悬臂，直至拼至次一墩台上，这称为全悬臂法；或在第一孔范围内设置部分支架，在其上拼装一段钢梁作为平衡梁；或在第一孔内设置一个或多个临时支墩，这称为半悬臂法；或由桥跨两端的墩台向跨中同时相向拼装，在跨度中间进行合龙，这称为跨中合龙。当桥墩较高，跨度较大，桥下通航，水深流急，有流冰流筏时，多采用此法。其关键问题是如何降低悬臂支承处杆件的安装应力和限制悬臂端的挠度。 （刘学信）

钢梁油漆 painting of steel truss

钢梁根据使用需要，涂刷若干层防锈底漆，若干层防止大气和辐射线侵蚀的面漆，或涂刷耐磨油漆的工艺过程。底漆要求能防锈。面漆不仅要求耐侵蚀，还要颜色固定，不易粉化和起皮脱落。根据要求，油漆应保证涂刷道数和总厚度。 （李兆祥）

钢料校正 rectifying of rolled steel

在基本不改变原钢材断面特征的情况下，通过外力或加热，把钢材的局部外形作适当的调整。目的是将钢材在加工过程时产生的变形矫正过来，使之符合标准要求。校正的工艺方法有冷校正和热校正。冷校正是用滚板机或压力机对钢材施加压力，使之超过屈服强度，产生永久变形（残余变形），达到校正目的。热校正是利用钢材热胀冷缩的原理，当钢板受热时膨胀，冷却时收缩所产生的聚缩力，使部分区域聚缩应力超过钢材屈服强度，使其产生收缩残余变形。根据实际经验，在需要收缩的钢材表面用火焰加热，温度控制在600～800℃，当钢材在冷却后便会取得校正效果。 （李兆祥）

钢盆 steel pot

又称下支座板。盆式橡胶支座中,限制承压橡胶块侧向变形的钢制圆盆。由盆环和钢底板组成。和盆塞一起使橡胶块处于三向受压状态，从而提高橡胶块的承压能力。 (杨福源)

钢桥 steel bridge

桥跨结构用钢材建造的桥梁。1874 年美国在密西西比河上建造了世界上第一座大型钢桥——圣路易斯 (St. Louis) 钢拱桥，第二次世界大战以后，钢桥科学技术在高强优质钢的冶炼,焊接技术的提高，正交异性钢桥面板和高强螺栓的应用，以及结构型式的多样化等方面,有了很大的发展,促使大跨度钢桥的广泛采用。由于钢材强度高，性能优越，表观密度与容许应力之比值小,故钢桥跨越能力较大。钢桥的构件制造最适合工业化,运输与安装均较方便,架设工期较短，破坏后易修复和更换，但钢材易锈蚀，养护困难。 (伏魁先)

钢桥安装 erection of steel bridge

又称钢梁架设。组成钢梁的杆件或部件在工厂制造完毕运至工地后，按设计图式建造成形的施工过程。主要方法有：架桥机架梁，钢梁悬臂拼装法，钢梁拖拉架设法，浮运架梁法及脚手架上拼装钢梁等。对于一个具体工点，需考虑桥址两岸的地形、河床断面、河流全年的水文变化、通航情况、流冰流筏、水深流速、气象变化、钢桥结构型式、施工场地、施工机具和施工期限等因素，通过大量调查研究和分析比较，才能确定一种经济合理的安装方法。

(刘学信)

钢桥连接 connection of steel bridge

钢桥各构件之间以及组成构件的各部件(型钢、钢板)之间连接的总称。钢桥结构一般都由若干构件组成,每个构件又由若干型钢或钢板组成,它们都必须用某种方式加以连接。按连接的作用情况可分为受力性连接和缀连性连接；按连接的方式不同有用钉栓的机械性连接和焊接两大类；经验指出,钢桥事故很多是由于连接失败所致，而连接的加固往往比构件的加固更困难，因此连接是钢桥构造中的重要环节，必须重视连接的设计与施工。 (胡匡璋)

钢桥面板箱梁桥 box girder bridge with steel deck slab

上部结构采用由钢板与纵、横肋焊接组成的正交异性板作桥面板的箱形梁桥。能减轻桥梁自重,可获经济效果，多用于大跨度钢桥中。 (伏魁先)

钢桥疲劳破坏 fatigue failure of steel bridge

在荷载多次重复作用下，钢材微观缺陷或构件形状突变及疵点等宏观缺口处，由于局部应力集中导致产生微细裂纹，并不断发展直至最后断裂的一种进行性损伤过程。钢桥疲劳一般属于高周疲劳范畴，即断裂时的应力循环次数 N 大于 10^4，相应的疲劳强度小于材料的屈服强度。在发生疲劳断裂时，构件在断裂处所呈现的延伸率很小，它的破坏似乎不呈现塑性，但用 X 光衍射法观察疲劳开裂过程，证明其破坏仍然属于钢的塑性断裂。 (胡匡璋)

钢桥疲劳强度 fatigue strength of steel bridge

钢桥构造在常幅疲劳荷载作用下，导致疲劳破坏的应力上限 σ_{max} 或应力幅 σ_r。影响疲劳强度的主要因素是构造细节类型、应力循环次数 N 与应力比 ρ。对于钢桥焊接构造，由于残余应力的作用，以应力幅 σ_r 表示疲劳强度时，可以略去应力比 ρ 的影响。σ_r-N 的关系在双对数坐标图中为一直线，其表达式为

$$\lg N = A - B\lg\sigma_r$$

式中 A、B 为随构造细节类型而异的系数，其中系数 A 又随保证率而变。 (罗蔚文 胡匡璋)

钢桥制造 manufacture of steel bridge

将钢材加工成零件,再组合成部件或半成品,最终形成钢梁桥跨结构的全部工艺过程。一般包括作样、下料、切割、热弯、冷加工、组装、焊接、铆接、修整、试装、检测、除锈、涂装、包装、发运等工序。按工厂制造发送成品的形式分为三类。一是整体式，如整孔钢板梁，整孔箱形梁等。二是桁架式，如钢桁梁、拆装式梁，以杆件为主体的桁式结构等。三是分块式，如分块的箱形梁，分段制造的钢板梁，正交异性桥面板、分块结合梁等。制造原则是在工厂以焊接为主，尽可能减少工地的栓接和铆接，在运输条件许可时，尽量制成整体式。对分块式钢梁制造，工艺过程还包括工地精密切割、工地拼装焊接等。

(李兆祥)

钢刷除锈 derusting with steel wire brush

用钢丝刷或钢丝砂轮人工清除表面浮锈的方法。 (李兆祥)

钢丝绳夹头 wire rope clip

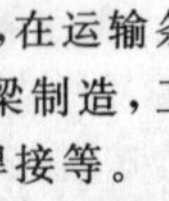

连接钢丝绳的夹具。按形状分为白齿形，U 形，L 形。夹头的数量与间距，与钢丝绳直径有关，须按规定使用，以保证钢丝绳连接部位的安全。(唐嘉衣)

钢丝绳爬升器 wire rope climber

用钢丝绳作为起重吊杆的爬升器。其构造与工作性能和方钢爬升器基本相同。机旁设有导向架和盘绕钢丝绳的装置。 (唐嘉衣)

钢丝绳悬索 suspension cable with wire rope

用钢丝绳钢索组成的悬索。一般包括钢绞线悬

索与螺旋钢丝绳悬索两种。钢绞线悬索因弹性模量低，受力不够均匀，仅用作小跨径悬索桥的悬索；螺旋钢丝绳悬索，其弹性模量和受力性能均较前者为好，可用作中等规模悬索桥的悬索。（赖国麟）

钢丝应力测定仪 steel wire dynamometer

又称张力测力计。一种测量钢丝应力值的仪器。其工作原理是根据推力为定值时，横向位移与钢丝张力成反比的关系，利用仪器弹簧产生一固定的推力作用于拉紧钢丝的中点上，使其产生横向位移，并由仪器上的千分表测读出来。再利用校准的钢丝拉力和横向位移的关系曲线，求得钢丝应力值。常用来测量先张法预应力混凝土钢丝或钢索的预应力值。（崔 锦）

钢套箱 steel case

修筑水中墩台基础时用作防水的具有空心夹壁的无底钢制箱形结构。箱壁分成隔舱，能在水中漂浮。若在舱内灌水，就能下沉。这种套箱通常在岸上预制，再浮运到墩位并下沉到河底而形成围堰。墩身修筑出水面后，抽去隔舱中的水，浮起套箱以便重复使用。（赵善锐）

钢弦应变计 vibrating string strain meter

利用钢弦的自振频率特性制成的应变计。钢弦的自振频率与其所受的应力作用下产生的应变的平方根成正比。由频率测定仪测得频率变化经换算求得所测物体的应力应变。因利用频率改变作为参数，量测结果不受温度及长距离导线的影响，适于长期监测。国内外工程试验中应用较广的有埋入式应变计和表面式应变计。（崔 锦）

钢斜拉桥 steel cable-stayed bridge

又称钢斜张桥。桥跨结构由钢梁与斜向拉索组成的斜拉桥。1953 年在瑞典建成的斯特罗姆松德(Str ömsund)桥，是世界上第一座现代钢斜拉桥，20 世纪 70 年代以后，这种桥发展迅速，已普及世界各地，且向大跨度发展，拉索的防腐措施，也有很大的改进。它具有结构轻巧，外形美观，跨越能力大（适用跨度为 250～600m），便于采用悬臂架设法施工，对地形和通航净空的要求的适用性较强等优点。与悬索桥相比，刚度较大，抗风稳定性较好，缆索用钢量较少。（伏魁先）

钢悬臂梁桥 steel cantilever girder bridge

用钢材建造的带有悬臂的梁作桥跨结构的桥梁。大跨度钢桥的一种类型。悬臂梁有单悬臂梁和双悬臂梁两种。单悬臂梁是简支梁的一端从支点伸出以支承一孔挂梁的体系；双悬臂梁是简支梁的两端从支点伸出形成两个悬臂的体系。这种桥的优点是：便于悬臂拼装，使架设过程中不妨碍桥下通航；在均布竖向荷载作用下，内力分布较均匀，可节省钢材；为静定结构，内力不受基础沉陷的影响，可用于地质条件较差的桥位处。缺点为：悬臂端与挂梁衔接处均设铰，增加构造的复杂性；悬臂端的挠度较大，该处有挠度曲线的转折点，致使行车不平顺；锚跨梁如遭受破坏，挂梁将坠入河中，修复困难。较适用于公路桥和城市道路桥。（伏魁先）

钢悬索桥 steel suspension bridge

主要承重结构用钢缆索建造的悬索桥。19 世纪 70 年代以前，悬索桥是用铁链杆组成，称之为铁悬索桥。1883 年美国在纽约建成的布鲁克林（Brooklyn）桥，缆索系用高强度镀锌钢丝编成，是世界上第一座钢悬索桥。这种桥具有外形美观，自重较轻，跨越能力很大（可达 1500m)，便于悬臂拼装施工等优点。其缺点是刚度小，不宜用于标准铁路桥，抗风性能较差。（伏魁先）

钢压杆临界荷载 critical load of steel column

钢压杆在中心压力作用下丧失总体稳定时的荷载。理想压杆的临界荷载称为压屈荷载；考虑杆件初弯曲、压力偶然偏心及残余应力作用影响的临界荷载称为压溃荷载。格构式组合杆件绕虚轴的临界荷载须考虑缀材剪切变形的影响。（胡匡璋）

钢支座 steel bearing

由铸钢或热轧钢板等制成的支座。铸钢一般用 ZG25、ZG35 或 ZG45，热轧钢板常用 Q235A 钢或 16Mn 钢。按构造型式分平面钢板支座、弧形钢板支座、辊轴支座和摇轴支座等。基本上都由可以相对摆动的上、下摆组成，辊轴支座和摇轴支座还包括辊轴、摇轴（可看作下摆）和底板。新型的钢支座在以下几方面做了改进：①采用高强度优质合金钢材料或采用焊接代替铸造；②采用表面热处理的方法提高辊轴支承的强度和降低辊轴的滚动摩阻力；③采用将转动部分镀铬、用耐候钢制造或封闭在油箱内的办法防止其锈蚀；④将辊轴做成齿键形，以满足小直径辊轴位移的要求。（杨福源）

钢桩 steel pile

结构材料全部为钢材的预制桩。主要有：钢管桩、H 型钢桩、钢轨桩和箱型钢桩。其自身强度高，设计时应注重使其具有较大的桩周摩阻力，获得较高的承载能力。若周围介质的 pH 值大于 9.5 或小于 4.0，以及当其处于填土中时，除按常规验算桩身强度外，应根据使用期限内钢材受到的腐蚀加大桩壁厚度，或者采取防护措施，如刷防腐涂料，用混凝土包裹等。当需要接长时，可采用焊接、铆接或螺栓连接；接头应与桩身等强，但对于地面以下者，有的也取其强度为桩身强度的 $\frac{1}{3}\sim\frac{1}{2}$。（夏永承）

钢组合体系桥 steel combined-system bridge

上部结构用钢材建造的组合体系桥。其跨越能力和刚度均较大,杆件的运输和安装常较简便,但构造较复杂。无推力的这类桥,还可适用于岩层埋置较深的平原河流地区。（伏魁先）

港大桥 Minato Bridge

位于日本大阪府,跨大阪湾的双层高速公路桥。每层路面双向各三车道。桥为三孔，235m＋510m＋235m，悬臂K式钢桁架，高强调质钢，焊接箱形杆件，整体节点、弦杆用高强螺栓节点外拼接。建于1974年，为世界第三大跨的钢悬臂桥。

（唐寰澄）

杠杆式应变仪 lever-type strain gauge

由两组杠杆组成的一种机械式应变仪。仪器由固定刀口与活动刀口与构件接触，二刀口间距为仪器标距。构件在标距范围内发生变形时,活动刀口随之移动，此变形经二组杠杆传导放大在刻度盘上示出。国产杠杆应变仪标准标距为20mm，放大率为1200。（崔 锦）

杠杆原理法 principle of the lever distribution

按杠杆原理计算各主梁荷载横向分布系数的方法。它视桥面板和横梁为简支于各主梁上的独立单元,一般用于只有两片主梁,桥梁的两端部位,以及无中间横隔梁等情况。（顾安邦）

gao

高程基准面 datum level of elevation

用于计算高程（标高、海拔）的起始水平面。以米（m）计。高程有绝对高程和相对高程两种。绝对高程的基准面统一采用黄海平均海水面（参见高程系统),地面点的绝对高程，就是指该点到黄海平均海水面的铅垂距离。按绝对高程表示的所有标高都能反映出它们彼此之间的高低关系。相对高程则是任意假定某一点的高程作为测算其他各点高程的依据,只能作为本范围标高点之间高低的相对比较,常用于无法引用国家水准点绝对高程的独立工程水平测量。相对高程与绝对高程之间的数值没有任何内在关系，但如能测得某一点的相对高程与绝对高程水准点的高差，即可把相对高程全部换算成为绝对高程。（周荣沾）

高程系统 height systems

采用某一种基准面来表示地面点高度的系统,或对于水准测量数据采用某种归算所产生的系统。对我国来说,前者是采用青岛验潮站1950～1956年验潮资料推算的黄海平均海水面作为水准基面，定名为黄海平均海水面。由这一基准面起算的高程系统为1956年黄海高程系统。后来又利用该验潮站1952～1979年间的验潮结果的中值作为黄海平均海水面，称为1985年国家高程基准。对于后一种高程系统来说，我国《大地测量法式》规定采用正常高程系统。它以似大地水准面作为基准面。即由各地面点沿正常重力线向下截取各点的正常高，由此而得到的曲面。似大地水准面不是等位面。（卓健成）

高低刃脚沉井 open caisson with a “tailored” cutting edge

刃脚底端不在同一平面的、作为构筑物基础的特制井筒结构。根据墩位处基底岩面不平的情况,使刃脚端能与高低不平的岩面密切接触，有利于沉井基底岩面清理及水下封底混凝土灌注。（邱 岳）

高含沙水流 flow with hyper-concentration of sediment

含沙量很高、流体性质可能发生改变的水流。中国《河流悬移质泥沙测验规范》规定把含沙量达到200～400kg/m³ 以上的挟沙水流称为高含沙水流;《中国大百科全书》（大气科学、海洋科学、水文科学）定义为含沙量到每立方米数百千克以至1000千克以上的水流。另外,这种水流的流变特性往往不再服从“牛顿体”的变化规律,因而流体的运动和输沙特性与一般挟沙水流有重大差别。泥石流中的动力类也属于这种水流范畴。（吴学鹏）

高架单轨铁路桥 elevated monorail bridge

供独轨快速轨道列车行驶的架空建筑物。快速轨道列车的通行速度快（60～150km/h)，间隔时间短（1.5～2min)，每小时可输送乘客5 000～30 000人,为避免与地上其他交通干扰,需采用高架线路桥的形式建造。通常用间隔距离不大（15～30m）的柱式墩支承箱形截面的独轨,列车即沿独轨行驶。为避免污染城市，多采用电力牵引。列车多半由2～6个带宽门的车箱组成，以缩短乘客上、下车的时间。

（徐光辉）

高架桥 viaduct bridge

线路在跨越其他线路、山谷、房屋等障碍物时所设置的架空建筑物。跨线桥、跨谷桥、栈桥、旱桥、天桥都属这一范畴;通常多指桥面较高、跨越区段较长、桥下没有或很少有水流的用以替代高路堤的桥梁。（徐光辉）

高架线路桥 elevated line bridge

快速交通线路在跨越街道、房屋、河流等障碍物时连续设置的架空建筑物。多用于交通拥挤的市区,使线路上的车辆可以不受干扰地迅速通过。需要在一定区段设置进、出口匝道和交叉口,使与地面交通联系，如北京、上海和广州市内的高架道路桥。

（徐光辉）

高跨比 ratio of depth to length of span,

depth-span ratio

桥跨结构的主梁、主拱等的高度与桥梁跨径之比。对于各种桥型、桥跨及荷载都有相应的经验高跨比，可用于初步拟定构件截面尺寸。 （顾安邦）

高强度螺栓 high strength bolt

简称高强栓。用于钢结构节点连接的一种用高强钢制成的螺栓。形状与普通螺栓相似，但工作原理根本不同。后者是通过栓杆的受剪及栓杆与被连接板件的挤压传递杆力的；而前者则是通过拧紧螺帽使栓杆产生强大的预拉力，从而使被连接板束间产生很大的摩擦力来传递杆力的。它多用合金钢或中碳钢制造，目前常用的为45号钢、40B钢、20MnTiB钢等，其强度达850～1 200MPa；螺母和垫圈多为45号钢和15MnVB钢制造。钉杆直径常用的有M27、M24、M22三种规格。一般以圆钢为材料，将它拉直，剪断成段，热镦或冷镦成栓头，车出丝扣，并经淬火和回火热处理，配上螺母和垫圈即成。

（刘学信）

高强度螺栓扳手 wrench for high strength bolt

高强度螺栓的施拧工具。常用的有手动式、气动式、液压式和电动式。以电动式的应用较广。为施拧时控制和检查扭矩，可采用挠度扳手、刻度扳手、带响扳手、灯光扳手或有自动控制扭矩装置的冲击扳手和电动扳手。 （唐嘉衣）

高强度螺栓初拧 primary twisting of high strength bolts

高强度螺栓施拧工艺的第一道工序。由一个人使用长55cm的短扳手，以下压姿势，将高强螺栓逐个拧至拧不动为止，即完成初拧工序。施拧时应从节点中心向四周扩散逐个拧紧，以保证节点板平整、密贴。由于在初拧时，后拧的螺栓将会使附近的先拧者预拉力降低，为此，需在初拧后按同样的顺序和方法把所有的高强栓复拧一次，以保证每个螺栓预拉力大致相同。复拧经检查合格后，即用白色油漆自螺杆中心经螺母端面上划一细直线，以作为终拧的依据。

（刘学信）

高强度螺栓连接 high-strength bolt connection

用高强度螺栓实现的机械性连接。1951年首先在美国正式使用。螺栓采用高强度材料，根据其传力特点，有两种主要类型：摩擦型和承压型。前者安装时通过特制的扳手拧紧螺母，使螺杆产生很大的预拉力以夹紧被连接的部件，部件间有很大的摩擦力，外力主要通过摩擦力传递。后者是剪力超过摩擦力时，构件间发生相互滑移。螺栓杆身与孔壁接触，开始受剪和孔壁承压。到接近破坏时，剪力全由杆身承担。高强度螺栓施工简单、传力性好、疲劳强度高，已被广泛地用于钢桥的工地连接。国外尚有精制高强度螺栓、打入式、平头型及扭剪型高强度螺栓等。

（罗蔚文）

高强度螺栓终拧 final twisting of high strength bolts

高强度螺栓施拧工艺的最后一道工序。复拧后经检查合格即可开始终拧。常用扭角法和扭矩法来进行终拧控制。扭角法是根据螺栓预拉力及被螺栓连接的钢板层数来决定从复拧位置再使螺母螺栓相对转动一个多大的角度，才能达到螺栓预拉力。这个角度通常由试验和经验决定。一般当板层为两层时为45°，四层时为60°，五层时为70°，可用电动或气动的示功扳手施拧。 （刘学信）

高强钢丝 high-strength wire

由优质碳素钢盘条经过几次冷拔后达到所要求的直径和强度的成卷金属材料。冷拔后的内应力可通过低温回火处理予以消除。冷拔钢丝在一定拉应力条件下进行300～400℃的回火处理，其松弛损失可减少至应力消除钢丝的1/3左右，称之为低松弛钢丝。 （何广汉）

高水位桥 flood bridge

桥下孔径可保证安全通过一定设计洪水频率的水流的跨河桥。大、中桥的设计洪水频率一般规定为1/300～1/100或者更小，因此一般情况下在洪水期桥上交通仍可正常进行。永久性桥梁绝大多数属于这一类型。 （徐光辉）

高压喷射注浆法 high pressure spraying injection method

将带有特殊喷嘴的注浆管置入土层内，应用高压喷射技术加固土体的技术。在静压注浆法基础上发展起来的。注浆管置入预定加固深度的土层后，以压力为20MPa的喷射流，强力地冲击破碎土体，并使浆液与土体搅拌混合，经过凝结固化，形成坚硬的加固土体。加固土体的形状与喷射流移动的方向等有关，通常可分为旋转喷射与定向喷射两种注浆方式。此法不宜用于裂隙岩层与砾石层地基。

（易建国）

高桩承台基础 high-rise cap pile foundation, elevated pile foundation

又称高承台桩基。承台底面设置在地面或局部冲刷线以上，或即使埋在地面或局部冲刷线以下，但该埋深内所产生的侧面横向抗力不足以抵抗作用在桩基础的水平力。由于承台的位置较高，故能减少墩台圬工，减轻自重，较为经济。但在水平荷载作用下，位移较大。 （赵善锐）

ge

搁置式人行道 put on type pedestrian way

将整体预制的人行道构件搁置在主梁上的人行道构造型式。整体预制的人行道通常采用肋板式截面，以使在人行道下铺设过桥管线等。（郭永琛）

格坝 section dike

与顺水坝合用状如“格子”的导流堤。顺水坝常与水流平行修筑（顺水坝的轴线即为导治线），而格坝则与顺水坝正交或略倾斜修筑，一端与顺水坝相接，一端嵌入河岸。修筑格坝的作用是为了加速顺水坝与河岸之间的河床淤积。顺水坝和格坝均可在前期修筑低矮的坝体（高于低水位），以后随坝后淤积情况逐渐加高。（周荣沾）

格构式组合杆件 latticed member

又称空腹杆件。由分肢及缀材组合成的杆件。在钢桥或其他结构物中，由于刚度要求，需要杆件截面具有较大轮廓尺寸而又不需要较大的截面积时，常采用这种杆件。组成杆件有效截面的部分称为分肢，分肢之间用缀材连接成为整体。桥梁中常见的组合杆件多由两个分肢组成。当用此种杆件作为压杆时，由于缀材远不如实体板材刚劲，须考虑缀材剪切变形对压杆稳定的影响。（胡匡璋）

格莱兹维尔桥 Gladesville Bridge

位于澳大利亚悉尼市，跨帕拉马塔河的六车道公路桥。宽 22m，两侧另各有 1.8m 人行道。主跨为跨度 305m 预制四箱钢筋混凝土拱，用固定式钢管膺架施工，扁形弗莱西涅氏液压千斤顶脱架及调整应力。为世界第二大跨钢筋混凝土拱桥。1964 年建成。（唐寰澄）

格明登桥 Gemünden Bridge

德国汉诺威-维尔茨堡（Hannover-Würzburg）高速铁路跨越美因河谷（Maintal）的桥梁。是目前世界上跨度最大的预应力混凝土、双线铁路、V 形墩刚架桥。全长 793.5m，正桥跨度为 82m＋135m＋82m，2 个 V 形墩与梁刚性连接，使主梁中跨减为 108m，单室箱梁高度在墩顶为 6.5m，跨中为 4.5m。桥面宽 14.3m，设有隔声槽及遮阳板。V 形墩底的混凝土铰承受 121MN 压力，不设任何钢筋，并按照合力方向倾斜。于 1983 年建成。（周　履）

格子梁桥 grillage beam bridge

多根并列主梁与多根横梁固接成格子形的梁式桥。按主梁截面形式可分格子箱梁桥和格子 I 形板梁桥。横梁可起荷载横向分配作用，减小单根主梁的荷载，取得经济效果。适用于宽桥面的桥梁。（伏魁先）

geng

絙桥 rope suspension bridge

古称索桥为絙桥，用竹索或藤索建成。（伏魁先）

梗肋 fillet

T 梁和箱梁的顶板和底板与梁肋（腹板）相交处的局部加厚部分。有时也称承托。其功能是使板与肋的连接处避免小的内凹角，加强整体性，使板能更好地参加梁截面的共同作用，同时也有利于在顶、底板的靠近梁肋处布置较多的力筋。但当板的厚度过小，即使梗肋坡度设得较大，截面的共同作用也仍难保证，故对 T 梁，中国《铁路桥涵设计规范》规定：“有梗肋而坡度不大于 1∶3 且板与梗相交处板的厚度不小于梁全高的 1/10 时，其截面按 T 形计算。”（何广汉）

gong

工厂试拼装 shop tentative assembly

为保证产品总拼装质量，检测总拼装时配合精度而进行各主要连接部位的有代表性的检验式装配。板梁、箱梁分片分段试拼装，多段时可按段顺序接力式分批试拼装。钢桁梁一般只拼半跨。大跨度钢桁梁或连续梁可用平面辗转局部试装法，即把主桁、平联、横联、桥面系、桥门架等各部分分解为平面试拼装。（李兆祥）

工程船舶 engineering barge

工程施工专用的船舶。按航行方式分为自航式和非自航式。桥梁施工常用的有：起重船，打桩船，挖泥船，抛石船，潜水作业船，导向船，定位船，发电机船，压风机及水泵船等。（唐嘉衣）

工程地质 engineering geology

土木、水利、矿山等工程建设中各种地质工作的总称。主要内容包括：为查明各类工程建筑物场区的地质条件，对场区及其有关的各种地质问题进行综合评价；分析、预测在工程建筑作用下，地质条件可能出现的变化和产生的作用；选定最佳建筑场地，并提出解决不良地质问题的工程措施等。为保证工程的合理设计、顺利施工及正常使用提供科学依据。（王岫霏）

工程地质条件评价 evaluation of engineering conditions

在进行工程建筑设计、施工过程中，对该地区的工程地质条件进行调查研究，经综合分析作出的全面评估，以确保工程的安全和经济上的合理。其内容

包括地形地貌、岩石与土的类型及其工程地质性质、地质构造、水文地质条件、物理地质作用及天然建筑材料等。（王岫霏）

工程费 construction cost, construction expenses

建设项目建筑工程费与安装工程费的总称。建设项目所有建(构)筑物的建筑和安装工程费用及其运营生产必需设备的安装费用之和。例如，铁路建设项目即为路基、桥梁与涵洞、隧道、轨道、生产与行政公用房屋等工程建筑、安装工程费用及运营生产所需机务、车辆等各种设备的安装等费用的总和。（周继祖）

工程机械使用费 service expense for engineering machine

又称工程机械台班费，简称台班费。建筑安装施工过程中所用工程机械（如挖掘机、混凝土搅拌机、起重机、打桩机、铺轨机等）在管理、使用、保养、修理过程中所发生的各项费用的总称。这项费用可科学地转移到工程机械使用成本中，是使用机械的计费依据，也是施工企业实行单机、班组及单位工程机械费核算的基础。它的计算单位为台班，按国家建设部或各主管部门建设司颁布的工程机械台班定额和计费标准计算。这项费用，由第一类费用和第二类费用两部分组成。第一类费用为不变费用，包括：①折旧费；②大修费；③经常维修费；④替换设备及工具附加费；⑤润滑材料及擦拭材料费；⑥安装拆卸及辅助设施费；⑦机械进出场（场外运输）费；⑧机械保管费。第二类费用为可变费用，包括：①机上人工费，如司机、乘务人员的基本工资和附加工资等；②动力费，如动力、燃料、油料费等；③施工运输机械的养路费及牌照税等。这些费用与每台班的使用情况有很大关系，随施工地点和条件不同有较大的变化。（周继祖）

工地拼装简图 sketch drawing of field assembly

为了方便工地架梁，在工厂绘制施工图时，要求把设计的安装详图的杆件和节点情况，用简单示意图形式，表示出各个杆件号的位置、拼接形式的安装单线图。节点处只需把杆件号、数量、相应关系标明、无需绘制节点详图。（李兆祥）

工字钢 I-beam

工字形断面的型钢。参见型钢（259页）。（陈忠延）

工字梁束 bundle of I-beams

将数根工字钢并列或叠置，用角钢和螺栓扣紧组合成整体的梁。用作小跨度桥涵抢修时的临时性桥跨结构。（谢幼藩）

工字形梁桥 I-beam bridge

由上、下翼缘板与梁肋组成的梁式桥。主梁横截面状如中文工字，故名。常用钢材、钢筋混凝土、预应力混凝土做成。钢材多用型钢和钢板做成实腹的钢板梁桥，上翼缘靠钢材抗压（简支时），并形成桥面；下翼缘的材料集中布置于受拉区的边缘，可产生较大的惯性矩，对受力和使用材料都很合理，能做成比钢筋混凝土T形梁桥大得多的跨径，尤适宜做成连续梁桥。钢筋混凝土和预应力混凝土的多做成简支梁桥，较T形梁桥增加了下翼缘面积，便于配置主筋，而且核心范围大，用于预应力混凝土梁桥经济指标较好。（袁国干）

工作荷载 working load

在容许应力设计中规范规定的标准荷载。其值基本上是同行协议确定的，并考虑各类荷载的最不利组合。（车惠民）

公共补偿片 common compensated strain gauge

有预调平衡箱多点测量时，多个应变片同用一个温度补偿片。工作片依次进入测量状态，且只有在测量状态下才有电流通过。为不使温度片经常处于电流流过的状态发热过多，起不到补偿作用，一般一个温度片对于钢结构最多可带10个工作片，对于混凝土结构因散热性能差，可带5个工作片。（崔　锦）

公路车辆荷载 highway vehicle loading

用以设计公路桥涵的车辆荷载标准。公路上行驶的车辆种类很多，且出现几率各异。有出现几率高的汽车荷载，以及出现几率较少的平板挂车和履带车荷载。（车惠民）

公路等代荷载 equivalent loading of highway

根据实际车队荷载按荷载效应影响线换算的均布荷载。（车惠民）

公路等级 highway classification

公路根据交通量及其使用任务、性质而划分级别。它分为“汽车专用公路”和“一般公路”两类共五个等级。

汽车专用公路划分为下列三个等级：

高速公路：一般能适应按各种汽车（包括摩托车）折合成小客车的年平均昼夜交通量25 000辆以上，为具有特别重要的政治、经济意义，专供汽车分道高速行驶并全部控制出入的公路。

一级公路：一般能适应按各种汽车（包括摩托车）折合成小客车的年平均昼夜交通量10 000～25 000辆，为连接重要政治、经济中心，通往重点工矿区、港口、机场，专供汽车分道行驶并部分控制出入的公路。

二级公路：一般能适应按各种汽车（包括摩托车）折合成中型载重汽车的年平均昼夜交通量4 500～7 000辆，为连接政治、经济中心或大工矿区、港口、机场等地的专供汽车行驶的公路。

一般公路划分为下列三个等级：

二级公路：一般能适应按各种车辆折合成中型载重汽车的年平均昼夜交通量2 000～5 000辆，为连接政治、经济中心或大工矿区、港口、机场等地的公路。

三级公路：一般能适应按各种车辆折合成中型载重汽车的年平均昼夜交通量2 000辆以下，为沟通县以上城市的公路。

四级公路：一般能适应按各种汽车折合成中型载重汽车的年平均昼夜交通量200辆以下，为沟通县、乡（镇）、村等的公路。

公路等级的选用，应根据公路网的规划和远景交通量，从全局出发，结合公路的使用任务、性质综合确定。远景设计年限：高速公路、一级公路为20年；二级公路为15年；三级公路为10年；四级公路一般为10年，也可根据实际情况适当缩短。对于现有不符合等级的公路，应根据发展规划，有计划地改善线形，逐步提高其使用质量和通行能力，达到等级公路的标准。 （周荣沾）

公路工程技术标准 technical standard of highway engineering

根据一定数量的车辆在道路上以一定的计算行车速度行驶时，把对路线和各项工程设计的技术指标要求加以规定的标准。它是根据汽车行驶理论和总结公路设计、修建的经验而确定的。由中国交通部批准，作为交通部部颁的现行新标准《公路工程技术标准》，编号为JTJ01—88，自1989年5月1日起施行。新标准分为10章（总则、一般规定、路线、路基、路面、桥涵、车辆及人群荷载、隧道、路线交叉、沿线设施）共73条。根据交通量及使用任务和性质将公路划分为两大系列（"汽车专用公路"和"一般公路"）共五个等级（高速公路、一级公路、二级公路、三级公路、四级公路）。地形除高速公路划分为平原微丘、重丘、山岭三种，其他等级的公路，其地形均划分为平原微丘、山岭重丘二种。新标准适用于新建和改建公路。对于新建公路，必须按新标准进行建设。对于改建公路，当利用现有公路的局部路段受条件限制时，对标准规定的个别技术指标，经过技术经济比较，可作合理变动；对于改线路段，应符合新标准的规定。 （周荣沾）

公路桥 highway bridge

供公路车辆通行的为跨越河流、线路或其他障碍而设的架空建筑物。行车道宽度及荷载标准应按公路的等级和将来的发展确定。在一般公路上还应视当地交通情况设置必要的非机动车道及人行道。高速公路上常采用上、下行分开的两座独立的桥梁。桥梁的平面及立面线形应与两端路线衔接平顺，桥面平整、抗滑性好，桥上视野开阔，以保证行车顺畅。为降低引道（桥）长度，允许桥面设置不大于4%的纵坡。车辆在桥面上的位置有任意性，设计时须考虑活载分布的不均匀性，多车道时尚须计入活载的折减系数。 （徐光辉）

公路桥涵设计规范 standard specifications for the design of highway bridges and culverts

公路桥涵工程设计必须遵循的技术标准或准则。根据交通部标准（JTJ 01—88）编制的公路桥涵工程设计规范分为公路桥涵设计通用规范（JTJ 021—89）；公路砖石及混凝土桥涵设计规范（JTJ 022—85）；公路钢筋混凝土及预应力混凝土桥涵设计规范（JTJ 023—85）；公路桥涵地基与基础设计规范（JTJ 024—85）；公路桥涵钢结构及木结构设计规范（JTJ 025—86）等分册。构件设计采用分项安全系数的极限状态设计法。 （车惠民）

公路桥面净空限界 clearance above highway bridge deck

为保证车辆和行人等通行安全，在桥面上一定高度和宽度范围内不容许有任何建筑物或障碍物的空间限界。中国交通部《公路桥涵设计通用规范》（JTJ021）第1.4.1条规定桥面宽度限界根据道路等级确定。高速公路和一级公路桥梁一般以建上、下行的两座独立桥梁为宜，如设四车道，桥面行车道净宽为2×7.5m或2×7.0m，并需设中间带，其宽度至少为1.5m；二级公路桥梁设二车道，净宽为9.0m或7.0m；三级公路设二车道，净宽7.0m或6.0m；四级公路二车道或一车道。净宽7.0或3.5m。界限净高H，高速公路、一、二级公路为5.0m，三、四级公路为4.5m。桥上人行道和自行车道的设置，应根据需要而定，一个自行车道的宽度为1m；人行道的宽度为0.75m或1.0m，当大于1.0m时按0.50m级差增加。 （金成棣）

公路铁路两用桥 combined bridge, highway and railway bridge

既能通行公路车辆又能通行铁路列车的为跨越河流、线路或其他障碍而设的架空建筑物。当水下工程复杂和困难时，为节省下部工程，通常将上部结构做成上层通行公路车辆及行人，下层通行铁路列车的双层桥面的上部结构，如南京长江大桥；但也有将铁路与公路置于同一层桥面上的做法（中间为铁路、两侧为公路，或一侧为铁路另一侧为公路），如湖北枝城长江大桥，此时墩台结构较宽但引桥甚短。

（徐光辉）

功能序列 functional order

按实际功能需要所安排的桥梁各部分纵横高下的次序。纵向如迎道、引桥、主桥、主桥中的边跨与主跨，再顺序到引桥、迎道、与地面联结。横向与高下方向则有车道、非机动车道、人行道和其他管道的空间分配。由于有主要和附加功能的存在，可能还有附加建筑物需考虑安置于其适宜的位置。

（唐寰澄）

肱板 corner stiffening plate

下承式钢桁梁桥中，连接横梁上翼缘和主桁竖杆的三角形加劲板。其作用是使横梁和主桁竖杆的连接角钢得以伸长，便于布置连接螺栓。

（陈忠延）

拱板 arch covering

双曲拱桥主拱圈中把拱肋和拱波结合成整体的现浇混凝土部分。是主拱圈截面的组成部分之一。在横截面方向上常做成波形或折线形，早期也有做成填平式的。参见拱波。（俞同华）

拱背 back of arch

拱圈的上缘曲面，即拱的向上凸面。上承式拱桥中，如为实腹拱，则拱背上支承侧墙和填料，用以将桥面上的荷载向主拱圈传递；如为空腹拱，则在拱背上筑有横墙或立柱，以便支承腹拱和传递拱上荷载。

（俞同华）

拱波 arch tile

双曲拱桥主拱圈中用混凝土制成的横向圆弧形构件。它搁置在已安装合龙的拱肋之间，与拱肋和现浇混凝土拱板共同构成主拱圈。双曲拱就是由于主拱圈除纵向成拱形，在横断面方向也由拱波而形成小拱而得名。拱波跨径一般为1.3～2.0m，厚度为60～80mm，矢跨比为1/2～1/5，宽度0.3～0.5m，对于少波和单波的主拱截面，拱波跨径一般为3～5m，宽度2.5～5m。为满足吊装受力要求，预制拱波中需设置少量钢筋。

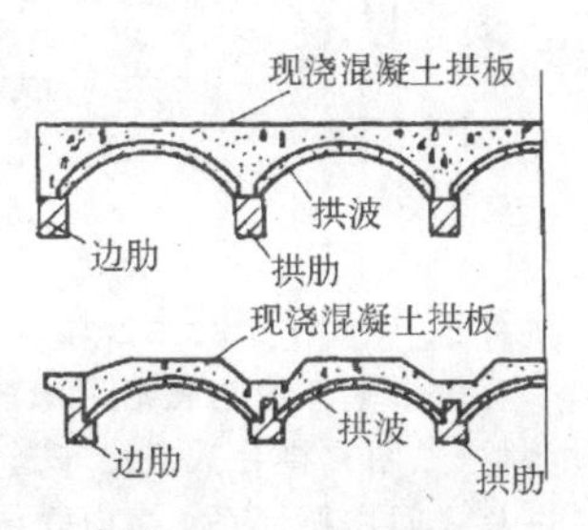

（俞同华）

拱的横向稳定性 lateral stability of arch

在拱轴平面外失稳的临界荷载问题。宽跨比小于1/20的主拱以及无支架施工的拱圈或拱肋应验算横向稳定性，且安全系数不应小于4～5。对于板拱或单肋合龙的拱肋，一般可用矩形等截面抛物线双铰拱在均布竖向荷载作用下的横向稳定公式来计算临界轴向力。对于以横向联结系联结的肋拱和无支架施工时采用双肋合龙的拱肋，可将拱展开成一个与拱轴等长的平面桁架，按组合压杆计算临界轴向力。（顾安邦）

拱的内力调整 regulation of internal force in arch section

在不改变拱的主要尺寸的条件下，改善主拱各截面内力分布的措施。如设计时用的假载法，施工过程中的顶升器法或临时铰法。它可使截面尺寸适应荷载的最不利组合。（顾安邦）

拱的施工加载程序 procedure of arch construction

无支架或早脱架施工的拱桥，在拱肋合龙成拱后，后续工序的施工程序。在裸拱上加载时，应使拱肋各截面在整个施工过程中都能满足强度和稳定的要求，并尽量减少施工工序，便于操作，一般多按分段、均衡对称加载的原则进行。（顾安邦）

拱的水平推力 horizontal thrust of arch

在竖直荷载作用下拱向两支点处压力的水平分力。拱脚处的水平反力使拱内截面弯矩减小，并使圬工主要承受轴向压力。水平反力的大小与矢跨比成反比。水平推力对墩台及基础不利，因此拱桥要建筑在较好的地基上。（顾安邦）

拱的纵向稳定性 longitudinal stability of arch

在拱轴平面内失稳的临界荷载问题。采用无支架施工或早脱架施工的大、中跨径拱桥，应验算主拱圈或拱肋的纵向稳定性，其稳定安全系数不得小于4～5。采用的计算方法有：将拱圈或拱肋换算为相当长度的压杆，按平均轴向力计算压杆稳定；按弹性稳定理论计算拱圈或拱肋的临界荷载；考虑几何及材料非线性的二阶稳定分析；以及按压溃理论分析等。

（顾安邦）

拱顶 arch crown

对称拱的跨中截面，不对称拱圈最高处的截面，泛指拱圈的跨中段。拱在竖向荷载作用下，主要沿拱轴向承受压力，故常用抗压强度较好的材料，如砖、石、混凝土建造。在拱的设计计算中，其截面的高度和所受轴力和弯矩都是必须加以考虑的主要内容，而拱顶截面和拱脚截面、四分之一跨点截面均为拱计算中的控制截面。在拱桥的施工中，往往最后于拱顶部分合龙封拱，完成拱圈的施工。（俞同华）

拱腹 soffit

拱圈的下缘曲面，即拱的向下凹面。在上承式拱桥中，拱腹以下的空间，即为桥下净空范围。

（俞同华）

拱厚变换系数 coefficient of variation of arch thickness

决定变截面拱的截面惯矩变化程度大小的系数。无铰拱常采用的一种惯矩变化规律是从拱顶向拱脚逐渐增大，其解析函数式现今最广泛采用的是李特（Ritter）公式$\frac{I_d}{I\cos\varphi}=1-(1-n)\xi$，式中$I_d$为拱顶截面惯性矩；$I$为拱任意截面的惯性矩；$\varphi$为拱任意截面的拱轴水平倾角；$n$为拱厚变换系数。由拱脚处$\xi=1$的边界条件可得$n=\frac{I_d}{I_j\cos\varphi_j}$，式中$I_j$和$\varphi_j$分别为拱脚截面的惯性矩和倾角。可见，$n$值越小，截面的变化就越大。在实际设计工作中，可先拟定拱顶和拱脚两截面的尺寸。求出n，再求其他截面的I；也可先拟定拱的截面尺寸和n（公路桥一般取0.5～0.8），再求I。 （俞同华）

拱架 arch centering

承托圬工或钢筋混凝土拱桥施工的拱形支架。早期的拱桥采用木支架或木拱架施工。后改用各种型式的钢拱架。拼装式常备钢拱架分工钢型和桁架型。前者用于跨度40m以内的拱桥，后者的跨度可达200m以上。 （唐嘉衣）

拱肩 spandrel

上承式拱桥主拱圈的两侧拱背以上桥面系以下的空间，也即拱上建筑的腹部。为行车平顺和传递荷载而设。一般把拱上建筑具有填料的和具有构架体系的分别称为实肩拱和敞肩拱。 （俞同华）

拱肩填料 filler in spandrel

拱桥的实腹式拱上建筑中填充于主拱圈以上桥面系以下空间或空腹式拱上建筑中填充于主拱圈及腹拱圈以上和桥面以下的材料。通常采用砾石、碎石、粗砂或卵石夹粘土，并加以夯实。为了减轻拱上建筑重量，也可采用轻质材料如炉渣、粘土等混合物。当散粒材料不易取得时，可改用砌筑的方式，即采用干砌圬工或浇筑贫混凝土作为拱肩填料。填料起扩大车辆荷载分布面积并减小冲击的作用。 （俞同华）

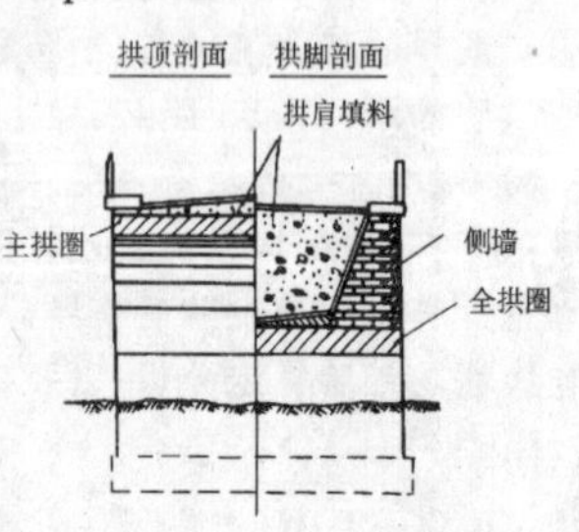

拱铰 arch hinge

拱桥中设置于主拱圈或腹拱的拱顶或拱脚处使两部分能相对转动的连接部件。分为永久性铰和临时性铰。前者用于三铰拱或两铰拱体系中，后者用于拱桥施工过程中消除或减小主拱的部分附加内力以及对主拱内力作适当调整，施工结束时则被封固。常采用的有弧形铰、铅垫铰、平铰、钢铰和不完全铰等。 （俞同华）

拱脚 springing

拱圈与墩台或其他支承结构连接处的拱圈截面。拱设计时的主要控制截面之一。其上所受的轴向力和弯矩，为拱的设计计算中须予考虑的主要内容。拱的自身重量和拱上承受的其他荷载，都是通过拱脚传递给墩、台或其他支承结构的。拱脚的支承方式，必须与拱的设计图式一致。如为两铰拱或三铰拱，拱脚采用铰支，如为无铰拱则嵌固。无铰拱由于基础的变位两拱脚之间发生相对位移如水平、竖向位移和转动时，均会在拱内产生附加内力。过大的相对位移，有可能引起拱的破坏和倒塌。（俞同华）

拱肋 arch rib

拱桥上部结构中的曲线形的肋形承重构件。肋拱桥的主要承重结构常由两条（或多条）拱肋和横向联结系构件组成。拱肋的截面，根据跨径大小和载重等级，可有矩形、工字形或箱形。在双曲拱桥中，拱肋仅是主拱圈截面的一部分，截面形式，要有利于拱肋、拱波、拱板之间的结合以保证组合截面的整体性，目前常用的有倒T形，L形，工字型，槽形和箱形等。拱肋常按跨径和吊装能力分成数段预制吊装，为此需用钢板电焊、法兰螺栓或现浇混凝土等接头。

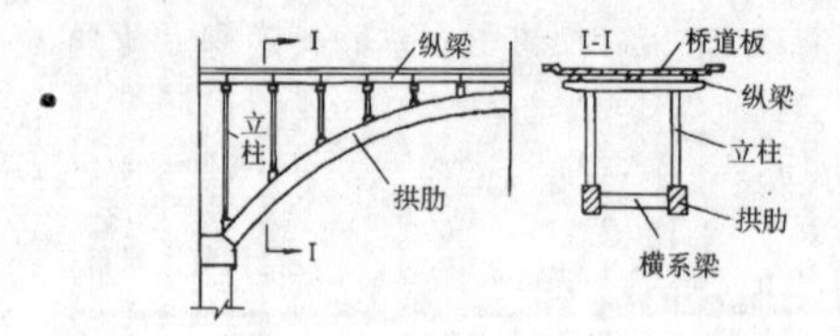

（俞同华）

拱片桥 arch disc bridge

由水平上缘与弧形下缘的拱片构成的有推力的拱桥（见图）。拱片数目由车道宽度和起重能力决定。拱片之间用桥面系、横向联结系（横撑架、剪刀撑）连接成整体。特点是拱上建筑与拱肋混为一体，没有明确表现的理论拱轴线，构造简单，施工方便，充分利用了拱上建筑的共同作用。为减轻自重，常在拱片上开挖几个圆洞。拱片刚度大，受温度变化，混凝土收缩、徐变，以及墩台位移的影响较大，最好做成三铰拱。适用小跨度桥梁。

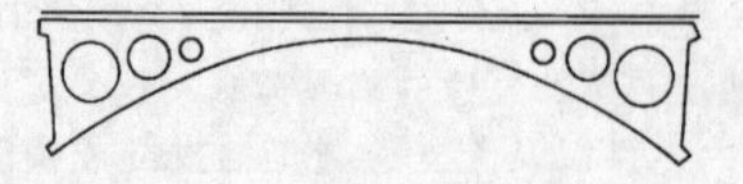

（袁国干）

拱桥 arch bridge

用拱（拱圈或拱肋）作为上部结构主要承重结构

的桥。由桥面系、拱上建筑、拱和桥墩（台）组成（见图）。桥面系直接承受活荷载；拱上建筑用以传递来自桥面系的荷载；拱则承受上部结构的全部荷载，并传递到墩台、地基上。拱在支承处要产生水平推力，对拱中可减少弯矩，因此跨越能力很大，但对地基要求很高。拱往往做成拱圈或拱肋的型式，主要承受压力，故中、小跨度拱桥多用砖、石、混凝土等抗压性能良好的材料建造；大跨度拱桥则采用钢筋混凝土或钢材来建造，用以承受可能出现的拉力，并增加结构的延性。拱桥按受力图式可分无铰拱桥、双铰拱桥和三铰拱桥等；按拱上建筑的形式可分实腹拱桥和空腹拱桥等；按拱的结构形式可分板拱桥、肋拱桥和桁架拱桥等；按车道设置的位置可分上承式拱桥、中承式拱桥和下承式拱桥等；按拱轴线的形状可分悬链线拱桥、抛物线拱桥和圆弧拱桥等。拱桥造型美观，其跨越能力与抗力都较大。现在世界上最大跨度的钢筋混凝土拱桥为 1980 年竣工的南斯拉夫克尔克（Krk）桥，又称铁托大桥（Tito bridge），主跨为 390m；钢拱桥为 1987 年竣工的美国新河（New River）峡谷桥，主跨长达 518.2m。

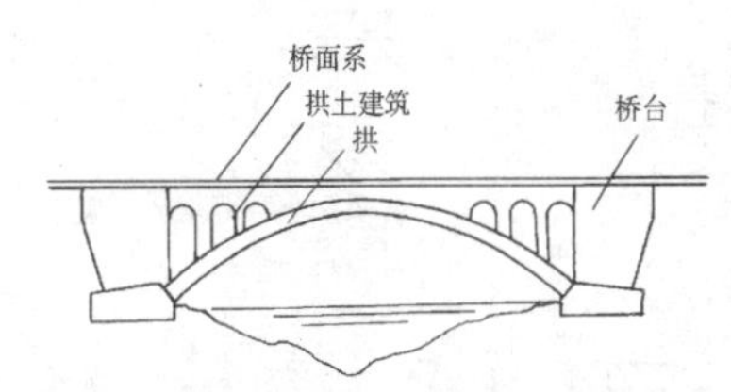

（袁国干）

拱桥悬臂加宽　widening of arch bridge with cantilever

利用悬臂梁原理扩大拱桥宽度。拱桥悬臂加宽方法如下：①加厚加长原拱桥悬臂桥面板；②按承载要求在原拱桥纵向适当部分，如 $l/4$、$l/2$、$3l/4$ 处的侧墙两侧就地浇筑悬臂梁，在梁上再安装板或梁；③在桥墩横向接出配有劲性型钢的悬臂梁。再在其上建造拱桥。（万国宏）

拱圈　arch ring

旧称拱券。泛指拱桥、门窗等建筑物上筑成弧形的结构部分。主要承受轴向压力。较同跨度梁的弯矩和剪力为小，从而能节省材料，提高刚度，跨越较大空间。在拱桥中如为支承于墩、台之间的构件，用以承受桥上全部荷载，即为桥的主拱圈。当空腹式拱上建筑采用拱式腹孔时，拱圈则支承在腹孔墩上，只承受和传递桥上局部荷载。（俞同华）

拱圈截面变化规律　variation law of arch ring section

拱圈横截面沿拱轴变化的规律。它一般采取截面惯性矩从拱顶至拱脚由小逐渐增大，以使各截面的应力比较均匀，如里特（Ritter）-施特拉斯奈（Strassner）截面变化公式。也有截面由小变大而截面惯性矩增大不多的等高变宽的变化规律，以及截面由大变小的“镰刀形”拱。（顾安邦）

拱上建筑　spandrel structure

又称拱上结构。上承式拱桥桥跨结构中主拱圈以上结构的总称。它包括桥面系和向主拱圈传递荷载的构件或填充物。分为空腹式和实腹式。空腹式拱上建筑的传力构件主要为腹孔墩，有立柱或横墙等形式，实腹式则有侧墙和填料等。大、中跨径的拱桥，多采用空腹式，这样可以减小恒载，并使桥梁造型轻巧美观。实腹式拱上建筑的构造简单，施工方便，而填料的数量较多，恒载较重，一般在小跨径拱桥上采用。

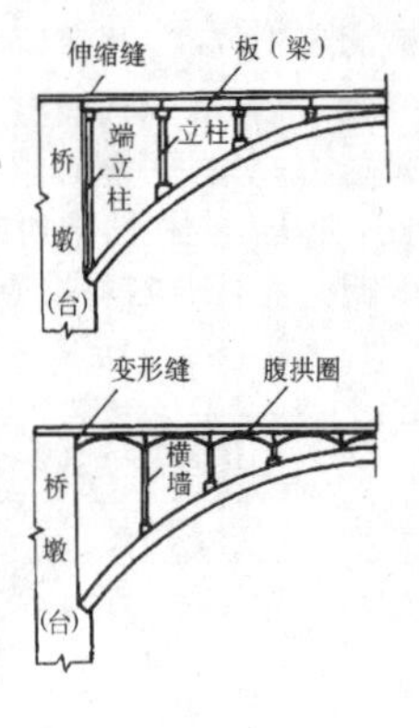

（俞同华）

拱石　arch stone

组成石拱桥料石拱圈的有一定规格要求的块件。须按照拱圈的设计尺寸进行加工，为了保证尺寸准确，需要制作拱石样板。小跨径圆弧等截面拱圈，因截面简单，一般按计算确定拱石尺寸后，用木板制作样板即可。但大中跨径悬链线拱圈由许多规格的拱石拼成。需要在样台上将拱圈按 1∶1 的比例放出大样，用木板或镀锌铁皮在样台上按分块大小制成样板，并注明拱石编号，以便对拱石进行加工。石拱桥的施工，石料的准备和拱石的加工是决定施工进度的一个重要环节，也对桥梁的造价和质量有很大的影响。

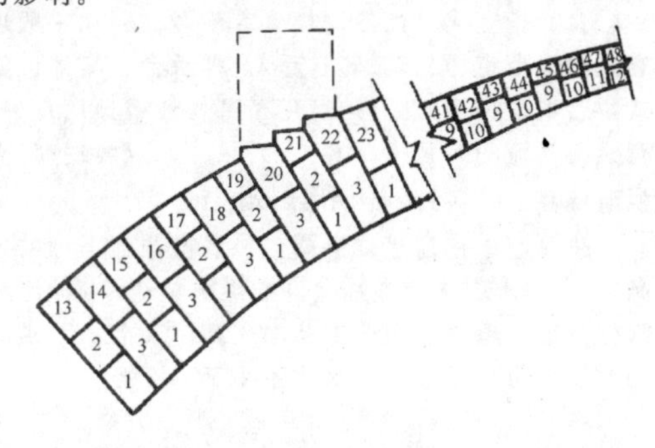

（俞同华）

拱矢　rise of arch

又称拱高或矢高。拱的最高点至两拱脚联线的垂直距离。它与拱跨之比为拱的矢跨比，是反映拱的

特性的一个主要指标。（俞同华）

拱形涵洞 arch culvert

洞身断面为拱形的涵洞。它由拱圈、边墙和基础三部分组成（见图）。常用石料或水泥混凝土等材料修筑而成。拱涵孔径为两边墙间的内距。拱涵对地基承载力要求较高，要求沉落量小，结构高度大，施工较复杂。与同孔径的箱形涵洞相比，砌筑量大，但因泄水能力较大，可就地取材以节约钢材、水泥用量，因此，在具有足够的结构高度或高填土、地质条件较好、附近有良好石料来源时，可广泛采用。

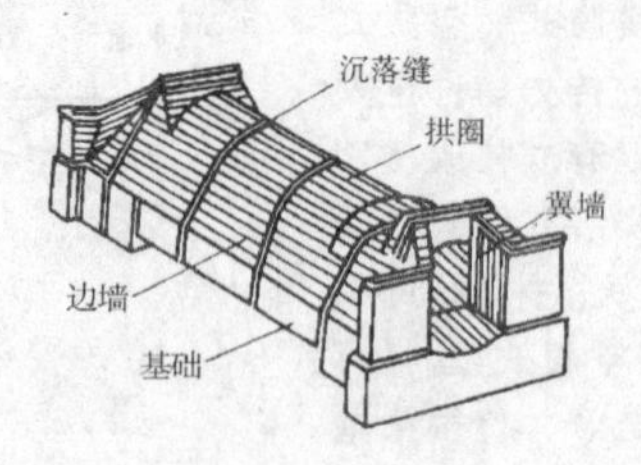

(*a*) 拱涵立体示意图

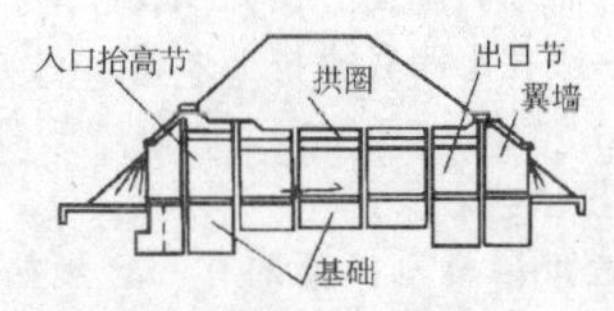

(*b*) 拱涵中心纵断面示意图

（张廷楷）

拱形桁架 arch truss

下弦成曲线形拱起的上、下弦不相平行的桁架。当支点仅有竖向反力而无水平推力时，为桁架梁结构，并不是拱，只具有拱的外形。如支点兼有竖直和水平反力，则为桁架拱结构。前者为外部静定结构，后者为外部超静定结构。（俞同华）

拱形桥台 arched abutment

台身挖空成拱筒形的埋置式桥台。它比一般埋置式桥台节省圬工，减轻自重，这种桥台是实体埋置式桥台的改进型式之一。适用于基岩浅或地质良好、有浅滩河流的多孔桥。（吴瑞麟）

拱趾标高 elevation of springing

拱圈与墩台连接处拱圈或拱肋横截面下缘的标高。对于无铰拱桥，拱趾允许被洪水位淹没，但淹没深度一般不超过拱圈或拱肋净矢高 f_0 的 2/3。拱脚的起拱线应高出最高流水位不小于 0.25m。

（金成棣）

拱轴系数 coefficient of arch axis

实腹拱拱脚恒载集度（指材料重力密度与单位长度拱桥体积的乘积）对拱顶恒载集度之比。当拱的跨径及矢高已确定时，它是确定悬链线拱轴线坐标的主要参数。拱轴系数越大，拱轴线在拱脚处的倾角越陡，拱矢抬高；拱轴系数小则拱矢降低。对于无支架吊装的拱桥，拱轴系数不得大于 2.24，以保证施工安全。（顾安邦）

拱轴线 arch axis

主拱各截面重心（或形心）的连线。其线型直接影响主拱各截面内力的分布。通常要求拱轴线的线型尽量接近恒载压力线。拱桥常用的拱轴线有圆弧线、抛物线和悬链线。圆弧线线型简单，施工方便，但偏离压力线较大，使主拱各截面受力不均匀，常用于小跨径拱桥；抛物线和悬链线比较接近恒载压力线。悬链线是目前国内大、中跨径拱桥采用最普遍的拱轴线型。（顾安邦）

拱座 arch seat

在石拱桥拱圈与墩、台的连接处为改善受力状况又避免采用五角石，简化施工而采用的墩、台部凹槽或现浇混凝土支承部件。

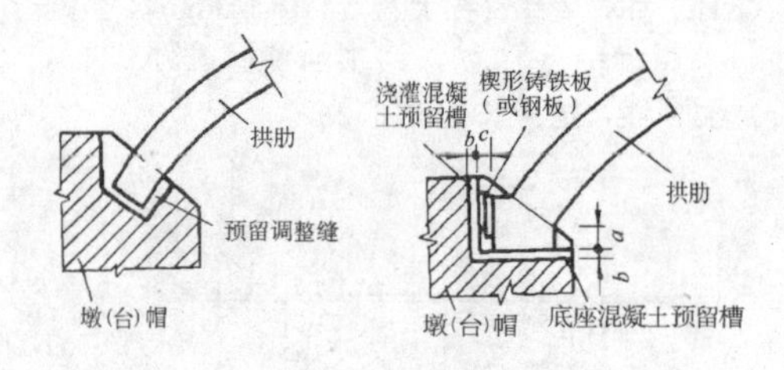

a=20cm左右 b=5~10cm c=3~5cm

混凝土拱座

（俞同华）

共振测频仪 resonance meter for frequency determination

又称动弹性模量测定仪。共振法测定混凝土动弹性模量的专用仪器。由音频信号发生器（附有功率输出）、激振换能器、接收换能器、音频电压放大器等部件组成。工作时，由音频信号发生器产生音频交变电压，经放大后输入激振器；激振器把电振荡转换成机械振动并加于试件上，其输出频率可调范围为 100～20 000Hz；接收器将试件上传来的机械振动转换为电振荡，经音频电压放大器放大后，输入电压表。当外加机械振动频率与试件固有频率相同时产生共振，此时表指针最大，该频率即为所测试件之固有频率 f (Hz)。国产有 DT-1、DT-2 型动弹性模量测定仪。（张开敬）

共振法混凝土动弹性模量试验 test of concrete dynamic modulus of elasticity by resonance method

应用共振测频仪测定混凝土动弹性模量的无损检测法。标准试件尺寸为截面 100mm×100mm 棱柱体，其高宽比为 3～5。试件支承和换能器的安装位置如图所示，测量时试件成型面朝上。共振仪输出功率使试件产生受迫振动，根据共振原理当激振频率与试件固有频率相同时达到共振状态，电表指针最大，据此可测出试件固有频率 f (Hz)。再根据混凝土动弹性模量 E_d 与试件固有频率的关系式：

$$E_d = 9.46 \times 10^{-4} \cdot \frac{wl^3 f^2}{a^4} K$$

即可得到 E_d 值，式中 w 为试件重量 (kg)；a、l 分别为正方形试件的边长和高度，K 为尺寸修正系数。根据 E_d 与混凝土强度的相关性，可检验混凝土在经受冻融或其他侵蚀作用后遭受破坏的程度，以评定其耐久性。

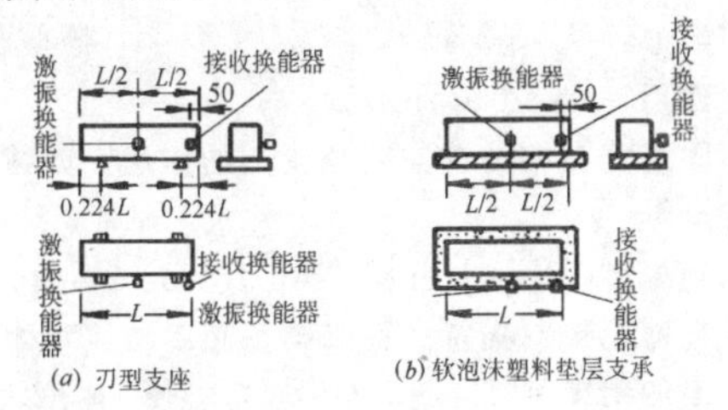

(a) 刃型支座　(b) 软泡沫塑料垫层支承

（张开敬）

gou

钩螺栓　hook bolt

铁路明桥面中，将桥枕和主梁或桥道纵梁的上翼缘互相扣紧用的螺栓。上端固定在桥枕上，下端设弯钩扣住梁的翼缘，可防止桥枕的上下跳动。

（陈忠延）

构件成品存放　storage of structural member products

在成品库等待装车的构件暂时保管放置。要求存放场地平整，坚实，不存水，杆件离地面应大于 30cm。片式单梁应竖立放置，工形杆件叠放不宜超过三层，不允许杆件在存放时变形。（李兆祥）

构件局部失稳　local buckling of member

钢梁或钢压杆未丧失总体稳定，而其一部分板件翘曲失稳的现象。钢梁的腹板具有屈后强度，其板件局部失稳并不表明整个构件立即丧失承载能力；但钢梁及钢压杆的翼板局部失稳会削弱构件刚度，导致整个构件提前丧失总体稳定，危险性较大。通常对于钢压杆板件及钢梁翼板采用合理选择宽厚比，对于钢梁腹板用设置加劲肋的办法来防止局部失稳。

（胡匡璋）

构件破坏时钢筋应力　stress in tendon at failure

构件丧失承载能力时，钢筋中的应力。它可根据平截面假定，按构件截面破坏时的应变图和钢筋的应力-应变曲线确定，对预应力钢筋应考虑预加应变影响。在受弯构件中，如果钢筋的位置不是距中性轴太近的话，一般可以认为构件破坏时受拉钢筋的应力可以达到抗拉计算强度。（李霄萍）

构体式钢板桩围堰　cellular cofferdam of steel sheet pile

又称格式围堰。由钢板桩组成的许多单体围堰（格仓）互相用锁口连接而形成的圆形、半圆形、椭圆形或其他形状的组合围堰。各单体围堰内要填土，以增加本身的稳定性。这种结构在水压和土压的作用下以承受周线拉力为主，故宜采用平型钢板桩。它适用于水深大于 6～8m，基坑面积大，无法在围堰内进行支撑者。所以要依靠本身的抗滑和抗倾能力维持稳定。

（赵善锐）

构造钢筋　constructional bar

钢筋混凝土桥梁中为满足桥梁规范构造要求而布置的钢筋。包括架立钢筋以及难于通过计算确定其受力大小而只能凭经验设置的辅助筋。

（何广汉）

构造速度　speed limited by construction

根据机车结构强度和动力作用规定容许的或能达到的最大运行速度。（谢幼藩）

gu

箍筋　stirrup

又称镫筋。梁桥中与弯起钢筋共同承受主拉应力的腹筋，沿构件横截面周边布置，除联系受压区和受拉区外，还将受拉主筋和架立筋联成钢筋骨架，以利于施工。分开口式与闭口式两种。后者可防止受压钢筋屈折并保证它们不因灌筑混凝土而错动位置。

（何广汉）

箍套法　casing method

在受损的墩台或桩基外围，用一定厚度的钢筋混凝土箍套进行加固的方法。桥梁基础工程由于水流冲刷、船只等冲撞，或地震影响等，导致墩柱、墩台体或基础出现裂隙、局部损伤或露筋、压屈等病害时，可以在受损部位的外围设置一圈钢筋混凝土或预应力混凝土的套箍；也可以做成数道梁（箍）的形式，圈梁间设置钢筋混凝土联系支撑。套箍应设法与原受损结构联成整体，消除病害，共同受力。

（黄绳武）

古德曼图 Goodman's diagram

又称罗斯图(Ross's diagram)。在循环次数给定的条件下，疲劳最大应力σ_{max}与最小应力σ_{min}的关系曲线。

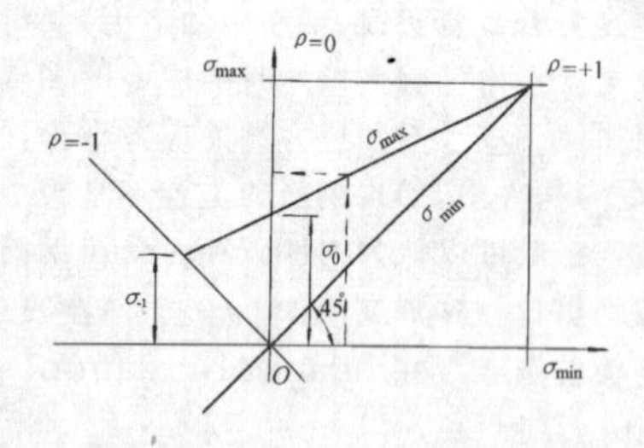

(罗蔚文)

谷坊 check dam, mud avalanche retaining dyke

在小桥涵上游泥石流搬运地段或山沟谷口修建的高度较小的拦砂坝。起拦截泥沙杂草等作用。可就地取材，并视冲积物成分用柳囤、柳干单层编篱、柳干木笼、干砌片石、混凝土或钢轨内填充石堆等修建。它可将水位抬高，使水流从坝顶漫过，变紊流为缓流，并改变河道的坡降形成跌水以消耗水流的能量。设置这种构筑物是防止小桥涵洞淤塞的有限措施之一。 (谢幼藩)

股流 strand flow

洪水时流速最快的一股水流。与主流趋势一致时称主溜；与主流趋势不一致时称斜流。

(任宝良)

股流涌高 height of strand swell

由于股流引起的水面升高。形成的原因是多样的。有的是由于股流受阻，水流的动能和势能转换而形成；有的是受河床形态的影响而形成。

(吴学鹏)

骨料咬合作用 aggregate interlock

又称界面传递剪力(interface shear transfer)。沿斜裂面滑移时，骨料交错传递的部分切向剪力。它和裂面的粗糙程度以及裂缝宽度有关，骨料的尺寸及硬度越大，抗力也越大，对无箍筋梁可达总抗剪强度的33%～50%。穿过裂缝的箍筋的销栓作用也能提高部分界面剪力。 (车惠民)

固定桥 fixed bridge

一经建成后各部分构件不再拆装或移动位置的桥梁。这种桥一经投入使用即连续不断地运营，桥上各种交通均不会中断。如果桥下需要通行船只，则桥梁上部结构底面至通航水位的高度需满足通航净高的要求。大多数桥梁都属这一类型。 (徐光辉)

固定式模板 fixed form

将零散板材钉在加劲肋条上就地拼成的模板。不便于多次装拆重复使用。适用于单个构件或结构的施工。根据所用材料不同，又可分为胶合板模板、木模板、纸模板等。 (谢幼藩)

固定胎型 fixed conductor

位置固定，不能改变工件方位的组装胎型。由于是固定方位，胎型中的样板也是固定的，故钉孔距离和外型尺寸的精度较高。但加工不便，有时要侧面钻孔、仰面钻孔、仰面焊接等。按功能可分为拼装、钻孔以及兼用于拼装和钻扩孔的固定胎型。

(李兆祥)

固定支座 fixed bearing

又称固定铰支座。容许桥梁上部结构支承处能在竖直平面内转动而不能在水平方向移动的支座。支座的上、下两部分通常用销钉或齿板等固定，以防止相对位移。除承受竖向压力外，还能承受因车辆制动力、风力、支座摩阻力等引起的水平力。一般宜设置在较低的墩台上，连续梁桥还宜设置在靠近中孔的桥墩上。 (杨福源)

固定作用 fixed action

固定分布在结构空间位置上的作用。如结构构件自重等。 (车惠民)

固端刚架桥 fixed-end rigid frame bridge

又称无铰刚架桥。柱脚与基础固结成整体可承受弯矩的刚架桥。构造简单，施工方便，刚度大，建筑高度小，适用于跨线立交桥。因柱脚处的水平力与弯矩均甚大，对地基要求严格，对温度变化，混凝土收缩、徐变以及地基差异沉降均甚敏感，对结构要产生附加力。 (袁国干)

固端梁桥 fixed-end girder bridge

由两端固结在桥台上的主梁作为主要承重结构的桥梁。在荷载作用下，梁的固结端将有较大的负弯矩，从而可减小跨中的最大正弯矩，使梁高降低，适用于跨线桥等需要较小建筑高度的情况。由于其他材料的梁不易与桥台固结，常用于钢筋混凝土梁桥和预应力混凝土梁桥。采用两边跨跨径极小的三跨连续梁也能达到固端梁的效果。 (徐光辉)

gua

瓜佐桥 Guazú Bridge

见巴拉那桥(3页)。

刮刀钻头 blade bit

以刀刃切削地层的钻头。为旋转钻机的组成部件，适用于土质和砂砾地层。为防止泥包，其结构尽量简化，多做成翼形，有三翼、四翼、六翼等型式，翼端镶有硬质合金刮刀。 (唐嘉衣)

挂孔 suspended span

见挂梁（85页）。

挂篮 form traveler

可移动的脚手架。用以承托混凝土桥的悬浇节段。由承重结构、吊杆、工作台、模板、锚固装置或平衡重组成。按承重结构分为梁式、桁架式、斜拉式、撑架式、自承式（self-supporting）等。在滚轮或滑板上向前推进。（唐嘉衣）

挂梁 suspended beam

悬臂梁桥中为加大悬臂跨（L）而在两侧悬臂端之间加设的用以跨越挂孔的简支梁。三跨带挂梁的钢筋混凝土单悬臂梁桥和多孔T形截面双悬臂梁桥的挂梁长度和高度分别为（0.4～0.7）L 和（1/12～1/20）L。预应力混凝土悬臂梁桥因无受负弯矩时顶面受拉开裂之虞，故其悬臂长度较长，一般可达（0.3～0.5）L。因此，相应的挂梁长度可减小至0.4L以下。（何广汉）

guan

观音桥 Guanyin Bridge

位于江西省庐山栖贤寺，横跨于三峡涧东西悬崖上的石拱桥。因宋代大文豪苏东坡做诗将此处比喻长江三峡，故又称三峡桥。桥建于北宋·大中祥符七年（公元1014年），单拱，桥长约20m，桥宽约5m，拱圈由凹凸相接的拱石砌成，由江西、福建等地匠人及和尚建造。1986年列为全国重点文物保护单位。（潘洪萱）

管涵施工 pipe culvert construction

钢筋混凝土管式涵洞的施工步骤。包括：定位放样、基础施工、管节预制、运输装卸、管节安装等。涵洞的定位放样，通常沿河沟中心线及路中线的控制桩，定出涵洞的中心点及纵横轴线，以控制涵洞位置；涵洞基础施工包括挖基及基础砌筑；管节多在工场预制，管节混凝土的强度应大于设计强度等级的70%；管节运输和装卸依工地条件、道路情况选用运输类型和机械工具；管节的安装依地形、设备条件可有滚动安装法、滚木安装法、压绳下管法、龙门架安装法、吊车安装法等。管节施工需注意下列问题：①管节混凝土与管身紧密相贴，使圆管受力均匀。无基圆管的基底应夯填密实，并做好弧形管座；②管节接头为对头拼接，接缝应不大于1cm，并用沥青麻絮或其他具弹性的不透水材料填塞；③管节沉降缝须与基础沉降缝一致，沉降缝宽约2～3cm，所有管节接缝和沉降缝均应密不透水；④各管节应顺流水坡度成平顺直线，如管壁厚度不一致时，应在内壁取平。（张廷楷）

管式钢墩 steel pipe pier

墩身由钢管桩做成的桥墩。用于桥墩主要承受竖向力的情况。钢管的最小直径为1m，壁厚不小于8mm，下部打入河床局部冲刷线以下不应小于2.5m（直接搁置在岩石基础上的钢管除外），上部伸入到现浇混凝土中的长度不小于2～2.5m。它也常用于临时墩，拆除后钢管尚可重复使用。（吴瑞麟）

管式涵洞 pipe culvert

洞身为圆管形的涵洞。与拱形涵洞及盖板涵洞比较，具有施工简便快速、工程量小等特点。圆涵孔径为圆管内径，一般为0.75～2.50m。圆涵的泄水能力比其他类型的涵洞小。依材料可有钢筋混凝土管、波纹铁管、陶土管等。钢筋混凝土圆涵管节可按表列不同路堤填方高度（m）而设计。

孔径1.00～2.50m管节，管壁较厚，为抵抗拉力布置双层钢筋，内外两层螺旋形主筋用箍筋及纵向分配钢筋连成一个骨架。

孔径(m)	0.75	1.00		1.50		
管壁厚(cm) / 路堤填料(m)	9	10	14	14	16	18
填土	2	5	10	5	10	15
填石	1.6	3.7	7.7	4.1	7.7	11.7

孔径(m)	1.75			2.00			2.50		
管壁厚(cm) / 路堤填料(m)	16	18	22	18	22	24	20	23	24
填土	5	10	15	5	10	15	5	10	15
填石	4.3	7.2	11.7	4.3	7.1	11.7	4.2	8.4	10.6

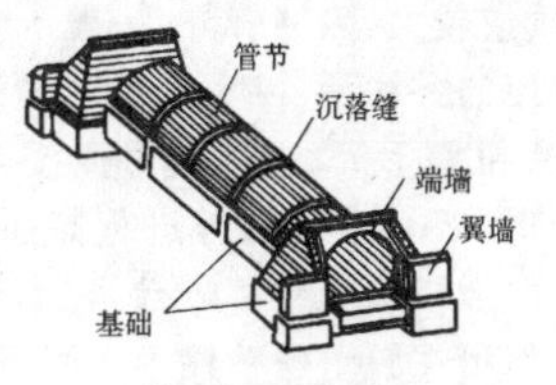

(a) 圆涵立体示意图

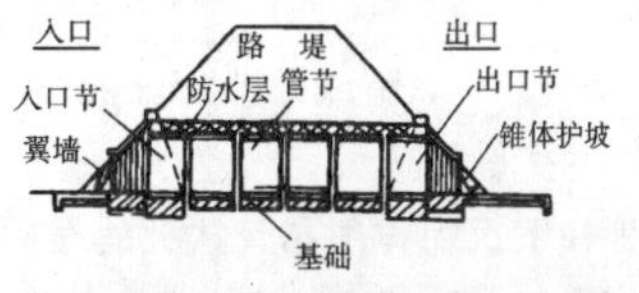

(b) 圆涵中心纵断面示意图

（张廷楷）

管线桥 pipeline bridge

管线(电缆、输水、输气、输油等管道)在跨越河流、池沼、谷底等障碍时设置的架空建筑物。在跨径较小时可直接利用管道本身作为上部结构支承在墩台上;在跨径较大、荷载较重时则需有专门的桥式上部结构支承管线建筑。必要时桥上还应附有供检修人员通行或工作的通道。 (徐光辉)

管柱 drilled caisson

直径在1.2m以上,由钢筋混凝土、预应力混凝土或钢分节预制而成的薄壁管状开口构件。它是管柱基础的主要组成部分。各管节在工地用螺栓、电焊或其他方法拼接,其最下端装环形钢刃脚,利于切土下沉。根据受力情况,管内可充填、不充填或部分充填混凝土。通过管底凿岩和填充钢筋混凝土,则柱体可牢固地嵌入岩盘。由于管径大,刚度和强度都很高,常用于大型桥梁基础。 (刘成宇)

管柱基础 tubular colonnade foundation

由钢筋混凝土、预应力混凝土或钢制成的单根或多根管柱上连钢筋混凝土承台、支承并传递桥梁上部结构和墩台全部荷载于地基的结构物。柱底一般落在坚实土层或嵌入岩层中。适用于深水、岩面不平整、覆盖土层厚薄不限的大型桥梁基础。按荷载传递形式可分为端承式和摩擦式两种,在结构形式上与桩基相似,但多为垂直状。其下沉方法具有特殊性,如震动下沉结合管内排泥和钻岩等。这类钢筋混凝土基础在中国首先于1955年出现在武汉长江大桥,柱直径为1.55m,嵌入岩盘2~7m,随后在南京长江大桥改用预应力混凝土柱,直径发展到3.6m,入土深达47.5m,其中嵌入岩盘3.5m。在国外常用钢管柱,近来已发展成锁口管柱基础。 (刘成宇)

管柱下沉法 process of tubular colonnade sinking

采用特殊措施强迫管柱沉入土中的施工方法。管的直径和质量较大,除钢管外,一般不宜用锤击法下沉。目前常用的方法是:以大型振动锤进行上下振动或用摇晃机扭摆下沉;在管内用抓土斗或水力机械排土;必要时,还可在管内外进行高压射水,以减小下沉阻力。以上措施应交替进行。它们用在砂性土中效果甚佳,如用在较干硬粘性土中困难较大,必须在管内先进行高压射水,把粘土结构破坏,再排泥和振动下沉。 (刘成宇)

管柱振沉荷载 vibrating forces on drilled caisson

迫使管柱下沉而作用在管柱上的振动力。它来源于固定在管柱顶上的偏心振动锤,其值P(kN)与振动锤的额定最大振动力P_{max}(kN)有关,

$$P = \eta P_{max}$$

其中η为振动冲击系数,与振动下沉的入土深度、土的性质及施工辅助措施等有关,可采用1.5~2.0。 (刘成宇)

管柱钻岩法 process of rock drilling in tubular colonnade

使管柱嵌固于岩盘而采用的水下钻岩法。当管底下到岩盘,利用管壳作为导向管用钻机对基岩凿孔,一般采用冲击式或滚凿式钻头,运用泥浆反循环法或泥浆正循环法排出钻碴。钻孔毕,进行清孔,放入钢筋笼和灌注水下混凝土,形成锚固于岩盘的管柱基础。 (刘成宇)

管柱最小间距 minimum spacing of tubular colonnade

桥梁设计规范所规定的管柱间最小中心距。对于摩擦式管柱基础,最小中心距为$2.5d$(d为柱径),而对于端承式管柱基础,则为$2d$。若柱间距离满足上述规定,则可充分发挥每根柱的承载能力。 (刘成宇)

灌注桩钻机 boring machine for cast-in-place piles

在地层中为灌注桩钻孔并排除钻碴的桩工机械。其振动与噪声较小,适应性强,适用于除流动性淤泥及大卵石层以外的各类地层,广泛应用于桥梁基础施工。按成孔的方法分为冲抓钻机、旋转钻机、冲击钻机、套管钻机、回转斗钻机、螺旋钻机、地下墙钻机等。 (唐嘉衣)

灌筑 pouring

又称浇注。将混凝土拌合物灌注到模板内成型的施工作业。灌筑的自由倾落高度不得超过2m,尽量使用滑槽、串筒、漏斗等工具,以免造成混凝土的离析。灌筑时应配合振捣工作连续进行。 (唐嘉衣)

guang

光电放样 laying out by photoelectricity

把图样划在光电仪样板上,利用光电跟踪扫描仪,把图样按比例放在实物上。有的把划图的钢针换成火焰切割嘴头,直接把图形切出。 (李兆祥)

光敏薄层裂缝测定法 method of crack measurement by photo-elastic method

根据光弹性法原理采用贴或涂于钢筋混凝土构件表面光敏薄涂层来测定变形和裂缝的试验方法,光敏薄层由环氧树脂加增塑剂和固化剂以适当配合比拌制而成。可预先制好薄片贴于试件上,也可直接在试件表面浇制薄层。试验时,使用光弹偏振仪和摄影来测定等差线和等倾线,以确定整个薄层区域构

件的应变和应力状态。根据应力集中现象可发现裂缝出现的位置和荷载,还可估算裂缝宽度。

（张开敬）

光弹性法 photoelasticity

利用光学原理研究弹性力学问题的实验方法。它是将具有人工双折射效应的透明塑料制成的结构模型置于偏振光场中,当给模型加上荷载后,即可看到模型上产生的干涉条纹图(等差线和等倾线)。通过对这些条纹的分析和计算,就能确定结构模型在受载情况下的应力状态。光弹性法起始于20世纪初。40年代M.M.弗罗希特对光弹性的基本原理、测量方法和模型制造等方面的问题作了全面系统的总结。50年代环氧树脂材料的出现,使光弹性法在工程中获得广泛的应用。利用光弹性法,可以研究几何形状和荷载条件都比较复杂的工程结构的应力分布情况,特别是应力集中区域和三维物体内部的应力问题,还可用该法验证固体力学及其他有关学科中提出的新理论、新假设的合理性和有效性,为发展新理论提供科学依据。（胡德麒）

光弹性夹片法 photoelastic sandwich method

在有机玻璃模型中待测应力的部位夹入具有双折射效应的薄片,利用该薄片显示的干涉条纹进行应力分析的一种模型实验方法。可用来研究立体模型的热应力或实时观察立体模型中夹片的机械应力分布情况。（胡德麒）

光弹性散光法 scattered-light method of photoelasticity

利用光线通过光弹性材料时的散光性能进行应力分析的模型实验方法。光线通过各向同性的透明模型时,垂直于光传播方向的散射光为平面偏振光,它将沿模型的次主应力方向分解为偏振方向不同的两束光。利用它们通过模型时产生的光程差与路程中主应力差的累积值成正比,可对模型进行应力分析。散光法的主要特点是进行三维光弹性实验应力分析时,不必破坏模型,有时也可不将模型“冻结”。但对较复杂的三维应力问题,使用该法还存在一些困难。（胡德麒）

光弹性贴片法 photoelastic coating method

将应变光学灵敏度较高的一种光弹性塑料薄片(简称贴片)粘贴在被测构件表面,通过测定该贴片随构件表面变形而产生的等差线和等倾线参数,求得该构件表面应变分布的一种实验应力分析方法。用该法可直接从工程结构表面测得应变的全场分布情况,根据应力应变关系也可算出应力分布情况,因此,它是一种可在现场进行实测的光弹性实验技术。（胡德麒）

光弹性仪 polariscope

测量光弹性模型受载时所产生的等差线和等倾线条纹的实验装置。使用较普遍的有透射式和反射式光弹性仪。除此之外,还有散光光弹仪和全息光弹仪。透射式光弹性仪由光源、聚光镜、平行透镜、起偏镜、1/4波片、检偏镜和照相装置或投影屏等部件所组成,其测量原理如图所示。等差线的测量常采用圆偏振光场。测量非整数级条纹时一般采用补偿法,也可采用旋转检偏镜法。等倾线的测量采用平面偏振光场。

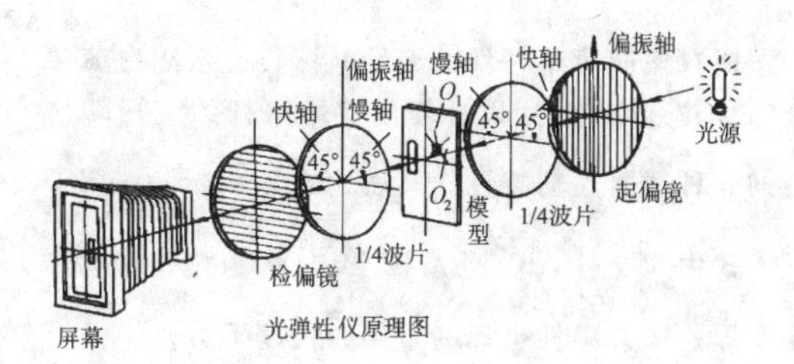

光弹性仪原理图

（胡德麒）

光弹性应力冻结法 stress-freezing method of photoelasticity

利用环氧树脂材料经过升温、恒温和缓慢降温后可以把受载时产生的等差线条纹保留下来的特性研究三维物体应力的光弹性法。模型经过一定的升温、恒温和降温过程,将承载时产生的双折射效应保存下来,即使将模型切成薄片也不会消失的特征称为应力冻结效应。利用该效应对三维物体进行三维光弹性应力分析的主要过程为:①用环氧树脂材料制作三维光弹模型;②应力“冻结”;③切片;④应用正射和斜射的方法测取等倾线和等差线参数;⑤利用剪应力差法计算模型内各点的应力分量。

（胡德麒）

光线示波器 light oscillograph

又称光线振子示波器。一种将测量接收的电信号转换为偏转的光束信号,再记录在感光记录纸上的记录装置。主要由光源和光学系统、振子和磁系统、记录纸传动和控制系统以及时标装置等组成。其工作原理是,光源通过光学系统投射在振子的镜片上,经反射并通过光学系统照射到感光记录纸上。振子线圈安放在永久磁钢中间,当线圈中通过电流时,线圈在磁场作用下发生偏转,通过振子张丝带动镜

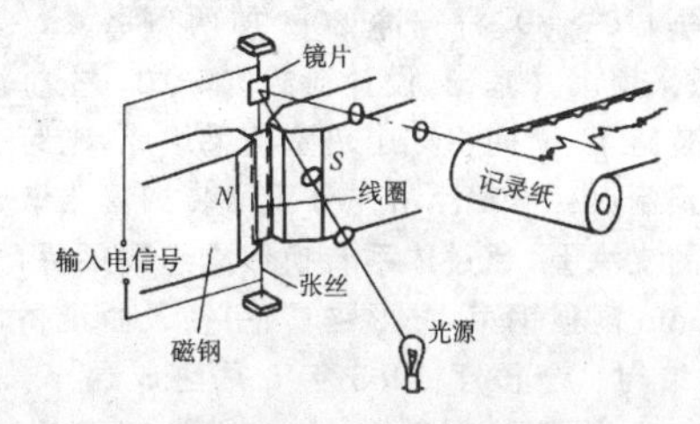

片偏转，反射在记录纸上的光点便发生摆动，当记录纸在传动机构驱动下运行时即得到记录曲线。而时标信号则通过时标发生装置和“时间振子”将其记录在感光纸上。所用记录纸有紫外线感光记录纸或胶卷，并相应采用超高压水银灯、氙灯或白炽灯作为光源。选用振子时应注意其工作频率范围、最大允许电流、电流灵敏度等参数。

（林志兴）

广义扇性坐标 generalized sectorial coordinates

闭口截面薄壁杆件的扇性坐标。表示闭口薄壁杆的单位翘曲，是用以计算闭口薄壁杆约束扭转应力的一种截面几何特性。其表达式为 $\bar{\omega}=\omega-\Psi\int_0^s\frac{ds}{t}$。式中 $\omega=\int_0^s r ds$，见扇性坐标，Ψ 为扭转函数，t 为壁厚。广义扇性坐标的量纲为长度平方。

（陆光闾）

广义坐标法 generalized coordinates method

闭口薄壁杆件受到约束扭转时，以广义坐标作为预先选定的已知函数，以广义位移作为基本未知函数的考虑畸变的求解方法。令闭口薄壁杆件轴向坐标为 z，周向坐标为 s，纵向位移为 $u(z,s)$，切向位移为 $v(z,s)$。根据纵向位移和切向位移的变化规律，选取与翘曲相关的函数 $\varphi(s)$，与扭转变形相关的函数 $\Psi_\theta(s)$ 及与畸变相关的函数 $\Psi_k(s)$，将位移函数写成下面式子

$$u(z,s)=U(z)\varphi(s)$$

$$v(z,s)=\theta(z)\Psi_\theta(s)+k(z)\Psi_k(s)$$

式中周边上任一点处 $\varphi(s)$、$\Psi_\theta(s)$ 及 $\Psi_k(s)$ 分别称对应于翘曲变形、扭转变形和畸变的广义坐标。任一横截面处的 $U(z)$、$\theta(z)$ 及 $k(z)$ 分别称该横截面的广义翘曲、扭转角和广义畸变，统称广义位移。该方法是由苏联学者符拉索夫(В. З. Власов)提出的，是对箱形梁分析的基本方法之一。

（陆光闾）

广州珠江桥 Pearl River Bridge at Guangzhou

位于广州大道跨越珠江的预应力混凝土桥。全长 988m，主桥为三跨一联变截面连续梁桥，分跨(m)80＋110＋80，桥宽净 20m 加两侧各 2m 人行道，主墩采用沉井基础，设计荷载汽－20。主桥使用分段安装施工，横向由 5 个单室箱梁组成，主跨纵向分 5 段预制，由 500t 浮吊先分段吊装搁置于墩式临时墩顶的支承上，通过体系转换形成连续梁桥，力筋用 24ϕ5mm 高强钢束，锥形锚具。引桥及匝道桥均采用简支结构。全桥于 1985 年 6 月建成通车，工期 780 天。

（黄绳武）

gui

硅化加固法 silicification method

通过一定压力将硅酸钠溶液和氯化钙溶液注入土体的一种化学加固法。两种溶液起化学作用后，产生硅酸，将土粒胶凝固结在一起，达到加固地基的效果。此法加固原理系模仿砂岩的成岩过程。常用的高效的地基加固方法，通常可分为压力硅化法和电动硅化法两种。前者适用于渗透系数大的砂土与黄土；后者适用于透水性小、不易渗透的粘性土。对于已渗入沥青、油脂和石油化合物的土壤，以及地下水中 pH 值大于 9 的土壤，均不宜采用此法。（易建国）

硅酸盐水泥 calcium silicate cement, Portland cement

是以石灰石为主要原材料，加入适当成分的粘土、铁矿砂等，在窑内烧至部分熔融，得到以硅酸钙为主要成分的水泥熟料，再加入适量石膏，经过磨细而成的水硬性胶结材。在国外，硅酸盐水泥统称波特兰水泥，在中国硅酸盐水泥特指不掺混合材料的强度较高的水泥。硅酸盐水泥与普通水泥相比，其强度较高，硬化较快，抗渗、抗冻性较好，但水化热较高，抗水侵蚀性较差。多用于重要工程的高强度等级的混凝土或预应力混凝土，包括桥梁、路面和不受水侵蚀的地下工程。（张迺华）

轨道爬行 creep of track

列车运行时，由于车轮的滑动和滚动产生的纵向水平力所引起的钢轨无规律的纵向移动。其形成过程缓慢，有时还带动轨枕一起移动。致使轨枕位置紊乱、间距参差不一，影响线路的承载能力。防止的方法是设置足够的防爬器。（谢幼藩）

轨道起重机 track crane

又称铁道起重机。在铁路轨道上运行的动臂旋转式起重机。其起重部分的构造和性能，与汽车起重机类似，走行部分为铁路专用车辆。传动有蒸汽、内燃、电力、液压等多种方式。适用于铁路装卸及抢修线路等工作。（唐嘉衣）

轨底标高 elevation of rail base

铁道轨底的标高。它必须高出淹没路基洪水位以上的一定高度。（金成棣）

轨束梁 bunched rails

又称扣轨梁。抢修或维修小跨度桥涵时用粗铁丝或夹板螺栓将数根钢轨捆扎成束的临时性梁。视跨度大小可用单层钢轨束、双层钢轨束或双层焊接钢轨束，最大跨度约可达 8m。（谢幼藩）

柜石岛桥 Hitsuishi-jima Bridge

位于日本本州四国联络桥中儿岛坂出线上的一

座三跨钢斜拉桥，建成于1988年。桥面为双层，上层为汽车道四线，下层为铁路四线。加劲梁为钢桁架，高13.9m，宽27.5m。桥梁跨度为185m＋420m＋185m，钢塔高136m。（范立础）

桂林象鼻山漓江桥 Trunk Mountain Bridge over Lijiang River, Guilin

又称雉山桥。位于桂林风景区象鼻山和穿山山附近的一座较大型的V形墩桥梁。全桥有3个大孔，跨度(m)为67.5＋95＋67.5。2个主墩的V形墩身与梁部结构连接成刚构，但中孔95m跨度中部设有一段40m长的悬挂梁。V形孔的跨度为20m，V形斜腿的倾角约45°。梁部采用预应力混凝土结构，V形桥墩采用劲性钢骨架混凝土结构。全桥景观较新颖，唯一不足的是高水位时整个V形部分全浸在水中。1988年初建成通车。（严国敏）

gun

辊压机矫正 rectifying by rollers

钢板进入辊压机，受到方向相反的作用力，使表面得到平直效果的工艺过程。其原理是：当板料向左移动时，1、2、5三辊轴使板料受力向上弯曲，而进入2、4、5三辊轴时产生向下弯曲，只要调整了辊轴的高度，可使板料离开辊压机时没有向上或向下弯曲的情况。

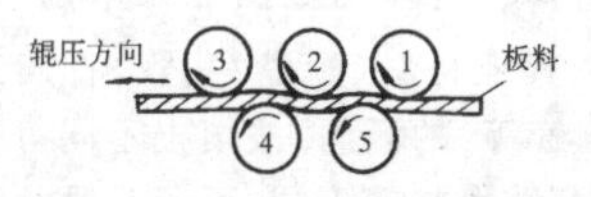

（李兆祥）

辊轴支座 roller bearing

又称滚轴支座。活动部分由辊轴构成的活动支座。一般用铸钢制作。最简单的是单辊轴支座，它是由上摆、底板和位于其间的一个辊轴组成。当支承压力很大时，可采用多辊轴支座，此时需在辊轴的顶部增加一个下摆，以保证梁能自由转动。为节省钢材和缩小支座尺寸，多辊轴支座的辊轴一般做成割边圆柱形。适用于跨径大于20m的桥梁。（杨福源）

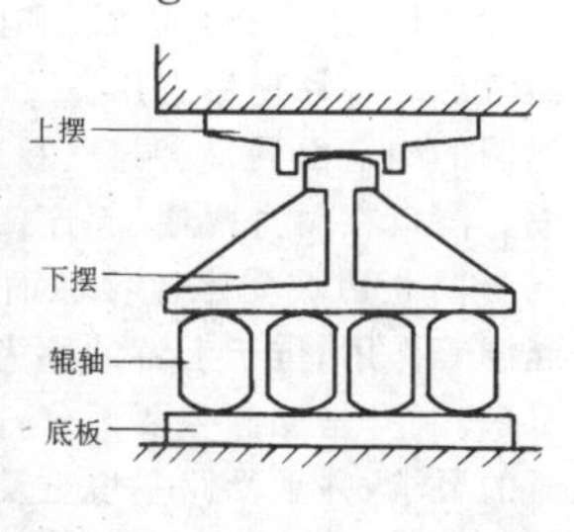

滚动支座 rolling bearing, roller bearing

以辊轴的滚动来实现水平移动的活动支座。一般指辊轴支座。（杨福源）

guo

裹冰荷载 ice pack load

裹在缆索表面的结冰重量。它不仅加大了构件重量，而且增大了挡风面积，使缆索受力更为不利。其值可根据裹冰厚度和裹冰密度计算。（车惠民）

过水断面积 through flow cross-sectional area

又称过水面积。在河流横断面内通过水流部分的面积。以m²计。面积的大小随断面形状和水位而变化。（周荣沾）

过水路面 overflow pavement

修筑在路基上容许水流从表面漫过的路面。它既是排水构筑物又是公路路面。当道路等级较低、交通量较小、投资受限或拟分期修建时，这种路面符合经济实用的目的。

过水路面上最大许可的水深(m)

流速(m/s)	汽车	兽力车	履带式拖拉机
<1.5	0.5	0.4	0.7
1.5～2.0	0.4	0.3	0.6
>2.0	0.3	0.2	0.5

当路面漫水深度不超过表列规定时，可以不断绝交通，车辆照常行驶。漫水深度超过表内所示的水深时，相应的有关车辆或拖拉机要禁止通行。过水路面一般采用洪水频率1/5～1/10进行设计，对经常流水的小河流也可用多年平均洪水流量进行设计。路面因经受行车和水流作用，应有较好的强度、平整度和整体性。一般采用当地石料铺砌，缺乏石料地区可用砖块直砌或混凝土预制块铺砌。上下游边坡可采用1：1.5坡度，并用浆砌片石等加固，坡脚处设置截水墙，下游坡脚末端必要时设置挑坎。过水路面路段要设置指示标志，两侧设标柱，指引车辆通过。（张廷楷）

H

hai

海森几率格纸 Hasen frequency plotting paper

中间密集而向两侧渐疏的不均匀分格的一种横坐标特殊分格的坐标纸。是海森(A. Hasen)于1913年提出的。以它为横坐标表示频率(%),以普通等分格为纵坐标表示流量(m^3/s),根据实测流量资料绘出的频率曲线,与普通坐标纸上绘出的曲线相比,前者的曲线两端要平缓得多,便于将频率曲线的上端外延,以推求符合设计洪水频率要求的设计流量而减少曲线外延的误差。 (周荣沾)

海湾桥 bay bridge

线路(铁路、公路、其他道路或管线等通道)在跨越海湾时设置的架空建筑物。海湾处水深、风大、浪高,又有巨轮出入,一般需做成高墩、大跨并抗风的桥梁。如美国旧金山的金门大桥,位于旧金山湾口,为跨径1280.2m的悬索桥。 (徐光辉)

海峡桥 narrows bridge, straits bridge

线路(铁路、公路、其他道路或管线等通道),在跨越海峡时设置的架空建筑物。海峡处海深较大,不易修建桥墩基础,故多采用特大跨度的桥梁。如1964年建成的美国韦拉札诺海峡大桥,为主跨径1298.4m的悬索桥。 (徐光辉)

海印大桥 Haiyin Bridge

位于广州市内,跨越珠江,墩塔梁固结、半飘浮式、五跨连续刚构式、双塔单索面预应力混凝土斜拉桥。采用沉井基础上的双排柔性墩和倒Y型桥塔。跨径(m)组成:35.0+87.5+175.0+87.5+35.0。桥宽5m,为迄今世界上最宽的单索面预应力混凝土斜拉桥。采用4肋箱梁,横隔梁间距和索距为5m。1988年12月建成通车。 (章曾焕)

han

含沙量 sediment content

单位体积浑水中所含悬移质干沙的质量。它沿水深的变化基本呈某种指数曲线分布,指数值与泥沙颗粒的大小和水流条件有关。在横断面上的分布随断面上水流情况而异。常用的表示方法有:体积比,即泥沙所占体积/浑水体积;重量比,即泥沙所占重量/浑水重量;混合表达,即泥沙所占重量/浑水体积。含沙量是挟沙水流水力计算中重要的参数。 (吴学鹏)

涵底标高 elevation of culvert

涵洞洞底在公路、铁路线路中线处的高程。 (张廷楷)

涵底坡度 culvert grade

涵洞洞底铺砌层顶面的纵向坡度。通常按河(沟)床的自然坡度设计。 (张廷楷)

涵洞 culvert

横穿并埋设在路堤中供排泄洪水、灌溉或作为通道的小型构筑物。《公路桥涵设计规范》中规定:对桥梁单孔跨径小于5m、多孔跨径总长小于8m者,也称为涵洞。按洞身截面形状可分为圆形涵洞(管式涵洞)、矩形涵洞(箱形涵洞)、拱形涵洞。按用途可分为排洪涵、灌溉涵和交通涵。按中线与线路中线相交关系可分为正交涵洞和斜交涵洞。按水力性能可分为压力式涵洞、无压力式涵洞、半压力式涵洞和倒虹吸涵洞。按建筑材料可分为钢筋混凝土涵、混凝土涵、石涵、砖涵和其他材料(陶瓷、瓦管、石灰三合土拱、铸铁管、皱纹管等)的涵洞。按填土不同可分为明涵和暗涵。按洞身受力状态不同,可分为柔性涵和刚性涵。涵洞类型依据地形、水文和水力条件、材料供应和施工条件、造价、地基状况和路基设计标高等因素全面考虑综合评比后选用。

涵洞的构造由洞口、洞身、基础三部分和附属工程组成。洞口在洞身两端、起连接洞身与路基边坡、保护洞身防止边坡受水流侵蚀而坍塌,使水流正常通过涵洞等作用。位于上游的称为入口,位于下游的称为出口。洞身是涵洞主要部分,其作用应满足排水或交通的要求,并承受路基填土及传来的车载压力。基础保证涵洞整体结构的稳定与传递荷载于地基。沉降缝保证均匀下沉的稳定与安全。附属工程包括边坡防护、锥体护坡、河床铺砌等。

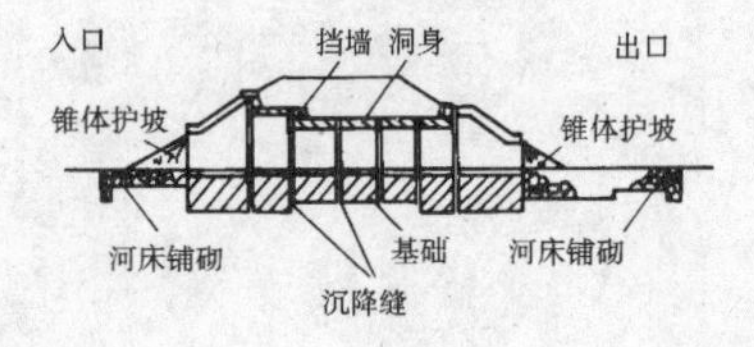

(张廷楷)

涵洞出入口铺砌 pavement for inlet and outlet of culvert

保护涵洞出、入口使之不被水流冲刷的铺砌层。当流速在2m/s以下时可用干砌片石；流速为2.0～6.0m/s时，用浆砌片石；大于6m/s时，应用混凝土浇筑。铺砌长度应超过路基坡脚以外；在入口铺砌的前部和出口铺砌的尾部都应有垂裙，以防铺砌层地基被水流冲刷而致整个铺砌失效。（谢幼藩）

涵洞的立面布置 arrangement of culvert elevation

涵洞立面的标高、纵坡等要素及其组合的合理设置。根据地形、地质、水文条件，使涵洞的纵向布置达到经济合理、坚固耐用。主要包括：①涵洞水流面标高的确定：一般涵中（即涵洞中线与路中线的交点）按原沟底标高，或接近沟底标高设置，然后按涵长和涵洞坡度计算出入口处水流槽面标高；②涵洞纵坡的设置：当原河沟（渠道）的纵坡小于或接近临界坡度时，涵洞纵坡按临界坡度布置；当纵坡大于临界坡度较多时，涵洞纵坡宜在临界坡度和最大坡度范围内选定；当纵坡大于20‰时，出入口铺砌不能利用标准设计图而需单独计算；当纵坡大于最大坡度很多时，涵洞坡度可仍按最大坡度设置，而对出入口作特殊处理。上述适用于排洪涵。对于灌溉涵的标高确定还应配合当地农田水利规划，以有利于农业生产为原则。对于交通涵，其标高和纵坡，以方便交通、节约投资为原则；③涵台高度：按水力计算要求决定。不宜用加高涵台或加高侧墙办法来缩短涵长，多孔涵有时采取适当加高端墙的办法以缩短涵长，但需作经济比较确定。（张廷楷）

涵洞洞口 culvert inlet and outlet

涵洞的进出水口。上游洞口（进水口）起束水导流作用，使水流顺畅地进入涵孔；下游洞口（出水口）扩散水流，使水流不致冲刷并匀顺地排离涵洞。洞口构造由挡土墙（翼墙、端墙等）、护坡和铺砌等部分组成。常用的洞口型式有：①端墙式洞口（图 *a*）：洞口有一道垂直于涵洞中线的端墙，墙前洞口两侧有锥体护坡，构造比较简单，但宣泄流量能力较小；②八字翼墙洞口（图 *b*）：洞口除有端墙外，端墙前洞口两侧还有张开成八字形的翼墙。为缩短翼墙长度，将其端部折成与路中线平行的矮墙，矮墙前部为锥体，洞口泄水能力比端墙式洞口好，用于流量较大时。（张廷楷）

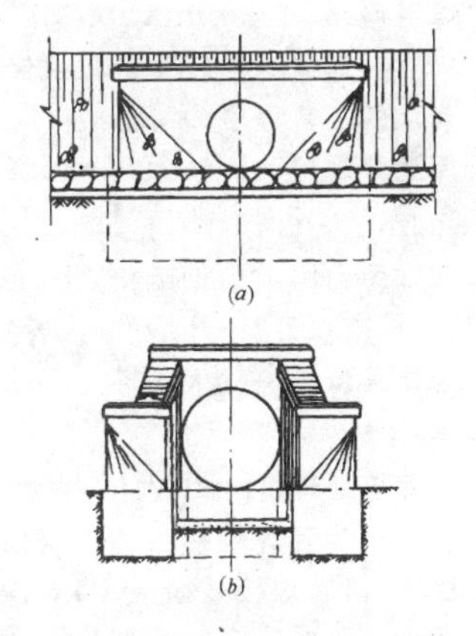

涵洞洞身 culvert body

坐落在基础之上、支承上面路基填土和车辆荷载、形成孔洞以排泄水流（或通行车辆）的构造部分。是涵洞的主体部分。应能满足排水（或通过车辆等）要求，并承受路堤土载压力及由路堤土传来的车载压力。其截面形式有圆形、拱形、箱形等。

圆涵洞身包括圆管、基座、防水层等。管节每段为1m长，管节壁厚及钢筋布置根据孔径及路基填土高度而不同。通常圆管标准跨径(m)规定为0.75、1.00、1.25、1.50、2.00、2.50。拱涵洞身包括涵台（墩）、拱圈、护拱、防水层和基础等。箱涵洞身包括涵台（墩）、盖板和涵面铺装等。一般情况下同一涵洞洞身截面不变，但为了充分发挥洞身截面的泄水能力，有时在涵洞进口处采用提高节。交通涵、灌溉涵和涵前不允许有过高积水时，不采用提高节。

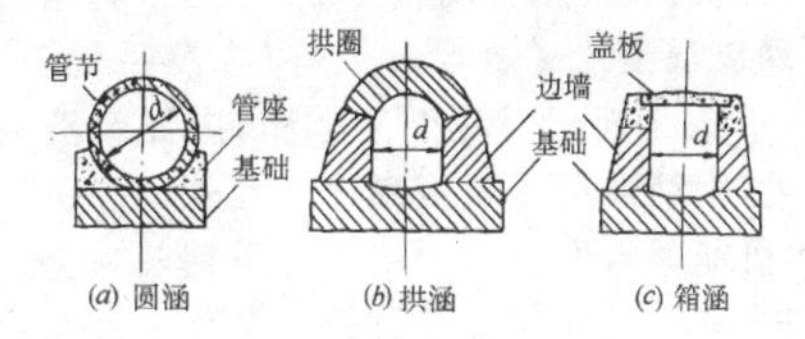

（张廷楷）

涵洞基础 culvert foundation

用于支撑洞口、洞身、洞顶填土、车辆荷载及排泄水流的构造部分。它将涵洞及路堤所承受的力传到地基土壤和岩层，以保证涵洞的坚固耐久与稳定。基础类型依水文、地质、材料情况及施工条件选用。

按构造型式可分为整体式和非整体式。当涵洞孔径较小时，一般采用整体式基础。当涵洞孔径较大、地基情况良好、不均匀下沉的可能性及下沉量较小，不致危害涵洞，为节省圬工可采用非整体式。

按建筑材料划分，常用的有钢筋混凝土、混凝土、石、砖基础。

按荷载工作条件，可分为刚性基础和柔性基础。有时将涵管置于天然土层或砂砾石垫层上（即无基涵管），也属柔性基础。但在经常有水或涵前壅水较高以及淤泥、沼泽和严寒地区，不宜采用柔性的无基涵管。

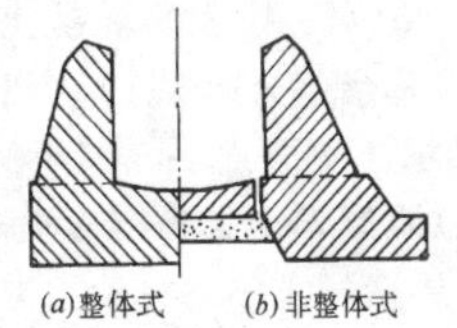

圆涵基础可分为有基（整体基础）及无基（砂垫层）两种类型。

拱涵基础，当孔径为0.75～2.0m时，均用整体基础；当孔径为3.0～5.0m时，则可用整体或非整体式两种基础。

箱涵基础多用水泥砂浆片石砌筑，一般都采用整体式基础。

（张廷楷）

涵洞型式选择 selection of culvert type

综合考虑有关因素和通过技术经济分析对涵洞类型的选定。选择时应考虑：①地形、水文和水力条件：在宣泄能力允许范围内，跨越常年有水或暴雨水流、漂流物少、不受路堤高度限制的溪沟或虽受路堤高度限制，但能宣泄设计流量时，宜采用涵洞，而不用小桥。一般新建涵洞多以无压力式涵洞为主，只有在涵洞接缝不透水、路堤与基底在水压和渗透作用下保持稳定时，才允许采用半压力式涵洞或压力式涵洞。设计流量在 $10m^3/s$ 左右时，宜采用圆管涵；路堤高度不能满足时可修建盖板涵。设计流量在 $20m^3/s$ 以上，路堤高度可满足最小填土高度时宜采用盖板涵或拱涵；②造价：涵洞类型应作经济比较后选定。例如山区选用石涵较经济；缺乏石料地区，选用圆管涵或混凝土盖板涵较经济；在满足流量要求条件下，单孔圆管比混凝土盖板涵、拱涵经济；在流量较大处，钢筋混凝土盖板涵比多孔管涵经济；③取材：应尽可能就地取材。少用或不用钢筋，优先考虑砖石砌筑涵洞。选用时应综合运输条件一并考虑；④施工条件：应考虑施工力量及条件。一条路线不宜采取过多的不同类型，以便于集中预制、节约模板、运输方便和保证质量；⑤地质条件：混凝土管、拱涵要求有坚实基础，其他类型涵洞也要求基础沉陷不能过大且沉陷均匀；⑥养护维修：要便于养护维修，涵洞不宜过长。一般公路涵管管径不得小于 0.75m；对立体交叉道路及人畜车辆通行的涵洞，其净空界限应符合规定的要求。（张廷楷）

涵台 culvert abutment

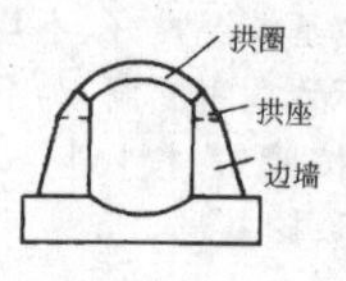

涵洞两侧承受上部载荷及台后水平压力的构造部分。对箱涵涵台，从台顶至 0.4m 处，用 C15 混凝土灌注，其余部分用 M10 水泥砂浆片石砌筑。对拱涵可依填土高度选用片石、块石和 C15 混凝土等材料，边墙型式一般是内面垂直外面倾斜。当拱脚应力超过边墙圬工的容许应力时，需在顶部设置拱座。拱座采用和拱圈相同的材料砌筑。

（张廷楷）

涵位 culvert location

涵洞的位置。应服从最佳路线走向。通常涵洞设在路线跨越溪沟的中心附近、并顺水流方向设置。在基本适应水流情况前提下，尽可能布置成正交，这样涵洞长度最短、造价较低。需要布置为斜交时，斜交角以不大于 45°为宜。河沟弯曲并且有条件及必要时，可人工改变河道，将上下游河道裁弯取直，使河沟中心与路线正交。当溪沟岸边为石质或较硬土质，且流量不大时，也可将涵位设在岸边上，以缩短涵长，但必须做好上下游引沟、截水坝及护坡加固等工程。通过农田灌溉渠及通行牲畜大车的河沟，也需布设涵洞（或小桥）。（张廷楷）

涵址测量 survey of culvert location

为涵洞设计对涵位附近地区所进行的测量工作。包括：①沿路线中线断面：施测范围一般至最高洪水位泛滥线以上，或河岸以外 10～20m。图上注明涵位中心桩号、测量时的水位和调查的各种洪水位和设计水位、地貌特征等。如有地质试坑或钻孔柱状图也绘于图上。如涵位为斜交，须加测垂直水流方向的断面。②沿河沟断面及河段比降：沿河沟方向断面，施测长度一般为上下游各 20m 左右。用形态法时，需测河段比降。其施测长度，对平原区河沟上游为 200m，下游为 100m。对山丘区河沟上游为 100m，下游为 50m。③涵位平面示意图或地形图：涵洞一般不需施测地形图，只对地形、水流复杂时，绘出涵址平面示意图，注明主要点的高程。当地形特别复杂、上下游改河范围较大、附属工程较多时，应施测地形图，图上须注明涵址桩号位置、与路线的交角，并绘出等高线。（张廷楷）

旱桥 dry bridge

线路（铁路、公路、其他道路或管线、水渠等通道）跨越线路、站场、街道、山谷等无水地段时设置的架空建筑物。高架桥的一种。主要用以保持桥下通道的通畅，或用以代替高路堤以获得经济效益。

（徐光辉）

焊缝检验 examination of welding seam

对焊缝的外表质量和内部质量进行全面检查和确认的工艺程序。（李兆祥）

焊缝外观检验 visual examination of welding seam

用肉眼或借助低倍放大镜，对焊缝外表进行检查。检查项目有：外形尺寸，表面裂纹，未熔合，夹渣，未填满弧坑，咬边，外露气孔，焊波不匀，余高等。

（李兆祥）

焊后热处理 postweld heat treatment

为改善焊接接头的二次组织，提高焊缝金属的性能，消除焊接残余应力，对焊后的焊缝进行回火、正火和调质等热处理的工艺过程。方法有：①热处理炉处理，适用一般大小的构件整体加热；②保温式电热器热处理，适用于长杆件的横向接缝局部加热；③火焰加热跟踪回火处理，就是每焊完一道焊缝，立即用气焊火焰加热焊道表面，一般温度控制在 900～

1000℃，这样在焊道表面层下 3～10mm 范围内，将起到不同程度的回火作用。 （李兆祥）

焊接残余变形 welding residual deformation

结构焊接后在完全冷却到室温时所残存的永久变形。在焊接过程中产生的应力有：①焊缝和热影响区在不均匀加热和冷却过程中所产生的热应力；②金属相变时由于体积变化而引起的组织应力；③结构自身拘束条件所造成的拘束应力。当以上应力大于金属的屈服强度时，在焊接杆件上即会产生不可恢复的残余变形。若变形超过规范规定，则须予以矫正，使不影响构件的拼装与正常工作。

（李兆祥 胡匡璋）

焊接残余应力 residual stresses in welded structures

构件焊接后在完全冷却到室温时的残余应力。焊接时，焊区局部加热膨胀，受到离焊缝较远部分的约束不能自由伸长，使焊区受压产生塑性变形；在随后的冷却中，焊区要缩得比其他部分短，又受到离焊区较远部分的约束不能自由缩短，因而受拉产生残余拉应力（而其他部分则受到残余压应力）。在无外部约束的情况下，焊接残余应力是自相平衡的。

（胡匡璋）

焊接钢桥 welded steel bridge

又称全焊钢桥。部件之间全部采用焊接连接的钢桥。具有自重轻、节约钢材、减少工厂制造劳动量以及改善劳动条件等优点。若钢材选用不当，设计或施焊不合理，则将增大焊接残余应力和应力集中或焊接变形，降低结构疲劳强度，引起裂纹出现，甚至发生部件脆断。铁路钢桥振动较剧，焊接钢桥容易出事故，故目前在铁路桥中已建成的焊接钢桥为数不多，仅在公路桥和城市道路桥中推广使用。

（伏魁先）

焊接工艺参数 welding conditions

为达到焊接后焊缝预期的技术指标，在整个工艺过程中所需选用或控制的有关参量。如埋弧自动焊接的工艺参数有：电弧电压、焊接电流、焊接速度、焊丝进条速度、电流（直流或交流）、极性连接（正接或反接）、焊接材料（焊条和焊剂特性）、预热温度、焊缝层间温度、坡口角度、焊道数目和施焊顺序等。

（李兆祥）

焊前预热 pre-heating before welding

焊接前，对焊接部分全长或局部进行表面加热的工艺措施。有电加热（远红外线）和气体火焰预热两种。主要目的是防止开裂，同时有一定的改善焊缝性能的作用。预热温度的确定是非常复杂的，与很多因素有关，如：①材料的淬硬倾向；②焊接时的冷却速度；③拘束度；④含氢量；⑤焊后是否进行热处理等。

（李兆祥）

hang

航空摄影 aerophotography

又称空中摄影。从飞机（或在其他飞行器）上对地球表面或空中目标进行的摄影。用于航空摄影测量，资源勘测，军事侦察以及气球、宇宙火箭摄影等。按摄影目标和方向的不同，可分为垂直摄影、倾斜摄影以及对空中目标的摄影；按其使用的感光材料，分为黑白、彩色和红外摄影等；按其摄影的方式，分为连续摄影和单片摄影。 （王岫霏）

航空物探 aerogeophysical prospecting

航空地球物理勘探的简称。通过飞机上装备的专用物探仪器，在航行过程中探测各种地球物理场的变化，研究、寻找地下水、地质构造和矿产的一种物探方法。具有不受地面条件的限制，大面积工作精度较均一，速度快等优点，通常需要地面物探进行必要的补充工作。 （王岫霏）

航空遥感 aerial remote sensing

以各种飞机、气球等作为传感台和运载工具的遥感技术。飞行高度一般在 25km 以下。优点是机动灵活，成像比例尺大，地面分辨率高，适于小区域内详查工作。现代遥感技术已由航空摄影发展到紫外摄影、红外摄影、多光谱扫描及各种雷达技术等。

（王岫霏）

航片 aerophotograph

航摄像片的简称。在飞机或其他航空飞行器上采用航空摄影机对地面景物摄取的像片。为了立体测图，相邻像片间常具有一定的重叠部分。按感光材料的光谱效应的不同，可分为全色片、全色红外片、彩色片和假彩色片等。 （卓健成）

航天摄影像片 space photograph

在人造地球卫星、航天飞机、轨道空间站等航天飞行器上，对地球表面景物摄取的像片。摄影手段包括可见光摄影机、多光谱扫描仪、专题测图传感器、电荷耦合阵列式扫描仪等。在人造地球卫星上摄取的像片，简称卫片。广义的航天摄影包括利用宇宙飞行器对其他星球表面的摄影。 （卓健成）

航天遥感 space remote sensing

以人造卫星、宇宙飞船、火箭等航天飞行器作为传感台和运载工具的遥感技术。优点是所获得的图像覆盖面积大，短时间内能进行全球性覆盖，并获得大量信息。与航空遥感相比，其飞行高度大，成像比例尺小，分辨率差。应用于军事侦察、气象探测和卫星通讯等方面。 （王岫霏）

hao

豪拉桥 Howrah Bridge

位于印度加尔各答(Calcutta),跨胡格利(Hooghly)河的钢伸臂桁架公路桥。早年由英国工程师所设计。主桥三孔,总长655.32m。边孔为锚孔,跨长99.06m,中孔457.2m,内中伸臂各142.65m,悬孔171.9m。锚孔较短,产生较大的负反力。主桁间距23.16m。公路面宽21.6m,两侧各有4.57m宽人行道。建于1943年。 (唐寰澄)

豪氏桁架 Howe truss

以发明人豪(Howe)命名的钢木桁架。竖杆用钢条做成,主反斜杆则用木材做成,只能承受压力。其跨度可达40~50m,是大跨度木桥的主要型式之一。应用较广。 (陈忠延)

豪氏木桁架桥 Howe truss timber bridge

主梁采用豪氏(Howe)木桁架的桥梁。豪氏木桁架系平行弦木桁架,其腹杆体系由交叉斜杆和竖杆组成,斜杆均为木杆,竖杆则由圆形钢条或钢条与木杆组成的杆件(见图)。常用于大跨度上承式公路木桥。

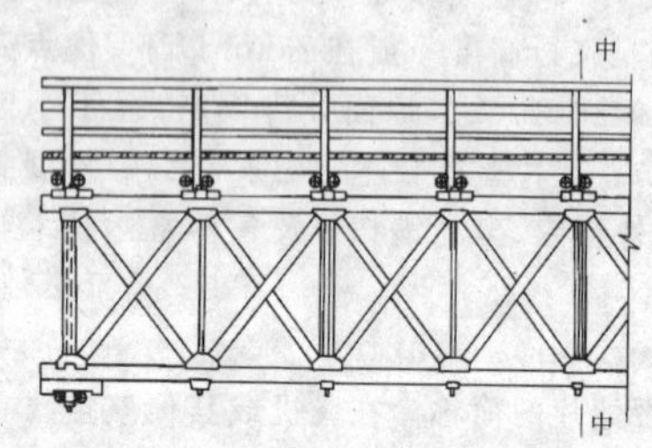

(伏魁先)

号孔钻孔 drilling after hand marking

用手工划线方法定出钉(栓)孔的中心,然后对准中心钻制钉孔的工序。划线定钉孔中心的方法有两种:①直接划线,按钉距划出中心线相交点;②用铁皮先制成号孔样板,在样板上有一小孔正好是钉孔的中心,然后通过该小孔用冲子打印在杆件上。 (李兆祥)

号料 laying off

又称下料。根据图样或利用样板或样杆直接在材料上划出构件形状和加工界线的过程。 (李兆祥)

he

合理拱轴线 reasonable arch axis

在竖向荷载作用下,与拱圈各截面上轴向压力作用点连线(即压力线)比较接近的拱轴线。在竖向均布荷载作用下,拱的合理拱轴线是二次抛物线。在一些大跨径拱桥中,为了使拱轴线尽量接近恒载压力线,也有采用高次抛物线的。在实用中,混凝土拱桥一般采用恒载压力线作为合理拱轴线;对于活载较大的铁路混凝土拱桥,则可采用恒载加一半全桥满布活载的压力线作为拱轴线。 (顾安邦)

和谐 harmonization

客观事物各部分之间,或美学上诸相对面的双方相反相成的变化,为人愉快地接受,成一致的状态。此词起源于中国古代《尚书》:“帝曰:夔,命女典乐……八音克谐,无相夺伦,神人以和。”是从乐曲的音调相谐合,使天地规律和人相共鸣,和睦而不生灾害。西方毕达哥拉斯学派亦是从音乐的和谐中发展为美学。美总是可亲的。在美学中亦有用不和谐之处来衬托和谐。在桥梁美学中不宜采用。(唐寰澄)

和易性 workability

又称工作度。混凝土混合料从拌和至浇筑期间适应施工操作的性能。施工对和易性的具体要求是:容易拌和,具有良好的可塑性,运送时不易离析,入模后容易浇捣、上下层质量均匀和表面容易抹平。和易性是混凝土混合料的流动性、粘聚性和保水性等性能的综合表现。影响和易性的具体因素有:水泥浆的数量和稠度,粗细集料的级配、粒径、形状、表面性质和配合比,以及混合材或外加剂的用量和性质等。 (张迺华)

河槽 stream channel

河床中经常有水流,底沙处于运动状况的宽度部分。(参见河流横断面95页) (周荣沾)

河川径流 stream flow

沿河床流动的水流。降落到河流流域内的雨水,在汇入河流之前,在地面流动过程中有一部分水已损失掉,被地面的地物截留以及被土壤吸收和渗入地下,最后剩下的雨水汇入河流沿河床流动。 (周荣沾)

河床单式断面 single type section of stream bed

只有河槽而无河滩的河流横断面。(参见河流横断面,95页) (周荣沾)

河床的冲刷 erosion of stream bed

河道床面上的泥沙被水流冲起带走,形成床面下切的现象。河床的冲刷过程非常复杂,是各种因素综合作用的结果,为了便于研究和计算,把综合复杂的冲刷过程,分为独立的三个部分:自然(演变)冲刷、一般冲刷、局部冲刷,并假定它们独立相继进行,可以分别计算,然后叠加,作为桥梁墩台的最大冲刷深度,并据以确定墩台基础的埋设深度。目前国内外的冲刷计算公式,都是根据冲刷的分析,结合模型试验和现场观测资料建立的经验公式。对特大桥、大桥和中桥的桥孔设计,允许桥下产生一定限度的冲刷,故要计算冲刷;而对小桥和涵洞的孔径设计,则不允许桥下产生冲刷,故不需计算冲刷。 (周荣沾)

河床复式断面 complex type section of stream bed

有河槽又有河滩的河流横断面。(参见河流横断面) (周荣沾)

河床形态 river channel feature

河流的平面、纵剖面和横断面的形态特征。山区河流平面的岸线极不规则,急弯卡口众多,开阔段与峡谷段相间出现;纵剖面常见巨石凸起,急滩、深槽交错并常有台阶出现;横断面多呈"V"或"U"形。平原河流的平面常分为顺直型、蜿蜒型、分汊型和游荡型。河床中经常有成型的泥沙堆积体,如边滩、江心洲、沙嘴等。断面具有多种形式:顺直型河段多为反抛物线形或矩形,蜿蜒河段多为不对称的三角形,江心洲、分汊河段多呈马鞍形,游荡型河段其断面形状多不规则。河床形态是河流演变强弱的直观反映,是桥渡布置应重点考虑的内容。 (吴学鹏)

河床形态断面 form section of stream bed

计算河床流量所依据的河流横断面。形态断面应选在近似于均匀流的河段上,一般要求河道顺直,水流畅通,河床稳定,河滩较小,河滩与河槽的洪水流向一致,并且无河湾、河汊、沙洲等阻塞水流的现象。一般在桥位的上、下游各选一个,并于桥位断面之间,应无支流汇入,又无分流或壅水现象。符合条件的桥位断面,也可作为形态断面使用。形态断面必须垂直于洪水流向进行断面测量,绘制河流横断面图。 (周荣沾)

河床质 bed material

组成河床的物质。采集河床质样品的仪器叫做河床质采样器。根据样品可了解河床组成情况,为水工建筑物的基础设计和冲刷计算提供依据。(参见泥沙运动,172页)。 (吴学鹏)

河底比降 channel bottom slope

任意河段两端河底的高差(落差)。计算方法参见洪水比降(101页)。在桥渡的水文、水力计算中是个非常重要的参数。当缺少洪水比降资料时,可用其代替洪水比降,计算流速、流量等水文参数。

(周荣沾)

河底切力 bed shear

临近床面的切应力。它主要决定于河道水流在重力作用下沿床面形成的切向作用力。同时它又受河床形态、河道流速分布的影响而发生变化。它决定着临底层流速梯度与能量交换强度。 (吴学鹏)

河工模型试验 river model test

利用水工模型试验研究河道水流、泥沙及水工结构问题的方法。 (任宝良)

河谷 river valley

山间具有倾斜方向的槽状凹地。由谷坡和谷底组成。谷坡是两侧的斜坡,有时兼有河流阶地(台地);谷底为河床,分为主槽与河滩(河漫滩)两部分。河谷通常由地壳运动所形成,为大气降水提供行水场所,是河流发育、成长、演变的舞台。研究河谷的形态特征,对了解河流的历史有着重要作用,是铁路、公路选线和桥位选择的重要资料。 (吴学鹏)

河流 river, stream

沿地表线形低凹部分集中的经常性或周期性水流。按水源补给情况分雨源类河流、雪源类河流和雨雪源类河流。将汇集的水流注入海洋或内陆湖泊的河流称干流,注入某干流的河流称支流。常年有水的称常水河流,时有干涸的河流称间歇性河流。河流一般可分为河源、上流、中流、下流和河口。在工程上通常将河流分为山区河流、平原河流、山前河流、河口四类。河流的水文、地质是设计桥梁的重要依据,是桥渡勘察设计的主要内容。 (刘茂榆)

河流横断面 cross-section of stream

垂直于河流水流方向的剖面。表征河床(河谷底部有水流的部分)的横向变化情况。横断面内通过水流的部分称为过水断面,其面积的大小随断面形状和水位(自由水面的高程)而变化。在河流的上游,河谷(河流流经的谷地)的横断面狭而深,流量小而水位变化大。在中游,因河底比降较缓,岸边出现沙滩,冲淤不明显,河底较稳定。在下游,因一般处于平原区,河底比降和流速都很小,淤积作用明显,浅滩与河湾较多,河槽宽阔,流量较大。河流横断面的一般形状如图。高水位以下的河床,由河槽与河滩两部分组成。河槽是河流排泄洪水和输送泥沙的主要通道,往往是常年流水,底沙处于运动状态,植物不易生长;河槽中沿两岸较高的、可移动的泥沙堆,称为边滩,其余的部分称为主槽。河滩则只在汛期才有水流,无明显的底沙运动,通常长有草类、树木等植物,有的还被种植农作物。只有河槽而无河滩的横断面称为单式断面;有河槽又有河滩的横断面称为复式断面。

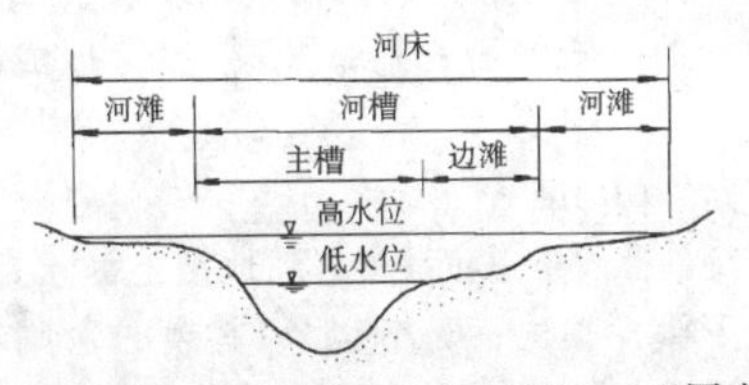

(周荣沾)

河流横向稳定系数 stable coefficient of flow transverse

表征河床在横向上扩展强弱的指标。它主要取决于主流的走向与河岸土壤的抗冲能力。滩槽高差对它也有一定影响。铁道部门通常用造床流量时的河宽(m)与水面比降(‰)的0.2次方的乘积除以造床流量的0.5次方来表征这个系数,它愈大愈不稳定。 (吴学鹏)

河流节点 node of river

对河势起节制作用的窄深河段。这一束窄段形成一个能控制平面变形的状如藕节似的节点。束窄段有人工形成的,也有天然条件形成的。分析节点的位置对桥位的选定有重要作用。 (吴学鹏)

河流类型 river patterns

河流按不同方法进行的分类。它是系统概括河床演变现象的一个重要前提,与桥渡的布设原则有着密切关系。我国铁道部1987年颁布的《铁路桥渡勘测设计规范》,将河流分为山区河流、平原河流、山前河流、河口。在这四类下边再分成各种河段。山区河流下分峡谷河段、开阔河段;平原河流下分顺直微弯河段、分汊河段、弯曲河段、游荡河段;山前区河流下分山前变迁河段、山麓冲积扇;河口分为三角港河口、三角洲河口。这十类河段的前三类属稳定河段(岸线稳定);最后四类属不稳定河段(主流迁徙,岸线不稳);其余三类为次稳定河段(岸线基本稳定,深泓线多年有明显摆动),并给出了各类河段的特征指标。一些河床演变学的书上,还有其他的河流分类方法。 (吴学鹏)

河流泥沙 river sediment

河水挟带的岩土颗粒。它主要由于岩石风化,并经过水流搬运而带入河流。水流中由于掺入了泥沙而对河流的变迁带来重大的影响,也给水工建筑物的设计增添许多难题。泥沙特性有颗粒特性和群体特性之分,工程上着重群体特性,包括颗粒级配曲线、平均粒径、中数粒径、平均沉速等内容。泥沙按粒径特性分类的方法有多种,有关手册上均列有这种分类方法。泥沙按输移特性分类可分为悬移质和推移质。泥沙按是否参与床沙交换可分为冲泻质和河床质。河流泥沙问题是桥渡设计至关重要的问题,它在一些条件下既可加大天然河道的一般冲刷和桥渡建筑物处的一般冲刷和局部冲刷,也可造成严重的淤积。 (吴学鹏)

河流平面 plane of stream

河流的水平投影面。降落到地面上的水,除了被截留和下渗而损失一部分以外,其余的水则在重力作用下沿着地面的一定方向和路径流动,这种水流称为地面径流。地面径流长期侵蚀、冲刷地面形成溪流,最后汇成河流。脉络相通的大小河流所构成的系统,称为水系(或称河系)。水系中直接流入海洋、湖泊的河流称为干流、流入干流的河流称为支流。河流的干流上,开始具有表面水流的地方称为河源,它可能是溪涧、泉水、冰川、湖泊或沼泽。河流流入海洋、湖泊或其他干流的地方称为河口。一般的天然河流,从河源到河口可以按河段的不同特性,划分为上游、中游和下游三段。上游是河流的上段,紧接河源,多处于深山峡谷中。中游是河流的中段,两岸多为丘陵地区。下游是河流的最下段,一般处于平原区。河流的形态一般用河流平面、河流纵断面、河流横断面来表达。 (周荣沾)

河流自然冲淤 Natural degradation and sedimentation of river bed

修建水工建筑物前河床的冲淤现象。冲积河流具有一种力求使来自上游的水量和沙量能通过河段下泄,也即河段在这样的水流条件下的挟沙能力,正好与来自上游水、沙相适应,保持一定的相对平衡。这种特点称为冲积河流的"平衡倾向性"。由于流域气候、下垫面因素的多样性和复杂性,来自上游的水量和沙量,随时随地都处于变化状态之中,不可能总是与河段在这样条件下的挟沙能力正好相等,免不了有一定的冲淤变化,例如涨洪时的冲刷和洪后的淤积现象等均属于河流的自然冲淤现象。

(吴学鹏)

河流纵断面 profile of stream

沿河流中泓线的垂直剖面。表征河床的沿程变化情况。沿河流的水流方向各个横断面最大水深点的连线,称为中泓线。在河流的上游,河底纵断面呈阶梯形,坡陡水流急,河谷侵蚀强烈,常有急滩或瀑布。在中游,河底比降较缓,河床较稳定,河底纵断面也较平整。在下游,比降和流速都很小,淤积作用明显。 (周荣沾)

河流纵向稳定系数 stable coefficient of flow longitude

表征河床在纵深方向变化强弱的指标。它主要取决于河床质的组成、水流的强弱和河床的边界条件等因素。铁道部门通常用河床质的平均粒径(mm)和河段比降(‰)的比值表征这个系数,比值愈大愈稳定。 (吴学鹏)

河流阻力 river flow resistance

河槽阻滞水流运动的应力。它可分成两个大的阻力单元,即河岸阻力和床面阻力。床面阻力又可分为沙粒阻力和形态阻力。求出各阻力单元的阻力后,可采用阻力叠加原理求河流的综合阻力。对于冲积河流,随着水流强度的增加,主要是流速的增加,沙波运动造成的各种床面形态(静平整、沙纹、沙垄、动平整、沙浪、急滩和深潭等),必然引起河流阻力的变化。水流强度决定床面形态,而床面形态反转来又影响水流强度,水流强度属于主要的矛盾方面,具有这种特点的河流阻力称为动床阻力;床面形态影响水流强度,但本身基本上不受水流强度的影响,床面形态属于主要的矛盾方面,具有这种特点的河流阻力称为定床阻力。冲积河流的挟沙能力,水流对河床的作用力,以及泥沙运动的强弱都与河流的阻力问题密切相关,是桥渡设计中的重要问题。(吴学鹏)

河漫滩　flood plain

又称河滩。靠近主槽,洪水时淹没,无底沙运动,中水时出露的滩地。汛期起调节洪水、削减洪峰、滩槽水流的能量交换、影响主槽冲淤等作用。

(吴学鹏)

河渠桥　channel bridge

又称渡槽(aqueduct)。河道或渠道在跨越道路、水流或其他障碍时设置的架空建筑物。上部结构的断面为槽形或箱形,内壁要求过水流畅,并应有防止漏水的措施,用于灌溉或排洪,由砖石、钢筋混凝土等材料筑成。如湖南省韶山灌区北干渠中的"飞涟灌万顷"钢筋混凝土拱桥,即是一座距地面 25.9m 用以贯通两岸灌溉渠的桥梁。(徐光辉)

河势　stream regime (flow regime)

河槽水流的形态和势头。河床形态和特性不同,水流的形式有很大差别。山区河流,洪水凶猛陡涨陡落,常出现水拱或股流;山前河段,水流突然扩散,容易出现地形水拱或斜流;平原蜿蜒河流,常出现边滩交错、深槽与浅滩相连,浅滩处水浅流急;弯曲河段,河弯水流为典型的螺旋流(环流);平原分汊河段,分汊点水流紊乱,常出现环流;平原淤荡河段,主流迁徙不定。河势与河床形态是直接影响河床演变的重要因素,桥渡设计时应着重考虑。(吴学鹏)

河滩　flood plain

河床中只在汛期才有水流、无明显底沙运动的宽度部分。(参见河流横断面,95 页)(周荣沾)

河弯超高　superelevation of meandering reach

弯道凹岸水位高出凸岸水位的高度。这是由于水流经过弯道时产生离心力的缘故,水位沿断面呈曲线变化,凹岸一侧恒高于凸岸一侧,其大小与河弯半径、水流速度有关。(吴学鹏)

河弯冲淤　degradation and sedimentation at meander reach of river

由河道弯曲引起的河流弯道处冲淤现象。弯曲河道中,水流受河床限制,在离心力作用下水面产生横向比降,形成弯道环流,横向输沙不平衡,导致凹岸冲刷凸岸淤积。(任宝良)

河湾水流　flow of river bend

弯曲河道的水流。在弯曲河道上运动的水流,因离心力的作用,使水面向凹岸倾斜,产生横向比降,并形成螺旋流(环流),表层水流指向凹岸,底层水流指向凸岸(图 *a*),在水流横断面上形成横向环流(图 *b*)。结果,凹岸冲刷,使河床变形,而凸岸则淤积,形成边滩。因此,桥位不应设在弯道河流处;如因考虑路线走向要求而需设的话,应设置桥梁调治构造物。

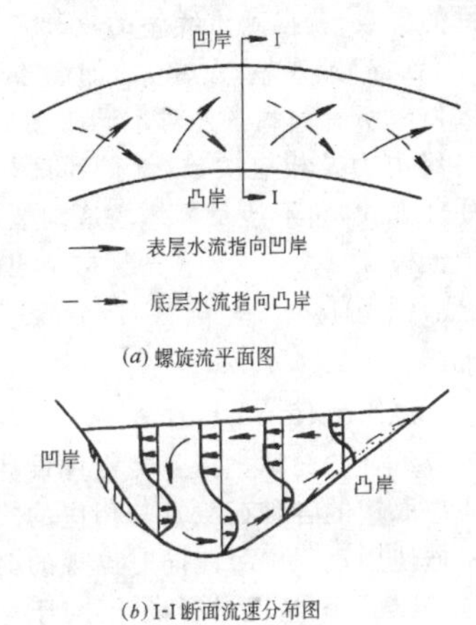

(*a*) 螺旋流平面图

(*b*) I-I 断面流速分布图

(周荣沾)

河网汇流　river system flow concentration

水流沿河网中各级河槽向流域出口断面的汇集过程。在运行中不断接纳各级支流的来水和坡面的旁侧入流补给,使水量不断增大,最终在出口断面形成一定流量变化。它是三种径流成分(地面径流、表层流、地下径流)在时间上的第二次再分配,同时也是取得水工建筑物设计流量的最后阶段。水文学中常用联解水流连续方程和流域的蓄泄关系进行这个汇流阶段的计算。

(吴学鹏)

荷载横向分布系数　lateral distribution coefficient of live load

公路车辆荷载在桥梁横向各主梁间分配的百分数。它和各主梁间的联结方式(铰接或刚接),有无内横梁及其数目,断面的抗弯刚度和抗扭刚度,以及车辆荷载在桥上的位置等有关。它是一个复杂的空间结构问题,在桥梁设计中常简化为平面问题引用荷载横向分布系数。参见杠杆原理法、偏心受压法及铰接板梁法等。(顾安邦)

荷载平衡法　load-balancing method

利用预加应力平衡结构上部分荷载的方法。这一概念是美籍华裔林同棪教授 1961 年提出的。它可使板、梁等受弯构件在某一选定荷载作用下转变为只承受轴向力的构件,这样使复杂结构的设计和分析工作大为简化。这种方法特别适用于预应力混凝土板、连续梁以及薄壳等超静定结构的初步设计。

（车惠民）

荷载谱 load spectrum

又称荷载频值谱。桥跨结构在设计基准期内发生的所有加载事件的集合。对于各加载事件发生的先后次序不考究。规范中为桥梁疲劳评估需要，按照铁路或公路的等级及运量，给出能代表实际运营活载的几种典型列车编组（铁路）或典型车辆（公路）及其每日通过的次数，就得到该线路的设计荷载谱。利用典型列车（铁路）或车辆（公路）的加载事件，计算出设计基准期内所有加载事件对不同跨度桥跨结构所产生的各级内力及相应次数，就得到设计荷载谱的另一种处理方式，它不涉及具体构造细节，适用于钢桥及混凝土桥。（罗蔚文 胡匡璋）

荷载效应 load effect

见作用效应（302 页）。

荷载组合 combination of load

荷载效应组合的简称。指各类构件设计时不同极限状态所应取用的各种荷载及其相应的代表值的组合。应根据使用过程中可能同时出现的荷载进行统计组合，取其最不利情况进行设计。对于承载能力极限状态，应考虑基本组合和偶然组合；对于正常使用极限状态，应根据不同设计要求，分别考虑短期组合和长期组合。此外，考虑到若干工程设计的具体情况，允许对某些构件的某些验算项目采用特定的组合形式，例如铁路桥梁的挠度验算，可按不计冲击力的静活载进行组合。（车惠民）

鹤见航路桥 Turumi Ship Channel Bridge

位于日本横滨港鹤见区大黑埠头与扇岛之间沿海高速公路上的跨海大桥。与横滨海湾桥仅相隔一大黑埠头。主桥为 3 孔跨度 255m＋510m＋255m 的钢斜拉桥。为减少早期投资，先修一座 6 车道单层桥，宽 28.75m。将来再平列增修一桥。（严国敏）

hei

黑格图 Haigh's diagram

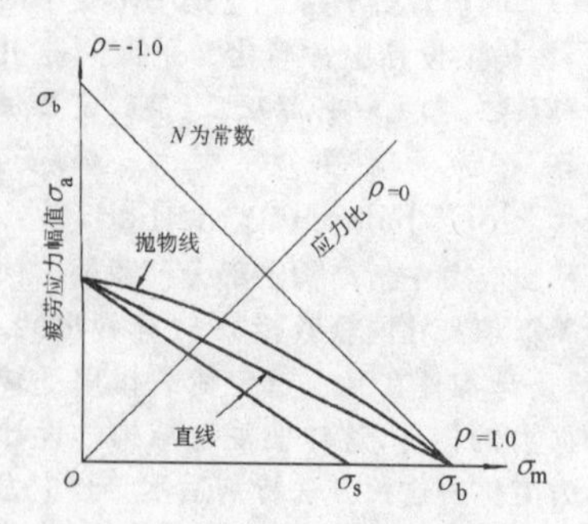

在循环次数 N 给定的条件下，疲劳应力幅值 σ_a 对平均应力 σ_m 的关系曲线，亦称 A-M 图。早在 1872 年，格贝尔（Gerber）建议用抛物线来描述它们之间的关系；古德曼（J. Goodman）以及后来的穆尔（H. F. Moore）假定它们成直线关系；索德贝尔格（Soderberg）也假定为线性关系，但他采用屈服极限 σ_s 来代替强度极限 σ_b。

（罗蔚文）

heng

亨伯桥 Humber Bridge

跨英国亨伯河的公路桥。路面为双向各双车道汽车、自行车道和人行道，全宽 28m。桥主跨为三孔 280m＋1410m＋530m 双面悬索桥，斜拉索，正交异性板菱形钢箱梁，高 3m，梁下净空高 30m。钢筋混凝土空心双柱吊塔高 155.5m，为沉井基础。迄今为世界第三座此式桥梁及目前最大跨悬索桥。建成于 1981 年。（唐寰澄）

恒定流连续方程 continuity equation of constant flow (stationary flow)

又称稳定流连续方程。在河渠、管道中的水流是恒定流（稳定流），上、下两个断面之间没有支流流量流出和流入的情况下，流量是相等的，即 $Q_1=Q_2=$常数。它也叫做水流的连续方程。因流量 $Q=\omega v(\text{m}^3/\text{s})$，故也可写成 $\omega_1 v_1=\omega_2 v_2=$常数。式中 ω_1、ω_2 分别为上、下两个过水断面积（m^2）；v_1、v_2 分别为上、下两个过水断面相应的平均流速（m/s）。连续方程是质量守恒原理的体现，是液体运动的基本方程，是推证水力学计算公式的基本依据之一。

（周荣沾）

恒载 dead load

又称永久荷载（permanent load）。见永久作用（272 页）。（车惠民）

桁架 truss

由若干直杆按照几何不变体系要求（即一般具有三角形区格）在节点处相连，而构成的平面或空间承重构件。在荷载作用下，各杆件主要承受轴向力，由于内力在杆件截面上均匀分布，故较实腹梁可节省材料或跨越更大跨度。可由钢、钢筋混凝土、木材等构成。其杆件分弦杆及腹杆；弦杆又分上弦杆及下弦杆。外形由弦杆确定，一般有三角形、梯形、多边形等，根据使用要求及所用材料来选定。计算中假定各杆在节点处为理想铰接，而实际工程用的桁架节点，一般均有一定刚性，由此在杆件中产生的应力称为次应力。以有限元法为基础的各种电算程序的应用，使桁架内力的计算，甚至过去计算起来比较困难的次应力问题，变得相当的简便。而历史上用来设计桁架的各种数解法和图解法，仍不失为工程师分析和校核电算结果的工具。平面桁架的平面外刚度较差，必须依靠支撑体系保证。支撑系统和桁架共同组成空间稳定体系。 （庞大中）

桁架比拟法 truss analogy for shear

又称剪力传递的桁架机理(truss mechanism)。将实腹钢筋混凝土梁比拟为简单铰节桁架的抗剪钢筋设计法。本世纪初由里特(Ritter)及默尔施(Mörsch)首先提出，假定带有斜裂缝的钢筋混凝土梁可以用简单铰节桁架代替，压区混凝土和拉区纵向钢筋分别为上、下弦杆，斜裂缝间的混凝土为斜压杆，箍筋则为受拉腹杆。尽管没有考虑变形协调原则，但在接近极限状态时，应变不协调性的影响不大。该法计算简便，得到广泛使用。

（车惠民）

桁架拱片 piece of trussed arch

桁架拱桥的主要承重构件。一座桥由两片或更多片用横向联结系构件联成整体，然后在其上安置桥面构造。每片由两个桁架段和一个跨中实腹段组成，一般约 50m 跨径的桥，就按这样三段预制，然后在现场安装就位、处理接头而联成整片。桁架段包括上、下弦杆和腹杆。实腹段和下弦杆的下缘线型，有圆弧线、抛物线等，矢跨比在 1/6～1/10 范围。腹杆布置的形式有斜拉杆形、斜压杆形和三角形等。杆件的截面形式，上弦杆和实腹段上部为带肩(为搁置桥面微弯板或空心板)的矩形，下弦杆为矩形，跨径大时也可为工字形或箱形(或相邻两片的下弦之间加底板和顶板而形成箱形)，腹杆一般均为较上、下弦杆为窄的矩形。桁架段的节间长度向跨中逐渐缩短，这样使斜杆之间大体平行，并控制其与上弦杆夹角在 30°～50°，最大节间长度一般约 5m。用手算分析时，假定下弦端与墩台为铰接，故为外部一次超静定结构，内部杆件结点可假定为铰接，故内部为静定结构，桁架段各杆主要受轴向力，实腹段为受压、弯杆件。 （俞同华）

桁架拱桥 trussed arch bridge, truss-arch bridge

中间用实腹段，两侧用拱形桁架片构成的拱桥(见图)。桁架拱片之间用桥面系与横向联结系(横向

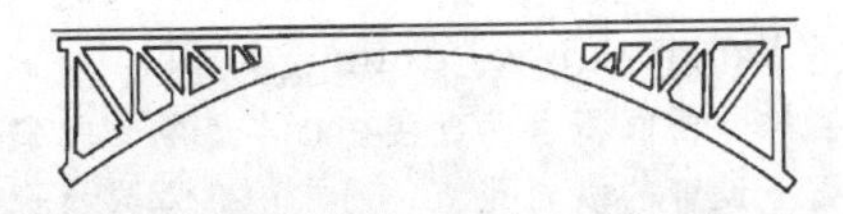

撑架、剪刀撑)连接成整体。特点是实腹段与两侧拱形桁架片起着拱的受力作用，拱脚有水平推力可减小跨中弯矩；这种桥比一般带拱上建筑的肋拱桥受力合理，可节省材料，减小自重，适用于地基较差的场合。由于桁架构件适宜预制，装配化程度高，施工速度快，常做成钢筋混凝土和预应力混凝土结构。

（袁国干）

桁架肋拱桥 arch bridge with truss rib

拱肋做成钢筋混凝土桁架的拱桥。其拱上建筑仍为一般拱桥中的梁-柱式传力结构，特点在于桁架拱肋的高度小，构件长度小，吊装方便，适用于无支架施工和较大跨度的拱桥中。缺点是采用固端拱时拱脚截面大，上弦杆容易开裂，须配置预应力钢筋。

（袁国干）

桁架梁桥 truss girder bridge

上部结构用梁式桁架作为主要承重结构的桥梁。桁架由上弦杆、下弦杆及腹杆组成，杆件主要承受拉力和压力，常用钢材及木材做成，用料较省。桁架的外形可以是平行弦杆式或多边形弦杆式。按照腹杆的布置桁架分为三角形腹杆式(图 *a* 及 *b*)、斜(压)腹杆式(图 *c*)、再分式腹杆式(图 *d*)、米字形腹杆式(图 *e*)、交叉腹杆式(图 *f*)桁架等。桁架梁构造比较复杂，多用于大跨径桥梁。

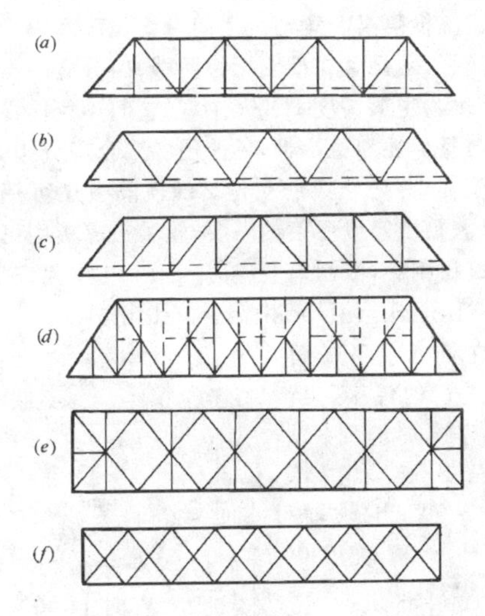

（徐光辉）

桁架式桥塔 truss-type bridge tower

见桥塔(197 页)。

横滨海湾桥 Yokohama Bridge

日本横滨市海岸高速公路线跨越横滨港的桥梁。主桥为总长 860m 的三孔连续钢斜拉桥，跨径为 200m＋460m＋200m。H 形双塔，双索面，扇形布置拉索。塔高自基础面以上 172m。每塔左右各有拉索 9 对。桥为双层各 6 车道，路面各宽 21m。加劲梁也为双层，为穿式钢桁架，总高 12m。其上弦构造特殊，

为整宽 40m 高 3m 的流线形钢箱梁，箱内设电力、通讯管道及检查通道。一塔在梁下离海平面约 50m，设直径 32m 圆形展望厅。建于 1988 年。（唐寰澄）

横撑 transverse brace

又称楣杆。泛指横撑架。下承式桁梁桥中间横联和桥门架的组成构件。（陈忠延）

横断面图 cross-sectional profile

经过线路中线上的某一点，并垂直于线路中线方向的表示地面起伏的图。横断面图可以根据横断面测量成果绘制，也可按已有地形图或其他地形数据绘制。比例尺一般采用 1∶100 或 1∶200。以水平距离为横坐标，高程为纵坐标，绘在毫米方格纸上，其纵横比例尺必须一致。土石方工程量的计算和施工放样，均以此作为依据。（卓健成）

横风驰振 cross-wind galloping

具有特殊截面形状的细长结构在风作用下的一种不稳定发散振动现象。当结构具有驰振不稳定性横截面时（如 D 形、矩形、三角形等），在临界风速作用下，即会不断从来流中吸取能量，出现横流向的弯曲单自由度自激振动，并可用邓·哈托判据判断驰振的发生及确定临界风速。（林志兴）

横隔板 diaphragm

又称横隔梁。梁与梁之间沿梁长而间隔设置的横向隔板。常设置在简支梁桥两端、四分之一点和跨中。高度为主梁高度的 3/4 左右。它们不仅能提供桥的横向整体性和稳定性，还能使各梁合理分担荷载、共同工作，并防止梁肋受扭。端横隔板还可用作顶梁，以满足维修或更换的需要。箱梁横隔板则可增加截面抗扭刚度，限制畸变应力。（何广汉）

横焊 horizontal position welding

在接近水平横向位置进行的焊接。当横焊对接焊缝时，焊缝倾角 0°～5°，焊缝转角 70°～90°；当横焊角焊缝时，焊缝倾角 0°～5°，焊缝转角 30°～55°（见图）。

（李兆祥）

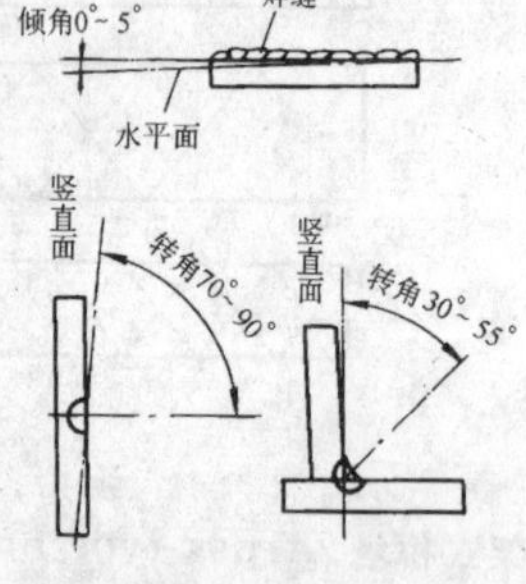

横焊

横键 lateral key

木纹垂直于被拼接构件的键，由两块硬木（通常是橡木）制成的楔块做成，键身为横纹承压，故承载力较小，但柔性良好，可保证几个键之间内力的均匀分布。（陈忠延）

横梁 cross beam，floor beam

在桥梁等受力结构相邻的两主要承重构件之间为加强横向联系、提高结构整体性以便共同受力或搁置行车道小纵梁而设置的横向构件。其作用是将桥面板、纵梁上的荷载传到主要承重构件。作为横向联结系组成之一时，有时也称横隔梁或横撑。

（俞同华）

横纹抗剪强度 shearing strength perpendicular to grain

又称横纹抗剪极限强度，简称横剪强度。剪切力的方向与木纤维垂直，剪切面与木纤维平行，木材沿剪面滑移时的极限应力。木材横纹抗剪时，因细胞被压皱所需的力远较顺纹抗剪推动细胞滑移所需的力为大，故横纹抗剪强度较顺纹抗剪强度要大得多。

（熊光泽 陈忠延）

横纹抗拉强度 tensile strength perpendicular to grain

又称横纹抗拉极限强度，简称横拉强度。木材受方向与木纹成任何角度的拉力作用时所产生的最大应力。实验表明：拉力与木纹所成的角度越大，抗拉强度越小。当拉力与木纹相垂直时，其值最小。

（陈忠延 熊光泽）

横纹抗压强度 compressive strength perpendicular to grain

又称横压强度或侧压强度。木材受与木纹方向垂直的压力时的比例极限应力。用符号⊥表示。由于在实验室中不能准确地测定极限应力，故横压强度不像顺压强度那样可以采用极限应力。根据受压情况的不同，又可分为：横纹全部〔面积〕抗压强度和横纹局部〔面积〕抗压强度。（陈忠延 熊光泽）

横向铰接矩形板 rectangular slab with transverse hinge joint

又称铰接悬臂板。相邻 T 梁之间用混凝土铰式键进行横向连接的翼缘矩形板。这种铰式构造不传递横向弯矩而只能传递竖向剪力、纵向剪力和法向力。后二者均是作用于板厚中央平面的内力。故不少桥面铺装层沿铰接线会出现纵向裂缝。（何广汉）

横向联结系 lateral bracing

又称中间横联。设置在相邻两主桁竖杆或两片主梁腹板之间的联结构件体系。其作用是增加桥跨结构的横向刚度，并使两片主梁或主桁受力比较均匀。横向联结系构件包括横隔板、横梁、拉杆和剪刀撑等。（陈忠延）

横向排水孔道 lateral drainage opening

为排除桥面积水而直接在行车道两侧的安全带或缘石下设置的横向孔道。通常用铁管或竹管等将雨水排出桥外，管口要伸出构件 2～3cm 以便滴水。这种做法虽较简便，但因孔道坡度平缓，易于淤塞。一般用于不设人行道的桥梁上。（张恒平）

横向拖拉架梁法　method of installing superstructureby launching transversely

在已拼组的梁下设置横向滑道，用链滑车或千斤顶等设备将其横向拖拉或顶移就位的架设法。主要在下列情况下用之：①为加速施工，在墩台施工的同时，在桥位旁搭脚手架拼装或灌筑桥梁，墩台完工后，即将其横向拖拉就位；②在抽换旧梁时，为免中断交通时间太长，在桥位两侧都搭设脚手架和设置横向滑道，在一侧脚手架上拼装或灌注新梁，当把旧梁横向移至另一侧脚手架上后，可立即将新梁横向拖拉至桥位。增设互相独立的双线桥的一线桥跨结构时，也可采用此方法。　（刘学信）

衡重式桥台　balance weight abutment

在台背设置衡重平台，利用该平台及作用于其上的填土重量平衡部分土压力的桥台。它用料较省，常用于较高桥台中。　（吴瑞麟）

hong

洪峰流量　peak discharge, flood-peak flow

流量过程线上最高点的流量。以 m^3/s 计。相应于洪峰流量的水位为洪峰水位。在推算设计流量时，需要多年洪峰流量的平均值 $\overline{Q}$，因此，应尽可能调查和搜集年代较远的几次历史洪峰流量和历年洪峰流量，并注意这些资料的代表性，以提高 $\overline{Q}$ 值的可靠性。历年洪峰流量，是指每年洪水最大流量值。作为桥涵孔径设计的洪峰流量，则是指具有一定设计洪水频率的洪水最大流量值，即指平均多少年出现一次的洪水最大流量值。　（周荣沾）

洪峰水位　water level of peak discharge

水位过程线上最高点的水位。用高程（标高）表示，以米(m)计。一次洪水过程可通过水位随时间变化的曲线（即洪水过程线）来反映（见图），曲线可分

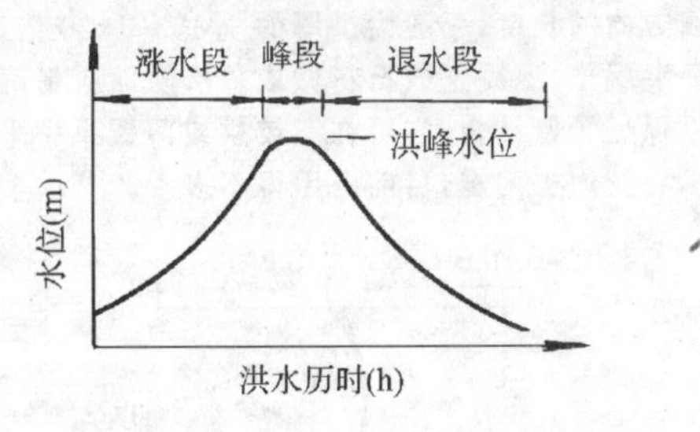

三个部分：涨水段、峰段、退水段。如果先后出现二次或多次连续降雨，或由于流域形状特殊，则可形成双峰甚至多峰的洪水过程线。其峰段的最高点即为洪峰水位。历年的洪峰水位，是指每年洪水最大流量值所对应的最高水位。用于桥涵设计的洪峰水位，则指具有一定设计洪水频率的洪峰流量所对应的水位，即指每平均多少年出现一次最大洪峰流量所对应的洪峰水位。　（周荣沾）

洪积层　pluvial

山地受到暂时性水流冲蚀，把岩石碎屑物质带到沟口或出山口时的堆积物。其特点是：物质大小混杂，分选差，颗粒多带有棱角。通常都有丰富的地下水。　（王岫霏）

洪水　floods

沟、河中水量、沙量迅猛增大，水位急剧上涨的现象。暴雨、急骤的冰雪融化、泥石流、潮汐、溃坝等都可引起洪水。按成因分类主要有：暴雨型、凌汛型、融雪型和融雪、融冰与暴雨混合型。各类型洪水的涨落过程均有各自的特点。为适应工程设计的需要又分：特大洪水、历史洪水、可能最大洪水和设计洪水等。　（吴学鹏）

洪水比降　flood slope

河流中出现洪峰时的水面比降。可按下式计算：

$$i=\frac{H_2-H_1}{l}=\frac{\Delta H}{l}$$

式中 i 为一定河段的比降，可用小数、百分数(%)或千分数(‰)表示；H_1、H_2 分别为河段下游端和上游端的高程（水面的或河底的高程，m）；l 为河段长度(m)；ΔH 为河段的水面或河底的落差(m)。以水面落差计算的 i 为水面比降，以河底落差计算的 i 为河底比降。根据历史洪水位计算历史洪水的流速时，应尽量采用与历史洪水相对应的洪水比降。如缺少洪水比降的资料，在顺直河段上，可采用河底比降代替洪水比降，进行流速计算。　（周荣沾）

洪水重现期　flood return period

河流洪水的流量重复出现的平均时间间隔。以年为单位。它是河流洪水频率的倒数，例如洪水频率为 2%或$\frac{1}{50}$，则洪水重现期为 50 年。　（周荣沾）

洪水泛滥线　water line of inundation

溢出河槽或溃决堤防、水坝的洪水所形成泛滥地域的边界线。边界线内的区域称为洪泛区。　（吴学鹏）

洪水频率　flood frequency

洪水流量出现的年数与实测总年数的比值。为年频率，一般以百分数表示，也可用几分之一表示，例如，1%或$\frac{1}{100}$，表示该洪水流量平均每 100 年出现一次。根据流量与频率密度曲线和流量与频率分布曲线的统计规律可知，特别大的洪水流量出现的次数很少，即其洪水频率很小；换句话说，洪水频率越小，其流量就越大，所需要的桥涵孔径也相应越大。用于设计桥涵孔径的设计洪水频率，《公路工程技术标准》根据桥涵类别作了具体规定，参见设计洪水频

率(211 页)。 (周荣沾)

洪水位及水面坡度图 profile of flood level and water surface slope

表示洪水位及常水位(常以施测时的水位代替)时水面坡度的纵断面图。其长度不应小于河宽的三倍。比例尺纵向为 1∶50～1∶200，横向为 1∶500～1∶2000。图中应包括历史最高洪水位、测时水位、河床纵断面、水文断面位置、水工建筑物位置、壅水曲线或跌水等资料。 (卓健成)

hou

后补斜筋法 method of adding diagonal reinforcement to existing structure

使用补加的斜筋修补钢筋混凝土梁桥腹板出现的剪切裂缝和提高修补区抗剪能力的加固方法。通常的做法是先清除桥面沥青铺装层，用环氧树脂密封梁的全部裂缝，然后在梁的上方沿梁中线附近用直径 2～3cm 的真空钻以 45°方向(垂直斜裂缝方向)钻孔，除尘后在孔内压入环氧树脂，并使其流入与孔洞相通的裂缝中，在插入比洞长短 7～8cm 的钢筋后，用树脂压满封死。施工时应注意正确选择钻孔点，避免钻孔碰到钢筋，在梁上钻孔的顺序是从跨中向两端进行。 (万国宏)

后孔法 drilling after welding

即先焊后钻法。单件组成整体后，先焊接成型，然后利用划线号孔，或是利用样板胎型的钻孔套定位，钻制杆件的钉(栓)孔的工艺方法。该法精度高，但比先孔法效率低。 (李兆祥)

后张法预加应力 posttensioning

待构件混凝土浇筑、结硬、达到预定强度后再张拉预应力筋致使混凝土内产生预应力的工艺。国内外桥梁建筑中使用较广的预施应力方法。其工艺过程是先灌筑梁体混凝土，再在硬结的混凝土上用千斤顶张拉力筋并借特制的锚具将其锚固于梁体上，最后进行灌浆。力筋或事先置于套管中定位于钢筋骨架，或在张拉时穿入用制孔器预留的管道内。

(何广汉)

后张梁 posttensioned prestressed concrete beam

用后张法制成的预应力混凝土梁。见后张法预加应力。 (何广汉)

后张式粗钢筋体系 threadbar posttensioning system

采用粗钢筋螺纹锚的预应力后张体系，例如，迪维达克体系，李麦考尔(Lee-McCall)体系等。用高强度粗钢筋代替钢丝束或钢绞线，使施工较为方便，但张拉力较低。 (何广汉)

后张式巨大方形钢丝束体系 posttensioning system with Leonhardt wire tendons

见莱昂哈特体系(145 页)。

后张式小钢丝束弗氏体系 Freyssinet posttensioning system with small wire tendons

一种用弗氏锚锚锭密布在中心弹簧周围由 18～24 根 ϕ5mm 高强钢丝组成的圆截面小型钢丝束的预应力后张体系。弗氏锚由锚圈和锥形锚塞组成。为保证其制作精度，现已改用由 45 号钢制成的锚圈和锚塞。锚塞中间还设有专供锚固后灌浆用的小孔。国外现又改用带纵槽的锚塞以提高每索的锚力，使之能锚锭 6～12 根 7ϕ4 或 7ϕ5 的钢绞线。弗氏钢索制备简易，不需严格控制其制备长度，但其接长和重复张拉则较困难，滑丝几率也随其一次锚锭钢丝数目的增加而增加。张拉时务使千斤顶和锚具对准构件孔道中心，以尽量降低滑丝率。 (何广汉)

hu

弧形钢板支座 arc plate bearing

又称切线式支座或线支座。上支座板(上摆)为平板，下支座板(下摆)为弧形钢板，二者彼此相切而成线接触的支座。钢板采用厚约 40～50mm 的铸钢板或热轧钢板，一般需经刨床加工。梁端能自由转动，但移动时要克服较大的摩阻力。一般用于中、小跨径的桥梁。因其用钢量大，加工麻烦，目前在公路桥梁上已较少采用。 (杨福源)

弧形铰 arc hinge

由两个不同半径的弧形表面(凹面和凸面)块件组成的一种两部分之间能传递轴力和剪力的拱铰。凹、凸面的曲率半径 R_2 和 R_1 之比一般在 1.2～1.5 之间。铰的宽度等于拱圈(或拱肋)的宽度。铰沿拱轴线方向的长度，一般为拱厚的 1.15～1.20 倍。由钢筋混凝土、混凝土或石料做成。接触面应精确加工，以保证紧密结合。它可在三铰拱或两铰拱中采用。由于石铰加工困难，目前已用得不多。

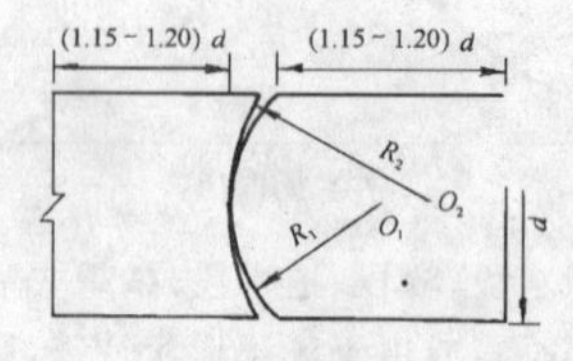

(俞同华)

胡格利河桥 Hooghly River Bridge

位于印度加尔各答(Calcutta)，跨越胡格利(Hooghly)河的结合梁斜拉桥。主桥总长为

822.96m，三孔 182.88m＋457.2m＋182.88m，箱形截面 H 型双塔，塔高在基础平面以上 122m。双索面，扇形布置。每塔大跨侧 19 索，边跨集中为 15 索。索面中心间距 29.1m。索面以内为 2×12.3m 车道，索外侧各 2.5m 人行道。加劲梁采用结合梁，钢筋混凝土桥面厚 0.23m。板下索面内为工字形联结钢梁，以间隔为 4.1m 的横梁和一根中部纵分配梁组成。因印度电焊技术力量不足，钢梁均为铆接高强钢，但索和梁联结部分采用高强螺栓。　（唐寰澄）

湖北乐天溪大桥　Letianxi Bridge, Hubei

三峡地区乐天溪上的一座公路桥。上部结构为 4 孔预应力混凝土连续梁，跨度为 85.8m＋2×125m＋85.8m。3 个中间墩上在纵横向均设双支座，间距为纵向 6.4m，横向 5.95m。桥面净宽 15m(2＋11＋2)。梁体采用上翼缘带伸臂板的单室箱梁。梁高 3.2～7.7m，顶底宽分别为 13.5 及 8m，竖腹板厚 48～80cm，顶底板厚分别为 32～50 及 26～87cm。三个中间墩为 4 柱式钢筋混凝土立体刚架，高约 22m。4 个支座位于柱中心。　（严国敏）

蝴蝶架　movable supporting frame

蝴蝶状的移动托架。用型钢或木料制成，是联合架桥机的专用设备，用以托运龙门架。　（唐嘉衣）

虎渡桥　Hudu Bridge

又称江东桥，位于福建省漳州市东 20km，横跨柳营江（九龙江）的石梁桥。宋·嘉熙元年（公元 1237 年）始建，用四年时间建成，25 孔、长 200 丈、高 10 丈。1933 年才在老桥墩上改建为公路桥。现桥长 285m，25 孔，桥高约 15m，旧石梁仅剩下 5 孔。最大的花岗石石梁长 23.7m，宽 1.7m，高 1.9m，重约 207t，为世界之最。当时怎样把巨梁运架至石墩上，至今还是一个谜。　（潘洪萱）

虎门珠江大桥　Humen Pearl River Bridge

位于广东省东莞市和番禺市之间跨越珠江的公路大桥。桥址正处于虎门炮台旧址旁。全桥长 3618m，主航道桥为跨径 888m 的钢箱梁悬索桥，其主缆用预制平行钢丝索股法（PPWS 法）架设，垂跨比为 1∶10.5，每缆由 110 根平行钢丝索股组成，每股含有 127 根 ϕ5.2mm 镀锌钢丝。加劲梁高 3.0m，宽 35.6m，正交各向异性板桥面。东、西两桥塔均由两根钢筋混凝土空心塔柱及三根预应力混凝土空心横梁组成，基础以上高度 148m，桥面以上高度 90m。两端锚碇为重力式结构。副航道桥为跨径 270m 的预应力混凝土连续刚构桥，采用均衡悬臂法施工。1997 年建成通车。为中国目前已建成的最大跨径悬索桥，副航道桥为目前世界上最大跨径连续刚构桥。　（俞同华）

护墩桩　fender pile

设在桥墩前端或周围以防止船舶、木排、流冰等撞击桥墩的单根桩或群桩。　（吴瑞麟）

护拱　arch protection

在拱桥中为加强拱圈的拱脚段而用块石、片石砌筑的扩大部分。实腹圆弧拱中，拱脚附近往往会产生较大弯矩，故需设置护拱。在多孔拱桥中有了护拱还便于布设防水层和泄水管。　（俞同华）

护轨　guard rail

设于基本轨（正轨）内侧的钢轨。其作用是当列车在桥上行驶时，可将车轮限制在护轨与正轨之间的轮缘槽内，以便控制车轮的前进方向，防止脱轨翻车事故。　（陈忠延）

护栏　guard railing, guard fence

又称*护栅*。为使车辆与车辆或车辆与行人分道行驶以及防止车辆驶离规定行车道位置而设置的安全防护设施。前者称防护栏，后者称防撞护栏。防护栏用混凝土预制或金属材料制作，并用钢链或钢管相连，用红、白两色间隔油漆；高速公路上的桥梁均需设置防撞护栏，一般用钢筋混凝土预制或现浇，具有一定的抗撞能力，以保证行车安全。　（张恒平）

护轮木　timber wheel guards

保护车辆不易滑出或撞击桥梁边缘设置的长条形木槛。　（陈忠延）

护木　guard timber

又称压梁木或防爬木。在铁路明桥面上，桥枕两端设置的方木。其作用是保持桥枕的间距和用作第二护轨。每隔一或二根桥枕用螺栓将护木与桥枕相联。尺寸一般为 16cm×16cm 或 15cm×15cm。公路木桥设置在车道两边的方木亦称护木。尺寸一般为 10cm×15cm 或 15cm×15cm，用螺栓与桥面联结，用作挡住汽车车轮超出车道的安全措施。

（陈忠延）

护筒　casing pipe

用于防护钻孔桩孔口土层的稳定，保持泥浆高于施工水位并为钻具导向的桩工设备。以钢板或钢筋混凝土制成竖筒，用抓斗或吸泥机并配合振动或锤击方法沉入地下。深水钻孔需用长护筒。

（唐嘉衣）

护柱　guard post

又称柱式护栏。设置在桥梁两端较高引道上以及高等级公路的高路堤地段急弯、陡坡、悬崖等处的行车安全标志。一般用混凝土预制或圬工材料砌筑，每隔一定距离设置一根，露出地面部分用红、白或黑、白两色间隔油漆，给驾乘人员以醒目与安全感。通常在不设人行道的漫水桥上，也要设置。

（张恒平）

hua

花篮螺丝 turnbuckle

用钢材制成连接拉杆或绳索的连接器。两端有反向螺纹,通过正旋或反旋,可调整拉杆或绳索的长度与张力。 (唐嘉衣)

滑板式伸缩缝 sliding plate expansion joint

一种以能互相滑动的钢板作为跨缝材料的伸缩缝装置。可适应40～70mm的伸缩量,钢板厚度根据伸缩量的大小决定。这种伸缩缝不适用于坡桥。 (郭永琛)

滑车 pulley

绳索导向的起重工具。由滑轮、侧板、枢轴、轴套或轴承、吊钩或吊环组成。绳索通过绕枢轴旋转的滑轮,改变方向。按滑轮数分为单门、双门、多门。按使用分为闭口式和开口式。

(唐嘉衣)

滑车组 pulley block

在定滑车与动滑车之间穿绕绳索组成的起重工具。能减小绳索自由端的拉力。定滑车设在固定吊点,动滑车随重物升降。滑轮总数 n 为双数时,绳索端固定在定滑车架;n 为单数时,绳索端固定在动滑车架。绳索自由端的拉力 P 为:

$$P=\frac{Q}{\eta n}$$

式中 Q 为起重量;η 为滑轮效率,与滑轮摩阻力和滑轮数 n 有关。 (唐嘉衣)

滑道 chute

拖拉或顶推架梁时用于使梁滑动的装置。其构造有两种:①由钢轨束和钢辊轴组成,上滑道的钢轨束倒挂在纵梁或主桁下弦节点下面,下滑道的钢轨束固定在路堤、支架或墩台顶部的木垛或混凝土块上,辊轴则置于上下滑道之间;利用钢和钢的滚动摩擦系数较小,使梁易于拖拉前进。②利用聚四氟乙烯板和不锈钢板(或镀铬钢板)间滑动摩擦系数极小的原理做成,视工作方便,可用任一种板做上或下滑道。其构造较之前者轻巧甚多,且操作亦较为方便。 (刘学信)

滑动支座 sliding bearing

支座的上、下两部分以相对滑动来实现水平移动的活动支座。有平面钢板支座、弧形钢板支座和聚四氟乙烯板式橡胶支座等。 (杨福源)

滑梁装置 skidway for bridge launching

用拖拉法或横移法架设桥梁的滑道。按构造分为辊轴式和滑板式。辊轴式在上、下滑轨之间放进若干辊轴,通过辊轴的滚动向前滑移。滑板式由镍铬钢板与聚四氟乙烯滑板组成。其构造与顶推设备的滑道相同。 (唐嘉衣)

滑坡 landslide

斜坡岩体或土体在重力作用下沿某一软弱面或软弱带整体向下滑动的现象。由自然因素的作用或人类工程活动所产生。是缓慢、长时间且间歇性进行的。开始时移动缓慢,后来滑动速度突然增大,急剧滑落的称崩塌性滑坡,可造成严重灾害。 (王岫霏)

滑坡观测 observation of landslide

对运动中的滑坡进行位移观测。分为简易观测和精密观测(建立观测网)两种。可以得到滑体位移速度、方向的直观资料。在滑坡分析中用于滑坡的分类、区分老滑坡上的局部移动、确定滑坡周界、主滑线、滑体受力状态分析、滑床形状判断和深度估算等。 (王岫霏)

滑升模板 slide-lift form

又称滑动模板。是将模板连同工作平台和脚手以整体形式安装在构筑物位置,随着混凝土的灌筑,借特备的提升千斤顶沿已浇好的部分慢慢向上或向前抽动,以连续不断浇筑的模板。适用于桥墩、烟囱、筒仓、水塔等高耸构筑物的施工,也已成功地用于箱梁施工。它能适应构筑物的厚度、周长、形状和锥度的变化,从而可大量节约材料和人工;能避免混凝土工作缝以提高工程质量和加快施工进度。其主要组成部分有工作平台,提升顶架,交错组装以便收坡的内、外模板,顶杆与套管,提升千斤顶,调整内、外圈模板距离的丝杆,调整模板位置的丝杆和用于整理抹平已浇部分的吊篮等。一般用钢材制造。 (谢幼藩)

滑线电阻式位移计 slide wire resistance displacement meter

利用位移变化带动滑线电阻变化的应变电桥来量测位移的仪器。主要由机械传动机构、应变电桥和滑线电阻等组成。试件位移时,使测轴做轴向移动,带动触点在电阻丝上滑动,引起电桥桥臂电阻变化,使输出电压变化,根据此电压变化与位移大小成线性关系而量测位移。 (崔　锦)

滑行荷载 skidding force

汽车车辆滑行时产生的摩擦力。仅考虑在一条分车道上作用一个250kN的集中力,作用方向是任意的,并和公路表面相贴。 (车惠民)

滑曳式架桥机 launching equipment for bridge spans

以主梁承重逐跨滑曳架梁的架桥机。由主梁、吊梁天车、支腿、走行装置、运梁台车等组成。架梁时主梁的支腿支承在桥墩上,用吊梁天车吊起桥梁,沿主梁走行到位落梁。架梁后主梁向前滑曳，支腿交替作用逐跨推进。这种架桥机的结构型式很多。中国现有吊重140t、156t和300t三种，用来架设50m的公路梁或40m的铁路梁。国外除个别桥梁专用的外，还有通用的滑曳式架梁系列设备(beam launching system)。 （唐嘉衣）

化学除锈 chemical method of derusting

用化学除锈剂涂于工件表面，让它与铁锈起化学反应，形成松散的化合物，然后用清洗剂清洗，把表面铁锈清除的加工方法。酸洗除锈是用酸洗、中和、冲洗除锈。因易污染环境而很少使用。

（李兆祥）

化学防护 chemical consolidation

将一定深度、一定平面范围内的河床质进行化学灌浆加固的防护措施。常用于防止墩周局部冲刷。化学浆液注入河床质，一定时间后，浆液凝固，松散的河床质固结为整体，强度增大，抗御冲刷能力增强。施工方法有静灌、旋转喷射法等。常用的化学主剂有水泥、水玻璃、丙烯酰胺等。 （任宝良）

化学加固法 chemical stabilization method

化学反应较物理化学反应更起主要作用的所有加固方法的统称。通过一定压力将用以加固土体的浆液，如水泥浆、以硅酸钠为主剂的浆液、以丙烯酰胺为主剂的浆液、以纸浆废液为主剂的浆液等，通过注浆管均匀地注入土层中，浆液将排除土体孔隙中的水分和气体，把松散土粒凝结固化成整体。以提高原有地基的承载能力，减小压缩性，并且具有防止渗透的作用。 （易建国）

huan

环承载力 loading capacity of split ring

木结构中环式钢链根据接合的受剪和承压的强度条件所决定的承载力。 （陈忠延）

环箍式测力计 circular load cell

又称压力环。利用钢环作弹性元件的测力计。用千分表量测在压力或拉力作用下钢环的弹性变形，再根据预先标定的力与变形关系曲线，确定荷载的大小。一般多用于测压力。常做成标准压力环供校验试验机用。 （崔　锦）

环境随机激励振动试验 ambient random vibration test

利用结构系统在地面脉动、水流、风等随机脉动荷载激励下的微振动，测定其固有动力特性(固有频率、振型、阻尼等)的试验方法。由于不需要专门的激振设备，特别适宜于大型复杂结构系统的动力特性测定。根据测试内容的要求，应布置足够数量的测振传感器。当测振传感器数量受限制时，可采用对固定的参考测点进行比较的分批多次测量方法。由于环境脉动激励荷载的随机性，每次测定应有足够的样本长度，以满足各态历经平稳随机过程的假定条件。又由于许多结构在微振动时表现的刚度比大振幅振动时大，故环境随机激励法测得的结构固有频率往往比共振法的结果偏大。 （林志兴）

环境协调 harmonizing with environment

又称公共协调。事物与其周围环境的序列的安排，使之达到和谐。桥梁的环境包括自然环境、人工建筑和其附近的桥梁。根据自然环境特点、附近建筑(包括桥梁)的风格、年代、重要意义以确定协调的重点。环境协调有三种基本方法，计为对比法、调和法和消去法。这三种方法起源于事物相对面双方之间的对立、统一和转化的三个基本变化现象，同时亦需考虑美的其他具体准则。 （唐寰澄）

环流 circulation current

又称螺旋流。螺旋前进的水流。其在横断面上的投影为一封闭环。河弯水流是典型的螺旋流。表流指向凹岸，底流指向凸岸，凹岸冲凸岸淤。（吴学鹏）

环式键 ring key

由钢材做成的圆形键。是键结合中钢键的一种。通常有光环式键和齿环式键两种。光环式键是由扁钢制成的有缝环圈(又称裂环式键)。齿环式键则是一种带齿的钢制闭合环。前者需事先在木构件中开槽，故可进行拼拆式结合。后者不需预先挖槽，因而是非拼拆式的。环式键的优点是制造简单，可以机械化施工，重量轻，承载力大。 （陈忠延）

环套锚 looped anchorage

将环状钢丝绕套在锚块上使之锚固的一种锚具。通常，在锚块与结构承压面之间设有垫板。当采用多根钢绞线束时，固定端也常采用环套锚。

（何广汉）

环销锚 anchorage with ring plug

以锥销、环销将两层钢丝楔紧于锚套内的中国式锚具。我国铁道部科学研究院70年代初提出并采用的一种新型锚具。属拉锚式体系，配用专门的双作用千斤顶。先用小顶压销楔紧钢丝，再用大顶张拉锚

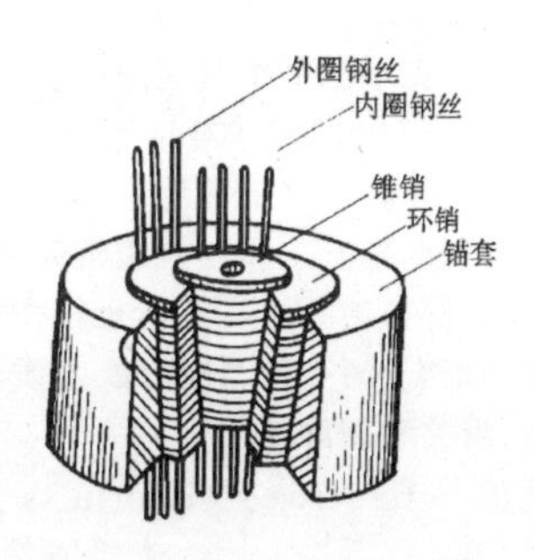

套。可锚 60 余根 ϕ5mm 高强钢丝，张拉力可达 1 200kN，容许重复张拉。 （何广汉）

环形沉井法 roundabout open caisson method

在原桥基外围，使用环形沉井加固桥墩及其基础的方法。当桥墩基础不允许使用打入加桩加固方法又难于采用扩大基础加固时，可采用浮运薄壁环形沉井加固。环形沉井可分段预制，运至墩位处拼成整体下沉，并逐节接高直至设计位置，清底后放入钢筋骨架，浇筑水下混凝土。如沉井密封不漏水，可采用抽水作业。外加的沉井可与原结构联成整体，也可单独形成辅助结构。当墩身仍能使用时，为节省材料，避免压缩通航净空，沉井可浇至规划河底，以上部分在施工后拆除。该法的特点是在加固施工中，不影响原结构使用，也不需要复杂的施工设备，施工技术难度不大。 （黄绳武）

环氧砂浆填缝 filling the crack with epoxy mortar

用环氧树脂砂浆修补混凝土结构的方法。做法是：将环氧树脂用邻苯二甲酸二丁酯稀释，用乙二胺作固化剂，搅拌均匀后倒入已拌和均匀的粗细填充料中（粗填料用细砂，细填料用水泥、立德粉等），边拌边压成均匀的树脂涂料或砂浆，用它修补填平裂缝。 （谢幼藩）

环氧树脂水泥胶接缝 epoxy resin joint

通过相邻块件端面间的环氧树脂等胶结材料薄层传递应力的接缝。它既具有湿接缝的优点，接缝较密合，应力较均匀，又不影响工期。国内外所做试验表明，与整体灌筑块件相比，这种胶接缝能发挥 94％的抗弯强度和 75％的抗剪强度。因此，得到广泛采用。但其施工状况对挠度影响较大，宜尽量减薄其厚度，并对它施以均匀压力。 （何广汉）

缓流 slow flow

河渠水深大于临界水深时，其断面平均流速小于临界流速的水流。缓流的流态是流速较小，水势平稳，遇有障碍物时，水位壅高可以逆流上传影响到上游甚远处。 （周荣沾）

缓凝剂 retarder

一种能延缓水泥凝结时间的外加剂。在混凝土混合料中加入可以延长其凝结和放热时间，以保证必要的浇捣工作。提高工程质量，消除或减少裂缝。常用于大体积混凝土工程和滑模及高温下施工。在配制特种水泥（如油井水泥）时，也往往掺加缓凝剂。常用的缓凝剂有：酒石酸、柠檬酸、木质素磺酸钙、葡萄糖酸钠、醣类和硼酸盐类等。 （张酒华）

换算长细比 effective slenderness ratio

格构式组合杆件作为理想压杆时计算绕虚轴稳定的长细比。它是根据弹性稳定理论，考虑绕虚轴的剪切变形经过简化演算得出的。对缀板组合的格构式理想压杆，其表达式为

$$\lambda_{ef} = \sqrt{\lambda_y^2 + \lambda_1^2}$$

式中 λ_y 为压杆绕虚轴不考虑剪切变形的长细比；λ_1 为分肢在缀板之间的长细比。 （胡匡璋）

换算截面 transformed section

按弹性方法分析截面应力或计算构件抗弯刚度时，用以代替钢筋混凝土构件截面的等效混凝土截面。该截面的钢筋面积按模量比换算为混凝土面积，钢筋对截面重心轴的面积矩和惯性矩也按同样的倍数换算。 （车惠民）

换算均布活载 equivalent uniformly distributed live load

根据荷载效应影响线确定的与铁路标准荷载等效的均布荷载。影响线形状不同，加载长度不同，最大纵坐标位置不同，其量值也不同。 （车惠民）

换算应力 conversion stress, equivalent stress

又称比较应力。构件在法向应力与剪应力共同作用下，按能量强度理论换算得到的，相当于单轴法向应力作用的应力值。其表达式为

$$\sigma_v = \left\{ \frac{1}{2}\left[(\sigma_x - \sigma_y)^2 + (\sigma_y - \sigma_z)^2 + (\sigma_z - \sigma_x)^2\right] + 3(\tau_{xy}^2 + \tau_{yz}^2 + \tau_{zx}^2) \right\}^{1/2}$$

式中 σ_x、σ_y、σ_z 为三个方向的法向应力；τ_{xy}、τ_{yz}、τ_{zx} 为脚标所示平面内的剪应力。当只有 σ_x 与 τ_{xy} 作用时，简化为

$$\sigma_v = \sqrt{\sigma_x^2 + 3\tau_{xy}^2}$$

（胡匡璋）

换土加固法 stabilization method of replacement soil

一种以土换土的地基加固法。将堤坝或基础底面下一定深度内（通常不大于 2m）的不良土层挖去，换以强度高、压缩性小的土代替的一种地基加固法。换填时分层夯实达到最佳密实度的 90％～97％，必要时也可用灰土或石灰三合土等材料换填。换填土顶面尺寸应比基底面尺寸大，每边加宽不得少于 30cm，再按换填土内摩擦角值大小向下扩大至设计换填深度处为止。 （易建国）

huang

黄金比 golden ratio

又称黄金分割率。希腊毕达哥拉斯学派研究希

腊、罗马时代建筑和人体之间各部分比率所得的结果。其比率是0.618∶1，而其比例关系是0.618，1，1.618，2.618……(0.618∶1＝1∶1.618)。仅有0.618∶1的关系是为比率，正因为这一比率，在后一数为前二数之和的级数上，其前后两数之比，比值相同，以至无穷，因此称为黄金比。在房屋建筑上，这一比例有时仍有人应用，在桥梁上则已极少遵循。

（唐寰澄）

黄土　loess

一种第四纪陆相沉积物构成的半固结的黄色粉土。黄色、黄褐色；由半固结的含量在50%以上的粉土颗粒组成，主要矿物是石英、长石、方解石及粘土矿物；无层理，具有肉眼可见的大孔隙，柱状节理发育；干燥时较坚固，能保持直立陡壁，遇水浸润后易崩解，并会产生湿陷现象。湿陷性及陷穴是工程建设中的隐患。

（王岫霏）

黄土地基　loess foundation

粉土粒为主，碳酸钙含量较多，一般形成垂直大孔隙结构的土所构成承托建筑物的地层。该类土有湿陷性和非湿陷性之分。按铁路桥涵设计规范的规定，当地基为湿陷性黄土，应根据湿陷量 Δ_{sh} 对地基湿陷性进行分级，

$$\Delta_{sh}=\Sigma\delta_{shi}h_i$$

式中 h_i 为把湿陷黄土层分成若干薄层的第 i 层厚度；δ_{shi} 为第 i 层湿陷系数。按 Δ_{sh} 大小可将地基湿陷性分成三级。按建筑物的重要性、上部结构特点、地基浸水后的危害程度再结合湿陷性等级，可从规范中找到不同的地基加固措施，如重锤夯实、桩孔挤密、换填等。

（刘成宇）

hui

回归方程式　regression equation

两系列变量的回归线的方程式。在桥涵水文统计中，两地洪峰流量系列资料的各对应值点据的分布，如呈直线或带状趋势分布，就说明两系列的洪峰流量之间存在着直线相关，通过点群可绘制出一条与这些点据配合最佳的直线，这条直线即是洪峰流量两系列变量的回归线，表示该回归线的方程式便是直线回归方程式。直线回归方程式的基本型式（见图）为：

$$y=a+bx$$

式中 x、y 为直线坐标；a、b 为待定的参数；a 为直线在 y 轴上的截距，b 为直线的斜率，$b=\mathrm{tg}\alpha$。求出 a、b 两个参数，最后可得 y 倚 x 的直线回归方程式为：

$$y-\overline{y}=\gamma\frac{\sigma_y}{\sigma_x}(x-\overline{x})$$

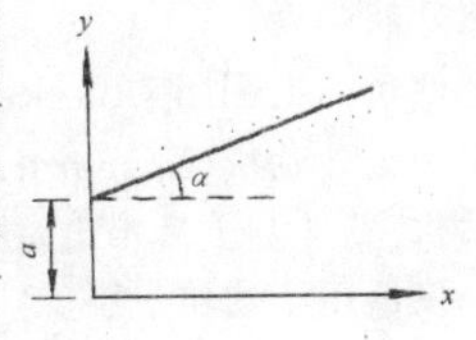

式中 $\overline{x}$、$\overline{y}$ 分别为两系列变量对应值的均值（平均值）；γ 为相关系数；σ_x、σ_y 分别为两系列变量对应值的均方差（标准差）。“$\gamma\frac{\sigma_y}{\sigma_x}$”值表示直线（回归线）的斜率，称为（$y$ 倚 x 的）回归系数。

（周荣沾）

回归系数　regressive coefficient

在直线回归方程式中反映直线（回归线）斜率的参数。（参见回归方程式）

（周荣沾）

回弹法无损检测　non-destructive test by rebound tester

在结构混凝土上利用回弹仪测得回弹值，根据回弹值和碳化深度来评定混凝土强度的一种无损检测方法。其原理是用一弹簧驱动的重锤，通过弹击杆，弹击混凝土表面并测出重锤被反弹回来的的距离，以回弹值（反弹距离与弹簧初始长度之比）作为与混凝土强度相关的指标，来推定混凝土抗压强度。中国已制定《回弹法评定混凝土抗压强度技术规程》(JGJ23—85)，建立混凝土强度 R 与回弹值 N 及碳化深度 L 的双因素测强曲线。该法优点是仪器构造简单，便于掌握，检测效率高而费用低。

（张开敬）

回弹仪　rebound tester

结构混凝土强度无损检测回弹法所用测试仪器。构造如图。由瑞士E.施米特(E.Schmidt)1948年所创制。按弹击方式分直射式及摆式两种；按冲击动能大小分为四种：重型(HT3000型)，冲击动能30N·m，用于大体积混凝土；中型(HT225型)，冲击动能2.25N·m，用于建筑、桥梁构件；轻型(HT100型)，冲击动能1N·m，用于轻质混凝土和砖；特轻型(HT28型)，冲击动能0.28N·m，

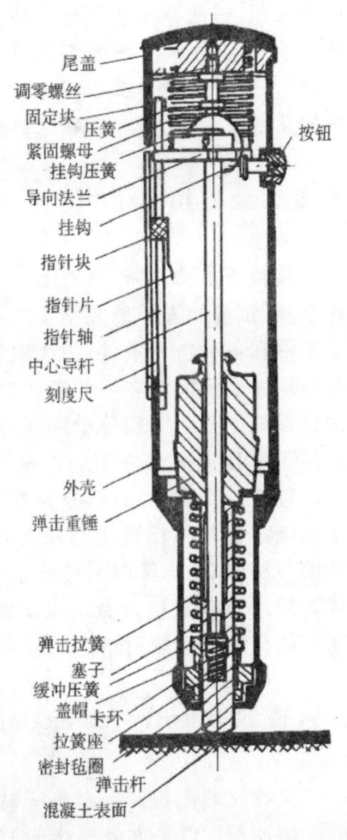

用于测砂浆强度。（张开敬）

回转斗钻机 drilling bucket

又称土斗钻机(earthdrill)。用钻斗回转取土成孔的钻机。钻斗刮土后吊出钻孔，从底门或中间张开卸土。仅适用于软弱土层。

（唐嘉衣）

汇流 runoff concentration

流域汇流的简称。流域中净雨从产生的地点向流域出口断面的汇集过程。是径流形成概化过程的后一阶段。其影响因素有降雨特性和下垫面因素两大类。前者指降雨在时间和空间上的分布；后者主要是指流域坡度、河道坡度、水系形状、河网密度及土壤透水性能和植被疏密程度等。汇流计算按流域蓄泄关系特性可分为线性和非线性；按输入空间分布特征可分为集总参数型和分布参数型；按流域汇流阶段可分为坡面汇流及河网汇流。中小流域可采用较简便的方法，较大流域可采用比较复杂的方法。

（吴学鹏）

汇流历时 duration of flow concentration

水流向流域出口断面汇集所经历的时间。广义的指一场降雨产生的出口断面流量过程线的底宽；狭义的有时单指形成洪峰流量的时段，即产流降雨雨核附近某一时段的降雨历时。它是雨洪计算中极为重要的因素，要根据它确定平均降雨强度和同时汇流面积，进而算出水工建筑物的设计流量。进行计算时有的分别算出坡面汇流历时和河槽汇流历时后，再按某种组合方式求得流域汇流历时；有的则采用概化或经验的方法，直接求算流域的汇流历时。

（吴学鹏）

汇流试验 modelling rainfall-flow experimentation

模拟天然降雨-汇流过程以探索雨洪规律的一种手段。试验能人为地控制水文过程发生、发展的初始条件和各种边界条件，扩大实验要素的变化范围，在短期内取得大量有用的实验数据，缩短研究周期。试验系统主要由三部分组成：①降雨模拟器，模拟降雨需尽量接近天然降雨的雨强、雨滴粒径和降落速度等特性。②模型流域，分为有比尺的和无比尺的。比尺模型流域不仅要求与原型几何相似，还需与原型动力相似；无比尺模型流域必须有足够大的面积，尽量使水流现象接近真实水文系统中的水流现象。③自动化程度和量测精度均较高的测、试系统。

（吴学鹏）

汇水面积 water collecting area, drainage area

又称流域面积。分水线所包围的汇集水流区域的平面面积。以平方公里(km²)计。汇水面积越大，则汇入河流的流量就越大。汇入河流的地面水和地下水往往具有不同的分水线，但地下水的分水线不易确定，故一般都以地面水的分水线为准计算其汇水面积。

（周荣沾）

hun

混合式过水路面 hybrid overflow pavement

与其他排水构筑物相结合使用的过水路面。在经常流水且流量较大的河沟设置过水路面时，当路堤高度大于0.5～0.6m时可以结合修筑渗水路堤，当路堤高度等于或大于1m时，可与渗水路堤、圆涵、箱涵、浸水桥等混合使用。选用何种排水构筑物和过水路面相结合，应根据技术经济比较决定。混合式过水路面总宣泄流量为过水路面宣泄的流量和排水构造物宣泄流量的总和。

（张廷楷）

混合型斜拉桥 hybrid cable stayed bridge

具有边跨为钢筋混凝土或预应力混凝土结构和中跨为钢结构或结合梁结构的连续主梁的斜拉桥。自重和刚度大的边跨与自重较轻的主跨构成的混合型结构，不但能显著增大主跨的跨越能力，而且能提高桥梁的整体刚度，降低噪声，减小低频空气振动的发生率。采用这种桥型可缩减边跨长度，获得节省主桥造价的经济效果。1979年原联邦德国杜塞尔多夫建成的弗莱莱茵河桥的单侧主跨达到367.25m。现已建成的主跨跨度856m的法国诺曼底塞纳河口桥也属混合型结构。随着高性能混凝土的不断开发，可以期望这种桥梁将是大跨度桥梁发展的合理型式。

（姚玲森）

混合桩 composite pile

分段采用不同材料或不同施工方法的桩。以往有下述做法：在稳定的地下水位以下用木桩，或者在钢材不易受腐蚀的下段用钢桩，而上段采用预制钢筋混凝土桩或带套管钻孔灌注桩。目的在于发挥木材在地下水位以下寿命很长和钢桩用锤击法可沉至很深的特点。与采用单一材料和施工方法的桩相比，一般不经济，只宜在环境或地质条件特殊的情况下采用。

（夏永承）

混凝土拌制 mixing of concrete

将水泥、砂、石、水和外加剂等搅拌成混凝土的施工作业。应使用混凝土搅拌机进行机械拌合。搅拌时混凝土材料的配合比和机械拌合的时间，须按有关的施工规范操作。

（唐嘉衣）

混凝土泵 concrete pump

利用压力将混凝土沿管道连续输送的机械。主要分泵体与输送管两个部分。泵体构造分为活塞式、挤压式、隔膜式等。以双活塞液压混凝土泵的应用最广。它由缸体、分配阀(板阀、球阀或摆管阀)、冲洗装置、动力与液压系统组成。泵体工作原理:液压驱动活塞往复运动,分配阀随之交替开闭。活塞后退时从料斗吸入混凝土,前进时压出混凝土。不断地轮番工作,将混凝土连续地推进输送管。其压力高,输送量大,工作平稳。挤压式混凝土泵亦常见使用。其工作原理是利用两个行星滚轮挤压抽吸软管,将混凝土连续地挤入输送管。结构简单,但压力与输送量较小,且软管容易磨损。输送管一般用内径100~200mm的铝合金管,质轻耐磨。管节用扳扣连接,操作方便。泵送混凝土的骨料颗粒不宜大于输送管内径的1/4(碎石)~1/3(卵石)。固定式混凝土泵的泵体设在固定位置,铺设输送管泵送混凝土。泵体亦可装在汽车底盘上,用布料杆输送混凝土,组成混凝土泵车。 (唐嘉衣)

混凝土泵车 truck-mounted concrete pump

将混凝土泵的泵体安装在汽车底盘上,配备布料杆输送混凝土的机械。可直接行驶到施工地点进行工作。其机动性好,布料准确,生产效率高,对长大桥梁施工或分散的工地,更能发挥其优越性。泵车常用内径125mm的布料杆,输送骨料粒径40mm以下的混凝土。目前,泵车用布料杆布料时,其最大半径可达58m,高度62m。如接在固定的输送管泵送混凝土,其布料半径还可加大。 (唐嘉衣)

混凝土变形模量 modulus of deformation for concrete

混凝土应力对总应变的比值。总应变包括弹性应变和塑性应变。弹性应变对总应变之比称为弹性系数,其值约为1.0~0.15。弹性系数和弹性模量的乘积便是变形模量。塑性应变对总应变之比则称塑性系数。在钢筋混凝土结构的计算中常用变形模量。 (熊光泽)

混凝土泊松比 poisson's ratio of concrete

混凝土横向应变与轴向荷载作用方向应变的比值。泊松比随应力大小而变化,但在应力不大于棱柱体强度f_c的50%时,可视为定值,一般用1/6。当应力大于$0.5f_c$时,因内部微裂缝的增加使其增大。混凝土强度越高,泊松比越低。 (熊光泽)

混凝土布料杆 concrete placing boom

将混凝土输送并浇注到位的设备。由臂架、臂架油缸、输送管、出口软管组成。臂架为可折叠的钢构件,架上安装输送管。工作时用液压驱动臂架油缸,使布料杆变幅、回转、升降或弯曲,对准浇注地点,将混凝土泵送到位。布料杆可折成二节、四节,有S形、Z形、上折叠、下折叠等型式。一般配属于混凝土泵车。亦可单独安装在固定机座或柱塔上,与固定式混凝土泵连接使用,以扩大布料的半径和高度。

(唐嘉衣)

混凝土超声波检测仪 ultrasonic detecter for concrete

测定超声波在混凝土中传播速度的仪器。用于超声波法测定混凝土强度,探测内部缺陷和损伤。仪器由同步系统、发射系统、接收系统、计时系统、显示系统和电源系统等组成。工作时超声波脉冲发生器产生脉冲信号输入发射换能器,将电信号转换为机械振动加于试件上。接收换能器接收穿过混凝土后的脉冲信号并放大,计时系统测出超声脉冲穿过混凝土时间(声时),已知距离可计算声速。显示系统显示接收信号的波形波幅等。国产有多种型号的混凝土超声波检测仪,工作频率范围10~200,20~500kHz,精度±0.1μs,测量范围0.1~999.9μs。

(崔 锦)

混凝土沉井 concrete open caisson

除刃尖用钢料制成以外,全部为无筋混凝土,可作为构筑物基础的井筒。只适用于平面尺寸不大,下沉不深的小型沉井。一般多做成圆形。(邱 岳)

混凝土的应力-应变曲线 stress-strain curve of concrete

表示荷载作用下混凝土应力和应变关系的曲线。它的形状和混凝土的强度、加载龄期、加载速率、骨料和水泥的特性,以及试件的型式和大小有关。曲线顶峰的应变约为-0.0015~-0.0025;混凝土破坏时的极限应变约为-0.003~-0.008,极限应力约为抗压强度的75%~25%。对于构件设计,可采用规范规定的理想化图形。

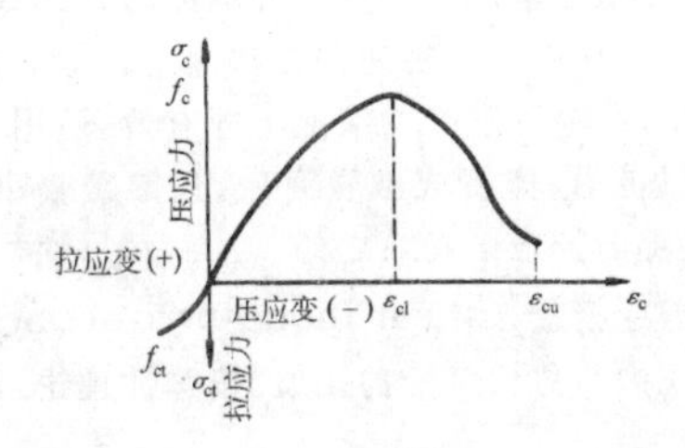

(熊光泽)

混凝土吊斗 concrete placing bucket

分批吊运混凝土的施工设备。用钢板焊成下部为圆锥形的开口筒体,容积1~3m³。筒底设有手动扇形活门。吊斗装满混凝土后运至浇注地点,用起重设备起升,对准浇注位置开启活门卸料。其构造简单,使用方便,但工效较低。 (唐嘉衣)

混凝土墩台基础 concrete foundation of pier and abutment

由混凝土灌筑而成的大块实体桥梁下部结构。

一般为刚性基础。墩台基顶边缘到基底边缘的坡线与垂线的交角不得大于45°。为了节省圬工,在上述坡线的外侧,可把混凝土灌筑成台阶或斜坡状,但要使基础襟边不小于0.2～1.0m。（刘成宇）

混凝土工厂 concrete plant

集中拌制生产混凝土的工厂。由动力、供料、配料、称量、配水、搅拌、出料、控制等系统组成。其机械化、自动化程度和生产效率较高,是混凝土桥梁预制工厂和大型桥梁施工现场的主要设备。常用的型式有:混凝土搅拌楼,混凝土搅拌站,汽车式混凝土搅拌设备,水上混凝土工厂等。（唐嘉衣）

混凝土拱桥 concrete arch bridge

用混凝土建造的拱桥。泛指素混凝土拱桥和钢筋混凝土拱桥。素混凝土拱桥系拱圈不配钢筋的混凝土拱桥,其优点为加工制造较石拱桥方便,工期短,但因混凝土的抗拉强度很低,故其跨越能力小,且混凝土耗费大,目前在公路和铁路桥梁中已很少采用。（伏魁先）

混凝土管桩离心法成型 centrifugal compacting process for reinforced concrete pipe-pile

利用离心旋转机,在旋压、翻滚和振动的共同作用下使钢筋混凝土管桩在桩模内成型的方法。一般只用于制造管节,沉桩时再接长。其优点是成型快,制造的管节尺寸准确,混凝土十分密实。

（夏永承）

混凝土护底 concrete protective covering for river bed

为保护桥梁墩台基础不受洪水冲刷,在桥下河床全宽或几孔范围内,铺砌混凝土块或就地浇筑混凝土层,使墩台基础不受洪水冲刷的防护措施。是浅基桥梁全桥或部分孔径防护方法之一。但只有在河床较稳定、孔径有富余的情况下才有效。适用于山区及山前区漂石、卵石或砂质河床,且梁跨较小、净空容许、局部防护难于奏效之处。（谢幼藩）

混凝土剪变模量 shear modulus of concrete

剪应力与剪切应变的比值。按弹性理论,混凝土剪变模量为

$$G_c = \frac{E_c}{2(1+\nu_c)}$$

式中 E_c为混凝土弹性模量;ν_c为混凝土泊松比,当$\nu_c=1/6$时,$G_c=0.43E_c$。（熊光泽）

混凝土铰支座 concrete hinged bearing

通过缩小混凝土截面来降低截面刚度,因而能产生少量转动又能承受足够轴力的一种简化支座。可在桥梁结构中(一般为混凝土拱桥或刚架桥)需要设置铰式支座的位置上将混凝土截面骤然减小(或称颈缩),并利用它的双向或三向应力状态而使其承载力提高。由于容许有少量转动,因而能起到铰支座的作用。混凝土铰支座的支座反力可达10 000kN,曾多次在大跨度拱桥和刚架桥上使用。参见钢筋混凝土铰(67页)。（陈忠延）

混凝土搅拌机 concrete mixer

将水泥、粗细骨料、水和外加剂等拌制成混凝土的施工机械。主要由动力、传动、搅拌、配水、进出料等系统组成。按工作性质分为周期式(间歇式)和连续式两类。按搅拌原理分为自落式和强制式两种型式。（唐嘉衣）

混凝土搅拌楼 stationary concrete plant

采用塔楼式布置的单阶大型混凝土工厂。将拌合物料一次提升至塔楼顶层的砂石储料仓和水泥仓内,借助自重顺序落下。用自动程序控制,按工艺流程进行作业。其结构紧凑,占地面积小,生产能力大,易于实现自动化。但安装高度高,装拆不方便,投资较大。适用于固定的大型混凝土桥梁预制工厂。

（唐嘉衣）

混凝土搅拌输送车 concrete truck mixer

在输送途中搅动或搅拌混凝土的专用运输车辆。由动力、传动、搅拌、配水、进出料等系统和汽车走行部分组成。主要用于混凝土工厂向施工现场运输已搅拌的混凝土,在途中慢速搅动,防止其离析或凝结。如工厂离工地较远,亦可将按配合比称量好的干物料装入搅拌筒,在运输途中配水搅拌成混凝土,供现场使用。其结构简单,操纵方便,并能保证混凝土在运输途中的质量。搅拌筒一般向后倾斜,采用正转进料和搅拌,反转卸料的方式。有的在卸料时用液压装置顶高筒尾,以加快卸料的速度。搅拌输送车亦可与混凝土泵及混凝土布料杆安装在同一车辆并机使用,组成混凝土搅拌泵车,适用于比较分散的小型桥梁工地。

（唐嘉衣）

混凝土搅拌站 portable concrete plant

采用平面式布置的双阶中小型混凝土工厂。储料系统与搅拌系统设在同一水平面上。拌合物料先提升至储料仓,顺序落下称量。然后第二次提升至搅拌系统,拌制成混凝土

出料。其结构简单，建筑高度低，装拆方便，投资较小。但自动化程度不易提高。适用于小型混凝土桥梁预制工厂和桥梁施工现场。　　（唐嘉衣）

混凝土静力受压弹性模量试验　test of concrete compressive modulus of elasticity

测定混凝土静力受压弹性模量的试验方法。静力受压弹性模量值是指应力为轴心抗压强度40%时的加载割线模量，测定时标准试件为150mm×150mm×300mm棱柱体，每组六个试件，先用三个测定轴心抗压强度 f_c，再用三个做弹性模量。变形测量仪表安装在试件两侧面的中心线上，精度不低于0.001mm，标距 $L=150$mm，试件对中后，首先以0.3～0.8MPa/s匀速加载至 $P_a=0.4f_cA$，反复预压三次（见图），检查试验机和仪表是否正常，必要时加以调整。第四次以应力0.5MPa为初始荷载 P_0 持荷30秒，读两侧仪表读数 Δ_0，再加荷至 P_a，持荷30秒，读两侧仪表值 Δ，计算平均变形值 $\Delta_4=\Delta-\Delta_0$，以同样方法进行第五次加载得 Δ_5，要求 Δ_4 与 Δ_5 相差不大于 $0.00002l$，否则重复上述过程，直到两次相邻加荷变形值 Δ_n 符合要求为止，然后拆除仪表加荷至破坏，得轴心抗压强度 f_c'。混凝土弹性模量（MPa）按公式 $E_c=\frac{P_a-P_0}{A}\cdot\frac{L}{\Delta_n}$ 计算，式中 A 为承压面积（mm^2）；Δ_n：最后一次从 P_0(N)加荷至 P_a(N)时试件两侧变形差的平均值(mm)。弹性模量按三个试件测值的平均值计算，如有一个试件 $f_c'-f_c$ 超过 $20\%f_c$，则取另两个试件测值的平均值计算，如有两个试件与 f_c 之差超过规定，则试验无效。

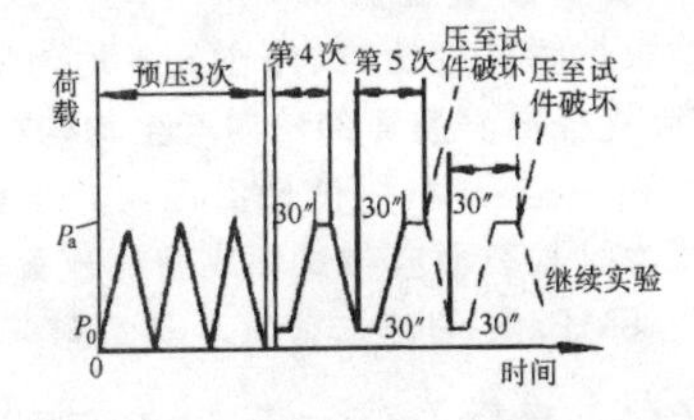

（崔　锦）

混凝土抗冻性试验——快冻法　frost resistance test of concrete—rapid freezing

用快速冻融装置测定混凝土在水和负温共同反复作用下的快速冻融来测定混凝土的抗冻性能。快冻法抗冻性能指标用经受快速冻融循环的次数或耐久性系数来表示。试验设备主要有快速冻融装置及动弹性模量测定仪，试件为100mm×100mm×400mm棱柱体。每组三个，试件应在28d龄期时开始冻融试验。每隔25次循环测一次动弹性模量。当冻融试验已达300次循环或相对动弹性模量下降到60%以下或重量损失率达5%任一条时，即停止试验。耐久性系数以 $K_n=P\cdot N/300$ 表示，N 为达到上述条件时的循环次数，P 为 N 次循环后试件的相对动弹性模量（为三个试件的平均值）。（崔　锦）

混凝土抗冻性试验——慢冻法　frost resistanse test of concrete—slow freezing

测定以一定试验条件下混凝土试件所能经受的冻融循环次数为指标的抗冻标号的试验。主要设备为温度保持－15～－20℃的冷冻箱及压力试验机，采用立方体试件，具体尺寸根据混凝土中骨料的最大粒径选用。28d开始进行冻融试验。达到规定的冻融循环次数后进行抗压强度试验。混凝土抗冻标号，以同时满足强度损失率不超过25%，重量损失不超过5%时的最大循环次数来表示。　　（崔　锦）

混凝土抗拉强度　tensile strength of concrete

混凝土试件在规定的轴向加荷条件下，施加拉力，破坏时所能承受的极限应力。抗拉试件系两端分别对中埋有一段肋纹钢筋的棱柱体，其尺寸一般为100mm×100mm×500mm，钢筋埋入长度为150mm。试验对试件尺寸要求严格，且钢筋对中比较困难，因此常用劈裂试验法代替。即用立方体或圆柱体试件，通过垫条对中施加线荷载至破坏。劈裂抗拉强度按下式计算：

$$f_{sp}=\frac{2P}{\pi a^2}$$

式中　P 为破坏荷载；a 为立方体试件的边长。如将劈裂抗拉强度换算为轴心抗拉强度，应乘以换算系数0.9。　　（熊光泽）

混凝土抗渗性试验　test of concrete permeability

测定混凝土抗渗标号的试验方法。采用顶面直径为175mm、底面直径为185mm、高为150mm的圆台体试件或直径与高均为150mm的圆柱体试件。六个一组，一般养护28d后在侧面涂一层熔化的密封材料，并压入预热的试件套中，冷却后，试件连套装在抗渗仪上进行试验，从水压为0.1MPa开始，每隔8小时增加0.1MPa水压。当六个试件中有三个端面呈有渗水现象时，即可停止试验，记下当时水压。混凝土抗渗标号 S 以每组试件中4个未出现渗水时的最大水压表示，$S=10H-1$，H 为六个试件中三个渗水时的水压力(MPa)。S 分级为 $S2$，$S4$，$S6$，$S8$，$S10$，$S12$。　　（崔　锦）

混凝土抗压强度　compressive strength of concrete

混凝土试块在规定的加荷条件下施加单轴压力，破坏时所能承受的极限应力。目前我国规定标准试块为边长150mm的立方体，当采用边长为200mm或100mm的非标准试块时，强度测定值应分别乘以1.05或0.95的换算系数。　（熊光泽）

混凝土抗折强度试验 test of concrete modulusof rupture

测定混凝土抗折(即弯曲抗拉)强度的试验。标准试件为150mm×150mm×600mm小梁。试验加载设备可采用抗折试验机、万能试验机。在梁跨三分点处同时加两个相等的集中荷载,匀速加荷,直到破坏,记录破坏荷载P(N)。折断面应位于两集中荷载之间,混凝土抗折强度(MPa)按公式$f_r=\frac{Pl}{bh^2}$计算。b为截面宽度(mm),h为截面高度(mm),l为支座间距(mm)。以三个试件算术平均值为该组试件的抗折强度值。异常数据的取舍原则与混凝土立方体抗压强度试验相同。 (崔 锦)

混凝土立方体抗压强度 cubic compressive strength of concrete

衡量混凝土强度的一种标志。中国统一规定用边长为15cm的立方体为标准试块,试块应在温度20±3℃,相对湿度不小于90%的标准养护室中养护。试块龄期为28天,试块表面不涂油脂,在压力试验机下得到的瞬时抗压极限强度,即为混凝土立方体抗压强度值。若采用边长10cm或20cm的立方体试块则测得的强度值应分别乘以0.95或1.05尺寸换算系数。 (张迺华)

混凝土立方体抗压强度标准值 standard value of concrete cube compressive strength

又称混凝土特征抗压强度。按标准方法制作和养护的边长为150mm的混凝土立方体试块,在28天龄期用标准试验方法测得的具有95%保证率的抗压强度。 (熊光泽)

混凝土立方体抗压强度试验 test of concrete cube compressive strength

测定混凝土立方体试件的抗压强度的试验方法。应按中国《普通混凝土力学性能试验方法》(GBJ81—85)的规定进行。标准试件尺寸为150mm×150mm×150mm,所用压力试验机的精度至少应为±2%,试件预期破坏荷载应不大于其全量程的80%,也不小于20%。试验时,试件中心与试验机下压板对中,承压面与成型时的顶面垂直。以0.3～0.8MPa/s匀速加荷。当试件接近破坏时,应停止调整油压直至破坏,记录破坏荷载P(N),立方体抗压强度(MPa)按公式$f_{cc}=P/A$计算。A为试件承压面积(mm²)。取三个试件的算术平均值为该组试件的抗压强度。其最大或最小值中如有一个与中间值的差值超过中间值的15%,则把最大最小值一并舍除,取中间值为该组试件的抗压强度值。若两个测值与中间值差均超过中间值的15%,则该组试验结果无效。 (崔 锦)

混凝土流动性 flowability of concrete

混凝土混合料在自重或振捣作用下,能产生流动并均匀密实地填满模板中各个角落的性能。流动性好的混凝土操作起来方便,易于捣实、成型、不致出现蜂窝、麻面等现象。但流动性过大,对混凝土的密实性、均匀性和强度都有不良影响。 (张迺华)

混凝土配合比设计 mix design of concrete

为满足配制混凝土的技术要求和经济原则,正确选配混凝土各种组成材料的用量。技术要求和经济原则包括:①混凝土应能达到工程或结构设计所要求的强度;②混凝土应有足够的耐久性,包括在工程使用条件下所要求的抗渗性、抗冻性和密实性等;③保证混凝土混合料的和易性;④在满足上述要求的前提下尽量节约水泥,降低成本。配合比设计的计算步骤为:①计算出要求的试配强度R_n;②按R_n计算出所要求的水灰比值;③选取每立方米混凝土的用水量,并由此计算出混凝土的单位水泥用量;④选取合理的砂率值;⑤计算出粗、细骨料的用量,定出供试配用的配合比。最后通过试配、实测、修正确定。 (张迺华)

混凝土劈裂抗拉强度试验 test of concrete tensile spliting strength

用劈裂方式间接测得混凝土抗拉强度的试验方法,采用150mm×150mm×150mm立方体为标准试件,也可用直径为150mm,高为300mm圆柱体试件,试件在压力试验机上放置位置如图所示。

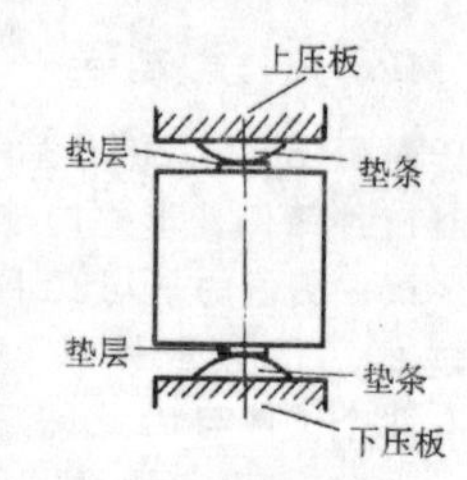

根据弹性理论,试件在上下均匀压力P作用下,在竖直径向劈裂面的法向产生均匀拉应力。当压力增大到一定程度时,试件沿径向产生劈裂受拉破坏。试验时劈裂面应与试件成型时顶面垂直。以0.02～0.08MPa/s匀速加荷直至劈裂破坏,记录破坏荷载P(N),按公式$f_{cs}=\frac{2P}{\pi A}=0.637P/A$计算劈裂抗拉强度(MPa),$A$为试件劈裂面积(mm²)。以三个试件的算术平均值作为该组试件的劈裂抗拉强度。异常数据的取舍原则与混凝土立方体抗压强度试验相同,当将劈裂抗拉强度换算成轴心抗拉强度时,应乘以换算系数0.9。

(崔 锦)

混凝土强度半破损检测法 method of partially destructive test for concrete strength

在不影响结构物总体使用性能的条件下,直接从结构中取混凝土样品进行试验或在其适当部位进行局部破损性试验,以检测混凝土强度的方法。主要有钻芯法、拔出法、射入阻力法等。通常把半破损法作为无损检测法的重要验证手段。两种方法综合使

用，效果更佳。（张开敬）

混凝土强度等级 concrete grades

按立方体抗压强度标准值划分的混凝土等级。我国混凝土分为10个强度等级，即C10、C15、C20、C25、C30、C35、C40、C45、C50、C60。其中C表示混凝土；10～60等表示以MPa为单位的立方体抗压强度标准值。（熊光泽）

混凝土强度无损检测法 method of non-destructive test for concrete strength

在不损坏实际结构的条件下，测定混凝土抗压强度的方法。主要有回弹法、超声波法、超声-回弹综合法等。其原理是以混凝土的强度和回弹值或超声波传播速度的相关关系来推定其强度。在工程中遇到现场无试件或试件强度不足，或试件强度够而结构混凝土质量差，或需对既有结构作质量评估及现场质量控制等情况，必须采用混凝土强度无损检测。（张开敬）

混凝土桥 concrete bridge

用混凝土建造的桥梁。所用混凝土有素混凝土、钢筋混凝土和预应力钢筋混凝土。按桥型体系有拱桥、梁式桥、刚架桥、斜拉桥等。可以现场浇筑，也可工厂预制。整体性与抗震性好，刚度和稳定性大，但自重大，就地浇筑时，工期长。应用较广。（刘茂榆）

混凝土热膨胀系数 coefficient of thermal expansion of concrete

温度升高1℃时，混凝土单位长度的伸长值。一般可取为1.0×10^{-5}。（熊光泽）

混凝土软化 softening of concrete

按桁架模型分析构件抗剪或/和抗扭强度时，带裂板中斜压杆的应力-应变曲线图较之一般圆柱体试件者按比例缩小的现象。它影响斜裂缝间压杆的承载能力。1972年鲁宾逊(Robinson)和德莫里厄(Demorieux)在承受纵向压力钢筋混凝土板的试验中首先观察到这一现象，并于1981年在维奇奥(Vechio)和柯林斯(Collins)所做钢筋混凝土板的纯剪试验中得到验证。（车惠民）

混凝土三轴受压性能 triaxial compressive stress behavior of concrete

在三轴压力作用下混凝土强度和变形变化的规律。三向受压可以大大提高混凝土的强度和延性，这是因为侧向的约束延迟了混凝土内部微裂缝的发展和体积的膨胀。这一特性常用钢筋混凝土压杆的设计，藉螺旋筋承载后提供侧向约束。（熊光泽）

混凝土施工缝 construction joint of concrete

又称混凝土工作缝。混凝土分层灌筑时因间歇时间超过规定不能继续灌筑而设置的连接措施。连接处应埋设接茬片石、钢筋或型钢。先将接缝面上水泥砂浆薄膜和松动石子凿除，冲洗干净使之湿润。在前一层混凝土的强度达到1.2MPa以上后，铺设厚约15cm并与混凝土灰砂比相同而水灰比略小的水泥砂浆层，然后继续灌筑新混凝土。（唐嘉衣）

混凝土湿接头 joint by cast-in-situ concrete

装配式桥块件端面间的接缝现浇混凝土。浇筑混凝土前，须将块件端面伸出的钢筋连接好。为避免接缝混凝土收缩开裂，宜采用较小的水灰比，并掺入塑化剂，甚至使用膨胀水泥。接头混凝土须待达到规定强度后方能受力。在冬季施工时，须采取相应的防护、养护措施。（何广汉）

混凝土试拌 trial mix of concrete

按照设计配合比试行拌制混凝土以检定其工作性能的作业。如发现混凝土坍落度不符合要求或粘聚性、保水性不良，应在保持水灰比不变的条件下，适当调整用水量或含砂率。（唐嘉衣）

混凝土收缩裂缝 restrained shrinkage crack of concrete

由于混凝土收缩受到约束所引起的裂缝。为了控制这种裂缝，可规定最小的构造钢筋用量。还应注意施工管理，如加强养护，严格按照规定的配合比施工等。（李霄萍）

混凝土收缩试验 test of concrete shrinkage

测定混凝土在规定的温湿度条件（或其他条件下），不受外力作用而产生的收缩变形的试验方法。采用100mm×100mm×515mm棱柱体为标准试件，或在实际结构上进行。常有混凝土收缩仪或测量精度不低于20×10^{-6}相对变形的其他测量仪表来量测，标距L_b不小于100mm及骨料最大粒径的3倍。试件应在3d龄期时从标准养护室取出，并立即移入恒温恒湿室（温度20±2℃，相对湿度60±5%）测定初始长度L_0，按1,3,7,14,28,45,60,90,120,150,180d时间间隔测量变形L_t。混凝土收缩值按公式$\varepsilon_{sh}=(L_0-L_t)/L_b$计算，取三个试件的算术平均值作为该组的试验结果。（崔　锦）

混凝土收缩应力 shrinkage stress of concrete

由于材料在空气中干缩受到约束引起混凝土结构构件内的应力变化。其量值和混凝土质量、环境温度、湿度以及构件尺寸、形状有关。（车惠民）

混凝土双轴应力性能 biaxial stress behavior of concrete

平面应力状态混凝土强度的变化规律。若二主平面均为压应力，混凝土强度可较单轴抗压提高，随应力比而变，最大可提高27%。当双向应力符号相反时，抗压和抗拉强度均将降低。双向受拉时，则基本上不受影响。对于单向正应力和剪应力的情况，剪

应力有使混凝土强度降低的作用。上述特性影响构件的开裂荷载和抗剪强度。(熊光泽)

混凝土坍落度试验 test of concrete slump

采用坍落度筒按规定方法测定混凝土和易性指标的试验。本方法适用于骨料不大于 40mm,坍落度值不小于 10mm 的混凝土拌合物。试验设备主要采用薄钢板制成的圆台形坍落度筒,底部直径 200±2mm,顶部直径 100±2mm,高度 300±2mm 和直径 ϕ16 长 600mm 的捣捧。试验时,将混凝土试样分三层均匀装入筒内,每层用捣捧捣 25 次,顶层用抹刀抹平,5~10s 内垂直平稳地提起坍落度筒,量测筒高与坍落后的混凝土试件最高点之间的高度差,即为所测坍落度,以 mm 为单位。(崔 锦)

混凝土坍落度筒 concrete slump cone

见*混凝土坍落度试验*。

混凝土弹性模量 modulus of elasticity for concrete

混凝土应力与应变的比值。它随应力大小而变化,因此有初始切线弹性模量,切线弹性模量和割线弹性模量之分。工程中常以混凝土棱柱体试件,按规定方法加载,在应力等于单轴抗压强度 40%,反复加载若干次后,至混凝土应力-应变曲线呈直线,则以此时的应力与相应的应变的比值作为该混凝土的弹性模量。(熊光泽)

混凝土细骨料试验 test of fine aggregate for concrete

评定混凝土细骨料(即混凝土用砂)质量的一系列检验方法。包括测定砂的颗粒级配及粗细程度的筛分试验;表观密度和堆积密度试验;吸水率试验;坚固性试验;有害杂质含量的试验。详见《普通混凝土用砂的质量标准及检验方法》(JGJ52—79)。(崔 锦)

混凝土徐变 creep of concrete

在应力不变的条件下,混凝土应变随时间持续增加的特性。它与荷载历时、加载龄期、环境湿度、温度、混凝土的组成成分等因素有关。它可使预应力减小,构件的长期挠度增大。当徐变变形受到约束时又可引起钢筋混凝土截面内的应力重分布,还会影响超静定结构的内力分配。在结构分析中应注意施工方法对徐变引起内力的影响。(车惠民)

混凝土徐变对热效应的影响 effect of concrete creep on thermal response

混凝土徐变使其弹性模量有所降低,从而对热应力产生的影响。它对短期的温度变化基本无影响,但当温度升高历一时段,如几天或几小时,则应考虑混凝土徐变对热效应的影响。分析方法无异,只是混凝土的弹性模量应采用考虑时间因素修正后之值 $E_c(t,t_0)$。

$$E_c(t,t_0) = E_c(t_0)/[1 + \chi\psi(t,t_0)]$$

式中,$E_c(t,t_0)$为在龄期 t_0 时混凝土的弹性模量(MPa);$\psi(t,t_0)$为在 $t-t_0$ 期间徐变的比率;$\chi=\chi(t,t_0)$为龄期系数。(王效通)

混凝土徐变试验 testing of concrete creep

测定混凝土在长期恒载作用下产生的随时间而增长的徐变变形的试验方法。设备依受力方式而定,计有:杠杆式、弹簧式和液压式单轴压缩徐变试验机或单轴拉伸徐变试验机;三轴压缩徐变试验机或扭转和弯曲徐变试验机等。试验室内保持恒温恒湿,要求温度为 20±2℃,相对湿度为 60±5%.试件应采用混凝土棱柱体试件。加荷要求能够长期保持定值,并使试件截面应力分布均匀。使用精度高,长期稳定性好的应变计来量测徐变变形,一般按 1,3,7,14,28,45,60,90,120,150,180,360 天的时间间隔进行量测,在量测变形的同时,应测定同条件放置的收缩试件的收缩值,徐变值按公式 $\varepsilon_{ct} = \frac{\Delta L_t - \Delta L_0}{L_b} - \varepsilon_t$ 计算。式中 ε_{ct}为加荷 t 天后的徐变值;ΔL_t 为加荷 t 天后的总变形值(mm);ΔL_0 为加荷时的初始变形值(mm);L_b 为标距(mm),ε_t 为同龄期混凝土的收缩值。(崔 锦)

混凝土徐变试验机 tester of concrete creep

混凝土徐变试验专用设备。其加载系统要求能够长期保持荷载恒定,试件横截面上的应力分布均匀,加荷迅速无冲击。有单轴压缩徐变试验机,如杠杆式徐变试验机、弹簧式徐变试验机、液压式徐变试验机等;单轴拉伸徐变试验机,如杠杆式拉伸徐变试验机和气-液压式拉伸徐变试验机,试件变形量测仪器要求长期稳定性好,精度满足要求。(崔 锦)

混凝土徐变系数 creep coefficient of concrete

在单位荷载作用下,混凝土徐变变形对弹性变形之比值。设计常取 $t=\infty$时的极大值。(顾安邦)

混凝土养护 curing of concrete

又称混凝土养生。混凝土灌筑、振捣完毕后,保持混凝土在硬化过程中的温度与湿度适宜,避免失水收缩,使水化作用正常进行的施工作业。按养护方法分为*覆盖养护*,*围水养护*,*蓄热养护*,*蒸汽养护*,*薄膜养护*等。(唐嘉衣)

混凝土振捣器 concrete vibrator

利用激振装置产生振动,使混凝土在浇注时振捣密实的机械。由动力、传动、激振等装置和机体组成。最初曾以风动或内燃为动力,现通用电动振捣器。按工作方式分为内部、外部和底部三种类型。内部振捣用*插入式振捣器*。外部振捣用*附着式振捣器*和*表面式振捣器*。底部振捣用振动台或用几台附着

式振捣器组成可移动的底模振捣器。（唐嘉衣）

混凝土轴心抗拉强度试验 test of concrete axial tensile strength

用直接拉伸试件的方式测定混凝土轴心抗拉强度和拉伸应变的试验方法。由于测试技术上的原因，目前尚未规定标准试验方法。现有外夹式、内埋式和粘贴式三种试件装卡方式。试件采用锥端圆柱体、圆柱体、棱柱体或8字形。试验时保证试件与试验机对中，以消除偏心和应力集中影响，是试验的关键。

（崔 锦）

混凝土轴心抗压强度 axial compression strength of concrete

采用150mm×150mm×300mm棱柱体标准试件，在标准温度、湿度、28d龄期且表面不涂油脂的情况下，在压力试验机下得到的瞬时抗压极限强度。也可采用非标准尺寸试件，但其高宽比应在2～3的范围内。（张迺华）

混凝土轴心抗压强度试验 test of concrete axial compressive strength

测定混凝土棱柱体试件的轴心抗压强度的试验方法，应符合GBJ81—85的规定。采用150mm×150mm×300mm棱柱体为标准试件。对所用压力试验机要求、加荷速度、对中均与混凝土立方体抗压强度试验相同。轴心抗压强度按公式 $f_{cp}=P/A$ 计算，P 为破坏荷载；A 为试件承压面积。以三个试件的算术平均值为该组试件的轴心抗压强度。异常数据的取舍原则与立方体抗压强度试验相同。

（崔 锦）

huo

活动吊篮 movable basket for inspecting bridge girders or trusses

通过手动或电动可自行于大跨度桥梁下缘或桥面系的检查设备。用角钢和圆钢组成，悬挂于梁下，以便于检修人员安全方便地工作。（谢幼藩）

活动桥 movable bridge

也称开启桥或开合桥。上部结构可以移动或转动的桥梁。在通航河流上，当桥高较低阻碍船只航行时，可以临时中断桥上交通，将桥梁上部结构的一孔或几孔（活动孔）短暂移开供船只通行，船只通过桥位后再将该活动孔复位以恢复桥上交通。适用于桥上交通及桥下航运都不是十分繁忙的场合。根据活动孔的开启方式，可以分为立转式（图 *a*）、平转式（图 *b*）、提升式（图 *c*）、伸缩式（图 *d*）等几种。

（徐光辉）

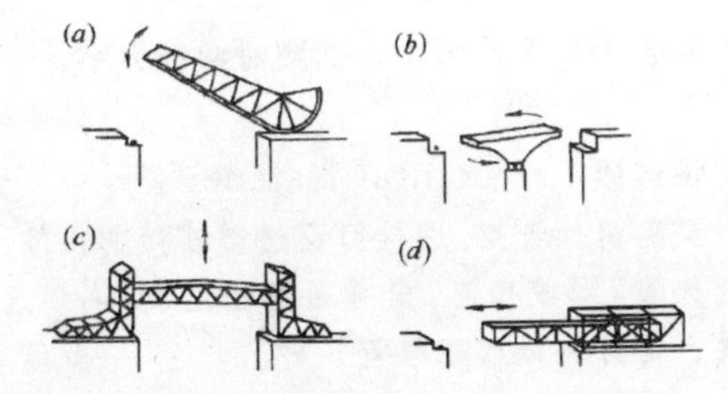

活动支座 movable bearing

又称活动铰支座。容许桥梁上部结构支承处既能在竖直平面内转动，又能沿桥纵向水平移动的支座。容许水平移动的目的是不使桥梁因受活载、温度变化等因素而产生过大的附加水平反力。一般宜设置在支座反力较小的墩台上。按其活动方式可分滑动支座、滚动支座和摆动支座。当桥梁很宽时，宜设置纵、横两个方向都能水平移动的双向活动支座。

（杨福源）

活载 live load

又称活荷载、可变荷载。在设计使用期内，其量值随时间变化且其变化与平均值相比不可忽略的荷载。泛指恒载以外的其他荷载。包括基本可变荷载与其他可变荷载。基本可变荷载包括列车活载、公路活载及由这些荷载引起的冲击力、离心力、土侧压力，以及人行道荷载；其他可变荷载包括制动力和牵引力、风力、流水压力、冰压力、温度应力、支座摩阻力、冻胀力等。（车惠民）

活载产生的土压力 earth pressure due to live load

车辆荷载作用在桥台或挡土墙后填土的破坏棱体上所引起的土侧压力。其值可按活载换算成当量均布土层厚度计算。涵洞顶上的活载也通过填土产生竖向和水平压力。（车惠民）

活载发展均衡系数 equiponderant coefficient for live-load increment

铁路钢桥设计中，为使所有杆件均有同样大小的活载发展系数，对预留潜力较小的杆件活载内力所乘的增大系数。由于钢桥各杆件恒载内力与活载内力之比不同，比值较小的杆件，其活载发展系数也较小，故须将这些杆件的活载杆力乘以活载发展均衡系数，其表达式为

$$\eta = 1 + \frac{1}{6}(a_m - a)$$

式中 a 为杆件恒载内力与包括冲击力的活载内力之比；a_m 为该桥所有杆件中最大的 a 值。（胡匡璋）

活载发展系数 coefficient of live-load increment

铁路钢桥检定荷载较设计荷载允许增长的倍数。铁路钢桥设计时，须预留一部分潜力以适应在其

长期使用过程中列车荷载增长的需要。我国现行铁路桥涵设计规范规定铁路钢桥检定容许应力为设计容许应力的1.2倍，则活载发展系数可表示为

$$\eta = 0.2a + 1.2$$

式中 a 为杆件恒载内力与包括冲击力的活载内力之比。 (胡匡璋)

火焰除锈 flame derusting

用火焰烘烤，把工件表面的氧化皮等杂物燃烧形成新的氧化铁(表面浮锈)再用钢丝刷清理的除锈方法。 (李兆祥)

火焰矫正法 flame rectifying method

利用氧、乙炔火焰或其他火焰，对各种钢材的变形进行加热矫正的一种方法。其实质是利用金属局部受热后在冷却过程中产生收缩力，使本身引起新的残余变形，从而矫正各种已经产生的变形。图示用三角形加热法矫正型钢的弯曲变形。

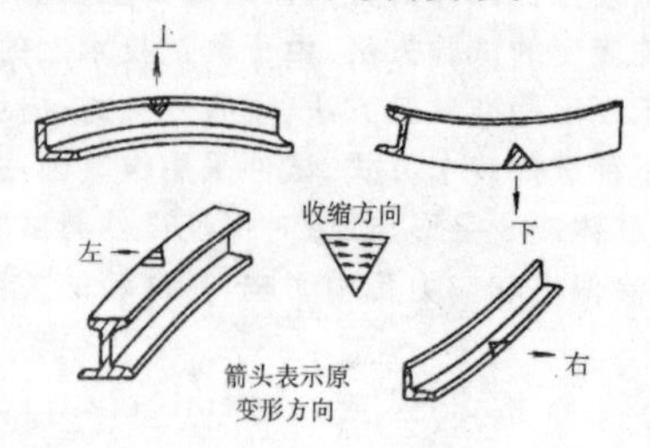

(李兆祥)

J

ji

机电百分表 dial gauge with strain gauge transducer

又称电阻应变表式位移传感器。机械式百分表与应变式位移传感器合为一体的位移计。是在百分表里装上弹性元件——片式悬臂梁，其端部通过弹簧挂在百分表限位螺钉上，根部用螺丝固紧在表壳上并贴有应变片，即可像应变式位移传感器一样进行电测，又可像百分表直接读数。 (崔 锦)

机动车道 fast traffic lane

又称快行道。供各种汽车、无轨电车和摩托车等机动车辆行驶的行车道。根据通行车辆的类型和性质，又可分为公共汽车专用车道；客车专用车道；货车专用车道和无轨（有轨）电车专用车道等。 (顾尚华)

机器样板 machinery template

用来钻制样板的模样器具。一般由钢板和嵌于其上的若干钻孔套组成。孔套经热处理后硬度比钻头大2～3°(洛氏)。套的内径比相应钻头直径大0.1～0.2mm。孔套用3～4个埋头螺钉固定于钢板上，当其中心距离调整至设计要求时，在套的背面灌上合金加以固定。因为它是钻制样板的模样板，所以孔套中心距的公差比样板的公差要严格得多。 (李兆祥)

机械回转钻探 rotary drilling

借机械的动力将接有合金钢钻头的钻杆在岩层中不断地旋转，使钻头切磨岩石，以获得岩芯的勘探技术。可钻探深孔或硬岩层。 (王岫霏)

机械式激振器 mechanical vibration exciter

用机械运动方法对被测结构或试件产生激振力的设备。常用的是利用偏心块运动产生惯性力的方法。设备简单，主要由二个相同的且啮合在一起的偏心质量块、调速电动机及底座组成。激振力大小由偏心块质量、偏心距、旋转角速度决定，激振力方向为两个偏心块以同速反向旋转运动的合力方向。工作频率一般在60Hz以下，激振力可达数十万牛，可用多台同步方法增大激振力，主要用于大型建筑如桥梁、房屋、基础等振动试验。 (林志兴)

机械式振动台 mechanical vibration table

利用机械运动方法驱动振动台面振动而向固定于台面上的被测试体施加激振力的设备。主要由台面、导杆、驱动机械机构、调速电机、底座等部分组成。驱动机械机构有偏心式（凸轮式、曲柄连杆式）和离心式。工作原理为调速电机带动偏心机构或偏心质量块旋转，通过导杆及支承弹簧等驱动台面运动。激振力由偏心质量、偏心距、旋转角速度决定。工作频率一般在100Hz以下。偏心式振动台适于低频大位移下运行，但波形失真较大。离心式振动台波形失真较小，但台幅小，低频时激振力小。 (林志兴)

机械性连接 structural fastener

又称钉栓连接。用栓钉穿过被连接的板件、型钢上的孔眼，形成扣连。分普通螺栓连接、高强度螺栓连接、铆钉连接和枢接等几种。 (罗蔚文)

机械阻抗法桩基检测 mechanical impedance methodof pile test

通过测定施加给桩的激励(输入)函数和桩的动态响应函数来识别桩的动态特性，进而检测桩基质量的方法。是一种结构动态分析方法。因桩的动态特性与桩身混凝土的完整性和桩-土相互作用的特性密切相关。通过对桩的动态特性的分析计算，即可判定桩身混凝土的浇注质量、缺陷的类型及其在桩身中出现的位置，同时还可以估计桩的承载力。

(林维正)

基本变量 basic variable

极限状态方程中影响结构可靠度的各种可用数量表达的量。它们一般都是相互独立的随机变量，如作用；材料和岩土的性能；结构的几何特性；计算模型的不定性等。进行结构可靠度分析时也可将若干个基本变量组合为一个综合变量。基本变量或综合变量的概率分布类型和参数，可运用概率论和数理统计中常用的参数估计和假设检验的方法确定。

(车惠民)

基本风速 basic wind speed

又称参考风速、标准风速。空旷平坦地面或海面以上规定标准高度处的规定时距和重现期的年平均最大风速。结构物抗风设计的基准风速。可由现场实测风速资料推算或利用气象站风速观测资料进行统计分析得出。多数国家采用 10m 为标准高度，10min 为标准时距，重现期则依结构物及其重要性不同取为 30～150 年不等。 (林志兴)

基本风压 basic wind pressure

又称参考风压、标准风压。空旷平坦地面或海面以上规定标准高度处的规定时距和重现期的年平均最大风压。结构物抗风设计的基准风压，可由现场实测风速资料或气象站风速观测资料经统计分析得到，即可由基本风速按以下公式求得：

$$W = \frac{1}{2}\rho V^2$$

式中 W 为风压；V 为风速；ρ 为空气密度。

(林志兴)

基本轨 stock rails

线路上引导机车车辆行驶并将所承受的荷载传布于轨枕、道床、路基之上的成对钢轨。在桥面构造上，它是相对于护轨而言的。 (谢幼藩)

基本可变荷载 basic variable load

桥梁结构承受的主要活荷载。如铁路桥梁的列车荷载，公路桥梁的汽车车辆荷载以及由这些荷载引起的冲击力和离心力等。参见活载(115 页)和可变作用(138 页)。 (车惠民)

基础不均匀沉降影响 effect due to differential settlement of foundation

由于作用于地基压力的不同或地基土质的不同引起基础不均匀沉降，在超静定结构中产生的附加内力。由于混凝土徐变可使该附加内力逐渐降低，故对于混凝土桥梁，可以考虑徐变的减载作用。

(车惠民)

基础刚性角 load distribution angle

在明挖基础中，为保证基础材料不受拉破坏而控制墩台身底部边缘与基底边缘所连斜线与竖直线所形成的最大夹角。对于石砌圬工，刚性角应不大于 35℃；对于混凝土，不大于约 45℃。 (邱 岳)

基础接触应力 contact stress beneath foundation

基础底与地基土接触面的应力。应力分布图取决于地基与基础的相对刚度、荷载大小及其分布，基础的埋深及土的性质。如是刚性基础。应力图大致呈马鞍形、抛物线形、钟形等。在计算中常用弹性理论并假定地基土是半无限弹性体且接触面是光滑的解法；另一种简化方法是采用材料力学的中心受压及偏心受压公式。其应力图形为直线变化。在工程中常用后者。 (邱 岳)

基础襟边 offset of foundation

墩身边缘与基础顶面边缘之间的距离。其作用是用以调整在施工中造成的基础位置偏差，以及架立墩身模板所需位置。其预留值与基础形式及修建的方法有关。如沉井顶面襟边的宽度规定不小于沉井总高度的 1/50，也不得小于 20cm。对浮式沉井应另加 20cm。一般基础不小于 20cm。 (邱 岳)

基础切向冻胀稳定性 tangential frost-heaving stability of foundation

为避免地基冻胀对基础侧面产生切向冻胀力而引起基身拔起的稳定程度。可由如下公式进行检算：

$$N + W + Q_T + Q_M > kT$$

式中 N 为基础上的荷重；W 为基础重及襟边上土重；Q_T 为基础位于融化层内的摩擦力；Q_M 为基础与多年冻土的冻结力；T 为基础和墩身的切向冻胀力；k 为安全系数，一般用 1.2～1.3。 (邱 岳)

基础托换法 underpinning method

解决原有建筑物地基处理、承受邻近新建工程影响以及在原有建筑物下需要修建地下工程等问题的一种基础工程技术。其中专门为基础加固要求增设的工程称为补救性托换；由于邻近新建有较深基础的建筑物，需要加深或扩大原有结构物基础的工程称为预防性托换。托换方法分为坑式、桩式、特殊托换法等。基础托换的范围和效果取决于下卧土层的性状、横向支撑、开挖技术、坑壁支挡、地下水条件以及抽水方法等。

(易建国)

基底标高 elevation of base of foundation

基础底面的标高。对于桥涵墩台明挖基础和沉井基础的基底埋置深度，应低于冲刷线以下1m，并根据结构形式与冻胀土层情况确定其底面标高。（金成棣）

基坑 foundation pit

在基础设计位置按基底标高和基础平面尺寸所开挖的土坑。开挖前应根据地质水文资料，结合现场附近建筑物情况，决定开挖方案，并作好防水排水工作。开挖不深者可用放边坡的办法，使土坡稳定，其坡度大小按有关施工规程确定。开挖较深及邻近有建筑物者，可用*基坑壁支护方法*，喷射混凝土护壁方法，大型基坑甚至采用*地下连续墙*和*钻孔灌注桩*连锁等方法，防护外侧土层坍入；在附近建筑无影响者，可用井点法降低地下水位，采用放坡明挖；在寒冷地区可采用天然冷气冻结法开挖等等。（邱　岳）

基坑壁支护方法 supporting method of excavation

由于开挖基坑附近有建筑物或开挖深度较大而不便放坡明挖时，采用支挡结构维护垂直坑壁的方法。支挡结构一般有：①木结构；②钢结构；③钢木混合结构；④混凝土及钢筋混凝土结构等。开挖深度不大（约6m)，面积较小者可选用木结构支护；开挖面积较大，深度较深者宜采用钢结构支护。至于混凝土及钢筋混凝土支护，都是由就地钻挖的*地下连续墙*构成，只要应力许可，可不采用内加支撑，此种结构常用于开挖面积较大场所，它本身也可兼作永久结构防水墙的部分。（邱　岳）

基肋 basic rib

砌筑混凝土板拱时先在桥轴线范围用专门*砌块*拼砌合龙（以便作横向悬砌的支承）而成的窄形拱肋。一般在窄拱架上安装，也可用无支架吊装合龙。合龙后就可以它为基础均衡对称地向两侧另用不同形式的砌块分圈悬砌，直至达到板拱全宽。这样，在整个施工过程，可少用或不用拱架，做到节省材料和人力，并缩短工期。参见砌块（184页）

（俞同华）

基平 benchmark leveling

沿线路工程的测区所进行的水准点高程测量。基平的水准点一般沿线路附近布设，约每隔2km设置一个，工程复杂地段，可适当缩短距离。水准点高程应与国家水准点高程联测，形成附合水准路线，一般不远于30km联测一次。（卓健成）

基线测量 base-line survey

对三角网中起始边长度的测量。在工程测量中，为了传递坐标或长度，用三角形联系某一不易接近的点，对这点对边边长的测量，有时也称作基线测量。现代多用电磁波测距仪测量基线的长度。

（卓健成）

基岩 bed rock

出露于地表或被松散沉积物覆盖的基底岩石。即一般所指的未被外力搬动过的“生根”岩石。一般可成为构筑物的良好承力层。（王岫霏）

基岩标 bedrock mark

立于或刻画于基岩上，用以观测其是否有沉降或滑移的标志。是维护桥梁或线路的重要标志之一。

（谢幼藩）

畸变 distortion

又称扭曲变形。薄壁杆件受到约束扭转时产生的截面周边弯曲变形。产生畸变的同时，杆件纵截面内产生与此变形相应的弯曲正应力，即畸变应力或扭曲应力。同一横截面处最大的畸变应力发生在棱角附近纵截面的内外侧。对闭口截面，畸变的影响不可忽视。对箱形截面的桥梁，为减小畸变，可设置横隔板或局部加大壁厚。（陆光间）

激光位移计 laser displacement meter

利用激光具有方向性强，射程远的特点而设计的测位移装置。常用于量测高耸结构物顶端位移，是一种非接触式位移量测方法，选用激光准直仪导向，其稳定光束作为位移测量的基准，通过固定在被测结构物测点上的双反射平面镜来反射光束，当测点与基准光束产生相对位移时，反射光束也产生位移。反射光束通过光点跟踪装置将光束位移转变为机械位移，有差动式位移传感器测得位移值。（崔　锦）

激光准直仪 laser collimator

利用激光器发射一条玫瑰红色的激光束来导向的仪器。目前激光器采用氦-氖气体激光管，通过发射望远镜发射激光束，激光束发射角约为20″～40″，导向行程在300m以内。光斑明显稳定。可用于现场结构试验的变位测量和施工导向，例如隧道和地下铁道掘进的导向和空心高墩垂直中线的控制。国产有激光准直仪和激光垂准仪等。（崔　锦）

级配 grading

砂、石等矿质材料按颗粒粗细的分级和搭配。配制质量合格的各种水泥混凝土、沥青混凝土以及其他砂石混合料都要求其矿质材料（包括粗、细集料、矿粉、土等）的颗粒尺寸有一定级配。（张迺华）

极限分析 limit analysis

见*塑性分析法*（231页）。

极限荷载 ultimate load

又称破坏荷载。使结构倒塌或无法继续使用的荷载。其值不但和构件本身的抗力有关，而且还和结构体系、荷载分布情况有关。规范习用的破坏弯矩，破坏剪力等，实际是指构件截面的*抗弯强度*、*抗剪强*

度等。（车惠民）

极限荷载法　ultimate load method

又称破坏荷载法，破坏强度设计法，荷载系数设计法，破坏阶段法，破损阶段法，极限设计法，简称强度设计。即考虑结构破损阶段工作状态的一种构件设计法。它是建立在材料力学性能及构件结构行为广泛试验研究基础上的。其设计原则是构件截面上由荷载标准值产生的作用效应应等于或小于构件截面的破坏抗力除以总安全系数之商。根据不同的荷载组合情况，可以适当调整总安全系数。但它只能验算构件的强度和稳定性。对于疲劳强度，结构变形以及钢筋混凝土构件的裂缝控制，仍需采用其他方法解决。（车惠民）

极限强度　ultimate strength

又称破坏强度。指构件截面的抗力的极限值。如抗弯强度、抗剪强度、抗扭强度和抗压强度等。由于构件截面的各种强度，都是按照规范规定的有关准则推算的，构件实际上并不一定破坏，因此将极限或破坏二字删去实更合理。（车惠民）

极限速度　critical velocity

又称临界速度或共振速度。蒸汽机车通过桥梁时，当动轮偏心块的作用频率与桥梁自振频率相同时的车速。蒸汽机车的动轮上设有平衡重，该平衡重偏心地设置在动轮上。当列车以一定速度通过桥梁时，平衡重绕车轴旋转产生的离心力，对桥梁结构作用一个附加的周期荷载。随着车速的增加，这个荷载的频率也增大。当这个周期荷载的频率与桥梁加载后的自振频率相同时，引起车辆与桥梁结构共振，桥梁结构出现最大的振动。在设计规程中以这个共振速度时的振动确定冲击系数值。（曹雪琴）

极限状态设计法　limit state design method

按照结构各种功能的极限状态进行设计的方法。它以概率统计理论为基础，研究结构功能的失效概率，以制定不同极限状态的设计准则。极限状态包括承载能力极限状态和正常使用极限状态等。极限状态设计的设计条件，当仅有荷载效应和结构抗力两个综合变量时，可表达为

$$g(S,R)=R-S\geqslant 0$$

式中　$g(\cdot)$ 为结构功能函数；S 为结构的荷载效应；R 为结构的抗力。（车惠民）

急流　turbulent flow

河渠水深小于临界水深时，其断面平均流速大于临界流速的水流。由于急流的流速较大，下游水流要素（如水位、流速）的变动，不会逆流上传影响上游。（周荣沾）

急流槽　chute

当河（沟）床天然坡度较陡时，为防止河（沟）床冲蚀，将沟底高差均匀分布在一定长度上而修筑的陡坡渠槽构筑物。渠槽坡度一般大于临界坡度。由进口、槽身和出口组成。一般采用矩形或梯形断面。槽底视地质情况及水流速度进行铺砌加固。出口与下游渠段衔接处设置消力池以消减水流能量，避免下游冲刷。通常可用砖、石或混凝土顺坡修建。

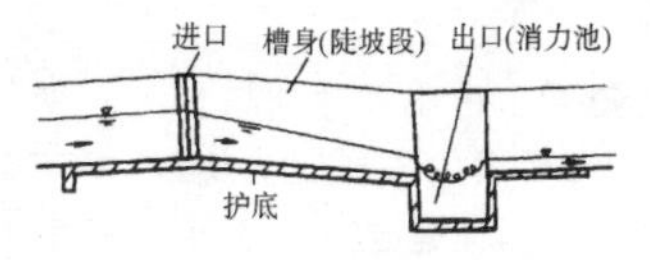

（张廷楷）

集料　aggregate

又称骨料。一般指水泥或沥青混合料中的粒状材料，包括砂、碎（砾）石及其代用品。在混合料中起骨架和填充作用，往往是数种砂石材料的集合物。集料可分粗集料和细集料两大类。粗、细集料的颗粒分界尺寸一般为 5mm。5mm 及 5mm 以上者叫粗集料；5mm 以下者叫细集料。集料又可分为天然集料和人造集料，前者如碎石、砾石、砂等；后者如矿渣、煤渣、烧矾土等。（张迺华）

挤压系数　extrusion coefficient

因桥墩阻水而引起的桥下过水断面积减小的折减系数。挤压系数 $\lambda=\frac{\omega_d}{\omega_q}$。式中 ω_d 为冲刷前（一般冲刷以前）桥墩所占的桥下过水断面积（m^2）；ω_q 为冲刷前桥下毛过水断面积（m^2），包括有效过水断面积以及桥墩和涡流阻水所占的过水断面积。对于一般宽浅河流，可认为各桥墩处的水深 h 近似相等，则 $\lambda=\frac{\omega_d}{\omega_q}\approx\frac{h\cdot b}{h\cdot l}=\frac{b}{l}$。式中 b 为桥墩宽度（m）；l 为桥墩中心间距（m）。（周荣沾）

济南黄河公路桥　Highway Bridge over Huanghe (Yellow) River, Jinan

位于山东省济南市北侧的主跨为 220m 的预应力混凝土斜拉桥。全长 2023.4m，主桥为密索、A 型塔、五跨连续悬浮体系，跨径（m）为 40＋94＋220＋94＋40＝488 主梁三向预应力。桥宽 19.5m，设计荷载汽－20。主梁使用挂篮悬浇施工，斜拉索一次张拉至设计张拉力。1982 年 7 月通车。（黄绳武）

济南黄河铁路桥　Railway Bridge over Huanghe (Yellow) River, Jinan

位于京沪线济南市北泺口镇的黄河大桥，共 12 孔下承式钢桁架（自北向南为 8×91.5＋128.1＋164.7＋128.1＋91.5m），全长 1255.2m，其中 3 孔主桥为悬臂钢桁架，主跨 164.7m，中挂梁长 109.8m，两旁锚跨各长 128.1m。主墩顶部梁高 20m，其余均高 11m，主桁中距 9.4m，预留双线，单

线铺轨通车，设计活载相当于E—35级，下部结构也按双线设计。桥台及1～7号墩均采用钢筋混凝土桩基，8、9及11号墩采用气压沉箱内插打钢筋混凝土桩，10号墩采用气压沉箱基础，基础地基为石英砂层，沉箱及墩台均用混凝土浇筑。由德国MAN公司（Maschinenfabrik Ausburg-Nurenberg）设计监造，于1912年竣工。（周　履）

脊骨梁 spinal beam

又称展翅梁。由小尺寸闭口构件与两侧宽翅板组成的梁。作为桥梁的主要受力构件，其两侧翅板可用作行车道板，因而建筑高度甚小。最早由林同棪国际咨询公司提出，首先用于美国旧金山国际民航飞机场的高架桥。它采用工地现浇和工厂预制相结合的施工方法，最大限度地采用预制构件以减少就地灌筑混凝土的数量和施工对城市交通运行的干扰。脊骨梁尺寸较小，使桥的造型轻巧、新颖、美观，桥下视野开阔，造价经济，被誉为林同棪集技术和艺术于一体的一个典型。（何广汉）

脊骨梁桥 spine girder bridge

由横截面呈扁箱形的预制混凝土块件组成的梁式桥。上部结构常做成节段式的单箱块件，用预应力钢筋连接成整体，状如脊骨，故名。当桥梁跨度与宽度之比较小时，脊骨梁常做成实腹的；反之，则做成箱形的。这种桥常做成装配式结构，在纵、横方向都可采用悬臂拼装法施工，不影响桥下交通，桥梁造型美观，桥下净空大，为现代高架线路桥中较广泛采用的一种桥型。（袁国干）

计划任务书 preliminary plan of proposed project

又称设计任务书。基本建设项目计划任务书的简称。（周继祖）

计算矢高 calculated rise

拱桥主拱拱顶截面重心至相邻两拱脚截面重心连线的垂直距离。（顾安邦）

纪念性桥梁 memorial bridge

为纪念某一著名人物或事件特别设计的桥梁。在桥上铸、刻、铭记所纪念的人物、事件的铭文，或用浮雕、雕塑等再现其形象，有时仅赋桥名。（唐寰澄）

技术经济指标 technic economic index

反映生产企业（含施工企业）对设备、原材料、劳动力等资源的利用状况及结果的指标。它们在某种侧面反映了生产（施工）的技术水平，管理水平和经济效果，如各种原材料、动力、燃料等的消耗率，劳动的技术装备程度等。（周继祖）

技术设计 technical design

基本建设工程设计分为三阶段设计时的中间阶段的设计文件。它是在已批准的初步设计的基础上，通过详细的调查、测量和计算而进行的。其内容主要为协调编制拟建工程中有关工程项目的图纸、说明书和概算等。经过审批的技术设计文件，是进行施工图设计及订购各种主要材料、设备的依据，且为基本建设拨款（或贷款）和对拨款的使用情况进行监督的基本文件。（张迺华）

霁虹桥 Jihong Bridge

位于中国云南省永平县，横跨澜沧江的铁索桥。桥位选在江面最狭、河床最为稳固处，原为古渡口，名澜津；自汉朝以来由篾绳吊桥发展为木桥，桥毁期间复用舟渡并用铁柱维系舟楫。明成化年间（公元1465～1487年）改为铁索桥。1981年测得，桥总长113.4m，净跨径57.3m，桥宽3.7m。全桥共有18根铁索，底索16根，承重部分是4根1组共3组，扶栏索每边一根。底索上覆盖纵横木板。铁索锚固在两岸桥台尾部，桥台长约23m。铁链扣环直径2.5～2.8cm，长30～40cm，宽8～12cm；扶栏索由长8～9cm，宽7cm左右的短扣环组成。桥两端各建有一亭两关楼。已列为省重点文物保护单位。（潘洪萱）

jia

加撑梁法 addtional strut beam method

对于单孔小跨径桥，在桥跨结构的两台基础间，使用加设支撑梁的加固方法。桥台由于引道土压力过大等原因，引起桥台向河心转动或位移尚且未稳定时，可在两桥台上层基础之间沿桥跨方向开挖，设置钢筋混凝土支撑梁，使两个桥台、桥跨结构与支撑梁形成一个四铰框架结构，用以控制桥台变形和补强，必要时还可增设河床铺砌。地震区的震害调查表明：采用这种设施的小桥涵，具有良好的抗震性能。（黄绳武）

加挡土墙法 method of adding retaining wall

在桥台背后加设挡土墙，用以全部或部分承受水平力的桥台加固方法。当桥台不能承受过大的水平推力，引起桥台位移、倾斜或桩式桥台由于设计不周及其他原因，桩身抗弯能力不足或需要提高桥台承受水平力能力时，可在台背后加建挡土墙，用以增强桥台的抗推能力。要求加建的挡土墙要与原桥台背密贴，中间设变形缝；挡土墙与原台的基础应互不影响；挡土墙的高度依原台水平力的合力位置确定，施工时要采取一定措施，以保持原台后的土压力。此种加固方法挖土量大，费工耗时较多，有时还需封闭交通。（黄绳武）

加副梁撑架式桥 strut-framed bridge with additional beam

又称八字撑架式桥。主梁下面加设副梁及斜撑的木梁桥。在主梁中部下缘托以副梁，副梁两端用斜撑支承，斜撑另一端支于木墩立柱上，借以增大木梁桥的跨越能力。是公路木桥的一种类型。

（伏魁先）

加固技术评价 technical appraisal of strengthening

对桥梁加固后其承载能力的改善和桥梁加固的经济指标的总结。它用改善系数和费用有效系数来表示。经济指标也有以每平米加固费与每平米新建费比值来表示。比值在10%～15%时则效益较高。

（万国宏）

加筋土桥台 reinforced earth abutment

见锚锭板桥台（161页）。

加劲肋 stiffener

钢板梁中为保证腹板不出现翘曲而在腹板上设置的竖向或水平向肋条。在支点附近，由于剪应力较大，应设置竖向加劲肋。对于高大的板梁，在跨度中间部分，由于弯应力较大，应在腹板受压区设置水平加劲肋。在焊接板梁中，通常采用简单的钢板条做加劲肋，焊于腹板一侧或两侧。（曹雪琴）

加劲肋板 slab used as stiffening rib

用以加劲构件的肋板。例如，连续箱梁的底板在中间支承附近承受很高的压应力，为保证其稳定，常在箱梁横隔板之间加设厚度一般为15cm的加劲肋板（见图）。（何广汉）

加劲梁（桁架） stiffening girder (truss)

为增加悬索桥的竖向刚度而设置的梁或桁架。因其刚度远较悬索大，故由吊杆传递给悬索的荷截分布较均匀，不致使悬索发生显著的变形。这种梁可以做成简支梁或连续梁形式，但在自锚式悬索桥中必须做成连续梁。其截面型式，中小型悬索桥常采用钢板梁，大跨悬索桥以前多采用钢桁架，近年来则较多地采用具有流线型断面的薄壁钢箱梁，顶翼板做成正交异性板，兼作桥面系结构，既具有良好的抗风稳定性，又能节省钢材。梁的高度，主要根据悬索桥跨径四分点的刚度要求和用料最少来确定，一般采用跨径的1/40到1/120，大跨度悬索桥自重所占的比例大，梁高常取较小的值，尤其是具有流线型断面的钢箱梁，其高跨比常在1/300以下。（赖国麟）

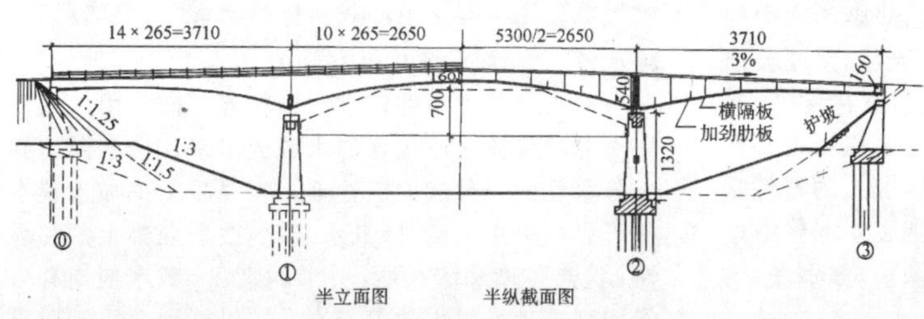

加劲肋板

加气硅化法 air-entraining silicification method

在土体内压注硅酸钠溶液后，再用0.5～2.0大气压力注入CO_2气体，以便在不增加溶液数量的条件下，增大加固土体的体积的加固地基技术。为压力硅化法的一种发展。由于普通的硅化法只有30%～50%的硅酸钠溶液产生固化，其他多数被水带走。压注CO_2气体后，能促使硅酸钠液形成凝胶体，并使尚未固化的溶液迁移到未加固的土体中继续发挥作用，从而提高加固效益。也有在压注硅酸钠溶液前，先压注CO_2气体，使土壤预先活化，然后同时压注溶液和CO_2气体，这样可获得最佳的加固效果。

（易建国）

加气剂 air entraining agent

一种能使水泥砂浆或混凝土混合料在拌和过程中产生大量分布均匀而稳定的微小气泡的外加剂。通常可直接掺入普通混凝土中来配制加气混凝土。掺入加气剂能改善混凝土和易性和耐久性，并提高其抗渗性、抗冻性和抗蚀性。常用的加气剂有：松香热聚物、烷基磺酸钠、烷基苯磺酸钠等阴离子表面活性剂。（张迺华）

加气水泥 air-entrapping cement

在粉磨硅酸盐水泥时加入适量的加气剂（如松脂酸钠和松香热聚物等）而制得的水泥。用加气水泥拌制的混凝土有许多直径小于0.05mm的微细气泡，因而改善了混凝土的和易性和保水性，提高了混凝土的抗渗性和耐久性，但混凝土的强度会随含气量的增加而降低，因此必须防止加气剂掺量过多。

（张迺华）

加强构件法 strengthening member method

在圬工主梁（或主拱肋）侧面或底面加钢筋后将梁全部或局部外包混凝土以提高桥梁承载能力的方法。施工工艺为凿去原构件混凝土保护层，连接新老箍筋，绑扎钢筋再浇混凝土。施工时基本上不影响交通，但要设立支架、模板。

在钢构件上可在其上下或左右用焊接或栓接增加钢板或角钢以加强构件。

（万国宏）

加弦桥 rein chord bridge

主索在边跨端支点处和在主跨靠近跨中处锚固在加劲梁上，并在主索与加劲梁之间设置竖向吊杆的缆索承重桥。它既具有通过吊杆使主索受竖向力的悬索桥的特点，也有主索象拉索一样自锚于加

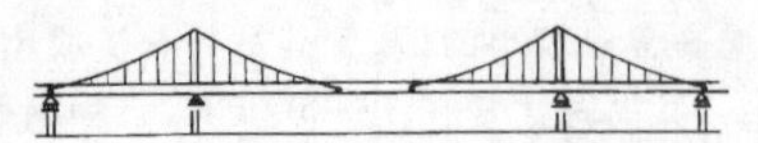

劲主梁上的斜拉桥的特点。但不能直接利用主索进行加劲梁的悬臂施工是其重要缺点。1956年原联邦德国在重建跨越莱茵河的杜伊斯堡—鲁尔区桥时曾采用过这种桥。此桥在施工中曾不合理地先利用临时拉索修建了一座几乎是完整的斜拉体系，然后又再安装吊杆，改成效力差和构造复杂的加弦体系。因此以后再未建造这种桥梁。（姚玲森）

加载事件 loading event

一列车（铁路）或一辆车（公路）驶入、通过和驶离一座桥梁的全过程。每一加载事件会对桥跨结构产生若干个大小不同的内力及应力，将设计基准期内所有的加载事件集合起来就得到荷载谱或应力谱。（胡匡璋）

加桩法 additional pile method

在原桥基内或外围加桩，以消除桥墩台病害，恢复桥梁正常使用或提高原桥基承载能力的加固方法。软土地基建造的墩台，在发生过大沉降或不均匀变形时；桥墩基础被严重冲刷时或桥基的承载能力不能适应交通要求时，可采用此法。加桩的位置可选在桥台基础外围、沉井基础内部或在桥墩上、下游。加桩可采用钻孔桩或打入桩等，加桩后应设法与原有基础联成整体。加桩的数量、直径、桩长等由加固设计决定。加桩的施工方法视现场条件、加固技术及经济效益等因素确定。通常在墩台加桩加固的同时，应对桥梁的其他病害加以整治。（黄绳武）

"假极限"现象 false set in pile driving

用锤击或振动法打桩，停歇一段时间后再复打，沉入度比停打前显著增大的现象。主要发生于饱和湿度状态（饱和度大于80%）的砂类土中。原因是打入时桩尖下局部范围内的土受挤压而变密实，使桩尖阻力增大，沉入度减小；停打后，土中挤压应力随时间增长而不断自行调整，桩尖下土的密实度随之降低，于是复打时沉入度明显增大。当存在这种现象时，应复打至要求的最后沉入度，再检验桩的轴向受压承载力。（夏永承）

假凝 false set

水泥浆的一种不正常凝结现象。表现为水泥加水拌和后，过早地失去流动性和表面光泽，呈现凝结现象；但经过重新拌和后，仍可恢复到原有稠度，并在最后达到正常凝结时间。假凝的主要原因是石膏的作用。如果熟料在研磨时温度过高，加入的石膏就会失水成为半水或无水石膏，它们能在水泥浆中过早地凝结成微弱骨架而出现假凝现象。（张迺华）

假载法 artificial loading method

在悬链线拱全跨径内增加或减少假想的均布荷载来调整拱内力分布的方法。因为在拱的跨径和矢高已定时，拱内弯矩的分布随拱轴线的形状而变化，这是拱结构的基本特点。拱轴线形状和拱轴系数有关，根据拱轴系数的定义增加或减少假想的均匀荷载相当于降低或提高拱轴系数，也就是降低或者抬高了拱轴曲线。但须注意此时的拱轴曲线不再和实际的恒载压力线相重合，而是和假想的恒载压力线相重合，故最后应将假载的影响从恒载内力中扣除。（顾安邦）

架立钢筋 erection bar

施工时为便于将受力钢筋绑扎成型和固定主要钢筋位置而用的钢筋，属构造钢筋。（何广汉）

架桥机 bridge erecting crane

整跨架设桥梁的施工机械。中国铁路常备的有双悬臂式架桥机、单梁式架桥机和双梁式架桥机三种，用于分片架设小跨度预应力混凝土梁。公路桥或未通线路的铁路桥，常采用各种类型的滑曳式架桥机架设。小跨度公路梁，亦可用简易的联合架桥机架设。（唐嘉衣）

架桥机架梁 installing girder by bridge erector

用架桥机整孔或分片架设中、小跨度钢梁或混凝土梁。架桥机是为架设桥梁专门设计的大型起重设备，其特点是伸臂长而起重能力大。中国早期的架桥机有板梁式和构架式两种，起重能力自200kN到1300kN，行走时需另外提供动力，工作时要在悬臂状态下吊梁行走，重心高，轴重大，机身长，架梁时要拨道，操作不灵活。自60年代起先后制造了更合理、先进的胜利型和红旗130型等架桥机，基本上克服了上述缺点，架梁时呈简支状态，并可在隧道内和曲线上架设。（刘学信）

jian

尖端形桥墩 taper-end pier

墩身截面呈尖端形的桥墩。早期多用于中、小跨径桥梁，做成重力式。由于它施工较圆端形变截面桥墩方便，又便于通过水流和漂浮物，目前在大跨径桥梁上也使用尖端形空心或实体桥墩。（吴瑞麟）

减水剂 water reducing agent

加入混凝土中能对水泥颗粒起扩散作用，从而把水泥凝聚体中所包含的水释放出来，使水泥达到充分水化的一种表面活性剂。在混凝土中加入减水剂可以减少用水量，降低水灰比，改善混凝土的和易性，提高强度和耐久性，并节约水泥。减水剂使有可能配制流动性很大的混凝土，所以特别适用于用泵送混凝土浇筑构件尺寸小、钢筋密集的钢筋混凝土工程。中国现用的减水剂有木质素磺酸钙、MF、NNO、糖蜜和磺化焦油等，用量一般为水泥重量的0.20%～1.0%。 （张迺华）

减速标志 slow-down sign

要求车辆减缓行车速度，按规定速度通过该标志显示地点的标志。用于线路前方有须限速才能通过的地段，如：有病害的桥梁、隧道，施工地段，行人稠密或急弯陡坡等易于发生事故处所。（谢幼藩）

减小恒载法 method of reducing dead load

拆除现有桥面，换以较轻的桥面系，达到减小结构恒载内力的加固方法。通常的做法是拆除原有桥面系，采用轻质高强材料或采用钢格构、波纹金属配以沥青磨耗层等在结构上合适的桥面系，能明显减轻恒载，即可适当增加承受活载的比例。此法简单易行，但不能提高原结构的刚度和承载能力。拱桥采用减轻拱上恒载时，可能会引起压力线的变化，因此必须对拱的受力进行核算。 （黄绳武）

减小孔径法 method of reducing bridge opening

采用减小桥梁孔径，改善结构受力的方法。此法可在常用的桥梁体系中使用。梁式桥可采用增设支撑或辅助墩等方法减小桥梁孔径，由于在桥跨内增设支撑而引起桥梁结构体系的改变，可参照辅助墩法处理。拱桥出现桥台位移并引起拱圈和拱上建筑损坏时，可选用减小孔径法。拱桥孔径缩小后，拱矢度变陡，水平推力减小，要求减小孔径后新加的拱圈部分与原拱形成整体，并使改建后的拱轴线与压力线重合。但从拱桥实际加固桥例的效果看，有的并不很成功。 （黄绳武）

减震支座 shock-absorbing bearing

附设有减震器而具有减震和抗震功能的支座。减震器分油压减震器和橡胶减震器，分别用于钢支座和盆式橡胶支座，前者主要由钢箱、活塞和阻尼介质等组成，可以与支座主体分离，便于装拆；后者与支座连成一体，并根据支座的水平移动方式分滑板式和辊轴式。减震器的减震机理主要是利用液体介质的粘滞性或橡胶的弹性所产生的阻尼力来减小地震力的影响。 （杨福源）

剪刀撑 X-bracing

桥梁相邻两片高度大的主要承重结构如桁架之间为加强整体抗扭和侧向稳定而设置的交叉形构件。为横向联结系组成形式中的一种。一般处于竖直平面内，沿两对角线布置成两斜杆相交的形式。当桥梁有向一侧扭转趋势时，一根斜杆受压另一根受拉，故每根斜杆都可能受压和受拉。在钢筋混凝土桁架拱中，常用预制构件向桁架拱片的上、下弦节点经现浇接头处理而成，构件截面尺寸采用15cm×15cm或20cm×20cm，一般按构造配筋即已足够。

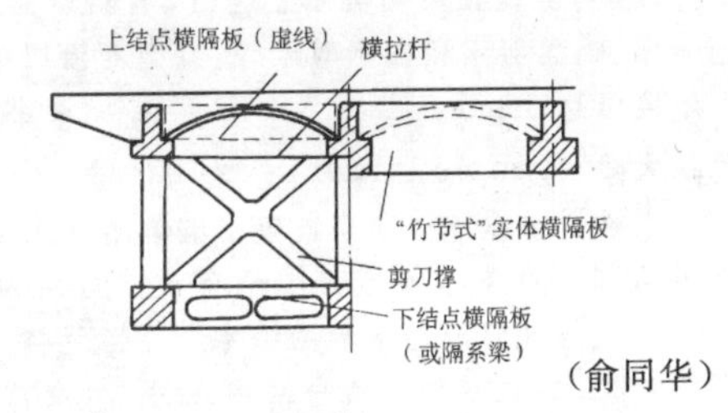

（俞同华）

剪跨比 shear span ratio

钢筋混凝土梁计算截面承受的弯矩 M 对剪力 Q 和截面有效高度 d 乘积的比值，其表达式为 $\frac{M}{Qd}$。对于承受集中荷载的梁，它是决定剪力破坏模式的主要参数。 （车惠民）

剪力铰 shear hinge

T 形上部结构中衔接相邻悬臂使能传递竖向力而不传递轴向力和弯矩的部件。它使相邻悬臂的端点挠度一致，故需能传递剪力，但不影响相邻悬臂的自由伸缩和转动，使相邻 T 形单元之间只有一次约束。有链杆式、唧筒式和拉杆、辊轴组合式等构造型式。 （何广汉）

剪力流 shear flow

薄壁杆件的截面中任意点处的剪应力 τ 与该点处截面厚度 t 之乘积，即 $q=\tau t$。剪力流的特点是它在结构任何截面中总是连续的，故可据此来确定剪应力的方向。 （陈忠延）

剪力破坏模式 shear failure mode

又称剪力破坏机理(shear failure mechanism)。剪力破坏时构件行为的基本状态，或剪力破坏的主要原因。以承受集中荷载的简支矩形梁为例，根据剪跨比的范围大致可以分为三类：①$3<\frac{M}{Qd}<7$，出现斜裂缝后构件随即破坏；②$2<\frac{M}{Qd}<3$，出现斜裂缝后还可以继续承载，最后或受压区剪压破坏或斜偏压拉坏；③$\frac{M}{Qd}<2.5$，沿荷载与支点联线方向混凝土压碎或劈裂破坏。但由于各家分类略有区别，因此这种分类本身就是一种模糊的概念，而且试验结果也并不严格反映划分的破坏模式。 （车惠民）

剪力滞后效应 shear lag effect

在荷载作用下，T 梁或箱梁远离梁肋的翼缘板纵向变形滞后的现象。它是由翼板的剪切扭转变形造成的。对于宽而薄的翼板如果不考虑剪力滞后效应，将导致明显的误差和结构不安全。为简化计算，规范常限制 T 梁或箱梁的翼板有效计算宽度。

（顾安邦）

剪切 shearing

通过两剪刃的相对运动，切开或切断材料的加工方法。一般是在剪切机床上进行。有斜口剪床、龙门剪床、圆盘剪床和型钢剪床等。重型剪板机最大剪切厚度可达 56mm。（李兆祥）

简单大梁 simple girder

木梁桥中以顺桥向布置较密的圆木作为承重构件的大梁。通常布置成单层密布式，间距为 50～60cm，成排地置放在墩台的帽木上。当荷载大或跨径较长时，可做成双层束合密布式大梁（束合大梁，又称木梁束）。即把圆木上下叠放在一起，故在受弯时，各层大梁仅起叠加作用，构造上联结大梁间的扣件不计传力作用。（陈忠延）

简单体系拱桥 simple system arch bridge

主要承重结构以拱为唯一受力体系的拱桥。用以区别组合体系拱桥，如一般的无铰拱桥、双铰拱桥、三铰拱桥等属之。（袁国干）

简单与复杂 simplicity and complexity

错综复杂的内容有时是为少数原则所支配或表现为简洁单纯形式的规律。多样事物在形式和内容各方面错综的联系和变化，深入到事物的内部无一不是复杂的。在很长的历史时期里包括桥梁在内的艺术品以复杂为美，然而过于复杂便趋于繁琐。在桥梁工程科学分析计算中，最小能量原理和最经济的思维原则都使简单性成为不可忽视的因素。繁与简是一组相对面。审美标准往往由繁趋简，再由简趋繁长时期内交替变化。（唐寰澄）

简易水文观测 reductive hydrological observation

用简单的设备、仪具在临时断面上对几项主要水文要素进行的观测。主要是在草测、初测阶段为确定水工、桥渡建筑物的比较方案而进行的工作。观测内容一般有水位、水面流速、河段比降和水道断面面积等。（吴学鹏）

简支板桥 simply-supported slab bridge

上部结构的一端为活动式支座，另一端为铰式支座的板桥。常用钢筋混凝土和预应力混凝土建造。分整体式和装配式两大类，前者须整孔就地浇筑混凝土，耗费模板和支架，但板截面多做成实体的，构造简单，施工方便，不需起重设备安装，整体性好；后者多在工厂（场）制造成空心的预制构件，在桥位上拼装成整体，可避免整体式板桥的缺点，但须具备可能的运输与起重的条件。这种桥建筑高度低，适用于小跨度的桥梁，用钢筋混凝土建造的桥跨可做至 8m，用预应力混凝土建造的桥跨可做至 16m，甚至 20m 以上。（袁国干）

简支梁桥 simply-supported girder bridge, simple beam bridge

上部结构由两端简单支承在墩台上的主要承重梁组成的桥梁。简支梁是静定结构，相邻各跨单独受力，结构受力比较单纯，不受支座变位等影响，适用于各种地质情况，构造也较简单，容易做成标准化、装配化构件，制造、安装都较方便，是一种采用最广泛的梁式桥。但简支梁的跨中弯矩将随跨径增大而急剧增大，因而大跨径时显得不经济。（徐光辉）

碱液加固法 alkali liquid stabilization method

利用氢氧化钠（俗称烧碱）溶液加固湿陷性黄土地基的方法。将一定浓度（约 50～130g/L）的烧碱溶液，加热到 90～100℃，通过有孔铁管在其自重作用下注入土体内。通常用洛阳铲造孔，孔径约 5cm，孔内插入直径为 2cm 的铁管，铁管间距约 50cm，碱液的作用是使土粒表面活化，并相互溶合粘结，与分布在土粒周围新生成的氢氧化钙形成非水溶性的络合物，增强土粒间的粘结功能，进而提高加固土体的强度和稳定性。（易建国）

间接费 indirect expenses, indirect cost

为建设项目建筑安装工程组织施工和经营管理所需要，不能直接计入而只能间接地按一定分配比例摊入各项工程成本的费用。这项费用由施工管理费和其他间接费组成。（周继祖）

间歇性河流 intermittent river

有时流水有时干涸的河流。一般是汛期有水流，枯期干涸。山溪小沟、小河，由于流域面积很小，地下水的补给也不大，是其枯期干涸的主要原因。西北地区由于降水量小，流域的蒸散发又大，一些沟、河不但枯期干涸，往往在两次相隔较长的降雨期间，河中也可断流。山溪、小河，虽然可以干涸、断流，但洪水陡涨陡落，小桥涵的水文计算应特别注意。（吴学鹏）

建设单位 client, proprietor

俗称甲方。具有建设项目投资支配权力的企业或事业单位和建设项目工作的组织者和监督者。代表国家或投资单位或个人向社会招标或议标承建单位，并与施工单位（乙方）签订有关经济合同，对国家负有一定的经济责任。凡在行政上有独立的组织形式，经济上进行独立核算，并编有独立总体设计和基层基本建设计划的企业或事业部门，均可作为建设单位。建设单位也可以是拟建项目的使用者。建设单位可以委托某种咨询公司为甲方代表，行使全部权力。（周继祖）

建筑工程定额 norm of construction project

建设业产品在生产过程中，在正常施工及科学的劳动组织和生产组织条件下，完成符合规定质量要求的单位合格产品所消耗的资源（劳动力、材料、机械台班等）数量的标准。按用途和粗细程度不同，分为基本定额（单项、工序的定额）、施工定额（施工过程的定额）、预算定额、概算定额、概算指标、投资估算定额（指标）。按生产要素不同，分为劳动定额、材料消耗定额和工程机械台班定额。按尺度标准不同，分为时间定额（单位产品消耗的劳动工日或机械台班）和产量定额（每劳动工日或机械台班完成的产量），两者互为倒数关系。各种定额一般均应采用科学的技术测定方法，制定时结合合理的原则，特殊情况下也可通过各种统计报表资料，经过整理和分析计算后制定。所有定额标准，都必须是平均先进的。定额要建立在实际平均（社会平均消耗）的基础上，要在原有的平均基础上有所提高。先进合理的定额水平应该是大多数人经过努力可以达到，部分人可以超过，少数人能够接近的水平。这是制定平均先进定额的最基本原则。（周继祖）

渐进韵律 gradually changing rhyme scheme

连续韵律以逐步加强和减弱的方式出现的韵律。在强弱交替的高峰之处形成一个情趣点。桥梁中拱桥的拱顶，悬索桥中的索塔顶和悬索中悬点，都是渐进而达到情趣的高峰。主桥中的大跨也是如此。从美学角度看多孔坡桥的边孔宜以同一比率但不同桥跨逐步渐进到最大的中跨，然后以镜面对称的方式减弱到另一端。近年强调工业化制造和标准化设计，常用等跨多孔桥梁，在透视下成为单向收敛的图像，缺乏情趣的变化。（唐寰澄）

键结合 keyed joint

为阻止拼合构件间的相互错动，而用木质或金属的称为键的块件嵌入构件之间的一种连接方式。常用于木桥的组合梁中。由于键受剪，所以是一种脆性连接，键按形状可分为棱柱形键、圆柱形键和环状键；按材料可分为木键和金属键。键结合制作简单，便于拼拆，但削弱拼合构件的承载能力。

（陈忠延）

jiang

江门外海大桥 Jiangmen Waihai Bridge

位于广东江门市外海镇，跨越西江，东接中山的公路桥。跨度（m）自西向东为30＋9×40＋（55＋7×110＋55）＋10×40＋30，全长1708m。两岸引桥为用顶推法施工的连续梁，主跨为预制拼装式变截面连续梁，梁高为5.8～2.5m，由2条平行的箱形梁组成。该桥为中国第一座采用短线台座，密接灌筑，预制拼装式公路桥，也是第一座引进外资，利用国外技术修建的桥梁。1988年建成通车。（周 履）

江阴长江公路大桥 Jiang yin Yangtze River Highway Bridge

位于江苏省江阴市和靖江市之间，跨越长江的公路大桥。主桥为跨径1385m的钢箱梁悬索桥，其主缆垂跨比1/10.5，中跨每缆由169股预制平行钢丝索股组成，两边跨各加8股，共177股，每股由127根ϕ5.35mm的高强度镀锌钢丝编成。加劲梁为扁平流线型钢箱梁，高3m，顶板宽29.5m，底板宽22.5m。两侧另各悬出1.5m宽的检修道。桥塔高190m，为由两根钢筋混凝土空心柱和三道预应力混凝土横梁组成的框架式结构。南锚碇为重力式嵌岩锚，北锚碇基础采用69m×51m大沉井，埋深58m。于1994年11月开工，预计于1999年9月建成。将为中国最大跨径悬索桥。（林长川）

缰丝 cable wrapping

为了保护悬索桥主缆，用钢丝加以缠绕捆紧的作业。当主缆架设就位并承受桥梁大部分恒载之后，先在主缆钢丝表面涂以防护腻子，再利用特制的绕丝机将镀锌中碳软钢丝密绕在主缆上。绕丝机应使缠绕钢丝产生一定拉力，以使主缆钢丝之间产生和保持足够的摩擦力。绕丝后将挤出的多余腻子刮去，并在缰丝表面涂漆防护。（林长川）

蒋卡硬度 Janka hardness

由蒋卡（G. Janka）提出的一种硬度标准。即将直径为11.28 mm的钢球在2min内压入木材一半（半球的截面积恰为1cm²）所产生的平均压力，单位是kPa。通常是在静力弯曲试验后，在试件的径面或弦面上进行测定，它与抗压强度相关性好，用它按下式可间接推求抗压强度：

$$\text{顺压}\ \sigma = \frac{H_J}{2} + 250 \quad \text{kPa}$$

$$\text{横压}\ \sigma = 0.00147H_J + 1.103 \quad \text{MPa}$$

对选择轴承、运动器械及耐磨零件用材时具有重要意义。（凤凌云 陈忠延）

降水 precipitation

从云中降落的液态水和固态水，如雨、雪、雹、霰等。一般空气中直接凝结在地面或地物上而成的液态水或固态水，如露、霜等也都统计在内。度量降水可用降水量和降水强度。前者指降到地面尚未蒸发、下渗或流失的降水物在地平面上所积聚的折算水层深度，以mm为单位；后者指单位时间内的降水量，常用的单位是mm/10min、mm/h、mm/24h等。（吴学鹏）

降雨 rainfall

从云中降落到地面的液态水。尚未蒸发、下渗或流失的降水物在地平面上所积聚的折算水层深度叫做降雨量，以mm计；单位时间内的降雨量叫做降雨强度，简称雨强，常用的单位有mm/min、mm/h、mm/24h等。中国气象部门规定：24小时内降雨量不到10 mm的雨为小雨；10～24.9mm 为中雨；25.0～49.9 mm为大雨，50～99.9 mm为暴雨；100.0～199.9 mm为大暴雨；超过 200mm 者为特大暴雨。

（吴学鹏）

降雨历时 rainfall duration

降雨开始到终止的时间。以 h 或 min 计。

（吴学鹏）

降雨历时曲线 rainfall duration curve

降雨量（mm）、降雨历时（min）与频率的关系曲线。用以推求小桥涵流量计算中的径流厚度值。依地区从气象站多年观测资料通过统计整理而获得。由此曲线可求得某一地区不同频率时不同降雨历时的降雨量。

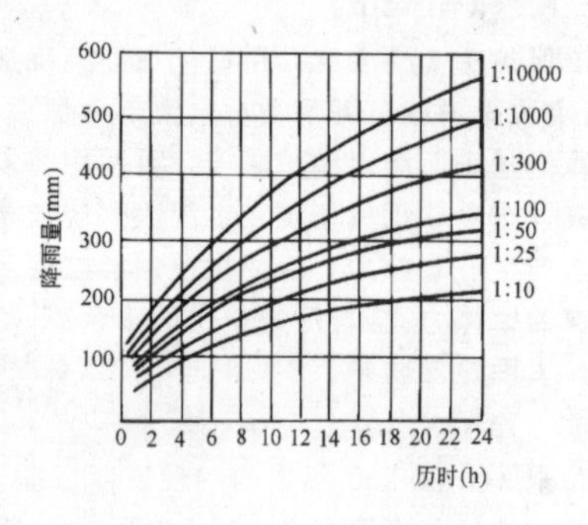

城市地区通常采用的暴雨强度公式的一般形式为$i=\dfrac{A(1+C\lg T)}{(T+b)^{n}}$，通过雨量分析，根据长期雨量记录的统计分析，可求出降雨强度 i（mm/min）、降雨历时 t（min）和重现期 T（a）的关系，以此作为雨水管渠设计的依据。式中 A、C、b、n 为依地区而不同的系数或指数。（张廷楷）

降雨量 rainfall (precipitation)

又称降水量。尚未蒸发，下渗或流失的降水物在地平面上所积聚的折算水层深度。以毫米（mm）计。降水物包括雨、雪、雹及由水气凝结的露、霜等。按时段统计有：以降水起止时间计算的一次降水量，以一日、一月、及一年计算的日降水量、月降水量及年降水量。由于降水的主要部分是雨水或全部是雨水，因此降水量常被叫做降雨量。一般所说的某地年降雨量若干毫米，是包括了所有各种形式的降水。

（周荣沾）

jiao

交叉撑架 cross bracing

桥梁等结构主要承重构件之间为加强横向联系以便形成空间结构而设置的交叉形支撑杆件。为横向联结系的组成形式中的一种。其主要作用为抵抗侧向风力。设置在例如相邻两片桁架上弦或下弦之间，为平面布置杆件。如为上承式桥，也可能在上、下弦之间作竖直面布置，此时也称剪刀撑（123 页）。

（俞同华）

交叉韵律 alternate rhyme scheme

一个旋律的强弱变化多次交替出现两个或两个以上的旋律交叉出现的序列布置。在桥梁中如中国古代江苏吴江垂虹桥，三起三伏是属于前者，国外曾经一度视为美丽的悬索和拱组合结构属于后者。

（唐寰澄）

胶合材料 gluing material

用于木制工程建筑物胶接合中的粘接材料。常用的有间苯二酚甲醛树脂胶、酚醛树脂胶、脲酚醛树脂胶、脲醛树脂胶、酪素胶、焦油酚甲醛胶。

（陈忠延）

胶合木桁架桥 glued timber truss bridge

由胶合成的木杆件组成的木桁架桥。其主桁上弦常为弧形，使各弦杆受力均匀，截面尺寸取得一致，便于制造。每根弦杆由木板胶合而成，可利用小尺寸木板条胶合成大尺寸杆件，且可将每段弦杆做得长些，以减少拼装节点的数目。主桁由多根杆件用钢销与螺栓连接而成。（伏魁先）

胶合木梁桥 glued timber beam bridge

用胶合木梁建造的木梁桥。木梁用薄木板分层胶合而成，其截面有矩形、工字形和箱形等，常用的是矩形。优点是能利用截面积较小的薄片木料胶合成大梁，使小材大用，并可将强度较高的木料胶合在受力较大的部位，可合理使用木料。（伏魁先）

胶合能力 gluing capacity

建筑胶通过标准胶合试件的受剪试验所测得的最小极限强度。（陈忠延）

胶结合 glued joint

一定厚度的片状木材通过特殊的建筑胶涂抹和加压固化后组成任意截面和长度的整体构件的接合工艺。因胶合构件的强度大于组合构件的强度，胶缝的强度也超过木材的强度，故是一种合理的接合方法。胶结合需要专门的设备和熟练的工作人员，且造价较高。常用的胶有间苯二酚甲醛胶、酚醛树脂胶和脲醛树脂胶，三聚氰胺脲醛树脂胶等。（陈忠延）

角钢 angle steel

轧制成截面具有互相垂直的两边的型钢。分为等边角钢和不等边角钢二类。（陈忠延）

角焊缝 fillet weld

两块不在同一平面的板，在其相交边缘直接施焊形成的焊缝。在T型接头、角接头和搭接接头中采用。按作用力方向，角焊缝可分为平行于力作用方向的侧焊缝和垂直于力作用方向的端焊缝两种。在施焊前,角焊缝不要求刨削板件,在切割或剪切后即可施焊,加工简单,故应用极为广泛。(罗蔚文)

角接头 corner connection

正交或斜交的钢板块呈角形连接的接头形式。如箱形截面杆件的竖板和水平板的连接。其形成可用角焊缝或坡口焊缝。铆接结构则在竖板和水平板间加设角钢。(罗蔚文)

铰 hinge

使被连接物体能相对转动的连接物件。如将两个构件钻出光滑的孔,用销钉穿过孔洞将其连接。当被连接物体相对转动时,若没有摩擦力或摩擦力可被忽略时,称为理想铰。在工程实践中,若连接件阻碍被连接物体相对转动的作用较小时,为简化计算这种连接常被视为铰连接。如钢桁架或钢筋混凝土桁架的节点,在计算中均视为铰连接。为了使实际工程与其计算简图更接近,需要采取一些构造措施,以减弱阻碍被连接物体相对转动的作用。如混凝土构件中将受力钢筋弯折,通过假想的铰的中心;在杆的端部焊接钢钣,使两块钢钣相接触;在铰链支座处将接触面做成圆弧形等。桥梁工程中常见的铰有弧形铰、平铰、铅垫铰、钢筋混凝土铰等。(庞大中)

铰板 hinged plate

铁路桥明桥面在纵梁断开处的一种连接构件(见图)。纵梁断开的作用是为了减轻桁梁桥中因桥面和弦杆共同作用发生的横梁水平挠曲。纵梁断开后,为了避免行车时活动端的上下跳动,专门设置一块铰板把活动端相连,使之可纵向移动也可转动。

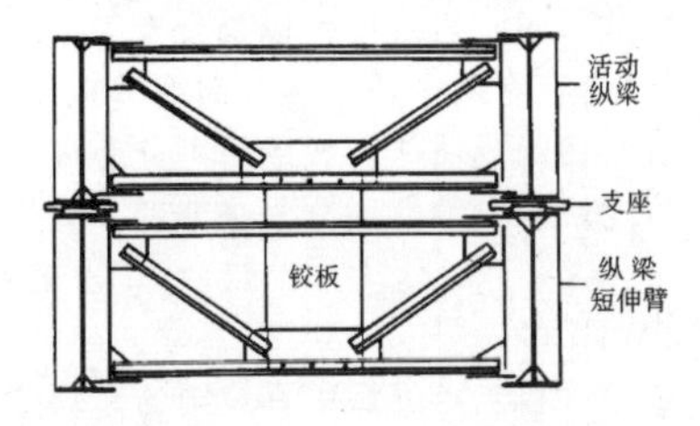

(陈忠延)

铰接板(梁)法 shear key deck method

视相邻板(梁)条之间为铰接计算荷载横向分布系数的分析方法。它假设接缝处不传递横向弯矩,只传递竖向剪力。为使荷载、挠度和内力三者的变化规律谐调,将桥上荷载转换成沿桥跨连续分布的半波正弦荷载,利用铰缝切口处位移协调条件建立铰接力即竖向剪力的力法方程。求得赘余剪力后,各片主梁的荷载横向分布影响线坐标也就确定了。这种方法适用于块件间连结刚性甚弱的装配式铰接板(梁)桥。(顾安邦)

铰接板桥 hinged slab bridge

上部结构用铰横向连接预制板而成的板桥。用钢筋混凝土或预应力混凝土筑成。预制板多采用空心的以减轻自重,安装就位后板间用铰互相连接,用以传递竖向剪力使各板共同受力。常用灌注企口混凝土形成铰,有时为了加快施工速度而采用焊接钢板。这种桥建筑高度小,预制装配程度高,施工方便,多用于公路小桥中。(袁国干)

脚手架 falsework

在桥梁施工的一般高空作业中,为保证工人安全操作而搭设的支架。一般用拆装式常备杆件或圆木及木板组成。用于就地拼装钢梁或灌筑混凝土梁的临时承重支架,有时也称作脚手架(参见膺架,270页)。(刘学信)

脚手架上拼装钢梁 assembling steel truss on falsework

利用支架拼装大中跨度钢梁。当桥跨结构底部高出水面3～5m以内,水深2～4m以内且桥下又无通航及流筏要求时,可在桥孔内搭设满布脚手架,在其上用吊机拼装钢梁构件。这种拼装方法简易、安全,且能保证结构上拱度和平面位置的高度精确;但要耗费大量的脚手材料和劳力。脚手架可以用木排架搭成,但更多是用拆装式万能杆件拼成,也可用军用梁、拆装梁拼成。在脚手架上拼装钢梁的吊机主要用龙门式吊机、刚腿摇头拼梁吊机或大型缆索式吊机。(刘学信)

校正井 adjusting shaft

在封闭式排水系统中,为转换水流方向而设置的混凝土井式构造物。其作用是把排水管道内的水流积聚起来,再通过另一方向的出口流入预定的排水沟渠内。(张恒平)

jie

接触式位移测量 contact type displacement measurement

仪器与试件表面直接接触,以测量测点位移变化的方法。如千分表、挠度计等都是接触式位移计,以测杆、顶头顶在测点位置,读数随试件变形而变化。其优点是使用方便,准确度高,缺点是量程小,无法测得较大变位。(崔 锦)

接榫 tenon joint

即榫结合。木结构利用凹凸面相嵌的方式连接构件并传力的一种结合形式。它主要应用于构件互相顶接或斜交构件的压力接头中,按构造分有单齿正接榫、双齿正接榫、套接榫等多种型式。

(陈忠延)

揭底冲刷 scour of torn river bed

高含沙水流通过时河床发生的强烈冲刷现象。根据中国黄河的观测资料，发生揭底冲刷时洪水中的最大含沙量高达 600～1000kg/m^3。高含沙水流之所以能产生强烈冲刷，主要由于水流容重大，增加了作用在床面上的拖曳力，增大了作用在床面物质上的浮力。另外，由于高含沙水流粘性大的特点，泥沙一旦起动和悬浮，很容易被水流带走而不致回落到床面上。在这种强烈的冲刷过程中，常可看到厚达 1m 左右的成块河床淤积物被水流掀起，露出水面并随即坍落水中为水流带走。俗称此现象为“揭河底”。在高含沙水流的河道上设计桥渡时应着重考虑这一现象。（吴学鹏）

节点 panel point

桁架中有关杆件互相联结交会的点或部分。由一根以上腹杆与上弦杆相交的点或部分称上弦节点，与下弦杆相交的点或部分称下弦节点。

（陈忠延）

节点板 gusset plate

刚性节点桁架中，把交汇在节点处的各杆件联结在一起的钢板。由于该处的各杆件内力需通过此板平衡，所以它的应力状态比较复杂。（陈忠延）

节点构造 panel point construction

桁架各杆件交汇处的连接构造。随交汇杆件的数量和种类而异，也可随连接方式不同（铰接、铆接、焊接、螺栓连接等）而有不同的节点构造。

（陈忠延）

节段模型风洞试验 section model wind tunnel test

全称弹簧悬挂二元刚体节段模型风洞试验。选取桥梁的某个典型节段，按一定比例制成外形、质量和质量分布与实桥相似的刚体模型，用弹簧悬挂于支架上进行桥梁抗风稳定性检验的近似风洞试验方法。源出于飞机机翼颤振风洞试验方法。主要用于桥梁的颤振、涡激振动试验和非定常气动力测定。本方法由于模型制作简便、近似性较好而应用广泛。

（林志兴）

节段施工法 segmental construction method

分节段逐节完成的桥梁施工方法。用于大跨径预应力混凝土悬臂梁桥、T 型刚构桥、连续梁桥、拱桥以及斜拉桥、悬索桥的施工。自 50 年代起由欧洲和北美首先发展起来的几种长大跨径现代桥梁施工方法的总称，包括悬臂施工法和顶推法。逐孔施工法和转体施工法中有时也采用。中国 60 年代首先用来建造大跨径预应力混凝土 T 型刚构桥（用悬臂施工法），获得成功。改革开放以后广泛应用于各种长大跨径桥梁的施工，已成为大桥施工的主要方法。

（俞同华）

节段式预应力混凝土简支桁架桥 segmental prestressed concrete simply supported truss bridge

上部结构采用预制节段拼成的预应力混凝土简支桁架的桥梁。采用预应力可避免受拉构件和节点出现裂缝，并便于采用悬臂法拼装。跨越能力较大，但较实腹梁桥的构造和施工复杂。（伏魁先）

节间 panel

桁架中相邻两节点（或竖杆）之间的四边形部分。一片桁架常由若干节间组成，每节间包含上、下弦杆及相应腹杆。（陈忠延）

节间长度 panel length

桁架弦杆相邻节点间的距离。是主桁的主要数据之一，其大小关系到桁架杆件的受力和桁架的外形，并影响到桥面横梁和纵梁的材料用量。变高度桁架的节间长度也常是变化的，以便使各节间斜杆的倾斜度合适并较为一致。（陈忠延）

节间单元法 panel element method

分析桁架结构的内力与变形时，以每一个节间作为计算单元的有限元分析法。将每一节间作为一个独立单元，利用有限元计算中有关子结构的计算方法，列出每一节间单元的节点位移与节点力之间的关系矩阵，称为节间矩阵。然后，由坐标转换及节点平衡可建立总刚度矩阵。利用节间单元法解桁架结构的内力及变形，未知数的个数比较少，计算过程简单。（曹雪琴）

节理 joint

岩石破裂但无明显滑移的一种断裂构造。是岩石中的裂隙。同一岩层中可以只发育一个方向的节理，也可以发育有两个或更多方向的节理，它们纵横交错将岩石切割成块体。按成因可分为构造节理和非构造节理；按力学性质分为张节理、剪节理。

（王岫霏）

节奏 rhythm

一切生活和艺术领域中有规则的，较简单的强弱、长短、抑扬、顿挫等的配合和重复。原起于音乐，指乐音的高下缓急。节奏是最简单的韵律。在桥梁造型中最简单的重复，如多孔相同的梁墩结构，仅有节奏，在美学中处于低级的不难看的地位，尚不能称美。过多的重复会引起仅有统一而缺乏变化，节奏强烈而缺乏韵律的单调的设计。（唐寰澄）

结构动力特性试验 tests for structural dynamic property

测量结构的固有频率、振型和阻尼的试验。常用方法有自由振动法、强迫振动法和环境随机激励振动法。按结构对象可分为实际结构试验及模型试验。当进行结构振动响应分析，检验结构设计，评定既有

结构的质量，以及结构维修改建时，都应通过试验检验结构的动力特性及其变化。 （林志兴）

结构动载（力）试验 dynamic test of structures

在动载（力）作用下，测定结构的动力特性及其响应，以分析其受力行为。与静载试验相比有其特殊性，即引起结构振动的振源和结构的振动响应都是随时间变化的，而且结构在动载下的动力响应与其动力特性又有密切的关系。动力效应一般大于静力效应。可采用汽车、机车车辆以不同速度通过桥梁进行动载试验；使用激振器进行振动试验；采用脉冲千斤顶或疲劳试验机施加等幅、变幅匀速脉动荷载进行疲劳试验；应用大型模拟振动台进行结构模型抗震动态试验；采用电液伺服加载系统再现各种荷载谱加载和实行不同力学参量（位移、荷载、应变）控制的试验，并可实行计算机-试验机联机试验即拟动力试验，研究结构抗震性能；模拟风荷载的大小、方向、频率和地貌的风洞试验；利用爆炸效应产生冲击波荷载，进行抗爆抗震动力试验等。动载测试系统由拾振、放大和记录显示三部分组成。 （张开敬）

结构非破坏性试验 non-destructive test of structures

不使结构物发生破坏或损坏，试验后仍能继续正常使用的结构试验。例如对桥梁进行生产鉴定性静、动载试验和预应力混凝土梁抗裂性能试验等均为非破坏性试验。 （张开敬）

结构混凝土的现场检测 in-situ test for structural concrete

在现场测定结构物中混凝土强度等力学性能，检查其缺陷和损伤程度，藉以评定其质量和可靠性的检测技术。主要内容是强度检验和缺陷、损伤的探查，应采用无损或半破损测试方式。有①无损检测法，主要有回弹法、超声法、射线法、超声-回弹综合法；② 半破损法，主要有钻芯法、拔出法、射入阻力法和钻孔内裂法等；③无损法与半破损法的综合使用，可提高检测精度；④测定混凝土动弹性模量的共振法、敲击法。⑤探查缺陷时用的超声法、声发射法等。 （张开敬）

结构静载（力）试验 static test of structures

按预先确定的加载方法，对结构、构件或模型分级施加静载（力）所进行的结构试验。目的是测试结构在静力作用下的应变（应力）、裂缝、挠度、角位移等，以确定其实际受力状态和性能。一般为短期的观测试验。加载方法有重力加载、液压加载、机械力加载和气压加载等。室内试验多用液压加载系统。而桥梁现场鉴定性试验常用选定型号的汽车行列或铁路机车车辆停在预定位置来加载。加载顺序一般分为三个阶段；预加载阶段、正常使用荷载阶段、超设计荷载阶段；对于模型或选定的真型结构则还有破坏荷载阶段。 （张开敬）

结构抗震试验 testing of earthquake resistance for structure

研究结构抗震性能所进行的试验，主要包括试验设计、试验和试验分析三项内容。结构抗震试验可分为结构抗震静力试验和结构抗震动力试验。静力试验又分为周期性加载试验（又称拟静力试验）和非周期性加载试验（或称为拟动力试验）。结构抗震动力试验可提供一定的应变速率，它又分为周期性动力试验和非周期动力试验。后者又分为模拟地震振动台试验和爆炸模拟地震试验。动力试验可得到接近于地震的破坏试验结果。 （张开敬）

结构裂缝图 crack chart of structure

描绘和记录结构裂缝产生位置、长度、宽度及随荷载发展情况的图形。在结构试验时，通常把结构表面刷白并划分成网格。随荷载增加，用放大镜观察裂缝的产生和发展，同时在构件表面裂缝位置近旁画出裂缝位置和长度及其相应的荷载。取适当比例将结构实际裂缝情况描绘成图，用以分析试验的结果。 （张开敬）

结构模型试验 test of model structure

对按原结构比例缩尺并与其保持相似关系的结构模型所进行的试验。模型设计要根据相似理论，满足相似条件。从模型试验的数据和结果可直接推算出原结构应力和变形。对新型结构、复杂结构的性能和受力状态分析、计算理论的建立和验证有重要的作用。具有尺寸小、制造加工容易、试验加载设备简单、费用少等优点。按试验目的可分为弹性模型、强度模型、动力模型、风效应模型、热效应模型等试验。模型则可用金属、有机玻璃、石膏砂浆、细粒混凝土等制作，视试验目的而定。 （张开敬）

结构疲劳试验 fatigue test of structure

检验结构及其构件、材料在重复或反复交变荷载作用下的疲劳强度和疲劳寿命的试验。用于材料性能研究、结构构件的质量控制、提高结构构件疲劳强度的研制和结构与构件绝对疲劳寿命的校核等。试验设备较复杂，通常采用疲劳试验机，大型构件及整体结构试验常采用大型振动台等。 （林志兴）

结构破坏性试验 destructive test of structures

又称承载能力试验。对结构或模型加载一直至破坏，确定其极限承载能力的试验。有些结构缺少技术资料难于进行验算或虽有资料而构件质量欠佳，需要判定其承载能力时，可对有代表性构件进行破坏性试验，了解受力全过程，确定其承载能力。 （张开敬）

结构试验台座 bed for structure test

试验加载系统中固定加力架的底座。一般为钢筋混凝土或预应力混凝土条状厚板结构或箱形结构，承受加力架传递的反力，表面一般与试验室地坪平，上有槽沟或地脚螺母，供固定加力架用。有多种构造型式，如①槽道式，加力架位置可沿台座纵向变动；②地锚式；③箱形；④框架式；⑤水平推力式，由反力墙和平面台座连成一起成L型，是结构抗震试验的基本设备。 （张开敬）

结构温度应力试验 test of temperature stress in structure

测定结构在日照和气温热作用下的温度场分布和温度应力分布及分析温度应力所需的主要参数值。一般多在实际结构上测试，也可在试验室进行模型试验。温度差采用热敏电阻或热电偶来量测，温度应变可选用长期稳定性能好的内埋式钢弦应变计或差动电阻式应变计量测。 （张开敬）

结构稳定试验 test of structural stability

研究分析结构或构件弹性或弹塑性、面内或面外（侧向）、整体或局部丧失稳定临界力而进行的试验。例如压杆稳定、拱与桁架的稳定、薄壁空心墩的局部稳定试验等。通常是在实验室的专门试验架上用模型做稳定试验。其材料可用有机玻璃、细粒混凝土或金属等。 （张开敬）

结构校验系数 examining coefficient of structure

桥梁结构检定时，实测和理论的应力或变形（挠度、位移等）的比值 η。它反映结构实际工作状态。如 $\eta_{应力}$ = 截面实测弯曲应力/截面理论弯曲应力；$\eta_{挠度}$ = 实测跨中挠度/跨中挠度理论值等。结构校验系数一般小于1，说明理论计算偏于安全，结构尚有一定安全储备。如大于1，则表示强度不足，应对结构存在问题或计算方法是否安全进行全面分析。

（张开敬）

结构序列 structural order

根据不同功能以及自然条件所安排采用结构构造的次序。这一次序，并不是随心所欲而是有所制约的。桥梁愈大，其可选择的范围越小，但是由于同类的结构，其形式变化仍很多，故仍可以得出可供选择的众多序列。 （唐寰澄）

结构自重 weight of structure itself

结构物自身材料的体积和材料重力密度标准值的乘积。对每种极限状态的设计值尚应计入相应的荷载分项系数。检算承载能力时，钢结构自重可取1.1的系数；混凝土结构自重则取1.2。

（车惠民）

结合梁桥 composite beam bridge

由钢筋混凝土桥面板与钢梁通过抗剪器结合而成的梁式桥。利用钢筋混凝土板抗压，钢梁抗拉，充分利用材性特点，较钢板梁桥可节省较多钢材，提高桥梁刚度，并可减轻安装重量。施工中无需强大起重机械，先架设钢梁，后铺设桥面板，可节省支架；并可按需要设计不同厚度桥面板用于铁路弯桥。设计中须考虑不同材料的弹性模量，混凝土收缩、徐变以及安装阶段和运营阶段的不同受力影响。在构造上须设置抵抗剪力的抗剪器，以保证钢筋混凝土板和钢梁的共同受力。通常适用于简支梁桥。在悬臂梁桥和连续梁桥中，在支点附近须采取特殊措施（如加配预应力钢筋）来克服负弯矩引起的拉应力，较为复杂。 （袁国干）

结晶对称 crystallographic symmetry

又称装饰对称。在平面中，即一个图形在二维方向移动时，都能与其他图形重合。即为二维的重合对称。在三维即立体方向移动时能重合，为三维的重合对称，一如结晶体的各个面。这类对称目前在桥梁主体结构中尚少应用，不过，立体网状桁架的桥梁已包含这一因素。不排斥将来壳体结构在桥梁中应用时会有结晶对称的序列布置。目前多用于装饰图案之中。 （唐寰澄）

截面次应力系数 coefficient of secondary stress in section

桁架结构杆件实测最大纤维应力与实测轴向应力之比值。该值反映桁架节点次弯矩对杆件应力的影响。 （张开敬）

截水坝 cut-off flow dike

为挡截水流的不淹没堤坝。当桥头引道上游侧可能形成“水袋”或因桥前壅水过高以致淹没上游农田和村镇时，均可修筑截水坝。其平面位置和形状，可根据当地的水流和地形条件，并结合修建目的和生产要求而确定，接近桥孔的部分应与导流堤配合布置。 （周荣沾）

截水墙 cut-off wall

又称垂裙、隔水墙、拦水墙。涵洞出口沟床铺砌加固终端所设置的垂直墙体。用以保护冲刷后墙体的稳固。截水墙埋入土内的深度，必须大于加固工程末端冲刷深度并加入一定的富余量，一般应等于或大于涵洞及翼墙基础底面的深度（图参见洞口冲刷防护，43页）。材料应防冲刷，用石料时须用水泥砂浆砌筑。当冲刷剧烈时，有时为减少截水墙埋置深度及安全起见，可在截水墙末端或路堤边坡下面设置海漫（特种堆石）。当冲

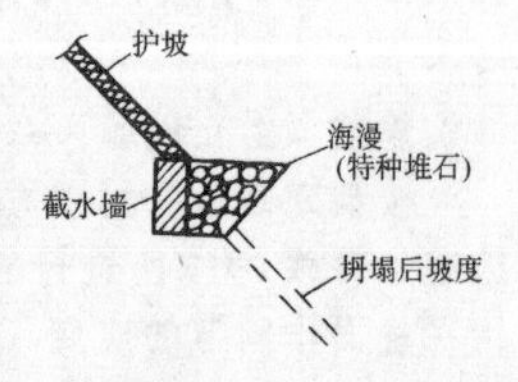

刷加剧时，即使海漫坍塌，仍然能护住墙脚（坡脚）。（张廷楷）

界限破坏 balanced failure

又称平衡破坏。钢筋混凝土偏压构件拉区钢筋屈服与压区混凝土被压碎同时发生的现象。（王效通）

界限相对受压区高度 critical relative compression depth

区别大小偏心受压构件的参数。当钢筋混凝土偏压构件破坏时，拉区钢筋屈服与压区混凝土被压碎同时发生的情况称为界限破坏，此时截面受压高度 x 对有效高度 h_0 之比 ξ_b 称为界限相对受压区高度。它和压力的偏心距有关，与之相应的偏心距称界限偏心距 e_b。（王效通）

jin

金门桥 Golden Gate Bridge

跨美国旧金山海湾的公路悬索桥。路面为双向各三车道和宽 3.05m 的人行道，总宽 25.76m。主桥跨（m）为 342.9+1280.2+342.9。钢桁加劲梁，桁距 27.44m，高 7.62m，通航净空高 67.1m。钢塔高 342.6m（高出海平面部分为 227.4m），沉井基础。桥建成于 1937 年，称冠世界 27 年。1954 年增加下部车道。该桥造型美观。1987 年举行隆重的 50 周年纪念。1987 年旧金山 7 级地震，桥无损害。（唐寰澄）

紧急抢险桥 emergency bridge

供发生险情或灾情时紧急运送人员物资通过沟谷等障碍时架设的架空建筑物。要求拼装迅速、支承条件简单方便，便于在最短时间内架成通行，而对变形、耐久性等方面的要求较宽，桥上通行的载重量及行车速度也适当予以限制。在任务完成后一般即拆除或另建。（徐光辉）

紧缆 cable compaction

将已就位的各索股用专门设备挤紧以便最后形成悬索桥主缆的作业。悬索桥主缆施工的工序之一。专用的紧缆机包括一个可以开闭的环状刚性支架和一般是 6 只设在径向的千斤顶。每只千斤顶活塞的端头装有按主缆最终直径制造的圆弧状靴板。当紧缆机将主缆压成圆形并达到一定孔隙率后，在主缆上捆上钢带。然后将紧缆机移到下一断面继续作业。（林长川）

进水孔 water inlet

当泄水管布置在人行道下面时，在缘石或人行道构件侧面设置的入口孔道。为防止堵塞，宜在进水口处设置金属栅门。（张恒平）

近似概率法 similarly probabilistic method

计算结构近似失效概率的方法。它不要求推导随机变量函数的全分布，只考虑其平均值和标准差两个统计参数，并在计算中对极限状态功能函数取一次近似。因此，又称一次二阶矩概率法（first-order second-moment probabilistic method）。它基本上概括了各有关变量的统计特性，比较全面地反映了各种影响因素的变异性。（车惠民）

劲性钢筋混凝土拱桥 reinforced concrete arch with skeleton frame bridge

参见美兰体系拱桥（163 页）。

jing

经济技术指标 economy-technique index

技术经济指标与其他经济指标混合在一起的统称。自 1975 年以来，我国考核工业企业生产经营活动的经济技术指标为：产量、品种、原材料和动力消耗、劳动生产率、成本、利润、流动资金占用额等八项。施工企业还包括设备完好率和利用率。（周继祖）

经济跨径 economical span length

一般桥梁跨径布置，经技术经济分析，既能满足功能和安全的要求，又能达到总投资最低的跨径。如梁式桥，每孔跨径相等，地基情况大致相同，则桥梁上部结构总造价约略等于下部结构的总造价时，所选择的跨径是最经济的。但桥梁跨径的选择是很复杂的问题，涉及地形、地质、河道断面、航行要求以及施工条件等，必须进行全面分析后确定。（张迺华）

经验频率 empirical frequency

根据短期有限的实测水文资料来推算洪水的频率。其计算公式目前常见的有下列三种：

$$\text{数学期望公式：} P=\frac{m}{n+1}\times 100\%$$

$$\text{中值公式：} P=\frac{m-0.3}{n+0.4}\times 100\%$$

$$\text{海森公式：} P=\frac{m-0.5}{n}\times 100\%$$

式中 P 为经验频率（%）；m 为出现年数（次）；n 为观测总年数（年）。在水文统计法中，数学期望公式最为常用。（周荣沾）

经验频率曲线 empirical frequency curve

根据历年实测的洪峰流量资料绘成流量与累积频率之间关系的曲线。据此曲线延伸上端以推求设计洪水频率的设计流量。通常可有两种方法：①用普通方格厘米纸绘出的曲线呈“S”形（图 a），曲线两端较陡，目估外延曲线上端很困难，稍有偏离，推求结果就会产生很大误差。②横坐标(表示累积频率)用海森机率格纸(特殊分格的坐标纸)绘出的曲线呈单曲线状(图 b),曲线两端较平缓,便于曲线外延,但目估延伸缺乏依据,也容易产生较大误差。一般都用数理统计方程表示的理论频率曲线与之配合(适线法),以便用方程来推求曲线上端延伸部分的设计洪水频率的洪峰流量,即设计流量。 (周荣沾)

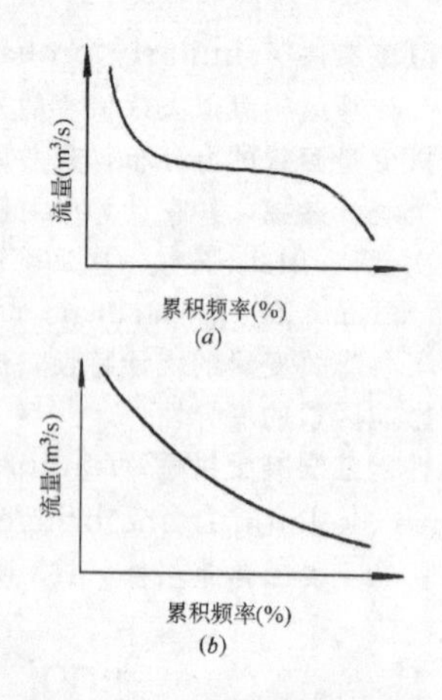

精密气割 precision flame cutting

又称光面切割。采用特殊的切割喷嘴实现切口光面优质的火焰切割。该喷嘴除有一般火焰切割的可燃气体管道和氧气管道外,还运用拉伐尔原理,从喷嘴中央喷射出超音速、高纯度的氧气流,使铁在高速纯氧中迅速燃烧。此种喷嘴是在自动车床上车出铝蕊的拉伐尔管,再用电铸铜成型工艺制成。

(李兆祥)

精轧螺纹钢筋 hot-rolled threadbar

轧制时沿钢筋纵向全部热轧成具有规律性的螺纹肋条的钢筋。可在任何一处切断并用螺丝套筒连接或用螺帽锚固,施工颇方便。我国近年也已用Ⅳ级钢制作此种钢筋,常用直径为 25mm。(何广汉)

井壁气龛 air jet outlet on outside wall of caisson

沉井外壁上预埋压气管喷气口处的凹穴结构。其作用是保护喷气嘴,使高压气流能均匀扩散。沿井壁上升形成气幕。每龛设置一个直径为 1～2mm 的喷气口。龛的数量,按每个能克服的摩擦力值计算,按上下交错排列布置。 (邱 岳)

井点系统 well-point system

在开挖基坑周边埋设管井并以管路与抽水设备连成一套连续排水的系统装置。由管井、滤管、总管、抽水设备等组成。适用于渗水性较大的土体。能降低地下水位,保持土体稳定,防止流砂。其布置须按开挖基坑面积和深度、地下水位、土的渗透系数等进行设计。 (唐嘉衣)

井顶围堰 cofferdam on the top of open caisson

沉井顶低于水面或地表,又无法降低井外水面,而在井顶接筑的防水或挡土围墙。它有利于顶盖及墩台身施工。可用砖石圬工、混凝土或钢筋混凝土、木板桩、钢板桩等材料制成,主要视结构高度及受力大小而定。 (邱 岳)

颈焊缝 flange-to-web welds

焊接板梁中连接翼缘板与腹板组成板梁截面的焊缝。在外荷载作用下,颈焊缝要承受剪应力以及车轮的直接压力,由于受力不大,通常采用角焊缝,焊缝高度 6～10mm。 (曹雪琴)

径流 runoff

又称径流量。由降雨或冰雪融化形成的、沿着流域的不同路径流入河流、湖泊或海洋某一断面的水流量。通常由地面径流、表层流(也称壤中流)和地下径流三部分组成。降水量大小、气温高低、流域地形的陡缓、植被的疏密、土壤的透水性能和人为活动(农业、林业、工矿交通、都市化等)多种因素对径流量的大小都有影响,径流现象存在着明显的地区性和周期性。在中国径流分布趋势是由东南沿海向西北内陆递减,并有夏季洪水、冬季枯水和春秋为过渡阶段的规律。 (吴学鹏)

径流成因公式 genetic formula of runoff

描述径流形成过程的表达式。1935 年,苏联 M.A. 维里康诺夫从水流连续方程出发,在等流时线概念的基础上导出。其表达形式为:

$$Q_t = \int_0^{\tau_m} I_{t-\tau}\left(\frac{\partial f}{\partial \tau}\right)_\tau d\tau$$

Q_t 为 t 时刻流域出口断面处的流量;τ 为汇流历时;I 为相应等流时面积上 $t-\tau$ 时刻的净雨量或入流量;τ_m 为流域最大汇流时间;f 为等流时块面积;$\partial f/\partial\tau$为汇流曲线。该式是在等流时线的位置不随降雨大小而改变;水体在流域上的运动互不掺混的条件下推得的一种出流和入流的定量关系,是用设计暴雨计算水工建筑物和桥渡设计流量的一个基本模式。 (吴学鹏)

径流过程 formation process of runoff

流域内,自降水开始到水量流过出口断面为止的整个物理过程。降水形成径流的全过程包括:降雨(水)过程、流域蓄渗过程、坡面汇流过程、河网汇流过程,它们在时间上并无截然的分界,而是同时交错进行的。 (周荣沾)

径流计算公式 runoff computing formula

依暴雨强度、地形、土壤、汇水面积、截留填洼情况、汇流时间等确定的暴雨径流流量的计算公式。

一般计算公式具有如下的形式,即

$$Q = 16.67(a-i)\cdot\varphi\cdot F(\mathrm{m^3/s})$$

式中 a 为暴雨强度 (mm/min),依设计洪水频率及所在地区而不同;i 为土壤吸水强度 (mm/min);φ为依径流移动条件、河沟长度、平均坡度和表面粗糙度而定的系数；F 为汇水面积（km^2）。

实用上多采用暴雨径流经验公式或简化公式。例如，当汇水面积小于 $30km^2$ 的小流域，中国交通部采用的径流简化公式为

$$Q=\varphi(h-z)^{3/2}F^{4/5}\cdot\beta\cdot\gamma\cdot\delta \quad (m^3/s)$$

式中 φ 为地貌系数，依主河沟平均坡度而定；h 为径流厚度（mm），依地区的暴雨分区，设计频率、土壤类属及视汇水面积而定的汇流时间而定；z 为植物截留及填洼的厚度（mm）；F 为汇水面积（km^2）；β 为洪水传播的流量折减系数，依地形及汇水区重心至桥涵的距离（km）而定；γ 为汇水区降雨量不均匀折减系数，依所在地区及汇水区长度或宽度（km）而定；δ 为湖泊调节折减系数。（张廷楷）

径流系数　coefficient of runoff

径流量和对应的降水量的比值。它综合反映了降水形成径流过程中损失量的大小。就一次降雨而言，总径流量与总降雨量之比称为体积径流系数；就洪峰流量而言，形成洪峰流量的时段净雨强度与平均降雨强度之比，称为洪峰径流系数。一般多采用前者。后者计算较复杂，但为多数小桥涵设计流量计算办法所采用。径流系数在降雨洪水计算中很重要，它是产流计算的重要方法之一。只要用它乘上本次降雨量，即能得到本次降雨的产流量。实用中常制成等值线图或分区给值，以备查用。（吴学鹏）

净降雨量　net rain

简称净雨。扣除蒸散发量、下渗量、地面凹洼充填量和其他流失量之后的降雨量。是直接参与雨洪计算的关键参数。（吴学鹏）

静力触探　static cone penetration test

用压入土层的金属探头测定地基力学指标的试验。用机械或液压设备将金属探头压入土层，根据连续测得探头锥尖阻力大小，间接地判定土的变形模量和承载力等指标。它具有设备轻便，工作效率高，数据较精确等优点。适用于粘性土和砂土、黄土，而不适用于卵石土或大块碎石土。（王岫霏）

静水压力　static water pressure

水在静止时，对与水接触的建筑物、构筑物表面产生的法向作用。设计深水墩台基础施工用的辅助结构时常需考虑静水压力。（车惠民）

静态冰压力　static ice pressure

流冰对桥墩产生的动力效应可以忽略不计时的冰压力。如冰堆整体推移产生的压力；大面积冰层受风作用产生的挤压力；冰盖层温度上升时体积膨胀受约束产生的压力；冰层因水位升降产生的竖向作用力等。（车惠民）

静态电阻应变仪　static resistance strain gauge

量测应变片的电阻变化率来测定静态应变并用标度指示出来的非电量电测仪器。由测量电桥、读数电桥、交流放大器、振荡器、相敏检波器和指示电表组成。中国已生产有多种型号的应变仪。最新型号的静态应变仪和转换箱配合，组成静态应变测量处理系统，可进行多点自动巡回测量，并将测量结果打印出来。（崔　锦）

静态美　static beauty

又称静观。在静止或安定的状态下欣赏桥梁的稳定凝重的静止的形象所得美的感受。桥梁是一座固定静止的建筑物，若人又是在静止的状态欣赏它，这就得到其静态的美的感受。静态是相对于动态而言，并没有绝对静止的状态。如静止的人，其视觉是在运动的。静止的桥，其环境在变化与运动，如花木会随风而动，桥下的水可能是流动的或静水随风起波使倒影摇曳作态，四季景色不同亦是环境自然的动态变化。静止的桥梁造型也可以设计得有动的趋向。这些都是静中有动，静态美中包含着若干动态的美。（唐寰澄）

静态平衡　statical balance

静力学状态的体量对称。静态是生活中和平安定的状态，因此可以引起安定的美感。桥梁结构主要服从于静力学，本身是静力平衡的。在造型上，亦宜注意其静态的平衡。（唐寰澄）

静态作用　static action

不使结构或构件产生加速度的作用，或所产生的加速度可以忽略不计的作用。其中，直接作用也称静荷载，如结构自重等。（车惠民）

静压注浆法　static pressure injection method

把注浆管置入土层或岩石裂隙中，用较低的压力把加固浆液以填充、渗透和挤压等方法注入土层的土体加固技术。一种化学加固地基的方法。注入的浆液形成凝胶，粘聚松散土粒或堵塞岩石裂隙，从而提高地基土的强度和稳定性，并能起到防渗透与截水作用。此法不能应用于颗粒小的砂性土和含粘量大的粘性土等软弱地基。（易建国）

静止土压力　earth pressure

土体作用于结构物上的压力。如填土作用于墩台上的侧压力，或路堤填方作用于涵洞的竖向压力和水平压力。其标准值按土力学原理计算。在极限状态设计中，考虑侧压力计算值的精确度较差，分项系数宜用较大值 1.5，竖向压力值较准确，则取较小的系数 1.2。（车惠民）

镜面对称　mirror symmetry

又称左右对称。物体在对称轴或面如物象和镜中映像一样关系的对称。世界上一切动物都有一根

镜面对称轴，植物中花和叶亦是如此。这是自然法则产生的形象，人类以自身镜面对称的形体，接受自然世界对称的形象，已习惯于这一秩序，故亦成为审美标准之一。完全的镜面对称表现为正规、严肃、端庄的美。中外古代桥梁和大部分近代桥梁都采用这一布局。（唐寰澄）

jiu

九江长江大桥 Changjiang (Yangtze) River Bridge at Jiujiang

位于江西九江，跨越长江的公铁两用（4车道加双线）桥。南接南浔线，北连京九及合九线。正桥11孔，跨度（m）为3×162+3×162+（180+216+180）+2×126，架4联三角形桁架式钢连续梁，3个大孔增设拱系构件加强。主跨216m，为中国当时铁路钢桥跨度之最。钢梁设双层桥面，上层公路下层铁路，用部分15MnVN钢及栓焊。公路铁路引桥分别为跨度39.6m简支预应力混凝土T梁及无碴无枕箱梁，南北岸铁路分别为35及108孔，公路为33及32孔。始建于1972年，曾停建，复建后于1992年公路桥通车，1993年全面建成。（严国敏）

九溪沟石拱桥 Jiuxigou stone arch bridge

又称长虹石拱桥（Long Rainbow Bridge）四川省丰都县于1972年建成的一座跨径116m变截面空腹式板拱桥。主拱用小石子混凝土砌块石。桥宽7.5m，矢跨比1/8，拱轴系数2.814，拱上两端各设6个腹拱，设计荷载汽－13。施工采用满堂式木拱架，工期仅用一年。（黄绳武）

旧金山-奥克兰海湾桥 San Francisco-Okland Bay Bridge

位于美国跨旧金山-奥克兰岛海湾的两层公路桥。西部主桥为两联354m+704m+354m钢悬索桥。双索，索间距为20.12m。每索用37股各472丝ϕ4.89mm钢丝所组成，直径72.7cm。用空中放线法施工。塔高139.6m，加劲桁用平弦华伦式简支桁架，桁高9.14m。上下两层，上层中间为17.68m车道，两侧各0.91m人行道，轻混凝土桥面；下层亦为17.68m车道，两侧各0.55m检查道，普通混凝土桥面。现上下层都为五车道。1989年旧金山大地震，该桥引桥受损，正桥无恙。东部主桥为钢伸臂桁架，跨径（m）为154.87+426.83+156.10。建于1936年。（唐寰澄）

旧伦敦桥 Old London Bridge

原位于英国伦敦，跨泰晤士河的拱桥。全桥由19孔尖形拱与1孔活动孔（从南端起算为第7孔）组成，尖拱跨径在4.6～10.6m之间，总长286.7m。桥墩尺寸不一，墩厚约在7.92m上下，均接近跨径的3/4或更大，阻水极大，造成航行危险。墩基支承在榆木桩上。桥宽3.66～6.1m不等。桥上建有二门，桥南一门为伦敦四城门之一；中墩东建有小教堂，后来还陆续建造了木质房屋，有“公寓式”四层高楼，开设店铺。第3孔桥下，有利用潮汐运行的机械，以提高水位，供应旧城用水。桥前身为木桥（公元963～915年），公元1176年始改为石桥，经历33年，于1209年建成。桥上通行与桥下航行均收过桥税。石桥几经火焚，公元1824～1831年在本桥位上建造了花岗岩的新伦敦桥。1968年该桥出卖给了美国亚利桑那州哈瓦苏湖城，被拆卸运往美国，成为该城收藏的古董。现原桥址看到的是一座6车道的普通混凝土结构桥。（潘洪萱）

就地灌注桩 cast-in-situ pile

简称灌注桩。在土中钻、挖或打一孔洞，孔中灌筑钢筋混凝土或混凝土而成的桩。有钻孔灌注桩、挖孔灌注桩等多种类型，其区别主要在于孔的施工机具和方法或成桩工艺不同。其横截面通常不随深度变化，但也有变截面的；有时把下端扩大成钟形或球形，以增大端承力。钢筋可分段按受力要求配置，有利于节省钢材。近三四十年，孔的施工机具发展较快，尤以钻孔机械较为突出，已能在各种土层内钻成大直径深孔，并可钻进各种岩层，从而解决了大型灌注桩施工的关键问题，也使单桩承载能力大为提高。（夏永承）

就地浇筑钢筋混凝土梁桥 cast-in-place reinforced concrete beam bridge

全部在工地浇筑而成的钢筋混凝土梁桥。它的整体性较好，不要求强大的吊装机械，但有工期较长和耗费支架与模板木料等缺点。适用于因运输和吊装条件受到限制而不宜采用装配式钢筋混凝土梁桥的情况。（伏魁先）

ju

拘束变形 restraint deformation

焊接时由于工件受到约束而产生的变形。焊接过程的不均匀加热和冷却所引起的热应力与金属相变应力称为内拘束应力；而结构形式和焊接顺序等所造成的应力称为外拘束应力，统称为拘束应力。该应力产生的杆件变形统称拘束变形。严格地说，拘束变形还包括结构自身约束刚度、接头形式、焊缝位置、施焊顺序、部件自重，以及夹持部件的松紧程度等所产生的变形部分。拘束变形包含弹性变形和塑性变形，当外界拘束条件放松，弹性变形便会恢复。（李兆祥）

局部承压强度 local bearing strength

承压面积小于总面积时混凝土的抗压强度。承压部分混凝土在周围混凝土的约束下受力，因此强度可以提高。如果在承压面下混凝土内配有钢筋网，还可以考虑钢筋的承压强度。（李霄萍）

局部冲刷 partial erosion

桥墩周围产生的冲刷坑。以米（m）计。水流因受到设在河道内的桥墩的阻挡，桥墩周围的水流结构发生急剧变化而形成涡流，剧烈淘刷桥墩迎水端和周围的泥沙，形成局部冲刷坑。随着冲刷坑的不断加深和扩大，坑底流速逐渐降低，水流挟沙能力随之减弱，当趋向输沙平衡时，冲刷随即停止，局部冲刷坑达到最深。冲刷坑外缘与桥墩前端坑底的最大高差，就是最大局部冲刷深度。局部冲刷的深度，是指以一般冲刷深度的底面为基准面以下的深度。

（周荣沾）

局部加固 local strengthening

为提高桥梁个别杆件或连接的承载能力而采取的加强措施。当个别杆件或连接的承载能力比桥梁结构其他部分的承载能力低时，宜采用局部加固以达到投资不大而提高载重等级的效果。它在钢桥加固中被广泛采用。其加固方法有加大杆件的截面，减短自由长度，在连接处增加螺栓或加长焊缝等。

（万国宏）

局部应力高峰

见应力集中（271页）。

矩形板桥 slab bridge with rectangular cross section

具有扁矩形横截面的板式梁桥。常用钢筋混凝土建造。它具有构造简单、施工方便、建筑高度小等优点，但承载能力与跨越能力均较小。适用于小跨度公路桥。（伏魁先）

矩形桥墩 rectangular cross-section pier

墩体各截面均为矩形的桥墩。其过水性能不好，但施工比较方便，通常只在桥下无流水的情况下使用。（吴瑞麟）

锯切 sawing

通过锯齿的往返运动，切开或切断材料的加工方法。主要工具有：手锯、圆盘锯、摩擦（无齿）锯、弓型锯等。（李兆祥）

聚水槽 catchment gutter

沿泄水孔的三个周边设置的起导流、拦截作用的聚水设施。（张恒平）

聚四氟乙烯板式橡胶支座 teflon plate type rubber bearing

又称四氟板式橡胶支座或滑板橡胶支座。在板式橡胶支座上粘贴一块聚四氟乙烯滑板而构成的滑动支座。应与预埋或粘贴在梁底的不锈钢垫板配套使用。聚四氟乙烯板和不锈钢板之间的摩擦系数极小，故能自由移动。常用于支承反力为中、小吨位，但水平位移较大的桥梁。目前国内定型产品的承压力为100～11 000kN。（杨福源）

聚四氟乙烯滑板 polytetrafluoroethylene (PTFE) sliding plate, teflon sliding plate

用聚四氟乙烯制成的薄板。聚四氟乙烯俗称塑料王，是一种氟和碳的聚合物，其耐高温和耐低温性能好，化学稳定性与耐大气老化性能也极好，同时还具有良好的低摩阻特性及足够的抗压性能。与不锈钢板之间的摩擦系数约为0.02～0.05。常用于聚四氟乙烯板式橡胶支座和盆式橡胶支座，也可用做桥梁顶推施工和转体施工的滑板。（杨福源）

聚四氟乙烯支座 teflon bearing

设有聚四氟乙烯滑板的钢支座或橡胶支座。由于聚四氟乙烯板和不锈钢或镀铬钢板之间的摩阻系数极小（0.015～0.065），故常用其制成板式滑动支座或盆式滑动支座。（陈忠延）

juan

卷扬机 winch

又称绞车。以卷筒和钢丝绳提升或曳引重物的简单起重机械。按动力分为手动、蒸汽、内燃、电动等型式。其结构简单，操作方便，应用广泛。桥梁施工常用手动绞车和电动卷扬机。（唐嘉衣）

jue

绝对式测振传感器 absolute type vibration transducer

又称惯性式测振传感器。测量时仪器固定安装在振动物体上，依靠其内部惯性系统相对壳体的运动测试被测物体振动的传感器。其工作原理是使惯性系统相对壳体的位移与被测物体运动的位移、速度或加速度成正比，并通过介电材料将力学量的变化转换成电压或电流等电量输出。实用中以惯性加速度式传感器应用最为广泛，如压电式及压阻式加速度传感器。惯性式速度传感器因使用频率范围很小而极少使用。（林志兴）

jun

军用桥 military bridge

供军事行动使用的跨越江河、沟谷等障碍的架空建筑物。根据使用目的，一种是供重型或大型军事装备通过的桥梁，通常用于基地或专用道路上，可以是永久性的建筑；另一种是供紧急或秘密行动时使用的桥梁，要求装拆搬运方便，构件可以互换，能就地迅速组装成各种跨度和不同承载力的桥梁，任务完成后即予拆除，如贝雷桥、浮桥、气垫桥等。

（徐光辉）

军用图 military map

为保障国防建设、军队作战、军事训练、军事科学技术研究和军事教育而测绘和编制的地图。包括地形图、海图、航空图和各种专题图。它属于军事测绘的一个组成部分。（卓健成）

均方差 standard deviation

又称标准差。离均差平方的平均数的平方根。以σ表示，则

$$\sigma=\sqrt{\frac{\sum_{i=1}^{n}(x_i-\overline{x})^2}{n}}$$

系列中各变量x_i对均值$\overline{x}$的差值$(x_1-\overline{x})$、$(x_2-\overline{x})$、…、$(x_n-\overline{x})$等，称为离均差（简称离差），表示变量间变化幅度的大小。均方差σ的因次与变量x_i相同。上式仅适用于总体，当利用样本推算总体的均方差时，可采用下式：

$$\sigma=\sqrt{\frac{\sum_{i=1}^{n}(x_i-\overline{x})^2}{n-1}}$$

σ值较小时，表示系列的离均差较小，说明变量间的变化幅度较小，分布比较集中，即系列的离散程度较小（对均值而言）。同时，均方差σ还可以说明均值对系列的代表性，σ值越小，均值的代表性越强。例如：

甲系列：150，125，100，75，50

乙系列：120，110，100，90，80

甲系列和乙系列的水平相同（均值大小相等），$\overline{x}_甲=\overline{x}_乙=100$，其均方差分别为$\sigma_甲=39.5$，$\sigma_乙=15.8$，$\sigma_甲>\sigma_乙$，说明甲系列的离散程度比乙系列大。但是，对于水平不同的两个系列（均值大小不等），由于均值的影响，均方差就不足以说明它们的离散程度大小。在数理统计法中，通常采用相对值（即均方差与均值的比值）来反映系列的相对离散程度，作为系列间的衡量标准，称为变差系数（8页），以C_v表示（C_v无因次）。利用样本推算总体的变差系数（离差系数），可采用下式：

$$C_v=\frac{\sigma}{\overline{x}}=\frac{1}{\overline{x}}\sqrt{\frac{\sum_{i=1}^{n}(x_i-\overline{x})^2}{n-1}}$$

如引入模比系数（变率）K_i，因$K_i=\frac{x_i}{\overline{x}}$，则

$$C_v=\sqrt{\frac{\sum_{i=1}^{n}(K_i-1)^2}{n-1}}$$

或

$$C_v=\sqrt{\frac{\sum_{i=1}^{n}K_i{}^2-n}{n-1}}$$

（周荣沾）

均衡悬臂施工法 balanced cantileuer construction

在桥墩两边相邻两孔的悬臂上同步地用悬臂施工法自墩边向跨中逐段建造桥跨结构的方法。由于对称于桥墩中线的两两对应节段长度和重量、施工设备的结构和重量以及施工操作的程序和进度均各相同，桥墩两边所受施工荷载引起的力矩在施工中始终保持平衡，故桥墩不需为施工专门加大截面尺寸或增加配筋。然而为了安全，有时也采取一些简单的临时措施如墩旁支撑来提高其稳定性。连续梁桥施工时则需采取墩梁临时固结措施（预埋连接钢筋等），待桥跨合龙后再解除固结。常应用于多跨实腹梁桥或桁架梁桥、拱桥、T型刚构桥、连续刚构桥和斜拉桥的施工。（俞同华）

均值 mean value

系列中随机变量的算术平均数。以$\overline{x}$表示。因为随机变量的取值不是在试验前就能得知的，所以均值又不同于普通的平均数的概念，数理统计法中也称为数学期望值。某一随机变量系列x_1、x_2、……、x_n，共有n项，如其中各变量的出现次数都相同，即各变量占有同等比重（为等权）时，均值为：

$$\overline{x}=\frac{x_1+x_2+\cdots+x_n}{n}=\frac{1}{n}\sum_{i=1}^{n}x_i \quad (1)$$

如其中各变量的出现次数都不相同（为不等权），x_1出现f_1次，x_2出现f_2次，…，x_n出现f_n次，且$f_1+f_2+\cdots+f_n=n$，由于各变量对平均数的影响不同，则均值应是系列中随机变量的加权平均数，即

$$\overline{x}=\frac{x_1f_1+x_2f_2+\cdots+x_nf_n}{f_1+f_2+\cdots+f_n}=\frac{1}{n}\sum_{i=1}^{n}x_if_i \quad (2)$$

水文统计法最常用的均值，是把随机变量看作等权，采用公式（1）计算。对于年最大流量系列，其均值为多年年内最大洪峰流量的算术平均值，称为多年平均洪峰流量（简称平均流量），以$\overline{Q}$表示。如以Q_i表示系列中的任一年最大流量值，以n表示流量观测的总年数，则

$$\overline{Q}=\frac{1}{n}\sum_{i=1}^{n}Q_i \quad (3)$$

（周荣沾）

K

ka

卡环 shackle

马蹄形钢环和止动销组成固定吊索或联结钢丝绳套扣的吊具。按构造分为销子式和螺栓式。

(唐嘉衣)

kai

开合桥 folding bridge

即活动桥。但多指其中平转式及伸缩式活动桥。

(徐光辉)

开口端管桩 open-end pipe pile

用钢、钢筋混凝土或预应力混凝土制成、将上部荷载传到地基的、下端敞开的管状构件。其管径较大,底端装环形钢刃脚。为减小下沉阻抗,常采用一边管内排土,一边锤击或振动下沉的方法。当沉到设计位置后,管底泥土应清除干净,再充填混凝土,按设计要求构成实心或空心桩。 (刘成宇)

开口截面肋 rib stiffener with open cross section

又称为开口截面加劲肋。钢结构为保证薄板(如箱梁中的受压顶板和受弯腹板)的屈曲稳定性所设置的截面不封闭的加劲板条。其特点是施工容易,但抗扭惯矩较小。普通开口截面肋的尺寸(mm)为10×500～25×300,间距应由设计计算决定。现代钢桥中还可由互相垂直的纵向肋(顺桥向)和横向肋来加强上翼缘行车道板,构成"正交异性钢桥面板",以提高桥梁的整体性和承载能力并减轻自重。

(陈忠延)

开裂弯矩 cracking moment

预应力混凝土梁中出现第一条竖向裂缝时的荷载弯矩。它是预应力混凝土结构构件设计中的重要指标,出现裂缝时钢筋中应力将突然增大,构件刚度降低。一般可根据构件受拉区边缘纤维应力达到混凝土抗折强度,或者考虑受拉区塑性用抗拉强度来计算。 (李霄萍)

开启桥 movable bridge

即活动桥(115页)。多指其中提升式和立转式活动桥。 (徐光辉)

kang

抗拔桩 uplift pile, tension pile

用来抵抗上拔力的基桩。这类桩的抗拔能力主要来自桩侧摩阻力;若为扩大桩尖桩,则来自扩大端以上由于剪切形成圆锥土体的重量,但要考虑邻桩的圆锥体的相互交搭影响。 (赵善锐)

抗剪键法 shear key method

在箱梁内或梁的内侧增设抗剪力键,用以分散传递剪力,并对出现裂缝的腹板进行修复的方法。剪力键是在箱梁内壁或梁腹板内侧设置的钢筋混凝土键块,其厚度在腹板处约40cm,箱梁顶板部位约20cm,键的纵向长度依修复范围而定。当钢筋混凝土或预应力混凝土梁桥的腹板由于各种原因而出现斜裂缝时,可采用剪力键法修补。施工时应使键内钢筋与梁内钢筋锚固成整体,加键部分混凝土宜使用无收缩或加膨胀剂的混凝土。 (黄绳武)

抗剪强度 shear strength

土或岩石抵抗剪切作用的能力,即土或岩石在垂直压应力作用下,抵抗剪切破坏的最大剪应力。是土和岩石的重要力学性质,用τ表示。

$$\tau = \sigma\tan\varphi + c$$

式中σ为垂直压应力(Pa);φ为内摩擦角;c为粘聚力(Pa)。常用直剪试验或三轴试验求得。土的剪切试验,按土的性质、工程特点和使用情况分为不排水剪试验和排水剪试验。对于岩石,根据实际需要又有抗剪断强度试验、剪切试验和抗剪试验三种。

(王岫霏)

抗扭钢筋 torsional reinforcement

扭转剪应力超过规范规定的最小值时,必须配置的承受扭矩的钢筋。它包含闭合形箍筋和纵向钢筋,而且这些钢筋是在抗剪或抗弯要求以外附加的。

(车惠民)

抗扭强度 torsional strength

构件承受扭矩的极限能力。对于钢筋混凝土构件可近似地将混凝土和抗扭钢筋两部分的抗力叠加,前者按塑性理论砂堆比拟法计算,后者用扭裂后的空间桁架模型计算。扭剪或弯扭共同作用的情况,破坏机理非常复杂,设计中可利用相关方程,或采用斜弯理论进行分析。 (车惠民)

抗劈力 resistance to splitting

木材抵抗劈裂的能力。木材抗劈力的大小反映木材沿木纹方向劈开的难易。它可用试验测定，但数值只能作为选择用材时参考，不能用作设计数据。（陈忠延 熊光泽）

kao

考莫多尔桥 Commodore J. Barry Bridge

又称切斯特（Chester）桥。位于美国新泽西（New Jersey）州宾夕法尼亚的公路桥。主桥为3孔钢伸臂桁架。两侧锚跨各为250.61m，中孔为501.22m，内两伸臂各125.30m，悬孔250.61m。桥为单层6车道桥面，桁中心距22.1m。采用栓焊结构，因桥址处风速较大，若干H形截面竖杆曾因风振于杆端产生裂纹。建于1974年。（唐寰澄）

ke

柯赫山谷桥 Kochertal Bridge

位于德国纽伦堡（Nuremberg）至海尔布隆（Heilbron）公路的柯赫山谷上的一座6车道公路桥。全长9跨一连共1 128m，跨度为81m＋7×138m＋81m，桥宽30.76m。全桥由等高度单室带伸臂箱梁与单室箱形截面薄壁高桥墩组成预应力混凝土连续刚构。单室箱梁截面高6.5m，顶宽13.1m，底宽8.6m，腹板厚45cm。箱顶两侧各与8.83m宽的预制板连接成长伸臂，并由预制斜撑杆支承。8个桥墩，最高者达183m，为世界上最高的桥墩，用爬模施工；上部结构采用“走行式带模板辅助桁梁”进行悬臂灌筑逐孔施工。全桥于1980年建成通车。（严国敏）

柯氏锚 Kolovkin anchorage

苏联柯罗夫金工程师研制成功的属拉锚式体系的一种锚具。其锚定力筋的原理是将钢丝束端部钢丝伸入锚杯，套上箍圈，弯成弯钩，并用锥销楔紧于锚杯底板圆孔中，再在锚杯内灌筑高强混凝土，借钢丝与混凝土间的粘结力锚住钢丝。（何广汉）

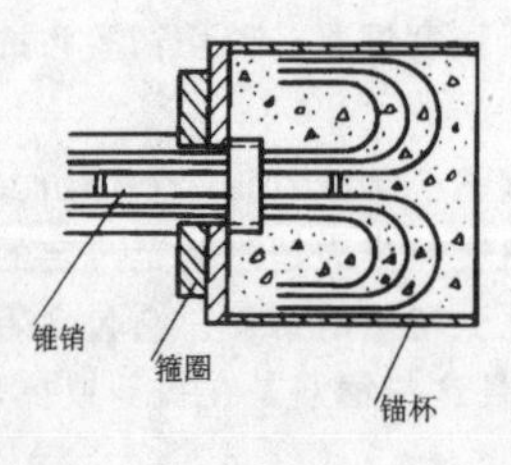

科尔布兰德桥 Köhlbrand Bridge

1974年建于德国汉堡布的3孔斜拉桥。跨度为97.5m＋325m＋97.5m。桥宽17.6m，有2×7m行车道及2×1.4m人行道。桥塔为倒Y形钢结构，总高98m。斜索布置成双索面非对称扇形密索体系，采用ϕ54～ϕ110mm的封闭式卷制钢索（Locked Coil Rope）。主梁为倒梯形单室斜腹板钢箱梁，箱顶两侧有伸臂结构，并有斜撑杆支托伸臂端部。边跨端支点的负反力用相邻引桥的梁重来平衡。该桥斜索因严重腐蚀而全部更换，是斜拉桥发展史上的教训。（严国敏）

科罗-巴伯尔图阿普桥 Koror-Babelthuap Bridge

位于美国太平洋托管区，连接科罗和巴伯尔图阿普两岛的三跨预应力混凝土连续箱梁桥。分跨（m）为18.6＋53.6＋240.8＋53.6＋18.6，建成于1977年。桥面宽9.63m，设双车道和一条人行道，上部为单室箱梁，采用悬臂浇筑法施工，与主桥墩浇筑在一起，并在中孔跨中设铰，以调节混凝土收缩、徐变和温度位移。（范立础）

科学研究性试验 scientific experiment

为建立或验证结构设计新理论、发展一种新型结构或解决计算方法而进行的系统性研究的结构试验。试件是根据研究目的，并以主要影响因素为参数而专门设计制造的，其尺寸要考虑加载设备的能力和试验场地的大小。一般在实验室内进行，并要加载到试件破坏。通过系统试验可了解结构受力的全过程，取得可靠数据，分析并找出规律性的东西，提出计算方法或提供重要设计参数，例如中国为修改规范所进行的大量试验均属科学研究性试验。（张开敬）

颗粒级配曲线

①Grading curve 又称筛分曲线，以骨料筛分试验所得的各号筛的累计筛余百分数为纵坐标，以筛孔尺寸为横坐标绘成的曲线。以表示混凝土骨料大小不同的颗粒互相搭配的比例情况。可以直观地判断骨料的级配是否符合规定的要求。②grain size distribution curve 简称级配曲线。泥沙粒径与小于该粒径的沙量百分数的关系曲线。它是泥沙颗粒分析最重要的内容和成果，是确定各种特征粒径的依据。（崔 锦 吴学鹏）

可变作用 variable action

在设计基准期内，其量值随时间变化且其变化与平均值相比不可忽略的作用。其中直接作用也称活荷载，如车辆荷载及其他可移动荷载，安装荷载，风荷载，雪荷载，温度变化，水压力，波浪力，常遇地震以及水位变动情况下的水压力等。（车惠民）

可撤式沉箱 detachable pneumatic caisson

由钢板和型钢骨架组合而成的空体浮运式气压沉箱。它需要足够的刚度、强度和气密性，且能自由拼拆，反复使用。因此，它不是基础的组成部分，而是修复水下结构的专用设备，主要利用其气压工作室在水下修复被毁坏的水中墩台及基础。

（刘成宇）

可撤式螺栓 withdrawable bolt

用于拼装盾状模板，在浇筑混凝土后可拆除再用的特制螺栓。其埋于混凝土体内的螺杆呈圆锥形，并有内螺纹以连接模板的拉杆。混凝土灌筑完成后，旋动此螺杆即可将螺栓撤出体外，使脱模方便。其构造如图。

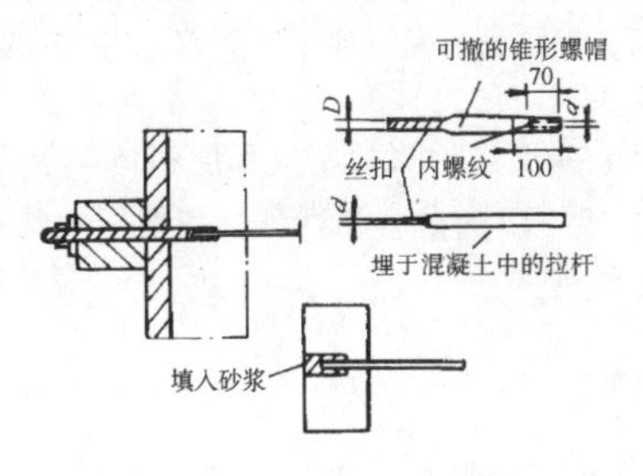

（谢幼藩）

可动作用 free action, transient action

在结构空间位置的一定范围内可任意分布的作用。如车辆荷载等。（车惠民）

可焊性 weldability

金属材料的焊接性能。主要包括焊缝与热影响区的裂纹敏感性、焊接接头的淬硬性、低温冲击韧性等。它取决于母材的化学成分、焊缝金属的含氢量、焊接接头的拘束度和冷却时间。通常以母材的含碳量、碳当量和冷裂纹敏感系数等指标来衡量。

（唐嘉衣）

可靠概率 survival probability

又称结构可靠度。结构在规定期内，规定条件下能满足预定功能的概率。它常用符号 P_s 表示，并与结构失效概率 P_f 有互补关系，即

$$P_f = 1 - P_s$$

（车惠民）

可靠性 reliability

结构在正常条件下，在预定时间内完成各种规定功能的能力。换言之，它又是结构在预定时间内达不到极限状态的概率。（车惠民）

可靠指标 reliability index

评价结构可靠性水平的参量。它与失效概率之间有如下的关系

$$\beta = \varphi^{-1}(1 - P_f)$$

式中 β 为结构的可靠指标；P_f 为结构的失效概率；$\varphi^{-1}(\cdot)$ 为标准正态分布函数的反函数。对结构的各种极限状态，设计中均可根据安全等级和破坏类型选用适当的目标可靠指标，以保证结构的安全可靠和经济合理。

（车惠民）

可能最大洪水 PMF, probable maximum flood

由可能最大降水引起的洪水。它可作为桥渡或水工建筑物校核安全性的一种依据。计算这种洪水流量的方法很多，有以气象成因为主和从气象与水文统计为主两种途径。对于数量多、分布广、资料少，又要求在较短时间内完成规划设计任务的工程，只能采用其中简便易行的方法进行估算。（吴学鹏）

可能最大降水 PMP, probable maximum precipitation

流域内一年中一定历时物理上可能的理论最大降水量。它一度称为极限降水（MPP），常见于1950年以前估算极限洪水的文献中。由于MPP一词难于表达降水本身所具有的随机特性，而PMP则概括了这种性值，所以将MPP改为PMP。为了规划设计的便利，可以制成PMP等值线图，中国及其各省的可能最大24小时点暴雨等值线图已经制成。PMP是计算可能最大洪水的重要依据。

（吴学鹏）

可行性研究 feasibility study

对工程项目投资决策前进行技术经济论证，确定其是否可行的一种综合性科学方法。基本建设程序的重要组成部分。通过可行性研究后编制可行性研究报告，作为有关建设部门的决策依据。

桥梁工程可行性研究报告的内容包括：①说明工程项目建设的目的、必要性和经济意义；②概述编制依据、原则和范围；③建设地区概况：地区的社会经济及基础设施情况，道路网、交通量及航运情况，地形特征、地质、水文、气象、地震等；④工程内容分析与论证：分析桥位处土地使用、水陆交通情况，论证建桥的可能性；调查分析近、远期交通量发展情况；论证主要建筑材料来源、水电供应等；⑤工程方案内容：设计原则及标准，工程规模，桥位选择，桥型比较方案，引道工程，方案的优缺点评价和推荐方案；⑥建设进度设想；⑦投资估算和资金筹措；⑧财务效益及工程效益分析；⑨结论、建议和存在问题。

通过对工程项目的可行性研究，不但要阐明该项目在技术上是否可行、经济上是否合理，充分体现适用、安全、经济、美观的建设原则，还要提倡采用新技术、新工艺、新材料、新结构，体现技术的先进性。（洪国治）

可行性研究报告 feasibility study report

依据经批准的项目建议书来编制，经批准后可作为确定建设项目和编制设计文件主要依据的工程建设的指导性文件。对新建大中型工业项目主要包括以下内容：①建设的目的和依据；②建设规模、需

求预测、劳动定员、人员培训和组织管理制度；③矿产资源、水文地质和工程地质条件；④原材料、燃料、动力(含需要的煤、电、油及厂矿内部的热平衡)、供水、运输等协作配合条件；⑤建厂条件和厂址方案、占地条件、征地的可能性及占地费的估算、与城市规划的关系；⑥生产纲领、产品方案(或工艺原则)、销路、盈利水平和竞争能力；⑦项目构成(按单位或单项工程列出明细)、协作配合工程；⑧环境影响评价、三废治理的初步方案、资源综合利用和防空、抗震要求；⑨投资总额、资金来源、经济效益预测和投资回收年限；⑩实施进度的建议，说明建设进度和工期；⑪技术经济总评价；⑫存在问题和解决办法；⑬附件：经批准的项目建议书、规划行政主管部门的选址意见书、按规定经主管部门正式批准的有关文件及外协条件的意向性协议、各级储量委员会批准的矿产资源储量报告(与矿产资源有关项目需报送)、经环境保护部门批准的环境影响报告书、经人防部门签署的意见、资金来源及筹措情况、厂区的地形图及附近的城市规划图、厂区总平面布置草图。一般项目内容可适当简化。以上内容对桥梁工程而言，可依情况而变通。参见设计任务书。 (庞大中)

克尔克桥 Krk Bridge

位于南斯拉夫，跨亚得里亚海，接圣·麦克岛，联克尔克岛的公路桥。桥面宽11.4m。桥跨于两岛之间者为世界第七位的钢筋混凝土拱，跨长244m。跨大陆与圣·麦克岛间者为世界最大跨钢筋混凝土拱，拱跨390m。拱用5m长预制并行三块箱形段，与临时拉索、拱上柱组成临时桁，伸臂安装。1979年建成。 (唐寰澄)

克罗伊茨高级钢支座 Kreutz Armour high grade steel bearing

由原联邦德国克罗伊茨·阿莫研究用高级合金钢或不锈钢制作的一种新型钢支座。采用表面热处理的办法，以提高支座接触部分的硬度和容许应力值，并减小滚动摩擦系数。这种支座的承载能力、使用品质和结构尺寸较旧式钢支座有很大的改善。 (杨福源)

克尼桥 Knie Bridge

位于德国杜塞尔多尔夫市的莱茵河上的独塔2跨连续钢斜拉桥。建于1969年。跨度为242.15m+319m，塔高91.6m，桥宽27.5m。主梁由2片板梁及横梁与正交异性桥面板等组成，主梁外有横向伸臂结构承托人行道及与斜索锚接。钢桥塔采用双柱分立式，现场分节焊接安装。斜索布置成双索面竖琴形稀索(索间距边跨为48.75m，主跨50m以上)体系，上下共4根。边孔分为5个小孔，有4个吊拉支墩，它们与主梁之间设有可承受负反力的吊拉支座。 (严国敏)

刻痕钢丝 indented wire

为提高钢丝与混凝土间的粘结力而在表面刻痕的钢丝。直径通常为5～7mm。其物理力学性能应通过专门的试验测定。 (何广汉)

keng

坑探 exploring mining

又称试坑。利用垂直向下掘进呈竖井状的土坑进行勘探的一种方法。用于了解覆盖层厚度和性质、滑坡面、断层面、观测地下水位和采取原状土样等。断面采用1.5m×1.0m的矩形或直径0.8～1.0m的圆形。深度以地层的密实程度和地下水埋藏深度而定，一般为2～3m。除深度浅和地层坚硬者外，一般需支撑加固。 (王岫霏)

kong

空腹拱桥 open spandrel arch bridge

拱上建筑由腹拱梁-柱(墙)或刚架构成的拱桥。腹拱为拱圈以上，桥面以下的小拱，由拱与立墙构成，多用于圬工砌筑的板拱桥中(图*a*)。刚架由拱上立柱与横梁组成，常做成横向的钢筋混凝土刚架，上承桥面系，多用于钢筋混凝土肋拱桥中(图*b*)。梁-柱(墙)式由梁代替腹拱，可用于板拱桥或肋拱桥中。空腹拱桥较实腹拱桥轻巧，节省材料，外形美观，还有助于泄洪，适用于大跨度桥梁，但施工麻烦。

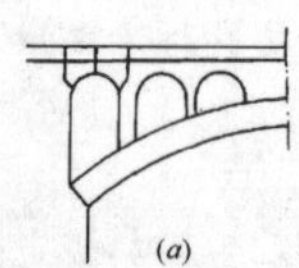
(*a*)

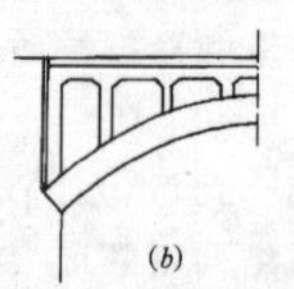
(*b*)

(袁国干)

空腹梁桥 open web girder bridge

由带有空洞腹板的主梁作为主要承重结构的桥梁。梁式桥的腹板主要承受剪力并联系上、下翼缘使成为整体，在满足这一功能的前提下，可做成带空洞的腹板以减少材料用量和减轻自重。空洞可为圆形或方形。方形孔洞使主梁形成格式框架梁，多用在预应力混凝土和钢筋混凝土梁上。但预留孔洞将使构造和制作复杂。桁架梁桥实质上也是一种空腹梁桥。 (徐光辉)

空腹木板桁架 open web timber-plate truss

即销合木板桁架(参见木板桁架，166页)。此种桁架内所有的杆件连接均采用销结合的型式。 (陈忠延)

空腹式桥台 open spandrel abutment

台身纵向和横向都穿孔的桥台。其外形可见部分常为圆形空洞，整个桥台利用圆形拱将前、中、后立柱联成整体，共同承受水平力，竖向力则由立柱传至基础。它既可用于梁桥也可用于拱桥。

（吴瑞麟）

空格桥面 grid bridge deck

又称开口格栅桥面。用格栅做成的可以上、下通风的桥面。由于横向风流在具有实体板桥面的顶部或底部，可能形成程度不同的局部真空，并对桥面产生时大时小的吸力，这将会引起有害的桥梁风振。为此，在桁架加劲梁的悬索桥中，将部分桥面做成上、下可以通风的空格形状，使桥面上、下的空气压力维持或接近平衡，以达到提高桥梁抗风稳定性的目的。在跨中桥面上开设槽孔，也同样可以达到上述目的，通常将这些槽孔称为通风洞。（赖国麟）

空间桁架模拟理论 space truss analogy theory

将钢筋混凝土实心构件模拟成空间桁架的设计抗扭钢筋的理论。它是设计抗剪腹筋平面桁架模式的扩充。1929年由E. 劳施（E. Rausch）首先提出，他认为钢筋混凝土实心构件在扭矩作用下的结构行为类似于薄壁箱形截面构件。极限扭矩可由纵向钢筋和箍筋组成的封闭笼架以及理想化的混凝土受压斜杆共同承担。（车惠民）

空气吸泥法 excavating with airlift

利用空气吸泥机于水下挖泥的方法。它的工作原理是把空气送入吸泥管下端混合室中，形成水和气混合体，利用管外水柱和管内水、气混合体的重力差，在管口下端形成高速水流，把泥土连同气、水一并排出管外。水愈深所需气压及气量愈大，而出泥效率也愈高，在浅水情况下不能使用。它常用于沉井、沉箱和围堰内的水中挖泥。当遇到粘性土，应辅以高压射水，使土冲散，以提高吸泥效率。（刘成宇）

空气吸泥机 air-lift dredger

利用压缩空气吸排砂土或石碴的吸泥机。由吸泥管，吸泥器，风包，高压风管等组成，空气压缩机配合工作。压缩空气通过吸泥器的喷嘴或环状孔眼喷入吸泥管，使水与空气形成比重较轻的混合体，上升时将水底的砂土、卵石或钻碴带进管内排出。使用时需有4～5m的水深，水越深效果越好。常用于管柱、钻孔桩、沉井的施工。（唐嘉衣）

空气压缩机 air compressor

制备压缩空气的通用机械。按动力分为电动式和内燃式。按机械构造分为往复式、螺杆式、滑片式等。一般采用低压（0.7～0.8MPa）。为各种气动机械或工具提供动力。在桥梁施工中，用于气幕沉井、气压沉箱、泥浆循环、吸泥等工作。（唐嘉衣）

空心板 hollow slab

沿纵向或横向设有孔洞的钢筋混凝土板。装配式预制空心板的截面挖空型式很多，或挖成单个较宽的孔洞，或用无缝钢管心模制成两个以上正圆孔，或借助胶囊形成椭圆形孔洞。中国交通部制订有跨径6～13m三种钢筋混凝土空心板和跨径8～16m四种先张法预应力空心板桥标准图。（何广汉）

空心板桥 hollow slab bridge

板式承重结构的横截面上具有孔洞的板桥。常采用预制钢筋混凝土或预应力混凝土构件拼装而成。板桥主要承受纵向弯矩，为减少板中央受拉区部位的无效混凝土，而开有空洞，但洞壁须具有足够的厚度以抗剪。这种桥自重轻，建筑高度小，便于架设，广泛应用于公路小桥中；但形成空洞的芯模制作与拆卸均较麻烦，为此可采用充气的橡胶芯模。

（袁国干）

空心沉井基础 unfilled caisson foundation

以封底混凝土与顶盖之间不填充圬工的沉井为主体的沉井基础。其作用是为了减小基底压力，但又必须满足稳定要求。在严寒地区，低于冻结线0.25m以上部分，应用混凝土或圬工填实。（邱　岳）

空心沉箱 hollow pneumatic caisson

由钢筋混凝土空心墙和顶盖构成的压气排水下沉的箱式结构。由于空体易浮，一般用于水中基础的浮式沉箱，当其浮运就位后，空体中再回填混凝土，最终构成实体沉箱基础。（刘成宇）

空心墩的局部压屈 local buckling for hollow pier

由于墩壁很薄，空心墩在轴向力作用下出现褶皱波纹变形而丧失承载力的现象。局部失稳发生在弹塑性范围内，故应按非弹性屈曲切线模量理论计算空心墩板壳在弹塑性阶段局部失稳的临界压力。试验结果分析表明：当壁厚大于圆柱形空心墩曲面半径R或矩形空心墩板宽b的1/10～1/15时，局部失稳临界应力与混凝土抗压强度很接近，不设横隔板也不会发生局部失稳。钢筋混凝土空心墩的局部压屈也可偏于安全地参照上述试验结果。

（王效通）

空心墩的温度应力 temperature stresses for hollow pier

由于墩壁内外温差非线性分布产生的自约束温度应力。混凝土或钢筋混凝土空心墩墩壁较薄，墩内通风条件不好，混凝土的导热性能又差，在气温骤变时，墩壁内外产生温差；在日照辐射作用下，向阳的墩壁内外也产生温差。温差沿壁厚方向的分布是非线性的，而截面变形是服从平截面变形规律的，截面温度变形受到约束产生自约束温度应力。一般，当日

照正温差时，墩壁外侧受压内侧受拉；而当寒潮有负温差时，则墩壁外侧受拉而内侧受压。（王效通）

空心墩局部应力 local stresses for hollow pier

由于边界干扰在墩壁产生局部高应力的现象。空心墩身与顶帽和基础连接处相当于固端的边界条件，对墩壁变形有约束作用，因而在轴向压力和横向弯矩作用下，在紧邻固端半径高度的范围内产生局部的纵向应力和环向应力。可用薄壳公式计算在轴向力作用下固端干扰产生的单位宽度上附加纵向弯矩、环向弯矩和轴力，而后按矩形板（宽 1m、高为墩壁厚度）求出由此而产生的纵向和环向局部应力。纵向局部应力约为一般材料力学公式计算最大应力的 29%～39%，边界干扰环向最大局部拉应力约为最大纵向应力的 1%。（王效通）

空心桥墩 hollow pier

墩身为空腔体的桥墩。多为混凝土或钢筋混凝土结构，广泛应用于较高桥墩。与实体墩相比可以节约大量圬工。外形有圆形、圆端形、尖端型等。构造上根据需要设横隔板或不设横隔板。多采用滑动钢模现浇施工，也可采用预制拼装的方法施工。在我国铁路桥梁中，还多次采用预应力拼装薄壁空心桥墩。它以箱形预制块为基本构件，在四周预留孔道，叠砌后穿以钢丝束并张拉成整体。（吴瑞麟）

空心桥台 hollow abutment

用竖墙和隔墙做成空心结构的桥台。通常在地基软弱处为了降低基底压力或为了节约材料而采用。常用钢筋混凝土修建，也可用圬工材料修建，但厚度较大。（吴瑞麟）

空中纺缆法 air spinning method

又称空中放线法，简称 AS 法。利用专门设备将高强钢丝直接在桥孔上空来回牵引编成索股，最后由多根索股组成悬索桥主缆的施工方法。先将长度相当于主缆长度 10～20 倍的钢丝盘在大卷盘上，装到桥头锚碇处的松卷台座上，再将钢丝引出，穿过平衡重塔架，绕在特制纺轮上，用牵引索将纺轮从一端锚碇引至另一端锚碇。钢丝被套进事先设在锚碇处的“索靴”上，并用“基准钢丝”调准长度。纺轮往返牵引钢丝至一定根数后，将其捆成索股，经就位、调股后予以锁定。悬索桥主缆架设的另一种方法为预制平行钢丝索股法。（林长川）

孔道 duct

又称管道。后张法工艺中在梁体混凝土内用制孔器形成的圆形孔道。用以穿入力筋，以便在硬结的混凝土构件上进行预应力张拉。孔道面积约为力筋面积的 2 倍，过大则会在灌浆时产生更多的气泡。（何广汉）

孔径设计 design of bridge opening

广义为根据有关技术标准和河流水文资料进行桥涵孔跨和基础埋深等方面的计算。设计必须保证设计洪水、流冰、流木、泥石流及其他漂浮物的安全通过，保证桥头路堤不致漫决（公路漫水桥除外），并考虑水陆交通和排灌的需要，以及建桥后引起的流势变化对上流农田房舍的影响。大中桥孔径设计的主要内容是：桥下过水面积计算；桥下设计水位的确定（包含桥前壅水、浪高、水拱、股流涌高、河弯超高、河床淤积、墩前冲高等）；冲刷计算（包含一般冲刷和局部冲刷）；确定基础埋置深度。小桥涵孔径设计的主要内容是：桥涵类型及孔径选择；水流流态分析和孔径及流量检算。狭义为根据设计洪水和河道特征求算桥下过水面积。保证设计洪水、流冰、流木、泥石流及其他漂浮物安全通过桥孔。（吴学鹏　任宝良）

孔隙水 pore water

存在于土及岩石孔隙中的地下水。广泛分布于第四纪松散沉积物及孔隙发育的砂岩、砾岩中。（王岫霏）

控速信号 speed board

提醒司机控制速度的信号。用于线路前方有限速通过或正在维修桥梁和线路之处。白天用信号旗（黄色）、晚上用色灯（黄灯）表示。（谢幼藩）

控制张拉应力 tensioning stress in tendon at jacking

见预应力钢筋中的预加应力（276 页）。

kou

扣损 deduct losses

在坡面汇流计算中，从降雨量求净雨量过程中应扣除的各种损失的总称。这些损失包括：植物截留、下渗、填洼、流域蒸散发等所耗散的水量。扣损是地面径流计算，特别是桥渡设计流量计算中的一个重要环节。（吴学鹏）

kua

跨墩门式吊车架梁 installing bridge girder with launching gantry

在桥墩两侧设置轨道或栈桥，其上设置用常备式钢构件或木料拼制的龙门吊机架梁。桥梁构件在桥头预制和拼装时，还可用它来完成装吊、移运、安装等全部工作。因为龙门吊机需有走道，宜在架设旱桥、引桥或水不太深的正桥时使用。在水流较深、桥墩较高或河床不便打桩之处以及洪水期就不便用此

法施工。 （刘学信）

跨谷桥 valley bridge, nullah bridge

线路（铁路、公路、其他道路或管线、水渠等通道）在跨越峡谷时设置的架空建筑物。桥的高度和长度取决于峡谷地形和线路设计所要求的桥面标高，经与修筑路堤作技术经济比较而定。如瑞士苏黎世的萨尔吉纳峡谷桥，以主孔跨径 90m 的三铰拱桥一跨跨过阿尔卑斯山中陡峻的峡谷，成为优美而经济的建筑物。 （徐光辉）

跨海联络桥 connecting line bridge across the strait

线路（铁路、公路）跨越海峡以沟通岛与岛或岛与大陆之间交通联系而设置的架空建筑物。有时跨过几个海峡而构成一组桥梁群。如日本 1988 年建成的本州—四国联络线中跨越备赞濑户内海的儿岛—坂出线联络桥，就是由三座主跨跨径分别为 940、990、1 100m 的悬索桥、两座主跨跨径 420m 的斜拉桥及五座高架桥和引桥等组成的桥梁群，桥梁总长超过 11 000m。 （徐光辉）

跨河桥 river bridge

线路（铁路、公路、其他道路或管线、水渠等通道）在跨越天然河流时设置的架空建筑物。桥梁中最主要、最常见的一种。桥下孔径应满足洪水期河流泄水的要求，在通航河流上还应按河流等级，满足通航期间船队航行的净空要求，建筑物的任何部件不得侵入其内。水中的墩台及基础应尽可能避免或减少阻水现象，并应能抗御流水、流冰的压力及漂浮物或船舶的撞击力。 （徐光辉）

跨湖桥 lake bridge

线路（铁路、公路、其他道路或管线等通道）在跨越湖泊水域时设置的架空建筑物。一般湖泊的水深不大，水流平缓、涨落幅度较小，因此如无通航等特殊要求，不必采用很大跨径的桥梁（按经济原则分孔）。如委内瑞拉的马拉开波湖大桥，总长近 9km，只在中间通航处做成跨径 160m＋5×235m＋160m 的斜拉桥，其余孔则是中等跨径的梁式桥。

（徐光辉）

跨线桥 flyover bridge, overpass bridge

铁路、公路或其他道路跨越线路（铁路、公路、其他道路或管线、渠道）时设置的架空建筑物。要求结构外形明快流畅，桥下空间满足桥下各种交通的建筑净空要求，使桥下线路上的车辆、行人通过时无压抑感。桥上并应有防护设施，防止有杂物落下导致桥下发生交通事故。 （徐光辉）

kuan

宽滩漫流 stream of alluvial flat

泛滥线很宽的河流。河槽深度不大，汛期水位一旦超过滩地标高，便泛滥很宽，水深一般较小。

（吴学鹏）

kuang

矿渣水泥 Portland blastfurnace-slag cement

全称矿渣硅酸盐水泥。在粉磨硅酸盐水泥熟料时，掺入 20%～70%的粒状高炉矿渣，与适量石膏共同磨细而成的水泥。是中国生产的主要水泥品种之一。矿渣水泥与普通水泥相比，其耐热性、抗水性和抗硫酸盐腐蚀性较好，水化热较低，但抗冻性较差，早期强度较低，需要养护的时间较长和泌水性、干缩性较大，可用于地面、地下和水中的各种混凝土工程，或用于耐热混凝土、大体积混凝土和蒸汽养护的预制构件。 （张迺华）

框架埋置式桥台 buried framed abutment

台身为 A 字形或其他形式框架的埋置式桥台。通常配以双排桩基。它既比桩柱埋置式桥台有更好的刚度，又比肋形埋置式桥台挖空率更高，更节省圬工。可用于路堤填土在 5m 以上的桥台。

（吴瑞麟）

框架式桁架 framed truss

仅有竖腹杆而无斜腹杆因而节点受有较大弯矩的桁架。标准的桁架具有斜腹杆，它与竖腹杆一起使桁架保持为几何不变的刚性结构，并抵抗桁架所受的剪力；各杆件以受轴向力为主。但当桁架高度较小，布置斜杆在构造上有困难时，或为减少节点上交汇的杆件数、使仅有弦杆和竖杆相交，避免节点构造复杂化，因而将斜杆取消，就形成框架式桁架。在荷载下杆件不但受有轴向力且有较大的杆端弯矩，在结构受力上与框架相似。 （俞同华）

框架式桥塔 frame-type bridge tower

见桥塔（197 页）

kui

魁北克桥 Quebec Bridge

位于加拿大魁北克，跨越圣劳伦斯河的世界著名大跨径钢悬臂桁架桥。建于 1904～1918 年，原为铁路桥，现已改为公路、铁路两用桥。全长 853.6m，分跨为 152.4m＋548.6m＋152.4m，中孔悬挂桁架部分长为 195.1m。该桥在修建时曾发生两次重大事故，第一次是 1907 年 8 月 29 日，当主跨悬臂施工时坠入河中。第二次是 1916 年 9 月 11 日，当提升拼合重 5 000t 的悬挂孔时，悬挂孔下面的支承铸件突然破裂，导致悬挂孔倾斜，滑落水中。 （范立础）

kuo

扩大初步设计 extended preliminary design

基本建设采用两阶段设计时的第一阶段设计。由初步设计和技术设计合并简化而成，其内容比初步设计精确，而比技术设计粗略。根据审批的计划任务书编制。（张迺华）

扩孔 reaming

根据工艺要求，在工件上预先钻制比设计孔径小的钉孔，然后组成总体后，再用扩孔钻头或铣锥，一次扩至设计孔径的工艺过程。（李兆祥）

L

la

拉杆式千斤顶 pull-rod jack

又称钢筋拉伸机。用张拉杆连接预应力筋进行张拉的单作用千斤顶。由张拉油缸，张拉杆，螺纹接头，支承架组成。适用于张拉螺纹钢筋或预先锚固在螺纹锚具上的钢丝束或钢绞线束（如镦头锚体系）。（唐嘉衣）

拉力摆 tension pendulum

又称拉力悬摆。用于承受支座负反力的缆索构造。它是一根将上、下两端分别锚于主梁和墩身的预应力拉索，其预拉力应大于负反力值。拉力摆锚头做成可各向旋转的，常用经聚四氟乙烯处理的半球面支承。因而它可随主梁移动而自由摆动。在上、下入口处应不使缆索受弯，索外所套的钢管既是防护套，又可承受缆索在摆动时可能引起的弯矩。

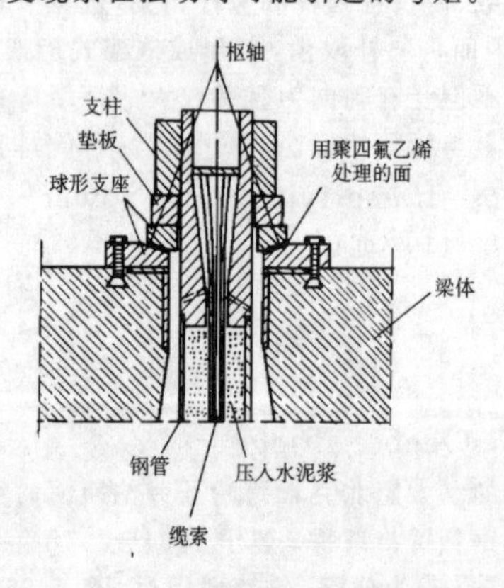

（赖国麟）

拉力支座 tension support

又称负反力支座。可以同时承受正、负反力的支座。分为拉力铰支座和拉力连杆式支座两种。前者又可分为固定式与活动式两种。固定式铰支座的上摇座锚于梁端，下摇座锚于墩顶或台顶，两摇座之间用钢销连接而成；活动式拉力铰支座的下摇座则嵌在锚于墩顶或台顶部的防拔块间，并在座下加辊轴，使其既能受拉，又能沿纵向移动。拉力连杆式支座是将连杆分别与梁端节点和墩、台预埋件或桥塔伸臂铰接构成。（赖国麟）

拉锚式预应力工艺 jacking through anchorages

先将预应力筋锚固在锚具上，张拉锚具以螺帽或叉形垫板进行固定的工艺。如：镦头锚、柯氏锚等体系。其特点是：预应力筋连同锚好的锚具在灌筑混凝土前安装入孔道内，灌筑后进行张拉。

（唐嘉衣）

拉区强化效应 effect of tension stiffening

构件裂缝间拉区混凝土对变形和应力的有利影响。它随着荷载的增加，裂缝增多，钢筋与混凝土间的粘结破坏而逐渐减弱。通常在计算裂缝宽度和构件变形时可以考虑这种强化效应。（顾安邦）

拉丝式预应力工艺 jacking through tendons

直接张拉预应力筋，用锚塞或楔片进行锚固的工艺。如：弗氏锚、JM 锚、VSL 锚、XM 型锚具、QM 型锚具等体系。其特点是：预应力筋在灌筑混凝土后穿入预留的孔道进行张拉。（唐嘉衣）

拉条 brace

木制桁架中用作受拉杆件的钢构件。

（陈忠延）

拉条模型风洞试验 taut strip model wind tunnel test

用二根平行的拉索或管，将与实桥满足相似的质量及质量惯性矩的分段桥道节段模型张紧并固定于两端锚固装置上，测量桥梁的风致振动响应等的风洞试验，适用于具有正弦形振动的结构，模型的设计应保证最低阶的垂直、水平和扭转振型的频率之间的比值与实桥相同。主要用于桥梁的抖振响应试验和涡激振动试验，也可用于测定桥道断面的气动导数、气动导纳和气动力的相关特性等。

（林志兴）

拉压式橡胶伸缩缝 tensile-compressional rubber expansion joint

一种以多块平置的上下面层开设槽口的橡胶板作为跨缝材料的伸缩缝装置。梁体的变形由橡胶板上下面层槽口的压缩与张开来完成，常用于变形量在100mm左右的桥梁上。 （郭永琛）

lai

莱昂哈特体系 Leonhardt prestressing system

将力筋连续绕置并集中于扁矩形套管内的配筋体系。曲线形套管按内力要求布置。构件端部张拉块与结构主体间设有顶升器，用以顶开其间缝隙，填注混凝土，使承受松顶压力。体系特点为现场浇筑，力筋同时张拉，张拉力可达10 000kN，需要连续配筋专用小车。 （严国敏）

lan

兰德桥 Rande Bridge

又称比戈桥。位于西班牙比戈（Vigo），跨布其特（Bucht）河的主桥为三孔的连续钢斜拉桥。桥边孔147m，中孔400m。H形双塔，双索面，扇形布置。塔高在桥面以上为76m，塔两侧各8对拉索。采用流线形截面钢箱梁，总宽23.5m，梁高2.4m。桥面通行四车道公路。建于1978年。 （唐寰澄）

兰州黄河铁路桥 Lanzhou Huaughe (Yellow) River Railway Bridge

位于甘肃省兰州市郊东岗镇包兰线上的混凝土拱桥。全长221.09m，正桥为3孔跨度53m钢筋混凝土空腹式上承拱；引桥包头岸为2孔跨度10m石拱，兰州岸为1孔跨度12m小梁。跨度53m无铰拱的矢高为16m，以恒载压力线为拱轴。2条工字形截面拱肋的中心距为2.6m。拱上结构由横向刚架及连续桥面板组成。跨中2个短刚架立柱上下均铰接，余皆固接。桥面板厚30cm，一端铰支于拱顶，可将制动力直接传至拱肋。拱肋、刚架及桥面板全部用C28混凝土就地灌筑。1956年6月底建成。

（严国敏）

拦砂坝 sand arresting dam

为防止泥砂流失在桥址下游修筑的水工建筑物。设置这种坝属于桥梁浅基整孔防护的方法之一。在桥下河床比降大、水流急或因下游取砂，河床逐年下切，对桥梁浅基非常不利之处，可在桥址下游修筑这种坝以防止桥下泥砂流失，使桥下河床逐年淤高，墩基埋深增加。 （谢文淦）

拦石栅 fence against stone, prevention fence for falling stone

在山区或山前区有漂石的河流中，于桥涵上游建立的拦石设施。作用是保护桥涵不受冲撞和不被堵塞。 （谢幼藩）

栏杆 railing

设置在桥面两侧以利车辆、行人安全过桥的防护设施。常用钢筋混凝土、钢、铸铁或圬工材料制作。型式上可分为节间式与连续式。节间式由栏杆柱、扶手及横档（或栏板）组成；连续式具有连续的扶手，一般由扶手、栏板及底座组成。前者便于预制安装，但对不等跨分孔的桥梁，在节间划分上感到困难；后者采用有规则的栏板，简洁，明快，有节奏感，但一般自重较大。对大跨径桥梁及城市桥梁栏杆的艺术造型应予以重视，在型式、色调、图案和轮廓层次上应富有美感。 （张恒平）

栏杆柱 rail post

固定于桥两侧并支承扶手、横档（或栏板）的竖向构件。常用钢筋混凝土预制、安装而成。一般间距为1.6～2.7m，高度为0.8～1.2m。要求牢固，经得起人群挤靠，并具有一定的抗冲撞能力。

（张恒平）

缆风 guy cable

俗称浪风。保持结构物直立和稳定的缆索。缆索仅承受拉力，一般采用钢丝绳，并以花篮螺丝调整其长度和张力。 （唐嘉衣）

缆索承重桥 cable supported bridge

由缆索系统、索塔、含桥面结构的加劲梁（或桁架）以及在竖向或水平向支承缆索系统的锚碇（锚墩）共同组成的桥梁。按缆索系统的构成，分为悬索桥（图 *a*）、斜拉桥（图 *b*）、悬拉桥（图 *c*）和索网桥

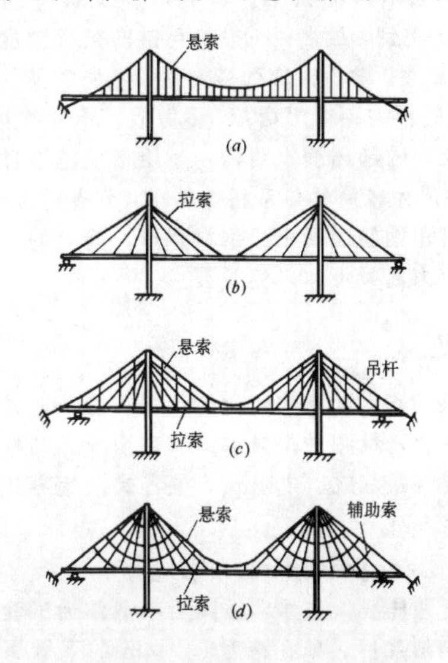

(图 *d*)。缆索承重桥可适用于各种用途的桥梁，尤以跨越能力特大而著称。英国已建成中跨达 1410m 的亨伯桥以及日本正在建造主跨为 1990m 的明石海峡大桥均属这种桥梁。

(姚玲森)

缆索起重机 cable crane

又称缆索吊机。用缆索承重并作为起重小车走行轨道的起重机。由塔架、索鞍、承重索、起重小车、工作索(包括牵引索、起重索、结索等)、锚碇等组成。承重索宜用封闭式钢丝绳，在两个塔架间张紧并保持设计垂度。用电动卷扬机驱动工作索牵引起重小车走行并提升重物。其跨越能力大，运送距离远，适用于山岭河谷、地形复杂和高空作业较多的工地。按使用要求分为固定式、平行移动式和扇形移动式。桥梁施工常用固定式。(唐嘉衣)

lang

廊桥 corridor bridge

在桥面以上立柱构顶，桥面形成长廊式走道的桥梁。如广西三江侗族自治县林溪河上的程阳永济桥，是四孔全长 64.4m 的石墩木梁桥，每座墩台上都建有一座楼亭，楼亭间用覆有瓦屋顶的长廊相接，长廊两旁设有长凳可供行人休憩和观赏。这种桥多修建在雨水丰沛地区的木梁桥上，既可供行人休息避雨，又能防止雨水直接渗入木梁导致桥面过早腐烂。在浙江、福建、湖南等地现尚存数座。

(徐光辉)

朗格尔梁桥 Langer beam bridge

又称刚性梁柔性拱桥。由刚性梁与柔性拱组合成主要承重结构的桥梁。系奥地利工程师朗格尔(Langer)首创，故名。一般梁与拱的抗弯刚度比大于 80 者属之。梁由拱加劲受力后，可加大梁的跨越能力；拱的推力用梁平衡掉，多做成下承式桥梁，属外部静定、内部超静定结构，适用于地基不良桥位处，桥墩尺寸较简单体系拱桥的小，节省圬工材料。这种桥可用钢筋混凝土或钢材建造，前者的主梁宜采用预应力混凝土，以免开裂。

(袁国干)

浪高仪 wave gauge

测量动态水面高程变化的仪器。能快速跟踪测量水面变化，量测并记录水面波动情况。其种类较多，主要有跟踪式、电阻式、电容式及超声式等。

(任宝良)

浪江桥 Langjiang River Bridge

位于湘桂线，与雒容桥同为中国作为试验的铁路栓焊钢桁架桥。单孔跨度 61.44m 的下承简支钢桁架，采用 16Mnq 钢材和 40 硼钢高强螺栓。原设计跨度 64m，后因适应已有墩台距离，跨径改变为上述数值。该桥由科研、设计、制造单位共同研究创制，对后来的栓焊钢梁起到很大的推进作用。建成于 1964 年 11 月。(严国敏)

lei

雷奥巴体系 Leoba prestressing system

德国的小型锚拉工艺。构件预留锥形孔内的锚具，其一端与钢索连接，另一端有螺母孔与拉杆连接。张拉后用螺帽将拉杆临时固定在构件表面的支承板上，压浆封孔后卸下螺帽、拉杆及支承板。固定端的钢丝弯成波形，散如锥状埋于构件中。

(严国敏)

雷诺应力 Reynolds stress

又称紊动应力。由脉动流速引起的切应力。是产生在紊动水流流体内部的切应力。雷诺应力决定于紊流尺度与流体的紊动扩散系数。

(吴学鹏)

肋拱桥 rib arch bridge

由两条或两条以上分离式拱肋组成承重结构的拱桥。拱肋之间靠横向联系梁连接成整体而共同受力。这种桥横截面面积较板拱桥小得多，节省材料，自重轻，跨越能力大，常用于建造大跨度的钢筋混凝土拱桥。(袁国干)

肋式梁桥 ribbed beam bridge

由多根主梁与桥面板连成整体作为主要承重结构的桥梁。主梁由翼缘板和腹板(梁肋)构成，如T形梁、工字形梁，Π 形梁等。一般用于钢筋混凝土梁桥及预应力混凝土梁桥中，由翼缘板承压，腹板抗剪，设于腹板下部的钢筋抗拉。

(徐光辉)

肋形埋置式桥台 buried rib abutment

台身由两片或两片以上肋墙组成的埋置式桥台。它是实体重力式埋置桥台的改进型式，台高可达 14m。(吴瑞麟)

肋腋板桥面 ribbed slab deck

一种在钢筋混凝土平板下面，沿桥纵横两个方向用带腋的肋板加强的预制装配式钢筋混凝土桥面板。具有自重轻、用料省、受力合理、承载能力强等特点，但模板较复杂(见图)。适用于中小跨度的梁式桥、拱片桥、桁架拱桥等。

(林长川)

类比联想 analogy association

以二事物之间相似的特点进行的联想。所谓特点也可以是形象上的，也可以是性质上的。同类相

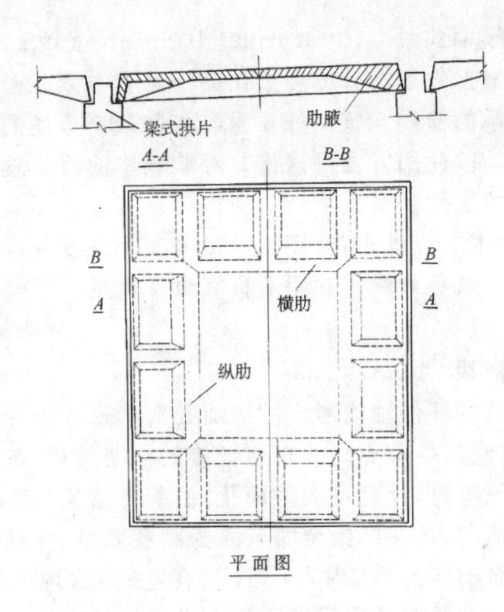

肋腋板桥面

比，如以某桥比某桥，有利于借鉴和改进。异类相比，如借鉴自然界千变万化的事物中有关于桥梁的构造，则可通过表象，深入本质。 (唐寰澄)

累计筛余百分率 percentage of accumulated sieve residues

骨料试样经过筛分，某号筛上的分计筛余百分率及孔径大于该号筛的各号筛上分计筛余百分率的总和。用各号筛的累计筛余百分率和相对应的筛孔尺寸为座标绘出筛分曲线，以评定试样的颗粒级配。 (崔 锦)

leng

棱柱形木键 prismatic wooden key

木结构中键结合所用的一种键。参见键结合(125 页)。 (陈忠延)

冷拔低碳钢丝 cold-drawn low-carbon steel wire

将含碳量在 0.25%以下的钢筋在常温下通过比本身直径小的硬质合金模拉伸而成的钢丝。当前国际上用得最多的预应力钢材是高碳冷拔钢丝和用它制成的7股钢绞线。我国除采用上述高强钢材外，还较多地采用含碳量和强度均较低的冷拔低碳钢丝。它的价格较低，用于制作预应力度较低的构件以代替小跨度钢筋混凝土构件，既可节约钢材和水泥，又可降低造价。 (何广汉)

冷拔钢丝 cold-drawn steel wire

在常温下通过比本身直径小的硬质合金模拉伸而成的提高了强度的钢丝。经过冷拔处理后的钢丝截面积减小而长度增加。冷拔碳素钢丝的强度虽有提高，但延伸率急剧降低。为改善其性能，可进行低温回火处理，以消除冷强化的内应力，使之成为应力消除钢丝。 (何广汉)

冷拉钢筋 cold-drawn rebar

经过冷拉后屈服点有所提高的钢筋。未经时效的冷拉钢筋一般不出现明显的屈服台阶。普通碳素钢筋冷拉后，其屈服点会因自然时效而提高。普通低合金钢筋则需用加热方法进行时效。冷拉钢筋的强度虽有提高，但延伸率则下降。因此，要合理控制冷拉应力和冷拉率。 (何广汉)

冷拉时效 aging of cold drawn bar

钢筋经冷拉后，一般没有明显的屈服台阶，但在自然条件下随着时间的推移或经人工加热可重新出现较短的屈服台阶，且屈服点和抗拉强度均有所提高的现象。对于普通低合金钢筋一般使用的时效制度为加热 250℃历时半小时。 (何广汉)

冷扭钢筋 cold-twisted rebar

指通过扭转变形提高了屈服强度的钢筋。冷扭也是一种常用的冷加工方法。 (何广汉)

冷弯 cold bending

在常温状态下，施加外力使钢材或零件产生弯曲变形。最常用的方法是用压力机作三点弯曲，即按要求设置两个支承点，中间一个压力点。可用弯板机、弯筋机、型钢弯曲机。为使冷弯外侧边缘不产生裂纹，规范对杆件内侧弯曲半径都作出规定，尤其是主要受力杆件，当弯曲半径小于15倍板厚时，应改用热弯。 (李兆祥)

冷作钢筋 cold-worked bar

经过冷加工而提高了弹性极限、强度和硬度的钢筋。通常多采用冷拔、冷拉和冷扭三种方法。冷拔法是将小直径热轧钢筋，通过一组由大到小的型孔模拔成所要求直径的钢丝；冷拉是指将钢筋张拉到超过其屈服台阶以提高其屈服强度的方法；冷扭法则是通过扭转变形提高钢筋的屈服强度。 (何广汉)

li

离缝键合梁 seamed keyed girder

木结构中被拼合的梁互相离开而留有一定空缝并用键结合的梁。空缝增加了截面惯矩，但受力后因键会转动，故在设键部位应用螺栓扣紧。空缝对木梁通风、防腐有利。 (陈忠延)

离析 segregation

混凝土拌合物在运输和灌筑过程中，组成的材料因密度、颗粒、形状不同而发生分离的现象。使混凝土硬化后容易出现蜂窝、麻面、夹层、浮浆等缺陷。应采取措施改善混凝土的和易性，改进操作工艺或

适当地掺用外加剂。 （唐嘉衣）

离心泵 centrifugal pump

利用叶轮旋转的离心力作用使液体产生流动的水泵。由泵壳、叶轮、转轴、电动机等组成。其结构简单，排水均匀，在工程中应用广泛。按叶轮的组数分为单级、多级。单级泵适用于桥梁明挖基础或沉井的排水。多级泵能产生较高的液压，适用于高扬程排水或高压射水。 （唐嘉衣）

离心力 centrifugal force

车辆在曲线桥上行驶时产生，作用在车体重心径向外的力。其值等于车辆静重乘以离心力系数 C，

$$C=\frac{V^2}{127R}$$

式中 V 为行车速度 (km/h)；R 为曲线半径 (m)。为计算方便，通常假定铁路列车离心力作用于轨顶以上 2m，且 C 值不大于 15%；公路汽车离心力作用在桥面以上 1.2m，且曲线半径大于 250m 时可不予计算。 （车惠民）

梨形堤 pear-type levee

平面曲线形如同梨状的导流堤。当河滩流量较小或桥头引道凹向上游时，曲线形导流堤的上游坝端长度不需要很长，可设计成梨形堤（见图）。

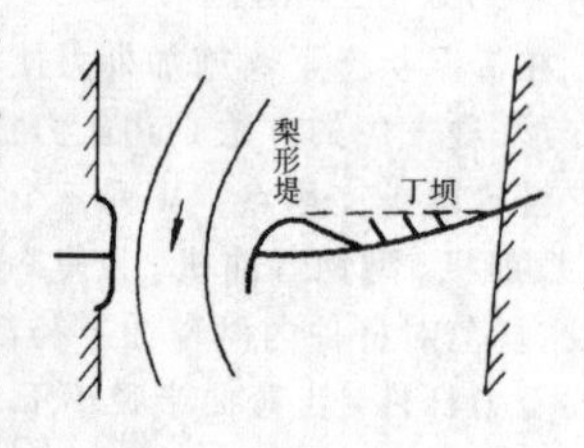

（周荣沾）

里普桥 Rip Bridge

位于澳大利亚悉尼港北的公路桥。8.53m 宽车道单侧 1.6m 宽人行道，三孔上承式，跨长为 73.56m＋182.88m＋73.56m 的预应力混凝土伸臂桁架结构，下弦呈拱形，中部悬孔跨度为 37m。桁架下弦为并行 5 片 T 形杆件，而上弦则为箱形，连同斜杆用伸臂法安装。1973 年建成。 （唐寰澄）

里约-尼泰罗伊桥 Rio-Niterói Bridge

又称考斯脱·锡尔瓦 (Costa e silva) 桥。位于巴西，为跨越瓜纳巴拉 (Guanabara) 海湾，连接里约热内卢 (Rio-de-Janeiro) 与尼泰罗伊 (Niterói) 的六车道公路桥，全长 17km。其中 9.1km 在水上，通航主跨为 200m＋300m＋200m 的三孔钢箱梁桥，并向两边各伸出 74m 与邻孔伸出的 40m 预应力混凝土箱梁连接，形成 114m 的边跨，钢箱梁总长 848m，为世界上该类桥型的最长者。此外 8.24km 均为 80m 跨度的预应力混凝土箱梁桥，梁等高 4.7m。钢梁在岸边拼装，浮运提升法架设。于 1974 年通车。 （周 履）

理论频率曲线 theoretical frequency curve

根据数理统计方程绘出洪峰流量与累积频率之间关系的曲线。该曲线要求与经验频率曲线的图形相近，以便用方程准确推算经验频率曲线上端外延部分的设计洪水频率所对应的洪峰流量，即设计流量。在水文统计中，常用皮尔逊Ⅲ型曲线方程式来绘制理论频率曲线，并用于推算设计流量。 （周荣沾）

理想桁架 ideal truss

以各杆件轴线形成的平面几何图形作为计算图式、并假定各节点均为理想铰接的桁架结构。按这种桁架分析时，计算可大为简化，但所得结果只有各杆件的轴向力。实际桁架的节点为刚性联结，杆件所受的力除轴向力（主内力）外，尚有弯矩（次内力），其值随杆件的细长度而异。故为求钢桁架杆件的主要内力（轴向力），可将桁架简化为理想桁架。实际的理想铰接桁架，因其刚度差、铰又易生锈腐蚀磨损，在现代钢桥中已淘汰不用。 （陈忠延）

理想平板 ideal plate

不考虑初弯曲和残余应力，而且荷载作用在其中心平面内的薄钢板。板所受的应力可以是均匀分布的压应力、弯应力、剪应力或者它们的共同作用。工程实践中板件不可避免具有初弯曲和残余应力，荷载也不可能绝对作用在板中心平面。但理想平板仍常用来作为理论研究的对象，从而得出钢板翘曲的一般结论。 （胡匡璋）

理想压杆 ideal column

不考虑杆件的初弯曲和压力的初偏心，也不考虑残余应力作用的中心受压杆件。工程实践中这种压杆是不存在的，但常用来作为理论研究的对象，从而得出压杆失稳的一般规律。 （胡匡璋）

力锤 impact hammer

又称手锤、击锤。对结构或模型进行模态分析试验时，用锤击方式对被测试件作人工激振的冲击激励装置。由锤头、力传感器、锤体、锤柄等组成。改变锤头材料可产生不同带宽的冲击力谱，常用锤头材料有橡胶、尼龙、铝、钢等。锤体重量从几十克到几千克，冲击力可达数万牛。 （林志兴）

力的冲击 impulse impression of force

力在传递过程中以突变的形式产生受冲突的感觉。桥梁桁架腹杆遇弦杆转折，或多孔连续拱在中间墩上的转折，都有类似的感觉。在桥梁美学史中曾有认为这类受“冲击”的转折是不美的，设法使之和顺或镇定。现代审美标准承认冲击亦可以引起阳刚的美感。 （唐寰澄）

力的传递 transmission of force

桥梁荷载通过上部结构，下部结构传到址基的

途径，在美学中产生的效果。结构传力以最简捷的方式为佳。各种传力方式会产生力的冲击、力的镇静、力的飞跃、力的稳定等美学上的感受。（唐寰澄）

力的飞跃 leap impression of force

桥梁造型使人有飞腾跃进的感受。中国诗文中形容桥梁常用飞桥、飞架、飞渡专词，说明桥从一岸至另一岸飞跃的姿态，特别是拱桥和悬索桥。这是桥梁架空而过的特点。在造型设计过程中可以作进一步的考虑，但宜避免脱离功能的形式主义。

（唐寰澄）

力的稳定 stability impression of force

桥梁造型使人产生安定安全的感受。这种感受得之于生活的经验，不安全的建筑物会引起恐惧而产生不美的感觉。得之于圬工桥梁的经验，上小下大墩柱、粗壮的构造是稳定而美的。近代建筑有上大下小的墩柱与令人难以致信的轻薄结构亦是稳定的，于是就有了新的美感。（唐寰澄）

力的镇静 calm impression of force

力以和顺或镇定的方式传递所引起的美感。和顺有阴柔的美。桥梁桁架腹杆与弦杆相关的节点板采用曲边以使和顺，这也符合于力流走向避免产生过分的应力集中。拱桥在拱脚处加建重墩，以使拱推力的“镇定”。早期审美多作这样的处理，现因结构和经济上均无此必要，同时也承认力的冲击是美的一种，故不再采用。（唐寰澄）

历史洪水 historical floods

见历史洪水位。

历史洪水流量 historical flood discharges

历史洪水的峰值流量。通过历史洪水位转换计算而得。转换计算的方法多数情况下用的是比降—面积法。若历史洪水位刻、记地附近有水文站，转引到测站的水位高出实测水位不多，测站的水位流量关系稳定，也可延伸关系曲线查出历史洪水流量。它是提高桥渡设计流量计算精度的重要资料。

（吴学鹏）

历史洪水位 historical flood stages

由历史文献记载，沿江洪水碑刻、石刻、或凭老年人记忆指出的往年大洪水所达的水位。这种刻、载、追述的水情称历史洪水。中国历史悠久，沿江洪水石刻甚多，通过历史洪水的调查和处理，往往可以部分弥补河流实测水文资料的不足，大大提高设计洪水的计算精度。（吴学鹏）

立焊 vertical position welding

在接近垂直位置进行的焊接。焊缝倾角 80°～90°，焊缝转角 0°～15°（见图）。

（李兆祥）

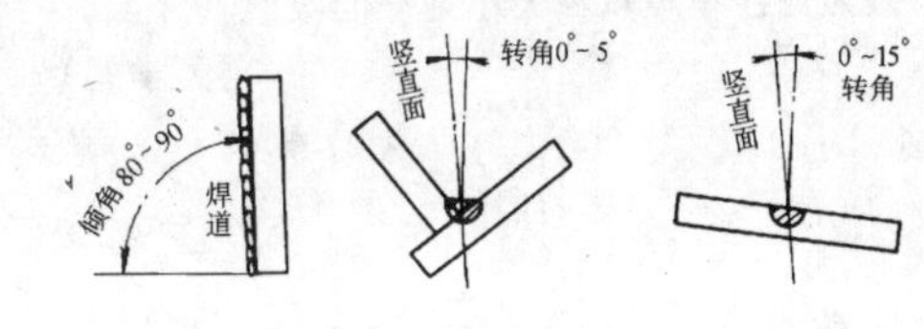

立焊

立交桥 grade separation bridge

在两条以上道路的交叉处，为避免相互干扰而设置的供车辆各自在不同高度上分别行驶的架空建筑物。有分离式立体交叉与互通式立体交叉之分。前者又称跨线桥，后者则除跨线桥外尚需有由一种道路标高转移至另一标高上道路的匝道与交叉口设施。由于交叉道路的多寡及匝道布置方式的不同，在同一地点可以筑成两层或多层的跨线构造物。

（徐光辉）

立转桥 bascule bridge

又称竖旋桥。上部结构可在竖直平面内上下转动的活动桥。通过机械传动系统将整孔桥孔结构（也可分成左右两个半孔）的一端作为悬臂端，绕另端支点在铅垂面内向上转动借以提供桥下的航行空间。为减少转动时所需动力，一般在支点的一侧设有短的悬臂及平衡重，使在绕支点转动时两侧重力基本平衡。（徐光辉）

利雅托桥 Rialto Bridge

位于意大利威尼斯市中心大运河上的著名古桥。公元 1252 年为木桥，过桥收费，称摇钱桥，后套用地区名，改名利雅托桥。公元 1450 年皇帝菲里特里克三世进城，人挤桥断。该世纪末，桥重建为木桩式木屋桥，通无桅船，桥图存于早期文艺复兴画卷中。1592 年建成净跨径为 27m、矢高为 6.38m 的石拱桥。桥拱采用 1/3 圆弧，桥长 48.2m，桥宽达 22.95m，两旁设店。桥栏精美，大理石雕板，拱圈、肩墙等处装饰着天使像，与周围环境和谐成辉。

（潘洪萱）

沥青表面处置 bituminous surface treatment

用沥青和集料按层铺法或拌和法铺筑而成的厚度不超过 3cm 的沥青面层。供车轮磨耗之用，对桥面起保护作用，并延长桥面使用年限。（张恒平）

沥青铺装桥面 bituminous deck pavement

将桥面木板侧立放置，上面再铺设地沥青混凝土的桥面铺装。此时，木板要做成不同的宽度，并用钉横向钉合。优点是：桥面十分平整，下层木板可免受雨水浸湿。（陈忠延）

粒径 particle diameter

与泥沙颗粒体积相等的球体直径。（吴学鹏）

粒径组 fraction of particle size

按照泥沙颗粒粒径大小划分的级组。

（吴学鹏）

lian

连拱计算 continuous arch analysis

在多跨连续的拱桥中，考虑各孔拱跨结构及桥墩相互影响的计算。由于桥墩不是绝对的刚体，当一孔受载时，拱脚处的弯矩和推力会使墩顶发生位移和转角，从而使该孔及其他孔的桥墩和桥跨都发生变形，这就是连拱作用。对桥墩相对于拱圈来说较为柔细的情况，在设计中必须考虑连拱作用对内力的影响。（顾安邦）

连接套筒 splicing sleeve

用于连接粗钢筋的带正反扣螺纹的套筒。被连接的两根粗钢筋须具有端部螺纹。（何广汉）

连续板桥 continuous slab bridge

上部结构连续跨过中间支承的板桥。由于中间支座处要产生负弯矩，可减小跨中正弯矩，能设计出比简支板桥更小的板高，或较大的跨度；且伸缩缝少，车辆行驶平稳。多用于建筑高度要求很小的场合，常采用就地浇筑的钢筋混凝土板桥或预应力混凝土板桥，跨度可做至 33m。

（袁国干）

连续垫板组合杆件 continuous pad built-up section member

由带连续垫板和盖板的杆件所构成的一种中心受压组合杆件。构件和垫板之间可用胶、钉、螺栓和销等扣件扣牢。构件本身用板或方木制成。

（陈忠延）

连续刚构桥 continuous rigid frame bridge

各孔梠梁连续并与墩柱（壁）固结，而柱（壁）沿桥轴线方向的抗弯刚度甚小的桥梁。梠梁做成多孔连续，可按连续梁计算受力；墩柱做成薄壁墩型式，可视为摆柱式支座受力。这种桥既保持了连续梁桥的优点，又减小了桥墩尺寸，并不设支座，降低了工程造价，而且桥面伸缩缝很少，有利于高速行车和减少养护维修费用，并且有利于抗震，采用日广。在多孔长桥中，也可在中间孔中设铰以减小水平变位对桥墩的影响，此时则称为连续-铰接刚架桥。

（袁国干）

连续刚构式斜拉桥 cable stayed bridge with continuous rigid frame

主梁与塔墩刚性连接，跨度内具有弹性支承的连续刚构的斜拉桥。其优点是体系的刚度较大，主梁挠度和塔柱变形均较小，并有利于悬臂拼装或悬臂灌筑法施工。缺点是梁墩固结处弯矩大，特别是温度附加内力很大(对于混凝土斜拉桥尚有徐变、收缩影响)。为了减轻这些附加力影响，可采用线刚度小的柔性塔墩，或采用柔性的双壁式塔墩，或者在跨中设置挂孔或剪力铰改成 T 型刚构式斜拉桥。

（姚玲森）

连续拱桥 continuous arch bridge

考虑拱圈(肋)和桥墩结点位移因素设计而成的多孔拱桥。一孔加载时，本孔以及邻孔的拱圈（肋）和桥墩都要产生弹性变形而共同受力，在设计中考虑这一因素后，与不计这一因素的拱桥比较可减小桥墩受力，但加大了拱圈的受力，能符合多孔拱桥的实际受力情况，较能节省桥墩材料，而拱圈耗材较多。

（袁国干）

连续铰接刚构桥 continuous-hinged rigid frame bridge

中孔设铰的连续刚构桥。（袁国干）

连续梁桥 continuous beam bridge

上部结构由连续跨过三个以上支座的梁作为主要承重结构的桥梁。这种桥在恒载作用下，由于支点负弯矩的卸载作用，跨中最大正弯矩显著减小，因此用在较大跨径时将较简支梁桥经济。连续梁在每个墩台上只需设一个支座，桥墩宽度小，节省材料；而且梁连续通过支座，接缝少，行车平顺，因此对高速行车有利。但连续梁为超静定结构，支座变位将引起结构内力的变化，适用于地质良好的桥位处，可用钢筋混凝土、预应力混凝土和钢材等建成。

（徐光辉）

连续梁式斜拉桥 cable stayed bridge with continuous girder

又称支承体系斜拉桥。主梁在两端和塔墩上设置刚性铰式支承，在跨度内是由斜索弹性支承的多跨连续梁的斜拉桥。这种体系的抗风、抗震能力强，刚度大，行车舒适，但主梁内力分布不均衡，近塔墩支点处会出现负弯矩尖峰，需要加强主梁截面。在预应力混凝土主梁中要受收缩与徐变产生附加力的影响。连续的主梁一般均设置必需的活动支座以避免不均衡的温度变位，而且在横桥向亦须在桥台和塔墩处设置侧向水平约束来改善体系的动力性能。

（姚玲森）

连续桥面法 continuous deck method

使数跨简支梁的桥面做成连续而成为桥面连续简支梁体系，用以提高桥梁的强度和刚度的方法。采用连续桥面法加固应先凿除原桥面铺装，在相邻孔梁端通过锚固钢板和受力钢筋把简支梁的桥面连续起来，最后浇筑桥面混凝土。使用此法加固，其优点是在活载作用时，由于桥面与主梁共同受力，可适当提高原桥的承载能力；可减少桥梁伸缩缝数量，对行车有利；地震时可加强整体刚度；施工简便易行，其缺点是不能减少或闭合主梁上已存在的裂缝。

（黄绳武）

连续输送机 continuous conveyor

沿一定路线连续输送物料的机械。适用于运输水泥、砂石、混凝土或其他物料。其结构简单，操纵方便，输送过程连续，生产效率高。桥梁施工常用的有：带式输送机、斗式提升机、螺旋输送机、气力输送水泥设备等。（唐嘉衣）

连续韵律 continuous rhyme scheme

以和顺的连续的造型予人以和平的美感。是序列韵律变化的一种。桥梁是连续的结构，故韵律的连续性是基本的，同时符合于功能、结构力学和审美的要求，在连续的基础上再予以变化。（唐寰澄）

联合架桥机 combined erecting equipment for bridge spans

常备杆件拼装的主梁和起重设备联合作业的架桥机。由主梁、龙门架、蝴蝶架、起重工具等组成。蝴蝶架承托龙门架在主梁上走行至桥墩上进行架梁。其设备简易，机械化程度不高，适用于分片架设30m以内的公路梁。（唐嘉衣）

联想 association

从一件事物想到另一件事物的过程。在审美活动中心灵外物化或外物心灵化的思想活动。在桥梁造型的创作过程中，往往想到类似条件的桥梁，或自然界其他的现象（如虹）以丰富其创作源泉。在鉴赏桥梁时，亦由眼前的桥梁进行一系列联想，作出审美判断。桥梁美学中常遇到的联想有类比联想、形式联想、性质联想、因果联想等。应用得当，能取得举一反三的作用；应用不当，或形成不能交流的属于个人的特殊联想，或无秩序的胡思乱想。联想可以是美化的亦可以是丑化的。对于美好的设计，只要不带偏见，常能引起人们美好的联想。（唐寰澄）

链条滑车 chain block

又称手动滑车，倒链，俗称神仙葫芦。由链条、链轮、蜗杆蜗轮、吊钩等组成。人力拉动链条，通过蜗杆蜗轮驱动链轮提升重物。采用载重自制式制动器，制动力矩随荷载增加，安全可靠。

（唐嘉衣）

liang

梁格法 grillage simulation

又称莱昂哈特-霍姆伯格法。计算正交异性桥面板结构空间内力的一种方法。该法把桥面板看成是由纵、横梁组成的体系，按节点的弹性挠度和扭角的关系找出节点力，进而解出主梁（即纵梁）和横梁所受的内力。该法对钢桥面或钢筋混凝土桥面、开口或闭口截面的主梁均适用。在钢桥面中，主梁是横梁，纵梁即为荷载分配梁。（陈忠延）

梁块截面型式 section shape of precast member

装配式钢筋混凝土梁桥预制块件常用的截面型式。由于载重、起吊能力和运输限界的限制，装配式梁桥常采用纵向分块、横向分段的方法进行预制和运输，然后在现场拼装成整桥。其块件截面有以下型式：箱形；П型；T型；实心和空心板型等。房屋建筑则常采用双T型、单T型、工型、空心板型、L型和倒T型等典型截面型式。（何广汉）

梁-框体系刚架桥 beam-frame system rigid frame bridge

安装阶段按梁受力，装就斜撑后按刚架受力的桥梁。这种刚架桥可较大程度地减小梁的跨中弯矩，减小建筑高度，梁的高跨比可小达1/40。同理可用于连续梁，一般在钢桥中采用，适用于立交的跨线桥。

（袁国干）

梁肋 rib

又称梗肋。T梁或工字梁截面中连接上翼缘板或上、下翼缘板的肋形截面部分。其宽度在梁桥跨中段取决于构造要求，混凝土梁肋宽一般为120～180mm，在梁端则应按抗剪要求而加宽。混凝土T梁梁肋的下缘因需布置钢筋或预应力筋也应增宽，常采用马蹄形截面。（何广汉）

梁式桥 beam bridge

上部结构在竖向荷载作用下支座处不产生水平反力，主要承重结构用梁来承受弯矩与剪力的桥梁。构造简单，施工方便，常做成上承式桥。桥梁中应用最广泛的桥型。板的受力虽与梁稍有不同，但也是以承受弯矩与剪力为主的结构，因此也归入这一范畴。按照结构的受力体系，可分为简支梁桥、悬臂梁桥、连续梁桥、固端梁桥等；按主梁的横截面形状，可分为T形梁桥、I字形梁桥、П形梁桥、槽形梁桥、箱形梁桥等；按主梁的腹板形式可分为实腹梁桥、空腹梁桥、桁架梁桥等，按照构件的组合情况又可分为整体式梁桥、装配式梁桥、组合式梁桥等。

（徐光辉）

两阶段设计 two-stage design

建设项目设计按初步设计和施工图（设计）两个阶段进行设计工作的简称。其中，初步设计又称为扩大初步设计。公路，工业与民用房屋、独立桥梁和隧道等建设项目的设计工作，通常采用这种设计步骤。对工程简单、技术不复杂和有条件的铁路建设项目也可采用这种设计步骤。（周继祖）

量纲 dimension

表示被度量物理量的类型。同一类型的物理量具有相同的量纲。常用[L]、[F]、[T]及[M]表示长度、力、时间和质量的量纲。在实际现象中，物理量之间有一定关系，如选定一组彼此独立的量纲作为基本单位，则其他量纲的单位可由基本单位导出。 (胡德麒)

量纲分析 dimensional analysis

利用参与物理现象的各物理量的量纲间存在的一定关系，分析该物理现象数学表达式的方法。例如，矩形截面杆的扭转剪应力 τ 与所加的扭矩 M_k 及杆的截面尺寸 b、h 有关，可写出

$$\tau = CM_k^{\alpha} \cdot b^{\beta} \cdot h^{\gamma}$$

其量纲方程为

$$[F \cdot L^{-2}] = [FL]^{\alpha}[L]^{\beta}[L]^{\gamma} = [F^{\alpha}L^{\alpha+\beta+\gamma}]$$

根据描述物理现象的方程式必须是量纲的齐次方程，比较上式等号两边的量纲，可得 $\alpha=1$，$\beta=-3-\gamma$。由此得

$$\tau = CM_k \frac{h^{\gamma}}{b^3 b^{\gamma}} = \varphi\left(\frac{h}{b}\right)\frac{M_k}{b^3}$$

通过模型实验求出 $\frac{\tau b^3}{M_k}$ 与 $\frac{h}{b}$ 的关系曲线后，即可确定矩形截面杆中扭转剪应力与其他物理量间的关系。 (胡德麒)

liao

料件加工 machining of members or plates

对板材或杆件的边缘、端头进行加工过程的统称。加工内容有刨边(包括开坡口)，铣边，铣侧面，铣端头、插边，修磨圆弧，铲边等。 (李兆祥)

料石拱桥 chipped stone arch bridge

拱圈用料石砌成的石拱桥。料石系经过加工形成方正六面体的石块。这种桥的承载能力比乱石拱桥的大，故公路和铁路桥梁多用此种拱桥，但石料采集费工，造价较高。 (伏魁先)

lie

列车横向摇摆力 Lateral swing force of train

列车在行进中摇摆而施加于轨道的横向力。其值可取为5.5kN/m，水平作用于轨道顶面。英国标准BS5400规定为100kN的集中力，对直接支承钢轨的纵梁，并应考虑这一横向力的铅垂效应。 (车惠民)

列车速度 train speed

单位时间内列车行驶的距离，一般以km/h计。可分为容许速度、技术速度与旅行速度。容许速度是根据线路及桥梁隧道建筑状态与强度和列车制动设备条件规定的行车运行最大速度。技术速度是列车、机车在区段内运行(不包括在区段内各中间站的停站时间)的平均速度。旅行速度是列车、机车在区段内运行，并将在中间站的停站时间计算在内的平均速度。 (谢文淦)

裂缝对热效应的影响 effect of cracking on thermal response

裂缝使截面中部分混凝土退出工作，降低构件的刚度，从而影响温差应力的现象。已开裂的钢筋混凝土截面由于温差引起的应力比未开裂者要小些，但计算很复杂。若开裂是温度以外的荷载产生的，常假定受压区高度在温度影响下保持不变，则温度自约束应力和外约束应力的分析计算与截面未开裂者相同，只需以换算截面代替构件的实际截面。作为开裂影响的定性评价，其应变和曲率与未开裂者相差不大。因而由于温度变化引起的静定结构的应变和位移，可近似按未开裂的均质弹性体计算。 (王效通)

裂缝观测仪 microscope for crack measurement

又称读数显微镜。量测裂缝宽度的仪器。它主要由物镜、目镜组、刻度分划板、测微鼓轮、镜筒等组成的光学系统，如图所示。在固定的分划板上刻有每格为1mm的标尺，用测微鼓轮的测微螺丝可移动下分划板，鼓轮每转动一圈，下分划板就相对上分划板移动一格，测微鼓轮分成100格，因此用读数显微镜测裂缝宽度最小读数为0.01mm。 (张开敬)

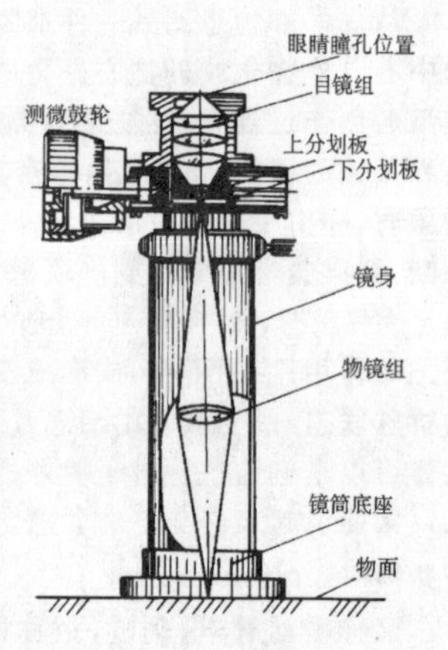

裂缝控制 crack control

控制钢筋混凝土结构裂缝的措施。对因荷载产生的裂缝，可采用计算的方法计算裂缝的宽度或名义拉应力，把它们控制在允许的范围内；对因混凝土收缩等原因引起的裂缝可以采用构造和施工方面的措施加以改善和控制。 (李霄萍)

裂缝探测法 methods of crack detection

探测钢结构及钢筋混凝土结构裂缝的方法。钢梁裂纹的探测可用木槌敲击以听其声音；检查油漆

表面有否变化;在钢梁上涂白铅油或滴油检查;必要时可用着色探伤法。混凝土裂逢的探测可用带刻度的放大镜量其宽度;在裂缝中注射酚酞溶液然后凿开以测其深度;用油漆划线、灰块或贴玻璃测标以观察其扩展情况等。 (谢幼藩)

裂隙水 fissure water

存在于岩石裂隙中的地下水。根据规模大小、密集程度、连通程度等分为层状、脉状及网状等裂隙水。按其成因可分为风化、成岩及构造等裂隙水。它可能承压也可能无压,主要决定于埋藏条件。

(王岫霏)

lin

临界断面 critical section

当水深为临界水深时的过水断面。对于一定的河渠过水断面和一定的流量,其断面比能的值是随水深变化的,当水位处于某一水深时,如其断面比能达到极小值,则该水深称为临界水深,此时的过水断面即为临界断面。 (周荣沾)

临界流 critical flow

当水深为临界水深时的水流状态。水流处于临界流状态时,其水力计算必须根据临界流的水力计算公式进行计算。 (周荣沾)

临界流速 critical velocity of flow

当水深为临界水深时过水断面的平均流速。以m/s计。已知临界流速 v_k 和临界断面的过水断面积 ω_k,即可求得水流处于临界状态时的流量 $Q(m^3/s)$,$Q=\omega_k v_k$。 (周荣沾)

临界坡度 critical gradient

当水深为临界水深时的河渠底坡。设计涵洞时,宜将涵底纵坡布置成临界坡度。 (周荣沾)

临界水深 critical depth of flow

当断面比能达到极小值时的水深。以米(m)计。对于一定的河渠断面和一定的流量,断面比能是随水深变化的。当河渠的流量处于某一水深时,如断面比能达到极小值,则该水深即为临界水深 h_k,大于 h_k 或小于 h_k 的水深,其断面比能均不是极小值。h_k 值与河渠断面的形状、尺寸及流量有关,只要已知这些量便可根据公式算出。临界水深是河渠中缓流和急流两种不同水流流态的分界点。 (周荣沾)

临界速度 critical speed

列车在桥上行驶可以激发桥梁共振或产生最大冲击力时的速度。在此速度以下行车是安全的;超过此速度也不会发生共振或产生更大的冲击力,但每为机车构造速度所控制而只能在低于该速度情况下运行。临界速度不仅与机车类型有关,也随桥梁跨度、结构型式和建桥材料不同而异。 (谢幼藩)

临时底漆 temporary primer

又称车间底漆。为满足工厂车间生产工艺需要,防止钢板在加工过程生锈的临时涂漆。要求对火焰切割和焊接性能无不良影响,亦能与各类防锈底漆互不抗蚀。可用者有:环氧富锌粉底漆、硅酸乙酯锌粉底漆、无锌粉底漆三种。 (李兆祥)

临时墩 temporary piers

桥梁悬臂拼装或拖拉顶推架设时,为了减小梁的悬臂长度,满足梁抗倾覆稳定的要求和改善梁的受力状态,在桥孔中设置的临时性支墩。其位置和个数根据施工要求由计算决定。这种墩多由拆装式杆件和拆装梁拼成,当墩的高度不大、水流不深时也可用枕木垛,或用片石(混凝土块)砌成。

(刘学信)

临时加固 temporary strengthening

一次性或少量几次需要通行特殊重型车辆或在战争状态下急需通行特殊车辆而采用提高桥梁承载能力的加强措施。一旦任务完成,加固设施往往可以拆除。此法既经济又能争取时间。 (万国宏)

临时铰 temporary hinge

在施工过程中为消除或减小主拱结构的附加内力或对主拱内力作适当调整而在拱脚或拱顶临时设置的铰。在施工结束时将被封固,因此常采用简单的铰构造,如弧形铰、不完全铰等。 (俞同华)

临时性桥 temporary bridge

供短期内使用的用作道路在跨越各种障碍时的架空建筑物,如便线桥、紧急抢险桥、浮桥、气垫桥等。上部结构和下部结构都用木材修建的桥梁,由于易于腐朽,也属于临时性桥。 (徐光辉)

ling

凌汛 ice-jam flood

春季河流上游河段先于下游河冰解冻引起的涨水现象。中国西北、华北、东北一些由南向北流的河段都有凌汛。往往容易在水工建筑物前形成冰塞、冰坝,危及安全。防凌措施甚为重要。 (吴学鹏)

菱形桁架 rhombic truss

腹杆采用双重交叉式体系的大跨度桁架。其特点是既增加了桁高,又保持了原有的节间长度,从而使桁架的斜杆具有合理的倾度。缺点是腹杆数量增多,制造和安装的工作量较大。 (陈忠延)

零点漂移 zero drift

仪器和测试元件在温、湿度较稳定的室内,其初读数值随时间偏移零位的变动。一台合格的仪器至少要经过8小时的连续通电观测,一个合格的元件也要经过较长时间的断续观测,其零点漂移值应在允许范围之内。 (崔 锦)

零号块 zero block

采用悬臂施工法施工时在墩顶首先浇筑的节段。因其圬工体积数量大，一般在现场就地浇筑。在施工过程中它须与桥墩固结，以承受施工中产生的不平衡弯矩。 （赖国麟）

零相关 correlation of zero

两变量之间根本不存在直线相关。（参见相关系数，251页） （周荣沾）

龄期 age

砂浆或混凝土试块，从加水拌和成型时起，经过养护，到进行强度测试为止所经历的时间。一般以天数计算。砂浆与混凝土的早期强度随时间增加而增长较快，故测定强度时须注明龄期。一般以28天龄期的抗压强度与抗折强度来决定砂浆与混凝土的强度等级。 （唐嘉衣）

liu

溜筒桥 rope suspension bridge with sliding bamboo pipe

我国古代用以渡人的一种索桥。其主要承载结构为竹索或藤索，索上套有竹筒或木筒，为两片瓦状物合成，称为筩，渡者以麻绳缚于筩下，靠筩沿索滑溜渡江。溜筩桥有独索溜筩桥和双索溜筩桥之分，前者往来都在一根索上滑溜，后者每索仅供单向使用。 （伏魁先）

流量 discharge

河道径流量的简称。单位时间内通过某一过水断面的水体体积。以 m^3/s 计。等于过水断面积与流速的乘积。河流的过水断面积可通过测定河床的横断面和水面高度求得。流速是指全断面的平均流速，因各点流速均不相同，需先测出各个分块过水断面积上的分块平均流速，算得各个分块过水断面积的分块流量，其总和即为该河流断面的流量。是各种水利工程水文分析计算中最重要的基本参数，也是桥渡勘测设计中很重要的基本参数。由于含义和概念不同，有：年、月、日平均流量；一定时段内的最大、最小流量；临界流量；造床流量；平滩流量；单宽流量；潮流量和最大潮流量等。（吴学鹏 周荣沾）

流量过程线 flow hydrograph

流量随时间变化的关系曲线。曲线的上升部分为涨水段，下降部分为退水段（见图）；曲线最高峰处的流量，称为洪峰流量；形成洪峰的一涨一落，称为一次洪峰。一年内的最大洪峰流量，称为年最大流量。 （周荣沾）

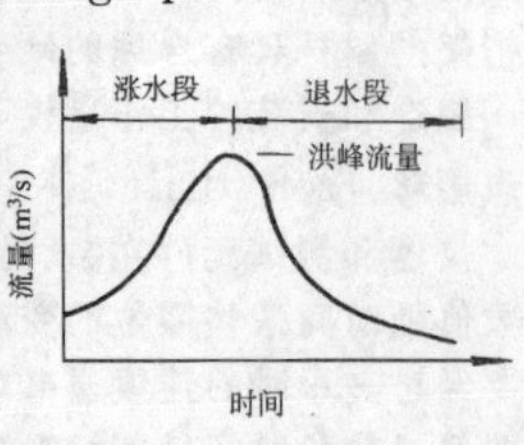

流量与频率分布曲线 flood flow and frequency distribution curve

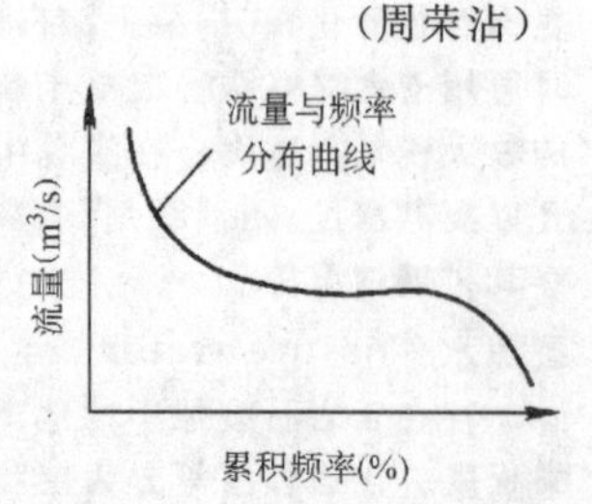

以流量为纵坐标，累积频率为横坐标绘出的关系曲线。分布曲线是一条中间平缓两侧陡峭的“S”形曲线（见图），它显示年最大流量与累积频率之间关系的统计规律，即：特别大的流量出现的次数（累积频率）很少，而大于小流量的出现的次数很多。分布曲线用于桥涵孔径设计，主要是利用曲线的前端，通过一定的方法将它延伸（例如：目估延伸和根据数理统计方程延伸），即可求得一定设计洪水频率所对应的设计流量。 （周荣沾）

流量与频率密度曲线 flood flow and frequency density curve

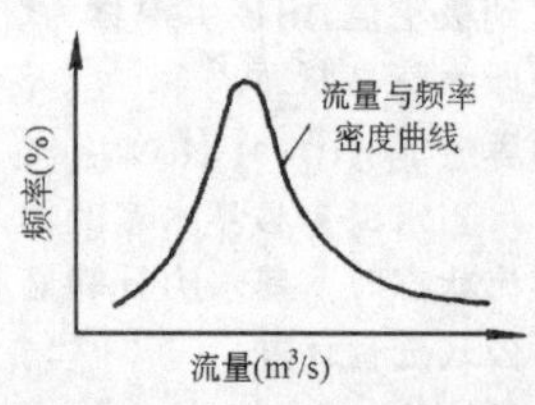

以频率为纵坐标，流量为横坐标绘出的关系曲线。密度曲线是一条中间高两侧低的偏斜铃形曲线（见图），它显示年最大流量与频率之间关系的统计规律，即：特别大的和特别小的流量出现次数都很少，接近平均值的流量出现次数较多；经验证明，绝大多数的水文资料系列，都具有这样的规律性。

（周荣沾）

流砂 quick sand, drift sand

又称管涌。水流经砂层向上渗透，若水力坡降超过砂层的临界水力坡降，砂粒被水托起，形成失重的现象。砂层一旦出现流砂，其承载力丧失。沉井和围堰施工中，由于井内或堰内抽水常出现这种现象而造成倾斜及位移甚至倾覆的事故。 （邱 岳）

流水压力 pressure of water flow

流水对结构迎水面的作用。桥墩所受的流水压力与其平面形状、表面粗糙率、水流速度、水流形态、水温以及水的粘滞性有关。可按下式计算

$$P = KA\frac{\gamma v^2}{2g}$$

式中 A 为桥墩阻水面积，m^2；γ 为水的密度，t/m^3；g 为重力加速度，m/s^2；v 为水流速度，m/s；K 为桥墩形状系数，可按有关桥涵设计规范的规定取值。流水压力分布可近似假定为倒三角形，压力中心位于计算水位以下1/3水深处。 （车惠民）

流速　discharge velocity

水流在单位时间内流过的距离。以m/s计。天然河流过水断面内的流速分布，一般是由河岸向河心逐渐增大，由河底向水面逐渐增大，断面内各点的流速都不相同，最大流速一般出现在最大水深处的水面附近。测定流速常用的方法有流速仪法和浮标法两种。计算河流上某一过水断面的流量，是断面平均流速与过水断面积的乘积。该流速因是断面平均流速，故不能直接由实测流速计算，需要将过水断面分成若干个断面，分别测出并计算各个断面上的垂线平均流速，根据各个部分断面的平均流速和断面面积分别求出其流量，将各个部分面积的流量总和作为全断面的流量，再除以全断面面积，即得断面平均流速。(参见平均流速，179页)　(周荣沾)

流速梯度　velocity gradient

水流流速沿某一方向的相对改变率。沿垂线方向的改变率即为垂线流速梯度。它可以表征流速场的变化趋势，也表征着流层间切应力大小或动量传递关系。　(吴学鹏)

流速仪　current meter

测量河、渠水流速度的仪器。有机械、电测和超声三种类型。目前常用的为机械型的旋桨和旋杯式两种，测速范围一般为0.03～5.00m/s，水深一般为0.2～20m。　(吴学鹏)

流线型洞口　enlarged culvert inlet

涵洞进水口处的洞身端节升高或按喇叭形扩大，在立面上形成流线型的洞口构造。当用于压力式涵洞时，可使洞内水流处于满流状态，当用于无压力式涵洞时，则可减少涵前积水，从而更有效地提高涵洞的宣泄能力。　(张廷楷)

流线型断面　streamlined section

具有流体质点平顺运动轨迹外形的断面。流线型物体在流体中运动所受到的阻力最小。对于大跨度桥梁，尤其是悬索桥，为了减少横向风力的影响，提高桥梁的抗风稳定性，一般需将桥梁横断面做成这种断面。　(赖国麟)

流域　basin

又称汇水区。沟、河、湖泊等汇集地表水和地下水的区域。如长江流域、太湖流域等。习惯上指地表水的集水区域。集水区域由分水线(又称分水岭)包围而成。分水线是集水区域四周最高点的连线。地面分水线与地下分水线基本重合的流域称闭合流域，否则称不闭合流域。地表和地下径流最终汇入海洋的流域，称外流流域；地表和地下径流不直接与海洋沟通的流域，称内流流域。流域中某一断面以上所包围的集水区域的面积，称流域面积，一般以平方公里计，它是任何水文计算方法中不可缺少的因素。流域的自然地理特征(降水、蒸发、植被、地形等)决定了河流的水文情势。　(吴学鹏)

long

龙门架　gantry

以钢或木构件制作的门式构架，与纤缆、滑车组、卷扬机组成简易的门式起重设备。适用于施工现场和架桥作业。如龙门架净宽较大，可将支腿底部做成拐脚，称为拐脚龙门架。　(唐嘉衣)

龙门起重机　gantry crane

又称龙门吊机。用龙门型桁架承重在地面轨道上走行的起重机。龙门型桁架一般用万能杆件拼装组成或用专用的钢构件制成。走行装置设在桁架支腿下端，由电动机驱动。桁架顶部的桁梁上设有电动起重小车，可横向走行并提升重物，工作范围为一个矩形空间。其结构简单，起重量大，操纵方便，广泛应用于桥梁施工。　(唐嘉衣)

lou

楼殿桥　hall bridge

在桥面上建有高耸楼殿的特殊桥梁。如河北井陉苍岩山上的桥楼殿。　(徐光辉)

lu

卢灵桥　Luling Bridge

位于美国新奥尔良(New Orleans)州首府南侧，跨越密西西比(Mississipi)河的公路桥。六车道桥面，总长678.2m。设计时作过多种方案比较，由于密西西比河三角洲土质条件较差，悬索桥造价高，故采用正交异性板桥面，双箱斜腹板箱梁为加劲梁的三孔连续钢斜拉桥。桥中孔376.4m，两边孔各为150.9m。塔高在桥面以上为75m，双索面，每索面各3对放射形布置钢索。1982年建成。　(唐寰澄)

卢赞西桥　Luzancy Bridge

位于法国巴黎以东50km，跨越马恩河(Marne River)的预应力混凝土公路桥。为跨度55m的单孔双铰坦拱，矢跨比1/23，桥面行车道宽6m，两侧人行道宽各1m。由弗莱西涅(Freyssinet)在1941年设计并监造，1946年通车，为世界上最早的预制节段、三向预应力混凝土公路桥。主结构为三片平行的箱形肋，各由2.44m长的预制节段组成，箱高以拱顶处的1.27m向两边增加到1.82m。两端则用就地灌筑的三角形框架与桥台相接。拱脚设弗莱西涅混凝土铰，利用千斤顶调整应力，以消除收缩徐变影响。桥头两端节段用悬臂拼装，中间40m的节段则在桥头组拼后，利用两岸钢塔架与吊索安装。

（周 履）

芦沟桥 Lugou Bridge

位于北京市西南约15km丰台区，跨永定河的11孔大型联拱石桥。永定河古称芦沟河，故名。全长266.5m，宽7.5m。始建于金·大定29年（公元1189年），明昌3年（公元1192年）建成。拱圈采用纵横式，矢跨比约为1/3.5；中心孔跨径最大，两侧按比例逐渐收小；桥墩为单向船形墩，以利排洪。桥身两侧石雕护拦南北分别有望柱140根和141根，柱头上均有卧伏的大小石狮，加上两头华表等顶上的石狮共485个，神态各异。桥东碑亭内有清·乾隆题“芦沟晓月”汉白玉碑。1937年7月7日，日本帝国主义在此发动侵华战争，宛平城的中国驻军奋起抵抗，揭开了八年抗战的序幕，成为著名的芦沟桥事变，也称“七七事变”。1973年因需要在古桥上安全平稳地通过了400多吨超限大件平板车。1987年又进行了一次大的修缮。该桥被列为第一批全国重点文物保护单位。

（潘洪萱）

泸定桥 Luding Bridge

又称大渡河铁索桥。位于四川省泸定县城西，横跨大渡河的单孔铁索桥。桥净跨100m，净宽2.8m，桥面距枯水位14.5m。由13根铁链组成，9根承重，上铺木板作桥面，4根作扶拦。每根链长127.45m，约有890个扁环扣联而成，重约2.5t，系紧于两岸桥台后面。桥台上均建有桥亭。桥始建于清·康熙四十四年（公元1705年），第二年四月建成。康熙手书“泸定桥”三字匾额挂在东桥亭。1935年5月29日中国工农红军长征至此，由22位勇士组成的夺桥突击队，缘铁索匍匐前进，激战2小时，消灭东桥头守敌，使红军继续长征。该桥是全国历史和革命两方面的重点文物保护单位。

（潘洪萱）

陆地基础 land foundation

建筑在陆地上的基础，如旱桥和其他陆上建筑物的基础。根据建筑物的结构特点、荷载大小、地基土的种类和承载能力，以及施工单位的能力与经验等因素可以选择浅基础、沉井基础和桩基础等类型。

（赵善锐）

lü

铝合金钢桥 aluminum alloy steel bridge

上部结构用铝合金钢建造的桥梁。铝合金钢的抗拉强度和碳钢差不多，但表观密度仅及碳钢的1/3，还具有易于加工成形、耐腐蚀性强、不易发生脆性破坏等优点。缺点是杨氏弹性模量较低，只有碳钢的1/3.3。因此，铝合金钢桥在静力作用下，其挠曲变形较大，在动力作用下，其振幅亦大，故应用不多，且多属于小跨度公路桥。

（伏魁先）

履齿式桥台 teeth foundation abutment

又称齿槛式桥台。由前墙、侧墙、撑墙、后墙及带齿槛的底板组成的桥台。其结构特点是：基础面积较大，可以支承一定的垂直压力；底板下的齿槛可以增加桥台抗滑的稳定性；后墙做成倾斜状，利用它背后的原状土和前墙背面的填土，共同平衡拱的推力；前、后墙间的撑墙可提高台身的刚度。它适用于软土地基和矮路堤的中、小跨径拱桥。

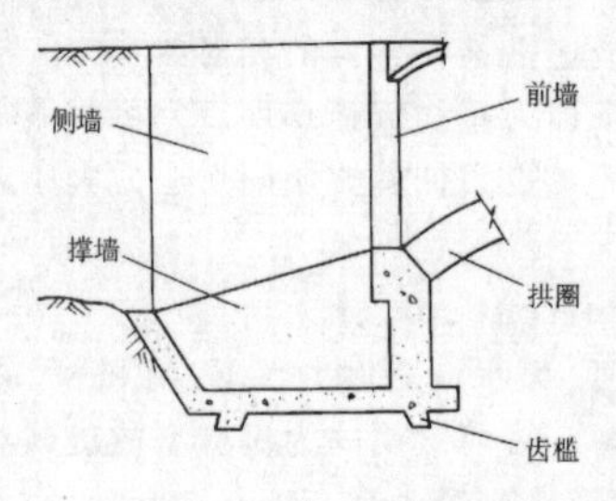

（吴瑞麟）

履带车和平板挂车荷载 loading of caterpillar

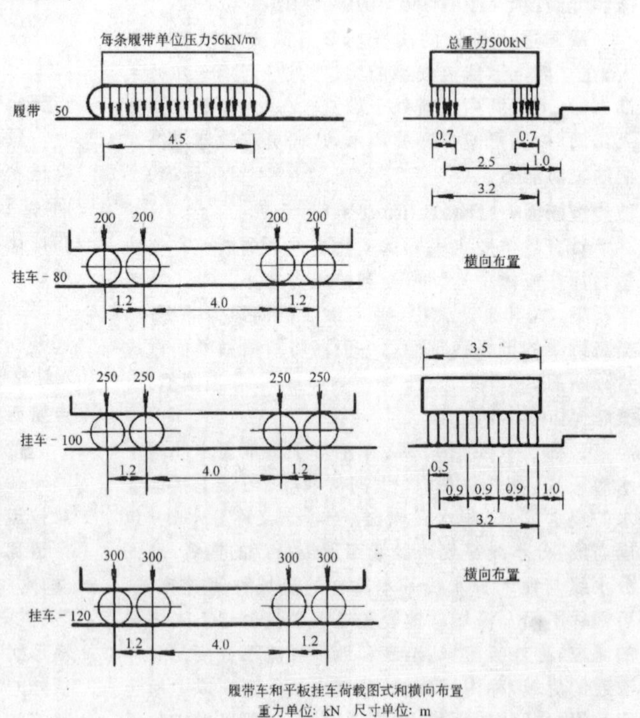

履带车和平板挂车荷载图式和横向布置
重力单位: kN 尺寸单位: m

履带车和平板挂车荷载

vehicle and platform trailer

用于公路桥涵设计的验算荷载。分为履带—50、挂车—80、挂车—100、挂车—120，其荷载图式和横向布置规定如图所示。履带车在顺桥方向可多辆布载，但两车间净距不得小于 50m；平板挂车在桥梁全长内用一辆布载。

（车惠民）

履带起重机 crawler crane

又称履带吊机。在履带底盘上安装的动臂旋转式起重机。由起重臂、转台、底盘、动力装置和起升、变幅、回转、走行工作机构组成。起重部分为液压或机械传动。走行部分一般采用内燃机驱动，亦有用液压驱动的。履带接地面积大，能在松软不平的地面上驶行。重心低，稳定性好（有的机型在吊重时可放宽履带间距），可带载走行，但走行速度低，机动性差，需用其他车辆运载转移工地。通过换装设备，可用于挖掘、打桩、钻孔等作业，或改装为履带式塔吊。

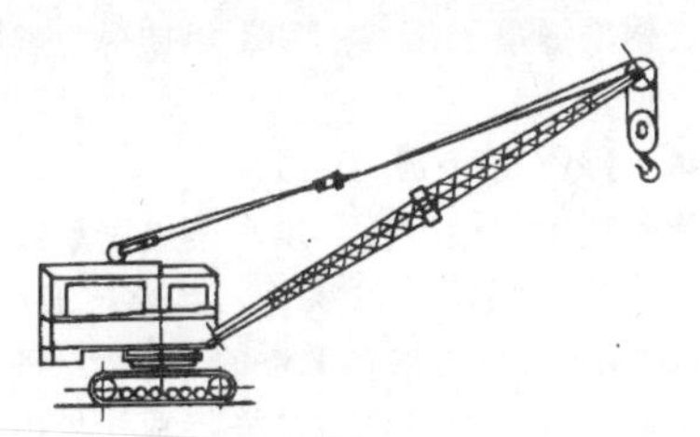

（唐嘉衣）

luan

孪拱桥 twin-ring arch bridge

由一对平行的分离式拱圈构筑而成的拱桥。拱圈之间采用石砌的横向小拱或钢筋混凝土肋板式结构来跨盖，并形成桥面系。优点是可减轻上部结构的重量。因每道拱圈须保证其横向的稳定性，单个拱圈宽度不得小于跨径的 1/5。（袁国干）

乱石拱桥 rubble stone arch bridge

拱圈用乱石砌成的石拱桥。乱石系从天然岩石开采出来后未经加工修饰的石块，天然大卵石也称乱石。乱石拱桥承载能力低，只适用于荷载较轻、跨度较小的桥梁。（伏魁先）

lun

轮渡栈桥 ferry trestle bridge

一种连接河岸与渡船供铁路、公路车辆驶上和驶下渡船的桥梁。由于轮渡处水位涨落不定，栈桥长度应考虑高水位渡船空载和低水位满载时的桥梁纵坡能满足车辆的安全行驶；近水端应能竖向上下调节，傍岸端需设活动铰轴支承俾能自由转动。

（徐光辉）

轮对蛇行运动 hunting of the wheel

铁路列车轮对以一定的频率左右摆动前进的运动。当列车沿着直线轨道运行时，由于轮对与钢轨侧面有间隙，车轮踏面带有锥度，当时速超过 50～60km/h 后，轮对在平面上将左右摆动前进。摆动的频率与轨距、踏面锥度、车轮直径及转向架轴距等因素有关。轮对蛇行运动是引起桥梁横向振动的主要原因。对于高速列车还必须防止蛇行运动的不断发散，以免使运动不稳定。（曹雪琴）

轮轨关系 wheel-rail relation

铁路列车车轮与钢轨间的相对运动与相互作用力。当列车在线路上运行时，车轮与钢轨在铅垂方向始终密贴接触，而在水平方向，则由于轮对钢轨间有间隙，出现轮对的蛇行运动。在研究高速列车的运动稳定性以及桥梁振动时，都要仔细分析列车通过时轮轨间的相对运动和相互作用力。（曹雪琴）

轮胎起重机 tyred crane

在专用的轮胎底盘上安装的动臂旋转式起重机。其起重部分与汽车起重机的类似。底盘轮距宽，轴距小，车身短，稳定性好，能全回转作业。走行部分用内燃机驱动。转弯半径小，在工地移动灵活，但车速较慢，机动性不如汽车起重机。起重量较大时，需用支腿支承机身。吊重较轻时，亦可不用支腿或带载走行。近年发展液压式越野型轮胎起重机（rough terrain crane），提高车速并可全轮驱动，越野性能强，比汽车起重机更适用于路面较差的桥梁工地。

（唐嘉衣）

luo

螺栓轴力计 bolt tension calibrator

量测螺栓轴力的仪器。其结构主要为一压力传感器，由指针或数字方式显示出栓拧螺栓的轴力，用以校正扳手的扭矩系数。（唐嘉衣）

螺旋顶升器 screw jack

又称螺旋千斤顶。利用自锁螺杆与套筒上螺母的旋合作用起升重物的顶升器。用手柄旋转伞状齿轮驱动螺杆，使螺母套筒顶升重物。按工作方式分为固定式和移动式。移动式顶升器有水平螺杆，顶起重物后可作水平移动。（唐嘉衣）

螺旋箍筋 spiral hoop reinforcement

连续缠绕在圆柱形混凝土构件纵向钢筋外侧的螺旋形箍筋。其作用是：①施工中使纵向筋能固定就位；②侧向约束受压纵向筋免其过早压曲；③给混凝土提供侧向约束以提高抗压强度；④用以承受剪力

和扭矩。 （何广汉）

螺旋输送机 worm conveyor

又称螺杆输送机。利用螺旋叶片的旋转，在料槽内输送粉粒或粘塑物料的连续输送机。由机架、料槽、螺杆和动力、传动、装卸等装置组成。常用于运输水泥、砂、砂浆、粘土等。 （唐嘉衣）

螺旋桩 screw pile

下部装有螺旋叶片的预制桩。螺旋叶片为钢制，其直径常为桩身直径的3倍左右。桩身可以用钢筋混凝土预制，也可采用钢管或原木。用旋入法沉入土中，在软土中能沉至较大深度，遇到较为密实的砂土或砾石则不易沉入。由于螺旋叶片加大了端承力，使其轴向承载力得以提高。计算轴向受压承载力时，螺旋叶片以上一定高度内的侧壁摩阻力应予扣除。以往常用于支承码头平台，现已很少采用。

（夏永承）

螺旋钻机 drilling auger

利用螺旋钻杆钻进地层并排碴成孔的钻机。由钻架、动力头、螺旋钻杆、钻头等组成。动力驱动螺杆和钻头旋转切削土层，钻碴沿螺杆叶片回转上升排出。按构造分为长螺杆式和短螺杆式。其成孔整齐，不需护壁，适用于地下水位较低的土层。

（唐嘉衣）

洛氏硬度 Rockwell hardness

由洛氏硬度试验方法确定的材料硬度值，用HR表示。洛氏硬度试验属静力硬度试验，它是用一个顶面成120度的金刚石圆锥体或直径为1.588mm的钢球做压头，在初负荷及总负荷（初负荷＋主负荷）的先后作用下，将压头压入试件，然后根据在卸除主负荷而保留初负荷时压入试件的深度与在初负荷作用下压入深度之差值来确定硬度值。根据试验时所用压头和总负荷的不同分15种标尺，其不同的标尺有不同的试验条件和适用范围。

（杨福源）

洛溪大桥 Luoxi Bridge

在广州市和番禺市之间跨越珠江主航道的公路桥。全长1 916m，设计荷载汽－20，主桥为不对称四跨变截面连续刚构，主跨180m，跨中梁高3m，高跨比1/60。桥宽15.5m，采用单箱单室截面，三向预应力，主桥采用长悬臂灌筑施工。主墩身根据施工考虑选用抗弯、抗扭性能好的双柱式薄壁空心墩，其余采用薄壁箱形墩身，群桩基础，主墩设人工岛防撞结构。南北引桥共长1 436m，采用跨度30m及16m简支梁。设计体现主桥先进，引桥经济。全桥1988年建成。 （黄绳武）

洛阳铲 Luoyang spade

一种半圆形铲头的铲。尾置一套接在一根约2m长的木杆上，钻进时用手操作，借助重力冲入土中，完成直径较小而深度较大的圆形孔，可采取扰动土样，钻探深度可达10～20m。它是在洛阳市勘探古墓时首先得到广泛使用的。最适宜用于地下水位以上的硬塑粘土类土和黄土。近年来又有不少新型式，以适用于各种土质条件。 （王岫霏）

洛阳桥 Luoyang Bridge

又称万安桥。位于福建省泉州市东约10km洛阳江的入海尾闾上的47孔石梁桥。始建于宋·皇祐五年（公元1053年），宋·嘉祐四年（公元1059年）建成。桥长三百六十余丈（约1200m，现长834m），宽一丈五尺（约5m，现宽7m），全用花岗石砌成。石梁共有300余根，每根石梁长约12m，宽厚均在0.5m以上，重7～8t。桥墩及基础的纵横相叠的条石间用牡蛎胶结一起，桥基采用筏形基础。桥上文物、石刻众多，桥中一亭内就有修桥碑石12座及摩崖两方。1932年为通行汽车，原石梁桥面及栏杆均改成钢筋混凝土结构，1961年被列为省级重点文物保护单位。 （潘洪萱）

洛泽拱桥 Lohse arch bridge

又称刚性梁刚性拱桥。拱与梁组成承重结构后都能承受弯矩与轴向力的拱桥。系德国H·Lohse氏首创，故名。系在朗格尔梁桥的基础上，将拱肋截面加强而成，可视为朗格尔梁桥与系杆拱桥结合而成的一种下承式桥。拱的水平推力由梁平衡掉，属外部静定、内部超静定结构，墩台位移对上部结构不会产生附加力，适用于地基不良的桥位处。桥梁建筑高度也很小，可满足桥面标高低而又须保证通航净空要求的场合。由于拱、梁抗弯刚度均较大，可承受较大的荷载。 （袁国干）

雒容桥 Luorong Bridge

位于湘桂线，与浪江桥同为中国作为试验的铁路栓焊钢桁架桥。全长255.1m，其中有1孔跨度41.62m的下承简支钢桁架，采用M16C钢材和45号钢高强螺栓。原设计跨度为44m，后因适应已有墩台距离改变为上述数值。该桥由科研、设计、制造单位共同研究创制，对后来的栓焊钢梁的发展起到很大的推进作用。建成于1961年12月。

（严国敏）

落锤 drop hammer

依靠自重落下的冲击能沉桩的桩锤。为一钢制重块，由卷扬机用吊钩提升至一定高度，脱钩后沿导向架或导杆自由落下锤击桩体。其冲击频率较低，工效不高。 （唐嘉衣）

落梁 beam lowering

钢梁拖拉或悬臂拼装就位后，将钢梁降落在永久支座上的施工程序。在落梁前应拆除架梁时所用的临时连接杆件和滑道。当拆除上弦联结杆时，可将一孔梁的远端支点顶高，使接头处不受力，以便容易起出连接杆件的钉栓。上滑道宜在钢梁接头处设置约 3m 长的短轨节，以便落梁时易于拆出。落梁时每孔梁的一端应至少用两台千斤顶顶梁，交替降低作为临时支承的枕木垛，直至达到设计标高。在落梁的全过程中，要量测钢梁中线和支座标高，保证落梁位置的准确性。 (刘学信)

M

ma

麻袋围堰 burlap cofferdam

内外圈堆码盛土麻袋，中间用粘土填心的围堰。适用于水深在 2.5m 以内，流速在 1.5m/s 以内，河床不透水的情况。堰顶宽 1～2m，外侧边坡 1∶0.5～1∶1，内侧边坡 1∶0.5～1∶0.2。麻袋内装松散的粘性土，其装填量约为袋装量的 60%。堆码要整齐，互相错缝。当缺少麻袋时，也可用草袋替代。

(赵善锐)

麻网桥 net-shaped grass-rope bridge

用麻索建成的吊桥。其构造类似藤网桥。

(伏魁先)

马钉 clasp nail

由直径为 12～16mm 的圆钢或方钢制成的冂形扣件。广泛用于木结构的接榫或其他临时建筑物的局部固定。 (陈忠延)

马拉开波桥 Maracaibo Bridge

位于委内瑞拉马拉开波湖的公路桥。总长 8.7km，其中 5 孔主航道为预应力混凝土斜拉桥。结构特点是采用 4 组平行的 X 型桥墩上形成三室箱的双悬臂梁体系，然后利用 A 型塔架（与 X 型墩无联系）上的一对刚性拉索吊住两悬臂端，从而组成一独塔斜拉结构，在相邻的独塔斜拉结构间用一吊梁联系，最终形成多孔斜拉桥体系。这种设计构思由里卡多·莫兰第（Riccardo Morandi）提出，习称莫兰第体系。该桥主跨为 275m，其中独塔斜拉结构长 189.5m，吊孔长 85.5m，桥面宽 17m。于 1962 年建成。 (范立础)

马奈尔预应力张拉体系 Magnel prestressing system

一种由支承板、卡盘、楔块组成的比利时锚具张拉体系。每张拉 2 根 ϕ5mm 或 ϕ7mm 钢丝即用楔块（楔形锚）锚于夹槽内。夹槽和钢丝数随卡盘尺寸而异，通常多属 4 槽 8 丝。此种体系因张拉费时、张拉力小，现较少使用。

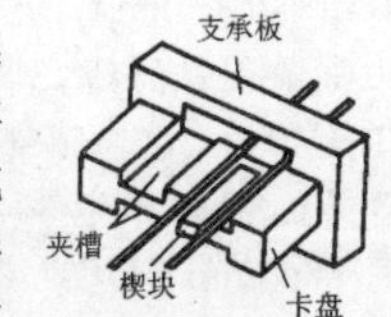

(严国敏)

马-希硬度 Martens and Heyins hardness

以钢球压入木材达一定量时所需的荷载数作为硬度值的木材硬度衡量标准。(陈忠延 凤凌云)

mai

埋弧焊 submerged arc welding

电弧在焊剂层下燃烧的焊接方法。允许采用较大的焊接电流，能获得较大的熔化深度，特别适用于中、厚工件及长而规则焊缝的焊接。由于电弧不外露，熔渣的隔热作用使电弧的热量辐射损失较小，一般无需预热。焊接时，熔池保护良好，没有飞溅，焊缝成形好，接头质量较高，劳动条件较好。但在多层焊时，清除熔渣药皮较困难，清除稍不彻底，再焊时容易夹渣，影响质量。

(李兆祥)

埋置式桥台 buried abutment

台身埋置于台前溜坡内，不再设置翼墙或侧墙的桥台。台身可做成实体式、柱式、框架式及肋形等多种形式，台帽两端设耳墙局部地挡土。台前溜坡有适当防冲措施时，可考虑台前溜坡体对台身的主动土压力。它适用于河滩宽阔、河床及边坡稳定、冲刷小的河道。

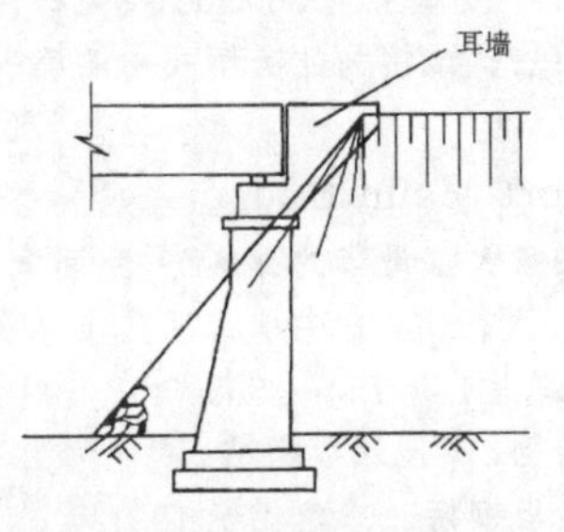

(吴瑞麟)

迈耶硬度 Meyer hardness

以压痕的投影面积代替布氏硬度的表面积除所

加荷载数作为硬度值的木材硬度衡量标准。

（陈忠延　凤凌云）

麦基诺桥　Mackinac Bridge

位于美国密执安州，为跨麦基诺海湾的公路桥。双向各双车道及 0.91m 人行道，总宽 16.46m。主桥跨度为 549m＋1158m＋549m，为双面悬索桥。钢加劲桁架高 7.62m，桁距 20.73m。钢塔高 156.97m，浮运钢圆形双壁沉井基础。建成于 1957 年。

（唐寰澄）

脉动荷载　pulsating load

匀速等幅并按一定波形变化的疲劳荷载，结构疲劳试验时常采用的荷载。通常需用油压脉动千斤顶产生脉动荷载施加于试件上。（张开敬）

脉动千斤顶　pulsating jack

结构油压疲劳试验机所专用的施加脉动疲劳荷载的千斤顶。由脉动发生器产生脉动油压，传至千斤顶形成脉动荷载加于试件上。国产有 50kN、100kN、250kN、500kN、1000kN 正弦波形脉动千斤顶。

（张开敬）

man

满宁公式　Manning formula

由满宁（Manning）于 1889 年提出用于计算过水断面平均流速的公式。$v=\frac{1}{n}R^{2/3}I^{1/2}$。式中 v 为过水断面平均流速（m/s）；n 为河渠粗糙系数；R 为水力半径（m）；R＝过水断面积 ω/湿周 x；I 为水面比降（水力比降）。由于满宁公式简明，沿用至今。

（周荣沾）

曼法尔桥　Manfall Bridge

位于德国，跨曼法尔河谷的公路桥。路面宽 23.5m。结构采用三孔连续 90m＋108m＋90m 就地灌筑预应力混凝土桁架，双斜杆柏氏桁式。桁上弦即为 23.5m 宽的桥面板，下弦板随桥宽变化，腹杆宽跨中为 66cm，支座上为 200cm。拉力杆件用迪维达克氏预应力法。该桥为此类桥式中的第一座。建于 1960 年。（唐寰澄）

曼港桥　Port Mann Bridge

位于加拿大温哥华的公路桥。路面宽 19.5m，两边各 3.75m 人行道，是中承式三孔连续刚性梁柔性拱结构，主跨为 109.75m＋365.9m＋109.75m。用高强钢焊接结构，高强螺栓联结。刚性梁为双箱，中部用正交异性板钢桥面。建成于 1961 年。

（唐寰澄）

漫水桥　overflow bridge

又称过水桥。洪水期容许桥面漫水的桥梁。凡是经过已不发展的冲积扇漫流地区，或通过河床宽而浅的河流，或通过主槽很窄但两岸漫水较宽的河流及其他淹没地区时，若洪峰涨落时间极短且路线容许短时间中断交通时，可以修建这种桥，以达到降低造价、满足交通运输的要求。桥面一般低于或略高于河流的常年洪水位，而桥头引道则采用漫水路堤。

漫水桥孔径及标高，按容许中断交通时间计算决定。一般根据洪水水位过程线以漫水桥容许通过的设计频率水位截取曲线，求得某标准洪水通过时的中断交通时间，同时根据河流水文水力条件、地形、构筑物稳定与经济，选定最稳定的水位，作为桥面标高的依据。

漫水桥桥下宣泄大部分流量，桥上通过部分流量。漫水桥的容许漫水深度与过水路面上最大许可的水深规定相同（参见过水路面，89 页）。为安全行车，桥面应设栏柱，高度一般为 0.40m。

（张廷楷）

mang

盲沟　blind ditch

又称填石排水沟。在路基及桥头路堤中用以排除或拦截地下水的填石暗沟。沟内填以块石、砾石或粗粒料，在其上再铺倒滤层。它既能排水又能承重。在路基中大都是横向或斜向的。有时也用纵向的。

（吴瑞麟）

mao

猫道　catwalk

供悬索桥缆索系统施工作业的通道。缆索系统包括主缆、索夹、吊索等，为了它们安装作业的方便，在每根主缆下方各设一道，在主缆架设前设置。一般由承重索（由钢丝绳制成）、扶手索、抗风索以及由钢丝网片制成的道面和护栏组成。两条猫道之间每隔一定距离还设有横向通道，既供横向交通，又作为横向联系构件。（林长川）

茅岭江铁路大桥　Maolingjiang River Railway Bridge

位于广西钦州市与防城港间茅岭江注入钦州湾的入口处的单线铁路桥。该处日潮差达 4m，最大风速超过 40m/s。桥全长 733m（12×32m＋48m＋80m＋48m＋5×32m），正桥为中国当时跨度最大的预应力混凝土铁路桥，3 跨 48m＋80m＋48m 变高度连续单箱梁桥。主墩顶部梁高 6m，跨中及边跨端部梁高 3.3m，腹板中距 3.7m，顶宽 6m。纵向预应力筋，每束 24ϕ5mm 钢丝束（R_y^j＝1600MPa），腹板竖向预应力筋及桥面横向预应力筋均用冷拉Ⅳ级亚 25mm

粗钢筋。混凝土强度等级：C38。采用吊篮悬臂灌筑法施工。水中主墩用 ϕ1.35m 套筒钻孔柱桩高承台，每墩 7 根桩，以 ϕ1.25m 钻孔嵌入岩层。于 1985 年开工，1987 年竣工。 （周 履）

锚垫板 anchor bearing plate

又称支承垫板。用以支承锚头并将其压力分布和传给梁体混凝土的锚具附件。 （何广汉）

锚垫圈 anchor bearing ring

张拉端锚头和锚垫板之间的支承垫圈。例如柯氏锚下的叉形垫圈，其作用是在放松千斤顶时使锚头不回缩而保持预应力筋的拉力，并将锚下压力传至锚垫板。 （何广汉）

锚碇 anchorage

承受悬索两端全部拉力的结构。一般由锚块基础、锚块、钢索的锚碇架及固定装置和遮棚等组成。按照边跨的情况，可以与桥台组合设置或单独设置。锚块多采用底面为阶梯形的重力式结构，与其下面的基础形成整体，以保证锚碇的倾覆稳定性与滑动稳定性；当桥头基岩外露时，则可设置隧道式锚块。锚块内设置钢架，用钢杆或钢眼杆从前端伸出，与悬索的锚头或 U 形钢环连接，并设有钢索长度调节装置。如钢索根数特多，也有将钢索伸至锚块后面进行锚固的。遮棚建于锚碇基础之上，棚顶可作为路面，用钢筋混凝土做成，棚内空间可作为安装输配电和排水等设备之用。 （赖国麟）

锚碇板 anchor plate

承受挡土建筑物拉杆横向拉力的支承板。一般用钢筋混凝土制成，它利用土抗力平衡拉杆拉力。参见锚碇板桥台（161 页）附图。 （吴瑞麟）

锚碇桩 anchor pile

承受挡土建筑物拉杆横向拉力的桩。拉杆与桩的顶端相联，利用桩前、后的土抗力保持平衡和稳定。有时由一对前后倾斜的桩在顶端牢固连接组成“人”字形锚碇桩，其中一根受拉，另一根受压，锚碇效果更好。 （吴瑞麟）

锚锭板桥台 anchored bulkhead abutment

通过埋入台后填土中的锚锭板和拉杆的抗拔力平衡土压力的桥台（见图）。由立柱、挡土板、拉杆和锚锭板等四部分组成。与重力式桥台相比，可显著降低桥台的造价。有分开式和结合式两种。分开式是把承重部分和挡土部分分开，承重部分一般做成排架形式，支承梁部荷载；结合式则把承重部分和挡土结构合为一体（见图）。在小型桥台中，也可采用加筋土挡土墙的结构形式，拉杆采用密排的塑料带或其他材料，这种桥台又称加筋土桥台。

（吴瑞麟）

锚墩 anchorage pier

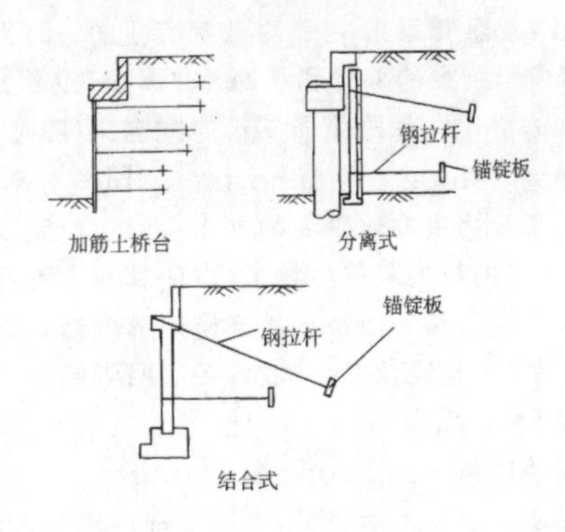

锚锭板桥台

在悬索桥或斜拉桥中，锚固悬索或拉索的桥墩。它既具有普通桥墩的功能，又能起锚固的作用。

（吴瑞麟）

锚杆加强法 method of using anchor bar for reinforcement

用锚杆或拉杆对已变形或可能变形的桥台、拱上侧墙等结构进行修复的方法。软基桥台当出现向河心转动或移动而尚未稳定时，采用斜锚杆加强，分担部分水平力。锚杆上端锚在台身上，下端斜向伸入台后路堤，并通常采用压浆扩散锚固。当桥台上、下游侧墙变形开裂时，可在两侧墙间加设锚杆补强。拱桥的拱上侧墙出现向外变形时，也可在侧墙上钻孔，安装锚杆，可配合进行灌入砂浆加固。锚杆可采用钢筋、钢管或钢筋混凝土制作。 （黄绳武）

锚固长度 anchorage length

钢筋末端在理论不受力点以外仍作适当延伸并锚固在混凝土中的那段长度。它是用以防止钢筋从混凝土中拔出或产生相对滑动所必需的附加长度。受压锚固长度可以小于受拉时的锚固长度。

（顾安邦）

锚固墩 anchored pier

见辅助墩（57 页）。

锚具 anchorage

又称锚头。各种预应力体系特别是后张体系中用以保持预应力筋张拉力使预应力混凝土结构具有所需预应力的锚固部件。按其锚定力筋的原理可分为 4 种：①靠摩阻力锚固，如锥形锚等；②利用螺纹锚固，如轧丝锚等；③将力筋端头镦粗支承于垫板上，如镦头锚；④借力筋与混凝土间的粘结力锚固，如柯氏锚和先张法的自锚等。种类繁多，国内外不下数百种。 （何广汉）

锚跨 anchor span

悬臂梁桥或钢悬臂桁架桥具有伸出悬臂的桥跨部分。悬臂可从锚跨的一端伸出（单悬臂梁）或从两端伸出（双悬臂梁）。相邻两悬臂所在的一跨为组合跨，常由锚跨梁的伸臂和悬跨（也称挂孔）组成，为保证体系静定，悬跨梁简支于伸臂端。（陈忠延）

锚索倾角 slope of anchoring cable

悬索桥边索与水平面的夹角。为使边索（即锚索）与主索的拉力相等或接近，应使其与主索在桥塔处的水平倾角相等或接近。当受地形限制，边跨较短，需要增大其倾角时，一般应控制两者倾角之差值不超过10°。（赖国麟）

锚下端块劈裂 end zone splitting

预应力混凝土后张梁，在锚下端块范围内，由于强大集中压力的作用，混凝土中出现很大的横向破裂力，从而引起纵向水平劈裂缝的现象。因此必须加密端块内竖向钢筋的布置，以便控制裂缝的开展。（李霄萍）

锚下端块设计 anchorage zone design

在预应力混凝土后张梁中，预加力是通过锚头以密集的集中荷载作用在锚固端的，过渡一个大约等于梁高的长度以后混凝土上所受的压应力才变成直线分布。这一长度范围称作端块（end block），端块受力复杂，实际上处于三向应力状态，沿荷载轴线可能会形成很高的劈裂应力，产生纵向劈裂缝。设计时应在端块区内设置足够的锚固可靠的钢筋（普通钢筋），且锚头布置不可太密，（由于锚头垫板下纵向压应力的高度集中），甚至可使锚下混凝土被压碎，所以设计时还必须检算锚下混凝土的抗裂性和局部承压强度。（李霄萍）

锚箱 anchoring box

为设置斜拉索锚头而在主梁或塔柱中预留的箱形空间。一般将锚头位置相对集中，把锚垫板焊在一起，形成阶梯形，四周以薄钢板焊成一开口钢箱，镶嵌在塔柱或主梁内。（赖国麟）

铆钉或螺栓系数 coefficient of rivets or bolts

杆件单位有效面积上所需的铆钉或螺栓个数。对重要的连接，如铁路钢桥的杆件拼接及节点连接要采用等强度的面积法计算，其原则是保证连接和杆件具有相同的承载力，以适应活载的发展。必需的钉栓数为铆钉或螺栓系数 μ 与杆件有效面积 A' 的乘积：$n=\mu A'$。对拉杆，$A'=A_j$，A_j 为杆件的净截面积。对压杆，$A'=\varphi\cdot A_m$，A_m 为杆件的毛截面积，φ 为中心压杆轴向容许应力折减系数。$\mu=[\sigma]/[N]$，$[\sigma]$ 为钢材的基本容许应力，对受反复荷载作用的拉杆，$[\sigma]$ 为疲劳容许应力 $[\sigma_n]$，$[N]$ 为单钉栓的承载力。μ 值可按钉栓承受单剪或双剪及钉孔承压的板束厚度查有关手册。（罗蔚文）

铆钉或螺栓线 rivet or bolt lines

见铆钉或螺栓线距。

铆钉或螺栓线距 spacing between rivet or bolt lines

相邻铆钉或螺栓线之间的距离。平行于受力方向的铆钉或螺栓中心的连线称为铆钉或螺栓线。线距应合理布置，满足规范的规定。在缀连性连接中，线距可布置得宽些，但不得大于规定的最大线距，以免钢板贴合不严，水汽进入。在受力性连接中，线距宜小，但又不得小于规定的最小值，以利于施工等。（罗蔚文）

铆钉连接 riveted connection

用铆钉实现的机械性连接。有热铆和冷铆两种。热铆是将一头带有预制钉头的铆钉半成品加热到1000℃左右，插入构件钉孔，钉孔比钉杆直径约大1mm，用铆钉枪趁热先镦粗钉杆填满钉孔，再将杆端打成封闭钉头；冷铆是在常温下用压铆机把钉杆镦粗，塞满钉孔，并形成封闭钉头。工地连接都采用热铆；冷铆只用于工厂中，现在已很少采用。铆接已有一百多年历史，性能良好，但工艺较复杂，现在已被高强度螺栓所替代。（胡匡璋）

铆合机械 riveting machine

铆合铆钉的设备。有铆钉机和铆钉枪。铆钉机由机架、窝头、顶把组成。分气动、液压、电动三种。以压力铆合，适于工厂使用。铆钉枪为气动工具，由壳体、活塞锤、窝头组成。配合顶把，以锤击铆合。工厂与工地均适用。（唐嘉衣）

铆合检查 examination of riveting

铆合后对铆钉外观、钉杆填实程度、板层间密贴情况进行检测过程的总称。外观检查项目包括：外形尺寸、钉头偏心、飞边、麻面、歪头、裂纹、钉头不密贴。铆合填实抽查法是将铆好的钉抽样切下，检查钉杆三个截面，要求其平均钉径与孔径差不大于0.4mm，个别截面不大于0.6mm。密贴检查用0.1mm塞尺，插入深度要求不大于1.5倍钉径。（李兆祥）

铆接钢板梁桥 riveted steel plate girder bridge

全部用铆钉连接的钢板梁桥。它与全焊钢板梁桥和栓焊钢板梁桥相比，用钢量较多，劳动强度较大，工期也较长，目前已渐为后两种钢板梁桥所代替。（伏魁先）

帽木 wooden cap

在成排状的木桩（柱）顶上所盖的条状圆木或方木。由于它像帽子一样盖在桩顶，故称。帽木用榫、销或扒钉与桩柱相连并予以固定。圆形帽木顶面应削成适当宽度，以利布置大梁。（陈忠延）

帽形截面 ⊓-shape section

由顶板及两个竖向分肢所组成，外型如帽子的截面。在老式的铆接钢桁梁中，上弦杆和端斜杆常采用这种截面，其优点是能防止雨水和污物积存于杆件内部，以及整个截面积分散布置在三个平面，可以减薄节点处钢板束的厚度。然而，由于这种截面的杆件工厂制造及工地连接比较复杂，国内外新建的桥梁上已很少采用。 （曹雪琴）

mei

湄南河桥 Chao Phraya River Bridge

位于泰国曼谷，通往曼谷的高速公路上跨越湄南河的桥梁。主桥总长782m，跨径（m）分别为47＋58＋61＋450＋61＋58＋47，边孔为多跨的连续斜拉桥。双塔，单索面，塔高在桥面以上为87m。塔两侧扇形布置各14对索，用闭锁钢索组合拉索。流线形截面钢箱梁总宽33m，梁高4m。在索面每侧各为12m的车道。桥由英、美、前联邦德国、泰国四国公司联合设计，由泰日集团施工，于1988年建成。

（唐寰澄）

煤溪谷桥 Coalbrookdale Bridge

英国产业革命后建成的世界上第一座铁桥。建于1779年。跨越塞汶河（River Severn），跨度100英尺（30.5m），为半圆形生铁拱桥，三层铸铁拱肋中仅最下一层在跨内连续，上面两层到桥面下即中断。该桥开创了世界上修建铁桥的时期。直至19世纪末期才被钢桥时期所取代。至20世纪60年代初，该桥已禁通车辆只通行人。现已作为历史文物保存，断绝交通。 （周 履）

美的法则 rules of bridge aesthetics

又称美的准则（criterion）。为构成美的桥梁所必需遵守的普遍规律和具体准则。真实的构造、善良的目的、合理的功能、创新的企图等都是构成美的基础或必要条件，成为美的内涵。仅有这些条件不一定能得到美，但缺之则一定不能得到有深度的美，其充分条件是遵守美的法则。中外美学家都认为美的普遍规律是协调以达到和谐。根据中国哲学为基础的中国美学，美感得之于美学领域中诸相对面双方，具有富于韵律变化的序列，与人类的感官和意识取得和谐。历史上美学家对具体的准则提法极不一致，从一、二条到数十条繁简不一。繁者在各条之间缺乏有机的联系。今归纳其重要而又能按中国美学普遍规律所能串联贯通者为：形式运动、多样与统一、简单与复杂、比率比例、对称平衡、节奏韵律，及在创作和鉴赏时所应用的联想。 （唐寰澄）

美的属性 attribute of beauty

关于美的产生和隶属的性质。事物的客观规律和秩序引起人主观上的共鸣，取得和谐而产生美感。因此，美是以客观和主观的统一、内容和形式的统一为基础，具有两方面的属性。一般可细分为美的客观性、主观性、相对性、社会性和创造性等。美的客观性是美的客观基础部分。但不能认为美仅存在于客观之中，单独的客观事物无所谓美与不美，它只是必不可少的基础和审美对象。美的主观性是指客观审美对象是在审美主体的主观意识相结合而得出美和不美的判断。因此，它是美的主导部分。但不能把美视为仅存在于主观意识之中以之输入于客观。美的相对性是指审美的标准是相对的、变化的。这是由于各个地区、各个时代，物质条件不一样；同时，又由于各个民族的社会结构、政治、经济、文化的不同；社会组织中的人员又有性别、年龄、职业等差别；且每一个别人所处环境、自身素质等不同而引起的。美的社会性是指一定时期、一定社会普遍所能接受的审美观点和审美标准。如19世纪桥梁以繁复的装饰为美，20世纪则普遍倾向于以简洁、明快、巧妙、流畅、舒展、不追求豪华装饰为美。美的创造性是指美有不断创新的可能性。美的这些属性不是割裂的，而是相互联系的。桥梁美是桥梁的客观物质存在，按一定美的法则予以安排，在主观上引起美的感觉。

（唐寰澄）

美兰体系拱桥 Melan system arch bridge

又称劲性钢筋混凝土拱桥。用劲性钢骨架配筋的钢筋混凝土拱桥。系奥地利工程师J.美兰（J. Melan，1853～1902）首创，故名。骨架采用型钢铆接或焊接而成，用悬臂拼装法施工跨越山谷、河流，在骨架上悬挂模板浇筑拱圈（肋）混凝土，混凝土达到设计强度后，再于其上建造拱上建筑，从而节省了昂贵的支架费用，但钢骨架起着拱圈的支架与配筋作用，既承受施工荷载又担负运营荷载，其用钢量远大于一般钢筋混凝土拱桥。可用于有铰或无铰体系的拱桥中。 （袁国干）

美因二桥 Main-Ⅱ Bridge

位于德国法兰克福（Frankfort）郊区的预应力钢筋混凝土就地灌筑节段施工的斜拉桥。桥总长285.31m，桥跨（m）分配为16.91＋25.65＋29.00＋39.35＋148.23＋26.17。大跨侧为独塔双柱式塔墩，双索面，竖琴式斜拉桥，共有索13对。拉索用迪威达克粗钢筋。塔高在路面以上为52.47m。塔柱中心距8m，内通过双线火车和管道。塔外侧左右各为三车道公路，桥面总宽30.95m。建于1972年。

（唐寰澄）

men

门道桥 Gateway Bridge

位于澳大利亚，跨越布里斯班河的混凝土梁桥。

全长 1627m，主桥为三跨预应力混凝土连续刚构箱梁，主跨 260m，是当时世界上同类型混凝土箱梁桥的最大跨径。主墩为双薄壁柔性墩，两侧边跨为 145m，边跨箱梁在离边墩 15m 处与引桥结构铰接，并设置伸缩缝。主桥采用平衡悬臂施工法建造，箱梁采用三向预应力筋布置。（范立础）

门式刚架桥 portal rigid frame bridge

简称门架桥。由水平楣梁与竖直立柱构成主要承重结构的刚架桥。状如门框，故名。立柱所承受的弯矩，随柱与梁的刚度比率的提高而增大。建筑高度很小，有利于做成跨线桥，多采用钢筋混凝土或预应力混凝土建造。（袁国干）

mi

米尔文桥 Milvian Bridge

位于罗马城弗拉迷尼安（Flaminian）大道起点的 7 孔石拱桥。跨径为 15.6 至 24.1m 不等，总长 126m，桥宽 8.7m。拱石用铁箍相连，桥墩顶部有小拱。桥历经翻修，在第二次世界大战中，曾三次通过坦克纵队。桥始建于公元前 100 年。（潘洪萱）

米字形钢桁梁桥 steel truss bridge with double-Warren system subdivided by verticals

主桁架具有米字形腹杆体系的钢桁梁桥。是再分式钢桁梁桥的一种类型，适用于大跨度钢桥，我国长江上已建成的几座钢桥，多为这种类型的桥梁。（伏魁先）

泌水 bleeding of concrete

经过浇灌捣实的混凝土，在凝结之前其表面分泌出水分的现象。主要是由混合料的沉降作用引起的。其中密度较大的粗集料在沉降后形成骨架，砂和水泥等因沉降而填入骨架之中，而水分则部分的被分泌出来，就形成了泌水，称为混凝土的水分离析。泌水会削弱水泥浆与集料和钢筋的粘结力，降低混凝土的强度。混凝土的配料不恰当、流动性过大或振捣过量都容易产生泌水现象。（张迺华）

密封圈 water-tight hoop

防止雨水或潮气进入构件内部的环形或截头锥形物。一般用橡胶制造，装置于需要防水防潮的构件端部，如斜拉桥拉索的锚头部分，以保护它不致生锈。（谢幼藩）

密索体系斜拉桥 cable stayed bridge of multi-cable system

用较多轻型缆索以较小索距与主梁锚固的斜拉桥。斜拉桥的发展，已有从粗大少索体系转向轻型多索体系的倾向。索距在 6～12m 或更小时，主梁弯矩小，自重轻，不但施工安装方便，而且可以修建很大跨度的桥梁（300～1800m）。轻柔的缆索悬吊着纤细主梁的大跨度桥梁具有既宏伟又秀丽的艺术外观。这种缆索不但张拉和锚固方便，更有利于因锈蚀或疲劳损坏而进行换索。而且主梁建筑高度小，空气动力性能好。但调整索力的工艺要比少索体系麻烦些。（姚玲森）

密贴浇筑法 match casting method

采用悬臂拼装法施工的预应力混凝土桥梁在地面预制块件时，须使它们之间互相密贴地接触，紧挨地浇筑混凝土的预制施工方法。一般以一个悬臂为单位开辟预制场，节段块件浇筑的顺序，一般由墩边第一个块件向悬臂端最后块件逐节挨次浇筑，也可以先浇筑奇数块件后浇筑偶数块件。后浇筑块件均以先浇筑块件的端面为端模，采用涂油或贴薄膜的方法隔离，使接触面之间既密贴相配，又易于块件起吊脱离。用这样方法预制的节段块件，在桥上悬拼时，只要第一块构件定位拼装正确，以后各块只要挨次拼上，能做到既拼接密贴，又使拼装后的悬臂尺寸和位置符合要求。（俞同华）

mian

面 surfaces

包围在轮廓线中间的建筑物部件的表面。有二维的平面和三维的曲面。桥梁建筑的面有形状、尺度、向背、光影、开合等的变化。平面是移动直线所构成，也属于刚性。同理，曲面是属于柔性的。桥梁施工时曲面比较困难些。然而从结构和美学的需要，如拱、曲弦箱梁等具有单向曲率的曲面常被采用。双向曲率的薄壳，在现阶段尚缺少经济简单的施工方法，虽结构上受力合理，艺术上独具风格，尚未能普遍应用，但新材料和新施工技术的出现，建造曲面桥梁将不为难事。（唐寰澄）

面漆 facing coat

涂在钢结构上覆盖底漆的粘液状涂料。它的功能是保护底漆不受潮湿和磨损，也作为表面装饰用。应有良好的耐候性能，能抵抗阳光中紫外线辐射作用，不易粉化和脆裂，能有效阻止水和氧进入漆膜下与钢材接触。一般用 316 桥面漆、66 灰色户外漆或铝粉漆等。（谢幼藩）

面雨量 areal rainfall

面平均雨量的简称，又称流域平均雨量。指降雨量在降落地域上的平均深度。计算方法有：算术平均法（区域内各雨量站相同时期内的雨量相加除以总站数）；面积加权法（以各雨量站控制的子区域面积为权重，求全区域的加权平均雨量）。面雨量是降雨洪水计算中的主导因素。（吴学鹏）

ming

名港西大桥 Meikounishi Bridge

位于日本名古屋市的三孔连续悬浮体系钢斜拉桥。主跨为175m+405m+175m。该桥为三车道公路桥，路面宽13m。双面扇形密索，正交异性板菱形钢箱梁，宽16m，高2.8m。A形钢塔高85.2m。建于1984年。 （唐寰澄）

名义剪应力 nominal shear stress

假设剪力均匀分布在某理想剪切面上（名义抗剪面积）而算得的剪应力。名义抗剪面积取为腹板宽度与构件有效高度的乘积。这便于依照规范规定的容许名义剪应力选定构件的截面尺寸。（车惠民）

名义拉应力 nominal tensile stress in concrete

假想的混凝土拉应力（hypothetical tensile stress in concrete）。按无裂缝截面验算名义拉应力是控制部分预应力混凝土构件裂缝宽度的一种简便的方法，它避免了复杂的开裂截面应力分析。虽然不甚符合实际，但对通过试验确定的常用构件的有关限值，还是可以满足设计要求的。 （李霄萍）

明涵 culvert without top-fill

顶部不填土或填土厚度小于0.50m的涵洞。适用于低路堤。通常采用盖板涵洞。 （张廷楷）

明桥面 open floor, open deck

铁路钢桥无道碴的桥面型式，由桥枕、护木、正轨及护轨等组成。为减轻自重，并使桥面具有一定的弹性，桥枕一般采用木枕。这种桥面的特点是自重轻。结构高度小，适用于要求建筑高度小的桥梁。当建筑高度限制很严的情况下，甚至可不用桥枕，把钢轨直接设置于纵梁上，但冲击作用大，噪声也较大是其缺点。 （陈忠延）

明桥面钢板梁桥 steel plate girder bridge with open floor

桥面由钢轨、桥枕和护木等组成，不设道碴和道碴槽板的钢板梁桥。自重较轻，施工简便，为最常用的一种铁路桥。 （伏魁先）

明桥面桥 bridge with open floor

桥面上不铺设道碴，将轨枕直接固定在桥道梁上的铁路桥。它可省去铺放道碴的道碴槽板，并省去道碴的重量，但列车过桥时的振动及冲击作用比有道碴时强烈。近年来各国正在试用无碴无枕的桥面，即在桥面上安装专门的预应力混凝土纵向轨道板，将钢轨固定在轨道板上，运营效果较好。

（徐光辉）

明桥面预应力混凝土桁架桥 prestressed concrete truss bridge with open floor

采用无道碴桥面的预应力混凝土桁架梁桥。其桥面由基本钢轨、护轮轨、桥枕和护木组成，因此，自重较轻，可获得较佳的经济效果。用于铁路桥。

（伏魁先）

明石海峡大桥 Akashi Kaikyo Bridge

位于日本本州四国联络桥神户—鸣门线上的明石海峡的公路悬索桥。它将是一座960m+1990m+960m的超跨径纪录的公路桥，预计1998年建成。主跨1990m，比目前世界最大跨度1410m的英国亨伯桥长580m。全桥总造价在1982年估计约6100亿日元。 （范立础）

明挖基础 open cut foundation

敞坑开挖法修建的基础。多为浅基础。一般可先挖基坑，根据地质水文条件和周围已有的建筑情况，确定坑壁是否需加支护或建围堰以防水，坑内的水需排干，以便在无水条件下砌筑基础。（刘成宇）

mo

模板 formwork

旧称模型板。混凝土结构成型的模具。由面板和支撑两部分组成。面板是混凝土成形的模壳。支撑是固定面板位置并支撑或承重的构件。模板用钢、木材料制作，须尺寸准确，装拆方便，组装牢固，拼缝严密。近年来不断向模数化、工具化、拼装化发展。现浇混凝土广泛使用组合模板、滑升模板等新型模板结构。工厂预制混凝土桥梁或构件，多按标准设计，采用定型模板。 （唐嘉衣）

模比系数 simulation rate coefficient, slope

又称变率。系列中各个变量 x_i 与均值 $\overline{x}$ 的比值。以 K_i 表示，则 $K_i=\frac{x_i}{\overline{x}}$。用于推算设计洪水流量的数理统计法中，$K_i$ 则为水文资料中任一流量 Q_i 与平均流量 $\overline{Q}$ 的比值，即 $K_i=\frac{Q_i}{\overline{Q}}$。（参见皮尔逊Ⅲ型曲线方程式，176页） （周荣沾）

模量比 modular ratio

钢筋弹性模量对混凝土弹性模量之比值。它常用于计算钢筋混凝土构件的换算截面。其值决定于混凝土的强度及骨料的弹性模量，且应考虑混凝土徐变和重复荷载作用可使混凝土模量降低而导致模量比加大的影响。 （车惠民）

模型 model

见真型（284页）。

摩擦式管柱基础 friction colonnade foundation

主要由管柱侧壁摩擦阻力承受基础荷载的管柱

基础。其实用地质条件，往往是覆盖土层甚厚，管柱无法达到岩层，柱端土的支承力有限。欲承受强大荷载，只能靠增加入土深度以提高总摩阻力方可得到。（刘成宇）

摩擦桩 skin friction pile

上部结构传到桩上的荷载主要由桩侧摩阻力来支承，并通过桩侧表面传递到四周土体中去的桩。这种桩的桩端阻力很小，当桩顶荷载达到极限时，桩端阻力一般不超过总荷载的25%。（赵善锐）

摩阻流速 friction velocity

反映水流床面作用切力大小的因素。其值为临底切应力除以液体的密度后再开方，具有流速的单位，故又称剪切流速。（吴学鹏）

摩阻锚 friction anchorage

又称楔紧式锚具。利用力筋自身的拉力和横向挤压形成的摩擦力将力筋楔紧的锚具。依其构造可分为锥销式及夹片式两种。（何广汉）

磨耗层 wearing course

防止车轮或履带直接磨耗桥面而铺设的面层。常规做法是铺设2～3cm厚的沥青表面处置，这样不仅延长桥面使用年限，而且日后维修、养护也较为方便。若采用水泥混凝土桥面铺装，无需另设面层，加厚1～2cm供车轮磨耗之用，并不考虑其参加桥面板受力，标号应不低于桥面板材料的标号。（张恒平）

莫斯科地下铁道桥 Underground Railway Bridge at Moscow

位于前苏联莫斯科卢日尼克（Лужник）区，为跨莫斯科河的地下铁道与公路两用桥。全长1 182m，主跨为双层两用预应力混凝土梁拱联合系桥，跨度45m＋180m＋45m，上层为6车道公路，下层两侧为地下铁道，中间设站台与候车厅。中跨为全拱，两侧为半拱，拱肋中距为11.4m及7.4m。恒载下为连续梁，活载下为系杆拱。除拱上结构及桥面外，在岸边组拼成5千余吨结构，浮运架设。于1958年建成。结构奇特，建筑宏伟，著称于世。（周　履）

mu

木板桁架 timber-plate truss

一种具有多重交叉腹杆体系的木桁架。主要组成部分为弦板（翼缘）、腹板及加劲条。大部分杆件用木板组成。优点是：无接榫、构造简单、刚度大、建筑高度小、桥道铺设简单。缺点是：不通风、易腐烂、用料多、自重大。按连接扣件不同，可分为销合木板桁架及钉板梁两种。（陈忠延）

木板桩 timber sheet pile

由一边为榫槽，一边为榫舌，下部削成斜面的木板所组成的用于修筑围堰的构件。这种构件按规定的次序打入土中，榫槽紧贴榫舌，形成木板桩围堰。（赵善锐）

木材比强度 specific strength of timber

单位重量木材的强度，即强度与表观密度之比。比值愈大，表明材料强度愈高重量愈轻，即材料质量愈高，故又称质量系数。是评定材料轻质高强性能的重要指标。一般无疵病木材的比强度为200，比普通碳素钢还高，对飞机、车辆、船舶及胶合板制造的选材具有重要意义。（凤凌云　陈忠延　熊光泽）

木材承压应力 bearing stress of timber

木构件接触面间的承压应力。随应力与木纹间的夹角可分为：横纹承压应力；顺纹承压应力和斜纹承压应力。它们的容许承压应力各不相同。（熊光泽）

木材持久强度 endurance strength of timber

又称木材长期强度。木材在长期荷载下不致引起破坏的最大强度。其值远比瞬时强度低，一般为后者的0.5～0.6倍。如果应力超过持久强度长期作用，由于徐变的发展最终会导致破坏。因此为了避免木材因长期负荷而破坏，在木结构设计时，需考虑木材的持久强度。（凤凌云　熊光泽）

木材冲击剪切强度 impact shearing strength of timber

冲击荷载作用下的抗剪强度。以单位面积消耗的功表示，测试时一般为弦面上的顺剪，阔叶木一般为0.55～1.03J/cm²，设计木桥及农机木零件的接头时，需考虑冲击剪切强度。（凤凌云　陈忠延）

木材冲击硬度 impact hardness of timber

用冲击荷载测定的表面硬度，以单位面积吸收的能表示。测定时用直径为25.4mm的钢球自500mm高处自由落下撞击试件侧表面，沿顺纹和横纹两个方向量取凹痕的直径 d_1 与 d_2，再按下式计算冲击硬度 H_1：

$$H_1=\frac{9.8Gh}{A}10^{-6}\qquad \mathrm{J/mm^2}$$

式中 G 为钢球重量（g），h 为钢球下落高度（mm），A 为凹痕投影面积（mm²），用平均直径 $d_0=\sqrt{d_1\cdot d_2}$ 求得。云杉的 $H_1=0.069\mathrm{J/mm^2}$。（凤凌云　陈忠延）

木材垂直剪切强度 vertical shearing strength of timber

又称横纹剪断强度。剪切力和剪切面均与木纤维垂直时，木纤维被剪断的极限应力。木材的剪断可在梁弯曲时出现，也可存在于构件的接榫处。由于剪

断强度较顺纹抗剪强度约大4～5倍，因而在实际应用时，一般只考虑顺纹抗剪强度。

(熊光泽 陈忠延)

木材的冷流 cold flow of timber

木材在室温下所发生的蠕变。 (陈忠延)

木材的流变 rheological properties of timber

木材的一种具有流动粘性性质的变形。如蠕变，滞后，阻尼等。木材除有固体性质外，尚有这个性质是由于大分子的分子链活动所致。木材在变形时，其弹性纤维会压缩其周围的液体，并把它们推挤到受力较小的地方和里层空隙中，因而产生流动。

(陈忠延 熊光泽)

木材的蠕变 creep of timber

木材在恒应力作用下，应变随时间而增加的现象。木材的蠕变是一种常见的变形。而弯曲蠕变则与木材的含水率有关。 (陈忠延 熊光泽)

木材的弯曲塑性 bending plasticity of timber

木材受弯纤维应力超过极限强度后，木纤维处于塑性状态，出现不能恢复原状的弯曲变形性质。

(陈忠延 熊光泽)

木材动弹性模量 dynamic modulus of elasticity of timber

通过振动测木材天然频率所求出的弹性模量，表示受冲击振动作用时抵抗变形的能力。其值略高于静弹模量。如云杉的 $E_s=15\ 140\text{MPa}$，$E_d=18\ 050\text{MPa}$，和静力法相比，振动法测试快，精度高。它是研究木材声学性质及选用乐器用材时的一项重要的力学性质，如计算传声速度，声辐射阻尼及声阻抗时都需要掌握动弹模量的数值。

(凤凌云 陈忠延)

木材高弹变形 high elastic deformation of timber

当外力除去以后，木材能恢复原形的变形。为弹性变形的一种。它和晶体的普通变形不同，而和气体的压缩变形相似（变形时放热，复原时变冷）。高弹变形的特点：在力学上是可逆的，在热力学上是不可逆的。这是高分子物所特有的性能。 (陈忠延)

木材剪弹模量 modulus of elasticity in shear of timber

木材在外力作用下，在弹性范围内产生的剪应力与剪应变的比值。比值愈大表明材料愈接近刚体，故又称刚性模量。远比弹性模量小，是决定木材内应力基本共振频率的重要参数，可用扭转振动法加以测定，其值为：

$$G=8\pi IL\left(\frac{f_r}{r^2}\right)^2$$

式中 I 为测定时所加质量的转动惯量，L 为木材试件长度，f_r 为木材试件共振频率，r 为木材试件在振动方向的回转半径。云杉的顺纹 $G=0.72\sim0.75\times10^{13}\text{MPa}$，是其弹性模量的 $\frac{1}{12}\sim\frac{1}{28}$。(凤凌云)

木材静力弯曲弹性模量 static bending modulus of elasticity of timber

木材受静力弯曲时抵抗变形的能力。可用顺纹受拉和顺纹受压的弹性模量来表示。风干的木材（湿度在18%以内）约为10GPa；半干的木材（湿度在18%～25%）约为9GPa。为考虑徐变影响，计算长期荷载挠度时，弹性模量应适当降低到1/2～3/4。

(熊光泽)

木材抗扭强度 torsional strength of timber

木材在机械转动的扭力作用下所产生的最大应力。木质圆柱在扭转时会产生剪断和顺剪两种应力，同时也会出现顺纹拉应力和横纹拉应力。由于木材的顺纹抗剪强度比横纹抗剪强度小得多，因此它在受扭破坏时，裂缝总是顺着纹理方向。(陈忠延)

木材粘弹性 viscoelasticity of timber

外力作用下木材表现出兼有弹性和粘性双重特性的力学行为。即既具弹性、强度和尺寸稳定性等弹性固体的性质，又具随时间、荷载大小及速率而变化的流体性质。其随时间变化而表现出的力学行为有应力松弛，徐变与动态力学性能等，它们可分别用不同的流变模型来描述。当应力超过弹性极限的20%长期作用，则由于徐变发展的结果，最终会导致木材的破坏。 (凤凌云 陈忠延)

木材疲劳强度 fatigue strength of timber

木材在荷载多次重复作用下，不致产生破坏的最大应力 σ_f。一般远小于静力强度 σ_b，两者的比值 σ_f/σ_b 称疲劳折减系数 β，其值与木材品种、应力种类、疲劳应力比、应力集中情况及木材疵病等因素有关。如云杉的顺拉 $\beta=0.40$，静弯 $\beta=0.25\sim0.29$。木桥的某些杆件设计时需验算疲劳强度。

(凤凌云 陈忠延)

木材强度比 strength ratio of timber

又称缺陷系数。木材在木节、横纹、裂缝或其他因素的影响下而折减的强度与基本强度之比。

(陈忠延)

木材蠕变极限 creep limit of timber

木材在蠕变过程中，应变随应力而保持相应变化的限度。蠕变超过此限度，木材便会立即出现永久应变或破坏。 (陈忠延 熊光泽)

木材撕裂应力 tearing stress of timber

又称木材开裂应力。木材受剪面开裂时的最大弯拉应力。其值可达横纹抗拉极限强度。当剪力与木纹相交时，可以考虑其垂直于木纹的分力对受剪面

的压紧作用。（熊光泽）

木材弹性后效 elastic after-effect of timber

在弹性极限内，木材在较长时间承受一定的荷载条件下，卸去荷载后，变形并不立即消失，经过一定时间后才近乎完全消失的性质。

（熊光泽 陈忠延）

木材弹性极限压碎强度 crushing strength at elastic limit of timber

木材受压至弹性极限时所产生的抵抗应力，是木材在弹性范围内表现出的一种强度指标。顺纹受压时，它远低于顺纹抗压极限强度(破坏时的最大应力)，横纹受压时，则略高于横纹抗压强度（比例极限时的应力）。（凤凌云 陈忠延）

木材弹性柔量 elastic compliance of timber

又称木材弹性顺从，旧称木材应变系数。木材受应力作用时，其单位应力在单位长度内所引起的变形量，一般以 α 表示。α 的倒数即弹性模量。弹性柔量也表征木材变形难易的尺度。

（陈忠延 熊光泽）

木材压缩塑性 compressive plasticity of timber

木材受压而形成永久变形的性质。这种性质在胶合板、纤维板和木板加工等方面均有重要应用价值。（陈忠延 熊光泽）

木沉箱 timber pneumatic caisson

由纵横木梁和木镶板建成的气压无底箱形结构。其重量轻，可在较松软地基上建造，适于浮运下沉。在钢筋混凝土问世以前，用得较多，由于消耗木材太多，且在多氧高气压下易于失火，现已被淘汰。

（刘成宇）

木撑架梁桥 timber strut-framed bridge

主梁下加设斜撑的木梁桥。可分两类：第一类为斜撑下端不设水平拉杆，适用于荷载较小或桥下有净空要求的情况；第二类为斜撑下端设有水平拉杆，用以平衡水平推力，以免墩台承受过大弯矩，荷载较大的桥梁（如铁路桥）和山谷地区的高架桥，采用此种类型较多。（伏魁先）

木钉板梁桥 nailed wooden girder bridge

用钉将木条联结而成的板梁桥。其腹板用双层斜板条交叉钉合，并与上、下翼缘钉牢，构成整体。跨越能力大于一般的束木梁桥，且无需大尺寸的圆木来制造，但构造较复杂。（伏魁先）

木拱桥 timber arch bridge

上部结构用木料建造的拱桥。我国古代就能营建木拱桥，其拱肋系用几根拱骨互相搭接成架，交接处用横木联结，如宋代画家张择端所绘清明上河图所示。近代公路木拱桥的拱肋，一般采用钉合而成的弯曲木板，其上并用钢箍箍紧。20世纪50年代，一度曾采用抗水胶胶合木板而成的整体拱肋，现已很少采用。（伏魁先）

木桁架梁桥 timber trussed girder bridge

上部结构用木料建造的桁架梁桥。其跨越能力较大，有上承式与下承式桥之分，上承式的这种桥构造较简单，造价较低廉，若不受桥下净空或桥面设计标高的限制，则以采用上承式为宜。（伏魁先）

木桁架桥 timber truss bridge

用木料建造的桁架式木梁桥。跨越能力较木撑架梁桥大，但构造较复杂。常用者为上承式的豪式木桁架桥。（伏魁先）

木回弹 resilience of timber

在木材弹性范围内可恢复能量的一种度量，以单位体积内所做的功——回弹模量 U 来表示，其值为：

$$U = \frac{\sigma_{pl}^{\ 2}}{2E} \qquad \mathrm{J/cm^3}$$

式中 σ_{pl} 为比例极限，E 为弹性模量。U 值愈大，表示回弹性能愈好。这是与刚性相反的一种性能，它可使材料发生变形，外力除去后，其贮存的回弹能便自行消失。（凤凌云）

木筋混凝土沉井 timber reinforced concrete open caisson

利用木材代替钢筋与混凝土浇筑成一体的井筒结构。在浇灌混凝土过程中，木筋可起支承模板作用，随后又对混凝土起加劲作用。由于木材所占体积较大，而效果远不如钢筋混凝土，只是在早期沉井中用过，近代很少使用。（邱 岳）

木筋混凝土沉箱 timber-concrete pneumatic caisson

由木支撑加劲混凝土构成的气压无底箱形结构。在盛产木材的国家为了节省钢材，往往用木料代替钢筋建造沉箱。在浇灌混凝土过程中，木筋可起支承模板作用，随后又对混凝土起加劲作用。但在关键受力部位，如刃脚、顶盖中跨等处，仍需用钢筋加固，以策安全。（刘成宇）

木梁桥 timber beam bridge

用木料建造的梁式桥。分简单木梁桥、束木梁桥、木板梁桥和木桁架梁桥几种。前两种跨越能力较小，第四种最大，但前两种的构造较简单。

（伏魁先）

木梁束 wooden bundled beam

见简单大梁（124页）。

木笼填石桥墩 piers constructed by timber cage filled with stone

用原木或方木做成笼子，中填石块的桥墩。用于

抢修或临时修复公路桥梁。铁路上则用作便桥的临时性基础。（谢幼藩）

木排架 timber bent

以原木构成的排架。用作木桥的桥墩或桥梁抢修时的临时支承。视地质情况可用桩基础、卧木基础或利用残存的墩台作基础。（谢幼藩）

木排架桥 timber beam bridge with pile or framed bents

用木排架或木构架做墩台的木梁桥。其主要承载结构为简单的束木梁或木板梁，而墩台则为斜柱式木构架或桩排架构成，是一种简单木梁桥，适用于小跨度。（伏魁先）

木桥 timber bridge

用木料建造的桥梁。公元前630年，罗马人已能建成一座较完善的木桥。木桥的优点为可就地取材，构造简单，制造方便，小跨度多做成梁式桥，大跨度可做成桁架桥或拱桥。其缺点为容易腐朽、养护费用大、耗费木材，且易引起火灾。多用于临时性桥梁或林区桥梁。对于永久性桥梁，则宜用石桥、钢筋混凝土桥或预应力混凝土桥等来代替。（伏魁先）

木弹回 spring-back of timber

使木材变形的长期恒载卸除后，依靠内部贮存的能量逐渐向原状过渡的一种作用。是衡量木材弹塑性大小的一种性能。如经长期弯曲的木件，脱模后有逐渐变直的作用，因此在进行木材弯曲加工时，需考虑这一弹回作用造成的变形余量。（凤凌云）

木套箱 timber case

修筑水中墩台基础时用作防水的无底木制箱形结构。其内部设置有支撑系统。当其高度较大时可分节拼装。底节在岸边铁驳上制造，铁驳灌水下沉后木套箱浮起并拖至墩位，再在其上制造上节，并在箱顶和箱内压重物使之下沉就位，然后灌筑水下混凝土封底，形成围堰。此法缺点是用的木料太多，不甚经济。（赵善锐）

木栈桥 timber trestle bridge

用木排架作墩台的多跨木梁桥。当线路通过宽广的山谷或冲积扇时，有采用木栈桥临时代替路堤的；在森林线路上这种桥梁用得较多。古栈道上用木横梁自岩壁挑出，用以支承路面，这种结构也称作木栈桥。（伏魁先）

木桩 timber pile

结构材料为木材的预制桩。通常用单根原木制作，其大头直径不宜小于300mm，小头不小于150mm，对木材的质量和挺直度等有较高要求。沉入时一般是小头朝下，将其削成三棱或四棱的钝头锥，如需穿过较硬的土层，锥头上再安装铸铁或钢板焊制的桩靴；桩顶安装钢制桩箍，以防锤击引起桩头劈裂。当桩需要接长时，最好采用钢套筒对接或夹板对接的接头形式。为加大桩径或当原木直径较小时，可用3或4根木料通过螺栓拼接成所谓组合桩。有的也采用方木制作。在干湿交替变化的环境中，木材极易腐烂，应进行防腐处理。由于其承载力不高、使用寿命受环境影响较大及料源有限等原因，中国已很少采用这种桩。

（夏永承）

木桩防腐处理 preservative treatment of timber pile

为防止木桩腐朽而预先采取的措施。桩顶常年处于地下水位以下时，木桩寿命很长，但只要部分桩身处于干湿交替变化的环境中，就会因真菌、白蚁等的侵蚀而腐朽，浸泡在海水中的木桩则会受到软体类或甲壳类穿孔虫的危害，因而需采取防护措施。较为有效的处理方法是高压浸透含有苯酚的煤焦油，使其渗入桩内一定深度；也可采用沥青煤焦油作为防腐剂。处理前应剥除树皮，削平枝干和节疤。要特别注意螺栓孔、桩尖、扒钉孔等部位，不使任何未浸透防腐剂的心材暴露。（夏永承）

穆尔图 Moore's diagram

循环次数为常数时，疲劳强度σ_n与应力比ρ的关系曲线。它是根据大量试验数据描绘的。

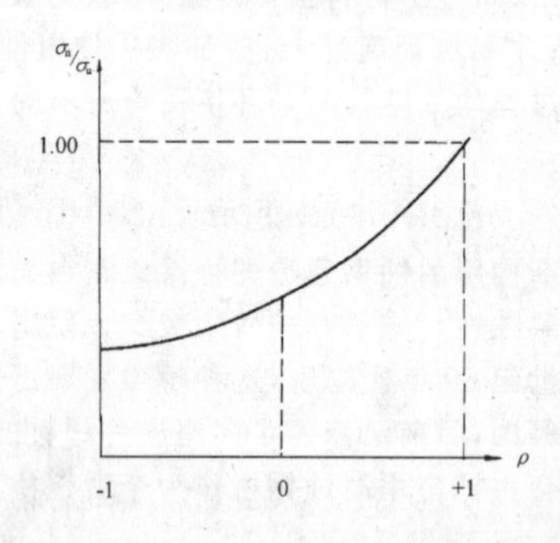

（罗蔚文）

N

nai

耐火水泥 fire cement, refractory cement

又称高温水泥。在配制耐高温(耐火)混凝土时使用的添加有特殊材料的水泥。主要有:①以纯矾土和石灰石为主要原材料的低钙铝酸盐耐火水泥,包括法国的赛卡尔水泥(Secar cement)。②以白云石为主要原材料,再加入磷灰石、铁矿石等制得的白云石高温水泥。③用高温下能产生化学反应而硬化的材料,如难熔的硫酸盐、硼酸盐和磷酸盐作为胶结材的耐高温水泥等。

(张迺华)

耐久年限 maintenance-free life

又称无养护年限。桥梁不需维护而能正常使用的年限。(谢幼藩)

耐久性 durability

结构在使用过程中经受各种破坏因素的作用仍能保持其使用性能的能力。建筑材料的耐久性,视材料本身的组分、结构而不同。金属主要易被电化学腐蚀;水泥砂浆、混凝土、砖瓦等的损坏,主要归因于干湿循环、冻融循环、温度变化,以及溶解、溶出、氧化等作用;高分子材料主要因紫外线、臭氧等而致变质失效;木材则因腐烂、蛀蚀而失去使用性能。这些损坏的过程均依结构所处环境而有所不同。

(车惠民)

耐蚀钢桥 corrosion-resistant steel bridge

上部结构用耐蚀钢建造的桥梁。它在大气中具有良好的耐蚀性,维修养护费用较少,使用寿命较长。自20世纪60年代以后,这种桥梁发展迅速,美、英和日本等国,目前已修建了多座这种材料的桥,国际桥梁协会也把应用耐蚀钢桥作为今后钢桥发展方向之一。(伏魁先)

耐酸水泥 acid proof cement

一种能抵抗酸类侵蚀作用的水泥。主要由粘结剂(硅酸钠或硅酸钾水溶液)、矿质填充料(石英粉、长石粉、辉绿岩粉和硅藻土等)和促凝硬化剂(通常采用硅氟酸钠)按一定比例配合拌和而制得。耐酸水泥广泛用于化工、冶金、造纸等工业的耐酸制品和抗酸构筑物。

(张迺华)

nan

南备赞濑户桥 Minami Bisan-Seto Bridge

位于日本本州四国联络桥的儿岛坂出线上的公铁两用大跨悬索桥。跨径(m)为274+1100+274,建成于1988年。加劲梁为钢桁架,高13m,主桁间距30m,上层桥面为公路四车道,下层桥面现设置双线铁路,设计标准为四线铁路。(范立础)

南京长江大桥 Changjiang (Yangtze) River Bridge at Nanjing

位于江苏省南京市,跨越长江的公路铁路两用钢桁架桥。上层为公路,行车道宽15m,两侧人行道各宽2.25m。下层为双线铁路。正桥有10孔,共长1 576m,包括1孔128m简支桁架梁和3联3孔各160m连续桁架梁。桁高在平行弦部分为16米,支承处因增设有第三弦杆而为30米。主桁采用16锰低合金桥梁钢。公路桥面采用陶粒轻质混凝土。有9个深水桥墩,两个桥墩基础为钢板桩围堰内下沉的直径3.6m预应力混凝土管柱;另两个为钢沉井内下沉的直径3.0m管柱;其余5个为沉井基础,包括1个就地制作重型混凝土沉井,和4个浮式混凝土沉井(每个设置20个钢气筒)。铁路引桥为跨径32m预应力混凝土简支梁桥,公路引桥包括预应力混凝土简支梁和双曲拱桥。主、引桥总长:铁路桥6 772m,公路桥4 589m。1968年建成通车。

(俞同华)

nao

挠度理论 deflection theory

考虑构件挠曲变形的结构分析方法。属于结构几何非线性分析理论。对于悬索桥结构,在荷载和温度变化作用下钢缆和加劲梁产生挠度,由此可建立按挠度理论进行分析的悬索桥加劲梁的基础微分方程。(陆光闾)

nei

内涵美 beauty of content

又称内容美、理性美。构成美的内容。和其他艺

术作品一样，桥梁的内涵要求积极的道德标准、善。建设桥梁，基本上已达到善的大目的，如在具体细节上多方面周到地为使用者，包括通过桥下者，考虑其舒适、安全，则可称尽善。在选择建桥材料、结构组合形式时，结合环境特点等因素，综合产生一种美的意境的设想；构造巧妙、出人意表、富于创造和进取的精神；显示人的克服自然障碍的力量等都是构成美的桥梁造型内涵的积极因素。（唐寰澄）

内陆河流 continental river

没有出海口的河流。流域上的降水，通过河道或汇入封闭式的内陆湖泊、洼地，或沿程渗漏、蒸发而散失干净。这类河流主要分布于我国的西北干旱地区。（吴学鹏）

ni

尼尔森拱桥 Nielson arch bridge

用斜腹杆连接拱与系杆或梁的组合式拱桥（图*a*）。由系杆拱桥的竖直吊杆改为斜腹杆而成，系瑞典O.F.尼尔森（O.F.Nielson）工程师首创，故名。其后，前苏联A.Я.阿斯特瓦察图洛夫（A.Я.Аствачатуров）教授将朗格尔梁桥中的竖直吊杆改成斜腹杆（图*b*），亦属于这一体系。斜腹杆参与拱、梁受力，能减小拱肋中弯矩，和竖直吊杆体系桥比较，可节省材料10%～15%，而且在拱平面内的稳定性也较好，常做成下承式桥，属外部静定、内部超静定结构，墩台位移不会引起上部结构的附加力，适用于地基不良桥位处；桥梁建筑高度也很小，能满足桥面标高低而通航净空要求严的场合，但施工较复杂。可用钢材或钢筋混凝土建造。1963年建成的著名德国费马恩海峡（Fehmarnsund）桥，即属此体系的钢拱桥，主跨大达248.4m。为公路、铁路两用桥。

（袁国干）

泥浆泵 slurry pump

输送泥浆的专用泵。分为活塞式和离心式两种。活塞式的球阀能适应泥浆流动的要求。离心式的叶轮片数较离心泵为少，叶片较厚，并设有密封装置，防止泥砂进入润滑系统。常用于钻孔桩施工中向钻孔泵送泥浆。（唐嘉衣）

泥浆反循环法 method of slurry reverse circulation

泥浆从钻孔口灌入，在孔底连同钻碴一起被吸入钻机空心钻杆内腔，沿钻杆上升而排出，经处理后再使用的循环方式。吸碴口在钻头上，与钻杆内腔相通；吸碴装置的工作原理与空气吸泥机相同。此时泥浆的作用仅在于护壁。当用套管护壁时，可用水代替泥浆。由于钻碴可以及时排出，钻进速度一般快于泥浆正循环法。（夏永承）

泥浆护壁 slurry for preventing collapse of borehole

靠泥浆水头压力平衡孔壁土和地下水的侧压力，维持钻孔壁稳定的方法。对透水土层，泥浆渗入其中，还能防止地下水渗流引起的孔壁坍塌。施工中必须使孔内泥浆面保持足够标高，泥浆性能指标也应符合要求。（夏永承）

泥浆护壁钻孔灌注桩 slurry bored pile

施工中采用泥浆护壁的钻孔灌注桩。开钻前需在桩位处理设护筒。泥浆宜预先制备后用泵压入孔中，也可直接向孔内投放浆料和灌水，利用钻头在孔中搅拦成浆；当在塑性指数较高的粘性土中钻进时，可利用孔内钻取的土屑造浆。孔内泥浆面标高应符合要求。钻进中不断用新泥浆把孔内含有钻碴的旧泥浆换出，经处理后循环使用。对旋转钻机，泥桨循环方式有正循环和反循环两种。在自下而上灌注混凝土的过程中，泥浆逐渐为混凝土所置换。

（夏永承）

泥浆净化设备 slurry purification system

净化钻孔排出的循环泥浆的设备。一般由沉淀池和净浆池组成。沉淀的钻碴用抓斗排除。净化的泥浆用泥浆泵泵回钻孔。移动式净化设备由振动筛、旋流器等组成。循环泥浆加水稀释筛分后，经旋流器析出净泥浆，进入泥浆循环系统。筛出的钻碴由皮带排碴机排出。（唐嘉衣）

泥浆套法 thixotropic clay slurries jacket method to reduce skin friction

在沉井井壁和土层之间灌满触变泥浆以减少摩擦力使沉井加速下沉的方法。触变泥浆是用粘性土、水、化学处理剂等按一定配合比搅拌而成。实验室测出其静切力约为50～200Pa，因此能大幅度减少井壁摩擦力。该法施工下沉倾斜量小，且易纠正，附近地表几乎无沉陷。沉井下沉到设计标高后，如为了恢复沉井周边土层与沉井之间的摩擦力，需使用破坏泥浆套或压注水泥浆之类材料。（邱 岳）

泥浆正循环法 method of slurry direct circulation

泥浆经由钻机空心钻杆内腔从钻头上的出浆口进入钻孔内，携带钻碴从孔口排出，经处理后再使用的循环方式。此时泥浆除护壁外，还有悬浮钻碴的作用。如孔底钻碴过多或颗粒过大，往往难以及时随泥

浆排出，以致影响钻进速度，此为不足之处。（夏永承）

泥沙颗粒分析 particle size analysis

确定泥沙样品中各种粒径组泥沙质量占样品总质量的百分数，并以此绘制颗粒级配曲线的全部技术操作过程。是挟沙水流水力计算中不可或缺的基础分析工作。桥渡冲刷计算中的许多特征粒径，如平均粒径、中数粒径等，都是根据这项分析确定的。（吴学鹏）

泥沙运动 alluvium movement

河床上的泥沙在水流作用下所处的运动状态。天然河床是由泥、土、沙、石等大小不同、形状各异的颗粒组成，统称为河流泥沙。河床中的水流和泥沙总是不停地运动着，颗粒较细的泥沙被水流中的漩涡带起，悬浮于水中向下游运动，这种泥沙称为悬移质，它和推移质在一定水流条件下可以相互转化；颗粒稍大的泥沙，则在河床表面上滚动、滑动或跳跃着向下游移动，这种泥沙称为推移质；颗粒更大的泥沙，则下沉到河床上静止不动，称为河床质或床沙，不参与河床泥沙交换的颗粒泥沙称冲泻质。悬移质、推移质、河床质之间颗粒大小的分界是相对的，随水流的流速大小而变化，并且三者之间还存在着相互交换、补充的现象。泥沙运动使床面上的泥沙被水流冲起带走，使床面下切，形成河床的冲刷；而水流所挟带的泥沙沉积下来，使床面淤高，形成河床的淤积。泥沙运动使河流的泥沙不停地冲淤变化，构成了河床的自然演变。建桥后，由于布置在河床内的桥梁墩台干扰了水流和泥沙运动，也会引起河床的冲刷，它是与河床的自然(演变)冲刷交织在一起同时进行的。（周荣沾）

泥石流 debris flow

一种含有大量泥砂石块等固体物质，突然爆发，来势凶猛，历时短暂，具有强大破坏力的特殊洪流。我国西南、西北、华北的一些山区均有发育。除自然条件外，人类的经济活动也是其形成的重要影响因素。（王岫霏）

泥石流观测 observation of debris flow

采用较简便的方法，观测泥石流的流速、流量、雨量、表观密度、坡面侵蚀等项目。是泥石流勘测工作内容之一。简便观测的设备包括：经纬仪、水平仪、自记雨量计、自记水位计、摄影机、照相机、流速仪、水文绞车、测绘工具及有关简易野外试验设备等。目前泥石流观测，在国外已采用电视录像、电影摄影、传感器及雷达观测泥石流龙头高度、运动速度、流动特征。国内也开始着手新技术的使用。（王岫霏）

拟静力试验 pseudo static test

又称结构抗震静力试验或伪静力试验，对结构施加低周反复循环加载，近似模拟地震作用的静力试验。获取结构的非弹性荷载-变形特性，包括通过滞回环面积研究能量耗散和延性性能。（张开敬）

腻缝 putty up the seams

用腻子填塞枕木或钢梁等的裂缝和构造缝隙，以防其腐烂或锈蚀的措施。当枕木缝宽 2～3mm 时，用氟化钠浆膏灌注；3mm 以上时用浆膏浸麻刀塞缝；裂缝更大时，可先用氟化钠煮过的木片填塞空隙。对于钢梁可能存水、通风不良或杆件贴合不严密的缝隙，则应用红丹粉腻子填塞。（谢幼藩）

腻子 putty

为防止腐烂，填塞枕木裂缝用氟化钠和煤焦油按重量 1∶1 配成的浆膏状物。用于填塞钢梁缝隙的浆膏状物又称油灰，是用重钡石粉、红丹粉和亚麻仁油按重量比 4∶2∶1 配置。（谢幼藩）

nian

年瞬时最大流量 annual maximum instantaneous discharge

一年中通过测流断面的瞬时最大流量值。它是重要的水文特征值，是组成最大流量系列(样本)，进行统计分析以确定桥渡的设计流量必不可少的要素(事件)。（吴学鹏）

粘结锚 anchor by bond

靠预应力钢丝与混凝土间的粘结作用形成的锚固。如先张法预应力混凝土结构中钢丝或钢绞线的自锚，以及后张法所用柯氏锚等。为提高混凝土与钢丝间的粘结力以确保良好的锚固，应采用细钢丝。直径大于 3mm 时，需用波纹或竹节钢丝。（何广汉）

粘结破坏机理 bond failure mechanism

简称粘结机理。钢筋与混凝土间相互传力的力学特征。它包括混凝土浆与钢筋表面的化学粘着力，钢筋与混凝土接触面间的摩擦力，钢筋表面凸肋与混凝土的机械咬合力。化学粘着力很小，光面钢筋主要靠摩擦力传力。肋形钢筋主要由其凸肋与混凝土的机械咬合作用传力，破坏起于内部损伤微裂，最后发出纵向劈裂裂缝，习用的滑移理论已不能解释这些现象，它直接影响到有关裂缝的计算理论。采用封闭式的箍筋可以改善粘结传力机理，防止劈裂裂缝开展。（顾安邦）

粘结应力 bond stress

又称握裹应力。在钢筋单位表面积上的粘结力。当粘结应力达到极限值时，就发生粘结破坏而使钢筋滑动。（顾安邦）

粘性土地基 cohesive soil foundation

由含水量小于流限，天然孔隙比小于1的一般粘性土所构成承托基础的地层。根据地质形成条件，该地基土可分为Q_4冲积、洪积粘性土，Q_3及以前的冲积、洪积粘性土，以及残积粘性土等。其承载力将根据各自特定的物理力学指标来确定。(刘成宇)

niu

牛腿 bracket

悬臂梁和T构等上部结构中用以支承挂梁并将其所受荷载传递给悬臂端的一个受力非常复杂的部位。为使牛腿处桥面连续，挂梁端和悬臂端的高度必须减小，因而出现截面突变和凹角转折。应切忌尖锐转角，以免该处应力过分集中。当挂梁与悬臂梁的腹板不能相互一一对齐时，则需在悬臂端将牛腿做成横梁的形式来传递挂梁的支点反力，并尽量采用高度小、摩阻力小的支座，以改善受力状态。

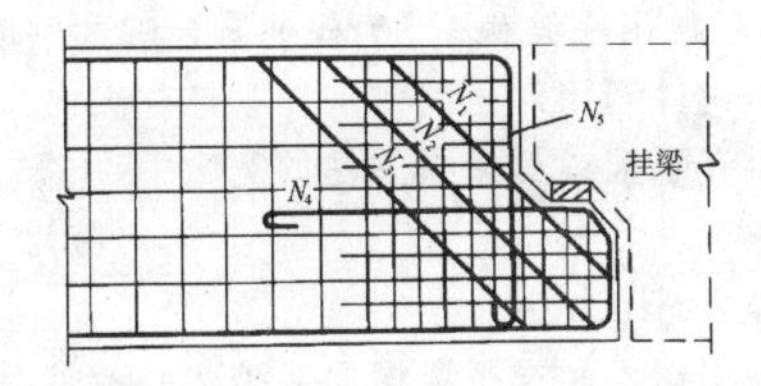

(何广汉)

扭矩系数 torque coefficient

高强螺栓用扭矩法施拧测力时，计算终拧扭矩的一个系数。它表示拧紧螺栓时，施于螺母的扭矩转化为螺栓预拉力的效率。一般用K表示，其值为$K=M/N\cdot d$，式中M为终拧扭矩，kN·m；N为高强螺栓预拉力，kN；d为高强螺栓公称直径，mm。K值由试验得出，其值与螺母、螺栓和垫圈的加工精度，螺纹的润滑、垫圈与螺母接触面的情况等因素有关，一般在0.16～0.20之间。由于上述诸因素经常变化，为此在施工时，要求每天至少检验一次K值。(刘学信)

扭坡 torsional slope

与水渠两侧边坡相衔接，适用于灌溉渠道的涵洞洞口建筑。可使水流顺畅，但施工工艺较复杂。

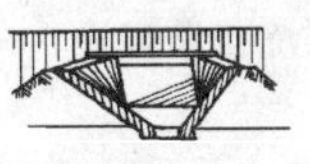

(张廷楷)

扭转刚度 torsional stiffness, torsional rigidity

扭矩对构件单位长度扭转角之比，亦即在构件单位长度内产生单位扭转角所需施加的扭矩。常用GC表示，G为材料的剪切模量；C为等效极惯性矩，或称扭转常数，对无裂缝构件，C即构件截面惯性矩I。(车惠民)

扭转剪应力 torsional shearing stress

由扭矩产生的剪应力。在弹性阶段按圣维南理论分析，在塑性阶段可用砂堆比拟法计算。

(车惠民)

nong

农村道路桥 farm road bridge

简称农桥。农业生产中专供农业机械、耕畜及生产人员跨越河渠等障碍物而设置的架空建筑物。其承载能力及桥面宽度视生产规模而定，通常只用于单线、单辆机械通行的情况，并考虑救护车辆的通过。(徐光辉)

nuo

诺曼第桥 Normandie Bridge

位于法国西北部诺曼第半岛的塞纳河口上的大跨度复合斜拉桥。全桥长2 211.5m，主孔865m，南北岸高引桥长度分别为618m与737.5m，桥下通航净高为64m。主孔的梁体采用扁平钢箱结构，宽约22.2m，高2.9m；两侧引桥斜拉索锚区部分约为377m左右，均为58m分孔，非斜拉部分孔跨径逐渐减小至32.5m，梁体采用预应力混凝土三室单箱梁。A型塔高211.12m，斜拉索布置为略带倾斜的双索面、密索、扇形体系，每个主塔两侧各26根斜索，主孔索距为16m，两侧引桥孔上14.5m。1976年建成，破当时斜拉桥跨径的世界纪录。(范立础)

诺维萨特多瑙河桥 Novisad Bridge over Danube River

位于南斯拉夫诺维萨特(Novi Sad)市码头附近的一座全长466m的公铁两用混凝土中承式拱桥。主桥有大小2个拱跨，分别为211m及166m。拱的矢跨比为1/6.5。两条箱形截面拱肋的中心距为16.55m。单层桥面宽20.15m，铁路4.4m，公路9m，余为人行道等。拱肋采用拱架分层灌注，拱架只承受拱肋重量的40%。拱顶处留缝设置调整应力及变形的千斤顶。待收缩及徐变形成后再封缝拆顶合龙。拱肋之间用预制杆件连接并施加预应力。建于1962年。(严国敏)

O

ou

偶然作用 accidental action

在设计基准期内不一定出现，而一旦出现，其量值很大且持续时间较短的作用。如撞击、爆炸、罕遇地震、龙卷风、火灾、极严重的侵蚀、罕遇洪水等。

（车惠民）

P

pa

爬模 climbing form

又称提升式模板。借助简单起重设备可以总体提升的模板。用于桥墩、烟囱、筒仓等需在高空进行混凝土作业的构筑物施工。与滑升模板的差别是模板必须离开混凝土表面后才能提升，不能连续作业；提升不用专用的千斤顶而用链条滑车等简单工具。使用爬模时，须设置可借以沿着爬升的导杆或导柱，才能保证模板的位形。 （谢幼藩）

爬升器 climber

利用吊杆向上爬行起升重物的简单起重机械。按吊杆构造分为方钢爬升器、钢丝绳爬升器、钢绞线爬升器等。可单机使用或另备平衡装置多机并用。其结构简便，体积小，起重量大，在桥梁施工中用途很广。 （唐嘉衣）

帕斯科-肯尼威克桥 Pasco-Kennewick Bridge

位于美国帕斯科-肯尼威克市的三跨预应力混凝土斜拉桥。1978年建成。主跨为三跨124m＋299m＋124m。主梁采用两侧三角形箱与车道板相联的开口式断面，高为2.13m。塔顶设索鞍，采用辐射式拉索布置。上部结构采用悬臂拼装施工方法，每节梁段长8.2m，宽约23m，重266.6t。 （范立础）

pai

排架结构 bent structure

桥梁施工时的临时支承结构。也可用作木桥的墩台。根据排架的布置可分为两类：与桥梁纵轴垂直的横向排架和与桥梁纵轴平行的纵向排架。横向排架由立柱及旁撑组成；立柱与旁撑的顶端用水平帽木相连，底端用底梁相连。为保证有足够的刚度，排架的各个构件间用对角斜撑加以联结。纵向排架仅用于正面有两根或更多根立柱的宽墩中。

（陈忠延）

排架桩墩 pile bent

一种用帽木和在桥梁横向成排状的木桩(柱)构成的桥墩。当排架式桥墩的高度不大（$H\leqslant 3m$）时，可设置一道与帽木平行的撑杆即平撑以保证其横向刚度。当高度$H>3m$时，除平撑外，尚应设置斜撑或旁撑。 （陈忠延）

排气孔 air vent

为在灌浆过程中排出孔道内空气而设置的孔眼。后张式预应力构件压浆时，孔道内的空气逐渐被排出，直到从泄浆孔流出的灰浆与灌入的灰浆具有同样的稠度时方能停止压浆。实际上，排气孔同时也用作泄浆孔。对波形孔道，排气孔应设置在孔道的最高位置。 （何广汉）

排水槽 drainage channel

设置在桥梁两端、桥头引道两侧边坡上的排水沟槽。桥面水可沿它排走，而不使其直接冲刷引道路基。 （张恒平）

排水防水系统 drainage and waterproof system

设置在桥梁上的防水、排水设施。主要有桥面的纵坡、横坡、桥面防水层、三角垫层、泄水管道等。目的是为了迅速排除桥面雨水，防止雨水滞积于桥面并渗入桥体结构而影响桥梁的使用寿命。

（张恒平）

排水管道 drainage pipe-line

把桥面水沿桥台(或桥墩)直接引向地面的管道

装置。对于城市桥梁、立交桥及某些高速公路上的桥梁，应避免泄水管悬挂在外，使桥面水直接流到桥下。目前常用金属管道制作完整的排水系统。排水管道原则上不许设在混凝土体内；在*活动支座*处，纵向管道的连接使之不受桥梁纵向活动的影响。当需要在桥墩上布管时，应尽可能布置在墩壁的凹槽中或最好布置在桥墩内部的箱室中。 (张恒平)

排柱式桥墩 column bent pier

由一排或多排柱(桩)在顶部以盖梁联结组成的桥墩。近几年来，常用四根柱（双排）做桥墩。称为四柱式桥墩。这种桥墩在连续梁中应用，与双壁式桥墩一样，可以减少梁支点的负弯矩。

(吴瑞麟)

pan

番禺市沙溪大桥 Shaxi Bridge at Panyu

位于广东省番禺市，主桥为独塔的单面板拉桥。两个主跨跨径各 60m，桥宽 18.6m。主梁为四室混凝土箱梁。斜拉索采用由镦头锚锚固的平行钢丝束，每束由 54 根 ϕ5mm 钢丝组成。永久索在施工的最后阶段用混凝土封闭，形成风帆形拉板，其下端位于桥中线上，成为行车道分隔带的一部分。1992 年 11 月建成，为国内首座单面板拉桥。 (俞同华)

pang

旁压试验 pressuremeter test, PMT

又称横压试验。一种在钻孔中通过旁压器测出压力和相应变形的试验。通过旁压器在钻孔内对孔壁施加横向压力，使土体产生变形，测出压力和相应变形的大小，用弹塑性理论计算地基土的变形模量和承载力。该试验分预钻式和自钻式两大类。它是原位测试的一种重要方法。 (王岫霏)

pao

抛石护基 riprap protection for foundation

在洪水期间（或洪水）来到之前，在受严重冲刷的墩台周围抛填片石，使桥梁安全度洪的防护措施。是浅基桥梁抢险防护方法之一。由于抛石后仍易被洪水冲刷，使石块向上、下游滚动，故此项措施不能作为永久防护，只是应急方法，且只能用于流速较小、水深不大之处。否则应*抛石笼*。

(谢幼藩)

抛丸除锈 shot-throwing

用小直径（0.5～2.0mm）铸铁丸、钢丸、钢丝切丸，进入高速转动的抛头内，因离心力的作用，把钢丸抛射到工件上，进行工件表面机械清理的方法。

(李兆祥)

抛物线拱桥 parabolic arch bridge

拱圈（肋）轴线按抛物线设置的拱桥。二次抛物线的拱桥，在拱脚处的恒载集度与拱顶处的恒载集度相等或接近相等，是*悬链线拱桥*的一种特例。此时拱圈（肋）中的压力线与拱轴线较为接近，因此弯矩小，材料省，如中小跨度的轻型空腹拱桥即属此类；当跨度特大时，为了使压力线与拱轴线接近，可采用高次（四次、六次等）抛物线作为拱轴线。

(袁国干)

pen

喷浆成桩设备 grout-injection piling equipment

在土层中高压旋转喷射水泥砂浆成桩的桩工机械。由钻机、水泥砂浆搅拌机、高压泵、喷嘴等组成。高压泵为气动脉冲泵或电动柱塞泵。利用射流作用，以 25～70MPa 的压力冲击切削土壤，使其颗粒与砂浆凝固成桩。适用于土质和卵石地层。(唐嘉衣)

喷锚法 shotcrete and rock bolt

利用喷射混凝土与被加固构件的共同作用以提高桥梁与构件承载能力的方法。先在被加固构件上安设锚杆并把钢筋网系于锚杆上，再在加固构件上喷射混凝土，所需厚度可一次或几次喷射而成。喷射混凝土是将一定比例的水泥、砂、石子、速凝剂均匀搅拌后，通过混凝土喷射机，用压缩空气作动力，使混合料连续地沿管路压送至喷头处与水混合后以 40～60m/s 的速度喷射在被凿毛的需加固构件表面上，凝结硬化而成。由于混合料以较高速度喷射到工作面，砂、石骨料和水泥颗粒经重复碰撞冲击，相当于得到连续充实、振捣和压实。由于它不需模板，且把混凝土的输送、灌注、振捣三个工序合为一体，工艺简便、高效。此法原先用于整治矿井、隧道的损裂，后移植在桥梁加固工程中应用。 (万国宏)

喷涂油漆 jet painting

把油漆灌入加压筒内，当压力达 15～20MPa 时，油漆通过高压喷枪，成雾状喷射于工件表面的涂装方法。 (李兆祥)

喷丸除锈 shot-blasting

用小直径（0.5～1.5mm）钢丸、钢丝切丸，在压缩空气的作用下，通过喷嘴，高速喷射到工件表面，进行强化清除表面锈蚀的加工方法。

(李兆祥)

喷锌防护 protection by zinc spraying

将锌丝熔融，用压缩空气在钢梁表面作细雾喷着，使形成一厚度不小于 300μm 的被覆层以防止钢梁锈蚀的方法。在被覆层上刷底漆。由于锌层不但能把周围介质与钢梁隔开，且能起化学保护作用，故能增强防锈能力。（谢幼藩）

盆塞 piston of pot bearing

盆式橡胶支座中，嵌在钢盆里的钢制圆柱体。底面与承压橡胶块密贴，一方面起传力作用，同时也使橡胶块处于三向受压状态。通常，对于活动支座，它就是中支座板；对于固定支座，它直接与上支座板相连。（杨福源）

盆式橡胶支座 pot type rubber bearing

橡胶块（板）紧密地放置在钢盆里的大吨位橡胶支座。由于橡胶块处于三向受压状态，极大地提高了支座的承载能力。与板式橡胶支座相比，具有承载能力大、允许位移量大和转动灵活等优点。有固定支座、纵向活动支座和多方向活动支座三种类型。活动支座的构造一般如图所示，与固定支座相比，其特点是盆塞的顶面增设摩擦系统极小的聚四氟乙烯滑板和不锈钢板。目前，我国有 GPZ、TPZ 和 SY-I 三种系列产品，分别由交通部公路规划设计院、铁道部科学研究院和上海市政工程研究所设计，其承载力为 1 000～50 000kN。

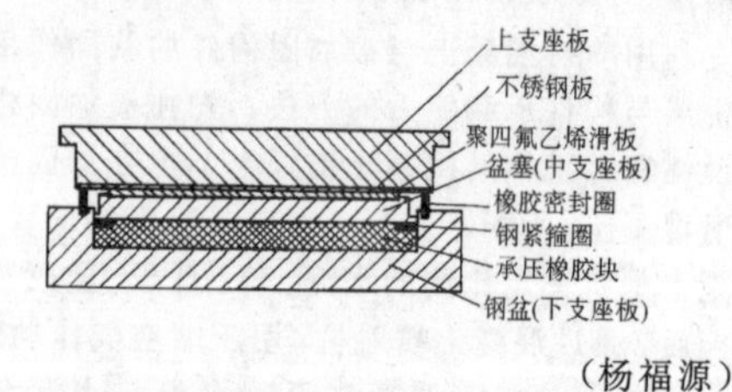

（杨福源）

peng

膨胀剂 expansion agent

加入水泥砂浆或混凝土中能因化学作用而在凝结硬化过程中产生膨胀或减少收缩的一种外加剂。多用于修补工作及大面积的地坪或路面工程，以减少干缩裂缝和放长接缝间距。常用的膨胀剂往往含有氧化镁和铝粉等成分。（张迺华）

膨胀水泥 expansive cement

硬化时体积有所膨胀，能抵消混凝土因收缩而引起的体积减小的水泥。能防止混凝土因收缩引起的开裂、多孔和透水。膨胀水泥主要包括：硅酸盐膨胀水泥和铝酸盐膨胀水泥。前者系用硅酸盐水泥熟料、膨胀剂和石膏按一定比例混合粉磨而得。后者是用矾土水泥熟料、天然二水石膏和少量助磨剂配合粉磨而得。膨胀水泥多用于建筑物的防水、接头、填缝和修补工程。（张迺华）

膨胀土 expansive soil

又称裂隙粘土、胀缩土。一种以蒙脱石、伊利石或伊利石-蒙脱石为基本矿物成分的超压密的粘性土。具有裂隙性、胀缩性（遇水膨胀、失水收缩）。液限和塑性指数都高可作为判别的直接指标。凡是年蒸发量超过年降雨量的地方都有产出。成因类型有残积、冲积、湖积和坡积等。（王岫霏）

膨胀土地基 expansive soil foundation

由膨胀土构成支承建筑物的地层。该土的自由膨胀率，即其烘干土末，在水中增加的体积与原体积之比应不小于 40%，且土层裂隙发育。常具浅层滑坡、地形平缓等工程地质特征。它随含水量增减而出现较大的膨胀和收缩，并产生极大膨胀力，对轻型建筑物造成危害。因此，对该地基应进行膨胀及收缩变形验算、承载力验算和采取防水排水措施。必要时还要进行地基处理，如换土、砂石垫层、土性改良等。（刘成宇）

pi

皮尔逊Ⅲ型曲线方程式 Pearson Type Ⅲ curve equation

表示一种曲线线型的数理统计方程式。皮尔逊（K. Pearson）根据某些实际资料于 1895 年建立一种概括性的曲线族，按参数的不同分成十三种线型，其中第三种即皮尔逊Ⅲ型曲线。在水文统计法中，为了延伸经验频率曲线上端，以推求设计洪水频率的设计流量有方程依据，需要选择既符合水文现象变化规律类似的线型（经验频率曲线线型），又能用数学方程式表示的理论频率曲线线型，此线型大多数采用皮尔逊Ⅲ型曲线，其方程式为

$$Q_p=(\Phi C_v+1)\overline{Q}=K_p\overline{Q}$$

式中 Q_p 为频率为 P（%）的洪峰流量（m^3/s）；$\overline{Q}$ 为平均流量（m^3/s）；K_p 为模比系数，$K_p=\Phi C_v+1$，K_p 可根据 P、C_v 查表求得或根据 Φ、C_v 算得；Φ 为离均系数，可根据 P、C_s 查表求得，其中 C_s 为偏态系数，$C_s=2C_v\sim4C_v$；C_v 为变差系数（离差系数）：

$$C_v=\sqrt{\frac{\sum_{i=1}^{n}K_i^2-n}{n-1}}$$

式中 n 为流量统计总年数（年）；K_i 为模比系数（变率），$K_i=\frac{Q_i}{\overline{Q}}$，其中：$Q_i$ 为水文资料中的任一流量（m^3/s）；$\overline{Q}$ 为平均流量（m^3/s）。求皮尔逊Ⅲ型曲线及其方程式，主要是确定 $\overline{Q}$、C_v 和 C_s 三个统计参数。（周荣沾）

疲劳荷载 fatigue load

又称反复荷载、周期荷载。作用在结构上其大小、方向随时间而作周期性改变的荷载。可以是方向相同，仅大小变化的荷载，也可以是大小相同，而方向相反的交变荷载。疲劳试验时一般采用正弦波形等幅匀速周期荷载。变幅荷载则是用按一定加载循环次数，变更荷载上限的加载方法来实现。如采用液压伺服疲劳试验机，则可按结构实际荷载谱进行疲劳加载试验。 (张开敬)

疲劳积伤律 fatigue cumulative damage rule

又称迈因纳积伤律。钢结构在变幅重复应力作用下计算疲劳损伤度的一种法则。是帕姆格伦(Palmgren，J. V.）于 1924 年首先提出的，由于迈因纳（Miner，M. A.）的试验验证且以其形式简单逐渐为桥梁界广泛接受，故亦称迈因纳法则（Miner rule)。按照这个法则，变幅重复应力的疲劳损伤度可以线性叠加，当满足下列条件时即发生疲劳破坏：

$$D=\Sigma\frac{n_i}{N_i}\geqslant 1$$

式中：n_i、N_i 分别为应力幅为常数 f_i 时的作用次数及疲劳破坏次数。 (胡匡璋)

疲劳强度 fatigue strength

材料或结构构件在小于静力承载力的荷载条件下能经受无限次重复应力时的最大应力值。主要与应力大小、应力变化幅度和荷载反复作用次数等有关。材料的常幅疲劳强度通常以 S-N 曲线表示，S 为重复荷载作用下应力变化范围，或最大和最小应力的函数；N 为材料破损时的循环次数。变幅疲劳强度可根据迈因纳累积损伤律评定，损伤度 $D\geqslant 1$ 时疲劳破坏。

$$D=\sum_{i=1}^{k}\frac{n_i}{N_i}$$

式中 n_i 为在应力水平 S_i 作用下的等幅循环次数；N_i 为在等幅应力水平 S_i 作用下疲劳破坏时的循环次数；k 为各应力水平的总数。

(车惠民)

疲劳曲线 fatigue curve

又称韦勒曲线。疲劳强度（σ_{max} 或 σ_r）与相应应力循环次数 N 之间的关系曲线。它在双对数坐标图中表示为以应力比 ρ 为参变量的直线或折线。σ_{max}（或 σ_r）与 N 的关系实际上是一离散带，规范中给出的各类构造细节的疲劳曲线通常是其平均值或具有一定保证率的曲线。 (胡匡璋)

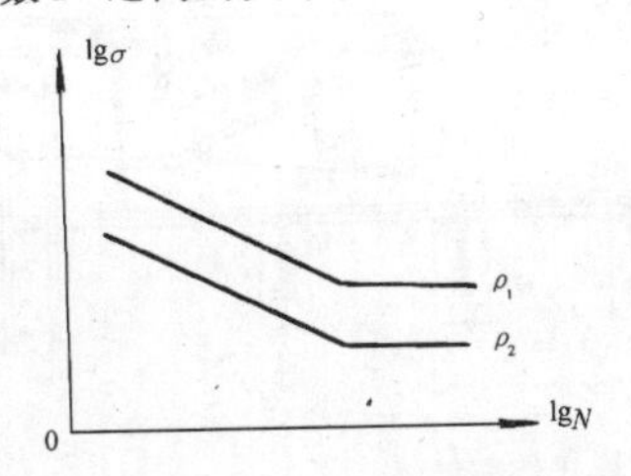

疲劳寿命 fatigue life

在给定重复荷载作用下使材料破损所必需的应力或应变循环次数。通常分为裂缝形成寿命和裂缝扩展寿命。现在普遍认为应力变化范围是影响疲劳寿命的主要因素，前者大则后者短，反之亦然。

(车惠民)

疲劳损伤 fatigue damage

构件承受重复荷载作用时，其中某点发生局部的、永久性的内部结构损伤的累积过程。通常采用迈因纳累积损伤律来表示构件的损伤程度。

(车惠民)

疲劳损伤度 fatigue damage degree

见疲劳积伤律。

疲劳图 fatigue limit diagram

循环次数 N 为定值时，描述等幅疲劳强度或容许疲劳应力与应力比 ρ、平均应力 σ_m 或应力下限 σ_{min} 关系的图、线。有古德曼图、史密斯图、穆尔图等。 (罗蔚文 胡匡璋)

疲劳验算荷载 fatigue loading

对于桥梁结构指车辆荷载。过去在结构构件疲劳验算中常假定荷载为等幅的，且按标准值计算最大最小荷载。但实际上车辆荷载是幅度变化很大的荷载，故宜用统计分析方法按运营车辆的重量、轴位及其出现频率编制的车辆荷载谱来验算。(参见英国标准 BS5400 规范第十篇) (车惠民)

pian

片石护底 rubble protective covering for river bed

在桥下河床全宽或部分孔径范围内铺砌一层片石，使墩台基础不受洪水冲刷的防护措施。是浅基桥梁全桥或部分孔径防护方法之一。但只有在河床较稳定、孔径有富余的情况下才有效。适用于山区、山前区卵石、漂石及砂质河床，且梁跨较小、净空容许、局部防护难于奏效、流速较小之处。干砌片石抗冲刷能力低，一般应用浆砌片石。 (谢幼藩)

片销锚 anchorage with wedges

又称夹片式锚具。参见 JM12 型锚具（303 页）。

(何广汉)

偏态系数 C_s skew coefficient C_s

反映流量与频率之间关系的分布曲线的曲率特征的统计参数。以 C_s 表示。当统计参数平均流量 $\overline{Q}$

和变差系数（离差系数）C_v 为定值时，C_s 值越大，频率分布曲线的上段陡、下段缓；C_s 值越小，频率分布曲线的上段缓、下段陡；$C_s=0$，频率分布曲线为一条曲率半径无穷大的直线。（参见皮尔逊Ⅲ型曲线方程式，176 页） （周荣沾）

偏心受压法 eccentric compression method

又称刚性横梁法（rigid transverse beam method）。按材料力学偏心受压公式计算荷载横向分布系数的方法。它假设各主梁间荷载的分配与其在该荷载作用下的挠度成比例，并视桥面系的横向刚度为无穷大，则横向挠度为一直线。

$$\eta_n = \frac{I_n}{\Sigma I_i} \pm \frac{a_n I_n e}{\Sigma a_i^2 I_i}$$

式中 η_n 为主梁 n 的荷载横向分布系数；a_i 为主梁 i 至桥梁横截面竖向对称轴线的水平距离；e 为荷载偏心距；I_i 为主梁 i 截面惯性矩。当桥宽与跨长之比等于或小于 0.5 时，此法足够精确。 （顾安邦）

偏心受压修正法 modified eccentric compression method

考虑主梁抗扭影响的偏心受压法。它是在偏心受压法基本公式第二项中乘以小于 1 的系数 β，以避免偏心受压法中边梁的荷载分布系数结果偏大的缺点。 （顾安邦）

偏心受压柱 eccentrically loaded columns

承受偏心压力的构件。钢筋混凝土偏心受压构件随偏心距的大小和配筋量的不同，其破坏可能是由受拉钢筋屈服开始，而后受压区混凝土被压碎，称为受拉破坏或大偏心受压；也可能是受压区混凝土首先到达抗压强度而破坏，其时，离轴力较远侧的钢筋尚未屈服，称为受压破坏，或小偏心受压。可按相对受压区高度 ξ 区分，当 $\xi \leqslant \xi_b$ 时为大偏心受压；$\xi > \xi_b$ 时为小偏心受压。其中 ξ_b 为界限相对受压区高度。按容许应力法设计时，构件全截面受压者称为小偏心受压，部分截面受拉者则称大偏心受压。 （王效通）

pin

拼板式伸缩缝 splicing plate expansion joint

又称 Demag 滑板伸缩缝。它是由原联邦德国 Demag 工业设备公司生产的一种钢伸缩缝装置。这种伸缩缝的伸缩量可达 0.8～2.3m，伸缩量为 800mm 的这种构造如图所示。 （郭永琛）

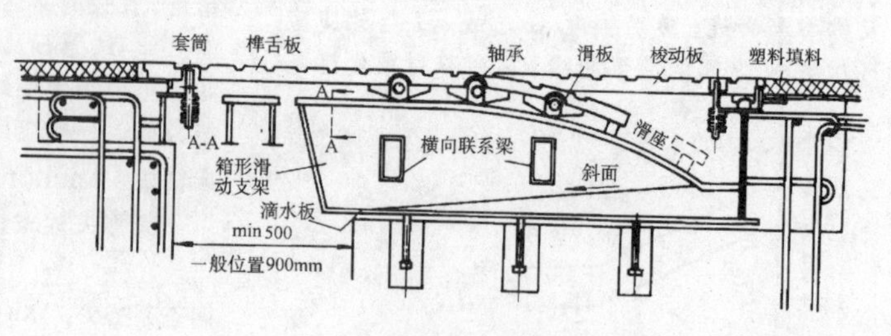

拼板式伸缩缝

拼接板 splice plate

钢结构构件之间连接时所用的钢板。在桥梁的铆接接头或高强度螺栓接头中，多采用双面拼接板做成对接接头，以保证传力的连续性和均匀性。 （陈忠延）

拼窄发运 reducing width for delivery

当桥梁发运时，若宽度超出运输限界，因而采用单片梁，用临时拼装杆件拼装成不超宽的发送单元的方法。 （李兆祥）

拼装螺栓 assembling bolt

拼装钢梁时使用的一种螺栓。形状与普通螺栓相同，栓杆直径比钉孔直径小 1～2mm，装拆方便。在螺栓头及螺母下放有垫圈，以扩大支承面积和防止拧动螺母时擦伤钢板表面。其作用在于，当杆件被插入节点板后，为尽快固定杆件位置，除打入连接钉孔总数的 50% 的冲钉外，还必须上足另 50% 的拼装螺栓，初步夹紧板束，以保证打铆和高强栓施拧的质量。 （刘学信）

频率 frequency

累积出现的次数（m）与总次数（n）之比。即频率 $P=\frac{m}{n}\times 100\%$。这个公式只有当实测资料无穷多（$n$ 接近无穷大）时才适用。而在水文统计中，能掌握的水文实测资料却是有限的，因此，在桥涵水文计算中，常用经验频率公式推求。 （周荣沾）

频率法桩基检测 frequency method of pile test

用基本自振频率检测桩基质量的试验方法。根据激振后的桩基实测谐振曲线的频率和初速度来检测桩的承载力，估算桩的设计参数或判断桩的断裂位置及混凝土质量。对承压桩，可用竖向频率换算抗压刚度及承载力。对承受水平推力的受推桩，可用一个实测水平频率确定 16 个水平参数。

（林维正）

ping

平板支座 flat plate bearing

见平面钢板支座（180页）。

平焊 flat position welding

在视平线以下位置，焊缝在焊条的斜下方，焊缝倾角0°～5°，焊缝转角5°～30°的位置进行焊接。

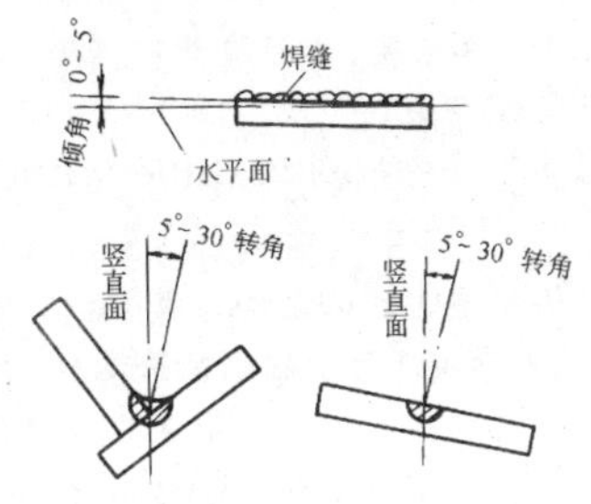

（李兆祥）

平衡分叉 equilibrium bifurcation

理想压杆在临界压力作用下既可能保持直线状态的平衡，也可能保持微弯状态平衡的一种现象。理想压杆当所受压力小于临界压力时，稍有扰动产生微小弯曲后，撤销扰动因素，仍能恢复平直状态。此时平直状态的平衡是稳定平衡。当压力达到临界压力时，在未受扰动前可保持平直状态，稍有扰动产生微小弯曲后，即使撤消扰动因素亦不能再恢复平直状态而保持微弯状态的平衡，此时平直状态的平衡是不稳定的，而微弯状态的平衡是稳定的，称为随遇平衡。对此类问题的研究称为第一类稳定问题。

（胡匡璋）

平衡梁 anchor beam

悬臂架梁时，保持梁身稳定的辅助结构。在悬臂法和半悬臂法拼装时，为使悬出的第一孔钢梁或第一段钢梁保持稳定，不致翻倒河中，必须把拼装的悬出梁段临时连接于预先在路堤上、引桥上或满布脚手架上拼装好的锚固钢梁上，这段锚固梁称为平衡梁。按现行规范，悬出段的抗倾覆稳定系数不小于1.3。平衡梁可用该桥其他孔的杆件或其他桥的杆件临时拼装而成，必要时还可在平衡梁上用重物压重，以满足稳定性要求。（刘学信）

平衡扭转 equilibrium torsion

在承受扭转荷载的结构中，为保持平衡，构件中必需存在的扭矩。其抗扭钢筋可按承载能力极限状态设计，并应满足正常使用极限状态控制扭转裂缝的要求。（车惠民）

平衡设计 balanced design

又称理想设计。按容许应力设计法，为钢筋和混凝土的最大应力同时达到容许值的设计。按极限状态设计法，为混凝土受压边缘纤维应变达到极限值时受拉钢筋同时屈服的设计。相应于上述设计的配筋率称为平衡配筋率。高于平衡配筋率的设计称为超筋设计，低于平衡配筋率的设计称为低筋设计。前者属混凝土受压脆性破坏，后者为钢筋受拉延性破坏。

（李霄萍）

平衡重 counter weight

用以改善机械、施工设备或结构物在偏载作用下受力情况或保证其整体倾覆稳定性所设置的重物。按装置方式分为固定式和可移动式两种。

（唐嘉衣）

平铰 flat hinge

小跨径拱圈中采用的两部分以平面相接、直接抵承形式的简单拱铰。例如空腹式拱上建筑的腹拱圈，为适应主拱圈变形的需要，靠近墩、台的腹拱圈须做成三铰拱或两铰拱的形式，但如采用弧形铰，构造较复杂，铰面的加工既费工又难以保证质量，因此可采用构造简单的平铰。铰缝间可填以低标号砂浆，也可垫衬2～3层油毡或直接干砌接缝。

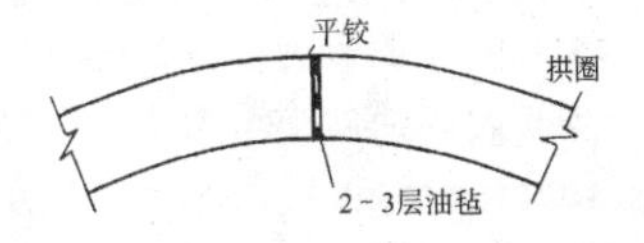

（俞同华）

平截面假定 plane section assumption

又称伯努利(Bernoulli)法则。弯曲前的平截面在弯曲后仍保持平面的假定。大量的钢筋混凝土构件试验表明，只要混凝土和钢筋之间具有良好的粘结，则在构件受力弯曲的各个加载阶段这项假定几乎都可认为是正确的。（李霄萍）

平均沉速 mean settling velocity

泥沙各粒径组的平均沉速以其相应的沙量百分数加权平均所求得的沉降速度。是计算泥沙分布的重要参数。（吴学鹏）

平均粒径 mean particle diameter

各粒径组的平均粒径以其相应的沙量百分数加权平均所求得的粒径。（吴学鹏）

平均流量 average discharge rate

流量系列资料的算术平均值。以$\overline{Q}$(m^3/s)表示。反映流量与频率之间关系的分布曲线位置高低特征的统计参数。当统计参数变差系数（离差系数）C_v和偏态系数C_s为定值时，平均流量$\overline{Q}$值越大，频率分布曲线的位置越高；反之，则曲线位置越低。（参见皮尔逊Ⅲ型曲线方程式，176页）（周荣沾）

平均流速 average discharge velocity

过水断面内各点流速的平均值。以 m/s 计。过水断面的流速是指平均流速而言，但因各点的流速不一样，故不能直接测定断面平均流速，也不能直接利用实测流速来计算断面平均流速，而是采用间接的分块量测和计算方法。为此，可用流速仪法或浮标法测定各个分块内的平均流速。利用流速仪测流速时，各个分块面积内的平均流速可按各测速垂线上测点的数目，分别采用下列公式计算：

五点法 $V_m=\frac{1}{10}(V_{0.0}+3V_{0.2}+3V_{0.6}+2V_{0.8}+V_{1.0})$

三点法 $V_m=\frac{1}{3}(V_{0.2}+V_{0.6}+V_{0.8})$

二点法 $V_m=\frac{1}{2}(V_{0.2}+V_{0.8})$

一点法 $V_m=V_{0.6}$ 或 $V_m=KV_{0.5}$

式中 V_m 为垂线平均流速 (m/s)；$V_{0.0}$、……$V_{1.0}$ 分别为水面至河底的测点实测流速 (m/s)；K 为半深流速系数，可利用多点法实测资料分析确定，无实测资料时，可采用 0.90～0.95。根据各个分块面积及其垂线平均流速，可分别求得其流量，将各个分块面积的流量总和作为全断面的流量，再除以全断面（过水断面积）即得全断面的平均流速。 （周荣沾）

平均水位 mean stage

一定时间或一定范围内的水位平均值。如某一观测点的日、月、年平均水位等（时间平均值）；同一水体（湖泊、水库等）上各观测点同一时刻的水位平均值（面平均值）。平均水位是计算平均流量或平均库容的根据。 （吴学鹏）

平面防护 protection in plan

为防止、抗御冲刷而在河床表面设置的防护设施。如为防止桥下冲刷而在河床表面设置的整孔防护；为抗御局部冲刷而在墩台附近一定范围内铺砌浆砌片石或混凝土护基，或采用钢筋混凝土包基及柔性防护，护面顶标高应尽量接近一般冲刷线。

（任宝良）

平面钢板支座 steel plate bearing

又称平板支座。由上、下两块平面钢板（即上、下摆）构成的支座。通常用热轧钢板制作。固定支座的上、下平板间用销钉固定；活动支座则将上平板的销孔做成长圆形，以使上、下平板可相对滑动。这种支座构造简单，加工容易，但梁端不能自由转动，伸缩时摩阻力大，故只适用于跨径在 8～10m 范围的梁、板式桥。 （杨福源）

平事桥 Pingshi Bridge

见安澜桥（1页）。

平滩河宽 river width at benchland stage

平滩水位时两岸水边线间垂直于水流方向的直线距离。它是计算平滩流量的基本参数。

（吴学鹏）

平滩流量 discharge at benchland stage

平滩水位时通过过水断面的流量。在研究河床形态和河道演变时有人把它作为造床流量使用。

（吴学鹏）

平滩水位 benchland stage

河流自由水面标高与河滩边缘标高相同时的水位。它是决定平滩宽度、平滩流量的依据，是桥渡冲刷计算中的常用参数。 （吴学鹏）

平行钢丝悬索 suspension cable with parallel wires

用平行钢丝索组成的悬索。其架设方法有空中架线法（也称纺缆法）与预制钢束法两种。前者通常采用由一个移动的纺轮，在已架好的辅助缆索上来回移动架设每根钢丝，最后用镀锌小直径钢丝捆扎而成；预制钢束法是以预先在工厂用单根钢丝，按规定的根数及长度集束绕卷而成的预制钢束为原件，在现场再按空中架线法将其悬挂锚固，并捆紧而成索。 （赖国麟）

平行弦钢桁梁桥 parallel chord steel truss bridge

上弦杆与下弦杆互相平行的钢桁梁桥。与多边形弦杆钢桁梁桥相比，构造较简单，制造与架设也较方便。为钢桁梁桥常用的一种结构类型，尤其适用于上承式钢桁梁桥。 （伏魁先）

平型钢板桩 straight web steel sheet pile

又称直腹式钢板桩。横断面呈平直型的钢板桩。受拉时具有较高的横向联锁强度，但抗弯性能甚差。这种钢板桩多用于修筑圆形、半圆形或构体式围堰，目前极限抗拉强度已达 60kN/cm。 （赵善锐）

平转桥 swing bridge

活动孔可在水平面内旋开的活动桥。通常做成绕中间支点水平旋转的两孔连续梁，使旋开后的两边悬臂保持平衡。能提供足够的航行空间，但在旋转时桥上游、下游一定距离内不得有船只进出。

（徐光辉）

po

坡积层 slope wash

山区被风化作用破碎的岩石，在重力和雨水影响下堆积在山地或山麓处的疏松堆积物。分为山地坡积（以亚粘土夹碎石层为主）及山麓平原坡积（以亚粘土为主，夹碎石少）。覆盖于与其本质不同的其他类型的基岩上。常处于不稳定状态，在工程中除应

认识其性质外，还应注意下卧岩层的倾斜度、含水量、裂隙破碎程度及裂隙方向等。（王岫霏）

坡口焊缝 groove weld

焊接连接处具有一定形状坡口的焊缝。坡口形状有I形、V形、U形、X形等。坡口焊缝施工的要求比较严格，刨削成坡口后还必须使两坡口边缘间保持一定的间隙，才能施焊。坡口焊应用于对接、T型和角接头中。用于对接的坡口焊缝，习惯上称为对接焊缝。（罗蔚文）

坡面汇流 overland flow concentration

水流沿流域坡地向河网或出口断面的流动和汇集过程。首先，在降雨满足了蓄渗的那部分面积上开始，然后产生汇流现象的面积逐渐扩大。在流动过程中，一面继续接受降雨补给，一面又继续下渗，直到雨止、地面滞蓄消尽而停止。坡面汇流是桥涵设计流量计算中很重要的一个阶段，通常采用水量平衡方程与坡地水流的蓄泄关系联解进行计算。

（吴学鹏）

坡桥 inclined bridge

桥面纵向带有坡度的桥梁。桥面纵坡通常通过每孔主要承重结构两端标高不相等来形成，使主要承重结构在竖向荷载（如重力）下有向下坡一侧滑动的趋势，在设置支座及墩台时应予注意。在拱桥中还将形成主拱圈两边荷载不对称或者主拱圈的两边构造不对称于拱顶，产生与平拱时不同的受力情况。

（徐光辉）

破冰棱 ice apron

在桥墩的迎水面设置用以破碎流冰的棱状构造物。在有流冰（冰厚大于0.5m，流冰速度大于1m/s）或有大量漂浮物的河道上，将桥墩的迎水面做成破冰棱体，使流冰能被破碎，因而防止或减轻流冰和漂浮物对桥墩的撞击。破冰棱可由强度较高的石料砌成，也可由强度较高的混凝土辅以钢筋加固。

（吴瑞麟）

pu

普鲁加斯泰勒桥 Plougastel Bridge

位于法国布列塔尼半岛的三孔混凝土拱桥。跨径186.4m，建成于1930年。该桥首次采用单箱三室薄壁箱形拱肋，并用木拱架现浇施工方法。拱上结构采用轻型主柱支承钢筋混凝土桁架梁。桁架下层桥面布置单线铁路，桁架上层桥面为双车道公路。

（范立础）

普通钢筋 ordinary rebar

比例弹性极限较低，具有明显屈服台阶的热轧钢筋。在钢筋混凝土和预应力混凝土结构中指所有非预应力筋。按化学成分不同分碳素钢和低合金钢。碳素钢又分低碳钢（含碳量少于0.25%）和高碳钢（含碳量0.6%～1.4%）。低合金钢有锰系16Mn，25MnSi等。国外多采用硅-锰系合金钢。目前我国钢筋混凝土桥则采用Q235A钢、Q275钢、16Mn钢和25MnSi钢制成的非预应力钢筋。我国冶金部又将热轧钢筋按强度分为Ⅰ至Ⅳ级。除Ⅰ级钢筋（Q235A钢）为光面外，其他均为螺纹钢筋。

（何广汉）

普通螺栓连接 bolt connection

用普通螺栓实现的机械性连接。包括粗制螺栓和精制螺栓连接两种，是最早被采用的一种机械性连接。粗制螺栓制作粗糙，成本低，栓杆直径比孔径小2～4mm，插入安装容易，主要用于试拼、组装；精制螺栓系个别车制，精度高，成本也高，栓径比孔径小0.3～0.5mm，主要用于难以施铆的部位，现已被高强度螺栓所取代。（罗蔚文）

Q

qi

其他间接费 other indirect expenses

指间接费中除施工管理费以外的间接摊入工程成本的其他费用。包括：①临时设施费：施工企业为进行建筑安装工程施工，必需修建的生产和生活用临时建（构）筑物和其他临时设施所发生的费用；②劳保支出：国营施工企业由福利基金支出以外的，按劳保条例规定的离、退休职工的离、退休金和医药费，六个月以上的病假工资以及按照上述职工工资提取的职工福利基金、退职基金、死亡丧葬费、抚恤费等；③施工队伍调遣费，指距工程所在地25km以外的施工单位承担工程施工时所发生的往返调遣费，它包括调遣期间、施工人员需支付的工资、差旅交通费等，以及施工机具、器材、家具、备品等的运杂费等。 （周继祖）

其他可变荷载 secondary variable load

车辆等主要可变荷载产生的附加作用和自然产生的自然荷载。如车辆的制动力和牵引力、轮对蛇行运动产生的摇摆力、风荷载、冰荷载等。参见活载（115页）和可变作用（138页）。 （车惠民）

起拱线 springing line

拱圈的拱脚截面的下缘线。即拱脚与拱腹相交的直线。如图中AB线。

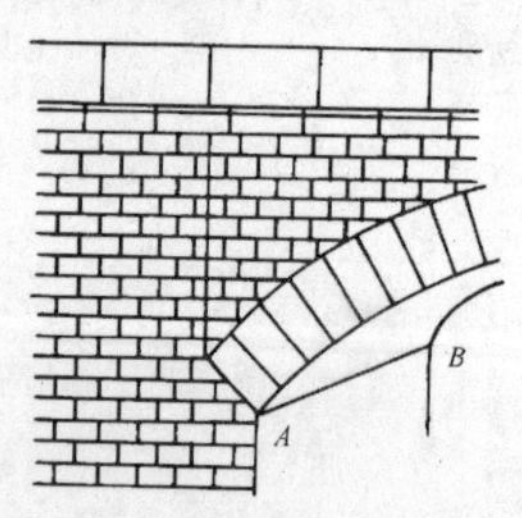

（俞同华）

起重滑车 hoisting block

俗称起重葫芦。通过链轮或卷筒竖直提升重物的简单起重机械。分为手动的链条滑车和电动滑车。其自重轻，结构紧凑，使用方便，适用于施工中简易的起重工作。 （唐嘉衣）

起重机械 hoisting machinery

间歇吊运重物的机械。分为动臂旋转式、桥式和简单式三大类。动臂旋转式起重机，以可旋转的动臂杆吊运重物。按结构型式分为塔式，汽车式，轮胎式，履带式，轨道式，桅杆式，浮式等。其主要技术参数为起重量、工作幅度和起升高度。桥式起重机不设起重臂杆，由桥架承重吊运重物。如在桥架两端设腿架构成龙门型桁架，即为龙门起重机。如以缆索代替桥架承重，成为缆索起重机。简单式起重机械，只能作简单升降重物的工作，常用的有：卷扬机、顶升器、爬升器，起重滑车等。 （唐嘉衣）

气垫桥 inflated bridge

又称充气桥。利用充气的气囊作为跨越障碍时的建筑物。将充气后的气囊或气垫直接放在水面上或支撑在两岸上，在其上通过行人或车辆。由于气垫的容积限制，跨径及载重都不能太大。但收放速度快，携带方便，多用于军事行动或探险方面。

（徐光辉）

气力输送水泥设备 pneumatic cement conveyor

利用气压沿管道输送散装水泥的设备。由气室、管路、压缩空气装置等组成。气室设在密封的水泥贮料罐底部，分为上卸和下卸两种型式。利用压缩空气使水泥在气室中形成流态，沿管道输送到另外的贮存装置中。 （唐嘉衣）

气流模型 aerodynamic model

以空气为介质模拟水流运动的水工模型。是一种顶面封闭的有压模型，除依相似理论模拟固体边界条件和动力条件外，水流自由表面用固定的固体板来模拟。一般用来研究流速及单宽流量分配方面的问题。 （任宝良）

气体保护焊 gas shielded arc welding

利用外加气体作为电弧介质并保护电弧和焊接区的电弧焊接。常用的保护气体有CO_2、氩、氦等惰性气体。优点是无需打药皮、深层焊缝或多层焊缝的底层焊缝中，很少有氧化物夹渣，是一种高效率的焊接方法。图为CO_2气体保护焊工作示意。

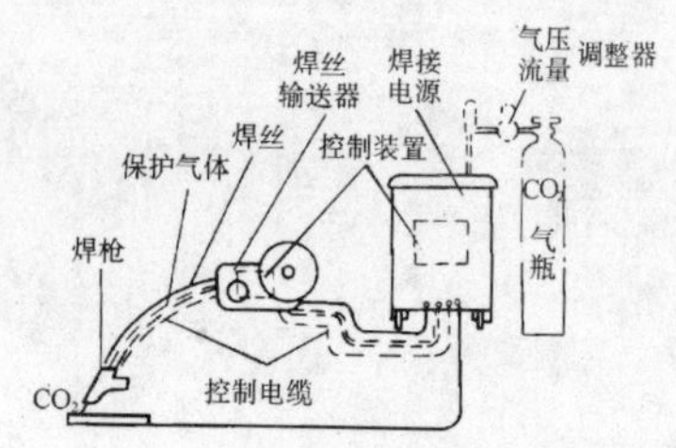

（李兆祥）

气筒浮式沉井 compressed-air floating caissons

利用钢制压气筒增加浮力的浮式井筒结构。一般可分为三部分：双壁自浮底节，单壁钢壳，钢气筒。如浮力足够，可将单壁钢壳的上部及中间隔墙改用钢筋混凝土结构。在施工过程中，依靠压缩空气排出气筒内的水，提供所需的浮力。其优点是，可通过调节气筒气量来控制沉井的降落位置；如落入河床位置不准，可以送气浮起，再次下沉。进入河床稳定深度后，即可切割气筒顶盖，作为沉井取土井。

（邱 岳）

气压沉箱 pneumatic caisson

又称沉箱。利用高气压排水进行水下作业的、作为重型构筑物基础的密闭无底箱形结构。它系由海底打捞用的潜水钟发展起来的。箱的工作室高度一般为 2.2m，输入压缩空气，人在无水和高气压的室内工作，箱顶装有井管和气闸，人和料具通过气闸出入室内。由于人身体不适于在高气压下长时间工作，故对最高气压和连续工作时间，以及变压速度都有严格规定，否则易患沉箱病。该箱有不同用途，若用于水底隧道，可把隧道分段预制成两端密封的管段，沉入水底相互拼接而成；若用于水中基础，则其构造参见沉箱基础（19页）。沉箱材料可利用木、钢、钢筋混凝土和木筋混凝土。其下沉排土方法最常见者为室内人工或水力机械挖掘，现已发展到室外控制的机械排土，即无人沉箱。

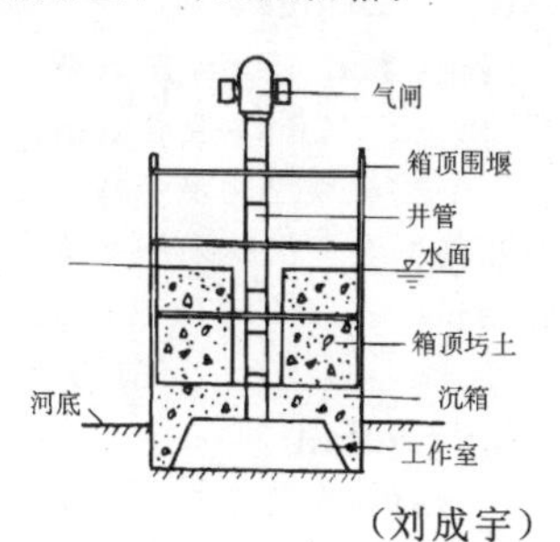

（刘成宇）

气闸 airlock

又称变气闸。与沉箱工作室相通的钢制变压气室。它由具有内外闸门的人用气闸，料用气闸和中央气室组成，参见气压沉箱。其作用是当人、料经过气闸出人工作室时，可防止高压空气突然大量外溢，同时调节变压速度以适应人的身体。

（刘成宇）

汽车荷载 motor vehicle loading

由汽车车队表示的公路桥涵设计活载。分为汽车—10 级、汽车—15 级、汽车—20 级和汽车—超 20 级四个等级。车队中分主车和重车，其纵向排列和横向布置如下图所示。

（车惠民）

汽车起重机 truck crane

又称汽车吊机。在汽车底盘上安装的动臂旋转式起重机。由上、下两部分组成。上部为起重部分，设有起重臂、转台和起升、变幅、回转工作机构。下

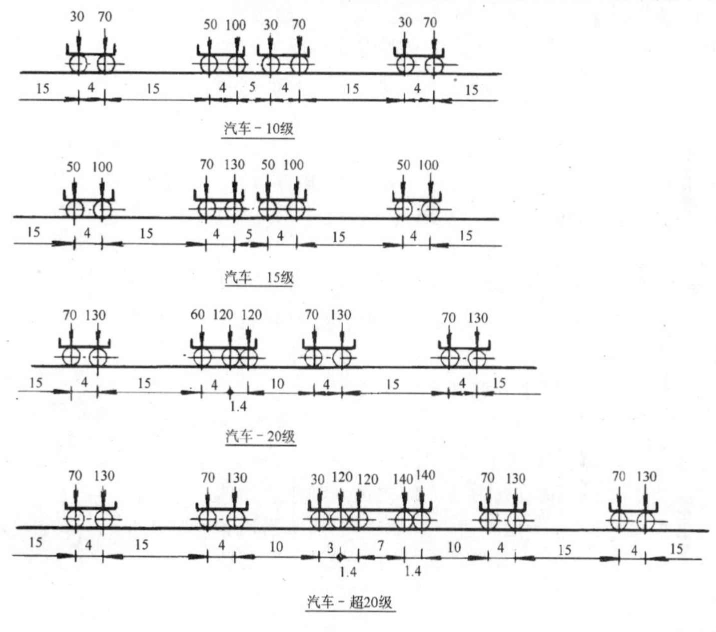

各级汽车车队的纵向排列
（轴重力单位：kN 尺寸单位：m）

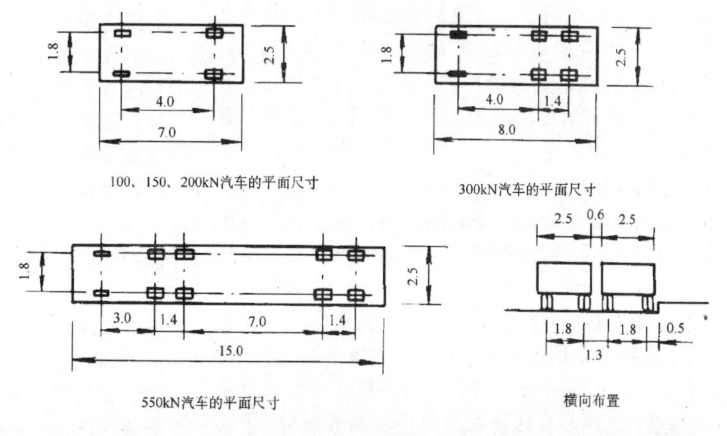

各级汽车的平面尺寸和横向布置（尺寸单位：m）

汽车荷载

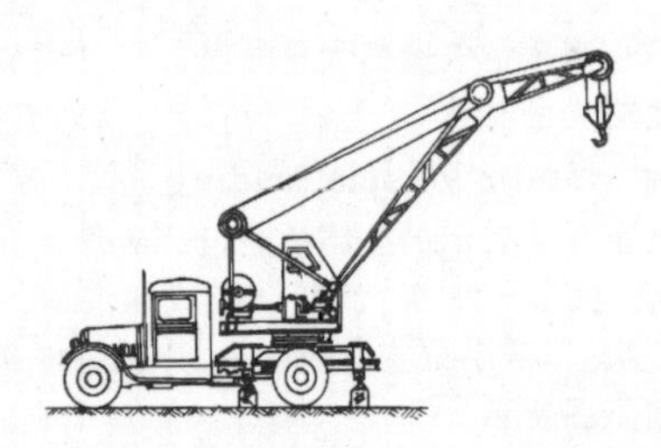

部为汽车底盘和走行部分。上下部之间由回转支承连接。起重臂分为可接长或折叠的桁架臂和箱形截面的伸缩臂。传动方式有机械、电动、液压三种。液压传动的操纵方便，易于调速，应用较广。起重时，用支腿支承地面调平机身。它具有载重汽车的行驶性能，机动性较强。近年来；在起重性能、灵活性和安全性等方面，又不断有所改进。对于桥梁施工，一般宜用起重量不超过 40t、机动灵活的中型汽车起重机。 （唐嘉衣）

汽车式混凝土搅拌设备 concrete mobile unit

安装在汽车上连续拌制生产混凝土的设备。其搅拌设备采用螺旋输送机取代搅拌机。能直接行驶到施工现场进行工作。结构紧凑，但对配合比的控制不易掌握，仅适用于分散的零星小工程。

（唐嘉衣）

汽锤 steam hammer

以蒸汽或压缩空气为动力的桩锤。其主体由汽缸和柱塞组成。按工作原理分为单动汽锤、双动汽锤和差动汽锤。工作时需配备锅炉或空气压缩机提供动力。 （唐嘉衣）

砌缝 joint formed by laying blocks

用砂浆砌筑拱石拱圈或其他圬工体时由相邻的拱石或砌块互相贴靠而形成的连接面。缝中填有砌浆层。厚度不大于 0.02m。按砌筑的部位，有水平向、竖向、横向和辐射向砌缝（一个砌体同时存在三个方向的缝）。按砌筑方法和受力要求不同，分通缝和错缝。 （俞同华）

砌块 block

砌筑混凝土砌体时所用的预制块件。例如，目前修建混凝土板拱桥时常采用将拱圈沿纵向和横向划分成一些块件进行预制、组拼的方法施工。为消除或减少混凝土收缩的影响，在砌筑之前须有足够的养护期。混凝土板拱的砌块，按组拼方法不同，分成斜板式、方块式等各种形式。分块的原则是使在分肋（或基肋）组拼合龙后能在横向再填镶或悬砌，因而少用或不用拱架、节省人力和缩短工期。

（俞同华）

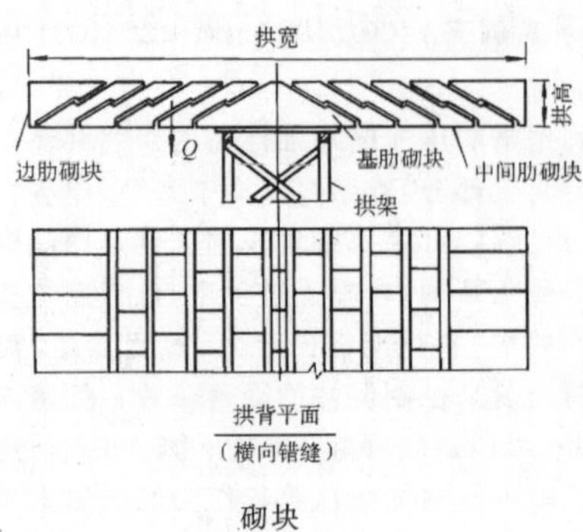

砌块

qian

千分表 dial gauge

参见百分表（4 页）。

铅垫铰 lead padded hinge

结构的两部分之间填以铅垫板使能传递轴力又能相对转动的铰。用于有铰拱的拱顶或拱脚部位时即为拱铰的一种方式。也用于刚架桥的支承处。利用铅的塑性变形，铅垫板容许支承截面自由转动，因而能实现铰的功能。铅垫板的厚度为 15～20mm，外部包以锌、铜片（厚 10～20mm）。为了承受局部压力，支承面以下的构件内如墩台帽内和邻近铰的拱段，需用螺旋钢筋或钢筋网加强，混凝土强度等级（被支承构件）不低于 C25。

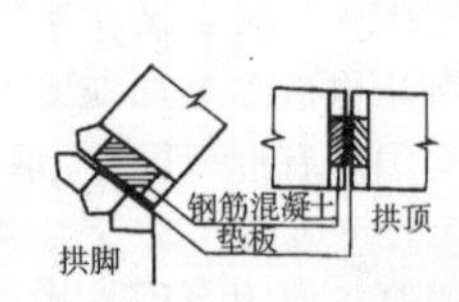

（俞同华）

前河大桥 Qianhe River Bridge

位于河南省嵩县境内，跨径 150m，中国最大跨径的双曲拱桥。桥宽 7m+2×0.6m，空腹式拱上建筑。主拱圈矢跨比 1/10，拱轴线型为悬链线，主拱圈截面型式为六肋双层高低波，拱肋采用支架上浇筑，再在其上安装预制拱波。1969 年建成。

（俞同华）

前期降雨 antecedent rainfall

本次降雨之前某一段时期内的降雨。前期降雨量可按某种经验关系式换算。在分析下渗损失和产流中，它是一项重要因素。在计算桥涵设计流量的一些经验公式中，有时也要用到它。 （吴学鹏）

前墙 front wall

桥台中支承上部结构的横向墙体。是台身的主要承重部分。 （吴瑞麟）

钱塘江大桥 Qiantang River Bridge

位于浙江省杭州市，中国自建的第一座现代化公路铁路两用双层钢桁架桥。上层为公路，行车道宽6.1m，两侧人行道各宽1.25m，下层为单线铁路。正桥有16孔，每孔为65.84m的简支铆接钢桁架，共长1 072m。连同引桥全桥长1 453m。钢梁采用浮运法架设。桥墩基础均为沉箱基础，其中6个沉箱直接沉落在岩层上，9个沉箱各沉落在160根长27～30m支承于岩层的木桩群顶上。南北引桥共长381m，由双铰钢桁架拱和钢筋混凝土刚架桥组成。1935年4月动工，1937年9月完工，由茅以升（工程处长）和罗英（总工程司）主持修建。

（俞同华）

钱塘江二桥 Qiantang River No. 2 Bridge

位于杭州四堡，平列的公铁两桥的总称。为华东路网重要桥梁。双线铁路北接沪杭、宣杭，南连浙赣、肖甬各线。2×7.5m高速公路两侧无人行道。正桥公铁均为18孔一联的预应力混凝土单室单箱连续梁，跨度（m）为45＋65＋14×80＋65＋45，用吊篮伸臂施工；基础为ϕ1.5m钻孔桩或沉井。引桥均为预应力混凝土箱梁；公路单室双箱，两岸跨度均为7×32m；铁路单室单箱，跨度（m）为12＋9×32＋8×32＋8×32（北）及7×32＋7×32＋8×32＋12（南），均顶推施工。基础均为ϕ1.25m钻孔桩。1988年开工，1991年建成后替代老桥（位于上游约9km处）。（严国敏）

潜水 phreatic water

地表以下第一个稳定隔水层以上具有自由水面的地下水。其自由水面称潜水面。多分布于松散沉积物的孔隙及地表岩层的裂隙与洞穴中。由雨水渗入地下及地表水补给。因埋藏浅、分布广，开采方便，是生活用水的主要来源。但易受污染，应注意保护。

（王岫霏）

潜水泵 submersible pump

电动机与泵体组成一体浸于水中进行排水的水泵。设有密封装置，防止水浸入电动机内。其结构紧凑，体积小，重量轻，便于移动，适用于临时排水或提升井水。（唐嘉衣）

潜水桥 underwater bridge

桥面长期淹没在水中的跨河建筑物。有两种不同的做法：一种是出于军事上隐蔽的需要，在水位稳定的河段上有意将桥面造得低于水面，但桥面上水深不大，车辆仍可通行；另一种是为避免波涛或通航船只的干扰，将密闭的圆形或箱形管道沉入水底或悬在水中并用锚碇固定，车辆在管道中通行。后一种实际上已成为水下隧道。（徐光辉）

潜水设备 diving appliances and equipment

潜入水中检查水下施工情况或进行水中作业所用的工具和设备。按潜水深度分为一般潜水设备和深潜水设备。一般潜水设备用于水深35m以内的潜水作业，应配备潜水员装具、供气系统和减压医疗设施。潜水员装具有潜水衣、鞋，铅饼，深水电话，绳梯等。供气系统由空气压缩机，储风筒，过滤器，高压输气管等组成。减压医疗设施有减压舱和医疗站。

（唐嘉衣）

潜水钻机 submersible drill

整个机体潜入泥浆中进行工作的旋转钻机。由潜水电动机、减速箱、钻头、排碴系统、机械密封装置等组成。电动机经行星齿轮减速后，驱动刮刀钻头旋转切削地层，并利用泥浆循环排碴。耗能较少，无噪声，适用覆盖层和软弱岩层。按构造分为有钻杆式和无钻杆式。有钻杆式的钻杆不旋转，仅承受机体自重和反扭矩。无钻杆式则由钢丝绳悬吊机体，以三个钻头作行星式自转与反向公转，使扭矩与反扭矩相互平衡。（唐嘉衣）

潜水钻孔法 dive drilling method

用动力设备在水下的潜水钻机以旋转方式钻进，钻碴由循环泥浆带出孔外的钻孔方法。所用钻机的特点是钻头与动力设备连成一体。可分为无钻杆和有钻杆两类。前者钻孔时处于悬挂状态，土岩作用于钻头的反扭矩通过钻机的差动装置由钻机自行平衡；后者与钻杆相连，反扭矩由钻杆承受。一般适用于粘性土和砂土层，有的可用于砾石层和软质岩层，但其优越性目前尚不明显，未普通采用。

（夏永承）

浅基病害 inadequate pier foundation depth

桥梁墩台基底埋置深度小于有关规范要求，可能导致过洪时墩台基础冲空、墩台倾斜、破坏等影响桥梁使用的不良状态。一般是由于设计时水文、水沙运动、河床演变等资料不足或不准确，盲目提高基础标高及河床形态改变等原因造成的。有的可通过防护、整治达到有关规范要求，常用的治理办法有平面防护、立体防护、整孔防护等。（任宝良）

浅基础 shallow foundation

又称浅平基。基底为平面或呈阶梯形，埋置深度较浅，一般不超过5m的桥梁基础。施工简便，可以用敞坑法施工，能直接观察基础底面地质情况。只要地质、水文和经济条件许可，宜优先使用。桥梁墩台的浅基础多为刚性基础，通常由毛石、块石、混凝土及钢筋混凝土等材料砌筑。这类基础的基底位置除应满足强度和稳定性的要求外，从构造上应保证持力层不受人类活动、季节性冻胀及墩身附近河床被洪水冲刷的影响。（赵善锐）

浅基防护 protection of shallow foundation

为使浅基础免受洪水冲刷而进行的预防保护措施。有局部防护和整孔防护两类。局部防护如：*抛石护基*、*柴排护基*、*石笼护基*等，用于稳定性河流上的大跨度桥梁个别墩台浅基防护。整孔防护为在全桥或部分孔径范围内设置*混凝土护底*、*片石护底*、*钢筋混凝土块护底*等，用于变迁型河段上的小桥和小跨度的大中桥，但不宜用于集中冲刷严重的河段。

（谢幼藩）

浅滩 shoal

上、下深槽（边滩）之间的沙埂。是冲积河流泥沙成型淤积体的一种。浅滩处的水深比邻近水域的水深为小，与航运的关系至为密切。若水深不能满足航行要求，则称碍航浅滩，须加整治。（吴学鹏）

欠拧 under-wrest

拧紧高强螺栓的扭矩低于设计值，螺杆、螺母相对位置小于5度的现象。它将使螺栓松动，节点板间摩擦力不足以抵抗设计外力，可导致节点板错动、挠度增加甚至全桥破坏。（谢幼藩）

纤道桥 tow-path bridge

在纤道通过港汊、河口等处供纤夫通行所设置的架空建筑物。一般与拉纤船只的航向平行，桥面低平，侧面不得有妨碍纤绳移动的设施。位于江苏苏州市京杭大运河西侧澹台湖口上的宝带桥，即是一座著名的为漕运而筑的纤道桥。浙江绍兴地区萧（山）绍（兴）运河上的百孔官塘桥，全长386.2m，共115孔，每孔净跨约2m。桥面用三根条石拼成，宽约1.5m。桥型十分罕见，系清同治年间（1862～1874年）所建，现已列为第三批全国重点文物保护单位。

（徐光辉　潘洪萱）

嵌岩管柱基础 colonnade foundation embedded in bedrock

管柱下端嵌入基岩而构成的*管柱基础*。属于端承式。当覆盖土层甚薄，岩面风化严重，为了提高柱端部支承力和整体基础的稳定性，有必要用*管柱钻岩法*使其嵌入未风化的岩层。嵌入深度按岩体强度和荷载情况通过计算确定。（刘成宇）

嵌岩管柱轴向承载力 axial bearing capacity of drilled caisson embedded in bedrock

管柱钻孔底端的岩石承压力和孔壁粘着力组成的轴向总支承力。若嵌入新鲜岩面深度超过0.5m，则轴向容许承载力 P (kN) 为：

$$P = R(c_1A + c_2Uh)$$

式中 A 为钻孔底面积 (m^2)；U 为钻孔周长 (m)；h 为自新鲜岩面算起的钻孔深度 (m)；R 为岩石单轴抗压极限强度 (kPa)；c_1、c_2 为系数，根据岩层天然破碎情况而定。若嵌入深度小于0.5m，则 c_1 应乘以0.7，而 $c_2=0$。（刘成宇）

嵌岩桩 anchored in rock piles

桩底嵌入岩层中一定深度的桩。在此深度中岩层所产生的抗力足以支持桩底作为固定端所承受的力和力矩。这种桩的竖向位移很小，计算中常假定竖向荷载全部由桩底承受而略去*桩侧摩阻力*，但土的横向抗力一般不能略去。（赵善锐）

qiang

强大钢丝束 powerful wire tendon

后张式预应力体系中为减少锚具、套管数和安装、张拉次数而采用的大张拉力钢丝束。苏联常将40～60根极限强度为1 000～1 200MPa的 ϕ5mm 钢丝按规定的层次排列，制成这种钢丝束。其端部则用特制的锚头例如*柯氏锚*锚固。（何广汉）

强夯法 dynamic consolidation

又称动力固结法。采用重夯锤、高落距（一般需达500～8 000kN·m）对地基土重复施加强力夯击的地基加固方法。强力夯击使土体内产生冲击波和巨大的应力，迫使土体孔隙压缩和局部液化；夯击点四周发生裂隙，成为良好的排水通道，让孔隙水渗出。经几遍夯击，土层可迅速固结，承载能力提高2～5倍，影响深度可达10m以上。此法是在重锤夯实法基础上发展的，适用于碎石土、砂土、粉土、低饱和度粘性土、湿陷性黄土和杂填土地基；也可应用于大面积、软土层较厚的地基加固工程。（易建国）

强化钢支座 strengthened steel bearing

用表面热处理的方法提高辊轴支承处的硬度，并降低辊轴滚动摩擦力的一种钢支座。

（陈忠延）

强迫振动试验 forced vibration testing

在外部周期性动力激励作用下测定系统的固有频率、振型或动力响应（位移、速度、加速度）的试验方法。应用最多的是利用共振原理，采用正弦波激励或正弦波扫频激励，测定系统的固有频率、振型或找出系统的共振频率，为系统消振、减振及隔振设计提供依据。（林志兴）

强制式混凝土搅拌机 forced concrete mixer

利用叶片旋转强行拌制混凝土的搅拌机。工作时搅拌筒不动，筒内转轴臂架上的搅拌叶片随转轴旋转，强行搅动物料，使之形成交叉物流，拌合均匀。其搅拌作用强烈，适于拌制干硬性混凝土。最初使用圆盘立轴式搅拌机，叶片与衬板容易磨耗。后发展为圆槽卧轴式搅拌机，其叶片的线速小，耐磨性较好，并兼有强制与自落两种搅拌特点。其中双卧轴强制式搅拌机的耐磨性好，耗能少，卸料快，并能拌制较大骨料的混凝土。（唐嘉衣）

qiao

敲击法混凝土动弹性模量试验 test of concrete dynamic modulus of elasticity by striking method

用敲击法混凝土动弹性模量测定仪测定 E_d 的无损检测方法。标准试件尺寸为截面 100mm×100mm 的棱柱体，其高宽比为 3～5。试件支承和敲击点及接收换能器安装位置如图所示。测量时，支承点、敲击点、接收点均应避开成型面。用击锤激振，试件处于阻尼自由振动状态，仪器可测出基频振动周期 T (μs)，试件基振频率 $f=\frac{1}{T}$ 取 6 次连续测值的平均值。根据 E_d 与 f 的关系，可求得混凝土动弹性模量 E_d。取三个试件的平均值。并可根据 E_d 与混凝土强度的相关性，来检验混凝土强度变化及评定混凝土抗冻性、耐久性和耐蚀性等。

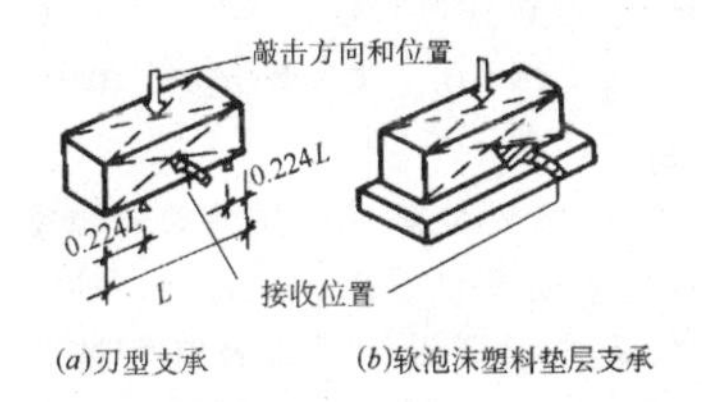

(a)刃型支承　(b)软泡沫塑料垫层支承

(张开敬)

乔治·华盛顿桥 George Washington Bridge

位于美国纽约海湾跨哈德逊河的两层公路桥。建成于 1931 年。桥主跨为 186m+1067m+198m 的悬索桥。原设计为钢板加劲梁，1960 年将下层改为钢桁架，梁距 32.31m，高 9.14m。上层桥面共 8 车道宽 26.52m，两侧各 3.25m 人行道。下层双向各 3 车道，共宽 21.94m。钢桁构式塔，高 170.54m，沉井基础。原设计塔用花岗石镶面，施工时取消以求艺术上的真实性。 (唐寰澄)

桥渡 bridge crossing structure over river

跨越河流、沟谷的桥梁、涵洞及附属建筑物的总称。一般包括桥头引道、桥梁及其墩台、桥渡地区内的调治构筑物。桥渡比桥梁一词内涵丰富，它点明了建筑物与水流的联系。桥渡设计包括桥渡勘测、桥涵水文水力计算、调治构筑物工程等。设计时必须综合考虑桥位与线路要求，原则上桥渡位置应服从线路总的走向，但也不宜过于片面强调，必须结合具体条件，进行各种方案比较，以求得技术、经济合理的方案。桥渡水文测算是桥渡设计的关键工作。中华人民共和国建国后我国的桥渡水文工作的发展大致可分为三个阶段：①建国初至 50 年代中，主要是采用苏联规范，过渡到局部修正参数。②50 年代中期至 1966 年，制定了有关的水文图表、小径流计算公式、桥址河床冲刷计算公式、桥涵勘测细则等。③1976 年以来为第三阶段，在小径流计算公式和壅水公式的改进、大颗粒和粘土河床的冲刷计算、浅基防护、溃坝流量计算及泥石流地区的桥梁建设等方面，均取得许多成果。1987 年出版了铁道部部标准《铁路桥渡勘测设计规范》。由于河流类型的多样性，河床形态演变的复杂性，小河、沟溪缺乏足够的实测水文资料，使得桥渡的勘测和设计工作十分复杂，习惯上分别按大河桥渡和小河桥涵分别进行考虑。主要内容包括：①桥址勘测，对山区、山前冲积扇地区、泥石流地区的河流分别有不同的要求。②设计流量推算，大河桥渡多用调查流量加实测流量系列，按统计分析方法推估；小河桥涵多用设计暴雨，按径流成因公式计算。③桥孔及冲刷计算，主要包括孔径和墩台的基础埋深两个方面。④导流和防护建筑物的水文计算。⑤特殊地区的桥渡水文计算，如泥石流地区、岩溶地区、水利化地区、潮汐或回水倒灌地区等。

(吴学鹏　周荣沾)

桥渡水文平面图 bridge site hydrographic plan

又称桥渡水文平面关系图。对水文复杂的桥渡，表示其水文关系的平面图。其内容包括：简易地形、地质概要、洪水点位、水文断面位置、水流方向、洪水泛滥线、河床变迁情况、水工建筑物、测量控制点等。比例尺一般为 1∶1000～1∶10000。

(卓健成)

桥渡调治构筑物 regulating construction around bridge

桥渡河段内用于导流和调治水流的工程构筑物。主要作用是保证和改善桥渡在汛期的工作条件，使洪水顺畅通过桥孔，防止桥渡及附近河段河床、河岸产生不利的变形，保证桥梁墩台、桥头引线的正常运营和使用，以及避免和减少洪水可能造成的对农田和其他建筑的危害。主要类型有导流堤、丁坝、顺水坝、挑水坝，及护坡防冲工程和环流导治构筑物等(见图)。各类调治构筑物既可单独设置，也可以联合

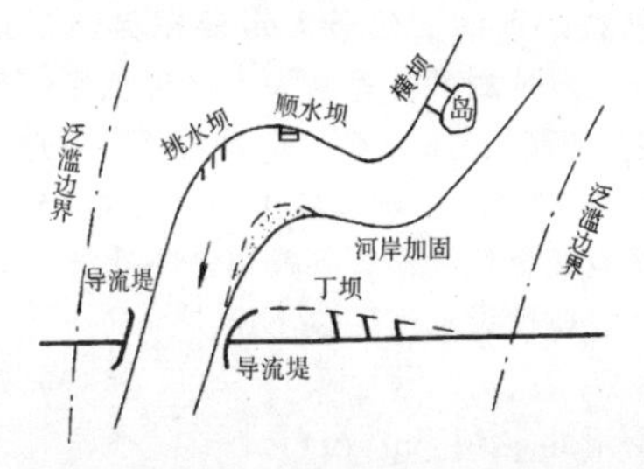

布置，应结合河流特征、水文、地形、地质、河滩、路堤和水利设施等综合考虑，配合桥孔设计而确定。

多用土、石、混凝土、金属等材料修建成实体式，并对浸水边坡做适当加固，防止冲刷。也有用竹、木等材料修建的透水结构，多用于轻型的临时工程。

（周荣沾　任宝良）

桥墩　pier

多孔桥梁中，处于相邻桥孔之间支承上部结构、并将荷载传递到地基上的构造物。由墩帽、墩身及基础三部分组成。紧贴岸边或在岸上的称为岸墩。桥墩按结构形式可分为实体墩、空心墩、柱式墩、排架墩等。按平面形状则可分为矩形墩、尖端形墩、圆端形墩等。按受力后变形特征又可分为刚性墩和柔性墩。建筑桥墩的材料可用木料、石料，混凝土、钢筋混凝土和钢材。实体墩费工费料。各种轻型桥墩和柔性墩是推广和研究的方向。（吴瑞麟）

桥墩侧坡　lateral slope of pier

墩身在顺桥向和横桥向的侧面坡度。重力式桥墩的侧坡一般为（20：1）～（30：1），小跨径桥的桥墩也可以采用直坡。（吴瑞麟）

桥墩防撞岛　fender island

在桥墩周围用双壁钢围堰或钢板桩筑成的防护岛。用以防止船舶或水中漂流物直接冲击桥墩。

（吴瑞麟）

桥墩加宽　widening of pier

在桥梁加宽时，为支承新增加主梁对桥墩宽度的扩大。桥墩加宽方法如下：①桩柱式墩可把盖梁接长而增加宽度；②实体式桥墩可横向接出悬臂梁以支承上部结构；③利用基础襟边宽度以加宽桥墩，必要时配以横向接出悬臂梁；④同时加宽基础和桥墩。

（万国宏）

桥墩最低冲刷线标高　lowest erosion line elevation of bridge pier

桥下全部冲刷完成后桥墩周围的局部冲刷坑底最低标高。以米（m）计。它等于设计洪水位减去总冲刷深度。总冲刷深度包括：自然（演变）冲刷深度、一般冲刷深度、局部冲刷深度。由于制定一般冲刷的计算公式所依据的实际桥梁资料中已包含了部分的自然（演变）冲刷，而且运算过程所取的计算断面又采用了桥位附近的天然最大水深作为桥下最大水深，因而一般冲刷的计算结果也已包括了一部分自然（演变）冲刷，因此，在一般情况下，对总冲刷深度中的自然（演变）冲刷深度可不必另算。桥梁墩台基底应埋设在最低冲刷线标高以下不小于2m；在无冲刷处，也应埋设在河底以下至少1m。

（周荣沾）

桥涵　bridge and culvert

桥梁与涵洞排水构造物的总称。按单孔跨径或多孔跨径总长划分为五类（见表）：特大桥、大桥、中桥、小桥、涵洞。单孔跨径系指标准跨径而言；多孔跨径总长仅作为划分特大桥、大、中、小桥及涵洞的一个指标。圆管涵及箱涵不论管径或跨径大小、孔数多少，均称为涵洞。桥（涵）型的选择，应根据因地制宜、就地取材、便于施工和养护的原则，并应适当考虑农田排灌的需要；靠近村镇、城市、铁路及水利设施的桥梁，还应适当考虑综合利用。桥涵必须能安全宣泄设计洪水，必要时应修建导流构造物或防护构造物。

桥涵分类	多孔跨径总长 L（m）	单孔跨径 L_0（m）
特大桥	$L\geqslant500$	$L_0\geqslant100$
大　桥	$100\leqslant L<500$	$40\leqslant L_0<100$
中　桥	$30<L<100$	$20\leqslant L_0<40$
小　桥	$8\leqslant L\leqslant30$	$5\leqslant L_0<20$
涵　洞	$L<8$	$L_0<5$

（周荣沾）

桥涵孔径　opening of bridge and culvert, span length

在设计水位时桥涵具有排泄设计流量及足够过水断面积的水面宽度。以米(m)计。桥涵孔径的大小，除了首先应保证设计洪水及其所挟带的泥沙从桥下顺利通过，还应综合考虑桥涵孔径与桥前壅水和桥下冲刷的相互影响。桥涵按孔径的大小划分为五类：特大桥、大桥、中桥、小桥、涵洞。（周荣沾）

桥涵水文　hydrology for bridges and culverts

研究与桥涵工程设计有密切关系的河流水文状况的分支学科。主要包括：①河流水文原理。研究水文循环的基本规律和径流形成过程的物理机制。②河流水文测验和调查。研究获得水文资料的手段和方法。③河流水文实验。运用野外实验流域和室内实验模型来研究水文现象的物理过程。④河流水文地理。根据水文特征值与其他自然地理要素之间的相互关系，研究水文现象的地区性规律。⑤河流水文预报。在研究水文现象变化规律的基础上，预报未来水文情势。⑥河流水文分析与计算。在研究水文现象变化规律的基础上，采用成因分析法、数理统计法、地区综合法三种基本方法，对水文资料进行分析和计算，为桥涵工程设计提供合理、可靠的水文数据。

（周荣沾）

桥基底容许偏心　allowable eccentricity of foundation base of bridge

为保证桥基不产生过大不均匀沉降而规定桥墩台基底偏心距的容许值。其值应不大于基底偏心距 e：

$$e = \frac{M}{\Sigma P_i}$$

式中 M 为作用于基底以上的合力对基底重心的力矩，P_i 为各外力的竖直分力。容许值的具体规定，按不同地质，所受荷载的组合而有所不同，可查阅有关桥涵设计规范。（邱　岳）

桥基底最小埋深　minimum embedding depth of foundation base of bridge

为确保桥梁的安全而规定的基础起码埋置深度。该深度需符合以下条件：①最大冲刷线以下一定深度。与总的冲刷深度有关，可查阅各种不同桥涵设计规范的规定；②在无冲刷处（除岩面以外）应在地面以下 2m；③对于强冻胀土应在冻结线以下 0.25m，弱冻胀土应不小于冻结深度的 80%。

（邱　岳）

桥孔长度　length of bridge opening

在设计水位上两桥台前缘之间（埋入式桥台则为桥台护坡坡面之间）的水面宽度。以米（m）计。

（周荣沾）

桥孔净长度　net length of bridge opening

桥孔长度扣除全部桥墩宽度（顺桥方向）后的长度，即在设计水位时桥梁墩台之间的水面净距的总和。以米（m）计。（周荣沾）

桥栏　bridge railing

桥面两侧保护行人和车辆的栏杆。是桥梁美学处理重点之一。视保护的对象处理方法不同。人行道侧栏杆，由于与行人游赏接触较近，宜于采用不同手法，使人获得审美感受。其设计多采用多样统一、节奏韵律、刚柔虚实等美学法则，或仅为栏杆本身材料，布置其形象图案，亦有结合绿化、照明、音响、眺台等以丰富其审美内容。车道栏杆，以简单为主，因为车速较快，欣赏时间匆促，故不必过于细致。防撞栏杆有两种做法，一是在桥梁外侧，以半矮实体栏杆，内侧竖向有曲线坡，使车辆撞上后抬起而靠自重滑落。实体栏上加扶栏，此法使桥立面形象过实，为审美上的不足。人行道内侧防撞矮栏，可为钢结构或空格钢筋混凝土结构。设计得当，与外侧人行道栏杆成为一组耐欣赏的组合。桥栏造型需与主体造型相协调。（唐寰澄）

桥梁　bridge

供铁路、道路、渠道、管线等跨越河流、山谷、海湾、其他线路或障碍时的架空建筑物。由上部结构（桥跨结构）、下部结构（桥墩、桥台、基础）、防护设备及调节河流构筑物等组成，为保证线路连续的关键部位。按线路的用途可分为铁路桥、公路桥、城市道路桥、公路铁路两用桥、农村道路桥、人行桥、运水桥、管线桥等；按所跨越的对象可分为跨河桥、跨线桥、跨谷桥、海峡桥等；按上部结构使用的建筑材料可分为木桥、石桥、钢桥、钢筋混凝土桥、预应力混凝土桥等；按上部结构在荷载作用下的静力性质特征可分为梁式桥、拱桥、刚架桥、斜拉桥、悬索桥、组合体系桥等；此外，还可按使用年限分为永久性桥、临时性桥；按桥面在上部结构中所处位置可分为上承式桥、中承式桥、下承式桥；按桥面与设计水位的关系可分为高水位桥、低水位桥；按桥跨结构的轴线和所跨越的河流的交角可分为正交桥、斜桥；按桥跨结构平面与立面的形状可分为弯桥、坡桥等多种。（徐光辉）

桥梁颤振　bridge flutter

桥面系在非定常空气动力作用下所发生的自激发散振动。桥面系由于风的作用而产生振动，当风速达到一定值时，由于桥面系的振动与作用其上的非定常空气动力之间的相位关系，桥面系不断从流动中吸取能量，当吸取的能量超过结构阻尼的耗散能量时，结构处于负阻尼状态，从而产生振幅不断增大的自激振动。根据桥道断面的不同形状，颤振形态主要分为弯扭二自由度耦合颤振和扭转单自由度分离流颤振，前者多发生于流线形断面，后者则多发生于非流线形断面。由于颤振对结构具有破坏作用，应予避免。（林志兴）

桥梁抖振　bridge buffeting

由风速中的脉动成分（紊流）所引起的桥梁的一种强迫振动现象。根据紊流产生机理的不同可分为三种类型：①由结构物本身的流动分离所产生的紊流（称作特征紊流）引起的振动，②由相邻结构物的尾流所产生的紊流引起的振动，③由大气来流中的紊流引起的振动。不论紊流是周期性的，或是含有卓越周期成分，或完全是随机的，理论上都可作为强迫力来处理，由于结构存在固有阻尼，故引起的强迫振动是一种限幅振动。虽然抖振是一种非破坏性振动，但会导致结构某些部位的疲劳，或者影响结构使用的舒适性和安全性。桥梁抗风设计中，应对施工与成桥状态的桥面系抖振振幅及对结构产生的附加内力进行验算和控制。（林志兴）

桥梁墩台施工　construction of bridge piers and abutments

建造桥梁墩台的各项工作的总称。其主要工作有：墩台定位，放样，基础施工，在基础襟边上立模板和支架，浇筑墩（台）身混凝土或砌石，扎顶帽钢筋，浇顶帽混凝土并预留支座锚栓孔等。

（谢幼藩）

桥梁分孔　proportioning of bridge spans

对一座较长桥梁划分成几孔及各孔跨径之间用何种比例的设计考虑。分孔原则决定于桥下净空要求、桥位地形变化、水文地质、上部结构施工采用的方法、桥梁墩台高度及基础工程难易程度。跨径愈大，孔数愈少，上部结构的造价就愈高，墩台的造价减少；反之，则上部结构造价降低，而墩台造价提高。一般桥梁分孔在满足桥下净空要求的前提下使上、下部结构的总造价趋于最低。（金成棣）

桥梁风洞试验 wind tunnel test of bridge

在风洞中进行的检验桥梁整体结构或局部构件在风荷载作用下的受力情况、稳定性及结构响应的桥梁整体或部分模型的试验。是检验桥梁抗风性能的主要手段。按模型类型分为全桥三维气动弹性模型风洞试验、拉条模型风洞试验、弹簧悬挂二元刚体节段模型风洞试验、刚体模型三分力试验、结构绕流流迹显示试验等；按风对桥梁的作用现象分为颤振试验、抖振试验、涡激振动试验、静力三分力试验等；按对自然风特性的模拟分为均匀流场风洞试验和紊流场风洞试验。主要用于大跨柔性悬吊结构桥梁，如悬索桥和斜拉桥的抗风设计和检验。（林志兴）

桥梁附加功能 auxiliary functions of bridge

桥梁主要功能之外一切附加上去的服务目的。历史上曾出现过防御性、宗教性、商业性、纪念性、游览性桥梁。各类功能可能是出于当时社会的共同需要，也可能是某种社会势力的特殊要求，带有一定的强制性，有时附加功能的重要性会超越在主要功能之上。正当的、社会多种目的的共同需要，可以使桥梁造型丰富多彩。强制性的要求往往会得到扭曲了的违反科学规律和美的法则的造型，其艺术生命将是短促的。（唐寰澄）

桥梁改造 reconstruction of bridge

又称桥梁改建。为满足桥梁承载能力和车流量增加的要求以及为满足桥下净空和桥梁净空要求对桥梁所作的补强、修复、加固、拓宽等工程。

（万国宏）

桥梁工程概算定额 estimate quota of bridge construction

桥梁工程项目在建筑施工过程中生产每单位合格综合产品所需资源（劳动力、材料、机械台班）数量的标准。它是在预算定额的基础上，根据有代表性的桥梁工程标准图和通用图等资料，进行综合、扩大和合并而成，项目划分较预算定额为粗。同样，除载明资源消耗定额数据外，还对其工作内容、施工方法等有所规定。桥梁概算定额是建筑工程概算定额的组成部分。它是编制投资规划、进行可行性研究和编制初步设计或扩大初步设计阶段设计概算的依据，或编制技术设计阶段修正概算以及进行设计方案技术经济比较的依据。同时又是控制基建投资的依据，编制施工组织设计主要资源（劳动力、材料、机械台班）需要计划及材料申请计划的依据。概算定额应采用科学方法编制，并由国家、部门、省、市、自治区相应部门审批、颁布执行。（周继祖）

桥梁工程技术经济分析 technique-economy analysis of bridge engineering

对桥梁工程技术方案（包括设计方案和施工方案）在技术上和经济上所进行的研究分析。其目的是探讨正确处理技术先进与经济合理两者之间的对立统一关系，以求得最优的技术经济效果。技术经济分析不仅必须实现局部利益和近期目标，同时还必须符合全局利益和长远目标，从而克服政策决策上的随意性和盲目性。它的任务是：①正确选择和确定最优技术方案；②计算技术方案所能获得的经济效益；③指导技术创新方向，促进技术发展。技术经济分析过程为：①调查分析；②方案对比；③全面计算；④决策实施；⑤总结评价；⑥反馈提高。（周继祖）

桥梁工程技术经济评价方法 technique-economy evaluation methods of bridge engineering

以市场研究、项目规模和建设地址研究为基础，对建设项目经济效果进行总评价的分析方法。可行性研究的一个重要组成部分。通常采用的主要经济指标是投资费用、生产成本、投产收益等；而常用的评价方法有：投资回收期法、费用效益法、投资效果系数法、净现值法、贴现现金流量（内部收益率）法等。（周继祖）

桥梁工程预算定额 budget quota of bridge construction

桥梁工程项目，在正常施工及科学的劳动组织和生产组织条件下，为完成符合规定质量要求的单位合格产品所消耗的资源（劳动力、材料、机械台班）数量的标准。预算定额除载明有关资源消耗的定额数据外，还对其工作内容、施工方法、质量和安全等方面的要求有明确规定。此预算定额是建筑工程预算定额的组成部分。它是编制施工图预算（设计预算）的基本依据；是编制招标标底、投标报价和施工定额的控制依据；又是编制概算定额（或指标）的基础；是编制施工组织设计和计划以及进行经济核算的依据。编制预算定额应采用科学的方法，并由国家、部门、省、市、自治区相应部门审批，颁布执行。

（周继祖）

桥梁功能 function of bridge

桥梁服务于人类的目的和所起的作用。功能合理是美的必要条件。桥梁功能分为主要功能和附加功能两种，后者因为是附加的，故随需要和时代而不同。桥梁美学要求桥梁设计者付出高度的努力和技巧，使两种功能所表现的不同性格能融合成为有机

的整体。 （唐寰澄）

桥梁构件 bridge member

桥梁结构物的组成单元，如梁、板、柱以及加劲和支撑构件等。按受力性质分承受轴向压力的受压构件，承受轴向拉力的受拉构件，承受弯矩作用的受弯构件，承受剪力作用的剪力构件；按承受荷载与否可分为承重构件与非承重构件。

（顾发祥 邵容光）

桥梁规划设计 bridge planning design

在编制城市规划时，根据城市发展规模及交通运输发展情况，对城市桥梁布点所进行的规划设计。它应对所有可能需要跨越江河水流的桥梁、道路立体交叉的立交桥梁群等做出全面规划。（周继祖）

桥梁荷载 bridge loadings, load on bridge

桥梁结构设计应考虑的各种可能出现荷载的统称。包括恒荷载、活荷载和其他荷载。习惯上指施加于桥梁的各种力（集中力或分布力）或引起桥梁结构变形的其他原因（混凝土收缩，温度变化等）。按照结构设计统一标准，"荷载"一词仅限用于施加于结构的力，即直接作用。 （车惠民）

桥梁横断面设计 design of bridge cross-section

表示桥梁上部构造横断面布置的设计。包括：桥面车道和人行道划分、桥面系构造布置、主梁横断面型式及构造尺寸（结构高度、厚度和宽度）、桥面横坡等内容。 （张迺华）

桥梁换算长度 equivalent length for bridge maintenance

编制桥梁维修计划时，根据维修工作的繁简和难易程度，以钢桥作为基准而将不同类别的桥梁维修长度换算为相当钢桥的长度。是计算工作量和费用的一种标准，常以换算系数表示，如钢桥的换算系数为1.0，圬工桥为0.3，临时性桥为1.5等，以桥梁维修长度乘以换算系数即得该桥梁的换算长度。

（谢幼藩）

桥梁基础 bridge foundation

支承并传递桥梁上部结构和墩台的全部荷载于地基的结构物。其上连接墩或台，其下坐落在岩石或土地基上。由于传递的荷载强大而集中，且多数桥梁跨越水域，基底易受水流冲刷，故要求基础具有足够强度、刚度和整体稳定性，并应满足最小埋深，以保证全桥的安全和正常使用。根据其埋置深浅，可分为浅基础和深基础两大类：前者主要指明挖基础，多为大块实体圬工结构，其挠曲变形较小，故又称刚性基础，常用于地基密实，基坑较浅的情况；后者埋置较深，按照结构和施工方法的不同，可分为沉井基础、沉箱基础、桩基础和管柱基础等类型，前两者为刚度较大的实体圬工结构，后两者为刚度较小的轻型空间结构。它们都具有较大承载力和抗冲刷能力，常用于地基表层较松软，或跨越水域的大中型桥梁。

（刘成宇）

桥梁加固 strengthening of bridge

为适应交通运输的发展、设计荷载的提高或临时通行特殊重型车辆的需要，提高桥梁部分杆件或整座桥梁的承载能力而进行的加强措施。加固前应对桥梁进行调查研究；收集有关设计、施工、养护等资料；检查桥梁现状；检定桥梁承载能力，必要时需做加载试验；确定薄弱环节与部位，有针对性地进行加固设计与施工。由于桥梁加固在旧桥技术改造中有较大的经济效益，得到了国内外的重视。

（万国宏）

桥梁加宽 widening of bridge

扩大原有桥梁宽度以满足线路上由于车辆和行人流量增加的需要。当桥梁宽度影响交通正常通行与经济发展时，必须扩大原有桥梁宽度。桥梁加宽常用方法如下：①在边主梁两侧悬伸出桥面板进行加宽。本法加宽量较少只达1～1.5m，但方便、经济；②增加新主梁：适用于加宽超过2.5m时。加宽时应注意梁横向应刚性联结。本法需加宽桥墩；③在边主梁两侧与悬伸桥面板下设置斜撑以适当加大板的悬伸长度，或把边主梁改造成抗扭刚度较大的截面（如箱形截面）和适当加厚悬伸桥面板。本法可不加宽桥墩。 （万国宏）

桥梁加宽经济性 economy of bridge widening

化较少的人力、物力、时间以达到桥梁加宽目的，同时在加宽期间由于车辆通行能力降低而给国民经济带来的损失为最低。也即当达到以下几点时，桥梁加宽是经济的。①桥梁加宽的费用低，时间快；②修建临时便桥和绕行道路的费用低；③桥梁加宽期间由于乘客和货物转运的成本提高而造成的损失费用低；④桥梁加宽期间，由于旅途逗留时间加长而引起的乘客损失费用低；⑤桥梁加宽期间，公路运输附加投资费用低。 （万国宏）

桥梁建设项目 bridge project

列入基本建设计划中的桥梁工程项目。提出建设项目是基本建设程序中的首项工作。建设项目的成立，应按建设规模大小取得主管部门的批准后，才能进行下一阶段的可行性研究和编制计划任务书。

（张迺华）

桥梁建筑高度 construction depth of bridge

桥上行车路面（或轨顶）标高至桥跨结构最下缘之间的竖向距离。它不仅与桥梁结构体系和跨径的大小有关，而且还随行车部分在桥上布置的高度位置而异。公路（或铁路）定线中所确定的桥面（或轨

顶)标高，与通航净空顶部标高之差，又称为容许建筑高度。（金成棣）

桥梁建筑限界 boundary line of bridge construction, clearance of bridge construction

为防止列车或公路车辆通过穿式桥梁时机车车辆及所装载货物与线路设备碰撞，保证行车安全，所规定的桥梁内部桥面以上净空的最小尺寸的边界线。中国铁路部门由于列车牵引类型的不同，该限界分为用于蒸汽及内燃牵引区段，其净高为 6 000mm（图 *a*）；用于电力牵引区段，其净高为 6 550mm（图 *b*）。净宽均为 4 880mm。双线桥梁的净高与单线的相同，但净宽增至 8 880mm。公路部门对该限界则指桥面净空，应符合公路建筑限界的规定（图 *c*）。图 *c* 中 W：行车道宽度；C：当计算行车速度等于或大于 100km/h 时为 0.5m，小于 100km/h 时为 0.25m；S_1：行车道左侧路缘带宽度；S_2：行车道右侧路缘带宽度；M_1：、M_2：中间带及中央分隔带宽度；E：建筑限界顶角宽度，当 $L \leqslant 1$m 时，$E=L$；当 $L>1$m 时，$E=1$m；H：净高，汽车专用公路和一般二级公路为 5.0m，三、四级公路为 4.5m；L_1：左侧硬路肩宽度；L_2：右侧硬路肩或紧急停车带宽度；L：侧向宽度，高速公路、一级公路的侧向宽度为硬路肩宽度（L_1、L_2），其他各级公路的侧向宽度为路肩宽度减去 0.25m。（谢幼藩）

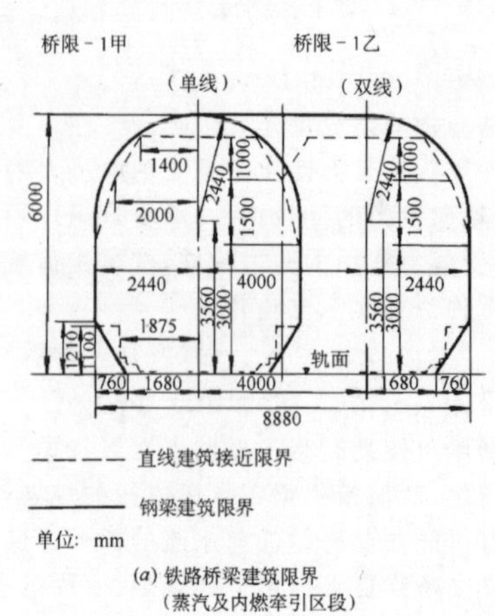

(*a*) 铁路桥梁建筑限界
（蒸汽及内燃牵引区段）

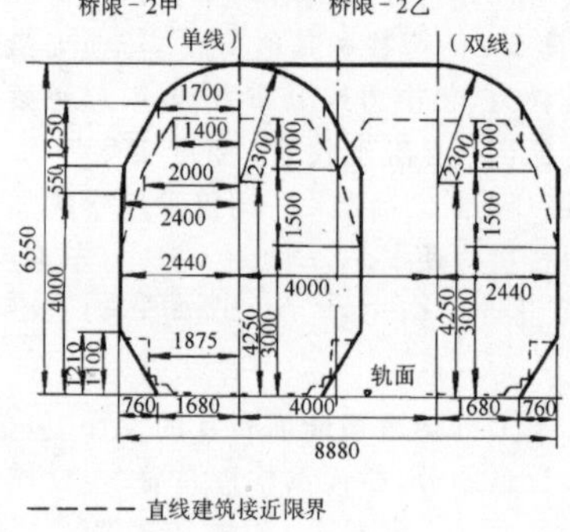

(*b*) 铁路桥梁建筑限界
（电力牵引区段）

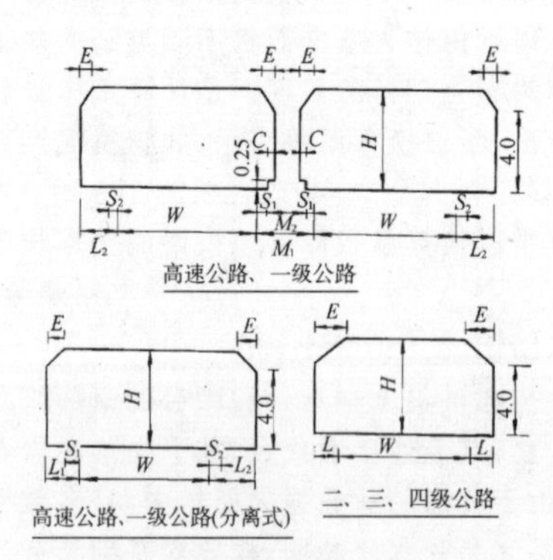

(*c*) 公路桥梁建筑限界(单位:m)

桥梁建筑限界

桥梁结构分析 structural analysis of bridge

对桥梁结构的作用效应和抗力等的性质及其相互关系进行分析的方法。结构分析可分为结构整体的分析和截面与联结部分的分析，也可分为作用效应的分析和抗力的分析。结构分析的基本方法有结构计算、模型试验和原型试验等。结构计算中采用的计算模型与基本假定，应能表达所考虑极限状态下的结构反应。对于承载能力极限状态，可根据材料和结构对作用的反应，采用线性、非线性和塑性理论进行分析。对于正常使用极限状态，通常采用线弹性分析法，但有时也需采用非线性方法。对于车辆荷载在分析其作用效应时应考虑最不利的荷载布置。

（车惠民）

桥梁结构检定 rating of bridge structures

对既有桥梁结构物进行检测，借以判定其实际承载能力。检定桥梁时也应对其使用性能进行评定，并做出符合实际的技术结论和改善加固措施。有时对新型结构和重要桥梁也要求进行检定，检验其设计和工程质量，同时也为桥梁设计理论的发展积累科学资料。（张开敬）

桥梁结构可靠度分析 reliability analysis of bridge structure

又称桥梁结构安全度分析。在规定的时间和条件下，对桥梁结构完成预定功能的能力所作的概率分析。它包括确定结构的失效概率，划分结构的安全等级，分析荷载效应和结构抗力的变异性，选择概率模式和实用计算方法，制订材料和构件质量控制与检验方法等。它使原来比较抽象的工程安全性成为一个可以用数学方法处理的问题，为桥梁结构中安全和经济的统一提供了理论依据。但需指出，桥梁结构设计的最终完善并不完全决定于可靠度分析，而是和结构型式的构思，以及材料和施工方法的选择等有关，而且这些因素更影响结构的造价，结构的造价对可靠度有时并不敏感。 （车惠民）

桥梁结构设计 structural design of bridge

分析桥梁结构各种作用效应和抗力间关系，使之满足安全、适用、经济、美观等预定功能要求的最佳设计过程。其过程包括从桥式构思，材料和施工方法选择，结构尺寸拟定和分析，安全度和使用功能检算，到绘制构造详图。

结构设计最早采用经验公式。19世纪因钢材的广泛应用和弹性分析力学的发展，开始采用*容许应力设计法*。本世纪30年代，人们从钢筋混凝土柱的试验中，注意到材料塑性与结构破坏的关系，提出了*破坏强度设计法*。从50年代初期起，对荷载值和材料强度值分别以概率取值的*结构极限状态设计理论*渐渐得到发展和应用。从70年代起，以考虑作用效应与结构抗力联合概率分布为特点的，以概率理论为基础的*极限状态设计法*逐步得到发展，并陆续进入实用阶段。

计算机辅助设计的普遍应用，对材料性能的深入认识，各国规范的不断完善，优化技术的使用，对加强环境保护及艺术要求更正确的评价，以及整体设计思想的发展均使结构设计进入采用先进技术的新时代。 （车惠民）

桥梁结构设计方法 bridge structure design method

对选定的桥梁型式进行结构分析和检算其安全度与使用性能的方法。结构分析分静力分析与动力分析。构件检算有*容许应力法*，*极限荷载法*或*极限状态法*。 （车惠民）

桥梁结构试验 testing of bridge structures

对桥梁结构或模型进行静力或动力加载，直接测试、分析和评定其受力行为和结构性能的科学试验工作。即在荷载作用下，测试桥梁结构、构件或模型的应变、应力、变位（挠度、转角）、振动特性等，了解结构实际受力分布和受力状态、强度、刚度、裂缝的出现与发展以及结构破坏的形态，判断结构的使用性能和承载能力，评定结构设计和施工的质量及可靠性。它是研究和发展桥梁设计理论、检验和鉴定桥梁结构的重要手段。按试验目的可分为科学研究性试验和生产鉴定性试验；按荷载性质可分为静载（力）试验和动载（力）试验；动载（力）试验又可分为原型动力试验、结构疲劳试验和工程抗震试验；按试验对象可分为原型试验和模型试验；按试件破坏与否可分为破坏性试验和非破坏性试验；按试验地点可分为室内试验和现场（野外）试验。

结构试验已成为结构工程的一门专业试验技术。主要研究结构动力和静力试验的加载系统、测试仪器、试验方法和试验结果的处理和分析方法。试验一般可分三个阶段：试验规划和准备阶段、加载试验阶段、试验资料整理和分析阶段。

（张开敬）

桥梁净跨 clear span of bridge

设计洪水位线或通航水位线上相邻两桥墩（或桥台）间的水平净距。拱桥的净跨径系在桥的起拱线处的水平净距。 （张迺华）

桥梁就位 positioning of bridge super-structure

将桥跨结构落在设计位置。是拼装或架设桥梁的最后一道工序。在桥梁已拼装合龙，节点连接、桥梁纵移、横移、应力调整等均已完成，并经测量梁的中线、高程、横断面以及支承节点位置准确无误后，拆除各个临时支承，将桥梁安全、准确、平稳地落在预定的永久支座上，从而使桥梁处于设计位置，桥梁的拼装或架设工作即告完成。 （刘学信）

桥梁空气动力学 bridge aerodynamics

研究桥梁结构在风的空气动力作用下的受力情况及振动反应的科学。是建筑空气动力学的组成部分。它是于1940年美国塔科马峡谷桥风毁事故后直至现在，在桥梁工程师和空气动力学者的大量研究成果上形成的。由于从数学上描述作用于桥梁钝体结构的气动力的困难，目前风洞试验仍是这门科学的主要研究方法。近来基于风洞试验的半实验半理论方法得到了较大的发展。 （林志兴）

桥梁美学 bridge aesthetics

又称桥梁建筑艺术。以美学的普遍原理，结合桥梁的特殊性质，得出桥梁建筑在设计时应遵循和在评价中应依据的理论和法则的科学。应用这一科学可以获得既实用、经济、安全而又美观的桥梁。自古有审美意识的时代起，桥梁建筑和其他实用的建筑或工艺品一样，技术和艺术是分不开的，中外都有十分美丽的古代桥梁。19世纪末，桥梁科学技术成为独立和主要设计建造手段，致使技术和艺术脱了节。桥梁决策者和建设工程师们缺乏美学的教育、训练和修养，特别以铁路桥梁工程师为甚。20世纪中叶，出现了既精桥梁技术又懂艺术的桥梁工程师，如瑞士的罗伯特·梅拉尔脱（Robert Maillart），西班牙的陶乐嘉（Torroja），意大利的纳尔维（Nervi），法国的弗莱西涅（Freyssinet）和原联邦德国的莱翁哈特（Leonhardt）等。在他们的倡导下，世界桥梁界对桥梁的美重新予以重视。1750年鲍姆嘉通(Baumgarten)首次提出美学这一名称，二次世界大战以前仅有桥梁建筑艺术之说，本世纪80年代始称桥梁美学。1987年，美国国家研究协会运输研究部邀请世界16个主要国家，包括中国在内的25位知名桥梁专家、教授精通桥梁美学者合作撰写《世界桥梁美学》一书。新中国从1953年建设武汉长江大桥开始，注意桥梁美的造型。现美学已在国内桥梁决策、设计、高等教育等各环节中普遍引起重视。

（唐寰澄）

桥梁平面布置 bridge layout in plan

表示工程范围以内桥梁构筑物平面布置的设计。包括：工程范围起讫点、桥梁轴线方向和联结地名、桥梁轴线里程桩和平曲线要素数据、桥面车道、人行道划分宽度、墩台中心线里程、墩台及基础平面、引道平面等内容。（张迺华）

桥梁气动外形 bridge aerodynamic shape

指暴露于大气中的桥梁上部结构各个部分的截面几何形状。由于空气动力对绕流钝体的几何形状非常敏感，在大跨度桥梁的抗风设计中，应通过风洞试验选择气动作用力小和气动稳定性好的截面几何外形。（林志兴）

桥梁全长 overall length of bridge

有桥台的桥梁为两岸桥台侧墙或八字墙尾端间的距离；无桥台的桥梁为桥面系行车道长度。见交通部《公路桥涵设计通用规范》(JTJ021—89)第1.3.3条。（张迺华）

桥梁入口 entrance of bridge

从引道进入桥梁的出入口。该处需要一定的标识，可作为桥梁建筑装饰的重点。中国古代多采用门楼、牌坊、门阙，或狮象等石雕，成对布置。国外亦有类似的处理方法，但很多采用人像雕塑。近代则以建筑小品居多，亦常在入口处设置桥名牌、花坛。其代表方式变化范围极大，以新颖、富于民族性、地方性为上。（唐寰澄）

桥梁上部结构 superstructure

又称桥跨结构或桥孔结构。桥梁中跨越桥孔的、支座以上的承重结构部分。按受力图式不同，分为梁式、拱式、刚架和悬索等基本体系，并由这些基本体系构成各种组合体系。它包含主要承重结构、纵横向联结系、拱上建筑、桥面构造和桥面铺装、排水防水系统，变形缝以及安全防护设施等部分。

（邵容光）

桥梁上的作用 actions on bridges

施于桥梁结构上的集中力或分布力的集合或引起外加变形或约束变形的其他原因。前者称为直接作用，后者称为间接作用。按时间的变异性可将作用分为永久作用，可变作用，偶然作用；按空间的变异性可分为固定作用，可动作用；按结构对作用的反应可分为静态作用，动态作用。（车惠民）

桥梁设计程序 bridge design procedure (program)

桥梁设计中，根据任务、性质、目的和要求的不同，按作业项目划分的工作步骤。在桥梁工程设计任务书下达后，桥梁工程设计的工作程序一般有：外业勘测调查（交通量、水文和工程地质条件、桥址地形、拆迁工程量等）、桥址选定、通过能力计算、桥梁方案布置、基础和结构类型选择和计算、概（预）算编制、设计文件鉴定等。（周继祖）

桥梁设计规范 specification for bridge design

桥梁设计遵循的技术标准或准则。设计规范原是同行业统一制订的，随着交通运输事业的发展，有些国家或地方政府则以法规形式颁布执行。规范必然随科技发展而不断地予以补充和修订。我国现行桥梁设计规范有：铁路桥涵设计规范（TBJ 2—85）；公路工程技术标准（JTJ 01—88）；公路桥涵设计通用规范（JTJ 021—89）等。（车惠民）

桥梁施工质量管理 quality control of bridge construction

对桥梁工程施工中，确定和达到的质量所必须的全部职能和活动的管理。它是人、材料、机具、方法、环境等质量因素在施工过程中所起作用的综合表现。为了保证桥梁工程质量，必须做好桥梁施工质量管理。它包括桥梁工程质量政策的制订及所有内部、外部施工生产和服务等方面的质量保证和质量控制的组织和实施。在桥梁施工质量管理过程中，应推广使用方针目标管理和全面质量管理等现代管理方法。（周继祖）

桥梁维护标志 sign of bridge maintenance

观测桥梁是否处于正常状态和保护桥梁使车辆能安全通过的标志或信号。前者如基岩标、水位标等，后者如曲线标志、减速标志、控速信号等。

（谢幼藩）

桥梁维修延长（度） maintenance length of bridge

用于计算铁路桥梁维修工作量时的长度。单线桥等于桥梁全长，即两桥台边墙最外端间的距离；同一桥台两边墙不等时，以短边计。多线桥，每增加一线，维修延长即增加一倍全长。（谢幼藩）

桥梁涡激共振 bridge vortex-excited resonance

气流绕过桥梁结构产生的旋涡的脱落频率等于或接近于桥梁结构固有频率时，由旋涡脱落时产生的周期性气动力所激起的结构横风向有限振幅振动。多发生于悬吊结构桥梁的桥面系、桥塔或缆索等。由于发生风速低，频率高，容易引起结构的疲劳和人感不适，应加以抑制。常采用的措施有在绕流结构表面设置消涡装置，如扰流板、抑流板、螺旋体，或设置阻尼减振器及增大结构阻尼等。（林志兴）

桥梁细部美学处理 aesthetical treatment of bridge details

桥梁主体细部及其他附属部件需要和可以作美学处理的部分。重点如：桥头建筑、桥屋、桥梁入口、桥头小品、桥头公园、桥栏、桥梯、桥上照明、桥上装饰等。处理的基本原则是在统一的基础上求富于韵律的变化。（唐寰澄）

桥梁修复 bridge rehabilitation

把有缺陷、病害或被破坏的桥梁恢复到原设计要求状态的作业。缺陷或病害是由于桥梁原有断面不足、施工质量不佳、基础沉陷与水平位移或桥梁长期超载运营引起裂缝与变形，而破坏往往由外界因素如灾害、战争形成。修复也就是把全部或局部丧失承载能力的桥梁加以修补，使它在使用中恢复原来的承载能力。（万国宏）

桥梁养护制度 system of bridge maintenance

为维护桥梁使其经常处于正常良好状态而订立的工作制度。例如，我国铁路部门为维修桥涵订立的检查制度为：①经常监视，凡长、大、重要或有病害的桥梁设巡守工，按规定巡回检查桥梁各部分、河道及桥头两端各30m以内的线路状况，监视列车通过情况，将发现的病害及临时处理情况加以记录并及时上报；②经常检查，每月一次；③春、秋季大检查；④对结构复杂、特别重要或有严重病害的桥梁，除经常及定期检查外，必要时还需作特别检查等。（谢幼藩）

桥梁造型美 beauty of bridge configuration

经过科学和美学构思，创作建造成为桥梁的造型所表现的美。分别为形式美、内涵美、主体美、装饰美、静态美、动态美等。美的诸方面互相关联，是有机的整体。造型上有丑陋、不好看、一般、好看和美等粗略的程度上的区别。造型美最低限度要达到不丑，而所追求的是后二种境界。之所以包括好看在内，是因为十分美的桥梁造型毕竟是比较不容易达到的。（唐寰澄）

桥梁制动试验 test of braking force on bridge structure

研究汽车、机车车辆制动时桥梁结构受力行为的试验。所用的试验荷载应以指定的速度运行，并在桥上紧急制动停在指定位置，以测定桥梁在制动力作用下的应力、位移，检验其受力状态及确定制动力大小和传递方式等。（张开敬）

桥梁主要功能 main functions of bridge

桥梁所起的担负一定种类的荷载，架空跨越河、谷、相交道路等障碍的作用。荷载可为铁路、公路、非机动车、行人、管道、水道等或其组合。荷载种类不同，桥梁造型也有相异的约束性，表现为不同的外形特点。如铁路桥平坡的桥面，较为粗壮的外形；公路桥较大坡度的桥面，相对较为轻巧的外形；非机动车和人行桥灵活多变的造型等。（唐寰澄）

桥梁总跨径 overall span length of bridge

多孔桥梁跨径长度的总和或总长度。仅作为桥涵按跨径分类时划分特大桥、大桥、中桥、小桥及涵洞的一个指标。梁式桥、板式桥涵为多孔标准跨径的总长；拱式桥涵为两岸桥台内起拱线间的距离；其他型式桥梁为桥面系车道长度。（张迺华）

桥梁纵断面设计 design of bridge profile

表示工程范围以内沿桥梁纵向中轴线断面布置的设计。包括：引道、引桥、主桥起讫点或分界点里程、分段长度和总长度，墩、台编号和里程、距离原地面及河床高程，水位高程，路面、桥面和梁底的高程及分段纵坡和竖曲线要素数据等内容。

（张迺华）

桥楼殿 The hall on bridge

位于河北省井陉县苍岩山断崖之间，是桥上砌建殿楼的特殊桥梁。始建于隋末唐初。桥横跨于悬崖之间，距山涧底部约70m，跨径10.7m，长15m，宽9m，单孔敞肩圆弧石拱桥。拱圈采用纵向并列式，无横向拉杆，拱脚处比拱顶处宽0.4m。桥上建有一座九脊重檐楼阁式建筑，面宽五间，进深三间，周围回廊。是福庆寺的主体建筑。（潘洪萱）

桥门架 portal frame

下承式钢桁架桥中，由两根端斜杆及其间的撑杆所组成的闭口框架。它的作用是保证桁架桥的空间不变性并传递横向水平风力。（陈忠延）

桥门架效应 portal effect

下承式桁架桥中，由于桥门架承受上平纵联传来的横向力，在主桁杆件中引起的附加力。它在桥门架腿杆（主桁的端斜杆或端竖杆）中引起附加的弯矩与轴向力；以端斜杆为腿杆的桥门架位于桥梁的纵向活动端时，还会在下弦杆中引起附加的轴向力。

（胡匡璋）

桥面 bridge deck

桥梁最先承受使用荷载的结构部分。它的构造应根据使用要求和结构特点而布置。例如公路和城市桥的桥面一般包括行车道和人行道，它们的宽度应满足与线路等级相应的汽车、挂车和行人通过的要求。各部尺寸还应根据行车、接线和排水等要求综合地进行布置。因此，行车道、人行道、分隔带的各自宽度，桥梁的纵、横坡，竖曲线半径，平面曲线半径，加宽和超高等都是桥面设计的主要内容。由于常是直接接触车辆和行人的敞露部分，故对大气的影响十分敏感，时刻承受着车辆的频繁作用，直接影响着行车的安全、舒适和桥梁的美观。（邵容光）

桥面板 deck slab

桥面构造中承受行车、行人荷载并将其传至主梁的板。见道碴槽板（32页），车道板（17页）。（何广汉）

桥面标高 deck elevation

又称桥道标高。公路和城市桥梁中，沿桥梁中轴线铺装顶的标高；铁路桥中轨顶的标高。（金成棣）

桥面防水层 waterproof layer of deck

防止桥面雨水向主梁渗透的隔水设施。一般设在行车道铺装层和三角垫层之间，将透过铺装层的渗入水隔绝。一般采用由防水卷材和粘结料组成的贴式防水层，但也可用其他防水材料铺设。如在南京长江大桥试验并研制了树脂焦油防水层，使用效果良好。有的在三角垫层上涂一层沥青玛琋脂，或在铺装层上加铺一层沥青混凝土，或用防水混凝土做铺装层等。鉴于防水层的类型、制作与效果尚待进一步研究，近年来，我国在平原、气候温暖地区已很少采用贴式防水层。（张恒平）

桥面钢筋网 fabric reinforcement in deck

见钢筋网（70页）。

桥面构造 deck construction

能满足使用荷载在桥面上安全、有效和顺畅地通过的构造设施。根据桥梁容许建筑高度的大小，桥面可布置在桥跨结构的上面（上承式）、下面（下承式）或中间（中承式）。公路桥面构造包含：车行道铺装；防水和排水设施；人行道（或安全带）；缘石；分车带；栏杆；灯柱照明设备；伸缩缝等。对于城市桥梁还须注意过桥管线的敷设和布置。（邵容光）

桥面横坡 lateral slope of deck

为了桥面排水所设置的横坡。根据中国交通部《公路桥涵设计通用规范》（JTJ021）第1.7.3条规定，应根据不同类型桥面铺装设置1.5%～3.0%的横坡，并在桥面两侧设置泄水管。（金成棣）

桥面净空 clearance above bridge deck

又称桥面建筑限界。为保证列车、车辆、行人等通行的安全，在桥面上一定高度和宽度范围内不容许有任何建筑物或障碍物的空间限界。桥梁横断面设计中须加考虑，主要决定桥面的宽度和桥跨结构横断面的布置。桥面宽度决定于行车和行人的交通需要，对于铁路桥梁、公路或城市桥梁，根据车列或车道数确定桥面宽度。（金成棣）

桥面连续简支梁桥 simply-supported girder bridge with continuous deck

以各跨单独受力的简支梁为主要承重结构，而桥面多跨连续的桥梁。多用于公路钢筋混凝土和预应力混凝土梁桥上。简支梁虽具有受力单纯、构造简单和施工方便等优点，但相邻跨接缝处挠曲线有折角而使车辆行驶不平稳，因此将桥面在接缝处做成连续的以避免这一缺点。接缝处连续的桥面刚度相对较小，不致影响简支梁的基本受力性质。但桥面连续后各跨因温度变化等而产生的长度改变也将累加，故连续长度应视伸缩缝的伸缩量及支座的活动程序而定。（徐光辉）

桥面排水 deck drainage

排除桥面积水的措施。桥面积水会影响桥面结构的耐久性，加强这项措施能提高桥梁的使用寿命，其措施有：在桥面铺装内浇筑防水混凝土或铺设防水层以隔离或排除渗入水；在桥面上设置纵、横坡以排除表面水。当桥面纵坡大于2%而桥长小于50m时，可使雨水流至桥头直接从引道上排走，桥上可不设专门的泄水孔道，然应在桥头两侧设置泄水槽，以防止雨水冲刷路基；当桥长超过50m或纵坡小于2%时应在桥上设置泄水管。桥上横坡常用1.5%～2.0%以利横向排水。对于跨线桥可采用落水管道，将桥面水引至地面阴沟或下水道内排走。（邵容光）

桥面铺装 deck pavement

又称桥面保护层。保护桥面结构系统免遭损伤和侵蚀的构造措施。包括行车道铺装和人行道铺装两部分。行车道铺装的功能是保护行车道板或主要承重构件不直接承受轮载的磨耗以及雨雪和大自然的侵蚀，并具有一定的均匀分布车轮集中荷载的作用。还必须具有足够的强度和防止开裂以及耐磨的性能。常用的材料类型一般与路线相一致，可以是水泥混凝土、沥青混凝土或采取沥青表面处置等。铺装厚度一般为6～8cm，常在铺装层内铺设网格为（150×150）～（200×200）(mm)、直径为4～6mm的钢筋网予以加强。（邵容光）

桥面系 floor system

桥梁中由桥面板和桥道梁所组成的直接承受交通荷载的行车系统。桥面板又分钢筋混凝土板和钢桥面板两种。桥道梁，多指铁路钢桥的明桥面桥道梁，由纵梁、横梁及纵梁之间的联结系组成。（陈忠延）

桥面纵坡 grade of deck

为使桥面最高点与桥头引道连接而设置的桥面纵向坡度。按中国交通部《公路桥涵设计通用规范》

(JTJ021) 规定，桥上纵坡不宜大于4%；桥头引道纵坡不大于5%。位于市镇混合交通繁忙处，桥上纵坡和桥头引道纵坡均不得大于3%。（金成棣）

桥面最低标高 lowest elevation of bridge floor

根据桥下设计洪水位、壅水、波浪、桥下净空、桥梁上部构造建筑高度、桥面铺装高度等求得的桥面中心线上最低点的标高。以米(m)计。对于不通航的河段，桥下水位采用与桥梁大小相对应的设计洪水频率的洪水位；对于通航的河段，桥下水位则采用与航道等级相对应的设计洪水频率的洪水位，例如，1～4级航道的设计洪水频率为5%，5～6级航道的设计洪水频率为10%。（周荣沾）

桥上照明 bridge lighting

桥上夜间照明的灯光设置。可分为交通和观赏两类。过去都采用分散式交通照明；高照明则采用等距离的灯柱和灯具，矮照明则将灯具设置在栏杆扶手或柱中。现由于灯具发展较快，光力强，照距远，故亦采用集中少数照明点的更高照明。观赏照明有的勾划出桥梁的轮廓，有的散射于桥立面，使夜间显示灯光下桥梁的造型。另外尚有航道灯照明等。交通照明包括航道灯照明以节能和效果为主，有试验采用太阳能或水流动能蓄电照明。灯柱和灯具可作美学上的处理。观赏照明消耗能源更大，节日偶一启用，为江面平添夜色美景。（唐寰澄）

桥上装饰 bridge decoration

在桥上对桥外的观赏者注意力较集中的地方加以美学处理的设置。中外古桥在拱顶龙门口处，迎桥面的龙门石常加雕塑处理。中国多用吸水兽雕刻，国外多用盾形雕刻。中国石拱桥桥洞左右侧常用对联石，上题刻点明此桥的处所和情景、诗情画意引起人们丰富的联想。其他足以引起人们注意的处所为：较大墙面的桥墩台顶、护岸、引道砌护、人行道路面等，在财力有条件的情况下均可加以装饰，但仍需注意与主体结构和环境的协调。（唐寰澄）

桥式起重机 bridge crane

又称天车。承重的桥架沿建筑物两侧高架轨道走行的起重机。桥架为钢板梁或桁架组成的天车梁，分为单梁式和双梁式两种。梁端有走行轮，由电动机驱动在轨道上纵向走行。梁上设有电动起重小车，可沿梁横向移动并提升重物，工作范围为一个矩形空间。其结构简单操纵方便，是工厂车间内常用的起重机械。（唐嘉衣）

桥塔 bridge tower

承受悬索传来的竖向分力与水平分力的结构。悬索桥的主要结构之一。一般由设置在桥墩顶部的两根立柱和立柱间的横向联结系所组成。依其建筑材料可以分为石、钢筋混凝土及钢桥塔。石桥塔由于抗拉强度低，现已不再采用；大跨悬索桥一般采用钢桥塔，如美国的金门桥桥塔高达213.97m；但近代又大多采用钢筋混凝土桥塔。依其结构形式，在横向可分为桁架式和单层、多层的框架式两种，钢塔多采用塔柱间以交叉斜杆相联结的桁架式，钢筋混凝土塔则多采用框架式；在纵向又可分为刚性、柔性和摆柱式三种。（赖国麟）

桥台 abutment

在岸边或桥孔尽端与路堤连接处、支承桥梁上部结构并将荷载传于地基上的构筑物。它一般具有支承和挡土的功能。使桥梁和路堤连接匀顺，行车平稳。但有时也仅具有支承的功能。有些桥的端孔采用悬臂形式，靠岸只有岸墩而不设桥台，路堤端头则另建挡土墙或做成土坡。常用形式有重力式和轻型桥台两大类，可用木料、石料、混凝土或钢筋混凝土建造。（吴瑞麟）

桥台后排水盲沟 blind drain behind abutment, blind ditch behind abutment

为排除台后积水以减小填土对桥台的侧压力，在桥台后面路基内设置的暗沟。它是在台后填土填到常水位以上时，先在底部用不透水土壤填筑成水沟形，在沟内用大小不同的石块填充，大块在中间，小块在周边，与填土相接触部分用砂石叠砌而成的横向暗沟，并于台尾同样叠砌成竖向暗沟。既可承受填土和活载的压力，又可排除桥台道碴槽内的雨水。但易被泥沙填塞而失效。（谢幼藩）

桥台护锥 conic pitching of abutment

位于桥台两侧与路基接合处的锥形填土。其作用是保护桥头路堤免遭水流冲刷和加强桥头路基的稳定。为保证其稳定性，应在全高作坡面防护。（谢文淦）

桥台锚固栓钉 abutment anchor bar

在轻型桥台中，锚固台帽和上部结构的栓钉。通常在预制台帽和上部结构相应位置处预留若干栓钉孔，在架设桥面后，插入栓钉，用同级混凝土填实，使上部结构与台帽有可靠的连接。（吴瑞麟）

桥梯 bridge staircase

架空桥面和桥两端地面道路上下联通的梯道。可分为踏步梯、坡道、自动梯三种；折梯及转梯两类。从功能区别，踏步梯快捷但费力，踏步高宽比在1∶2至1∶5之间，梯步的两侧或中间可加设推自行车的坡道。较缓坡则用坡道。坡道可带蹉蹽或完全平面坡、坡度在15%至12%之间。坡道上可上自行车和残疾人手车。坡面粗糙防滑、北方冬季结冰要考虑除冰措施。自动梯最为省力。从审美观点看，最方便和省力者符合于善的内容。这三种、两类的布置，变化

无穷，可以丰富地与主体结构组合成各种不同的桥梁造型。（唐寰澄）

桥头渡板 approach slab used at bridge end

在公路刚架桥悬臂端与路堤连接处，一端支承于悬臂端，另一端铺设在路堤顶面的钢筋混凝土板。其作用是使车辆由路堤驶向桥面时不致因两者刚度悬殊使人产生不适的感觉。此外，也常有将这种板的一端支承在公路桥台背墙上的，从而使桥头填土沉降所引起的问题减至最低限度。（何广汉）

桥头公园 gardens under bridge

以绿化和园艺的手法，在桥头设置公共游览的园地。如城市用地有可能，公园有助于突出桥梁，同时也创造了宁静和谐的环境。公园以桥为借景，所以树木高矮的布局注意使桥有藏有露。（唐寰澄）

桥头建筑 buildings at ends of bridge proper

旧称桥头堡。设在大桥桥头的装饰建筑物。早期为防御性的桥头堡垒。设计好的桥头堡，以其雄武的姿态，引人向往。在失去防御性的功能要求后，现以界分与联系正引桥不同结构，以及作为桥面与沿江（或河）道路间通道的功能出现。国内外都曾建造过或大或小的桥头建筑。近代趋向于用简单的方法，注意正引桥在结构、材料、造型、色彩上的连续性，采用各种类型的桥梯，以取得既经济又美的效果。中国自武汉、南京两长江大桥之后，枝城、九江等长江大桥已不采用。（唐寰澄）

桥头路基最低标高 lowest elevation of bridge approach embankment

桥头路基边缘根据桥前设计洪水位、壅水高度、波浪高度和安全高度而确定的最低标高。以米（m）计。设计时不得低于该值。（周荣沾）

桥头小品 short piece architecture

桥头点缀的建筑、雕塑，或各种流派的各类装饰品。所费不多，有时起点睛作用。小品所表达的思想内容宜含蓄而又能令人理解。（唐寰澄）

桥位 bridge site

道路或铁路跨越河流的桥梁构造物位置。桥位选择是桥渡勘测的一项首要工作，主要是合理选定桥梁的跨河地点。选择桥位时必须注意：①桥址应尽量选在河床稳定、河道顺直、流向稳定、水流顺畅的河段上。②桥址中线应与河槽及河谷正交，当不可能时，则应尽量减少斜交角度。③尽量避免在两河汇合处设桥。④为了缩短桥长，线路宜选在河槽最窄的地方通过。⑤应重视地质条件，尽可能选在覆盖层较薄、岩层面接近河床面或土质均匀坚实的地质良好地段，不良地质（例如断层地带、溶洞发育地带）要尽可能绕避。⑥在山区流放木筏及通航河道上，桥址除应与航线及河槽水流方向正交外，还必须避免设在航线自河一侧移向另一侧的浅滩地段。若附近有贮木场，桥址应设在贮木场上游，以免在意外情况下遇到大量木材冲撞桥梁墩台。（周荣沾）

桥位工程测量 bridge site engineering survey

为了在桥址处设计桥梁孔跨、桥头路基和导流建筑物所进行的测量工作。测绘比例尺一般为1：500～1：2000，特别复杂的局部地形可用1：200。测绘范围以能满足设计各种建筑物的需要为原则。顺线路方向应测至两岸历史最高洪水位或设计水位2m以上。沿水流方向的测绘范围根据设计需要而定。水下地形一般采用断面法和前方交会法施测平面位置，如用光电测距仪，也可采用极坐标法。水深测量则用测深杆、测深锤或回声测深仪施测。桥址纵断面的测绘范围，一般应测至两岸线路路肩设计标高以上。（卓健成）

桥屋 bridge covering

桥上覆盖的桥亭或桥廊等建筑物。古代石桥、木桥都有桥屋。木桥桥屋起到避风雨、防腐朽的目的，自然引起商业、游览等其他功能的产生。近代交通快速、材料耐蚀，公、铁路桥，除收费桥外已少建桥屋。但园林和人行桥为了休憩、游赏、避风雨日晒等功能，仍重视桥屋。注意美学处理，能得出风格各异的美丽的桥梁。（唐寰澄）

桥下净空 underneath clearance, clearance under bridge superstructure

为保证水流、船只、流筏、流木、流冰、其他水上漂流物、泥石流、车辆、行人等安全通过所保持的桥下最小空间，一般指在桥孔范围内，从设计通航水位至桥梁底部的净空高度。也即船只或船队在设计通航水位时能顺利通过桥孔的有效高度。桥下通航净空限界除上述净高度以外，还包括净空宽度，就是船只或船队顺利通过桥孔的有效宽度（通常小于桥墩之间的净宽）在内的有效通航限界范围。对于立交桥梁，桥孔范围内，从所跨越的路面标高至桥梁底部的净空宽度和高度应满足道路的限界规定，一般应符合桥面净空要求。（金成棣）

桥枕 bridge sleeper

铁路明桥面中用以直接支承钢轨的方木。常用尺寸为20cm×24cm×300cm，并规定高度为24cm，以便有较大的抗弯能力和足够的弹性。桥枕的下缘需刻槽搁置在主梁（或纵梁）上，并用钩螺栓和梁的上翼缘扣紧。列车通过时，桥枕承受钢轨传来的荷载并把它传到梁部结构上。（陈忠延）

桥枕刻槽 bridge sleeper grooving

在桥枕下面刻槽口以适应明桥面纵梁上盖板厚度不等所采取的措施。钢梁木枕上的槽口深度不能大于30mm。遇到铆钉时再刻纵槽，要求既不紧压钉

头，也不过宽过深。　　（谢文淦）

桥址地形图　bridge site topographic map

根据桥位工程测量的成果资料所绘制的地形图。比例尺一般为1：500～1：2000，特别复杂的局部地形可用1：200。测绘范围以能满足设计各种建筑物的需要为原则。　　（卓健成）

桥址勘测　bridge site reconnaissance and topographic survey

为设计桥位和有关的导流构筑物而进行的勘察和地形测量。对于中小桥梁及技术条件简单的大桥，其桥址位置常由线路位置决定，桥址勘测一般包括在线路勘测之内。对于特大桥或技术条件复杂的大桥，线路的位置一般要适应桥梁的位置。这时应对桥址进行专门的勘测。桥址勘测要考虑多方面的因素，主要有流域水文、地质、地形、有关的工程或城市规划、环境景观、运营条件等。一般说来，要求桥址跨越的水面最窄，桥中线与水流方向近于正交，地质条件好，河床稳定。有关地形方面，要先在1：25000或1：10000的地形图上进行研究，同时参考航摄像片和人卫遥感资料。然后进行1：2000～1：1000的测图。测绘范围应满足选定桥位、桥头引线、桥渡和导流建筑物及施工场地布置的需要。水文及有关的工程和城市规划资料，则向水文站及有关的部门搜集，或单独进行水文勘测。地质资料一般都需进行专门的勘探取得。　　（卓健成）

桥址平面图　general plan for bridge site selection

根据桥址勘测的成果资料所绘制的平面图。比例尺一般为1：2000～1：10000。有几个桥位方案时，应尽量将各桥位方案测绘在一张图内。平面图应包含各方案的线路导线、水系分布、水文断面、历史最高洪水泛滥线等有关选址资料。　　（卓健成）

桥址纵断面图　bridge site profile

见桥轴断面图

桥轴断面图　bridge axis profile

又称桥址纵断面图。沿桥址中线方向表示地面起伏的图。当地面的横坡较陡或地质较复杂时，常在桥址中线的上下游各3～10m处，增测辅助纵断面。断面应测至两岸线路路肩设计高程以上。水下断面一般采用断面法或前方交会法施测，如用光电测距仪，也可用极坐标法。水深测量则用测深杆、测深锤或回声测深仪施测。图的比例尺一般采用1：200～1：500。为了清楚显示地面的起伏，其高程比例尺往往较距离比例尺为大。　　（卓健成）

翘曲系数　buckling coefficient of plate

理想平板根据弹性理论解出的翘曲临界应力的系数k。翘曲临界应力的一般表达式为：

$$\sigma_k = k \cdot \sigma_e$$

式中σ_e见弹性翘曲。翘曲系数k随应力种类（均匀压应力、偏心压应力、剪应力）及其分布状态，板件的长宽比以及边界的支承条件而定。　　（胡匡璋）

qie

切割　cutting

把板材或型钢切割成所需的形状和尺寸的过程。方法有剪切，焰切，等离子气割，电火花切割等。　　（李兆祥）

切线模量理论　tangent modulus theory

理想压杆弹塑性屈曲临界应力σ_k的公式中，认为变形模量E_t即为σ_k处切线模量的一种理论。即临界应力公式为

$$\sigma_k = \frac{\pi^2 E_t}{\lambda^2}$$

式中λ为理想压杆的长细比。它比双模量理论更接近实验结果。其原因为压杆在加荷过程中存在着扰动和偶然偏心，杆轴也不免存在初弯曲，致使加荷与弯曲同时进行，从而整个截面上的应力都不断增加，不出现应力退降现象，故屈曲时的应力应变关系始终按切线模量E_t上升。E_t与截面形状无关。　　（胡匡璋）

qin

侵入限界　intrusion into clearance gage

桥梁各部分及其附属设备如建于或停放于桥梁建筑限界以内，叫侵入限界。这将危及行车安全，应严格禁止。直线建筑限界图见装载限界（296页）。　　（谢幼藩）

qing

轻便勘探　portable exploration

在地表较疏松的地层内简易勘探的方法。常用的勘探工具为洛阳铲、锥探及小螺钻等，用于较疏松的地层。优点是工具轻、体积小、结构简单、操作方便、成本低、进尺快、劳动强度小。缺点是不能采取原状土样。　　（王岫霏）

轻骨料混凝土　lightweight aggregate concrete

用轻质粗骨料和细骨料（也可用普通砂）、水泥加水配制的干密度小于1 900kg/m³的混凝土。常

用的轻骨料有以页岩、粘土、粉煤灰等为主要原料经烧结而成的内部空隙率多的轻骨料，也可用天然形成的多孔岩石如浮石、火山渣等加工而成的轻骨料。

（熊光泽）

轻轨交通桥 light guideway transit bridge

供一种容量大、速度快的有轨交通车辆通行的架空建筑物。轻轨交通多用于特大城市与卫星城镇、车站及航空港等的交通联系。为避免与地面其他交通的干扰，往往需要采用高架线路桥的形式。

（徐光辉）

轻型桥墩 light type pier

在两、三孔的小桥中，利用上部构造及下部支撑梁作为墩台间的支撑，并使上部结构与墩帽之间固结后形成四铰式小框架系统的桥墩。其上部结构与墩帽之间用栓钉锚固，并用砂浆胶结，目前，桥墩型式日渐轻盈，各种钢筋混凝土薄壁式桥墩、桩式桥墩、排柱式桥墩以及其他构造上比较轻巧的桥墩，也统称为轻型桥墩。

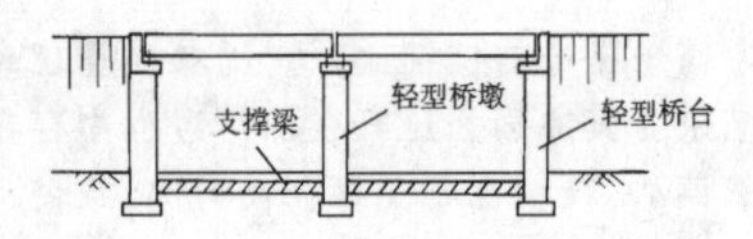

（吴瑞麟）

轻型桥台 light type abutment

在小跨径桥梁中，利用上部梁或板和下部桥台支撑梁来起支撑作用的一种桥台。它在立面上构成四铰框架系统，桥台台身按弹性地基梁设计。这种桥台比较经济。与轻型桥墩配合使用时（参见轻型桥墩插图），桥跨孔数不宜超过三孔，单孔跨径不大于13m，多孔跨径不宜大于20m。常用型式有一字型和八字型两种。前者翼墙与台身连成整体，后者则设沉降缝分开，分别计算。（吴瑞麟）

轻质混凝土 lightweight concrete

用于结构的由轻质集料制成的混凝土。轻质集料的孔隙率远大于普通集料的孔隙率，致使其单位体积重和弹性模量均远比普通集料的小。因此，这种混凝土的变形特性不同于正规混凝土。前者弹性模量较小而其徐变、收缩变形却明显大于后者。这些都是采用轻质混凝土时所需注意的。（何广汉）

轻质混凝土桥 lightweight aggregate concrete bridge

用表观密度小（1 200～1 800kg/m^3）的混凝土建造的桥梁。自从20世纪60年代以来，国外已建成一些预应力轻质混凝土公路桥和小跨度铁路桥，或只在桥面板部分使用轻质混凝土。这种桥具有自重轻、隔热性能良好和高温下的稳定性较好等优点；但具有抗拉、抗剪强度较低，弹性模量较低，收缩和徐变较大，预应力损失较大，与钢筋的粘结力较小以及对钢筋的保护作用较小等缺点。（伏魁先）

倾侧力 lurching effect

列车活载有一部分暂时从一根钢轨移给另一根钢轨所造成的超载。有的规范考虑两根钢轨按0.56与0.44的比例分配承担活载。（车惠民）

倾角仪 angular transducer

量测结构、杆件和节点的角变位的仪器。水准式倾角仪、表式倾角仪，均为零位法测量倾角。前者指零装置是高灵敏度的水准管，后者的读数装置为百分表或千分表。而应变式角度传感器，其工作原理是当传感器随试件转动时，支承架带动贴有应变片的应变梁和摆杆转动，转角0°～5°时，角变位和应变成线性关系。电子倾角仪是利用三根电极在高稳定性导电液体中浸入深度的变化，引起电阻变化，根据电阻变化增量与倾角的变化成正比关系，利用电阻应变仪测量电阻变化增量，来量测倾角变化。

（崔　锦）

清水冲刷 scour of sediment free flow

人为活动下泄清水产生的冲刷。在山溪河流上修建拦沙坝，在河流上修建蓄洪水库后，通过坝下泄的水流基本上为泥沙含量很小的清水，这样就改变了下游河段原有的来水来沙条件，破坏了冲积河流的“平衡倾向性”。（参见河流自然冲淤，96页）。通过一段时间冲刷，河床产生相应的粗化，或由于下游沿程较大的支流入汇，逐步改变了水沙条件，重新建立起新的相对平衡，这种冲刷问题才有可能终止。

（吴学鹏）

qiu

求矩适线法 fitted curve method by calculating moment

用求矩的计算方法计算平均流量$\overline{Q}$、变差系数C_v，并假定偏态系数C_s，作为理论频率曲线三个统计参数的初试值，通过选配与经验频率曲线适线的理论频率曲线来确定采用的统计参数值的方法。其方法参见适线法（219页）。（周荣沾）

球面支座 spherical bearing

又称点支座。为适应桥梁多方向转动的要求，将支座上、下两部分的接触面分别做成曲率半径相同的凸、凹球面的支座。适用于宽桥和曲线梁桥。通常用高级锻钢或热处理合金钢制造。桥梁的转动依靠光洁度很高、摩擦系数很小的金属接触面的滑动来实现，也有将凸面镀铬，凹面镶嵌聚四氟乙烯滑板的。

（杨福源）

qu

区域地质 regional geology

包括工点在内的，某一较大地区范围内的岩石、地层、构造、水文等基本地质情况。其调查目的是为了从大的背景下，了解工程所在地点的工程地质条件，进行合理评价，为设计提供依据。一般情况下是指某一范围较大地区（如某一地质单元、构造带或图幅内）的岩石、地层、构造、地貌、水文地质、矿产及地壳运动和发展史等。 （王岫霏）

曲线标志 curve sign

表示线路前方处于曲线地段的标志。用以提醒司机注意控速和减速，以免发生事故。一般用混凝土板、木板或钢板制成，竖于路旁。 （谢幼藩）

曲线上净空加宽 clearance widening on curve

为适应曲线上车辆中心向曲线内侧偏移，车辆两端向曲线外侧偏移以及线路超高引起车辆倾斜的要求，位于曲线上的下承式或半穿式桥梁，其建筑限界较之直线上者应按规定加宽的数值。曲线内外侧需分别计算加宽数值。如未加宽或加宽不足，将导致列车侵入限界造成事故。 （谢幼藩）

屈后强度 post-buckling strength

钢梁腹板所受荷载超过翘曲临界力以后能够继续承担荷载增加的现象。由于腹板四周有翼缘和加劲肋的支撑作用，腹板翘曲以后，虽然在主压应力方向不能继续增加荷载，但在主拉应力方向却形成薄膜拉力场，使板的鼓曲过程受到遏制，并能继续承担荷载的增加，直至钢梁达到某个承载能力极限状态而告终。 （胡匡璋）

quan

全概率法 completely probabilistic method

又称全分布概率法。根据统计资料确定荷载和抗力的真实分布，并完全用概率方法处理的计算结构失效概率的方法。它要求知道各随机变量的密度函数或其联合密度函数，并用多重积分求解结构失效概率。计算太繁，目前尚在研究阶段。

（车惠民）

全焊钢板梁桥 welded steel plate girder bridge

构件连接全部采用焊接的钢板梁桥。可分两种：一种是全部在工厂焊接，整孔运往工地架设，但它的尺寸受到运输和吊装条件的限制，只适用于小跨度铁路上承式梁桥；另一种是先在工厂将板件焊接成部件，然后将部件运往工地，再焊接成整体板梁桥，或全部在工地焊接。后者不受运输和吊装条件的限制，可适用于较大跨度或较宽桥面的板梁桥，但由于在工地施焊，故对焊接技术要求较高。（伏魁先）

全回转架梁起重机 full-swing erecting crane

能作全回转为悬拼钢桁梁吊装杆件的起重机。由起重臂、三角撑架、上下底盘、工作机构、动力系统组成。吊重有 25t 和 35t 两种。用电动卷扬机组驱动，液压操纵。能沿轨道或钢桁梁上弦杆自动走行。吊重时用锚钩固定于钢梁弦杆上，不需配重。能作360°全回转。其结构紧凑，操纵灵活，工作范围大，稳定性好。 （唐嘉衣）

全桥测量 full bridge measurement

测量电桥的四臂都为应变片的测量方法。当两个桥臂参加工作时，R_1、R_4 为工作片，R_2、R_3 为补偿片。四个桥臂参加工作时 R_1、R_2、R_3、R_4 均为工作片且互为补偿片。全桥接法常用于应变片作为敏感元件的各种传感器上，可以提高量测灵敏度。

（崔　锦）

全桥模型风洞试验 full aeroelastic bridge model wind tunnel test

全称全桥三维气动弹性模型风洞试验。采用与实桥几何外形相似，并满足弹性（柯西数）、惯性（密度比）、重力（弗劳德数）、粘性（雷诺数）、阻尼等五个无量纲参数一致性条件的全桥模型检验桥梁抗风性能的风洞试验。主要用于桥梁的颤振、抖振、涡激振动等试验。一般要求试验在模拟自然风特性的流场中进行。试验结果准确性优于节段模型风洞试验，但模型制作困难、费时、费用高，一般只用于重要大跨桥梁的抗风检验。 （林志兴）

全息干涉法 holographic interferometry

利用全息照相术获得物体变形前后的光波波前相互干涉所产生的干涉条纹图，以分析物体变形的一种干涉计量术。在全息光路布置中，可用双曝光法在同一底片上记录物体变形前后的波前，获得全息图。若全息图被原参考光照明，可使波前再现，形成明暗相间的干涉条纹图，它表征物体在两次曝光之间的变形或位移。此外，利用实时法可即时观察到物体出现的任何微小变化；利用连续曝光法可测得稳态振动物体的节线、振幅分布、振型和振幅值。全息干涉法是一种非接触式高精度的全场检测方法，可应用于三维位移场的定量分析、应变和应力分析、物体振型分析及无损检验等方面。 （胡德麒）

全息光弹性法 holo-photoelasticity

将全息干涉技术应用于光弹性实验研究的一种实验应力分析方法。利用单曝光法，可获得反映主应力差的等差线和反映主应力方向的等倾线；利用双曝光法，可获得反映主应力和的等和线。根据等差线和等和线便可计算出模型内部的主应力。全息光弹性法已在平面问题中获得成功的应用，若要用它解决三维问题，要寻求新的光弹性“冻结”的材料。

（胡德麒）

全预应力混凝土 fully prestressed concrete

在正常使用极限状态全部荷载最不利组合作用下，不出现弯曲拉应力的预应力混凝土。但在预加应力时或运送吊装阶段还是容许暂时出现不超过规定限值的拉应力。全预应力混凝土并不是完全没有任何裂缝的混凝土，在无预应力的方向、在高剪区腹板内、在锚固区及加载区都可能发生裂缝。

（李霄萍）

全预应力混凝土桥 fully prestressed concrete bridge

在使用荷载作用下结构受拉区不会出现拉应力的一种预应力混凝土桥。其预应力度 $\lambda \geqslant 1$，即由混凝土预压应力所发挥的消压弯矩大于或等于使用荷载所产生的弯矩。因此在正常使用极限状态下全截面处于受压状态，具有较高的抗裂性，对于防渗漏（如水渠桥）或防疲劳（如铁路桥）的桥梁，具有较好的工作性能；但是高强钢筋（丝）用量较多，预应力拱度大，沿预应力筋管道方向易出现裂缝（在梁中出现水平裂缝），延性不好，不宜在地震区内采用。

（袁国干）

泉大津桥 Izumi-Otsu Bridge

位于日本大阪府泉大津市，为日本首次采用的单肋洛泽式钢拱桥。拱肋位于桥中，下承式桥面，车道分于两侧，共宽 33.5m。为了承受桥面偏载的扭矩，梁拱结合，梁为三室钢箱梁。桥跨度175m。全桥组合成整体，用大起重量浮吊一次吊装。建成于1976年。

（唐寰澄）

qun

群桩作用 group action of piles

群桩中各桩在向土体中进行荷载传递时由于相互影响而产生的应力叠加作用。这种作用随着桩数的增加和间距的减小而增强。工程界常用群桩效率和沉降比两个参量来表示这种作用：

$$群桩效率=\frac{群桩的极限荷载}{单桩的极限荷载\times 群桩的桩数}$$

$$沉降比=\frac{\begin{array}{c}群桩在其极限荷载某\\一百分率作用下的沉降\end{array}}{\begin{array}{c}单桩在其极限荷载同\\一百分率作用下的沉降\end{array}}$$

一般群桩效率≤1，沉降比≥1。桩基设计手册中都规定有桩的最小间距，除施工因素外，主要是考虑到群桩作用的缘故。

（赵善锐）

R

rao

扰动土试样 sample of disturbed soil

天然含水量和天然结构遭到破坏的土的试样。可用来进行测定土的液性界限、塑性界限、土的相对密度、土的颗粒分析等指标。

（王岫霏）

扰流板 spoiler

又称扰流器、抑流板。见抑流板（269页）。

（林志兴）

re

热处理 heat treatment

用加温方法改善金属及其制品的物理性能的工艺。按处理的目的，将材料或制品加热至特定的温度进行保温，然后用不同的方法冷却，使金属内部或表面组织改变，以获得所要求的性能。通常分为退火、正火、淬火、回火、时效，化学热处理等。

（唐嘉衣）

热处理钢筋 heat-treated reinforcement

出厂前经热处理的钢筋。有三种生产工艺：调质热处理，高频感应热处理和余热热处理。我国多用调质热处理钢筋，如 44Mn2Si2，45MnSiV 等，强度为 14～16MPa。钢筋经热处理后弹性极限和强度虽有提高，但断裂韧度下降，易发生脆断情况。因此，热处理钢筋除考虑强度外，还应考虑断裂韧度。

（何广汉）

热传导方程 heat transfer equation

又称导热微分方程。描写物体任一微单元温度、坐标位置、时间之间的关系。其表达式为：

$$\frac{\partial T}{\partial t}=a\left(\frac{\partial^2 T}{\partial x^2}+\frac{\partial^2 T}{\partial y^2}+\frac{\partial^2 T}{\partial z^2}\right)$$

结构内部如有热源，例如混凝土的水化热。则尚需考虑其影响。在日照辐射作用下，沿墩高或梁跨轴线方向的温度分布是常量，无热流产生，此时热传导方程为$\frac{\partial T}{\partial t}=a\left(\frac{\partial^2 T}{\partial x^2}+\frac{\partial^2 T}{\partial y^2}\right)$。为简化计算，常忽略沿桥梁结构横向的热传导，其热传导方程为$\frac{\partial T}{\partial t}=a\frac{\partial^2 T}{\partial x^2}$。式中：T 为温度（℃）；t 为时间（$h$）；a 为导热系数（$m^2/h$）；x、y、z 为坐标值。根据热传导方程，考虑边界条件和初始条件即可确定温度场。（王效通）

热加固法　thermal stabilization method

通过焙烧加固地基的方法。在粘土质软弱地基中钻孔，把压缩空气、煤气或汽油压入土体内的垂直向与水平向钻孔中，经过一定时间的燃烧，使钻孔四周土体脱水，消除湿陷性，以增强地基强度和稳定性。其加固原理与焙烧粘土砖雷同。此法适用于加固粘性土与黄土地基。　（易建国）

热喷铝涂层　aluminium－thermal spraying coating

铝和铝合金在高温中熔化，通过高速气流，吹散成雾状，均匀地喷射在零件表面上，形成铝金属保护层。　（李兆祥）

热弯　hot bending

在加热状态下，利用外力使钢质零件产生弯曲塑性变形。为使弯曲容易且不受损伤，应控制加热温度，一般在 800～1 000℃之间。过低的温度易出现裂纹或断裂；温度偏高易使材料表面硬度降低，加工时易出现明显的压痕。　（李兆祥）

热铸锚　hot-cast anchorage

钢绞线或钢丝束端部散成锥形竹刷状或再加弯钩，套上锚杯预热到 100℃左右，注入 400℃以上的金属液，冷却后而形成的锚具。杯内外有螺纹，内纹可用拉杆与顶升器连接，外螺纹可拧螺母将锚具固定。钢丝经高温冷却，有损疲劳强度。是早期常用的一种锚具。　（严国敏）

ren

人工地基　artificial ground

经人工处理加固的基底土层。如重锤夯实、砂桩挤实、换填土以及化学加固地基等。一般用于天然地基强度太低，压缩性过大，不能满足基础设计要求，而需要采取加固措施以提高地基承载力的场合。

（刘成宇）

人力钻探　manpower drilling

依靠人力在松软地层中进行的浅钻。按钻探方法可分为人力冲击钻探和人力回转钻探。人力冲击钻适用于在松散的覆盖层（粘性土、黄土等）中钻进。设备比较简单，能保持较大的口径，能清楚了解含水层的性质，但劳动强度大，不能冲洗液钻进，不易取到完整岩芯。人力回转钻，适用于松软地层（沼泽、软土、粘性土、砂类土等）。其设备简单，能取到完整的岩芯，但劳动强度较大，钻进深度不深。（王岫霏）

人行道　sidewalk, pedestrian walk

位于车行道两侧，专供行人行走的路幅或桥面部分。其宽度等于一条行人带宽度乘以带数，我国每条行人带宽度取用 0.75～1.00m，其通行能力均为 800～1000 人/小时；带数由人流大小决定。公路或城市道路人行道高度一般取 0.12～0.20m。桥梁结构物人行道宽度大于 1.00m 时按 0.5m 的倍数增加；桥上人行道高度至少高出车行道 0.20～0.25m，以策行人和行车的安全。　（郭永琛）

人行道板　sidewalk slab

铺于桥面人行道上供行人通过的板。其宽度视桥上人行交通量而定，可选用 0.75m 或 1m，大于 1m 时按 0.5m 的倍数递增。在装配式梁桥上，常预制成整体式块件搁置于主梁上，或采用分块预制，由人行道板、人行道梁、支撑梁和缘石组成。

（何广汉）

人行道荷载　sidewalk loading, footway loading

设计人行道板所考虑的人群荷载。公路桥梁一般规定为 $3kN/m^2$；城市郊区行人密集地区可为 $3.5kN/m^2$。当人行道板为钢筋混凝土板时，应以 1.2kN 的集中竖向力作用在一块板上检算。设计铁路桥人行道时，采用如下竖向静活载值。道碴桥面的人行道，距离梁中心 2.45m 以内：$10.0kN/m^2$，距离梁中心 2.45m 以外：$4.0kN/m^2$；明桥面的人行道：$4.0kN/m^2$。人行道板应按竖向集中荷载 1.5kN 检算。　（车惠民）

人行道栏杆荷载　railing live load

人群施于栏杆扶手和立柱上的力。水平推力 0.75kN/m 用于检算立柱，施力点在栏杆立柱顶面处。竖向力 1kN/m 用于检算扶手。两力一般不同时考虑。　（车惠民）

人行道铺装层　sidewalk pavement

保护人行道构件的面层。一般采用 2cm 厚的水泥砂浆或沥青砂铺于人行道板上，以防止人行道板受磨损，同时，通过铺装层做成倾向行车道的横坡（一般为 1%～1.5%），以利人行道的横向排水。

（郭永琛）

人行桥　pedestrian bridge

专供行人通行的用以跨越河流、线路或其他障碍而设置的架空建筑物。桥面宽度取决于人流密度，一般不需太宽；桥梁构造也较简单轻巧；上、下桥的引桥（道）部分可做成斜坡，也可做成阶梯状。人行

桥纵坡最大可达6%，引桥（道）部分坡度以12%～16%为宜。（徐光辉）

人字撑架体系 herringbone braced system

又称三角式撑架体系。木梁桥主梁下两斜撑相交成人字型的撑架体系。每对斜撑的顶端交会于一点，分别支撑在大梁的中点或三分点上，斜撑的底端则支撑在墩台上，而桥墩间则可设置拉杆用以承受斜撑传来的推力。（陈忠延）

ri

日本第二阿武隈川桥 the Second Abukuma River Bridge, Japan

1975年建于日本东北新干线，跨度104.9m+3×105.0m+104.9m，全长526.4m，为迄今世界上仅有的单跨超100m、连续长度超过500m的双线铁路连续梁桥。梁高8.5～5.0m，桥面宽11m，每个桥墩上设2个4 500t级钢支座，2个阻尼制动器，承受纵向水平地震力1 350tf、横向地震力293tf，上部结构用吊篮悬臂灌筑，预应力用SBRP95/120ϕ32mm，ϕ26mm迪维达克粗钢筋体系。（周　履）

日照航路桥 Sunshine Skyway Bridge

位于美国佛罗里达州塔姆帕海湾的预应力混凝土斜拉桥。主桥长1 200余m，两端设伸缩缝与高引桥相连，建成于1987年。主桥分跨（m）为43+3×73+163+366+165+3×73+43，斜拉桥结构型式与法国布鲁托纳桥相似，采用双塔单索面预应力混凝土结构，单室箱梁预制节段重210t，采用平衡悬臂预制拼装施工方法。桥面为六车道，宽约29m，斜拉桥主桥墩采用柔性双薄壁箱型墩（3.66m×11.60m）。（范立础）

日照作用下的墩顶位移 displacement of pier head under the effect of sunshine

薄壁桥墩（如空心墩）在日照辐射作用下，向阳面伸长，背阴面相对缩短，引起弯曲变形而产生的位移。设其曲率半径为ρ，墩高为l，则将使墩顶产生水平位移$\Delta=l^2/2\rho$。对于柔性墩，墩顶受到约束不能自由变形，从而产生外约束应力。（王效通）

rong

容许应力 permissible stress

在容许应力设计中，规范规定的按线弹性理论计算的应力的容许值。它由材料的广义破坏应力除以安全系数而得。广义破坏应力是指考虑构件变形、裂缝及疲劳等而拟定的应力。对于附加或特殊荷载组合，容许应力可以适当提高。（车惠民）

容许应力法 permissible working stress method, allowable stress design

又称容许应力设计。构件在工作荷载作用下的应力必须小于或等于容许应力的设计法。它应用简便，适用于材料强度较低且安全系数较高的情况。对于高强度材料的变形问题、混凝土裂缝问题等，则需补充其他验算来控制。它的主要缺点是只着眼于结构在工作荷载下的应力应变状态，并采用一个笼统的经验安全系数，因之给定的容许应力不能保证各种结构具有比较一致的安全储备，也未考虑荷载增大的不同比率或具有异号的荷载效应情况对结构安全的影响。（车惠民）

rou

柔性吊杆 flexible suspender

下承式拱桥和中承式拱桥中只考虑承受拉力，不考虑承受弯矩的悬挂纵、横梁系统及其上桥面系用的杆件。它的上端与拱肋相联，下端与横梁相联。与刚性吊杆不同，它可以部分地消除拱肋与桥面系之间的互相影响。为使刚性较小，一般用圆钢制作。（俞同华）

柔性墩 flexible pier

顺桥向抗推刚度较小，墩顶可随着上部结构的位移而相应变位的桥墩。其温度、收缩内力小，而制动力则由各墩共同承担，是桥墩轻型化的一种新结构型式。钢筋混凝土排架墩和薄壁墩都是典型的柔性墩。（吴瑞麟）

柔性防护 flexible protection

可随河床变形而自动沉落，抗御冲刷发展的防护工程。为平面防护的一种形式。如在桥梁墩台周围为防局部冲刷而设置的可动防护体。常用的防护体材料有混凝土块排、石笼、柴排等。（任宝良）

柔性涵洞 flexible culvert

顶部填土压力作用下洞身变形能力大的一种涵洞，如四铰圆管涵等。作用于这种涵洞顶部的压力，应小于或等于洞顶填土土柱的重量。（张廷楷）

柔性扣件组合梁 flexible clasped compound beam

构件间用柔性扣件（例如木板销和钢板销）扣牢而形成的木梁。由于容许构件作某些相对错动，故它的截面模量较整体式梁为小，但其接缝间的剪力仍可偏安全地按整体式梁计算。（陈忠延）

柔性桥塔 flexible bridge tower

借塔身柔性引起的塔顶位移来满足悬索水平移动要求的桥塔。多在大跨度悬索桥中采用。因塔高常在百米以上，顺桥方向的长细比较大，塔顶容许的弹性变形，一般均可满足悬索水平移动的要求。大跨度悬索桥采用这种塔墩固结、塔顶与悬索也固结的柔性桥塔是可行的，且可使构造简化。（赖国麟）

柔性索套 flexible sheath for cable

具有较大横向变形能力的钢索防护套。钢索防护中用得较多的一种。为了保护钢索不受腐蚀，在索身外面所裹的各种材料的防护层统称为索套，可采用复合材料制成。一般在斜拉桥的拉索表面用沥青或树脂材料涂抹，并用玻璃布和树脂缠涂数层，最后在外面套上聚氯乙烯套管，同时在管内压入水泥浆或树脂。聚氯乙烯套管对空气有高度的隔离作用，其水蒸气的透过率非常小，能防止管内水泥浆的碳化。但不宜采用铝管内压注水泥浆的防护方法，因铝管易遭水泥浆腐蚀。（赖国麟）

柔性索斜拉桥 flexible cable stayed bridge

用高强钢丝制成仅能受拉的柔性缆索的斜拉桥。这种桥是斜拉桥中最常用的形式。柔性拉索可发挥高强材料的受力性能，施工操作也十分方便，但拉索防护费用昂贵。拉索防护将直接影响桥梁的耐久性，是这种桥梁必须重视的问题。现代柔性索斜拉桥往往做成密索体系，纤细的主梁配合轻柔的缆索，显得格外轻巧秀丽。由于柔性索可能被腐蚀损坏，在设计时应考虑日后换索的可能性。（姚玲森）

柔性系杆 flexible tie

组合式拱桥中联系拱肋两端以平衡水平推力的、抗弯刚度远小于拱肋的抗弯刚度的构件。参见系杆（248页）。常用扁钢或型钢制成，或用钢筋混凝土或预应力混凝土制成，并与桥面行车道部分互相隔开，以免其随桥面行车道一道受拉而遭破坏。用得较多的型式是在行车道中设横向断缝，使其不与系杆共同受力，而将行车道板简支于横梁上。也可使系杆与行车道完全不接触，或将每根系杆分为两部分，沿吊杆两旁穿过而自由地搁在横梁上。

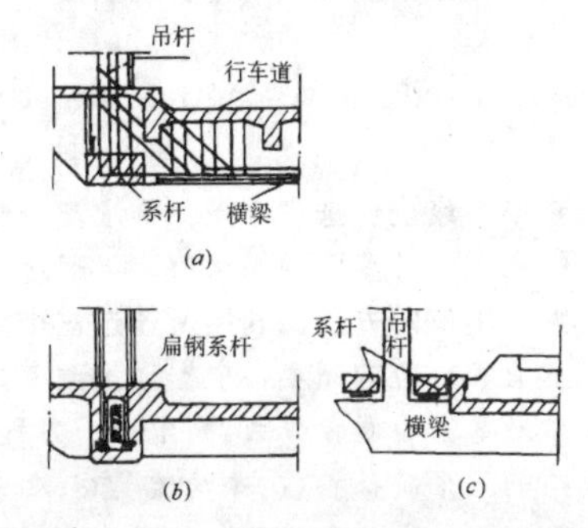

（俞同华）

柔性悬索桥 flexible suspension bridge

吊杆直接悬吊桥面系或悬吊刚度很小加劲梁的悬索桥。此种桥型因刚度小，桥面系或加劲梁只起分布集中荷载和调整悬索变形作用，属于二阶稳定缆索体系，仅用于荷载小的人行桥，施工便桥以及小跨径（100m左右）的公路桥等。大跨径悬索桥由于活载与恒载之比很小，按强度设计的加劲梁刚度仍接近于柔性，自1940年塔科马海峡桥发生风振毁桥事件后，改用强大的加劲梁提高桥梁的空气动力稳定性，而不再修建大跨度的柔性悬索桥。（姚玲森）

ruan

软练胶砂强度试验法 plastic mortor strength test

简称软练法。用塑性水泥胶砂按规定操作程序测试水泥强度的方法。GB177—85规定用此法测定规定龄期的抗压强度和抗折强度，以确定水泥标号。用水灰比0.44（硅酸盐水泥、普通水泥、矿渣水泥）或0.46（火山灰水泥、粉煤灰水泥），灰砂比1∶2.5的胶砂，经双转叶片式搅拌机搅拌，装入4cm×4cm×16cm三联试模内，经胶砂振动台振动成型，养护箱内养护24±3h脱膜后放入水槽中养护，3d，7d，28d龄期各取三条试体先在杠杆式抗折试验机上做抗折强度试验，并以抗折试验后的二个断块，以试件侧面为受压面（受压面为4cm×6.25cm），在20～30t抗压试验机上做抗压强度试验。抗折强度按 $R_f=\frac{3Pl}{2bh^2}=0.234P\times10^{-2}$MPa 计算，抗压强度按 $R_c=\frac{P}{S}0.04P\times10^{-2}$MPa 计算。$P$ 为破坏荷载（N）；l 为支撑圆柱中心距（100mm）；bh 为试体断面40cm×40mm，S 为受压面积（40cm×62.5mm）。抗折强度结果以三块试体平均并取整数，当三个强度值中有超过平均值±10%时，应剔除后再平均作为抗折强度试验结果。抗压强度则应剔除最大、最小两个数值，以剩下四个平均作为抗压强度试验结果，如不足六个时，取平均值。（崔　锦）

软土 soft soil

以淤泥或软粘土为主的土层。具有天然含水量高，天然孔隙比大，压缩性高，渗透性小，天然强度低等特征。（王岫霏）

软土地基 soft soil foundation

由含水量大于或接近流限，天然孔隙比大于1，压缩性很高而强度很低的饱和粘性土所构成承托基础的地层。该地基不仅承载力低，沉降量大，而沉降所需时间也很长，往往需要加固处理。加固措施将视软土厚度、物理力学指标、基底压力大小和施工机具等因素而定，一般有换填土、砂垫层、砂井预压等。（刘成宇）

S

sa

撒盐化冰 salting

在冻害严重地区，于路面或桥面上撒盐使冰雪融化以保行车安全的措施。但盐水给桥梁带来氯化物污染，使构件腐蚀，将给桥梁维护增加麻烦。

（谢幼藩）

萨瓦河铁路斜拉桥 Railway Cable-stayed Bridge over Sava River

位于南斯拉夫贝尔格莱德（Belgrad）市区跨萨瓦河的铁路桥。全长约 2000m，主桥跨度（m）为 52.74＋85.00＋50.15＋253.70＋50.15＋64.20，其跨河部分为斜拉桥，主跨 253.70m，为世界上第一座也是跨度最大的双线铁路钢斜拉桥。两座门型钢塔高出箱形主梁顶面 52.5m，塔柱中心距 11.30m。两个平行的钢箱梁各宽 3.2m，高 4.43m，箱梁间有 8.1m 宽的正交异性钢板桥面，采用碎石道床以增加恒载比重。斜缆由 ϕ7mm 平行钢丝组成，并采用 HiAm 冷铸锚。于 1978 年建成，在活载下的挠度约为主跨的 1/500。

（周　履）

萨瓦一桥 Sava-I Bridge

位于南斯拉夫贝尔格莱德（Belgrad）跨越萨瓦河的连续变截面钢板梁桥。主桥总长 411m，三孔 75m＋261m＋75m，公路面宽 12m，两边各有 3m 的人行道。因用钢板梁，上翼缘为正交异性板桥面，下翼缘为多层叠焊厚钢板。建于 1956 年。

（唐寰澄）

sai

塞弗林桥 Severin Bridge

位于德国科隆市的城市公路桥。路面为双向各宽 9.5m 汽车道，2.25m 自行车道和 3m 人行道。主桥跨（151m＋302m）不对称，为稀索扇形斜拉桥。采用封闭式钢索，热铸锚头，双箱钢梁，高 3～4.57m，中部正交异性板桥面，A 型钢独塔高 79m。建于 1959 年。

（唐寰澄）

塞焊 plug welding (stud welding)

在近侧钢板平面预先钻孔或开小洞，与被连接的钢板贴紧，通过孔洞进行焊接，使焊缝金属咬合于被连的钢板上，使两张钢板连接成为不可拆除的一种焊接形式。要求有一定熔合深度，并填满原来孔洞。

（李兆祥）

塞汶桥 Severn Bridge

位于英国跨塞汶河的公路桥。是世界上第一座打破经典式钢加劲桁构造，而用斜拉吊索，正交异性板菱形加劲钢箱梁，正交异性板组合式钢塔的悬索桥。桥面为双向各 7.32m 车道，3.66m 人行道。主桥跨径为 304.80m＋987.55m＋304.80m，梁高 3m，净空高 36.6m，塔高 121.92m。新桥式降低梁高，改进抗风性能，减少用钢量，为悬索桥设计的一个飞跃。建成于 1966 年。

（唐寰澄）

san

三重管旋喷注浆法 triple-pipe chemical churning process

又称喷射水、空气、薄浆灌注式注浆法，或称圆形喷射桩法。将能同时输送水、空气和浆液三种介质的三重注浆管，置入土层内注浆的土体加固技术。在二重管旋喷法基础上发展起来的注浆管置入预定加固深度的土层后，在喷出的约 20MPa 高压水流的周围，环绕着一股约 0.7MPa 的圆筒状气流，两者同轴喷射冲切土体；与此同时，在高压水射流与气流形成的空隙中，用泥浆泵注入压力约 2～5MPa 的浆液填充。随着注浆管的提升与旋转，与土体搅拌混合，经凝结固化，在地基土体内形成直径可达 1.5～3.0m 的圆柱状加固土体。其效果比二重管旋喷法又有较大提高。

（易建国）

三点适线法 fitted curve method by three points

在经验频率曲线上任选三个点，推求理论频率曲线方程中的三个统计参数的初试值，再通过适线确定统计参数采用值的方法。利用所任选三个点已知的三个流量值和相应的频率，根据理论频率曲线所采用的皮尔逊Ⅲ型曲线方程式，列出三个方程式，求解方程式中的三个统计参数：平均流量 $\overline{Q}$、变差系数（离差系数）C_v、偏态系数 C_s，然后将此三个统计参数的初试值绘成理论频率曲线，目估检查它与经验频率曲线的符合程度，按适线法（219 页）的方法，求得适线的三个统计参数 $\overline{Q}$、C_v、C_s 的采用值，最后按照方程式推算所需要的设计流量。

(周荣沾)

三堆子金沙江桥 Sanduizi Jinshajiang River Bridge

位于四川省渡口市境内的成昆线上，在金沙江与雅砻江汇合点下游约5km处跨越金沙江的单线铁路桥。桥跨布置从北起为4孔跨度32m上承钢板梁，1孔跨度192m简支下承钢桁架，2孔跨度32m上承钢板梁，全长390.4m。主孔192m为中国当时简支钢桁架的最大跨度。主桁为菱形桁式，桁高24m，两片主桁的中心距10m。主孔架设采用两端各先架设80m平衡梁并压重1 000t，然后向跨中各伸臂96m而在跨中点合龙。1969年10月竣工。

(严国敏)

三分力试验 wind tunnel test for three-components of aerodynamic force

利用气动力天平和刚体节段模型测定桥梁结构断面的静力阻力系数、升力系数和俯仰力矩系数的风洞试验。气动力天平有机械式和应变式二种，一般可测三个方向的分力和力矩共六个分量。桥梁抗风设计关心的是作用于结构上的阻力、升力和俯仰(扭转)力矩三个分量。主要用于桥梁风荷载计算和准定常气动力假定条件下的抖振力和抖振响应计算。

(林志兴)

三角测量 triangulation

建立国家或工程平面控制网的一种方法。在地面上选定一系列的点(三角点)，构成相互联接的三角形，以形成锁状(三角锁)或网状(三角网)，并在点上设置测量标志；观测一条起始边边长及三角形顶点各边的水平方向或水平角，测定或假定一个起始方位角；对各观测的水平方向或水平角，需进行平差，以满足各种几何条件的要求；然后由已知坐标的点出发，依三角形的边角关系逐一推算各边的边长和方位角，并进而推算各点坐标。三角测量通常依精度分为不同等级，由高到低逐级控制。

(卓健成)

三角垫层 triangular cushion

为达到预定的桥面横坡而在桥面铺装层下设置的三角形断面的混凝土垫层。一般用于沥青混凝土桥面铺装，当为混凝土桥面铺装时，此垫层与桥面铺装层可一次浇筑。为节省混凝土材料和减轻桥梁重量，也可用其他方法形成横坡，然后直接铺筑桥面铺装层，而不用这种垫层。(张恒平)

三角形桁架 triangular truss

又称三角形腹杆体系桁架。由斜杆和竖杆组成或纯由不同方式斜杆组成腹杆体系的桁架。带竖杆、斜杆的三角形桁架的优点是竖杆受力小，受压(或拉)斜杆的数量少，构造简单，适于定型化。近年来，不带竖杆的纯三角形桁架，因有外形简洁、美观的优点，已较多地被采用。在钢筋混凝土桁架拱桥中，带竖杆和受拉斜杆的桁架拱称斜拉杆式，带竖杆和受压斜杆的桁架拱称斜压杆式，只有斜腹杆的才称三角形式桁架拱。(陈忠延)

三铰刚架桥 three-hinged rigid frame bridge

在柱脚和楣梁中部均设铰的单跨刚架桥。系静定结构，温度变化，混凝土收缩、徐变，以及地基差异沉降等对刚架结构不会产生附加力，适用于地质不好的桥位处，但构造复杂，刚度差，对应于铰位的桥面处须设构造缝，施工与养护均较麻烦。

(袁国干)

三铰拱桥 three-hinged arch bridge

在拱冠与拱端处均设铰的拱桥。属静定结构，对混凝土收缩、徐变、温度变化，以及墩台位移不受影响，适用于地质差而要求修建大跨度桥的场合。但铰的构造复杂，施工麻烦，维护费用高，整体刚度差；又因三处设铰，对应的桥面处亦需设置构造缝，加之拱圈挠曲时在拱铰处急剧转折，对行车不利，一般采用较少；但在拱上建筑的小拱圈中，为适应混凝土收缩、徐变和温度变化，常做成三铰拱。

(袁国干)

三阶段设计 three-stage design

对大型、技术复杂的工程，按初步设计、技术设计和施工图(设计)三个阶段进行设计工作的简称。铁路建设项目的设计工作，一般常采用三阶段设计。对技术上复杂而又缺乏设计经验的公路、工业与民用建筑、独立桥梁和隧道工程等建设项目，也常采用三阶段设计。(周继祖)

三向预应力配筋体系 triaxially prestressing system

一种在梁或构件的纵、横、竖三向均配有力筋的配筋体系。梁内纵筋指与跨径方向平行的力筋；横筋与纵筋垂直，分布在翼板中；竖筋布置在腹板中。配筋数量分别由梁体纵向应力、翼板横向应力和腹板主拉应力情况决定。(严国敏)

三心拱桥 three centered arch bridge

拱圈(肋)轴线由三段半径不同的圆弧组成的拱桥。在恒载作用下，压力线较圆弧拱桥接近拱轴线，受力较均匀，但施工较复杂。(袁国干)

三作用千斤顶 triple-action jack

具有张拉、顶压锚固和自动退楔三种功能的千斤顶。是双作用锥锚式千斤顶的改进，增设退楔油缸和限位翼板。张拉和顶压锚固的工序完成后，退楔油缸充油使张拉油缸和卡丝盘回程，利用限位翼板退除卡丝盘上的楔块。(唐嘉衣)

散斑干涉法 speckle interferometry

采用适当的方法，对比物体变形前后的散斑图的变化，从而高精度地检测物体表面各点位移的测试方法。散斑干涉计量过程一般分为两步：首先用相干光按两次曝光法或实时法或时间平均法获得带有物体表面变形或位移信息的散斑图，然后利用逐点法或全场分析法将散斑图中的变形或位移信息分离出来。散斑干涉法可直接给出物体表面的面内位移，也可用来研究物体的振动。最近提出一种非相干光散斑法，即白光散斑法。该法可通过控制照相的景深逐次测量三维物体各截面的位移和变形，也可用来测量有较大变形的大型构件的位移。

（胡德麒）

散装水泥车 bulk cement truck

从水泥厂到混凝土工厂或施工现场运送散装水泥的专用车辆。分为散装水泥汽车和散装水泥铁路车辆。由贮料容器、装卸设备、管路系统、汽车底盘或铁路车辆底架组成。一般采用气力输送水泥设备卸料。（唐嘉衣）

sang

桑独桥 Sandö Bridge

瑞典桑独公路桥。建成于1942年。路面宽12m，为单孔钢筋混凝土箱形截面拱桥，拱跨264m，矢高39.5m。该桥保持此类桥世界最大跨的纪录至1964年，共22年。桥用浮运预制拱架法施工。

（唐寰澄）

se

色彩 colour

桥梁建筑及其附属部件表面的颜色。一般桥梁，钢结构常涂以带色彩的油漆，混凝土结构往往采用本色，由于混凝土本色灰暗不吸引人，故较小的城市桥、立交桥等有时亦予以带色彩的饰面。色彩有素净、艳丽之分，桥梁宜取前者。色彩的配置已成专门学科——“色彩学”。（唐寰澄）

sha

沙波 sand wave

在水流或风作用下形成的一种波状起伏并缓慢移动的沙面形态。设计桥渡建筑物时关心的是沙质河床上，水流引起的河床面起伏形态。随着水流条件不同，沙波形态、大小、移动速度也不同。水流由缓流到急流，床面形态要经过静平整、沙纹、沙垄、动平整、沙浪、急滩和深潭几个不同的发展阶段，其床面阻力差别很大，直接关系到水流平均流速的计算。

（吴学鹏　任宝良）

沙波运动 sand-wave movement

泥沙颗粒在河床面上的集体运动。在水流作用下，河床上众多泥沙颗粒作顺流向间歇运动，沙波顺流或逆流移动，床面形态发生变化。沙波运动也是推移质运动的主要形式，通过它可分析、计算推移质输沙率。（吴学鹏　任宝良）

砂垫层 sand mat

用砂置换软弱土填筑而成的建筑物基础垫层。可使地基承载力明显提高，沉降量减小。所用砂料宜为粗砂或中砂，其断面应根据下卧土层的承载力通过计算确定。（夏永承）

砂垫层加固法 sand cushion stabilization method

当基底下软弱土层较厚，不可能将下卧层的软土全部挖除时，可挖去其一部分，换填砂成为砂垫层的一种地基加固法。通常可根据砂垫层的容许承载力确定基础底面尺寸，再按下卧层土质修正后的容许承载力确定砂垫层的厚度（不宜大于3m）。砂垫层的作用是提高持力层的承载力，减少基础的沉降量。排水砂垫层还具有排水作用。（易建国）

砂堆比拟法 sand heap analogy

按塑性理论分析混凝土扭转剪应力的方法。它设堆在截面上砂堆的体积与该截面能承担的塑性扭矩成比例，对于矩形截面，砂堆的高度等于扭转剪应力与短边长度的乘积。（车惠民）

砂浆强度等级 strength grade of mortar

用边长7.07cm的立方体标准砂浆试件，在规定养护条件下的28天抗压强度来划分的等级。常用砂浆强度等级有：M20、M15、M10、M7.5、M5、M2.5、M1和M0.4。M20和M15砂浆多用于特殊工程。（张迺华）

砂井加固法 sand drain consolidation method

一种以固结排水作用为主的地基加固方法。适用于细粒、含水量饱和和渗透性差的软粘土层。砂井能在外荷载作用下，使饱和水迅速逸出。加快土层压缩变形时间，在含水量和孔隙比减小的同时，相应地提高地基的承载能力。为了提供排水通道，在用水冲法、钢管打入法等完成砂井施工后，顶面必须设置一定厚度的砂垫层或砂槽。为了提高砂井的效益，常需配合采用预压措施。（易建国）

砂石泵 sand pump

输送含有砂碴液体的离心式专用泵。其特点与离心式泥浆泵类似。因泵壳易受磨损，壳内装有可更换的耐磨衬套。用于泵吸式反循环钻机吸排钻碴。工作时需用真空泵排气或用离心泵充水启动。
（唐嘉衣）

砂筒　sand box

由钢制的活塞和套筒组成的卸落支架的工具。套筒内装满烘干的砂。受载时，由被压实的砂支承荷载。卸载时打开砂孔，砂慢慢流出，活塞随之降落。
（唐嘉衣）

砂土地基　sandy soil foundation

由砂类土构成承托基础的地层。砂土按颗粒级配可分为砾、粗、中、细和粉砂；根据密实度又分为密实、中密和稍松。按照有关建筑物规范规定，由砂土类别、密实度甚至饱和度可以定出地基承载力。砂粒愈粗和愈密实，地基承载力也愈高。（刘成宇）

砂桩加固法　sand pile stabilization method

一种用机械造孔、灌填砂料形成砂桩的地基加固方法。常用振动打桩机将桩管打入土中，管桩底部装有自动脱落的混凝土桩靴，桩管打至设计深度后，在管桩内灌填砂料，随着打桩机的振动，一面将桩管提升拔出，一面将砂料振实留在土中成为砂桩。砂桩直径取决于打桩设备。通常采用直径为 30cm 的钢管，桩间距离取 3～5 倍桩径为宜。此法适用于加固松散砂土、素填土和杂填土地基。对周围土体产生振密和挤实作用。提高地基承载能力和稳定性，有效地预防砂土液化。在软土中能置换同体积的软粘土形成“复合地基”，起着排水、加速固结沉降、改善地基稳定性等作用。
（易建国）

shai

筛分法　sieve analysis

测定砂的粗细程度和颗粒级配的一种分析方法。用一套孔径为 10、5、2.5、1.25、0.63、0.315、及 0.16mm 的标准筛，将 500g 重的干砂试样由粗到细依次过筛，称出余留在各个筛上的砂子重量，以计算筛余百分率和累计筛余百分率以及细度模数。
（崔　锦）

筛分机　screening machine

利用砂石骨料与筛面的相对运动，使部分颗粒通过筛孔，将砂石骨料按粒径大小分成等级的机械。分为固定筛和活动筛两类。活动筛又分转动筛和振动筛。筛分的粒径等级与筛面有关。常用的筛面有板状筛和编织筛。
（唐嘉衣）

shan

汕头海湾大桥　Shantou Bay Bridge

位于广东省汕头市，跨越汕头海湾，主桥为中国首座预应力混凝土加劲梁大跨径悬索桥。全桥长 2 500m，中间经过妈屿岛，悬索桥设在南岸至妈屿岛间的主航道上，中孔跨径 452m，边孔各 154m。主缆用预制平行钢丝索股法（PPWS 法）施工，每根主缆由 110 股平行钢丝索股组成，每股含 91 根 ϕ5.1mm 的高强镀锌钢丝。主缆垂跨比 1/9.83。加劲梁为鱼腹式截面，三室单箱，全宽 26.52m，梁高 2.2m。索塔采用三层钢筋混凝土框架，高 95.1m，圆端形空心塔柱。锚碇坐落在花岗岩上，岩表风化裂缝较发育，采用重力式嵌岩锚，锚体采用钢构架，内填混凝土。1995 年建成通车。
（林长川）

扇形索斜拉桥　fan-type cable stayed bridge

缆索在桥塔顶部以较小距离分开锚固，向下向外分散使索距呈上小下大非平行布置的斜拉桥。国外亦称改良扇形索斜拉桥（modified fan-type cable stayed bridge）。索形布置是介于辐射形和竖琴形之间的折中形式，结构的受力与变形，以及钢索用量均居其中，适用于多拉索的斜拉桥。可避免采用在辐射索斜拉桥中为集中锚索而采用构造复杂的巨大的金属索鞍，又兼有稳定性较好，拉索工作效率较高等优点，故近年来一些具有代表性的大跨径斜拉桥多半采用这种桥型。

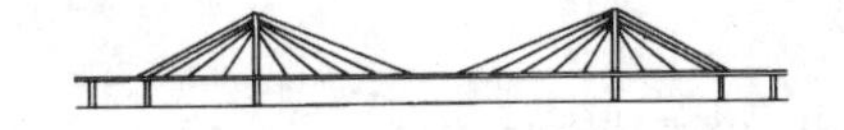

（姚玲森）

扇性惯性矩　warping moment of inertia

薄壁杆件截面微分面积与扇性坐标（开口截面）或广义扇性坐标（闭口截面）平方之乘积对全部面积之积分。其表达式为 $I_{\mathrm{w}}=\int_F \omega^2 \mathrm{d}F$ 或 $I_{\bar{\mathrm{w}}}=\int_F \bar{\omega}^2 \mathrm{d}F$，式中 F 为薄壁杆件的全部面积，ω 为开口薄壁杆件截面之扇性坐标，$\bar{\omega}$ 为闭口薄壁杆件截面之广义扇性坐标。扇性惯性矩的量刚为长度的六次方。
（陆光闾）

扇性静面矩　sectorial statical moment of area

薄壁杆件截面微分面积与扇性坐标（开口截面）或广义扇性坐标（闭口截面）之乘积对全部面积之积分。其表达式为 $S_{\omega}=\int_F \omega \mathrm{d}F$ 或 $S_{\bar{\omega}}=\int_F \bar{\omega} \mathrm{d}F$，式中 F 为薄壁杆件的全部面积，ω 为开口薄壁杆件截面之扇性坐标，$\bar{\omega}$ 为闭口薄壁杆件截面之广义扇性坐标。扇性静面矩的量刚为长度的四次方。
（陆光闾）

扇性坐标　sectorial coordinates

又称扇性面积。其值为以开口薄壁杆件横截面的某辅助极点 A 为顶点，由任意边起算点 n 至所研

究点 m 间截面中线所构成之扇形面积的二倍。是薄壁杆件用以计算约束扭转应力的一种截面几何特征。其表达式为 $\omega=\int_0^s r\mathrm{d}s$，式中 r 为截面中线上点的切线至辅助极点的垂距。扇性坐标的单位为长度平方。 （陆光闾）

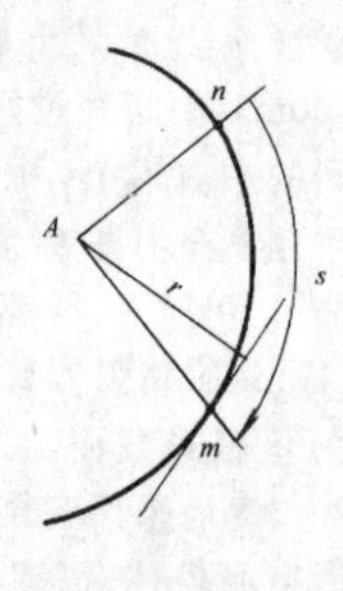

shang

商业性桥梁 commercial function of bridge

兼有集市贸易的桥梁。参见市桥（219 页）。 （唐寰澄）

上承式钢梁桥 steel deck girder bridge

桥面布置在桁梁上弦或板梁上翼缘处的钢梁桥。优点是：桥面上视野开阔，在一般情况下，桥面系构造较简单，墩台宽度与高度较小。缺点为：桥面距梁底的垂直距离较大，减小了桥下净空，有时妨碍桥下交通。 （伏魁先）

上承式拱桥 deck type arch bridge

桥面系设置在拱圈（肋）之上的拱桥（见图）。优点是桥面系构造简单，拱圈与墩台的宽度较小，

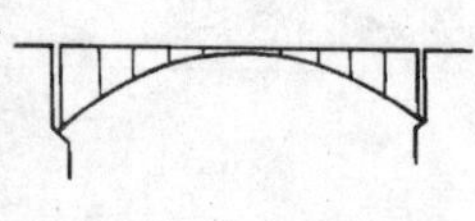

桥上视野开阔，施工较下承式拱桥方便，但缺点是桥梁建筑高度大，纵坡大和引道（桥）长。 （袁国干）

上承式桁架梁桥 deck truss girder bridge

桥面位于梁式桁架之上的桥梁。桁架至少应有两片，上弦应做成平直以保持桥面的平直。桁架片之间应视桁架高度及其间距设置横向联结系及在上、下弦平面设置纵向联结系，以保持桁架的稳定并承受横向风力。上承式桁架梁的构造相对简单，墩台宽度与高度不大，但建筑高度较大，引桥（道）较长。可用钢材、木材和预应力混凝土建成。适用于线路标高较高而设计水位较低的场合。 （徐光辉）

上承式桥 deck bridge

桥面行车道部分位于主要承重结构上面的桥梁。这种桥构造较简单，主要承重结构（主梁、主拱肋等）的总宽度可较窄，因而墩台和基础相应也可窄些；主梁、主拱肋等的相互间距也可视需要自由调整；且桥上行车视野开阔。但其建筑高度较高。当建筑高度不受严格限制时宜采用。 （徐光辉）

上拱度 camber

又称拱度。沿桥梁纵向向上拱起的尺寸。为防止桥梁在使用荷载作用时向下的挠度过大，一般需预设上拱度。上拱度曲线可取与恒载和半个静活载产生的挠度曲线基本相同，但方向相反。（陆光闾）

上海金山黄浦江桥 Huangpu River Bridge, Jinshan, Shanghai

位于上海市金山县横跨黄浦江的一座铁路、公路双层两用桥。单线铁路桥长 3 048m，双车道公路桥长 1 859m。正桥为二跨两联平行弦连续钢桁架，长 420m，桥墩处设加劲斜杆。引桥用预应力混凝土简支梁。墩台基础均用桩基。全桥于 1976 年 7 月通车。 （黄绳武）

上海南浦大桥 Nanpu Bridge, Shanghai

位于上海市南码头，是市区第一座跨越黄浦江的大桥。全长 8 346m，通航净高 46m。主桥为双塔双索面斜拉桥，中孔 423m，主梁采用钢与钢筋混凝土的结合梁。塔高 150m，为折线 H 型钢筋混凝土结构。引桥为预应力及钢筋混凝土结构，浦西引桥以复曲线呈螺旋形，上下两环分岔衔接中山南路和陆家浜路；浦东引桥向东直通杨高路，并以两个复曲线长圆形环与浦东南路两头相连。全桥均用群桩基础。上部结构采用预制安装和悬拼施工。1991 年建成通车。 （黄绳武）

上平纵联 upper lateral bracing

见纵向联结系（299 页）

上弦杆 upper chord

桁梁桥主桁或其他桁架结构中位于上部、联结各上节点的杆件。根据结构受力特点不同，上弦杆可为受压杆（例如在简支桁梁桥中），也可为受拉杆（例如在悬臂梁中）。受力大小除与荷载有关外还与桁架高度成反比。可采用钢、木、钢筋混凝土和预应力钢筋混凝土材料构成。为便于制造、安装和修复并增加杆件的互换性，现代钢桁梁桥常采用平行弦式上弦杆体系，截面型式也多为焊接 H 形截面和箱形截面。 （陈忠延）

上限解法 upper bound method

应用塑性上限理论的极限分析。极限荷载的上限值相当于使某种可能的破坏机构的内部塑性功等于外载功的荷载，其值大于或等于实际的破坏荷载。求上限值时只需假设一个可能的破坏机构，因而极限荷载比较容易得到。如板桥设计中用的塑性铰线理论（yield line theory）即属上限解法。

（车惠民）

shao

烧钉 heat riveting

铆接前将铆钉加热的工艺过程。在烧钉炉内进行，常用的有焦炭炉、柴油炉、煤气炉、电炉等。要求钉杆加热均匀，钉梢比钉杆根部温度高约 50℃，以便易于铆成钉头。用铆钉枪铆合时钉杆烧至 1000～1100℃；用铆钉机铆合时钉杆烧至 650～700℃。（李兆祥）

she

设计暴雨 design rainstorm

根据设计要求确定的某种出现频率的暴雨量。主要用于推求设计洪水。在桥涵的设计流量计算中，多采用由雨量推算流量的方法，按《铁路桥渡勘测设计规范》规定，在决定某时段的暴雨量时，必须根据线路等级和桥梁、涵洞的不同要求，分别选用其出现频率为 1/100 或 1/50 的雨量，作为设计雨量（暴雨）。（吴学鹏）

设计单位 design department, design section

各类设计院、设计所和设计室的通称。承担国家各类建设项目的设计任务，对设计工作全面负责的机构。其活动对整个建设项目起着重要作用，它必须认真贯彻国家有关方针政策，遵守有关法律规定，服从设计规范要求，积极采用成熟的先进技术、先进合理的技术经济指标，做到精心设计，保证设计质量，并使工程造价保持在合理的水平。（周继祖）

设计方案竞标 competitive tender of design scheme

对桥梁建设工程遵照招标标书的各项要求就桥型、孔径布设、基础类型、桥梁美学以及经济分析、工程造价等各方面所进行的总体设计方案的投标竞争。然后以中标方案作为下步设计的依据。（周继祖）

设计风速 design wind speed

结构物设计中计算风荷载和检验抗风稳定性的风速。由基本风速乘以结构物的高度修正系数及结构物的水平长度或铅直长度的修正系数得到。由于基本风速是以 10min 为时距的平均风速，当验算结构在风荷载作用下的强度时，还要乘以阵风因子，以考虑瞬时风速的影响。（林志兴）

设计概算 design approximate estimate

设计单位编制的初步设计或扩大初步设计总概算的简称。设计文件的重要组成部分，全面反映建设项目、投资费用项目和内容的主要文件。由设计单位根据初步设计或扩大初步设计文件图纸及有关说明、施工组织总设计（或称施工组织设计方案意见）、概算定额和指标、地区材料概（预）算价表（俗称地区材料目录）、各种取费标准、编制概算有关规定等编制而成。根据初步设计阶段的总概算，可确定建设项目的投资和编制基本建设计划。扩大初步设计的总概算，除上述作用外，还可代替修正总概算，作为控制基本建设投资，签订承发包合同，安排投资计划和施工计划，以及决算工程价款的依据。设计总概算应按建筑工程费、安装工程费、设备购置费、工具备品备件购置费、其他费五项费用和规定章次编列。规定章次不得任意变更，不发生费用的章仍然保留其章次。总概算应按整个建设项目编制。但铁路区段站及工程复杂的工点应单独编制，一个建设项目由两个以上单位共同承包时，应按各该单位承包范围编制；未明确施工单位者，则基本上按省、市、自治区所辖范围的区段站为界编制。（周继祖）

设计荷载 design load

又称计算荷载。在结构极限状态设计中，指荷载的标准值或代表值，与其分项系数的乘积。曾作为桥涵结构设计考虑的荷载总称，当时一般取用经验确定的标准值。（车惠民）

设计荷载谱 design load spectrum

见荷载谱（98 页）。

设计洪水 design flood

符合指定防洪设计标准的洪水。包括设计洪峰流量、不同时段的设计流量、设计洪水过程线等，可根据工程特点和设计要求计算其全部或部分内容。铁路桥渡设计中，一般只需设计洪峰流量，个别工程要求设计洪水过程线。按照《铁路桥渡勘测设计规范》规定，Ⅰ、Ⅱ级铁路桥梁的设计洪水的频率为 1/100；涵洞为 1/50。常用的计算方法有：①统计法，即根据实测的多年流量系列和调查到的历史洪水资料推求。②设计暴雨法，即根据雨量资料推求。③地区综合法，即利用地区的一些经验关系和图表资料估算。小桥涵的设计洪水都用设计暴雨法计算。（吴学鹏）

设计洪水频率 design flood frequency

以某一洪水频率作为永久性桥涵设计洪水的标准。洪水频率为年频率，用几分之一或百分数表示，例如$\frac{1}{50}$或 2%，表示等于或大于该频率的洪水流量平均每50年出现一次。《公路工程技术标准》规定永久性桥涵的设计洪水频率如下表。二级公路的特大桥及三、四级公路的大桥，在水势猛急、河床易于冲刷的情况下，必要时可提高一级洪水频率验算基础冲刷深度。三、四级公路，在交通容许有限度的中断时，可修建漫水桥和过水路面。漫水桥和过水路面的设计洪水频率，应根据容许阻断交通的时间久暂和对上、下游的农田、城镇、村庄的影响以及泥沙淤塞桥孔、上游河床的淤高等因素确定。

构造物名称	公路等级				
	汽车专用公路		一般公路		
	高速公路、一	二	二	三	四
特大桥	1/300	1/100	1/100	1/100	1/100
大、中桥	1/100	1/100	1/100	1/50	1/50
小桥	1/100	1/50	1/50	1/25	1/25
涵洞及小型排水构造物	1/100	1/50	1/50	1/25	不作规定

（周荣沾）

设计基准期 design reference period

计算结构可靠度时考虑各项基本变量与时间关系所取用的基准时间，并不简单地等同于工程结构的寿命。当结构物的使用年限超过设计基准期后，结构失效概率可能较设计预期值增大。设计基准期越长，结构可能接受的可变作用越大，而结构的抗力越小。它的制订需综合考虑工程结构技术和经济等方面的因素。中国国家标准，建筑结构为50年，铁路桥梁结构为100年。（车惠民）

设计阶段 design stages, design phases

在建设项目设计工作中，根据任务的目的、性质、规模及深度要求不同，所划分的工程设计程序。通常，将建设项目设计分为按三阶段设计、两阶段设计和一阶段设计三种。建设项目采用何种设计阶段，应在设计（计划）任务书中规定。前一阶段设计文件经审查批准后，即作为下一阶段的设计依据。前一阶段设计文件未经审查批准，不准进行下一阶段的设计工作。（周继祖）

设计流量 design discharge rate

相应设计洪水频率的洪峰流量。以 m^3/s 计。河流每年出现的洪峰流量是不一样的，如选用过大的洪峰流量作为桥涵的设计流量，则设计出的桥涵将不经济；如过小，则桥涵又不够安全。我国《公路工程技术标准》规定，作为桥涵的设计流量是采用设计洪水频率作为设计标准，即以平均多少年出现一次的最大洪峰流量作为桥涵的设计流量。公路等级越高和桥涵跨径越大，其相应的设计洪水频率规定值越小，作为桥涵的设计流量将越大。根据多年实测的洪峰流量资料，采用水文数理统计法，利用经验频率曲线和理论频率曲线可以推求相应于设计洪水频率规定值的设计流量。（周荣沾）

设计流速 design discharge velocity

与设计流量和设计水位相对应的水流速度。以 m/s 计。特大桥、大桥、中桥的孔径计算，允许桥下河床有一定限度的冲刷，它是通过《公路桥涵设计规范》规定的冲刷系数 P 的允许值控制，为此可减小冲刷前的桥下过水断面积而把桥梁的墩台布设在河床内，以便减小桥孔长度，降低造价；随着冲刷的发生，桥下被冲刷的过水断面积随之逐渐扩大，流速也随之逐渐减小，当冲刷停止时，流速即恢复为天然流速，因此，在计算特大桥和大、中桥的孔径时，其设计流速应采用天然流速。而小桥涵（小桥、涵洞）的孔径计算，则不允许桥下河床发生冲刷。通过人工加固河床，既可防冲刷，又能提高流速，即在要求排泄同样设计流量的情况下，可减小桥下过水断面积而缩小小桥涵孔径长度，降低造价。此时，计算小桥涵孔径的设计流速，应根据所采用的人工加固河床的工程种类，选用其对应的容许（不冲刷）平均流速。（周荣沾）

设计任务书 specification of design task

又称计划任务书。基本建设项目设计任务书的简称。基本建设项目在正式勘测设计以前，由领导机关（主管部门）下达给设计部门，设计部门据以执行勘测设计的文件。它是确定建设项目和编制设计文件的依据。一个拟建项目，首先应根据国民经济发展的长远规划、行业规划（如路网规划）和地区规划及市场调查、预测等资料进行分析与研究，并在建设项目可行性研究的基础上，编制设计任务书。它与项目可行性研究一起，是基本建设前期工作最重要的组成部分。设计任务书经过审查批准后，方可进行拟建项目的各项设计工作。设计任务书在按下列基本内容编制时，必须明确规定拟建项目的投资控制数额。

新建铁路建设工程设计任务书的内容有：①建设的目的和依据；②运输任务、建设规模和主要技术标准；③设计线路的起讫点和基本走向；④沿线矿产资源，水文、地质情况及燃料、动力、供水、交通运输等条件；⑤投资限额、资金来源及预测投资回收年限；⑥建设工期及交付运营期限；⑦劳动定员控制数；⑧与国家其他重大建设项目（如大型水库、大型厂矿等）配合方案；⑨技术经济指标和预期经济效益水平。对改建、扩建大中型项目，则应包括对原有工程结构的利用程度和潜力发挥情况的说明。小型项目设计任务书内容一般均可适当简化。根据国家计委（91）计投资1969号文《关于报批项目设计任务书统称为报批可行性研究报告的通知》，已取消设计任务书的名称，代之以可行性研究报告。（周继祖）

设计寿命 design life, designed service life

又称设计基准期。指规定的结构使用期。但并不是说使用期过后结构就不再适用了，也不是说在设计基准期内毋需检查和养护就能持续使用。（车惠民）

设计水位 design water level

相应于设计洪水频率的洪峰流量水位，即设计流量的水位。用标高表示设计水位的高低，以米(m)计。河流的流量随水位而变化，表明水位与流量之间有密切关系，在桥涵水文计算中，常利用它们的关系来推求某一设计水位相应的设计流量。为此，可在桥位附近选定河床形态断面进行历史洪水情况的调查，调查历史洪痕位置、发生年份，以便确定历史洪水位和历史洪水重现期。根据测绘的形态断面和洪水比降、河床状况等资料，利用水力学有关公式计算该历史水位的洪峰流量，以便最后确定所采用的设计水位相应的桥涵设计流量。 (周荣沾)

设计应力谱 design stress spectrum

见应力谱 (271 页)。

设计应力-应变曲线 design stress-strain curve

计算构件抗力时采用的理想化的钢筋或混凝土在荷载作用下的应力应变关系。混凝土应力-应变关系曲线受混凝土强度、龄期、加载速度、截面形式、环境条件以及试验设备和试验方法等很多因素的影响。从理论上讲，各种受力状态下的应力-应变曲线是不同的。但从设计所要求的精度出发，合理地选择一个混凝土受压应力-应变曲线模式，用以描述混凝土受压应力分布图形是可行的。同样为了便于计算，也常将实际的钢筋应力-应变曲线加以理想化，得到钢筋的应力-应变设计曲线。 (李霄萍)

设计准则 design criteria

结构各种功能极限状态的标志及限值。承载能力极限状态包括破坏、屈曲、倾覆、可能使桥梁倒塌的振动，以及累积疲劳损伤导致的破坏或失效；正常使用极限状态包括影响结构正常使用或外观的过大变形，造成不舒适或对设备发生影响的过大振动，降低结构耐久性或影响有效使用的局部损坏和过大的裂缝等。对于某些按特殊功能设计的结构，可以提出其他准则来定义适当的极限状态。 (车惠民)

射钉枪加固法 method of gunning nail

一种通过射入铁钉增强新旧混凝土粘结的加固混凝土构件的方法。用高压水冲洗干净加固构件的面板，用射钉枪把粗短钢筋射入面层混凝土内，再按要求铺砌面层钢筋网，浇注混凝土成为更新的构件，此法适用于加固小桥涵的桥面板，以及城市污水井盖板等。由于施工便利，设备简单，故有较好的经济效益。 (易建国)

射入阻力法 method of test by shot resistance

用专门标准射枪将硬质合金探针以一定速度射入混凝土内，根据射入深度确定混凝土强度的试验方法。是混凝土半破损检验方法之一。美国已将此法列为试行标准，即《硬化混凝土射入阻力试行方法》(ASTM803)。该法规定使用一种标准的炸药发射枪，对表观密度大于 2 000kg/m³ 的混凝土，探针长度 79.4mm，头部为圆台形，端头直径为 6.35mm，底部直径为 7.94mm，圆台长度为 14.29mm，后部仍为圆柱状。 (张开敬)

射水沉桩法 jetting piling method

利用高压水流在桩尖和桩侧冲松土层，将预制桩沉入土中的方法。水流用高压水泵压入射水管，再从其下端的射水嘴喷出。射水管可设置于桩中心，从桩尖伸出，也可布置在桩外侧，但应不少于 2 根，且应对称。效果决定于土类、水压和水量。最适用于砂类土，对于较硬的粘土及含有卵石等粗颗粒的粒状土，效果欠佳。一般与锤击或振动法配合使用。当桩尖沉至设计标高以上 1.0～1.5m 时，应停止射水，改用锤击或振动法沉至设计标高。 (夏永承)

shen

伸出钢筋 outcrop bar

预制混凝土构件因装配时互相连结或临时定位需要而外伸的钢筋。一般可加长构件内所配钢筋使之伸出构件外，也可外加钢筋（又称预埋钢筋），但须与构件内钢筋骨架相连接。伸出的长度要按互相焊接或绑扎需要和现浇接头（缝）混凝土宽度确定。

(陈忠延)

伸缩缝 expansion joint

为适应桥跨结构在气温变化下和活载作用下所引起的变形而设置的装置。在构造上应满足：①能自由伸缩和转动；②牢固可靠；③车辆驶过时平顺、无突跳和噪声；④能防止雨水渗入和及时排除，并能防止污物侵入和阻塞；⑤易于安装、检查、养护和清除污物；⑥价廉。我国常用的型式有：镀锌铁皮伸缩缝，橡胶伸缩缝，组合式伸缩缝，钢板式伸缩缝，梳齿形钢板伸缩缝，拼板式伸缩缝等。桥上凡设伸缩缝的部位，所有其他结构部件（如栏杆、管道等）都应断开或能伸缩，以满足自由变形的要求。 (邵容光)

伸缩桥 retractive bridge

活动孔可沿桥轴纵向移动的活动桥。活动孔的整个桥跨结构沿设于非活动孔内的轨道上移动，对桥孔外的空间干扰最少，但移动装置较复杂，一般用于活动孔跨径不大的桥位处。 (徐光辉)

深槽 deep-reach

在河流主泓线上的水深较大处。是顺直河段上与浅滩相对的河槽。 (吴学鹏)

深层搅拌法 deep mixing method

一种用搅拌机翼片旋转，将石灰或水泥等固化剂与软土搅拌混合的加固地基方法。首先将转动搅拌翼片下沉至预定的加固深度，然后由下而上的一面提升搅拌轴的旋转翼片，一面压入固化剂(水泥浆或生石灰)，使固化剂与土粒充分搅拌混合，经过一定时间凝结成圆柱状加固土体。加固深度一般在10m以上。本法适用于加固各种土质地基，但对有机物含量大的土、硫酸盐含量大的土，其加固效果较差。（易建国）

深泓 talweg

又称主泓。河道深槽的连接线。河道主流沿它流动。（吴学鹏）

深基础 deep foundation

基底埋置较深，一般大于5m且不小于其本身宽度的各种类型的基础。通常不能用敞坑法施工。根据基础的构造、施工方法和受力状态的不同，可分为桩基础、沉井基础、沉箱基础和管柱基础等。这类基础多用于墩台荷载较大，地基松软深厚或作为持力层的坚实土层埋置较深，河床冲刷较大等情况。

（赵善锐）

深潜水设备 deep diving equipment

水深超过35m的潜水作业的设备。分为潜水员深水作业设备和深潜水机两种。潜水员在深水作业，一般需提供氦混合气体，由潜水员自行携带储气瓶，潜入深水中作业。深潜水机设有步行机构、机械手、照明、摄象和测视设备。潜水员能在机舱内常压下工作，或潜出机舱进行短期的水中作业。深潜水机亦可设置自动观测和遥控设备，做成步行式无人潜水机，在水底进行观测工作。（唐嘉衣）

审美 appreciation of beauty

又称审美活动。欣赏或创造美的事物时，通过感性直觉作理性思维的一系列活动。可包括审美观点、审美标准、审美能力、审美趣味、审美评价、审美感受等内容。桥梁的审美活动在普遍性的指导下有特殊的方面，即不能脱离基本建设的法规、桥梁技术的特点，以及其与环境的关系等。这是一个多方面的思维活动。（唐寰澄）

审美标准 aesthetical standard

在一定的审美观点基础上所形成的若干审美准则。应不抱偏见和成见，正确地认识何者为善的内容和美的形式。桥梁的审美标准亦有相对性，但仍应统一于社会的共同认识之中。历史上曾有不同标准的提法，如结构真实便是美、功能合理即美、善即是美等，这都是必要条件而不是充分条件；或有一条(如比例)或数条美的法则，以偏代全。审美标准宜于包括必要条件外的所有美的法则。（唐寰澄）

审美感受 aesthetical affection

又称美感。主要是指欣赏艺术作品时对创作者善的意图和所表现的美的艺术形象发生共鸣。这一共鸣，起之于先天生理上的反应和后天所受的教育、知识、生活经历等引起心理上的反应，产生共有的或独有的美的享受。对于桥梁，审美活动的对象是一个建筑实体。美的桥梁常使人留连忘返、咏叹不已、对世界和人生产生克服自然障碍、改造自然环境，人力胜天的积极向上的向往。（唐寰澄）

审美观点 aesthetical viewpoint

在审美活动中，审美主体所持的态度和看法的总称。美学与哲学、心理学、伦理学等社会科学有密切的联系。因此，审美者的宇宙观、人生观及其在社会中的地位、审美的情境都会产生不同的审美判断和感受。历史和辩证唯物主义的观点应该是正确的审美观点的依据。所以桥梁的审美观点要从历史中吸取教训，亦不能脱离时代的物质和精神基础，并且尽可能地使其具有较长时期的美学上的价值。

（唐寰澄）

审美能力 aesthetical ability

审美主体的人在欣赏和创作美的事物时的能力。历史上把艺术家的这一能力归之于具有“第六感官”或俗称为“艺术细胞”的存在，亦有认为起之于创作灵感，这是错误的。桥梁设计或鉴赏者的审美能力，除了其聪明才智之外，得之于广博的事业和社会知识，不断的创作或鉴赏实践，以及上升到理论的正确的对桥梁美学的认识，并且有一个不断提高和深化的过程。（唐寰澄）

审美评价 aesthetical appreciation

又称审美判断。是对事物在一定的审美标准指导下得出不同程度上美或不美的结论。在作桥梁评估时要充分注意到其物质根据、意识倾向、美的法则的应用，以及对今后发展的积极意义。由于桥梁一旦建成，将较长时期存在于环境之中，故宜在建设之初便慎重进行。（唐寰澄）

审美趣味 aesthetical taste

在一定时期内，人于审美时在美的事物的范围内一定的倾向性。不同趣味起源于美的相对性。桥梁美学承认不同趣味的客观存在，不过也得承认有艺术修养的高下程度及随风流俗的区别。多样化的世界产生不同趣味，不同趣味又可使世界更多样化。众多美的桥梁造型各有其鉴赏和拥护者是可以理解的。（唐寰澄）

审美序列 aesthetical order

在确立功能序列后，进行结构序列的选择时，同时需要从审美的角度上所应考虑的安排次序。桥梁的审美角度主要从人通过的不同方式，以及静观和动观时可以采取的各种角度，多方面周到地深思熟虑，以求完美。（唐寰澄）

渗水路堤 pervious embankment

用石块或卵石堆砌而成并容许水流从其间孔隙通过的路堤。这种路堤既是道路路堤又是排水结构物，用以代替小桥涵。优点是构造简单，日后改变路堤纵断面没有特殊困难，能通过任何载重，有抵抗地震的稳定性。同时，在地质构造复杂，经常有泉水潜流或地基土质不佳地区修筑桥涵墩台基础有较大困难时，可考虑修建渗水路堤。缺点是堤身易于淤塞，下游堤脚基础易受冲刷，在寒冷地区，路堤内的水分冻结会阻碍初春季节水流的通过。对水流有悬浮土粒的地区，则不宜修建。为避免路堤渗水部分被上面填土堵塞，应做隔离层。为防止被漂浮物淤塞，可在堤前设置防护栏或拦淤坝。　(张廷楷)

渗透系数　seepage coefficient

又称水力传导系数。衡量土、岩石透水性大小的指标(用符号 K 表示)。是水力坡度为 1 时地下水在介质中的渗透速度 (单位 cm/s 或 m/d)。其大小不仅与土、岩石的类型有关，还与在介质中运动的地下水的粘滞系数、密度及温度等物理性质有关。

(王岫霏)

sheng

生产鉴定性试验　verification test of bridge structures

根据设计和施工规范要求，对实际结构进行检验性的试验。其目的是鉴定实际结构物的受力状态和使用性能；检验其设计和施工质量是否符合要求；评估旧有结构、有缺陷或有质量事故的结构之实际承载能力，做出加固、改建等技术结论。它是直接为生产和使用服务的，一般为非破坏性、短期静动载试验。例如重要桥梁竣工后的静动载试验即为生产鉴定性试验，是为验收做准备的，同时它也可为发展结构设计理论和施工技术积累资料，具有重要意义。

(张开敬)

生口桥　Ikuti Bridge

位于日本本州四国联络桥的尾道至今治线上的斜拉桥。桥长 795.8m，主桥为 150m＋490m＋150m 三跨混合型，桥宽 20m，有 2×7m 行车道和 2×1.75m 人行道。中孔 490m 为 2 个单室钢箱梁。边孔各有 2 个中间小墩，采用 4 室预应力混凝土箱梁。梁高均为 2.5m。预应力混凝土梁通过 2m 长的过渡区 (在钢箱内充填混凝土) 与钢梁连接，由预应力混凝土力筋抗弯，锚杆 (stud) 抗剪。主塔为菱形钢构架。斜索为双索面 (横向略带倾斜) 扇形密索体系。本桥造价 320 亿日元。　(严国敏)

生石灰桩加固法　quick lime pile stabilization method

用机械造孔，在孔中灌筑并夯实生石灰形成桩体加固地基的方法。生石灰在土层中产生吸水、膨胀、发热等化学作用，同时置换和挤密土体，从而改善地基土的物理力学性能，使桩体与桩间土体组成强度较高的复合地基。此法适用于加固软土、膨胀土、红粘土及湿陷性黄土等地基。

(易建国)

声波勘探　sound wave prospecting

根据弹性波在岩体中传播的原理，利用声频或略高于声频的弹性波，对岩体的物理特性进行量测的一种勘探方法。利用声波探测仪可以测定岩体的某些力学参数 (如动弹模)，测定坑道、洞室的松弛范围，划分岩体强度类型等。

(王岫霏)

声发射的凯塞效应　Kaiser's effect of sound emission

即声发射不可逆效应。由凯塞 (J·Kaiser) 发现，吕施 (H·Rüsch) 验证。其含义是当材料受荷时，有声发射信号发生，若卸荷后第二次再加荷，则在卸荷点以前不再有声发射信号，只有当荷载超过第一次加载的最人值 (卸荷点) 后才有声发射出现。

(张开敬)

声发射裂缝测定法　method of crack measurement by sound emission

根据声发射原理，利用材料受力变形和开裂时声发射的特性，使用声发射仪测定结构或构件材料中裂缝发生、开裂荷载和确定裂缝位置的一种无损检测方法。声发射技术在结构混凝土的应用研究中正在发展。混凝土中微裂缝的出现和开展本身就是声发射源。该法不仅可测出表面裂缝，还能发现内部微裂缝。利用混凝土声发射特性的凯塞效应，可判断结构混凝土的损伤程度。　(张开敬)

声发射仪　sound emission meter

声发射裂缝测定法所用量测仪器。基本功能是接收和处理声发射信号，并显示和记录处理结果。其工作原理见框图。

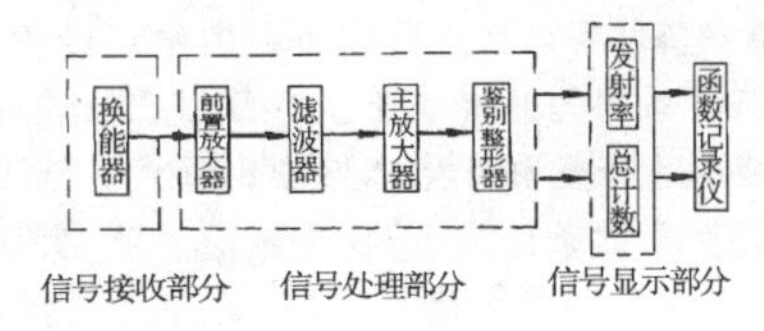

(张开敬)

声弹性法　acoustoelasticity

利用超声剪切波的双折射效应测量应力的一种实验方法。超声波在有应力的介质中传播时，其剪切波沿两个主应力方向发生偏振，这两种偏振波以不同的速度传播。应力-声学定律指出：沿主应力方向的两个超声剪切波的速度差和两个主应力差成正比。因此，利用对波速的测定可进行应力的测量。此法特别适用于测量金属内部的应力和焊接残余应力等。由于应力分离技术尚未解决，故此法尚未用于复杂构件的应力分析。（胡德麒）

圣·那泽尔桥 Saint Nazaire Bridge

位于法国圣·那泽尔(Saint Nazaire)市，跨卢瓦尔(Loire)河的钢斜拉桥。主桥为3孔158m+404m+158m，总长720m，路面宽12m及两侧各0.85m的人行道。桥为A形钢塔，漆作红白相间的信号柱式。塔在桥面以上高68m。塔左右各有放射形布置的9对钢索。梁用倒梯形钢箱梁，总宽15m，高3.38m。1975年建成。（唐寰澄）

shi

失效概率 failure probability

结构在规定期内、规定条件下不能完成预定功能的概率。按概率理论

$$P_f = P(R - S \leqslant 0) = \int_{-\infty}^{+\infty} F_R(x) \cdot f_s(x) dx$$

式中 F_R 为结构抗力 R 的概率分布函数；f_s 为结构作用效应 S 的概率密度函数。（车惠民）

施工便桥 auxiliary bridge for construction

供施工用的为跨越各种障碍而设置的临时性桥。多建于建桥地点附近，供运送施工人员、材料、机具或桥梁构件等用的辅助性桥梁，结构简易，施工方便，一般在正式桥梁竣工后即予拆除。（徐光辉）

施工承包 contract of construction

对建设项目的工程施工和竣工验收工作的承包。也指施工企业内部各管理层所实行的分项施工承包制度。（周继祖）

施工单位 contractor, construction unit

俗称乙方。承担各类建设项目建筑安装工程的生产单位。按其特点，施工单位又分为施工企业和自营单位。施工企业是从事施工生产活动的、独立经营、独立核算、具有独立行政组织的生产经营单位。国民经济体系中的基本物质生产部门之一，为各部门提供各类生产性和非生产性固定资产。施工单位成为施工企业的条件为：①独立组织生产，要拥有劳动力、施工机具和各种建筑材料；②独立经营，要在行政上和经济上有一定的独立性，在国家计划指导下对外独立进行经营决策，对内自主支配人力、材料与物资；③独立经济核算，自负盈亏。施工企业可以法人资格与建设单位(甲方)或其代表签订有关经济合同，承揽施工任务。施工单位必须按期按质按量地完成施工任务，并力求降低工程造价。（周继祖）

施工定额 norm for construction operation

施工企业为完成建筑安装工程某一施工过程所消耗的劳动力、材料和工程机械台班数量的标准。它以施工过程为制定对象。定额规定的工作内容，应包含各该施工过程的各种工序和辅助工作。如混凝土灌注过程，应包括混凝土搅拌、运输、浇灌、振捣、抹平等。施工定额的作用有：①编制施工单位施工组织设计、生产作业设计和施工预算的依据；②施工企业内部经济核算的依据；③编制施工计划和生产作业计划的依据；④签发工程任务书、限额领料、计算工资、评定奖励等和进行工料分析的依据；⑤编制预算定额的基础。使用施工定额的目的，旨在提高企业劳动生产率，降低材料消耗，正确计算劳动成果和加强企业的科学管理。（周继祖）

施工管理 execution control

在施工过程中有关各种管理工作的总称。例如对施工所需的劳动力、材料、机具设备、临时设施、施工技术与安全措施等进行合理选择、安排与使用，以确保工程在数量、质量、安全、工期、造价和文明施工上均符合要求。它包括施工计划管理、施工组织管理、质量管理与物资管理等。（张迺华）

施工管理费 cost of construction management

施工单位为建设项目组织施工所发生的全部行政管理费用和其他一切有关施工管理的费用。间接费的重要组成部分。这项管理费包括：工作人员工资、生产工人辅助工资及工资附加费、办公费、差旅交通费、固定资产使用费、工具用具使用费、低值易耗品摊销费、劳动保护及技术安全费、检验试验费、职工教育经费、利息支出，以及其他施工管理费用等。施工管理费按各业务部建设司规定取费标准(费率)计算。（周继祖）

施工规范 construction specification

对每项分部工程在施工技术方面的规定。其目的是使工程施工能符合规定的质量要求。主要内容包括：一般规定，对材料品种规格的选择及其配合要求，构件制作加工要求，施工方法和步骤，容许偏差，质量标准和检查，以及有关操作的注意事项等。（张迺华）

施工荷载 constructional loading

结构物在预制、运输和安装等各施工阶段中可能出现的临时荷载。如构件自重、模板、脚手架、材料、机具、施工人群等。和选用的施工方法有关。当采用悬臂施工工艺时，悬浇的施工挂篮、模板、机具和悬拼的预制节段及吊机等施工荷载是设计时必须考虑的因素。施工荷载部分效应是暂时性的，体系转换后可以调整或消除；部分效应是永久性的。对施工

及安装阶段可能发生的冲撞力、风力和温度影响，以及寒冷地区的冰雪荷载等应加以适当考虑。

（张逎华）

施工图设计 working-drawing design, design for construction drawing

设计部门根据鉴定批准的三阶段设计的技术设计，或两阶段设计的扩大初步设计或一阶段设计的设计（计划）任务书，所编制的设计文件。此文件应提供为施工所必需的图纸、材料数量表及有关说明。与前一设计阶段比较，施工图的设计和绘制应有更加详细的、具体的细部构造和尺寸、用料和设备等图纸的设计和计算工作，其主要内容有平面图、立面图、剖面图及结构、构造的详图，工程设计计算书，工程数量表等。施工图设计一般应全面贯彻技术设计或扩大初步设计的各项技术要求。除上级指定需要审查者外，一般均不再审批，可直接交付施工部门据以施工，设计部门必需保证设计文件质量。同时施工图文件也是安排材料和设备、加工制造非标准设备、编制施工图预算和决算的依据。（周继祖）

施工图预算 budget of working-drawings of a project

又称设计预算或投资检算。由设计单位根据施工图设计图纸和有关说明、施工组织设计、工程预算定额、地区材料预算价格表（俗称地区材料目录）、各种取费标准、编制预算有关规定等编制的确定工程造价的文件。建设项目设计文件的组成部分。这个文件中章节的划分，必须与总概算、修正总概算、综合概算的章节相符。编制此文件必须进行充分的调查研究、实事求是。并严格遵守有关基本建设的各项方针政策和法令。施工图预算的作用为：①确定建设项目工程造价的依据，可供拟定建设单位招标“标底”和施工企业投标“报价”的参考；②根据此文件，进行基本建设投资管理，也是加强施工企业经营管理和搞好经济核算的基础；③拨付工程价款和编制工程决算的依据；④进行施工准备，编制施工组织设计和生产作业设计的依据；⑤供应和控制施工用料的依据；⑥进行“两算”对比和考核工程成本的依据。

（周继祖）

施工误差 construction error

在施工过程中和完工后实际上发生的诸如尺寸上、容积上、重量上与设计要求值不尽相符的差异。

（张逎华）

施工详图 construction details

又称大样图。结构某些重要部位的详细表述的图。属于施工图的一部分。图上注有具体尺寸、构造细节和特殊要求，在现场即凭此进行具体放样和组织施工。（张逎华）

施工预算 construction budget, construction estimate

施工单位根据审定的工程预算，结合企业的实际情况，按施工图的工程量，施工组织设计和现行的施工定额、费率标准、价格等资料编制的作为施工费用的核算文件。它只对施工单位本系统有效，同时必须受到施工图预算的控制。施工预算的深度比施工图预算深，且更具针对性。其作用为：①具体组织施工，安排施工计划及生产作业计划的依据；②提供劳动力、材料和工程机械、机具的需用数量（包括工人技术等级、材料和机械规格、型号及材质等）及组织各该相应资源准备和进场（供应）计划；③签发工程任务单和限额领料的依据；④计算工资及奖罚的依据；⑤进行“两算”对比和经济活动分析，核算和控制工程成本的依据。（张逎华　周继祖）

湿接缝 wet joint

相邻块件间的现浇混凝土接缝。其宽度须能容许进行管道接头、钢筋焊接、混凝土浇筑和振捣等作业，一般取为0.10～0.20m。接缝混凝土多用早强水泥，集料尺寸的选择应能保证捣固密实。这种接缝的工序较为复杂，现浇混凝土又需养护，致使工期延长，因此通常仅在悬拼施工时悬臂的个别处设置（1号块与墩顶现浇的零号块之间的连接），并用以调整拼装误差。（何广汉）

湿周 wetted perimeter

过水断面的水流与河床接触部分的周界长度。以米（m）计。是水力要素之一。

（吴学鹏　周荣沾）

石拱桥 stone arch bridge

用石料建造的拱桥。相传两千年前，我国就有石料砌成的拱结构。位于我国河北赵县的赵州桥，跨度为37.02m，建于隋开皇至大业年间（590～608），是目前世界上现存最古老的敞肩石拱桥。现在我国最大跨度的公路石拱桥达116m，铁路石拱桥达54m。石拱桥外形美观，养护简便，并可就地取材，在石料供应方便和工价低廉的地区，修建石拱桥比较经济。石拱桥自重大，跨越能力有限，石料的开采、加工和砌筑均需较多的劳动力，且工期较长，其发展受到一定的限制。（伏魁先）

石铰 stone hinge

三铰拱或两铰拱中采用的由石料加工而成的一种弧形铰。

（俞同华）

石梁桥 stone beam bridge

用石料建造成的梁式桥。古代石梁桥采用天然石块垒成墩台，其上架厚石板为梁，供人行走。我国福建泉州的万安桥，是世界上现存最长的一座石梁

桥，建于1053～1059年，全桥共47孔，每孔长约20m。（伏魁先）

石笼护基 stone basket for protection of foundation

在墩台周围抛置用粗铅丝或篾条编成、内装石块的长条形笼状物，使基础免受水流冲刷的防护措施。是浅基病害局部防护方法之一。洪水期间水流较深、流速超过3m/s之处，抛石护基无效，只能抛石笼。（谢幼藩）

石砌墩台基础 stone masonry foundation of pier and abutment

由条石和水泥砂浆砌成的大块实体桥梁下部结构。属刚性基础。为保证圬工不致拉裂，墩台基顶边缘到基底边缘的坡线与垂线的交角不应大于35°。为节省圬工，可在上述坡线外侧把基础砌成台阶状，但基础襟边一般不少于0.2～1.0m。（刘成宇）

石砌护坡 stone pitching

在土质路堤及桥台锥坡上码砌、干砌或浆砌石料形成的边坡。（吴瑞麟）

石桥 stone bridge

用石料建造的桥梁。石桥历史悠久，古已有之。按结构类型可分石梁桥和石拱桥。它具有可就地取材、养护简便、坚固耐久等优点，但加工制造麻烦。由于石料的抗压强度远大于抗拉强度，故以承压为主的石拱桥的承载能力大于石梁桥，一般石梁桥只宜用于小跨度的人行桥，而石拱桥则可用于较大跨度的公路和铁路桥梁。（伏魁先）

实腹拱桥 solid spandrel arch bridge

拱上建筑做成实体结构的拱桥。通常在拱圈上的两侧设拱上挡土墙（侧墙），中填沙石，再于其上建造桥面。这种桥构造简单，施工方便，但自重大，多用于20～30m的小跨度拱桥。（袁国干）

实腹梁桥 solid-web girder bridge

由具有实体腹板的主梁作为主要承重结构的桥梁。梁式桥的腹板主要承受剪力并联系上、下翼缘使成整体，当梁高不大时做成实体式的腹板可使构造简单。尤其在钢筋混凝土和预应力混凝土梁中，由于制作和安装上的方便，基本都做成实腹梁。钢桥中亦多采用。（徐光辉）

实腹木板桁架 solid-web timber-plate

即钉板梁。（参见木板桁架，166页）。它的弦杆及腹板为密合排列，弦杆与腹板的连接采用铁钉。故称之为钉板梁。（陈忠延）

实际抗裂安全系数 real safety-factor of cracking resistance

对预应力混凝土桥梁结构进行抗裂性试验时，实际开裂荷载（或弯矩）与设计荷载（弯矩）之比值K_f。该值一般应大于规范的规定值。（张开敬）

实际强度安全系数 real safety factor of the structure strength

桥梁结构的实际破坏荷载（弯矩）和计算破坏荷载（弯矩）之比值K。在对结构进行承载能力破坏性试验时求得，该值一般应大于或等于规定的安全系数。藉以判断结构的实际承载能力和检验结构质量。（张开敬）

实验应力分析 experimental stress analysis

用实验方法分析测定构件应力、应变和位移的一门学科。它广泛应用于结构设计、规范制定、失效分析及新学科的发展，成为改进设计、防止事故和增产节约的重要手段。20世纪30年代后，实验应力分析得到蓬勃发展和广泛应用。60年代激光器的出现和电子计算机的普及，使其研究范围迅速扩大，试验精度不断提高，周期大大缩短。目前常采用的有电测法、光测法、声测法和一些其他实验方法。可以对处于各种工况下的结构或构件进行静、动态应变及其他参数的测量；可以对模型或实物表面和内部存在的应力及微小变形进行测定；此外，在分析和确定构件的振型和振幅、应力波及其传播、接触应力、残余应力等方面都已取得一定的成效。（胡德麒）

实轴 real axis, material axis

格构式组合杆件中，通过分肢截面的主轴。格构式组合压杆绕实轴失稳时，其临界力与实杆完全相同。（胡匡璋）

史密斯图 Smith's diagram

又称修正的古德曼图。在循环次数给定的条件下，疲劳最大应力σ_{max}和最小应力σ_{min}对平均应力σ_m的关系曲线（见图）。

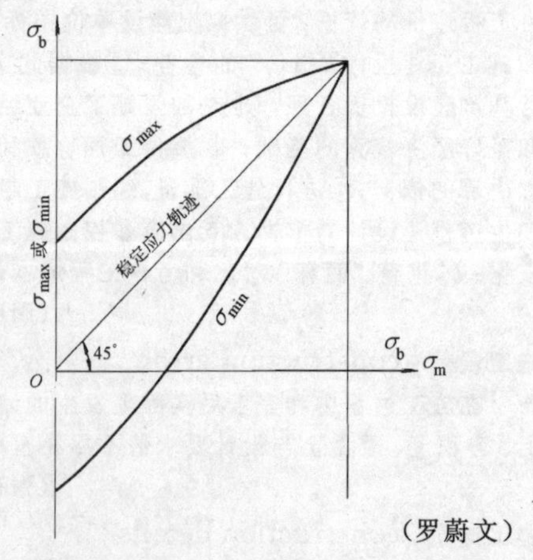

（罗蔚文）

矢跨比 rise span ratio

又称拱矢度。拱桥中主拱的计算矢高与计算跨径之比。其取值不但影响主拱的内力，还影响拱桥的施工和美观。该比值越小，拱的推力、轴向力以及附加内力越大；比值大，则推力、轴向力及附加内力减小。在多孔连续拱桥中，比值小的连拱作用较比值大的显著。对于圬工拱桥，该比值一般为1/3～1/8，不宜小于1/8；钢筋混凝土拱桥，一般为1/5～1/10。拱桥最小矢跨比不宜小于1/12。通常将该比值大于或等于1/5的拱称为陡拱，小于1/5的称为坦拱。

（顾安邦）

使用极限状态　serviceability limit state

见正常使用极限状态（286页）。

示功扳手　indicator wrench

又称扭矩扳手。一种拧紧高强度螺栓至设计预拉力，并能自行显示扭矩大小的工具。（谢幼藩）

市桥　market bridge

古代在桥面上进行固定性或临时性集市贸易的桥梁。古代交通不便，桥梁为行人必经的交通要道，因而在桥上往往自发形成集市，如《清明上河图》中反映的北宋汴梁虹桥上的盛况；也有在建桥当时就准备发展成市场的，如秦代李冰任蜀守时，在四川益州城西南专门修了一座桥名为“市桥”，江苏扬州亦有一座“宵市桥”或称“小市桥”，相传隋炀帝时于此曾开过夜市。近代也有利用桥梁的独特造型吸引游客，而在桥上建造超级市场等商业设施的，如美国新纽约的东河桥。（徐光辉）

试件　specimen

又称试样。指试验测定材料的机械和物理性质以及金相组织用的加工后样品。不同材料、不同类型的试验（如拉伸、压缩、弯曲、金相分析等），对试件有不同的形状和尺寸要求。一般试件均按规定的标准尺寸规格制成，称为标准试件。（张迺华）

试孔器　tester of measuring the diameter of rivet hole

专门用来测量钉孔直径的通规量具（如图）。按测试范围，制成各种直径的圆柱形试孔器。当它能自由竖直插入被测的钉孔中，即视为钉孔通过试孔器上标明的孔径。

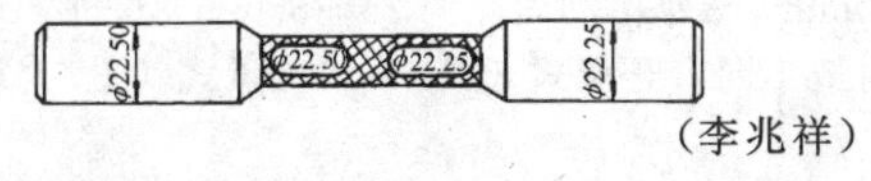

（李兆祥）

试块　test cube

水泥砂浆、混凝土在试拌或施工过程中，抽取混合料样品，放入试模中做成的试件。试块须采取与砂浆或混凝土构件同样的养护方法养护。供做抗压强度试验用的试块称为抗压试块，供做抗折强度试验用的试块称为抗折试块。目前一般以每三个试块为一组，取其平均值作为代表强度。如需测定其不同龄期的强度，则应制取相应的试块组数。（张迺华）

试验荷载　testing load

根据不同试验目的和结构型式，按预定的加载方式和顺序，由加载系统对结构或模型施加的静或动荷载。一般多使用短期静荷载。研究结构动力性能的试验则根据试验要求，可分别施加疲劳脉动荷载、振动荷载、冲击荷载，实际车辆动荷载及按规定荷载谱加载等。试验荷载常用的加载系统按加力方式不同可分为①重力加载；②机械力加载；③气压加载；④液压加载；⑤电液伺服加载系统；⑥电磁加载。油压加载系统是目前最常用的试验加载方法。

（张开敬）

适筋设计　appropriate reinforcement design

钢筋混凝土梁中最恰当的配筋设计。按容许应力法是指平衡配筋设计，或理想设计。从经济的角度要求，它应是根据钢筋和混凝土的造价比选定的最佳配筋设计。从结构构件延性要求，它常代表破坏始于受拉钢筋屈服的低筋设计。美国混凝土协会（ACI）规范并限制最大配筋率为平衡配筋率的75%。

（李霄萍）

适线法　fitted curve method

通过选定统计参数，选配一条与经验频率点群符合得最好的理论频率曲线的方法。设计桥涵孔径需推算设计流量（具有一定设计洪水频率的最大洪峰流量）。根据实测流量资料绘出的经验频率曲线推求设计流量，需要依靠目估延伸曲线上端，任意性较大，故需选配一条与实测点据符合得最好的能用方程式表达的理论频率曲线，然后用方程式推算设计流量。在水文统计中，目前采用的理论频率曲线方程为皮尔逊Ⅲ型曲线方程式，求解该方程需选定三个统计参数：平均流量$\overline{Q}$、变差系数C_v、偏态系数C_s。根据初步估计的$\overline{Q}$、C_v、C_s值（均为初试值），在绘有经验频率点群（或经验频率曲线）的同一几率格纸上，绘出理论频率曲线，目估检查两者的符合程度，如不符合，可反复调整统计参数值，直到它们符合得最好（适线）为止，即可确定三个统计参数$\overline{Q}$、C_v、C_s的采用值，根据采用值按照方程式推算所需要的设计流量值。（周荣沾）

适用性　serviceability

结构在正常使用、维护下应具有的合适的工作性能。设计规范中常采用一个或几个约束条件，例如混凝土裂缝的宽度，梁的挠度，振幅值或加速度等作为结构适用性的准则。（车惠民）

shou

收缩曲率　shrinkage curvature

不均匀收缩使混凝土构件发生弯曲变形而造成的转角变化率。除环境条件外，构件受拉区和受压区

的配筋率对此起重要的作用。（顾安邦）

收缩系数 contraction coefficient

因桥梁墩台侧面产生涡流阻水而引起桥下过水断面积减小的折减系数。收缩系数 $\mu=\frac{\omega_y}{\omega_j}$。式中 ω_y 为冲刷前桥下有效过水断面积 (m^2)，其中不包括桥墩和涡流所占的过水断面积；ω_j 为冲刷前桥下净过水断面积 (m^2)，其中不包括桥墩所占的过水断面积。μ 值也可用公式计算：$\mu=1-0.375\frac{v_s}{l_j}$。式中 v_s 为设计流速 (m/s)，一般采用天然河槽平均流速；l_j 为桥墩净间距 (m)。μ 值也可直接查表（见《桥位勘设规程》）。对于不等跨的桥孔，采用各孔 μ 值的加权平均值。（周荣沾）

手持应变仪 hand deformeter

一种用位移计（千分表）测量应变的仪器。使用时无需固定安装在结构测点上，仅在欲测部位按仪器标距预埋或粘贴可插入仪器插足的带小孔穴的小金属块，测读时临时将仪器插足插入孔穴中，结构变形时，仪器靠弹簧的作用，使两个插足之间的距离改变，仪器的两个刚性杆件产生相对位移，由位移计量出这一位移。加载前后二次读数的差值即为构件在标距内的变形。仪器操作简便，适于多点量测，尤其适于长期观测，但由于接触误差，对于微小变形的测试不能适应。（崔　锦）

手动绞车 hand winch

又称手摇绞车。手摇驱动的卷扬机。由卷筒、手柄、齿轮传动机构、棘轮棘爪制动器等组成。人力摇动手柄，通过齿轮传动使卷筒转动，牵引钢丝绳工作。为实现轻载快速、重载慢速，可采用变速齿轮传动机构（见图）。

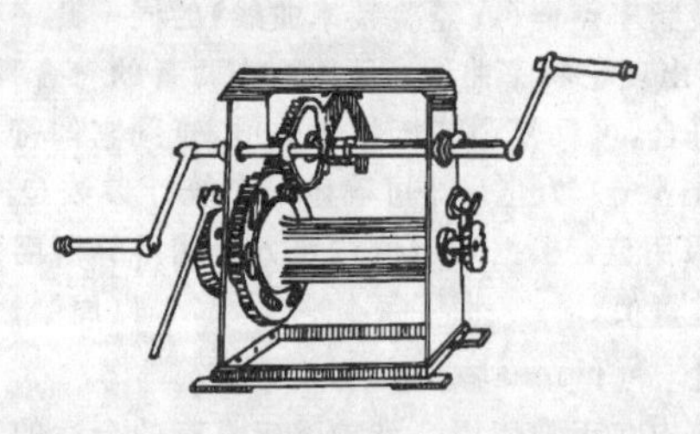

（唐嘉衣）

手工放样 hand laying out

依照施工图和工艺文件，用手工方法，按比例直接在平板上画出实需的图样；亦有借助预先制造的样板、样杆或样条用石笔或钢划针，直接勾画出实需的图样的过程。常用工具有钢卷尺、钢板尺、钢曲尺、石笔、钢划针、粉线、样冲、手锤、钢印等。（李兆祥）

手工焊 hand welding

用手工操纵焊条的送条速度和运条前进速度的焊接方法。（李兆祥）

手工涂漆 hand painting

人工用漆刷或辊刷涂装油漆的方法。手工涂刷的第一道油漆（底漆）与金属的附着力较强，干膜厚度也比喷涂的厚。要求涂刷均匀，不起皮，不流挂。前一道油漆实干后方能涂刷下一道油漆。（李兆祥）

受力钢筋 load-bearing bar, stressed bar

根据受力要求通过计算确定的钢筋。对于钢筋混凝土梁，主要是指梁弯曲时在受拉区（或受压区）承受梁轴方向拉力（或压力）的主筋、承受腹板内斜拉力（主拉应力）的斜筋和箍筋。（何广汉）

受力性连接 loaded connection

各构件之间和构件各部件之间用以传递内力的连接。主要作用是将内力由结构的一部分传到另一部分。如桁梁杆件和节点板的连接及弦杆的拼接都属受力性连接。传递内力的连接钉栓布置应紧凑，以缩短传力路线、节省拼接材料。（罗蔚文）

shu

枢接 pin connection

用钢销实现的机械性连接。几十年前美国曾大量应用枢接桁架桥。由于连接的杆件可以自由转动，而具有刚度小、振动大等缺陷，一般不再作为全桁架各节点的连接方式。但在要求某节点具有铰的作用时，仍常在该处采用枢接。如双铰拱结构中的拱端节点、悬索桥吊杆两端的连接等。钢梁安装的辅助结构及军用梁也常用枢接。（胡匡璋）

梳齿形伸缩缝 finger expansion joint

一种以梳齿形钢板作为跨缝材料的伸缩缝装置。其伸缩量可达 400mm 以上，适用于大伸缩量的桥梁。一般要求梳齿形钢板的最小搭接长度为 25～40mm，最小活动间隙为 25～35mm。这种伸缩缝按构造不同有悬臂式（图 *a*）和支承式（图 *b*）两种型式。

（郭永琛）

舒斯脱桥 Shouster Bridge

位于伊朗舒斯脱堡进口处，跨卡朗河的 41 孔尖形砖拱桥。全桥长 516.4m，成“之”字形，有 12 弯。该桥是按岩石露头确定桥墩位置的，墩距较近。桥始建于公元前 5 世纪，经多次修复，至今尚存。（潘洪萱）

舒瓦西-勒-鲁瓦桥 Choisy-le-Roi Bridge

位于巴黎以南，跨塞纳 (Seine) 河的世界上最

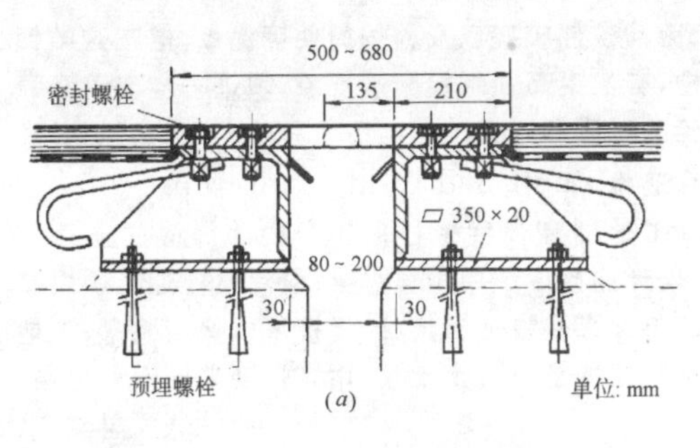

(a)

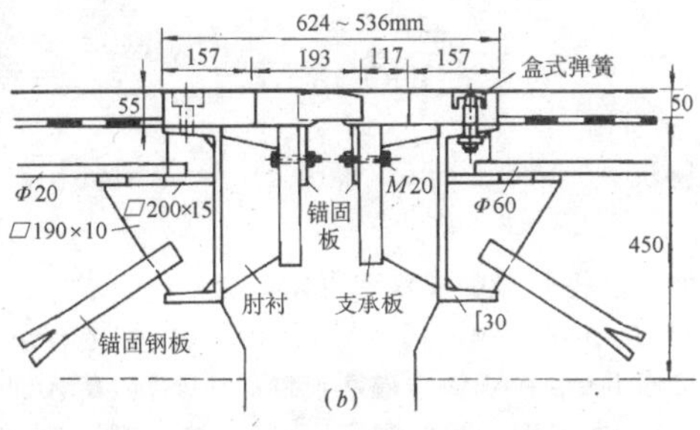

(b)

梳齿形伸缩缝

早采用密接灌筑预制节段工艺的桥。是三跨连续(37.5m + 55.0m + 37.5m)箱形梁桥，桥面宽28.4m，由四个平行、等高的单室箱梁（高 2.5m，底宽 3.66m）组成。梁段在桥址上游 1.6km 左岸预制场用“长线台座”制造，用驳船运至桥位，利用浮吊进行悬臂拼装。于 1962 年开工，1964 年建成。

（周　履）

输沙平衡　sediment transportation equilibrium

河槽来沙量与排沙量渐近以至相等。天然河槽的水流和泥沙总是不停地运动着；建桥后，由于桥梁墩台布设在河槽内而挤占了天然河槽断面，因而加剧了河槽的泥沙运动，使桥下河槽的泥沙发生冲刷变化。如上游天然河槽断面输移来的泥沙量（来沙量）G_1 较少，不足以补偿桥下河槽断面水流挟沙能力即少于被水流挟带走的泥沙量（排沙量）G_2，即 $G_1 < G_2$ 时，则桥下河槽断面发生冲刷。随着冲刷的发展，桥下河槽的过水断面积增大，因而流速减小，使水流挟沙能力（排沙量）逐渐降低，当降低到与上游的来沙量逐渐接近以至相等，即 $G_1 = G_2$ 时，则桥下河槽断面达到输沙平衡，冲刷随之停止，此时，一般冲刷深度达到最大。根据上述输沙平衡的原理可建立一般冲刷深度的计算公式。　（周荣沾）

束合大梁　bundled girder

见简单大梁（124 页）。

竖腹杆桁架拱桥　trussed arch bridge with vertical web members

又称空腹桁架拱桥。只有竖向腹杆而无斜腹杆的桁架拱桥。特点是腹杆总数最少，自重轻，结点处只有三杆交会，便于配筋，外形较整齐，但须就地浇筑混凝土，由于杆件以受弯为主，用钢量大。

（袁国干）

竖杆　vertical

桁架桥或其他桁架结构中的竖向腹杆。相邻两竖杆间的距离决定桁架的节间长度和受压弦杆的自由长度。　（陈忠延）

竖加劲肋　vertical stiffener

为保证腹板不出现翘曲，在钢板梁腹板上竖向设置的加劲构件。按我国铁路桥梁设计规范规定，当钢板梁的腹板高度与厚度之比超过 50 时，为防止剪应力引起腹板翘曲，应设置竖加劲肋。竖加劲肋是由钢板条或角钢组成，可以对称于腹板两面或单面设置，其间距主要视剪应力的大小而定。在支座处的竖加劲肋承受支座反力，称为端加劲肋。

（曹雪琴）

竖琴索斜拉桥　harp-type cable stayed bridge

又称平行索斜拉桥（parallel-type cable stayed bridge）。缆索沿桥塔高度分散呈平行状布置宛如竖琴形的斜拉桥。平行的拉索与塔、梁连接点完全铰接时属几何可变的不稳定体系。只在主梁与塔柱具有足够的抗弯刚度的情况下结构才变成一阶稳定缆索体系。平行索的外形简洁美观，塔柱受力较有利，缆索锚固构造亦易于处理，但斜索的倾角较小，悬吊工作效率差，钢索用量较多。如在边跨内锚索点下设置能承受拉力的辅助墩，能显著改善结构的受力和变形性能。

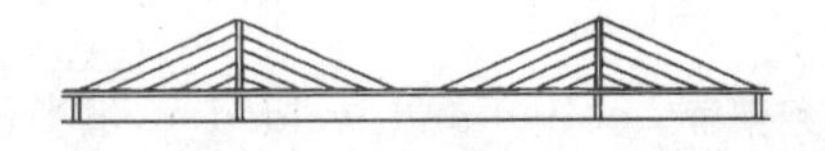

（姚玲森）

竖向预应力　vertical prestressing

在预应力混凝土梁的腹板中设置竖直的预应力筋对梁体施加的预应力。用以消除或减小梁的主拉应力，改善其抗裂性能。　（唐嘉衣）

竖向预应力法　vertical prestressing method

在腹板附近补加竖向预应力筋，用以提高梁的抗剪能力，并用做梁式桥腹板出现剪切裂缝的修补方法。补加的竖向预应力筋可布置在腹板内，但必须注意在钻孔时不能损坏纵向力筋；此外竖向力筋也可布置在紧靠腹板的两侧。对于梯形箱梁的斜腹板，可在斜腹板的内侧加厚，并在其中设置力筋。力筋锚固在顶板的上缘及底板的下缘处。由于竖向预应力筋很短，应力损失后很难得到设计的预应力值，通常可采用高强粗钢筋，锚头使用轧丝锚或迪维达克（Dywidag）锚等。（黄绳武）

数据采集和处理系统 data logging system

量测、记录和分析试验数据用的一种专用设备。它可将大量实测的应变、位移等数据记录下来，按预定要求进行整理、分析并将结果打印出来。

（张开敬）

数控放样 laying out by numerical control

俗称电脑机械手划线。把图样编为程序，输入数控机，用输出信号指令（X、Y）坐标的步进电机，在平面上将图形绘出。数控切割机就是把数控放样的钢划针换成火焰切割嘴头。（李兆祥）

数控钻床制孔 making hole with numerical control drill

在数控钻床上钻制孔洞的工艺过程。

（李兆祥）

shuan

栓钉结合 bolt and nail connection

木结构中用螺栓或圆钉等阻止被结合构件间相对移动的一种结合形式。因主要由栓钉本身受弯以及构件孔壁承压传力，故具有韧性好，工作可靠的优点，是一种良好而常用的结合形式。（陈忠延）

栓焊钢板梁桥 welded and high-strength-bolted steel plate girder bridge

工厂预制部件采用焊接连接，而工地拼装则用高强螺栓连接的钢板梁桥。与铆接钢板梁桥相比，具有省钢、劳动条件较好、工期短、工地施工简便等优点，适用于外形尺寸较大、不便于整孔运送或架设的钢板梁桥。（伏魁先）

栓焊钢桁架桥 bolted and welded steel truss bridge

杆件在工厂用电焊机组焊，并预钻工地钉孔，架桥时用高强度螺栓拼装成的钢桥结构。因工地安装时节点连接若用焊接，其施焊质量难以保证，故国内现均采用高强度螺栓连接，并编制了铁路栓焊钢桁架桥的标准设计。国外虽有少数全焊钢桁架桥，但仍处于试验阶段。（李富文）

栓焊钢桥 welded and high-strength-bolted steel bridge

上部结构的部件在工厂用焊接连接、在工地采用高强螺栓组拼而成的钢桥。1938年美国就已开始研究高强螺栓连接，随后，德、英、前苏联等国相继在钢桥上采用高强螺栓，我国于20世纪60年代在钢桥上开始采用高强螺栓。目前，这种钢桥已获广泛使用。它与铆接钢桥相比，具有节省钢材、部件连接的传力状态较好、连接处的疲劳强度较高、施工迅速、劳动条件较好以及养护简便等优点。但在这类钢桥中，有发生高强螺栓断裂现象，须进一步改善高强螺栓的材质和施工工艺。（伏魁先）

栓焊连接 bolt and weld connection

工地用高强度螺栓而工厂中用焊接的连接方法。栓焊连接广泛用于栓焊梁。栓焊梁杆件工厂焊接的部位大多是缀连性连接，焊接可以保证质量；工地连接部位都是受力性连接，用高强度螺栓安全可靠。

（罗蔚文）

shuang

双壁钢沉井 steel open caisson with double-shell

用钢板将井壁制成双壁空体，能自浮于水中的井筒结构。在岸上制好底节后，浮运就位，在悬浮状态下接高井壁，在双壁中灌水或混凝土下沉，落入河床稳定后，在双壁中灌筑混凝土，以后按一般施工方法下沉。该沉井上段常用作围堰，下沉时灌水，以后可回收；其下段构成基础本体，灌满混凝土后不能回收。（邱 岳）

双壁钢丝网水泥沉井 open caisson with two shells of wire-mesh cement

利用钢丝网水泥做成的双壁浮式井筒结构。该材料由钢筋网、钢丝网和水泥砂浆组成，具有很大的弹性和韧性，能大幅度提高水泥砂浆结构的抗拉强度，可作成厚仅3cm的薄壁结构，而且施工简便，无需模板。利用它将井壁做成双层空壁结构，能自浮于水中。沉井浮运就位后，向双壁内均匀灌注水或混凝土，使徐徐下沉。落入河床稳定后，在壁内灌满混凝土，形成一般厚壁沉井，随后按普通办法施工。

（邱 岳）

双壁式杆件 member of dual-wall section

截面积主要集中于两个竖向或横向平面上的杆件。在钢桁梁桥中，主桁架杆件受力较大，在节点处由两块节点板将杆件连接，因此所有杆件均将截面积的主要部分集中在这两个平面内。大跨度钢桥中的联结系也往往用双壁式杆件。（曹雪琴）

双层钢板桩围堰 double-wall cofferdam of steel sheet pile

内外两层钢板桩按规定次序打入土中，中间连以拉杆并填土所修筑的围堰。当水深过大，为了确保围堰不漏水，或由于基坑面积过大，在中间架设支撑系统有困难时，可以采用这种围堰。前者围堰内仍应安装支撑，且两层板桩间应用粘土填实，墙厚可采用1～2m。后者围堰的稳定乃是主要的问题，故双层板桩间的距离应不小于水深的0.5倍或坑深的0.4

倍。 （赵善锐）

双层木板桩围堰 double-wall cofferdam of timber sheet pile

内外两层木板桩按规定次序打入土中，中间填土所修筑成的围堰。这种围堰的防水性能和稳定性都比单层者好。两层板桩墙之间的距离根据经验应不小于2m，同时也不得小于水深的0.5倍或坑深的0.4倍。两板桩墙之间最好连以横木支撑。

（赵善锐）

双层桥面 double deck

同一座桥梁在两个不同平面上提供交通车辆运行的桥面结构。例如我国的南京长江大桥，武汉长江大桥和钱塘江大桥等，其上层为公路桥面，下层为铁路桥面。自60年代始，国外也陆续建成了一些这类桥面的混凝土箱形梁桥，如1965年建成的委内瑞拉卡罗尼河桥（4×96m＋2×48m预应力混凝土连续梁桥，箱顶为公路桥面，箱底板挑出后布置人行道），1980年建成的奥地利维也纳帝国桥（预应力混凝土连续梁桥，10孔，主跨长169.61m，全桥长864.5m，箱顶为公路桥面，箱内通行地下铁道）等。它可以使不同的交通分道行驶，提高通过能力，充分利用桥梁净空，在满足同样交通要求下可以减小桥梁宽度，缩短引桥长度，取得较好的经济效益。 （邵容光）

双层箱梁桥 double deck box-girder bridge

在由顶板、底板及两侧腹板组成的箱型截面梁中，顶板及底板分别供车辆和行人或自行车等通行的架空建筑物。梁内部净空应满足行车净空的要求，上、下层的车行道或人行道应分别有进出口和引道与原有线路衔接。如1980年建成的奥地利维也纳帝国桥，箱梁内通行地下铁路，箱梁外侧设有悬臂板用作人行道，而上层顶板桥面则为六车道的汽车路。

（徐光辉）

双动汽锤 double-acting steam hammer

又称双作用汽锤。由蒸汽或压缩空气推动冲击体上升并利用汽压向下冲击沉桩的汽锤。其一次冲击动能较小，但冲击频率较高，从而减少地层对沉桩的摩阻力。 （唐嘉衣）

双腹板箱梁桥 double-webbed box girder bridge

主梁每侧腹板均由双层腹板构成的钢箱梁桥。它的特点是建筑高度可比一般的钢箱梁桥小，但用钢量较多。 （伏魁先）

双剪 double shear

见钉杆受剪（40页）。

双铰刚架桥 double-hinged rigid frame bridge

柱脚设铰与基础连接的刚架桥。为符合受力（弯矩）情况，立柱上粗下细。与无铰的固端刚架桥比较，对地基不均匀沉降和混凝土收缩、徐变的影响较小，但构造复杂，施工麻烦，养护困难。 （袁国干）

双铰拱桥 two-hinged arch bridge

拱圈（肋）中间无铰而两端设铰与墩台铰接的拱桥。属一次超静定结构，拱脚处不承受弯矩，较无铰拱桥可减小混凝土收缩、徐变，温度变化，以及墩台位移的影响，但铰的构造复杂，对应的桥面处应设构造缝，施工亦较麻烦。对地基要求也高，但较无铰拱桥对地基的要求略低。 （袁国干）

双筋截面 doubly reinforced section

受弯构件的受拉区和受压区都配置有受力钢筋的截面。当由于建筑要求构件截面高度受到限制，或者需承受正、负两种弯矩作用时必须采用这种截面。连续梁的中间支承截面也常采用这种截面。

（李霄萍）

双链体系悬索桥 suspension bridge with double-chain system

又称双索悬索桥（double cable suspension bridge）。在一侧悬索平面内设有两根悬索的悬索桥。当半跨有活载时，荷载由该半跨的下链承受，经另半跨张紧的上链传至地锚，故不会产生在一般单链悬索桥内在半跨活载作用下的S形变形。这种体系刚度大，无需强大的加劲梁，但构造比单链悬索桥复杂。

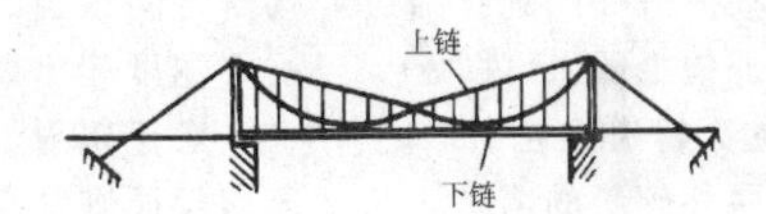

（姚玲森）

双梁式架桥机 twin-beam erecting crane for bridge spans

以双梁机臂承重的铁路架桥机。由机身、前后机臂、特制台车等组成。按梁距分为窄式（2.4m）和宽式（4.8m）。吊重130t，用于分片架设32m以内的预应力混凝土梁。个别型号吊重达160t，可分片架设40m混凝土梁。架梁时，架桥机空载驶入桥位，放下前后支腿，使机臂在简支状态下承重。从后机臂下喂梁，用吊梁桁车吊起，沿机臂走行到桥跨位置。横移后落梁就位。其轴重较小，前后机臂均可架梁而不需调头，并能在曲线上及隧道内架梁。

（唐嘉衣）

双龙桥 Shuanglong Bridge

位于云南省建水县城西5km泸江与塌村河交汇处的17孔联拱石桥。因两河犹如双龙蜿蜒衔接，故名。全长148.26m，宽2.42m，高4.87m。桥中央建有3层飞檐阁5间，方形，边长16.15m，高20m，重檐歇山顶，阁下置一孔；桥两端各有桥亭一座（北端亭已毁），高 13m，为八角形二层楼。桥栏以 3 层石条垒筑；进桥时，各有一对石象，独具一格。清·乾隆年间先建北端 3 孔，道光十九年（1839 年）续建 14 孔相连。为省级重点文物保护单位。

（潘洪萱）

双模量理论 double modulus theory

又称折算模量理论。理想压杆弹塑性屈曲临界应力 σ_k 的公式中，认为变形模量 E' 须考虑应力退降的一种理论。即临界应力公式为

$$\sigma_k = \frac{\pi^2 E'}{\lambda^2}$$

式中 λ 为理想压杆的长细比。理想压杆在弹塑性阶段内失稳时，杆内侧的应力应变关系按切线模量 E_t 上升，外侧按弹性模量 E 退降，由此建立弹塑性屈曲的挠曲线微分方程，从而得出 E' 的表达式，它与截面形状有关。

（胡匡璋）

双铅垂索面斜拉桥 cable stayed bridge with double vertical cable planes

具有两个竖向索面的斜拉桥。两个索面分别锚固在两根垂直塔柱和纵向主梁之间，由两索面的受力分配来承受桥面上的偏心荷载，主梁无偏心受扭作用。对于跨径不很大的桥，采用独立塔柱时，应使塔柱、主梁和柱间横梁形成刚性框架（图 *a*），以保证塔柱的稳定性。当竖向塔柱直接与桥墩嵌固时，为使主梁在两塔柱间连续通过，就需将斜索锚固在伸出主梁外的牛腿上（图 *b*）。当桥面宽度超出索面间距（例如人行道设在索面之外）时，对于辐射形索面可采用向外倾斜的塔柱，对于扇形索面则常采用锚索区竖直而下部略带倾斜的塔柱（图 *c*）。目前以采用双铅垂索面斜拉桥为最多。

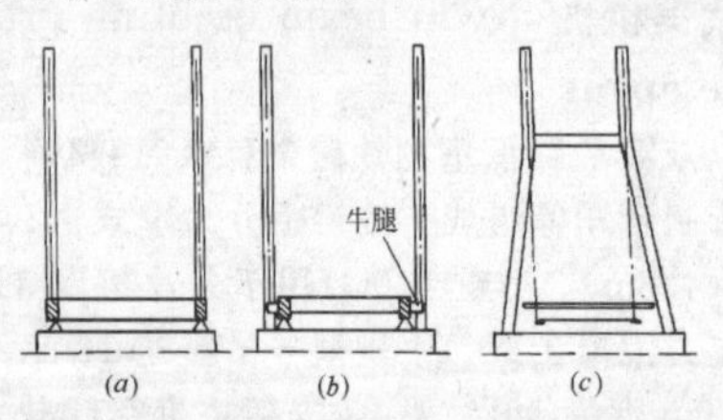

（姚玲森）

双曲拱桥 two-way curved arch bridge

上部结构的主拱圈在纵、横两个方向都呈拱形弯曲的少筋混凝土拱桥。系中国首创的一种桥型。第一座双曲拱桥于 1964 年在江苏省无锡县建成。特点是将结构化整为小，构件轻巧，适宜农村道路桥建设。施工时，先架设预制的拱肋，形成支架后再在其上安装横向小拱（称“拱波”），并加筑混凝土（称“拱板”），然后在其上建拱上建筑（见图），因此可以节省支架、模板、钢筋等材料，施工也较简便，但工序多，构件接头多，整体性差，容易发生裂缝。

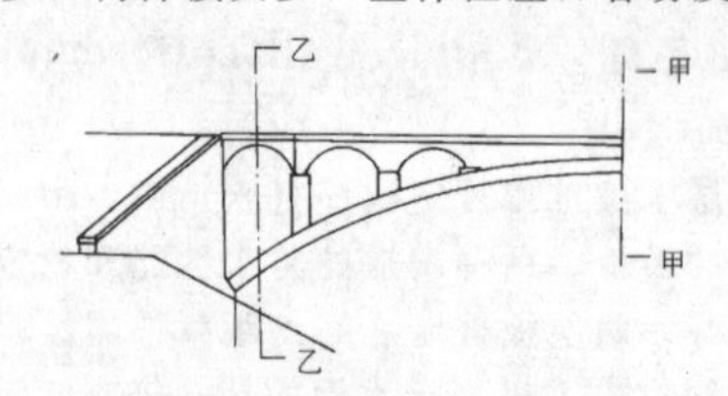

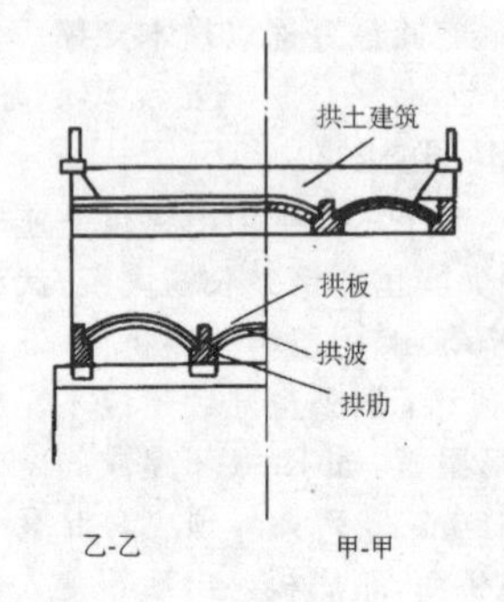

（袁国干）

双塔式斜拉桥 double pylon cable stayed bridge

在立面上具有两座桥塔的三跨斜拉桥。从两座桥塔处出发，用悬臂法向主跨跨中施工，可达到很大的跨径，是大跨度斜拉桥的主要桥型。三跨桥的主跨长约为全长的 55%，边跨与主跨之比通常为 0.3～0.4。当受桥位条件限制致使边跨小于上述比例时，虽能增加体系的刚度，但边跨外索将受力过大，并使端支点产生拉力。如采用预应力混凝土连续梁结构，因混凝土徐变、收缩，在主梁无索区会产生拉力和弯矩，须采取措施克服。双塔式斜拉桥的塔基可设置在岸边或浅水区，得以避免深水设墩而获得较大的经济效果，桥形也显得庄重美观。

（姚玲森）

双向板 two-way slab

又称周边支承板。支承在四个周边上且长边与短边之比小于 2 的板。当板中央作用竖向荷载时，荷载将向互相垂直的支承边传递，故主筋也须分别沿互相垂直的两个跨度方向设置。板厚不仅决定于本身所承受的弯矩，还应符合板作为梁的受压翼缘与主梁共同工作的要求，以及抗剪的要求。

（何广汉）

双向车道 reversible lane

又称变向车道。根据特定时间的交通情况可改变交通方向的车道。当在两个方向上的车流量相差悬殊时，则在繁重交通方向将会产生拥挤，而在对向的通行能力将会过剩。若两个方向的车道数相同，则会在一个方向上因车流量过大而发生交通堵塞，而在另一个方向上却因车流量较小而使车道利用率不高。为了充分利用车道，节省用地和投资，在设计时可把中间部分的车道作为变向车道，轮流地供车流

量较大的一个方向使用。（顾尚华）

双斜撑式木桥　timber slant-strut-framed bridge with three panels

每根主梁下设两对斜支撑的木撑架梁桥。每对斜支撑的顶端交会于主梁跨度的三分点处，底端则各支撑在墩台上，跨越能力大于单斜撑式木桥，但构造较复杂。（伏魁先）

双斜索面斜拉桥　cable stayed bridge with double inclined cable planes

具有两个向下向外倾斜索面的斜拉桥。在桥塔上部将两个索面内的缆索靠拢锚固，两个索面的下端则仍沿主梁上、下游两侧分别锚固。与双铅垂索面相比，具有更加良好的横向抗风稳定性，适用于大跨度桥梁。倾斜的索面需配合采用倒Y形（*a*）或菱形（*b*）的桥塔，虽然外形较美观，但施工较麻烦。

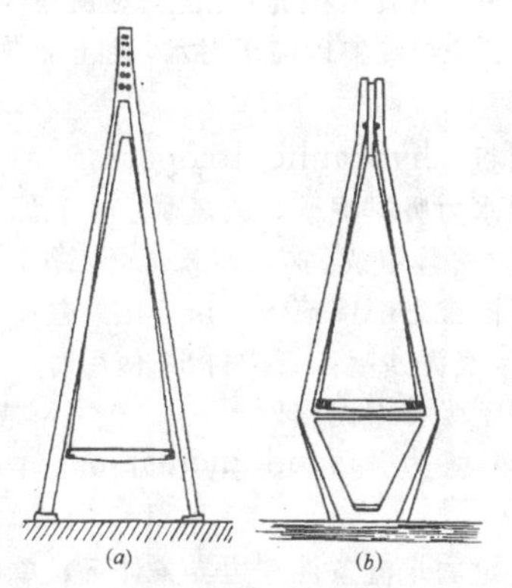

（姚玲森）

双悬臂梁桥　double cantilever beam bridge

上部结构由简单支承在墩台上并带有两个悬臂的主要承重梁组成的桥梁。两端伸出的悬臂可以直接与路堤衔接而不必设置桥台。但悬臂端的挠度较大，当车辆通过时挠度反复变化使路堤与桥梁的衔接处恶化。为减少悬臂端挠度，悬臂不能太长，则对两支承点间的锚固跨所起的减小正弯矩的作用减小。故单独的这种桥式已很少采用，只用于多孔悬臂梁桥中。（徐光辉）

双悬臂式架桥机　balanced cantilever erecting crane for bridge spans

以双悬臂构架承重的铁路架桥机。由机身、前后机臂、拉板、平衡重等组成。吊重有65t、80t和130t三种，用于分片架设32m以内的预应力混凝土梁。架梁时，前臂吊梁，后臂吊平衡重，用机车顶推至桥位，落梁后横移就位。为便于喂梁，常修筑桥头岔线。机身不能自行，吊梁走行时的轴重较大，重心偏高，稳定性较差。（唐嘉衣）

双液硅化法　two shot silicification method

要求同时向土体内压注入两种溶液的一种压力硅化加固法。采用双层式注浆管，先将硅酸钠溶液注入土体内，然后再压注氯化钙溶液，用以加速硅酸钠水解而形成硅胶。如 $Na_2O \cdot nSiO_2 + CaCl_2 + mH_2O \rightarrow nSiO_2 \cdot (m-1)H_2O + Ca(OH)_2 + 2NaCl$。氯化钙溶液的比重应为1.26～1.28。此法适用于加固渗透系数为0.1～80（m/d）的砂土地基。

（易建国）

双预应力体系混凝土桥　bi-prestressing system concrete bridge

在混凝土梁受拉区产生预压应力，并在受压区产生预拉应力的一种预应力混凝土桥。混凝土预压应力按一般张拉高强度力筋（粗钢筋、钢丝束、钢绞线等）的方法产生；混凝土预拉应力则为在特制的异形截面钢套管中设置高强度粗钢筋，采用特制的穿心式千斤顶挤压粗钢筋，并用特制的锚具锚固在梁体上，借助于钢筋的弹性恢复力使混凝土产生的预拉应力，这种装置称为"后压法粗钢筋压锚系统"，系由奥地利H. 赖芬施图尔（H. Reiffenstuhl）教授首先研制成功。其优点是借助于双向（预压、预拉）预应力系统，有可能在恒载作用下，使受压区的压应力很小，甚至为零，将截面的抗力极大程度地用以承受活载，可以建成超低高度梁，用此法已于1977年建成当今最大跨度（76m）的预应力混凝土简支梁桥，其跨中高度仅有2.5m，高跨比h/l小达1/30.4，这是用普通预应力混凝土所无法设计的。此外，这种体系的原理与装置还可用于混凝土结构的加固，更进一步地拓宽了预应力混凝土的应用领域。

（袁国干）

双柱式梁桥　girder bridge with twin columns pier

用一对墩柱构成的桥墩支承上部结构的梁式桥。桥墩由盖梁、立柱和基础构成，立柱高度一般8～9m，多用于双车道的公路桥中；用轻型墩柱代替重力式的墩身，既节省材料，又减轻地基负担，尤适用于地质不好的桥位处。有漂流物的河流上不宜采用。（袁国干）

双柱式桥墩　double -columns pier

墩身由双柱组成的桥墩。有现浇和拼装施工两大类。它是一种广泛采用的轻型桥墩。与实体桥墩比较，可减轻基础负担并节省材料。与空心桥墩比较，构造简单，施工方便，还可预制安装。（吴瑞麟）

双作用千斤顶　double-action jack

具有张拉和顶压锚固两种功能的千斤顶。按构造有双作用穿心式千斤顶和锥锚式千斤顶。工作时，张拉油缸充油向后移动进行张拉，然后使顶压油缸充油，推动活塞杆顶紧楔形夹片或锥形锚塞，锚固钢

绞线束或钢丝束。 (唐嘉衣)

shui

水泵 water pump

又称抽水机。将机械能转换为液压能使液体产生流动用以输水和扬水的通用机械。一般为电力驱动。按工作原理分为活塞泵、叶轮泵、回转泵、射流泵等。叶轮泵又分离心泵、轴流泵、混流泵和潜水泵等。 (唐嘉衣)

水浮力 buoyancy of water

各方向水体静压力对浸没在水体中的物体所产生的铅直向上的合力。其值等于建筑物所排开的同体积的水重。它是地表水或地下水通过土体孔隙的自由水而传递的。与水能否渗入基底则和地基土的透水性,地基与基础的接触状态,水压大小以及漫水时间等因素有关。 (车惠民)

水工模型试验 hydraulic model test

用模型试验研究各种水工问题的方法。根据相似理论,仿照原型塑造模型的几何形态、边界条件和动力条件,在模型上演示与原型相似的水、沙、河床、水工结构物等运动及相互作用现象,再依相似准则将试验成果用于分析原型。它是发展水力学理论、验证设计方案、探讨各种复杂条件下河流及水工建筑物水力特性的重要方法。模型有多种:根据需模拟的范围不同,可选用整体模型、局部模型、断面模型;按是否模拟冲、淤及河床演变问题可选用动床模型、定床模型;根据试验条件限制及保证流态相似,可选用正态模型、变态模型,此外,还有渗流模型、气流模型、电模型等。 (任宝良)

水拱 water arch

河心水面高于两侧水面的现象。涨水时,河心部分水位上涨比两侧快,在同一断面上,形成中间高两侧低的拱形水面。山区河流洪水陡涨,水拱现象显著。还有因地形而引起的地形水拱。 (吴学鹏)

水灰比 water-cement ratio

水泥浆、砂浆、混凝土混合料所用的拌和水与水泥重量的比值。常用W/C表示。是设计和配制水泥混凝土的一个重要质量指标,是决定混凝土强度、耐久性和一系列物理力学性能的重要因素。一般在不低于水泥标准稠度需水量的条件下,水泥净浆的水灰比越小,则配成混凝土的强度越高,相应的物理力学性能也越好。有时为了便于计算,也可采用水灰比的倒数来表示这个关系,称为灰水比(cement-water ratio,简写为C/W)。 (张迺华)

水力半径 hydraulic radius

过水断面积 ω (m^2) 与湿周 x (m) 的比值。用 R 表示,以米 (m) 计。$R=\frac{\omega}{x}$,其值与过水断面的形状有关,对于宽浅河流,通常可用断面的平均水深来代替,它等于水道过水断面面积与其水面宽的比值。是水力要素之一。 (周荣沾 吴学鹏)

水力比降 hydraulic gradient

又称水力坡度、水力坡降、能坡。沿流程单位长度的水头损失。用 $i=\frac{h_w}{l}$ 表示。式中 i 为水力比降;h_w 为水头损失 (m);l 为流程 (m)。 (周荣沾)

水力吸泥法 water ejector excavation

用水力吸泥机挖土的方法。其工作原理是在吸泥管内侧下部装一朝上的喷水嘴,通入大量高压水,使产生向上喷出的高速水流,从而在周围引起负压,使管口下的泥浆被吸上,随同高速水流一起向上排出吸泥管外。一般用在沉井、沉箱和围堰内排泥。若遇到粘性土,则应辅以高压射水,使土冲散,以提高吸泥效率。 (刘成宇)

水力吸泥机 hydraulic dredger

利用水力吸排泥砂的吸泥机。由吸泥管,吸泥器,高压水管等组成,高压水泵配合工作。高压水流经吸泥管的锥形喷嘴喷入,由于压力差使管内形成负压,将水底泥沙吸入管内排出。使用时不受水深限制,适用于吸排淤泥或砂土。 (唐嘉衣)

水流挟沙能力 sand inclusion capacity of stream

在一定的水流条件和边界条件下,单位体积的水流所能挟带泥沙的最大数量。以kg/m^{3}计。它是一个临界值,包括悬移质和推移质全部泥沙数量,并且随着水流和边界条件的不同而时刻变化。因为悬移质的泥沙颗粒比推移质的泥沙颗粒来得小,所以在平原区的河流中,水流所挟带的泥沙,往往是悬移质泥沙占绝大部分,推移质泥沙可忽略不计,则水流挟沙能力可以只考虑悬移质的数量,并且用最大的悬移质含沙量来表示,单位仍为kg/m^3。对于某一河段,若从上游输移来的泥沙数量(称为来沙量),大于本河段的水流挟沙能力,多余的泥沙就会沉积下来,使河床发生淤积;反之,若来沙量小于本河段的水流挟沙能力,则将由本河段补偿不足的泥沙,就会造成河床的冲刷。 (周荣沾)

水面比降 slope of water surface

沿水流方向每单位水平距离的水面高程差。以小数、千分率或万分率表示。它可根据在一岸或两岸的两个或两个以上固定水位观测点测出的高程差,除以相应的水平流程距离并取平均后求得的数值(计算方法参见洪水比降,101页)。在桥渡的水文、水力计算中,是个非常重要的参数。 (吴学鹏)

水面宽度 width of water surface

可能产生流砂现象，遇到这些情况必须灌筑水下混凝土。水下灌筑要比陆上困难得多，水泥浆易于被水冲走而严重地影响混凝土的质量，因而必须在施工工艺和配料的比例上采取一定的措施。作为安全考虑，混凝土的强度等级应比设计要求提高20%～30%。（赵善锐）

水下混凝土导管法 tremie underwater concreting

又称直升导管法。一种利用导管隔水、输送混合料灌筑水下混凝土的施工方法。导管直径为20～30cm。节长1～2m，两端有法兰盘或锁口旋转联结，以便接到需要的长度。导管上端伸出水面并安放漏斗，在漏斗颈口用细绳悬一球塞，直径比导管内径略小。当混凝土储备足够数量，即砍断绳索使球塞下落，导管内的混合料即随球下落。灌注时导管随水下混凝土的升高而提升，但要注意导管底始终保持在混凝土面下至少1m，以保证新的混合料不与水接触，并一直灌完不得间断。目前采用导管法的最大水深已超过50m。水下混凝土要求流动性大，坍落度一般在20cm左右。（赵善锐）

水下混凝土灌注法 subaqueous concreting

灌注水下混凝土的特定施工方法。为了保证混凝土的质量，施工中应防止水和混凝土混合料的混合现象。目前工程中采用的有导管法、吊斗法、麻袋法和灌浆法等施工方法。国外还采用了液阀法（参见水下混凝土液阀法）等施工工艺。导管法是利用导管将混凝土直接注入水底（参见水下混凝土导管法）。吊斗法是将混合料置于具有活动底板的吊斗内，将吊斗慢慢放入水中。到达土面后，打开底板，混合料流出并形成水下混凝土。麻袋法是在水下由潜水员把袋里的混合料倒出来，或直接把不装满的成袋混合料堆码，各层间用道钉或钢钎穿插，使之形成整体。灌浆法是先在基坑中安置套管，在套管外抛片石和碎石，在套管中插入注浆管并不断地灌注水泥砂浆，砂浆经过管底进入石料的缝隙，形成混凝土。目前工程中以导管法的应用最为广泛。

（赵善锐）

水下混凝土灌注设备 tremie concrete equipment

灌注水下混凝土的施工设备。由工作平台、料斗、导管、管塞、测深计、导管起升装置组成。导管为内径20～30cm的钢管，节长1～2m，由法兰盘螺栓或卡口式接头连接，并加橡胶垫圈，严防漏水。管塞可用木球、钢板塞或棍塞。料斗外壁可装附着式振捣器，增加混凝土的流动性。（唐嘉衣）

水下混凝土液阀法 hydro-valve underwater concreting

利用两片尼龙布在两边粘合形成的柔性管道（液阀），在管道中通过混合料，灌筑水下混凝土的施工方法。液阀上接喂料斗，下部套以钢护筒。灌筑时将阀下至基底，在喂料斗中不断灌注混合料，当其重量克服液阀的阻力后就缓慢下沉（如图），并从阀的下端流出。随着下面混凝土面的升高，逐渐提升液阀至灌筑部分的顶面。然后边灌混合料，边将液阀水平地移动，新灌的接在已灌的边上，形成1∶5左右的斜坡。下部钢护筒要保持垂直，以克服阀在水平移动时的阻力，使水下混凝土表面平滑，标高正确。

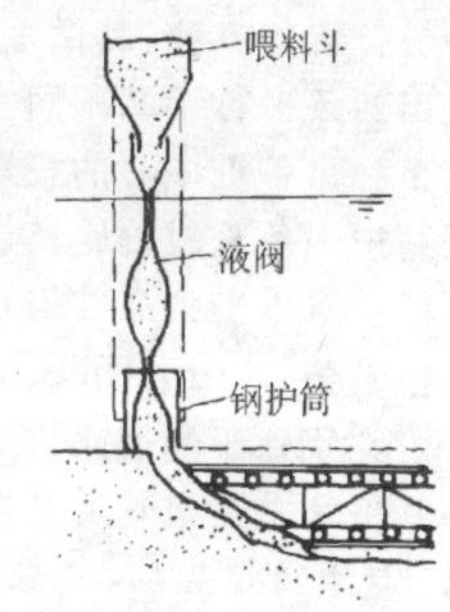

（赵善锐）

水下切割 underwater cutting

在水中进行金属切割的工艺。通常采用气割、电弧切割或等离子切割。主要用于水下基础工程中金属结构物的拆装与修理。气割用特制的水下割炬，利用压缩空气排开切割部位的水进行切割。电弧切割适用于深水作业，用管状电极或空心焊条产生电弧，从管中吹出高压氧气将水排开，并使电弧加热的熔化金属燃烧成氧化渣随气流吹除，取得切割的效果。

（唐嘉衣）

水样分析 chemical analysis of water

又称水化学分析。即用化学和物理方法测定水中各种化学成分的含量。不同用途的水质分析项目各异。工程用水主要分析项目为物理性质（色度、浑浊度、臭和味、悬浮物、悬浮物的沉淀性、溶解性固体、矿化度等）、pH、$SO_4{}^{2-}$；环境水侵蚀性主要分析项目为pH、A^0、H^0、Ca^{2+}、Mg^{2+}、Cl^-、SO_4^{2-}、K^++Na^+、游离CO_2、侵蚀性CO_2、耗氧量、H_2S。

（王岫霏）

水硬性 hydraulicity

胶凝材料与水拌和后既能在空气中硬化，又能在水中硬化的性质。例如硅酸盐水泥就具有水硬性。（张迺华）

水闸桥 dam bridge, gate bridge

桥上能通行车辆、行人、桥下利用桥墩、桥台修建闸门以控制水流的建筑物。多修建在农业灌溉或需要防止洪水泛滥的河道上。如始建于唐太和七年（833年）的浙江绍兴三江闸，下有28个洞闸，上面可以行人。（徐光辉）

水中测位平台定桩位法 measuring platform for locating piles on the water

在拟建的水中桩基近旁，利用搭设的平台测定各桩位置的方法。其做法是：由岸上的基线在平台上引出两条平行于基础同一轴线的直线。在这两条直线上标出各桩中心的投影位置；沉桩时，根据桩中心至其中一条直线的距离以及它的两个投影位置核对桩位，所用平台通常搭在临时性桩上。（夏永承）

水中基础 subaqueous foundation

常年处于地表水以下的基础。如水中桥梁墩台和其他水中建筑物的基础。它们的修建远比陆上困难。对于明挖基础，一般要先修建围堰，然后在堰内挖基坑并修筑基础。对于桩基，则需要有一套水中施工的成桩机具和浮运设备，并根据水深决定料具的运输方法；根据承台的位置和施工的能力决定是否选用吊箱围堰或套箱法等施工方案。对于沉井基础和沉箱基础则应根据水深和它们的结构形式，决定是否选用人工筑岛、浮运法或悬吊法施工等方案。

（赵善锐）

水中木笼定桩位法 timber-crib method for locating piles on the water

水上沉桩施工中，通过一特制木笼的定位而使各桩位置得以固定的方法。木笼用方木制作。按桩群平面布置、桩的斜度和倾斜方向设有上下贯通的方孔，桩恰好能从中穿过；预制后置于水中，在基础设计位置处根据岸上的基线校正木笼上的桩群轴线，使其与基础轴线相重合；最后打设定位桩，各桩的定位也就随木笼的固定而完成。沉桩时木笼还有导向作用。（夏永承）

水中围笼定桩位法 waling method for locating piles on the water

水中桩基施工中利用围笼打设板桩围堰时，通过围笼的定位而使各桩位置得以固定的方法。此时围笼的作用、桩孔设置原则及定位方法与水中木笼定桩位法相同。（夏永承）

水准测量 leveling

用水准仪和水准尺测定地面上两点间高差的方法。以水平视线观测垂直竖立在两点上的水准尺，在两水准尺上的读数之差即为两点间高差。如已知其中一点的高程，即可推算出另一点的高程。

（卓健成）

水准点 benchmark (B. M.)

用水准测量方法测定的高程控制点。其标志一般是灌注在埋设于地下的混凝土标石上，也可将标志直接灌注在坚硬而稳固的岩石上，或稳固的建筑物上。工程测量中，如不需长久保存，则可埋设木质水准点。（卓健成）

shun

顺水坝 following flow dike

一种大致与河岸平行的导流堤。用来束狭河床和护岸，还能导引水流流向指定方向。修建于河道急弯、汊道口、凹岸末端、河口等处。顺水坝一般以淹没式居多，坝顶与中水位大致相平，洪水期水流漫过坝顶，加速河岸和顺水坝之间的河床淤积，当顺水坝较长且坝与河岸间距较大时，常在顺水坝的后侧设置几道格坝，以防止水流冲走沉积的泥沙。

（周荣沾）

顺纹抗剪强度 shearing strength parallel to grain

又称顺纹抗剪极限强度，简称顺剪强度。木材受沿木纹方向的剪力作用时所产生的最大应力。其值比横纹抗剪强度和木材垂直剪切强度都小，并只有顺压强度的 15%～30%，因此是木结构设计中的首要指标。由于它与树种、表观密度、构造和纹理等因素有关，故表观密度越大的木材抗剪强度越大，木纹越直则抗剪强度越小。（陈忠延　熊光泽）

顺纹抗拉强度 tensile strength parallel to grain

又称顺纹抗拉极限强度，简称顺拉强度。木材受方向与木纹相平行的拉力作用时所产生的最大应力。其值约较横拉强度大 2～3 倍。但木材的疵病对其影响较显著。（陈忠延　熊光泽）

顺纹抗压强度 compressive strength parallel to grain

又称顺纹抗压极限强度，顺压强度或纵压强度。木材顺纹方向受压力作用时产生的最大应力。用符号∥表示。桥梁结构中要求柱、支柱和桩等具有较高的顺纹抗压强度。此强度可以通过试验测定，并按下式求得：

$$R_{\parallel} = P/A \qquad \mathrm{N/mm^2}$$

式中　P 为最大荷载 (N)；A 为受压面积 ($\mathrm{mm^2}$)

（陈忠延　熊光泽）

瞬时曲率 short-term curvature

由短暂荷载产生的挠度曲线转角的变化率。它等于压区边缘混凝土应变对受压高度之比，计算混凝土应变采用短期弹性模量，对受拉区有裂缝的构件，通常略去混凝土的拉区强化效应。（顾安邦）

si

丝式电阻应变片 wire resistance strain gauge

以直径 0.02～0.05mm 的康铜、镍铬合金丝栅状电阻丝为敏感元件的电阻片。常见的产品形式有U型、H型两种。U型制造简便，但横向灵敏度较H型大，给测量带来一定的误差，根据基底材料分为纸基和胶基两种。纸基价格便宜，易于粘贴，但耐热

耐潮性差，多用于室内短期测量。 （崔 锦）

斯德罗姆海峡桥 Strömsund Bridge

位于瑞典斯德罗姆海峡的世界第一座近代斜拉桥。为公路桥，车道宽9m，每边各1.75m人行道。桥跨74.7m+182.6m+74.7m，用稀索双面放射形斜拉索，热铸锚头，封闭式钢索。梁为电焊钢板梁与钢筋混凝土桥面板的结合梁。建于1955年。本桥开近代中、大跨度斜拉桥的先声。 （唐寰澄）

斯法拉沙峡谷桥 Sfalasha Bridge

意大利沙莱诺-雷寄·卡拉勃利亚（Salerno-Reggio Calabria）高速公路上跨越斯法拉沙（Sfalassa）峡谷上的桥梁。为世界上最大的钢斜腿刚架桥之一。桥面高出河底250m。主桥总长376m，斜腿顶跨径分配为108m+160m+108m。桥面钢箱梁等高6.4m。斜腿顶部横向间距为6.3m，至桥脚处扩大为25m。虽斜腿上细下粗，但桥脚处为了安装，仍为铰接。桥钢梁漆成红色，加强对比。 （唐寰澄）

四铰圆管涵 four hinged pipe culvert

安置四铰的圆形管式涵洞。当流量在$10m^3/s$以下时，采用四铰混凝土圆管比钢筋混凝土圆管经济，在承受同样荷载条件下，这种圆管涵所发生的弯矩要比整体圆管内的弯矩为小（见图）。直径为1m及1m以下的四铰圆管涵可用假铰，钢筋用量仅为钢筋混凝土圆管的1/2，直径1m以上的四铰圆管涵可用真铰。每节涵管分为四块，可以完全不用钢筋，且每片构件重量仅为整节管节的1/4，用料省，运输吊装方便，但安装较麻烦，且易损坏，在有水压地带不宜采用这种圆管涵。

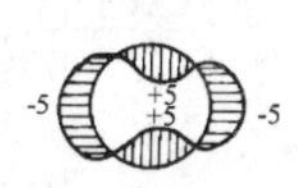

(a)整体圆管

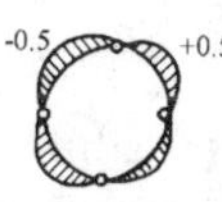

(b)四铰圆管

（张廷楷）

伺服式加速度计 servo-accelerometer

由惯性式加速度计和电伺服回路组成的闭环式加速度测量装置。主要由质量块、弹簧、电磁线圈、永久磁铁、位移传感器、伺服放大器、壳体等部分组成。其工作原理为，当被测振动物体通过加速度计壳体有加速度输入时，质量块偏离静平衡位置，位移传感器检测出位移信号，经伺服放大器放大后输出电流i，该电流流过电磁线圈，从而在永久磁铁的磁场中产生电磁恢复力，迫使质量块回到原来的静平衡位置，即加速度计工作在闭环状态。与一般开环式惯性加速度计相比，测量精度和稳定性、低频响应等都得到提高。缺点是体积和重量比压电式加速度计大很多，价格昂贵。 （林志兴）

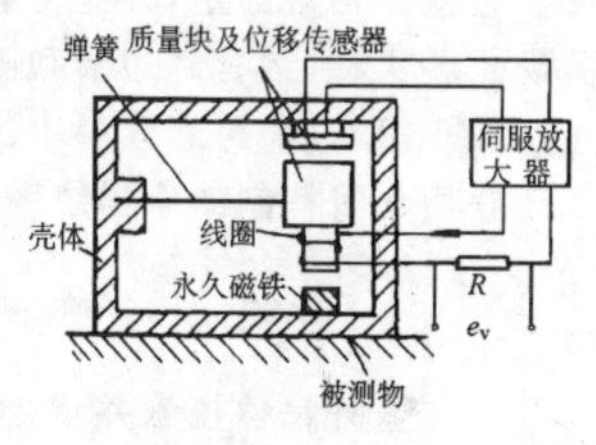

song

松谷溪桥 Pine Valley Creek Bridge

位于美国加里福尼亚（California）至圣地亚哥（San Diego）的洲际公路上的混凝土桥。为美国第一座跨度超100m、第一次用悬臂灌筑节段式的预应力混凝土桥。为5跨（m）82+103.6+137+115.8+84悬臂带铰梁，由两座平行的等高度梯形箱梁（高5.8m，底宽4.3m，桥面宽12.8m）组成。因在强烈地震区，桥墩基础用预应力锚杆锚固在基岩内。于1974年建成通车。 （周 履）

送桩 follower

桩顶需沉入土或水中，或需沉至桩锤所能达到的最低标高以下时，用于接长桩身，待桩沉至设计标高后再拆除的一种临时性构件。应具有足够的刚度，以保证其充分传递锤击能量。一般用钢材制造，也可用一段基桩代替。为与桩头配合或连接，在其底部设置套筒、榫舌或法兰盘。 （夏永承）

su

苏布里齐桥 Pons Sublicius

位于古罗马城中，跨台伯河（Tiber River）的第一座桥。建于公元前621年，由安库斯·马休斯（Ancus Martius）所建。为桩柱式木梁桥，桥面木板可移动。该桥因霍雷休斯·可克尔斯（Horatius Cocles）在桥头保卫罗马事迹而著称于世。 （潘洪萱）

塑料板排水法 plastic board drain method

一种用塑料板插入软土地基提供排水固结条件的地基加固方法。塑料板宽度一般为10cm，厚度为0.4cm左右，由芯板和滤膜组成。长度与间距由加固设计确定。用插板机或砂井打设机将塑料板插入软土层内，顶部埋入砂垫层中，通过填土压载，排除饱和水，加速地基固结。此法适用于加固软土层较厚的地基。 （易建国）

塑性分析法 plastic analysis method

考虑材料塑性的分析结构极限承载力的方法。它要求构件截面具有一定的延性，以保证结构中的内力重分布。亦称极限分析（limit analysis），但不能和极限状态设计相混淆。应用塑性理论中的上、下限定理，可以求得极限荷载的上限和下限，从而估算出极限荷载的数值。在梁的极限荷载计算中要采用

塑性铰的概念；在求解板的极限荷载时，要应用塑性铰线的概念。（车惠民）

塑性铰 plastic hinge

在截面抵抗弯矩基本不变的条件下，构件在该处具有塑性转动的能力的地方。（车惠民）

塑性铰转角 rotation of plastic hinge

在极限弯矩作用下，塑性铰区的非弹性转角。它等于极限曲率与屈服曲率之差和塑性铰区等效长度的乘积。它对抗震设计和超静定结构的弯矩重分配都有重要的影响。（顾安邦）

suan

酸雨 acid rain

含有氯化物、硫酸或硝酸及其离子等侵蚀性物质的雨水。pH值一般小于5.6，成因于化工、动力或冶金工业所冒出的烟气中含二氧化硫、氧化氮等化合物或氯元素。对森林、植被、建筑物和构筑物等均有杀伤或腐蚀作用。尤其对钢结构、钢缆的侵蚀作用更为厉害。故在有此污染源处建造桥梁，以选用钢筋混凝土结构为宜。（谢幼藩）

sui

碎石机 stone crusher

利用不同的机械动作将大块石料破碎为碎石的机械。分为：①颚式碎石机。利用活动与固定颚板时开时合的动作，使石块受挤压、弯劈作用而破碎。②锥体碎石机。利用活动与固定锥体离开和靠拢的动作，使石块受压碾、弯折、冲击而破碎。③锤式碎石机。利用高速旋转的锤头敲碎石块，并有部分石块飞起撞击筒壁而破碎。④辊式碎石机。利用两个相向转动的辊筒，将石块咬入并压碾或弯劈而破碎。碎石机的类型，应按石质、碎石的产量和质量要求选择使用。（唐嘉衣）

碎石、矿渣垫层加固法 macadam or slag cushion stabilization method

采用碎石或矿渣作垫层材料的地基加固方法。一般要求材料粒径为5～60mm，含泥量不大于5%；在垫层底部与四周，应设置一层厚度为30cm、用中砂或粗砂形成的砂框。由于碎石与矿渣具有足够的强度，变形模量大，稳定性好，并能排水加速软弱土层的固结，为国内广泛采用的一种地基加固方法。（易建国）

碎石铺装桥面 ballasted deck

在单层桥面板上铺一层厚10～12cm的碎石所做成的桥面。优点是桥面平坦，并可将车轮压力传给较多的桥面板。故适用于经常通过履带式车辆及其他易于损害桥面板车辆的场合。（陈忠延）

碎石土地基 gravelly soil foundation, crushed stone soil foundation

由碎石类土组成承托基础的地层。按照土的颗粒形状及级配，可分为卵石土、碎石土、圆砾土和角砾土等；其密实度可分为密实、中密和松散三级。根据有关建筑物规范的规定，由该类土的类别和密实程度可以确定地基承载力。一般说，颗粒愈粗和愈密实，承载力也愈高。（刘成宇）

碎石桩加固法 stone column method

一种利用碎石填孔成桩加固地基的方法。用钻机造孔，在孔中填筑碎石，地基内形成直径较大的碎石桩。碎石桩抗剪强度大，可以提高地基的强度和稳定性。与挤密砂桩相比较，能使桩周粘性土不受干扰，且施工时的噪声、振动等公害较轻，在地基加固时应用较为广泛。（易建国）

suo

索鞍 cable saddle

供悬索或斜拉索通过塔顶的支承结构。它的上座由肋板式的弧形铸钢块件制成，上设有索槽，安放悬索或斜拉索。这种支承结构中，需要水平移动的，一般需在上座底面设置一排辊轴，辊轴下放置下座底板，将辊轴传来的集中力分布于塔柱上；摆柱式的或安装于柔性桥塔上的，仅设铸钢上座，并用螺栓与塔柱固定；不需水平位移的，也可用钢筋混凝土制成。拉索分层布置于其上，为防止拉索滑移，可旋紧螺栓，将拉索上面的盖板压紧。（赖国麟）

索夹 cable clamp

又称钢缆卡箍、钢缆箍或钢缆夹。悬索桥中使吊杆上端固定于悬索上的连接件。要求能保证使吊杆与悬索的位置相对固定，并能可靠地传递荷载。根据悬索截面形状，通常有六边形和圆形两种。其下端用吊耳与吊杆相连，大跨悬索桥中的吊索，是将钢绞线绳直接沿其上面特制的索槽绕骑悬挂来设置的。（赖国麟）

索塔 cable tower

用以支承斜拉桥拉索并承受拉索所传给的竖直分力和水平分力的结构。依其构造形式，顺桥向可分为单柱式、A形和倒Y形；横桥向有门式、双柱式、A形和单柱式等。门式是早期斜拉桥沿用悬索桥的桥塔方式采用的，后来在横向多用双柱式塔。因斜索对塔身存在一个稳定的恢复力，即当塔身横向倾斜时，斜索的拉力将产生一个与塔身倾斜方向相反的横向水平分力，使塔身保持稳定，故斜拉桥在横向采太阳辐射表面上的太阳辐射强度称为太阳常数，其标准值为 1 353W/m²。太阳通过大气层时，一部分能量被水蒸气、CO_2、O_3 等吸收；一部分直接渗透到地面的称为直接辐射；一部分因大气及云层的反射和散射作用改变了原方向而后到达地面的称为散射辐射。太阳辐射使桥梁结构向阳面的温度升高较多，造成结构内温度分布不均，从而引起温差应力。

（王效通）

太阳散射辐射 solar diffuse radiation

见太阳辐射（234 页）。

太阳直接辐射 direct solar radiation

见太阳辐射（234 页）。

tan

坍落度 slump

表示新拌混凝土混合料流动性的一种指标。用坍落度筒测定。把新拌混凝土按规定方法分层装满坍落度筒，用捣棒逐层捣实，然后将筒按垂直方向提起，量得混凝土自然坍落后的高度与筒高之差，称为坍落度，以厘米计。坍落度越大表示混凝土的流动性越好。

（张迺华）

弹塑性翘曲 elasto-plastic buckling of plate

理想平板在弹塑性阶段内的翘曲。当板的厚宽比 t/b 较大时，板块的翘曲临界应力大于钢材的弹性极限。按弹塑性理论，在单一应力（均匀压应力、偏心压应力、剪应力）作用下的翘曲应力可表为

$$\sigma_k = \sqrt{\eta} \cdot k \cdot \sigma_e$$

式中 $\eta = E_t/E$，E_t 为钢材在应力为 σ_k 处的切线模量，其他符号见弹性翘曲。

（胡匡璋）

弹塑性屈曲 elasto-plastic buckling

理想压杆在弹塑性阶段内的失稳。恩格赛（Engesser）于 1889 年和 1895 年先后提出理想压杆弹塑性屈曲临界应力的切线模量理论和双模量理论。根据香莱（Shanley，F. R.）的研究，切线模量理论给出弹塑性屈曲荷载的下限，而双模量理论给出其上限。

（胡匡璋）

弹性地基梁比拟法 beam on elastic foundation analogy

简称 BEF 法。利用箱梁截面畸变角的微分方程与受横向荷载的弹性地基梁的挠曲微分方程的相似性，分析箱梁畸变应力的简便方法。可以利用解弹性地基梁的方法和图表，按照相似关系进行换算，求出箱梁畸变时的畸变角和畸变双力矩，从而求出箱梁畸变应力。

（顾安邦）

弹性翘曲 elastic buckling of plate

用单柱式或双柱式塔均属可行。横向 A 形索塔也有将其在桥面以下的塔柱收拢，做成拐脚式，外形美如花瓶，还可减小桥墩横向尺寸。塔脚的连接方式有塔墩固结、塔梁固接和塔墩铰接等型式。混凝土斜拉桥因自重大，多采用塔墩固结的方式。

（赖国麟）

索网桥 cable net bridge

由中跨悬索、边跨地锚外缆索、辐射形斜拉索和辅助正交索组合成缆索系统的缆索承重桥。结构特点是：中跨悬索悬吊主梁的跨中部分，边跨斜拉索与相应对称的主跨斜拉索构成水平力由主梁压力所平衡的自锚系统，其他拉索为通过边跨地锚外缆索锚住的地锚系统，拉索的水平分力由主梁拉力所平衡，辅助索在跨中部分起吊杆作用悬吊主梁，在其他部分与拉索接近正交连结，可显著增强索网体系的整体刚度。比较研究表明，大跨度（1 000～2 000m）索网桥可免除斜拉桥主梁压力过大导致多耗钢材的缺点，而且索网桥的缆索钢用量几乎比悬索桥减少一半（塔柱较高，结构钢用量比悬索桥稍有增加），索网体系锚碇所受的水平力也只有悬索体系的一半。随着跨度的增大，这种桥的竞争能力也增强。但是这种桥的检查和维护要比一般悬索桥和斜拉桥更复杂。

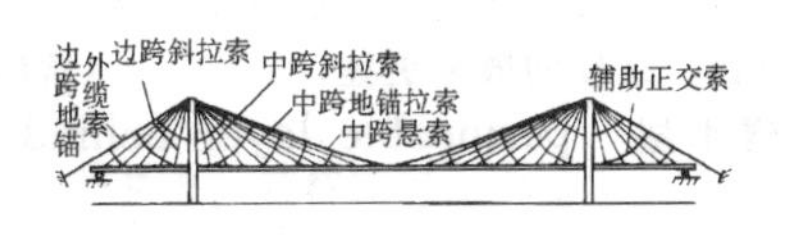

（姚玲森）

ta

塔古斯桥 Tagus Bridge

又称萨拉查（Salaza）桥。位于葡萄牙里斯本塔古斯河上的公铁两用桥。上层公路车道宽 16m，下层双线铁路。主桥跨度为 483.4m＋1 012.9m＋483.4m。结构为双面悬索桥，当架设铁路时，再从塔顶增加放射形斜拉索至梁。钢桁加劲梁高 10.67m，桁距 21.0m，索距 22.5m。钢塔高 181.5m，浮运钢高低双脚沉井施工。建成于 1966 年。下层铁

锁口钢管围堰 interlocking steel pipe cofferdam

又称钢管板桩井筒围堰。由钢管两侧带有用于连接的锁口装置，按设计要求以规定的次序打入土中围成的圆形或圆端形的井筒式防水墙。井筒在施工期间起围堰的作用，施工完成后可作为水中基础防水墙或成为基础结构的一部分而承受荷载。井筒的内部用圈梁和顶撑支撑，直径较小的井筒也可只用圈梁而不用顶撑。这类围堰 60 年代首先在日本桥梁基础工程中应用。钢管采用系列产品，外径为 800～1 220mm。

（赵善锐）

锁口管柱基础 interloking colonnade foundation

由锁口相连的管柱围成的闭合式管柱基础。锁口缝隙灌以水泥砂浆，使管柱围墙形成整体，管内充填混凝土，围墙内可填以砂石、混凝土或部分填充混凝土，必要时顶部可连接钢筋混凝土承台，从而形成新型基础。它实用于荷载很大的桥墩台，于 60 年代首先出现在日本。

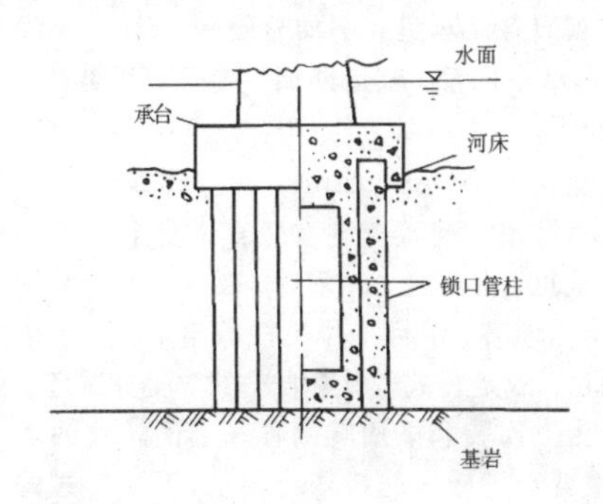

（刘成宇）

T

路迄今未装。

（唐寰澄）

塔架式拼装桥墩 fabricated trestle pier

以型钢为基本构件，现场拼装外形呈塔架状的桥墩。其基础多为现浇混凝土，墩身和基础通过铸钢法兰盘联接，适用于较高桥墩。

（吴瑞麟）

塔架斜拉索法 tower with staying cable construction method

用塔架和斜拉索作为悬吊支承设备来建造拱桥的施工方法。在拱脚墩台处安装临时钢或钢筋混凝土塔架，用斜拉索（或斜拉粗钢筋）一端拉住拱圈节段，另一端绕向台后并锚固在岩盘上，逐节向河中悬

臂施工拱圈，直至拱顶合龙。是国外采用最早、最多的大跨径钢筋混凝土拱桥无支架施工方法。一般多结合采用悬臂浇筑法施工，少数情况下也采用悬臂拼装法施工。（俞同华）

塔科马海峡桥 Tacoma Narrows Bridge

位于美国华盛顿州，跨塔科马海峡的悬索桥。旧桥于1940年建成，主跨（m）为335.11+853.44+335.11，桥宽仅11.9m，中承加劲钢板梁高仅2.74m。同年11月，由于低风速颤振而破坏，震动了世界桥梁界，促使加固诸已建成的悬索桥，并将风震不断提高到新的科学水平。1949年建新桥，桥跨不变，改为钢桁架加劲梁，桁距18.29m，高10.06m，塔高140.82m，使经典悬索桥基本定型。（唐寰澄）

塔潘泽桥 Tappan Zee Bridge

美国纽约以北，跨哈得孙（Hudson）河的公路桥。主桥为三孔钢伸臂桁架，总长736.09m。两侧锚孔各为183.41m，中孔369.42m，内伸臂各为103.64m，悬孔为162.15m。主桁间距28.35m。原设计为双向各3车道，中加分隔带。80年代因交通拥挤。取消中间带，改造路面，成为7车道桁面。建于1956年。（唐寰澄）

塔式起重机 tower crane

又称塔吊。起重臂装在竖直塔身上部的动臂旋转式起重机。由塔身、起重臂、底盘、电力系统和起升、变幅、回转、走行工作机构等组成。按使用要求分为固定式、走行式、附着自升式、爬升式等。回转机构分为上回转和下回转两种。上回转式的塔身不动，起重臂与塔帽一起绕塔身转动，下回转式的塔身与起重臂一起转动。起重臂的变幅方法，分为移动起重小车变幅和起重臂俯仰变幅两种。与其他类型起重机相比，它的稳定性较好，作业空间大，能全回转工作。适用于高建筑物施工。近年来，在快速安装、塔身连接、自升方法、变速升降、折叠式起重臂以及安全控制等方面，均有不少改进与发展。

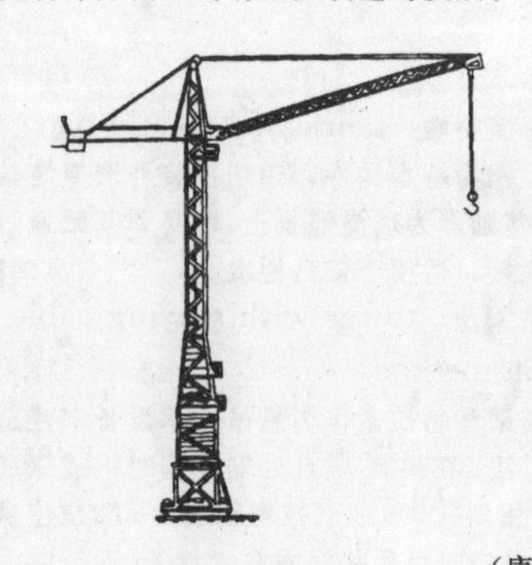

（唐嘉衣）

比不同钢材的冷裂倾向。一般来说，碳当量愈高，材料淬硬倾向愈大，冷裂倾向也愈大。（李兆祥）

碳素钢丝 carbon steel wire

含碳量不超过0.9%左右的预应力钢丝。我国用作预应力筋的碳素钢丝多为高强钢丝和冷拔低碳钢丝。增加含碳量（≯0.9%），同冷作、热处理一样都能提高钢丝的强度和硬度，但会降低其塑性、韧性和焊接性。参见高强钢丝（75页），冷拔钢丝（147页）。（何广汉）

tao

套管式灌浆法 telescope grouting method

又称套阀花管灌浆法。先在地基土中钻一直径为90～130mm的孔，待钻至预定深度后，孔内用泥浆护壁，并立即下套管，使地基、泥浆和套管三者形成一体。再在套管内插入灌浆管，套管灌注口处设有堵塞器，依赖于高压水或灌注的浆液能使其破裂，并成为灌浆通道，然后开始灌浆作业。本法的特点是：能随意变化灌浆位置；能在预定的加固区域内均衡地向一定范围有计划地灌注浆液；能在同一位置反复灌注不同种类的灌浆材料。本法适用于加固各种地基，对砂质粉土地基效果最佳。（易建国）

套管钻机 casing boring machine

又称贝诺特（Benoto）钻机。以常备钢套管护壁并用抓斗冲击取碴成孔的钻机。由钻架、钢套管、重锤式抓斗、套管压拔装置、卷扬机、动力和液压系统等组成。套管压拔装置兼有扭摆晃管的功能。钻孔过程中压入套管护壁。在灌注混凝土成桩的同时，逐步拔出套管以便重复使用。此种钻机护壁可靠，成孔整齐，但仅适于在覆盖层中钻孔。（唐嘉衣）

套接 sleeve joint

又称套接榫。用木盖板套住构件与垫块，而相互用栓销传力的一种结合方式。套接榫的优点是承载力高，但制作需较精确，故比正接榫贵，已被金属靴代替。（陈忠延）

te

特大洪水 catastrophic flood

高出实测最大流量系列很多的流量。俗称"红灯高挂"。它可能是调查的历史洪水流量，也可以是实测流量中的特大值。正确估计其出现的频率，将其和实测最大洪水流量系列有机地联系起来，即如何计算包括特大洪水在内的洪水流量系列的统计参数，称为特大洪水处理。特大洪水的出现给水文分析计算带来一定困难，但也对提高计算精度有所贡献。（吴学鹏）

特大洪水处理

见特大洪水

特大桥 Specially long span bridge

多孔跨径总长$L\geqslant500$m或单孔跨径$L_0\geqslant100$m的桥梁。（周荣沾）

特殊荷载 exceptional load

又称偶然荷载。参见偶然作用（174页）。（车惠民）

特殊土 special soil

又称特种土。具有特殊物质成分、结构构造和物理力学性质的土。如黄土、冻土、膨胀土、盐渍土等。它们是在某种特殊地质环境中形成的。（王岫霏）

特殊运输桥 particular transport bridge

专供通过某种特殊运输工具的架空建筑物。如矿区专供矿车通过的桥梁，或用以支承传送带、化工管道、输送煤粉、石油管道等的专用桥梁。（徐光辉）

特征荷载 characteristic load

见作用特征值（302页）。

特征裂缝宽度 characteristic crack width

裂缝宽度分布的0.95分位值。即构件中裂缝宽度小于该特征值的概率为95%。裂缝宽度受多种因素影响，带有较大的随机性，因此难以确定构件中最大裂缝宽度的具体数值，而只能借助数理统计方法估计一个特征值。（李霄萍）

teng

藤网桥 rattan net bridge

用藤索建成横截面呈管状的吊桥。系一种古代桥梁，我国西藏珞瑜有一座跨江的藤网吊桥，跨径约130m，用四十多根粗大的藤索沿藤圈围成管网状，藤索两端系于两岸大树上，藤网底部用细藤编织成桥面，人赖以在藤网里行走。（伏魁先）

ti

梯桥 steps bridge

靠斜撑支持，悬伸于水面之上类似半截楼梯的建筑物。山东曲阜孔庙中保存的东汉墓石上有梯桥浮雕图，行人可循梯而上观赏水面风景。这种建筑并不沟通两岸交通，实际上已不属于桥梁范畴。（徐光辉）

提升千斤顶 elevating jack

用于滑升模板结构中连续提升模板用的工具。安装于顶架上，借助楔块或弹簧卡头紧抱顶杆。工作时只能使顶架上升而不能下降。工作原理如图示。

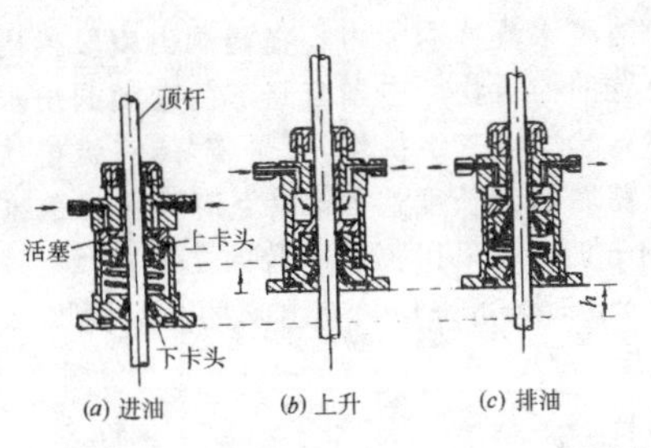

(a) 进油 (b) 上升 (c) 排油

(谢幼藩)

提升桥 lift bridge

活动孔可在铅直平面内垂直提升的活动桥。在提升孔的两端需设置较高的塔架以安装提升设备，但提升时所需动力相对较小。为减少启动时间，在两支点的一侧各设有平衡重装置。 (徐光辉)

提斯孚尔桥 Dizful Bridge

位于伊朗胡泽斯坦省迪兹河上的 23 孔尖拱型石拱桥。全长 383m，跨径 7m，桥墩厚约 8.8m，墩前有圆弧分水尖，墩上端(拱脚线以上)设有半圆形小拱以泄洪水，全桥具有回教建筑风格。桥始建于公元前 400～350 年，经多次修复，至今尚存。

(潘洪萱)

体积比 volumetric ratio

混合料中各种成分按体积确定的比例。如水泥：砂：碎石＝1：2：4，即 1 斗水泥：2 斗砂：4 斗碎石。 (张迺华)

体量 mass

三维的实体或中空体。随着材料、技术的进步，桥梁已从粗笨相对地变为轻巧。即使当中外古代桥梁使用自然木石等天然材料时，仍注意充分地利用其强度和巧妙的布局，使体量尽量减少。一座桥中各部分体量的分配，其相互间轻重、凹凸、聚散、张弛等关系，是艺术重点处理之一。 (唐寰澄)

体量对称 symmetry of mass

即平衡 (balance)，建筑物在形状上并不对称，却在体量上对一根对称轴左右对称。桥梁美学中并不需要真正地计算桥的体量或重量作绝对平衡的布置，只是感觉上予人有平衡的印象。平衡又可以区分为静态平衡、动态平衡、稳定平衡和不稳定平衡。

(唐寰澄)

体外配筋 external disposal of tendon

不在梁体截面内配筋，与梁体混凝土也不相粘结的预应力束筋配置方式。梁体内不需设置预留孔道，主梁截面也不会被削弱。优点是可以免除张拉时的摩阻力并可随时控制其应力状态。常外包以聚乙烯套管或其他隔绝材料以防锈蚀。用于连续梁干缝结合的预制节段的拼装，可使施工迅速。缺点是在结构的承载能力、耐疲劳和耐腐蚀性等方面与常规的体内配筋相比均有所降低。 (何广汉)

体外束 external tendon

后张式预应力混凝土构件体外配筋时所用的预应力束筋。参见体外配筋。 (何广汉)

体外预应力法 method of prestressing externally

在梁的受拉区外侧增设预应力拉杆，通过张拉、锚固拉杆而提高梁的承载能力的桥梁加固方法。预应力拉杆可用粗钢筋、高强钢丝索或型钢制作。施加预应力的方法可以用紧固螺栓、拉伸机或电热法。

(万国宏)

tian

天津永和新桥 Yonghe New Bridge at Tianjin

天津至汉沽跨越永定新河的公路预应力混凝土斜拉桥。全长 512.4m，主梁为五跨连续浮动体系，中跨 260m，双面扇形密索，空心柔性门型桥塔，主墩沉井基础。端跨主梁为现浇，其余跨为在支架上悬拼施工。于 1987 年底通车。 (黄绳武)

天门桥 Tenmon Bridge

位于日本熊本县，总长 502m，为 3 孔连续钢桁架公路桥，边孔跨度 100m，中孔跨度 300m。穿式公路面宽 6.5m，两侧各 0.75m 人行道。建于 1966 年。 (唐寰澄)

天 桥 platform bridge, passenger footbridge

在旅客众多、线路股道多、运输繁忙的车站上，为了旅客横穿铁路线路的安全及行李运送的方便，或在城市内为使行人安全通过马路，而在线路或道路上建造的架空建筑物。一般有棚盖式与露天式两种，多采用钢、木或钢筋混凝土结构。当火车站站舍和站前广场高于线路时采用天桥较为有利。

(徐光辉)

天然地基 natural ground

直接承受基础荷载，且未经人工处理过的天然地层。根据土的性质，一般可分为砂土地基、碎石土地基、砂卵石地基、粘性土地基、岩石地基以及各种特殊土地基，如黄土、膨胀土、软土、多年冻土等。每种土都具有各自特殊的工程性质。在基础荷载作用下，应按各自的工程性质计算地基承载力和沉降量。 (刘成宇)

天然冷气冻结挖基坑法 foundation pit excavation by means of freezing method with natural cold air

利用冬季天然低温，在冻结地基上逐层挖基逐层冻结，一直到基底的敞坑挖基方法。每层开挖速度应有所控制，使挖后所余冻层厚度足以承受地下水压。当坑底面较大时，挖基应分格进行。该法适于施工期昼夜平均温度在−10℃，且持续时间在100天以上，土质为导热系数较大者，如砂土以上的粗粒土层。若为水中基础且水深在2m以内，流速不超过1.5m/s，则此法仍然有效；若水深和流速过大，则宜采用筑岛法、围堰法或冰套箱法等。

（刘成宇）

天然流速 velocity of natural flow

河渠水流天然状态下的过水断面平均流速。以m/s计。在河渠、管道中的水流是恒定流（稳定流），在没有支流流量流出和流入的情况下，根据恒定流（稳定流）连续方程，任一过水断面的流量Q（m^3/s）是相等的，即$Q_1=Q_2=\cdots=Q_n=$常数。因流量$Q=\omega v$，式中：ω为过水断面积（m^2），v为天然流速（m/s），所以，天然流速v是过水断面积ω的函数，ω大，则v小，反之，ω小，则v大。（周荣沾）

天然水深 depth of natural flow

河渠水流天然状态下的过水断面平均水深。以米（m）计。因流量$Q=\omega v$（m^3/s），式中ω为过水断面积（m^2）；v为过水断面天然流速（平均流速，m/s），根据满宁（Manning）公式$v=\frac{1}{n}R^{2/3}I^{1/2}$，式中$n$为河渠粗糙系数；$R$为水力半径（m），$R=$过水断面积$\omega$/湿周$x$；$I$为水面坡度（水面比降），而$\omega$和$v$都是天然水深$h$的函数，故已知流量$Q$还不能直接求算$h$，可用逐步渐近法确定。先假定一个水深$h$，以河槽横断面图上求得$\omega$和$R$，按公式$v=\frac{1}{n}R^{2/3}I^{1/2}$和$Q=\omega v$计算相应的流量$Q$。若计算的$Q$值与已知的设计流量相差不大（一般不得超过10%），则假定的水深即可作为所求的天然水深h；否则，需重新假定水深进行计算，直至符合要求为止。

（周荣沾）

天生桥 natural bridge

自然界形成的桥梁。由岩石形成的石桥；被大风吹倒的大树横搁成木梁桥；天然生长的蔓藤形成的蔓桥或藤索桥等属之。（伏魁先）

填洼 depression detention

超渗雨充填并滞蓄于地面凹陷和小坑的现象。在地面径流形成过程中，降雨或融雪初期产生因充填洼地而消耗的那部分水量称为填洼量。在坡面汇流停止后，填洼水主要消耗于蒸发和下渗，对地面径流而言是一种损失。（吴学鹏）

tiao

挑坎 sill with cantilever coping

为消减水流冲刷能力，在涵洞出口段挑出铺砌层所设置的构筑物。中国公路部门在涵洞出水口采用八字翼墙配以三级挑坎，效果较好，三级挑坎一般在八字翼墙铺砌长度达4m以上时采用；铺砌长度为2～4m时，可采用不设平台的二级挑坎；铺砌长度小于2m时，可采用只有上坎的一级挑坎。

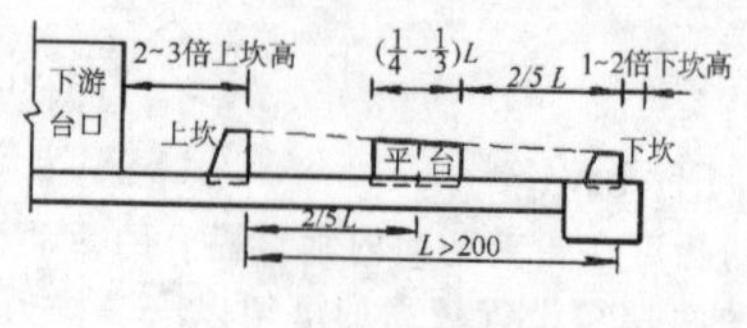

L—上下坎间距　单位：cm

（张廷楷）

调和法 harmonic method

对环境中是独立的建筑物，协调得很自然而不突出的处理方法。有采用表面建筑装饰在质地上与环境调和，有用桥与自然环境互相渗透的方法，有在色彩上采用与自然环境大部分时间相调和的方法，有选用结构形式和自然环境或人工建筑物某些特点相符合的方法等。老桥的扩建既是自身协调又是环境协调，宜于采用统一较多的调和法，而一条河流上诸座桥梁则宜采用统一于某些主要点的协调方法。本法是协调的主要方法。（唐寰澄）

调整支座标高法 method of adjusting bearing level

为消除结构裂缝，调整结构内力，恢复桥梁的正常使用状态采用的顶升主梁调节支座标高的方法。由于设计不周或在软土地基上的桥墩台出现大量沉降或沉降不均，从而引起桥梁上部结构损坏，并影响车辆正常行驶，可采用顶升主梁调节支座标高的方法消除病害。在顶升主梁前，应先矫正梁的纵向位置。当顶升数值较大时，预制垫块应与原台帽或盖梁连接，以传递水平力。连续梁的墩台基础产生不均匀沉降时，必将导致梁的内力重分布，可通过支座位移调整结构内力，消除裂缝，使桥梁正常使用。

（黄绳武）

tie

贴角焊 fillet welding

在接口处两焊件端断面间构成大于30°、小于130°夹角的焊接。（李兆祥）

贴式防水层 sticking type waterproof layer

用沥青卷材分层粘贴于三角垫层上的一种柔性防水构造。通常用两层防水卷材（如油毡）三层粘结材（沥青胶砂）相间粘贴而成，其厚度一般为1～

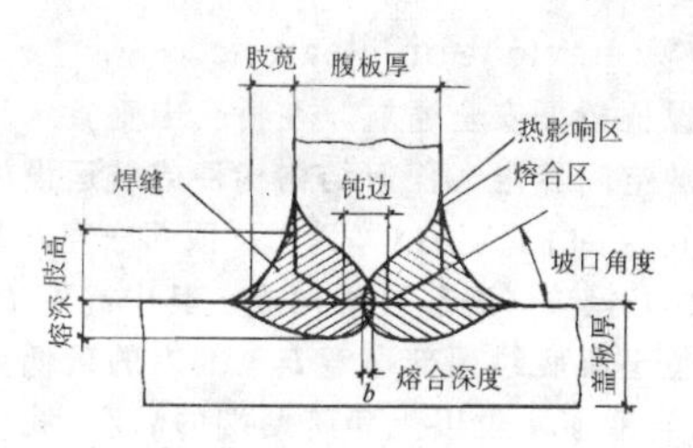

贴角焊

2cm。这种防水层的防水效果虽较好，但造价高，施工麻烦费时，并把行车道板与铺装层隔开，在车轮荷载作用下，铺装层易起壳开裂。所以近年来仅在防水要求较高的冰冻地区或行车道板处于结构受拉区时才予采用。 （张恒平）

铁板梁桥 iron plate girder bridge

用铁建造的板梁桥。这种桥梁常用熟铁制造，出现于19世纪中叶，自20世纪以后，遂为钢板梁桥所代替。 （伏魁先）

铁路标准活载 railway standard loading

用以设计铁路工程结构的标准列车活载标准值。它包括普通活载和特种活载。普通活载代表机车和一列车辆的重量；特种活载则是指某些集中轴重，它对小跨度桥梁及局部杆件的设计起控制作用。由于各种型号机车和车辆的轴重和轴距不同，故应按规范制订的标准列车活载设计桥涵。这种活载标准值既能概括当时的机车车辆，又能兼顾近、远期的发展状况。下图所示为1975年公布的中华人民共和国铁路标准活载，简称中—活载。

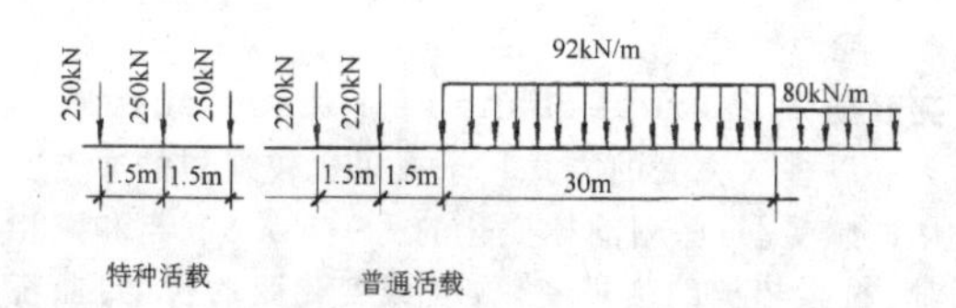

（车惠民）

铁路拆装式桁梁 detachable truss for railway

用标准杆件拼装的铁路桁梁。由标准杆件、套管螺栓、栓钉等组成。杆件材料为15锰钛低合金钢。可拼装跨度12～80m单层、双层或低高度的三角华伦式或菱形桁梁。荷载按前进型单机随挂60kN/m活载设计。其材质强度高，杆件重量轻，零件种类少，互换性强。适用于铁路抢修，施工便桥，或作架桥膺架使用。 （唐嘉衣）

铁路等级 railway classification

根据铁路在路网中的作用、性质和远期客货运量，对新建和改建铁路所划定的级别。它是选定铁路各项主要技术标准和铁路建筑物有关技术标准的基础和依据。正确划分铁路等级是关系到合理使用国家投资、提高经济效益和运输效率的重大问题。中国制定的《铁路线路设计规范》(GBJ90—85）中规定，中国铁路分为三级，分别以15Mt与7.5Mt客货运量作为划分Ⅰ、Ⅱ与Ⅱ、Ⅲ级铁路的界值，即Ⅰ级铁路是铁路网中起骨干作用的铁路，远期年客货运量大于或等于15Mt者；Ⅱ级铁路是铁路网中起骨干作用的铁路，远期年客货运量小于15Mt，或铁路网中起联络、辅助作用的铁路，远期年客货运量大于或等于7.5Mt者；Ⅲ级铁路是为某一区域服务具有地区运输性质的铁路，远期年客货运量小于7.5Mt者。 （顾发祥）

铁路工程技术标准 technical standards of railway engineering

对新建或改建铁路和相关配套设施等工程实体的类型、功能和规模所制定的技术规定。对铁路能否满足国家的要求、运营效率的高低、投资的规模和经济效益的大小有重要影响。其主要技术标准中，有些属于基建标准。如设计年度、铁路等级、限制坡度、最小曲线半径、路基宽度、铁路用地、建筑限界、铁路活载标准、到发线有效长度等；有一些属于技术装备类型，如牵引种类、机车类型、闭塞方式等，选择主要技术标准要贯彻固本简末、强干弱支的方针，以运量为依据、保证合理的经济效益的原则，二者必须兼顾和统一。对起骨干作用的铁路，应强化技术装备，采用较高的标准；对干线以外的铁路，技术标准可适当降低。各项主要技术标准之间相互关联，这些标准一旦选定，就相应决定了设计线的能力大小，因此要注意综合比选，相互协调，实现最佳综合能力。 （顾发祥）

铁路桥 railway bridge

主要供铁路列车通行的为跨越河流、线路或其他障碍而设的架空建筑物。一般不设人行道，仅设专供铁路检修人员通行的通道。根据线路等级及将来发展可建成单线桥或多线桥。铺设路轨的桥面常采用道碴桥面，也可做成明桥面，近年来也有采用无碴无枕的。列车的轴重大、冲击作用大，活、恒载比例高，重复受荷次数多，桥梁纵坡小，荷载的横向作用位置不变，是其特点，设计中应予考虑。 （徐光辉）

铁路桥涵设计规范 standard specifications for the design of railway bridges and culverts

铁路桥涵工程设计必须遵循的技术标准或准则。现行铁道部标准TBJ2-85包括设计总则，桥涵布置，设计荷载，钢结构，钢筋混凝土结构，预应力混凝土结构，混凝土和石结构，墩台、拱桥，涵洞，既有线顶进桥涵，地基和基础等十二章。设计原理主要采用容许应力法，设计准则中的部分限值，反映了

80年代初国内外的科研成果和实践经验。以可靠性理论为基础的极限状态设计法则是此后规范修订工作的方向。（车惠民）

铁桥 iron bridge

用铸铁或熟铁建造的桥梁。出现于18世纪后期至19世纪后期，前段时期为铸铁桥，后段时期大多为熟铁桥。因铸铁抗拉强度较低，铸铁桥多为以承压为主的拱式结构，而熟铁桥则除拱式外，还有可承受弯、拉的板梁、箱形梁和桁架等结构类型。铸铁与熟铁也曾用于制造铁索桥的链杆。自20世纪以后，随着炼钢技术的发展，优质钢材的诞生，铁桥遂逐渐被淘汰。（伏魁先）

铁索桥 iron suspension bridge

又称铁链桥。以铁链为悬索的悬索桥。是一种古老的桥梁。我国陕西古褒城县（今勉县）樊河桥，即属这一类型，桥头碑文记载该桥建于西汉元年（公元前206年）。云南景东横跨澜沧江的兰津桥，也属这一类型，相传建于汉明帝时（公元58～75年）。现尚保存完好的四川大渡河上的泸定桥，系建于清康熙44年（1705年）的铁索古桥，后以红军在二万五千里长征中英勇强渡此桥而闻名于世。欧洲最早的铁索桥为英国的蒂斯（Tees）河上的温奇（Winch）桥，建于1741年。（伏魁先）

ting

汀步桥 stepping stones

用石块在水中毗连相间筑起的石磴以供行人涉水的构筑物。是一种原始的桥梁形式。在《汲冢竹书纪年》中就有周穆王三十七年（约公元前965年）伐楚时，“架鼋鼍以为梁”的记载。在一些偏僻地区，交通量不大的季节性河流上有时还能看到，如浙江泰顺县仕阳溪上就建有在沿桥横截面方向上呈阶梯形的高、低双层的形式，上层供肩挑步道，下层供行人。有时也用作园林小品中溪流或池沼上的景物。（徐光辉）

tong

通风洞 ventilating hole

见空格桥面（141页）

通缝 through joint

圬工砌体各层间相连续的砌缝。例如砖墙的水平向砌缝一般为通缝。这种缝主要考虑承受压力，在剪力作用下只能由砌缝的砂浆提供抗剪强度。故在受剪方向上的砌缝不应做成通缝，而应为错缝（参见错缝附图，25页）。（俞同华）

通航净空 navigation clearance

为保证桥下安全通航，在桥孔中垂直水流方向所规定的空间界限。任何结构构件或航运设施均不得侵入其内。由宽度B（净跨）及顶部净宽b和高度H（中部）及h（边部）所构成。其中高度H为自通航水位至梁底缘顶部净宽b范围内的最低点的高度；h为自通航水位以上净跨两端的高度。我国将全国天然、渠化河流及人工运河的航道分为六级，并给出相应的净空标准，对于海轮的航道和长江干流宜宾至海口段未作规定。（金成棣）

统计相关 statistics correlation (relative correlation)

又称相关关系。两变量之间存在直线相关。（参见相关系数，251页）（周荣沾）

tou

投标 bidding, enter a bid

征招承包单位承办土建工程项目时，引进竞争机制，建设单位先把有关工程项目的图样、资料等对外公布，申请承包单位根据招标条件，计算标价，开列清单，填写包含估计工程总造价的有关内容，密函报送建设单位（也称招标单位），供建设单位在众多的投标书中进行比选，选择其中造价最合算者为得标单位，上述提出投标书投函的工作程序，对承包单位而言，称投标。（周继祖）

tu

突变韵律 abrupt changing rhyme scheme

以多次突变的方式，予人以比较强烈的冲击变化的感受。是序列韵律变化的另一种形式。与和顺相对。桥梁桁架的腹杆变化，折线变化弦的桥梁、曲桥等都属于此。突变亦不宜破坏连续性，即需富于韵味而不能杂乱无章。（唐寰澄）

涂层测厚 measuring the thickness of coating

用测厚仪对涂层干膜厚度进行量测的工序。测厚仪分磁性测厚仪、杠杆千分尺式测厚仪两类。量测方法应取$10cm^2$内5点读数的平均值，作为该点的涂层厚度值。（李兆祥）

土的饱和度 saturation of soil

土孔隙中，水分的体积与土的孔隙体积之比，用小数或百分数表示。须根据其他试验结果换算求得。（王岫霏）

土的含水量 moisture content of soil

表示土体中所含水量的指标。天然状态下，土中水的重量与固体颗粒重量的百分比称天然含水量。土的孔隙完全被水充满时之水重与土的固体颗粒重量的百分比称饱和含水量。该数值是计算土的基本指标及计算地基容许承载力的依据。 （王岫霏）

土的荷载试验 loading test of soil masses

通过承压板加荷于地基，测定地基变形与荷载强度的关系，确定土的变形模量及承载力，以及荷载作用下土体沉降随时间变化的特征的一种现场模拟试验。一般适合于浅土层上进行。其优点是压力的影响深度可达 $1.5B \sim 2B$（B 为承压板边长）；土的扰动小；土的应力状态在承压板较大时与实际基础情况较接近。 （王岫霏）

土的孔隙比 pore ratio of soil

土的孔隙体积与土中固体颗粒体积之比。用小数表示。是计算土的其他指标和确定地基承载力的依据。 （王岫霏）

土的塑限 plastic limit of soil

土的塑性界限的简称。土从半固体状态进入塑性状态时的临界含水量。可供计算塑性指数、液性指数、粘性土分类及计算地基容许承载力之用。 （王岫霏）

土的相对密度 relative density of soil

①旧称土的比重。土的固体颗粒重量与 4℃时同体积水的重量之比。其数值大小与土的分散程度和矿物成分有关，当分散程度较高、含水溶盐及有机质很多时影响则更大。该数值供计算土的基本指标及细颗粒分析、固结试验之用。

②砂土中，最大孔隙比（即在最松散状态下的孔隙比）和天然孔隙比之差与最大孔隙比和最小孔隙比之差的比值。计算公式如下：

$$D_r = \frac{e_{max} - e}{e_{max} - e_{min}}$$

式中 D_r 为相对密度；e_{max} 为最大孔隙比；e_{min} 为最小孔隙比；e 为天然孔隙比。可用来评定砂土的紧密程度，确定砂土地基承载力，还可作为判别饱和砂土振动液化的一个根据。 （王岫霏）

土的压缩性 compression of soil

土在荷重作用下产生压缩的性质。是由于土中孔隙体积减小的缘故。其指标以压缩系数 a 表示：

$$a = \frac{e_1 - e_2}{p_2 - p_1}$$

式中 e_1 与 e_2 相应于压力 p_1、p_2 时试样的孔隙比；p_1 与 p_2 一般在 $0.1 \sim 0.3 \text{MN/m}^2$ 范围内。该指标可用来确定地基的沉降和变形。 （王岫霏）

土的液限 liquid limit of soil

又称土的流限，土的液性界限的简称。土从塑性状态进入液性状态时的临界含水量。供计算塑性指数、液性指数、粘性土分类及计算地基容许承载力之用。 （王岫霏）

土壤蒸发器 soil evaporimeter

测定时段土壤蒸发量的标准器具。土壤蒸发量是指一定时段内，土壤中的水分沿土壤孔隙以水汽形式逸入大气的水量。根据水量平衡原理，时段初标准器具中的土柱重量应等于时段末的重量加蒸发了的水的重量，经过换算即可得出时段内的土壤蒸发量。 （吴学鹏）

土围堰 soil cofferdam

用粘性土作为建筑材料，按规定要求密实填筑的围堰。一般适用于水深在 2m 以内、流速缓慢、冲刷作用很小及基底为不渗水土的情况。围堰的厚度及其四周的斜坡应根据使用的土质、渗水程度和其本身在水压力作用下的稳定性决定。堰顶宽不宜小于 1.5m，内坡不宜陡于 1∶1，外坡不宜陡于 1∶2。必要时可在外坡铺设树枝、草皮或片石，以防止冲刷。 （赵善锐）

土样试验 soil test

土壤物理、力学性质及水理性质试验的总称。物理性质包括：含水量、密度、液限、塑限、颗粒分析、相对密度、毛细水上升高度。力学性质包括：压缩性、剪切强度、休止角、夯实。水理性质包括：渗透、湿化、膨胀、收缩界限。目前，一般在室内进行，有的需要在野外原位测试。 （王岫霏）

土桩加固法 soil column stabilization method

一种打桩成孔再填土锤击夯实以挤密土层的地基加固方法。成孔可用打钢管法、打木桩法、冲击法或爆破法等。填料可用现场挖取的净黄土或一般粘性土。填料过筛后土块不大于 20mm，且不得含有植物及碎砖瓦片等杂物，含水量宜控制在 14%～17%范围内。此法适用于加固杂填土、新沉积土及黄土。黄土加固后，孔隙率可由 50%降至 39%左右。对于湿陷性黄土加固深度可达到 5～15m。

（易建国）

tui

推荐方案 preferred alternative

在桥梁方案比选中，经过技术经济的详细分析比较，最后将其中最合理的一个作为向主管部门推荐采用的方案。 （张迺华）

推理公式 rational formula

合乎逻辑推理、计算流域出口断面洪峰流量的公式。只要对径流成因公式做一些简化便可得出推理公式的基本形式。洪峰流量的形成有全流域面积造峰和部分汇流面积造峰两种假说。在桥渡设计中，铁道部科学研究院1959年提出的计算小桥涵设计流量的“Q_1等值线法”，铁道部第一勘测设计院、中科院地理所、铁科院西南所1978年共同拟定的“小流域暴雨洪峰流量计算”(简称“一院二所法”)，以及铁道部第三勘测设计院和西南所1983年共同拟定的“小流域雨洪计算-推理单位线法”，都是推理公式的具体运用。Q_1等值线法属全流域面积造峰假定，后两法属部分汇流面积造峰假定。

(吴学鹏)

推移质 bed load

受水流拖曳力作用，沿河床滚动、滑动或跳跃前进的泥沙。采集它的样品的仪器称推移质采样器。通过样品可计算测验断面的推移质输沙率及其级配曲线，它们都是河道冲、淤计算的重要参数。(参见泥沙运动，172页)。 (吴学鹏)

推移质输沙率 bed-load transport

单位时间内，在过水断面中单位河槽宽度上通过的推移质数量。以kg/m·s计。是挟沙水流水力计算中的重要参数。表示推移质运动的强烈程度。它的大小对河床的冲刷和淤积有着重要意义。根据实验资料表明，影响推移质输沙率的主要因素是水流的流速，它与流速的4次方成正比，说明流速稍有变化，输沙率就变化很大，所以，天然河流的推移质运动，往往集中在流速最大的主流区。 (周荣沾)

tuo

托梁撑架体系 joist braced system

斜杆支撑在托梁上的一种木梁桥撑架体系。该体系的大梁两端支承在托梁木上，而托梁木则置放在桩式墩台的帽木上。 (陈忠延)

托木 supporting timber

又称托梁木。木桥桥墩帽木上用作支持与承托左右跨对接布置大梁用的构件。 (陈忠延)

托木撑架式桥 strut-framed bridge with supporting wooden beam

又称托梁撑架式木梁桥。木梁两端支承在带有斜撑的托木上的木梁桥。为公路木桥的一种类型，其跨越能力比简单木梁桥大。 (伏魁先)

托盘式墩帽 tray type coping

外形呈托盘状的墩帽。它在满足墩帽纵横向宽度的同时，可以适当减少墩身及基础纵、横向尺寸，节省圬工。墩帽内是否配置受力钢筋要视主梁的着力点位置和托盘扩散角大小而定。

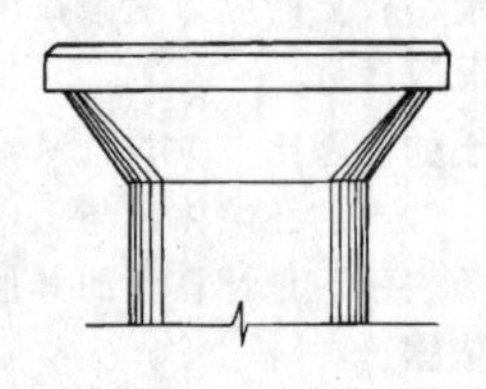

(吴瑞麟)

拖轮 tug boat

拖曳非自航式船舶的机动船。其结构紧凑，船体较小，主机功率较大，对稳定性和操纵性的要求较高。按动力分为蒸汽式和柴油式两种。桥梁施工常用柴油式港口作业拖轮、拖曳驳船和工程船舶。

(唐嘉衣)

脱模剂 form release compound

涂于水泥混凝土模壳板内侧，防止水泥混凝土与模壳板粘着的涂剂。如各种有机皂的水溶液或油类等。 (张迺华)

W

wa

挖掘机 excavator

挖掘土石方的施工机械。由挖掘机构、转台、走行装置等组成。按作业过程和构造分为单斗周期式和多斗连续式两种。桥梁挖基常用反铲型和拉铲型的单斗挖掘机或抓斗施工。 (唐嘉衣)

挖孔灌注桩 manually excavated cast-in-place pile, dug cast-in-place pile

又称挖孔桩。用人工挖孔的就地灌注桩。宜在无地下水或其水量较小的情况下采用。主要工序是：挖孔；支护孔壁；清底；安装或绑扎钢筋笼；灌注混凝土。挖孔与支护孔壁交错进行，开挖一段，支护一段；常用支护方法是现浇混凝土围圈，也可采用便于拆装的钢、木支撑。横截面多为圆形和矩形，直径或边宽不宜小于1.25m，下端可以扩大。施工设备简单，质量容易得到保证，但施工中必须注意防止孔内有害气体、坍孔等危及孔内人员安全。 (夏永承)

挖探 excavate exploration

通过探坑开挖勘察表土层或无地下水的地基时使用的一种勘探技术。是勘探工作中最简便、应用较多的一种方法。其成本较低，工具简单，进尺快，能取得原状土样和直观资料（可直接观察到地层的天

然状态、走向、倾斜、裂隙、组成及各地层间的接触关系）。但劳动强度大，勘探深度较浅。分为坑探和槽探两种。（王岫霏）

瓦迪-库夫桥 Wadi-Kuff Bridge

位于利比亚，近地中海沿岸的公路桥。桥型雷同马拉开波桥，采用两独塔斜拉结构，中间用吊梁相连。为三孔布置，两端则利用一个短铰柱锚固于桥台上，主孔跨径为280m，吊梁为55m，两座A型索塔高140m及120m，属莫兰第体系的预应力混凝土斜拉桥。建成于1971年。（范立础）

wai

外约束应力 continuity stresses

见温度应力（245页）。

外置预应力筋 externally disposed tendon

即体外束。参见体外配筋（237页）。（何广汉）

wan

弯矩重分布 moment redistribution

在超静定结构中，控制截面发生塑性变形以后，结构中弹性弯矩重新分布的现象。一般在出现塑性铰以后，各控制截面的弯矩比将明显地不同于按线弹性分析的结果。因此可以按照弯矩重分布的原理来调整控制截面的设计弯矩。钢材延性好，在钢结构设计中已广泛采用。混凝土构件塑性转动能力较差，设计时较难满足各种限制条件，虽然房屋建筑规范早有条文列入，但在桥梁设计中反映这种新概念才刚开始，如英国标准BS5400规定钢筋混凝土结构最多可调30%，预应力混凝土结构最多可调20%。（车惠民）

弯起钢筋 bent-up bar

又称斜筋。为承担剪力而弯起的部分纵向受力钢筋。参见钢筋的弯起（65页）。（何广汉）

弯桥 curved bridge

又称曲桥。桥轴线在平面上呈曲线形的桥梁。根据墩台轴线是否与桥轴线垂直而分为正交弯桥与斜交弯桥。无论正交或斜交，其上部构造的受力、构造和施工都较正交直桥复杂，上部结构中有较大的扭矩存在，曲面外侧处的支点反力较曲面内侧处大，曲面内侧甚至可能出现上拔的负反力。因此，只在桥梁恰好位于线路的曲线部分时才采用。但如曲线半径较大时，也可做成折线形桥（上部结构正做，在墩顶转折），并将线路在曲线部分所需的加宽都考虑在内，这样在构造上可稍简单些。（徐光辉）

完全相关 complete correlation, function correlation

又称函数相关。两变量之间存在着直线函数关系。（参见相关系数，251页）（周荣沾）

万能测振仪 universal vibration instrument (universal vibrograph)

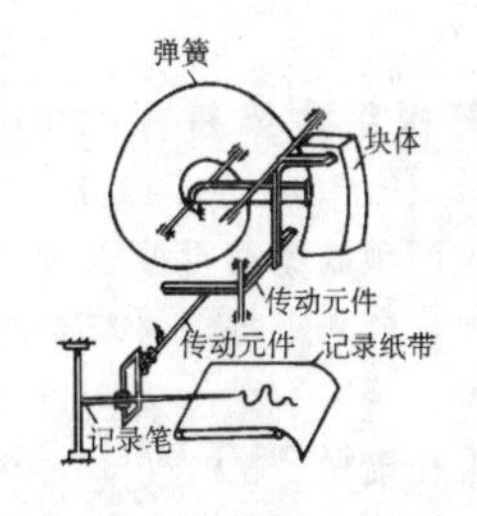

又称盖格尔测振仪。一种多功能的机械式振动测量仪器。主要构造包括质量块、弹簧、传动元件、记录笔、记录纸和走带机构等（见图）。基本测量方式为惯性式绝对测振，仪器置于振动物体上，仪器内的质量块相对壳体的位移带动传动杠杆，由记录笔将振动波形记录于运动着的纸带上。也可不用质量块和弹簧，仪器放在固定点处，使传动杠杆一端通过张线直接连于被测物体上作相对测量。还可以配备一定附件作动应变和加速度测量，但使用复杂，很少采用。仪器可测频率范围为300Hz以下，可测振幅0.02～15mm。此仪器现已被电测仪器取代而很少使用。（林志兴）

万能杆件 universal members

用来拼装各种施工构架的常备杆件。以角钢、钢板、螺栓制成。现有甲、甲A、乙三种类型。其杆件较轻，互换性和适应性较强。适用于拼装施工便桥、墩台脚手支架、架桥膺架、起重塔架、围笼等。（唐嘉衣）

wei

微积分放大器 differentio-integral amplifier

能对输入电压信号进行微分与积分运算的放大器。由输入衰减器、输入放大级、微积分运算级、功率放大级及输出衰减器等部分组成。主要用于将磁电式速度传感器的输出电压信号经过微分或积分运算变成加速度或位移信号，以及将压电式加速度传感器的输出电压信号经过一次或二次积分运算变成速度或位移信号。（林志兴）

微弯板桥面 slightly curved plate deck

采用现浇或预制安装的混凝土微弯板作为桥面板的桥面构造。在钢筋混凝土桁架拱和刚架拱上，常以预制的微弯形构件搁置在桥的主要承重结构上再在上面现浇混凝土填平层而形成整体桥面。其优点是能利用拱的作用减小弯矩和桥面用钢。微弯板的矢跨比一般为$\frac{1}{10}$～$\frac{1}{15}$，跨中厚度为板跨的$\frac{1}{15}$～$\frac{1}{20}$，预制的微弯形构件厚度常为 60～100mm。

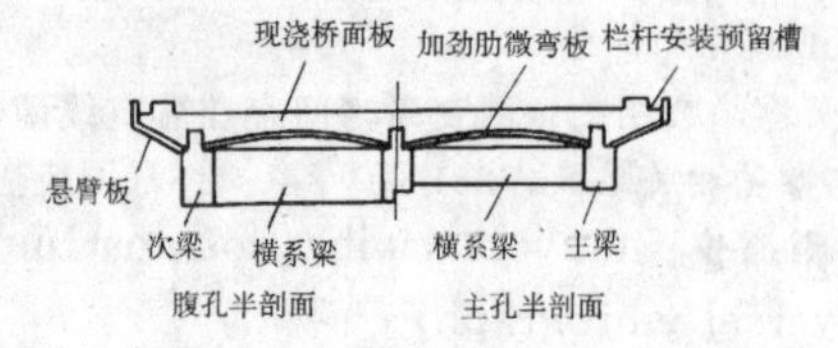

（俞同华）

微弯板组合梁桥 combination beam bridge with flat curved slab

用预制钢筋混凝土微弯板与槽形梁组合而成的一种装配式梁桥。见组合式梁桥（300 页）。

（袁国干）

韦拉札诺桥 Verrazano Bridge

位于美国纽约，跨越韦拉札诺海峡的双层公路悬索桥。上下层各六车道。桥跨 373.33m＋1298.45m＋370.33m。双面悬索，每面均为双索。钢加劲桁架用刚构式横断面以增加抗扭刚度，桁距为 30.632m，高 7.315m。钢塔高 191.96m。桥建成于 1964 年，1969 年下层公路也通车。（唐寰澄）

围笼 waling

又称围令。由钢板桩围堰内的支撑系统所形成的空间框架结构。它包括围木（或导梁和横撑）、水平顶撑、立柱和斜杆等构件。根据这些杆件受力的大小，可以分别采用钢材或木材。围笼不仅是支撑结构，还可作为导向架插打钢板桩，并且还可在其上安设施工平台和施工机具。因此它的支撑结构的布置，不仅要考虑受力条件，同时还要考虑不致妨碍以后的施工。（赵善锐）

围水养护 curing by ponding

又称围水养生。以水淹盖新灌筑混凝土表面的养护方法。一般适用于较薄的混凝土板，四周筑以土堰，灌水淹盖混凝土表面进行养护。在水位以下的混凝土结构，可利用不流动的地表水或地下水掩盖养护。（唐嘉衣）

围堰 cofferdam

为便于水中基坑施工而在其四周建起的一道挡水和挡土的临时建筑物。围堰建成后，将基坑内水抽干，使工程在干涸情况下进行。根据水深、流速、堰内的工作面积、料具供应情况和施工能力，可分别采用土围堰、麻袋围堰、木板桩围堰和钢板桩围堰等类型。各种围堰在构造上都必须满足以下一些要求：①其顶面应高出施工期可能出现的最高水位 0.7m；②修建时，应考虑河流断面被挤缩，使流速增大而引起河床的集中冲刷；③应尽量减少渗漏；④堰内应有适当的工作面积；⑤其断面应满足强度和稳定的要求。

（赵善锐）

桅杆起重机 derrick crane

以桅杆为机身的动臂旋转式起重机。由桅杆、起重臂、支撑、转盘、底座、电动卷扬机和起升、变幅、回转工作机构组成。按支撑方式分为纤缆式桅杆起重机和斜撑式桅杆起重机。纤缆式桅杆起重机以缆风为支撑稳定桅杆。起重臂一般比桅杆短，铰接于桅杆下部，与桅杆一起转动。结构简单，操纵方便，能全回转作业。适用于固定的起重工作。（唐嘉衣）

维希和桥 Veccio Bridge

位于意大利佛罗伦萨，跨越阿尔诺河的拱桥。桥原建于公元 1177 年，公元 1345 年由内里迪·费尔文泰（Neridi Fiervente）重建成 3 孔圆弧形拱桥，跨径（m）为 27.8、29.2 和 27.8，矢高 5.8m，桥墩厚 6.1m。桥两旁开设珠宝店，桥顶有盖，是座廊桥，为匹蒂（Pitti）与杜卡尔（Ducal）两宫间的通道。

（潘洪萱）

位移限制装置 displacement restriction equipment

在地震或风荷载作用下定量地限制梁体纵、横向移动的控制装置。常见的有剪力销、摩阻板和挡块等。例如在悬浮体系的斜拉桥中，剪力销平时是限制主梁在制动力作用下产生纵向位移的装置，但当发生地震并达到某一设计烈度时，则要求能将其自动剪断，使主梁可以悬浮移动。摩阻板的原理与此相同。另外，为使主梁悬浮移动的位移不致过大，通常在墩、台顶设置主梁在纵、横向只能移动某一距离的挡块。（赖国麟）

wen

温差分布 distribution of temperature difference

桥梁结构沿梁高、梁宽或桥墩壁厚方向温差分布的规律。分日照引起的温差和降温产生的温差。根据实测与计算的结果温差分布曲线可近似用负指数函数表达，

$$T_x = T_0 e^{-ax}$$

式中 T_x 为计算点 x 处的温差（℃）；T_0 为沿梁高方向、梁宽方向或墩壁厚度方向的表面温差（℃）；a 为温差曲线指数（1/m）；x 为计算点至外表面的距离（m）。（王效通）

温差计算 computation of temperature difference

在日照辐射或寒流降温作用下，箱梁沿梁高、梁宽或桥墩沿壁厚方向表面温度差的计算方法。它和桥梁轴线的方位角、地理纬度以及大气透明度等有关，应根据大量的实测资料来拟定，详见我国铁路桥涵设计规范中的有关条文及附录。（王效通）

温差应力 stress due to temperature difference

见温度应力和自约束应力（298页）

温度变化影响 effect due to change of temperature

在超静定结构中，外界气温与结构合龙时温度之差引起的内应力变化。见温度影响，温度应力及外约束应力。（车惠民）

温度补偿 temperature compensation of strain gauge

电阻应变片测量中消除应变片温度影响的措施。贴在试件上的应变片，当温度有变化时，会造成应变片敏感栅电阻变化，或与电阻丝的线膨胀系数与构件材料不同时，电阻丝会受到附加的伸长或缩短，造成电阻的变化，称为温度效应。常用温度片补偿法消除，测量时选一块与被测材料相同的材料，粘贴一与工作片同类型、同阻值、同灵敏系数的应变片，称为温度片，并使其处于与工作片相同的温度梯度条件下，但不受力，接在与工作片相邻的桥臂上。或用工作片补偿法消除，即在测量时，如在被测构件上有应变符号相反，比例关系已知，温度条件相同的两个测点，各贴一片，接在相邻桥臂上，也可实现温度补偿。（崔　锦）

温度调节器 temperature regulator

保证钢轨能随桥梁的温度及活载位移而自由伸缩的装置。构造见图，由基本轨、尖轨、大垫板、轨撑、导向卡等组成。依结构形式分直线、折线和曲线三种类型（见图）。曲线型优点较多，为目前我国采用。桥梁的温度跨度超过100m（位于无缝线路上的桥梁则为60m）的钢桥均应设置。其最大伸缩量应满足当地最低至最高温度时钢梁长度的变化量，另加活载的影响和伸缩预留量。

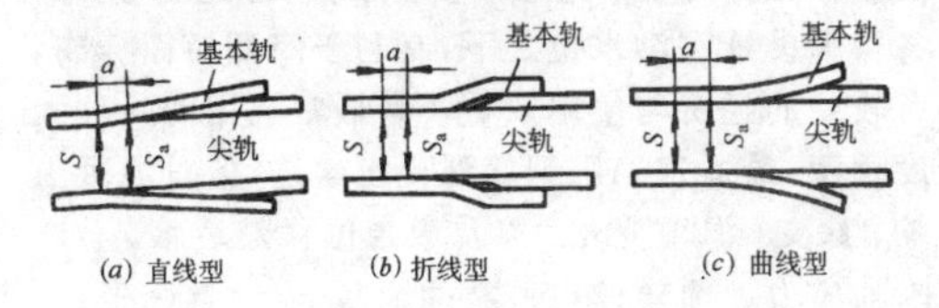

(a) 直线型　(b) 折线型　(c) 曲线型

（谢幼藩）

温度跨度 thermal span

钢桁梁桥中，相邻两联桁梁固定支座间的距离，或与桥台毗邻的桁梁固定支座至桥台挡碴墙的距离。（陈忠延）

温度修正 correction for temperature effect

用计算法或温度补偿法消除仪器在测量时由温度变化引起的影响。例如齿轮放大张线式位移计，可根据钢丝的线膨胀系数，求出温度变化引起的伸缩值，用计算法消除；补偿法是在同样条件下装一台相同仪器于没有位移处，专门测定温度引起的影响值，再从仪器读数中扣除温度修正值，来消除温度对量测的影响。（崔　锦）

温度应力 temperature stresses

又称温差应力。温度变化在结构中产生的应力。此种应力仅当材料的热胀冷缩受到约束时才能存在。由于结构外部约束产生的温度应力称为外约束应力。结构内部温度非线性分布产生的非线性变形将受到内部相邻纤维的互相约束，由此引起的自相平衡的内应力称自约束应力。（王效通）

温度影响 temperature effect

由温度变化或温度非线性分布在工程结构物上引起的效应。它包括温度变化对伸缩缝的影响；温度变化引起的结构变形受约束时产生的内应力；在结构构件截面高、宽范围内温度非线性分布引起的温差应力。（车惠民）

温度自补偿片 temperature compensated strain gauge

用特定制法消除温度影响的应变片。分为三类：①两单元片是由两组分别为正负电阻温度系数的金属丝栅串联而成，通过调整丝栅长度，消除因膨胀系数不同引起的电阻变化。②一单元片，其丝栅的制作要求使特定电阻引起的电阻变化恰好与因应变片与试件的线膨胀系数不同而引起的电阻变化大小相等，符号相反。③通用型温度补偿片，通过改变外电路来调整，达到补偿。（崔　锦）

吻合索 concordant tendon

超静定结构中与压力线重合的预应力筋的轴线。它使构件在预应力作用下次反力为零。构件如静定结构一样，在张拉钢筋时不受约束，可以自由变形，故亦称自由变形曲线。它消除了预应力产生的超静定效应，但并不一定是最优的布筋方式。（车惠民）

紊动强度 turbulence intensity

水流紊动强弱的程度。常以空间点脉动流速的均方根来表示。由于紊流的基本结构是许多大小尺度不等的涡体相互掺混沿流向运动，流场内任一空间点上的要素（如流速、压强等）均具有脉动现象，所以有时也把脉动强度称为紊动强度。（吴学鹏）

紊动涡体 turbulence vortex

简称涡体或涡漩。紊动水流中存在的不同尺度的旋转、扩散、消亡的水体。水流运动存在的流速梯度，粗糙边壁引起的流线弯曲，以及床面突起物附近存在的分离面，都是涡体形成的原因。涡体则是水流紊动的紊源，是紊动水流挟沙能量的来源。（吴学鹏）

稳定平衡 stable balance

体量上除了平衡之外，还有稳定的实际和感觉。一般桥梁审美标准中希望是静力稳定的平衡，得到和谐的结果。 （唐寰澄）

WO

握钉力 holding capacity of nail and screw

又称抗拔力。木材对钉入的钉或拧入的螺钉的夹持能力。木材的握钉力因树种而异，还与木纹方向、含水率和密度等因素有关。

（陈忠延 熊光泽）

握桥 overhanging wooden bridge

又称飞桥，俗称河厉。即伸臂木梁桥。在桥台或桥墩上用圆木或方木纵横叠置、层层挑向河心，最后用木梁相接成为跨越河流的桥梁。如甘肃兰州城西跨越阿干河的一座握桥，桥台上建阁以压重，桥面上筑屋以防腐，桥全长27m，宽4.6m，终因桥木朽坏已于1952年拆除，模型保存在兰州博物馆内。类似的伸臂木梁桥在甘肃、宁夏、青海、西藏以及浙江、福建等地尚有多座。系一种解决木材长度不够而需跨越较宽的整个河面的一种原始桥梁形式。

（徐光辉）

WU

乌龙江大桥 Wulong River Bridge

位于福州市东南，福厦公路交通咽喉的五跨带挂梁预应力混凝土T型刚构桥。全长548m，分跨(m)为58＋3×144＋58，挂梁33m，钢筋混凝土空心墩，管柱基础。在总体布置中，受地形限制，边孔悬臂为非对称布置，采用平衡重措施，与桥台间用6m搭板连接，以减小行车冲击。桥宽12m，用单箱双室，施有纵、竖向预应力。江中两T构用悬臂拼装施工，其余用悬臂灌筑施工。挂梁安装后采用横向预应力连成整体。全桥1971年10月建成通车。工期17个月。 （黄绳武）

圬工墩台 masonry pier and abutment

以砖、石和混凝土等材料做成的重力式桥墩和桥台。 （吴瑞麟）

圬工桥 masonry bridge

用砖、石或素混凝土建造的桥。这种桥常做成以抗压为主的拱式结构，有砖拱桥、石拱桥和素混凝土拱桥等。由于石料抗压强度高，且可就地取材，故在公路和铁路桥梁中，以石拱桥用得较多。

（伏魁先）

无碴梁桥 beam bridge without ballast

不用道碴桥面的钢筋混凝土或预应力混凝土铁路梁桥。可分无碴有枕梁桥和无碴无枕梁桥。具有恒载较轻和节省混凝土与钢材的优点。 （伏魁先）

无缝线路 continuous rail

由多条普通钢轨焊接成长钢轨铺设的线路。与普通铁路线路相比，可减轻列车冲击振动，有利于高速行车，延长钢轨和机车车辆的使用寿命。

（谢幼藩）

无箍筋梁的抗剪强度 shear strength of beams without web reinforcement

没有箍筋的钢筋混凝土梁承受剪力的极限能力。在出现斜裂缝以前，截面上剪应力按抛物线形分布；斜裂缝发生后，沿裂缝的剪位移增加，剪切面间骨料的咬合作用和纵向钢筋的销栓作用也随之增大，这时纵向钢筋的含量及锚固情况对抗剪强度的影响不容忽视。构件的抗剪能力是由受压区混凝土、裂缝间混凝土骨料咬合作用和纵筋销栓作用三部分构成的。通常采用以试验为根据的半经验半理论公式计算。 （车惠民）

无机富锌涂层 inorganic zinc rich paint coating

用海藻酸钠溶液、水玻璃、摩擦剂（刚玉粉）、锌粉、防风化剂，按比例配成涂料，涂于工件表面，干后用氯化镁溶液二次固化，形成坚硬的能防止锈蚀，有一定摩擦系数值的表面涂层。 （李兆祥）

无铰拱桥 fixed-end arch bridge

又称固端拱桥。拱圈（肋）两端嵌固在桥墩（台）上而中间无铰的拱桥。系按受力特点分类的一种拱桥型式，拱端除受轴向力与剪力外，还受弯矩，属三次超静定结构，在设计荷载作用下，拱内所承受的弯矩，较有铰拱桥分布合理，材料用量较省，结构刚度大，构造简单，施工方便，维护费用少。此外，可将拱脚设计在洪水位之下，有利于降低桥面标高，具有较好的经济与使用效益，是最常选用的一种大跨度桥型，最适宜采用钢筋混凝土建造，但对混凝土收缩、徐变，温度变化，以及墩台位移最敏感，会产生附加应力，须建设在可靠的地基上。（袁国干）

无孔拼装 holeless assembling

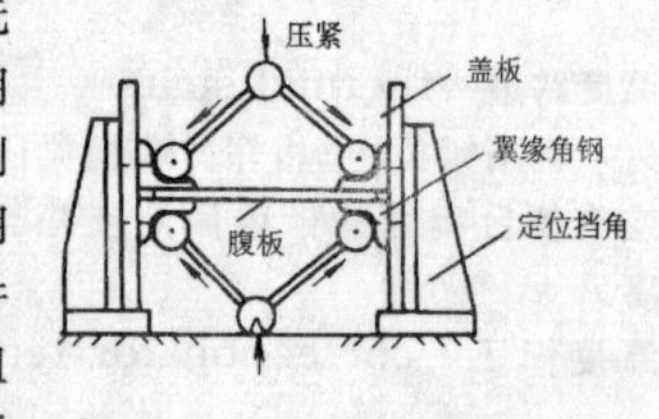

单个零件无需全部钻孔，利用胎型的挡具控制杆件外形尺寸，用压具压紧各零件的相对位置来组装的工艺方法。图示铆接工字形杆件的无孔拼装卡具，压紧定位后即可钻孔，安装部分冲钉螺栓，出胎即可铆接。是一种

高效率的拼装方法。

(李兆祥)

无人沉箱　unmanned caisson, robot caisson

无人在水下工作室内操作的压气无底箱形结构。由于工作室内气压高，不适于人体健康，故在室内挖土及排除故障工作均由机械手，或通过电视由室外人员远距离操纵进行。这是沉箱作业的发展方向。　(刘成宇)

无推力拱桥　arch bridge without thrusts at supports

在竖向荷载作用下拱脚对墩台无水平推力作用的拱桥。其推力由刚性梁或柔性系杆承受，属内部超静定、外部静定的组合体系拱桥。适用于地质不良的桥位处，墩台与梁式桥的相似，体积较大。只能做成下承式桥，建筑高度很小，桥面标高可设计得很低，降低纵坡，减小引桥（道）长度。可用钢筋混凝土或钢材建成，由于拱肋高耸于桥面之上，施工较复杂。

(袁国干)

无压力式涵洞　inlet unsubmerged culvert

水流处于无压流动状态下的涵洞。当涵前积水深 H 小于或等于涵洞净高 h_T 的 1.2 倍（端墙式入口和入口无抬高节）或 1.4 倍(流线型入口或入口有抬高节)时，水流进入涵洞在进口处水面低于涵洞顶壁，在涵洞全长范围内具有连续的自由水面。其水流图式见图。这种涵洞的水流在进口处受到侧向挤束，水面急剧下降，在进口不远处形成收缩断面。收缩断面以前的水流与宽顶堰水流类似，收缩断面以后的水流，可看作是明渠流。大多数涵洞的水流状况属这一类。

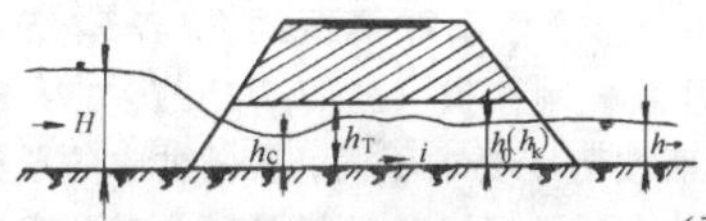

(张廷楷)

无粘结预应力筋　unbonded tendon, non-bonded tendon

与混凝土之间没有粘结、受力后能对混凝土产生相对滑动的预应力筋。因其对锚具质量及防腐蚀要求高，故多用于力筋分散配置，且外露锚具易用混凝土封口的一些结构。　(何广汉)

五角石　pentagon stone

石拱桥拱圈与墩、台之间以及腹孔拱圈与腹孔墩之间相连接处为改善受力状态所采用的五角形料石支承块件。它不带有锐角，可防止破坏和被压碎。

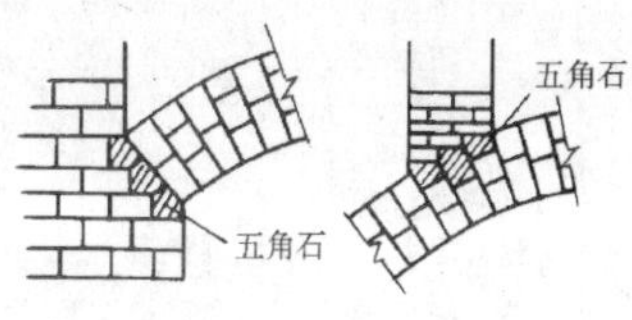

(俞同华)

五陵卫河桥　Wuling Bridge over Weihe River

中国第一座用悬臂拼装方法施工的 T 型刚构桥。位于河南省汤阴县五陵镇，汤阴至濮阳间窄轨铁路在此跨越卫河，为窄轨铁路桥。由两个 T 型单元组成，每悬臂长 25m，主孔长 50m，两边孔各 25m。主孔悬臂在跨中用铸钢唧筒式剪力铰联接。施工时利用箱梁顶板明槽内预应力钢丝束悬拼，拼接缝涂有环氧树脂胶浆，合龙后再张拉布置在箱梁底板内表面上的预应力钢丝束。为避免边孔悬臂端支点在活荷载下出现上拔力，在梁端箱体内埋置有铸铁压重块。1965 年 5 月建成通车。　(俞同华)

五心拱桥　five centered arch bridge

拱圈(肋)轴线由五段半径不同的圆弧组成的拱桥。在恒载作用下，压力线较三心拱桥接近拱轴线，受力较均匀，但施工放样复杂。　(袁国干)

武汉长江大桥　Changjiang (Yangtze) River Bridge at Wuhan

位于湖北省武汉市，中国第一座跨越长江的公路铁路两用钢桁架桥。上层为公路，行车道宽 18m，两侧人行道各宽 2.25m，下层为双线铁路。正桥有 9 孔，共长 1155.5m，包括 3 联 3 孔平行弦连续桁架，每孔跨度 128m，桁高 16m。桁架用低碳钢制成，全用铆钉连接。桥墩基础大都采用直径 1.55m 钢筋混凝土管柱，嵌入岩层(石灰岩和泥灰岩)深度 2～7m，每墩用管柱 30～35 根，有一个桥墩采用 116 根直径 55cm 钢筋混凝土管柱，深入页岩 15～17m。1957 年建成通车。

(俞同华)

X

xi

西藏拉萨河达孜桥 Dazi Bridge over Lasa River, Xizang

位于西藏拉萨东郊跨越拉萨河的悬索桥。主缆跨度500m，南端85m无载。南岸以山头代桥塔。为降低北塔高度，主缆成南高北低的不对称曲线，垂跨比为1/15。桥面宽4.2m，可一次单向通4辆非重载车。因宽跨比特别小，横向稳定靠增设竖向斜索及横向抗风索加强。全桥2根主缆各由24股29－ϕ5mm钢丝索组成。间距3m的竖吊索由12－ϕ5mm钢丝索组成。半穿式钢加劲梁桁高1.6m，节长1.5m，上弦为2－[16，下弦为正交异性板钢桥面系，腹杆为角钢或钢板，结构简单省料。1984年底建成。

（严国敏）

吸泥机 suction dredger

吸排水底泥砂或石碴的施工机械。按动力分为空气吸泥机和水力吸泥机两种。适用于桥梁基础施工。（唐嘉衣）

吸石筒 suction device for lifting debris

利用压缩空气或水力吸取石碴的工具。由贮石筒、吸石管、拦石网、高压风管或风管等组成。按动力分为空气式或水力式两种。其工作原理与吸泥机类似。石碴吸入吸石管上升时，受到拦石网阻挡落入贮石筒内，用起重机吊出排碴。（唐嘉衣）

悉尼港桥 Sydney Harbour Bridge

位于澳大利亚悉尼港的大跨度钢拱桥。主桥为单跨503m的中承钢桁两铰拱公铁两用桥。桥拱内布置为每侧各一线有轨电车线路，中部为17.38m宽的公路；拱外侧伸臂双向各为一线有轨电车线路，有轨电车线路外为3.05m的人行道。桥用拉缆由两岸向中心伸臂安装，中间合龙。建成于1932年。现仍为该类结构中规模最大者。（唐寰澄）

锡格峡谷桥 Siegtal Bridge

位于德国法兰克福（Frankfort）以北锡格尔（Sieger）镇附近的12跨连续预应力混凝土公路桥。全长1050m，分跨（m）为63＋75＋90＋4×105＋96＋90＋81＋71＋64，墩高100m，桥面宽30.5m，由2个平行的单室箱梁组成，梁高5.8m，宽7m。该桥在世界上首次采用“走行式带模板辅助桁架”进行悬臂灌筑的逐孔施工法。辅助桁架由高强钢制造，上弦杆施以预应力，桁架全长比桥跨长40%左右。于1969年建成通车。（周　履）

铣边 edge milling

铣刀作高速旋转运动，工件或铣刀作进给运动，以切削板件边缘的加工方法。主要设备有单面铣边机和双面铣边机。后者既保证两直边的平行，又能提高工效，缺点是不能开焊接坡口。（李兆祥）

铣孔 hole milling

先钻小孔，再用铣锥把孔铣成设计尺寸的工艺过程。杆件组合成部件时，装配钉孔一般错孔较多，或组装后要求铰配的钉孔，需要铣孔，以使孔壁光滑，减少错孔。如果留有足够的铣孔裕量，经铣后的钉孔可以全无错孔。（李兆祥）

铣头 head milling

用铣刀盘对杆件端头的机械加工过程。

（李兆祥）

系杆 tie

结构中起联结作用而承受拉力的杆件。例如：在无推力拱式组合体系（常称系杆拱）中系杆将拱肋两端联结起来，使拱的水平推力在体系内得到平衡，因而在支点处对墩台不产生推力。根据系杆与拱肋的相对刚度不同，系杆拱分为柔性系杆刚性拱（$E_{肋}I_{肋}/E_{系}I_{系}>80$）、刚性系杆柔性拱（$E_{肋}I_{肋}/E_{系}I_{系}<80$）和刚性系杆刚性拱（$E_{肋}I_{肋}/E_{系}I_{系}$在1/80～80之间）。因而按刚度要求不同，系杆拱中的系杆有型钢或扁钢制的金属系杆和钢筋混凝土或预应力混凝土系杆。（俞同华）

系杆拱 tied arch

见系杆。

系杆拱桥 bowstring arch bridge, tied-arch bridge

又称柔性梁刚性拱桥。在拱脚处用拉杆平衡水平推力的一种拱桥。承重结构由拱肋、吊杆与系杆（拉杆）组成，一般拱肋与系杆抗弯刚度比大于80者属之。此时认为系杆只承受拉力，拱肋兼受轴向压力与弯矩。拱的水平推力由系杆负担后，形成外部静定，内部超静定结构，墩台位移对上部结构不引起附加力，适用于地基不良桥位处，且桥梁建筑高度很小，适用于桥面标高很低而通航净空又必须保证的场合，常用于钢桥或钢筋混凝土桥，但后者的系杆宜

采用预应力混凝土，以免开裂。　　(袁国干)

系紧螺栓　tie bolt

榫结合或键结合中在平面上用以固定被连接的构件并承受剪力或推力的一种紧固件。(陈忠延)

细度模数　fineness modulus

又称细度模量。是评定混凝土用砂粗细程度的一种指标。用 M_x 表示。

$$M_x = \frac{A_2 + A_3 + A_4 + A_5 + A_6 - 5A_1}{100 - A_1}$$

式中 A_1、A_2、A_3、A_4、A_5、A_6 分别为 5、2.5、1.25、0.63、0.315、0.16mm 各筛上的累计筛余百分率。细度模数 0.7～1.5 时称为特细砂，1.6～2.2 为细砂，2.3～3.0 为中砂；3.1～3.7 为粗砂。　(崔　锦)

细粒混凝土模型试验　test of micro-concrete model

对用细粒混凝土制作的模型所作的试验。适合于强度模型试验，即研究各种混凝土结构极限强度以及在各级荷载下直到破坏时结构的受力、变形、非弹性性能等结构行为的全过程分析。所谓细粒混凝土是其骨料由粗、中、细三种砂料按级配曲线要求组成的细混凝土。其力学性能与砂浆大不相同，而与普通混凝土材性相近。因此，适用于小尺寸模型试验。

(张开敬)

xia

下承式钢梁桥　steel through or half through girder bridge

桥面布置在桁梁下弦或板梁下翼缘处的钢梁桥。优点是：桥面距梁底的垂直距离较小，因而可提供较大的桥下净空，有利于桥下通航或通车。但桥墩的宽度与高度常较上承式梁桥的大，以致圬工数量有所增加。　　(伏魁先)

下承式拱桥　arch bridge with suspended road, through arch bridge

桥面系设置在拱肋之下的拱桥（见图）。优点是桥梁建筑高度很小，纵坡小，可节省引道（桥）长度；

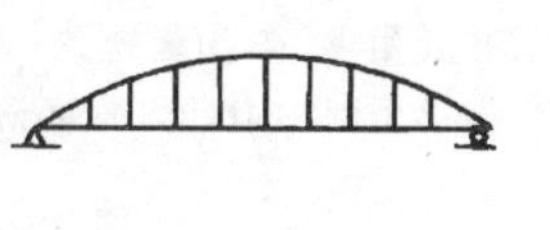

由于可做成外部静定结构（见组合体系桥），适用于地基差的桥位处。缺点是构造复杂，拱肋施工较麻烦，须注意裸拱施工时的稳定性。

(袁国干)

下承式桁架梁桥　through truss girder bridge

桥面位于梁式桁架下方的桥梁。桁架的下弦应做成平直以保持桥面的平直，上弦杆可根据内力（弯矩）的变化做成多边形以节省材料，也可做成平行弦杆使构造简单，但端腹杆一般总是做成斜的以形成桥门架。桁架高度的大小不受桥面（或轨顶）设计标高的影响，可根据需要选择，引桥（道）也较上承式桁架梁桥短。当桁架过高时须考虑侧向的稳定性。桁架的上、下弦平面一般需分别设置纵向联结系，但上弦纵向联结系应力求简洁，以免车行其中时感到压抑和杂乱。适用于建筑高度受限制的场合，可用钢材、木材和预应力混凝土等建造。　　(徐光辉)

下承式桥　through bridge

又称穿式桥。桥面行车部分位于主要承重结构下方的桥梁。这种桥的构造比上承式桥复杂，主要承重结构（主梁、主拱肋等）要做在行车道宽度以外，墩台和基础相应也要做得宽些，桥上视野会受到两侧主要承重结构的影响。但这种桥的建筑高度最小。适用于受周围环境和地形限制，桥梁的容许建筑高度及其他条件不能做成上承式桥或中承式桥的场合。

(徐光辉)

下垫面　underlying surface

承接并运送降水成为各种径流分量的地理圈层。通常指从植被的顶冠到土壤包气带（土壤中有空气流通的深度）这一厚度范围。植物截留、土壤下渗、地表填洼、流域的蒸散发，以及各种径流分量（地面径流、表层径流、地下径流等）的汇集，都是在这一范围内进行的。其概念在水文循环现象中极为重要。

(吴学鹏)

下津井濑户大桥　Shimotsui-Seto Bridge

日本本州四国联络桥中儿岛坂出线上的一座大跨悬索桥。主跨 940m 单孔悬吊，两端各有伸臂 130m。双层桥面，上层有 4 个汽车道，下层为 4 线铁路，近期先通 2 线。每根主缆的截面由 44 股 552-ϕ5.37mm 钢丝索组成，垂跨比 1/10。加劲梁桁高 13m，两片主桁中心距为 30m，但主缆中心距为 35m，故上下游两侧有三角形吊架。儿岛侧位于国家公园附近，故主塔采用景观轻巧的门式钢构架。另外，为避免重力式大体积锚固桥台影响外观，故采用隐蔽的岩洞式锚固结构。　　(严国敏)

下平纵联　lower lateral bracing

见纵向联结系（299 页）。

下渗　infiltration

又称入渗。指水透过地面进入土壤的过程。单位面积、单位时间渗入土壤的水量称下渗率或下渗强度，以 mm/h 或 mm/min 计。土壤颗粒粒径大的、孔隙大的、透水性强的、含水量小的，以及对同类土壤，流域坡面坡度小的、有植被的，则下渗率较大。降雨的时空分布和雨强直接影响下渗过程和下渗强度。下渗是径流形成过程中的重要一环，不仅直接决定地面径流的生成及大小，同时也影响土壤水和潜水

的增长，影响表层流、地下径流的生成和大小，是研究洪、枯径流的关键因素。 (吴学鹏)

下渗试验 soil infiltration experiment

寻求土壤下渗率的手段。在天然情况下，通常有两种途径：①直接测定法，即在流域中选择若干具有代表性的场地进行测验，求出下渗曲线。可采用单管下渗仪或同心环下渗仪，观测各时段管内或环内水面下降的深度以确定入渗率；或用人工降雨设备在小面积上降雨，测出各个时段的供水量、径流量和地面截留量等资料后，即可求得各个时段的入渗量并转换成入渗率。②水文分析法，利用实测的降雨、径流资料，根据水量平衡原理，间接推求流域的平均入渗率。 (吴学鹏)

下卧层 underlying stratum

位于持力层以下性质不同的土层。若与持力层相比其强度较低，压缩性大，则称为弱下卧层。它的存在往往会威胁上部建筑物的安全，故设计时对它也要进行承载力和沉降验算。 (刘成宇)

下弦杆 lower chord

桁架中位于下部，联结各下节点的杆件。可采用钢、木、钢筋混凝土和预应力钢筋混凝土等材料构成。和上弦杆一样，国内钢桁梁桥中，下弦杆截面多采用焊接H形或箱形截面。 (陈忠延)

下限解法 lower bound method

应用塑性下限理论的极限分析。极限荷载的下限值同某种符合屈服准则的应力分布相平衡，其值小于或等于实际的破坏荷载。弹性分析法满足平衡条件，故亦属下限解法。桥梁结构要承受各种不同的动载作用，而且边界条件复杂，因此考虑非弹性应力分布的下限解法较难应用。目前使用较多的是超静定结构的弹性弯矩重分布法。 (车惠民)

xian

先孔法 welding after drilling

即先钻后焊法。在单件零件或单块板上先钻钉(栓)孔，孔的距离要预留工艺要求的焊接收缩量，利用组装胎型上的定位孔，将预先钻好孔的杆件组合成型，然后点焊固定位置，出胎施焊。该法优点是工作效率高，先钻孔可以数张板一叠一次钻成，但焊接收缩没有规律的杆件不宜使用，否则孔距容易超差。 (李兆祥)

先张法预加应力 pretensioning

先张拉预应力筋再浇筑构件混凝土而获得预应力的工艺。先张法是在浇筑混凝土前凭借台座等设备张拉、锚固钢丝或钢绞线，待混凝土达到要求强度后，放松力筋，通过粘结力将预应力传给混凝土的一种生产方法。 (何广汉)

先张梁 pretensioned prestressed concrete beam

用先张法制成的预应力混凝土梁。见先张法预加应力。 (何广汉)

险滩 rapids

水流险恶不利航行的滩段。可分为急流险滩、弯道险滩、礁石险滩、滑梁水险滩（石梁伸入航道挑水横溢）等类型，多半发生在山区河流中。 (吴学鹏)

现浇混凝土接头 joint by cast-in-situ concrete

见混凝土湿接头（113页）。

限界检查车 clearance testing car

又称净空测定车。为检测桥梁和隧道建筑限界而特置的车辆。一般有两种：①装于平车上，上置限界架。将此车通过桥梁或隧道即可测出建筑限界是否足够，何处侵入限界和侵入量；②在特制车辆内设置限界摄影仪，用辐射投光和摄影的方法，将衬砌内侧轮廓拍摄在胶片上。后者仅适用于检测隧道的建筑限界。 (谢幼藩)

限速标志 speed limit sign

前方线路须限制行车速度才能通过的标志。桥梁或线路有严重病害不能以正常速度通过时用之。对于公路，也用于市集、居民点之处。 (谢幼藩)

限制速度 limited speed, limitation velocity

列车通过承载能力不足或当其承载力虽合乎标准而偶尔要通行超重货车或通过有某些病害的桥梁、或因施工而须慢行地段的安全运行速度。限制列车速度可降低其动力作用，以保证行车安全。 (谢幼藩)

线路锁定 anchorage of rail

将钢轨用防爬器分段固定于轨枕，后者又牢固地埋置于道床中的线路状态。其作用是防止轨道爬行。但在明桥面上铺设无缝线路时，是使用K形分开式扣件，不扣紧轨条、不安装防爬器，以免桥梁结构承受附加力；大跨度钢桥则需设置温度调节器。 (谢幼藩)

线能量 energy input

熔接时，由焊接能源输入给单位长度焊缝上的能量。采用小线能量是避免过热区脆化的有效措施。线能量大，高温停留时间长，晶粒粗大，过热区易脆。 (李兆祥)

线弹性分析法 linear elastic analysis method

视建筑材料为弹性材料且其应力应变间存在线性关系的结构分析方法。弹性是材料由荷载产生的变形卸载后能完全恢复的性能。在进行结构分析时，计算图式应尽可能符合实际结构的工作和支承情况，否则可能造成浪费或不安全。混凝土构件的刚度要考虑裂缝及徐变影响，对结构的动力分析应采用动力弹性模量。对由于挠度引起较大附加作用而导致失稳的构件，则宜考虑采用非线性的分析方法。

（车惠民）

线形　lines

指杆件或索其长度大于其他两维的中心线形，以及面、体与桥梁整体的轮廓线的形状。一定的线形从生理和心理上的反应中得到不同的感受。直线是刚性的线条，其水平线引入深远，垂直线体现高下，倾斜线会联想到某些自然现象的趋势，如飞跃、倾坠。规则的折线有起伏、开合的变化，不规则的折线则引起混乱。

曲线是柔性的线条。古代美学家认为圆曲线是最完满的曲线，因为其变化单一而有规则。后世又研究了抛物线、悬链线、螺旋线。英国美学家霍佳兹则认为反弯曲线是最美的曲线，多见于人体，在有规律的变化之外还有转折。人类开始进入太空时代倾心于适宜于空气动力学的流线。

单纯直梁的桥梁如某些桁架桥、直线梁柱（墩）桥、斜拉桥、显得有力但过于刚性。单纯曲线的桥便显得过于柔弱。要在直和曲相结合，刚柔相济中，引起美感。

（唐寰澄）

xiang

相对式测振传感器　relative type vibration transducer

测量振动物体与某一参考坐标的相对运动的传感器。仪器由可以相对运动的两个部分组成，一部分与固定的参考坐标连在一起，另一部分与振动物体连在一起。振动物体振动时带动传感器的一部分运动，将传感器两部分间的相对位移转换成电信号输出并经放大记录下来。电涡流式位移传感器、电感式位移传感器及相对式磁电型速度传感器等均属此类。

（林志兴）

相关分析　correlation analysis

在水文数理统计中，分析研究两地的流量资料之间相互关系的方法。设计桥涵孔径需搜集观测年限较长的洪峰流量资料，但在实际工作中，能够搜集到的实测水文资料，往往是观测年份短或是缺测年份，需从别的水文站中找到与它有客观联系的长期连续观测资料，就可利用两地实测洪峰流量资料系列之间变量的统计相关，进行相关分析，对短期观测资料和缺测年份进行插补和延长，提高水文统计的精度。

（周荣沾）

相关系数　correlation coefficient

判别回归线与点据之间的密切程度的系数。以 γ 表示。在水文数理统计法中，常需将两地的历年洪峰流量资料对应值的点据分布的直线相关关系，用回归方程式来表示该两变量直线相关的回归线。回归线只是反映两变量点据之间存在着直线相关关系，并没有反映回归线与点据之间的密切程度，故需加以判别。相关系数 γ 的绝对值：$|\gamma|\leqslant 1$。如 $|\gamma|=1$，各点据与直线（回归线）的离差为零，表明所有点据都恰好位于一条直线（回归线）上，亦即两变量之间存在着直线函数关系，称为完全相关。如 $\gamma=0$，各点据与直线（回归线）的离差极大，表明点据非常散乱（不呈直线趋势），两变量之间根本不存在直线相关，称为零相关。如 $|\gamma|=0\sim1$，表明两变量之间存在直线相关，称为统计相关。γ 的绝对值愈接近于1，表明回归线（直线）与点据之间的相关程度愈密切。在桥涵水文统计中，要求 $|\gamma|>0.8$，且 $|\gamma|>|4E\gamma|$。式中 $|4E\gamma|=\pm 2.698\dfrac{1-\gamma^2}{\sqrt{n}}$，$n$ 为洪峰流量观测总年数（年）。

（周荣沾）

相关系数机误　random error of correlation coefficient

衡量抽样误差的一个标准。在水文数理统计法中，以相关系数 γ 值的大小来判别回归线与点据之间的密切程度，当两变量点据之间的关系不是完全相关（函数相关）时，回归线只是表示实有点据分布的一条最佳配合线，所以，在相关分析中存在着一定误差，而相关系数也是利用相关分析中的点据样本推算，必然也存在一定的抽样误差，相关系数的抽样误差用机误 E_γ 表示：

$$E_\gamma=\pm 0.6745\frac{1-\gamma^2}{\sqrt{n}}$$

式中 γ 为相关系数；n 为洪峰流量观测总年数（年）。

（周荣沾）

相容性　compatibility

在连续体中，各单元间材料无空洞或交搭的不连续现象。根据这种假设，可以认为物理量应力、应变和位移等都是连续的，互相协调的，可以用坐标的连续可微分函数表达。

（车惠民）

相容性计算　compatibility calculation

在分析超静定结构的作用效应时，用以建立变形、位移相容性方程（协调方程）的计算。在分析平面刚构时，通常只考虑弯曲变形。在分析空间刚构时，对钢筋混凝土结构不宜忽略构件的扭转影响，因为钢筋混凝土构件的抗扭刚度较大，而抗扭钢筋的作用则比抗弯钢筋小得多。在计算变形时应考虑裂

缝对构件刚度的影响，温度变化以及混凝土的收缩和徐变等。（车惠民）

相似第二定理 second theorem of similarity

表示一现象中各物理量之间关系的方程式都可转换成无量纲方程，无量纲方程的各项即为相似判据。例如，两端偏心受拉杆，其最大应力为

$$\sigma = \frac{Pe}{W} + \frac{P}{A},$$

式两边同除以 σ 可得无量纲方程

$$\frac{Pe}{\sigma W} + \frac{P}{\sigma A} = 1,$$

由此可得两相似判据

$$\pi_1 = \frac{Pe}{\sigma W}, \pi_2 = \frac{P}{\sigma A}。$$

若不知物理量间的关系方程，可采用量纲分析法获得相似判据。例如，用量纲分析法得出矩形截面杆上扭转剪应力公式后，可得两相似判据

$$\pi_1 = \frac{\tau b^3}{M}, \pi_2 = \frac{h}{b}。$$

（胡德麒）

相似第三定理 third theorem of similarity

在物理方程相同的情况下，如两个现象的单值条件相似，亦即从单值条件下引出的相似判据若与现象本身的相似判据相同，则两个现象一定相似。

属于单值条件的因素有系统的几何特性、对所研究对象有重大影响的介质特性、系统的初始条件和边界条件等。（胡德麒）

相似第一定理 first theorem of similarity

相似现象可用相同的方程式描述。彼此相似的现象，其相似指标等于1（即 $C_i=1$），其相似判据的数值相等（π=idem）。例如，两彼此相似的现象可用牛顿第二定律表达，则其相似指标为

$$C_i = \frac{C_F}{C_m C_a} = 1$$

其相似判据为

$$\pi = \frac{F}{ma}$$

（胡德麒）

相似理论 principle of similitude

设计模型实验时应遵循的法则和寻求与实际问题之间相互联系的基本理论。它包含三个基本定理，即相似第一、第二和第三定理。利用它们可得到判别两个相似现象的必要充分条件及两个相似现象所需遵循的法则。根据相似理论可建立物理现象的相似判据和相似量的转换关系式。常用的方法有方程式分析法和量纲分析法。前者适用于已知其数学表达式的物理现象，后者是一种普遍方法，它可用于无数学表达式的物理现象。（胡德麒）

相似判据 criterion of similarity

相似现象中各相似系数间存在的关系。它反映了参与现象的各物理量间相互制约条件。例如，在均匀拉伸问题中有 $C_i = \frac{C_p}{C_\sigma C_A} = 1$，式中 C_p、C_σ 和 C_A 分别为荷载、应力和截面积相似系数，C_i 为相似指标，此式可改写为

$$\frac{p_p}{\sigma_p A_p} = \frac{p_m}{\sigma_m A_m}$$

或

$$\pi = \frac{p}{\sigma A}$$

上式即为相似判据。（胡德麒）

相似系数 scale factor

两个相似现象中同类物理量之比。例如，实物长度为 l_p，模型长度为 l_m，则 $C_l = \frac{l_p}{l_m}$ 为长度相似系数。（胡德麒）

湘子桥 Xiangzi Bridge

初名济川桥，曾名丁公桥，明朝时更名为广济桥。位于广东省潮州市东，横跨韩江，是梁桥和浮桥相结合的古桥。梁桥有东西两段，东段12孔，长283m，建于宋绍兴年间（公元1131～1162年）；西段7孔，长137m，建于宋·乾道年间（公元1165～1173年）。两段间用24只木船搭成可开合的浮桥相连，全桥长518m，宽约5m。石梁最大的，高1.2m，宽1.0m，长15m，重约50t。桥墩很大，东段桥墩宽为9.9～13.85m，长为14.4～21.7m，明朝在桥墩上兴建亭台楼阁。古代湘子桥上是兴旺的桥市，民间流传着“到了湘桥问湘桥”的笑话，清代曾有一幅桥市图卷。该桥已列为第三批全国重点文物保护单位。（潘洪萱）

箱梁 box girder

一种具有良好的抗弯和抗扭性能的箱形横截面的梁。当矩形截面梁的跨度增大时，需增加主梁高度，挖空主梁腹部，从而形成闭合式箱梁。当今跨度超过60m的预应力混凝土梁桥，绝大多数采用箱梁结构。它的抗扭刚度大，适用于连续梁桥、弯桥或悬臂施工的桥。它能有效地抵抗正负弯矩，满足配筋的要求，具有良好的动力特性和较小的收缩变形，但温差应力较大。常见的箱形截面型式有：单箱单室、单箱双室、单箱多室、双箱单室、双箱多室等。宽桥可采用单箱多室截面、分离式单箱单室或分离式双箱双室截面的箱梁。目前还趋向采用大悬臂斜腹板的箱梁。（何广汉）

箱梁通气孔 vent

设置在箱梁底板上的开口。用以通气并排除施工中混凝土的养护用水和渗过桥面置假山板的雨水。一般每室每跨采用两个通气孔，分别设置在箱室

两端的低点，其直径为 12cm 就已足用。但对温差是控制设计因素的悬臂梁或其他结构，则应考虑增加孔数和直径。（何广汉）

箱形拱桥 box-ribbed arch bridge

拱圈横截面由几个箱室组成的拱桥。截面挖空率大，可达全截面的 50%～70%，较实体板拱桥可减少圬工用料与自重，适用于大跨度拱桥。单片箱拱的抗弯与抗扭刚度均较大，裸拱施工时稳定性较好，适用于无支架施工法，但制作精度要求高，施工安装设备多。（袁国干）

箱形涵洞 box culvert

洞身为方形或矩形断面的涵洞。箱涵孔径较小时可用预制钢筋混凝土箱形节段建成，孔径较大时，通常先用石或混凝土修筑基础和边墙，然后在边墙上铺设盖板（钢筋混凝土或石）构成箱涵（又称盖板箱涵）。箱涵孔径为两边墙间的净距。其泄水能力比管形涵洞大。与同孔径拱形涵洞相比，钢筋混凝土盖板可预制，施工期较拱涵短，但钢材用量比拱涵多。箱涵适用于低填土路段，对地基承载力的要求次于拱涵。因此，常用在要求通过较大排洪量、地基条件较差、路堤高度有限、不宜设置拱涵的情况。（张廷楷）

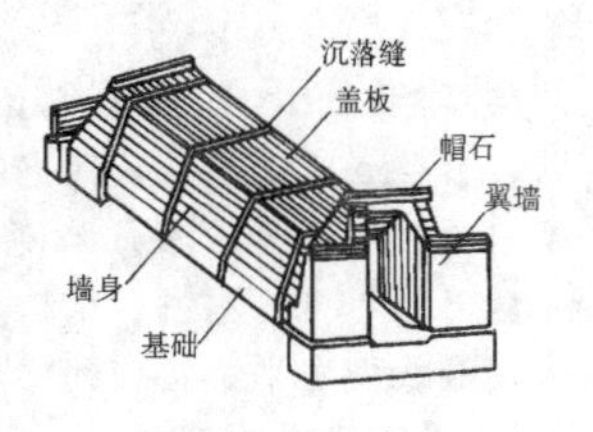

(a)盖板箱涵立体示意图

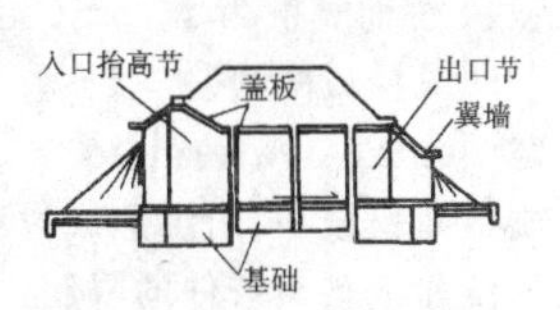

(b)盖板箱涵中心纵断面示意图

箱形梁桥 box girder bridge

上部结构用薄壁箱形截面梁构成的梁式桥。由顶板、底板与腹板组成封闭式的横截面，分单箱单室（图 *a*）、单箱多室（图 *b*）、双箱单室（图 *c*）、双箱多室（图 *d*）等数种，随桥梁宽度而定。梁的抗扭刚度大，可承受正、负弯矩，且易于布置钢筋，适用于大跨度预应力混凝土桥和弯桥。因整体受力性能好，可做成大跨度薄壁结构的钢箱梁桥。这种截面形式亦有利于采用先进的悬臂施工方法。

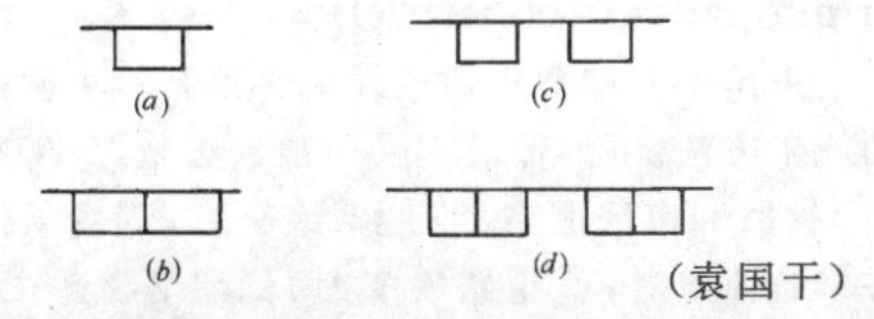

（袁国干）

箱形桥 box frame bridge

埋置于土体或路堤中的、横剖面呈封闭式矩形框架的桥梁。由顶板、侧墙（多箱时尚有中墙）与底板构成。顶板起着桥梁上部结构的作用，承受恒载与活载；侧墙和底板形成桥台（中墙和底板形成桥墩），除传递顶板的荷载外，还抵抗土压力；底板则将全部荷载传给地基。箱形桥多用于线路与路堤交叉处，亦常用于地道的承重结构，施工时用机械在土体或路堤中顶推就位，不影响既有线路的交通运营。根据线路交通规划，可采用单孔、双孔或三孔的形式。（袁国干）

箱形桥台 box abutment

台身为薄壁箱式结构的桥台。薄壁式轻型桥台的一种。一般可用现浇混凝土或用预制构件拼装而成。（吴瑞麟）

箱型钢桩 steel box pile

具有非圆形空心闭合横截面的钢桩。一般用专门轧制的型钢焊接成正多角形截面，也可用钢板桩拼接成具有 1 或 2 个对称轴的多角形截面。与直径相当的钢管桩相比，其横向承载力较高，但桩的成本也要高些。工程中不常用。（夏永承）

襄樊汉水桥 Xiangfan Bridge over Hanshui River

位于湖北省襄樊市区的焦枝线跨越汉水的公路和铁路两用桥。正桥为一联 4 孔跨度 80m 的下承式连续钢桁架，采用菱形桁式，桁高 20m，两片主桁中心距为 10m。双线铁路位于两片主桁之间。单车道公路面及 1.5m 宽的人行道由两片主桁外侧的伸臂钢托架支承。主要墩台的基础有浮运钢沉井、筑岛钢筋混凝土沉井和钻孔灌注桩等形式。襄阳岸无引桥。樊城岸引桥跨度为 16m，计有铁路梁 22 孔及公路梁若干孔。引桥均为明挖扩大基础。1970 年 5 月建成。（严国敏）

橡胶带（板）伸缩缝 rubber belt (plate) expansion joint

一种以氯丁橡胶带（板）作为跨缝材料的伸缩缝装置。此种伸缩缝的伸缩量为 20～60mm，适用于中小跨径桥梁。（郭永琛）

橡胶支座 rubber bearing

以橡胶为主体材料的桥梁支座。基本上靠橡胶层的剪切变形和不均匀压缩来满足支座位移和转动的要求。按构造型式分板式橡胶支座、聚四氟乙烯板式橡胶支座和盆式橡胶支座。具有构造简单、安装方便、养护工作量少、造价低、结构高度小、吸震性能好以及能适应任意方向变形等优点。要求所用橡胶材料具有较高的抗压强度，良好的弹性、耐磨性、耐低温性以及耐老化性，同时还要求与金属粘着性能良好和具有一定的硬度。常用的橡胶材料有氯丁橡胶、天然橡胶和三元乙丙橡胶。（杨福源）

xiao

消除恒载应力法 method of balancing the dead load stress

通过消除桥梁恒载应力使加固部分与原结构共同承受恒载，从而有效地提高桥梁承载能力的方法。以加固简支梁跨中截面为例，在桥跨下跨中处设置脚手架，在其上用顶升器对桥跨中点施顶，使恒载挠度等于零。这时就消除了跨中截面的恒载应力，然后再对桥梁加固。本法可使加固材料充分发挥作用，经济效益较高。也有把部分恒载卸除以减少原构件中的恒载应力，如为加固主拱圈而先拆除拱上建筑。（万国宏）

消力池 stilling pool

使急流在排水构筑物范围内变为缓流而修筑的消能水池。其范围包括水跃的全长，池内可设消力槛或消力墩，加强消能作用，以消减高速水流中可能冲刷河槽的能量。（张廷楷）

消力槛 check

以消减急流水体的能量为目的，使水流从急流转变为缓流的一种门槛状的工程构筑物。经过消能后的水流，流速应较缓，且断面流速分布应较均匀，不致对下游河床造成强烈的冲刷破坏。（张廷楷）

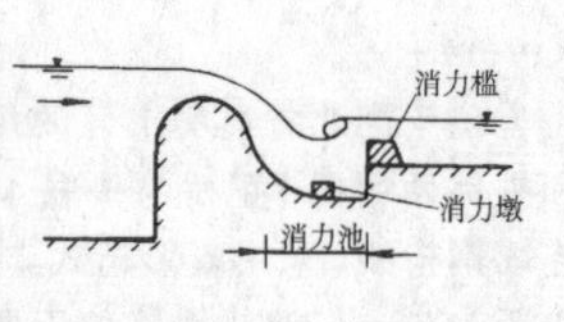

消去法 vanishing method

尽量使桥梁和周围环境融合成为一体难以区别，恰似天生的一种处理方法。此法适用于小桥，特别在园林桥梁中常有使用。如苏州拙政园和其他中国园林中以太湖石叠置假山，同样地，小桥亦为太湖石构成，山桥融为一体。园林中踏步桥和河岸石驳采用同一材料并渐变接合，桥与两岸驳岸融为一体。完全消去的可能做法较少，部分消去接近于调和法。（唐寰澄）

消压弯矩 decompression moment

使预应力混凝土截面受拉边缘混凝土应力抵消到零时的荷载弯矩。它是表示预应力度的重要参数，构件的荷载弯矩小于或等于消压弯矩时为全预应力混凝土；荷载弯矩大于消压弯矩时为部分预应力混凝土。构件由于偶然超载开裂后，开裂弯矩将趋近于消压弯矩。（李霄萍）

销接 pin connection

即枢接（220页）。

销结合 pin joint

为阻止拼合构件间的相互错动，而嵌入木质或金属的片状或圆柱形连接件所形成的连接方式。其中的销受挤压力和弯曲应力，是一种柔性连接。销结合按它的形状可分为板销、圆销，按材料可分为木板销、木圆销、钢板销和钢圆销。（陈忠延）

销栓作用 dowel action

沿斜裂缝发生剪位移时，穿过裂缝的纵向抗弯钢筋的抗剪作用。它受保护层混凝土抗拉强度的限制，在劈裂裂缝发生后销栓力将大大降低。试验指出，无箍筋梁中销栓作用约为总抗剪强度的15%～25%。但支持纵筋的箍筋能提高它的销栓作用。（车惠民）

小贝尔特桥 Little Belt Bridge

跨越日德兰半岛与菲英岛之间的小贝尔特海峡的丹麦最大的一座悬索桥。跨度为240m＋600m＋240m，建于1970年。本桥在结构上受英国流派的影响，采用流线型扁平钢箱加劲梁，但吊索仍是垂直的。2根主缆的直径为580mm，由钢绞索组成。3跨双铰加劲钢箱梁的高度为3m，宽度为28.1m（两侧带风嘴），桥面宽度为26.6m。主塔采用混凝土门式构架，外观轻巧明快。（严国敏）

小流域 small watershed

流域面积较小、雨洪形成过程较简单的流域。由于受气候和下垫面条件的限制，更兼设计对象和内容的不同，很难用一个具体的面积大小来界定。一般说来，我国南方湿润地区，由于降雨、产流和汇流条件的变化梯度相对较小，界定的面积可以大些；重视径流总量和过程的工程，比仅重视洪峰流量的工程，界定的面积也可以大些。我国水电部门所指的小流域，面积可高达1000余km^2；交通、山区工矿防洪工程所指的小流域，面积多在$100km^2$以下。（吴学鹏）

小螺钻

一种在土层中用人工加压钻进的勘探工具。由麻花形钻头、钻杆、接箍、手摇把组成，用人工加压回转钻进。适用于粘性及砂类土地层，探深一般6m左右，可取扰动土。（王岫霏）

小桥 short span bridge

多孔跨径总长L（m）为：$8\leqslant L\leqslant 30$或单孔跨径L_0（m）为：$5\leqslant L_0<20$的桥梁。（周荣沾）

小桥涵顶进法施工 jack-in method for small bridge-culvert construction

采用不开槽利用顶进设备将预制的小桥涵顶入的施工方法。下列情况宜采用顶进法施工：①穿越公路、铁路和市区道路，不便断绝交通，现场条件不允许修筑便道时；②道路狭窄，两侧建筑物多，开槽施工要造成大量拆迁时；③现场条件复杂，地面工程交叉作业互相干扰时；④其位置埋设较深，开槽施工土方量大且需大量支撑材料时。通常采用的顶入法，其工艺过程为：在需顶进处挖工作坑，在坑内作一滑板，在滑板上预制钢筋混凝土小桥涵，把小桥涵前端及侧墙做成向前突出的刃脚，其上安装钢刀，再在离小桥涵尾部不远处修筑一个后背，然后在后背与桥涵底板之间安装一排千斤顶，同时对道路或铁路进行必要的加固，以保证顶进时桥涵上面线路的安全，最后以千斤顶并借后背的反力将桥涵顶入路基。顶进时，小桥涵端部刃角处不断挖土，随挖随顶，直至小桥涵按设计要求位置全部顶入路基为止。在顶进设备完善的条件下，可采用顶入法。其他方法依施工条件还有分次顶入法、对顶法、架梁推入法等。

（张廷楷）

肖氏硬度　Shore hardness

由肖氏硬度试验方法确定的材料硬度值，用HS表示。肖氏硬度试验属动力硬度试验，它是用一个具有金刚石圆头（D型）或钢球（C型）的标准重锤从一定高度自由下落到试样的表面（锤的重量和下落高度由硬度计的型号确定），根据重锤回跳的高度来确定硬度。这种试验具有操作简便迅速、试验时不破坏试样和可到现场进行测试等优点，但试验所得结果的精度较低，因此适用于测试精度要求不高的零部件。我国在测试橡胶支座硬度时采用此法。

（杨福源）

xie

楔形锚　wedge-shaped anchorage

参见马奈尔预应力张拉体系（159页）。

协调　harmonizing

使客观事物各部分之间，或美学上诸相对面的双方相反相成的变化，能为人所愉快地接受，取得一致与和谐的状态。建筑或桥梁美学中有两种协调，一为自身协调，一为环境协调。协调的目的是和谐。

（唐寰澄）

协调扭转　compatibility torsion

在超静定结构中，由于变形协调而引起的扭矩。例如，在桥面板的内力分析中，常假定其抗扭刚度为零，而求得比实际值大的弯矩，但仍需配置适量的抗扭钢筋，以便控制在使用阶段可能发生的扭转裂缝，因为在弹性阶段这种协调扭转实际上是存在的。

（车惠民）

挟沙水流　stream-borne material

混有泥沙的水流。运动的水流具有挟带一定数量泥沙的能力。当挟带的泥沙量超过这种能力时，河段将发生淤积，反之将发生冲刷。由于流域的来水来沙条件常有变化，特别是洪水前后变动剧烈，从而导致河床冲、淤变化时大时小，汛期河床冲淤剧烈。

（吴学鹏）

斜撑　diagonal strut

见人字撑架体系（204页）。

斜撑架刚架桥　rigid-frame bridge with inclined braces

见梁-框体系刚架桥（151页）。

斜撑式桅杆起重机　stiff-leg derrick

又称刚腿德立克。用两根刚性支撑支持机身稳定的桅杆起重机。起重臂比桅杆长，铰接于桅杆下端，能作不超过270°的回转作业。其工作机构由电动卷扬机牵引钢丝绳传动。可固定安装在工地作一般起重工作。也可安装走行轮箱，沿轨道或钢桁梁上弦杆移动，并用锚固装置固定，作拼梁起重机使用。其自重较轻，起重量大，结构稳定，广泛应用于桥梁施工。

（唐嘉衣）

斜搭接接头　oblique lap joint

两被接件搭接面与被接件轴线成斜角的接头。对钢构件来说，因斜接之后，搭接段的角焊缝相应增长，故可提高承载力。

（陈忠延）

斜吊杆　inclined suspender

系杆拱桥和悬索桥中悬挂行车道梁用的斜向受拉杆件。在这些桥中，一般采用竖直吊杆，但为增加约束，减小行车道梁的竖向挠度和纵向移动，也可采用斜吊杆。系杆拱桥用斜吊杆代替竖直吊杆时，称为尼尔森拱。参见尼尔森拱桥（171页）和斜吊杆悬索桥。

（俞同华）

斜吊杆悬索桥　suspension bridge with inclined hangers

悬索与加劲梁之间设置略微倾斜吊杆的悬索桥。与竖直吊杆的悬索桥相比，斜吊杆对约束悬索与桥面之间相对位移的作用虽然不大，但增加了结构体系的刚度，可衰减桥面的竖向震荡作用。在架设过程中，斜吊杆约可增加结构体系的弯曲刚度5%～10%。斜吊杆的布置及构造较竖直吊杆稍复杂。

（姚玲森）

斜吊式悬浇法　stayed cantileser concreting

利用斜向悬吊钢筋来承受拱圈及其上悬浇挂篮逐段将拱圈浇筑到拱顶合龙的拱桥施工方法。1974年日本首先在跨径170m的外津桥上采用，该桥拱肋除第一段15m用斜吊支架现浇混凝土外，其余各段均用挂篮现浇施工。斜吊杆可以用钢丝束或预应力粗钢筋，其拉力是通过布置在桥面板上的临时拉杆传至岸边的地锚上。也可利用岸边桥墩作地锚。施工中需重视斜吊钢筋的拉力控制，地锚地基反力的控制，以及预拱度和混凝土应力的控制。

（俞同华）

斜腹板箱梁桥 box girder bridge with inclinedweb plate

边腹板向外倾斜形成倒梯形截面的箱形梁桥。在多车道的宽桥中,采用这种截面,可以减小桥面板的挑臂长度,同时可减小箱室底板宽度,桥墩宽度得以减小,能获得较大的经济效益。缺点是截面的形心偏上,在承受负弯矩区域的底板,需要加厚,变高度时不易处理。 (袁国干)

斜腹杆桁架拱桥 trussed arch bridge with diagonal web members

带有斜腹杆桁架拱片的拱桥。按受力不同可分斜压杆式、斜拉杆式与三角式三种。斜压杆式在端节间的压杆截面大;斜拉杆式反之。这两种桥都须设竖杆,立面上有损美观。三角式的腹杆或受拉或受压,总腹杆根数较少,用料省,亦较美观,采用较多。 (袁国干)

斜杆 diagonal

桁架桥或其他桁架结构中的斜向腹杆。在三角形腹杆体系中,斜杆轴线与竖直线的交角常为30°~50°,跨度较大的桁梁,如果不能采用较大的节间长度(如9~10m),又必须保持斜杆的适当斜度(≮30°),则可采用再分式或米字型腹杆体系。 (陈忠延)

斜杆倾度 inclination of diagonal

三角形腹杆体系桁架中斜杆轴线与竖直线的交角。常以30°~50°为宜。 (陈忠延)

斜键 skew key

相对于木梁轴线为斜置的棱柱形键。起承压作用,但只能传递单向内力。因此,不可以把构件翻过来使用。 (陈忠延)

斜交涵洞 skewed culvert

洞身轴线同道路中心线斜交的涵洞。为保证路线的顺捷,河(沟)又不宜改道时,涵洞可做成斜交,但此时斜交角(路中线的垂线与涵洞中线的夹角)以不大于45°为宜。斜交涵洞可有两种设置方法,即①斜交洞口(与路线平行)(图a)②正做洞口(与洞墙垂直)(图b)。 (张廷楷)

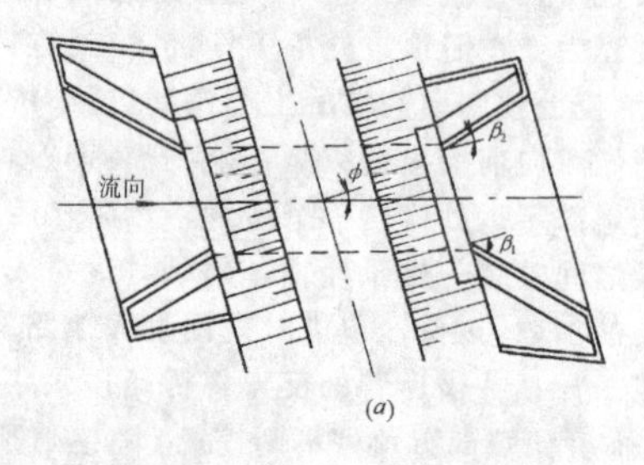

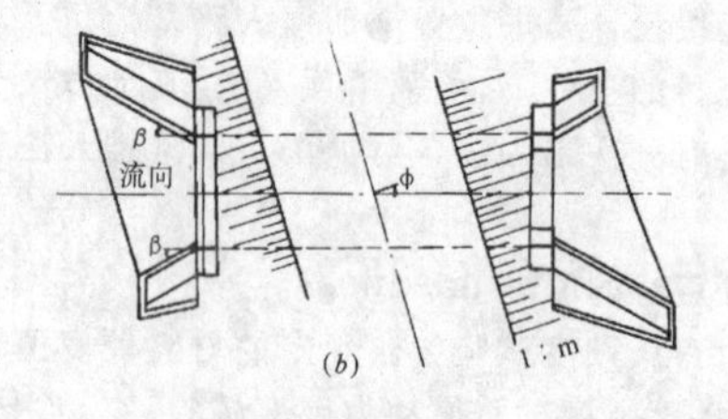

斜交涵洞

斜拉桥 cable stayed bridge

又称斜张桥。用锚在桥塔上的多根斜向钢缆索吊住主梁的缆索承重桥。第二次世界大战以后新发展起来的重要桥型之一。因高强度缆索起着主梁的弹性支承作用,使主梁像多孔小跨弹性支承连续梁一样工作,故内力小,建筑高度低,自重轻,施工方便,并能显著加大跨越能力。继1986年竣工的加拿大安纳西斯岛桥跨度达465m以来,现已建成跨度602m的中国上海杨浦大桥和跨度为856m的法国西北部诺曼底塞纳河口桥。可用于公路桥、铁路桥、城市道路桥、人行桥以及管线桥等。斜索在立面上的布置形式主要有四种:辐射形(a),竖琴形(b),扇形(c)和星形(d)。缆索一般用柔性钢索,也可用外裹混凝土的刚性索。斜拉桥常做成具有双桥塔的三跨形式。沿桥的横向按索面形式分,有竖向双平行索面,双倾斜索面和单索面三种,还可做成主跨用单索面而边跨用双斜索面的斜拉桥。主梁按结构形式可做成连续梁,带挂孔的单悬臂梁和T型刚构。按主梁的材料可分为:钢斜拉桥、混凝土斜拉桥、钢-混凝土结合梁斜拉桥以及主跨用钢梁和边跨用预应力混凝土梁的混合型斜拉桥。

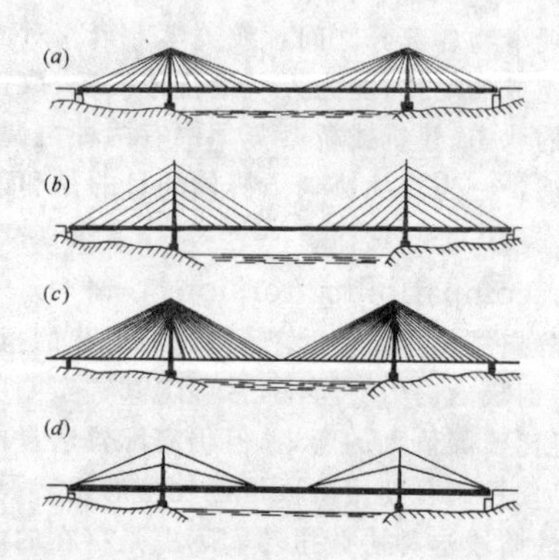

(姚玲森)

斜缆防护 cable protection

防止斜拉桥拉索遭受大气和雨水侵蚀的措施。拉索是斜拉桥的重要组成部分,其费用在全桥造价中占很大比例(25%~30%),更换不易且影响行车,必须妥加防护。措施包括:钢丝或钢绞线表面处理,除去油污锈迹后涂防锈层或防护薄膜；成缆后外加防护套，如用聚乙烯带缠裹、聚乙烯套内填水泥浆或热挤聚乙烯防护；为防雨水进入锚头部分，应在斜缆上下两端均加止水箍和密封圈。还要防止车辆的意外冲撞和行人的有意、无意损伤，为此应在斜缆与桥面连接处加防护栏杆等等。　（谢幼藩）

斜裂缝　diagonal crack, diagonal tension crack

与构件纵轴斜交的裂缝。它对纵轴的倾斜角与剪力和弯矩共同作用下主应力的方向有关，预应力或轴向力也有影响。斜裂缝的位置和形状常对构件剪力破坏模式起决定作用。对无箍筋梁可偏于安全地以斜裂缝出现时的荷载剪力作为它的抗剪强度。

（车惠民）

斜流　deviated flow

见股流（84页）。

斜流冲高　height of deviated blast

由于斜流引起的水面升高。形成的原因是多样的。有的是由于斜流受阻，因水流的动能和势能转换而形成；有的则是受河床形态的影响而造成。

（吴学鹏）

斜坡　inclined wall

又称斜裙、防淘斜坡。涵洞出口沟床铺砌所设置的斜向墙体（参见洞口冲刷防护，43页）。一般用干砌片石砌筑，其坡度不大于1∶1。当水流顺斜坡流下时，最大流速产生于水底，其冲刷深度比设截水墙时要大，同时施工方便、造价较廉。

（张廷楷）

斜桥　skew bridge

顺桥向的桥梁轴线与横桥向的墩台轴线以斜角相交的桥梁。受力较正交桥复杂，上部结构中有不均匀的扭矩存在，支点反力的分布也不均匀，钝角处反力显著增大而锐角处小并可能出现上拔的负反力，在运营时上部结构还有沿支承边向锐角方向移动的趋势，因而其构造与施工都较复杂。在需要同样桥下净空时，斜桥跨径长度较正交桥跨径要大。墩台宽度也较大。因此只在线路走向与桥下河流、水渠、铁路、公路、城市道路的走向成斜角，而增加桥长用正交桥跨越显得不经济合理时才采用。　（徐光辉）

斜竖式腹杆桁架　truss with diagonal and vertical web members

又称斜撑式腹杆体系桁架。把竖杆作为基本体系的一种桁架。优点是：毗邻节间的弦杆应力差别小；由于无局部受力杆件，主桁弦杆的变形较为均匀。其次，较为粗短的竖杆可与横梁形成半框架，用以保证上弦杆的侧向稳定，故可用作敞口式桥。缺点是：节点数多，施工安装比较麻烦。　（陈忠延）

斜腿刚架桥　slant-legged rigid frame bridge

由楣梁与两个斜置支杆构成主要承重结构的刚架桥。左右两个斜置支杆与曲线形楣梁形成近似于拱的结构，其压力线与门式刚架桥比较，偏离轴线不远，弯矩较小，轴向力较大，多采用钢筋混凝土或预应力混凝土建造，亦有采用钢材的，外形似拱桥，但无拱上建筑而显得轻巧、美观、省料。并接近于梯形的通航净空，最适宜修建跨线立交桥，有利于通视。斜腿根部与基础可做成固接或铰接的型式，但为了施工中可以调节设计位置，以采用铰接者较多。著名的预应力混凝土斜腿刚架桥有德国霍雷姆（Horrem）铁路桥（脚铰跨度85.5m，1953年）；中国邯长铁路浊漳河桥（脚铰跨度80.0m，1981年）；钢斜腿刚架桥有卢森堡阿尔泽特（Alzette）公路桥（脚铰跨度234.1m，1965年）。　（袁国干）

斜弯理论　skew bending theory

计算钢筋混凝土构件在扭矩或弯扭共同作用下承载能力的斜弯曲破坏理论。根据对矩形截面梁在弯扭共同作用下的试验，苏联莱西格（H. H. Лессиг）于1959年首先提出破坏面与构件的纵轴斜交，并按极限平衡条件计算其承载能力。

（车惠民）

斜纹抗压强度　compressive strength inclined to grain

木材受与纹理成角度的荷载或压力破坏时所产生的极限应力。可表示为R_a，并按下式计算：

$$R_a=\frac{R_{\parallel}}{1+\left(\frac{R_{\parallel}}{R_{\perp}}-1\right)\sin^3\alpha}\qquad \mathrm{N/mm^2}$$

式中$R_{\parallel}$和$R_{\perp}$各为顺压和横压强度，α为作用力与木纹相交所成的角度。　（陈忠延　熊光泽）

泄浆孔　grout hole

又称排浆孔。灌浆过程中用以控制压浆的压力而设置的孔眼。压浆开始用低压，然后逐渐增加压力直至灰浆从泄浆孔流出为止。　（何广汉）

泄水池法　reservoir method

简称泄水法。将应力历程例图象假想为一个蓄水池的横断面，在其每个最低点陆续泄水，并以每一次泄水作为一次应力循环的计数方法。其计算结果与雨流法相同。它常用于钢桥的疲劳检算中。

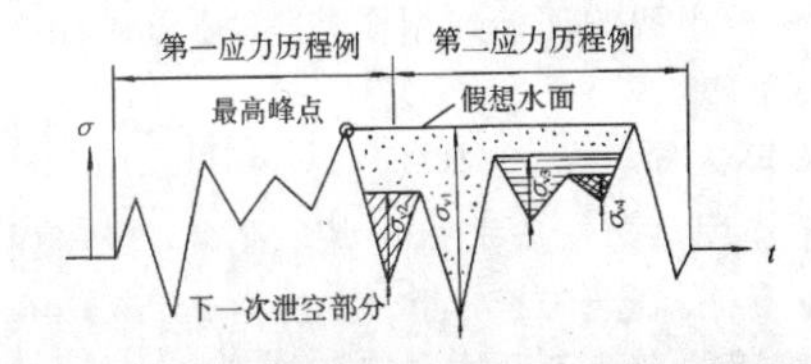

（罗蔚文）

泄水管 drainage pipe

设置在人行道两侧排除桥面雨水的管道。常用铸铁或钢筋混凝土制作。前者适用于具有防水层的铺装结构，使用效果好，但构造复杂。后者适用于采用防水混凝土铺装不设防水层的结构，构造较简单，可节省钢材。 （张恒平）

泄水管道 drainage pipe-line

将桥面积水迅速排出桥外的排水设施。目前混凝土梁式桥上常用金属泄水管、钢筋混凝土泄水管、横向排水孔道、封闭式排水系统等。 （张恒平）

泄水孔 drainage opening

为排除结构物（桥台、挡土墙等）表面积水或内部的渗入水而设置的排水孔道。 （张恒平）

泄水口 drainage opening

桥面水流向泄水管的入口处。一般设在行车道两侧的安全带或缘石旁，并要采取一定的构造措施，以利雨水迅速进入泄水管道，还要防止杂物堵塞。 （张恒平）

谢基公式 Chezy formula

由谢基(Chezy)于1679年推导用于计算过水断面平均流速的公式。$v=C\sqrt{RI}$。式中v为过水断面的平均流速（m/s）；C为谢基系数；R为水力半径（m），R=过水断面积ω/湿周x，I为水面比降（水力比降）。由于谢基公式简明，沿用至今。 （周荣沾）

谢基系数 Chezy coefficient

谢基（Chezy）公式中的系数C。计算过水断面平均流速v（m/s）沿用的公式有：谢基（Chezy）公式$v=C\sqrt{RI}$和满宁(Manning)公式$v=\frac{1}{n}R^{2/3}I^{1/2}$，由以上两个公式解得$C=\frac{1}{n}R^{1/6}$。式中$n$为河渠粗糙系数，可查表得；$R$为水力半径（m），$R$=过水断面积$\omega$/湿周$x$。谢基系数$C$是河渠粗糙系数$n$和水力半径$R$的函数。 （周荣沾）

xin

心滩 inner bar of river

在主槽中由于沙波运动而形成的位于江心的沙滩。是一种小型的泥沙成型淤积体，是形成江心洲的一种类型。 （吴学鹏）

新奥尔良大桥 Greater New Orleans Bridge

位于美国路易斯安那州新奥尔良市，跨密西西比河的公路桥。建于1958年。主桥为260m＋480m＋260m跨度的三孔下承式悬臂钢桁架。边孔作锚跨，中孔中部210m为悬跨。中孔跨中、中孔跨端及中间墩支点处的桁高分别为28.3、24.4及61m。主桁中心距19.5m，桥面有效宽17.65m，其中15.85m供4车道高速公路及1个备用车道，另有2×0.9m人行道。桁架一般杆件用ASTM-A7钢，高应力杆件用ASTM-A242钢，屈服应力为254及352MPa。 （严国敏）

新河峡谷桥 New River Gorge Bridge

位于美国西弗吉尼亚州的主跨度为518.2m的上承式两铰钢桁拱公路桥。路面宽22m。此桥大部分用耐候钢建成。桥跨新河河谷，由路面至水面高达260m。建于1977年。为目前世界上最大跨的钢拱桥。 （唐寰澄）

新雪恩桥 New Tjörn Bridge

位于瑞典西海岸，哥德堡市北面约50km处，连接斯泰农松德（Stenungsund）与雪恩（Tjörn）岛的跨海桥。原桥为278m跨度的拱桥，1980年毁于船撞。同年新建的本桥为3孔跨度为156m＋366m＋124m的混合形斜拉桥。主塔为H形钢筋混凝土构架，高101.9m。主梁两端为预应力混凝土梁，中部（中孔及两边孔各10m范围）为钢梁。π形截面预应力混凝土梁与单室箱形截面钢梁由预应力筋及传力杆（stud）等联结。桥面宽15.75m。人行道及非机动车道布置在桥面的一侧。斜索布置成双索面扇形稀索体系，索间距31m。边孔有若干小桥墩，各与斜索用能兼受拉力和压力的支座连接。 （严国敏）

新沂河桥 New Yihe River Bridge

位于江苏北部东陇海线上的我国第一座预应力混凝土桥。全长691.7m，共有28孔23.9m跨度的后张法预应力混凝土单线铁路简支梁。每孔由2片T梁组成，采用C38混凝土和极限强度为1200N/mm^{2}的ϕ5mm镀锌钢丝，引进前苏联的克罗夫金（Кровкин）预应力体系。张拉端用锚杯作锚头，张拉后插叉型钢垫圈锚固。非张拉端为埋置于混凝土中的钢丝分散成梨状的固定锚头。钢丝索孔道用铁皮管制成，张拉后在孔道空隙内压浆填实。1956年11月建成。 （严国敏）

新泽西式护栏 New Jersey type barrier

由美国新泽西州公路局推广的一种比较实用和安全的护栏。采用混凝土预制或现浇，互相用钢链相连。在一般情况下，当受到车辆碰撞时，只有轮胎和护栏接触，而车身不会碰到，可减少车辆的损坏。常在高等级公路、城市道路、桥梁的分隔带上设置。 （张恒平）

xing

星形索斜拉桥 star type cable stayed

bridge

一种分散锚固于塔柱上的缆索分向两侧收拢，一侧集中锚在主跨主梁上，另一侧集中锚在边跨梁端与桥台上的斜拉桥。这种布置可显著减小主跨的挠度，也可避免在主跨加载时边跨产生大的负弯矩。但拉索倾角最小，用钢量较大，且主梁受力与单索的一样，不能发挥现代斜拉桥的优点。虽然由于其简洁美观的外形曾一度用于跨径不大的城市桥梁，目前已较少采用。

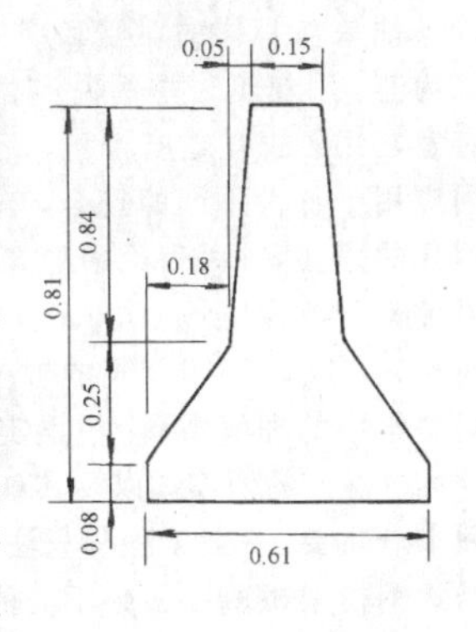

新泽西式护栏

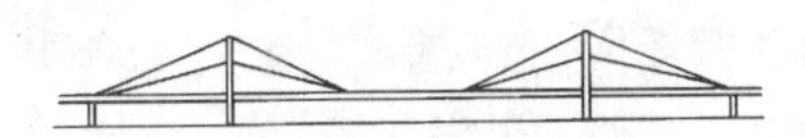

（姚玲森）

星形楔块锚具　(SWA) star wedge anchorage

用6片双侧有弧形槽的扇形楔块能在锚头锥孔内夹住6根钢绞线的锚具。因外形如星而名之。首创于日本。有4种型号，分别用于ϕ7.9、9.3、10.8和12.4 (mm) 钢绞线。因系直线通过锚头拉伸机，故钢绞线受力较均匀。张拉力300～740kN。

（严国敏）

行车道　carriageway

又称车行道。专供车辆行驶的桥面部分。根据我国《公路工程技术标准》，车道数和桥面行车道净宽按不同的公路等级和不同的地形条件而定。在一般情况下，每车道的宽度可按3.75m计算。对于城市桥梁的行车道宽度，应按有关城市总体规划的要求订定。在我国还常设专用的自行车道，一个自行车道的宽度为1.0m。　（邵容光）

行车道板　deck slab

桥面构造中直接承受车辆轮载的承重构件。在构造上常搁置在与主梁、桥道梁（又称行车道梁）或其他主要承重构件上，或与它们相连。它常可作为主梁或行车道梁的翼缘板组成部分，可保证全桥的整体受力作用。从结构受力上可分为：单向板，双向板，悬臂板，少筋混凝土微弯板和肋腋板等；从构造上可分为：装配式或整体式，实心板或空心板以及各种异形板；从材料上可分为：钢筋混凝土，预应力混凝土，钢、木等。　（邵容光）

行车道净宽　clear lane width

桥面行车道部分中除去中间分隔带、紧急停车带和路缘带以外的横向宽度。此净宽取决于公路等级、地形条件或城市道路的总体规划，以及今后交通量的发展。我国高速公路和一级公路的桥面行车道宽度均为四车道，每个车道的宽度可按3.75～3.5m计算。表达为2×净－7.5或2×净－7.0，一般宜设计为上、下行的两座独立桥梁。弯道上的桥梁应按路线要求予以加宽。桥上如设置自行车道时，可按一个自行车道的宽度为1.0m计算。　（邵容光）

行车道梁　carriageway beam

又称桥道梁。将桥面板上的使用荷载传递到主要承重结构的梁格系。常包括横梁和纵梁。但当主要承重结构的间距布置较密时，也可不设纵梁。行车道梁系中的横梁既起传递荷载的作用，也起保证上部结构整体性的作用。　（邵容光）

行车道铺装　lane pavement

见桥面铺装（196页）。

形式联想　form association

从一个事物的形象联想到另一个事物的形象。这一联想，因仅涉及形式，未涉及内容，虽亦丰富美感，但总觉肤浅。桥梁造型设计中的形式联想，容易造成削足适履，不伦不类的作品，如以真实的船体形建造桥墩等。鉴赏中的联想，如以半月，驼峰等类比拱桥，以洞箫类比桁桥，可以取类无穷，也缺乏确切丰富的思想内容。　（唐寰澄）

形式美　beauty of form

又称外形美、感性美。视觉的感性直觉所能得到的审美感受。美学上要求艺术作品有美的形式和善的积极内容。内容通过形式来表达，形式反映出内容。然而内容和形式之间仍有差别之处，即善的内容不一定得到美的形式；美的形式有时亦有不善的内容。桥梁建筑方便交通，其目的和内容一般总是善良的，然而很多桥梁忽视了形式的美。但不管桥梁的具体内容，一味追求毫无或缺少关联的形式上的美将沦为形式主义。创造从形式出发，鉴赏或歌咏桥梁只及形式亦是比较肤浅的。最高的追求目标是尽善的桥梁内容和尽美的桥梁形式。

（唐寰澄）

形式运动　movement of the configuration

桥梁的造型，包括其线形、面、体量、色彩、质感等在每座桥梁中变化的序列的配置。形式是静止的，但在上述各种因素的序列组合中有：起伏、向背、凹凸、光影、开合、隐显、动静、虚实、刚柔等一系列相对面之间的变化，以及力的传递的趋势，故称运动。　（唐寰澄）

型钢　rolled standard section steel

轧制的具有一定尺寸规格和截面形状的钢材，分为圆钢、方钢、扁钢、角钢、槽钢、工字钢、钢轨等种类，其性能随钢种而异，广泛应用于各类建筑结构工程和工程构筑物。（陈忠延）

型钢矫正 rectifying of steel sections

在不改变型钢材料断面特征的情况下，通过型钢矫正机，对型钢施加压力，产生反变形，使其局部变形得到矫正。矫正机按性能分为：顶弯机，用于矫正纵向弯曲；角钢矫正机，用于矫正角钢肢直角及角钢弯扭变形；工字钢矫正机，用于矫正工字钢翼缘蕈型变形。（李兆祥）

型钢梁 rolled beam

用热轧成型的工字钢或槽钢作的梁。在钢桥设计中，当梁的跨度及荷载不大时，可以直接采用普通工字钢或宽翼缘工字钢作为主梁的截面。这种结构制作省工、安装方便。人行道梁还可以用槽钢作为梁的截面。（曹雪琴）

性质联想 character association

触及事物性质之间的联想。因为已深入内容，其联想便是比较深刻的。在桥梁造型创作中，仿生学的应用，便需通过性质联想，会得出不同于所联想物象的新的桥梁造型。在鉴赏时，除上述的反思外，中国历史上还有比德的联想，即联想到其他事物的优良品德。（唐寰澄）

xiu

休斯顿航道桥 Houston Ship Channel Bridge

位于美国得克萨斯（Texas）州休斯顿市，跨油船航道的预应力混凝土桥。全长3185m，主跨为三孔(114.3m＋228.6m＋114.3m)预应力混凝土连续刚构，为当时美国同类桥梁中跨度最大者。上部结构为单箱双室、具有1：5斜度的外腹板，桥面宽18m，梁高从14.5m变化到4.6m，采用平衡悬臂灌筑法施工。主墩基础承台尺寸为25m×23m×4.6m，建立在255根ϕ610mm钢管桩之上，墩高49m。设计时考虑了主墩与边墩有22cm的不均匀沉陷以及收缩徐变引起的长期变形与内力重分配。于1982年12月建成。（周　履）

修正铲磨 rectifying scraping and grinding

当杆件外形尺寸局部有小量超差，用风铲或砂轮对杆件局部尺寸超差或局部缺陷进行加工修正的工艺过程。（李兆祥）

xu

虚实 empty and real

抽象与具体的对立和统一。《老子》以虚为无、以实为有，用建筑来举例说："凿户牖以为室、当其无，有室之用。故有之以为利，无之以为用。"这一对名词应用于各种不同的场合，有一定的解释。如兵法中用兵的虚实，中医理论中的虚证实证等。在美学领域里虚又可解作意境（意识上）或空白（画面或音乐的间隙）、实解作实物（画的着墨处、音乐的旋律）。桥梁美学中的理解雷同。桥梁实物造型（实）构成背景空间（虚）的图案，以及其气势（虚）。虚和实的处理十分重要。一般工程师只注意实处而忽略了虚处。老式钢桁架桥所以多数不美的原因就是不但在透视下实的图案显得凌乱，同时背景空白处虚的图案更无规律性。因此虚的造型和实的造型具有同等的重要性。（唐寰澄）

虚轴 ideal axis, open axis

格构式组合杆件中，通过缀材平面而不与分肢相交的主轴。格构式组合压杆绕虚轴失稳时，由于连接分肢的缀材远不如实体板材刚劲，须考虑缀材剪切变形对压杆稳定的影响。（胡匡璋）

徐变拱 creep camber

构件在持续的预压力作用下，由于混凝土徐变产生的上拱度。它对桥上线路的养护与运营颇为不利，可以采用部分预应力来减小这种不利影响。（车惠民）

序列 order

事物各部分或事物群按一定次序的排列。在桥梁建筑中可分为三个部分，即功能序列、结构序列、审美序列。当设计创造和鉴赏理解桥梁时是按一系列有机的、连续不断的、既统一又变化着的各部分，依各个角度顺次进行，审度其连续性、独立性、各部相似性、象征性等特点。即审度桥梁序列在诸方面，特别是纵横方向的联贯和衔接。由于各部分独立性格的存在，特别要处理好各部分之间的衔接部位，过去用插入过渡性建筑予以界分和衔接，近代则从结构形式、尺寸、细节上进行衔接，而仍保持各部分独立、整体上完整的审美序列。美的序列要具有富于韵律的变化，使各部分以各种方式统一于一个基调上，产生既相似又不同的审美感受。（唐寰澄）

蓄满产流

见产流（15页）。

蓄热养护 heat-stored curing

又称蓄热养生。以保温措施养护混凝土的方法。一般用稻草、麦秸、油毡等导热性能不良的材料包盖保温，延缓新灌筑混凝土的温度和水化热量的散失，使其在达到要求强度前不受外界低温的冻害。适用于混凝土冬季施工。（唐嘉衣）

xuan

悬半波 overhanging half tile

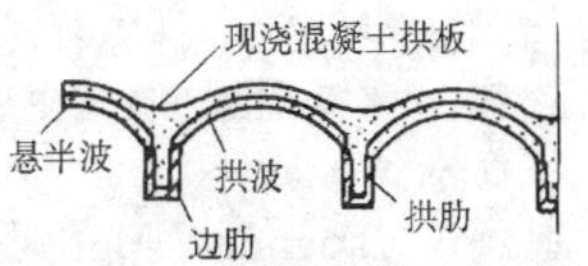

双曲拱桥主拱圈上下游两侧悬出的圆弧形混凝土构件。施工时与支承于两拱肋间的拱波不同，它只以一边支承于边肋上，跨径约为拱波跨径之半。安装时须用预埋钢筋维持悬挂位置，再浇筑混凝土拱板。全拱合龙并有足够强度时，悬半波在拱跨方向也参与拱的作用。 （俞同华）

悬臂板 cantilevered slab

T梁桥中承受负弯矩的翼缘板。桥两侧悬出梁肋的桥面板或道碴槽板、相邻T梁用铰缝相联的翼缘板以及一些桥的外悬人行道板均属悬臂板。悬臂道碴槽板的宽度视桥上线路的规定以及桥由几片梁组成而定。简支梁桥的悬臂板和一部分梁肋处于梁的受压区，故板内的纵向钢筋按构造决定，横向钢筋则须按所受负弯矩配置。 （何广汉）

悬臂拱 cantilever arch

由从每个墩的两侧对称地悬出的半拱组成，推力由预应力桥面承受的拱梁组合体系。这种桥型受力特性与系杆拱相同，但外观上又与无铰拱相似。它的桥面如同系杆拱的系杆一样平衡两个半拱的水平推力，跨中（拱顶）可做成连续的或带剪力铰的形式。具有适合修建成较大跨径（80～150m）、自重轻、用料省的特点。鉴于推力由预应力桥面承受，可用比较经济的桥墩。在前苏联曾建过多座这种体系的桥。

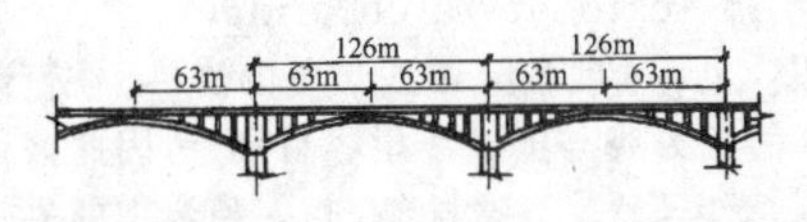

（俞同华）

悬臂桁架法 cantilever truss construction method

将预制的拱圈节段和拱上立柱、斜压杆（或临时斜拉索）先组拼成桁架节间，然后运至桥孔用悬臂拼装法逐节拼出，直至全跨合龙的预应力混凝土桁架拱桥施工方法。也可先将平行两节间构件用横系梁组装成桁架框构，然后逐节悬拼。斜压杆或临时斜拉杆（索）也可在悬拼过程中逐节安装。悬臂桁架拱桥因本身具有斜拉或斜压杆，可不加临时斜腹杆。适用于大跨径和特大跨径（300m以上）桁架拱桥和悬臂桁架拱桥的施工。 俞同华

悬臂桁架拱桥 cantilever trussed arch bridge

锚固孔的桥跨结构的下弦呈拱形且有支承水平推力的悬臂式桁架桥。大跨度钢桥的一种结构类型。由于设有铰，使构造复杂，桥面不平顺，行车条件差，且要求地质情况良好，故这种桥梁不常采用。 （伏魁先）

悬臂桁架梁桥 cantilever truss bridge

主梁为桁架结构体系的悬臂梁桥。大跨度桥梁的一种结构类型，跨越能力较大，常用钢材或预应力混凝土修建。 （伏魁先）

悬臂浇筑法 cantilever concreting

用支承于已完成悬臂端的挂篮就地浇筑下一节段的大跨径桥梁施工方法。当一个节段完成后移动挂篮至这一节段上，再进行下一节段的施工。每个节段的长度一般为3～4m，最长不超过6m，具体决定于悬臂内已张拉预应力筋所产生的各截面上预应力储备，是否足以平衡被施工节段和挂篮等荷载所产生的应力。每对节段的施工周期一般为一周到10天。用此法施工不受桥孔下地形、地质、水文、船只或建筑物的影响。长大跨径预应力混凝土连续刚构、T型刚构，以及斜拉桥常用此法施工。如为拱桥或非预应力结构，需用斜拉索等外部支承设备来逐节吊住悬臂。 （俞同华）

悬臂跨 cantilever span

悬臂梁桥中由两个悬臂和两相邻悬臂端之间的挂梁构成的桥跨。悬臂长度约为锚跨长的3/10～4/10。挂梁的采用使悬臂跨的跨径增大，而跨中弯矩却减小为挂梁的简支弯矩。 （何广汉）

悬臂梁桥 cantilever beam bridge

上部结构由简单支承在墩台上并带有悬臂的主要承重梁组成的桥梁。悬臂梁的悬臂部分恒载将使全梁产生负弯矩，从而使锚跨部分（位于简单支承间的梁段）的正弯矩得以减少，因此悬臂梁较同样跨径简支梁的最大弯矩要小而可用较小的截面，跨越能力也大些。这种桥是静定结构，其内力不受支座变位影响，适用于各种地质情况。但悬臂梁的悬臂端挠度较大，行车不利，梁的构造和施工都比简支梁桥复杂。根据悬臂的布置，可分为单悬臂梁桥和双悬臂梁桥以及多孔悬臂梁桥，可用钢筋混凝土、预应力混凝土和钢材等建成。 （徐光辉）

悬臂拼装法 cantilever erection

将预制好的节段用支承在已完成悬臂上的专门吊机悬吊于梁位上，再用预应力筋张拉予以固定，这样逐节连接伸长直至跨中合龙的大跨径桥梁施工方法。预制节段的长度，主要取决于悬拼吊机的起重能力，一般为2～5m。与悬臂浇筑法统称为悬臂施工法。早期的T型刚构桥（国外在50年代，中国在60年代）多用此法修建。主要优点之一是施工速度快，每一对预制节段的拼装，在一天内即可完成，移动吊

机后，如果顺利第二天又可拼装下一对节段。每个节段拼装周期平均1～1.5天。应用的条件是桥孔下允许运送和起吊预制块件。预应力桁架梁桥、拱桥和结合梁斜拉桥等常用此法施工。（俞同华）

悬臂施工法 cantilever construction method

在已完成的悬臂上用专门吊机或挂篮逐段施工下一悬臂节段，直至全跨合龙的桥梁施工方法。分为用吊机进行预制节段块件拼装的悬臂拼装法和用挂篮在悬臂端逐段现浇的悬臂浇筑法两种。其特点是在施工过程中节段和设备重量在悬臂上产生的负弯矩正好被结构所需预应力筋对悬臂所产生的正弯矩所平衡，使处于悬臂状态的桥梁始终受力合理，费用减少，施工速度加快，而不受悬臂伸长和桥下净空条件的影响。主要用于大跨径连续梁桥、T型刚构桥、拱桥和斜拉桥的施工。（俞同华）

悬臂式桥墩 cantilevered pier

墩帽在横桥向做成悬臂的桥墩。当桥面较宽或桥墩较高时，常将墩帽做成挑出墩身的悬臂，以便减小墩身及基础在横桥方向的长度，节省圬工体积。墩帽需要配置抗弯和抗剪钢筋。

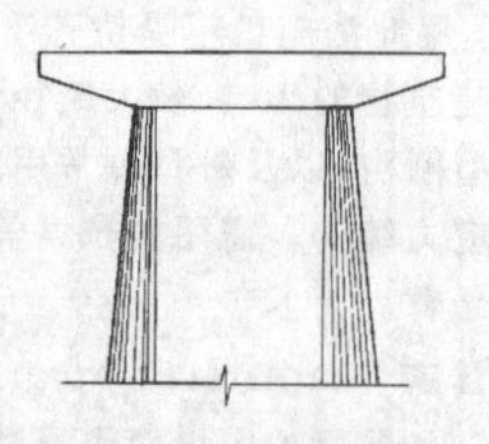

（吴瑞麟）

悬带桥 stress ribbon bridge

又名悬板桥。一种不设吊杆与横梁等传力构件，荷载直接作用于敷设在两端张紧的多股缆索上的桥面板上的悬吊式桥梁。为了锚固承受强大拉力的缆索，需要在两岸修建庞大的锚固桥台，或在河中修建重力式的带悬臂桥墩。缆索张紧后，从跨中向两边浇灌钢筋混凝土桥面板，或按同样方向安装预制板构件。因缆索的极限垂度受最大纵坡控制，致使悬带桥的用钢量显著超过其他体系预应力混凝土桥梁的用量。目前国外已建造了几座跨径不很大的供人行、运料和车行的这种桥。这种桥型在美学上具有纤细的外形和结构简洁的魅力，目前正在进行合理应用于大跨度（200m以上）桥梁可行性的研究。

（姚玲森）

悬浮体系斜拉桥 suspended system cable stayed bridge

又称飘浮体系斜拉桥。主梁在两端设置刚性支座，全梁由缆索悬吊能在纵向稍作飘动的斜拉桥。理想的悬浮体系应采用辐射形的索面布置。作密索布置时，主梁各截面内力和变形的变化较平缓。利用纵向的飘动变形可起抗震消能作用，并能减小混凝土收缩和徐变的影响。空间动力计算表明，需在塔柱与主梁间设置纵向可滑动的横向约束，以利提高其振动频率，改善动力性能。采用悬臂法施工时，靠近塔柱处的梁段应设置可靠的临时支点。（姚玲森）

悬杆桁架 hanger rod truss

由交拉的中间木悬杆、左右分别向下倾斜的上弦杆、水平受拉的下弦所组成的桁架。它适用于建筑高度较小的场合。（陈忠延）

悬跨 suspended span

见锚跨（161页）。

悬拉桥 combined suspension and cable stayed bridge

又称悬索与拉索组合体系桥。由悬索桥的悬索和斜拉桥的拉索组合成缆索系统的缆索承重桥。1883年通车的美国纽约跨越伊斯特河的布鲁克林桥是最早建成的悬拉桥。在单纯悬索系统内加设斜向拉索，目的在于分担悬索所承受的荷载并增加结构抗强风的能力。与大跨度悬索桥相比，由于承担荷载的拉索用材较少，且可采用不受悬索体系刚度要求限制的更有利的塔柱高度，故组合体系的材料总用量可以节省。斜拉索在与竖向吊杆交点处均相互连接，可显著减弱单根钢索的风激振动，且在活载作用下拉索垂度变化减小也是这种体系的优点之一。近代从1977年起曾为丹麦跨越大贝尔特海峡主跨为1500m的桥梁提出了这种组合体系桥的设计方案。

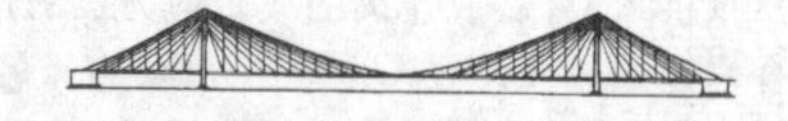

（姚玲森）

悬链线拱桥 catenary arch bridge

拱圈（肋）轴线按悬链线设置的拱桥。在恒载作用下，拱的压力线与拱轴线很容易接近，因此截面受力均匀，弯矩不大，节省材料，是一种合理的拱轴形式。适用于实腹拱桥，因其拱脚处的恒载集度大于拱顶处的恒载集度。在大跨度的空腹拱桥中亦多采用这种轴线，只要拱轴系数选择恰当，压力线与拱轴线不致偏离过大，弯矩也不会过大。

（袁国干）

悬链线拱轴 catenarian arch axis

将自由悬挂在二支点上的一条无抗挠刚度、伸长刚度无限大的单位长度重量不变的绳索平衡时形成的曲线倒置后作为线型的拱轴线。它和实腹拱桥的恒载压力线相重合。对空腹拱桥也常用和恒载压力线在拱顶、拱脚和1/4跨处五点重合的悬链线作为拱轴线。（顾安邦）

悬砌拱桥 arch bridge with arch ring laid by cantilever method

拱圈的一部分（基肋）先用无支架施工合龙后，再横向悬砌其余拱肋的混凝土砌体拱桥。混凝土砌块用架空索道供应，先架设当中一道基肋，合龙后向两侧平衡横向砌筑其余拱圈部分，逐条合龙。横向悬砌中须严格控制砌块的重心必落在前一条拱肋上，并与其上的砌块互相锁扣卡牢，使不翻转与滑落。此法可节省支架，但施工中要求严格管理，以策安全。

（袁国干）

悬索 suspension cable

又称主缆。悬索桥的主要承重构件。由悬挂于塔顶，端部锚固于两个锚碇的钢丝绳、钢铰线索或平行钢丝索组成。它承受着由吊杆传递的悬挂结构（即吊杆、加劲梁、桥面系和桥面）的全部重力。

（赖国麟）

悬索桥 suspension bridge

又称吊桥。以悬索为主要承重结构，与桥塔、吊杆、锚锭和桥面结构组成的缆索承重桥。悬索承受拉力，过去曾用竹索、铁索、钢眼杆，现在主要使用$[\sigma]/\gamma$比值最大（$[\sigma]$为钢的容许应力，γ为钢的容重）的高强钢丝制成，故悬索桥是目前跨越能力最大的桥梁。英国已建成中跨达 1 410m 的亨伯桥，日本正在建造的明石海峡大桥，主跨为1990m，是迄今世界上最大的跨度。按照桥面结构的刚性，可做成不设加劲梁的柔性悬索桥和设有加劲梁的刚性梁悬索桥。加劲梁常做成简支的或连续的钢桁架梁或钢板梁。按悬索的锚固方式，可做成地锚式和自锚式两种。在跨度布置上，通常做成单主跨并带有二边跨的三跨悬索桥，也可做成具有一个以上主跨的多跨悬索桥。悬索在立面上常为一根接近抛物线形的缆索，为了提高结构刚度以消除活载作用下的S形变形，可建成双链体系悬索桥。吊杆从悬索上竖直垂下与桥面结构相连接。为了增加结构体系的刚度，有时也采用稍呈倾斜的吊杆。

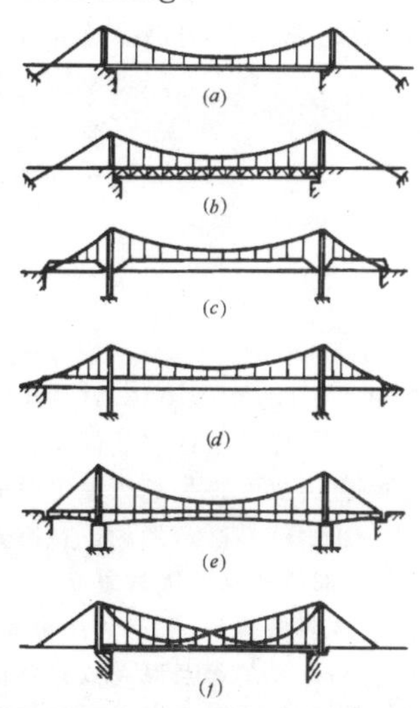

（姚玲森）

悬移质 suspended load

受水流紊动作用悬浮于水中随水流前进的泥沙。它和推移质泥沙在一定水流条件下可以相互转化。悬沙通过悬移质采样器采集，并据此计算通过测验断面的含沙量、悬移质输沙率及级配曲线等要素，是河道冲、淤计算的重要参数。（参见泥沙运动，172页）。

（吴学鹏）

悬移质输沙率 suspended sediment discharge

单位时间内通过河、渠某一断面的悬移质质量。在一定的水流条件和泥沙条件下，水流所携带的悬浮泥沙量称为挟沙能力，即垂线上的平均悬沙含沙量，用垂线平均悬沙含沙量乘以单宽流量就得输沙率（kg/m·s）。

（任宝良）

旋臂钻床制孔 making hole with turn arm drill

在旋臂钻床上钻制孔洞的工艺过程。

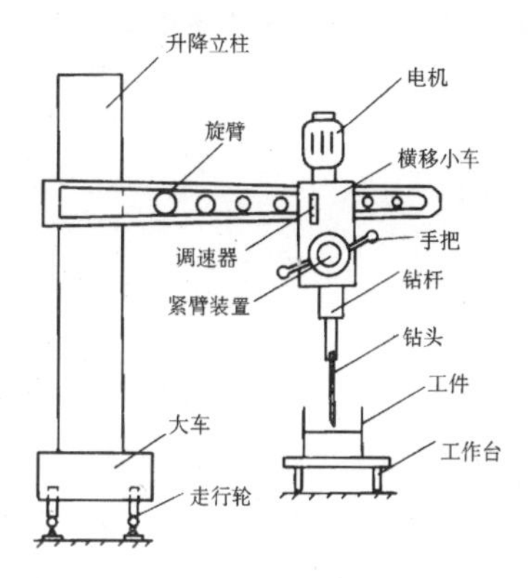

（李兆祥）

旋入法 screw-in method

用绞盘带动螺旋桩旋转而使其旋入土中的沉桩方法。绞盘有电动的和气动的，其中心的转盘固定在桩顶上，外圈则用 3 或 4 根缆绳与地锚相连；当转盘带动桩旋转时，外圈不转动。在软土中效果较好，目前很少采用。

（夏永承）

旋转对称 rotational symmetry

又称车轮对称。一个对称或不对称的图形旋转一角度后与下一图形相合。镜面对称便是图形绕对称轴翻转而成。自然界极多旋转对称的序列，如中国称为六出之花的雪花，便是绕一个中心，有车轮辐射似的六根镜面对称轴的变化无穷的图案。旋转对称又是旋转后形成重合对称。桥梁主体造型中，往往以正桥主跨为中轴，其引桥和引道在平面上作旋转对称。这样的序列既可增加车辆运动上的变化，同时也增加了审美感受。

（唐寰澄）

旋转钻机 rotary boring machine

动力驱动钻头旋转切削地层并利用泥浆循环排碴成孔的钻机。对地层的适应性较强，应用广泛，但遇有大卵石或漂石时，需用冲抓钻机或冲击钻机配合工作。按排碴方法分为正循环钻机和反循环钻机。

按构造分为钻杆钻机和潜水钻机。钻杆钻机由钻架、钻杆、钻头、转盘或动力头、卷扬机、排碴系统、动力与传动系统等组成，以钻杆传递扭矩使钻头旋转。其构造分为转盘型和动力头型。为使钻头易于通过转盘，宜将其内径加大，采用大通孔型转盘。动力头均为液压式，结构紧凑轻巧，兼有转盘与水龙头的功能。 （唐嘉衣）

旋转钻孔法 rotary drilling method

用快速旋转的钻头切削或碾磨土岩，钻碴由循环泥浆或水带出孔外的钻孔方法。能在各种土层和岩层中钻进，目前最为常用。一般采用动力设备在孔外的钻机，其钻头形式有多种，可根据地层情况选用。动力设备在水下的潜水钻机优越性目前尚不明显，未普遍采用。钻碴可用泥浆正循环法或泥浆反循环法排出，用水排碴时一般只能采用反循环法。

（夏永承）

xue

雪荷载 snow load

积雪重量对建筑物表面的作用。雪的重力密度和含水量与压实程度有关。桥梁和道路上的雪，由于人及车马的踏实，还含有砂土，其重力密度较大，可达 13kN/m^3。 （车惠民）

雪源类河流 stream of snowfall source pattern

水源补给以融雪为主的河流。如西北地区新疆、青海等地的河流。每年四五月间气温上升，河水开始上涨，六七月间达到最高峰，以后气温逐渐下降，河水也就随着退落。年流量过程线呈单峰型。有的地区如天山北部，夏季降雨量可达 50 至 350mm，也能补给河流一部分水量，但仍以融雪为主。（周荣沾）

Y

ya

压电式加速度传感器 piezoelectric accelerometer

又称压电式加速度计。利用具有压电效应的物质受力变形后在表面产生的电荷与加速度成正比的原理制成的加速度测量装置。是一种惯性式测振传感器，主要由压电材料、质量块、压紧弹簧及基座等部分组成。其结构型式根据压电材料对质量块的受力方式有中心压缩型、周围压缩型、剪切型和弯曲型，其中剪切型因受外界影响（如横向效应）小，谐振频率高而使用最多。常用压电材料有压电晶体（如石英、酒石酸钾钠）和压电陶瓷（如钛酸钡、锆钛酸铅）二类。根据不同要求可制成极低或很高频响（0.1Hz 以下或 100kHz 以上），高灵敏度（10V/g，内置前置放大器），质量很小（0.4g）及耐冲击（10^{6}g）的加速度计，是振动测量中应用最广泛的传感器。 （林志兴）

压浆机 grouting machine

以压力输送水泥浆的机械。由拌浆筒、输送泵、压浆管、电力与传动装置等组成。输送泵分活塞式和螺杆式两种。拌浆筒拌制水泥浆，用输送泵连续进行压浆工作。在预应力混凝土施工中，主要用于对后张法有粘结预应力筋的孔道填充水泥浆。（唐嘉衣）

压溃荷载 ultimate load of column

中心受压杆件考虑偶然偏心、杆轴初曲及残余应力影响而确定的丧失总体稳定时的承载力。其平衡状态一开始就是微弯形的，在临界状态不出现平衡分叉。由于所考虑的因素复杂，只在极简单的情况下可以求得解析解，一般必须用电算求数值解。它与压屈荷载和边缘纤维屈服荷载是各国制定钢压杆稳定计算准则所依据的三种不同的极限荷载。我国铁路桥涵设计规范以压溃荷载为准则。研究压溃荷载的问题称为第二类稳定问题。 （胡匡璋）

压力场理论 compression field theory

按变角桁架模型分析构件抗剪或/和抗扭强度时，确定斜压杆倾斜角的理论。它假设腹板混凝土开裂后不承受拉力，剪力由斜压力场承担。首先是兰珀特（Lampert）和瑟利曼（Thurlimann）根据塑性理论建立了压力场的角度公式。1973 年柯林斯（Collins）以及随后徐增全等从桁架模型的应变协调条件也导出了确定压力场的角度公式。欧洲混凝土协会-国际预应力混凝土协会（CEB-FIP）1978 模式规范把塑性压力场理论称为精确法而采用，加拿大 1984 混凝土规范则采用了柯林斯的协调压力场理论。 （车惠民）

压力传感器 pressure transducer

通过量测弹性元件的变形来测量荷载或压力的

仪器。弹性元件的变形可以采用电阻式、电感式或应变式敏感元件转换为电信号输出，通过电子仪器显示，以反映压力的大小。常用的有柱式荷重传感器（BHR 系列）和轮幅式传感器（剪切型传感器）。

（崔　锦）

压力灌浆　grouting under pressure

修理或加固墩台基础时，用压浆泵向有裂缝或空洞的圬工体内压注水泥（砂）浆的方法。有时也用于浇筑水下混凝土。此时应先在封闭范围内填石块，再向石块中压浆使之胶结成整体。（谢幼藩）

压力式涵洞　outlet submerged culvert

进口和出口都被水流淹没、全长范围内全部洞身截面均被水流所充满、洞内无自由水面、水流以压力方式通过的涵洞。

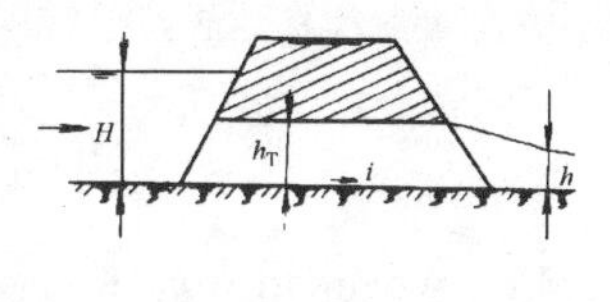

其水流图式如图。这种涵洞的水流状况与短管水流类似。（张廷楷）

压屈荷载　buckling load of column, buckling load

将中心受压杆件看作理想压杆所确定的丧失总体稳定时的承载力。屈曲时的临界应力处于弹性阶段时称为弹性屈曲；处于弹塑性阶段则称为弹塑性屈曲。其平衡状态一开始是直线形的；在临界状态出现平衡分叉，可以是直线形的，也可以是微弯形的。中心压杆达到压屈荷载只是丧失总体稳定，并非耗尽强度。但荷载达到压屈荷载后杆件发生弯曲，压力与弯矩的共同作用很快会使杆件折断，故实际上压屈荷载也就表示了压杆承载力的极限。（胡匡璋）

压注环氧树脂　grouting with epoxy resin

在修补混凝土结构内部空隙或很深的表面裂缝时，用压浆泵将环氧树脂注入混凝土内部的方法。一般在无法填灌环氧砂浆时采用。做法是将纯环氧树脂稀释并加固化剂后，用压浆泵压注入混凝土内部，填充空隙。用于修补表面裂缝时，则需在圬工表面预先粘贴一块钢板或塑料，以防浆液流失。

（谢幼藩）

压桩机　pile pressing-in machine

利用静压力将桩贯入地层的桩工机械。由桩架、起重设备、压桩工作机构、液压和电力系统等组成。按工作方式分为机械式和液压式。其工作平稳，无振动和噪声，但设备庞大，使用有局限性，仅适用于软土地层。（唐嘉衣）

压阻式加速度传感器　piezoresistive accelerometer

利用半导体的压阻效应做成的惠斯登电桥式加速度传感器。其工作原理是，以单晶硅膜片作为敏感元件，在上面用集成电路工艺制作成四个电阻组成的惠斯登电桥，当膜片受力后，由于半导体的压阻效应，使电桥有输出，并用应变仪接收和记录。这种传感器构造简单，主要由硅膜片、引线和外壳组成。压阻式传感器的优点是灵敏度高（半导体应变计灵敏系数比金属应变计大 50～100 倍）、频率范围宽（从零到 100kHz 以上），可微型化（0.5g 以下）、精度高（0.1%～0.05%），缺点是温度稳定性稍差，使用温度范围小。主要应用于实验室内结构模型试验。

（林志兴）

雅砻江桥　Yalong River Bridge

成昆线渡口支线上跨越雅砻江的一座双线铁路桥。桥跨布置为 2×32m＋176m＋32m，全长 276.10m。32m 跨度采用简支上承钢板梁。176m 为当时中国双线铁路简支梁的最大跨度，采用下承铆接钢桁架。主桁为菱形桁式，桁高 24m，主桁中心距 10m，采用两岸设平衡梁悬臂拼出，跨中合龙的方法架设。1969 年 10 月建成。（严国敏）

yan

淹没式流出　flooding type flow out

小桥下游的天然水深 $h>1.3h_k$ 时，桥下水深为天然水深 h 的水流现象。当水流作自由式流出时，桥下水深为临界水深 h_k，此时，桥下游的天然水深 $h\leqslant 1.3h_k$；随着下游天然水深 h 不断上涨而达到 $h>1.3h_k$ 时，原桥下为临界水深 h_k 的水面即被下游的天然水深 h 所淹没，此时，桥下和桥下游的水深均为天然水深 h。根据设计流量和小桥涵一般不允许桥下和涵底发生冲刷的要求，按照恒定流（稳定流）的有关水力计算公式设计小桥的孔径。（周荣沾）

岩黑岛桥　Iwakuro-jima Bridge

该桥与柜石岛桥建于同处，为邻接的两座结构、跨径布置完全相同的钢斜拉桥。（范立础）

岩浆岩　magmatic rock

又称火成岩。岩浆冷凝固化后形成的岩石。分为侵入岩（深成岩、浅成岩、次火山岩）及喷出岩（如玄武岩等）。作脉状产出的一类岩浆岩称为脉岩，如细晶岩、煌斑岩等。（王岫霏）

岩溶　karst

旧称喀斯特。岩溶作用和岩溶现象的总称。喀斯特（Karst），源于南斯拉夫，作为学术代号，至今为世界各国普遍采用。因为译音不能确切反映可溶岩与水相互作用过程的实质，因此于 1966 年第二次全国岩溶会议上以该词取代。可溶性岩被水溶蚀、迁移、沉积的全过程为“岩溶作用”过程，所产生的地质现象称“岩溶现象”，如地表的石林、天生桥、落水洞、及地下的溶洞、暗河、钟乳石、石笋等。可溶性岩石最常见的有石灰岩、白云岩、石膏、岩盐等。在这些地区进行工程建设，它是主要工程地质问题之一。（王岫霏）

岩溶水 Karst water

旧称喀斯特水。存在于可溶性岩石的溶蚀裂隙、洞穴、暗河中的地下水。它可有潜水或承压水。往往在以下一些地段富集：厚层质纯灰岩分布区；构造破碎部位；可溶岩与非可溶岩的岩层交界面附近；地表水体附近及其他岩溶水排泄部位；地下水面附近。水量往往比较丰富，可作为城市主要供水水源，但给地下工程带来巨大威胁。大量抽取时要注意防治地区坍陷。（王岫霏）

岩石薄片鉴定 appraisal of rock section

用偏光显微镜，研究特制的岩石薄片，以确定岩石种类及名称的一种方法。将岩石上切下的一小片，磨成厚 0.03mm 的薄片，用树胶将其底面粘在载玻璃上，顶面覆盖盖玻璃，即制成岩石薄片。据此研究矿物的光学性质，鉴定矿物和岩石的结构、构造和种类。定向切制的岩石薄片还可进行显微构造的研究。（王岫霏）

岩石地基 rock foundation

由整体岩石构成承托基础的地层。它没有沉降问题。其强度不仅与岩样的单轴压强有关，且与整体岩石的节理发育程度有关，所以评价该地基必须要考虑这两方面的因素。（刘成宇）

岩石试验 rock test

工程中测定岩石物理、力学性质的试验。分为岩石的物理性质试验和岩石的力学性质试验。前者包括：吸水率、密度、抗冻性；后者包括：抗压强度、抗剪强度、抗拉强度、抗弯强度等项目。一般取样后在室内进行，有些项目需要在野外原位测试。（王岫霏）

盐渍土 saline soil

在地表土层一米厚度内，易溶盐的含量大于 0.5%的土。按含盐性质分为氯、亚氯、亚硫酸和碱性等几种盐渍土。盐渍度对土的塑性的影响；碳酸盐、硫酸盐对土的膨胀性的影响；盐分的溶蚀和退盐作用等都是工程建筑中的不利因素。我国依地理分布又分为滨海盐渍土、冲积平原盐渍土和内陆盐渍土。（王岫霏）

眼杆 eye bar

一种两端头部锻制成环形，用钢销连接（枢接）的杆件。端部经热处理以提高机械性能。眼杆常用于锚锭构造。十九世纪桁架的拉杆曾有用眼杆的，现代桁梁桥已不再采用。（罗蔚文）

验算荷载 check load

公路工程技术标准（JTJ01—88）规定的桥梁结构验算用的车辆荷载标准，即平板挂车和履带车荷载。因这类车辆在桥上行驶的几率较小，验算时安全系数可以降低。（车惠民）

焰切 flame cutting

又称气割。用乙炔或丙烷等可燃气体燃烧时产生的预热火焰，与高压氧气流汇合成的高温火焰切割钢材。在高温火焰中，铁在纯氧中燃烧，不断形成 FeO 及金属熔融物，在氧气流的压力下，克服界面张力及粘滞力，除少数 FeO 返回切口覆盖着金属的熔融物外，大多数液态 FeO 及熔融物，顺着氧气流的方向吹离母材，从而把钢料切开。（李兆祥）

yang

仰焊 overhead position welding

在视平线以上位置进行焊接。焊缝在焊条的上方。（李兆祥）

养路段 maintenance division

管理全段线路维修保养工作的常设机构，也兼管段内一般大桥和中、小桥，涵洞及隧道的维修保养工作。在铁路部门称为工务段，由铁路分局领导，下设领工区、分区等，分区负责执行维护任务。在公路部门称为养护总段-养路段或公路局-养路段，属省交通厅公路局领导。（谢幼藩）

养桥工区 bridge maintenance gang

负责维护特大桥、大桥或构造复杂而有病害的桥梁的常设机构。属工务段或养路总段领导。铁路部门有时称桥隧工区，负责管内的桥梁和隧道的维修工作。（谢幼藩）

样板 template

用以控制生产对象的形状尺寸或限定相关位置的工具。用来控制外形尺寸的有模样板、划线号料样板。用来控制钉孔位置的有钻孔样板、号孔样板等。（李兆祥）

样板钻孔 making hole with machinery template

利用样板上的钻孔套，控制钻头位置的钻制钉孔方法。样板钻孔精度比号孔钻孔高，孔距公差在 ±0.35mm 以内。（李兆祥）

样冲 punch

用于在加工线上及孔眼中心位置上冲出永久标记的工具，如图。

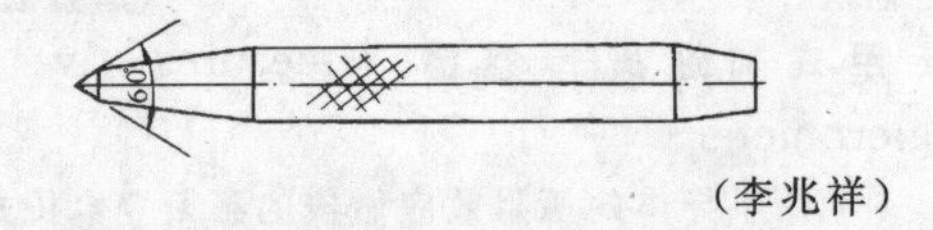

（李兆祥）

样杆 laying out bar (tape)

根据放样图上已得的实际尺寸，考虑工艺要求的预留量，制成的只能定出杆件直线距离的放样工具。它用于长大杆件的号料或下料工序。分直杆式和卷尺式两种。制作样杆是在20℃室温的放样平台上，用二级精度的钢卷尺丈量。样杆上要注明：产品名称、杆号、材料号、规格、数量、孔的直径、孔列轴线与基准面距离，杆长的起点、终点、收缩量等。

（李兆祥）

yao

摇轴支座 rocker bearing

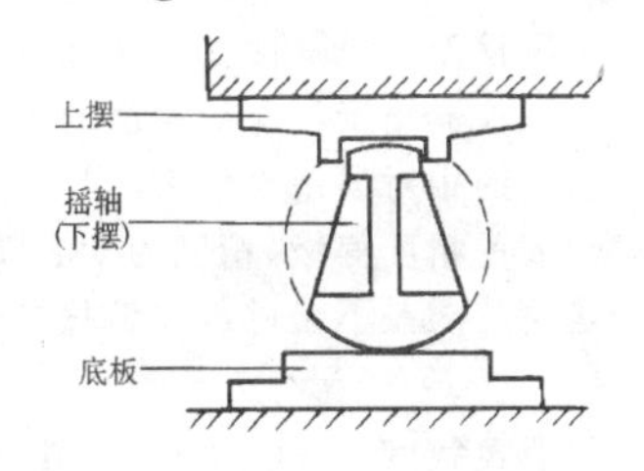

又称扇形支座。活动部分由扇形摇轴构成的活动支座。一般用铸钢制作。构造大致与单辊轴支座相同，但将圆辊轴的多余部分割去而成为扇形，即摇轴。一般适用于跨径为20～50m的桥梁，且多用于铁路桥。

（杨福源）

遥感判释 interpretation of remote sensing images

利用遥感图像上的影像特征作为解释标志，在理论指导下，从图像上分析、识别物体，并编绘有关图件等一系列工作的总称。从遥感图像上不仅可以得到探测区的地表总体轮廓，而且可以识别各种地物的性质、特点及其相互关系。

（王岫霏）

ye

液压锤 hydraulic hammer

以液压为动力的桩锤。分单动式和双动式。单动式用液压提升冲击体，依靠其自重落下沉桩。双动式利用液压提升并向下推动冲击体锤击桩体。工作时需配备液压站提供动力，并按不同的地基条件调节液压。

（唐嘉衣）

液压顶升器 hydraulic jack

又称液压千斤顶。利用液压驱动活塞起升重物的顶升器。以手动或电动油泵向顶升器缸体输油，推动活塞杆顶升重物。其泵体、阀门和油路等组成一体。结构紧凑，自重轻，起重量大，工作平稳。

（唐嘉衣）

液压加载试验系统 hydraulic loading test system

由千斤顶、油泵、管路系统、操纵台、加力架和试验台组成的结构试验加载系统。根据需要可用多个千斤顶实行同步多点加载。也可用拉压千斤顶进行低周反复循环加载。如采用脉动千斤顶和脉冲发生和控制系统就成为液压疲劳加载系统。

（张开敬）

液压气垫锤 hydraulic air-cushioned hammer

设有氮气垫层的液压锤。在活塞缸与冲击体之间设有氮气垫层，用浮动活塞与缸内液压油隔开。打桩时，利用气垫的缓冲作用，消除冲击峰，以保持较大的持续冲击力。在高原地区和水下操作均能适应。

（唐嘉衣）

液压伺服千斤顶 hydraulic servo actuator

又称作动器。电液伺服加载试验系统中的加力装置。它由转动头、荷载传感器、活塞杆、伺服阀、行程传感器（又称线性变量差值转换器LVDT）以及转动底座组成。可施加静力拉压和低频、高频拉压循环疲劳荷载。由加载力或行程位移控制。

（张开敬）

液压万能材料试验机 hydraulic universal material testing machine

由油泵、油压千斤顶、测力计等组成的一套完整的液压加载系统。可对试件及小型构件进行拉伸、压缩、弯曲、剪切试验。试件可是金属的也可是木材、结构混凝土或聚合物混凝土的，中国WE型系列万能试验机是最通用的，是工程材料实验室必备的试验设备。

（崔 锦）

yi

一般冲刷 general erosion

因建桥墩台压缩河道水流而引起整个桥下断面的河床冲刷。以米（m）计。特大桥、大桥和中桥的桥孔设计，因允许桥下有一定限度的冲刷，常把墩台布置在河道内以减小桥孔，降低造价。因桥孔压缩水流，桥下流速增大，水流挟沙能力也随之增大，当大于上游的来沙量时，整个桥下断面的河床床面上即开始产生一般冲刷。随着一般冲刷的发展，桥下过水断面积逐渐增大，流速相应减小，桥下河槽的泥沙运动达到暂时的输沙平衡状态，或者流速减小到不能继续冲刷河床时，冲刷即趋于停止，同时，一般冲刷的深度达到最大。通常以设计洪水位为基准面，用冲刷停止时桥下的最大垂线水深来表示该垂线处的一般冲刷深度。目前，一般冲刷的计算方法，都是以一般冲刷停止时的水流状况为依据。《桥位勘设规程》推荐三类不同计算公式：①按冲止流速建立的公式；②按输沙平衡建立的公式；③按天然河槽平均流速

建立的公式。 （周荣沾）

一般加固 general strengthening

又称全面加固。为提高整孔桥梁的承载能力所采取的加强措施。可有多种方法：如增加构件法；改变结构体系法等。 （万国宏）

一阶段设计 one-stage design

仅按施工图（设计）一个阶段进行建设项目设计工作的简称。一阶段施工图（设计）又称施工设计。施工部门根据施工图进行施工，并据以编制施工预算。对工程简单、原则明确和有条件的铁路、公路、工业与民用房屋、独立桥梁和隧道等建设项目，均可采用这种设计步骤。一阶段的施工设计及其总概算，作为国家控制建设项目总规模和总投资的依据，也是主要材料和主要设备订货的依据。 （周继祖）

一阶稳定缆索体系 cable system being stable of the first order

在缆索、塔柱与加劲主梁相互连接处均为铰结的体系中，要荷载作用下不需假设任何节点位移而能达到平衡的缆索体系。图示辐射形体系是一阶稳定体系的典型例，因为其中任何局部体系 *ABCD* 均相当于具有两个支点的基本三角形体系。拉索 *A-D* 是所有局部稳定体系的一部分，故称之为锚索。辐射形体系的稳定性依赖于锚索的受拉作用，如在荷载作用下锚索退出受拉工作时，该体系就转变为不稳定体系。

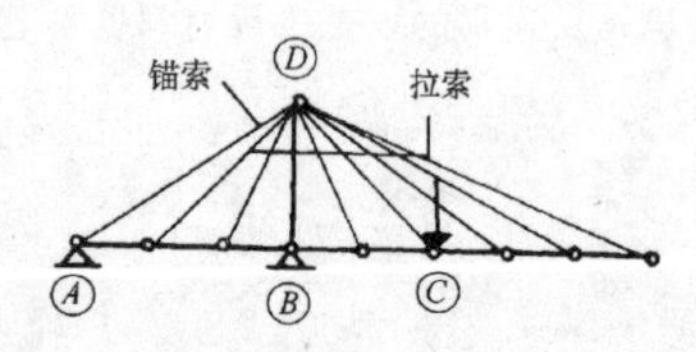

（姚玲森）

一院二所法

见推理公式（241页）。

一字形桥台 straight abutment

台身与翼墙成一直线的桥台。台身与翼墙常用沉降缝分开，也可连成一体。翼墙主要起挡土的作用。由于翼墙成一字形，故称为一字形翼墙（见图）。

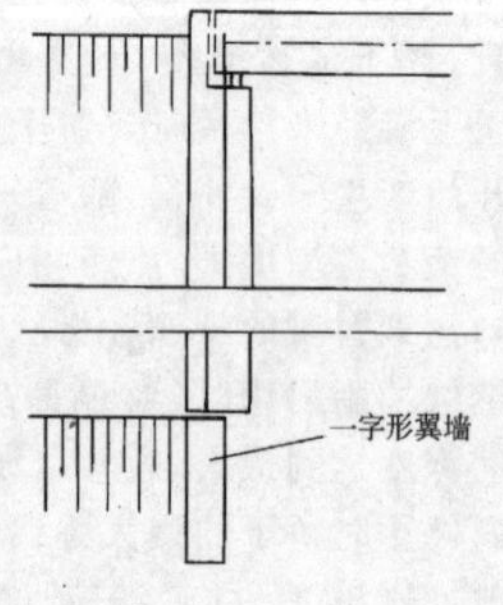

一字形桥台

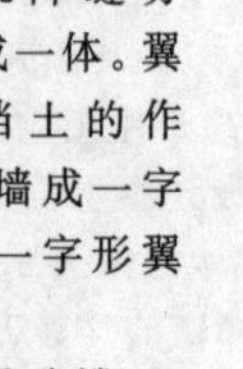

（吴瑞麟）

一字形翼墙 straight wing wall

见一字形桥台。

伊兹桥 Eads Bridge

1874年建于美国圣·路易斯（St. Louis）城，跨越密西西比（Mississippi）河的公铁两用双层固端钢管拱桥。跨度153m+158.5m+153m，为世界上第一座钢桥。它的建成，开创了建设钢桥的时期。该桥共有4片拱肋，每片由上下相距3.66m的ϕ46cm铬钢管，用斜杆连接而成。钢管接头用熟铁套管螺纹连接。 （周 履）

仪器分辨率 instrument resolution

使仪器输出量产生能观察出变化的最小被测量。是测量仪表的一种特性。例如YJD—17静动态电阻应变仪分辨率1$\mu\varepsilon$。千分表的分辨率为0.001mm。 （崔 锦）

仪器精度 precision of instrument

仪器指示值与被测值的符合程度。常以最大量程时的相对误差来代表，并以此相对误差值来判定仪表的精度等级。精度为0.2级的仪表，即表示其测定值的误差不超过最大量程的±0.2%。

（崔 锦）

仪器灵敏度 sensitivity of instrument

做静态量测时单位输入量所引起的仪表输出值的变化。不同用途的仪表，灵敏度的单位各不相同，压力传感器的输出灵敏度一般为1mV/V。

（崔 锦）

仪器率定 standardization of instrument

建立已知的测定量与仪器刻度或显示数字之间的关系。仪器的率定工作是由仪器制造厂家已经完成。但为了保证量测的精确度，还需定期的或在试验开始前对仪器进行率定，以确定仪器的精度或换算系数，消除误差。 （崔 锦）

宜宾金沙江混凝土拱桥 Jinshajiang River Concrete Arch Bridge at Yibin

位于四川省宜宾市跨越金沙江的一座上承式钢筋混凝土拱桥。主跨150m，全长245m，桥宽10m。拱圈采用扁平的5室单箱截面，分5段组拼而成，矢跨比1/7。于1978年建成。

1989年10月在宜宾市小南门又建成另一座中承式钢筋混凝土拱桥。主跨240m采用米兰法（即利用劲性钢筋形成拱架，作为拱的配筋，同时又兼作悬挂模板用。此法由米兰氏首创，故名）施工，劲性钢筋骨架分7段用无支架缆索吊装。2条箱形截面拱肋分底板、下腹板、上腹板及顶板4次浇注。为适应拱肋松索合龙，施工时用临时横联与拱肋铰接。为中国当时最大跨度的混凝土拱桥。 （严国敏）

宜宾金沙江铁路桥 Jinshajiang River Railway Bridge at Yibin

位于四川省宜宾市区，金沙江与岷江汇合处上游约 1.8km 处，宜珙支线上的一座单线铁路桥。桥上下游两侧各附有 2.1m 宽的便道，可供架子车及行人通过。全桥由北向南布置为 25 孔跨度 23.8m 预应力混凝土梁、1 孔跨度 32m 钢板梁、3 孔跨度（112m＋176m＋112m）下承式连续钢桁梁，全长 1053.5m，是我国第一座采用由两岸向河心伸臂架设，并在主跨中部合龙的铆接钢桥。正桥钢梁采用菱形桁式，桁高 20m，主桁中心距 8m。引桥有四处跨越市区道路。1968 年 10 月建成。（严国敏）

宜宾岷江大桥 Minjiang River Bridge at Yibin

位于四川省宜宾市区，离岷江与金沙江汇合点约 2km 处，内昆线上的一座重要铁路桥梁。也是在大卵石及孤石覆盖层首先采用管柱钻孔基础的桥梁。桥式布置自内江岸起为 4 孔跨度 16m 钢筋混凝土梁，4 孔跨度 66m 上承华伦式铆接钢桁架，1 孔跨度 16m 钢筋混凝土梁，全长 351.68m。钢梁的架设从内江岸开始用伸臂法施工，各孔之间增设临时连接。下部管柱基础由长钢靴及水力吸石筒等克服大卵石及孤石的困难。1957 年元月开工，次年 10 月 1 日通车。（严国敏）

移动模架法 constuction with travelling formwork

使用移动支架逐孔现浇的多跨桥梁施工法。逐孔施工法之一。在可移动的支架、模板上完成一孔桥梁的全部工序，包括模板工程、钢筋工程、浇筑和养护混凝土以及张拉预应力筋等，然后移动支架、模板，进行下一孔梁的施工。由于在桥位上现浇施工，可免去大型运输和吊装设备，同时又具有桥梁预制厂的生产特点，可提高机械设备的利用率和生产效率。（俞同华）

移动式拼装支架 launching gantry

能逐跨移动吊装预制节段悬拼混凝土梁的门式支架。由支架、吊装设备、支腿等组成。支架常用钢桁架，利用支腿交替作用逐跨推进。按长度分为短支架和长支架。短支架的长度稍大于桥跨，悬拼时前端悬空，中间和后支腿分别支承在墩顶和已成梁跨的悬臂端上。长支架长度为桥跨两倍，悬拼时三个支腿分别支承在三个桥墩上。这种支架适用于跨度 100m 以内的预应力混凝土梁悬拼施工。（唐嘉衣）

移动式制梁模架 stepping formwork equipment

又称移动支架式造桥机。模架逐跨移动进行现浇混凝土梁的专用设备。由钢支架（箱梁或桁架）、模架（包括模板和拆装机构）、制梁机组（包括工作台、浇筑棚、制梁机具）、支腿、走行装置等组成。按模架位置分为上承式和下承式。支架的长度为桥跨的 1.5～2.5 倍，分单梁式和双梁式。制梁时，支架移动到位，支腿支承在前方桥墩和已成梁跨上。其机械化程度高，但设备投资较大，适用于连续浇制多孔跨度 25～50m 的预应力混凝土梁。（唐嘉衣）

抑流板 spoiler

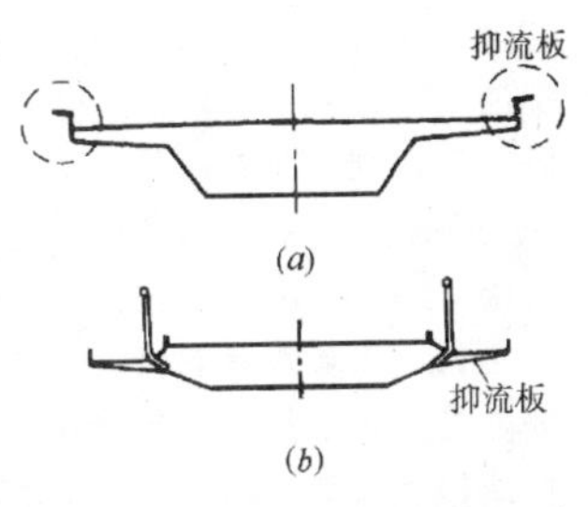

又称扰流板。防止斜拉桥主梁或悬索桥加劲梁产生涡激振动的一种整流装置。当风流绕过桥梁箱形断面时，在其背风侧常可能出现周期性的风旋涡，如其发放频率与结构自振频率一致，则将产生共振，称为涡激振动。抑流板就是为了抑制涡流的形成，而在箱梁两侧对称安装的水平翼状板体结构。实验表明，当板的宽度接近于箱梁高度时，它具有良好的抗风振性能。另外，如在箱梁两侧改为安装Γ形折翼板，也同样具有良好的抗风效果。

（赖国麟　林志兴）

翼墙 wing wall

桥台台身两侧或涵洞洞口两侧设置的支挡结构物。主要作用是挡住桥台两侧路基填土，保证桥头路基稳定并引导水流顺畅地进出桥涵。一般由混凝土或石砌圬工做成。常用型式有八字形和一字形。

（吴瑞麟）

翼缘 flange

钢板梁或混凝土 T 梁、工字梁、П形梁和箱形梁等截面上下缘的水平悬出部分。主要作用是在梁受弯时承受法向应力。在钢板梁中，为施工方便，常用厚度不超过 32mm 的单块钢板做成，跨度较大时，则采用二层或多层钢板焊接或铆接以满足受力要求。（陈忠延）

翼缘板 flange plate

钢板梁中的水平顶板与底板。翼缘板、翼缘角钢与腹板组成板梁截面。在外荷载作用下，钢梁截面的弯矩主要由翼缘板承受。在铆接板梁中，在跨度中央由于弯矩较大，翼缘板由几层板组成，沿跨度方向随着弯矩减小，板的层数可以相应地减少。在焊接板梁中，翼缘板通常由一层板组成，由变厚度来适应弯矩的变化。（曹雪琴）

yin

因岛桥 Innoshima Bridge

位于日本本州四国联络线，尾道今治线上的一座悬索桥。建成于 1983 年。桥面总宽 20m，悬索间

距 26m。主跨为 250m＋770m＋250m，加劲梁为钢桁架，钢塔高 136m。（唐寰澄）

因果联想 cause and effect association

事物之间原因和结果关系的联想。桥梁造型创作时，联系分析其他桥梁或自然界现象其形式和内容之间的因果关系，以求得正确的应用，得出合理和美的艺术形象。在鉴赏过程中，除了上述的反思外，还有联系到建桥在政治、人事和其他社会因素的因果关系，丰富歌咏的思想和艺术内容。（唐寰澄）

引板 introducing plate for welding

为了避免焊缝起弧、止弧的弧坑和熔合不良等缺陷进入正常使用的焊缝中去，在焊缝始末两端所设置的引接焊缝的钢板。施焊完毕后，经检查合格，用焰切法把引板沿着与杆件的交界切下，并修磨平整。

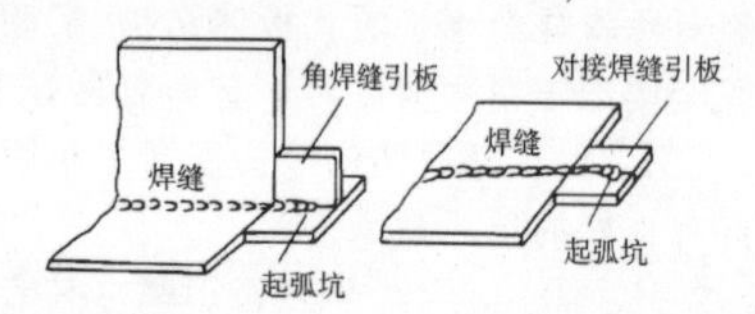

（李兆祥）

引桥 approach span

从主桥两端以一定坡度延续至引道路面，在其间设置的桥梁。引桥与引道分界点的高度决定于地质条件及经济分析。（金成棣）

隐蔽工程 concealed work

在工程全部竣工后不可能再检验的一部分工程。如桥梁等构筑物的地下或水下基础部分（包括基桩）、道路路基及路面基层、地下管道和钢筋混凝土结构中的钢筋等。为确保工程质量，应在各类隐蔽工程的施工过程中和在后续工序尚未施工前，及时进行质量检验，并按规定填写隐蔽工程验收文件。（张迺华）

ying

膺架 falsework

又称脚手架。主要指在浅滩或无水的桥孔施工时，在其上就地拼装钢梁或灌筑混凝土梁而搭设的临时承重结构。一般用拆装杆件、军用梁、拆装梁等拼成。也指在拖拉法、悬臂拼装法、浮运法架梁时为保证施工过程中梁体的稳定而加设的临时墩架。多用枕木垛、木排架、拆装式杆件拼成。（刘学信）

应变花 strain rosettes

将三个或四个应变片按一定的角度组成的一组整体应变片。通常做成四种型式即三片直角，三片等角，四片直角，四片等角。应变花主要用来测量某点的主应力及其方向。根据各片的应变，利用应变花公式即可求得主应变的大小和方向。（崔 锦）

应变裂缝测定法 method of crack measurement by gauge

利用应变片或引伸仪来发现裂缝的方法。在待测构件受拉区可能出现首批裂缝的区段上，沿主筋方向连续搭接布置应变片或引伸仪，根据裂缝出现时，跨裂缝的应变片或引伸仪读数骤增的特性，来测定裂缝的出现和开裂荷载。如果出现裂缝位置较为固定，可将应变片与 x-y 函数记录仪相连接，从画出的应变曲线突变点来发现裂缝。（张开敬）

应变片灵敏系数 strain-gauge factor

应变片的电阻相对变化值 $\Delta R/R$ 与应变片敏感栅方向应变 ε 的比值 $(\Delta R/R)/(\Delta l/l)=K$。它表明了在一定范围内，应变片的电阻变化率与应变成正比，是应变片测量应变的理论基础。该值由制造厂按统一标准抽样测定，为主要技术指标之一。常用的应变片灵敏系数在 2.0～2.4 之间。（崔 锦）

应变片粘结剂 strain gage adhesive

把应变片牢固地粘贴在试件表面上的胶粘剂。目前常用的有氰基丙烯酸酯胶粘剂，如 501、502 快干胶；环氧树脂胶粘剂，如 914、J06-2 胶；酚醛树脂胶，如 1720 胶、JSF-2 胶等。要求胶粘剂粘结强度高，以保证测点的变形能完全传递给应变片的敏感栅，干燥时间短，干燥后绝缘电阻高，蠕变小，粘贴工艺简便，在测试温度下性能稳定。（崔 锦）

应变式加速度传感器 strain type accelerometer

将加速度信号转变为应变信号的加速度传感器。是一种惯性式加速度传感器。构造简单，主要由等强度梁、质量块、应变计、壳体等部分组成。等强度梁一端固定于壳体上，另一端悬挂质量块，壳体内充满硅油，应变计组成惠斯登电桥贴于等强度梁上。当被测频率小于 0.4 倍弹性系统固有频率，系统的阻尼衰减系数 $\beta=0.7$ 时，质量块的位移正比于被测物体的振动加速度，利用这一性质，当质量块相对壳体产生位移时，贴于等强度悬臂梁上的应变计即感受到应变信号。可测频率范围 0～100Hz。（林志兴）

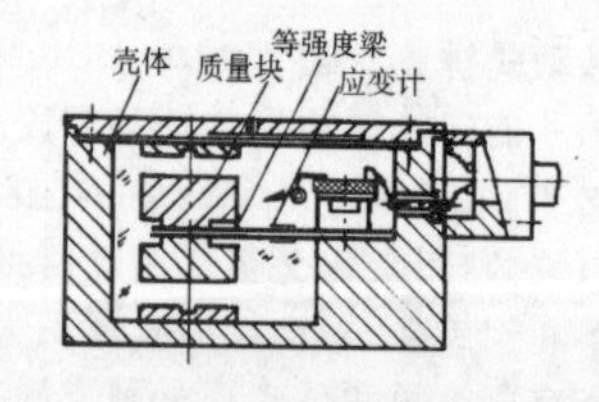

应变式位移传感器 strain-gauge type displacement transducer

一种以应变片为传感元件的位移计。主要由测杆、悬臂梁、应变片和弹簧等组成。在弹性元件——悬臂梁根部正反面各贴应变片，组成应变电桥，结构的位移使悬臂梁变形，根据悬臂梁位移与变形的线性关系，通过应变片量测变形而实现位移的测量。它属于一次仪表，测位移时必须使用二次仪表进行显示或指示。特点是分辨率高，反应速度快。

（崔　锦）

应变协调法　strain compatibility approach

根据纤维应变与其至中性轴距离成比例的假设计算截面极限弯矩的方法。对于钢筋和其邻近混凝土粘结很好的构件，可以认为其应变的变化和邻近的混凝土相同，因此在中性轴位置和混凝土极限压应变已知的条件下，便可以按比例关系计算钢筋的拉应变。利用理想化的钢筋和混凝土的应力-应变曲线，便可以算出截面内总的压力和拉力，如果总的压力等于总的拉力，表示中性轴位置正确，否则修改中性轴位置，并重复上述计算，直至满足平衡条件。然后计算内力矩，即极限弯矩。（李霄萍）

应力比　stress ratio

多次重复作用的荷载所引起的最小应力与最大应力的比值。我国现行铁路桥涵设计规范（TBJ2—85）规定应力比 $\rho=|\sigma|_{min}/|\sigma|_{max}$，同号应力为正，异号应力为负，其变化范围 $-1\sim+1$。疲劳强度与 ρ 有关，疲劳容许应力 $[\sigma_n]=\dfrac{[\sigma_0]}{1-0.6\rho}$（循环以受拉为主）、$[\sigma_n]=\dfrac{[\sigma_0]}{0.6-\rho}$（循环以受压为主），$[\sigma_0]$ 为钢材的基本容许应力。（罗蔚文）

应力变化范围　stress range

又称应力脉。构件某特定点在疲劳荷载作用下最大应力与最小应力的差值。它与荷载循环次数的相关曲线（σ_r-N 曲线），是疲劳验算的重要依据。规范常根据给定的疲劳循环次数，规定应力变化范围的容许值。如果给定的循环次数为准无限多，该容许值即称疲劳极限。（车惠民）

应力幅　stress range

又称应力变程。多次重复作用的荷载所引起的公称应力上、下限之代数差：$\sigma_r=\sigma_{max}-\sigma_{min}$。有些文献中曾定义 σ_r 为应力脉，而以 $\sigma_a=\dfrac{1}{2}\sigma_r$ 定义为应力幅。（罗蔚文）

应力集中　stress concentration

构件中，在微观缺陷、裂缝、孔洞边缘或形状突变处出现应力值增大（即局部应力高峰）的现象。高峰处应力值与净截面上平均应力之比称为应力集中系数。应力集中会降低构件的疲劳强度，但在静力作用下由于钢材的塑性可使构件中的局部应力高峰不超过屈服强度。（胡匡璋）

应力历程　stress history

一个加载事件中，结构物内指定点的应力变化。一个加载事件可以产生一次或多次大小不同的应力循环，这取决于桥跨结构的跨度和指定点的构造细节型式和部位，应力历程主要用于疲劳评估，通过应力循环计数法处理成应力谱。（罗蔚文　胡匡璋）

应力谱　stress spectrum

又称应力频值谱。桥跨结构在设计基准期内所受不同大小应力的集合。表示为各级应力（应力幅）及相应的出现次数。结构的不同构造细节可能有不同的应力谱，可通过实测得到。规范中为评估疲劳的需要可用典型列车（铁路）或车辆（公路）的所有加载事件计算出设计应力谱。结构的实际应力涉及具体构造细节，与按近似理论求得的计算应力有一定差别，往往需要用实验手段才能求得实际应力与计算应力的比值（称为构造系数）。但若以加载事件的计算应力与标准荷载所产生的计算应力的比值及相应的出现次数来表示应力谱，则构造细节的影响不反映在此应力谱中，它完全可以用荷载谱来代替。

（胡匡璋）

应力调整　stress regulation

改变超静定结构恒载应力分布的工艺措施。使控制截面的荷载应力得到改善，从而有利于结构的设计。无铰拱常在拱顶合龙前，用千斤顶对拱顶截面施加水平推力，改变拱的压力线，降低拱截面的荷载弯矩，减少截面上出现的拉应力。对于连续梁，理论上可在端支点施加负反力，中间支点施加正反力。亦即相当于降低端支点或抬高中间支点，在沿梁各个截面上产生一个负弯矩，使支点与跨中的弯矩相接近。施工实践通常在制造钢梁时，将端支点的计算降低量，考虑在预设的上拱度曲线内，使恒载未作用前两个端支点高于中间的支点。架梁就位后，各支点全部落到同一高程，即可实现调整内力的目的。

（唐嘉衣）

应力消除钢丝　stress-relieved wire

采取一定措施消除了内应力的冷拔钢丝。冷拔碳素钢丝在冷拔过程中会因冷作硬化而存在内应力，故常对它进行低温回火处理，以消除其冷强化的内应力，使其比例极限、条件流限、弹性模量均有所提高，塑性也有所改善。国内外常用的这种钢丝直径为 $\phi3\sim\phi6$mm、特征强度为 1 500～1 900MPa。

（何广汉）

应力循环计数法　stress cycle counting method

在钢桥疲劳评估中将应力历程中的随机波形图简化为一系列全循环或半循环过程的方法。它是制定荷载谱的必要手段，适用于桥梁结构的有雨流计

数法、泄水池法等。（罗蔚文）

yong

永济桥 Yongji Bridge

又称廊桥，风雨桥。位于广西壮族自治区三江侗族自治县城北的程阳村的四孔伸臂木梁桥。建于1916年。全长76m，每孔净跨14.2m，桥宽3.4m，桥高10.6m，青石桥墩、木桥面、瓦屋顶。全桥不用一颗钉、一把泥，整座桥用杉木凿榫接合。每个墩台上都建有四层楼亭，中央为六角攒尖顶，两旁为四角形攒尖顶，两端为歇山顶，楼亭之间用廊相连，故称"廊桥"。1982年列为全国重点文物保护单位。

（潘洪萱）

永久荷载 permanent load

见永久作用。

永久性加固 permanent strengthening

把桥梁承载能力提高到新的水平且能长期地保持正常运营状态的加固措施。（万国宏）

永久性桥 permanent bridge

一般按设计基准期为50年或大于50年设计的桥梁。通常指下部结构及上部结构由石料、混凝土、钢筋混凝土、预应力混凝土或钢材建成的桥梁，其强度、刚度与裂缝（对配筋混凝土桥）均应满足桥涵设计规范的严格要求。（徐光辉）

永久支座安装 installing of permanent end bearing

钢梁落梁就位前，安装永久支座的一道工序。在钢梁拼装过程中，需要经常调整支点处的高程来控制悬臂梁端的挠度；全桥拼装完毕后要进行应力调整、钢梁横移、纵移等作业程序，经常要转换支座的功能，为此在施工过程中，各支点处多布置成临时支座；或将永久活动支座临时用硬木楔紧或加焊成临时固定支座。待全部施工程序完成后，将各种临时支座拆除，安装永久支座或恢复原永久活动支座的功能，才可落梁就位，形成按设计要求的结构图式。安装永久活动支座时，应考虑当时气温与设计最高、最低气温的关系，以决定摇轴的安装角度或辊轴的位置。（刘学信）

永久作用 permanent action

在设计基准期内，其量值不随时间变化，或其变化与平均值相比可以忽略不计的作用。如结构的自重、土压力、混凝土收缩、钢材焊接变形、预加应力、支座沉陷以及水位不变情况下的水压力等。

（车惠民）

永通桥 Yongtong Bridge

位于河北省赵县西门外，跨清水河的单孔敞肩石拱桥。金·明昌年间（公元1190～1196年）邑人裒钱等集资建造。桥长32m，主拱跨径25.5m，拱矢高5.2m，主拱宽7.7m。主拱由并列的20券组成，主拱上两侧对称伏有小拱4个，小拱一跨1.8m，一跨3.0m。由于结构型式、艺术风格极似附近的赵州桥，故俗称小石桥。桥上有正方形望柱22根，望柱及栏板花饰精细。列为第一批全国重点文物保护单位。（潘洪萱）

涌水 gush-out water from country rocks

又称突水。地下峒室、巷道施工过程中，穿过溶洞发育的地段，尤其遇到地下暗河系统，厚层含水砂砾石层，及与地表水连通的较大断裂破碎带等所发生的突然大量涌水现象。它对地下工程的施工危害极大。（王岫霏）

用影响线计算畸变 calculation of distortion by influence line

利用弹性地基梁的弯矩和挠度曲线作为箱梁截面畸变双力矩和畸变角的影响线，以计算箱梁截面畸变双力矩和畸变角的方法。（顾安邦）

you

优质钢支座 high quality steel bearing

采用高级合金钢材，并通过表面热处理来提高接触部的硬度并减小其滚动摩擦系数的一种桥梁新型钢支座。目前，优质钢支座的承载能力可达20 000kN。（陈忠延）

油压减震器 hydraulic damper, hydraulic shock absorber

由油缸和活塞两部分组成的一种新型的桥梁减震装置。油缸水平地安装于梁底，活塞则通过链杆与墩台顶部相连。当地震力作用使梁体与墩顶发生相对位移时，活塞则在油缸内移动，并受到缸内的粘滞阻力，从而可达到衰减地震力、实现抗震的目的。

（陈忠延）

游车发运 delivery with idler car

当桥梁长度超过两个车体长度，发运时把转向架支承在两端平车上，中间利用不承载的平车（游车）保持两端平车距离，传递列车牵引力的装车方法。游车两头的挂钩弹簧一定要用钢板固定，否则列车制动时，转向架纵向前冲将把桥梁碰坏。

（李兆祥）

游荡型河流 braided river

主流位置迁徙不定的河流。一般处于平原河流和山前区河流中。其平面较顺直，水流分汊较多；纵向比降较陡，挟沙量大；横向宽浅。整个外形显得十分散乱。（吴学鹏）

游览性桥梁 sightseeing bridge

专为游览、点缀景色所建的桥梁。园林桥为最著。在自然或人造园林景色中的桥梁，在桥上所见景色与陆上有殊，桥梁本身又为一景。园林桥梁其功能已和单纯交通大不相同，游览性已和主要功能同样的重要，有时还超过之。园林桥梁的各种造型，特别需要考虑美学的原理和法则，服从园林艺术的特色。园林中各处桥梁的配置，需与不同的景点取得协调。（唐寰澄）

有箍筋梁的抗剪强度 shear strength of beams with web reinforcement

有箍筋的钢筋混凝土梁承受剪力的极限能力。箍筋基本上不改变梁的抗剪机理，它的主要作用有：①承受一部分剪力；②限制斜裂缝宽度的扩大，有助于骨料咬合作用；③支承纵向钢筋提高其销栓作用；④约束压区混凝土改善其抗剪能力等。通常此项抗剪强度按下式计算。

$$V_{cs}=V_c+V_s$$

式中：V_c为混凝土和纵向钢筋的抗剪强度，它包括压区混凝土承担的剪力，骨料咬合作用和纵筋销栓作用；V_s为箍筋的抗剪强度。（车惠民）

有机玻璃模型试验 test of polymethyl-methacrylate model

对用有机玻璃制作的模型作试验。适于研究原结构在弹性阶段的受力行为，用以了解一些不易计算的结构应力状态或验证新型或复杂结构的应力分析计算方法。其优点是材料强度高，弹性模量E值低，便于加工和测试，而缺点是E值随温度和时间而变化，徐变大，泊桑比也大。试验时要求环境温度变化小，并严格控制测试时间。现在用计算机进行结构应力分析已可减少弹性模型试验。但按简化了的数学模型计算分析结果又常需用模型试验加以验证。（张开敬）

有推力拱桥 arch bridge with thrusts at supports

在竖向荷载作用下拱脚对墩台有水平推力作用的拱桥。水平推力可减小跨中弯矩，能建成大跨度的桥梁。这种桥造型较美，城市桥中常优先选用，可做成上承式拱桥或中承式拱桥，以适应线路要求。缺点是对地质要求很高，为防止墩台移动和转动，墩台须设计很大，圬工材料耗用较多，施工也较麻烦。常采用石料、混凝土、钢筋混凝土建成；特大跨度拱桥多用钢材建造。（袁国干）

有限位移理论 finite displacement theory

又称二阶理论。考虑受荷后结构产生有限位移的结构分析理论。属于结构几何非线性分析理论。有函数解和数值解。在数值解中首先用微小位移理论分析结构求得位移，按位移后的结构组成新的平衡方程，如此反复进行逐次修正，直至平衡位置与平衡方程一致。应用于大跨度拱桥、斜拉桥和悬索桥的分析。对悬索桥，如仅采用线性理论或一阶理论，会得出远远大于实际内力和挠度的计算值，故宜用二阶理论。（陆光闾）

有限预应力混凝土 limitedly prestressed concrete

见预应力混凝土的分类（277页）。

有限预应力混凝土桥 limited prestressed concrete bridge

一般指在短期使用荷载作用下允许出现有限的拉应力但不得出现裂缝，在长期持续荷载作用下不允许出现拉应力的一种预应力混凝土桥。中国《公路钢筋混凝土及预应力混凝土桥涵设计规范》(JTJ023—85)称之为A类预应力混凝土结构。其预应力度λ小于全预应力混凝土桥而大于部分预应力混凝土桥。较全预应力混凝土可减小预应力拱度；减少高强度钢筋用量；可避免出现沿管道方向的裂缝；延性好，抗震性能好；在同样荷载作用下的挠度比钢筋混凝土梁桥小。（袁国干）

有效跨径 effective span length

桥孔净跨径与水流方向垂直的投影长度。以米(m)计。当桥涵轴线与水流方向垂直时(图a)，$l_0=l_1$。当桥涵轴线与水流方向斜交时：如桥墩与水流方向平行(图b)，$l_0=l_1\cdot\cos\alpha$；如桥墩与桥涵轴线垂直(图c)，$l_0=l_1\cdot\cos\alpha-b\cdot\sin\alpha$。式中$l_0$为有效跨径(m)；$l_1$为桥孔净跨径(m)；$\alpha$为桥轴的垂线与水流方向的夹角；$b$为桥墩长度(m)。（周荣沾）

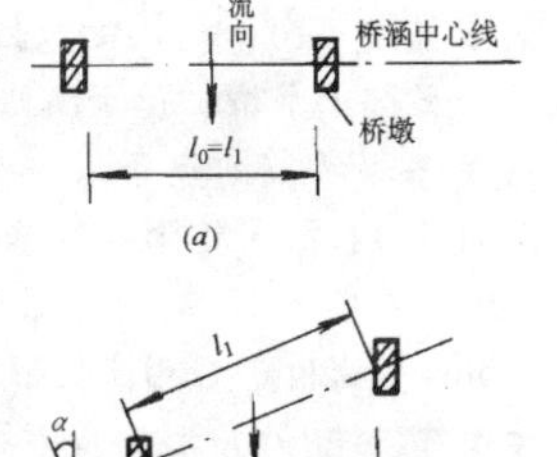

(a)

(b)

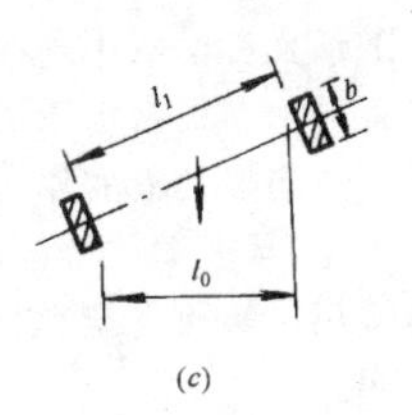

(c)

有效翼缘宽度 effective flange width

按简单弯曲理论算得与翼缘实际峰值应力接近相等的等效翼缘宽度。根据弹性理论，翼缘中的压应力沿梁宽并非均匀分布，而是随其离开梁肋的横向距离逐渐减小。因此，在设计中不应按照实际的翼缘宽度计算，而应采用由梁的跨度及板的相对厚度等确定的等效翼缘宽度。（李霄萍）

有效预应力 effective prestress

又称永存应力。张拉时的控制张拉应力扣除全部预应力损失后预应力钢筋中的应力，没有包括由荷载产生的应力。 （李霄萍）

yu

鱼腹式梁桥 fish-belly beam bridge

由两端梁高较小，跨中梁高较大，梁高沿跨径方向按曲线或折线变化的主梁作为主要承重结构的桥梁。梁式桥主要承受弯矩，而简支梁桥的弯矩基本是两端小、跨中大，呈曲线形变化，采用与之相适应变化的梁高可以节省材料，但两端的梁高与梁宽应满足抗剪需要。通常将主梁上缘做成平直的，而下缘则由跨中向支点方向逐渐抬高将梁高变小。适用于简支梁桥。 （徐光辉）

鱼形板 fish plate

下承式桁梁桥的桥道梁中，由于纵横梁要在同一水平面上连结，纵梁必须断开，为保持其连续作用而设置的一种连接板。当纵、横梁高度相同时，此板通过横梁将纵梁的上、下翼缘相连。若纵、横梁高度不等，则相邻纵梁的上翼缘用鱼形板连接，下翼缘用刚劲的牛腿加高使与横梁齐平，然后再用鱼形板连接。 （陈忠延）

鱼沼飞梁 Cross Form Bridge

又称十字桥。位于山西省太原市的晋祠内的十字形石梁桥。约建于宋·天圣年间（公元1023～1031年），清·乾隆年间修缮。正桥东西向，长约18m，宽约6m；翼桥南北向，长约16.5m，宽约4.6m，与正桥中心相交处形成约6.5m见方的场地。全桥靠34根八角形铁青砂石柱子支承，桥上砖砌栏杆已改成石栏杆。沼内盛有泉水。 （潘洪萱）

隅加劲 corner stiffener

下承式板梁桥中连接横梁上翼缘和主梁腹板用的三角形加劲板。由于下承式板梁桥无法设置上平纵联，故隅加劲板的作用是用来保证主梁上翼缘的侧向稳定，承受横梁端部的局部弯矩，以免与主梁腹板连接用的螺栓受拉。如遇列车脱轨、隅加劲还起保护作用。 （陈忠延）

隅节点 corner joint

刚架桥的端支柱与主梁的刚性连接处。该处的负弯矩大，节点内缘混凝土受压，节点外缘钢筋受拉。由此形成对角压力，易使节点劈裂。在构造上应采取设置梗肋、主梁底板或隔板等措施，并注意加强该处的配筋。 （何广汉）

与岛桥 Yoshima Bridge

位于日本本州四国联络桥的儿岛坂出线上的公铁两用桥。1988年开通。上部结构为175m＋245m＋165m三跨连续钢桁架，双层桥面，上层为4车道公路，下层为近期双线铁路，远期再增设2线。中间桥墩处的钢桁架高达37.5m。全桥位于曲线上，故3跨钢梁在平面上成折线。此外，由于下桥匝道处桥面局部加宽的关系，左右2片主桁架不完全平行。弦杆采用HT80高强钢材做成带纵肋的焊接箱形截面，最大尺寸为2m×1.8m（宽×高），最厚钢板为70mm。支座反力1×10^5kN，重170t。 （严国敏）

雨量器 raingauge

人工观测时段降水量的标准器具。一般为直径20 cm的圆筒。筒口质地坚硬，筒内置储水瓶。有带漏斗和不带漏斗的两种。降雪季节取出储水瓶，换上不带漏斗的筒口，雪花可直接储入雨量筒底。 （吴学鹏）

雨流计数法 rainflow counting method

模仿雨流从斜屋面流下，按雨流迹线确定材料的应力或应变历程，计算疲劳检算应力谱的方法。雨流法的规则如图示，①雨水从每个峰点或谷点的内面顺坡流下；②当雨流与上面流下的雨流相遇时则终止，如图中的2′、5′、8′点，完成一个全循环；③从峰点流下的雨水遇到更大正峰点流来的雨水要停止流动，如图中的3点；从谷点流来的雨水遇到更大负谷点流来的雨水时也要停止流动，如图中的4、6点。它不考虑夹在大循环中小循环对损伤的影响，可以采用简单的叠加计算累积损伤。

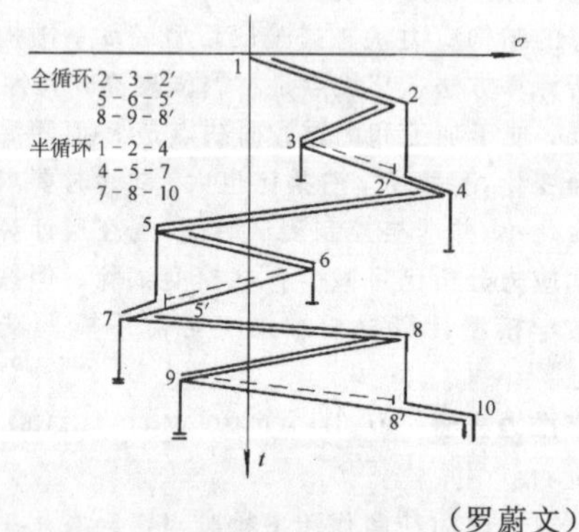

（罗蔚文）

雨强

见降雨（125页）。

雨雪源类河流 stream of rainfall and snowfall source pattern

以雨水和融化的冰雪水混合水源为补给的河流。如华北、东北地区的河流。三四月间由于冰雪融化形成春汛，水量一般不大，春汛以后有一段枯水期，入夏以后随着降雨的增多，在六至九月间形成夏汛和秋汛。每年有两次汛期，年流量过程线呈双峰型。 （周荣沾）

雨源类河流 stream of rainfall source pattern

水源主要靠雨水补给的河流。秦岭、淮河以南直到台湾、海南岛、云南、广东、广西、福建等广大地区的河流，都属于雨源类。其特点是：一年内径流量的变化与降雨变化完全一致；夏天雨季来临，河水开始上涨，入秋以后，雨季结束，河水开始退落，汛期较长，水量丰沛；西部和北部地区的河流以秋汛为主，而东南沿海地区常因受台风影响而发生大洪水，多出现夏汛；年流量过程线呈双峰或多峰型。

（周荣沾）

玉带桥 Yudai Bridge

位于北京市颐和园昆明湖西堤上的单孔石拱桥。建于清·乾隆年间（公元1736～1795年）。全桥用汉白玉琢成，主拱圈采用蛋形尖拱，配上双向反弯曲线的桥面，特别高耸，形似驼背，故俗称驼背桥。

（潘洪萱）

预拱度 camber

又称上弯度、建筑上弯度、反挠度。桥梁在拼装或灌筑时所预留的上弯裕量。设置的目的是为了在撤除支架后能抵消其在自重或规定荷载下的垂度，使行车平顺，视感安全和不侵入桥下净空。铁路桥涵设计规范规定：简支梁的上弯度一般等于恒载加1/2静活载所产生的挠度（符号相反）。但当恒载和静活载产生的挠度不超过跨度的1/1600时，也可不设上弯度。

（谢幼藩）

预加力 prestressing force

为抵消构件或体系由于外荷载产生的应力，用各种方法预先施加的力。其目的是使构件或体系内部的叠加应力限制在特定范围内。通常由预加力引起的应力状态在构件破坏阶段将趋于消失，故此时不将预加力看作作用力。

（车惠民）

预埋钢筋 embedded steel

在混凝土结构中，由于连接或固定的需要，按设计要求预先埋置的钢筋。其一端须与结构内的钢筋骨架牢固地联接，另一端则伸出体外。参见伸出钢筋(213页)。

（陈忠延）

预偏心桥墩 pre-eccentric pier

在永久荷载作用时处于偏心承压状态的桥墩。有曲线预偏心桥墩（横桥向偏心）和不等跨预偏心桥墩（顺桥向偏心）两种。前者是根据曲线上桥墩受离心力作用的特点而设置的，它借上部结构的垂直力使墩身产生一反弯矩，以平衡离心力产生的弯矩，使墩身截面弯矩减小，达到节约材料的目的。后者用于不等跨的桥梁中，将桥墩偏心布置，使最大合力作用线靠近桥墩的中心以减小墩身的弯矩。我国铁路上曾多次使用这种桥墩，取得了很好的效果。

（吴瑞麟）

预调平衡箱 terminal box

又称多点接线箱、采样箱。箱内各肢装有可变电阻帮助各个测点作初始调平，使初读数为零的接线箱。与静态电阻应变仪配套可做多点测量。试验测量和读数处理较为方便。

（崔　锦）

预弯 prebending, predeforming

又称预变形。焊接前，将杆件用外力预先设置的反方向的弯曲变形。焊接后焊缝因冷却产生收缩变形，变成实需的形状。预变形的大小，与焊接变形和杆件本身刚度大小、焊缝长度和焊肢大小有关。通过经验数据统计，掌握焊后变形规律，设置预变形，经过试验、调整，可找出预变形值的经验曲线。

（李兆祥）

预弯预应力桥 preflex prestressed bridge

在预先弯曲的钢梁受拉区加筑混凝土，使之产生预压应力的钢结合梁桥。将制成具有上拱度的钢板梁简支于台座上加载，并在预弯状态下钢梁的受拉区（下翼缘）加筑高强度等级混凝土，卸载后借助于钢梁的弹性恢复力，使混凝土产生预压应力，然后再浇筑包覆钢梁上翼缘与腹板的普通强度等级混凝土，由此构成具有预压应力的钢结合梁。这种结构充分利用了钢材能抗拉、压，混凝土能抗压的受力特点，较钢板梁桥可节省大量钢材，并具有较大的抗弯刚度，可以设计出普通预应力混凝土梁所无法设计的超低高度梁，高跨比h/l可小至1/30～1/35，适用于桥梁和房屋结构，前者可减少引道（桥）长度，后者可减小房屋层高，具有较高的经济效益，但预弯预应力工艺要在专业工厂中进行。

（袁国干）

预压钢筋法 precompressed bar method

对高强度粗钢筋施加预压力使混凝土产生预拉应力的一种方法。与普通预应力混凝土受力原理相反，预压钢筋设于混凝土结构受压区的管道内，用特制千斤顶压缩钢筋达设计强度后，再用特制锚具将钢筋锚固在结构上，借以传递钢筋的回弹反力，使混凝土获得拉应力，则可抵消或减小荷载（主要为恒载）所产生的压应力，使材料能有效地、较多地抵抗荷载效应。预压钢筋通常与普通预应力混凝土梁综合应用，称“双预应力体系（bi-prestressing system）”梁，这种梁的建筑高度可以设计得很小或可增大其跨越能力，亦可有效地用于混凝土结构和桥梁加固，系现代预应力混凝土结构的又一新发展。预压钢筋法由奥地利教授H. 赖芬施图尔(H. Reiffestuhl)于1977年研制成功，并在阿尔姆桥(Alm Brücke)上采用，实现简支梁前所未有的最小高跨比1/30.4，跨中高度仅2.5m，跨度达76m，为目前世界上跨度最大的预应力混凝土简支梁桥。此法因在管道内预压钢筋，摩阻损失很大，用钢量甚大，

且需采用特制的千斤顶、管道与锚具，施工也麻烦是其缺点。（袁国干）

预应力镫筋 prestressed stirrup

梁体腹板内的竖向预应力筋。它使腹板混凝土不仅承受纵向压力，而且还承受竖向预压应力，从而降低了主拉应力，提高了腹板的抗裂性和斜截面的抗剪强度，并增加了薄腹板的稳定性。（何广汉）

预应力度 degree of prestressing, degree of prestress

预加应力的程度。我国《部分预应力混凝土结构设计建议》把预应力度 λ 定义为：

受弯构件 $\lambda=M_0/M$

轴心受拉构件 $\lambda=N_0/N$

式中 M_0 为消压弯矩；M 为使用荷载短期组合作用下控制截面的弯矩；N_0 为消压轴向力；N 为使用荷载短期组合作用下截面上的轴向拉力。当 $\lambda\geqslant1$ 时为全预应力混凝土；$1>\lambda>0$ 时为部分预应力混凝土；$\lambda=0$ 时为钢筋混凝土。此外，预应力度还可以用强度比、荷载平衡程度等来表示。设计者可以根据对结构功能的要求和所处的环境条件，合理选用 λ 的大小，得到最优设计方案。（李霄萍）

预应力钢筋传力长度 transfer length for pretensioned tendon

预应力混凝土先张梁在外部张拉力放松时，通过预应力筋与混凝土间粘结传递预应力所必须的过渡长度。预应力钢筋中的应力由外露部分的零值向内逐渐增大，通过传力长度后才能恢复到有效预应力值。传力长度和钢筋的拉应力大小及截面形状等有关，外部张拉力放松的快慢也有影响。

（李霄萍）

预应力钢筋束界 limiting zone for prestressing cables

预应力合力的容许偏心限界。根据束界范围配筋，可满足在使用状态各种不利荷载组合作用下，截面混凝土上、下边缘纤维应力均不超过规定限值。它特别适用于预应力混凝土连续梁的设计。

（李霄萍）

预应力钢筋松弛试验 test for relaxation of the prestressing steel

测定预应力钢筋、钢丝、钢绞线松弛率与时间关系和计算参数的试验。在恒温恒湿条件下或室温条件下使用专门的试验架进行。通过拉杆用砝码对预应力钢筋施加拉力。保持固定长度，测定钢筋应力随时间而减小的规律。初始应力不同，对松弛率影响很大，因此取初始应力与预应力钢筋抗拉强度之比为0.5、0.6、0.7来试验。加载初期松弛增长较快，1 000～2 000h 后逐渐稳定，持续5～8年应力仍有些微变化。（张开敬）

预应力钢筋中的预加应力 prestressing stress in tendon

预应力混凝土构件中扣除荷载作用的预应力钢筋中的应力。它一般是通过张拉预应力钢筋得到的，而预应力钢筋中的预应力值在构件的不同阶段是不相同的。最大值发生在用千斤顶张拉到设计吨位时，称之为控制张拉应力；当钢筋与张拉设备隔断，在传力锚固的过程中将会发生由于钢筋滑移、夹具变形、混凝土弹性压缩等原因引起的瞬时损失，而得到传力锚固时应力；在构件的存放、使用过程中还会因混凝土的收缩、徐变、钢筋的松弛等原因发生与时间有关的预应力损失，这项损失约三五年才能完成，这时张拉应力减小至有效预应力。（李霄萍）

预应力钢桥 prestressed steel bridge

桥跨结构为预应力钢结构的桥梁。由于预应力钢桥采用了预应力高强钢索，因此，提高了承载能力，减轻了自重，节约了钢材，也可利用预加力来减小结构变形，但建造较复杂。世界上第一座预应力钢桥出现于1935年，系由德国狄兴格（Dischinger）教授研究设计的，随后，西欧和苏、美各国相继开展这种桥梁的研究和建造，目前这种桥梁在国外的公路桥和城市道路桥中已在推广使用。我国自1958年起，开始在输煤栈桥中采用预应力钢结构。

（伏魁先）

预应力钢束对拉桥台 opposite stretching of prestressing cable on abutment

单跨拱桥在两桥台间对拉预应力钢束，用以修复或加固拱桥的方法。预应力束在立面上宜水平设置在两桥台处立柱上端，使原有的桥下净空不受影响，钢束可锚固在立柱上，并通过拉杆和埋在台内的地锚梁与之平衡。由于在桥台上加了一个与主拱水平推力相反的水平力，可阻止桥台后倾，改善桥台基底应力和主拱受力。此法可在拱桥发生桥台位移、沉降或后倾以至造成主拱出现病害的情况下使用。

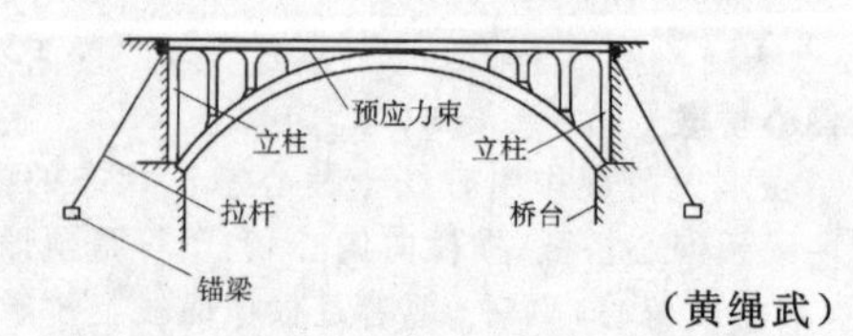

（黄绳武）

预应力钢丝束 wire tendon

由互相平行的高强度钢丝组成的预应力束。钢丝根数较多时，例如每束有40～70根 ϕ5mm 钢丝，就形成强大钢丝束，用于后张式预应力混凝土桥。根数少的钢丝束，例如由6～7根组成一束，就可使钢丝束与混凝土间具有良好的粘结作用，多用于先张式预应力混凝土桥。高强度钢丝的直径一般为3～

8mm，最粗的可达12mm。（何广汉）

预应力混凝土T型刚构桥 prestressed concrete T-frame bridge

由预应力混凝土梁式上部结构与桥墩固接呈T型构架的桥梁。T型刚构的悬臂端用铰或悬挂梁连接。带铰的T型刚构桥，由于行车极不平顺，且在单侧日照下的温度次应力较大，现已很少采用；常用的为带挂孔的T型刚构桥，这种结构无支承水平力，且为静定结构体系，对桥址地质条件的适用性较强，且跨越能力较大，构造简单，施工方便，尤宜于采用双向悬臂平衡施工法。但桥面不如连续刚架桥来得平顺，接缝也难于处理和养护。（伏魁先）

预应力混凝土的分类 classification of prestressed concrete

根据正常使用极限状态对裂缝控制的不同要求来区分预应力混凝土设计的类型。通常可分为：沿预应力方向没有达到消压极限状态，即全预应力混凝土；容许在混凝土中存在不超过设计限值的弯曲拉应力，但无可见裂缝，即有限预应力混凝土；对混凝土拉应力没有限制，但裂缝宽度不能超过规定的限值，即部分预应力混凝土。亦有将后两类统称为部分预应力混凝土，并用A类、B类来区分两种设计情况。"类"或"型"都只有设计准则的差别，并非质量等级高低之意。预加应力的大小程度应是划分类型的依据，但表达方式意见分歧较大，难于找到单一的量化参数，A、B类的分界就不便用预应力度表达。（李霄萍）

预应力混凝土刚架桥 prestressed concrete rigid frame bridge

用预应力混凝土建造的刚架桥。常用的结构类型有门形刚架、斜腿刚架和T形刚架等，它具有外形尺寸小、桥下净空大和桥下视野广阔等优点；由于应用了预应力，在使用荷载下构件不会出现拉应力，可以节省钢材和混凝土，自重较轻，跨越能力较大。目前这种桥梁已代替了普通钢筋混凝土刚架桥。（伏魁先）

预应力混凝土管柱 prestressed concrete tubular colonnade

用高强度钢丝束对薄壁混凝土管预加应力而成的管状开口构件。由于混凝土抗拉性能低，易开裂，若对管壁预加压应力，则可提高其抗裂性能，增加抗振动能力，进而可加大其下沉深度，故近年来获得普遍采用。（刘成宇）

预应力混凝土桁架梁桥 prestressed concrete truss bridge

上部结构用预应力混凝土建造的桁架梁桥。这种桥梁可克服普通钢筋混凝土桁架梁桥在施工上的困难和出现裂缝的缺点。常用的结构型式有两种：一为简单的桁架体系；一为具有桁架外形但下弦为刚性梁的组合体系。前者构件较轻，拼装方便；后者可利用刚性梁施工，不设或少设支架，施工简便。这种桥梁的跨越能力较大，但构造较复杂。（伏魁先）

预应力混凝土简支梁桥 prestressed concrete simply supported beam bridge

结构型式为简支梁的预应力混凝土桥。它具有简支梁桥和预应力混凝土桥的一般优点。最大跨度已达76m（奥地利的阿尔姆桥）。对于预制装配式桥，由于受到起吊能力与运输能力和净空限界的限制，跨度不宜超过40m左右。（伏魁先）

预应力混凝土连续梁桥 prestressed concrete continuous beam bridge

上部结构用预应力混凝土建造的连续梁桥。与预应力混凝土简支梁桥相比，有如下优点：跨越能力较大；在均布恒载作用下，内力分布较均匀，故在活载较小的公路桥梁中，连续梁用得较多；有利于预应力钢筋的合理使用；便于采用纵向顶推、悬臂浇筑或悬臂拼装等施工方法；梁部变形小，线路纵坡平顺，伸缩缝较少，便于高速行车。但它不能事先在工厂预制然后运往工地进行整孔安装。（伏魁先）

预应力混凝土梁抗裂性试验 test of cracking resistance for PC beams

检验预应力混凝土梁抗裂安全系数是否符合规定而专门进行的静载试验。例如铁道部部标准TB1496—84对后张预应力混凝土铁路简支梁要求在正常生产条件下每批（30孔）或每季对不同跨度的梁各抽验一片，进行静载抗裂性试验鉴定。当生产条件有较大变动，梁有缺陷时或对资料发生怀疑时均要求进行试验。其最大控制荷载应按抗裂安全系数1.2来确定。梁在最大控制荷载作用下未出现裂缝，同时在设计荷载下，实测挠度不超过规范规定值，则认为抗裂试验合格。（张开敬）

预应力混凝土桥 prestressed concrete bridge

又称预应力钢筋混凝土桥。桥跨结构采用预应力混凝土建造的桥梁。这种桥梁，利用钢筋或钢丝（索）预张力的反力，可使混凝土在受载前预先受压，在运营阶段不出现拉应力（称全预应力混凝土），或有拉应力而未出现裂缝或控制裂缝在容许宽度内（称部分预应力混凝土）。其优点是：能合理利用高强度混凝土和高强度钢材，从而可节约钢材，减轻结构自重，增大桥梁跨越能力；改善了结构受拉区的工作状态，提高结构的抗裂性，从而可提高结构的刚度和耐久性；在使用荷载阶段，具有较高的承载能力和疲劳强度；可采用悬臂浇筑法或悬臂拼装法施工，不影响桥下通航或交通；便于装配式混凝土结构的推广。

它的不足之处是施工工艺较复杂、质量要求较高和需要专门的设备。（伏魁先）

预应力混凝土斜腿刚架桥 prestressed concrete slant-legged rigid frame bridge

用预应力混凝土建造的具有斜支柱的刚架桥。除具有预应力混凝土结构的一般优点外，因采用斜腿，刚架下缘外形接近拱形，所受弯矩比同跨长的门形（直腿）刚架要小，可扩大桥梁跨径。这种桥梁，经济合理，外形美观，桥下视野开阔，可用于跨线桥，也可用于跨越V形山谷，施工有时较拱桥简便。

（伏魁先）

预应力混凝土悬臂桁架组合拱桥 prestressed concrete cantilever truss arch combined system bridge

由预应力混凝土悬臂桁架梁与桁架拱结合而成的一种组合体系桥（见图）。桁架拱居中，支承在两端桁架梁挑出的悬臂上。每侧边孔桁架梁连同桥台和桥墩组成一个锚固孔，由此按一般T构式桁架梁悬臂拼装方法施工，自两边向跨中对拼桁架拱中的部件，直至合龙。拼装阶段按悬臂体系受力，合龙后则体系转换为拱-梁组合体系受力。其优点是，可利用无支架的悬臂拼装法施工，跨越河流、山谷等障碍；运营时按拱-梁组合体系受力，跨越能力大，且拱跨支承在悬臂上，跨度可减少许多，高跨比较普通拱桥大为减小，h/l可小达1/100左右，是一种新型的大跨度桥梁型式，用料省，施工简便，尤适用于大跨度的跨谷桥。我国贵州1985年建成的剑河大桥，主跨长达150m（分孔为39＋150＋39m），在大跨度桁架桥中居世界第三位。

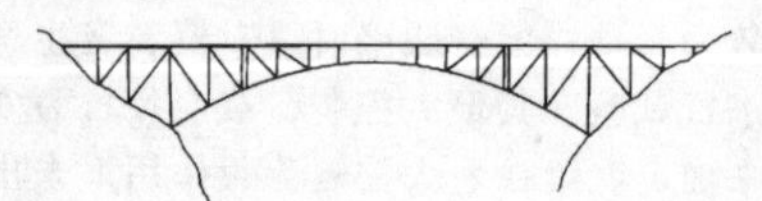

（袁国干）

预应力混凝土悬臂梁桥 prestressed concrete cantilever beam bridge

上部结构为悬臂梁的预应力混凝土桥。这种桥梁，在均布恒载作用下，它的内力分布较为均匀，故其跨越能力较简支梁桥为大；常与悬挂孔组合成多跨桥梁，并适用于地质不良的桥位处。由于它具有较多的伸缩缝，且悬臂端的挠度较大，混凝土徐变引起的变形也较大，故桥面欠平顺，不利于高速行车，因此，近年来这种桥梁较少采用。（伏魁先）

预应力混凝土桩 prestressed concrete pile

用预应力混凝土灌筑的预制桩。其横截面可为圆形、多边形或方形，通常为空心的。方桩、多边形桩和直径较小的管桩一般用先张法预加应力，下端带有桩尖；直径较大的管桩常采用后张法预加应力，下端做成开口并带有钢刃脚。分节制造时，接头形式、配筋要求及下端开口管桩的钢刃脚均与预制钢筋混凝土桩相同。桩身混凝土强度等级一般不低于C38，预应力钢筋多采用高强钢丝和高强螺纹钢筋。中国有用离心法制造的管桩定型产品，外径为400和550mm，壁厚均为80mm，管节长度有4、5、8和10m等四种，下端连接预制或现浇桩尖。（夏永承）

预应力接头 joint by posttensioning tendon

借助张拉预应力束筋使相邻块件联成一体的接头。接头处或采用干接缝或现浇混凝土，或涂以薄层环氧树脂等胶结材料。用途较广，例如用作梁桥块件间的纵、横向联结，悬拼施工时的节段拼装，将已就位的相邻跨简支梁在工地连成连续梁等。

（何广汉）

预应力筋 tendon

在构件承受荷载前，用人为的方法产生预加应力，并将预应力传递给混凝土的钢筋。包括钢筋、钢杆、钢丝、钢丝束、钢索、钢绞线等，种类繁多，但均应符合有关材料规范的规定，并按预应力大小等条件选用。按产生高强度的制造工艺，一般分如下三种：①高碳热轧合金钢筋；②低温回火处理的冷拔或变形碳素钢丝；③热轧并热处理的碳素钢筋。它们通常均具有足够的韧性和强度。（何广汉）

预应力筋连接杆 prestressing steel used as connecting link

用于公路桥中块件横向联结的预应力粗钢筋。它是公路桥最常用的一种块件联结方式。

（何广汉）

预应力筋连接器 coupler for tendons

接长预应力筋的连接装置。适用于连接预应力混凝土连续梁或刚构节段施工的预应力筋，使之连续贯通，以减少预应力筋的交叉连接。按连接方式分为先拉后接（固定连接）和先接后拉（可动连接）。连接器的构造有两种型式：一种用套筒和连接杆直接连接两根预应力筋的锚具（如Dywidag和BBRV体系的连接器）；另一种用套筒挤压方法将后接的预应力筋端部做成固定端，挂接在已张拉的预应力筋锚具上（如VSL体系和中国的XL型连接器）。

（唐嘉衣）

预应力筋张拉设备 tendon prestressing equipment

以张拉钢筋的方法对混凝土结构建立预应力的设备。包括：张拉千斤顶、油泵、高压油管、压力表等。张拉千斤顶为液压驱动。按构造分为拉杆式千斤顶，穿心式千斤顶，锥锚式千斤顶。按功能分为单作用千斤顶，双作用千斤顶，三作用千斤顶。油泵为向千斤顶提供压力能的液压泵，通常用电动油泵。高压油管为连接油泵与千斤顶的输油管路，常用紫铜管或高压钢丝橡胶管。压力表安装在油泵或张拉千斤顶上，量测油压换算张拉力。　(唐嘉衣)

预应力锚具性能试验　behavior test of prestressing anchorage

检验预应力筋（钢丝、钢绞线和粗钢筋）和锚具组装件锚固能力是否符合有关锚具技术标准所做的静、动载及低周荷载试验。《预应力混凝土锚具技术标准》与国际预应力混凝土协会（FIP）1981年建议均要求①锚具静载试验其组装件的实际破断拉力与其各根预应力筋破断拉力总和之比值（锚具效率系数）η_a 不低于0.95；破断时的总应变 ε_μ 不小于2.0%；②无粘结预应力筋的锚具需做动载疲劳试验，要求在经受200万次反复荷载后，因疲劳断裂的预应力筋面积不大于总面积的5%，应力上限为 $0.65R_y$，应力变幅为80MPa；对于抗震结构的锚具还要求能承受50次循环低周荷载试验。上限为80%预应力筋标准抗拉强度，下限为40%。静载可在水平张拉台架上进行。动载需用疲劳试验机在特制试验架上进行。　(张开敬)

预应力拼装薄壁空心墩　fabricated prestressed concrete thin-walled hollow pier

以薄壁箱形预制块为基本构件，配以横隔板及墩帽等构件，用后张法张拉成整体的桥墩。

(吴瑞麟)

预应力损失　loss of prestress

控制张拉应力减去有效预应力的差值。由于预应力混凝土生产工艺和材料的固有特性，使预应力钢筋中的预加应力由张拉时的控制应力逐渐减小到结构运营时的有效预应力，这些损失归纳起来可分为两大类，一类为瞬时损失，它包括预应力钢筋与管道壁之间的摩阻损失；锚具变形、钢筋回缩和分块拼装构件的接缝压缩损失；混凝土加热养护时，预应力钢筋和台座之间的温差损失（先张法构件）；混凝土的弹性压缩损失。另一类为与时间相关的长期损失，它包括预应力钢筋的应力松弛损失；混凝土的收缩和徐变损失。　(李霄萍)

预应力损失试验　test for losses of prestress

测定预应力结构中各项预应力损失的实际值及其计算所用的参数。一般可对实际结构进行测试，有些则要求进行专门的试验。例如传力锚固时发生的瞬时损失如：管道摩擦、混凝土弹性压缩、锚具变形、钢筋回缩等所致的损失均可在对结构施加应力时进行测试；混凝土收缩和徐变引起的损失则要根据混凝土收缩和徐变试验结果及实际结构测试结果分析确定计算参数；钢筋松弛损失要根据专门长期试验结果确定。　(张开敬)

预应力体系　prestressing system

预应力筋的张拉、锚固方法以及相应的构造、设备和操作法的总称。主要包括预应力筋、锚具和张拉设备。由于张拉锚固方法不同，有上百种的后张式预应力体系。当前国际上流行的有十余种体系，例如，锚固钢丝的BBRV、PSC体系，锚固粗钢筋的Dywidag、Macalloy体系，以及用于钢绞线的VSL、PSC、SCD、CCL等体系。我国的预应力体系按锚具种类可分为粗钢筋螺纹锚、JM12型锚、锥销锚、镦头锚、环销锚等体系。另参见“BBRV体系”、“迪维达克体系”、“VSL多股钢绞线体系”、“CCL体系锚具”、“雷奥巴体系”、“片销锚”。　(何广汉)

预应力效应　prestressing effect

预应力对结构行为的影响。在弹性阶段，它使混凝土构件成为可以承受拉力的匀质弹性体；它等效于平衡外载的假想荷载。实际上，预应力对钢筋和混凝土都给予外加的变形，钢筋受拉，混凝土受压，且互相平衡。混凝土的徐变和收缩使构件逐渐缩短，对于具有偏心预应力筋的简支梁，由于下翼缩短较多，将不断向上拱起。对连续梁等超静定结构，若预加变形受到约束，将引起次反力、次弯矩，使弹性结构内力重新分布。构件开裂以后，随着荷载增大，刚度逐渐降低，预应力效应也相应减小。在承载能力极限状态阶段，对于临界截面，预应力效应是消失了，但其他截面仍程度不同地保留一部分，所以对超静定结构它的总体效应并未完全消失。不过在出现塑性铰转变为静定体系以后，预应力的超静定效应就不再存在了。　(车惠民)

预应力引起的次反力　secondary reactions due to prestressing

在超静定结构中，由于预加变形受约束而产生的反力。在体系中它们互相平衡，在性质上是次生的，但数值上并不一定小。根据次反力，可以确定弹性阶段预应力的压力线。次反力为零是计算吻合索的条件。　(车惠民)

预应力引起的次力矩　secondary moments due to prestressing

在连续梁等超静定结构中，由预应力产生的超静定效应（prestressing hyperstatic effects）。次力矩可由次反力计算，在支承间呈线性分布。构件开裂后，随着荷载的增加，次力矩将逐渐减小，但在设计中如何考虑，目前意见尚未统一，值得进一步研究。

(车惠民)

预制钢筋混凝土多边形桩　precast reinforced concrete polygon-pile

用钢筋混凝土灌制的正多边形截面预制桩。目前采用的截面形状有正六边形和正八边形两种，截

面宽度（二平行边的距离）最大者为600mm。一般在桩长较大时采用。（夏永承）

预制钢筋混凝土方桩　precast reinforced concrete square-pile

用钢筋混凝土灌筑的方形截面预制桩。常在工地用重叠法分层间隔灌筑，重叠层数不宜超过3层。为避免搬运及沉桩时过量挠曲，当横截面边长为350、400和450mm时，桩的长度宜分别限制在18、21和25m以内。（夏永承）

预制钢筋混凝土管桩　precast reinforced concrete pipe-pile

用钢筋混凝土灌筑的圆截面管状预制桩。中国工厂用离心法制造的有外径为400和550mm的两种，壁厚均为80mm；管节长度有6、8和10m三种，两端设置接头法兰盘，拼接时用螺栓连接；下端设置桩尖，有预制后拼接的，也有现浇的；以往还曾制造一端有法兰盘，另一端为桩尖的专用管节。一般在桩尖中心预留一个直径为70mm的孔，以备射水沉桩时安装射水管之用。我国铁路桥梁工程曾大量采用这种桩，由于其抗裂性较差，后来逐渐为预应力混凝土管桩所代替。（夏永承）

预制钢筋混凝土实心桩　precast reinforced concrete solid pile

用钢筋混凝土预制而成的柱形实体承载构件。横断面多呈正方形或正多边形等。截面不宜过大，以减轻自重，利于施工装吊。为提高抗裂性，已多由预应力混凝土所取代。（刘成宇）

预制钢筋混凝土桩　precast reinforced concrete pile

用钢筋混凝土灌筑的预制桩。其横截面多为方形、圆形或多边形。圆形者一般做成带有桩尖或下端开口、设有钢刃脚的管桩，后一种形式在桩径较大时采用；通常在工厂用离心法制造。方桩和多边形桩一般为实心的，当横截面尺寸较大时也可做成空心而带有桩尖的。分节制造者可采用套筒、暗销、锚筋、榫接或法兰螺栓等接头形式，用焊接、锁定或胶结的方法拼接。桩身混凝土强度等级一般不低于C25号，配筋应满足起吊、运输、沉入及使用时的受力要求。（夏永承）

预制构件　precast member

预先在工厂批量生产或在预制场预先制造的构件。其优点是制造过程能最大限度地实现标准化和工厂化，不受气候和季节的影响，因而省工、省料，保证构件质量，并能加速工程进度。广泛采用各种型式的预制构件，已促使装配式结构的迅猛发展。此种构件需要有相应的运输和吊装设备，并且当构件之间的受力钢筋中断时需要作接缝处理。（何广汉）

预制平行钢丝索股法　preformed parallel wire strands method

简称PPWS法。先用高强钢丝编成平行钢丝束、两端装上锚头，成为索股，再逐股架设到桥上，以便组成悬索桥主缆的施工方法。每根索股内的钢丝数以便于编制和吊运，并能排列成正六角形断面为原则。每束钢丝中须捆入一根按主缆设计长度制成的“基准钢丝”，成束后两端按“基准钢丝”长度切断，再灌制锚头。将制成的索股卷在卷筒上，运至工地，装入松卷架。利用牵引设备沿猫道将索股端头从桥的一端锚碇拉向另一端锚碇，经就位、调股等工序后将其固定。悬索桥主缆架设的另一种方法为空中纺缆法。（林长川）

预制桩　prefabricated pile

预制后用适当的沉桩方法沉入土中的桩。包括预制钢筋混凝土桩、预应力混凝土桩、钢桩、木桩及螺旋桩等，中国采用较多的是前两种。设计时应考虑它在起吊、运输及沉入过程中可能承受的荷载。预制工作可在工地或工厂进行，长度较大者需分节制造，沉入时再拼接；分节长度可根据施工条件确定，但应尽量减少接头数；在沉桩和使用中，接头不得松动，其强度应不低于桩身强度。当土层内有大孤石、大树干或其他障碍物，可能影响其沉入时，不宜采用这种桩。（夏永承）

yuan

园林桥　garden bridge

园林中用以美化景色和供游人通过小溪、池沼、湖泊等的架空建筑物。其造型一般都较奇特，与周围景色互相衬托，或本身就成为一独特的景点。如北京颐和园中昆明湖上的玉带桥，全部用汉白玉琢成，主拱圈采用蛋形尖拱，配以双向反弯竖曲线的桥面，特别高耸，引人夺目。又如江苏扬州瘦西湖中的五亭桥，桥上四翼及中央共设有五座亭榭，桥基平面分成十二个大小不同的桥墩，支承着十五个圆拱桥洞，成为瘦西湖中著名的景点。再如浙江杭州西湖三潭印月处的九曲桥，随着桥的曲折，游人一步一景。这些都是我国古典园林中的著名桥梁。（徐光辉）

原状土试样　sample of undisturbed soil

保持天然含水量和天然结构的土的试样。用来测定土的天然含水量、天然表观密度、渗透性、压缩性和抗剪强度等指标。（王岫霏）

圆洞拱片桥　plate ribbed arch bridge with circular openings

主要承载结构为具有圆洞的薄壁拱片的拱桥。常为钢筋混凝土结构。我国在1972年开始建造这种形式的钢筋混凝土拱桥，嗣后，由行驶荷载较轻的拖拉机的桥梁发展为汽—20级公路桥和城市桥，跨度一般为10～40余米，具有自重轻、承载力高和裂缝少等优点。 （伏魁先）

圆端形变截面桥墩 variable cross-section pier with circular end

墩身各截面由两端的半圆形夹一矩形所组成，在顺桥向和横桥向均按直线向下加宽的桥墩。它过水性能好，施工也比较方便，是应用最广的重力式桥墩。 （吴瑞麟）

圆弧拱桥 circular arch bridge

拱圈（肋）轴线按部分圆弧线设置的拱桥。构造简单，料石规格最少，备料、放样、施工都很简便。但受荷时拱内压力线偏离拱轴线较大，受力不均匀，一般适用于跨度小于20m的石拱桥中。

（袁国干）

缘石 curb

沿桥长设置在人行道内边缘并高出行车道的长条形块件。其作用是将人行道与行车道隔开，对人行道起保护作用。通常用混凝土预制块或料石砌筑。

（张恒平）

yue

约束混凝土 confined concrete

侧向变形受封闭式横向钢筋约束的混凝土。其强度和延性都可以大大提高。螺旋钢筋约束效果较好，钢箍较差。 （熊光泽）

约束扭转 restrained torsion

杆件中各点纵向位移受到限制的扭转。这种限制可能是荷载情况、外加约束或杆件横截面尺寸的变化引起的。约束扭转时，由于纵向位移受到限制而在横截面上产生正应力，称为约束扭转正应力。

（陆光间）

yun

云纹法 moiré method

栅板和栅片重叠时，因栅片牢固地粘贴在试件表面而随之变形，使栅板和栅片上的栅线因几何干涉而产生条纹，即云纹。云纹法就是根据这类云纹，测定和分析试件的位移场或应变场的一种实验分析方法。采用云纹法可方便地测定试件的面内和离面位移。因它在测量大变形时对量程没有限制，所以，它不仅可测量弹性范围的小应变，而且可测量弹塑性范围或破坏时的大应变。其不足之处是测量弹性范围内的微小应变时，其灵敏度和准确度不够高。

（胡德麒）

云纹干涉法 moiré interferometry

利用试件表面高频光栅衍射光的干涉，测量试件表面位移或应变的方法。当两束相干光以一定角度照射带有高频位相型光栅的试件时，由于试件变形和栅距的变化，同方向的两衍射光的波前将发生翘曲并相互干涉形成云纹。利用这种云纹测量物体变形，可克服普通云纹法灵敏度和精度不足的缺点，其灵敏度可达到波长的量级。现在可用经典的双光束云纹干涉法测量面内位移场，用位错云纹干涉法测量应变场，用贴片云纹干涉法进行现场测量。

（胡德麒）

运河桥 canal bridge

又称通航渡槽(navigation aqueduct)。人工运河在跨越山谷、水流等障碍时设置的架空建筑物。上部结构（槽身）通常为钢筋混凝土或预应力混凝土结构，外轮廓呈矩形或梯形，用以过水并供船舶通航，两端与运河相衔接；横断面尺寸应根据设计通航船舶的尺度而定，一般为单线航道。 （徐光辉）

运行活载系数 coefficient of working live load

运行活载的换算均布荷载（计入相应的冲击系数）k_0 与标准活载的换算均匀荷载（计入冲击系数）$k_中$ 的比率，以 Q 表之，$Q=k_0/k_中$。用于验算现行活载通过桥梁时是否安全。与桥梁结构所能承受的荷载相当于标准活载的倍数(即检定承载系数)K 相比较：$Q\leqslant K$，安全；$Q>K$，不安全。

（谢幼藩）

运行图天窗 “skylight” in the train diagram

列车运行图中为区间或车站规定的、因施工或维修需要而不放行列车的时间。 （谢幼藩）

运杂费 freight charges and miscellaneous expenses

由承包单位的材料目录确定的供应材料、成品和半成品、结构及设备的地点（如桥梁厂、成品厂、采购交货地点、自采砂石场等）起运发往施工地点的各项运输费用及杂项费用的统称。它包括：①运输费，指通过火车、汽车、马车、人力车、船只等运输工具运送材料的费用；②装卸费；③其他有关运输费，如火车的调车费、自备机车和车辆的过轨费、汽车过河的渡船费等；④施工部门的材料管理费；⑤工地小搬运费；由工地料库至工作地点的场内短途搬运费用。建筑部门地区材料目录中材料预算价格一般均包括此项运杂费在内。 （周继祖）

韵律 rhyme scheme

和谐的旋律。源于诗歌中的音韵和节律。韵律存在于音乐以外的任何一种艺术之中，并且是构成美的艺术的真髓。艺术的最高境界是达到气韵生动，富有神韵，具有韵味、气韵、神韵乃人化的审美评价。桥梁造型便要有富有韵律的变化，具体地可采用连续韵律、突变韵律、渐进韵律、重复韵律、交叉韵律等。 (唐寰澄)

Z

zai

再分式钢桁梁桥 steel truss bridge with subdivided panels

在主桁架的腹杆体系中增设若干短腹杆以减小节间长度的钢桁梁桥。节间变小可缩短纵梁长度，并便于增大桁高，使大跨度钢桁梁桥能获得较好的经济效果；增设的短腹杆还可增加主桁受压腹杆的稳定性。适用于大跨度钢桥。 (伏魁先)

再分式桁架 truss with subdivided panels

大跨度或特大跨度桁架中采用增加部分小杆件，将大节间分成若干小节间，以减少节间长度的桁架。采用再分式桁架可增加桁高，又使腹杆的倾度不变和保持较小的节间长度，避免大跨度桁架因节间长度增大造成纵、横梁用钢量剧增的缺点。增添的再分式杆件可布置在上弦杆（图 *b*）或下弦杆（图 *a*），但从经济和构造的条件出发，再分式杆件以布置在下弦杆上居多。

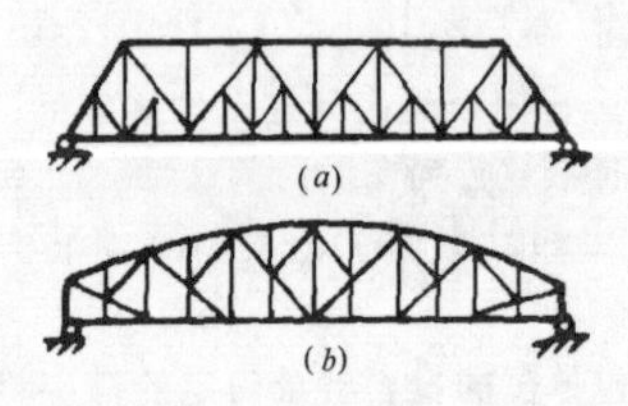

(陈忠延)

zao

早强剂 early strength component

又称快硬剂。是一种对硅酸三钙和硅酸二钙的水化有催化作用而能提高水泥混凝土早期强度的外加剂。常用的氯盐、硫酸盐、亚硝酸盐和三乙醇胺等外加剂都有早强作用，但作为早强剂使用的往往是更有显著效果的复合早强剂，如三乙醇胺与某些无机盐类的复合早强剂等。早强剂常用于混凝土的低温和快速施工，如要求早期通车的桥梁和路面工程等。 (张迺华)

造床流量 dominant discharge, formative discharge

塑造河床形态的特征（代表）流量。它的造床作用假定和多年流量过程的综合造床条件作用相等。目前习用的方法，是采用平滩流量作为造床流量。 (吴学鹏)

ze

筰桥 bamboo cable bridge

古称竹索桥（290页）为筰桥。 (伏魁先)

zeng

增加辅助构件法 method of adding auxiliary members

增加辅助构件以提高某些构件承载能力的方法。如在支承桥面板的原有主梁间增加新的纵梁，以减小桥面板跨径而提高板的承载能力。增设或加大横隔梁以增加结构横向刚度而改善主梁荷载横向分布与受力。 (万国宏)

增加构件法 method of member increasing

通过增加主要承重构件来提高桥梁承载能力的方法。可仅在中间主梁（或主拱肋）两侧增设新主梁或在各主梁间增设新主梁。新主梁截面可等于或不等于原主梁截面，主梁间距可以相等也可不等，均按实际需要而定。它可大大提高整孔桥的承载能力。 (万国宏)

增加桥面厚度法 thickening bridge deck method

在桥面上加浇一层补强混凝土使桥梁截面增大而提高桥梁承载能力的方法。其施工工艺为凿去铺装层及桥面混凝土保护层，露出箍筋，使新加箍筋与它焊接，在绑扎受力钢筋后浇混凝土。当不设钢筋时可仅打毛桥面混凝土，再加厚桥面混凝土。本法优点可不用支架、模板。如要保持交通，桥梁加固时只能半桥施工。本法亦可作为单独加固桥面板。在钢板梁上缘增加一层钢筋混凝土板，并设置抗剪器使之加固成结合梁。 (万国宏)

zha

扎拉特桥　Zarate Bridge

位于阿根廷，跨巴拉那(Parana)河的一座近扎拉特的单线铁路、四车道公路的桥梁。与布拉佐·拉戈桥（12页）桥完全相同。建于1978年。

（唐寰澄）

轧边钢板　flat steel

又称扁钢。在钢厂轧制时只在纵向辊轧的钢板。由于横向未轧过，故横向的强度较纵向为低。

（陈忠延）

轧丝锚　cold-rolled threadend anchorage

见迪维达克锚具（33页）。

闸门式架桥机架梁　erection of bridge girder with gate crane

利用特制的闸门式吊机架设桥梁的方法。吊机可用万能杆件或军用梁拼成。它包括四片桁梁，每两片为一组用联结系相联，其长度约为两个相邻桥孔的总长。两组桁梁之间的净空可使一片梁在其中穿过。在两组桁梁之上设有带复滑车组的起重梁，起重梁搁在小车上，小车沿铺在桁梁上的轨道移动。此机设三个支腿，其后部的两个支在可移动的平车上；其前部支腿能折叠或伸缩，支在前方的墩台上。架梁时装在平车上的预制梁沿桥中线发送到吊机下，用起重梁吊起顺着桥中线移动，然后落至预定墩台上并横移至设计位置。适宜于引道为高填土，河床宽而深，且需架设多孔梁的情况。

（刘学信）

栅板　grid plate

设置在泄水管进水口处的带孔盖板。其作用为防止各种杂物堵塞泄水管，通常用金属板制作。钢筋混凝土泄水管的栅板，也可用短钢筋组成。

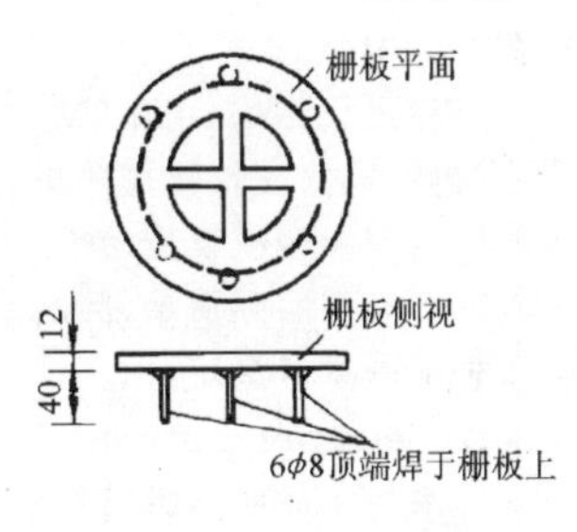

尺寸单位：mm

（张恒平）

zhai

窄间隙焊　narrow gap welding

在厚板对接接头处，焊前不开坡口或只开小角度坡口，但留有窄而深的间隙，在此情况下进行气体保护焊或埋弧焊的工艺方法。

（李兆祥）

zhan

粘贴法　gluing technique

在需补强的混凝土构件上，用环氧树脂砂浆粘贴一层钢板或钢筋或者粘贴几层玻璃布，使原构件与被粘层材料共同作用以提高刚度和承载能力并限制裂缝开展的方法。本法与环氧树脂砂浆修补裂缝法同时使用。粘贴材料中玻璃布弹性模量低，受力时拉伸长度比混凝土大，效果较差。粘贴钢板在加工、成型上较为困难。粘贴钢筋则有加工、成型简易的优点。粘贴法是国内外常用的一种加固方法。它可用于桥梁上、下部结构的加固。

（万国宏）

栈桥　trestle bridge

原意指古栈道上由木排架或木挑梁支撑的简易桥梁，现泛指由柱式或框架式轻型墩台支承的主要供运卸货物的架空建筑物。如仓库堆栈中向高层运送货物的架空建筑和伸向海中供货轮装卸货物的架空建筑物等。大连港一座向油轮输送石油的管道桥，即是一座全焊钢桁架的栈桥。

（徐光辉）

zhang

张线式位移计　band suspension displacement meter

又称钢丝式挠度计。利用绕在仪器摩擦滚轮上与测点相连的张紧的钢丝传递位移，来量测大量程位移的机械式仪表。常用于现场试验。当测点发生位移时，依靠绕在摩擦滚轮上的钢丝和悬挂的重物，使滚轮转动并带动轮齿和指针转动，指出测点位移值。仪器使用方便，量程无限制，有足够的精度。由于钢丝较长，使用时需用计算法或补偿法消除温度影响。

（崔　锦）

zhao

招标　calling for tenders

在实行招标承包制中，为兴建某项土建工程项目，建设单位（业主）或其代表，通过媒介或直接向有关单位发出通知，把有关建设工程的技术标准和要求，图样等对外周知，提出有关条件，征求有关承包单位提出承包该项工程投标书的工作程序。其目的是供建设单位在众多的投标书中进行比选，选中其中提出造价最合算的承包单位为得标单位。

（周继祖）

招标承包制　invitation-contraction system

引进竞争机制，建设单位通过招标选定建设工程项目承包单位的经营方式。通过比选，被选定的承包单位以法人资格，对所承包的工程在工期、质量和造价上应对建设单位全面负责。当不能按照合同条款的要求完成任务时，必须承担赔偿责任。实行这种承包制后，可改变以往单纯用行政手段分配工程建设任务的方式。（周继祖）

赵州桥 Zhaozhou Bridge

又称安济桥，俗称大石桥。位于中国河北省赵县（古称赵州）城南洨河上的石拱桥，故名赵州桥。隋开皇十一年至大业元年（公元591～605年）由匠人李春等创建。单孔空腹圆弧石拱桥，全长64.40m，净跨37.20m，矢高7.23m，矢跨比小于1/5。桥面宽9m，行车道纵坡6.5%。拱圈由并列的28券（其中20券为隋朝原物）组成，拱顶宽约9.0m，拱趾处宽9.6m；券的每块拱石厚为1.03m，长从0.7m到1.09m不等，宽为0.2m至0.4m，以便组成顶狭趾宽的变截面拱圈。在拱圈上，压有一层厚度为0.16～0.30m的护拱石（古时称栿），并在恰当部位设置9根铁柱杆和6块钩石，都为了加强各券之间的横向联系，使拱圈形成一体。在大拱上两侧对称设有4个小拱，一孔净跨2.85m；一孔净跨3.81m，既减轻自重，节约材料，又利于泄洪，且增加美观。桥台采用明挖基础，建在亚粘土层上，桥位合适。建成后的千百年中，虽遇数十次的天灾、人祸，桥至今移位、沉降甚微，是世界上该桥型现存最古老的石桥。1953年至1958年中国政府责成有关部门在保存原状和不改变外形的原则下进行了修缮，后被列为第一批全国重点文物保护单位。（潘洪萱）

zhe

折断法试验 test by "Break-off" method

直接测定表面以下一定距离、与表面平行的断面混凝土的抗折强度，属半破损法的一种。其法如图所示：在混凝土表面钻切一浅槽坑，通过横向推力装置进行拉断试验，藉以测定其抗折强度。（张开敬）

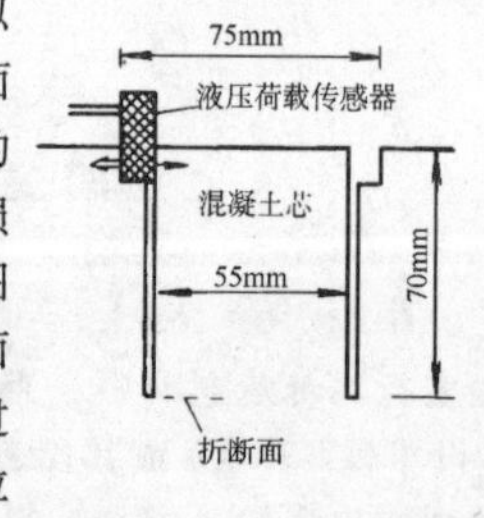

折线配筋 segmentally linear tendon arrangement

在先张梁中为避免梁端上翼缘在预施应力时出现裂缝而采用的配筋方案。例如在简支梁内，预应力筋在跨中段靠近下缘通过，在梁端段则向上弯折，使力筋的偏心距线性地减小。这样，预应力筋的布置就呈折线形。（何广汉）

折转式道碴槽悬臂板 revolving cantilevered slab of deck trough confining ballast

构成道碴槽的侧墙和人行道的铰接悬臂板。若将铰以外的悬臂向上折转，即可使具有折转式道碴槽悬臂板的梁桥整孔纳入净空限界，简化运送、架梁工作，免除分块式梁桥架设繁复的弊端。（何广汉）

褶皱 fold

岩层的弯曲变形。岩层褶皱后原有的空间位置和形态均已发生改变，但其连续性未遭到破坏。单个的弯曲称为褶曲，基本类型是背斜和向斜。多个背、向斜连续交替出现，组合成褶皱构造。（王岫霏）

zhen

真空预压法 vacuum preloading method

利用连接真空泵的薄膜内管道系统，给地基施加预压力，来加速地基固结、提高加固效果的一种土体加固新技术。一般需配合以袋装砂井法或塑料板排水法在砂垫层上进行预压处理。施工时在砂垫层上铺三层比垫层面积稍大的塑料薄膜，四周埋入沟槽中，填粘土封闭；膜的四周设高度为400～600mm的土围堰，堰内灌水封闭；膜内设有真空滤管，构成网格管道和控制系统；将内管道连接射流真空泵或普通真空泵，使膜内形成水银柱达600mm的负压，相当于堆载预压强度为70kPa。当地基内水分从砂井或塑料板处逐渐排出，软土沉降值达到设计要求后，即完成地基加固作业。（易建国）

真型 prototype

又称足尺结构。用作试验的实际结构。按照相似理论设计，其尺寸按比例缩小的结构称为模型。试验可采用真型结构或模型结构，主要是根据研究目的和研究对象的实际情况、问题的性质及试验条件、费用大小等因素来决定。（张开敬）

枕木垛 sleeper buttress

抢修桥梁或线路时用枕木叠成的临时支承。其地基应坚实平整，松软地带应垫碎石、片石或砂袋加固；在有水处须先筑岛。其底层及顶层应密铺枕木；中间各层可留空隙；上下层枕木相交处及同层枕木搭接处须用扒钉互相连接；搭接长度不小于0.5m。其高度以不超过6m为宜（也曾修建过高度超过10m者）。当高度在3m以下时，其平面尺寸可做成2.5m×2.5m（一根枕木长）；高度超过3m时，3m以下部分平面尺寸应扩大。（谢幼藩）

振捣 vibrating

灌筑混凝土时用混凝土振捣器进行振动捣实的

施工作业。振捣器在每一位置持续振动，使混凝土获得足够的密实度，以混凝土不再下陷、不出现气泡、表面开始泛浆为度。 （唐嘉衣）

振动沉桩法 pile vibrosinking method

靠振动打桩机引起的纵向振动和振动力使预制桩沉入土中的方法。打桩机通过一钢支座紧固于桩头上，不设桩垫。当其产生纵向振动时，强迫桩作同样的振动，使土阻力减小，加以向下的振动力及打桩机和桩等的重力作用，桩就会较快地沉入土中。施工前选定打桩机规格，通过沉桩试验查明有无“假极限”现象，确定应达到的桩尖标高和沉入度或最小贯入速率。沉入后通过静载试验，或者根据最后沉入度或贯入速率而采用经验公式，对桩的轴向受压承载力进行检验。在砂类土和软土中沉桩速度很快。对硬粘土则需辅以射水沉桩法。 （夏永承）

振动沉桩机 vibration pile driver

又称振动打桩机。用激振方法使桩受到振动沉入地层的桩工机械。由振动器、夹持器、传动装置、电动机等组成。振动器的激振部分由成对装有偏心轮的水平转轴作反向的同步旋转构成。其竖向离心力相互叠加，使桩与周围土体形成的振动体系产生强迫振动而沉桩。横向离心力相互抵消，不产生横向摆动。其基本技术参数为转速、偏心力矩和激振力。为适应各种桩型和不同的土质，可调节激振频率、振幅、激振力。低频、大振幅适于重型桩和砂卵石地层；中高频适用于轻型桩和砂质土。 （唐嘉衣）

振动水冲法 vibroflotation method

简称振冲法。一种通过振动、捣实加固地基的方法。利用能产生水平振动的管状振动机，在高压水流作用下，插入松散的砂质地基中，一面冲击，一面振动，使土体密实。或者在软弱粘性土中，冲击造孔，向孔内填筑碎石等粗骨料，形成碎石桩体与原地基组成“复合地基”，从而提高地基土的强度和稳定性，减小压缩性与不均匀沉降。此法按制桩工艺的不同可分为湿法（Vibro-replacement）和干法（Vibro-compaction）两种。 （易建国）

振型叠加法 mode-superposition method

又称振型分解法。利用若干个自由振动振型的叠加表达一个线性结构的强迫振动响应的方法。一个具有 n 个自由度的动力体系有 n 个自由振动振型。这些振型互相独立，可以利用这些振型的线性叠加表达任意动力荷载作用下强迫振动的振型。由于自由振动的振型既符合边界条件又相互正交，使计算过程简化。 （曹雪琴）

震源 earthquake focus

在地下首先发生振动并释放能量的源地。

（王岫霏）

震源深度 focal depth

震中到震源的距离。按其深度将地震分为浅源地震（深度为 0～70km），中源地震（70～300km）及深源地震（大于 300km）。震源愈深，影响范围愈大，地面破坏力愈小。我国多属浅源地震。（王岫霏）

震中 epicenter

震源在地面上的垂直投影点。即地面距震源最近的地点。因此该区实际为地震时对地表影响或破坏最强烈的地方。 （王岫霏）

震中距 epicentral distance

从震中到地震记录台站的距离。 （王岫霏）

zheng

蒸发 evaporation

温度低于水的沸点时，水汽从水面、冰面或其他含水物质表面逸出的过程。在自然界中，蒸发是海洋或陆地水分进入大气的唯一途径，是地球水文循环的主要环节之一，是降水～洪水计算中的重要因素。在一定面积上某一时段内水由液态或固态变为气态的水量所折算的水层深度称为蒸发量，可用蒸发器和专用设施测定。一般情况下，温度越高，空气湿度越小，风速越大或气压越低，蒸发越强。

（吴学鹏）

蒸发池 evaporative tank

面积较大（如 100 m^2、20 m^2）和适当深度（如 2m）的观测水面蒸发的标准盛水池。每隔一定时段测定池中因蒸发而减少的水深，即为该时段内的水面蒸发量。 （吴学鹏）

蒸发器 evaporimeter

观测水面蒸发量或土壤蒸发量的标准器具。水面蒸发量的观测，是在一定口径、一定尺度的金属圆筒内放入一定量的净水，每隔 24 小时测定因蒸发而减少的水量，并折算成水层深度即为一天的蒸发量。我国从 60 年代初，选用 E－601 型蒸发器为全国标准仪器。土壤蒸发量一般是用每隔 24 小时称量标准土柱重量的方法，换算出一天的蒸发量。

（吴学鹏）

蒸汽养护 steam curing

又称蒸汽养生。以饱和蒸汽对新灌筑混凝土加温养护的方法。蒸汽的温度和湿度在混凝土周围形成湿热的环境，使其加速硬化，以达到防冻和早强的目的。按工作方法分为蒸汽室、蒸汽套养护等。蒸汽应均匀散布，并避免直接喷射到混凝土的表面。升降温和恒温的时间，应按有关的施工规范执行。

（唐嘉衣）

蒸散器 evapotranspirometer

测定蒸散量的标准器具。蒸散量又称蒸腾量，是指在一定时段内，土壤中的水分经植物传递以水汽形式逸入大气的水量。 （吴学鹏）

蒸渗仪 lysimeter

同时测定蒸发和下渗的设备。由三部分组成：四周和底部封闭但有特定排水系统的容器；原状的或人工配制填装的土体；按目的而异的各种量测仪具。是目前国内外进行水循环实验研究的重要设备。

（吴学鹏）

整孔防护 protection for the bridge openings

对全桥或某几个桥孔，在桥轴线上下游一定长度的范围内修建的防护工程。一般采用在防护范围内铺设混凝土、浆砌片石，干砌片石、大料石、混凝土块以及在下游建拦沙坝等形式。下游端常设置垂裙。防护顶标高应不高于现有河床最低点标高，并应考虑对上游淹没及桥下过水的影响。 （任宝良）

整孔运送钢筋混凝土梁桥 integral prefabricated reinforced concrete beam bridge

将预制的整孔梁运往桥位处安装的钢筋混凝土梁桥。具有可工业化施工、降低劳动强度、减少制造费用、保证质量、缩短工期和节约木材等优点，但其结构尺寸受到运输和吊装条件的限制，故适用范围不广，常用于单线铁路小跨度的钢筋混凝土梁桥。

（伏魁先）

整体吊装模板 integral hoist form

预拼成整体、一次吊装就位的墩台模板。可节省工期，但在吊装时要加临时支撑以免损坏，如图。

（谢幼藩）

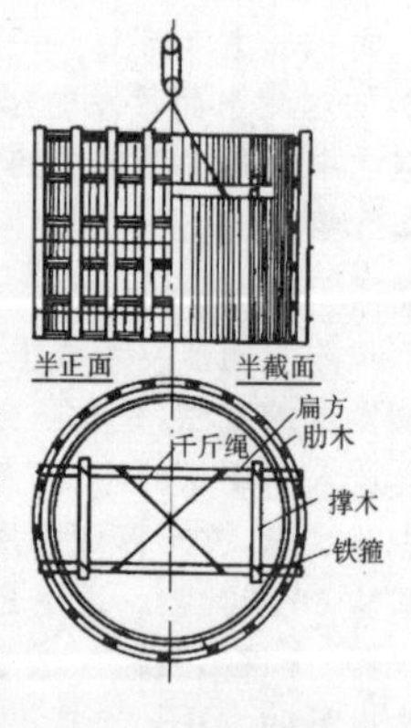

整体吊装模板

整体式板桥 monolithic concrete slab bridge

上部结构在现场就地浇筑混凝土而成的板桥。多用于钢筋混凝土小桥、斜桥和弯桥中。上部结构在桥位处立支架、模板，就地浇筑混凝土，无需吊装设备，施工简便，整体性好，但要多用木材，工期较长。 （袁国干）

整体式梁桥 monolithic girder bridge

在桥位上就地浇筑而成的梁式桥。主要承重结构的主梁只承受弯矩与剪力。常用钢筋混凝土或预应力混凝土筑成，压应力由混凝土承担，拉应力由钢筋或力筋（高强度钢筋、钢丝或钢缆）承担。适用于个别设计的大跨径桥梁，可满足地形、地物、美观与艺术造型的要求，以及起重设备不足和运输条件不好而无法采用装配式梁桥的场合，也适用于旧桥改建或加固处。可做成简支梁桥、悬臂梁桥和连续梁桥等。整体式梁桥的缺点是，需要设置支架、模板，耗费工料较多，建桥时间较长。 （袁国干）

正常使用极限状态 serviceability limit state

旧称运营极限状态。结构或结构构件达到正常使用准则所规定的极限状态。例如影响结构正常使用或影响外观的过大变形；造成不舒适或对设备发生影响的过大振动；降低结构耐久性，影响结构有效使用或其外观的结构局部损坏（包括开裂）。对铁路桥梁要考虑重复荷载对变形和裂缝的影响。

（车惠民）

正交涵洞 right culvert

洞身轴线与道路中心线呈直角相交的涵洞。在基本适应水流情况前提下，涵洞应尽可能布置成正交，这样涵洞长度最短、造价较低。 （张廷楷）

正交桥 right bridge

简称正桥或直桥。顺桥向的桥梁轴线与横桥向的墩台轴线成直角相交的桥梁。这种桥与斜桥和弯桥比较，构造简单，受力也简单明确，施工简便；在同样跨径长度时，桥下横向净空最大；在同样桥宽时，墩台的长度较斜桥的要小。因此，一般尽量做成正桥。 （徐光辉）

正交异性板桥面钢桥 steel bridge with orthotropic plate deck

在钢板下面用小型的钢纵肋与横肋加劲形成桥面板的钢桥。由于桥面板在纵、横两个方向的抗弯刚度与抗扭刚度都不相同，故名。20 世纪 30 年代，美国与德国即已开始这种桥面板的试验，第二次世界大战后，由于钢材短缺，在修复旧钢桥时，前联邦德国采用了大量的这种桥面板，随后在 60 年代，逐渐推广到世界各地。它比混凝土桥面要轻得多，且可起翼缘（或弦杆）和平纵联的双重作用，从而获得省钢的效果。 （伏魁先）

正接抵承 bearing in butt joint

两个或三个木构件依靠其端头紧密顶在一起，直接抵承传递压力的结合方式。其优点是制作简便，工作可靠，常用于压杆接长或节点联结。为防止连接部位横向位移，接头左右均需设置拼接板。

（熊光泽 陈忠延）

正拉索 positive stay

在悬拉桥（或称悬索与拉索组合体系桥）中，使作用于主索的向下荷载减小的斜向拉索。它的一端

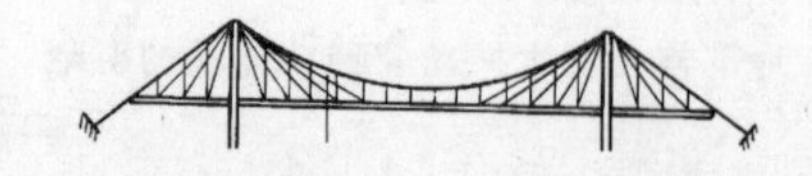

常通集中锚固在塔柱顶端并向下呈辐射状分散锚固在加劲主梁上，由于这种拉索对主梁的悬吊作用，就减小了悬索的受力。如美国布鲁克林桥中的拉索即属此类拉索。 （姚玲森）

正态模型 undistorted model

与原型在任何方向上的线性长度之比均相同的模型。它用于水工模型试验，以适应试验场地及设备条件，保证流态相似。 （任宝良）

正循环钻机 direct-circulation drill

用泥浆泵从钻杆中泵入循环水或泥浆使钻碴在孔内随泥浆上浮排出或用取碴筒排取的旋转钻机。由于钻碴的上浮能量有限，有的在孔内反复碾磨，使泥浆比重增大，故钻进效率很低。 （唐嘉衣）

zhi

支承垫石 bearing template, bed block

梁式桥桥墩、墩帽顶面支座处的高标号钢筋混凝土垫块。它既能承受和扩散较大的局部压力，又便于正确安装支座。 （吴瑞麟）

支承桩 end bearing pile, point bearing pile

又称端承桩，柱桩。上部结构传来的荷载主要由桩底反力支承的桩。这种桩多穿过软弱土层而将桩底支承于硬层上。由于桩的侧摩阻力很小，一般忽略不计。 （赵善锐）

支导线测量 unclosed traverse survey

又称自由导线测量。对由已知其坐标的平面控制点出发，至另一端为自由点的导线测量。这种导线缺乏几何条件的检查，产生测量上的错误不易被发现，所以要限制支导线的点数或长度。（卓健成）

支架 scaffolding

支撑模板、施工机具、建筑材料及施工人员自重并便于人员上下和操作的临时性辅助结构，包括脚手架、膺架、拱架等。一般用木料或常备式钢构件拼搭而成。是桥梁施工作业不可少的辅助结构。

（谢幼藩）

支座 bearing

设置在桥梁上、下部结构之间的传力和连接装置。其作用是把上部结构的各种荷载传递到墩台上，并适应活载、温度变化、混凝土收缩和徐变等因素所产生的位移，使桥梁的实际受力情况符合结构计算图式。一般可分为*固定支座*和*活动支座*。简支梁桥每跨在一端设置固定支座，另一端设置活动支座；连续梁桥每个连续段在一个墩或台上设置固定支座，其他均设置活动支座。按制作材料分钢支座、钢筋混凝土支座和橡胶支座等；按构造形式分*弧形钢板支座*、*辊轴支座*、*摆柱支座*、*板式橡胶支座*和*盆式橡胶支座*等。对宽桥、弯桥和斜桥要考虑能够适应桥梁双向或多向变形的要求，在地震地区要满足桥梁防震、减震的需要。在某些情况下，支座不仅传递压力，还要传递拉力，因此要设置能承受拉力的支座。

（杨福源）

支座摩阻力 frictional resistance of bearing

活动支座摩擦约束产生的纵向力。其值等于摩擦面上的垂直荷载乘以摩擦系数。 （车惠民）

枝城长江大桥 Changjiang (Yangtze) River Bridge at Zhicheng

位于湖北枝城，长江上第四座特大公铁两用桥。铁路桥全长1 742.3m，北连焦枝线，南接枝柳线。公路桥全长1 744.796m。正桥9孔，用2联16Mn钢的下承式平弦菱形桁架铆接钢连续梁，跨度（m）为5×128+4×160，桁高20m，南侧4×160m连续梁的3个中间支点处桁高增大到28m（下弦倾斜）。双线铁路位于两主桁间，主桁外侧各有5m宽公路及1.45m宽人行道。南北引桥分别为3及11孔31.7m预应力混凝土梁。于1971年9月建成，近期铁路只架设上游一线。 （严国敏）

直道水流 flow of straight stream

顺直河道的水流。流量随时间变化的流量过程线具有涨水段和退水段。涨水时（图*a*），由于洪水波在河心传播较快，河心水位高于两岸水位，水面产生横向比降，使水流横断面内形成一对螺旋流，表层水流由河心指向两岸，底层水流由两岸指向河心，结果，两岸冲刷，河底淤积。退水时（图*b*），结果相反，河底冲刷，两岸淤积。在历年洪水一涨一退的长期作用下，一般两岸冲刷多于河底淤积，为免遭河床的冲刷，桥位两岸宜加固。

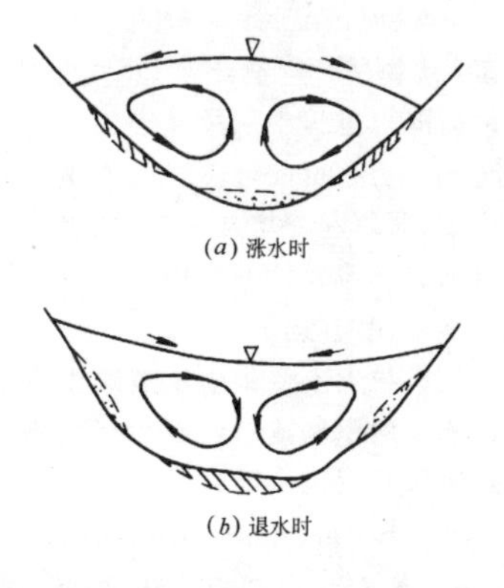
(*a*) 涨水时

(*b*) 退水时

（周荣沾）

直接费 direct charges, direct cost

根据设计图纸和国家批准的预算定额和预算价格计算的一切直接属于建筑与安装工程内某一结构、构件及分项工程的建设费用。直接费的内容主要包括：①直接参与建筑安装工程生产工人的基本工资和附加工资；②材料费：包括结构、构件、设备、成品、半成品及工程用水费；③运杂费（含工地小搬运费）；④工程机械使用费（即台班费）；⑤其他直接费：如冬季施工增加费、雨季施工增加费、夜间施工增加费、风沙地区施工增加费、原始森林地区施工增加费、行车干扰费等费用。直接费可以直接根据原始凭证计入工程成本。（周继祖）

直腿刚架桥 vertical legged rigid frame bridge

即门式刚架桥（164页）。

直线相关 straight line correlation

两系列变量对应值点据之间的相关呈直线分布。自然界的许多现象之间彼此存在着一定的关系，并表现出某种规律性。但由于某些影响因素错综复杂，尚未被人们所认识或无法量测，所以目前还不能一一找出它们之间严格的函数关系。因此，就略去次要影响因素，只根据某些主要影响因素，找出其变量之间的近似关系或平均关系，然后进行分析计算。在数理统计法中，把这种变量之间近似的或平均的关系就称为相关。直线相关就是两系列变量之间的相关可以近似地配成一条直线。在水文统计中，附近两个水文站的洪峰流量资料的对应值点据如呈带状趋势分布，即说明两系列洪峰流量的变量之间存在着直线相关。（周荣沾）

植被 vegetation

流域中生长的草木。它的好、坏、荣、枯，决定了流域截留量的大小、蒸散发的强弱、下渗的难易以及坡面汇流的快慢，是径流形成过程中一个重要的因素。（吴学鹏）

植物截留 interception

简称截留。植物枝叶拦截降水（主要是降雨）的现象。截留量为降雨过程中从枝叶表面蒸发的水量和降雨终止时枝叶上存留的被蒸发的水量之和。在水文循环过程中，截留起着增加蒸发、减少达到地面的降雨，从而减少地面径流的作用。（吴学鹏）

止水箍 water stop hoop

紧扣在斜拉桥拉索上使雨水不致顺索下流至锚头部分以防其锈蚀的钢制或塑料制的环状物。一般设置于斜拉索两端邻近锚头部分。（谢幼藩）

纸板排水法 cardborad drain method

用宽10cm、厚3cm厚纸板代替砂作为透水性填充料的一种地基加固方法。采用与塑料板排水法雷同的施工方法，将带有排水孔或排水沟的纸板插入软土中，顶部埋入砂垫层中，通过填土压载，使地基排水固结。此法适用于加固软土层较厚的地基。（易建国）

制动撑架 braking bracing, braking frame

又称制动联结系。下承式桁梁桥中为防止横梁因纵梁在传递车辆制动力或列车牵引力时所引起的过大水平弯矩而设置的一种联结系构造。通常宜设置在跨中或纵梁的断开点处，用桥面纵横梁的交点处和平纵联斜杆的交点处均加设四根短斜杆来组成。（陈忠延）

制动墩 braking pier, abutment pier

多跨桥梁设计中，考虑承受全桥或分段水平推力的桥墩。在多孔连续梁桥中，常将固定支座设在制动墩上，使上部结构的水平力主要由该墩承受。因此，它常比普通墩有较大的刚度。（吴瑞麟）

制动力和牵引力 braking force and tractive force

车辆在桥上制动或启动时，因其加、减速度而反作用于线路方向的纵向水平力。一般取车辆竖向静活载的10%作为制动力或牵引力。在铁路桥梁上，上述力作用在轨顶以上2m处，设计墩台时移至支座中心处；在公路桥梁上，规定该力作用在桥面以上1.2m处，并参照有关规范处理。对柔性墩台，应考虑按抗剪刚度将制动力分配给所有墩台共同承受。（车惠民）

制孔 hole making

用机械方法在工件上形成孔洞的工艺过程。方法有：冲孔、钻孔、插孔、铣孔、镗孔等。（李兆祥）

制孔器 hole making tools

在工件上制孔时所用器具的总称。可分为手工器具、风动器具和电动器具三类。（李兆祥）

质感 texture

建桥的天然材料或人工材料给人以软硬、轻重、粗细、糙滑等的感觉。除材料本身所显示外，桥梁制造施工时的处理方法不同其结果亦不同。迄今没有一种人工的建桥材料能比得上天然种类繁多的石料那样丰富多彩，因此有采用镶面石的桥梁。近年，在混凝土桥梁建造中采用不同的建筑处理方法，获得变化的质感。（唐寰澄）

雉墙 retaining backwall

又称子墙，俗称台背。台帽或拱座以上且与台帽或拱座相连的竖墙。墙后与路堤相接，起挡土作用，并保证台帽所需净空。（吴瑞麟）

zhong

中承式拱桥 midheight-deck type arch bridge, half-through arch bridge

桥面系设置在近拱肋中部的拱桥（见图）。较上承式拱桥的建筑高度小，纵坡小，引道（桥）短；但桥梁宽度大，构造较复杂，施工也较麻烦。

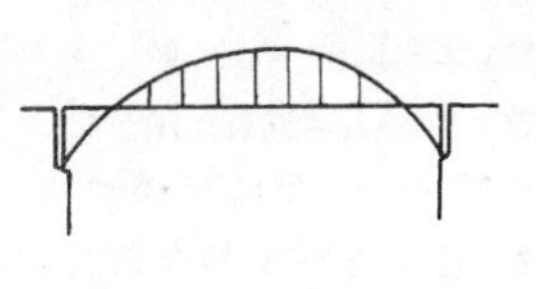

（袁国干）

中承式桥　half-through bridge

又称半穿式桥。桥面行车道部分位于主要承重结构高度中间的桥梁。这种桥的构造比上承式桥要复杂，主要承重结构（主梁、主拱肋等）要做在行车道宽度以外，墩台和基础相应也要做得宽些，桥上视野会受到两侧主要承重结构的阻挡。适用于桥梁建筑高度受到限制（例如一些大跨径拱桥或桁架梁桥等，当采用上承式不能满足桥面或轨底的设计标高的要求）或不够经济合理的场合。（徐光辉）

中间加劲肋　intermediate stiffener

钢板梁中不在支承处的腹板为保证钢板梁在一定荷载条件下不出现翘曲，在跨度中间部分的腹板上设置的竖向加劲构件的通称。参见竖加劲肋（221页）。（曹雪琴）

中间型桩　combined end-bearing and friction pile

轴向压力通过侧壁摩擦和端承两种作用，传递的力在总荷载中所占比例相差不大的桩。往往出现在地层很厚的中等密实土层，桩不太长，侧壁摩阻和端阻均较大的情况。（夏永承）

中孔　central span

又称中跨。桥梁分孔时主孔按对称布置时的中央孔，一般就是主孔。与边孔跨径之比与上部结构形式有关，对于简支梁可以是等跨或不等跨；对于带挂梁的单悬臂梁、带挂梁的T形刚构和连续梁一般为1：（0.5～0.8）；对于悬索桥和斜拉桥为1：（0.2～0.5）。（金成棣）

中桥　medium span bridge

多孔跨径总长L（m）为：$30<L<100$或单孔跨径L_0（m）为：$20\leqslant L_0<100$的桥梁。

（周荣沾）

中数粒径　median particle diameter

小于某粒径的沙量百分数为50%的粒径。以d_{50}表示。也有称为中值粒径的。（吴学鹏）

中性轴　neutral axis

钢筋混凝土梁截面纤维应变等于零的轴线。与一般连续匀质弹性材料梁不同，钢筋混凝土梁的中性轴位置是随着受力阶段的不同而发生变化的，尤其是当裂缝显著开展后，其位置将会迅速上移。对于预应力混凝土构件，还与预应力的大小有关。

（李霄萍）

重锤夯实法　gravity hammer ramming method

利用起重机械将重锤提升至一定高度后，自由下落，重复夯打，以击实地基的地基加固法。锤重一般在15kN以上，夯实效果与锤重、锤底直径、落距、夯实遍数及土质的含水量等有关，通常只有在最佳含水量条件下，才能取得显著效果。此法适用于加固各种粘性土、砂土、湿陷性黄土、分层填土和杂填土地基。（易建国）

重力焊　gravity welding

将专用重力焊条的引弧端对准焊件的接缝，另一端夹持在可滑动的夹具上，引燃电弧后，随着电弧的燃烧，焊条靠自重下降而进行自动焊接的一种高效率的焊接方法。（李兆祥）

重力加载系统　weight loading system

由重物和加载设备组成的加载系统。重物有标准铸铁砝码、混凝土块、水、砂石及废钢锭和钢轨等。加载设备有杠杆、吊杆、荷载盘、砂袋及水箱等。用重物直接堆放在结构表面上施加均匀荷载时要避免连续堆放形成拱作用而卸载。通过杠杆加力装置或吊杆可施加集中荷载；也可通过钢索和转向滑轮施加水平荷载。其优点是设备简单，加载形式灵活，取材方便，缺点是荷载量不能很大，操作笨重费工，砂石等表观密度受大气湿度影响。（张开敬）

重力勘探　gravity prospecting

利用组成地壳的各种岩体、矿体的密度差异所引起的重力变化而进行的一种地质勘探方法。由于组成地壳的各种岩（矿）石的密度差异会使地球重力场发生变化，从而引起重力异常，对它们进行分析研究，便可以找出引起重力异常的地下物质的分布情况。它广泛应用于了解地质构造及寻找与超基性有关的金属矿床。（王岫霏）

重力式墩台　gravity pier and abutment

在承受外力时，依靠自身及作用于其上的重力获得稳定的桥墩或桥台。其体积和自重一般都较大，常常就地取材，用砌体或素混凝土修建。U型桥台就是典型的重力式桥台。（吴瑞麟）

重力式拼装墩台　fabricated gravity pier and abutment

由混凝土或钢筋混凝土预制构件实地拼装而成的重力式墩台。有实体和空心两种类型。在严重缺水、缺砂石料的情况下，为加快施工进度，可以采用这种形式的墩台。我国铁道部门在兰-新线和青-藏线上曾多次使用，情况良好。由于这种墩台块件运输量大，种类繁多，拼装易出差错，故推广受到限制。

（吴瑞麟）

重力式桥台　gravity abutment

见重力式墩台（289页）

zhou

舟桥 boat bridge

用舟船作为水中支墩，在其上架设桥面系统供人、车通行以沟通两岸交通的架空建筑物。浮桥的一种，最早跨越大江大河的一种较简便的手段。《诗经·大雅·大明》："亲迎于渭，造舟为梁"，足证距今三千多年前（约公元前1134年）即已可在渭水上用船只架设舟桥。以后历代都有建造舟桥的记载并有所改进。如现存的浙江临海的灵江浮桥，初建于宋淳熙八年(1181年)，在桥的一端桥面逐渐抬高成为通航孔，可以不拆断浮桥而让小型船只通过。

（徐光辉）

zhu

珠浦桥 Zhupu Bridge

见安澜桥（1页）

竹筋混凝土沉井 bamboo reinforced concrete open caisson

利用竹材纤维拉力强度较高的特点，经过处理加工，代替钢筋构成加筋混凝土的井筒结构。竹筋虽能就地取材，但其强度、抗裂性及耐久性等方面远不如钢筋，只能用作小型沉井，而刃脚仍需钢筋。

（邱　岳）

竹索桥 bamboo cable bridge

用竹索建成的吊桥。系一种古代桥梁，早在公元前3世纪即已采用。其结构形式状如今之悬索桥或斜拉桥，前者又称笮桥。我国四川灌县珠浦桥（安澜桥），即为多孔连续的竹索桥，全桥用竹索24根，其中10根为底索，上铺木板作桥面，供行人通行，木板两端各压一根竹索，其余12根作为扶栏。

（伏魁先）

逐孔施工法 span-to-span construction method

从桥梁一端开始，采用一套施工设备或一、二孔施工支架，逐孔施工上部主梁，直至全部完成的多跨长大桥梁建造方法。主要优点是省和快，使施工单一标准化、工作周期化，最大程度地减少工费比例，降低造价。从技术上分为三种：用临时支承组拼预制节段逐孔施工，使用移动支架逐孔现浇施工和采用整孔吊装或分段吊装逐孔施工。根据桥的类型，施工阶段的内力变化，有简支变连续和悬臂变连续等不同，均需考虑施工中的体系转换。（俞同华）

主槽 major stream channel

河槽内除边滩以外的其余宽度部分。（参见河流横断面，95页）

（周荣沾）

主拱圈 main arch ring

又称主拱。拱桥桥跨结构中呈曲线形的主要承重拱圈。它承受桥上的全部荷载，并把荷载传递给桥墩或桥台。其轴线型式常用的有圆弧线、抛物线和悬链线。按横截面型式有整体或分离的板拱、两个以上分离的肋拱和箱形拱等，在双曲拱中则在肋拱上另有一个或数个横向小拱(见图)。圬工拱桥一般用砖、石或混凝土做成板拱形式，钢筋混凝土拱桥常采用钢筋混凝土肋拱、箱形拱的形式。大跨径拱桥可用钢材组成工形或箱形截面主拱圈。按截面沿纵向变化与否又分厚度和宽度均不变的等截面拱和宽度不变、厚度变化的或厚度不变、宽度变化的变截面拱。

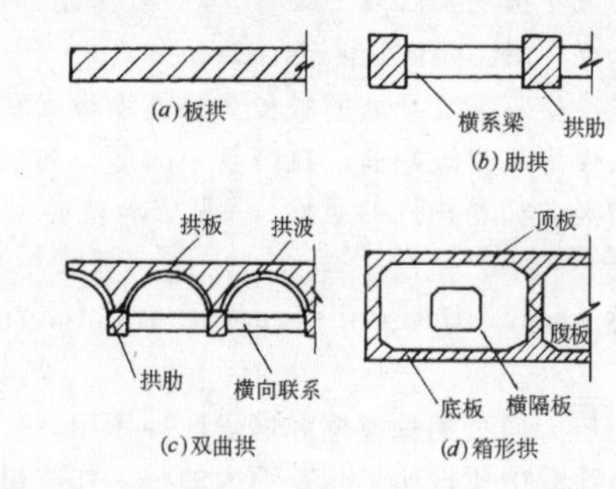

（俞同华）

主拱腿 main arch leg

刚架拱桥中上端与主梁和次梁相联接、下端支于墩台的主要受力构件。它与主梁、次梁和次拱腿共同构成主要承重结构，(即刚架拱片)。在桥跨立面上，一般采用直线形或与主梁下边缘相配合的微曲线形。参见刚架拱片（60页）。（俞同华）

主节点 principal panel point

又称大节点。桁梁桥中主桁平面内有弦杆、斜杆及竖杆三种杆件共同交汇的节点。桁架中仅有竖杆与弦杆相交汇的节点，则称为副节点。(陈忠延)

主孔 main span

又称主跨。主桥范围内跨径最大的一孔（或数孔)桥跨结构。一般主孔用于跨越单向或双向通航的主航道、立体交叉的桥下线路或其他障碍物。

（金成棣）

主梁 main girder

桥跨结构中承受荷载、跨越墩台之间的空间并将所承受的荷载传给墩台的主体部分。用于梁桥中，分简支梁、悬臂梁和连续梁。在竖直荷载下，它们只受弯受剪，不承受轴向力(预应力混凝土梁则受有轴向预加力)。梁跨小（公路：6～16m；铁路：≤6m）时，常用板式截面。跨径增大时，梁高须增加，多采用肋式（包括T梁和工字梁，甚至箱梁），以节省材料，减轻梁重。混凝土梁内的钢筋分受力钢筋和构造钢筋两种。肋-板式主梁的上翼缘即桥面板或道碴槽板。 （何广汉）

主溜 major flow

见股流（84页）。

主桥 main bridge

跨越河道主槽部分或深谷、人工设施主要部分而设置的桥跨结构。 （金成棣）

主扇性零点 normalized sectorial zero point

以开口薄壁杆件横截面的固有扭转中心为极点时，使扇性静面距 $S_\omega=0$ 的周边起算点。 （陆光闾）

主扇性坐标 normalized sectorial coordinates

以开口薄壁杆件横截面的固有扭转中心为极点，以主扇性零点为周边起算点时，截面周边上各点的扇性坐标。 （陆光闾）

主索矢高 rise of main cable

悬索桥主跨悬索的最大垂度。它与跨径的比值即矢跨比可表示索线的几何和力学特性。相对矢高愈大，即矢跨比愈大主索内力愈小，可使主索截面减小，但桥塔高度和悬索长度都要增加，而且会增加跨径四分点处的挠度。悬索桥的矢跨比欧美各国为1/9～1/12；我国常采用1/9～1/10。 （赖国麟）

主体美 beauty of bridge body

满足桥梁功能和构成桥梁必不可少的构造部分的美。桥梁主体一如自然人体一样是主要的构成美的客体。主体美是相对于装饰美而言，主体如美，不加装饰仍可光彩照人，主体不美虽刻意装饰亦难掩其丑。设计桥梁主体时，若仅着重于构造结构的科学分析，计算，以确定型式，所得主体形象不一定美。正确的方法是在进程中同时以美的法则不断修改完善。只有主体的美才是桥梁真正的美。（唐寰澄）

主要承重结构 main bearing structure

将桥面结构所受的作用力（包括桥梁上部结构自身重量）通过支座传递给墩、台及基础的结构构件。例如梁式体系中的主梁；拱式体系中的主拱圈；刚架体系中的主刚架；悬索体系中的主索等。 （邵容光）

柱式桥墩 columnar pier

墩身由单根或多根柱状体组成的桥墩。如柱下是桩基础，则称桩柱式桥墩。柱的截面形式有圆形、椭圆形、矩形、多边形等。在桥轴线与水流或线路中线成斜交的桥梁中，圆形柱式墩使用较广；在城市桥梁中，也采用矩形或多边形柱式桥墩。（吴瑞麟）

铸钢支座 cast steel bearing

采用碳素钢或优质钢，经过制模、翻砂、铸造、机械加工和热处理等工艺制成的支座。参见钢支座（73页）。有尺寸大、耗钢量多、容易锈蚀和养护费用高等缺点，目前应用较少。 （杨福源）

铸铁桥 cast iron bridge

用铸铁建造的桥梁。18世纪70年代，欧洲炼铁工业发展，促使铸铁桥的产生。1779年英国建成第一座铸铁桥，为以承压为主的拱式结构。18世纪末还修建有铸铁链杆的悬索桥，19世纪中期，已能冶炼熟铁，由于铸铁的抗拉强度及韧性均不及熟铁优越，铸铁桥遂被淘汰。 （伏魁先）

筑岛法 sand island method

在水中筑人工岛，其上建沉井或沉箱底节，并取土使它们下沉的一种施工方法。一般情况，若水深在1～2m以内，流速较小，可用草（麻）袋盛土围成土岛；若水深在3～5m以内可用木板桩围堰筑岛；若水深在15m以内，常用钢板桩围堰筑岛。岛中用砂填实。在流速较大情况下，为防止冲刷过大危及岛的安全，常须防护河床。 （邱 岳）

zhua

抓斗 grab

利用抓瓣自重和其开合动作抓取土石的挖掘机械。抓瓣开合由钢丝绳滑车组操纵，以起重机或卷扬机配合工作。按构造分为双瓣式，四瓣式，六瓣式。抓瓣的端部可装掘齿。不带掘齿的双瓣式，适用于松散砂土。带掘齿的用于胶结土层或坚实土层。四瓣式多用于挖掘卵砾石。

（唐嘉衣）

zhuan

砖涵 brick culvert

用砖砌筑而成的涵洞。主要用于砖拱涵。这种涵洞便于就地取材，但在水流含碱量大时和冰冻地区不宜采用。 （张廷楷）

砖石圬工沉井 masonry open caisson

用砖、条石等材料砌成的、可作为构筑物基础的井筒结构。其刃尖部分仍需用钢料制成，一般只适用于小型或下沉不深的沉井。 （邱 岳）

转体施工法 rotation construction

在河流的两岸或适当位置，利用地形或使用简便的支架先将半桥预制完成，然后以桥梁结构本身为转动体，使用一些机具设备，分别将两个半桥转动到桥的轴线位置合龙成桥的建桥方法。可以采用平面转体、竖向转体或平竖结合转体。由国外从拱桥竖转施工发展起来，现已应用在拱桥、梁桥、斜拉桥、斜腿刚架桥等不同桥型上部结构的施工。优点是可减少支架费用、把高空作业和水上作业转变为岸边陆上作业，从而保证安全和质量，而且施工中可不影响桥孔下的交通或航行。一般适用于单孔或三孔桥梁的施工。（俞同华）

转体装置 turnplate for slewing erection

用转体法架设桥梁的转动机构。用聚四氟乙烯板与镍铬钢板制作的转盘和环形滑道，或用涂二硫化钼润滑剂的球面铰和滚轮滑道组成。前者由转盘中心支承与环道共同承重；后者由球面铰承重，环道仅起平衡稳定的作用。（唐嘉衣）

zhuang

桩 pile

竖直或倾斜地深埋于土中，荷载通过其侧壁和下端传至周围土体和深层地基，类似于柱的一种结构构件。有多种类型，按成桩方法分为预制桩、就地灌筑桩和混合桩。承载能力与其类型及周围土的性质等多种因素有关。一般来讲，轴向受压承载力较高，也能承受一定的轴向拉力（拔力）、横向力和扭矩。（夏永承）

桩板加固法 pile slab method

在软弱土层较厚的地基上修筑高等级公路时，使用钢筋混凝土承台板与木桩（或钢筋混凝土桩）组成桩板作为基础的一种打桩加固法。此法费用昂贵，只应用于下列情况：①通过城市区的高等级公路或高架道路，在通车营运时，由于地基土可能发生塑性流动，造成其周边地基变形较大，或者因车辆振动等影响，必须采取处理加固措施时；②在桥梁与引道连接部位，由于产生相当大的不均匀沉降而严重影响行车安全时；③施工期限紧迫，而软土地基处理需要时间较长时。（易建国）

桩侧摩阻力 skin friction of pile

在轴向荷载作用下，桩侧表面所受到的土的轴向剪切力。其方向与桩对土的相对位移的方向相反。在一般情况下，沿桩长方向摩阻力随桩顶位移值的增大逐渐由桩顶向桩底发挥；在某一深度处摩阻力随该点位移的增大而逐渐发挥，直至其极限值。土的类型及其物理力学性质、施工方法和桩材的表面性质是影响极限值的主要因素。（赵善锐）

桩的沉入度 set of pile

又称桩的贯入度。锤击或振动沉桩时，正常情况下每次锤击引起的下沉量。按每阶段下沉量除以锤击次数计算，通常对落锤和单动汽锤以 10 次锤击、其他以 1min 为一阶段。有的也取为下沉一定距离所需锤击次数。（夏永承）

桩的行列式排列 arrangement of piles in rank form

桩在平面呈棋盘状的布置格式。这种排列很简单，利于施工作业，如工地测定桩位，铺设打桩机运行路线等都甚方便，故得到普遍采用。（刘成宇）

桩的计算宽度 calculating width of pile

计算桩的横向抗力时，为简化计，将桩的实际宽度或直径 b 换算成受力情况基本相同的横向抗力作用的当量宽度 b_0。其表达式如下式。

$$b_0 = K_f K_0 K b$$

式中 K_f 为形状换算系数，矩形截面取 1.0，圆形取 0.9；K_0 为受力情况换算系数，是桩由空间受力状态简化成平面受力状态时的系数，通常其值取 $1+\frac{1}{b}$；K 为桩基中各基桩的相互影响系数，其值随桩数的增加和间距的减小而减小，通常都小于 1.0。K_f、K_0 和 K 三个系数的计算公式在一般桩基计算手册中都能查到。（赵善锐）

桩的梅花式排列 staggered arrangement of piles

桩在平面呈三角形的布置格式。这种排列形式可在满足桩的最小间距条件下，用有限承台面积布置较多的桩。一般多用于承台面积较小而桩数较多的情况。（刘成宇）

桩的最小间距 minimum pile spacing

桩基设计中从构造上规定的基桩间最小的中心距。它随不同的施工方法而异，通常不得小于桩径的 2.5～3.5 倍。柱桩可缩小到 2 倍。规定最小间距的原因一方面是考虑到打桩时防止土面升隆过大及施工工艺上的可能性，另一方面则是考虑群桩作用的缘故。（赵善锐）

桩的最小埋深 minimum embedded depth of pile

对摩擦桩的桩基，为了使上部结构的荷载通过基桩传递到较深的土层中去，从构造上规定的基桩最小入土深度。通常该深度不应小于承台宽度的 2～3 倍或自基础底面算起或最大冲刷线算起不小于 4m，这样由桩基在地基土中所产生的等压力线就能比安置在承台底面处的平基所产生的等压力线下移足够的距离，以充分发挥桩基的稳定作用并减小沉陷。（赵善锐）

桩动力试验 dynamic pile test

在桩顶施加冲击力，或施以瞬态或稳态振动，测定桩的贯入度或动力响应，评价其完整性及预估其承载能力等的试验。有多种测试方法，可分为大应变法和小应变法两类。前者用质量较大的锤锤击桩顶，使桩产生自由振动并达一定贯入度，根据能量守恒原理或应力波理论，或将二者相结合，预估桩的承载能力或同时判断其完整性，对预制桩还可预测打桩应力和锤具效率；后者用锤或激振器激振，使桩产生自由振动或强迫稳态振动，根据桩的振动频率、振动波形等动力响应判断其完整性和承载能力。同桩静载试验相比，其显著优点是设备轻便，测试效率高，试验成本低。（夏永承）

桩端阻力 end resistance of pile

在荷载作用下桩底所受到地基土的轴向支承反力。它随桩底轴向位移的增加而逐渐发挥，直至其极限阻力。土的类型及其物理力学性质和桩的施工方法是影响桩的极限端阻力的主要因素。（赵善锐）

桩负摩擦力处理 treatment of negative skin friction

工程中用来消除或减小桩的负摩擦力的措施。对于灵敏度高的软粘土可将打入桩改为钻孔灌注桩，以免桩周土受挤压而进一步固结。对于由新填土或地下水位大幅度下降所引起者，可在桩的外侧涂沥青，或采用在钢桩的外周事先涂 0.5mm 厚的粘弹性物质，再在其外面涂一层 1.8mm 厚的合成树脂保护层，这种桩承受的负摩擦力不及普通桩的 20%；也可采用双套管法，在两套管之间涂满润滑油，并在顶端孔隙中填塞环氧树脂以防土粒进入两管之间。荷载由内管承受，负摩擦力主要由外管承受。由内管承受的负摩擦力不及总数的 1/3。（夏永承）

桩工机械 pilework machinery

在地层中贯入、拔出预制桩或就地灌注成桩的施工机械。按工作原理分为打桩机、压桩机、振动沉桩机、灌注桩钻孔机、喷浆成桩设备、拔桩机等。（唐嘉衣）

桩横向承载力 lateral bearing capacity of piles

垂直于桩轴方向桩所能承受荷载的能力。它分极限承载力和容许承载力两种。现存的资料比较少，确定其数值时具有一定的难度，在多数情况下需要作横向荷载试验。按以往的经验，横向承载力往往由桩材强度控制或桩的变形控制。（赵善锐）

桩基础 pile foundation

又称桩基。由单桩或群桩及其上端的承台或仅由桩构成的传递上部荷载于地基的基础型式。属于深基础。通常在下列情况采用：①承载力满足要求的土层埋藏较深；②土层受水流冲刷的深度较大；③上部结构要求严格限制基础沉降或对不均匀沉降很敏感。同一基础中，桩的数目一般不少于 2 根，桩与桩之间相隔适当距离，布置成一排或数排；有时也采用大直径单桩基础。桩材有木、钢筋混凝土、钢管、钢轨、H 型钢等。除对建筑物起竖向支承作用外，抗拔、抗倾覆及抗震性能也比较好。已有两千多年历史，至今仍广泛用于桥梁、港口、码头、工业与民用建筑及近海结构物等许多工程。（夏永承）

桩基动力试验 dynamic test of pile

用动力方法检测桩基质量的试验。主要用于打入桩和钻孔灌注桩的质量鉴定。方法有频率法、波速法、机械阻抗法、锤击贯入法、水电效应法和波动方程法等。（林维正）

桩基试验 pile test

检测桩基质量的试验。有现场静载试验、动力法试验及模型试验等。现场静载试验能较可靠地确定桩基的设计参数和桩的承载力，以及计算桩的内力和位移。动力法试验主要用于确定单桩极限承载力和检验桩基结构的完整性，具有快速简便之特点。模型试验多用于群桩承载力研究，因实体群桩荷载试验设备庞大，垂直加载能力有限，费用大，故做成缩尺模型试验。（林维正）

桩架 pile frame

支持桩锤并为桩锤和基桩导向使之对准桩位作业的桩工设备。将其安装在走行装置上，即成为履带式或步履式桩架。（唐嘉衣）

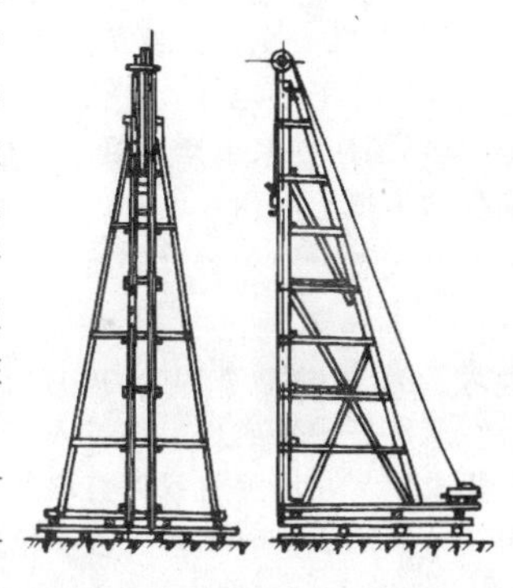

桩架基础 pile-trestle foundation

方向不同的基桩全部或部分在顶点处两两相交而形成节点，所有节点的顶点又用承台连接成整体的基础。当水平荷载相当大，且合力的方向经常改变时，可采用这种基础形式，如拱桥基础。（赵善锐）

桩尖扩大桩 under-reamed pile

在桩底附近将截面逐渐扩大，形成锥台状的桩。在钻孔桩中采用。当桩通过软弱土层而将桩底置于坚硬密实的土层时，为了减小桩底土所受的压应力，增加桩的承载力，可以采用这种方法。此时桩所受的侧摩阻力可以略去不计，全部荷载由扩大的底部来承担。但是，有时在匀质土层中也采用这种方法来增加桩底部的承载力，这种情况下就必须考虑桩的侧摩阻力。（赵善锐）

桩静载试验 pile loading test

在桩顶施加静荷载，测定或检验桩的承载能力，研究其受力性状的试验。按荷载形式可分为轴向压力、轴向拉力(拔力)、横向力和扭转等四种试验，其装置包括加载、基准和量测三部分。一般用液压顶升器（千斤顶）加载，由反力梁与锚桩或支墩构成其反力传递系统；基准装置由基准梁和桩组成，试桩、锚桩或支墩及基准桩之间应有足够距离。除量测桩顶位移外，还常常沿桩身埋设应变传感器，量测桩身应变。有不同的加载方式，通常是分级施加，每级荷载均维持至桩顶位移按一定的标准达到稳定。一般应做出荷载-位移曲线，由此确定桩的承载力。试验结果一般较为可靠，但成本较高。（夏永承）

桩帽 pile cap, pile cover, pile helmet

打桩时安装在桩顶的临时性金属罩帽。帽底和桩顶之间可根据需要设置桩垫，帽顶安设锤垫直接承受锤击。桩帽使桩在冲击力作用下受力比较平稳均匀，保护桩顶不致因冲击力而产生裂缝和局部破碎。（赵善锐）

桩帽加固法 pile cap method

又称瑞典法。由带桩帽的单桩组成桩群来承受填土荷载的一种打桩加固法。由于桩帽上填土内部的拱作用，几乎全部上部荷载均由桩帽承受，然后通过桩体传给下卧地基。桩体可用木桩、预制混凝土桩、现场灌注砂浆或素混凝土成桩等。要求桩帽所占面积约为填土底面积的30%～50%。此法适用于对容许有一定不均匀沉降的桥头引道加固工程。

（易建国）

桩式木墩 timber pile bent

又称桩排架木墩。在打入河床中的多根木桩顶部装上帽木并用穿钉或榫钉联结而成的排架支承结构。一般用于临时木桥工程和抢修工程。

（吴瑞麟）

桩式木桥台 timber pile bent abutment

用几根成排打入河床的木桩，上装帽木，用穿钉或榫钉联结而成的桥台。在木桩内侧装有挡土板，以挡住台背填土压力。它的高度一般不宜超过3m。

（吴瑞麟）

桩式桥墩 pile pier, pile bent pier

将桩基础向上延伸并在桩顶设盖梁的桥墩。桩基常做成单排或双排，故又称排架墩。在城市桥梁中，常用加强支点处横隔板的办法，使之起到盖梁的作用，而又隐蔽在梁中，以获得更好的桥梁造型。

（吴瑞麟）

桩网加固法 pile net method

用钢筋把打入软弱土层中的各桩顶部连成网状，然后铺摊土木工程用网（如工程用薄膜、金属网等），其上再填筑引道，使大部分上部荷载能由群桩承受，再通过桩体传递给下卧地基的一种打桩加固法。此法多数采用木桩，若该桩基为摩擦桩基，则既要控制引道的总沉降量，又要保证群桩与地基的整体下沉和行车安全要求。（易建国）

桩靴 pile shoe

安装在打入桩底部的钢制锥形桩尖。通常在木桩、钢筋混凝土桩和预应力钢筋混凝土桩中采用。其作用是保护桩尖，增强通过硬层的能力。

（赵善锐）

桩压入法 pile jacking method

施加静压力把预制桩压入土中的方法。加压方法有：①直接在桩顶堆放重物；②利用现有结构物、地锚或上部堆放的重物传递或平衡反力，用顶升器（千斤顶）加压；③架设压桩架，用卷扬机通过滑轮组加压。由于受加压能力限制，一般只能压入软土层，桩的承载力也不高。压入时辅以射水，可加速桩下沉。（夏永承）

桩轴向承载力 axial bearing capacity of piles

沿桩轴方向桩所能承受荷载的能力。工程中常用极限承载力或容许承载力来表示。它们应分别按桩材强度和土的阻力进行评价，取其较小者。当考虑土的阻力时，桩的极限承载力为桩侧摩阻力和桩端阻力发挥到极限值或接近于极限值时桩所能承受的轴向荷载。将极限摩阻和极限端阻除以各自的安全系数即得桩的容许承载力。当考虑桩材强度时，先要根据桩端的固着条件和土的性质确定桩的计算长度，然后即可按材料力学的方法进行压杆的计算。桩的承载力最好通过试桩确定，打入桩可在施工时以冲击试验验证。（赵善锐）

桩柱埋置式桥台 buried pile-column abutment

采用桩基和柱式台身的埋置式桥台（见图）。根据桥宽和土基承载能力可以采用双柱、三柱或多柱的型式。由于顺桥向桥台刚度较小，一般用于路堤填土高度不大于5m的桥台。

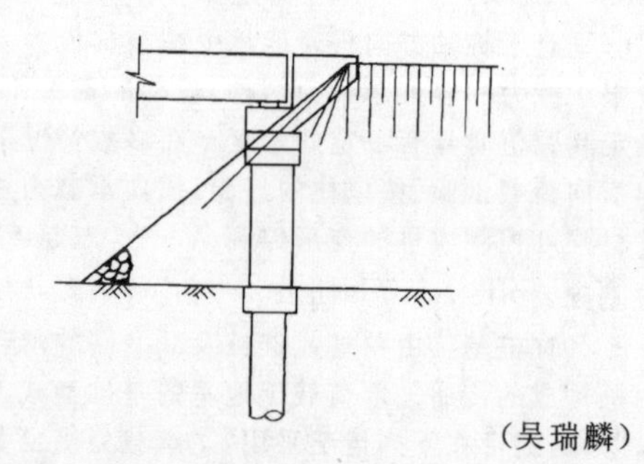

（吴瑞麟）

装车图 sketch of loading

根据装车设计要求，绘制出货物与运输车辆相对位置关系、支架位置、吊点位置、转向架安置、封车加固情况的图样。要标明货物总重，重心位置，装

完车后长、宽、高尺寸。超限运输的装车图要报铁路货运部门审定后方能发货,以确保运送过程的安全。（李兆祥）

装假底浮式沉井 floating caisson with false bottoms

底部装不透水临时底板而形成浮体的井筒结构。底板多采用木料。沉井浮运定位后,向井孔内注水下沉,待刃脚插入河床稳定深度后,灌注井壁混凝土,拆除底板支撑,打开井底木板,再取土下沉。它们多为钢筋混凝土沉井。（邱 岳）

装配式板桥 prefabricated slab bridge, precast slab bridge

上部结构由预制构件构成的板桥。预制构件采用钢筋混凝土或预应力混凝土,横截面可为实体的或空心的,构件之间横向采用混凝土铰或钢板铰连接成整体,用以传递竖向剪力而共同受力。这种桥工业化程度高,成本低,工期短,可节省模板和支架,建筑高度小,在公路小桥中采用甚广。（袁国干）

装配式钢筋混凝土梁桥 precast reinforced concrete beam bridge

用预制构件在桥位上组装的钢筋混凝土梁桥。这种桥梁,便于工业化施工,有利于降低劳动强度和制造费用,质量容易得到保证,并可缩短工期,节省大量支架和模板耗费的木料。（伏魁先）

装配式公路钢桥 detachable bridge for highway

用标准单元构件拼装的公路桁梁桥。其构造系参照贝雷桥加以改进设计制造的,材料采用16锰钢。由单元构件、螺栓、桥面板等组成,并配有安装工具。可拼装成中小跨径、各种公路荷载和车道数的单层、双层或多层桁梁。其构件轻便,拆装迅速,适用于公路抢修、施工便桥、施工支架和塔架等。（唐嘉衣）

装配式拱桥 precast arch bridge

上部结构采用工厂(场)预制,在桥位上拼装成整体的拱桥。分完全装配式与装配-整体式两种,前者适用于起重能力强大或构件重量不大的场合,后者反之。装配式预制构件的型式与分段大小取决于起重设备、架设方法和运输条件。优点是施工速度快,工期短,不用拱架,可以减小混凝土收缩、徐变产生附加力的影响。缺点是构造复杂,工序多,整体性差。（袁国干）

装配式梁桥 precast girder bridge

上部结构由工厂(场)预制部件,在桥位上组装而成的梁式桥。常用纵向竖缝(预应力混凝土桥可横向分缝)沿桥宽按起重能力划分成若干部件,采用钢筋混凝土或预应力混凝土预制,然后运至桥位上安装,并使部件整体化。其法可采用现浇混凝土接头,或采用预应力连接等。装配式梁桥通常做成等高度的简支梁桥,以便制造、运输和架设。其优点是:部件可标准化与工业化,上、下部结构平行作业,加快建桥速度,具有较高的经济效益;且主梁数目多于整体式的,可获得较小的建筑高度。其缺点是需要强大的起重机械设备和可供运输的条件。（袁国干）

装配式桥墩 precast pier

把墩体划分为若干个块件,先在桥头预制场用混凝土浇筑构件,然后运到墩位吊装砌筑而成的桥墩。其优点是可使基础工程与预制工作同时并进,从而加快施工进度,并节约模板工程。（吴瑞麟）

装配式悬臂梁桥 precast cantilever beam bridge

主梁采用预制装配式构件筑成的悬臂梁桥。装配式构件可用纵向竖缝或横向竖缝将上部结构划分形成,前者可采用钢筋混凝土或预应力混凝土筑成,重量较大,须用强大起重机械架设,采用较少;后者可分成节段预制,重量较轻,利用设于已成节段上的轻便架桥机安装下一块构件,并张拉预应力钢筋,将前后节段连接成整体,是一种新颖的施工方法,不影响桥下通航或通车,可建成较大跨径的梁式桥,施工中必须注意主梁与桥墩临时固结的可靠性。（袁国干）

装配式悬臂人行道 precast overhanging pedestrian way

一种采用分块预制且悬臂安装在主梁上的人行道构造型式。由人行道板、人行道梁、支撑梁及缘石构成。（郭永琛）

装配-整体式梁桥 precast-monolithic girder bridge

上部结构由钢筋混凝土或预应力混凝土装配式构件和现浇混凝土部分结合而成的梁式桥。装配式预制构件置于下部,既是承重结构的一部分,又可充当浇筑于其上桥面混凝土的模板。这种结构的特点是,预制构件较装配式梁桥的构件小而轻,便于起吊安装,整体性好;缺点是工艺程序稍多,工期较长。可做成简支梁桥,也可采用预应力将简支体系连接成悬臂梁桥或连续梁桥。（袁国干）

装饰美 beauty of bridge decoration

桥梁辅助部分或附加装饰部分的美。主体需不需要装饰,历史上曾有两派不同的意见,一派认为装饰是必不可少的,而又是构成美的主要部分,缺乏不成为美。18世纪西方若干桥梁建筑为其代表。另一派认为,只要主体美,装饰只是弄虚作假,并不增加美。应该承认,主体美是主要的,但适当地部分进行有限度的装饰也能增加美。桥梁建筑史上经历过朴

实（不加装饰）——繁华（刻意装饰）的渐变或突变的辩证发展过程，今后这一过程还会有不同形式的反复再现。（唐寰澄）

装载机 shovel loader

在走行中铲装、运送和倾卸土石方或砂石的自行式机械。由动臂、连杆、铲斗、动力、底盘组成。分为履带式和轮胎式两类。卸料方式分前卸、后卸、侧卸。以轮胎式前卸装载机的应用较广。其结构简单，机动灵活，使用安全。（唐嘉衣）

装载限界 loading clearance limit

为防止货物列车通过桥梁或隧道时所装载的货物与有关建筑物碰撞而规定的车辆装货后的最大容许高度和宽度的边界线。铁路方面的这种限界如图示分为：①基本货物装载限界，和机车车辆限界一致，可以自由通过曲线半径大于 300m 的桥梁或隧道；②超限货物装载限界，是对超限货物的最大尺寸的限制。

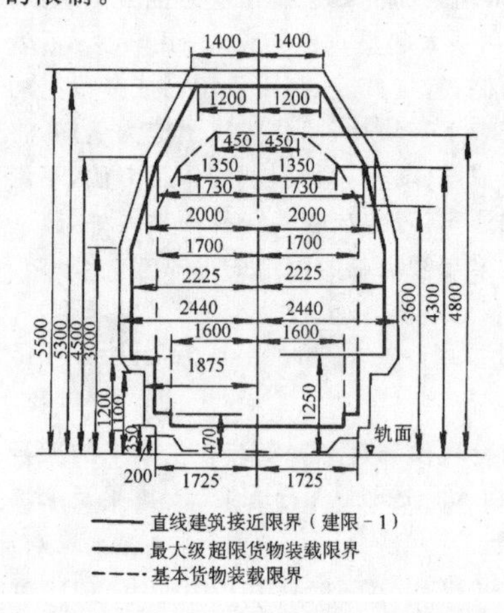

（谢幼藩）

zhui

锥锚式千斤顶 cone-anchorage jack

钢丝束或钢绞线固定在卡丝盘进行张拉，用锥形锚塞锚固的千斤顶。即早期弗莱西奈(Freyssinet)体系所采用的张拉千斤顶。分双作用和三作用两种。锥锚式双作用千斤顶，由张拉油缸、顶压油缸、分丝头、卡丝盘和楔块等组成。三作用千斤顶还设有退楔油缸，能自动退楔。（唐嘉衣）

锥探 cone exploration

在较疏松覆盖层中测定覆盖层厚度或基岩埋藏深度的一种勘探技术。用锥具（由锥头、锥杆、接头、手扶把组成）向下冲入土中，凭感觉找较疏松覆盖层的厚度或基岩的埋藏深度。探深一般达 10m 左右。在查明沼泽、软土的厚度及基底的坡度、黄土陷穴、黄土层下的掏沙洞等工作中有较好的效果。（王岫霏）

锥体护坡 conical pitching, conical revetment

又称锥坡。当桥（涵）台布置不能完全挡土或采用埋置式、桩式、柱式桥（涵）台时，为保护桥（涵）两端路堤土坡稳定、防止冲刷所设置的形似锥形的护坡（参见涵洞，90 页）。其中顺桥向的护坡称为溜坡。锥坡的横桥向坡度与路堤边坡一致，顺桥向坡度应根据填土高度、土质情况，结合淹水情况和铺砌与否来决定。跨越水流的桥梁宜用片石铺砌，大、中桥的铺砌高度应高出设计水位不小于 50cm，小桥高出壅水位 25cm。（张廷楷　吴瑞麟）

锥销锚 anchorage with tapered plug

又称锥塞式锚具。将力筋楔紧于锚套内的一种锚具。由带锥孔的锚套和截锥形的锥销构成。它利用预应力筋自身的拉力和横向挤压形成的摩擦力，将预应力筋楔紧而锚固。其制作材料：锚定钢绞线时用钢；锚固钢丝束时用高标号配筋混凝土。张拉用双作用或三作用弗氏千斤顶。属拉丝式体系。

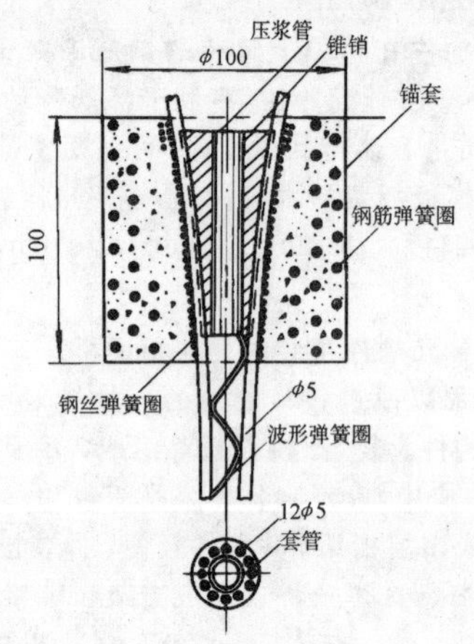

（何广汉）

缀板 stay plate

连接组合杆件各个分肢的板块。在铆接结构中，组合杆件可以通过几块间断的板块将各个分肢连成整体共同工作。缀板的尺寸与间距要根据组合杆件的总体刚度与稳定要求而定。在焊接结构中，由于缀板的间断连接焊缝，使组合杆件的疲劳承载力降低，因此用得较少。（曹雪琴）

缀材 lacing member

连接格构式组合杆件分肢所用的缀连杆材。常用的有缀板、缀条和挖孔板等。缀材的作用是连接分肢，保证组合杆件的整体工作，不分担组合杆件所承受的杆力。（胡匡璋）

缀连性连接 connection for built-up sections

将钢板和型钢拼缀成整根杆件的连接。缀连时可用缀板、缀条，也可用焊接缝。缀连性连接不传递内力，但须保证杆件各部件很好地共同工作、互相密贴。对这类连接，栓钉布置宜采用规范容许的最大距离，焊缝则采用最小的焊脚尺寸。（罗蔚文）

缀条 lacing bar

连接格构式组合杆件分肢所用的一种条状缀材，用小角钢或扁钢做成，有单斜式和交叉式两种。在既有线的老式钢桥上常可见到。缀条与分肢的连接基本上只传递轴力，通常按铰接分析。

（胡匡璋）

zhuo

着色探伤 flaw detection by colouring

用渗透液和吸附液探查钢梁裂纹和焊缝质量的一种方法。步骤是：将可疑处漆膜除净、打光、洗净后，涂以用硝基苯、煤油、苯和红色染料配成的渗透液，10～15min 后刷洗干净，再涂以珂珞酊、苯、丙酮和氧化锌配成的吸附液，裂纹即显示出来。

（谢幼藩）

zi

兹达可夫桥 Zdakov Bridge

位于捷克奥立克湖上的上承式钢箱肋拱公路桥。路面宽 13m，跨度 330m，矢高 42.5m。拱支承于伸臂 26m 的钢筋混凝土桥台上，因而拱跨为 382m。桥面系用钢管柱支承于拱肋。建成于 1967 年。（唐寰澄）

自动焊 automatic welding

焊接过程中，焊接速度、送丝速度、焊接电流、焊弧电压能自动控制的焊接方法。常用的有埋弧自动焊和气体保护焊两种。从广义来说，无论用什么方法焊接，只要能自动控制输送焊条和自动施焊的都可属自动焊，如重力焊、电碴焊等。（李兆祥）

自记雨量计 rainfall recorder

自动记录降雨量及其过程的仪器。常用的有虹吸式和翻斗式两种类型。记录的周期有日记、周记、月记和更长的时期。（吴学鹏）

自落式混凝土搅拌机 free-fall concrete mixer

利用自由落料的原理拌制混凝土的搅拌机。工作时，搅拌筒内壁上的叶片与拌筒一起绕水平轴旋转。物料被叶片提升一定高度后自由落下，反复搅动拌合均匀。其结构简单，以搅制塑性混凝土为主。最初采用鼓筒式搅拌机，靠引料槽出料，工作效率较低。以后发展为反转出料式、倾筒出料式和裂筒式等类型的搅拌机。其中双锥形倾筒式搅拌机卸料迅速，并能拌制低流动度及较大骨料的混凝土，适用于大型混凝土工程。（唐嘉衣）

自锚式悬索桥 self-anchored suspension bridge

悬索两端直接锚固在加劲梁端部，悬索的水平分力由加劲梁承受的悬索桥。与一般地锚式悬索桥相比，可省去巨大的锚锭，并且结构不受温度变化的影响，但承受很大水平力的加劲梁，要增大结构的用钢量和自重；此外，在架设时，必须在全部加劲梁安装就位后主索才能承受荷载。适用于跨度较小的悬索桥，且在土质不良、不允许修建大体积锚固桥台时才采用之。

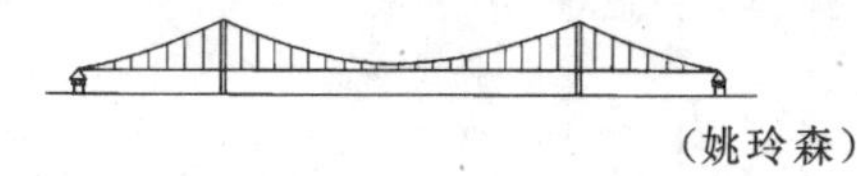

（姚玲森）

自然冲刷 natural erosion varying erosion

又称演变冲刷。河床在自然条件作用下而出现的冲刷。以米（m）计。引起河床自然（演变）冲刷的因素很多，主要有以下三方面：①最根本的原因则为输沙不平衡，即上游的来沙量小于水流挟沙能力。②流量的大小和变化（上游来水条件）。河流的水力条件是随流量而变化的，流量越大，水流的挟沙能力就越强；流量变化越大，泥沙运动与河床变形就越剧烈。③河床的土质和比降。河床土质决定河床抵抗冲刷的能力，土质坚实的河床较为稳定，冲刷缓慢，而土质松软的河床容易冲刷；河床比降大，水流急，易冲刷，而比降小，则水流缓，易淤积。由于自然（演变）冲刷是河床长期演变结果，影响因素复杂，尚难于计算，而一般冲刷深度的计算已包含自然（演变）冲刷深度在内，故自然（演变）冲刷可不另算。

（周荣沾）

自然界水分大循环 large hydrologic cycle in nature

海洋中的水分蒸发进入大气中，并随高空气流移动到陆地上空，凝结成水滴后降落到陆地上，再沿着陆地地面和地下又流入海洋中的周而复始的循环。是自然界水分循环的类型之一。每次自然界水分大循环中，均包含着无数次的自然界水分小循环。

（周荣沾）

自然界水分小循环 small hydrologic cycle in nature

海洋中的水分经蒸发、凝结又降落到海洋中或陆地上的水分经蒸发、凝结仍降落到陆地上的周而复始的循环。是自然界水分循环的类型之一。相对于自然界水分大循环来说，它只是在海洋上或者是在陆地上的局部范围内循环。（周荣沾）

自然界水分循环 hydrologic cycle in nature

水分在自然界中蒸发和降水周而复始的循环。地球上的水分极大部分聚积在海洋中，一小部分聚积在陆地的湖泊、河槽及地表土壤中，还有很少一部分存在于大气中。海洋和陆地表面的水分，经太阳辐射蒸发变成水汽进入大气，水汽在随大气气流上升过程中，因冷却而凝结成水滴，受重力作用又重新降落到海洋和陆地上，自然界水分的蒸发和降水过程就这样不断地循环。自然界水分循环按其不同的循环过程，分为两种类型：自然界水分大循环和自然界水分小循环。（周荣沾）

自然界水量平衡 water budget in nature

自然界水分循环中总水量不变的规律。地球表面上海洋约占地球总面积的 70.8%，而陆地约占总面积的 29.2%，海洋水分蒸发要比陆地水分蒸发强烈得多，所以大气中的水汽主要来源于海洋水分的蒸发。根据调查发现，地球上各大洋的多年平均水面高度几乎是不变的。各条河流注入海洋的多年平均年水量，事实上也是一个常数。地球表面蒸发去掉的水量通过降水（雨、雪、冰雹等）又全部降落到地球表面上，因此，地球表面水的总量是不变的。就多年平均情况而言，河流注入海洋的水量与海洋上的降水量之总和恰好等于从海洋上蒸发的水量；而陆地上的降水量恰好等于陆地表面蒸发的水量和流入海洋的水量之总和。自然界水量平衡是物质不灭定律在水文学中的表现形式。自然界水分循环和水量平衡是进行水文分析和水文计算的基础。（周荣沾）

自身协调 self harmonization

又称个体协调。事物各部分之间和部分与整体之间的序列的安排，使之达到自身及与人和谐。协调桥梁各部分使成为一个美的桥梁的整体。协调的方法需有意识地理解和灵活地运用桥梁美学中诸具体准则。（唐寰澄）

自升式水上工作平台 self-elevating working platform

固定于河床自行升降供深水基础施工的作业平台。平台的结构由钢构件组成。一般可以自浮，浮运至墩位后，将平台上备有的钢柱插入河床，再用自升装置将平台提升出水面。平台上安装大型起重机和各种施工设备，进行深水基础施工，不受水位、潮汐、波浪的影响。（唐嘉衣）

自由长度 unsupported length

计算压杆临界力时所用的计算长度。由杆件的实际长度按两端的支承情况和失稳形式换算而得。（陈忠延）

自由扭转 free torsion

又称纯扭转、圣维南扭转。杆件中各点纵向位移不受约束的扭转。自由扭转时，杆件横截面不发生翘曲变形或各横截面发生相同的翘曲变形，不引起纵向纤维的伸长或缩短，从而横截面上不产生正应力。等直杆外扭矩作用于两端，端面可以自由翘曲时，产生自由扭转。（陆光闾）

自由式流出 free type flow out

小桥下游的天然水深 $h\leqslant 1.3h_k$ 时，桥下水深为临界水深 h_k 的水流现象。小桥孔径计算是以水流通过小桥时的水流现象为依据，因此，首先要判别属何种水流现象。水流通过小桥的水流现象，按下游水深的大小分为自由式流出和淹没式流出两种。当水流作自由式流出时，桥下游天然水深 h 的水面不会影响桥下水面，不管 h 怎么变化（$h\leqslant 1.3h_k$ 的条件下），桥下水深始终为临界水深 h_k。根据设计流量和小桥涵一般不允许桥下和涵底发生冲刷的要求，按照临界流的有关水力计算公式设计小桥的孔径。（周荣沾）

自由振动试验 free vibration testing

采用突加或突卸荷载的方法激励结构振动，并由此测定结构固有频率、振型、阻尼等动力特性参数的试验方法。突加荷载法可采用重物撞击、冲击、爆炸波及火箭反作用力等激励方法。突卸荷载法系使系统先产生一初始位移偏离振动平衡位置，然后突然卸去荷载或约束，使之产生自由振动。由有阻尼自由振动衰减曲线求得动力特性参数。（林志兴）

自约束应力 self-equilibrating stresses

见温度应力（245 页）。

zong

宗教性桥梁 religious function of bridge

带有宗教色彩的桥梁。全世界有各种不同宗教信仰，当其鼎盛时期，宗教宣传遍及穷乡僻壤。很多桥梁系宗教团体出资或募化所建，由教士或信徒所监修，桥梁便附有宗教色彩，如桥上建教堂、佛寺、圣徒像、佛像、经幢、佛塔、壁画、佛龛等。即使近代结构的桥梁有时亦在所难免。（唐寰澄）

综合单价 comprehensive unit price

以主要工程项目或施工过程（工序）为计算依据的预算单价。如桥梁基础、墩台身混凝土的综合单价，不仅包括混凝土拌制、浇注、振捣、养护本身的工作，还包括立模、拆模等有关的工作内容。（周继祖）

综合单位线 synthetic unit hydrograph

由流域特征值求出单位线要素而得到的单位过程线。流域特征值一般指流域面积、比降等；单位线要素一般指时段单位线的洪峰流量、洪峰滞时、单位线底宽或瞬时单位线公式中的参数。流域特征值与单位线要素或参数之间的经验关系，是根据地区上有实测水文资料的流域求得，主要用来计算短、缺资料流域的降雨洪水。　（吴学鹏）

综合概算指标　combined estimate index

简称概算指标。可以提供编制概算使用的综合经济指标。在概算定额基础上综合与扩大而成，以便于简化编制概算的计算工作量。此项指标也指编制综合概算时按概算编制单元和规定章节与规定计量单位计算所得的有关技术经济指标。它们分别表示所编制的工程造价水平。整个综合概算的造价指标，即综合概算的总指标。综合概算章节顺序，不得随意变更，不发生费用的章节，应保留其章节序号。

（周继祖）

总体布置　general layout

表示工程范围以内桥梁及有关构筑物平面、立面、主要剖面和水位、地质资料的设计考虑和图纸表示。　（张迺华）

纵键　longitudinal key

木纹与拼合缝平行的键。属棱柱形键的一种。由于键身顺纹受压，故具有较高的承载能力，但柔性较差。此种键常做成块式键，要求制作精确。为此，可用与被连结构件相同的木料制成，以使二者具有相同的胀缩，从而保持结合的紧密度和受力均匀。

（陈忠延）

纵键最小间距　minimum spacing between longitudinal keys

由木桥的组合梁在键间处于单边受剪条件下(降低容许剪应力)所决定的纵键间距。规范规定，在任何情况下，键的净距不应小于键的长度。

（陈忠延）

纵梁　longitudinal beam

桥梁的桥道结构中沿桥轴纵向布置的梁。在上承式豪氏木桁架桥中，桥面板横向地铺设在纵梁上，而纵梁则直接置于横梁上。为避免弦杆承受较大的局部弯曲，横梁均支承在主桁架的节点上。

（陈忠延）

纵梁撑架　stringer bracing

又称纵梁联结系。在铁路桥梁明桥面结构中，为保证纵梁的侧向稳定和足够的抗扭刚度，在纵梁上翼缘平面内设置的一种联结系。按结构型式分，有三角式腹杆体系、斜撑式腹杆体系和K式腹杆体系三种。　（陈忠延）

纵向辅助钢筋　longitudinal supplementary reinforcement

见腹筋（58页）。

纵向钢筋　longitudinal bar

钢筋混凝土梁(或受弯构件)内沿轴向布置的主要受力钢筋。它承受弯矩在截面受拉区所引起的纵向拉力，在双筋截面中的受压区则承受压力。根据弯矩包络图，有的纵向筋需要相继弯起，成为承受腹板斜拉力的斜筋，但须留有一部分在梁的下缘伸过支承点。它们均应有一定的锚固长度。　（何广汉）

纵向活动铰　longitudinal motion hinge

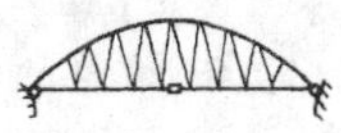

又称剪力铰。只传递剪力（横向力）不传递轴力（纵向力）的铰。在50～60年代较早期修建的T型刚构中为保证跨中悬臂端的连续，曾采用这种铰。在有推力的拱式组合体系桥中，为减少行车道梁的内力、简化梁的构造，也采用这种铰。具体构造有唧筒式、吊杆式等，参见剪力铰(123页)。

（俞同华）

纵向联结系　longitudinal bracing

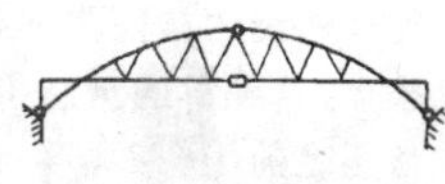

又称平纵联。在两主梁（桁）的翼缘（或弦杆）间设置的水平桁架。其作用是把桥跨结构组成空间不变形体，并用以承受横向水平荷载（如：风力、列车横向摇摆力、离心力等）。通常把设置在上、下弦平面内的纵向联结系分别称为上平纵联、下平纵联。　（陈忠延）

zu

组合杆件　built-up section member

把较小的构件用刚性或柔性扣件拼成的一种较大的木结构构件。可分为组合梁、中心受压组合杆和压-弯组合杆件。　（陈忠延）

组合跨

参见锚跨（161页）。

组合模板　built-up formwork

用薄钢板轧制成型或用薄钢板、胶合板与钢骨架制成尺寸模数制的面板，用连接件与支撑组装成各种结构物的模板。适用于现浇混凝土。板型有平板模、双曲模、变角模等。其板面平整，加工精确，装拆简便，通用性强。　（唐嘉衣）

组合式板桥　composite beam bridge

由装配式的预制承重梁与就地浇筑混凝土桥面组合而成的板桥。承重梁作成便于起吊的轻小预制构件，密排就位后，于其上就地浇筑混凝土桥面；或采用预制空心板，其间跨以微弯板，并于其上就地浇筑混凝土桥面以形成板桥。这种桥可节省支架、模板，起吊方便，整体性好，但工序较多。多用于小跨度公路桥中。　（袁国干）

组合式撑架体系　combined braced system

由托梁撑架体系与八字撑架体系组合而成的一

种木撑架结构。这种体系的跨径一般可达 18m 左右。缺点是斜撑底端节点处的构造较为复杂。

（陈忠延）

组合式梁桥 combined beam bridge

用预制的钢筋混凝土微弯板与主梁组合而成的一种装配式梁桥。主梁截面呈工字形（图 *a*）或槽形（图 *b*），上承微弯板，梁、板安装就位后，利用其外露的预埋钢筋，使之互相搭接或焊接，并浇筑接头混凝土形成整体。微弯板起模板作用，于其上现浇混凝土形成桥面系。主梁之间用现浇的横隔梁连接成整体。这种桥的预制构件均小而轻巧，适用于起重设备不足的场合。

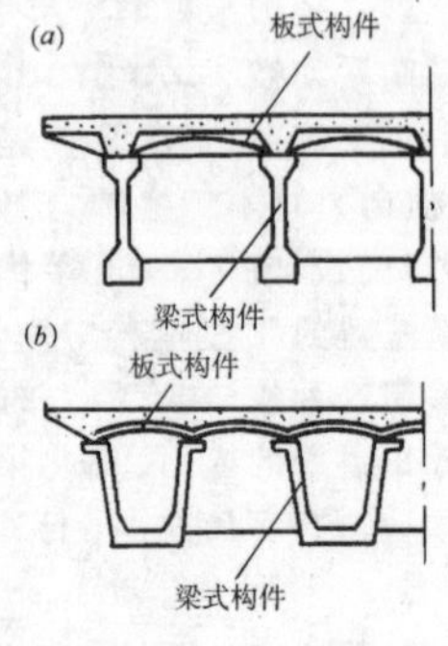

（袁国干）

组合式桥台 composite abutment

由台身和后座两部分组成的桥台（见图）。竖直力主要由台身和基础（一般采用桩或沉井）承受，水平推力则主要由后座基底的摩擦力及台后的土压力来平衡。在构造上台身与后座间必须密切贴合，并设置沉降变形缝，以适应两者的不均匀沉降。后座的基底常在台身的基底之上，一般比 U 型桥台明显节约。

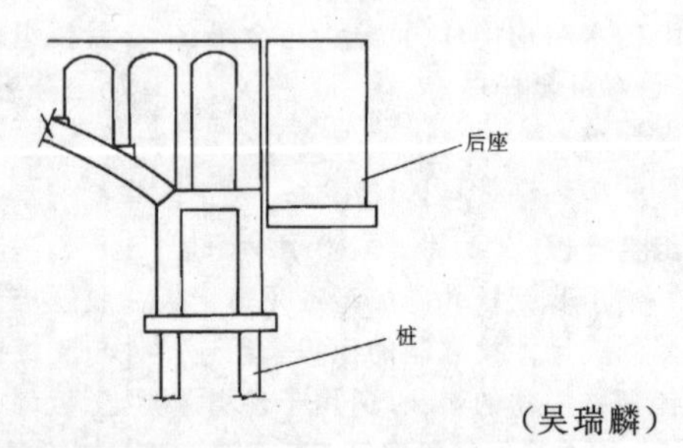

（吴瑞麟）

组合式伸缩缝 composite expansion joint

一种以橡胶型材与型钢（或钢板）组合而成的伸缩缝装置。按其构造不同有由 V 形橡胶型材与型钢组成（图 *a*）及由圆环状橡胶型材与钢板组成（图 *b*）的两种型式。前者可适应 240mm 的变形量，当采用多联型式时可适应的变形量还可增加。后者可适应的最大变形量为 160mm。

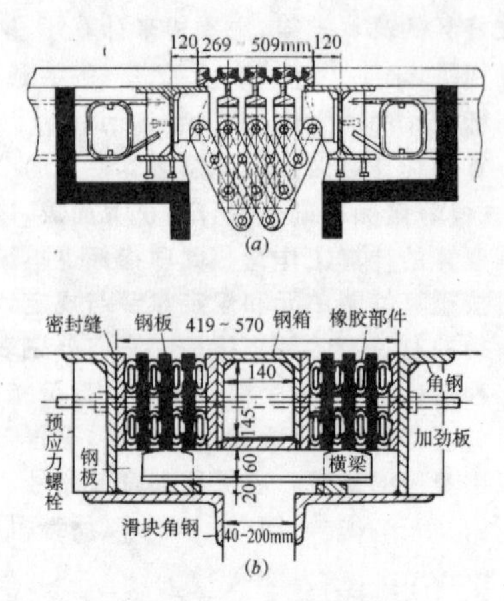

组合式伸缩缝

（郭永琛）

组合体系拱桥 combined-system arch bridge

由拱和梁（或系杆）组成主要承重结构的拱桥。由拱肋、主梁（系杆）与吊杆（立柱）共同受力，借以减小拱或主梁的尺寸，增大桥梁的跨越能力。这种桥可分为无推力结构（图 *a*、*b*）和有推力结构（图 *c*）两大类，前者在力学上属外部静定、内部超静定结构，适用地基不良的桥位处；后者属超静定结构，推力靠地基负担，对地质条件要求高。在无推力体系桥中，吊杆细长，仅承受拉力；拱脚处推力由水平梁承受，此梁如果设计得很柔细，抗弯刚度小于拱肋的 1/80，则可假定梁是只承受拉力而不承受弯矩的系杆，称为系杆拱桥（图 *a*）；如果梁设计得很粗大，抗弯刚度大于拱的 80 倍以上，此时梁既承受拉力又承受弯矩，拱可假定只承受轴向压力而不承受弯矩，称为郎格尔梁桥（图 *b*）；如果拱与梁的刚度都很大，都可承受弯矩与轴向力者，则称为洛泽拱桥。组合体系拱桥常用钢筋混凝土或钢材建造，前者的梁（系杆）宜用预应力混凝土，以免开裂。这类拱桥比简单体系拱桥构造复杂，适用于大、中跨度的桥梁。

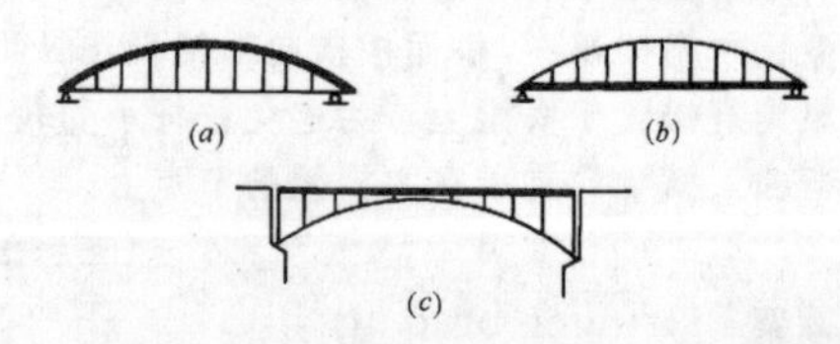

（袁国干）

组合箱梁桥 composite box girder bridge

用槽形梁和桥面板组合而成的箱形梁桥。是公路和城市桥梁中组合梁桥的一种类型。常用预应力混凝土建成，具有抗扭强度高和节省钢材的优点，但工期较长。

（伏魁先）

组装胎型 conductor for assembling

专门用来组合杆件的胎模设备。按位置分，有固定式、转动式、滑动式、翻板式；按组成杆件断面分，有工字形、箱形等。

（李兆祥）

zuan

钻孔 hole drilling

用钻头在工件上制作孔眼的工作过程。钻孔机械有手动的和机动的两种。前者有手扳钻和手摇钻。后者有手风钻、手电钻、台钻、立式钻床、旋臂钻床等。最常用的钻头是麻花钻，大于 ϕ13mm 者为锥柄麻花钻，小于 ϕ13mm 者为柱（直）柄麻花钻。

（李兆祥）

钻孔插入法 bored-inserting method

在土中钻孔，而后把预制桩插入孔内的沉桩方法。一般用于预制钢筋混凝土桩和预应力混凝土桩，插入后再打下一定深度，以增大下端承载能力；桩壁与孔壁间的空隙用压力灌浆充填。（夏永承）

钻孔灌浆法 boring and grouting method

对于出现病害的桥墩台，采用补加钻孔，灌注或压入浆液，对桥墩台及其基础进行加固的方法。桥墩台由于各种因素，如设计不当、持力层局部变化、桥梁载重标准提高等原因，引起基础变形或不均匀沉降，使结构产生开裂、受损，严重影响结构使用时，可在桥墩台位置设置钻孔，用直径 90～100mm 的钻头施钻，清孔后在孔内灌浆，使固化浆液渗透到桥墩台及地基中，以达到填缝和固化地基，增强地基强度和稳定性的目的。在一般情况下，钻孔灌浆渗透直径在 3m 左右，用此法加固桥墩台效果较佳。对于浆液的类型、钻孔布置及深度等应视地基情况与可能采取的施工技术而定。（黄绳武）

钻孔灌注桩 bored cast-in-situ pile

又称钻孔桩。用动力驱使钻头在土中钻进成孔的就地灌注桩。主要工序是钻孔、清孔、安装钢筋笼和灌注混凝土。按钻孔护壁方式，分为带套管钻孔灌注桩和泥浆护壁钻孔灌注桩，中国多采用后者。钻孔方法按钻进方式分为冲击钻孔法、冲抓钻孔法和旋转钻孔法，根据土质和设备条件选用。对泥浆护壁者，混凝土需在水下灌注，常用导管法，也可用混凝土泵，自下而上灌注，桩径决定于钻头直径，一般不小于 600mm。桩下端可嵌入基岩，有时用扩孔机具扩大成钟形。对地质条件适应性较强，在桥梁基础工程中较为常用。（夏永承）

钻孔灌注桩护筒 surface casing

当钻孔灌注桩施工中采用泥浆护壁时，钻孔前在桩位处埋设的圆筒形构件。其作用是：固定桩位；为钻进导向；保护孔口；隔离地表水；作为围水结构，使孔内泥浆面高出施工水位。可用钢筋混凝土、钢板或木材制作，内径应大于钻头直径。用挖埋、填埋、压入、锤击或振动等方法埋入或沉入土中，要求底部土层不透水，不受冲刷影响；在陆地或筑岛施工时，其顶面应高出地面或岛面 0.3m 以上，在水中应高于施工水位 1.0～2.0m 以上。（夏永承）

钻孔灌注桩清孔 cleaning borehole of cast-in-situ bored pile

钻孔达设计标高后进行的清除孔内残存钻碴的工序。主要目的是清除孔底沉碴，使其厚度不超过容许值。当用旋转式钻机钻孔时，通常采用换浆法；用冲击或冲抓法钻孔时，如果孔底以上有较厚的不易坍塌的土层，可采用注水吸泥法，否则用抽碴筒或抓斗清除。（夏永承）

钻孔内裂法 method of test by internal fracture of drilling

采用钻孔和植入楔形胀锚螺栓，以规定速度张拉锚栓，测定混凝土发生内裂的破坏力以推求混凝土强度的方法。是拔出法的一种。具体做法如图所示。在混凝土表面钻出深度 30～35mm，直径 6mm 的孔，安放胀锚螺栓，测定混凝土发生内裂时的破坏力。根据已有的内裂拉力与混凝土强度标准的关系曲线，求得混凝土抗压强度。（张开敬）

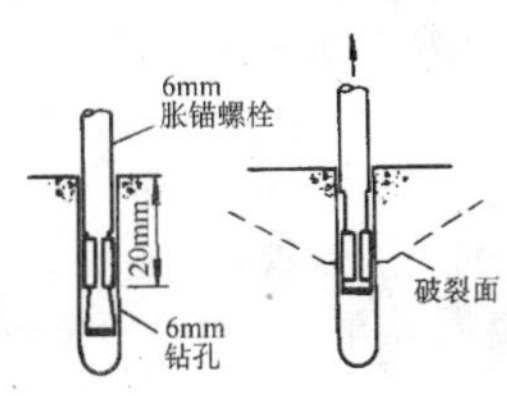

钻孔泥浆 drilling mud

用粘土和水，或再添加膨润土，经搅拌而成的浆液。在钻孔施工中用于防止孔壁坍塌或同时用来悬浮钻碴。相对密度一般为 1.1～1.3，有时也加大到 1.4～1.6，视钻孔方法及其作用而定；此外，含砂率、胶体率及粘度等指标也应符合要求。（夏永承）

钻探 drilling

通过在钻孔中提取岩芯来判定地下地质结构和性质的勘探技术。它不受地形、地层软硬及地下水的影响，可以获取深部地质资料。根据钻进方向，钻孔可分为直孔、斜孔和定向孔。另外尚有用于爆破、排水孔、通气孔及各种试验用的无芯孔。（王岫霏）

钻头 drill bit

灌注桩钻孔机切削土层或破碎岩石所用的部件。其类型很多，用于各种不同的地层。如：冲击钻头、刮刀钻头、齿轮钻头、冲抓钻头、螺旋钻头等。

（唐嘉衣）

钻芯法试验 test by coring sample

使用专用钻机从结构物上钻取芯样，作直接抗压强度试验推定结构混凝土立方体抗压强度的一种半破损测强方法。具有直观可靠的优点。但会造成局部破坏，测点不宜过多，在主要受力部位不应布点，费用较高。而与其他无损检测法综合使用，效果更

好。（张开敬）

zui

最大箍筋间距 maximum spacing of stirrups

为保证在相邻两箍筋间不致形成剪力破坏面规定的最大间距。通常偏于安全规定为 $0.5d$ 或 $0.75d$，在塑性铰区不宜大于 $(1/4)\ d$，d 为构件的有效高度。（李霄萍）

最高洪水位 maximum flood stage

已有洪水位系列中的最高者。是计算设计水位或校核建筑物过洪能力的重要数据。（吴学鹏）

最高（最低）水位 maximum (minimum) stage

一定时期内在某一观测点出现的瞬时最高（最低）水位。历史最高水位对大型水利枢纽和特大桥的水文分析计算至关重要。年最高（最低）水位也是防汛、抗旱、通航等的重要参数。（吴学鹏）

最小配箍率 minimum shear reinforcement ratio

预防构件由于意外的拉力等突然形成斜裂缝而发生剪力破坏，为提高构件延性而规定的最小箍筋用量。有关规范规定名义剪应力小于容许值的一半时才不需布置箍筋，可保证出现斜裂缝时的安全系数提高一倍。名义剪应力在容许值的0.5～1.0之间时，各规范规定的最小配箍率差别较大（1.0‰～2.5‰），大致能承担容许名义剪应力的一半。

（李霄萍）

最小配筋率 minimum reinforcement ratio

为保证钢筋混凝土截面所能抵抗的弯矩不致小于它的抗裂弯矩而规定的配筋率的下限值，以免构件开裂后钢筋立即屈服而发生脆性破坏。欧洲混凝土协会-国际预应力混凝土协会（CEB-FIP）模式规范还根据裂缝宽度的限值规定混凝土受拉区的最小配筋率，以便保证结构的使用性能良好。

（李霄萍）

最优方案 optimal alternative

能以最低的代价获得最大效益的方案。也即在桥梁设计中，在满足计划任务书规定的桥梁设计规模、技术标准、使用功能、施工条件、工期、安全、美观、养护等各项要求的前提下，选用的以最低的工程造价获得最大经济效益和社会效益的方案。

（张迺华）

最优化失效概率法 Optimum failure probability method

选择最优失效概率或最优结构安全度的方法。它把结构破坏的损失与经济效益联系起来，以最大功效为目标函数

$$Z = B - C - D$$

式中 B 为设计的结构存在的经济效益；C 为初始造价；D 为破坏造成的经济损失。（车惠民）

zuo

作样 modelling

依照施工图、工艺文件和规范（规则）的规定，用比较轻薄的材料，按图中尺寸、预留加工裕量，以1：1比例，做出杆件的外形样板、样杆、样条的工作程序。（李兆祥）

作用标准值 nominal value of an action

结构或构件设计时，采用的各种作用的基本代表值。其值可根据基准期最大作用的概率分布的某一分位数确定，也称特征值。（车惠民）

作用常遇值 frequently occurring value of load

结构正常使用极限状态设计荷载的短期组合中可变荷载的代表值。它较标准值更经常出现。在国际标准ISO 2394修正草案中，对设计基准期内荷载达到和超过常遇值的累计时间与设计基准期的比值建议采用0.05。（车惠民）

作用代表值 representative value of an action

在进行不同极限状态设计时，对各类作用规定的不同取值，它包括作用标准值、作用准永久值、作用组合值等。（车惠民）

作用分项系数 partial safety factor for action

又称分项安全系数。设计计算中，反映作用不定性与结构可靠度相关联的分项系数。作用设计值对作用标准值之比值。它考虑了各种作用从标准值不利方向偏离的可能性，各种作用间的相关性，以及描述作用随机过程的模型具有不精确性等。其值与荷载种类，同时作用的荷载数目，以及不同极限状态失效的危害程度有关。（车惠民）

作用特征值 characteristic value of an action

对统计资料较多的荷载，指根据设计基准期最大作用概率分布函数某一分位数确定的荷载值。对桥梁结构许多荷载统计数据不全，难于计算其特征值，故常取经验判定的名义值。（车惠民）

作用效应 effects of actions

结构或构件对于所受作用的反应。它可以是结构构件的轴向力、弯矩、剪力和扭矩，也可以是结构某一部位材料的应力和应变，或者是结构某一部位的裂缝宽度、位移等。结构构件的作用效应与作用的关系，可通过分析计算或试验确定。（车惠民）

作用准永久值 quasi-permanent value of an action

结构或构件按正常使用极限状态长期效应组合设计时，采用的一种可变作用代表值，其值可根据任意时点作用概率分布的某一分位数确定。一般可取在设计基准期内有较长累计时间或较多累计次数达到或超过的可变作用值。该累计时间与设计基准期之比值一般可取为0.5。（车惠民）

作用组合值 combining value of actions

结构或构件在承受两种或两种以上的可变作用时，设计时考虑各作用最不利值同时产生的折减概率，所采用的一种可变作用代表值。其值可由可变作用的标准值引入折减系数而得。（车惠民）

座梁 seat beam

又称卧梁。支承小跨径梁式桥上部构造、直接埋在土基上的台座。其材料可采用木料或钢筋混凝土。

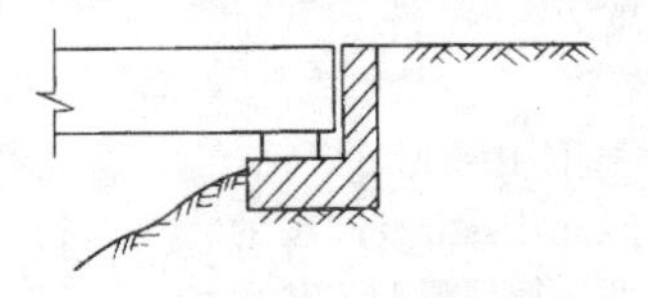

（吴瑞麟）

外文字母·数字

A类部分预应力混凝土桥 class A partially prestressed concrete bridge

即有限预应力混凝土桥(273页)。

B类部分预应力混凝土桥 class B partially prestressed concrete bridge

即部分预应力混凝土桥(12页)。

BBRV镦头锚 BBRV anchorage

利用钢丝镦粗端的承压来作锚碇的一种锚具。由锚杯和锚圈组成。钢丝穿过锚杯内的圆孔再镦头，锚杯的外缘车有螺纹，用以拧上锚圈。张拉后在锚具与构件间塞入对开垫块或拧紧锚圈予以锚固。可锚固几根到100多根$\phi5$～$\phi7$mm高强钢丝，张拉力可达10 000kN以上。有锚具变形和力筋滑移量小的优点。为保证钢丝应力均匀，对断料长度应要求严格一致。（何广汉）

BBRV体系 BBRV wire posttensioning system

1949年由4位瑞士工程师(Birkenmeier, Brandestini, Ros和Vogt)研制成的一种钢丝镦头锚拉锚式体系。见BBRV镦头锚。（何广汉）

CCL体系锚具 anchorage for CCL prestressing system

一种以双夹片锚固粗钢绞线的英国锚具。有2种主要型式：①每索的全部钢绞线均由大型顶升器一起张拉并在锚头的各锥形孔内同时锚固；②各钢绞线由SOM小型顶升器单独张拉并逐一锚固在支承于锚头上的各锚圈内。（严国敏）

G-M法 Guyon-Massonnet method

比拟正交异性板法的俗称。1946年法国居易翁(Y. Guyon)采用正交各向异性板的理论解决了无扭梁格的荷载横向分布计算问题。1950年，马松奈(Massonnet)对有扭梁格的荷载横向分布问题作了全面的推导和解算，并制定了实用图表，从而使居易翁的理论得到了推广。因此人们习惯地把这两个方法合称为G-M法。（顾安邦）

H型钢桩 steel H-pile

横截面为H形的钢桩。一般采用专为适应锤击沉桩需要而轧制的H形钢材，其特点是翼缘宽度大(稍大于截面高度)，且其厚度与腹板的相同；常用截面高度约为180～400mm。如用钢板等组合成H形截面，翼缘与腹板也应同厚。工程实践证明，采用锤击法可将其沉入密实的卵石和漂石层及页岩等软质岩层。为获得较高的端承力，可在下端焊一块厚钢板。这种桩的缺点是：沉入过程中，可能在刚度较小的平面内弯曲，且不宜用射水沉桩法加速下沉。

（夏永承）

JM12型锚具 JM12 anchorage

一种将力筋用夹片楔紧在锥形锚孔内的锚具。属拉丝式体系。在中国工业与民用建筑中广为应用。系列号为JMϕ-n，其中JM表示夹片式锚，ϕ为钢绞线直径(mm)，n为每个锚头的钢绞线根数。JM12系列的n=3、4、5、6，张拉力200～600kN，配用YC-60型千斤顶。公路和铁路桥梁工程中已采用。

（何广汉）

K形撑架 K-shaped bracing

桥梁的主要承重构件之间为加强横向联系以形成空间结构而设置的K形支撑杆件。为桁架结构的横向联结系组成构件的一种形式。（俞同华）

L形桥台 L-shaped abutment, L-type abutment

立面外形为L形的桥台。通常用钢筋混凝土建

造。一般用于路堤填土不高的情况。 (吴瑞麟)

P.C. 桥 P.C. bridge

预应力混凝土桥的简称。P.C. 为英文 prestressed concrete 之缩写。 (伏魁先)

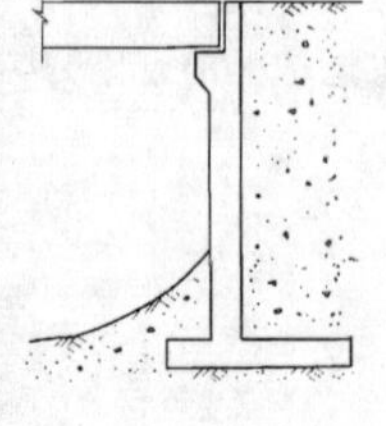

L 形桥台

P-E 法 P-E method

"Pelikan-Esslinger"法的简称。原联邦德国佩利坎教授和埃斯林格尔教授于 1958 年提出,为计算正交异性钢桥面板的一种简化方法。该法把桥面板看成是支承在刚度无穷大主梁和按等间距排列的弹性横肋上的正交异性连续板。计算时,一般分两步进行,第一步假定横肋刚度为无穷大,算出纵肋和横肋中的弯矩最大值。第二步计算横肋弹性挠度的影响,并对第一步的弯矩计算进行修正。此法适用于纵肋为任意形式断面的桥面板。 (陈忠延)

P.P.C. 桥 P.P.C. bridge

即部分预应力混凝土桥。P.P.C. 为英文 partially prestressed concrete 的缩写。 (袁国干)

Q_1 等值线法 Q_1-isoline method

见推理公式(241 页)。

QM 型锚具 QM anchorage

我国类似 XM 型锚的一种 3 夹片式锚具。系列号 QMϕ-n,QM 即群锚,ϕ 为钢绞线直径(mm),n 为每个锚头的钢绞线根数。ϕ13 和 ϕ15 系列的 n 分别为 7、12、19、27 和 7、9、12、19。张拉力 1 000～5 000kN,配用 YCQ-100～500 型顶升器。直夹片随钢绞线回缩自动楔紧。 (严国敏)

R.C. 桥 R.C. bridge

钢筋混凝土桥的简称。R.C. 为英文 reinforced concrete 之缩写。 (伏魁先)

T 梁 T girder

具有 T 形横截面的肋式梁。由顶板(翼缘)和梁肋组成。由于板梁的抗弯能力不大,仅适用于小跨度梁桥,故当梁跨增大时,宜增大梁高,同时减小梁腹厚度,形成此式,既可提高抗弯能力,又能节省混凝土的用量。钢筋混凝土 T 梁的受压区由顶板和部分梁肋组成,受拉区的梁肋面积仅需满足抗剪和合理布置钢筋的要求。T 梁宜承受单向正弯矩,故多用于简支梁桥。 (何广汉)

T 形刚构桥 T-type rigid frame bridge

上部结构与桥墩整体浇筑在一起,每单元在立面上呈 T 形的桥梁。按结构体系可分带挂孔 T 形刚构桥与带铰 T 形刚构桥;按上部结构施工方法可分悬臂浇筑 T 形刚构桥与悬臂拼装 T 形刚构桥。这类桥由钢筋混凝土悬臂梁桥发展而来,加上挂孔后可增大跨度,满足通航净空要求,如中国重庆长江大桥一孔最大跨度达 174m。上部结构利用悬臂浇筑或悬臂拼装的施工方法,能省去支架,不影响通航或桥下交通。为保持结构在施工中的稳定性,上部结构的混凝土浇筑或预制块件的拼装,必须对称于桥墩平衡施工。上部结构的受力主筋布置在上缘,其作用在施工阶段与运营阶段是一致的,故用钢量较经济。采用带挂孔 T 形刚构桥属静定结构,适用于地基较差而跨度又要求甚大的桥位处。悬臂浇筑 T 形刚构桥适用于桥位附近缺乏预制场地的场合;悬臂拼装 T 形刚构桥建桥速度快是其特点。T 形刚构桥的抗弯刚度差,徐变挠度大不易控制,不利于高速行车。

(袁国干)

T 形梁桥 T-beam bridge

承重结构由配筋混凝土的上翼缘和梁肋结合而成的梁式桥。因主梁横截面状如英文大写字母 T,故名。又以类似中文丁字,亦名丁字梁桥。常做成简支体系。受压区利用耐压的混凝土做成翼缘板,并构成桥面;受拉区靠钢筋或预应力筋承受拉力,为尽量减少无效的混凝土,梁肋宽度做得较窄,以满足抗剪和施工要求为度,从而可减少自重,增加跨越能力。钢筋混凝土的以做成跨径 20m 左右为经济,预应力混凝土的可做到 60m。这种桥构造简单,施工方便,多做成上承式桥,视野开阔。可以就地浇筑,但多采用预制装配式,可定型化、工业化生产,工期短,有较好的经济指标,是一种采用得最多的桥型。

(袁国干)

T 形桥墩 T-shaped pier

独柱式墩身与盖梁一起在横桥向呈 T 形的桥墩。主要特点是占地少,视线开阔,在城市立交桥、引桥和高架路中使用较多。 (吴瑞麟)

T 形桥台 T-shaped abutment

水平截面呈 T 形的桥头挡土并承托梁部荷载的结构。常用于铁路桥梁。台身由支承梁端反力的前墙和支托道碴槽及线路上部结构的后墙组成,两者垂直相联,其稳定性较好,基底压力偏心小,圬工量较省。 (刘成宇)

T 形刚构式斜拉桥 cable stayed bridge with T-shaped rigid frames

主梁与塔墩刚性连接成 T 形刚构的斜拉桥。为了消除混凝土徐变、收缩和温度变化等次内力的影响,在跨中设置挂孔或剪力铰。这种体系有利于采用悬臂拼装或悬臂灌浇法施工,缺点是塔墩内弯矩大。

(姚玲森)

T 形接头 tee joint

相互正交或斜交的钢板块呈 T 形的接头形式。如桥梁上采用的 H 形截面杆件的翼缘板和腹板的

连接。其形成可采用角焊缝或坡口焊缝。铆接结构则在水平板与竖板间加设角钢。　（罗蔚文）

TP 锥形锚　tri-pyramid anchorage

又称 3 钢绞线锚。日本研制的锚固钢绞线的小型锚具。钢索系 3 根 ϕ10.8、12.4 或 15.2mm 的钢绞线。锚圈为带三角锥形孔的铸铁圆筒，外套以加热的钢管，冷却后成紧箍。三角锥形铸铁锚塞将 3 钢绞线隔成三角形，用顶升器楔入锚圈。　（严国敏）

U 形桥台　U-abutment

台身由前墙及连接路堤两边的侧墙（翼墙）所组成，在平面上呈 U 字形的桥台（见图）。侧墙伸入路堤一般不小于 0.7m，使桥梁与路堤连接匀顺；侧墙背面常做成（4：1）～（8：1）的反坡，以减小桥台基础尺寸和背面所承受的土压力。这种桥台构造简单，常用圬工材料建造，但体积较大，造价较高，一般用于填土高度为 4～10m 的情况。

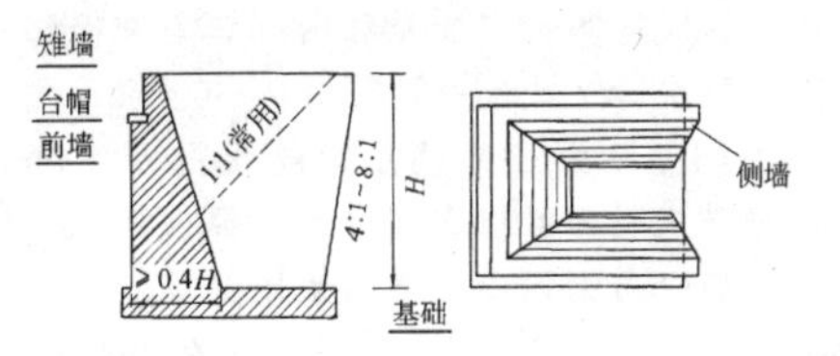

（吴瑞麟）

U 型钢板桩　U-steel sheet pile

又称槽型钢板桩或拱腹式钢板桩。截面呈 U 字型且两边带锁口的热轧钢构件。钢板桩打入成墙后，U 型截面的底部正好构成板桩墙的内外翼，锁口则在板桩墙腹板的中部，因此具有较大的抗弯刚度。目前桥梁工程中用得最多的是拉森（Larssen）U 型钢板桩，其断面尺寸随型号不同而异，可在一般钢板桩手册中找到。　（赵善锐）

V 形墩刚架桥　rigid frame bridge with V-shaped pier

桐梁采用 V 形桥墩固结支承的刚架桥。每墩的上端有两处支承，可以削减刚架肩部的弯矩峰值，并可缩短上部结构的跨度，使建筑高度减小，以满足桥下净空的要求。在跨河桥中 V 形墩易被漂流物撞击，不宜采用。　（袁国干）

V 形桥墩　V-shaped pier

墩体在顺桥向呈 V 形的桥墩。其上部结构有多种形式，可以是连续梁或其他梁式体系，也可将上部结构与 V 形墩完全固结形成 V 形刚架结构。主要优点是缩短上部结构的跨径并减少支点负弯矩。但河流有漂流物时，V 形墩常成为拦截水流的障碍。为了减小桥墩基础的尺寸或为了增大桥墩的高度，可以

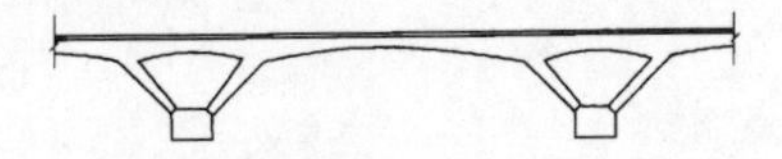

从 V 形的交点向下延伸成 Y 形桥墩。

（吴瑞麟）

VSL 多股钢绞线体系　VSL multistrand system

国外常用的一种片销锚系拉丝式预应力体系。锚具由锚套和 2～4 片楔形夹片组成。系列代号为 VSLϕ-n，其中 VSL 表示罗辛格预应力体系，ϕ 为钢绞线直径（单位，0.1in），n 为锚板上的锚孔数（每孔锚固一根钢绞线）。优点是布置灵活，既可单根张拉便于高空作业，又可一次同时张拉使力筋受力均匀。张拉力可达 13 600kN，并备有连接器，用以接长多股线束。　（何广汉）

X 射线应力测定法　X-ray method for stress measurement

利用 X 射线穿透金属晶格时发生衍射的原理，测量金属材料或构件的表面层由于晶格间距变化所产生的应变，从而计算出应力的一种实验方法。它可以无损地测量构件中的应力或残余应力，其精度已达到 ±10MPa，该法现已可对大型构件进行现场实测。　（胡德麒）

X 形桥墩　X-shaped pier

躯体在顺桥向呈 X 形的桥墩。优点同 V 形桥墩，常用在大跨径桥梁中，且用于比 V 形墩更高的场合。缺点是基础的体积较大。　（吴瑞麟）

XM 型锚具　XM anchorage

中国的 3 夹片式锚固钢绞线的锚具。系列号为 XMϕ-n，XM 表示楔锚，ϕ 为钢绞线直径（mm），n 为每个锚头的钢绞线根数。XM15 系列的 n=4、5、6、7、8、9、12，张拉力 640～1 920kN。配用 YCD-120（或 200）型顶升器，将斜夹片顶人锥孔楔死。ϕ15 钢绞线可用 7-ϕ5 钢丝束代替。　（严国敏）

***X-Y* 函数记录仪**　X-Y recorder

简称 *X-Y* 记录仪。能同时输入两个具有函数关系的变量信号的一种笔式自动平衡记录仪。由两套完全相同的闭环式自动平衡系统组成，主要包括衰减器、测量电路、调制器、放大与解调器、滤波器、直流伺服电机、记录笔传动机构等。其工作原理是，被测信号经衰减后送入测量电路，并与测量电路输出电压的分压进行比较，其电压差送入调制器调制成 50Hz 的交流信号，经放大、解调、滤波成直流信号，驱动直流伺服电机，通过传动机构带动记录笔进行记录，同时带动测量电位器的触点运动，使电压差减小到零，当在 X 轴与 Y 轴方向各输入一个信号，记录笔就能描绘出它们的函数关系。受记录笔机械运动的限制，此类记录仪仅适合于低频或直流信号的测量和记录。　（林志兴）

Z 型钢板桩　Z-steel sheet pile

横截面呈Z字形的钢板桩。打入土中成墙后锁口在内外侧的翼缘上。其连接较U型钢板桩紧密，抗弯刚度大，可用于承受较大土压力和水压力的围堰中。工程中用得最多的是PZ型系列的构件，美国、西欧和日本等国都有这种产品。

（赵善锐）

МИИТ 锚锭与扣环　Moscow Railroad Institute anchorage and tendon loop

最初由莫斯科铁路运输工程学院提出的预应力钢丝束的锚固和连接方法。所用的锚具其锚锭是由钢丝穿过竖向圆钢板边缘的凹槽而构成的钢丝束的粗大部分。如此形成的两个圆锥体固着在直径为120mm、长度为300mm的混凝土圆柱内，圆柱则为ϕ5mm螺旋钢丝所缠裹。扣环是将束内钢丝在端部弯成扣环并在起弯处捆紧而成。利用扣环和插于其内的螺栓可与其他钢丝束连接。

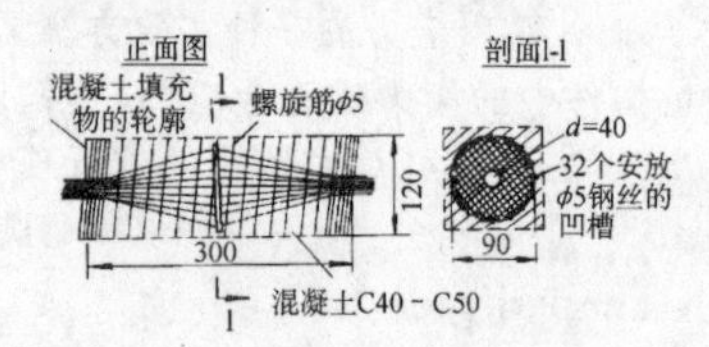

（何广汉）

凵形构件　凵 type member

具有凵形截面的钢筋混凝土构件，例如凵形梁等。其跨中截面及端截面内均设有肋间横隔板。主要优点是单片梁侧向稳定性较大，不易倾覆，无需横向联结。但比较费料，制造复杂，内模拆除困难，且梁肋较多，增加了墩台、基础的圬工数量。（何广汉）

Π形梁桥　Π-beam bridge

由钢筋混凝土顶板与双梁肋构成的梁式桥。主梁横截面状如希腊大写字母Π字，故名。较T形梁多增加一道梁肋，安装时稳定性较好，且便于布置钢筋，多做成预制装配式构件，再在桥位上拼装成梁式桥。其缺点较T形梁多用混凝土与模板，且每片梁须设四个支座，为使之同时受力，不易摆平。

（袁国干）

γ射线法无破损检验　non-destructive test by γ-ray method

用γ射线检测材料质量和内部缺陷和损伤的一种无损检测法。放射源一般采用钴-60。根据测定穿过混凝土的射线强度来确定混凝土的密实度和强度。利用射线照相可检查混凝土内部损伤、裂缝、钢筋位置及预应力钢丝束孔道灌浆质量等。

（张开敬）

词目汉语拼音索引

说　明

一、本索引供读者按词目汉语拼音序次查检词条。

二、词目的又称、旧称、俗称、简称等，按一般词目排列，但页码用圆括号括起，如(1)、(9)。

三、外文、数字开头的词目按外文字母与数字大小列于本索引末尾。

a

阿尔坎塔拉桥　1
阿尔泽特桥　1
阿拉比德桥　1
阿斯托里亚桥　1

ai

埃尔特桥　1
埃米塞得桥　1
矮桁架钢桥　1

an

安济桥　(284)
安澜桥　1
安纳西斯岛桥　1
安平桥　1
安全带　2
安全等级　2
安全系数　2
安全性　2
暗藏梨状锚　2
暗涵　2
暗销　2

ao

奥埃桥　2
奥列隆桥　2

ba

八字撑架式桥　(121)
八字撑架体系　2
八字桥　2
八字形桥台　2
八字形翼墙　3
八字翼墙洞口　3
巴尔马斯桥　3
巴拉那桥　3
巴黎新桥　3
巴里奥斯·卢纳桥　3
扒杆　3
拔出法试验　3
拔脱法试验　3
拔桩机　3
灞桥　3

bai

白面石武水大桥　3
白塔山黄河铁桥　4
百分表　4
摆动支座　4
摆柱式桥塔　4
摆柱支座　4

ban

板拱桥　4
板桥　4
板式橡胶支座　4
板栓梁　4
板桩式桥台　4
板桩支护坑壁法　4
半穿式钢桁架桥　(1)
半穿式桁架梁桥　4
半穿式桥　(289)
半导体应变片　5
半概率法　5
半刚性索套　5
半桥测量　5
半山桥　5
半压力式涵洞　5
半永久性桥　5
半自动焊　5

bao

包气带水　5
薄壁箱梁　5
薄壳基础桥台　5

薄膜养护 5
薄膜养生 (5)
宝带桥 6
刨边 6
暴雨 6
暴雨分区 6
暴雨中心 6
爆扩桩 6

bei

北备赞濑户桥 6
北港大桥 (25)
北港联络桥 (25)
贝雷桥 6
贝诺特钻机 (236)
贝永桥 6
背撑式桥台 6

ben

本道夫桥 6

beng

崩塌 7

bi

鼻梁 (31)
比戈桥 (145)
比降-面积法 7
比较方案 7
比较应力 (106)
比例 7
比率 7
比拟法 7
比拟正交异性板法 7
毕托管 7
闭口端管桩 7
闭口截面肋 7
壁后压气法 8

bian

边界层风洞 (27)
边孔 8
边跨 (8)
边滩 8
边缘加工 8
边缘纤维屈服荷载 8
扁钢 (283)
扁钢系杆 8
汴梁虹桥 8
变差系数 C_v 8
变幅疲劳 8
变化与统一 (49)
变角桁架模型 8
变截面灌注桩 8
变截面梁桥 8
变宽矩形截面桥墩 9
变率 (165)
变气闸 (183)
变态模型 9
变向车道 (224)
变形缝 9
变形钢筋 9
变质岩 9
便桥 9

biao

标准差 (136)
标准风速 (117)
标准风压 (117)
标准贯入试验 9
标准轨距 9
标准荷载 9
标准跨径 9
表层流 9
表面式振捣器 9

bin

滨名桥 9

bing

冰渡 9
冰荷载 10
冰套箱 10
冰压力 (10)
并列箱梁 10

bo

波浪荷载 10
波浪力 (10)
波萨达斯·恩卡纳西翁桥 10
波速法桩基检测 10
波特兰水泥 10
波纹管卷管机 10
波纹铁管涵 10
波形截面梁桥 10
玻璃钢桥 10
伯努利法则 (179)
驳船 11
博诺姆桥 11
博斯普鲁斯二桥 11
博斯普鲁斯桥 11
箔式电阻应变片 11

bu

不冲流速 11
不良铆钉 11
不完全对称 11
不完全铰 (67)
不稳定缆索体系 11
不稳定平衡 11
布比延桥 12
布拉佐·拉戈桥 12
布里斯勒·玛斯桥 12
布林奈尔硬度 12
布鲁东纳桥 12
布鲁克林桥 12
部分预应力混凝土 12
部分预应力混凝土桥 12

cai

材料费 13
材料分项安全系数 13
材料数量指标 13
采样箱 (275)

can

参考风速 (117)
参考风压 (117)
残积层 13
残余应力 13

cao

糙率 (25)
槽钢 13
槽探 13
槽型钢板桩 (305)
槽形梁 13
槽形梁桥 13
草皮护坡 13

ce

侧焊缝 14
侧墙 14
侧向拉缆 14
侧压强度 (100)

ceng

层间温度 14

cha

叉车 14
差动变压器式位移传感器 14
差动电阻式应变计 14
差动汽锤 14
差动式位移计 (14)
插入式振捣器 14
插销 15

chai

拆装梁 15
柴排护基 15
柴油锤 15

chan

产流 15
产状 15
铲磨 15
颤振临界风速 15

chang

长堤 15
长钢轨纵向荷载 15
长虹石拱桥 (134)
长礁桥 15
长期荷载试验 16
长期曲率 16
常幅疲劳 16
常水河流 16
敞口钢桁架桥 (1)
敞露式伸缩缝 16

chao

超筋破坏 16
超拧 16
超渗产流 16
超渗雨 16
超声波法桩基检测 16
超声波探伤 16
超声波无损检验 16
超声-回弹综合法 16
超限货物 17
超应力张拉 17
超张拉 (17)
超轴牵引 17
潮汐河流 17

che

车道板 17
车道荷载 17
车间底漆 (153)
车轮对称 (263)
车行道 (259)

chen

沉积岩 17
沉降速度 17
沉井凹槽 17
沉井顶盖 17
沉井封底混凝土 17
沉井基础 17
沉井接管柱基础 18
沉井纠偏法 18
沉井取土井 18
沉井刃脚 18
沉井下沉方法 18
沉井下沉射水法 18
沉井下沉阻力 18
沉井型桩 18
沉井支垫 18
沉速 (17)
沉箱 (183)
沉箱病 18
沉箱浮运法 19
沉箱浮运稳定性 19
沉箱基础 19
沉箱建造下沉法 19
沉箱接桩基础 19
沉箱水力机械挖泥 19
沉桩方法 19
衬板支护坑壁法 19

cheng

撑架桥 20
撑托桁架 20
成品装车设计 20
承台 20
承托 20

承压水 20
承压橡胶块 20
承载能力极限状态 20
承载能力试验 (129)
承重构件 20
承重结构 20
城市道路桥 20
程序加载疲劳试验机 20

chi

持久极限 21
持力层 21
齿槛式桥台 (156)
齿轮钻头 21
齿条顶升器 21
齿条千斤顶 (21)

chong

充气桥 (182)
重复韵律 21
重合对称 21
重庆白沙砣长江大桥 21
重庆石门嘉陵江大桥 21
重庆市北碚朝阳桥 21
重庆市牛角沱桥 21
冲钉 21
冲击力 22
冲击系数 22
冲击钻机 22
冲击钻孔法 22
冲击钻头 22
冲积层 22
冲剪应力 22
冲刷系数 22
冲泻质 22
冲止流速 22
冲抓锥 (22)
冲抓钻机 22
冲抓钻孔法 22

chou

抽水机 (226)
抽水试验 23

chu

初步设计 23
初始降雨 23
初始预应力 (23)
除刺 23
触探 23

chuan

穿式板梁桥 23
穿式桥 (249)
穿心式千斤顶 23
传递矩阵法 23
传力锚固时应力 23
船位焊 (23)
船形焊 23
船只或排筏撞击力 23

chui

垂裙 (130)
垂直桩桩基 24
锤击沉桩法 24
锤击贯入试桩法 24

chun

春汛 24
纯缆索体系 24
纯扭转 (298)

ci

磁带记录仪 24
磁电式速度传感器 24
磁法勘探 24
磁粉探伤 24
此花大桥 25
次拱腿 25
次梁 25
次梁撑架体系 (2)
次梁-斜杆桁架 25

cu

粗糙系数 25
粗钢筋 25
粗钢筋螺纹锚 25

cui

脆性涂层法 25

cuo

错缝 25

da

搭接长度 26
搭接接头 26
达姆岬桥 26
打砂除锈 26
打桩分析仪 26
打桩机 26
打桩加固法 26
大岛大桥 26
大渡河铁索桥 (156)
大和川桥 26
大节点 290
大块模板 (47)
大连市北大友谊桥 26
大鸣门桥 26
大气边界层风洞 27
大桥 27
大三岛桥 27
大石桥 (284)
大型浮吊 27
大样图 (217)

dai

带洞圬工桥台 27
带挂孔T形刚构桥 27
带铰T形刚构桥 27
带拉杆刚架桥 27
带式输送机 27

带套管钻孔灌注桩 27
袋装砂井法 27

dan

单壁式杆件 28
单层钢板桩围堰 28
单层木板桩围堰 28
单层桥面板 28
单齿正接榫 28
单动汽锤 28
单梗式梁桥 28
单管旋喷注浆法 28
单剪 28
单铰拱桥 28
单孔沉井 28
单跨 28
单跨刚架桥 28
单宽流量 28
单梁式架桥机 29
单索面斜拉桥 29
单索桥 29
单索式悬索桥 (29)
单位过程线 29
单位水泥用量 29
单线桥 29
单箱单室梁桥 29
单箱多室梁桥 29
单向板 29
单向推力墩 29
单向斜桩桩基 29
单斜撑式木桥 30
单悬臂梁桥 30
单悬臂梁式斜拉桥 30
单液硅化法 30
单桩垂直静载试验 30
单桩水平静载试验 30
单作用汽锤 (28)
单作用千斤顶 30

dang

挡土板 30

dao

导电漆膜裂缝测定法 30
导梁 31
导流板 31
导流堤 31
导热微分方程 (202)
导线测量 31
导向船 31
倒T形桥墩 31
倒虹吸涵洞 31
倒朗格尔拱桥 (31)
倒朗格尔梁桥 31
倒链 (151)
倒洛泽拱桥 31
倒洛泽梁桥 (31)
倒梯形箱梁桥 32
道班房 32
道碴槽板 32
道碴槽板桥 32
道碴槽悬臂板 32
道碴桥面钢板梁桥 32
道碴桥面桥 32
道碴桥面预应力混凝土桁架桥 32
道床板 32

deng

灯光扳手 32
灯柱 32
镫筋 (83)
等代荷载 (17)
等幅疲劳试验机 32
等截面桥墩 32
等离子弧焊 32
等离子切割 32
等流时线 32
等强度梁 33

di

低承台桩基 (33)
低高度梁 33
低高度梁桥 33
低合金钢桥 33
低筋设计 33
低水位桥 33
低桩承台基础 33
堤梁桥 33
滴水 33
迪维达克锚具 33
迪维达克体系 33
底漆 34
地层 34
地道桥 34
地动 (35)
地基处理 34
地基冻胀 34
地基滑动稳定性 34
地基加固 (34)
地基容许承载力 34
地基系数 K 法 34
地基系数“m”法 34
地貌 34
地面径流 34
地球物理勘探 35
地下暗河 35
地下径流 35
地下连续墙桥基 35
地下墙钻机 35
地下水观测 35
地下水露头 35
地形 35
地形测量 35
地形水拱 35
地震 35
地震波 35
地震荷载 36
地震勘探 36
地震力 (36)
地震烈度 36
地震模拟振动台 36
地震震级 36
地震作用 (36)
地质构造 36
地质年代 36
第二类稳定问题 36
第三弦杆法 36
第四纪沉积物 36

第一类稳定问题 36

dian

点固焊 (41)
点支座 36,(200)
电测引伸计 36
电动硅化法 37
电动葫芦 (37)
电动滑车 37
电动绞车 (37)
电动卷扬机 37
电动力式激振器 (37)
电动力式振动台 (37)
电动式激振器 37
电动式振动台 37
电动液压式振动台 37
电动油泵 37
电法勘探 38
电感式位移传感器 38
电感式位移计 (38)
电焊钢筋现浇混凝土接头 38
电荷放大器 38
电力冲击法 38
电脑机械手划线 (222)
电容式位移传感器 38
电渗固结法 38
电涡流式位移传感器 38
电涡流式位移计 (38)
电液式激振器 38
电液式振动台 (37)
电液伺服式疲劳试验机 38
电阻应变表式位移传感器 (116)
电阻应变片 39
电阻应变式(拉)压力传感器 39
垫层支座 39
垫梁 39
垫木 (39)

diao

吊杆 39
吊杆网 39
吊钩 39
吊篮 (47)
吊桥 (263)
吊索 39
吊索塔架拼装法 39
吊箱围堰 39
钓鱼法架梁 40
掉道荷载 40

die

跌水坝 40

ding

丁坝 40
钉端钳制长度 40
钉端有效长度 (40)
钉杆受剪 40
钉孔承压 40
钉孔重合率 (40)
钉孔通过率 40
钉栓距 40
钉栓连接 (116)
顶杆 40
顶管法加固桥台 40
顶架 40
顶升器 40
顶推法施工 40
顶推设备 41
顶推循环 41
顶推整治法 41
定床模型 41
定床阻力 41
定倾半径 41
定倾中心 41
定位船 41
定位焊 41
定位桩 41
定型模板 41
定值设计法 41

dong

东亨廷顿桥 41
东营胜利黄河桥 42
动床模型 42
动床阻力 42
动观 (42)
动力固结法 (186)
动力系数 42
动力响应 42
动力响应系数 42
动力效应 42
动态冰压力 42
动态电阻应变仪 42
动态对称 42
动态光弹性法 42
动态美 42
动态平衡 42
动态信号分析仪 42
动态作用 43
动弹性模量测定仪 (82)
动物园桥 43
冻拔力 (43)
冻结深度 43
冻结线 43
冻土 43
冻土人为上限 43
冻土上限 43
冻胀力 43
洞口冲刷防护 43

dou

斗式提升机 43
陡拱桥 44
陡坡涵洞 44

du

独塔式斜拉桥 44
独柱式墩桥 44
独柱式桥墩 44
读数显微镜 (152)
杜塞多尔夫-弗勒埃桥 44
杜塞尔多夫·诺依斯桥 44
杜伊斯堡-诺因坎普桥 44
渡槽 (97)
渡口宝鼎桥 44
镀锌钢丝 44
镀锌铁皮伸缩缝 44

duan

端承式管柱基础 45
端承桩 (287)
端焊缝 45
端加劲肋 45
端斜杆 45
短木桩挤密法 45
断层 45
断缝 45
断面比能 45
断面单位能量 (45)
断面流速分布 45

dui

对比法 46
对称 46
对接焊 46
对接焊缝 46
对接接头 46

dun

墩的抗推刚度 $\overline{K}$ 46
墩的抗弯刚度 $\overline{S}$ 46
墩的弹性常数 46
墩的相干系数 $\overline{T}$ 46
墩顶排水坡 46
墩顶转角 46
墩帽 46
墩旁托架 46
墩前冲高 46
墩身 47
墩台变位 47
墩(台)顶位移 47
墩台定位 47
墩台防凌 47
墩台放样 47
墩台滑动稳定 47
墩台基底最小埋深 47
墩台检查平台 47
墩台倾覆稳定 47
墩台竖向位移观测 47
墩台水平位移观测 47
镦头锚 47
盾状模板 47

duo

多边形弦杆钢桁梁桥 47
多层焊接钢筋骨架 48
多点接线箱 (275)
多孔沉井 48
多孔悬臂梁桥 48
多跨 48
多跨刚架桥 48
多跨悬索桥 48
多年冻土地基 48
多室箱梁 48
多线桥 48
多向斜桩桩基 48
多心拱桥 49
多样与统一 49
多用桥 49
多柱式梁桥 49

e

厄斯金桥 49

er

耳墙 49
二重管旋喷注浆法 49
二次剪力流函数 49
二次扭矩剪应力 50
二阶理论 (273)
二阶稳定缆索体系 50
二维光弹性法 50

fa

法岛桥 50

fan

反复荷载 (177)
反拱铺砌法 50
反挠度 (275)
反循环钻机 50

fang

方案编制 50
方案评估 51
方钢爬升器 51
防冻剂 51
防护薄膜 51
防护套 51
防裂钢筋 51
防爬角钢 51
防爬木 (103)
防爬器 51
防水玻璃纤维布 51
防水剂 51
防淘斜坡 (257)
防锈焊接钢支座 51
防御性桥梁 51
防震挡块 51
防震水平联结装置 52
放射性测量 (52)
放射性勘探 52
放样 52

fei

飞机场桥 52
飞桥 (8,246)
非承重构件 52
非电量电测技术 52
非机动车道 52
非接触式位移测量 52
非破损检验 52
非线性分析法 52
斐氏级数 52
费马恩海峡桥 52
费用有效系数 53

fen

分布钢筋 53
分层总和法 53
分车道 53

分段等截面桥墩 53
分隔带 53
分离式箱梁桥 53
分流车道 (53)
分配钢筋 (53)
分水岭 (53)
分水线 53
分项安全系数 (302)
分肢 53
粉体喷射搅拌法 53

feng

风铲加工 53
风的动压力 (54)
风洞 54
风荷载 54
风化 54
风级 54
风玫瑰图 54
风速 54
风图 (54)
风向 54
风雨桥 (272)
风振 54
风支座 54
风嘴 54
封闭式钢索 54
封闭式排水系统 55
封锚 55
蜂窝 55

fu

弗莱西奈式铰 55,(67)
弗里蒙特桥 55
弗氏锚 55
扶壁式桥台 55
扶手 55
浮船 55
浮船定位 55
浮船稳定性 55
浮吊 (56)
浮吊架梁 55
浮鲸 (56)
浮桥 55
浮式沉井 56
浮式沉井稳定性 56
浮式工作船组 56
浮式起重机 56
浮托架梁法 56
浮箱 56
浮运架梁法 56
辐射形斜拉桥 56
福斯湾桥 56
福斯湾悬臂钢桁架桥 57
俯焊 57
辅助墩 57
辅助墩法 57
负反力支座 (144)
负拉索 57
负摩擦力 57
附加荷载 57
附加恒载 57
附加力 (57)
附加作用 (57)
附着式振捣器 57
复合大梁 58
副节点 58
富锌底漆 58
腹板 58
腹杆体系 58
腹拱 58
腹筋 58
腹孔 58
腹孔墩 58
覆盖养护 58
覆盖养生 (58)

ga

嘎尔渡槽 (59)
嘎尔输水桥 59

gai

改变恒载调整拱轴线法 59
改变结构体系法 59
改善系数 59
盖板涵洞 59
盖格尔测振仪 (243)
盖梁 59
概率设计法 59
概算指标 (299)

gan

干接缝 59
干接头 59
甘特桥 59
杆件组装 60
感潮河段 (17)
感性美 (259)

gang

刚度比 60
刚构桥 (60)
刚构式组合桥台 60
刚架拱片 60
刚架拱桥 60
刚架桥 60
刚架式桥墩 60
刚接梁法 61
刚柔 61
刚腿德立克 (255)
刚性吊杆 61
刚性墩 61
刚性骨架与塔架斜拉索联合法 61
刚性涵洞 61
刚性横梁法 (178)
刚性基础 61
刚性节点 61
刚性梁 61
刚性梁刚性拱桥 (158)
刚性梁柔性拱桥 (146)
刚性梁悬索桥 61
刚性桥塔 62
刚性索斜拉桥 62
刚性系杆 62
钢板电焊接头 62
钢板拱桥 62
钢板梁 62
钢板梁桥 62
钢板翘曲 62

钢板桩 62
钢材的韧性 62
钢材的塑性 62
钢材的延展性 (62)
钢材硬度试验 62
钢沉井 63
钢沉箱 63
钢的脆断 63
钢的韧性断裂 (63)
钢的塑性断裂 63
钢叠合梁斜拉桥 (64)
钢叠合梁斜张桥 (64)
钢拱桥 63
钢管板桩井筒围堰 (233)
钢管拱桥 63
钢管桁架桥 63
钢管柱 63
钢管桩 63
钢轨桩 63
钢桁架拱桥 63
钢桁架桥 63
钢桁梁桥 64
钢键 64
钢绞线 64
钢绞线爬升器 64
钢绞线索 64
钢结合梁斜拉桥 64
钢筋包辛格效应 64
钢筋比例极限 64
钢筋标准弯钩 64
钢筋除锈机 64
钢筋搭接 64
钢筋的锚固 64
钢筋的弯起 65
钢筋的应力－应变曲线 65
钢筋点焊机 65
钢筋对焊机 65
钢筋骨架 65
钢筋滚丝机 65
钢筋焊接接头 65
钢筋混凝土T型刚架桥 65
钢筋混凝土薄壁墩 65
钢筋混凝土沉井 65
钢筋混凝土沉箱 65
钢筋混凝土刚架桥 66
钢筋混凝土拱桥 66
钢筋混凝土构件的抗力 66
钢筋混凝土构件剪力破坏 66
钢筋混凝土构件抗剪强度 66
钢筋混凝土构件抗弯强度 66
钢筋混凝土管柱 66
钢筋混凝土管桩钢刃脚 66
钢筋混凝土管桩接头法兰盘 66
钢筋混凝土桁架拱桥 67
钢筋混凝土铰 67
钢筋混凝土块护底 67
钢筋混凝土联合系桥 (68)
钢筋混凝土梁桥 67
钢筋混凝土桥 67
钢筋混凝土套箍压浆 67
钢筋混凝土柱的二次效应 67
钢筋混凝土柱的抗压强度 67
钢筋混凝土柱的临界压力 67
钢筋混凝土柱的偏心距增大系数 68
钢筋混凝土柱的稳定验算 68
钢筋混凝土柱的稳定系数 (68)
钢筋混凝土柱的纵向弯曲系数 68
钢筋混凝土柱挠度增大系数 (68)
钢筋混凝土柱弯矩增大系数 (68)
钢筋混凝土组合体系桥 68
钢筋极限强度 68
钢筋假定屈服强度 (69)
钢筋接头 68
钢筋抗拉强度 (68)
钢筋扣环式接头 68
钢筋拉伸机 (144)
钢筋冷拔机 68
钢筋冷镦机 68
钢筋冷拉机 68
钢筋冷弯试验 69
钢筋冷轧机 69
钢筋流幅 (69)
钢筋疲劳强度 69
钢筋疲劳强度试验 69
钢筋强度标准值 69
钢筋切断机 69
钢筋屈服点 69
钢筋屈服台阶 69
钢筋屈服应力 (69)
钢筋松弛 69
钢筋弹性极限 (69)
钢筋调直机 69
钢筋条件流限 69
钢筋弯曲机 69
钢筋网 70
钢筋握裹力试验 70
钢筋阴极防腐法 70
钢筋应变硬化 70
钢缆箍 (232)
钢缆夹 (232)
钢缆卡箍 (232)
钢连续梁桥 70
钢梁除锈 70
钢梁多孔连续拖拉法 70
钢梁分段拼装法 (71)
钢梁杆件拼装 70
钢梁焊接 70
钢梁混合拼装法 70
钢梁架设 (72)
钢梁跨中合龙法 70
钢梁铆合 71
钢梁平衡悬臂拼装法 71
钢梁平行拼装法 71
钢梁顺序拼装法 71
钢梁拖拉架设法 71
钢梁悬臂拼装法 71
钢梁循序拼装法 (71)
钢梁油漆 71
钢料校正 71
钢盆 72
钢桥 72
钢桥安装 72
钢桥连接 72
钢桥面板箱梁桥 72
钢桥疲劳破坏 72
钢桥疲劳强度 72
钢桥制造 72
钢刷除锈 72
钢丝绳夹头 72
钢丝绳爬升器 72
钢丝绳悬索 72
钢丝式挠度计 (283)
钢丝应力测定仪 73
钢套箱 73

钢弦应变计 73
钢斜拉桥 73
钢斜张桥 (73)
钢悬臂梁桥 73
钢悬索桥 73
钢压杆临界荷载 73
钢支座 73
钢桩 73
钢组合体系桥 73
港大桥 74
杠杆式应变仪 74
杠杆原理法 74

gao

高承台桩基 (75)
高程基准面 74
高程系统 74
高低刃脚沉井 74
高含沙水流 74
高架单轨铁路桥 74
高架桥 74
高架线路桥 74
高跨比 74
高强度螺栓 75
高强度螺栓扳手 75
高强度螺栓初拧 75
高强度螺栓连接 75
高强度螺栓终拧 75
高强钢丝 75
高强栓 (75)
高水位桥 75
高温水泥 (170)
高压喷射注浆法 75
高桩承台基础 75

ge

搁置式人行道 76
格坝 76
格构式组合杆件 76
格莱兹维尔桥 76
格明登桥 76
格式围堰 (83)
格子梁桥 76
隔水墙 (130)
个体协调 (298)

geng

缅桥 76
梗肋 (151)
梗胁 76

gong

工厂试拼装 76
工程船舶 76
工程地质 76
工程地质条件评价 76
工程费 77
工程机械使用费 77
工程机械台班费 (77)
工地拼装简图 77
工区房 (32)
工字钢 77
工字梁束 77
工字形梁桥 77
工作度 (94)
工作荷载 77
公共补偿片 77
公共协调 (105)
公路车辆荷载 77
公路等代荷载 77
公路等级 77
公路工程技术标准 78
公路桥 78
公路桥涵设计规范 78
公路桥面净空限界 78
公路铁路两用桥 78
功能序列 79
肱板 79
拱板 79
拱背 79
拱波 79
拱的横向稳定性 79
拱的内力调整 79
拱的施工加载程序 79
拱的水平推力 79
拱的纵向稳定性 79
拱顶 79
拱度 (210)
拱腹 79
拱腹式钢板桩 (305)
拱高 (81)
拱厚变换系数 79
拱架 80
拱肩 80
拱肩填料 80
拱铰 80
拱脚 80
拱肋 80
拱片桥 80
拱桥 80
拱桥悬臂加宽 81
拱圈 81
拱圈截面变化规律 81
拱券 (81)
拱上建筑 81
拱上结构 (81)
拱石 81
拱矢 81
拱矢度 (218)
拱形涵洞 82
拱形桁架 82
拱形桥台 82
拱趾标高 82
拱轴系数 82
拱轴线 82
拱座 82
共振测频仪 82
共振法混凝土动弹性模量试验 82
共振速度 (119)

gou

钩螺栓 83
构件成品存放 83
构件局部失稳 83
构件破坏时钢筋应力 83
构体式钢板桩围堰 83
构造钢筋 83
构造速度 83

gu

箍筋 83
箍套法 83
古德曼图 84
谷坊 84
股流 84
股流涌高 84
骨料 (119)
骨料咬合作用 84
固定铰支座 (84)
固定桥 84
固定式模板 84
固定胎型 84
固定支座 84
固定作用 84
固端刚架桥 84
固端拱桥 (246)
固端梁桥 84

gua

瓜佐桥 84
刮刀钻头 84
挂孔 84
挂篮 85
挂梁 85

guan

观音桥 85
管道 (142)
管涵施工 85
管式钢墩 85
管式涵洞 85
管线桥 86
管涌 (154)
管柱 86
管柱基础 86
管柱下沉法 86
管柱振沉荷载 86
管柱钻岩法 86
管柱最小间距 86
惯性式测振传感器 (135)
灌注桩 (134)
灌注桩钻机 86
灌筑 86

guang

光电放样 86
光面切割 (132)
光敏薄层裂缝测定法 86
光弹性法 87
光弹性夹片法 87
光弹性散光法 87
光弹性贴片法 87
光弹性仪 87
光弹性应力冻结法 87
光线示波器 87
光线振子示波器 (87)
广义扇性坐标 88
广义坐标法 88
广州珠江桥 88

gui

硅化加固法 88
硅酸盐水泥 88
轨道爬行 88
轨道起重机 88
轨底标高 88
轨束梁 88
柜石岛桥 88
桂林象鼻山漓江桥 89

gun

辊压机矫正 89
辊轴支座 89
滚动支座 89
滚轴支座 (89)

guo

裹冰荷载 89
过水断面积 89
过水路面 89
过水面积 (89)
过水桥 (160)

hai

海森几率格纸 90
海湾桥 90
海峡桥 90
海印大桥 90

han

含沙量 90
函数相关 (243)
涵底标高 90
涵底坡度 90
涵洞 90
涵洞出入口铺砌 91
涵洞的立面布置 91
涵洞洞口 91
涵洞洞身 91
涵洞基础 91
涵洞型式选择 92
涵台 92
涵位 92
涵址测量 92
旱桥 92
焊缝检验 92
焊缝外观检验 92
焊后热处理 92
焊接残余变形 93
焊接残余应力 93
焊接钢桥 93
焊接工艺参数 93
焊前预热 93

hang

航空地球物理勘探 (93)
航空摄影 93
航空物探 93
航空遥感 93
航片 93
航摄像片 (93)
航天摄影像片 93
航天遥感 93

hao

豪拉桥 94
豪氏桁架 94
豪氏木桁架桥 94
号孔钻孔 94
号料 94

he

合理拱轴线 94
和谐 94
和易性 94
河槽 94
河川径流 94
河床单式断面 94
河床的冲刷 94
河床复式断面 95
河床形态 95
河床形态断面 95
河床质 95
河道径流量 (154)
河底比降 95
河底切力 95
河工模型试验 95
河谷 95
河厉 (246)
河流 95
河流横断面 95
河流横向稳定系数 96
河流节点 96
河流类型 96
河流泥沙 96
河流平面 96
河流自然冲淤 96
河流纵断面 96
河流纵向稳定系数 96
河流阻力 96
河漫滩 97
河渠桥 97
河势 97
河滩 97
河弯超高 97
河弯冲淤 97
河湾水流 97
河网汇流 97
荷载横向分布系数 97
荷载频值谱 (98)
荷载平衡法 97
荷载谱 98
荷载系数设计法 (119)
荷载效应 98
荷载效应组合 (98)
荷载组合 98
鹤见航路桥 98

hei

黑格图 98

heng

亨伯桥 98
恒定流连续方程 98
恒载 98
桁架 98
桁架比拟法 99
桁架拱片 99
桁架拱桥 99
桁架肋拱桥 99
桁架梁桥 99
桁架式桥塔 99
横滨海湾桥 99
横撑 100
横断面图 100
横风驰振 100
横隔板 100
横隔梁 (100)
横焊 100
横剪强度 (100)
横键 100
横拉强度 (100)
横梁 100
横纹剪断强度 (166)
横纹抗剪极限强度 (100)
横纹抗剪强度 100
横纹抗拉极限强度 (100)
横纹抗拉强度 100
横纹抗压强度 100
横压强度 (100)
横向焊缝 (45)
横向铰接矩形板 100
横向联结系 100
横向排水孔道 100
横向拖拉架梁法 101
横向支座 (54)
横压试验 (175)
衡重式桥台 101

hong

洪峰流量 101
洪峰水位 101
洪积层 101
洪水 101
洪水比降 101
洪水重现期 101
洪水泛滥线 101
洪水频率 101
洪水位及水面坡度图 102

hou

后补斜筋法 102
后孔法 102
后张法预加应力 102
后张梁 102
后张式粗钢筋体系 102
后张式巨大方形钢丝束体系 102
后张式小钢丝束弗氏体系 102

hu

弧形钢板支座 102
弧形铰 102
胡格利河桥 102
湖北乐天溪大桥 103
蝴蝶架 103
虎渡桥 103
虎门珠江大桥 103
护墩桩 103
护拱 103
护轨 103
护栏 103

护轮带 (2)
护轮木 103
护木 103
护筒 103
护栅 (103)
护柱 103

hua

花篮螺丝 104
滑板式伸缩缝 104
滑板橡胶支座 (135)
滑车 104
滑车组 104
滑道 104
滑动模板 (104)
滑动支座 104
滑梁装置 104
滑坡 104
滑坡观测 104
滑升模板 104
滑线电阻式位移计 104
滑行荷载 104
滑曳式架桥机 104
化学除锈 105
化学防护 105
化学加固法 105

huan

环承载力 105
环箍式测力计 105
环境随机激励振动试验 105
环境协调 105
环流 105
环式键 105
环套锚 105
环销锚 105
环形沉井法 106
环氧砂浆填缝 106
环氧树脂水泥胶接缝 106
缓流 106
缓凝剂 106
换算长细比 (106)
换算截面 106
换算均布活载 106
换算应力 106
换土加固法 106

huang

黄金比 106
黄金分割率 (106)
黄土 107
黄土地基 107

hui

回归方程式 107
回归系数 107
回弹法无损检测 107
回弹仪 107
回转斗钻机 108
汇流 108
汇流历时 108
汇流试验 108
汇水面积 108
汇水区 (155)

hun

混合式过水路面 108
混合型斜拉桥 108
混合桩 108
混凝土拌制 108
混凝土泵 108
混凝土泵车 109
混凝土变形模量 109
混凝土泊松比 109
混凝土布料杆 109
混凝土超声波检测仪 109
混凝土沉井 109
混凝土的应力-应变曲线 109
混凝土吊斗 109
混凝土墩台基础 109
混凝土工厂 110
混凝土工作缝 (113)
混凝土拱桥 110
混凝土管桩离心法成型 110
混凝土护底 110
混凝土剪变模量 110
混凝土铰 (67)
混凝土铰支座 110
混凝土搅拌船 (227)
混凝土搅拌机 (110)
混凝土搅拌楼 110
混凝土搅拌输送车 110
混凝土搅拌站 110
混凝土静力受压弹性模量试验 111
混凝土抗冻性试验——快冻法 111
混凝土抗冻性试验——慢冻法 111
混凝土抗拉强度 111
混凝土抗渗性试验 111
混凝土抗压强度 111
混凝土抗折强度试验 112
混凝土立方体抗压强度 112
混凝土立方体抗压强度标准值 112
混凝土立方体抗压强度试验 112
混凝土流动性 112
混凝土配合比设计 112
混凝土劈裂抗拉强度试验 112
混凝土强度半破损检测法 112
混凝土强度等级 113
混凝土强度无损检测法 113
混凝土桥 113
混凝土热膨胀系数 113
混凝土软化 113
混凝土三轴受压性能 113
混凝土施工缝 113
混凝土湿接头 113
混凝土试拌 113
混凝土收缩裂缝 113
混凝土收缩试验 113
混凝土收缩应力 113
混凝土双轴应力性能 113
混凝土坍落度试验 114
混凝土坍落度筒 114
混凝土弹性模量 114
混凝土特征抗压强度 (112)
混凝土细骨料试验 114
混凝土徐变 114
混凝土徐变对热效应的影响 114
混凝土徐变试验 114
混凝土徐变试验机 114
混凝土徐变系数 114

混凝土养护 114
混凝土养生 (114)
混凝土振捣器 114
混凝土轴心抗拉强度试验 115
混凝土轴心抗压强度 115
混凝土轴心抗压强度试验 115

huo

活动吊篮 115
活动铰支座 (115)
活动桥 115
活动支座 115
活荷载 (115)
活载 115
活载产生的土压力 115
活载发展均衡系数 115
活载发展系数 115
火成岩 (265)
火焰除锈 116
火焰矫正法 116

ji

击锤 (148)
机电百分表 116
机动车道 116
机器样板 116
机械回转钻探 116
机械式激振器 116
机械式振动台 116
机械性连接 116
机械阻抗法桩基检测 117
基本变量 117
基本风速 117
基本风压 117
基本轨 117
基本可变荷载 117
基础不均匀沉降影响 117
基础刚性角 117
基础接触应力 117
基础襟边 117
基础切向冻胀稳定性 117
基础托换法 117
基底标高 118
基坑 118
基坑壁支护方法 118
基肋 118
基平 118
基线测量 118
基岩 118
基岩标 118
畸变 118
激光位移计 118
激光准直仪 118
级配 118
极限分析 118
极限荷载 118
极限荷载法 119
极限强度 119
极限设计法 (119)
极限速度 119
极限状态设计法 119
急流 119
急流槽 119
集料 119
挤压系数 119
济南黄河公路桥 119
济南黄河铁路桥 119
脊骨梁 120
脊骨梁桥 120
计划任务书 120,(212)
计算荷载 (211)
计算矢高 120
纪念性桥梁 120
技术经济指标 120
技术设计 120
霁虹桥 120

jia

加撑梁法 120
加挡土墙法 120
加副梁撑架式桥 120
加固技术评价 121
加筋土桥台 121
加劲肋 121
加劲肋板 121
加劲梁(桁架) 121
加气硅化法 121
加气剂 121
加气水泥 121
加强构件法 121
加弦桥 121
加载事件 122
加桩法 122
夹片式锚具 (177)
甲方 (124)
“假极限”现象 122
假凝 122
假载法 122
架立钢筋 122
架桥机 122
架桥机架梁 122

jian

尖端形桥墩 122
减水剂 122
减速标志 123
减小恒载法 123
减小孔径法 123
减震支座 123
剪刀撑 123
剪跨比 123
剪力传递的桁架机理 (99)
剪力铰 123,(299)
剪力流 123
剪力破坏机理 (123)
剪力破坏模式 123
剪力滞后效应 123
剪切 123
简单大梁 124
简单体系拱桥 124
简单与复杂 124
简易水文观测 124
简支板桥 124
简支梁桥 124
碱液加固法 124
间接费 124
间歇性河流 124
建设单位 124
建筑工程定额 124
建筑上弯度 (275)
渐进韵律 125

键结合 125

jiang

江东桥 (103)
江门外海大桥 125
江阴长江公路大桥 125
缰丝 125
蒋卡硬度 125
降水 125
降水量 (126)
降雨 125
降雨历时 126
降雨历时曲线 126
降雨量 126

jiao

交叉撑架 126
交叉韵律 126
浇注 (86)
胶合材料 126
胶合木桁架桥 126
胶合木梁桥 126
胶合能力 126
胶结合 126
角钢 126
角焊缝 126
角接头 127
绞车 (135)
铰 127
铰板 127
铰接板(梁)法 127
铰接板桥 127
铰接悬臂板 (100)
脚手架 127,(270)
脚手架上拼装钢梁 127
校正井 127

jie

接触式位移测量 127
接榫 127
揭底冲刷 127
节点 128
节点板 128
节点构造 128
节段模型风洞试验 128
节段施工法 128
节段式预应力混凝土筒支桁架桥 128
节间 128
节间长度 128
节间单元法 128
节理 128
节奏 128
结构动力特性试验 128
结构动载(力)试验 129
结构非破坏性试验 129
结构混凝土的现场检测 129
结构静载(力)试验 129
结构抗震静力试验 (172)
结构抗震试验 129
结构可靠度 (139)
结构裂缝图 129
结构模型试验 129
结构疲劳试验 129
结构破坏性试验 129
结构试验台座 130
结构温度应力试验 130
结构稳定试验 130
结构校验系数 130
结构序列 130
结构自重 130
结合梁桥 130
结晶对称 130
截留 (288)
截面次应力系数 130
截水坝 130
截水墙 130
界面传递剪力 (84)
界限破坏 131
界限相对受压区高度 131

jin

金门桥 131
紧急抢险桥 131
紧缆 131
进水孔 131
近似概率法 131
劲性钢筋混凝土拱桥 131,(163)

jing

经济技术指标 131
经济跨径 131
经验频率 131
经验频率曲线 131
精密气割 132
精轧螺纹钢筋 132
井壁气龛 132
井点系统 132
井顶围堰 132
颈焊缝 132
径流 132
径流成因公式 132
径流过程 132
径流计算公式 132
径流量 (132)
径流系数 133
净降雨量 133
净空测定车 (250)
净雨 (133)
静观 (133)
静力触探 133
静水压力 133
静态冰压力 133
静态电阻应变仪 133
静态美 133
静态平衡 133
静态作用 133
静压注浆法 133
静止土压力 133
镜面对称 133

jiu

九江长江大桥 134
九溪沟石拱桥 134
旧金山-奥克兰海湾桥 134
旧伦敦桥 134
就地灌注桩 134
就地浇筑钢筋混凝土梁桥 134

ju

拘束变形 134
局部承压强度 135
局部冲刷 135
局部加固 135
局部应力高峰 135
矩形板桥 135
矩形桥墩 135
锯切 135
聚水槽 135
聚四氟乙烯板式橡胶支座 135
聚四氟乙烯滑板 135
聚四氟乙烯支座 135

juan

卷扬机 135

jue

绝对式测振传感器 135

jun

军用桥 135
军用图 136
均方差 136
均衡悬臂施工法 136
均值 136

ka

喀斯特 (265)
喀斯特水 (266)
卡环 137

kai

开合桥 137
开口沉箱基础 (17)
开口端管桩 137
开口格栅桥面 (141)
开口截面加劲肋 (137)
开口截面肋 137
开裂弯矩 137
开启桥 137

kang

抗拔力 (246)
抗拔桩 137
抗剪键法 137
抗剪强度 137
抗扭钢筋 137
抗扭强度 137
抗爬力 (15)
抗劈力 138

kao

考莫多尔桥 138
考斯脱·锡尔瓦桥 (148)

ke

柯赫山谷桥 138
柯氏锚 138
科尔布兰德桥 138
科罗-巴伯尔图阿普桥 138
科学研究性试验 138
颗粒级配曲线 138
可变荷载 (115)
可变作用 138
可撤式沉箱 138
可撤式螺栓 139
可动作用 139
可焊性 139
可靠概率 139
可靠性 139
可靠指标 139
可能最大洪水 139
可能最大降水 139
可行性研究 139
可行性研究报告 139
克尔克桥 140
克罗伊茨高级钢支座 140
克尼桥 140
刻痕钢丝 140

keng

坑探 140

kong

空腹杆件 (76)
空腹拱桥 140
空腹桁架拱桥 (221)
空腹梁桥 140
空腹木板桁架 140
空腹式桥台 140
空格桥面 141
空间桁架模拟理论 141
空气动力作用 (54)
空气幕法 (8)
空气吸泥法 141
空气吸泥机 141
空气压缩机 141
空心板 141
空心板桥 141
空心沉井基础 141
空心沉箱 141
空心墩的局部压屈 141
空心墩的温度应力 141
空心墩局部应力 142
空心桥墩 142
空心桥台 142
空中纺缆法 142
空中放线法 (142)
空中摄影 (93)
孔道 142
孔径设计 142
孔隙水 142
控速信号 142
控制张拉应力 142

kou

扣轨梁 (88)
扣损 142

kua

跨墩门式吊车架梁 142
跨谷桥 143
跨海联络桥 143
跨河桥 143
跨湖桥 143
跨线桥 143,(149)

kuai

快行道 (116)
快硬剂 (282)

kuan

宽滩漫流 143

kuang

矿渣硅酸盐水泥 (143)
矿渣水泥 143
框架埋置式桥台 143
框架式桁架 143
框架式桥塔 143

kui

魁北克桥 143

kuo

扩大初步设计 144
扩孔 144

la

拉杆式千斤顶 144
拉力摆 144
拉力墩 (57)
拉力悬摆 (144)
拉力支座 144
拉锚式预应力工艺 144
拉区强化效应 144
拉丝式预应力工艺 144
拉条 144
拉条模型风洞试验 144
拉压式橡胶伸缩缝 145

lai

莱昂哈特-霍姆伯格法 (151)
莱昂哈特体系 145

lan

兰德桥 145
兰州黄河铁路桥 145
拦砂坝 145
拦石栅 145
拦水墙 (130)
栏杆 145
栏杆柱 145
缆风 145
缆索承重桥 145
缆索吊机 (146)
缆索起重机 146

lang

廊桥 146,(272)
朗格尔梁桥 146
浪风 (145)
浪高仪 146
浪江桥 146

lei

雷奥巴体系 146
雷诺应力 146
肋拱桥 146
肋式梁桥 146
肋形埋置式桥台 146
肋腋板桥面 146
类比联想 146
累计筛余百分率 147

leng

棱柱形木键 147
冷拔低碳钢丝 147
冷拔钢丝 147
冷拉钢筋 147
冷拉时效 147
冷扭钢筋 147
冷弯 147
冷作钢筋 147

li

离差系数 (8)
离缝键合梁 147
离析 147
离心泵 148
离心力 148
梨形堤 148
里普桥 148
里约-尼泰罗伊桥 148
理论频率曲线 148
理想桁架 148
理想平板 148
理想设计 (179)
理想压杆 148
理性美 (170)
力锤 148
力的冲击 148
力的传递 148
力的飞跃 149
力的稳定 149
力的镇静 149
历史洪水 149
历史洪水流量 149
历史洪水位 149
立焊 149
立交桥 149
立转桥 149
利雅托桥 149
沥青表面处置 149
沥青铺装桥面 149
粒径 149
粒径组 149

lian

连拱计算 150
连接套筒 150
连续板桥 150
连续垫板组合杆件 150
连续刚构桥 150
连续刚构式斜拉桥 150
连续拱桥 150
连续铰接刚构桥 150
连续梁桥 150
连续梁式斜拉桥 150
连续桥面法 150
连续输送机 151
连续韵律 151
联合架桥机 151
联想 151
链条滑车 151

liang

梁格法 151
梁块截面型式 151
梁-框体系刚架桥 151
梁肋 151
梁式桥 151
梁腋 (20)
两阶段设计 151
量纲 152
量纲分析 152

liao

料件加工 152
料石拱桥 152

lie

列车横向摇摆力 152
列车速度 152
裂缝对热效应的影响 152
裂缝观测仪 152
裂缝控制 152
裂缝探测法 152
裂隙水 153
裂隙粘土 (176)

lin

临界断面 153
临界流 153
临界流速 153
临界坡度 153
临界水深 153
临界速度 (119),153
临时底漆 153
临时墩 153
临时加固 153
临时铰 153
临时性桥 153

ling

凌汛 153
菱形桁架 153
零点漂移 153
零号块 154
零相关 154
龄期 154

liu

溜箭桥 154
流量 154
流量过程线 154
流量与频率分布曲线 154
流量与频率密度曲线 154
流砂 154
流水压力 154
流速 155
流速梯度 155
流速仪 155
流线型洞口 155
流线型断面 155
流域 155
流域汇流 (108)
流域面积 (108)
流域平均雨量 (164)

long

龙门吊机 (155)
龙门架 155
龙门起重机 155

lou

楼殿桥 155

lu

卢灵桥 155
卢赞西桥 155
芦沟桥 156
泸定桥 156
陆地基础 156

lü

铝合金钢桥 156
履齿式桥台 156
履带车和平板挂车荷载 156
履带吊机 (157)
履带起重机 157

luan

孪拱桥 157
乱石拱桥 157

lun

轮渡栈桥 157
轮对蛇行运动 157
轮轨关系 157
轮胎起重机 157

luo

罗斯图 (84)
螺杆输送机 (158)
螺栓轴力计 157
螺旋顶升器 157

螺旋箍筋 157
螺旋流 (105)
螺旋千斤顶 (157)
螺旋输送机 158
螺旋桩 158
螺旋钻机 158
洛氏硬度 158
洛溪大桥 158
洛阳铲 158
洛阳桥 158
洛泽拱桥 158
雒容桥 158
落锤 158
落梁 158

ma

麻袋围堰 159
麻网桥 159
马钉 159
马拉开波桥 159
马奈尔预应力张拉体系 159
马-希硬度 159

mai

埋弧焊 159
埋置式桥台 159
迈耶硬度 159
迈因纳积伤律 (177)
麦基诺桥 160
脉动荷载 160
脉动千斤顶 160

man

满宁公式 160
曼法尔桥 160
曼港桥 160
慢行道 (52)
漫水桥 160

mang

盲沟 160

mao

猫道 160
茅岭江铁路大桥 160
锚垫板 161
锚垫圈 161
锚碇 161
锚碇板 (161)
锚碇桩 161
锚锭板桥台 161
锚墩 161
锚杆加强法 161
锚固长度 161
锚固墩 (57),161
锚具 161
锚跨 161
锚索倾角 162
锚头 (161)
锚下端块劈裂 162
锚下端块设计 162
锚箱 162
铆钉或螺栓系数 162
铆钉或螺栓线 162
铆钉或螺栓线距 162
铆钉连接 162
铆合机械 162
铆合检查 162
铆接钢板梁桥 162
帽梁 (59)
帽木 162
帽形截面 162

mei

湄南河桥 163
楣杆 (100)
煤溪谷桥 163
美的法则 163
美的属性 163
美的准则 (163)
美感 (214)
美兰体系拱桥 163
美因二桥 163

men

门道桥 163
门架桥 (164)
门式刚架桥 164

mi

米尔文桥 164
米字形钢桁梁桥 164
泌水 164
密封圈 164
密索体系斜拉桥 164
密贴浇筑法 164

mian

面 164
面漆 164
面雨量 164

ming

名港西大桥 165
名义剪应力 165
名义拉应力 165
明涵 165
明桥面 165
明桥面钢板梁桥 165
明桥面桥 165
明桥面预应力混凝土桁架桥 165
明石海峡大桥 165
明挖基础 165

mo

模板 165
模比系数 165
模量比 165
模型 165
模型板 (165)
摩擦式管柱基础 165
摩擦桩 166
摩阻流速 166

摩阻锚 166
磨耗层 166
莫斯科地下铁道桥 166

mu

木板桁架 166
木板桩 166
木材比强度 166
木材长期强度 (166)
木材承压应力 166
木材持久强度 166
木材冲击剪切强度 166
木材冲击硬度 166
木材垂直剪切强度 166
木材的冷流 167
木材的流变 167
木材的蠕变 167
木材的弯曲塑性 167
木材动弹性模量 167
木材高弹变形 167
木材剪弹模量 167
木材静力弯曲弹性模量 167
木材开裂应力 (167)
木材抗扭强度 167
木材粘弹性 167
木材疲劳强度 167
木材强度比 167
木材蠕变极限 167
木材撕裂应力 167
木材弹性后效 168
木材弹性极限压碎强度 168
木材弹性柔量 168
木材弹性顺从 (168)
木材压缩塑性 168
木材应变系数 (168)
木沉箱 168
木撑架梁桥 168
木钉板梁桥 168
木拱桥 168
木桁架梁桥 168
木桁架桥 168
木回弹 168
木筋混凝土沉井 168
木筋混凝土沉箱 168
木梁桥 168
木梁束 168
木笼填石桥墩 168
木排架 169
木排架桥 169
木桥 169
木弹回 169
木套箱 169
木栈桥 169
木桩 169
木桩防腐处理 169
穆尔图 169

nai

耐火水泥 170
耐久年限 170
耐久性 170
耐蚀钢桥 170
耐酸水泥 170

nan

南备赞濑户桥 170
南京长江大桥 170

nao

挠度理论 170

nei

内涵美 170
内陆河流 171
内容美 (170)

neng

能坡 (226)

ni

尼尔森拱桥 171
尼姆水槽 (59)
泥浆泵 171
泥浆反循环法 171
泥浆护壁 171
泥浆护壁钻孔灌注桩 171
泥浆净化设备 171
泥浆套法 171
泥浆正循环法 171
泥沙颗粒分析 172
泥沙运动 172
泥石流 172
泥石流观测 172
拟静力试验 172
腻缝 172
腻子 172

nian

年瞬时最大流量 172
粘结机理 (172)
粘结锚 172
粘结破坏机理 172
粘结应力 172
粘性土地基 172

niu

牛腿 173
扭矩扳手 (219)
扭矩系数 173
扭坡 173
扭曲变形 (118)
扭转刚度 173
扭转剪应力 173

nong

农村道路桥 173
农桥 (173)

nü

女大公夏洛特桥 (1)

nuo

诺曼第桥 173

诺维萨特多瑙河桥 173

ou

偶然荷载 (236)
偶然作用 174

pa

爬模 174
爬升器 174
帕斯科-肯尼威克桥 174

pai

排架结构 174
排架桩墩 174
排浆孔 (257)
排气孔 174
排水槽 174
排水防水系统 174
排水管道 174
排柱式桥墩 175

pan

番禺市沙溪大桥 175

pang

旁压试验 175

pao

抛石护基 175
抛丸除锈 175
抛物线拱桥 175

pen

喷浆成桩设备 175
喷锚法 175
喷砂除锈 (26)
喷射薄浆、空气式注浆法 (49)
喷射薄浆式注浆法 (28)
喷射水、空气、薄浆灌注式注浆法 (206)
喷涂油漆 175
喷丸除锈 175
喷锌防护 175
盆塞 176
盆式橡胶支座 176

peng

膨胀剂 176
膨胀水泥 176
膨胀土 176
膨胀土地基 176

pi

皮带输送机 (27)
皮尔逊Ⅲ型曲线方程式 176
疲劳荷载 177
疲劳积伤律 177
疲劳极限 (21)
疲劳强度 177
疲劳曲线 177
疲劳寿命 177
疲劳损伤 177
疲劳损伤度 177
疲劳图 177
疲劳验算荷载 177

pian

片石护底 177
片销锚 177
偏态系数 C_s 177
偏心受压法 178
偏心受压修正法 178
偏心受压柱 178

piao

飘浮体系斜拉桥 (262)

pin

拼板式伸缩缝 178
拼接板 178
拼窄发运 178
拼装螺栓 178
频率 178
频率法桩基检测 178

ping

平板式振捣器 (9)
平板支座 179,(180)
平焊 179
平衡分叉 179
平衡梁 179
平衡扭转 179
平衡破坏 (131)
平衡设计 179
平衡重 179
平铰 179
平截面假定 179
平均沉速 179
平均粒径 179
平均流量 (136),179
平均流速 179
平均水位 180
平面防护 180
平面钢板支座 180
平事桥 180
平滩河宽 180
平滩流量 180
平滩水位 180
平行钢丝悬索 180
平行索斜拉桥 (221)
平行弦钢桁梁桥 180
平型钢板桩 180
平移对称 (21)
平转桥 180
平纵联 (299)

po

坡积层 180

坡口焊缝 181
坡面汇流 181
坡桥 181
破冰棱 181
破坏荷载 (118)
破坏荷载法 (119)
破坏极限状态 (20)
破坏阶段法 (119)
破坏强度 (119)
破坏强度设计法 (119)
破损阶段法 (119)

pu

普鲁加斯泰勒桥 181
普通钢筋 181
普通钢筋混凝土桥 (67)
普通螺栓连接 181

qi

其他间接费 182
其他可变荷载 (57),182
奇尔文科桥 (6)
起道机 (21)
起拱线 182
起重船 (56)
起重葫芦 (182)
起重滑车 182
起重机械 182
气垫桥 182
气割 (266)
气力输送水泥设备 182
气流模型 182
气体保护焊 182
气筒浮式沉井 183
气压沉箱 183
气压沉箱基础 (19)
气闸 183
汽车吊机 (183)
汽车荷载 183
汽车起重机 183
汽车式混凝土搅拌设备 184
汽锤 184
砌缝 184
砌块 184

qian

千分表 184
千斤顶 (40)
千斤绳 (39)
铅垫铰 184
前河大桥 184
前期降雨 184
前墙 184
钱塘江大桥 185
钱塘江二桥 185
潜水 185
潜水泵 185
潜水桥 185
潜水设备 185
潜水钻机 185
潜水钻孔法 185
浅基病害 185
浅基础 185
浅基防护 185
浅平基 (185)
浅滩 186
欠拧 186
纤道桥 186
嵌岩管柱基础 186
嵌岩管柱轴向承载力 186
嵌岩桩 186

qiang

强大钢丝束 186
强度设计 (119)
强夯法 186
强化钢支座 186
强迫振动试验 186
强制式混凝土搅拌机 186

qiao

敲击法混凝土动弹性模量试验 187
乔治·华盛顿桥 187
桥道标高 (196)
桥道梁 (259)
桥渡 187
桥渡水文平面图 187
桥渡水文平面关系图 (187)
桥渡调治构筑物 187
桥墩 188
桥墩侧坡 188
桥墩防撞岛 188
桥墩加宽 188
桥墩最低冲刷线标高 188
桥涵 188
桥涵孔径 188
桥涵水文 188
桥基底容许偏心 188
桥基底最小埋深 189
桥孔长度 189
桥孔结构 (194)
桥孔净长度 189
桥跨结构 (194)
桥栏 189
桥梁 189
桥梁颤振 189
桥梁抖振 189
桥梁墩台施工 189
桥梁分孔 189
桥梁风洞试验 190
桥梁附加功能 190
桥梁改建 (190)
桥梁改造 190
桥梁工程概算定额 190
桥梁工程技术经济分析 190
桥梁工程技术经济评价方法 190
桥梁工程预算定额 190
桥梁功能 190
桥梁构件 191
桥梁规划设计 191
桥梁荷载 191
桥梁横断面设计 191
桥梁换算长度 191
桥梁基础 191
桥梁加固 191
桥梁加宽 191
桥梁加宽经济性 191
桥梁建设项目 191
桥梁建筑高度 191
桥梁建筑限界 192

桥梁建筑艺术 (193)
桥梁结构安全度分析 (192)
桥梁结构分析 192
桥梁结构检定 192
桥梁结构可靠度分析 192
桥梁结构设计 193
桥梁结构设计方法 193
桥梁结构试验 193
桥梁净跨 193
桥梁就位 193
桥梁空气动力学 193
桥梁美学 193
桥梁平面布置 194
桥梁气动外形 194
桥梁全长 194
桥梁入口 194
桥梁上部结构 194
桥梁上的作用 194
桥梁设计程序 194
桥梁设计规范 194
桥梁施工质量管理 194
桥梁维护标志 194
桥梁维修延长(度) 194
桥梁涡激共振 194
桥梁细部美学处理 195
桥梁修复 195
桥梁养护制度 195
桥梁造型美 195
桥梁制动试验 195
桥梁主要功能 195
桥梁总跨径 195
桥梁纵断面设计 195
桥楼殿 195
桥门架 195
桥门架效应 195
桥面 195
桥面板 196
桥面保护层 (196)
桥面标高 196
桥面防水层 196
桥面钢筋网 196
桥面构造 196
桥面横坡 196
桥面建筑限界 (196)
桥面净空 196
桥面连续简支梁桥 196
桥面排水 196
桥面铺装 196
桥面系 196
桥面纵坡 196
桥面最低标高 197
桥上照明 197
桥上装饰 197
桥式起重机 197
桥塔 197
桥台 197
桥台后排水盲沟 197
桥台护锥 197
桥台锚固栓钉 197
桥梯 197
桥头堡 (198)
桥头渡板 198
桥头公园 198
桥头建筑 198
桥头路基最低标高 198
桥头小品 198
桥位 198
桥位工程测量 198
桥屋 198
桥下净空 198
桥枕 198
桥枕刻槽 198
桥址地形图 199
桥址勘测 199
桥址平面图 199
桥址纵断面图 199
桥轴断面图 199
翘曲系数 199

qie

切割 199
切斯特桥 (138)
切线模量理论 199
切线式支座 (102)

qin

侵入限界 199

qing

轻便勘探 199
轻骨料混凝土 199
轻轨交通桥 200
轻型桥墩 200
轻型桥台 200
轻质混凝土 200
轻质混凝土桥 200
倾侧力 200
倾角仪 200
清水冲刷 200

qiu

求矩适线法 200
球面支座 200

qu

区域地质 201
曲桥 (243)
曲线标志 201
曲线上净空加宽 201
屈后强度 201

quan

全分布概率法 (201)
全概率法 201
全焊钢板梁桥 201
全焊钢桥 (93)
全回转架梁起重机 201
全面加固 (268)
全桥测量 201
全桥模型风洞试验 201
全桥三维气动弹性模型风动试验 (201)
全息干涉法 201
全息光弹性法 201
全预应力混凝土 202
全预应力混凝土桥 202
泉大津桥 202

que

缺陷系数 (167)

qun

群桩作用 202

rang

壤中流 (9)

rao

扰动土试样 202
扰流板 202,(269)
扰流器 (202)

re

热处理 202
热处理钢筋 202
热传导方程 202
热加固法 203
热喷铝涂层 203
热弯 203
热铸锚 203

ren

人工地基 203
人力钻探 203
人行道 203
人行道板 203
人行道荷载 203
人行道栏杆荷载 203
人行道铺装层 203
人行桥 203
人字撑架体系 204

ri

日本第二阿武隈川桥 204
日照航路桥 204
日照作用下的墩顶位移 204

rong

容许应力 204
容许应力法 204
容许应力设计 (204)

rou

柔性吊杆 204
柔性墩 204
柔性防护 204
柔性涵洞 204
柔性扣件组合梁 204
柔性梁刚性拱桥 (248)
柔性桥塔 204
柔性索套 205
柔性索斜拉桥 205
柔性系杆 205
柔性悬索桥 205

ru

入渗 (249)

ruan

软练法 (205)
软练胶砂强度试验法 205
软土 205
软土地基 205

rui

瑞典法 (294)

sa

撒盐化冰 206
萨拉查桥 (233)
萨瓦河铁路斜拉桥 206
萨瓦一桥 206

sai

塞弗林桥 206
塞焊 206
塞汶桥 206

san

三重管旋喷注浆法 206
三点适线法 206
三堆子金沙江桥 207
三分力试验 207
三角测量 207
三角垫层 207
三角式撑架体系 (204)
三角形腹杆体系桁架 (207)
三角形桁架 207
三铰刚架桥 207
三铰拱桥 207
三阶段设计 207
三向预应力配筋体系 207
三心拱桥 207
三作用千斤顶 207
散斑干涉法 208
散装水泥车 208

sang

桑独桥 208

se

色彩 208

sha

沙波 208
沙波运动 208
砂垫层 208
砂垫层加固法 208
砂堆比拟法 208
砂浆强度等级 208
砂井加固法 208
砂石泵 208

砂筒 209
砂土地基 209
砂桩加固法 209

shai

筛分法 209
筛分机 209
筛分曲线 (138)

shan

汕头海湾大桥 209
扇形索斜拉桥 209
扇形斜拉桥 (56)
扇形支座 (267)
扇性惯性矩 209
扇性静面矩 209
扇性面积 (209)
扇性坐标 209

shang

商业性桥梁 210
上承式钢梁桥 210
上承式拱桥 210
上承式桁架梁桥 210
上承式桥 210
上拱度 210
上海金山黄浦江桥 210
上海南浦大桥 210
上平纵联 210
上弯度 (275)
上弦杆 210
上限解法 210

shao

烧钉 210

she

设计暴雨 211
设计单位 211
设计方案竞标 211
设计风速 211
设计概算 211
设计荷载 211
设计荷载谱 211
设计洪水 211
设计洪水频率 211
设计基准期 212
设计阶段 212
设计流量 212
设计流速 212
设计任务书 (120),212
设计寿命 212
设计水位 212
设计应力谱 213
设计应力-应变曲线 213
设计预算 (217)
设计准则 213
射钉枪加固法 213
射入阻力法 213
射水沉桩法 213

shen

伸出钢筋 213
伸缩缝 213
伸缩桥 213
深槽 213
深层搅拌法 213
深泓 214
深基础 214
深潜水设备 214
神仙葫芦 (151)
审美 214
审美标准 214
审美感受 214
审美观点 214
审美活动 (214)
审美能力 214
审美判断 (214)
审美评价 214
审美趣味 214
审美序列 214
渗水路堤 214
渗透系数 215

sheng

生产鉴定性试验 215
生口桥 215
生石灰桩加固法 215
声波勘探 215
声发射的凯塞效应 215
声发射裂缝测定法 215
声发射仪 215
声弹性法 215
圣·那泽尔桥 216
圣维南扭转 (298)

shi

失效概率 216
施工便桥 216
施工承包 216
施工单位 216
施工定额 216
施工管理 216
施工管理费 216
施工规范 216
施工荷载 216
施工图设计 217
施工图预算 217
施工误差 217
施工详图 217
施工预算 217
湿接缝 217
湿周 217
十字桥 (274)
石拱桥 217
石铰 217
石梁桥 217
石笼护基 218
石砌墩台基础 218
石砌护坡 218
石桥 218
实腹拱桥 218
实腹梁桥 218
实腹木板桁架 218
实际抗裂安全系数 218
实际强度安全系数 218

实验应力分析 218
实轴 218
史密斯图 218
矢高 (81)
矢跨比 218
使用极限状态 219
示功扳手 219
市桥 219
试件 219
试坑 (140)
试孔器 219
试块 219
试验荷载 219
试样 (219)
适筋设计 219
适线法 219
适用性 219

shou

收缩曲率 219
收缩系数 220
手持应变仪 220
手锤 (148)
手动滑车 (151)
手动绞车 220
手工放样 220
手工焊 220
手工涂漆 220
手摇绞车 (220)
受力钢筋 220
受力性连接 220

shu

枢接 220
梳齿形伸缩缝 220
舒斯脱桥 220
舒瓦西-勒-鲁瓦桥 220
输沙平衡 221
束合大梁 221
竖腹杆桁架拱桥 221
竖杆 221
竖加劲肋 221
竖琴索斜拉桥 221
竖向预应力 221
竖向预应力法 221
竖旋桥 (149)
数据采集和处理系统 222
数控放样 222
数控钻床制孔 222

shuan

栓钉结合 222
栓焊钢板梁桥 222
栓焊钢桁架桥 222
栓焊钢桥 222
栓焊连接 222

shuang

双壁钢沉井 222
双壁钢丝网水泥沉井 222
双壁式杆件 222
双层钢板桩围堰 222
双层木板桩围堰 223
双层桥面 223
双层箱梁桥 223
双动汽锤 223
双腹板箱梁桥 223
双剪 223
双铰刚架桥 223
双铰拱桥 223
双筋截面 223
双链体系悬索桥 223
双梁式架桥机 223
双龙桥 223
双模量理论 224
双铅垂索面斜拉桥 224
双曲拱桥 224
双索悬索桥 (223)
双塔式斜拉桥 224
双向板 224
双向车道 224
双斜撑式木桥 225
双斜索面斜拉桥 225
双悬臂梁桥 225
双悬臂式架桥机 225
双液硅化法 225
双预应力体系混凝土桥 225
双柱式梁桥 225
双柱式桥墩 225
双作用汽锤 (223)
双作用千斤顶 225

shui

水泵 226
水波力 (10)
水成岩 (17)
水道桥 (227)
水浮力 226
水工模型试验 226
水拱 226
水化学分析 (229)
水灰比 226
水力半径 226
水力比降 226
水力传导系数 (215)
水力坡度 (226)
水力坡降 (226)
水力吸泥法 226
水力吸泥机 226
水流挟沙能力 226
水面比降 226
水面宽度 226
水泥标号 227
水泥灌浆法 227
水泥加固土法 227
水泥砂浆搅拌机 227
水泥砂浆输送泵 227
水泥系数 (29)
水泥细度 227
水平加劲肋 227
水渠桥 227
水上沉桩法 227
水上混凝土工厂 227
水上水泥砂浆工厂 228
水位 228
水位标 228
水位过程线 228
水位流量关系 228
水位-流量曲线 228
水文地质 228

水文基线 228
水文基线断面图 228
水下封底 228
水下焊接 228
水下混凝土 228
水下混凝土导管法 229
水下混凝土灌注法 229
水下混凝土灌注设备 229
水下混凝土液阀法 229
水下切割 229
水样分析 229
水硬性 229
水闸桥 229
水中测位平台定桩位法 229
水中基础 230
水中木笼定桩位法 230
水中围笼定桩位法 230
水准测量 230
水准点 230

shun

顺剪强度 (230)
顺拉强度 (230)
顺水坝 230
顺纹抗剪极限强度 (230)
顺纹抗剪强度 230
顺纹抗拉极限强度 (230)
顺纹抗拉强度 230
顺纹抗压极限强度 (230)
顺纹抗压强度 230
顺压强度 (230)
瞬时曲率 230

si

丝式电阻应变片 230
斯德罗姆海峡桥 231
斯法拉沙峡谷桥 231
四氟板式橡胶支座 (135)
四铰圆管涵 231
伺服式加速度计 231

song

松谷溪桥 231
送桩 231

su

苏布里齐桥 231
塑料板排水法 231
塑性分析法 231
塑性铰 232
塑性铰转角 232

suan

酸雨 232

sui

碎石机 232
碎石、矿渣垫层加固法 232
碎石铺装桥面 232
碎石土地基 232
碎石桩加固法 232

suo

索鞍 232
索夹 232
索塔 232
索网桥 233
锁口钢管围堰 233
锁口管柱基础 233

ta

塔吊 (234)
塔古斯桥 233
塔架式拼装桥墩 233
塔架斜拉索法 233
塔科马海峡桥 234
塔潘泽桥 234
塔式起重机 234

tai

台背 (288)
台班费 (77)
台地 234
台后干砌片石法 234
台后加孔法 234
台后透水层 234
台帽 234
台身 234
太阳常数 234
太阳辐射 234
太阳散射辐射 235
太阳直接辐射 235

tan

坍落度 235
弹簧悬挂二元刚体节段模型风洞试验 (128)
弹塑性翘曲 235
弹塑性屈曲 235
弹性地基梁比拟法 235
弹性翘曲 235
弹性屈曲 235
弹性支承连续梁法 235
坦拱桥 235
坦卡维尔桥 235
碳当量 235
碳素钢丝 236

tao

套阀花管灌浆法 (236)
套管式灌浆法 236
套管钻机 236
套接 236
套接榫 (236)

te

特大洪水 236
特大洪水处理 236
特大桥 236

特殊荷载 236
特殊土 236
特殊运输桥 236
特征荷载 236
特征裂缝宽度 236
特种土 (236)

teng

藤网桥 236

ti

梯桥 236
提升千斤顶 236
提升桥 237
提升式模板 (174)
提斯孚尔桥 237
体积比 237
体量 237
体量对称 237
体外配筋 237
体外束 237
体外预应力法 237

tian

天车 (197)
天津永和新桥 237
天门桥 237
天桥 237
天然地基 237
天然冷气冻结挖基坑法 237
天然流速 238
天然水深 238
天生桥 238
填石排水沟 (160)
填注 238

tiao

挑坎 238
调和法 238
调整支座标高法 238

tie

贴角焊 238
贴式防水层 238
铁板梁桥 239
铁道起重机 (88)
铁链桥 (240)
铁路标准活载 239
铁路拆装式桁梁 239
铁路等级 239
铁路工程技术标准 239
铁路桥 239
铁路桥涵设计规范 239
铁桥 240
铁索桥 240

ting

汀步桥 240

tong

通风洞 240
通缝 240
通航渡槽 (281)
通航净空 240
统计相关 240

tou

投标 240
投资检算 (217)

tu

突变韵律 240
突水 (272)
涂层测厚 240
土的饱和度 240
土的比重 (241)
土的标准冻结深度 (43)
土的含水量 240
土的荷载试验 241
土的孔隙比 241
土的流限 (241)
土的塑限 241
土的相对密度 241
土的压缩性 241
土的液限 241
土的液性界限 (241)
土斗钻机 (108)
土壤蒸发器 241
土围堰 241
土样试验 241
土桩加固法 241

tui

推荐方案 241
推理公式 241
推移质 242
推移质输沙率 242

tuo

托承 (20)
托梁撑架式木梁桥 (242)
托梁撑架体系 242
托梁木 (242)
托木 242
托木撑架式桥 242
托盘式墩帽 242
拖轮 242
脱模剂 242

wa

挖掘机 242
挖孔灌注桩 242
挖孔桩 (242)
挖探 242
瓦迪-库夫桥 243

wai

外形美 (259)
外约束应力 243
外置预应力筋 243

wan

弯矩重分布 243
弯起钢筋 243
弯桥 243
完全相关 243
万安桥 (158)
万能测振仪 243
万能杆件 243

wei

微积分放大器 243
微弯板桥面 243
微弯板组合梁桥 244
韦拉札诺桥 244
韦勒曲线 (177)
围令 (244)
围笼 244
围水养护 244
围水养生 (244)
围堰 244
桅杆起重机 244
维希和桥 244
伪静力试验 (172)
位移限制装置 244
为容许建筑高度 (192)

wen

温差分布 244
温差计算 244
温差应力 245
温度变化影响 245
温度补偿 245
温度调节器 245
温度跨度 245
温度修正 245
温度应力 245
温度影响 245
温度自补偿片 245
吻合索 245
紊动强度 245
紊动涡体 245
紊动应力 (146)
稳定流连续方程 (98)
稳定平衡 246

wo

涡体 (245)
涡漩 (245)
卧梁 (303)
握钉力 246
握裹应力 (172)
握桥 246

wu

乌龙江大桥 246
圬工墩台 246
圬工桥 246
无碴梁桥 246
无缝线路 246
无箍筋梁的抗剪强度 246
无机富锌涂层 246
无铰刚架桥 (84)
无铰拱桥 246
无孔拼装 246
无人沉箱 247
无损检测 (52)
无推力拱桥 247
无压力式涵洞 247
无养护年限 (170)
无粘结预应力筋 247
五角石 247
五里西桥 (1)
五陵卫河桥 247
五心拱桥 247
武汉长江大桥 247
物探 (35)

xi

西藏拉萨河达孜桥 248
吸泥机 248
吸石筒 248
悉尼港桥 248
锡格峡谷桥 248
铣边 248
铣孔 248
铣头 248
系杆 248
系杆拱 248
系杆拱桥 248
系紧螺栓 249
细度模量 (249)
细度模数 249
细粒混凝土模型试验 249

xia

下承式钢梁桥 249
下承式拱桥 249
下承式桁架梁桥 249
下承式桥 249
下垫面 249
下津井濑户大桥 249
下料 (94)
下平纵联 249
下渗 249
下渗试验 250
下卧层 250
下弦杆 250
下限解法 250
下支座板 (72)

xian

先焊后铝法 (102)
先孔法 250
先张法预加应力 250
先张梁 250
先钻后焊法 (250)
险滩 250
现浇混凝土接头 250
限界检查车 250
限速标志 250
限制速度 250
线路锁定 250
线能量 250
线弹性分析法 250
线形 251
线支座 (102)

xiang

相对式测振传感器 251
相关分析 251
相关关系 (240)
相关系数 251
相关系数机误 251
相容性 251
相容性计算 251
相似第二定理 252
相似第三定理 252
相似第一定理 252
相似理论 252
相似判据 252
相似系数 252
湘子桥 252
箱梁 252
箱梁通气孔 252
箱形拱桥 253
箱形涵洞 253
箱形梁桥 253
箱形桥 253
箱形桥台 253
箱型钢桩 253
襄樊汉水桥 253
橡胶带(板)伸缩缝 253
橡胶支座 253

xiao

消除恒载应力法 254
消力池 254
消力槛 254
消去法 254
消压弯矩 254
销接 254
销结合 254
销栓作用 254
小贝尔特桥 254
小长桥 (6)
小流域 254
小螺钻 254
小桥 254
小桥涵顶进法施工 254
肖氏硬度 255

xie

楔紧式锚具 (166)
楔形锚 255
协调 255
协调扭转 255
挟沙水流 255
斜撑 (25),255
斜撑架刚架桥 255
斜撑式腹杆体系桁架 (257)
斜撑式桅杆起重机 255
斜搭接接头 255
斜吊杆 255
斜吊杆悬索桥 255
斜吊式悬浇法 255
斜腹板箱梁桥 256
斜腹杆桁架拱桥 256
斜杆 256
斜杆倾度 256
斜键 256
斜交涵洞 256
斜筋 (243)
斜拉桥 256
斜缆防护 256
斜裂缝 257
斜流 257
斜流冲高 257
斜坡 257
斜桥 257
斜裙 (257)
斜竖式腹杆桁架 257
斜腿刚架桥 257
斜弯理论 257
斜纹抗压强度 257
斜张桥 (256)
泄浆孔 257
泄水池法 257
泄水法 (257)
泄水管 258
泄水管道 258
泄水孔 258
泄水口 258
谢基公式 258
谢基系数 258

xin

心滩 258
新奥尔良大桥 258
新河峡谷桥 258
新雪恩桥 258
新沂河桥 258
新泽西式护栏 258

xing

星形索斜拉桥 258
星形楔块锚具 259
行车道 259
行车道板 259
行车道净宽 259
行车道梁 259
行车道铺装 259
形式联想 259
形式美 259
形式运动 259
型钢 259
型钢矫正 260
型钢梁 260
性质联想 260

xiu

休斯顿航道桥 260
修正铲磨 260
修正的古德曼图 (218)

xu

虚实 260
虚轴 260
徐变拱 (260)
序列 260
蓄满产流 260
蓄热养护 260
蓄热养生 (260)

xuan

悬半波 261
悬臂板 261
悬臂拱 261
悬臂桁架法 261
悬臂桁架拱桥 261
悬臂桁架梁桥 261
悬臂浇筑法 261
悬臂跨 261
悬臂梁桥 261
悬臂拼装法 261
悬臂施工法 262
悬臂式桥墩 262
悬带桥 262
悬浮体系斜拉桥 262
悬杆桁架 262
悬跨 262
悬拉桥 262
悬链线拱桥 262
悬链线拱轴 262
悬砌拱桥 262
悬索 263
悬索桥 263
悬索与拉索组合体系桥 (262)
悬移质 263
悬移质输沙率 263
旋臂钻床制孔 263
旋入法 263
旋转对称 263
旋转钻机 263
旋转钻孔法 264

xue

雪荷载 264
雪源类河流 264

ya

压电式加速度传感器 264
压电式加速度计 (264)
压浆机 264
压溃荷载 264
压力场理论 264
压力传感器 264
压力灌浆 265
压力环 (105)
压力式涵洞 265
压梁木 (103)
压屈荷载 265
压注环氧树脂 265
压桩机 265
压阻式加速度传感器 265
雅砻江桥 265

yan

淹没式流出 265
岩黑岛桥 265
岩浆岩 265
岩溶 265
岩溶水 266
岩石薄片鉴定 266
岩石地基 266
岩石试验 266
盐渍土 266
眼杆 266
演变冲刷 (297)
验算荷载 266
焰切 266

yang

仰焊 266
养路段 266
养桥工区 266
样板 266
样板钻孔 266
样冲 266
样杆 267

yao

摇轴支座 267
遥感判释 267

ye

液压锤 267
液压顶升器 267
液压加载试验系统 267
液压气垫锤 267
液压千斤顶 (267)
液压伺服千斤顶 267
液压万能材料试验机 267

yi

一般冲刷 267
一般加固 268
一阶段设计 268
一阶稳定缆索体系 268
一院二所法 268
一字形桥台 268
一字形翼墙 268
伊瓜可桥 (1)
伊兹桥 268
仪器分辨率 268
仪器精度 268
仪器灵敏度 268
仪器率定 268
宜宾金沙江混凝土拱桥 268
宜宾金沙江铁路桥 268
宜宾岷江大桥 269
移动模架法 269
移动式拼装支架 269
移动式制梁模架 269
移动支架式造桥机 (269)
乙方 (216)
抑流板 (202),269
翼墙 269
翼缘 269
翼缘板 269

yin

因岛桥 269
因果联想 270
引板 270
引桥 270

隐蔽工程 270

ying

膺架 270
应变花 270
应变裂缝测定法 270
应变片灵敏系数 270
应变片粘结剂 270
应变式加速度传感器 270
应变式位移传感器 270
应变协调法 271
应力比 271
应力变程 (271)
应力变化范围 271
应力幅 271
应力集中 271
应力历程 271
应力脉 (271)
应力频值谱 (271)
应力谱 271
应力调整 271
应力消除钢丝 271
应力循环计数法 271

yong

永存应力 (274)
永济桥 272
永久荷载 (98),272
永久性加固 272
永久性桥 272
永久支座安装 272
永久作用 272
永通桥 272
涌水 272
用影响线计算畸变 272

you

优质钢支座 272
油压减震器 272
游车发运 272
游荡型河流 272
游览性桥梁 273
有箍筋梁的抗剪强度 273
有机玻璃模型试验 273
有推力拱桥 273
有限位移理论 273
有限预应力混凝土 273
有限预应力混凝土桥 273
有效跨径 273
有效翼缘宽度 273
有效预应力 274

yu

鱼腹式梁桥 274
鱼形板 274
鱼沼飞梁 274
隅加劲 274
隅节点 274
与岛桥 274
雨量器 274
雨流计数法 274
雨强 274
雨雪源类河流 274
雨源类河流 275
玉带桥 275
预变形 (275)
预拱度 275
预加力 275
预埋钢筋 (213),275
预偏心桥墩 275
预调平衡箱 275
预弯 275
预弯预应力桥 275
预压钢筋法 275
预应力镫筋 276
预应力度 276
预应力钢筋传力长度 276
预应力钢筋混凝土桥 (277)
预应力钢筋束界 276
预应力钢筋松弛试验 276
预应力钢筋中的预加应力 276
预应力钢桥 276
预应力钢束对拉桥台 276
预应力钢丝束 276
预应力混凝土 T 型刚构桥 277
预应力混凝土的分类 277
预应力混凝土刚架桥 277
预应力混凝土管柱 277
预应力混凝土桁架梁桥 277
预应力混凝土简支梁桥 277
预应力混凝土连续梁桥 277
预应力混凝土梁抗裂性试验 277
预应力混凝土桥 277
预应力混凝土斜腿刚架桥 278
预应力混凝土悬臂桁架组合拱桥 278
预应力混凝土悬臂梁桥 278
预应力混凝土桩 278
预应力接头 278
预应力筋 278
预应力筋连接杆 278
预应力筋连接器 278
预应力筋张拉设备 278
预应力锚具性能试验 279
预应力拼装薄壁空心墩 279
预应力损失 279
预应力损失试验 279
预应力体系 279
预应力效应 279
预应力引起的次反力 279
预应力引起的次力矩 279
预制钢筋混凝土多边形桩 279
预制钢筋混凝土方桩 280
预制钢筋混凝土管桩 280
预制钢筋混凝土实心桩 280
预制钢筋混凝土桩 280
预制构件 280
预制平行钢丝索股法 280
预制桩 280

yuan

园林桥 280
原状土试样 280
圆洞拱片桥 280
圆端形变截面桥墩 281
圆弧拱桥 281
圆形喷射桩法 (206)
缘石 281

yue

约束混凝土 281
约束扭转 281

yun

云纹法 281
云纹干涉法 281
运河桥 281
运行活载系数 281
运行图天窗 281
运营极限状态 (286)
运杂费 281
韵律 281

zai

再分式钢桁梁桥 282
再分式桁架 282

zao

早强剂 282
造床流量 282

ze

笮桥 282,(290)

zeng

增加辅助构件法 282
增加构件法 282
增加桥面厚度法 282

zha

扎拉特桥 283
轧边钢板 283
轧丝锚 283
闸门式架桥机架梁 283
栅板 283

zhai

窄间隙焊 283

zhan

粘贴法 283
展翅梁 (120)
栈桥 283

zhang

张力测力计 (73)
张线式位移计 283
胀缩土 (176)

zhao

招标 283
招标承包制 283
赵州桥 284

zhe

折断法试验 284
折算模量理论 (224)
折线配筋 284
折转式道碴槽悬臂板 284
褶皱 284

zhen

真空预压法 284
真型 284
枕木垛 284
振冲法 (285)
振捣 284
振动沉桩法 285
振动沉桩机 285
振动打桩机 (285)
振动水冲法 285
振型叠加法 285
振型分解法 (285)
震级 (36)
震源 285
震源深度 285
震中 285
震中距 285

zheng

蒸发 285
蒸发池 285
蒸发器 285
蒸汽养护 285
蒸汽养生 (285)
蒸散器 285
蒸渗仪 286
整孔防护 286
整孔运送钢筋混凝土梁桥 286
整体吊装模板 286
整体式板桥 286
整体式梁桥 286
正常使用极限状态 286
正交涵洞 286
正交桥 286
正交异性板桥面钢桥 286
正接抵承 286
正拉索 286
正桥 (286)
正态模型 287
正循环钻机 287

zhi

支承垫板 (161)
支承垫石 287
支承加劲肋 (45)
支承体系斜拉桥 (150)
支承桩 287
支导线测量 287
支架 287
支座 287
支座摩阻力 287
枝城长江大桥 287
直道水流 287
直腹式钢板桩 (180)
直接费 287
直桥 (286)

直升导管法 (229)
直腿刚架桥 288
直线相关 288
植被 288
植物截留 288
止水箍 288
纸板排水法 288
制动撑架 288
制动墩 288
制动力和牵引力 288
制动联结系 (288)
制孔 288
制孔器 288
质感 288
雉墙 288
雉山桥 (89)

zhong

中承式拱桥 288
中承式桥 289
中间横联 (100)
中间加劲肋 289
中间型桩 289
中孔 289
中跨 (289)
中桥 289
中数粒径 289
中性轴 289
重锤夯实法 289
重力焊 289
重力加载系统 289
重力勘探 289
重力式墩台 289
重力式拼装墩台 289
重力式桥台 289

zhou

舟桥 290
周边支承板 (224)
周期荷载 (177)

zhu

珠浦桥 290
竹筋混凝土沉井 290
竹索桥 290
逐孔施工法 290
主槽 290
主拱 (290)
主拱圈 290
主拱腿 290
主泓 (214)
主节点 290
主孔 290
主跨 (290)
主缆 (263)
主梁 290
主溜 291
主桥 291
主扇性零点 291
主扇性坐标 291
主索矢高 291
主体美 291
主要承重结构 291
柱式护栏 (103)
柱式桥墩 291
柱桩 (287)
铸钢支座 291
铸铁桥 291
筑岛法 291

zhua

抓斗 291

zhuan

砖涵 291
砖石圬工沉井 291
转换矩阵法 (23)
转体施工法 291
转体装置 292

zhuang

桩 292
桩板加固法 292
桩侧摩阻力 292
桩的沉入度 292
桩的贯入度 (292)
桩的行列式排列 292
桩的计算宽度 292
桩的梅花式排列 292
桩的最小间距 292
桩的最小埋深 292
桩动力试验 292
桩端阻力 293
桩负摩擦力处理 293
桩工机械 293
桩横向承载力 293
桩基 (293)
桩基础 293
桩基动力试验 293
桩基试验 293
桩架 293
桩架基础 293
桩尖爆扩桩 (6)
桩尖扩大桩 293
桩静载试验 293
桩帽 294
桩帽加固法 294
桩排架木墩 (294)
桩式木墩 294
桩式木桥台 294
桩式桥墩 294
桩网加固法 294
桩靴 294
桩压入法 294
桩轴向承载力 294
桩柱埋置式桥台 294
装车图 294
装假底浮式沉井 295
装配式板桥 295
装配式钢筋混凝土梁桥 295
装配式公路钢桥 295
装配式拱桥 295
装配式梁桥 295

装配式桥墩 295
装配式悬臂梁桥 295
装配式悬臂人行道 295
装配-整体式梁桥 295
装饰对称 (130)
装饰美 295
装载机 296
装载限界 296

zhui

锥锚式千斤顶 296
锥坡 (296)
锥塞式锚具 (296)
锥探 296
锥体护坡 296
锥销锚 296
缀板 296
缀材 296
缀连性连接 296
缀条 297

zhuo

着色探伤 297

zi

兹达可夫桥 297
子墙 (288)
自动焊 297
自记雨量计 297
自流水 (20)
自落式混凝土搅拌机 297
自锚式悬索桥 297
自然冲刷 297
自然界水分大循环 297
自然界水分小循环 297
自然界水分循环 297
自然界水量平衡 298
自身协调 298
自升式水上工作平台 298
自由长度 298
自由导线测量 (287)
自由扭转 298
自由式流出 298
自由振动试验 298
自约束应力 298

zong

宗教性桥梁 298
综合单价 298
综合单位线 298
综合概算指标 299
总体布置 299
纵键 299
纵键最小间距 299
纵梁 299
纵梁撑架 299
纵梁联结系 (299)
纵向辅助钢筋 299
纵向钢筋 299
纵向焊缝 (14)
纵向活动铰 299
纵向加劲肋 (227)
纵向联结系 299
纵压强度 (230)

zu

足尺结构 (284)
组合大梁 (58)
组合杆件 299
组合跨 299
组合模板 299
组合式板桥 299
组合式撑架体系 299
组合式梁桥 300
组合式桥台 300
组合式伸缩缝 300
组合体系拱桥 300
组合箱梁桥 300
组装胎型 300

zuan

钻孔 301
钻孔插入法 301
钻孔灌浆法 301
钻孔灌注桩 301
钻孔灌注桩护筒 301
钻孔灌注桩清孔 301
钻孔内裂法 301
钻孔泥浆 301
钻孔桩 (301)
钻探 301
钻头 301
钻芯法试验 301

zui

最大箍筋间距 302
最高洪水位 302
最高(最低)水位 302
最小配箍率 302
最小配筋率 302
最优方案 302
最优化失效概率法 302

zuo

左右对称 (133)
作动器 (267)
作样 302
作用标准值 302
作用常遇值 302
作用代表值 302
作用分项系数 302
作用特征值 302
作用效应 302
作用准永久值 302
作用组合值 303
座梁 303

外文字母·数字

A 类部分预应力混凝土桥 303
AS 法 (142)
B 类部分预应力混凝土桥 303
BBRV 镦头锚 303
BBRV 体系 303
BEF 法 (235)
CCL 体系锚具 303
Demag 滑板伸缩缝 (178)

E. 吉恩克法 (235)
FFT 分析仪 (42)
G-M 法 303
H 型钢桩 303
JM12 型锚具 303
K 形撑架 303
L 形桥台 303
P.C. 桥 304
P-E 法 304
P.P.C. 桥 (12),304
PPWS 法 (280)
Q_1 等值线法 304
QM 型锚具 304
R.C. 桥 304
T 梁 304
T 形刚构桥 304
T 形梁桥 304
T 形桥墩 304
T 形桥台 304
T 形刚构式斜拉桥 304
T 形接头 304
TP 锥形锚 305
U 形镀锌铁皮伸缩缝 (44)
U 形桥台 305
U 型钢板桩 305
V 形墩刚架桥 305
V 形桥墩 305
VSL 多股钢绞线体系 305
X 射线应力测定法 305
X 形桥墩 305
XM 型锚具 305
X-Y 函数记录仪 305
X-Y 记录仪 (305)
Z 型钢板桩 305
МИИТ 锚锭与扣环 306
凵形构件 306
Π 形梁桥 306
γ 射线法无破损检验 306
3 钢绞线锚 (305)

词目汉字笔画索引

说　　明

一、本索引供读者按词目的汉字笔画查检词条。

二、词目按首字笔画数序次排列;笔画数相同者按起笔笔形,横、竖、撇、点、折的序次排列,首字相同者按次字排列,次字相同者按第三字排列,余类推。

三、词目的又称、旧称、俗称简称等,按一般词目排列,但页码用圆括号括起,如(1)、(9)。

四、外文、数字开头的词目按外文字母与数字大小列于本索引的末尾。

一画

[一]

一字形桥台　268
一字形翼墙　268
一阶段设计　268
一阶稳定缆索体系　268
一院二所法　268
一般加固　268
一般冲刷　267

[㇇]

乙方　(216)

二画

[一]

二次扭矩剪应力　50
二次剪力流函数　49
二阶理论　(273)
二阶稳定缆索体系　50
二重管旋喷注浆法　49
二维光弹性法　50
十字桥　(274)
丁坝　40

[丿]

八字形桥台　2
八字形翼墙　3
八字桥　2
八字撑架式桥　(121)
八字撑架体系　2
八字翼墙洞口　3
人力钻探　203
人工地基　203
人行桥　203
人行道　203
人行道板　203
人行道栏杆荷载　203
人行道荷载　203
人行道铺装层　203
人字撑架体系　204
入渗　(249)
九江长江大桥　134
九溪沟石拱桥　134

[㇆]

力的飞跃　149
力的传递　148
力的冲击　148
力的稳定　149
力的镇静　149
力锤　148

三画

[一]

三分力试验　207
三心拱桥　207
三向预应力配筋体系　207
三阶段设计　207
三作用千斤顶　207
三角式撑架体系　(204)
三角形桁架　207
三角形腹杆体系桁架　(207)
三角垫层　207
三角测量　207
三点适线法　206
三重管旋喷注浆法　206
三堆子金沙江桥　207
三铰刚架桥　207
三铰拱桥　207
干接头　59
干接缝　59
土斗钻机　(108)
土围堰　241
土的比重　(241)
土的孔隙比　241
土的压缩性　241
土的含水量　240

土的饱和度 240
土的标准冻结深度 (43)
土的相对密度 241
土的荷载试验 241
土的流限 (241)
土的液性界限 (241)
土的液限 241
土的塑限 241
土桩加固法 241
土样试验 241
土壤蒸发器 241
工厂试拼装 76
工区房 (32)
工地拼装简图 77
工字形梁桥 77
工字钢 77
工字梁束 77
工作度 (94)
工作荷载 77
工程地质 76
工程地质条件评价 76
工程机械台班费 (77)
工程机械使用费 77
工程费 77
工程船舶 76
下支座板 (72)
下平纵联 249
下卧层 250
下弦杆 250
下承式拱桥 249
下承式钢梁桥 249
下承式桥 249
下承式桁架梁桥 249
下限解法 250
下垫面 249
下津井濑户大桥 249
下料 (94)
下渗 249
下渗试验 250
大三岛桥 27
大气边界层风洞 27
大节点 290
大石桥 (284)
大块模板 (47)
大连市北大友谊桥 (26)
大岛大桥 26
大鸣门桥 26
大和川桥 26
大型浮吊 27
大桥 27
大样图 (217)
大渡河铁索桥 (156)
与岛桥 274
万安桥 (158)
万能杆件 243
万能测振仪 243

[丨]

上平纵联 210
上弦杆 210
上承式拱桥 210
上承式钢梁桥 210
上承式桥 210
上承式桁架梁桥 210
上限解法 210
上拱度 210
上弯度 (275)
上海金山黄浦江桥 210
上海南浦大桥 210
小贝尔特桥 254
小长桥 (6)
小桥 254
小桥涵顶进法施工 254
小流域 254
小螺钻 254

[丿]

千斤顶 (40)
千斤绳 39
千分表 184
个体协调 (298)

[丶]

广义坐标法 88
广义扇性坐标 88
广州珠江桥 88
门式刚架桥 164
门架桥 (164)
门道桥 163

[㇇]

子墙 (288)
女大公夏洛特桥 (1)
飞机场桥 52
飞桥 (8,246)
叉车 14
马钉 159
马-希硬度 159
马拉开波桥 159
马奈尔预应力张拉体系 159

四画

[一]

井顶围堰 132
井点系统 132
井壁气龛 132
开口沉箱基础 (17)
开口格栅桥面 (141)
开口截面加劲肋 (137)
开口截面肋 137
开口端管桩 137
开合桥 137
开启桥 137
开裂弯矩 137
天门桥 237
天车 (197)
天生桥 238
天津永和新桥 237
天桥 237
天然水深 238
天然地基 237
天然冷气冻结挖基坑法 237
天然流速 238
无人沉箱 247

无孔拼装 246
无机富锌涂层 246
无压力式涵洞 247
无养护年限 (170)
无损检测 (52)
无推力拱桥 247
无铰刚架桥 (84)
无铰拱桥 246
无粘结预应力筋 247
无缝线路 246
无碴梁桥 246
无箍筋梁的抗剪强度 246
韦拉札诺桥 244
韦勒曲线 (177)
云纹干涉法 281
云纹法 281
扎拉特桥 283
木回弹 168
木材开裂应力 (167)
木材比强度 166
木材长期强度 (166)
木材动弹性模量 167
木材压缩塑性 168
木材冲击剪切强度 166
木材冲击硬度 166
木材抗扭强度 167
木材应变系数 (168)
木材垂直剪切强度 166
木材的冷流 167
木材的弯曲塑性 167
木材的流变 167
木材的蠕变 167
木材承压应力 166
木材持久强度 166
木材高弹变形 167
木材疲劳强度 167
木材粘弹性 167
木材剪弹模量 167
木材弹性后效 168
木材弹性极限压碎强度 168
木材弹性顺从 (168)
木材弹性柔量 168
木材强度比 167
木材静力弯曲弹性模量 167
木材撕裂应力 167
木材蠕变极限 167
木钉板梁桥 168
木沉箱 168
木板桁架 166
木板桩 166
木拱桥 168
木栈桥 169
木桥 169
木桁架桥 168
木桁架梁桥 168
木桩 169
木桩防腐处理 169
木套箱 169
木排架 169
木排架桥 169
木笼填石桥墩 168
木梁束 168
木梁桥 168
木弹回 169
木筋混凝土沉井 168
木筋混凝土沉箱 168
木撑架梁桥 168
五心拱桥 247
五里西桥 (1)
五角石 247
五陵卫河桥 247
支导线测量 287
支承加劲肋 (45)
支承体系斜拉桥 (150)
支承垫石 287
支承垫板 (161)
支承桩 287
支架 287
支座 287
支座摩阻力 287
不冲流速 11
不完全对称 11
不完全铰 (67)
不良铆钉 11
不稳定平衡 11
不稳定缆索体系 11
太阳直接辐射 235
太阳常数 234
太阳散射辐射 235
太阳辐射 234
区域地质 201
历史洪水 149
历史洪水位 149
历史洪水流量 149
厄斯金桥 49
车行道 (259)
车间底漆 (153)
车轮对称 (263)
车道板 17
车道荷载 17
比戈桥 (145)
比拟正交异性板法 7
比拟法 7
比例 7
比降-面积法 7
比较方案 7
比较应力 (106)
比率 7
切线式支座 (102)
切线模量理论 199
切斯特桥 (138)
切割 199
瓦迪-库夫桥 243

[|]

止水箍 288
日本第二阿武限川桥 204
日照作用下的墩顶位移 204
日照航路桥 204
中孔 289
中间加劲肋 289
中间型桩 289
中间横联 (100)
中性轴 289
中承式拱桥 288
中承式桥 289

中桥 289
中跨 (289)
中数粒径 289
贝永桥 6
贝诺特钻机 (236)
贝雷桥 6
内陆河流 171
内容美 (170)
内涵美 170
水力比降 226
水力半径 226
水力吸泥机 226
水力吸泥法 226
水力传导系数 (215)
水力坡降 (226)
水力坡度 (226)
水工模型试验 226
水下切割 229
水下封底 228
水下焊接 228
水下混凝土 228
水下混凝土导管法 229
水下混凝土液阀法 229
水下混凝土灌注设备 229
水下混凝土灌注法 229
水上水泥砂浆工厂 228
水上沉桩法 227
水上混凝土工厂 227
水中木笼定桩位法 230
水中围笼定桩位法 230
水中测位平台定桩位法 229
水中基础 230
水化学分析 (229)
水文地质 228
水文基线 228
水文基线断面图 228
水平加劲肋 227
水灰比 226
水成岩 (17)
水位 228
水位过程线 228
水位标 228
水位-流量曲线 228
水位流量关系 228
水闸桥 229
水泥加固土法 227
水泥系数 (29)
水泥细度 227
水泥标号 227
水泥砂浆搅拌机 227
水泥砂浆输送泵 227
水泥灌浆法 227
水波力 (10)
水拱 226
水泵 226
水面比降 226
水面宽度 226
水样分析 229
水准点 230
水准测量 230
水浮力 226
水流挟沙能力 226
水渠桥 227
水硬性 229
水道桥 (227)

[丿]

手工放样 220
手工涂漆 220
手工焊 220
手动绞车 220
手动滑车 (151)
手持应变仪 220
手摇绞车 (220)
手锤 (148)
牛腿 173
气力输送水泥设备 182
气压沉箱 183
气压沉箱基础 (19)
气体保护焊 182
气闸 183
气垫桥 182
气流模型 182
气筒浮式沉井 183
气割 (266)
长虹石拱桥 (134)
长钢轨纵向荷载 15
长堤 15
长期曲率 16
长期荷载试验 16
长礁桥 15
片石护底 177
片销锚 177
化学加固法 105
化学防护 105
化学除锈 105
反拱铺砌法 50
反挠度 275
反复荷载 (177)
反循环钻机 50
分车道 53
分水岭 (53)
分水线 53
分布钢筋 53
分层总和法 53
分肢 53
分项安全系数 (302)
分段等截面桥墩 53
分配钢筋 (53)
分离式箱梁桥 53
分流车道 (53)
分隔带 53
公共协调 (105)
公共补偿片 77
公路工程技术标准 78
公路车辆荷载 77
公路桥 78
公路桥面净空限界 78
公路桥涵设计规范 78
公路铁路两用桥 78
公路等代荷载 77
公路等级 77
风支座 54
风化 54
风向 54
风级 54

风玫瑰图 54
风雨桥 (272)
风图 (54)
风的动压力 (54)
风洞 54
风振 54
风荷载 54
风速 54
风铲加工 53
风嘴 54
欠拧 186
乌龙江大桥 246

[丶]

方钢爬升器 51
方案评估 51
方案编制 51
火成岩 (265)
火焰除锈 116
火焰矫正法 116
为容许建筑高度 (192)
斗式提升机 43
计划任务书 120,(212)
计算矢高 120
计算荷载 (211)
心滩 258

[㇇]

引板 270
引桥 270
巴尔马斯桥 3
巴里奥斯·卢纳桥 3
巴拉那桥 3
巴黎新桥 3
孔径设计 142
孔道 142
孔隙水 142
双龙桥 223
双动汽锤 223
双曲拱桥 224
双向车道 224
双向板 224
双作用千斤顶 225
双作用汽锤 (223)
双层木板桩围堰 223
双层钢板桩围堰 222
双层桥面 223
双层箱梁桥 223
双柱式桥墩 225
双柱式梁桥 225
双索悬索桥 (223)
双铅垂索面斜拉桥 224
双预应力体系混凝土桥 225
双悬臂式架桥机 225
双悬臂梁桥 225
双铰刚架桥 223
双铰拱桥 223
双斜索面斜拉桥 225
双斜撑式木桥 225
双剪 223
双液硅化法 225
双梁式架桥机 223
双塔式斜拉桥 224
双链体系悬索桥 223
双筋截面 223
双腹板箱梁桥 223
双模量理论 224
双壁式杆件 222
双壁钢丝网水泥沉井 222
双壁钢沉井 222

五画

[一]

玉带桥 275
示功扳手 219
击锤 (148)
打砂除锈 26
打桩分析仪 26
打桩加固法 26
打桩机 26
正交异性板桥面钢桥 286
正交桥 286
正交涵洞 286
正拉索 286
正态模型 287
正桥 (286)
正接抵承 286
正常使用极限状态 286
正循环钻机 287
扒杆 3
功能序列 79
甘特桥 59
古德曼图 84
节间 128
节间长度 128
节间单元法 128
节奏 128
节点 128
节点板 128
节点构造 128
节段式预应力混凝土筒支桁架桥 128
节段施工法 128
节段模型风洞试验 128
节理 128
本道夫桥 6
可动作用 139
可行性研究 139
可行性研究报告 139
可变作用 138
可变荷载 (115)
可能最大降水 139
可能最大洪水 139
可焊性 139
可撤式沉箱 138
可撤式螺栓 139
可靠性 139
可靠指标 139
可靠概率 139
左右对称 (133)
石拱桥 217
石砌护坡 218
石砌墩台基础 218
石桥 218

石铰 217
石笼护基 218
石梁桥 217
布比延桥 12
布里斯勒·玛斯桥 12
布拉佐·拉戈桥 12
布林奈尔硬度 12
布鲁东纳桥 12
布鲁克林桥 12
龙门吊机 (155)
龙门架 155
龙门起重机 155
平行弦钢桁梁桥 180
平行钢丝悬索 180
平行索斜拉桥 (221)
平均水位 180
平均沉速 179
平均流速 179
平均流量 (136),179
平均粒径 179
平纵联 (299)
平板支座 179,(180)
平板式振捣器 (9)
平事桥 180
平转桥 180
平型钢板桩 180
平面防护 180
平面钢板支座 180
平铰 179
平移对称 (21)
平焊 179
平滩水位 180
平滩河宽 180
平滩流量 180
平截面假定 179
平衡分叉 179
平衡设计 179
平衡扭转 179
平衡重 179
平衡破坏 (131)
平衡梁 179
轧边钢板 283
轧丝锚 283
东亨廷顿桥 41
东营胜利黄河桥 42

[丨]

卡环 137
北备赞濑户桥 6
北港大桥 (25)
北港联络桥 (25)
卢灵桥 155
卢赞西桥 155
旧伦敦桥 134
旧金山-奥克兰海湾桥 134
甲方 (124)
号孔钻孔 94
号料 94
电力冲击法 38
电动力式振动台 (37)
电动力式激振器 (37)
电动式振动台 37
电动式激振器 37
电动卷扬机 37
电动油泵 37
电动绞车 (37)
电动硅化法 37
电动液压式振动台 37
电动葫芦 (37)
电动滑车 37
电阻应变片 39
电阻应变式(拉)压力传感器 39
电阻应变表式位移传感器 (116)
电法勘探 38
电测引伸计 36
电荷放大器 38
电脑机械手划线 (222)
电涡流式位移计 (38)
电涡流式位移传感器 38
电容式位移传感器 38
电焊钢筋现浇混凝土接头 38
电液式振动台 (37)
电液式激振器 38
电液伺服式疲劳试验机 38
电渗固结法 38
电感式位移计 (38)
电感式位移传感器 38
史密斯图 218
四氟板式橡胶支座 (135)
四铰圆管涵 231

[丿]

生口桥 215
生石灰桩加固法 215
生产鉴定性试验 215
失效概率 216
矢高 (81)
矢跨比 218
仪器分辨率 268
仪器灵敏度 268
仪器率定 268
仪器精度 268
白面石武水大桥 3
白塔山黄河铁桥 4
瓜佐桥 84
用影响线计算畸变 272
外约束应力 243
外形美 (259)
外置预应力筋 243
包气带水 5

[丶]

主孔 290
主节点 290
主体美 291
主泓 (214)
主拱 (290)
主拱圈 290
主拱腿 290
主要承重结构 291
主桥 291
主索矢高 291
主扇性坐标 291
主扇性零点 291
主梁 290
主缆 (263)

主跨 (290)
主溜 291
主槽 290
市桥 219
立交桥 149
立转桥 149
立焊 149
兰州黄河铁路桥 145
兰德桥 145
半山桥 5
半永久性桥 5
半压力式涵洞 5
半刚性索套 5
半自动焊 5
半导体应变片 5
半穿式钢桁架桥 (1)
半穿式桥 (289)
半穿式桁架梁桥 4
半桥测量 5
半概率法 5
汀步桥 240
汇水区 (155)
汇水面积 108
汇流 108
汇流历时 108
汇流试验 108
永久支座安装 272
永久作用 272
永久性加固 272
永久性桥 272
永久荷载 (98),272
永存应力 (274)
永济桥 272
永通桥 272

［ㄱ］

尼尔森拱桥 171
尼姆水槽 (59)
弗氏锚 55
弗里蒙特桥 55
弗莱西奈式铰 55,(67)
加气水泥 121
加气剂 121
加气硅化法 121
加劲肋 121
加劲肋板 121
加劲梁(桁架) 121
加固技术评价 121
加弦桥 121
加挡土墙法 120
加载事件 122
加桩法 122
加副梁撑架式桥 120
加筋土桥台 121
加强构件法 121
加撑梁法 120
皮尔逊Ⅲ型曲线方程式 176
皮带输送机 (27)
边孔 8
边界层风洞 (27)
边缘加工 8
边缘纤维屈服荷载 8
边跨 (8)
边滩 8
圣·那泽尔桥 215
圣维南扭转 (298)
对比法 46
对称 46
对接接头 46
对接焊 46
对接焊缝 46
台地 234
台后干砌片石法 234
台后加孔法 234
台后透水层 234
台身 234
台背 (288)
台班费 (77)
台帽 234
丝式电阻应变片 230

六画

［一］

动力系数 42
动力固结法 (186)
动力响应 42
动力响应系数 42
动力效应 42
动观 (42)
动床阻力 42
动床模型 42
动态平衡 42
动态电阻应变仪 42
动态对称 42
动态光弹性法 42
动态冰压力 42
动态作用 43
动态信号分析仪 42
动态美 42
动物园桥 43
动弹性模量测定仪 (82)
圬工桥 246
圬工墩台 246
扣轨梁 (88)
扣损 142
考莫多尔桥 138
考斯脱·锡尔瓦桥 (148)
托木 242
托木撑架式桥 242
托承 (20)
托盘式墩帽 242
托梁木 (242)
托梁撑架式木梁桥 (242)
托梁撑架体系 242
扩大初步设计 144
扩孔 144
地下水观测 35
地下水露头 35
地下连续墙桥基 35
地下径流 35

地下暗河 35
地下墙钻机 35
地动 (35)
地形 35
地形水拱 35
地形测量 35
地层 34
地质年代 36
地质构造 36
地面径流 34
地球物理勘探 35
地基处理 34
地基加固 (34)
地基系数 K 法 34
地基系数“m”法 34
地基冻胀 34
地基容许承载力 34
地基滑动稳定性 34
地道桥 34
地貌 34
地震 35
地震力 (36)
地震作用 (36)
地震波 35
地震荷载 36
地震烈度 36
地震勘探 36
地震模拟振动台 36
地震震级 36
耳墙 49
共振法混凝土动弹性模量试验 82
共振测频仪 82
共振速度 (119)
机电百分表 116
机动车道 116
机械式振动台 116
机械式激振器 116
机械回转钻探 116
机械阻抗法桩基检测 117
机械性连接 116
机器样板 116
过水面积 (89)
过水桥 (160)
过水断面积 89
过水路面 89
再分式钢桁梁桥 282
再分式桁架 282
协调 255
协调扭转 255
西藏拉萨河达孜桥 248
压力式涵洞 265
压力场理论 264
压力传感器 264
压力环 (105)
压力灌浆 265
压电式加速度计 (264)
压电式加速度传感器 264
压阻式加速度传感器 265
压注环氧树脂 265
压屈荷载 265
压桩机 265
压浆机 264
压梁木 (103)
压溃荷载 264
百分表 4
有机玻璃模型试验 273
有限位移理论 273
有限预应力混凝土 273
有限预应力混凝土桥 273
有效预应力 274
有效跨径 273
有效翼缘宽度 273
有推力拱桥 273
有箍筋梁的抗剪强度 273
达姆岬桥 26
列车速度 152
列车横向摇摆力 152
成品装车设计 20
夹片式锚具 (177)
轨束梁 88
轨底标高 88
轨道爬行 88
轨道起重机 88
迈因纳积伤律 (177)
迈耶硬度 159
毕托管 7

[丨]

此花大桥 25
尖端形桥墩 122
光电放样 86
光线示波器 87
光线振子示波器 (87)
光面切割 (132)
光敏薄层裂缝测定法 86
光弹性仪 87
光弹性夹片法 87
光弹性应力冻结法 87
光弹性法 87
光弹性贴片法 87
光弹性散光法 87
早强剂 282
曲线上净空加宽 201
曲线标志 201
曲桥 (243)
吊杆 39
吊杆网 39
吊钩 39
吊桥 (263)
吊索 39
吊索塔架拼装法 39
吊箱围堰 39
吊篮 (47)
因岛桥 269
因果联想 270
吸石筒 248
吸泥机 248
回归方程式 107
回归系数 107
回转斗钻机 108
回弹仪 107
回弹法无损检测 107
刚构式组合桥台 60
刚构桥 (60)
刚性节点 61
刚性吊杆 61

刚性系杆 62
刚性骨架与塔架斜拉索联合法 61
刚性桥塔 62
刚性索斜拉桥 62
刚性基础 61
刚性涵洞 61
刚性梁 61
刚性梁刚性拱桥 (158)
刚性梁柔性拱桥 (146)
刚性梁悬索桥 61
刚性墩 61
刚性横梁法 (178)
刚度比 60
刚架式桥墩 60
刚架拱片 60
刚架拱桥 60
刚架桥 60
刚柔 61
刚接梁法 61
刚腿德立克 (255)

[丿]

年瞬时最大流量 172
先孔法 250
先张法预加应力 250
先张梁 250
先钻后焊法 (250)
先焊后铝法 (102)
竹索桥 290
竹筋混凝土沉井 290
乔治·华盛顿桥 187
传力锚固时应力 23
传递矩阵法 23
休斯顿航道桥 260
优质钢支座 272
仰焊 266
伪静力试验 (172)
自升式水上工作平台 298
自由长度 298
自由式流出 298
自由导线测量 (287)
自由扭转 298
自由振动试验 298
自记雨量计 297
自动焊 297
自约束应力 298
自身协调 298
自流水 (20)
自落式混凝土搅拌机 297
自然冲刷 297
自然界水分大循环 297
自然界水分小循环 297
自然界水分循环 297
自然界水量平衡 298
自锚式悬索桥 297
伊瓜可桥 (1)
伊兹桥 268
后孔法 102
后补斜筋法 102
后张式小钢丝束弗氏体系 102
后张式巨大方形钢丝束体系 102
后张式粗钢筋体系 102
后张法预加应力 102
后张梁 102
行车道 259
行车道板 259
行车道净宽 259
行车道梁 259
行车道铺装 259
舟桥 290
全分布概率法 (201)
全回转架梁起重机 201
全面加固 (268)
全桥三维气动弹性模型风洞试验 (201)
全桥测量 201
全桥模型风洞试验 201
全息干涉法 201
全息光弹性法 201
全预应力混凝土 202
全预应力混凝土桥 202
全焊钢板梁桥 201
全焊钢桥 (93)
全概率法 201
合理拱轴线 94
肋式梁桥 146
肋形埋置式桥台 146
肋拱桥 146
肋腋板桥面 146
负反力支座 (144)
负拉索 57
负摩擦力 57
名义拉应力 165
名义剪应力 165
名港西大桥 165
多心拱桥 49
多孔沉井 48
多孔悬臂梁桥 48
多用桥 49
多边形弦杆钢桁梁桥 47
多年冻土地基 48
多向斜桩桩基 48
多层焊接钢筋骨架 48
多线桥 48
多柱式梁桥 49
多点接线箱 (275)
多室箱梁 48
多样与统一 49
多跨 48
多跨刚架桥 48
多跨悬索桥 48
色彩 208

[丶]

冲止流速 22
冲击力 22
冲击系数 22
冲击钻孔法 22
冲击钻头 22
冲击钻机 22
冲抓钻孔法 22
冲抓钻机 22
冲抓锥 (22)
冲钉 21
冲泻质 22
冲刷系数 22

冲积层 22
冲剪应力 22
冰压力 (10)
冰荷载 10
冰套箱 10
冰渡 9
交叉韵律 126
交叉撑架 126
次拱腿 25
次梁 25
次梁-斜杆桁架 25
次梁撑架体系 (2)
产状 15
产流 15
充气桥 (182)
闭口截面肋 7
闭口端管桩 7
并列箱梁 10
米尔文桥 164
米字形钢桁梁桥 164
灯光扳手 32
灯柱 32
江门外海大桥 125
江东桥 (103)
江阴长江公路大桥 125
汕头海湾大桥 209
安平桥 1
安全系数 2
安全性 2
安全带 2
安全等级 2
安纳西斯岛桥 1
安济桥 (284)
安澜桥 1
军用图 136
军用桥 135
农村道路桥 173
农桥 (173)
设计水位 212
设计风速 211
设计方案竞标 211
设计任务书 (120),212
设计阶段 212
设计寿命 212
设计应力-应变曲线 213
设计应力谱 213
设计单位 211
设计洪水 211
设计洪水频率 211
设计荷载 211
设计荷载谱 211
设计准则 213
设计流速 212
设计流量 212
设计预算 (217)
设计基准期 212
设计概算 211
设计暴雨 211

[⁊]

导电漆膜裂缝测定法 30
导向船 31
导线测量 31
导热微分方程 (202)
导流板 31
导流堤 31
导梁 31
收缩曲率 219
收缩系数 220
防水剂 51
防水玻璃纤维布 51
防护套 51
防护薄膜 51
防冻剂 51
防爬木 (103)
防爬角钢 51
防爬器 51
防淘斜坡 (257)
防裂钢筋 51
防锈焊接钢支座 51
防御性桥梁 51
防震水平联结装置 52
防震挡块 51
观音桥 85
纤道桥 186
约束扭转 281
约束混凝土 281
级配 118
纪念性桥梁 120

七画

[一]

麦基诺桥 160
形式运动 259
形式美 259
形式联想 259
凵形构件 306
进水孔 131
运行图天窗 281
运行活载系数 281
运杂费 281
运河桥 281
运营极限状态 (286)
扶手 55
扶壁式桥台 55
技术设计 120
技术经济指标 120
扰动土试样 202
扰流板 202,(269)
扰流器 (202)
折转式道碴槽悬臂板 284
折线配筋 284
折断法试验 284
折算模量理论 (224)
抓斗 291
坍落度 235
均方差 136
均值 136
均衡悬臂施工法 136
抑流板 (202),269
抛丸除锈 175
抛石护基 175
抛物线拱桥 175
投标 240

投资检算 (217)
坑探 140
抗扭钢筋 137
抗扭强度 137
抗拔力 (246)
抗拔桩 137
抗爬力 (15)
抗剪强度 137
抗剪键法 137
抗劈力 138
护木 103
护轨 103
护轮木 103
护轮带 (2)
护拱 103
护栅 (103)
护柱 103
护栏 103
护筒 103
护墩桩 103
扭曲变形 (118)
扭坡 173
扭转刚度 173
扭转剪应力 173
扭矩扳手 (219)
扭矩系数 173
声发射仪 215
声发射的凯塞效应 215
声发射裂缝测定法 215
声波勘探 215
声弹性法 215
拟静力试验 172
花篮螺丝 104
芦沟桥 156
克尔克桥 140
克尼桥 140
克罗伊茨高级钢支座 140
苏布里齐桥 231
杆件组装 60
杜伊斯堡-诺因坎普桥 44
杜塞尔多夫·诺依斯桥 44
杜塞多尔夫-弗勒埃桥 44
杠杆式应变仪 74
杠杆原理法 74
材料分项安全系数 13
材料费 13
材料数量指标 13
极限分析 118
极限设计法 (119)
极限状态设计法 119
极限荷载 118
极限荷载法 119
极限速度 119
极限强度 119
求矩适线法 200
束合大梁 221
两阶段设计 151
连拱计算 150
连接套筒 150
连续刚构式斜拉桥 150
连续刚构桥 150
连续板桥 150
连续拱桥 150
连续垫板组合杆件 150
连续桥面法 150
连续铰接刚构桥 150
连续梁式斜拉桥 150
连续梁桥 150
连续输送机 151
连续韵律 151

[丨]

肖氏硬度 255
旱桥 92
里约-尼泰罗伊桥 148
里普桥 148
园林桥 280
围水养生 (244)
围水养护 244
围令 (244)
围笼 244
围堰 244
足尺结构 (284)
吻合索 245

[丿]

钉孔承压 40
钉孔重合率 (40)
钉孔通过率 40
钉杆受剪 40
钉栓连接 (116)
钉栓距 40
钉端有效长度 (40)
钉端钳制长度 40
乱石拱桥 157
利雅托桥 149
体外束 237
体外配筋 237
体外预应力法 237
体积比 237
体量 237
体量对称 237
伸出钢筋 213
伸缩桥 213
伸缩缝 213
作用分项系数 302
作用代表值 302
作用组合值 303
作用标准值 302
作用特征值 302
作用准永久值 302
作用效应 302
作用常遇值 302
作动器 (267)
作样 302
伯努利法则 (179)
低水位桥 33
低合金钢桥 33
低承台桩基 (33)
低桩承台基础 33
低高度梁 33
低高度梁桥 33
低筋设计 33
位移限制装置 244
伺服式加速度计 231
近似概率法 131

谷坊 84
含沙量 90
角钢 126
角接头 127
角焊缝 126
刨边 6
系杆 248
系杆拱 248
系杆拱桥 248
系紧螺栓 249

[、]

冻土 43
冻土人为上限 43
冻土上限 43
冻拔力 (43)
冻胀力 43
冻结线 43
冻结深度 43
亨伯桥 98
应力历程 271
应力比 271
应力变化范围 271
应力变程 (271)
应力脉 (271)
应力消除钢丝 271
应力调整 271
应力幅 271
应力集中 271
应力循环计数法 271
应力频值谱 (271)
应力谱 271
应变片灵敏系数 270
应变片粘结剂 270
应变式加速度传感器 270
应变式位移传感器 270
应变协调法 271
应变花 270
应变裂缝测定法 270
冷扭钢筋 147
冷作钢筋 147
冷拔低碳钢丝 147
冷拔钢丝 147
冷拉时效 147
冷拉钢筋 147
冷弯 147
序列 260
间接费 124
间歇性河流 124
沥青表面处置 149
沥青铺装桥面 149
沙波 208
沙波运动 208
汽车式混凝土搅拌设备 184
汽车吊机 (183)
汽车起重机 183
汽车荷载 183
汽锤 184
汴梁虹桥 8
沉井下沉方法 18
沉井下沉阻力 18
沉井下沉射水法 18
沉井刃脚 18
沉井支垫 18
沉井凹槽 17
沉井纠偏法 18
沉井顶盖 17
沉井取土井 18
沉井型桩 18
沉井封底混凝土 17
沉井接管柱基础 18
沉井基础 17
沉降速度 17
沉桩方法 19
沉速 (17)
沉积岩 17
沉箱 (183)
沉箱水力机械挖泥 19
沉箱建造下沉法 19
沉箱病 18
沉箱浮运法 19
沉箱浮运稳定性 19
沉箱接桩基础 19
沉箱基础 19
快行道 (116)
快硬剂 (282)
完全相关 243
初步设计 23
初始降雨 23
初始预应力 (23)

[フ]

层间温度 14
局部加固 135
局部冲刷 135
局部应力高峰 135
局部承压强度 135
改变恒载调整拱轴线法 59
改变结构体系法 59
改善系数 59
张力测力计 (73)
张线式位移计 283
陆地基础 156
阿尔坎塔拉桥 1
阿尔泽特桥 1
阿拉比德桥 1
阿斯托里亚桥 1
附加力 (57)
附加作用 (57)
附加恒载 57
附加荷载 57
附着式振捣器 57
劲性钢筋混凝土拱桥 131,(163)
纯扭转 (298)
纯缆索体系 24
纵压强度 (230)
纵向加劲肋 (227)
纵向钢筋 299
纵向活动铰 299
纵向辅助钢筋 299
纵向焊缝 (14)
纵向联结系 299
纵梁 299
纵梁联结系 (299)
纵梁撑架 299
纵键 299

纵键最小间距 299
驳船 11
纸板排水法 288

八画

[一]

环式键 105
环形沉井法 106
环承载力 105
环套锚 105
环氧树脂水泥胶接缝 106
环氧砂浆填缝 106
环流 105
环销锚 105
环境协调 105
环境随机激励振动试验 105
环箍式测力计 105
武汉长江大桥 247
现浇混凝土接头 250
表层流 9
表面式振捣器 9
拔出法试验 3
拔桩机 3
拔脱法试验 3
坦卡维尔桥 235
坦拱桥 235
抽水机 (226)
抽水试验 23
拖轮 242
顶升器 40
顶杆 40
顶架 40
顶推设备 41
顶推法施工 40
顶推循环 41
顶推整治法 41
顶管法加固桥台 40
拆装梁 15
拘束变形 134
拉力支座 144
拉力悬摆 (144)
拉力摆 144
拉力墩 (57)
拉区强化效应 144
拉丝式预应力工艺 144
拉压式橡胶伸缩缝 145
拉杆式千斤顶 144
拉条 144
拉条模型风洞试验 144
拉锚式预应力工艺 144
拦水墙 (130)
拦石栅 145
拦砂坝 145
招标 283
招标承包制 283
坡口焊缝 181
坡面汇流 181
坡桥 181
坡积层 180
其他可变荷载 (57),182
其他间接费 182
直升导管法 (229)
直线相关 288
直桥 (286)
直接费 287
直道水流 287
直腹式钢板桩 (180)
直腿刚架桥 288
茅岭江铁路大桥 160
枝城长江大桥 287
枢接 220
柜石岛桥 88
板式橡胶支座 4
板拱桥 4
板桥 4
板栓梁 4
板桩支护坑壁法 4
板桩式桥台 4
松谷溪桥 231
构件成品存放 83
构件局部失稳 83
构件破坏时钢筋应力 83
构体式钢板桩围堰 83
构造钢筋 83
构造速度 83
枕木垛 284
卧梁 (303)
雨流计数法 274
雨雪源类河流 274
雨量器 274
雨强 274
雨源类河流 275
矿渣水泥 143
矿渣硅酸盐水泥 (143)
奇尔文科桥 (6)
转体施工法 291
转体装置 292
转换矩阵法 (23)
轮对蛇行运动 157
轮轨关系 157
轮胎起重机 157
轮渡栈桥 157
软土 205
软土地基 205
软练法 (205)
软练胶砂强度试验法 205

[丨]

非电量电测技术 52
非机动车道 52
非承重构件 52
非线性分析法 52
非破损检验 52
非接触式位移测量 52
齿条千斤顶 (21)
齿条顶升器 21
齿轮钻头 21
齿槛式桥台 (156)
虎门珠江大桥 103
虎渡桥 103
明石海峡大桥 165
明挖基础 165
明桥面 165
明桥面钢板梁桥 165

明桥面桥 165
明桥面预应力混凝土桁架桥 165
明涵 165
迪维达克体系 33
迪维达克锚具 33
固定支座 84
固定式模板 84
固定作用 84
固定胎型 84
固定桥 84
固定铰支座 (84)
固端刚架桥 84
固端拱桥 (246)
固端梁桥 84
岩石地基 266
岩石试验 266
岩石薄片鉴定 266
岩浆岩 265
岩黑岛桥 265
岩溶 265
岩溶水 266
罗斯图 (84)
帕斯科-肯尼威克桥 174

［丿］

钓鱼法架梁 40
制孔 288
制孔器 288
制动力和牵引力 288
制动联结系 (288)
制动撑架 288
制动墩 288
垂直桩桩基 24
垂裙 (130)
物探 (35)
刮刀钻头 84
和易性 94
和谐 94
使用极限状态 219
侧压强度 (100)
侧向拉缆 14
侧焊缝 14
侧墙 14
质感 288
爬升器 174
爬模 174
径流 132
径流计算公式 132
径流过程 132
径流成因公式 132
径流系数 133
径流量 (132)
金门桥 131
采样箱 (275)
受力性连接 220
受力钢筋 220
肱板 79
胀缩土 (176)
股流 84
股流涌高 84
周边支承板 (224)
周期荷载 (177)
鱼形板 274
鱼沼飞梁 274
鱼腹式梁桥 274

［丶］

变气闸 (183)
变化与统一 (49)
变向车道 (224)
变形钢筋 9
变形缝 9
变角桁架模型 8
变态模型 9
变质岩 9
变差系数 C_v 8
变宽矩形截面桥墩 9
变率 (165)
变幅疲劳 8
变截面梁桥 8
变截面灌注桩 8
底漆 34
净雨 (133)
净空测定车 (250)
净降雨量 133
盲沟 160
放样 52
放射性测量 (52)
放射性勘探 52
刻痕钢丝 140
闸门式架桥机架梁 283
卷扬机 135
单孔沉井 28
单动汽锤 28
单向板 29
单向推力墩 29
单向斜桩桩基 29
单作用千斤顶 30
单作用汽锤 (28)
单位水泥用量 29
单位过程线 29
单层木板桩围堰 28
单层钢板桩围堰 28
单层桥面板 28
单齿正接榫 28
单线桥 29
单桩水平静载试验 30
单桩垂直静载试验 30
单索式悬索桥 29
单索面斜拉桥 29
单索桥 29
单宽流量 28
单梗式梁桥 28
单悬臂梁式斜拉桥 30
单悬臂梁桥 30
单铰拱桥 28
单斜撑式木桥 30
单剪 28
单液硅化法 30
单梁式架桥机 29
单跨 28
单跨刚架桥 28
单管旋喷注浆法 28
单箱多室梁桥 29
单箱单室梁桥 29
单壁式杆件 28

浅平基 (185)
浅基防护 185
浅基础 185
浅基病害 185
浅滩 186
法岛桥 50
泄水口 258
泄水孔 258
泄水池法 257
泄水法 (257)
泄水管 258
泄水管道 258
泄浆孔 257
河工模型试验 95
河川径流 94
河厉 (246)
河网汇流 97
河谷 95
河床形态 95
河床形态断面 95
河床的冲刷 94
河床质 95
河床单式断面 94
河床复式断面 95
河势 97
河底比降 95
河底切力 95
河弯冲淤 97
河弯超高 97
河流 95
河流节点 96
河流平面 96
河流自然冲淤 96
河流阻力 96
河流纵向稳定系数 96
河流纵断面 96
河流泥沙 96
河流类型 96
河流横向稳定系数 96
河流横断面 95
河渠桥 97
河道径流量 (154)
河湾水流 97
河滩 97
河漫滩 97
河槽 94
泸定桥 156
油压减震器 272
泌水 164
泥石流 172
泥石流观测 172
泥沙运动 172
泥沙颗粒分析 172
泥浆反循环法 171
泥浆正循环法 171
泥浆护壁 171
泥浆护壁钻孔灌注桩 171
泥浆净化设备 171
泥浆泵 171
泥浆套法 171
波形截面梁桥 10
波纹铁管涵 10
波纹管卷管机 10
波速法桩基检测 10
波特兰水泥 10
波浪力 (10)
波浪荷载 10
波萨达斯·恩卡纳西翁桥 10
性质联想 260
宝带桥 6
宗教性桥梁 298
定位桩 41
定位船 41
定位焊 41
定床阻力 41
定床模型 41
定型模板 41
定值设计法 41
定倾中心 41
定倾半径 41
宜宾岷江大桥 269
宜宾金沙江铁路桥 268
宜宾金沙江混凝土拱桥 268
审美 214
审美观点 214
审美序列 214
审美判断 (214)
审美评价 214
审美标准 214
审美活动 (214)
审美能力 214
审美感受 214
审美趣味 214
空中纺缆法 142
空中放线法 (142)
空中摄影 (93)
空气动力作用 (54)
空气压缩机 141
空气吸泥机 141
空气吸泥法 141
空气幕法 (8)
空心沉井基础 141
空心沉箱 141
空心板 141
空心板桥 141
空心桥台 142
空心桥墩 142
空心墩局部应力 142
空心墩的局部压屈 141
空心墩的温度应力 141
空间桁架模拟理论 141
空格桥面 141
空腹木板桁架 140
空腹式桥台 140
空腹杆件 (76)
空腹拱桥 140
空腹桁架拱桥 (221)
空腹梁桥 140
实际抗裂安全系数 218
实际强度安全系数 218
实轴 218
实验应力分析 218
实腹木板桁架 218
实腹拱桥 218
实腹梁桥 218
试孔器 219

试件 219
试坑 (140)
试块 219
试样 (219)
试验荷载 219
衬板支护坑壁法 19

[乛]

建设单位 124
建筑工程定额 124
建筑上弯度 (275)
屈后强度 201
弧形钢板支座 102
弧形铰 102
承台 20
承托 20
承压水 20
承压橡胶块 20
承重构件 20
承重结构 20
承载能力极限状态 20
承载能力试验 (129)
降水 125
降水量 (126)
降雨 125
降雨历时 126
降雨历时曲线 126
降雨量 (126)
函数相关 (243)
限制速度 250
限界检查车 250
限速标志 250
参考风压 (117)
参考风速 (117)
线支座 (102)
线形 251
线能量 250
线弹性分析法 250
线路锁定 250
组合大梁 (58)
组合式伸缩缝 300
组合式板桥 299
组合式桥台 300
组合式梁桥 300
组合式撑架体系 299
组合杆件 299
组合体系拱桥 300
组合跨 299
组合模板 299
组合箱梁桥 300
组装胎型 300
细度模量 (249)
细度模数 249
细粒混凝土模型试验 249
经济技术指标 131
经济跨径 131
经验频率 131
经验频率曲线 131

九画

[一]

春汛 24
玻璃钢桥 10
型钢 259
型钢矫正 260
型钢梁 260
挂孔 84
挂梁 85
挂篮 85
封闭式钢索 54
封闭式排水系统 55
封锚 55
持力层 21
持久极限 21
拱上建筑 81
拱上结构 (81)
拱片桥 80
拱石 81
拱矢 81
拱矢度 (218)
拱肋 80
拱形桥台 82
拱形桁架 82
拱形涵洞 82
拱顶 79
拱板 79
拱的内力调整 79
拱的水平推力 79
拱的纵向稳定性 79
拱的施工加载程序 79
拱的横向稳定性 79
拱券 (81)
拱波 79
拱肩 80
拱肩填料 80
拱厚变换系数 79
拱轴系数 82
拱轴线 82
拱背 79
拱度 (210)
拱架 80
拱桥 80
拱桥悬臂加宽 81
拱高 (81)
拱座 82
拱趾标高 82
拱圈 81
拱圈截面变化规律 81
拱铰 80
拱脚 80
拱腹 79
拱腹式钢板桩 (305)
城市道路桥 20
挟沙水流 255
挠度理论 170
赵州桥 284
挡土板 30
挑坎 238
垫木 (39)
垫层支座 39
垫梁 39
挤压系数 119
拼板式伸缩缝 178
拼窄发运 178

拼接板 178
拼装螺栓 178
挖孔桩 (242)
挖孔灌注桩 242
挖探 242
挖掘机 242
带式输送机 27
带拉杆刚架桥 27
带挂孔 T 形刚构桥 27
带洞圬工桥台 27
带套管钻孔灌注桩 27
带铰 T 形刚构桥 27
草皮护坡 13
胡格利河桥 102
南备赞濑户桥 170
南京长江大桥 170
标准风压 (117)
标准风速 (117)
标准轨距 9
标准贯入试验 9
标准差 (136)
标准荷载 9
标准跨径 9
栈桥 283
柯氏锚 138
柯赫山谷桥 138
相对式测振传感器 251
相似系数 252
相似判据 252
相似理论 252
相似第一定理 252
相似第二定理 252
相似第三定理 252
相关分析 251
相关关系 (240)
相关系数 251
相关系数机误 251
相容性 251
相容性计算 251
栅板 283
柱式护栏 (103)
柱式桥墩 291
柱桩 (287)
栏杆 145
栏杆柱 145
砖石圬工沉井 291
砖涵 291
砌块 184
砌缝 184
砂土地基 209
砂井加固法 208
砂石泵 208
砂垫层 208
砂垫层加固法 208
砂桩加固法 209
砂浆强度等级 208
砂堆比拟法 208
砂筒 209
面 164
面雨量 164
面漆 164
耐久年限 170
耐久性 170
耐火水泥 170
耐蚀钢桥 170
耐酸水泥 170
残余应力 13
残积层 13
轻轨交通桥 200
轻质混凝土 200
轻质混凝土桥 200
轻型桥台 200
轻型桥墩 200
轻骨料混凝土 199
轻便勘探 199

[|]

背撑式桥台 6
点支座 36,(200)
点固焊 (41)
临时加固 153
临时底漆 153
临时性桥 153
临时铰 153
临时墩 153
临界水深 153
临界坡度 153
临界速度 (119),153
临界流 153
临界流速 153
临界断面 153
竖加劲肋 221
竖向预应力 221
竖向预应力法 221
竖杆 221
竖旋桥 (149)
竖琴索斜拉桥 221
竖腹杆桁架拱桥 221
星形索斜拉桥 258
星形楔块锚具 259
界限相对受压区高度 131
界限破坏 131
界面传递剪力 (84)
贴式防水层 238
贴角焊 238
骨料 (119)
骨料咬合作用 84

[丿]

钢支座 73
钢丝式挠度计 (283)
钢丝应力测定仪 73
钢丝绳夹头 72
钢丝绳爬升器 72
钢丝绳悬索 72
钢压杆临界荷载 73
钢轨桩 63
钢材的延展性 (62)
钢材的韧性 62
钢材的塑性 62
钢材硬度试验 62
钢连续梁桥 70
钢沉井 63
钢沉箱 63
钢板电焊接头 62
钢板拱桥 62

钢板桩 62
钢板梁 62
钢板梁桥 62
钢板翘曲 62
钢的韧性断裂 (63)
钢的脆断 63
钢的塑性断裂 63
钢刷除锈 72
钢弦应变计 73
钢组合体系桥 73
钢拱桥 63
钢盆 72
钢结合梁斜拉桥 64
钢绞线 64
钢绞线爬升器 64
钢绞线索 64
钢桥 72
钢桥安装 72
钢桥连接 72
钢桥制造 72
钢桥面板箱梁桥 72
钢桥疲劳破坏 72
钢桥疲劳强度 72
钢桁架拱桥 63
钢桁架桥 63
钢桁梁桥 64
钢桩 73
钢套箱 73
钢料校正 71
钢悬索桥 73
钢悬臂梁桥 73
钢斜张桥 (73)
钢斜拉桥 73
钢梁分段拼装法 (71)
钢梁平行拼装法 71
钢梁平衡悬臂拼装法 71
钢梁多孔连续拖拉法 70
钢梁杆件拼装 70
钢梁拖拉架设法 71
钢梁油漆 71
钢梁顺序拼装法 71
钢梁除锈 70
钢梁架设 (72)
钢梁铆合 71
钢梁悬臂拼装法 71
钢梁焊接 70
钢梁混合拼装法 70
钢梁循序拼装法 (71)
钢梁跨中合龙法 70
钢筋比例极限 64
钢筋切断机 69
钢筋包辛格效应 64
钢筋对焊机 65
钢筋扣环式接头 68
钢筋网 70
钢筋阴极防腐法 70
钢筋抗拉强度 (68)
钢筋极限强度 68
钢筋条件流限 69
钢筋应变硬化 70
钢筋冷轧机 69
钢筋冷拔机 68
钢筋冷拉机 68
钢筋冷弯试验 69
钢筋冷镦机 68
钢筋拉伸机 (144)
钢筋松弛 69
钢筋的应力－应变曲线 65
钢筋的弯起 65
钢筋的锚固 64
钢筋屈服台阶 69
钢筋屈服应力 (69)
钢筋屈服点 69
钢筋标准弯钩 64
钢筋点焊机 65
钢筋骨架 65
钢筋弯曲机 69
钢筋除锈机 64
钢筋疲劳强度 69
钢筋疲劳强度试验 69
钢筋流幅 (69)
钢筋调直机 69
钢筋接头 68
钢筋假定屈服强度 (69)
钢筋焊接接头 65
钢筋混凝土刚架桥 66
钢筋混凝土块护底 67
钢筋混凝土沉井 65
钢筋混凝土沉箱 65
钢筋混凝土构件抗弯强度 66
钢筋混凝土构件抗剪强度 66
钢筋混凝土构件的抗力 66
钢筋混凝土构件剪力破坏 66
钢筋混凝土组合体系桥 68
钢筋混凝土拱桥 66
钢筋混凝土柱的二次效应 67
钢筋混凝土柱的抗压强度 67
钢筋混凝土柱的纵向弯曲系数 68
钢筋混凝土柱的临界压力 67
钢筋混凝土柱的偏心距增大系数 68
钢筋混凝土柱的稳定系数 (68)
钢筋混凝土柱的稳定验算 68
钢筋混凝土柱挠度增大系数 (68)
钢筋混凝土柱弯矩增大系数 (68)
钢筋混凝土桥 67
钢筋混凝土桁架拱桥 67
钢筋混凝土套箍压浆 67
钢筋混凝土铰 67
钢筋混凝土梁桥 67
钢筋混凝土联合系桥 (68)
钢筋混凝土管柱 66
钢筋混凝土管桩钢刃脚 66
钢筋混凝土管桩接头法兰盘 66
钢筋混凝土薄壁墩 65
钢筋混凝土 T 型刚架桥 65
钢筋弹性极限 (69)
钢筋搭接 64
钢筋握裹力试验 70
钢筋强度标准值 69
钢筋滚丝机 65
钢缆卡箍 (232)
钢缆夹 (232)
钢缆箍 (232)
钢键 64
钢叠合梁斜张桥 (64)

钢叠合梁斜拉桥 (64)
钢管板桩井筒围堰 (233)
钢管拱桥 63
钢管柱 63
钢管桁架桥 63
钢管桩 63
钩螺栓 83
矩形板桥 135
矩形桥墩 135
适用性 219
适线法 219
适筋设计 219
科尔布兰德桥 138
科罗-巴伯尔图阿普桥 138
科学研究性试验 138
重力加载系统 289
重力式拼装墩台 289
重力式桥台 289
重力式墩台 289
重力勘探 289
重力焊 289
重合对称 21
重庆石门嘉陵江大桥 21
重庆白沙砣长江大桥 21
重庆市牛角沱桥 21
重庆市北碚朝阳桥 21
重复韵律 21
重锤夯实法 289
复合大梁 58
便桥 9
顺水坝 230
顺压强度 (230)
顺纹抗压极限强度 (230)
顺纹抗压强度 230
顺纹抗拉极限强度 (230)
顺纹抗拉强度 230
顺纹抗剪极限强度 (230)
顺纹抗剪强度 230
顺拉强度 (230)
顺剪强度 (230)
修正的古德曼图 (218)
修正铲磨 260
泉大津桥 202
侵入限界 199
盾状模板 47
盆式橡胶支座 176
盆塞 176
脉动千斤顶 160
脉动荷载 160
独柱式桥墩 44
独柱式墩桥 44
独塔式斜拉桥 44
急流 119
急流槽 119

［、］

弯矩重分布 243
弯起钢筋 243
弯桥 243
孪拱桥 157
施工规范 216
施工图设计 217
施工图预算 217
施工单位 216
施工定额 216
施工详图 217
施工承包 216
施工便桥 216
施工误差 217
施工荷载 216
施工预算 217
施工管理 216
施工管理费 216
差动电阻式应变计 14
差动式位移计 (14)
差动汽锤 14
差动变压器式位移传感器 14
养桥工区 266
养路段 266
美兰体系拱桥 163
美因二桥 163
美的法则 163
美的准则 163
美的属性 163
美感 214
送桩 231
类比联想 146
前河大桥 184
前期降雨 184
前墙 184
兹达可夫桥 297
总体布置 299
洪水 101
洪水比降 101
洪水位及水面坡度图 102
洪水泛滥线 101
洪水重现期 101
洪水频率 101
洪峰水位 101
洪峰流量 101
洪积层 101
浇注 (86)
洞口冲刷防护 43
活动支座 115
活动吊篮 115
活动桥 115
活动铰支座 (115)
活载 115
活载发展均衡系数 115
活载发展系数 115
活载产生的土压力 115
活荷载 (115)
洛氏硬度 158
洛阳桥 158
洛阳铲 158
洛泽拱桥 158
洛溪大桥 158
济南黄河公路桥 119
济南黄河铁路桥 119
恒定流连续方程 98
恒载 98
突水 (272)
突变韵律 240
穿心式千斤顶 23
穿式板梁桥 23
穿式桥 (249)

扁钢 (283)
扁钢系杆 8
神仙葫芦 (151)

[ㄱ]

费马恩海峡桥 52
费用有效系数 53
陡坡涵洞 44
陡拱桥 44
除刺 23
险滩 250
架立钢筋 122
架桥机 122
架桥机架梁 122
柔性扣件组合梁 204
柔性吊杆 204
柔性防护 204
柔性系杆 205
柔性桥塔 204
柔性索套 205
柔性索斜拉桥 205
柔性悬索桥 205
柔性涵洞 204
柔性梁刚性拱桥 (248)
柔性墩 204
结合梁桥 130
结构可靠度 (139)
结构动力特性试验 128
结构动载(力)试验 129
结构自重 130
结构抗震试验 129
结构抗震静力试验 (172)
结构序列 130
结构非破坏性试验 129
结构试验台座 130
结构校验系数 130
结构破坏性试验 129
结构疲劳试验 129
结构混凝土的现场检测 129
结构裂缝图 129
结构温度应力试验 130
结构静载(力)试验 129
结构模型试验 129
结构稳定试验 130
结晶对称 130
绝对式测振传感器 135
绞车 (135)
统计相关 240

十画

[一]

珠浦桥 290
振动水冲法 285
振动打桩机 (285)
振动沉桩机 285
振动沉桩法 285
振冲法 (285)
振型分解法 (285)
振型叠加法 285
振捣 284
起拱线 182
起重机械 182
起重船 (56)
起重葫芦 (182)
起重滑车 182
起道机 (21)
盐渍土 266
埋弧焊 159
埋置式桥台 159
换土加固法 106
换算长细比 106
换算均布活载 106
换算应力 106
换算截面 106
热处理 202
热处理钢筋 202
热加固法 203
热传导方程 202
热弯 203
热喷铝涂层 203
热铸锚 203
埃尔特桥 1
埃米塞得桥 1
莱昂哈特体系 145
莱昂哈特-霍姆伯格法 (151)
莫斯科地下铁道桥 166
荷载平衡法 97
荷载系数设计法 (119)
荷载组合 98
荷载效应 98
荷载效应组合 (98)
荷载频值谱 (98)
荷载谱 98
荷载横向分布系数 97
真空预压法 284
真型 284
框架式桥塔 143
框架式桁架 143
框架埋置式桥台 143
桂林象鼻山漓江桥 89
缅桥 76
桥下净空 198
桥上装饰 197
桥上照明 197
桥门架 195
桥门架效应 195
桥孔长度 189
桥孔净长度 189
桥孔结构 (194)
桥头小品 198
桥头公园 198
桥头建筑 198
桥头堡 (198)
桥头渡板 198
桥头路基最低标高 198
桥台 197
桥台后排水盲沟 197
桥台护锥 197
桥台锚固栓钉 197
桥式起重机 197
桥址平面图 199
桥址地形图 199
桥址纵断面图 199
桥址勘测 199

桥位 198
桥位工程测量 198
桥枕 198
桥枕刻槽 198
桥栏 189
桥面 195
桥面防水层 196
桥面连续简支梁桥 196
桥面系 196
桥面纵坡 196
桥面板 196
桥面构造 196
桥面净空 196
桥面建筑限界 (196)
桥面标高 196
桥面钢筋网 196
桥面保护层 (196)
桥面排水 196
桥面最低标高 197
桥面铺装 196
桥面横坡 196
桥轴断面图 199
桥屋 198
桥基底容许偏心 188
桥基底最小埋深 189
桥梯 197
桥涵 188
桥涵水文 188
桥涵孔径 188
桥梁 189
桥梁入口 194
桥梁工程技术经济分析 190
桥梁工程技术经济评价方法 190
桥梁工程预算定额 190
桥梁工程概算定额 190
桥梁上的作用 194
桥梁上部结构 194
桥梁气动外形 194
桥梁分孔 189
桥梁风洞试验 190
桥梁功能 190
桥梁平面布置 194
桥梁主要功能 195
桥梁加固 191
桥梁加宽 191
桥梁加宽经济性 191
桥梁全长 194
桥梁设计规范 194
桥梁设计程序 194
桥梁抖振 189
桥梁改建 (190)
桥梁改造 190
桥梁附加功能 190
桥梁纵断面设计 195
桥梁规划设计 191
桥梁构件 191
桥梁制动试验 195
桥梁净跨 193
桥梁空气动力学 193
桥梁建设项目 191
桥梁建筑艺术 (193)
桥梁建筑限界 192
桥梁建筑高度 191
桥梁细部美学处理 195
桥梁修复 195
桥梁施工质量管理 194
桥梁养护制度 195
桥梁美学 193
桥梁总跨径 195
桥梁结构分析 192
桥梁结构可靠度分析 192
桥梁结构安全度分析 (192)
桥梁结构设计 193
桥梁结构设计方法 193
桥梁结构试验 193
桥梁结构检定 192
桥梁换算长度 191
桥梁荷载 191
桥梁造型美 195
桥梁涡激共振 194
桥梁基础 191
桥梁维护标志 194
桥梁维修延长(度) 194
桥梁就位 193
桥梁墩台施工 189
桥梁横断面设计 191
桥梁颤振 189
桥塔 197
桥道标高 (196)
桥道梁 (259)
桥渡 187
桥渡水文平面关系图 187
桥渡水文平面图 187
桥渡调治构筑物 187
桥楼殿 195
桥跨结构 (194)
桥墩 188
桥墩加宽 188
桥墩防撞岛 188
桥墩侧坡 188
桥墩最低冲刷线标高 188
桁架 98
桁架比拟法 99
桁架式桥塔 99
桁架肋拱桥 99
桁架拱片 99
桁架拱桥 99
桁架梁桥 99
栓钉结合 222
栓焊连接 222
栓焊钢板梁桥 222
栓焊钢桥 222
栓焊钢桁架桥 222
桅杆起重机 244
格子梁桥 76
格式围堰 (83)
格坝 76
格构式组合杆件 76
格明登桥 76
格莱兹维尔桥 76
桩 292
桩工机械 293
桩式木桥台 294
桩式木墩 294
桩式桥墩 294
桩动力试验 292

桩压入法 294
桩尖扩大桩 293
桩尖爆扩桩 (6)
桩网加固法 294
桩负摩擦力处理 293
桩板加固法 292
桩侧摩阻力 292
桩的计算宽度 292
桩的行列式排列 292
桩的沉入度 292
桩的贯入度 (292)
桩的梅花式排列 292
桩的最小间距 292
桩的最小埋深 292
桩柱埋置式桥台 294
桩轴向承载力 294
桩架 293
桩架基础 293
桩排架木墩 (294)
桩基 (293)
桩基动力试验 293
桩基试验 293
桩基础 293
桩帽 294
桩帽加固法 294
桩靴 294
桩静载试验 293
桩端阻力 293
桩横向承载力 293
校正井 127
样冲 266
样杆 267
样板 266
样板钻孔 266
索夹 232
索网桥 233
索塔 232
索鞍 232
破冰棱 181
破坏阶段法 (119)
破坏极限状态 (20)
破坏荷载 (118)
破坏荷载法 (119)
破坏强度 (119)
破坏强度设计法 (119)
破损阶段法 (119)
原状土试样 280
套阀花管灌浆法 (236)
套接 236
套接榫 (236)
套管式灌浆法 236
套管钻机 236
逐孔施工法 290

[丨]

柴油锤 15
柴排护基 15
紧急抢险桥 131
紧缆 131
圆形喷射桩法 (206)
圆弧拱桥 281
圆洞拱片桥 280
圆端形变截面桥墩 281

[丿]

钱塘江二桥 185
钱塘江大桥 185
钻孔 301
钻孔内裂法 301
钻孔泥浆 301
钻孔桩 (301)
钻孔插入法 301
钻孔灌注桩 301
钻孔灌注桩护筒 301
钻孔灌注桩清孔 301
钻孔灌浆法 301
钻头 301
钻芯法试验 301
钻探 301
铁板梁桥 239
铁桥 240
铁索桥 240
铁链桥 (240)
铁道起重机 (88)
铁路工程技术标准 239
铁路拆装式桁梁 239
铁路标准活载 239
铁路桥 239
铁路桥涵设计规范 239
铁路等级 239
铅垫铰 184
铆合机械 162
铆合检查 162
铆钉连接 162
铆钉或螺栓系数 162
铆钉或螺栓线 162
铆钉或螺栓线距 162
铆接钢板梁桥 162
缺陷系数 (167)
特大洪水 236
特大洪水处理 236
特大桥 236
特征荷载 236
特征裂缝宽度 236
特种土 236
特殊土 236
特殊运输桥 236
特殊荷载 236
造床流量 282
倾角仪 200
倾侧力 200
倒虹吸涵洞 31
倒洛泽拱桥 31
倒洛泽梁桥 31
倒朗格尔拱桥 (31)
倒朗格尔梁桥 31
倒梯形箱梁桥 32
倒链 (151)
倒T形桥墩 31
俯焊 57
射入阻力法 213
射水沉桩法 213
射钉枪加固法 213
徐变拱 (260)
航天摄影像片 93
航天遥感 93

航片 93
航空地球物理勘探 (93)
航空物探 93
航空摄影 93
航空遥感 93
航摄像片 (93)
脆性涂层法 25
胶合木桁架桥 126
胶合木梁桥 126
胶合材料 126
胶合能力 126
胶结合 126

［丶］

凌汛 153
高水位桥 75
高压喷射注浆法 75
高低刃脚沉井 74
高含沙水流 74
高承台桩基 (75)
高架单轨铁路桥 74
高架线路桥 74
高架桥 74
高桩承台基础 75
高程系统 74
高程基准面 74
高温水泥 (170)
高强钢丝 75
高强度螺栓 75
高强度螺栓扳手 75
高强度螺栓连接 75
高强度螺栓初拧 75
高强度螺栓终拧 75
高强栓 (75)
高跨比 74
座梁 303
疲劳曲线 177
疲劳寿命 177
疲劳极限 (21)
疲劳图 177
疲劳损伤 177
疲劳损伤度 177
疲劳荷载 177
疲劳积伤律 177
疲劳验算荷载 177
疲劳强度 177
脊骨梁 120
脊骨梁桥 120
离心力 148
离心泵 148
离析 147
离差系数 (8)
离缝键合梁 147
紊动应力 (146)
紊动涡体 245
紊动强度 245
部分预应力混凝土 12
部分预应力混凝土桥 12
旁压试验 175
粉体喷射搅拌法 53
料石拱桥 152
料件加工 152
烧钉 210
消力池 254
消力槛 254
消去法 254
消压弯矩 254
消除恒载应力法 254
涡体 (245)
涡漩 (245)
海印大桥 90
海峡桥 90
海森几率格纸 90
海湾桥 90
涂层测厚 240
浮式工作船组 56
浮式沉井 56
浮式沉井稳定性 56
浮式起重机 56
浮托架梁法 56
浮吊 (56)
浮吊架梁 55
浮运架梁法 56
浮桥 55
浮船 55
浮船定位 55
浮船稳定性 55
浮箱 56
浮鲸 (56)
流水压力 154
流线型洞口 155
流线型断面 155
流砂 154
流速 155
流速仪 155
流速梯度 155
流域 155
流域平均雨量 (164)
流域汇流 (108)
流域面积 (108)
流量 154
流量与频率分布曲线 154
流量与频率密度曲线 154
流量过程线 154
浪风 (145)
浪江桥 146
浪高仪 146
涌水 272
宽滩漫流 143
窄间隙焊 283
容许应力 204
容许应力设计 (204)
容许应力法 204
朗格尔梁桥 146
诺曼第桥 173
诺维萨特多瑙河桥 173
读数显微镜 (152)
扇形支座 (267)
扇形索斜拉桥 209
扇形斜拉桥 (56)
扇性坐标 209
扇性面积 (209)
扇性惯性矩 209
扇性静面矩 209
调和法 238
调整支座标高法 238

[フ]

展翅梁 (120)
通风洞 240
通航净空 240
通航渡槽 (281)
通缝 240
能坡 (226)
预加力 275
预压钢筋法 275
预应力引起的次力矩 279
预应力引起的次反力 279
预应力体系 279
预应力拼装薄壁空心墩 279
预应力钢丝束 276
预应力钢束对拉桥台 276
预应力钢桥 276
预应力钢筋中的预加应力 276
预应力钢筋传力长度 276
预应力钢筋束界 276
预应力钢筋松弛试验 276
预应力钢筋混凝土桥 (277)
预应力度 276
预应力损失 279
预应力损失试验 279
预应力效应 279
预应力接头 278
预应力混凝土刚架桥 277
预应力混凝土连续梁桥 277
预应力混凝土的分类 277
预应力混凝土桥 277
预应力混凝土桁架梁桥 277
预应力混凝土桩 278
预应力混凝土悬臂桁架组合拱桥 278
预应力混凝土悬臂梁桥 278
预应力混凝土斜腿刚架桥 278
预应力混凝土梁抗裂性试验 277
预应力混凝土简支梁桥 277
预应力混凝土管柱 277
预应力混凝土T型刚构桥 277
预应力筋 278
预应力筋连接杆 278
预应力筋连接器 278
预应力筋张拉设备 278
预应力锚具性能试验 279
预应力镫筋 276
预制平行钢丝索股法 280
预制构件 280
预制钢筋混凝土方桩 280
预制钢筋混凝土多边形桩 279
预制钢筋混凝土实心桩 280
预制钢筋混凝土桩 280
预制钢筋混凝土管桩 280
预制桩 280
预变形 (275)
预拱度 275
预弯 275
预弯预应力桥 275
预埋钢筋 (213),275
预调平衡箱 275
预偏心桥墩 275
桑独桥 208
验算荷载 266

十一画

[一]

球面支座 200
理论频率曲线 148
理性美 170
理想平板 148
理想压杆 148
理想设计 179
理想桁架 148
排水防水系统 174
排水管道 174
排水槽 174
排气孔 174
排柱式桥墩 175
排架结构 174
排架桩墩 174
排浆孔 (257)
掉道荷载 40
推荐方案 241
推理公式 241
推移质 242
推移质输沙率 242
接触式位移测量 127
接榫 127
控制张拉应力 142
控速信号 142
基本风压 117
基本风速 117
基本可变荷载 117
基本轨 117
基本变量 117
基平 118
基肋 118
基坑 118
基坑壁支护方法 118
基岩 118
基岩标 118
基底标高 118
基线测量 118
基础不均匀沉降影响 117
基础切向冻胀稳定性 117
基础托换法 117
基础刚性角 117
基础接触应力 117
基础襟边 117
菱形桁架 153
黄土 107
黄土地基 107
黄金比 106
黄金分割率 (106)
萨瓦一桥 206
萨瓦河铁路斜拉桥 206
萨拉查桥 (233)
梗肋 (151)
梗胁 76
梳齿形伸缩缝 220
梯桥 236
副节点 58
硅化加固法 88

硅酸盐水泥 88
雪荷载 264
雪源类河流 264
辅助墩 57
辅助墩法 57

[丨]

虚实 260
虚轴 260
常水河流 16
常幅疲劳 16
眼杆 266
悬半波 261
悬杆桁架 262
悬拉桥 262
悬带桥 262
悬砌拱桥 262
悬索 263
悬索与拉索组合体系桥 (262)
悬索桥 263
悬浮体系斜拉桥 262
悬移质 263
悬移质输沙率 263
悬链线拱轴 262
悬链线拱桥 262
悬跨 262
悬臂式桥墩 262
悬臂板 261
悬臂拱 261
悬臂拼装法 261
悬臂施工法 262
悬臂浇筑法 261
悬臂桁架法 261
悬臂桁架拱桥 261
悬臂桁架梁桥 261
悬臂梁桥 261
悬臂跨 261
曼法尔桥 160
曼港桥 160
累计筛余百分率 147
崩塌 7

[丿]

铝合金钢桥 156
铣孔 248
铣头 248
铣边 248
铰 127
铰板 127
铰接板桥 127
铰接板(梁)法 127
铰接悬臂板 (100)
铲磨 15
梨形堤 148
移动支架式造桥机 (269)
移动式制梁模架 269
移动式拼装支架 269
移动模架法 269
笮桥 282,(290)
第一类稳定问题 36
第二类稳定问题 36
第三弦杆法 36
第四纪沉积物 36
袋装砂井法 27
偶然作用 174
偶然荷载 (236)
偏心受压法 178
偏心受压柱 178
偏心受压修正法 178
偏态系数 C_s 177
“假极限”现象 122
假载法 122
假凝 122
船只或排筏撞击力 23
船形焊 23
船位焊 (23)
斜吊式悬浇法 255
斜吊杆 255
斜吊杆悬索桥 255
斜交涵洞 256
斜杆 256
斜杆倾度 256
斜张桥 (256)
斜纹抗压强度 257
斜拉桥 256
斜坡 257
斜竖式腹杆桁架 257
斜弯理论 257
斜桥 257
斜流 257
斜流冲高 257
斜搭接接头 255
斜裂缝 257
斜筋 (243)
斜裙 (257)
斜缆防护 256
斜键 256
斜腹杆桁架拱桥 256
斜腹板箱梁桥 256
斜腿刚架桥 257
斜撑 (25),255
斜撑式桅杆起重机 255
斜撑式腹杆体系桁架 (257)
斜撑架刚架桥 255
悉尼港桥 248
脚手架 127,(270)
脚手架上拼装钢梁 127
脱模剂 242
猫道 160

[丶]

减小孔径法 123
减小恒载法 123
减水剂 122
减速标志 123
减震支座 123
麻网桥 159
麻袋围堰 159
廊桥 146,(272)
商业性桥梁 210
旋入法 263
旋转对称 263
旋转钻孔法 264
旋转钻机 263
旋臂钻床制孔 263

着色探伤 297
盖板涵洞 59
盖格尔测振仪 (243)
盖梁 59
粘性土地基 172
粘贴法 283
粘结机理 (172)
粘结应力 172
粘结破坏机理 172
粘结锚 172
粗钢筋 25
粗钢筋螺纹锚 25
粗糙系数 25
粒径 149
粒径组 149
断层 45
断面比能 45
断面单位能量 (45)
断面流速分布 45
断缝 45
剪刀撑 123
剪力传递的桁架机理 99
剪力破坏机理 123
剪力破坏模式 123
剪力流 123
剪力铰 123,299
剪力滞后效应 123
剪切 123
剪跨比 123
焊后热处理 92
焊前预热 93
焊接工艺参数 93
焊接残余应力 93
焊接残余变形 93
焊接钢桥 93
焊缝外观检验 92
焊缝检验 92
清水冲刷 200
淹没式流出 265
渐进韵律 125
混合式过水路面 108
混合型斜拉桥 108
混合桩 108
混凝土三轴受压性能 113
混凝土工厂 110
混凝土工作缝 (113)
混凝土双轴应力性能 113
混凝土布料杆 109
混凝土立方体抗压强度 112
混凝土立方体抗压强度试验 112
混凝土立方体抗压强度标准值 112
混凝土吊斗 109
混凝土收缩应力 113
混凝土收缩试验 113
混凝土收缩裂缝 113
混凝土坍落度试验 114
混凝土坍落度筒 114
混凝土抗压强度 111
混凝土抗折强度试验 112
混凝土抗冻性试验——快冻法 111
混凝土抗冻性试验——慢冻法 111
混凝土抗拉强度 111
混凝土抗渗性试验 111
混凝土护底 110
混凝土沉井 109
混凝土拌制 108
混凝土软化 113
混凝土的应力-应变曲线 109
混凝土变形模量 109
混凝土泊松比 109
混凝土试拌 113
混凝土细骨料试验 114
混凝土拱桥 110
混凝土泵 108
混凝土泵车 109
混凝土轴心抗压强度 115
混凝土轴心抗压强度试验 115
混凝土轴心抗拉强度试验 115
混凝土施工缝 113
混凝土养生 (114)
混凝土养护 114
混凝土振捣器 114
混凝土热膨胀系数 113
混凝土桥 113
混凝土配合比设计 112
混凝土特征抗压强度 (112)
混凝土徐变 114
混凝土徐变对热效应的影响 114
混凝土徐变系数 114
混凝土徐变试验 114
混凝土徐变试验机 114
混凝土流动性 112
混凝土铰 (67)
混凝土铰支座 110
混凝土剪变模量 110
混凝土弹性模量 114
混凝土超声波检测仪 109
混凝土搅拌机 (110)
混凝土搅拌站 110
混凝土搅拌船 (227)
混凝土搅拌楼 110
混凝土搅拌输送车 110
混凝土湿接头 113
混凝土强度无损检测法 113
混凝土强度半破损检测法 112
混凝土强度等级 113
混凝土静力受压弹性模量试验 111
混凝土管桩离心法成型 110
混凝土墩台基础 109
混凝土劈裂抗拉强度试验 112
液压万能材料试验机 267
液压千斤顶 (267)
液压气垫锤 267
液压加载试验系统 267
液压伺服千斤顶 267
液压顶升器 267
液压锤 267
深层搅拌法 213
深泓 214
深基础 214
深槽 213
深潜水设备 214
涵台 92
涵址测量 92
涵位 92
涵底坡度 90

涵底标高 90
涵洞 90
涵洞出入口铺砌 91
涵洞的立面布置 91
涵洞型式选择 92
涵洞洞口 91
涵洞洞身 91
涵洞基础 91
梁式桥 151
梁肋 151
梁块截面型式 151
梁-框体系刚架桥 151
梁格法 151
梁腋 20
渗水路堤 214
渗透系数 215
惯性式测振传感器 (135)
密封圈 164
密贴浇筑法 164
密索体系斜拉桥 164

[ㄱ]

弹性支承连续梁法 235
弹性地基梁比拟法 235
弹性屈曲 235
弹性翘曲 235
弹塑性屈曲 235
弹塑性翘曲 235
弹簧悬挂二元刚体节段模型风洞试验 (128)
隅节点 274
隅加劲 274
隐蔽工程 270
颈焊缝 132
维希和桥 244
综合单价 298
综合单位线 298
综合概算指标 299
缀材 296
缀连性连接 296
缀条 297
缀板 296

十二画

[一]

塔古斯桥 233
塔式起重机 234
塔吊 (234)
塔科马海峡桥 234
塔架式拼装桥墩 233
塔架斜拉索法 233
塔潘泽桥 234
搭接长度 26
搭接接头 26
超声-回弹综合法 16
超声波无损检验 16
超声波法桩基检测 16
超声波探伤 16
超应力张拉 17
超张拉 17
超拧 16
超限货物 17
超轴牵引 17
超渗产流 16
超渗雨 16
超筋破坏 16
提升千斤顶 236
提升式模板 (174)
提升桥 237
提斯孚尔桥 237
堤梁桥 33
博诺姆桥 11
博斯普鲁斯二桥 11
博斯普鲁斯桥 11
揭底冲刷 127
插入式振捣器 14
插销 15
搁置式人行道 76
握钉力 246
握桥 246
握裹应力 (172)
斯法拉沙峡谷桥 231
斯德罗姆海峡桥 231
联合架桥机 151
联想 151
散斑干涉法 208
散装水泥车 208
蒋卡硬度 125
落梁 158
落锤 158
棱柱形木键 147
植物截留 288
植被 288
裂隙水 153
裂隙粘土 (176)
裂缝对热效应的影响 152
裂缝观测仪 152
裂缝控制 152
裂缝探测法 152
辊压机矫正 89
辊轴支座 89
雅砻江桥 265
翘曲系数 199

[丨]

斐氏级数 52
敞口钢桁架桥 (1)
敞露式伸缩缝 16
最大箍筋间距 302
最小配筋率 302
最小配箍率 302
最优化失效概率法 302
最优方案 302
最高洪水位 302
最高(最低)水位 302
量纲 152
量纲分析 152
喷丸除锈 175
喷砂除锈 (26)
喷射水、空气、薄浆灌注式注浆法 (206)
喷射薄浆、空气式注浆法 (49)
喷射薄浆式注浆法 (28)
喷浆成桩设备 175

喷涂油漆 175
喷锌防护 175
喷锚法 175
趺水坝 40
喀斯特 (265)
喀斯特水 (266)
嵌岩桩 186
嵌岩管柱轴向承载力 186
嵌岩管柱基础 186
帽木 162
帽形截面 162
帽梁 (59)
黑格图 98

[丿]

铸钢支座 291
铸铁桥 291
链条滑车 151
销结合 254
销栓作用 254
销接 254
锁口钢管围堰 233
锁口管柱基础 233
短木桩挤密法 45
程序加载疲劳试验机 20
等代荷载 (17)
等离子切割 32
等离子弧焊 32
等流时线 32
等幅疲劳试验机 32
等强度梁 33
等截面桥墩 32
筑岛法 291
筛分机 209
筛分曲线 (138)
筛分法 209
集料 119
奥列隆桥 2
奥埃桥 2
舒瓦西-勒-鲁瓦桥 220
舒斯脱桥 220
番禺市沙溪大桥 175

[丶]

装车图 294
装饰对称 (130)
装饰美 295
装载机 296
装载限界 296
装配式公路钢桥 295
装配式板桥 295
装配式拱桥 295
装配式钢筋混凝土梁桥 295
装配式桥墩 295
装配式悬臂人行道 295
装配式悬臂梁桥 295
装配式梁桥 295
装配-整体式梁桥 295
装假底浮式沉井 295
就地浇筑钢筋混凝土梁桥 134
就地灌注桩 134
普通钢筋 181
普通钢筋混凝土桥 (67)
普通螺栓连接 181
普鲁加斯泰勒桥 181
道床板 32
道班房 32
道碴桥面钢板梁桥 32
道碴桥面桥 32
道碴桥面预应力混凝土桁架桥 32
道碴槽板 32
道碴槽板桥 32
道碴槽悬臂板 32
焰切 266
港大桥 74
湖北乐天溪大桥 103
湘子桥 252
湿周 217
湿接缝 217
温度自补偿片 245
温度应力 245
温度补偿 245
温度变化影响 245
温度修正 245
温度调节器 245
温度跨度 245
温度影响 245
温差分布 244
温差计算 244
温差应力 245
滑车 104
滑车组 104
滑升模板 104
滑动支座 104
滑动模板 (104)
滑曳式架桥机 104
滑行荷载 104
滑坡 104
滑坡观测 104
滑板式伸缩缝 104
滑板橡胶支座 (135)
滑线电阻式位移计 104
滑梁装置 104
滑道 104
渡口宝鼎桥 44
渡槽 (97)
游车发运 272
游荡型河流 272
游览性桥梁 273
湄南河桥 163
富锌底漆 58
谢基公式 258
谢基系数 258

[乛]

强大钢丝束 186
强化钢支座 186
强夯法 186
强制式混凝土搅拌机 186
强迫振动试验 186
强度设计 (119)
隔水墙 (130)
缅桥 76
缆风 145
缆索吊机 (146)
缆索承重桥 145

缆索起重机 146
缓流 106
缓凝剂 106
缘石 281

十三画

[一]

瑞典法 (294)
填石排水沟 (160)
填洼 238
摆动支座 4
摆柱支座 4
摆柱式桥塔 4
摇轴支座 267
蓄热养生 (260)
蓄热养护 260
蓄满产流 260
蒸发 285
蒸发池 285
蒸发器 285
蒸汽养生 (285)
蒸汽养护 285
蒸渗仪 286
蒸散器 285
楔形锚 255
楔紧式锚具 (166)
楼殿桥 155
概率设计法 59
概算指标 (299)
楣杆 (100)
感性美 (259)
感潮河段 (17)
碎石土地基 232
碎石机 232
碎石、矿渣垫层加固法 232
碎石桩加固法 232
碎石铺装桥面 232
雷诺应力 146
雷奥巴体系 146
零号块 154
零相关 154
零点漂移 153
辐射形斜拉桥 56
输沙平衡 221

[丨]

频率 178
频率法桩基检测 178
龄期 154
暗涵 2
暗销 2
暗藏犁状锚 2
畸变 118
跨谷桥 143
跨河桥 143
跨线桥 143
跨海联络桥 143
跨湖桥 143
跨墩门式吊车架梁 142
蜂窝 55

[丿]

错缝 25
锚下端块设计 162
锚下端块劈裂 162
锚头 (161)
锚杆加强法 161
锚具 161
锚固长度 161
锚固墩 (57),161
锚垫板 161
锚垫圈 161
锚索倾角 162
锚碇 161
锚碇板 (161)
锚碇桩 161
锚跨 161
锚锭板桥台 161
锚墩 161
锚箱 162
锡格峡谷桥 248
锤击沉桩法 24
锤击贯入试桩法 24
锥体护坡 296
锥坡 (296)
锥探 296
锥销锚 296
锥锚式千斤顶 296
锥塞式锚具 (296)
键结合 125
锯切 135
矮桁架钢桥 1
雉山桥 (89)
雉墙 288
简支板桥 124
简支梁桥 124
简易水文观测 124
简单大梁 124
简单与复杂 124
简单体系拱桥 124
魁北克桥 143
微弯板组合梁桥 244
微弯板桥面 243
微积分放大器 243
遥感判释 267
腻子 172
腻缝 172
腹孔 58
腹孔墩 58
腹杆体系 58
腹板 58
腹拱 58
腹筋 58
触探 23

[丶]

新沂河桥 258
新河峡谷桥 258
新泽西式护栏 258
新雪恩桥 258
新奥尔良大桥 258
韵律 281
数控放样 222

数控钻床制孔 222
数据采集和处理系统 222
塑性分析法 231
塑性铰 232
塑性铰转角 232
塑料板排水法 231
煤溪谷桥 163
满宁公式 160
溜筩桥 154
滚动支座 89
滚轴支座 (89)
滨名桥 9
塞弗林桥 206
塞汶桥 206
塞焊 206
福斯湾桥 56
福斯湾悬臂钢桁架桥 57

[㇇]

群桩作用 202

十四画

[一]

静力触探 133
静止土压力 133
静水压力 133
静压注浆法 133
静观 (133)
静态平衡 133
静态电阻应变仪 133
静态冰压力 133
静态作用 133
静态美 133
截水坝 130
截水墙 130
截面次应力系数 130
截留 (288)
聚水槽 135
聚四氟乙烯支座 135
聚四氟乙烯板式橡胶支座 135
聚四氟乙烯滑板 135
模比系数 165
模板 165
模型 165
模型板 (165)
模量比 165
酸雨 232
碱液加固法 124
碳当量 235
碳素钢丝 236
磁电式速度传感器 24
磁法勘探 24
磁带记录仪 24
磁粉探伤 24
霁虹桥 120

[丨]

颗粒级配曲线 138
嘎尔渡槽 (59)
嘎尔输水桥 59

[丿]

镀锌钢丝 44
镀锌铁皮伸缩缝 44
稳定平衡 246
稳定流连续方程 (98)
箍套法 83
箍筋 83
箔式电阻应变片 11
管式钢墩 85
管式涵洞 85
管线桥 86
管柱 86
管柱下沉法 86
管柱振沉荷载 86
管柱钻岩法 86
管柱基础 86
管柱最小间距 86
管涌 (154)
管涵施工 85
管道 (142)
鼻梁 (31)
雒容桥 158

[丶]

裹冰荷载 89
敲击法混凝土动弹性模量试验 187
豪氏木桁架桥 94
豪氏桁架 94
豪拉桥 94
端加劲肋 45
端承式管柱基础 45
端承桩 (287)
端斜杆 45
端焊缝 45
精轧螺纹钢筋 132
精密气割 132
漫水桥 160
滴水 33
演变冲刷 (297)
慢行道 (52)

十五画

[一]

撒盐化冰 206
撑托桁架 20
撑架桥 20
墩头锚 47
墩台水平位移观测 47
墩台防凌 47
墩(台)顶位移 47
墩台变位 47
墩台放样 47
墩台定位 47
墩台竖向位移观测 47
墩台倾覆稳定 47
墩台基底最小埋深 47
墩台检查平台 47
墩台滑动稳定 47
墩身 47
墩顶转角 46
墩顶排水坡 46

墩的抗弯刚度 $\overline{S}$ 46
墩的抗推刚度 $\overline{K}$ 46
墩的相干系数 $\overline{T}$ 46
墩的弹性常数 (46)
墩前冲高 46
墩旁托架 46
墩帽 46
增加构件法 282
增加桥面厚度法 282
增加辅助构件法 282
横风驰振 100
横压试验 (175)
横压强度 100
横向支座 (54)
横向拖拉架梁法 101
横向排水孔道 100
横向铰接矩形板 100
横向焊缝 (45)
横向联结系 100
横纹抗压强度 100
横纹抗拉极限强度 (100)
横纹抗拉强度 100
横纹抗剪极限强度 (100)
横纹抗剪强度 100
横纹剪断强度 (166)
横拉强度 (100)
横断面图 100
横剪强度 (100)
横焊 100
横梁 100
横隔板 100
横隔梁 (100)
横键 100
横滨海湾桥 99
横撑 100
槽形梁 13
槽形梁桥 13
槽型钢板桩 (305)
槽钢 13
槽探 13
橡胶支座 253
橡胶带(板)伸缩缝 253
飘浮体系斜拉桥 (262)
震中 285
震中距 285
震级 (36)
震源 285
震源深度 285

[丨]

暴雨 6
暴雨中心 6
暴雨分区 6
蝴蝶架 103

[丿]

箱形拱桥 253
箱形桥 253
箱形桥台 253
箱形涵洞 253
箱形梁桥 253
箱型钢桩 253
箱梁 252
箱梁通气孔 252

[丶]

摩阻流速 166
摩阻锚 166
摩擦式管柱基础 165
摩擦桩 166
潜水 185
潜水设备 185
潜水泵 185
潜水桥 185
潜水钻孔法 185
潜水钻机 185
潮汐河流 17
鹤见航路桥 98

[乛]

履齿式桥台 156
履带车和平板挂车荷载 156
履带吊机 (157)
履带起重机 157

十六画

[一]

薄壳基础桥台 5
薄膜养生 (5)
薄膜养护 5
薄壁箱梁 5
整孔防护 286
整孔运送钢筋混凝土梁桥 286
整体式板桥 286
整体式梁桥 286
整体吊装模板 286

[丿]

镜面对称 133
穆尔图 169
衡重式桥台 101
膨胀土 176
膨胀土地基 176
膨胀水泥 176
膨胀剂 176

[丶]

磨耗层 166
糙率 (25)
激光位移计 118
激光准直仪 118
褶皱 284

[乛]

壁后压气法 8
缰丝 125

十七画

[丨]

瞬时曲率 230
螺杆输送机 (158)
螺栓轴力计 157

螺旋千斤顶 (157)
螺旋顶升器 157
螺旋桩 158
螺旋钻机 158
螺旋流 (105)
螺旋输送机 158
螺旋箍筋 157

[丿]

镦头锚 46
镫筋 (83)

[、]

襄樊汉水桥 253
膺架 270

[乛]

翼缘 269
翼缘板 269
翼墙 269

十八画以上

藤网桥 236
覆盖养生 (58)
覆盖养护 58
颤振临界风速 15
爆扩桩 6
瓖中流 (9)
灌注桩 (134)
灌注桩钻机 86
灌筑 86
灞桥 3

外文字母、数字

3 钢绞线锚 (305)
A 类部分预应力混凝土桥 303
AS 法 (142)
B 类部分预应力混凝土桥 303
BBRV 体系 303
BBRV 镦头锚 303
BEF 法 (235)
CCL 体系锚具 303
Demag 滑板伸缩缝 (178)
E. 吉恩克法 (235)
FFT 分析仪 (42)
G-M 法 303
H 型钢桩 303
JM12 型锚具 303
K 形撑架 303
L 形桥台 303
P.C. 桥 304
P-E 法 304
P.P.C. 桥 (12),304
PPWS 法 (280)
Q_1 等值线法 304
QM 型锚具 304
R.C. 桥 304
T 形刚构桥 304
T 形桥台 304
T 形桥墩 304
T 形梁桥 304
T 形刚构式斜拉桥 304
T 形接头 304
T 梁 304
TP 锥形锚 305
U 形桥台 305
U 形镀锌铁皮伸缩缝 (44)
U 型钢板桩 305
V 形桥墩 305
V 形墩刚架桥 305
VSL 多股钢绞线体系 305
X 形桥墩 305
X 射线应力测定法 305
XM 型锚具 305
X-Y 记录仪 (305)
X-Y 函数记录仪 305
Z 型钢板桩 305
γ 射线法无破损检验 306
МИИТ 锚锭与扣环 306
⊔形构件 306
Π 形梁桥 306

词目英文索引

abrupt changing rhyme scheme 240
absolute type vibration transducer 135
abutment 197
abutment anchor bar 197
abutment capping 234
abutment pier 288
abutment shaft 234
accidental action 174
acid proof cement 170
acid rain 232
acoustoelasticity 215
actions on bridges 194
additional pile method 122
addtional strut beam method 120
adjusting shaft 127
aerial remote sensing 93
aerodynamic model 182
aerogeophysical prospecting 93
aerophotograph 93
aerophotography 93
aesthetical ability 214
aesthetical affection 214
aesthetical appreciation 214
aesthetical order 214
aesthetical standard 214
aesthetical taste 214
aesthetical treatment of bridge details 195
aesthetical viewpoint 214
age 154
aggregate 119
aggregate interlock 84
aging of cold drawn bar 147
air compressor 141
air entraining agent 121
air-entraining silicification method 121
air-entrapping cement 121
air jet outlet on outside wall of caisson 132
air jetting method to reduce skin friction 8
air-lift dredger 141
airlock 183
air spinning method 142
air vent 174
Akashi Kaikyo Bridge 165
Alcantara Bridge 1
alkali liquid stabilization method 124
allowable bearing capacity of foundation soil 34
allowable eccentricity of foundation base of bridge 188
allowable stress design 204
alluvial deposit 22
alluvium movement 172
ALRT Bridge 1
alternate rhyme scheme 126
alternatives 7
aluminium－thermal spraying coating 203
aluminum alloy steel bridge 156
Alzette Bridge 1
ambient random vibration test 105
Amizada Bridge 1
analogy association 146
analogy method 7
anchorage 161
anchorage for CCL prestressing system 303
anchorage length 161
anchorage of rail 250
anchorage pier 161
anchorage with ring plug 105
anchorage with tapered plug 296
anchorage with wedges 177
anchorage zone design 162
anchor barge 41
anchor beam 179
anchor bearing plate 161
anchor bearing ring 161
anchor by bond 172

anchored bulkhead abutment 161
anchored in rock piles 186
anchored pier 161
anchoring box 162
anchor pile 161
anchor plate 161
anchor span 161
angle steel 126
angular displacement of pier top 46
angular transducer 200
Anlan Bridge 1
Annacis Island Bridge 1
annual maximum instantaneous discharge 172
Anping Bridge 1
antecedent rainfall 184
anti-creeper 51
anticreeping angle 51
antifreezing agent 51
antirust welded steel bearing 51
appraisal of rock section 266
appreciation of beauty 214
approach slab used at bridge end 198
approach span 270
appropriate reinforcement design 219
aqueduct bridge 227
arch axis 82
arch bridge 80
arch bridge with arch ring laid by cantilever method 262
arch bridge without thrusts at supports 247
arch bridge with suspended road 249
arch bridge with thrusts at supports 273
arch bridge with truss rib 99
arch centering 80
arch covering 79
arch crown 79
arch culvert 82
arch disc bridge 80
arched abutment 82
arch hinge 80
arc hinge 102
arch protection 103
arch rib 80
arch ring 81
arch seat 82
arch stone 81
arch tile 79
arch truss 82
arc plate bearing 102
areal rainfall 164
Arrabida Bridge 1
arrangement of culvert elevation 91
arrangement of piles in rank form 292
artificial ground 203
artificial loading method 122
artificial upper limit of frozen soil 43
assemblable truss 15
assembling bolt 178
assembling of member 60
assembling pin 21
assembling steel truss from members 70
assembling steel truss on falsework 127
association 151
Astoria Bridge 1
attribute of beauty 163
Aue Bridge 2
automatic welding 297
auxiliary bridge for construction 216
auxiliary functions of bridge 190
auxiliary pier 57
auxiliary pier method 57
average discharge rate 179
average discharge velocity 179
axial bearing capacity of drilled caisson embedded in bedrock 186
axial bearing capacity of piles 294
axial compression strength of concrete 115
Ba Bridge 3
back of arch 79
back stayed abutment 6
Bailey bridge 6
Baimianshi Bridge over Wushui River 3
Baishatuo Changjiang(Yangtze) River Bridge at Chongqing 21

Baitashan Iron Bridge over Yellow River 4
balanced cantileuer construction 136
balanced cantilever erecting crane for bridge spans 225
balanced design 179
balanced failure 131
balance weight abutment 101
ballasted deck 232
ballasted deck bridge 32
bamboo cable bridge 282、290
bamboo reinforced concrete open caisson 290
band suspension displacement meter 283
bank bar 8
Baodai Bridge 6
Baoding Bridge at Dukou 44
barge 11
barrel arch bridge 4
Barrios de Luna Bridge 3
bascule bridge 149
base-line survey 118
basic rib 118
basic variable 117
basic variable load 117
basic wind pressure 117
basic wind speed 117
basin 155
Bauschinger effect of steel 64
bay bridge 90
Bayonne Bridge 6
Bazi Bridge 2
BBRV anchorage 303
BBRV wire posttensioning system 303
beam bridge 151
beam bridge without ballast 246
beam bridge with wavy cross-section 10
beam-frame system rigid frame bridge 151
beam lowering 158
beam on elastic foundation analogy 235
bearing 287
bearing in butt joint 286
bearing member 20
bearing of the hole-side 40
bearing stiffener 45
bearing stratum 21
bearing stress of timber 166
bearing structure 20
bearing template 287
beauty of bridge body 291
beauty of bridge configuration 195
beauty of bridge decoration 295
beauty of content 170
beauty of form 259
bed block 287
bed for structure test 130
bed load 242
bed-load transport 242
bed material 95
bed rock 118
bedrock mark 118
bed shear 95
behavior test of prestressing anchorage 279
Beida Friendship Bridge at Dalian 26
Beipei Chaoyang Bridge at Chongqing 21
belt conveyor 27
benchland stage 180
benchmark(B. M.) 230
benchmark leveling 118
bending plasticity of timber 167
bending-up of flexural reinforcement 65
Bendorf Bridge 6
bend test of bars 69
bent cap 59
bent structure 174
bent-up bar 243
biaxial stress behavior of concrete 113
bidding 240
bi-prestressing system concrete bridge 225
bituminous deck pavement 149
bituminous surface treatment 149
blade bit 84
bleeding of concrete 164
blind ditch 160
blind drain behind abutment, blind ditch behind abutment 197
blind peariform anchorage 2

block 184
block for seismic protection 51
boat bridge 290
bolt and nail connection 222
bolt and weld connection 222
bolt connection 181
bolted and welded steel truss bridge 222
bolt tension calibrator 157
bond failure mechanism 172
bond stress 172
bond test for reinforcing bars 70
Bonhomme Bridge 11
bored cast-in-situ pile 301
bored cast-in-situ pile with casing 27
bored-inserting method 301
boring and grouting method 301
boring machine for cast-in-place piles 86
Bosporus Bridge 11
Bosporus-Ⅱ Bridge 11
boundary layer wind tunnel 27
boundary line of bridge construction 192
bowstring arch bridge 248
box abutment 253
box culvert 253
box frame bridge 253
box girder 252
box girder bridge 253
box girder bridge with inclined web plate 256
box girder bridge with steel deck slab 72
box girder with multiple cells 48
box-ribbed arch bridge 253
brace 144
bracket 173
bracket against a pier 46
braided river 272
braking bracing, braking frame 288
braking force and tractive force 288
braking pier 288
Brazo Largo Bridge 12
break joint 25
brick culvert 291
bridge 189
bridge aerodynamics 193
bridge aerodynamic shape 194
bridge aesthetics 193
bridge and culvert 188
bridge axis profile 199
bridge buffeting 189
bridge covering 198
bridge crane 197
bridge crossing structure over river 187
bridge deck 195
bridge decoration 197
bridge design procedure (program) 194
bridge erecting crane 122
bridge flutter 189
bridge foundation 191
bridge layout in plan 194
bridge lighting 197
bridge loadings 191
bridge maintenance gang 266
bridge member 191
bridge planning design 191
bridge project 191
bridge railing 189
bridge rehabilitation 195
bridge site 198
bridge site engineering survey 198
bridge site hydrographic plan 187
bridge site profile 199
bridge site reconnaissance and topographic survey 199
bridge site topographic map 199
bridge sleeper 198
bridge sleeper grooving 198
bridge staircase 197
bridge structure design method 193
bridge tower 197
bridge vortex-excited resonance 194
bridge with open floor 165
Briesle Mass Bridge 12
Brinell hardness 12
brittle-coating method 25
brittle fracture of steel 63
broken joint 45

Brooklyn Bridge 12
Brotonne Bridge 12
Bubiyan Bridge 12
bucket elevator 43
buckling coefficient of plate 199
buckling load of column, buckling load 265
buckling of plate 62
budget of working-drawings of a project 217
budget quota of bridge construction 190
buildings at ends of bridge proper 198
built-up formwork 299
built-up section member 299
bulk cement truck 208
bunched rails 88
bundled girder 221
bundle of I-beams 77
buoyancy of water 226
buoyant box 56
buried abutment 159
buried framed abutment 143
buried pile-column abutment 294
buried rib abutment 146
buried river 35
burlap cofferdam 159
burring 23
butt joint 46
buttonhead anchorage 47
butt weld 46
butt welder for reinforcing steel 65
butt welding 46
cable clamp 232
cable compaction 131
cable crane 146
cable net bridge 233
cable protection 256
cable saddle 232
cable stayed bridge 256
cable stayed bridge of multi-cable system 164
cable stayed bridge with a single central cable plane 29
cable-stayed bridge with composite girder 64
cable stayed bridge with continuous girder 150
cable stayed bridge with continuous rigid frame 150
cable stayed bridge with double inclined cable planes 225
cable stayed bridge with double vertical cable planes 224
cable stayed bridge with rigid stays 62
cable stayed bridge with single-cantilever girders 30
cable stayed bridge with T-shaped rigid frames 304
cable supported bridge 145
cable system being stable of the first order 268
cable system being stable of the second order 50
cable tower 232
cable with stranded wires 64
cable wrapping 125
caisson disease 18
caisson pile 18
calcium silicate cement 88
calculated rise 120
calculating width of pile 292
calculation of distortion by influence line 272
calling for tenders 283
calm impression of force 149
camber 210、275
canal bridge 281
cantilever arch 261
cantilever beam bridge 261
cantilever concreting 261
cantilever construction method 262
cantilevered pier 262
cantilevered slab 261
cantilevered slab of deck trough confining ballast 32
cantilever erection 261
cantilever method for assembling steel truss 71
cantilever span 261
cantilever truss bridge 261
cantilever truss construction method 261
cantilever trussed arch bridge 261
capacitance type displacement transducer 38
cap of open caisson 17
capping 59
carbon equivalent [Ceq] 235
carbon steel wire 236

cardborad drain method 288
carriageway 259
carriageway beam 259
casing boring machine 236
casing method 83
casing pipe 103
cast-in-place pile with variable cross-section 8
cast-in-place reinforced concrete beam bridge 134
cast-in-situ pile 134
cast iron bridge 291
cast steel bearing 291
catastrophic flood 236
catchment gutter 135
catenarian arch axis 262
catenary arch bridge 262
cathodic protection(cp) of steel bar 70
catwalk 160
cause and effect association 270
cellular cofferdam of steel sheet pile 83
cement grouting method 227
cement mortar mixer 227
cement mortar pump 227
cement stabilized soil method 227
center-hole jack 23
center of rainstorm 6
central span 289
centrifugal compacting process for reinforced concrete pipe-pile 110
centrifugal force 148
centrifugal pump 148
chain block 151
Changjiang(Yangtze) River Bridge at Jiujiang 134
Changjiang(Yangtze) River Bridge at Nanjing 170
Changjiang(Yangtze) River Bridge at Wuhan 247
Changjiang(Yangtze) River Bridge at Zhicheng 287
channel bottom slope 95
channel bridge 97
channel section 13
Chao Phraya River Bridge 163
character association 260
characteristic crack width 236
characteristic load 236
characteristic value of an action 302
charge amplifier 38
check 254
check dam, mud avalanche retaining dyke 84
check load 266
chemical analysis of water 229
chemical churning process 28
chemical consolidation 105
chemical method of derusting 105
chemical stabilization method 105
Chezy coefficient 258
Chezy formula 258
chipped stone arch bridge 152
Choisy-le-Roi Bridge 220
chute 104、119
circular arch bridge 281
circular load cell 105
circulation current 105
clasp nail 159
class A partially prestressed concrete bridge 303
class B partially prestressed concrete bridge 303
classification of prestressed concrete 277
cleaning borehole of cast-in-situ bored pile 301
clearance above bridge deck 196
clearance above highway bridge deck 78
clearance of bridge construction 192
clearance testing car 250
clearance widening on curve 201
clear lane width 259
clear span of bridge 193
client, proprietor 124
climber 174
climbing form 174
closed drainage system 55
closed end pipe pile 7
Coalbrookdale Bridge 163
coefficient of arch axis 82
coefficient of buckling for reinforced concrete column 68
coefficient of dynamic response 42
coefficient of impact 22
coefficient of live-load increment 115

coefficient of rivets or bolts 162
coefficient of runoff 133
coefficient of secondary stress in section 130
coefficient of thermal expansion of concrete 113
coefficient of variation of arch thickness 79
coefficient of working live load 281
cofferdam 244
cofferdam on the top of open caisson 132
coherent coefficient of pier($\overline{T}$) 46
cohesive soil foundation 172
coincide ratio of rivet hole 40
cold bending 147
cold drawing machine for reinforcing steel 68
cold-drawn low-carbon steel wire 147
cold-drawn rebar 147
cold-drawn steel wire 147
cold extruding machine for reinforcing steel and wire 68
cold flow of timber 167
cold-rolled threadend anchorage 283
cold-twisted rebar 147
cold upsetting machine for reinforcing steel and wire 68
cold-worked bar 147
collapse 7
colonnade foundation embedded in bedrock 186
colour 208
columnar pier 291
column bent pier 175
combination beam bridge with flat curved slab 244
combination of load 98
combined beam bridge 300
combined braced system 299
combined bridge 78
combined end-bearing and friction pile 289
combined erecting equipment for bridge spans 151
combined estimate index 299
combined suspension and cable stayed bridge 262
combined-system arch bridge 300
combining value of actions 303
commercial function of bridge 210
Commodore J. Barry Bridge 138
common compensated strain gauge 77
compatibility 251
compatibility calculation 251
compatibility torsion 255
competitive tender of design scheme 211
complete correlation, function correlation 243
completely probabilistic method 201
complex type section of stream bed 95
composit beam bridge 299
composite abutment 300
composite beam bridge 130
composite box girder bridge 300
composite expansion joint 300
composite girder 58
composite pile 108
comprehensive unit price 298
compressed-air floating caissons 183
compression failure of an over-reinforced member 16
compression field theory 264
compression of soil 241
compressive plasticity of timber 168
compressive strength inclined to grain 257
compressive strength of concrete 111
compressive strength of reinforced concrete column 67
compressive strength parallel to grain 230
compressive strength perpendicular to grain 100
computation of temperature difference 244
concealed pin 2
concealed work 270
concordant tendon 245
concrete arch bridge 110
concrete bridge 113
concrete foundation of pier and abutment 109
concrete grades 113
concrete hinged bearing 110
concrete mixer 110
concrete mobile unit 184
concrete open caisson 109
concrete placing boom 109
concrete placing bucket 109
concrete plant 110
concrete protective covering for river bed 110

concrete pump 108
concrete slump cone 114
concrete truck mixer 110
concrete vibrator 114
conductor for assembling 300
cone-anchorage jack 296
cone exploration 296
cone penetration test 23
confined concrete 281
confined water 20
conical pitching, conical revetment 296
conic pitching of abutment 197
connecting line bridge across the strait 143
connection for built-up sections 296
connection of steel bridge 72
constant cross-section pier 32
constructional bar 83
constructional loading 216
construction budget 217
construction cost 77
construction depth of bridge 191
construction details 217
construction error 217
construction estimate 217
construction expenses 77
construction joint of concrete 113
construction of bridge piers and abutments 189
construction specification 216
construction unit 216
constuction with travelling formwork 269
contact stress beneath foundation 117
contact type displacement measurement 127
continental river 171
continuity equation of constant flow (stationary flow) 98
continuity stresses 243
continuous arch analysis 150
continuous arch bridge 150
continuous beam bridge 150
continuous conveyor 151
continuous deck method 150
continuous-hinged rigid frame bridge 150
continuous pad built-up section member 150
continuous rail 246
continuous rhyme scheme 151
continuous rigid frame bridge 150
continuous slab bridge 150
contraction coefficient 220
contract of construction 216
contractor 216
contrasting method 46
conversion stress 106
coping 46
corner connection 127
corner joint 274
corner stiffener 274
corner stiffening plate 79
correction for temperature effect 245
correlation analysis 251
correlation coefficient 251
correlation of zero 154
corridor bridge 146
corrosion-resistant steel bridge 170
corrugated metal pipe culvert 10
cost of construction management 216
counterfort abutment 55
counter weight 179
coupler for tendons 278
crack chart of structure 129
crack control 152
cracking moment 137
crawler crane 157
creep camber 260
creep coefficient of concrete 114
creep limit of timber 167
creep of concrete 114
creep of timber 167
creep of track 88
criterion of similarity 252
critical buckling load for reinforced concrete column 67
critical depth of flow 153
critical flow 153
critical gradient 153

critical load of steel column 73
critical relative compression depth 131
critical section 153
critical speed 153
critical velocity 119
critical velocity of flow 153
cross beam 100
cross bracing 126
Cross Form Bridge 274
cross-sectional profile 100
cross-section of stream 95
cross-wind galloping 100
crushing strength at elastic limit of timber 168
crystallographic symmetry 130
cubic compressive strength of concrete 112
culvert 90
culvert abutment 92
culvert body 91
culvert foundation 91
culvert grade 90
culvert inlet and outlet 91
culvert inlet with flared wing wall 3
culvert location 92
culvert outlet erosion protection 43
culvert without top-fill 165
culvert with steep grade 44
culvert with top-fill 2
curb 281
curing by ponding 244
curing of concrete 114
current meter 155
curved bridge 243
curve sign 201
cut-off flow dike 130
cut-off wall 130
cutting 199
cutting edge of open caisson 18
cycle of incremental launching 41
dam bridge 229
Dames-Point Bridge 26
data logging system 222
datum level of elevation 74
Dazi Bridge over Lasa River, Xizang 248
dead load 98
debris flow 172
deck bridge 210
deck construction 196
deck drainage 196
deck elevation 196
deck pavement 196
deck slab 196、259
deck truss girder bridge 210
deck type arch bridge 210
decompression moment 254
deduct losses 142
deep diving equipment 214
deep foundation 214
deep mixing method 213
deep-reach 213
defective rivets 11
defensive function of bridge 51
deflection theory 170
deflector 31
deformation joint 9
deformed bar 9
degradation and sedimentation at meander reach of river 97
degree of prestress 276
degree of prestressing 276
delivery with idler car 272
depression detention 238
depth of natural flow 238
depth-span ratio 74
derailment force 40
derrick crane 244
derusting machine for reinforcing steel 64
derusting of steel girder 70
derusting with steel wire brush 72
design approximate estimate 211
design criteria 213
design department 211
design discharge rate 212
design discharge velocity 212
designed service life 212

drainage channel 174
drainage opening 258
drainage pipe 258
drainage pipe-line 174、258
drainage slope on pier-top 46
dredging well 18
dredging with hydraulic equipment in pneumatic caisson 19
drift sand 154
drill bit 301
drilled caisson 86
drilling 301
drilling after hand marking 94
drilling after welding 102
drilling auger 158
drilling bucket 108
drilling mud 301
dripping nose 33
driveway slab 17
drop dam 40
drop hammer 158
dry bridge 92
dry joint 59
duct 142
ductility of steel 62
dug cast-in-place pile 242
Düisburg-Neuenkamp Bridge 44
duplicate rhyme scheme 21
durability 170
duration of flow concentration 108
dush jet mixing method 53
Dusseldorf-Flehe Bridge 44
Dusseldorf-Neuss Bridge 44
dynamic action 43
dynamic balance 42
dynamic beauty 42
dynamic consolidation 186
dynamic factor 42
dynamic ice pressure 42
dynamic modulus of elasticity of timber 167
dynamic photoelasticity 42
dynamic pile test 292
dynamic re
dynamic re
dynamic si
dynamic sy
dynamic te
dynamic te
Dywidag a
Dywidag t
Eads Bridg
early stren
earth press
earth press
earthquake
earthquake
earthquake
earthquake
earthquake
earthquake
earthquake
East-Hunti
eccentricall
eccentric c
eccentricity
concrete
economical
economy o
economy-t
eddy-curre
edge millin
edge plani
edge proce
effect due
effect due
effective c
effective fl
effective le
effective p
effective sl
effective s
effect of c
effect of c
effect of t

design flood 211
design flood frequency 211
design for construction drawing 217
design life 212
design load 211
design load spectrum 211
design of bridge cross-section 191
design of bridge opening 142
design of bridge profile 195
design of loading products upon a wagon 20
design rainstorm 211
design reference period 212
design section 211
design stages, design phases 212
design stress spectrum 213
design stress-strain curve 213
design water level 212
design wind speed 211
destructive test of structures 129
detachable bridge for highway 295
detachable pneumatic caisson 138
detachable truss for railway 239
deterministic design method 41
detonating pedestal pile 6
detour bridge 9
deviated flow 257
deviation coefficient C_v 8
diagonal 256
diagonal crack 257
diagonal strut 255
diagonal tension crack 257
dial gauge 4、184
dial gauge with strain gauge transducer 116
diaphragm 100
diaphragm-wall bridge foundation 35
diaphragm wall equipment 35
diesel hammer 15
differential-acting steam hammer 14
differential transformer type displacement transducer 14
differentio-integral amplifier 243
dimension 152

dimens
direct
direct-
direct
direct s
dischar
dischar
dischar
dischar
displac
displac
displac
suns
displac
distorte
distorti
distribu
distribu
distribu
dive dr
divergi
diving
Dizful I
domina
double-
double-
double
double
double
double
double-
double
double
double
double-
double-
double-
doubly
dowel a
down h
drainag
drainag

effects of actions 302
elastic after-effect of timber 168
clastic buckling 235
elastic buckling of plate 235
elastic compliance of timber 168
elastic constant of pier 46
elasto-plastic buckling 235
elasto-plastic buckling of plate 235
electrical measurement of non-electric quantities 52
electrical prospecting 38
electric hoist 37
electric impact method 38
electric oil pump 37
electric winch 37
electrodynamical vibration exciter 37
electrodynamical vibration table 37
electro-hydraulic servo fatigue test machine 38
electro-hydraulic vibration exciter 38
electro-hydraulic vibration table 37
electro-osmotic consolidation method 38
electro silicification method 37
elevated line bridge 74
elevated monorail bridge 74
elevated pile foundation 75
elevating jack 236
elevation of base of foundation 118
elevation of culvert 90
elevation of rail base 88
elevation of springing 82
eluvium 13
embedded steel 275
emergency bridge 131
empirical frequency 131
empirical frequency curve 131
empty and real 260
end bearing colonnade foundation 45
end bearing pile 287
end diagonal 45
end resistance of pile 293
end stiffener 45
endurance limit 21
endurance strength of timber 166
end zone splitting 162
energy input 250
energy rate of section 45
engineering barge 76
engineering geology 76
enlarged culvert inlet 155
enter a bid 240
entrance of bridge 194
epicenter 285
epicentral distance 285
epoxy resin joint 106
equal strength beam 33
equiamplitude fatigue tester 32
equilibrium bifurcation 179
equilibrium torsion 179
equiponderant coefficient for live-load increment 115
equivalent length for bridge maintenance 191
equivalent loading of highway 77
equivalent stress 106
equivalent uniformly distributed live load 106
erection bar 122
erection of bridge girder by fishing 40
erection of bridge girder with gate crane 283
erection of bridge superstructure with floating crane 55
erection of steel bridge 72
erosion coefficient 22
erosion of stream bed 94
Erskine Bridge 49
estimate quota of bridge construction 190
evaluation of engineering conditions 76
evaporation 285
evaporative tank 285
evaporimeter 285
evapotranspirometer 285
examination of riveting 162
examination of welding seam 92
examining coefficient of structure 130
excavate exploration 242
excavating with airlift 141
excavator 242
exceptional load 236

excess rain 16
excess runoff yield 16
execution control 216
expansion agent 176
expansion joint 213
expansion joint using galvanized iron sheet 44
expansive cement 176
expansive soil 176
expansive soil foundation 176
experimental stress analysis 218
exploded pile 6
exploratory trench 13
exploring mining 140
extended preliminary design 144
extensometer by electrical measurement 36
external disposal of tendon 237
externally disposed tendon 243
external tendon 237
extrusion coefficient 119
eye bar 266
fabricated gravity pier and abutment 289
fabricated prestressed concrete thin-walled hollow pier 279
fabricated trestle pier 233
fabric reinforcement 70
fabric reinforcement in deck 196
facing coat 164
failure probability 216
fairing 54
false set 122
false set in pile driving 122
falsework 127、270
fan-type cable stayed bridge 209
farm road bridge 173
FarΦ Bridge 50
fast traffic lane 116
fatigue cumulative damage rule 177
fatigue curve 177
fatigue damage 177
fatigue damage degree 177
fatigue failure of steel bridge 72
fatigue life 177
fatigue limit diagram 177
fatigue load 177
fatigue loading 177
fatigue strength 177
fatigue strength of reinforcement 69
fatigue strength of steel bridge 72
fatigue strength of timber 167
fatigue test machine of program loading 20
fatigue test of structure 129
fatigue under constant-amplitude loading 16
fatigue under variable-amplitude loading 8
fault 45
feasibility study 139
feasibility study report 139
Fehmarnsund Bridge 52
fence against stone 145
fender island 188
fender pile 103
ferry trestle bridge 157
Fibonacci series 52
filler in spandrel 80
fillet 76
fillet weld 126
fillet welding 238
fillet welding in the flat position 23
filling the crack with epoxy mortar 106
final twisting of high strength bolts 75
fineness modulus 249
fineness of cement 227
finger expansion joint 220
finite displacement theory 273
fire cement 170
first theorem of similarity 252
Firth of Forth Bridge 56、57
fish-belly beam bridge 274
fish plate 274
fissure water 153
fitted curve method 219
fitted curve method by calculating moment 200
fitted curve method by three points 206
five centered arch bridge 247
fixed action 84

fixed bearing 84
fixed bridge 84
fixed conductor 84
fixed-end arch bridge 246
fixed-end girder bridge 84
fixed-end rigid frame bridge 84
fixed form 84
fixed position pile 41
flame cutting 266
flame derusting 116
flame rectifying method 116
flange 269
flange plate 269
flange-to-web welds 132
flared wing wall 3
flare wing wall abutment 2
flat arch bridge 235
flat hinge 179
flat plate bearing 179
flat position welding 179
flat steel 283
flat steel tie 8
flaw detection by colouring 297
flexible bridge tower 204
flexible cable stayed bridge 205
flexible clasped compound beam 204
flexible culvert 204
flexible pier 204
flexible protection 204
flexible sheath for cable 205
flexible suspender 204
flexible suspension bridge 205
flexible tie 205
flexural rigidity of pier($\overline{S}$) 46
flexural strength of reinforced concrete member 66
floating caisson 56
floating caisson with false bottoms 295
floating concrete plant 227
floating crane 56
floating mortar plant 228
floating working barges 56
floe prevention of piers or abutments 47
flood bridge 75
flood flow and frequency density curve 154
flood flow and frequency distribution curve 154
flood frequency 101
flooding type flow out 265
flood plain 97
flood return period 101
floods 101
flood slope 101
floor beam 100
floor system 196
flowability of concrete 112
flow hydrograph 154
flow of river bend 97
flow of straight stream 287
flow with hyper-concentration of sediment 74
flutter critical wind speed 15
flyover bridge 143
focal depth 285
foil strain gauge 11
fold 284
folding bridge 137
folk lift truck 14
follower 231
following flow dike 230
footway loading 203
forced concrete mixer 186
forced vibration testing 186
form association 259
formation process of runoff 132
formative discharge 282
form release compound 242
form section of stream bed 95
form traveler 85
form vibrator 57
formwork 165
foundation of open caisson mounted on colonnades 18
foundation of pneumatic caisson mounted on piles 19
foundation pit 118
foundation pit excavation by means of freezing method with natural cold air 237
foundation treatment 34

four hinged pipe culvert 231
fraction of particle size 149
framed pier 60
framed truss 143
frame-type bridge tower 143
free action 139
free-fall concrete mixer 297
free torsion 298
free type flow out 298
free vibration testing 298
freight charges and miscellaneous expenses 281
Fremont Bridge 55
frequency 178
frequency method of pile test 178
frequently occurring value of load 302
Freyssinet anchorage 55
Freyssinet posttensioning system with small wire tendons 102
frictional resistance of bearing 287
friction anchorage 166
friction colonnade foundation 165
friction velocity 166
front wall 184
frost heaving force 43
frost heaving of ground 34
frost line 43
frost penetration 43
frost resistance test of concrete—rapid freezing 111
frost resistanse test of concrete—slow freezing 111
frozen soil 43
full aeroelastic bridge model wind tunnel test 201
full bridge measurement 201
full-swing erecting crane 201
fully prestressed concrete 202
fully prestressed concrete bridge 202
functional order 79
function of bridge 190
function of secondary shear flow 49
gang house 32
Ganter Bridge 59
gantry 155
gantry crane 155
garden bridge 280
gardens under bridge 198
gas shielded arc welding 182
gate bridge 229
Gateway Bridge 163
Gemünden Bridge 76
general erosion 267
generalized coordinates method 88
generalized sectorial coordinates 88
general layout 299
general plan for bridge site selection 199
general strengthening 268
genetic formula of runoff 132
geological structure 36
geologic time 36
geophysical prospecting 35
George Washington Bridge 187
giant floating crane 27
gin pole 3
girder bridge with polystyle pier 49
girder bridge with twin columns pier 225
Gladesville Bridge 76
glass fiber reinforced plastic bridge 10
glued joint 126
glued timber beam bridge 126
glued timber truss bridge 126
gluing capacity 126
gluing material 126
gluing technique 283
Golden Gate Bridge 131
golden ratio 106
Goodman's diagram 84
grab 291
grade of cement 227
grade of deck 196
grade separation bridge 149
grading 118
gradually changing rhyme scheme 125
gravelly soil foundation, crushed stone soil foundation 232
gravity abutment 289
gravity hammer ramming method 289

gravity pier and abutment 289
gravity prospecting 289
gravity welding 289
Greater New Orleans Bridge 258
grid bridge deck 141
grid plate 283
grillage beam bridge 76
grillage simulation 151
groove weld 181
groundwater flow 35
group action of piles 202
grout hole 257
grouting machine 264
grouting under pressure 265
grouting with epoxy resin 265
grouting within a reinforced concrete hoop 67
grout-injection piling equipment 175
Guanyin Bridge 85
guard post 103
guard rail 103
guard railing, guard fence 103
guard timber 103
Guazú Bridge 84
guiding barge 31
gush-out water from country rocks 272
gusset plate 128
guy cable 145
Guyon-Massonnet method 303
Haigh's diagram 98
Haiyin Bridge 90
half-bridge measurement 5
half-through bridge 289
half-through truss girder bridge 4
hall bridge 155
Hamana Bridge 9
hammer grab 22
hammer penetration method of pile test 24
hammer piling method 24
hand deformeter 220
hand laying out 220
hand painting 220
handrailing 55
hand welding 220
hand winch 220
hanger net 39
hanger rod truss 262
harmonic method 238
harmonization 94
harmonizing 255
harmonizing with environment 105
harp-type cable stayed bridge 221
Hasen frequency plotting paper 90
haunch 20
head milling 248
heat riveting 210
heat-stored curing 260
heat transfer equation 202
heat-treated reinforcement 202
heat treatment 202
height of deviated blast 257
height of strand swell 84
height systems 74
herringbone braced system 204
high elastic deformation of timber 167
high pressure spraying injection method 75
high quality steel bearing 272
high-rise cap pile foundation 75
high strength bolt 75
high-strength bolt connection 75
high-strength wire 75
highway and railway bridge 78
highway bridge 78
Highway Bridge over Huanghe(Yellow) River, Jinan 119
highway classification 77
highway vehicle loading 77
hill-side bridge 5
hinge 127
hinged plate 127
hinged slab bridge 127
hinged T-type rigid frame bridge 27
historical flood discharges 149
historical floods 149
historical flood stages 149

Hitsuishi-jima Bridge 88
hoisting block 182
hoisting machinery 182
holding capacity of nail and screw 246
hole drilling 301
holeless assembling 246
hole making 288
hole making tools 288
hole milling 248
hollow abutment 142
hollow pier 142
hollow pneumatic caisson 141
hollow slab 141
hollow slab bridge 141
holographic interferometry 201
holo-photoelasticity 201
honeycombing(in concrete) 55
Hooghly River Bridge 102
hook 39
hook bolt 83
horizontal connection equipments for seismic protection 52
horizontal displacement observation for bridge substructure 47
horizontal position welding 100
horizontal static-load testing of single pile 30
horizontal stiffener 227
horizontal thrust of arch 79
hot bending 203
hot-cast anchorage 203
hot-rolled threadbar 132
Houston Ship Channel Bridge 260
Howe truss 94
Howe truss timber bridge 94
Howrah Bridge 94
Huangpu River Bridge, Jinshan, Shanghai 210
Hudu Bridge 103
Humber Bridge 98
Humen Pearl River Bridge 103
hunting of the wheel 157
hybrid cable stayed bridge 108
hybrid overflow pavement 108
hydranlic servo actuator 267
hydraulic air-cushioned hammer 267
hydraulic damper 272
hydraulic dredger 226
hydraulic gradient 226
hydraulic hammer 267
hydraulicity 229
hydraulic jack 267
hydraulic loading test system 267
hydraulic model test 226
hydraulic radius 226
hydraulic shock absorber 272
hydraulic universal material testing machine 267
hydrogeology 228
hydrographic cross-sectional profile 228
hydrological base line 228
hydrologic cycle in nature 297
hydrology for bridges and culverts 188
hydro-valve underwater concreting 229
I-beam 77
I-beam bridge 77
ice apron 181
ice-jam flood 153
ice load 10
ice movable cofferdam 10
ice pack load 89
ice transfer 9
ideal axis 260
ideal column 148
ideal plate 148
ideal truss 148
Ikuti Bridge 215
impact factor 22
impact force 22
impact hammer 148
impact hardness of timber 166
impact load of ship or raft 23
impact shearing strength of timber 166
improvement coefficient 59
impulse impression of force 148
inadequate pier foundation depth 185
inclination of diagonal 256

inclined bridge 181
inclined suspender 255
inclined wall 257
incomplete symmetry 11
incremental launching jacking mechanism 41
incremental launching method 40
indented wire 140
indicator wrench 219
indirect cost 124
indirect expenses 124
inductance type displacement transducer 38
infiltration 249
inflated bridge 182
initial rainfall 23
inlet submerged culvert 5
inlet unsubmerged culvert 247
inner bar of river 258
Innoshima Bridge 269
inorganic zinc rich paint coating 246
in-situ test for structural concrete 129
installing bridge girder with launching gantry 142
installing girder by bridge erector 122
installing of permanent end bearing 272
instrument resolution 268
integral hoist form 286
integral prefabricated reinforced concrete beam bridge 286
interception 288
interlocking steel pipe cofferdam 233
interloking colonnade foundation 233
intermediate stiffener 289
intermittent river 124
internal vibrator 14
interpass temperature 14
interpretation of remote sensing images 267
introducing plate for welding 270
intrusion into clearance gage 199
inverted Langer arch bridge 31
inverted Lohse arch bridge 31
inverted siphon culvert 31
inverted trapezoidal box girder bridge 32
inverted T-shaped pier 31
invitation-contraction system 283
iron bridge 240
iron plate girder bridge 239
iron suspension bridge 240
isochrones 32
Iwakuro-jima Bridge 265
Izumi-Otsu Bridge 202
jack 40
jacking through anchorages 144
jacking through tendons 144
jack-in method for small bridge-culvert construction 254
Janka hardness 125
jet painting 175
jetting piling method 213
Jiangmen Waihai Bridge 125
Jiang yin Yangtze River Highway Bridge 125
Jihong Bridge 120
Jinshajiang River Concrete Arch Bridge at Yibin 268
Jinshajiang River Railway Bridge at Yibin 268
Jiuxigou stone arch bridge 134
JM12 anchorage 303
joint 128
joint by cast-in-situ concrete 113
joint by cast-in-situ concrete 250
joint by loop bar 68
joint by posttensioning tendon 278
joint by welded bar and cast-in-situ concrete 38
joint by welded steel plate 62
joint flange for joining the pipe-pile sections 66
joint formed by laying blocks 184
joist braced system 242
jumbo special pattern method 49
junior beam 25
Kaiser's effect of sound emission 215
karst 265
Karst water 266
keyed girder 4
keyed joint 125
Kita Bisan-Seto Bridge 6
Knie Bridge 140
Kochertal Bridge 138

Kolovkin anchorage 138
Konohana Bridge 25
Koror-Babelthuap Bridge 138
Kreutz Armour high grade steel bearing 140
Krk Bridge 140
K-shaped bracing 303
Kȯhlbrand Bridge 138
lacing bar 297
lacing member 296
lake bridge 143
laminated rubber bearing 4
lamppost 32
land foundation 156
landslide 104
lane loading 17
lane pavement 259
lane separator 53
Langer beam bridge 146
Langjiang River Bridge 146
Lanzhou Huaughe(Yellow) River Railway Bridge 145
lap joint 26
lap length 26
lap splice 64
large hydrologic cycle in nature 297
laser collimator 118
laser displacement meter 118
lateral bearing capacity of piles 293
lateral bracing 100
lateral distribution coefficient of live load 97
lateral drainage opening 100
lateral key 100
lateral slope of deck 196
lateral slope of pier 188
lateral stability of arch 79
Lateral swing force of train 152
lateral tension cable 14
latticed member 76
launching equipment for bridge spans 104
launching gantry 269
launching nose 31
layerwise summation method 53
laying off 94
laying out 52
laying out bar (tape) 267
laying out by numerical control 222
laying out by photoelectricity 86
lead padded hinge 184
leap impression of force 149
length of bridge opening 189
Leoba prestressing system 146
Leonhardt prestressing system 145
Letianxi Bridge, Hubei 103
leveling 230
lever-type strain gauge 74
lift bridge 237
light guideway transit bridge 200
light indicator wrench 32
light oscillograph 87
light type abutment 200
light type pier 200
lightweight aggregate concrete 199
lightweight aggregate concrete bridge 200
lightweight concrete 200
limit analysis 118
limitedly prestressed concrete 273
limited prestressed concrete bridge 273
limited speed, limitation velocity 250
limiting zone for prestressing cables 276
limit state design method 119
linear elastic analysis method 251
lines 251
liquid limit of soil 241
Little Belt Bridge 254
live load 115
load-balancing method 97
load-bearing bar, stressed bar 220
load distribution angle 117
loaded connection 220
load effect 98
loading capacity of split ring 105
loading clearance limit 296
loading event 122
loading of caterpillar vehicle and platform trailer 157
loading test of soil masses 241

load on bridge 191
load spectrum 98
local bearing strength 135
local buckling for hollow pier 141
local buckling of member 83
local strengthening 135
local stresses for hollow pier 142
locked coil rope 54
loess 107
loess foundation 107
lofting of the piers or abutments 47
Lohse arch bridge 158
longitudinal bar 299
longitudinal beam 299
longitudinal bracing 299
longitudinal fillet weld 14
longitudinal force due to longrail 15
longitudinal key 299
longitudinal motion hinge 299
longitudinal stability of arch 79
longitudinal supplementary reinforcement 299
Long-Key Bridge 15
long levee 15
long span bridge 27
long-term curvature 16
long-term loading test 16
looped anchorage 105
loss of prestress 279
low-alloy steel bridge 33
low cap pile foundation 33
low-depth girder bridge 33
lower bound method 250
lower chord 250
lower lateral bracing 249
lowest elevation of bridge approach embankment 198
lowest elevation of bridge floor 197
lowest erosion line elevation of bridge pier 188
low-level bridge 33
L-shaped abutment 303
L-type abutment 303
Luding Bridge 156
Lugou Bridge 156
Luling Bridge 155
Luorong Bridge 158
Luoxi Bridge 158
Luoyang Bridge 158
Luoyang spade 158
lurching effect 200
Luzancy Bridge 155
lysimeter 286
macadam or slag cushion stabilization method 232
machinery template 116
machining of members or plates 152
Mackinac Bridge 160
magmatic rock 265
Magnel prestressing system 159
magnetic particle inspection 24
magnetic prospecting 24
magnetoelectric type velocity transducer 24
main arch leg 290
main arch ring 290
main bearing structure 291
main bridge 291
main functions of bridge 195
main girder 290
main span 290
maintenance division 266
maintenance-free life 170
maintenance length of bridge 194
Main-Ⅱ Bridge 163
major flow 291
major stream channel 290
making hole with machinery template 266
making hole with numerical control drill 222
making hole with turn arm drill 263
Manfall Bridge 160
Manning formula 160
manpower drilling 203
manually excavated cast-in-place pile 242
manufacture of steel bridge 72
Maolingjiang River Railway Bridge 160
Maracaibo Bridge 159
market bridge 219
Martens and Heyins hardness 159

masonry abutment with hole 27
masonry bridge 246
masonry open caisson 291
masonry pier and abutment 246
mass 237
match casting method 164
mat covering for protection of foundation 15
mat curing 58
material axis 218
material cost 13
material partial safety factor 13
material quantity index 13
maximum flood stage 302
maximum(minimum)stage 302
maximum spacing of stirrups 302
mean particle diameter 179
mean settling velocity 179
mean stage 180
mean value 136
measuring platform for locating piles on the water 229
measuring the thickness of coating 240
mechanical impedance method of pile test 117
mechanical vibration exciter 116
mechanical vibration table 116
median particle diameter 289
medium span bridge 289
Meikounishi Bridge 165
Melan system arch bridge 163
member of dual-wall section 222
member of single-wall section 28
membrane curing 5
memorial bridge 120
metacenter 41
metacentric radius 41
metamorphic rock 9
method for correcting the sinking error of caissons 18
method of adding a the third chord 36
method of adding auxiliary members 282
method of adding diagonal reinforcement to
  existing structure 102
method of adding retaining wall 120
method of adding spans behind abutment 234
method of adjusting bearing level 238
method of assembling steel truss by balanced
  cantilever 71
method of assembling steel truss by cantilever
  with tower and stay cables 39
method of assembling steel truss by mixed
  operation 70
method of assembling steel truss by parallel
  operation 71
method of assembling steel truss step by step 71
method of balancing the dead load stress 254
method of changing dead load for adjusting arch
  axis 59
method of closing of a steel bridge at mid-span 70
method of construction and sinking 19
method of crack measurement by conductive paint 30
method of crack measurement by gauge 270
method of crack measurement by photo-elastic
  method 86
method of crack measurement by sound emission 215
method of erecting bridge superstructure by
  floating 56
method of erecting superstructure by floating
  supports 56
method of floating pneumatic caisson 19
method of gunning nail 213
method of installing steel truss by launching 71
method of installing steel truss by multiple-spans
  connected and hauling 70
method of installing superstructure by launching
  transversely 101
method of laying dry rubble masonry behind
  abutment 234
method of member increasing 282
method of non-destructive test for concrete
  strength 113
method of partially destructive test for
  concrete strength 112
method of prestressing externally 237
method of reducing bridge opening 123
method of reducing dead load 123
method of slurry direct circulation 171

method of slurry reverse circulation 171
method of test by internal fracture of drilling 301
method of test by shot resistance 213
method of transforming structural system 59
method of ultrasonic-rebound for non-destructive test 16
method of using anchor bar for reinforcement 161
methods of crack detection 152
method with transversely rigid joint between beams 61
Meyer hardness 159
microscope for crack measurement 152
midheight-deck type arch bridge, half-through arch bridge 288
military bridge 135
military map 136
Milvian Bridge 164
Minami Bisan-Seto Bridge 170
Minato Bridge 74
minimum buried depth of bridge pier and abutment foundation base 47
minimum embedded depth of pile 292
minimum embedding depth of foundation base of bridge 189
minimum pile spacing 292
minimum reinforcement ratio 302
minimum shear reinforcement ratio 302
minimum spacing between longitudinal keys 299
minimum spacing of tubular colonnade 86
Minjiang River Bridge at Yibin 269
mirror symmetry 133
mix design of concrete 112
mixing of concrete 108
mobile bed model 42
model 165
modelling 302
modelling rainfall-flow experimentation 108
mode-superposition method 285
modified eccentric compression method 178
modular ratio 165
modulus of deformation for concrete 109
modulus of elasticity for concrete 114
modulus of elasticity in shear of timber 167
moiré interferometry 281
moiré method 281
moisture content of soil 240
moment redistribution 243
mono-cable bridge 29
monolithic concrete slab bridge 286
monolithic girder bridge 286
Moore's diagram 169
Moscow Railroad Institute anchorage and tendon loop 306
motor vehicle loading 183
movable basket for inspecting bridge girders or trusses 115
movable bearing 115
movable bridge 115、137
movable supporting frame 103
movement of the configuration 259
multi-cell box girder bridge 29
multicentered arch bridge 49
multi-direction raking pile foundation 48
multi-line bridge 48
multiple service bridge 49
multiple-span rigid frame bridge 48
multi-span 48
multi-span cantilever beam bridge 48
multi-span suspension bridge 48
nailed wooden girder bridge 168
Nanpu Bridge, Shanghai 210
narrow gap welding 283
narrows bridge 90
natural bridge 238
Natural degradation and sedimentation of river bed 96
natural erosion varying erosion 297
natural ground 237
navigation clearance 240
negative skin friction 57
negative stay 57
net length of bridge opening 189
net rain 133
net-shaped grass-rope bridge 159
neutral axis 289

New Jersey type barrier 258
New River Gorge Bridge 258
New Tjörn Bridge 258
New Yihe River Bridge 258
Nielson arch bridge 171
Niujiaotuo Bridge at Chongqing 21
node of river 96
nominal load 9
nominal shear stress 165
nominal tensile stress in concrete 165
nominal value of an action 302
non-bearing member 52
non-bonded tendon 247
non-contact type displacement measurement 52
non-destructive test 52
non-destructive test by rebound tester 107
non-destructive test by ultrasonic method 16
non-destructive test by γ-ray method 306
non-destructive test of structures 129
non-erosion discharge velocity 11
nonlinear analysis method 52
normalized sectorial coordinates 291
normalized sectorial zero point 291
Normandie Bridge 173
norm for construction operation 216
norm of construction project 124
Novisad Bridge over Danube River 173
nullah bridge 143
oblique lap joint 255
observation of debris flow 172
observation of ground water 35
observation of landslide 104
offset of foundation 117
Old London Bridge 134
Oleron Bridge 2
Omishima Island Bridge 27
Onaruto Bridge 26
one-direction raking pile foundation 29
one-stage design 268
one-way slab 29
open axis 260
open caisson foundation 17
open caisson notch 17
open caisson sinking method 18
open caisson with a "tailored" cutting edge 74
open caisson with multi-dredge wells 48
open caisson with single dredge well 28
open caisson with two shells of wire-mesh cement 222
open cut foundation 165
open deck 165
open-end pipe pile 137
open expansion joint 16
open floor 165
opening of bridge and culvert, span length 188
open spandrel abutment 140
open spandrel arch bridge 140
open web girder bridge 140
open web timber-plate truss 140
opposite stretching of prestressing cable on abutment 276
optimal alternative 302
Optimum failure probability method 302
order 260
ordinary rebar 181
orthotropic plate analogy 7
other indirect expenses 182
outcrop bar 213
outcrop of ground water 35
outlet submerged culvert 265
out of gauge goods 17
overall length of bridge 194
overall span length of bridge 195
overflow bridge 160
overflow pavement 89
overhanging half tile 261
overhanging wooden bridge 246
overhead position welding 266
overland flow concentration 181
over-loaded hauls 17
overpass bridge 143
overtensioning 17
overturning stability of pier and abutment 47
over-wrest 16
pad bearing 39

painting of steel truss 71
Palmas Bridge 3
panel 128
panel element method 128
panel length 128
panel point 128
panel point construction 128
parabolic arch bridge 175
parallel chord steel truss bridge 180
Parana Bridge 3
Paris New Bridge 3
partial erosion 135
partially prestressed concrete 12
partially prestressed concrete bridge 12
partial safety factor for action 302
particle diameter 149
particle size analysis 172
particular transport bridge 236
Pasco-Kennewick Bridge 174
pasitioning of pontoon 55
passenger foot-bridge 237
paved inverse arch method 50
pavement for inlet and outlet of culvert 91
P.C. bridge 304
peak discharge, flood-peak flow 101
Pearl River Bridge at Guangzhou 88
Pearson Type Ⅲ curve equation 176
pear-type levee 148
pedestrian bridge 203
pedestrian walk 203
P-E method 304
pendulum stanchion bearing 4
pendulum stanchion bridge tower 4
pentagon stone 247
percentage of accumulated sieve residues 147
percussion and grabbing drilling method 22
percussion bit 22
percussion drill 22
percussion drilling method 22
perennially frozen soil 48
perennial river 16
permanent action 272.
permanent bridge 272
permanent load 272
permanent strengthening 272
permeable layer behind abutment 234
permissible stress 204
permissible working stress method 204
pervious embankment 214
photoelastic coating method 87
photoelasticity 87
photoelastic sandwich method 87
phreatic water 185
piece of rigid-frame arch 60
piece of trussed arch 99
pier 188
pier capping 46
pier for spandrel arch 58
piers constructed by timber cage filled with stone 168
pier shaft 47
piezoelectric accelerometer 264
piezoresistive accelerometer 265
pile 292
pile bent 174
pile bent pier 294
pile cap 20、294
pile cap method 294
pile cover 294
pile driver 26
pile driving analyzer 26
pile driving method 26
pile extractor 3
pile foundation 293
pile frame 293
pile helmet 294
pile jacking method 294
pile loading test 293
pile net method 294
pile pier 294
pile pressing-in machine 265
pile shoe 294
pile sinking method on the water 227
pile sinking technique 19
pile slab method 292

pile test 293
pile-trestle foundation 293
pile vibrosinking method 285
pilework machinery 293
pin connection 220、254
Pine Valley Creek Bridge 231
Pingshi Bridge 180
pin joint 254
pipe culvert 85
pipe culvert construction 85
pipeline bridge 86
piston of pot bearing 176
pitch of rivets or bolts 40
pitot tube (sphere、cylinder) 7
plane of stream 96
plane section assumption 179
plasma arc welding 32
plasma cutting 32
plastic analysis method 231
plastic board drain method 231
plastic hinge 232
plasticity fracture of steel 63
plasticity of steel 62
plastic limit of soil 241
plastic mortor strength test 205
plate ribbed arch bridge with circular openings 280
plate type rubber bearing 4
platform bridge 237
platy form 47
Plougastel Bridge 181
plug 15
plug welding (stud welding) 206
pluvial 101
PMF 139
PMP 139
PMT 175
pneumatic caisson 183
pneumatic caisson foundation 19
pneumatic cement conveyor 182
point bearing 36
point bearing pile 287
point support 36
poisson's ratio of concrete 109
polariscope 87
polygonal chord steel truss bridge 47
polytetrafluoroethylene(PTFE)sliding plate 135
Pons Sublicius 231
Pont-du-Gard Water Conveying Bridge 59
pontoon bridge 55
pontoon support 55
pore ratio of soil 241
pore water 142
portable concrete plant 110
portable exploration 199
portal effect 195
portal frame 195
portal rigid frame bridge 164
Portland blastfurnace-slag cement 143
Portland cement 10、88
Port Manmn Bridge 160
Posadas Encarnacion Bridge 10
positioning of bridge super-structure 193
positioning of the piers or abutments 47
positioning weld(series spot wel-ding) 41
positive stay 286
post-buckling strength 201
posttensioned prestressed concrete beam 102
posttensioning 102
posttensioning system with Leonhardt wire tendons 102
postweld heat treatment 92
pot type rubber bearing 176
pouring 86
powerful wire tendon 186
P.P.C.bridge 304
prebending,predeforming 275
precast arch bridge 295
precast cantilever beam bridge 295
precast girder bridge 295
precast member 280
precast-monolithic girder bridge 295
precast overhanging pedestrian way 295
precast pier 295
precast reinforced concrete beam bridge 295

precast reinforced concrete pile 280
precast reinforced concrete pipe-pile 280
precast reinforced concrete polygon-pile 279
precast reinforced concrete solid pile 280
precast reinforced concrete square-pile 280
precast slab bridge 295
precipitation 125
precision flame cutting 132
precision of instrument 268
precompressed bar method 275
pre-eccentric pier 275
prefabricated pile 280
prefabricated slab bridge 295
preferred alternative 241
preflex prestressed bridge 275
preformed parallel wire strands method 280
pre-heating before welding 93
preliminary design 23
preliminary plan of proposed project 120
preservative treatment of timber pile 169
pressuremeter test 175
pressure of water flow 154
pressure transducer 264
prestressed concrete bridge 277
prestressed concrete cantilever beam bridge 278
prestressed concrete cantilever truss arch
combined system bridge 278
prestressed concrete continuous beam bridge 277
prestressed concrete pile 278
prestressed concrete rigid frame bridge 277
prestressed concrete simply supported beam
bridge 277
prestressed concrete slant-legged rigid frame
bridge 278
prestressed concrete T-frame bridge 277
prestressed concrete truss bridge 277
prestressed concrete truss bridge with ballasted
floor 32
prestressed concrete truss bridge with open floor 165
prestressed concrete tubular colonnade 277
prestressed steel bridge 276
prestressed stirrup 276
prestressing bar 25
prestressing effect 279
prestressing force 275
prestressing steel used as connecting link 278
prestressing stress in tendon 276
prestressing system 279
pretensioned prestressed concrete beam 250
pretensioning 250
prevention fence for falling stone 145
primary twisting of high strength bolts 75
priming paint 34
principal panel point 290
principle of similitude 252
principle of the lever distribution 74
prismatic wooden key 147
probabilistic design method 59
probable maximum flood 139
probable maximum precipitation 139
procedure of arch construction 79
processing with pneumatic chipping hammer 53
process of rock drilling in tubular colonnade 86
process of tubular colonnade sinking 86
profile of flood level and water surface slope 102
profile of stream 96
proof stress of reinforcement 69
proportion 7
proportional limit of reinforcement 64
proportioning of bridge spans 189
protection by zinc spraying 175
protection for the bridge openings 286
protection in plan 180
protection of shallow foundation 185
protective membrane 51
protective shell 51
prototype 284
pseudo static test 172
pulley 104
pulley block 104
pull-rod jack 144
pulsating jack 160
pulsating load 160
pumping test 23

punch 266
punching shear stress 22
pure cable system 24
put on type pedestrian way 76
putty 172
putty up the seams 172
Q_1-isoline method 304
Qianhe River Bridge 184
Qiantang River Bridge 185
Qiantang River No.2 Bridge 185
QM anchorage 304
quality control of bridge construction 194
quasi-permanent value of an action 302
quaternary period sediment 36
Quebec Bridge 143
quick lime pile stabilization method 215
quick sand 154
rack jack 21
radial type cable stayed bridge 56
radioactivity prospecting 52
railing 145
railing live load 203
rail pile 63
rail post 145
railway bridge 239
Railway Bridge over Huanghe(Yellow) River, Jinan 119
Railway Cable-stayed Bridge over Sava River 206
railway classification 239
railway standard loading 239
Rainbow Bridge 8
rainfall 125
rainfall duration 126
rainfall duration curve 126
rainfall (precipitation) 126
rainfall recorder 297
rainflow counting method 274
raingauge 274
rainstorm 6
rain storm division 6
ramming method for driving pile 24
Rande Bridge 145
random error of correlation coefficient 251
rapids 250
rating of bridge structures 192
ratio 7
rational formula 241
ratio of depth to length of span 74
rattan net bridge 236
RC block protective covering for river bed 67
R.C.bridge 304
real axis 218
real safety-factor of cracking resistance 218
real safety factor of the structure strength 218
reaming 144
reasonable arch axis 94
rebar skeleton 65
rebound tester 107
reconstruction of bridge 190
rectangular cross-section pier 135
rectangular slab with transverse hinge joint 100
rectifying by rollers 89
rectifying of rolled steel 71
rectifying of steel sections 260
rectifying scraping and grinding 260
reducing width for delivery 178
reductive hydrological observation 124
refractory cement 170
regional geology 201
regression equation 107
regressive coefficient 107
regulating construction around bridge 187
regulation of internal force in arch section 79
rein chord bridge 121
reinforced concrete arch bridge 66
reinforced concrete arch with skeleton frame bridge 131
reinforced concrete beam bridge 67
reinforced concrete bridge 67
reinforced concrete combined-system bridge 68
reinforced concrete hinge 67
reinforced concrete open caisson 65
reinforced concrete pneumatic caisson 65
reinforced concrete rigid frame bridge 66

reinforced concrete T-frame bridge 65
reinforced concrete thin-walled pier 65
reinforced concrete trussed arch bridge 67
reinforced concrete tubular colonnade 66
reinforced earth abutment 121
reinforcement anchorage 64
reinforcement for crack prevention 51
reinforcement skeleton 65
reinforcing steel bender 69
reinforcing steel roll-squeezer 69
reinforcing steel shear cutter 69
relative density of soil 241
relative type vibration transducer 251
reliability 139
reliability analysis of bridge structure 192
reliability index 139
religious function of bridge 298
representative value of an action 302
reservoir method 257
residual stresses 13
residual stresses in welded structures 93
resilience of timber 168
resistance of mobile bed 42
resistance of reinforced concrete member 66
resistance of rigid bed 41
resistance to sinking of open caisson 18
resistance to splitting 138
resonance meter for frequency determination 82
restoration method of propelling arch 41
restrained shrinkage crack of concrete 113
restrained torsion 281
restraint deformation 134
retaining backwall 288
retaining slab 30
retarder 106
retractive bridge 213
reverse-circulation drill 50
reversible lane 224
revolving cantilevered slab of deck trough confining ballast 284
Reynolds stress 146
rheological properties of timber 167
rhombic truss 153
rhyme scheme 281
rhythm 128
Rialto Bridge 149
rib 151
rib arch bridge 146
ribbed beam bridge 146
ribbed slab deck 146
rib stiffener with closed cross-section 7
rib stiffener with open crosssection 137
right bridge 286
right culvert 286
rigid bed model 41
rigid bridge tower 62
rigid culvert 61
rigid foundation 61
rigid frame bridge 60
rigid-frame bridge with inclined braces 255
rigid frame bridge with tie bar 27
rigid frame bridge with V-shaped pier 305
rigid-frame type combined abutment 60
rigid girder 61
rigid panel point 61
rigid pier 61
rigid rame arch bridge 60
rigid skeleton and tower with staying cable combined construction method 61
rigid suspender 61
rigid tie 62
ring key 105
Rio-Niterói Bridge 148
Rip Bridge 148
riprap protection for foundation 175
rise of arch 81
rise of main cable 291
rise span ratio 218
river 95
river bridge 143
river channel feature 95
river flow resistance 96
river model test 95
river patterns 96

river sediment 96
river system flow concentration 97
river terrace 234
river valley 95
river width at benchland stage 180
riveted connection 162
riveted steel plate girder bridge 162
riveting machine 162
riveting of steel girder 71
rivet or bolt lines 162
roadbed slab 32
rocker bearing 267
rock foundation 266
rock test 266
Rockwell hardness 158
rolled beam 260
rolled standard section steel 259
roller bearing 89
roller bit 21
rolling bearing 89
rope suspension bridge 76
rope suspension bridge with sliding bamboo pipe 154
rotary boring machine 263
rotary drilling 116
rotary drilling method 264
rotational symmetry 263
rotation construction 291
rotation of plastic hinge 232
roughness coefficient 25
roundabout open caisson method 106
rubber bearing 253
rubber bearing pad 20
rubber belt(plate)expansion joint 253
rubble protective covering for river bed 177
rubble stone arch bridge 157
rules of bridge aesthetics 163
runoff 132
runoff computing formula 132
runoff concentration 108
runoff yield 15
runway bridge 52
safety 2
safety belt 2
safety class 2
safety factor 2
Saint Nazaire Bridge 215
saline soil 266
salting 206
sample of disturbed soil 202
sample of undisturbed soil 280
sand arresting dam 145
sandbag drain method 27
sandblasted derusting 26
sand box 209
sand cushion stabilization method 208
sand drain consolidation method 208
sand heap analogy 208
sand inclusion capacity of stream 226
sand island method 291
sand mat 208
sand pile stabilization method 209
sand pump 208
Sanduizi Jinshajiang River Bridge 207
sand wave 208
sand-wave movement 208
sandy soil foundation 209
Sandö Bridge 208
San Francisco-Okland Bay Bridge 134
saturation of soil 240
Sava-I Bridge 206
sawing 135
scaffolding 287
scale factor 252
scattered-light method of photoelasticity 87
scheme evaluation 51
scheme(variant)making 51
scientific experiment 138
scour of sediment free flow 200
scour of torn river bed 127
scraping and grinding 15
screening machine 209
screw-in method 263
screw jack 157
screw pile 158

sealing anchorage at beam end 55
seamed keyed girder 147
seat beam 303
secondary arch leg 25
secondary beam braced system 2
secondary beam-diagonal rod system 25
secondary loading 57
secondary moments due to prestressing 279
secondary panel point 58
secondary reactions due to prestressing 279
secondary torsional shear stress 50
secondary variable load 182
second order effect of reinforced concrete column 67
second theorem of similarity 252
section dike 76
section model wind tunnel test 128
section shape of precast member 151
sectorial coordinates 209
sectorial statical moment of area 209
sedimentary rock 17
sediment content 90
sediment transportation equilibrium 221
seepage coefficient 215
segmental constant cross-section pier 53
segmental construction method 128
segmentally linear tendon arrangement 284
segmental prestressed concrete simply supported
  truss bridge 128
segments 53
segregation 147
seismic action 36
seismic prospecting 36
selection of culvert type 92
self-anchored suspension bridge 297
self-elevating working platform 298
self-equilibrating stresses 298
self harmonization 298
semi-automatic welding 5
semiconductor strain gauge 5
semi-permanent bridge 5
semi-probabilistic method 5
semi-rigid sheath for cable 5
sensitivity of instrument 268
separate box girder bridge 53
serviceability 219
serviceability limit state 219
serviceability limit state 286
service expense for engineering machine 77
servo-accelerometer 231
set of pile 292
settling velocity 17
Severin Bridge 206
Severn Bridge 206
Sfalasha Bridge 231
shackle 137
shallow beam 33
shallow foundation 185
Shantou Bay Bridge 209
Shaxi Bridge at Panyu 175
shear failure mode 123
shear failure of reinforced concrete member 66
shear flow 123
shear hinge 123
shearing 123
shearing strength parallel to grain 230
shearing strength perpendicular to grain 100
shear key deck method 127
shear key method 137
shear lag effect 123
shear modulus of concrete 110
shear of rivets(bolts) 40
shear span ratio 123
shear strength 137
shear strength of beams without web
  reinforcement 246
shear strength of beams with web reinforcement 273
shear strength of reinforced concrete member 66
sheath forming machine 10
sheet piling abutment 4
shell foundation abutment 5
Shimen Jialing River Bridge at Chongqing 21
Shimotsui-Seto Bridge 249
shoal 186
shock-absorbing bearing 123

shop tentative assembly 76
Shore hardness 255
short piece architecture 198
short span bridge 254
short-term curvature 230
short timber pile compaction method 45
shot-blasting 175
shotcrete and rock bolt 175
shot-throwing 175
Shouster Bridge 220
shovel loader 296
shrinkage curvature 219
shrinkage stress of concrete 113
Shuanglong Bridge 223
side-by-side box beams 10
side span 8
sidewalk 203
sidewalk loading 203
sidewalk pavement 203
sidewalk slab 203
side wall 14
Siegtal Bridge 248
sieve analysis 209
sightseeing bridge 273
sign of bridge maintenance 194
silicification method 88
sill with cantilever coping 238
similarly probabilistic method 131
simple beam bridge 124
simple girder 124
simple system arch bridge 124
simplicity and complexity 124
simply-supported girder bridge 124
simply-supported girder bridge with continuous deck 196
simply-supported slab bridge 124
simulation of continuous beam on elastic supports 235
simulation rate coefficient 165
single-acting steam hammer 28
single-action jack 30
single-beam erecting crane for bridge spans 29
single cantilever beam bridge 30
single cell box girder bridge 29
single chase mortise 28
single column bridge 44
single column pier 44
single direction thrust pier 29
single-hinged arch bridge 28
single layer bridge floor 28
single line (single lane)bridge 29
single pylon cable stayed bridge 44
single ribbed beam bridge 28
single shear 28
single shot silicification method 30
single span 28
single-span rigid frame bridge 28
single type section of stream bed 94
single-wall cofferdam of steel sheet pile 28
single-wall cofferdam of timber sheet pile 28
sketch drawing of field assembly 77
sketch of loading 294
skew bending theory 257
skew bridge 257
skew coefficient C_s 177
skewed culvert 256
skew key 256
skidding force 104
skidway for bridge launching 104
skin friction of pile 292
skin friction pile 166
"skylight" in the train diagram 281
slab bridge 4
slab bridge with ballasted floor 32
slab bridge with rectangular cross section 135
slab culvert 59
slab of deck trough confining ballast 32
slab used as stiffening rib 121
slant-legged rigid frame bridge 257
sleeper buttress 284
sleeve joint 236
slide-lift form 104
slide wire resistance displacement meter 104
sliding bearing 104
sliding plate expansion joint 104

sliding stability of pier and abutment 47
sliding stability of subsoil 34
slightly curved plate deck 243
sling 39
slope 165
slope-area method 7
slope of anchoring cable 162
slope of water surface 226
slope wash 180
slow-down sign 123
slow flow 106
slow traffic lane 52
slump 235
slurry bored pile 171
slurry for preventing collapse of borehole 171
slurry pump 171
slurry purification system 171
small hydrologic cycle in nature 297
small watershed 254
Smith's diagram 218
snow load 264
sodding protection 13
soffit 79
softening of concrete 113
soft soil 205
soft soil foundation 205
soil cofferdam 241
soil column stabilization method 241
soil evaporimeter 241
soil infiltration experiment 250
soil test 241
solar constant 234
solar diffuse radiation 235
solar radiation 234
sole timber 39
solid spandrel arch bridge 218
solid-web girder bridge 218
solid-web timber-plate 218
sound emission meter 215
sound wave prospecting 215
space photograph 93
space remote sensing 93
space truss analogy theory 141
spacing between rivet or bolt lines 162
spandrel 80
spandrel arch 58
spandrel span 58
spandrel structure 81
span-to-span construction method 290
Specially long span bridge 236
special soil 236
specification for bridge design 194
specification of design task 212
specific strength of timber 166
specimen 219
speckle interferometry 208
speed board 142
speed limited by construction 83
speed limit sign 250
spherical bearing 200
spinal beam 120
spine girder bridge 120
spiral hoop reinforcement 157
splice plate 178
splicing of reinforcement 68
splicing plate expansion joint 178
splicing sleeve 150
spoiler 202、269
spot welder for reinforcing steel 65
spring-back of timber 169
spring flood 24
springing 80
springing line 182
SPT 9
square rod climber 51
stability impression of force 149
stability of float caissons 56
stability of floating pneumatic caisson 19
stability of floating system 55
stability verification of reinforced concrete column 68
stabilization method of replacement soil 106
stable balance 246
stable coefficient of flow longitude 96
stable coefficient of flow transverse 96

stage-discharge curve 228
stage-discharge relation 228
stages 228
staggered arrangement of piles 292
standard deviation 136
standard gauge 9
standard hook of bar 64
standardization of instrument 268
standardized formwork 41
standard penetration test 9
standard specifications for the design of highway bridges and culverts 78
standard specifications for the design of railway bridges and culverts 239
standard value of concrete cube compressive strength 112
standard value of reinforcing steel strength 69
star type cable stayed bridge 258
static action 133
statical balance 133
static beauty 133
static bending modulus of elasticity of timber 167
static cone penetration test 133
static ice pressure 133
static pressure injection method 133
static resistance strain gauge 133
static test of structures 129
static water pressure 133
stationary concrete plant 110
statistics correlation (relative correlation) 240
stayed cantileser concreting 255
stayed truss 20
stay plate 296
steam curing 285
steam hammer 184
steel arch bridge 63
steel bearing 73
steel box pile 253
steel bridge 72
steel bridge with orthotropic plate deck 286
steel cable-stayed bridge 73
steel cantilever girder bridge 73
steel case 73
steel combined-system bridge 73
steel continuous beam bridge 70
steel cutting edge of reinforced concrete pipe-pile 66
steel deck girder bridge 210
steel hardness test 62
steel H-pile 303
steel key 64
steel open caisson 63
steel open caisson with double-shell 222
steel pile 73
steel pipe pier 85
steel pipe pile 63
steel plate bearing 180
steel plate girder 62
steel plate girder bridge 62
steel plate girder bridge with ballasted deck 32
steel plate girder bridge with open floor 165
steel pneumatic caisson 63
steel pony truss bridge 1
steel pot 72
steel relaxation 69
steel sheet pile 62
steel solid rib arch bridge 62
steel suspension bridge 73
steel through or half through girder bridge 249
steel truss bridge 63
steel truss bridge with double-Warren system subdivided by verticals 164
steel truss bridge with subdivided panels 282
steel trussed arch bridge 63
steel trussed girder bridge 64
steel tubular arch bridge 63
steel tubular column 63
steel tubular truss bridge 63
steel wire dynamometer 73
steep arch bridge 44
stepping formwork equipment 269
stepping stones 240
steps bridge 236
sticking type waterproof layer 238
stiffener 121

stiffening girder (truss) 121
stiff-leg derrick 255
stiffness ratio 60
stilling pool 254
stirrup 83
stock rails 117
stone arch bridge 217
stone basket for protection of foundation 218
stone beam bridge 217
stone bridge 218
stone column method 232
stone crusher 232
stone hinge 217
stone masonry foundation of pier and abutment 218
stone pitching 218
stop erosion discharge velocity 22
storage of structural member products 83
straight abutment 268
straightening machine for reinforcing steel and wire 69
straight line correlation 288
straight web steel sheet pile 180
straight wing wall 268
strain compatibility approach 271
strain gage adhesive 270
strain gauge 39
strain-gauge factor 270
strain-gauge pressure/tension transducer 39
strain-gauge type displacement transducer 270
strain hardening of reinforcement 70
strain rosettes 270
strain type accelerometer 270
straits bridge 90
strand 64
strand flow 84
stratum 34
stream 95
stream-borne material 255
stream channel 94
stream flow 94
streamlined section 155
stream of alluvial flat 143
stream of rainfall and snowfall source pattern 274
stream of rainfall source pattern 275
stream of snowfall source pattern 264
stream regime (flow regime) 97
strength and suppleness 61
strengthened steel bearing 186
strengthening abutment by pipe thrusting method 40
strengthening member method 121
strengthening of bridge 191
strength grade of mortar 208
strength ratio of timber 167
stress concentration 271
stress cycle counting method 271
stress due to temperature difference 245
stress-freezing method of photoelasticity 87
stress history 271
stress in prestressing tendon at transfer or anchorage 23
stress in tendon at failure 83
stress range 271
stress ratio 271
stress regulation 271
stress-relieved wire 271
stress ribbon bridge 262
stress spectrum 271
stress-strain curve of concrete 109
stress-strain curve of reinforcement 65
strike-dip 15
stringer bracing 299
structural analysis of bridge 192
structural design of bridge 193
structural fastener 116
structural order 130
strut-framed bridge 20
strut-framed bridge with additional beam 120
strut-framed bridge with supporting wooden beam 242
Strömsund Bridge 231
subaqueous concreting 229
subaqueous foundation 230
subgrade coefficient "K" method 34
subgrade coefficient "m" method 34
submerged arc welding 159

submersible drill 185
submersible pump 185
subsealing concrete of open caisson 17
subsurface flow 9
suction device for lifting debris 248
suction dredger 248
Sunshine Skyway Bridge 204
superelevation of meandering reach 97
superimposed dead load 57
superstructure 194
supplementary action 57
supporting method of excavation 118
supporting timber 242
support of excavation with sheathing 19
support of excavation with sheet piling 4
surface casing 301
surface runoff 34
surfaces 164
surface vibrator 9
survey of culvert location 92
survival probability 139
suspended beam 85
suspended box cofferdam 39
suspended load 263
suspended sediment discharge 263
suspended span 84、262
suspended staging for inspecting piers or abutments 47
suspended system cable stayed bridge 262
suspender 39
suspension bridge 263
suspension bridge with double-chain system 223
suspension bridge with inclined hangers 255
suspension bridge with stiff girder 61
suspension cable 263
suspension cable with parallel wires 180
suspension cable with wire rope 72
swash height in front of pier 46
(SWA) star wedge anchorage 259
swing bearing 4
swing bridge 180
Sydney Harbour Bridge 248
symmetry 46
symmetry of mass 237
synthetic unit hydrograph 298
system of bridge maintenance 195
Tacoma Narrows Bridge 234
Tagus Bridge 233
talweg 214
Tancarville Bridge 235
tangential frost-heaving stability of foundation 117
tangent modulus theory 199
tape recorder 24
taper-end pier 122
Tappan Zee Bridge 234
taut strip model wind tunnel test 144
T-beam bridge 304
tearing stress of timber 167
technical appraisal of strengthening 121
technical design 120
technical standard of highway engineering 78
technical standards of railway engineering 239
technic economic index 120
technique-economy analysis of bridge engineering 190
technique-economy evaluation methods of bridge engineering 190
tee joint 304
teeth foundation abutment 156
teflon bearing 135
teflon plate type rubber bearing 135
teflon sliding plate 135
telescope grouting method 236
temperature compensated strain gauge 245
temperature compensation of strain gauge 245
temperature effect 245
temperature regulator 245
temperature stresses 245
temperature stresses for hollow pier 141
template 266
temporary bridge 153
temporary hinge 153
temporary piers 153
temporary primer 153

temporary strengthening 153
tendon 278
tendon prestressing equipment 278
Tenmon Bridge 237
tenon joint 127
tensile-compressional rubber expansion joint 145
tensile strength of concrete 111
tensile strength parallel to grain 230
tensile strength perpendicular to grain 100
tensioning stress in tendon at jacking 142
tension pendulum 144
tension pile 137
tension support 144
terminal box 275
test by "Break-off"method 284
test by coring sample 301
test cube 219
tester of concrete creep 114
tester of measuring the diameter of rivet hole 219
test for fatigue strength of reinforcing steel 69
test for losses of prestress 279
test for relaxation of the prestressing steel 276
testing load 219
testing of bridge structures 193
testing of concrete creep 114
testing of earthquake resistance for structure 129
test of braking force on bridge structure 195
test of concrete axial compressive strength 115
test of concrete axial tensile strength 115
test of concrete compressive modulus of elasticity 111
test of concrete cube compressive strength 112
test of concrete dynamic modulus of elasticity by striking method 187
test of concrete dynamic modulus of elasticity by resonance method 82
test of concrete modulus of rupture 112
test of concrete permeability 111
test of concrete shrinkage 113
test of concrete slump 114
test of concrete tensile spliting strength 112
test of cracking resistance for PC beams 277
test of fine aggregate for concrete 114
test of micro-concrete model 249
test of model structure 129
test of polymethylmethacrylate model 273
test of structural stability 130
test of temperature stress in structure 130
tests for structural dynamic property 128
texture 288
T girder 304
The hall on bridge 195
theoretical frequency curve 148
the pull-off test of concrete strength 3
the pull-out test of concrete strength 3
thermal span 245
thermal stabilization method 203
the Second Abukuma River Bridge, Japan 204
thickening bridge deck method 282
thin-walled box girder 5
third theorem of similarity 252
thixotropic clay slurries jacket method to reduce skin friction 171
threadbar anchorage 25
threadbar posttensioning system 102
threading machine for reinforcing steel 65
three centered arch bridge 207
three-hinged arch bridge 207
three-hinged rigid frame bridge 207
three-stage design 207
through arch bridge 249
through bridge 249
through flow cross-sectional area 89
through joint 240
through plate girder bridge 23
through truss girder bridge 249
thrust rigidity of pier($\overline{K}$) 46
tidal river 17
tie 248
tie bolt 249
tied arch 248
tied-arch bridge 248

timber arch bridge 168
timber beam bridge 168
timber beam bridge with pile or framed bents 169
timber bent 169
timber blocking to caisson 18
timber bridge 169
timber case 169
timber-concrete pneumatic caisson 168
timber-crib method for locating piles
  on the water 230
timber pile 169
timber pile bent 294
timber pile bent abutment 294
timber-plate truss 166
timber pneumatic caisson 168
timber reinforced concrete open caisson 168
timber sheet pile 166
timber slant-strut-framed bridge with
  three panels 225
timber slant-strut-framed bridge with two panels 30
timber strut-framed bridge 168
timber trestle bridge 169
timber truss bridge 168
timber trussed girder bridge 168
timber wheel guards 103
type Ⅰ stability 36
type Ⅱ stability 36
topographic features 34
topographic survey 35
topography 35
torque coefficient 173
torsional reinforcement 137
torsional rigidity 173
torsional shearing stress 173
torsional slope 173
torsional stiffness 173
torsional strength 137
torsional strength of timber 167
tower crane 234
tower with staying cable construction
  method 233
tow-path bridge 186
track crane 88
training levee 31
train speed 152
transfer length for pretensioned tendon 276
transfer matrix method 23
transformed section 106
transient action 139
translatory symmetry 21
transmission of force 148
transverse brace 100
transverse dry joint 59
transverse fillet weld 45
traversing 31
tray type coping 242
treatment of negative skin friction 293
tremie concrete equipment 229
tremie seal 228
tremie underwater concreting 229
trestle bridge 283
trial mix of concrete 113
triangular cushion 207
triangular truss 207
triangulation 207
triaxial compressive stress behavior of concrete 113
triaxially prestressing system 207
triple-action jack 207
triple-pipe chemical churning process 206
tri-pyramid anchorage 305
trough girder 13
trough girder bridge 13
truck crane 183
truck-mounted concrete pump 109
Trunk Mountain Bridge over Lijiang River, Guilin 89
truss 98
truss analogy for shear 99
truss-arch bridge 99
trussed arch bridge 99
trussed arch bridge with diagonal web members 256
trussed arch bridge with vertical web members 221
truss girder bridge 99
truss-type bridge tower 99
truss with diagonal and vertical web

members 257
truss with subdivided panels 282
T-shaped abutment 304
T-shaped pier 304
T-type dike 40
T-type rigid frame bridge 304
T-type rigid frame bridge with
suspended beam 27
tubular colonnade foundation 86
tug boat 242
turbulence intensity 245
turbulence vortex 245
turbulent flow 119
turnbuckle 104
turnplate for slewing erection 292
Turumi Ship Channel Bridge 98
twin-beam erecting crane for bridge
spans 223
twin-ring arch bridge 157
two-dimensional photoelasticity 50
two-hinged arch bridge 223
two shot silicification method 225
two-stage design 151
two-way curved arch bridge 224
two-way slab 224
typical span length 9
tyred crane 157
U-abutment 305
ultimate limit state 20
ultimate load 118
ultimate load method 119
ultimate load of column 264
ultimate strength 119
ultimate strength of reinforcement 68
ultrasonic detecter for concrete 109
ultrasonic inspection 16
ultrasonic method of pile test 16
unbonded elastic wire resistance type strain meter 14
unbonded tendon 247
unclosed traverse survey 287
Underground Railway Bridge at Moscow 166
underlying stratum 250
underlying surface 249
underneath clearance, clearance under bridge
superstructure 198
underpass bridge 34
underpinning method 117
under-reamed pile 293
under-reinforced design 33
underwater bridge 185
underwater concrete 228
underwater cutting 229
underwater welding 228
under-wrest 186
undistorted model 287
unfilled caisson foundation 141
unit content of cement 29
unit hydrograph 29
universal members 243
universal vibration instrument (universal
vibrograph) 243
unmanned caisson, robot caisson 247
unstable balance 11
unstable cable system 11
unsupported length 298
uplift pile 137
upper bound method 210
upper chord 210
upper lateral bracing 210
upper limit of frozen soil 43
urban road bridge 20
U-steel sheet pile 305
vacuum preloading method 284
valley bridge 143
vanishing method 254
variable action 138
variable angle truss model 8
variable cross-section girder bridge 8
variable cross-section pier with circular end 281
variation law of arch ring section 81
variety and unity 49
Veccio Bridge 244
vegetation 288
velocity gradient 155

velocity of natural flow 238
vent 252
ventilating hole 240
verification test of bridge structures 215
Verrazano Bridge 244
vertical 221
vertical displacement observation for bridge substructure 47
vertical legged rigid frame bridge 288
vertical pile foundation 24
vertical position welding 149
vertical prestressing 221
vertical prestressing method 221
vertical shearing strength of timber 166
vertical static-load testing of single pile 30
vertical stiffener 221
viaduct bridge 74
vibrating 284
vibrating forces on drilled caisson 86
vibrating string strain meter 73
vibration pile driver 285
vibroflotation method 285
Victory Bridge across the Huanghe (Yellow) River at Dongying 42
viscoelasticity of timber 167
visual examination of welding seam 92
volumetric ratio 237
V-shaped pier 305
VSL multistrand system 305
Wadi-Kuff Bridge 243
waling 244
waling method for locating piles on the water 230
warping moment of inertia 209
wash load by stream 22
water arch 226
water arch from relief 35
water budget in nature 298
water-cement ratio 226
water collecting area 108
water ejector excavation 226
water gauge 228
water inlet 131
water jetting method to reduce skin friction 18
water level hydrograph 228
water level of peak discharge 101
water line of inundation 101
water of aeratedzone 5
water parting 53
waterproofing agent 51
water proofing glass fiber cloth 51
waterproof layer of deck 196
water pump 226
water reducing agent 122
water stop hoop 288
water-tight hoop 164
wave action 10
wave gauge 146
wave velocity method of pile test 10
wearing course 166
weathering 54
web 58
web bar 58
web member system 58
wedge-shaped anchorage 255
weight loading system 289
weight of structure itself 130
weldability 139
welded and high-strength-bolted steel bridge 222
welded and high-strength-bolted steel plate girder bridge 222
welded multiply rebar skeleton 48
welded splice of reinforcement 65
welded steel bridge 93
welded steel plate girder bridge 201
welding after drilling 250
welding conditions 93
welding of steel beam 70
welding residual deformation 93
well-point system 132
wet joint 217
wetted perimeter 217

wheel-rail relation 157
widened rectangular cross-section pier 9
widening of arch bridge with cantilever 81
widening of bridge 191
widening of pier 188
width of water surface 226
winch 135
wind aspects 54
wind-excited oscillation 54
wind loading 54
wind rose 54
wind scale 54
wind speed 54
wind support 54
wind tunnel 54
wind tunnel test for three-components
of aerodynamic force 207
wind tunnel test of bridge 190
wind vibration 54
wing wall 49
wing wall 269
wire resistance strain gauge 230
wire rope climber 72
wire rope clip 72
wire strand climber 64
wire tendon 276
withdrawable bolt 139
withstanding frame 40
withstanding pole 40
wooden bundled beam 168
wooden cap 162
workability 94
working-drawing design 217
working load 77
worm conveyor 158
wrench for high strength bolt 75
Wuling Bridge over Weihe River 247
Wulong River Bridge 246
X-bracing 123
Xiangfan Bridge over Hanshui River 253
Xiangzi Bridge 252
XM anchorage 305
X-ray method for stress measurement 305
X-shaped pier 305
X-Y recorder 305
Yalong River Bridge 265
Yamatogawa Bridge 26
Yashiro Bridge 26
yield loading of boundary fiber 8
yield plateau of reinforcement 69
yield point of reinforcement 69
Yokohama Bridge 99
Yonghe New Bridge at Tianjin 237
Yongji Bridge 272
Yongtong Bridge 272
Yoshima Bridge 274
Yudai Bridge 275
Zarate Bridge 283
Zdakov Bridge 297
zero block 154
zero drift 153
Zhaozhou Bridge 284
Zhupu Bridge 290
zinc coated wire 44
zinc-rich priming paint 58
Zoo Bridge 43
Z-steel sheet pile 305
Π-beam bridge 306
⺅-shape section 162
⊔ type member 306